실력 수학의 정석

미적분

홍성대 **지음**

성지출판(주)

머 리 말

중학교와 고등학교에서 수학을 가르치고 배우는 목적은 크게 두 가지로 나누어 말할 수 있다.

첫째, 수학은 논리적 사고력을 길러 준다. "사람은 생각하는 동물"이라고 할 때 그 '생각한다'는 것은 논리적 사고를 이르는 말일 것이다. 우리는 학문의 연구나 문화적 행위에서, 그리고 개인적 또는 사회적인 여러 문제를 해결하는 데 있어서 논리적 사고 없이는 어느 하나도 이루어 낼 수가 없는데, 그 논리적 사고력을 기르는 데는 수학이 으뜸가는 학문인 것이다. 초등학교와 중·고등학교 12년간 수학을 배웠지만 실생활에 쓸모가 없다고 믿는 사람들은, 비록 공식이나 해법은 잊어버렸을 망정 수학 학습에서 얻어진 논리적 사고력은 그대로 남아서, 부지불식 중에 추리와 판단의 발판이 되어 일생을 좌우하고 있다는 사실을 미처 깨닫지 못하는 사람들이다.

둘째, 수학은 모든 학문의 기초가 된다는 것이다. 수학이 물리학·화학·공학·천문학 등 이공계 과학의 기초가 된다는 것은 상식에 속하지만, 현대에 와서는 경제학·사회학·정치학·심리학 등은 물론, 심지어는 예술의 각 분야에까지 깊숙이 파고들어 지대한 영향을 끼치고 있고, 최근에는 행정·관리·기획·경영 등에 종사하는 사람들에게도 상당한 수준의 수학이 필요하게 됨으로써 수학의 바탕 없이는 어느 학문이나 사무도 이루어지지 않는다는 사실을 실감케 하고 있다.

나는 이 책을 지음에 있어 이러한 점들에 바탕을 두고서 제도가 무시험이든 유시험이든, 출제 형태가 주관식이든 객관식이든, 문제 수준이 높든 낮든 크게 구애됨이 없이 적어도 고등학교에서 연마해 두어야 할 필요충분한 내용을 담는 데 내가 할 수 있는 최대한의 정성을 모두 기울였다.

따라서, 이 책으로 공부하는 제군들은 장차 변모할지도 모르는 어떤 입시에도 소기의 목적을 달성할 수 있음은 물론이거니와 앞으로 대학에 진학해서도 대학 교육을 받을 수 있는 충분한 기본 바탕을 이루리라는 것이 나에게는 절대적인 신념으로 되어 있다.

 이제 나는 담담한 마음으로 이 책이 제군들의 장래를 위한 좋은 벗이 되기를 빌 뿐이다.

 끝으로 이 책을 내는 데 있어서 아낌없는 조언을 해주신 서울대학교 윤옥경 교수님을 비롯한 수학계의 여러분들께 감사드린다.

1966. 8. 31.

지은이 홍 성 대

개정판을 내면서

지금까지 수학 I, 수학 II, 확률과 통계, 미적분 I, 미적분 II, 기하와 벡터로 세분되었던 고등학교 수학 과정은 2018학년도 고등학교 입학생부터 개정 교육과정이 적용됨에 따라

수학, 수학 I, 수학 II, 미적분, 확률과 통계,

기하, 실용 수학, 경제 수학, 수학과제 탐구

로 나뉘게 된다. 이 책은 그러한 새 교육과정에 맞추어 꾸며진 것이다.

특히, 이번 개정판이 마련되기까지는 우선 남진영 선생님과 박재희 선생님의 도움이 무척 컸음을 여기에 밝혀 둔다. 믿음직스럽고 훌륭한 두 분 선생님이 개편 작업에 적극 참여하여 꼼꼼하게 도와준 덕분에 더욱 좋은 책이 되었다고 믿어져 무엇보다도 뿌듯하다.

또한, 개정판을 낼 때마다 항상 세심한 조언을 아끼지 않으신 서울대학교 김성기 명예교수님께는 이 자리를 빌려 특별히 깊은 사의를 표하며, 아울러 편집부 김소희, 송연정, 박지영, 오명희 님께도 감사한 마음을 전한다.

「수학의 정석」은 1966년에 처음으로 세상에 나왔으니 올해로 발행 51주년을 맞이하는 셈이다. 거기다가 이 책은 이제 세대를 뛰어넘은 책이 되었다. 할아버지와 할머니가 고교 시절에 펼쳐 보던 이 책이 아버지와 어머니에게 이어졌다가 지금은 손자와 손녀의 책상 위에 놓여 있다.

이처럼 지난 반세기를 거치는 동안 이 책은 한결같이 학생들의 뜨거운 사랑과 성원을 받아 왔고, 이러한 관심과 격려는 이 책을 더욱 좋은 책으로 다듬는 데 큰 힘이 되었다.

이 책이 학생들에게 두고두고 사랑 받는 좋은 벗이요 길잡이가 되기를 간절히 바라마지 않는다.

2017. 3. 1.

지은이 홍 성 대

차 례

⑦. 수열의 극한

§ 1. 수열의 수렴과 발산

1 수열의 수렴과 발산

수열 a_1, a_2, a_3, $\cdots$, a_n, $\cdots$ 에서

(i) 수렴 : $\lim\limits_{n\to\infty} a_n = \alpha$ (일정)   (α에 수렴)

(ii) 발산 : $\begin{cases} \lim\limits_{n\to\infty} a_n = \infty & \text{(양의 무한대로 발산)} \\ \lim\limits_{n\to\infty} a_n = -\infty & \text{(음의 무한대로 발산)} \\ \text{기타의 경우} & \text{(진동)} \end{cases}$

2 수열의 극한에 관한 기본 성질

수렴하는 수열 $\{a_n\}$, $\{b_n\}$에 대하여 $\lim\limits_{n\to\infty} a_n = \alpha$, $\lim\limits_{n\to\infty} b_n = \beta$이면

(1) $\lim\limits_{n\to\infty} ka_n = k\alpha$ (k는 상수)   (2) $\lim\limits_{n\to\infty} (a_n \pm b_n) = \alpha \pm \beta$ (복부호동순)

(3) $\lim\limits_{n\to\infty} a_n b_n = \alpha\beta$ (4) $\lim\limits_{n\to\infty} \dfrac{a_n}{b_n} = \dfrac{\alpha}{\beta}$ ($b_n \neq 0$, $\beta \neq 0$)

3 수열의 극한의 대소 관계

수열 $\{a_n\}$, $\{b_n\}$, $\{p_n\}$에 대하여

(1) $a_n \leq b_n$이고 $\lim\limits_{n\to\infty} a_n = \alpha$, $\lim\limits_{n\to\infty} b_n = \beta$이면 $\alpha \leq \beta$

(2) $a_n \leq p_n \leq b_n$이고 $\lim\limits_{n\to\infty} a_n = \lim\limits_{n\to\infty} b_n = \alpha$이면 $\lim\limits_{n\to\infty} p_n = \alpha$

*Note   2, 3에 대한 일반적인 증명은 고등학교 교육과정의 수준을 넘는다.

Advice   1°   수열의 수렴과 발산

(i) 수열 1, $\dfrac{1}{2}$, $\dfrac{1}{3}$, $\cdots$, $\dfrac{1}{n}$, $\cdots$에서 n의 값이 한없이 커질 때 일반항 $\dfrac{1}{n}$의 값은 0에 한없이 가까워진다. 이와 같이 수열 $\{a_n\}$에서 n의 값이 한없이 커질 때 a_n의 값이 일정한 값 α에 한없이 가까워지면 수열 $\{a_n\}$은 α에 수렴한다고 하고, α를 수열 $\{a_n\}$의 극한 또는 극한값이라고 한다. 이를 기호로는 다음과 같이 나타낸다.

$$n \longrightarrow \infty \text{일 때} \quad a_n \longrightarrow \alpha \quad \text{또는} \quad \lim\limits_{n\to\infty} a_n = \alpha$$

Note 수열 $c, c, c, \cdots, c, \cdots$ 와 같이 수열의 모든 항이 상수 c 인 경우에도 이 수열은 c 에 수렴한다고 하고, $\lim\limits_{n\to\infty} c = c$ 와 같이 나타낸다.

(ii) 수열 $1^2, 2^2, 3^2, \cdots, n^2, \cdots$ 과 같이 수열 $\{a_n\}$ 에서 n 의 값이 한없이 커질 때 a_n 의 값이 한없이 커지면 수열 $\{a_n\}$ 은 양의 무한대로 발산한다고 하고, 다음과 같이 나타낸다.

$$n \longrightarrow \infty \text{일 때} \quad a_n \longrightarrow \infty \quad \text{또는} \quad \lim_{n\to\infty} a_n = \infty$$

(iii) 수열 $-2, -4, -6, \cdots, -2n, \cdots$ 과 같이 수열 $\{a_n\}$ 에서 n 의 값이 한없이 커질 때 a_n 의 값이 음수이면서 그 절댓값이 한없이 커지면 수열 $\{a_n\}$ 은 음의 무한대로 발산한다고 하고, 다음과 같이 나타낸다.

$$n \longrightarrow \infty \text{일 때} \quad a_n \longrightarrow -\infty \quad \text{또는} \quad \lim_{n\to\infty} a_n = -\infty$$

(iv) n 의 값이 한없이 커질 때, 수열 $\{(-1)^{n-1}\}$ 의 각 항은 1과 -1 이 교대로 나타나고, 수열 $\{(-2)^n\}$ 의 각 항은 교대로 음수와 양수가 되면서 그 절댓값이 한없이 커진다. 이와 같이 수열 $\{a_n\}$ 이 수렴하지 않고 양의 무한대나 음의 무한대로 발산하지도 않을 때, 수열 $\{a_n\}$ 은 진동한다고 한다.

(ii), (iii), (iv)와 같이 수렴하지 않는 수열은 모두 발산한다고 한다.

Note (iv)에서 $\lim\limits_{n\to\infty}(-1)^{n-1} = \pm 1$ 로 쓰지는 않는다.

Advice 2° 무한대(∞)

∞ 는 수가 아니며, $n \longrightarrow \infty$ 는 아무리 큰 실수 G에 대해서도 n 이 $n > G$ 와 같이 되는 상태에 있음을 나타내는 기호이다.

또, $\lim\limits_{n\to\infty} a_n = \infty$ 는 n 의 값이 한없이 커질 때 a_n 의 값이 한없이 커지는 상태에 있음을 뜻하는 것이지, a_n 이 「∞ 라는 수」에 가까워짐을 뜻하는 것은 아니므로 극한값이 존재한다고 생각해서는 안 된다. $\lim\limits_{n\to\infty} a_n = -\infty$ 도 마찬가지이다.

Note $+\infty$ 는 흔히 $+$ 를 생략하고 ∞ 로 나타낸다.

보기 1 다음 수열 $\{a_n\}$ 의 수렴, 발산을 조사하여라.

(1) $\dfrac{1+1}{1}, \dfrac{2+1}{2}, \dfrac{3+1}{3}, \cdots$ (2) $\dfrac{1^2}{2}, \dfrac{2^2}{4}, \dfrac{3^2}{6}, \cdots$

(3) $-3, (-3)^2, (-3)^3, (-3)^4, (-3)^5, \cdots$

연구 (1) $a_n = \dfrac{n+1}{n}$ 이므로 $\lim\limits_{n\to\infty} a_n = \lim\limits_{n\to\infty}\left(1+\dfrac{1}{n}\right) = 1+0 = \mathbf{1}$ (수렴)

(2) $a_n = \dfrac{n^2}{2n}$ 이므로 $\lim\limits_{n\to\infty} a_n = \lim\limits_{n\to\infty}\dfrac{n^2}{2n} = \lim\limits_{n\to\infty}\dfrac{n}{2} = \infty$ (발산)

(3) 주어진 수열은 $-3, 9, -27, 81, -243, \cdots$ 이므로   진동 (발산)

필수 예제 **1**-1   다음 수열 $\{a_n\}$의 수렴과 발산을 조사하고, 수렴하면 극한값을 구하여라.

(1) $1,\ \dfrac{4}{3},\ \dfrac{9}{5},\ \dfrac{16}{7},\ \cdots$ (2) $\dfrac{1^2+1}{1},\ \dfrac{2^2+1}{1+2},\ \dfrac{3^2+1}{1+2+3},\ \cdots$

(3) $\log 1-\log 2,\ \log 2-\log 3,\ \log 3-\log 4,\ \cdots$

[정석연구] 먼저 일반항 a_n을 구하고, $\lim\limits_{n\to\infty} a_n$을 생각한다.

(1), (2)에서 a_n을 구해 보면 분모와 분자가 모두 n에 관한 다항식으로 $n\longrightarrow\infty$일 때 $\dfrac{\infty}{\infty}$ 꼴이다. 일반적으로

정석 $\dfrac{\infty}{\infty}$ 꼴의 유리식의 극한은
$\implies$ 분모의 최고차항으로 분모, 분자를 나누어라.

[모범답안] (1) $a_n=\dfrac{n^2}{1+(n-1)\times 2}=\dfrac{n^2}{2n-1}$ ⇦ 분모는 공차가 2인 등차수열

$\therefore \lim\limits_{n\to\infty} a_n=\lim\limits_{n\to\infty}\dfrac{n^2}{2n-1}=\lim\limits_{n\to\infty}\dfrac{n}{2-\dfrac{1}{n}}$ ⇦ 분모, 분자를 n으로 나눈다.

$=\infty$ (발산) ← 답

(2) $1+2+3+\cdots+n=\dfrac{n(n+1)}{2}$ 이므로 $a_n=\dfrac{2(n^2+1)}{n(n+1)}$

$\therefore \lim\limits_{n\to\infty} a_n=\lim\limits_{n\to\infty}\dfrac{2(n^2+1)}{n^2+n}=\lim\limits_{n\to\infty}\dfrac{2\left(1+\dfrac{1}{n^2}\right)}{1+\dfrac{1}{n}}$ ⇦ 분모, 분자를 n^2으로 나눈다.

$=2$ (수렴) ← 답

(3) $a_n=\log n-\log(n+1)$

$\therefore \lim\limits_{n\to\infty} a_n=\lim\limits_{n\to\infty}\log\dfrac{n}{n+1}=\lim\limits_{n\to\infty}\log\dfrac{1}{1+\dfrac{1}{n}}=\log 1=0$ (수렴) ← 답

*Note 로그함수는 연속함수이므로
$$\lim\limits_{n\to\infty} a_n=\alpha\ (\alpha>0)\text{일 때},\quad \lim\limits_{n\to\infty}\log_a a_n=\log_a\alpha$$

Advice | (2), (3)과 같이 분모, 분자의 차수가 같을 때에는 분모, 분자의 최고차항의 계수만 생각하면 된다는 것을 알 수 있다.

정석 분모, 분자의 차수가 같을 때에는 최고차항의 계수만 생각!

[유제] **1**-1. 다음 극한을 조사하여라.

(1) $\lim\limits_{n\to\infty}\dfrac{n^3-2n}{n^2+2}$ (2) $\lim\limits_{n\to\infty}\dfrac{2n}{3n^2+1}$ (3) $\lim\limits_{n\to\infty}\dfrac{8n^2+3n-1}{(4n-1)(n+1)}$

(4) $\lim\limits_{n\to\infty}\{\log_2(2n^2+1)-\log_2(n^2-1)\}$ 답 (1) ∞ (2) 0 (3) 2 (4) 1

───────────────────────────────

필수 예제 1-2   다음 극한값을 구하여라.

(1) $\lim\limits_{n\to\infty} \dfrac{1\times2+2\times3+3\times4+\cdots+n(n+1)}{n(1+2+3+\cdots+n)}$

(2) $\lim\limits_{n\to\infty} \dfrac{1^2+2^2+3^2+\cdots+n^2}{(n+1)^2+(n+2)^2+(n+3)^2+\cdots+(2n)^2}$

───────────────────────────────

[정석연구] 분모와 분자를

정석 $\displaystyle\sum_{k=1}^{n} k=\dfrac{1}{2}n(n+1), \quad \sum_{k=1}^{n} k^2=\dfrac{1}{6}n(n+1)(2n+1)$

을 이용하여 정리한 다음, 앞의 **필수 예제**에서와 같이

$\dfrac{\infty}{\infty}$ 꼴의 극한 $\Longrightarrow$ 분모의 최고차항으로 분모, 분자를 나눈다.

[모범답안] (1) (분자)$=\displaystyle\sum_{k=1}^{n} k(k+1)=\sum_{k=1}^{n} k^2+\sum_{k=1}^{n} k$

$\qquad\qquad =\dfrac{1}{6}n(n+1)(2n+1)+\dfrac{1}{2}n(n+1)=\dfrac{1}{3}n(n+1)(n+2)$

$\therefore$ (준 식)$=\lim\limits_{n\to\infty}\dfrac{\frac{1}{3}n(n+1)(n+2)}{n\times\frac{1}{2}n(n+1)}=\lim\limits_{n\to\infty}\dfrac{2}{3}\left(1+\dfrac{2}{n}\right)=\dfrac{2}{3}$ ← [답]

(2) (분모)$=\left\{1^2+2^2+\cdots+(2n)^2\right\}-(1^2+2^2+\cdots+n^2)$이므로

$\qquad$ (준 식)$=\lim\limits_{n\to\infty}\dfrac{\frac{1}{6}n(n+1)(2n+1)}{\frac{1}{6}\times2n(2n+1)(4n+1)-\frac{1}{6}n(n+1)(2n+1)}$

$\qquad\qquad =\lim\limits_{n\to\infty}\dfrac{n+1}{2(4n+1)-(n+1)}=\lim\limits_{n\to\infty}\dfrac{n+1}{7n+1}=\dfrac{1}{7}$ ← [답]

Note   (2)에서 분모를 $\displaystyle\sum_{k=1}^{n}(n+k)^2$으로 나타내어 계산해도 된다.

[유제] **1**-2. 다음 극한값을 구하여라.

(1) $\lim\limits_{n\to\infty}\dfrac{1+2+3+\cdots+n}{n^2}$

(2) $\lim\limits_{n\to\infty}\dfrac{1}{n}\left(\dfrac{1^2}{n^2}+\dfrac{2^2}{n^2}+\dfrac{3^2}{n^2}+\cdots+\dfrac{n^2}{n^2}\right)$

(3) $\lim\limits_{n\to\infty}\dfrac{1\times(n-1)+2\times(n-2)+3\times(n-3)+\cdots+(n-2)\times2+(n-1)\times1}{n^2(n-1)}$

$\qquad\qquad\qquad\qquad\qquad$ [답] (1) $\dfrac{1}{2}$ (2) $\dfrac{1}{3}$ (3) $\dfrac{1}{6}$

필수 예제 **1**-3 다음 극한을 조사하여라.

(1) $\lim\limits_{n\to\infty}\left(\sqrt{n+1}-\sqrt{n-1}\right)$ (2) $\lim\limits_{n\to\infty}\left(\sqrt{4n^2+3n}-2n\right)$

(3) $\lim\limits_{n\to\infty}\left(n^3-4n^2-3n+2\right)$

정석연구 $n\longrightarrow\infty$일 때 $\infty-\infty$ 꼴이다. 물론 ∞는 수가 아니므로 $\infty-\infty=0$ 이라고 할 수 없다는 것에 주의한다.

(1), (2) 분모를 1로 보고, 분자를 유리화한다고 생각한다.

정석 $\infty-\infty$ 꼴의 무리식의 극한은 $\Longrightarrow$ 유리화하여라.

(3) $\infty-\infty$ 꼴의 다항식에서는 최고차항인 n^3으로 묶어 본다.

모범답안 (1) (준 식)$=\lim\limits_{n\to\infty}\dfrac{\left(\sqrt{n+1}-\sqrt{n-1}\right)\left(\sqrt{n+1}+\sqrt{n-1}\right)}{\sqrt{n+1}+\sqrt{n-1}}$

$\qquad\qquad =\lim\limits_{n\to\infty}\dfrac{2}{\sqrt{n+1}+\sqrt{n-1}}=\boldsymbol{0}\longleftarrow$ 답

(2) (준 식)$=\lim\limits_{n\to\infty}\dfrac{\left(\sqrt{4n^2+3n}-2n\right)\left(\sqrt{4n^2+3n}+2n\right)}{\sqrt{4n^2+3n}+2n}$

$\qquad\qquad =\lim\limits_{n\to\infty}\dfrac{3n}{\sqrt{4n^2+3n}+2n}=\lim\limits_{n\to\infty}\dfrac{3}{\sqrt{4+\dfrac{3}{n}}+2}=\boldsymbol{\dfrac{3}{4}}\longleftarrow$ 답

(3) (준 식)$=\lim\limits_{n\to\infty}n^3\left(1-\dfrac{4}{n}-\dfrac{3}{n^2}+\dfrac{2}{n^3}\right)=\boldsymbol{\infty}\longleftarrow$ 답

𝒜𝒹𝓋𝒾𝒸ℯ 1° 분자를 유리화하고 정리한 결과 (1)은 $\dfrac{c}{\infty}$ 꼴, (2)는 $\dfrac{\infty}{\infty}$ 꼴 이다.

2° (3)은 n^3으로 묶으면 $\infty\times c$ 꼴이다.

일반적으로

정석 수열 $\{a_n\}$, $\{b_n\}$에서 $\lim\limits_{n\to\infty}a_n=c(c$는 실수$)$, $\lim\limits_{n\to\infty}b_n=\infty$일 때, $c>0$이면 $\lim\limits_{n\to\infty}a_nb_n=\infty$, $c<0$이면 $\lim\limits_{n\to\infty}a_nb_n=-\infty$

유제 **1**-3. 다음 극한을 조사하여라.

(1) $\lim\limits_{n\to\infty}\left(\sqrt{n^2+n}-n\right)$ (2) $\lim\limits_{n\to\infty}\sqrt{n}\left(\sqrt{n+1}-\sqrt{n-1}\right)$

(3) $\lim\limits_{n\to\infty}\left(\log_{10}\sqrt{n}-\log_{10}\sqrt{10n+3}\right)$ (4) $\lim\limits_{n\to\infty}\left(n^3-2n+2\right)$

(5) $\lim\limits_{n\to\infty}\left\{\sqrt{1+2+3+\cdots+(n+1)}-\sqrt{1+2+3+\cdots+n}\right\}$

답 (1) $\dfrac{1}{2}$ (2) **1** (3) $-\dfrac{1}{2}$ (4) $\boldsymbol{\infty}$ (5) $\dfrac{\sqrt{2}}{2}$

필수 예제 **1**-4 다음 물음에 답하여라.

(1) 수열 $\{a_n\}$, $\{b_n\}$에 대하여 $\lim\limits_{n\to\infty}(a_n-b_n)=0$, $\lim\limits_{n\to\infty}a_n=\alpha$일 때, $\lim\limits_{n\to\infty}b_n$ 을 α로 나타내어라. 단, α는 실수이다.

(2) $\lim\limits_{n\to\infty}\dfrac{\sqrt{3}\,n-\left[\sqrt{3}\,n\right]}{n}$의 값을 구하여라.

단, $[x]$는 x보다 크지 않은 최대 정수이다.

[정석연구] (1) 일반적으로

정석 수열 $\{a_n\}$, $\{b_n\}$이 수렴할 때 $\lim\limits_{n\to\infty}(a_n-b_n)=\lim\limits_{n\to\infty}a_n-\lim\limits_{n\to\infty}b_n$

이다. 그러나 이 문제와 같이 수열 $\{b_n\}$의 수렴 여부를 모르는 상태에서는 위의 성질을 함부로 사용해서는 안 된다는 것에 주의해야 한다.

(2) $\sqrt{3}\,n-\left[\sqrt{3}\,n\right]$을 간단히 나타낼 수는 없다. 그러나 $\lim\limits_{n\to\infty}\dfrac{1}{n}=0$이고, $0\le\sqrt{3}\,n-\left[\sqrt{3}\,n\right]<1$이므로 다음 수열의 극한의 대소 관계를 이용할 수 있다.

정석 수열 $\{a_n\}$, $\{b_n\}$, $\{p_n\}$에 대하여

$a_n\le p_n\le b_n$이고 $\lim\limits_{n\to\infty}a_n=\lim\limits_{n\to\infty}b_n=\alpha$이면 $\implies \lim\limits_{n\to\infty}p_n=\alpha$

[모범답안] (1) $a_n-b_n=p_n$으로 놓으면

$$\lim_{n\to\infty}p_n=0,\quad \lim_{n\to\infty}a_n=\alpha,\quad b_n=a_n-p_n$$

$$\therefore \lim_{n\to\infty}b_n=\lim_{n\to\infty}(a_n-p_n)=\lim_{n\to\infty}a_n-\lim_{n\to\infty}p_n=\alpha-0=\boldsymbol{\alpha} \longleftarrow \boxed{\text{답}}$$

(2) $0\le\sqrt{3}\,n-\left[\sqrt{3}\,n\right]<1$이므로 $0\le\dfrac{\sqrt{3}\,n-\left[\sqrt{3}\,n\right]}{n}<\dfrac{1}{n}$

이때, $\lim\limits_{n\to\infty}0=\lim\limits_{n\to\infty}\dfrac{1}{n}=0$이므로 $\lim\limits_{n\to\infty}\dfrac{\sqrt{3}\,n-\left[\sqrt{3}\,n\right]}{n}=\boldsymbol{0} \longleftarrow \boxed{\text{답}}$

Advice | 이를테면 $a_n=1-\dfrac{1}{n}$, $b_n=1+\dfrac{1}{n}$인 경우와 같이 $a_n<b_n$이지만 $\lim\limits_{n\to\infty}a_n=\lim\limits_{n\to\infty}b_n$인 경우도 있다.

정석 $a_n<b_n$이고 $\lim\limits_{n\to\infty}a_n=\alpha$, $\lim\limits_{n\to\infty}b_n=\beta$이면 $\implies \alpha\le\beta$

[유제] **1**-4. 수열 $\{a_n\}$이 모든 자연수 n에 대하여 $3n^2-n<a_n<3n^2+n$을 만족시킨다. $S_n=\sum\limits_{k=1}^{n}a_k$라고 할 때, $\lim\limits_{n\to\infty}\dfrac{S_n}{n^3}$의 값을 구하여라. $\boxed{\text{답}}$ 1

필수 예제 **1**-5 $x>0$에서 정의된 함수

$f(x)=\dfrac{1}{2}\left(x+\dfrac{2}{x}\right)$에 대하여

$x_1=10,\ x_2=f(x_1),\ x_3=f(x_2),\ \cdots,\ x_{n+1}=f(x_n)$
(단, n은 자연수)이라고 하자.

  $y=f(x)$의 그래프가 오른쪽과 같다는 것을
이용하여 $\lim\limits_{n\to\infty} x_n$의 값을 구하여라.

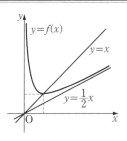

정석연구 다음과 같은 방법으로 $x_1,\ x_2,\ x_3,\ \cdots$을 좌표평면 위에 나타낸 다음
수열 $\{x_n\}$의 극한을 구해 보자.

① $x_2=f(x_1)$에서 x_2는 $x_1=10$의 함숫값이
 므로 y축 위에 나타낸다.
② 직선 $y=x$를 이용하면 x_2를 x축 위에도
 나타낼 수 있다.
③ $x_3=f(x_2)$에서 x_3은 x_2의 함숫값이므로
 x_3을 y축 위에 나타낸다.
④ x_3을 ②와 같은 방법으로 x축 위에 나
 타낸다.

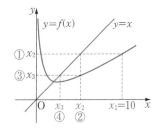

모범답안 위의 오른쪽 그림에서 수열 $\{x_n\}$은 감소하면서 $y=f(x)$의 그래프와
직선 $y=x$가 만나는 점의 x좌표로 수렴한다. ⇦ 교점의 $x,\ y$좌표는 같다.

$y=\dfrac{1}{2}\left(x+\dfrac{2}{x}\right),\ y=x$에서 y를 소거하면

$$x=\dfrac{1}{2}\left(x+\dfrac{2}{x}\right) \quad \therefore\ x=\dfrac{2}{x} \quad \therefore\ x^2=2$$

$x>0$이므로 $x=\sqrt{2}$ $\therefore\ \lim\limits_{n\to\infty} x_n=\boldsymbol{\sqrt{2}}$ ← 답

유제 **1**-5. $0\le x\le 2$에서 $y=f(x)$의 그래프가 오
 른쪽과 같고, 자연수 n에 대하여

$$f^1(x)=f(x),\quad f^{n+1}(x)=f\big(f^n(x)\big)$$

 로 정의한다.

(1) $0<a<1$일 때, $\lim\limits_{n\to\infty} f^n(a)$의 값을 구하여라.

(2) $1<a<2$일 때, $\lim\limits_{n\to\infty} f^n(a)$의 값을 구하여라.

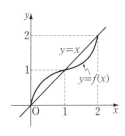

답 (1) **1** (2) **1**

§2. 등비수열의 극한

1 **등비수열 $\{r^n\}$의 수렴과 발산**

$r>1$일 때	$\lim\limits_{n\to\infty} r^n=\infty$	(발산)
$r=1$일 때	$\lim\limits_{n\to\infty} r^n=1$	(수렴)
$\lvert r\rvert<1$일 때	$\lim\limits_{n\to\infty} r^n=0$	(수렴)
$r\leq-1$일 때	$\{r^n\}$은 진동	(발산)

정석 등비수열 $\{r^n\}$이 수렴할 조건은 $\Longrightarrow$ $-1<r\leq1$

2 **r^n을 포함한 식의 극한**

다음 네 경우에 대하여 조사한다.

$\lvert r\rvert<1$일 때, $r=1$일 때, $r=-1$일 때, $\lvert r\rvert>1$일 때

Advice | 등비수열 $\{r^n\}$: $r,\ r^2,\ r^3,\ \cdots,\ r^n,\ \cdots$에서

(i) $r>1$일 때

$n\geq2,\ h>0$이면 $(1+h)^n>1+nh$ ⇦ 실력 수학 Ⅰ p.217

이므로 여기에서 $r=1+h$로 놓으면 $r^n>1+nh$

그런데 $\lim\limits_{n\to\infty}(1+nh)=\infty$이므로 $\lim\limits_{n\to\infty}r^n=\infty$

(ii) $r=1$일 때

모든 n에 대하여 $r^n=1$이므로 $\lim\limits_{n\to\infty}r^n=\lim\limits_{n\to\infty}1=1$

(iii) $\lvert r\rvert<1$일 때

$r=0$인 경우 : 모든 n에 대하여 $r^n=0$이므로 $\lim\limits_{n\to\infty}r^n=\lim\limits_{n\to\infty}0=0$

$r\neq0$인 경우 : $r=\dfrac{1}{t}$로 놓으면 $\lvert t\rvert>1$이므로 $\lim\limits_{n\to\infty}\lvert t^n\rvert=\infty$

$\therefore\ \lim\limits_{n\to\infty}\lvert r^n\rvert=\lim\limits_{n\to\infty}\dfrac{1}{\lvert t^n\rvert}=0$ $\therefore\ \lim\limits_{n\to\infty}r^n=0$

(iv) $r\leq-1$일 때

$r=-1$인 경우 : 이 수열은 $-1,\ 1,\ -1,\ 1,\ \cdots$이므로 진동한다.

$r<-1$인 경우 : $\lvert r\rvert>1$이므로 $\lim\limits_{n\to\infty}\lvert r^n\rvert=\infty$

그런데 r^n은 음수와 양수가 교대로 나타나므로 이 수열은 진동한다.

필수 예제 **1**-6   다음 극한값을 구하여라.

(1) $\lim\limits_{n\to\infty}\dfrac{3^{n+1}+2^n}{2^{2n}-3^n}$

(2) $\lim\limits_{n\to\infty}\dfrac{r^n}{1+r^n}$ (단, $r\neq-1$)

[정석연구] (1) 분모의 항 중에서 밑의 절댓값이 가장 큰 항으로 분모, 분자를 나누고, 다음 **정석**을 이용한다.

$$\boxed{\text{정석}}\;\;|r|<1\text{일 때}\;\;\lim_{n\to\infty}r^n=0$$

(2) $n\longrightarrow\infty$일 때 r^n의 극한은 r의 값에 따라 수렴하는 경우도 있고, 발산하는 경우도 있다. 따라서

$$\boxed{\text{정석}}\;\;r^n\text{을 포함한 식의 극한은}$$
$$|r|<1,\quad r=1,\quad r=-1,\quad |r|>1$$
인 경우로 나누어 생각하여라.

[모범답안] (1) 2^{2n}, 곧 4^n으로 분모, 분자를 나누면

$$\lim_{n\to\infty}\frac{3\times3^n+2^n}{4^n-3^n}=\lim_{n\to\infty}\frac{3\times\left(\dfrac{3}{4}\right)^n+\left(\dfrac{2}{4}\right)^n}{1-\left(\dfrac{3}{4}\right)^n}=0\;\longleftarrow\;\boxed{\text{답}}$$

(2) (i) $|r|<1$일 때 $\lim\limits_{n\to\infty}r^n=0$ $\therefore\;\lim\limits_{n\to\infty}\dfrac{r^n}{1+r^n}=0$

(ii) $r=1$일 때 $\lim\limits_{n\to\infty}r^n=1$ $\therefore\;\lim\limits_{n\to\infty}\dfrac{r^n}{1+r^n}=\dfrac{1}{2}$

(iii) $|r|>1$일 때 $\lim\limits_{n\to\infty}\dfrac{1}{r^n}=0$ $\therefore\;\lim\limits_{n\to\infty}\dfrac{r^n}{1+r^n}=\lim\limits_{n\to\infty}\dfrac{1}{\dfrac{1}{r^n}+1}=1$

$\boxed{\text{답}}\;|r|<1$일 때 **0**, $r=1$일 때 $\dfrac{1}{2}$, $|r|>1$일 때 **1**

[유제] **1**-6. 다음 수열의 극한을 조사하여라.

(1) $\left\{\dfrac{2^n}{3^n-1}\right\}$

(2) $\left\{\dfrac{(-3)^n}{2^n-1}\right\}$

(3) $\left\{\dfrac{\sqrt{5^n}+1}{2^n}\right\}$

(4) $\left\{\dfrac{1+2+2^2+\cdots+2^n}{2^n}\right\}$

(5) $\left\{\dfrac{1-r^n}{1+r^n}\right\}$ (단, $r\neq-1$)

(6) $\left\{\dfrac{a^{n+1}+b^{n+1}}{a^n+b^n}\right\}$ (단, $a>0,\;b>0$)

$\boxed{\text{답}}$ (1) **0** (2) 진동 (발산) (3) **∞** (4) **2**

(5) $|r|<1$일 때 **1**, $r=1$일 때 **0**, $|r|>1$일 때 **-1**

(6) $a\geq b>0$일 때 **a**, $b>a>0$일 때 **b**

필수 예제 **1**-7 다음을 만족시키는 수열 $\{a_n\}$이 있다.

$$3a_{n+2}-4a_{n+1}+a_n=0 \ (단, \ n=1, 2, 3, \cdots)$$

(1) a_n을 a_1, a_2, n으로 나타내어라.

(2) $a_1=1$, $\lim\limits_{n\to\infty} a_n=0$일 때, a_n을 구하여라.

[정석연구] 귀납적으로 정의된 수열 $\{a_n\}$에서 극한을 생각하는 문제이다.

정석 $pa_{n+2}+qa_{n+1}+ra_n=0 \ (p+q+r=0)$ 꼴의 점화식은

　(i) $a_{n+2}-a_{n+1}=k(a_{n+1}-a_n)$의 꼴로 변형한다.

　(ii) 수열 $\{a_n\}$의 계차수열은 공비가 k인 등비수열이다.

를 이용하여 a_n을 a_1, a_2, n으로 나타낸다.

[모범답안] (1) $3a_{n+2}-4a_{n+1}+a_n=0$에서

$$3a_{n+2}-3a_{n+1}=a_{n+1}-a_n \quad \therefore \ a_{n+2}-a_{n+1}=\frac{1}{3}(a_{n+1}-a_n)$$

따라서 수열 $\{a_n\}$의 계차수열은 첫째항이 a_2-a_1, 공비가 $\frac{1}{3}$인 등비수열이다.

$$\therefore \ a_n=a_1+\sum_{k=1}^{n-1}(a_2-a_1)\left(\frac{1}{3}\right)^{k-1}=a_1+\frac{(a_2-a_1)\left\{1-\left(\frac{1}{3}\right)^{n-1}\right\}}{1-\frac{1}{3}}$$

$$=a_1+\frac{3}{2}\left\{1-\left(\frac{1}{3}\right)^{n-1}\right\}(a_2-a_1) \longleftarrow \boxed{답}$$

(2) $\lim\limits_{n\to\infty}\left(\frac{1}{3}\right)^{n-1}=0$이므로 $\lim\limits_{n\to\infty} a_n=a_1+\frac{3}{2}(a_2-a_1)$

그런데 문제의 조건에서 $\lim\limits_{n\to\infty} a_n=0$, $a_1=1$이므로

$$1+\frac{3}{2}(a_2-1)=0 \quad \therefore \ a_2=\frac{1}{3}$$

이 값을 (1)의 결과에 대입하면 $a_n=\left(\frac{1}{3}\right)^{n-1} \longleftarrow \boxed{답}$

Advice | 점화식으로부터 일반항을 구하는 방법은 수학 I 수학적 귀납법 단원에서 공부하였다. 부족한 부분은 다시 복습해 두어라.

[유제] **1**-7. 다음을 만족시키는 수열 $\{a_n\}$이 있다.

$$2a_{n+2}=a_{n+1}+a_n \ (단, \ n=1, 2, 3, \cdots)$$

(1) $a_1=0$, $a_2=1$일 때, $\lim\limits_{n\to\infty} a_n$의 값을 구하여라.

(2) $2a_2=a_1$이고 $a_6=\frac{7}{8}$일 때, $\lim\limits_{n\to\infty} a_n$의 값을 구하여라.

$\boxed{답}$ (1) $\dfrac{2}{3}$ (2) $\dfrac{8}{9}$

필수 예제 **1**-8　수열 $\{a_n\}$의 첫째항부터 제 n항까지의 합 S_n이
$$S_1=10, \quad S_{n+1}=\frac{1}{2}S_n+1 \ (단, \ n=1, \ 2, \ 3, \ \cdots)$$
을 만족시킬 때, 다음 물음에 답하여라.

(1) S_n을 구하여라.　　　　(2) $\displaystyle\lim_{n\to\infty} a_n$의 값을 구하여라.

[정석연구] (1) 주어진 조건으로부터 S_n은 다음과 같이 구하면 된다.

정석 $a_{n+1}=pa_n+q \ (p\neq0, \ p\neq1, \ q\neq0)$ 꼴의 점화식은

　(ⅰ) $a_{n+1}-k=p(a_n-k)$의 꼴로 변형한다.

　(ⅱ) 수열 $\{a_n-k\}$는 첫째항이 a_1-k, 공비가 p인 등비수열!

(2) S_n을 구하고 나면 a_n은

정석 $a_1=S_1, \quad a_n=S_n-S_{n-1} \ (n\geq2)$

에 의하여 구할 수 있다. 특히 이 문제에서는 $n \longrightarrow \infty$를 생각하므로 $a_n=S_n-S_{n-1}(n\geq2)$만을 생각해도 된다.

[모범답안] (1) $S_{n+1}=\dfrac{1}{2}S_n+1$의 양변에서 2를 빼면

$$S_{n+1}-2=\frac{1}{2}S_n+1-2 \quad \therefore \ S_{n+1}-2=\frac{1}{2}(S_n-2)$$

또, $S_1=10$이므로　$S_1-2=10-2=8$

따라서 수열 $\{S_n-2\}$는 첫째항이 8, 공비가 $\dfrac{1}{2}$인 등비수열이다.

$$\therefore \ S_n-2=8\times\left(\frac{1}{2}\right)^{n-1} \quad \therefore \ \boldsymbol{S_n=2+8\times\left(\frac{1}{2}\right)^{n-1}} \longleftarrow \boxed{\text{답}}$$

(2) $n\geq2$일 때

$$a_n=S_n-S_{n-1}=\left\{2+8\times\left(\frac{1}{2}\right)^{n-1}\right\}-\left\{2+8\times\left(\frac{1}{2}\right)^{n-2}\right\}=(-8)\times\left(\frac{1}{2}\right)^{n-1}$$

$$\therefore \ \boldsymbol{\lim_{n\to\infty} a_n=0} \longleftarrow \boxed{\text{답}}$$

*$Note$　1° (1)의 결과에서 $\displaystyle\lim_{n\to\infty}S_n=2$이고, 이것은 $a_1+a_2+\cdots+a_n+\cdots$의 값이다. 이에 대해서는 다음 단원(p. 23)에서 다시 공부한다.

　2° (2) $\displaystyle\lim_{n\to\infty}S_n$의 값이 존재하면 $\displaystyle\lim_{n\to\infty}a_n=0$이다. 이에 대해서도 다음 단원(p. 23)에서 다시 공부한다.

[유제] **1**-8. 수열 $\{a_n\}$이 $a_1=1$, $2a_{n+1}-a_n=2$(단, $n=1, \ 2, \ 3, \ \cdots$)를 만족시킬 때, 다음을 구하여라.

(1) a_n　　　　(2) $\displaystyle\lim_{n\to\infty} a_n$　　　　$\boxed{\text{답}}$ (1) $\boldsymbol{a_n=2-\left(\dfrac{1}{2}\right)^{n-1}}$ (2) **2**

필수 예제 **1**-9   한 변의 길이가 1인 정삼각형 ABC의 변 AB 위의 한 점을 P_1이라고 하자. 점 P_1에서 변 BC에 내린 수선의 발을 Q_1, 점 Q_1에서 변 CA에 내린 수선의 발을 R_1, 점 R_1에서 변 AB에 내린 수선의 발을 P_2라 하고, 점 P_2에서 다시 같은 시행을 반복하여 Q_2, R_2, P_3, Q_3, R_3, $\cdots$이라고 하자.

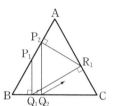

$\overline{AP_n}=x_n$ (단, n은 자연수)이라고 할 때,

(1) x_n을 n과 x_1로 나타내어라.

(2) $\displaystyle\lim_{n\to\infty}x_n$의 값을 구하여라.

모범답안 (1) $\overline{BQ_n}=\overline{BP_n}\cos 60°=\dfrac{1}{2}(1-x_n)$

$\overline{CR_n}=\overline{CQ_n}\cos 60°=\dfrac{1}{2}\left(1-\overline{BQ_n}\right)$

$\quad=\dfrac{1}{2}\left\{1-\dfrac{1}{2}(1-x_n)\right\}=\dfrac{1}{4}(1+x_n)$

$\overline{AP_{n+1}}=\overline{AR_n}\cos 60°=\dfrac{1}{2}\left(1-\overline{CR_n}\right)$

$\quad=\dfrac{1}{2}\left\{1-\dfrac{1}{4}(1+x_n)\right\}=\dfrac{1}{8}(3-x_n)$

$\therefore x_{n+1}=\dfrac{1}{8}(3-x_n)$ $\therefore x_{n+1}-\dfrac{1}{3}=-\dfrac{1}{8}\left(x_n-\dfrac{1}{3}\right)$

$\therefore x_n-\dfrac{1}{3}=\left(x_1-\dfrac{1}{3}\right)\left(-\dfrac{1}{8}\right)^{n-1}$

$\therefore \boldsymbol{x_n}=\left(x_1-\dfrac{1}{3}\right)\left(-\dfrac{1}{8}\right)^{n-1}+\dfrac{1}{3}$ ← 답

(2) $\displaystyle\lim_{n\to\infty}\left(-\dfrac{1}{8}\right)^{n-1}=0$ 이므로 $\displaystyle\lim_{n\to\infty}\boldsymbol{x_n}=\dfrac{1}{3}$ ← 답

*Note P_n은 P_1의 위치에 관계없이 변 AB를 $1:2$로 내분하는 점으로 수렴한다.

유제 **1**-9. 한 변의 길이가 1인 정삼각형 ABC의 변 BC의 중점을 P_1이라고 하자. 점 P_1을 지나고 변 AB에 평행한 직선과 변 AC의 교점을 Q_1, 점 Q_1을 지나고 변 BC에 평행한 직선과 변 AB의 교점을 R_1, 점 R_1에서 변 BC에 내린 수선의 발을 P_2라고 하자. 이와 같이 점 Q_2, R_2, P_3, $\cdots$을 정할 때, $\displaystyle\lim_{n\to\infty}\overline{BP_n}$의 값을 구하여라.   답 $\dfrac{1}{3}$

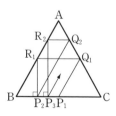

연습문제 1

기본 **1**-1 수열 $\{a_n\}$, $\{b_n\}$이 $\lim\limits_{n\to\infty}(n+1)a_n=2$, $\lim\limits_{n\to\infty}(n^2+1)b_n=7$을 만족시킬 때, $\lim\limits_{n\to\infty}\dfrac{(10n+1)b_n}{a_n}$의 값을 구하여라. 단, $a_n\neq 0$이다.

1-2 수열 $\{a_n\}$이 모든 자연수 n에 대하여

$$\frac{2a_n-1}{a_n+5}=\frac{1^2+2^2+3^2+\cdots+n^2}{1\times2+2\times3+3\times4+\cdots+n(n+1)}$$

을 만족시킬 때, $\lim\limits_{n\to\infty}a_n$의 값을 구하여라.

1-3 자연수 n에 대하여 $\sqrt{n^2+3n+1}$의 소수부분을 a_n이라고 할 때, $\lim\limits_{n\to\infty}a_n$의 값을 구하여라.

1-4 수열 $\{a_n\}$에 대하여 이차방정식 $x^2-(3n+1)x+a_n=0$은 실근을 가지고, 이차방정식 $4x^2+(6n-4)x+a_n=0$은 실근을 가지지 않는다.

이때, $\lim\limits_{n\to\infty}\dfrac{a_n}{n^2}$의 값을 구하여라.

1-5 자연수 n에 대하여 곡선 $y=\dfrac{6n}{x}$과 직선 $y=-\dfrac{1}{n}x+5$의 두 교점을 A_n, B_n이라고 하자. 선분 A_nB_n의 길이를 l_n이라고 할 때, $\lim\limits_{n\to\infty}(l_{n+2}-l_n)$의 값을 구하여라.

1-6 실수 전체의 집합에서 정의된 함수 $f(x)$는 $-1\leq x\leq 1$일 때 $f(x)=x^2$이고, 모든 실수 x에 대하여 $f(x+2)=f(x)$이다. 좌표평면에서 자연수 n에 대하여 직선 $y=\dfrac{1}{2n}x+\dfrac{1}{4n}$과 함수 $y=f(x)$의 그래프의 교점의 개수를 a_n이라고 할 때, $\lim\limits_{n\to\infty}\dfrac{a_n}{n}$의 값을 구하여라.

1-7 수열 $\{x^n(x-2)^n\}$이 수렴하도록 x의 값의 범위를 정하여라.

1-8 자연수 n에 대하여 20^n의 양의 약수의 총합을 $T(n)$이라고 하자.

이때, $\lim\limits_{n\to\infty}\dfrac{T(n)}{20^n}$의 값을 구하여라.

1-9 1000 mL의 물이 가득 들어 있는 용기가 있다. 이 용기에 담긴 물의 반을 덜어 내고 물 300 mL와 알코올 100 mL를 넣는 것을 첫 번째 시행이라 하고, 이 시행 후 용기에 남아 있는 용액의 반을 덜어 내고 물 300 mL와 알코올 100 mL를 넣는 것을 두 번째 시행이라고 하자. 이와 같은 시행을 한없이 반복할 때, 용기에 들어 있는 알코올의 농도(%)의 극한값을 구하여라.

$\boxed{\text{실력}}$ **1**-10 $\lim\limits_{n \to \infty}(2^n+3^n+5^n)^{\frac{1}{n}}$의 값을 구하여라.

1-11 첫째항이 10인 수열 $\{a_n\}$이 모든 자연수 n에 대하여 $a_{n+1}>a_n$, $\sum\limits_{k=1}^{n}(a_{k+1}-a_k)^2=2\left(1-\dfrac{1}{9^n}\right)$을 만족시킬 때, $\lim\limits_{n \to \infty}a_n$의 값을 구하여라.

1-12 $a_1=\dfrac{1}{2}$, $a_{n+1}=\dfrac{2}{3-a_n}$ (단, $n=1, 2, 3, \cdots$)로 정의된 수열 $\{a_n\}$에 대하여 다음 물음에 답하여라.

(1) $0<a_n<1$임을 증명하여라.

(2) $1-a_{n+1}<\dfrac{1}{2}(1-a_n)$이 성립함을 보여라.

(3) $\lim\limits_{n \to \infty}a_n$의 값을 구하여라.

1-13 $-2\leq x\leq 5$에서 정의된 함수 $y=f(x)$의 그래프가 오른쪽과 같다.
$\lim\limits_{n \to \infty}\dfrac{|\,nf(a)-1\,|-nf(a)}{2n+3}=1$을 만족시키는 상수 a의 값의 개수를 구하여라.

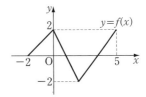

1-14 곡선 $y=x^2$ 위의 점 P_n(단, n은 0 또는 자연수)은 다음을 만족시킨다.

  (가) 점 P_0, P_1의 좌표는 각각 $(0, 0)$, $(1, 1)$이다.

  (나) 직선 P_nP_{n+1}과 직선 $P_{n+1}P_{n+2}$는 점 P_{n+1}에서 수직으로 만난다.

$l_n=\overline{P_nP_{n+1}}$이라고 할 때, $\lim\limits_{n \to \infty}\dfrac{l_n}{n}$의 값을 구하여라.

1-15 좌표평면에서 $\max(|x|, |y|)=1$이 나타내는 도형 및 그 내부와 $\max(|x|, |y|)=\dfrac{1}{2}$이 나타내는 도형 및 그 외부의 공통부분을 R라고 하자. R의 내부에 한 변의 길이가 $\dfrac{1}{n}$인 정사각형을 각 변이 좌표축에 수직이고 내부가 겹치지 않게 그릴 때, 가능한 정사각형의 최대 개수를 a_n이라고 하자. 이때, $\lim\limits_{n \to \infty}\dfrac{a_{2n+1}-a_{2n}}{a_{2n}-a_{2n-1}}$의 값을 구하여라.

  단, $\max(a, b)$는 a, b 중 작지 않은 것을 나타낸다.

1-16 $\triangle A_1B_1C_1$의 내접원과 변 B_1C_1, C_1A_1, A_1B_1의 접점을 각각 A_2, B_2, C_2라고 하자. 다음에 $\triangle A_2B_2C_2$의 내접원과 변 B_2C_2, C_2A_2, A_2B_2의 접점을 각각 A_3, B_3, C_3이라고 하자. 마찬가지로 $\triangle A_nB_nC_n$의 내접원과 변 B_nC_n, C_nA_n, A_nB_n의 접점을 각각 A_{n+1}, B_{n+1}, C_{n+1}이라 하고, $\angle B_nA_nC_n=a_n$이라고 하자. 단, n은 자연수이다.

(1) a_n을 n과 a_1로 나타내어라.   (2) $\lim\limits_{n \to \infty}a_n$의 값을 구하여라.

강의 특징

· 철저한 개념완성을 통해 수학적 사고력을 극대화 시킬 수 있는 강의
· 고난도 문항에 대한 다양한 접근방법을 제시
· 수능 및 논술의 출제원리까지 관련주제와 함께 제시

차현우 선생님과 함께 하는 수학 공부법
올바른 방법으로 집중력 있게 공부하라!

철저하게 개념을 완성하라
수학을 잘하기 위해서는 개념의 완성이 가장 중요합니다. 정확하고 깊이 있게 수학적 개념을 정리하면
어떠한 유형의 문제들을 만나더라도 흔들림 없이 해결할 수 있게 됩니다.

'이해'와 '암기'는 별개가 아니다.
수학에서 '암기'라는 단어는 피해야하는 대상이 아닙니다. 수학의 원리 및 공식을 이해하고
받아들이는 과정이 수학 공부의 출발이라고 하면 다음 과정은 이를 반복해서 익히고 자연스럽게
사용할 수 있게 암기하는 것입니다. '암기'와 '이해'는 상호 배타적인 것이 아니며, '이해'는 '암기'에서
오고 '암기'는 이해에서 온다는 것을 명심해야 합니다.

올바른 방법으로 집중력 있게 공부하라
수학은 한 번 공부하더라도 제대로 깊이 있게 공부하는 것이 중요한 과목입니다. 출발이 늦었더라도
집중력을 가지고 올바른 방법으로 공부하면 누구나 수학을 잘 할 수 있습니다.

②. 급 수

§1. 급 수

1 **급수와 부분합**

수열 $\{a_n\}$의 각 항을 차례로 기호 $+$로 연결한 식

$$a_1 + a_2 + a_3 + \cdots + a_n + \cdots$$

을 급수 또는 무한급수라 하고, 기호 $\sum$를 사용하여 $\displaystyle\sum_{n=1}^{\infty} a_n$ 또는 $\displaystyle\sum_{k=1}^{\infty} a_k$ 로 나타낸다.

또, 위의 급수에서 첫째항부터 제 n항까지의 합

$$S_n = \sum_{k=1}^{n} a_k = a_1 + a_2 + a_3 + \cdots + a_n$$

을 이 급수의 제 **n**항까지의 부분합 또는 간단히 부분합이라고 한다.

2 **급수의 수렴과 발산**

급수 $\displaystyle\sum_{n=1}^{\infty} a_n$의 제 n항까지의 부분합을 S_n이라고 할 때, 부분합의 수열

$$S_1,\ S_2,\ S_3,\ \cdots,\ S_n,\ \cdots$$

이 일정한 값 S에 수렴하면, 곧 $\displaystyle\lim_{n\to\infty} S_n = S$이면 급수 $\displaystyle\sum_{n=1}^{\infty} a_n$은 S에 수렴한다고 한다. 이때, S를 급수의 합이라 하고,

$$\sum_{n=1}^{\infty} a_n = S \quad \text{또는} \quad a_1 + a_2 + a_3 + \cdots + a_n + \cdots = S$$

로 나타낸다.

한편 급수 $\displaystyle\sum_{n=1}^{\infty} a_n$에서 부분합의 수열 $\{S_n\}$이 발산할 때, 이 급수는 발산한다고 한다(급수의 합은 존재하지 않는다).

3 **급수의 수렴, 발산과 수열의 극한**

급수 $\displaystyle\sum_{n=1}^{\infty} a_n$과 수열의 극한 $\displaystyle\lim_{n\to\infty} a_n$ 사이에 다음 관계가 성립한다.

(1) 급수 $\displaystyle\sum_{n=1}^{\infty} a_n$이 수렴 $\implies \displaystyle\lim_{n\to\infty} a_n = 0$

(2) $\displaystyle\lim_{n\to\infty} a_n \neq 0 \implies$ 급수 $\displaystyle\sum_{n=1}^{\infty} a_n$은 발산

4 급수의 기본 성질

급수 $\sum\limits_{n=1}^{\infty} a_n$, $\sum\limits_{n=1}^{\infty} b_n$이 수렴할 때,

(1) $\sum\limits_{n=1}^{\infty} ca_n = c\sum\limits_{n=1}^{\infty} a_n$ (단, c는 상수)

(2) $\sum\limits_{n=1}^{\infty} (a_n \pm b_n) = \sum\limits_{n=1}^{\infty} a_n \pm \sum\limits_{n=1}^{\infty} b_n$ (복부호동순)

─────────────────────────────────────

𝒜dvice 1° 급수의 수렴과 발산

급수의 수렴, 발산을 수열의 수렴, 발산과 혼동해서는 안 된다.

> **정석** 수열 $\{a_n\}$의 첫째항부터 제 n항까지의 합을 S_n이라고 하면
> 수열의 수렴, 발산은 $\Longrightarrow$ $\lim\limits_{n\to\infty} a_n$을 조사!
> 급수의 수렴, 발산은 $\Longrightarrow$ $\lim\limits_{n\to\infty} S_n$을 조사!

한편 급수 $\sum\limits_{n=1}^{\infty} a_n$에서 부분합의 수열 $\{S_n\}$이 발산할 때, $\sum\limits_{n=1}^{\infty} a_n = \infty$, $\sum\limits_{n=1}^{\infty} a_n = -\infty$ 등의 기호를 수열의 극한에서와 같은 의미로 사용한다.

보기 1 다음 급수의 수렴과 발산을 조사하고, 수렴하면 급수의 합을 구하여라.

(1) $\dfrac{1}{2} + \dfrac{1}{4} + \dfrac{1}{8} + \dfrac{1}{16} + \cdots + \dfrac{1}{2^n} + \cdots$

(2) $\dfrac{1}{\sqrt{2}+\sqrt{1}} + \dfrac{1}{\sqrt{3}+\sqrt{2}} + \dfrac{1}{\sqrt{4}+\sqrt{3}} + \cdots + \dfrac{1}{\sqrt{n+1}+\sqrt{n}} + \cdots$

(3) $1-1+1-1+\cdots$

연구 부분합의 수열 $\{S_n\}$의 수렴과 발산을 조사한다.

> **정석** 급수의 수렴과 발산은 먼저 부분합 S_n을 구하고,
> $\lim\limits_{n\to\infty} S_n = S$(일정) $\Longrightarrow$ 수렴, $\lim\limits_{n\to\infty} S_n \neq S$(일정) $\Longrightarrow$ 발산

(1) $S_n = \dfrac{1}{2} + \dfrac{1}{4} + \dfrac{1}{8} + \dfrac{1}{16} + \cdots + \dfrac{1}{2^n} = 1 - \left(\dfrac{1}{2}\right)^n$ $\therefore \lim\limits_{n\to\infty} S_n = \mathbf{1}$ (수렴)

(2) $\dfrac{1}{\sqrt{n+1}+\sqrt{n}} = \dfrac{\sqrt{n+1}-\sqrt{n}}{(\sqrt{n+1}+\sqrt{n})(\sqrt{n+1}-\sqrt{n})} = \sqrt{n+1}-\sqrt{n}$

$\therefore S_n = (\sqrt{2}-1) + (\sqrt{3}-\sqrt{2}) + \cdots + (\sqrt{n+1}-\sqrt{n}) = -1+\sqrt{n+1}$

$\therefore \lim\limits_{n\to\infty} S_n = \lim\limits_{n\to\infty}(\sqrt{n+1}-1) = \infty$ (발산)

(3) $\lim\limits_{n\to\infty} S_{2n-1} = \lim\limits_{n\to\infty} 1 = 1$, $\lim\limits_{n\to\infty} S_{2n} = \lim\limits_{n\to\infty} 0 = 0$

따라서 수열 $\{S_n\}$은 진동한다. (발산)

Advice 2° 급수의 수렴, 발산과 수열의 극한

수열 $\{a_n\}$에 대하여 급수 $\sum\limits_{n=1}^{\infty} a_n$이 수렴할 때, 급수의 합을 S, 부분합을 S_n이라고 하면

$$a_n = S_n - S_{n-1} \ (n \geq 2), \quad \lim_{n \to \infty} S_n = S, \quad \lim_{n \to \infty} S_{n-1} = S$$

$$\therefore \lim_{n \to \infty} a_n = \lim_{n \to \infty}(S_n - S_{n-1}) = \lim_{n \to \infty} S_n - \lim_{n \to \infty} S_{n-1} = S - S = 0$$

따라서 다음이 성립한다.

급수 $\sum\limits_{n=1}^{\infty} a_n$이 수렴하면 $\lim\limits_{n \to \infty} a_n = 0$이다.   ······①

또, ①의 대우를 생각하면 다음 성질을 얻는다.

$\lim\limits_{n \to \infty} a_n \neq 0$이면 급수 $\sum\limits_{n=1}^{\infty} a_n$은 발산한다.

*Note 앞면의 **보기 1**의 (2)에서 보면 $\lim\limits_{n \to \infty} a_n = 0$이지만, 주어진 급수는 ∞로 발산한다. 따라서 위의 ①의 역은 성립하지 않는다. 곧, $\lim\limits_{n \to \infty} a_n = 0$은 급수 $\sum\limits_{n=1}^{\infty} a_n$이 수렴하기 위한 필요조건이지만 충분조건은 아니다.

보기 2 수열 $\{a_n\}$에 대하여 급수 $\sum\limits_{n=1}^{\infty}\left(\dfrac{a_n}{3^n} - 4\right)$가 수렴할 때, $\lim\limits_{n \to \infty} \dfrac{3^{n+1}}{a_n + 2}$의 값을 구하여라.

연구 주어진 급수가 수렴하므로 $\lim\limits_{n \to \infty}\left(\dfrac{a_n}{3^n} - 4\right) = 0$ $\therefore \lim\limits_{n \to \infty} \dfrac{a_n}{3^n} = 4$

$$\therefore \lim_{n \to \infty} \frac{3^{n+1}}{a_n + 2} = \lim_{n \to \infty} \frac{3}{\dfrac{a_n}{3^n} + \dfrac{2}{3^n}} = \frac{3}{4}$$

Advice 3° 급수의 기본 성질

급수 $\sum\limits_{n=1}^{\infty} a_n$, $\sum\limits_{n=1}^{\infty} b_n$이 수렴할 때, 다음이 성립한다.

$$\sum_{n=1}^{\infty} ca_n = \lim_{n \to \infty} \sum_{k=1}^{n} ca_k = c \lim_{n \to \infty} \sum_{k=1}^{n} a_k = c \sum_{n=1}^{\infty} a_n \ (\text{단}, \ c\text{는 상수})$$

$$\sum_{n=1}^{\infty}(a_n \pm b_n) = \lim_{n \to \infty} \sum_{k=1}^{n}(a_k \pm b_k) = \lim_{n \to \infty}\left(\sum_{k=1}^{n} a_k \pm \sum_{k=1}^{n} b_k\right)$$

$$= \lim_{n \to \infty} \sum_{k=1}^{n} a_k \pm \lim_{n \to \infty} \sum_{k=1}^{n} b_k = \sum_{n=1}^{\infty} a_n \pm \sum_{n=1}^{\infty} b_n \ (\text{복부호동순})$$

보기 3 $\sum\limits_{n=1}^{\infty}(a_n + b_n) = 5$, $\sum\limits_{n=1}^{\infty}(a_n - b_n) = 3$일 때, $\sum\limits_{n=1}^{\infty} a_n$, $\sum\limits_{n=1}^{\infty} b_n$의 값을 구하여라.

연구 $\sum\limits_{n=1}^{\infty} a_n = \sum\limits_{n=1}^{\infty} \dfrac{(a_n + b_n) + (a_n - b_n)}{2} = \dfrac{1}{2}\left\{\sum\limits_{n=1}^{\infty}(a_n + b_n) + \sum\limits_{n=1}^{\infty}(a_n - b_n)\right\}$

$$= \frac{1}{2}(5 + 3) = 4$$

$$\sum_{n=1}^{\infty} b_n = \sum_{n=1}^{\infty}\left\{(a_n + b_n) - a_n\right\} = \sum_{n=1}^{\infty}(a_n + b_n) - \sum_{n=1}^{\infty} a_n = 5 - 4 = 1$$

필수 예제 **2**-1 다음 급수의 수렴과 발산을 조사하고, 수렴하면 급수의
합을 구하여라.

(1) $\displaystyle\sum_{n=1}^{\infty}\dfrac{1}{n\sqrt{n+1}+(n+1)\sqrt{n}}$　　(2) $\displaystyle\sum_{n=2}^{\infty}\log\dfrac{n^3-1}{n^3+1}$

[정석연구] $\displaystyle\sum_{n=1}^{\infty}a_n$의 부분합 S_n에 대하여 $\displaystyle\sum_{n=1}^{\infty}a_n=\lim_{n\to\infty}\sum_{k=1}^{n}a_k=\lim_{n\to\infty}S_n$이다.

[정석] 급수의 수렴과 발산은 먼저 부분합 S_n을 구하고,

$$\lim_{n\to\infty}S_n=S(\text{일정})\implies \text{수렴},\qquad \lim_{n\to\infty}S_n\neq S(\text{일정})\implies \text{발산}$$

[모범답안] (1) $S_n=\displaystyle\sum_{k=1}^{n}\dfrac{1}{k\sqrt{k+1}+(k+1)\sqrt{k}}$이라고 하면

$$S_n=\sum_{k=1}^{n}\dfrac{k\sqrt{k+1}-(k+1)\sqrt{k}}{(k\sqrt{k+1})^2-\{(k+1)\sqrt{k}\}^2}$$

$$=\sum_{k=1}^{n}\dfrac{k\sqrt{k+1}-(k+1)\sqrt{k}}{-k(k+1)}=\sum_{k=1}^{n}\left(\dfrac{1}{\sqrt{k}}-\dfrac{1}{\sqrt{k+1}}\right)$$

$$=\left(1-\dfrac{1}{\sqrt{2}}\right)+\left(\dfrac{1}{\sqrt{2}}-\dfrac{1}{\sqrt{3}}\right)+\cdots+\left(\dfrac{1}{\sqrt{n}}-\dfrac{1}{\sqrt{n+1}}\right)=1-\dfrac{1}{\sqrt{n+1}}$$

$\therefore$ (준 식)$=\displaystyle\lim_{n\to\infty}S_n=\lim_{n\to\infty}\left(1-\dfrac{1}{\sqrt{n+1}}\right)=\mathbf{1}$ (수렴) ← [답]

(2) $S_n=\displaystyle\sum_{k=2}^{n}\log\dfrac{k^3-1}{k^3+1}$이라고 하면

$$S_n=\sum_{k=2}^{n}\log\left\{\dfrac{k-1}{k+1}\times\dfrac{k(k+1)+1}{k(k-1)+1}\right\}$$

$$=\log\left[\left(\dfrac{1}{3}\times\dfrac{2}{4}\times\dfrac{3}{5}\times\dfrac{4}{6}\times\cdots\times\dfrac{n-1}{n+1}\right)\right.$$

$$\left.\times\left\{\dfrac{2\times3+1}{2\times1+1}\times\dfrac{3\times4+1}{3\times2+1}\times\dfrac{4\times5+1}{4\times3+1}\times\cdots\times\dfrac{n(n+1)+1}{n(n-1)+1}\right\}\right]$$

$$=\log\left\{\dfrac{2}{n(n+1)}\times\dfrac{n(n+1)+1}{2\times1+1}\right\}=\log\left(\dfrac{2}{3}\times\dfrac{n^2+n+1}{n^2+n}\right)$$

$\therefore$ (준 식)$=\displaystyle\lim_{n\to\infty}S_n=\lim_{n\to\infty}\log\left(\dfrac{2}{3}\times\dfrac{n^2+n+1}{n^2+n}\right)=\mathbf{\log\dfrac{2}{3}}$ (수렴) ← [답]

[유제] **2**-1. 다음 급수의 수렴과 발산을 조사하고, 수렴하면 급수의 합을 구하
여라.

(1) $\displaystyle\sum_{n=1}^{\infty}\dfrac{1}{\sqrt{n+2}+\sqrt{n}}$　　(2) $\displaystyle\sum_{n=2}^{\infty}\log\left(1-\dfrac{1}{n^2}\right)$

[답] (1) ∞ (발산) (2) $\mathbf{\log\dfrac{1}{2}}$ (수렴)

필수 예제 2-2   다음 급수의 합을 구하여라.

(1) $\displaystyle\sum_{n=1}^{\infty}\frac{n+1}{n^2(n+2)^2}$ (2) $\displaystyle\sum_{n=1}^{\infty}\frac{1}{n(n+1)(n+2)}$

[정석연구] 급수의 합은 부분합 S_n을 구한 다음, $\displaystyle\lim_{n\to\infty}S_n$을 계산한다.

정석 $\displaystyle\sum_{n=1}^{\infty}a_n=\lim_{n\to\infty}\sum_{k=1}^{n}a_k=\lim_{n\to\infty}S_n$

여기에서 a_n이 분수식일 때에는 아래 **정석**을 이용하여 부분분수로 변형한 다음, 부분합을 구한다.

정석 $\dfrac{1}{AB}=\dfrac{1}{B-A}\left(\dfrac{1}{A}-\dfrac{1}{B}\right)$ $\Leftarrow \dfrac{1}{A}-\dfrac{1}{B}=\dfrac{B-A}{AB}$

$\dfrac{1}{ABC}=\dfrac{1}{C-A}\left(\dfrac{1}{AB}-\dfrac{1}{BC}\right)$ $\Leftarrow \dfrac{1}{AB}-\dfrac{1}{BC}=\dfrac{C-A}{ABC}$

[모범답안] 주어진 급수의 부분합을 S_n이라고 하자.

(1) $(n+2)^2-n^2=4(n+1)$이므로

$$\frac{n+1}{n^2(n+2)^2}=\frac{n+1}{(n+2)^2-n^2}\left\{\frac{1}{n^2}-\frac{1}{(n+2)^2}\right\}$$

$$=\frac{1}{4}\left\{\frac{1}{n^2}-\frac{1}{(n+2)^2}\right\}$$

$$\therefore\ S_n=\sum_{k=1}^{n}\frac{k+1}{k^2(k+2)^2}=\sum_{k=1}^{n}\frac{1}{4}\left\{\frac{1}{k^2}-\frac{1}{(k+2)^2}\right\}$$

$$=\frac{1}{4}\left\{\frac{1}{1^2}+\frac{1}{2^2}-\frac{1}{(n+1)^2}-\frac{1}{(n+2)^2}\right\}$$

$$\therefore\ \sum_{n=1}^{\infty}\frac{n+1}{n^2(n+2)^2}=\lim_{n\to\infty}S_n=\frac{1}{4}\left(\frac{1}{1^2}+\frac{1}{2^2}\right)=\frac{5}{16}\ \leftarrow\ \boxed{답}$$

(2) $$\frac{1}{n(n+1)(n+2)}=\frac{1}{(n+2)-n}\left\{\frac{1}{n(n+1)}-\frac{1}{(n+1)(n+2)}\right\}$$

$$=\frac{1}{2}\left\{\frac{1}{n(n+1)}-\frac{1}{(n+1)(n+2)}\right\}$$

$$\therefore\ S_n=\sum_{k=1}^{n}\frac{1}{k(k+1)(k+2)}=\sum_{k=1}^{n}\frac{1}{2}\left\{\frac{1}{k(k+1)}-\frac{1}{(k+1)(k+2)}\right\}$$

$$=\frac{1}{2}\left\{\frac{1}{1\times2}-\frac{1}{(n+1)(n+2)}\right\}$$

$$\therefore\ \sum_{n=1}^{\infty}\frac{1}{n(n+1)(n+2)}=\lim_{n\to\infty}S_n=\frac{1}{2}\times\frac{1}{1\times2}=\frac{1}{4}\ \leftarrow\ \boxed{답}$$

Advice 1° 앞면에서는 특수한 변형을 생각했으나, 일반적으로 분수식은

$$\frac{(\text{일차식 이하})}{(x+p)(x+q)} = \frac{a}{x+p} + \frac{b}{x+q}$$

$$\frac{(\text{이차식 이하})}{(x+p)(x+q)(x+r)} = \frac{a}{x+p} + \frac{b}{x+q} + \frac{c}{x+r}$$

$$\frac{(\text{이차식 이하})}{(x+p)^2(x+q)} = \frac{a}{(x+p)^2} + \frac{b}{x+p} + \frac{c}{x+q}$$

$$\frac{(\text{삼차식 이하})}{(x+p)^2(x+q)^2} = \frac{a}{(x+p)^2} + \frac{b}{x+p} + \frac{c}{(x+q)^2} + \frac{d}{x+q}$$

와 같이 분해하여 나타낸 다음, 항등식의 성질을 이용하여 a, b, c, $\cdots$의 값을 정하면 된다.   ⇦ 실력 수학(하) p. 222

이와 같이 표현하는 것을 부분분수로 변형한다고 한다.

이를테면 (2)의 경우

$$\frac{1}{n(n+1)(n+2)} = \frac{a}{n} + \frac{b}{n+1} + \frac{c}{n+2}$$

로 나타낸 다음, 항등식의 성질을 이용하면 $a = \frac{1}{2}$, $b = -1$, $c = \frac{1}{2}$이므로

$$\frac{1}{n(n+1)(n+2)} = \frac{1}{2}\left(\frac{1}{n} - \frac{2}{n+1} + \frac{1}{n+2}\right)$$

$$= \frac{1}{2}\left\{\left(\frac{1}{n} - \frac{1}{n+1}\right) - \left(\frac{1}{n+1} - \frac{1}{n+2}\right)\right\}$$

이 식을 이용하여 부분합을 구할 수도 있다.

Advice 2° (1), (2)는 특수한 형태의 분수식으로 다음과 같이 분해해도 된다.

$$\frac{n+1}{n^2(n+2)^2} = \frac{a}{n^2} + \frac{b}{(n+2)^2} \qquad ⇦ \frac{c}{n},\ \frac{d}{n+2} \text{는 필요 없음}$$

$$\frac{1}{n(n+1)(n+2)} = \frac{a}{n(n+1)} + \frac{b}{(n+1)(n+2)}$$

[유제] **2**-2. 다음 급수의 합을 구하여라.

(1) $\displaystyle\sum_{n=1}^{\infty} \frac{1}{n(n+2)}$ (2) $1 + \frac{1}{3} + \frac{1}{6} + \frac{1}{10} + \frac{1}{15} + \cdots$

(3) $\dfrac{x^2}{1+x^2} + \dfrac{x^2}{(1+x^2)(1+2x^2)} + \dfrac{x^2}{(1+2x^2)(1+3x^2)} + \cdots$

(4) $\displaystyle\sum_{n=1}^{\infty} \frac{4n+2}{\{n(n+1)\}^2}$ (5) $\displaystyle\sum_{n=1}^{\infty} \frac{1}{1\times2 + 2\times3 + \cdots + n(n+1)}$

[답] (1) $\dfrac{3}{4}$ (2) **2** (3) $x \neq 0$일 때 **1**, $x=0$일 때 **0** (4) **2** (5) $\dfrac{3}{4}$

필수 예제 **2**-3 급수 $\displaystyle\sum_{k=0}^{\infty}\log\left(1+\dfrac{1}{3^{2^k}}\right)$ 의 합을 구하여라.

[정석연구] 먼저 부분합 S_n을 구한 다음, $\displaystyle\lim_{n\to\infty}S_n$을 계산한다.

$$\boxed{\text{정석}}\ \sum_{n=1}^{\infty}a_n=\lim_{n\to\infty}\sum_{k=1}^{n}a_k=\lim_{n\to\infty}S_n$$

[모범답안] $S_n=\displaystyle\sum_{k=0}^{n}\log\left(1+\dfrac{1}{3^{2^k}}\right)$ 이라고 하면

$$S_n=\log\left(1+\dfrac{1}{3^{2^0}}\right)+\log\left(1+\dfrac{1}{3^{2^1}}\right)+\log\left(1+\dfrac{1}{3^{2^2}}\right)+\cdots+\log\left(1+\dfrac{1}{3^{2^n}}\right)$$

$$=\log\left\{\left(1+\dfrac{1}{3^{2^0}}\right)\left(1+\dfrac{1}{3^{2^1}}\right)\left(1+\dfrac{1}{3^{2^2}}\right)\times\cdots\times\left(1+\dfrac{1}{3^{2^n}}\right)\right\}$$

여기에서

$$\Pi_n=\left(1+\dfrac{1}{3^{2^0}}\right)\left(1+\dfrac{1}{3^{2^1}}\right)\left(1+\dfrac{1}{3^{2^2}}\right)\times\cdots\times\left(1+\dfrac{1}{3^{2^n}}\right)$$

로 놓으면

$$\left(1-\dfrac{1}{3}\right)\Pi_n=\left(1-\dfrac{1}{3^{2^0}}\right)\left(1+\dfrac{1}{3^{2^0}}\right)\left(1+\dfrac{1}{3^{2^1}}\right)\left(1+\dfrac{1}{3^{2^2}}\right)\times\cdots\times\left(1+\dfrac{1}{3^{2^n}}\right)$$

$$=\left(1-\dfrac{1}{3^{2^1}}\right)\left(1+\dfrac{1}{3^{2^1}}\right)\left(1+\dfrac{1}{3^{2^2}}\right)\times\cdots\times\left(1+\dfrac{1}{3^{2^n}}\right)$$

$$=\left(1-\dfrac{1}{3^{2^2}}\right)\left(1+\dfrac{1}{3^{2^2}}\right)\times\cdots\times\left(1+\dfrac{1}{3^{2^n}}\right)$$

$$=\cdots$$

$$=\left(1-\dfrac{1}{3^{2^n}}\right)\left(1+\dfrac{1}{3^{2^n}}\right)=1-\dfrac{1}{3^{2^{n+1}}}$$

$$\therefore\ \Pi_n=\dfrac{3}{2}\left(1-\dfrac{1}{3^{2^{n+1}}}\right)$$

$$\therefore\ S_n=\sum_{k=0}^{n}\log\left(1+\dfrac{1}{3^{2^k}}\right)=\log\dfrac{3}{2}\left(1-\dfrac{1}{3^{2^{n+1}}}\right)$$

$$\therefore\ \sum_{k=0}^{\infty}\log\left(1+\dfrac{1}{3^{2^k}}\right)=\lim_{n\to\infty}S_n=\lim_{n\to\infty}\log\dfrac{3}{2}\left(1-\dfrac{1}{3^{2^{n+1}}}\right)=\boldsymbol{\log\dfrac{3}{2}}\ \leftarrow\ \boxed{\text{답}}$$

[유제] **2**-3. $\displaystyle\prod_{k=1}^{n}a_k=a_1\times a_2\times a_3\times\cdots\times a_n$ 으로 정의할 때, $\displaystyle\lim_{n\to\infty}\prod_{k=1}^{n}\left\{1+\left(\dfrac{1}{2}\right)^{2^k}\right\}$ 의 값을 구하여라. $\boxed{\text{답}}\ \dfrac{4}{3}$

§ 2. 등비급수

1 **등비급수**

첫째항이 a, 공비가 r인 등비수열 $\{ar^{n-1}\}$에서 얻은 급수

$$\sum_{n=1}^{\infty} ar^{n-1} = a + ar + ar^2 + \cdots + ar^{n-1} + \cdots \quad (단, \ a \neq 0)$$

을 등비급수 또는 무한등비급수라고 한다.

2 **등비급수의 수렴과 발산**

(1) $|r| < 1$일 때에만 수렴하고, 합이 존재한다. 합을 S라고 하면

$$|r| < 1일 \ 때 \implies S = \frac{a}{1-r} \quad 곧, \ \sum_{n=1}^{\infty} ar^{n-1} = \frac{a}{1-r}$$

(2) $|r| \geq 1$일 때에는 발산한다.

Advice | $\sum_{n=1}^{\infty} ar^{n-1} = a + ar + ar^2 + \cdots + ar^{n-1} + \cdots \ (a \neq 0)$ 에서

정석 $r \neq 1$일 때 $S_n = \dfrac{a(1-r^n)}{1-r}$, $r = 1$일 때 $S_n = na$

(i) $-1 < r < 1$일 때 $\lim_{n \to \infty} r^n = 0$ $\therefore \lim_{n \to \infty} S_n = \dfrac{a}{1-r}$ $\therefore$ 수렴

(ii) $r = 1$일 때 $S_n = na$ $\therefore \lim_{n \to \infty} S_n = \begin{cases} \infty & (a > 0) \\ -\infty & (a < 0) \end{cases}$ $\therefore$ 발산

(iii) $r > 1$일 때 $\lim_{n \to \infty} r^n = \infty$, $1 - r < 0$

$$\therefore \lim_{n \to \infty} S_n = \begin{cases} \infty & (a > 0) \\ -\infty & (a < 0) \end{cases} \quad \therefore 발산$$

(iv) $r \leq -1$일 때 수열 $\{r^n\}$은 진동하므로 수열 $\{S_n\}$은 발산한다.

보기 1 다음 급수의 수렴과 발산을 조사하고, 수렴하면 급수의 합을 구하여라.

(1) $1 + \dfrac{1}{2} + \dfrac{1}{2^2} + \dfrac{1}{2^3} + \cdots$ 　　　　(2) $1 - 0.1 + 0.01 - 0.001 + \cdots$

연구 (1) 첫째항 $a = 1$, 공비 $r = \dfrac{1}{2}$이고 $|r| < 1$이므로 수렴한다.

합을 S라고 하면 $S = \dfrac{a}{1-r} = \dfrac{1}{1-(1/2)} = 2$ (수렴)

(2) 첫째항 $a = 1$, 공비 $r = -0.1$이고 $|r| < 1$이므로 수렴한다.

합을 S라고 하면 $S = \dfrac{a}{1-r} = \dfrac{1}{1-(-0.1)} = \dfrac{1}{1.1} = \dfrac{10}{11}$ (수렴)

필수 예제 **2**-4   다음 등비급수의 합을 구하여라.

(1) $\displaystyle\lim_{n\to\infty}\sum_{k=0}^{n}(1-\sqrt{2}\,)^k$ (2) $\displaystyle\sum_{n=1}^{\infty}4^{n-1}\left(\frac{1}{3}\right)^{2n}$

─────────────────────────────────────

[정석연구] (1) $k=0$부터 시작하므로 첫째항이 $(1-\sqrt{2}\,)^0=1$이고 공비가 $1-\sqrt{2}$
인 등비급수이다.

(2) $4^{n-1}\left(\dfrac{1}{3}\right)^{2n}=\dfrac{1}{3^2}\times\left(\dfrac{4}{3^2}\right)^{n-1}$이므로 첫째항이 $\dfrac{1}{3^2}$이고 공비가 $\dfrac{4}{3^2}$인 등비
급수이다.

이때, 등비급수의 합은 다음을 이용하여 구하면 된다.

정석 $-1<r<1$일 때
$$\sum_{n=1}^{\infty}ar^{n-1}=a+ar+ar^2+\cdots+ar^{n-1}+\cdots=\frac{a}{1-r}$$

[모범답안] (1) $\displaystyle\lim_{n\to\infty}\sum_{k=0}^{n}(1-\sqrt{2}\,)^k=1+(1-\sqrt{2}\,)+(1-\sqrt{2}\,)^2+\cdots$

은 첫째항이 1, 공비가 $1-\sqrt{2}$인 등비급수이고, $\left|1-\sqrt{2}\,\right|<1$이므로
$$\lim_{n\to\infty}\sum_{k=0}^{n}(1-\sqrt{2}\,)^k=\frac{1}{1-(1-\sqrt{2}\,)}=\frac{1}{\sqrt{2}}=\frac{\sqrt{2}}{2}\;\longleftarrow\boxed{\text{답}}$$

(2) $\displaystyle\sum_{n=1}^{\infty}4^{n-1}\left(\frac{1}{3}\right)^{2n}=\sum_{n=1}^{\infty}4^{n-1}\left(\frac{1}{9}\right)^{n}=\sum_{n=1}^{\infty}\left\{\frac{1}{9}\times\left(\frac{4}{9}\right)^{n-1}\right\}$
$$=\frac{1/9}{1-(4/9)}=\frac{1}{5}\;\longleftarrow\boxed{\text{답}}$$

[유제] **2**-4. 다음 등비급수의 합을 구하여라.

(1) $1-\dfrac{1}{4}+\dfrac{1}{16}-\dfrac{1}{64}+\cdots+\left(-\dfrac{1}{4}\right)^{n-1}+\cdots$

(2) $1-\dfrac{1}{\sqrt{2}}+\dfrac{1}{2}-\dfrac{1}{2\sqrt{2}}+\cdots+(-1)^{n-1}\left(\dfrac{1}{\sqrt{2}}\right)^{n-1}+\cdots$

(3) $\cos 30°+\cos^3 30°+\cos^5 30°+\cdots+\cos^{2n-1} 30°+\cdots$

(4) $\log_9\sqrt{3}+\log_9\sqrt{\sqrt{3}}+\log_9\sqrt{\sqrt{\sqrt{3}}}+\cdots$

$\boxed{\text{답}}$ (1) $\dfrac{4}{5}$ (2) $2-\sqrt{2}$ (3) $2\sqrt{3}$ (4) $\dfrac{1}{2}$

[유제] **2**-5. 다음 등비급수의 합을 구하여라.

(1) $\displaystyle\sum_{n=1}^{\infty}\left(-\frac{1}{3}\right)^{n}\left(\frac{3}{2}\right)^{2n}$ (2) $\displaystyle\lim_{m\to\infty}\sum_{k=n}^{n+m}ar^k$ (단, $0<r<1$)

$\boxed{\text{답}}$ (1) $-\dfrac{3}{7}$ (2) $\dfrac{ar^n}{1-r}$

필수 예제 **2**-5 다음 급수의 합을 구하여라.

(1) $\displaystyle\sum_{n=1}^{\infty}\left(\frac{1}{2}\right)^n \sin\frac{n}{2}\pi$ (2) $\displaystyle\sum_{n=1}^{\infty}\left(-\frac{1}{2}\right)^n \sin\left(\frac{\pi}{3}+n\pi\right)$

[정석연구] (1) $\sin\dfrac{n}{2}\pi$ 의 n 에 1, 2, 3, $\cdots$ 을 대입하면

$$\sin\frac{\pi}{2}=1,\ \sin\frac{2\pi}{2}=0,\ \sin\frac{3\pi}{2}=-1,\ \sin\frac{4\pi}{2}=0,\ \cdots$$

이다. 따라서

$$\sum_{n=1}^{\infty}\left(\frac{1}{2}\right)^n \sin\frac{n}{2}\pi=\frac{1}{2}-\left(\frac{1}{2}\right)^3+\left(\frac{1}{2}\right)^5-\left(\frac{1}{2}\right)^7+\cdots$$

곧, 이 식은 첫째항이 $\dfrac{1}{2}$, 공비가 $-\left(\dfrac{1}{2}\right)^2$ 인 등비급수이다.

(2) 같은 방법으로 $\left(-\dfrac{1}{2}\right)^n \sin\left(\dfrac{\pi}{3}+n\pi\right)$ 의 n 에 1, 2, 3, $\cdots$ 을 대입하여 첫째항과 공비를 구할 수 있다. 또는

$$\sin(n\pi+\theta)=\begin{cases}\sin\theta\ (n\text{이 짝수})\\ -\sin\theta\ (n\text{이 홀수})\end{cases}$$

이므로

[정석] $\sin(n\pi+\theta)=(-1)^n\sin\theta$

임을 이용할 수도 있다.

[정석] $|r|<1$ 일 때 $\displaystyle\sum_{n=1}^{\infty}ar^{n-1}=\frac{a}{1-r}$

[모범답안] (1) $\displaystyle\sum_{n=1}^{\infty}\left(\frac{1}{2}\right)^n \sin\frac{n}{2}\pi=\frac{1}{2}-\left(\frac{1}{2}\right)^3+\left(\frac{1}{2}\right)^5-\left(\frac{1}{2}\right)^7+\cdots$

$$=\frac{1/2}{1-\{-(1/2)^2\}}=\frac{2}{5}\ \leftarrow\ \boxed{\text{답}}$$

(2) $\displaystyle\sum_{n=1}^{\infty}\left(-\frac{1}{2}\right)^n \sin\left(\frac{\pi}{3}+n\pi\right)=\sum_{n=1}^{\infty}\left(-\frac{1}{2}\right)^n(-1)^n\sin\frac{\pi}{3}=\sum_{n=1}^{\infty}\frac{\sqrt{3}}{2}\left(\frac{1}{2}\right)^n$

$$=\frac{(\sqrt{3}/2)\times(1/2)}{1-(1/2)}=\frac{\sqrt{3}}{2}\ \leftarrow\ \boxed{\text{답}}$$

[유제] **2**-6. 다음 급수의 합을 구하여라.

(1) $\displaystyle\sum_{n=1}^{\infty}\left(-\frac{1}{\sqrt{2}}\right)^n \cos\left(n\pi+\frac{\pi}{4}\right)$ (2) $\displaystyle\lim_{n\to\infty}\sum_{k=1}^{n}\left(\frac{1}{2}\right)^k \cos\frac{k}{2}\pi$

(3) $\displaystyle\sum_{n=1}^{\infty}\left(\frac{1}{2}\right)^n \sin\frac{2n-1}{2}\pi$ (4) $\displaystyle\sum_{m=0}^{\infty}\left(\sum_{n=1}^{\infty}\sin^{2n}\frac{\pi}{6}\right)^{m+2}$

$\boxed{\text{답}}$ (1) $\dfrac{2+\sqrt{2}}{2}$ (2) $-\dfrac{1}{5}$ (3) $\dfrac{1}{3}$ (4) $\dfrac{1}{6}$

필수 예제 2-6 $f(x)=\dfrac{3^x+2^x+(-1)^x}{2^x+(-1)^x}$, $g(x)=\dfrac{1}{x-1}$ 일 때, $\displaystyle\sum_{n=1}^{\infty} g(f(n))$ 의 값을 구하여라.

[정석연구] 기호 $\displaystyle\sum$ 에서는

$$\sum_{k=1}^{n} ca_k=c\sum_{k=1}^{n} a_k, \quad \sum_{k=1}^{n}(a_k\pm b_k)=\sum_{k=1}^{n} a_k\pm\sum_{k=1}^{n} b_k \text{ (복부호동순)}$$

가 성립한다. 또, 수열의 극한에서는

수열 $\{a_n\}$, $\{b_n\}$이 수렴할 때

$$\lim_{n\to\infty} ca_n=c\lim_{n\to\infty} a_n, \quad \lim_{n\to\infty}(a_n\pm b_n)=\lim_{n\to\infty} a_n\pm\lim_{n\to\infty} b_n \text{ (복부호동순)}$$

이 성립한다. 따라서 급수에서는 다음 성질이 성립한다.

정석 급수 $\displaystyle\sum_{n=1}^{\infty} a_n$, $\displaystyle\sum_{n=1}^{\infty} b_n$이 수렴할 때,

$$\sum_{n=1}^{\infty} ca_n=c\sum_{n=1}^{\infty} a_n, \quad \sum_{n=1}^{\infty}(a_n\pm b_n)=\sum_{n=1}^{\infty} a_n\pm\sum_{n=1}^{\infty} b_n \text{ (복부호동순)}$$

[모범답안] $g(f(n))=\dfrac{1}{f(n)-1}=\dfrac{1}{\dfrac{3^n+2^n+(-1)^n}{2^n+(-1)^n}-1}=\dfrac{1}{\dfrac{3^n}{2^n+(-1)^n}}$

$\qquad\qquad =\dfrac{2^n+(-1)^n}{3^n}$

$\therefore \displaystyle\sum_{n=1}^{\infty} g(f(n))=\sum_{n=1}^{\infty}\dfrac{2^n+(-1)^n}{3^n}=\sum_{n=1}^{\infty}\left\{\left(\dfrac{2}{3}\right)^n+\left(-\dfrac{1}{3}\right)^n\right\}$

$\qquad\qquad =\displaystyle\sum_{n=1}^{\infty}\left(\dfrac{2}{3}\right)^n+\sum_{n=1}^{\infty}\left(-\dfrac{1}{3}\right)^n$

$\qquad\qquad =\dfrac{2/3}{1-(2/3)}+\dfrac{-1/3}{1-(-1/3)}=2-\dfrac{1}{4}=\boxed{\dfrac{7}{4}} \leftarrow \boxed{답}$

[유제] **2**-7. 다음 급수의 합을 구하여라.

(1) $\displaystyle\sum_{n=1}^{\infty}(11\times100^{-n}+8\times10^{-n})$ $\qquad$ (2) $\displaystyle\sum_{n=1}^{\infty}\dfrac{2^n+3^n}{4^n}$

(3) $\displaystyle\sum_{n=0}^{\infty}(2^{n+1}-1)\left(\dfrac{1}{3}\right)^n$ $\qquad$ (4) $\dfrac{2+3}{6}+\dfrac{2^2+3^2}{6^2}+\dfrac{2^3+3^3}{6^3}+\cdots$

$\boxed{답}$ (1) **1** (2) **4** (3) $\dfrac{9}{2}$ (4) $\dfrac{3}{2}$

[유제] **2**-8. $f(x)=x^2-2x$, $g(x)=\left(\dfrac{1}{3}\right)^{x+1}$ 일 때, $\displaystyle\sum_{n=1}^{\infty} f(g(n))$ 의 값을 구하여라. $\boxed{답}$ $-\dfrac{23}{72}$

필수 예제 2-7 다음 물음에 답하여라.

(1) $\displaystyle\sum_{n=1}^{\infty}\left(\frac{x}{x^2+2a}\right)^n$이 모든 실수 x에 대하여 수렴할 때, 양수 a의 값의 범위를 구하여라.

(2) 급수 $x+x^2(x-2)+x^3(x-2)^2+\cdots+x^n(x-2)^{n-1}+\cdots$의 합이 $\dfrac{1}{4}$ 일 때, x의 값을 구하여라.

[정석연구] 주어진 급수는 모두 등비수열의 합이므로 다음을 이용한다.

정석 $\displaystyle\sum_{n=1}^{\infty}ar^{n-1}=a+ar+ar^2+\cdots+ar^{n-1}+\cdots$에서

　(i) 수렴할 조건은 $\Longrightarrow$ $a=0$ 또는 $-1<r<1$

　(ii) $-1<r<1$일 때, 급수의 합은 $\Longrightarrow$ $\displaystyle\sum_{n=1}^{\infty}ar^{n-1}=\dfrac{a}{1-r}$

특히 (2)에서는 먼저 급수가 수렴할 조건부터 구해야 한다.

[모범답안] (1) 첫째항이 $\dfrac{x}{x^2+2a}$, 공비가 $\dfrac{x}{x^2+2a}$이므로 수렴할 조건은

$$\frac{x}{x^2+2a}=0 \quad\cdots\cdots① \quad\text{또는}\quad -1<\frac{x}{x^2+2a}<1 \quad\cdots\cdots②$$

①은 $x=0$일 때만 성립하므로 ②가 성립할 조건을 찾으면 된다.

$x^2+2a>0$이므로 $-x^2-2a<x<x^2+2a$

곧, 모든 실수 x에 대하여 $x^2+x+2a>0$, $x^2-x+2a>0$이 동시에 성립해야 하므로

$$1^2-4\times2a<0,\ (-1)^2-4\times2a<0 \quad\therefore\ a>\frac{1}{8} \leftarrow \boxed{답}$$

(2) 첫째항이 x, 공비가 $x(x-2)$이므로 수렴할 조건은

$$x=0 \quad\text{또는}\quad -1<x(x-2)<1 \quad\cdots\cdots①$$

또, 급수의 합이 $\dfrac{1}{4}$이므로 $\dfrac{x}{1-x(x-2)}=\dfrac{1}{4}$

$$\therefore\ 4x=1-x(x-2) \quad\therefore\ x^2+2x-1=0 \quad\therefore\ x=-1\pm\sqrt{2}$$

①을 만족시켜야 하므로 $x=\sqrt{2}-1 \leftarrow \boxed{답}$

[유제] **2**-9. 급수 $\dfrac{x}{3}+\left(\dfrac{x}{3}\right)^2(x-2)+\left(\dfrac{x}{3}\right)^3(x-2)^2+\cdots+\left(\dfrac{x}{3}\right)^n(x-2)^{n-1}+\cdots$ 에 대하여 다음 물음에 답하여라.

(1) 이 급수가 수렴하기 위한 x의 값의 범위를 구하여라.

(2) 이 급수의 합이 $\dfrac{2}{3}$일 때, x의 값을 구하여라.

$\boxed{답}$ (1) $-1<x<3$ (2) $x=2$

§3. 등비급수의 활용

1 도형에의 활용

　　동일한 모양이 한없이 반복되는 도형의 길이나 넓이의 합을 구하는 문제를 해결하기 위하여 등비급수를 활용할 수 있다.

　　이때, n번째 도형과 $n+1$번째 도형의 닮음비를 이용하여 공비를 구한다.

Note 　두 도형의 닮음비가 $m : n$이면 넓이의 비는 $m^2 : n^2$이다.

2 순환소수에의 활용

　　모든 순환소수는 등비급수를 활용하여 분수로 나타낼 수 있고, 그 계산 결과를 일반화하면 다음과 같다.

$$0.\dot{a_1}a_2a_3\cdots \dot{a_n}=\frac{a_1a_2a_3\cdots a_n}{\underbrace{999\cdots 9}_{n개}}$$

$$0.\beta_1\beta_2\cdots \beta_m\dot{a_1}a_2\cdots \dot{a_n}=\frac{(\beta_1\beta_2\cdots \beta_ma_1a_2\cdots a_n)-(\beta_1\beta_2\cdots \beta_m)}{\underbrace{999\cdots 9}_{n개}\underbrace{000\cdots 0}_{m개}}$$

Advice 　1° 　도형의 길이 또는 넓이의 합

　　동일한 모양이 한없이 반복되는 도형에 관한 문제에서 닮음비를 이용하여 규칙성을 점화식으로 나타내면 등비급수의 합의 공식을 이용할 수 있다.

　　　정석 반복되는 도형에 관한 문제

　　　　　⟹ 닮음비를 이용하여 규칙성을 점화식으로 나타낸다.

보기 1 오른쪽 그림과 같이 한 변의 길이가 1인 정삼각형을 R_1이라 하고, R_1의 세 변의 중점을 이어서 만든 정삼각형을 R_2, R_2의 세 변의 중점을 이어서 만든 정삼각형을 R_3이라고 하자.

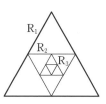

　　이와 같은 과정을 계속하여 얻은 정삼각형 R_n에 대하여 다음 물음에 답하여라.

(1) R_n의 한 변의 길이를 a_n이라고 할 때, $\sum\limits_{n=1}^{\infty} a_n$의 값을 구하여라.

(2) R_n의 넓이를 S_n이라고 할 때, $\sum\limits_{n=1}^{\infty} S_n$의 값을 구하여라.

연구 정삼각형 R_n과 R_{n+1}의 닮음비가 $2:1$이고 넓이의 비가 $4:1$임을 이용한다.

(1) $a_1=1$이고 $a_{n+1}=\dfrac{1}{2}a_n$이므로 수열 $\{a_n\}$은 첫째항이 1, 공비가 $\dfrac{1}{2}$인 등비수열이다.

$$\therefore \sum_{n=1}^{\infty} a_n = \frac{1}{1-(1/2)} = 2$$

(2) $S_1=\dfrac{\sqrt{3}}{4}\times 1^2 = \dfrac{\sqrt{3}}{4}$이고 $S_{n+1}=\dfrac{1}{4}S_n$이므로 수열 $\{S_n\}$은 첫째항이 $\dfrac{\sqrt{3}}{4}$, 공비가 $\dfrac{1}{4}$인 등비수열이다.

$$\therefore \sum_{n=1}^{\infty} S_n = \frac{\sqrt{3}/4}{1-(1/4)} = \frac{\sqrt{3}}{3}$$

Advice 2° 순환소수

$$\frac{1}{2}=\frac{5}{10}=0.5, \quad \frac{3}{5}=\frac{6}{10}=0.6, \quad \frac{1}{2^2\times 5}=\frac{5}{(2\times 5)^2}=\frac{5}{10^2}=0.05$$

와 같이 기약분수의 분모에 2, 5 이외의 소인수가 포함되지 않을 때에는 분모, 분자에 적당한 수를 곱해 주면 분모를 10^n 꼴로 나타낼 수 있기 때문에 이 분수는 유한소수가 된다. 그러나

$$\frac{25}{99}=0.252525\cdots, \qquad \frac{13}{54}=0.2407407407\cdots$$

과 같이 기약분수의 분모에 2, 5 이외의 소인수가 포함될 때에는 소수부분에 같은 부분이 한없이 반복되는 무한소수가 된다. 이와 같은 소수를 순환소수라 하고, 반복되는 한 부분을 순환마디라고 한다.

정석 기약분수는 $\Longrightarrow$ 유한소수가 아니면 순환소수가 된다.

순환소수는 순환마디의 양 끝의 숫자 위에 점을 찍어 다음과 같이 나타낸다.

$$0.252525\cdots=0.\dot{2}\dot{5}, \qquad 0.2407407407\cdots=0.2\dot{4}0\dot{7}$$

특히 $0.\dot{2}\dot{5}$와 같이 소수 첫째 자리부터 순환마디가 시작되는 순환소수를 순순환소수라 하고, 이에 대하여 $0.2\dot{4}0\dot{7}$과 같은 순환소수를 혼순환소수라고 한다.

Note 1° 기약분수의 분모가 2, 5의 소인수를 전혀 포함하지 않을 때에는 순순환소수가 되고, 2, 5의 소인수를 적어도 하나 포함할 때에는 혼순환소수가 된다.

2° 소수의 분류

소수 {
  유한소수
  무한소수 {
    순환소수 {
      순순환소수
      혼순환소수
    }
    순환하지 않는 무한소수 (무리수)
  }
}

Advice 3° 순환소수를 분수로 나타내는 방법

등비급수의 합의 공식을 이용하면 순환소수를 분수로 나타낼 수 있다. 곧, 다음 공식을 이용한다.

정석 $|r|<1$일 때 $a+ar+ar^2+ar^3+\cdots=\dfrac{a}{1-r}$

(1) $0.\dot{3}=0.333\cdots$

$=0.3+0.03+0.003+\cdots$ ⇦ 공비가 0.1인 등비급수

$=\dfrac{0.3}{1-0.1}=\dfrac{3}{10-1}=\dfrac{3}{9}$

(2) $0.\dot{2}\dot{5}=0.252525\cdots$

$=0.25+0.0025+0.000025+\cdots$ ⇦ 공비가 0.01인 등비급수

$=\dfrac{0.25}{1-0.01}=\dfrac{25}{100-1}=\dfrac{25}{99}$

(3) $0.2\dot{4}0\dot{7}=0.2407407407\cdots$

$=0.2+0.0407+0.0000407+0.0000000407+\cdots$

$=0.2+\dfrac{0.0407}{1-0.001}=\dfrac{2}{10}+\dfrac{407}{10000-10}=\dfrac{2\times999+407}{9990}$

$=\dfrac{2\times(1000-1)+407}{9990}=\dfrac{2407-2}{9990}$

위의 예를 일반화한 것이 p. 35의 **기본정석** ②에 소개한 방법이다.

보기 2 다음을 분수로 나타내어라.

(1) $0.\dot{9}$ (2) $2.\dot{4}\dot{1}$ (3) $2.5\dot{1}2\dot{3}$

연구 (1) $0.\dot{9}=\dfrac{9}{9}=\mathbf{1}$ (2) $2.\dot{4}\dot{1}=2+0.\dot{4}\dot{1}=2+\dfrac{41}{99}=\dfrac{\mathbf{239}}{\mathbf{99}}$

(3) $2.5\dot{1}2\dot{3}=2+0.5\dot{1}2\dot{3}=2+\dfrac{5123-5}{9990}=\dfrac{25098}{9990}=\dfrac{\mathbf{4183}}{\mathbf{1665}}$

보기 3 다음 계산 결과를 소수로 나타내어라.

(1) $0.\dot{7}\dot{4}+0.\dot{3}\dot{8}$ (2) $0.4\dot{8}\dot{5}-0.\dot{3}\dot{5}$

(3) $0.1\dot{3}\dot{6}\times2.\dot{9}\dot{3}$ (4) $\sqrt{0.\dot{4}\dot{9}}\div\sqrt{0.\dot{0}\dot{4}}$

연구 (1) $0.\dot{7}\dot{4}+0.\dot{3}\dot{8}=\dfrac{74}{99}+\dfrac{38}{99}=\dfrac{112}{99}=1.131313\cdots=\mathbf{1.\dot{1}\dot{3}}$

(2) $0.4\dot{8}\dot{5}-0.\dot{3}\dot{5}=\dfrac{485-4}{990}-\dfrac{35}{99}=\dfrac{131}{990}=0.1323232\cdots=\mathbf{0.1\dot{3}\dot{2}}$

(3) $0.1\dot{3}\dot{6}\times2.\dot{9}\dot{3}=\dfrac{136-1}{990}\times\left(2+\dfrac{93-9}{90}\right)=\mathbf{0.4}$

(4) $\sqrt{0.\dot{4}\dot{9}}\div\sqrt{0.\dot{0}\dot{4}}=\sqrt{\dfrac{49}{99}}\div\sqrt{\dfrac{4}{99}}=\dfrac{7}{2}=\mathbf{3.5}$

필수 예제 2-8   오른쪽 그림과 같이

$\angle B = 60°$, $\angle C = 90°$, $\overline{BC} = a$

인 직각삼각형 ABC에서 정사각형을 한없
이 만들 때, 이들 정사각형의 넓이의 합을
구하여라.

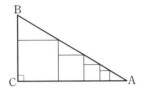

[정석연구] 오른쪽 그림에서 $\triangle ABC$, $\triangle AB_1C_1$,
$\triangle AB_2C_2$, $\cdots$는 모두 일정한 비율로 줄어드
는 닮은 삼각형이므로 $\overline{BC}$, $\overline{B_1C_1}$, $\overline{B_2C_2}$, $\cdots$
는 등비수열을 이룬다는 사실을 이용하여 풀
수 있다.

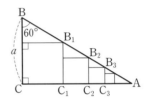

또는 정사각형의 한 변의 길이를 차례로 x_1,
x_2, x_3, $\cdots$으로 놓고 닮음비를 이용하여 x_n과 x_{n+1} 사이의 관계식을 구하여
규칙성을 점화식으로 나타낼 수도 있다.

정석 반복되는 규칙성은 $\Longrightarrow$ 점화식으로 나타낸다.

[모범답안] 정사각형의 한 변의 길이를 차례로
x_1, x_2, x_3, $\cdots$이라고 하자.

오른쪽 그림에서 $\overline{B_1D} = x_1$, $\overline{BD} = a - x_1$이
고, $\triangle BDB_1$에서 $\overline{BD} : \overline{B_1D} = 1 : \sqrt{3}$이므로

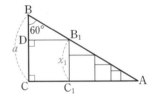

$$(a - x_1) : x_1 = 1 : \sqrt{3} \quad \therefore x_1 = \frac{\sqrt{3}}{\sqrt{3}+1}a$$

같은 방법으로 하면 자연수 n에 대하여

$$(x_n - x_{n+1}) : x_{n+1} = 1 : \sqrt{3} \quad \therefore x_{n+1} = \frac{\sqrt{3}}{\sqrt{3}+1}x_n$$

곧, 수열 $\{x_n\}$은 첫째항이 $\frac{\sqrt{3}}{\sqrt{3}+1}a$, 공비가 $\frac{\sqrt{3}}{\sqrt{3}+1}$인 등비수열이므로

정사각형의 넓이는 첫째항이 $\left(\frac{\sqrt{3}}{\sqrt{3}+1}\right)^2 a^2$, 공비가 $\left(\frac{\sqrt{3}}{\sqrt{3}+1}\right)^2$인 등비수열
을 이룬다.

따라서 정사각형의 넓이의 합을 S라고 하면

$$S = \frac{\left(\frac{\sqrt{3}}{\sqrt{3}+1}\right)^2 a^2}{1 - \left(\frac{\sqrt{3}}{\sqrt{3}+1}\right)^2} = \frac{(\sqrt{3})^2}{(\sqrt{3}+1)^2 - (\sqrt{3})^2}a^2 = \frac{3(2\sqrt{3}-1)}{11}a^2 \leftarrow \boxed{\text{답}}$$

유제 **2**-10. 반지름의 길이가 1인 원 C_1에 내접하는
정사각형 M_1을 그린다. 또, M_1에 내접하는 원 C_2를
그리고, C_2에 내접하는 정사각형 M_2를 그린다.
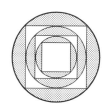
    이와 같은 과정을 계속하여 얻은 원 C_n의 넓이에
서 정사각형 M_n의 넓이를 **뺀** 값을 S_n이라고 할 때,
$\sum\limits_{n=1}^{\infty} S_n$의 값을 구하여라.   답 $2(\pi-2)$

유제 **2**-11. 크기가 $60°$인 각 XOY의 두 변 OX,
OY에 접하고 반지름의 길이가 r인 원 C_1을 그린
다. 또, 두 변 OX, OY에 접하고 원 C_1에 외접하는
원 C_1보다 작은 원 C_2를 그린다.
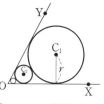
    이와 같은 과정을 계속하여 n번째 얻은 원 C_n의
둘레의 길이를 l_n이라고 할 때, $\sum\limits_{n=1}^{\infty} l_n$의 값을 구하여라.   답 $3\pi r$

유제 **2**-12. $\overline{A_1B_1}=1$, $\overline{A_1D_1}=2$인 직사
각형 $A_1B_1C_1D_1$에서 점 A_1을 중심으로
하고 선분 B_1D_1에 접하는 사분원과 직
사각형의 두 변으로 둘러싸인 부분의
넓이를 S_1이라고 하자. 또, $\triangle B_1C_1D_1$
에 내접하면서 두 변의 길이의 비가
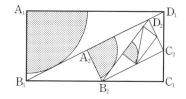
$1:2$인 직사각형 $A_2B_2C_2D_2$를 긴 변 A_2D_2가 선분 B_1D_1 위에 놓이도록 그리
고, 점 A_2를 중심으로 하고 선분 B_2D_2에 접하는 사분원과 직사각형의 두 변
으로 둘러싸인 부분의 넓이를 S_2라고 하자.
    이와 같은 과정을 계속하여 n번째 얻은 사분원과 직사각형의 두 변으로 둘
러싸인 부분의 넓이를 S_n이라고 할 때, $\sum\limits_{n=1}^{\infty} S_n$의 값을 구하여라.
        답 $\dfrac{81}{305}\pi$

유제 **2**-13. 자연수 n에 대하여 좌표평면 위의 점 A_n을 $\overline{OA_1}=1$,
$\overline{A_1A_2}=\dfrac{1}{2}\overline{OA_1}$, $\overline{A_{n+1}A_{n+2}}=\dfrac{1}{2}\overline{A_nA_{n+1}}$을 만족시키며 다음 그림과 같이
정해 나갈 때, 점 A_n의 좌표의 극한을 구하여라. 단, O는 원점이다.

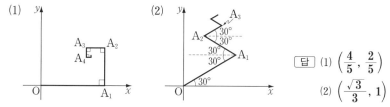

        답 (1) $\left(\dfrac{4}{5}, \dfrac{2}{5}\right)$

        (2) $\left(\dfrac{\sqrt{3}}{3}, 1\right)$

필수 예제 **2**-9 다음 그림과 같이 반지름의 길이가 2인 원을 6등분하여 이웃하지 않은 세 부채꼴의 내부를 색칠하여 얻은 그림을 R_1이라고 하자.

그림 R_1에서 색칠하지 않은 세 부채꼴에 각각 내접하는 원을 그리고, 이 3개의 원에서 그림 R_1을 얻은 것과 같은 방법으로 만들어지는 9개의 부채꼴의 내부를 색칠하여 얻은 그림을 R_2라고 하자.

이와 같은 과정을 계속하여 n번째 얻은 그림 R_n에서 색칠된 부분의 넓이를 S_n이라고 할 때, $\lim\limits_{n\to\infty} S_n$의 값을 구하여라.

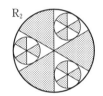
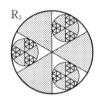

$\cdots$

[정석연구] 이 문제에서도 닮음비를 이용하여 규칙성을 점화식으로 나타내면 된다. 이때, 두 도형의 닮음비가 $m:n$이면 넓이의 비는 $m^2:n^2$임을 이용할 수 있다.

> **정석** 반복되는 도형에 관한 문제
> $\Longrightarrow$ 닮음비를 이용하여 규칙성을 점화식으로 나타낸다.

그런데 이 문제는 앞의 문제와는 달리 새로 만들어지는 도형의 개수가 3배씩 늘어난다는 것에 주의해야 한다.

[모범답안] 그림 R_n에서 새로 그린 원의 반지름의 길이를 r_n이라고 하면 오른쪽 그림에서

$$\overline{OP}=2r_{n+1}, \quad \overline{PQ}=r_{n+1}, \quad \overline{OQ}=r_n$$

이므로 $\overline{OP}+\overline{PQ}=\overline{OQ}$에서

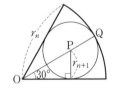

$$3r_{n+1}=r_n \quad \therefore \ r_{n+1}=\frac{1}{3}r_n$$

따라서 그림 R_n에서 새로 색칠하는 부채꼴과 그림 R_{n+1}에서 새로 색칠하는 부채꼴의 닮음비가 $1:\frac{1}{3}$이므로 넓이의 비는 $1:\frac{1}{9}$이다.

또한 색칠하는 부채꼴의 개수가 3배씩 늘어나므로 그림 R_n에서 새로 색칠하는 모든 부채꼴의 넓이의 합을 a_n이라고 하면

$$a_{n+1}=3\times\frac{1}{9}a_n=\frac{1}{3}a_n$$

이때, $a_1=\dfrac{1}{2}\times4\pi=2\pi$이므로 수열 $\{a_n\}$은 첫째항이 2π, 공비가 $\dfrac{1}{3}$인 등비수열이다.

$$\therefore \lim_{n\to\infty}S_n=\sum_{n=1}^{\infty}a_n=\dfrac{2\pi}{1-\dfrac{1}{3}}=3\pi \leftarrow \boxed{\text{답}}$$

[유제] **2**-14. 다음 그림과 같이 반지름의 길이가 2인 원에서 서로 수직인 두 지름 AB, CD를 그리고, 두 점 A, B를 각각 중심으로 하고 점 C를 지나는 두 원이 선분 AB와 만나는 점을 각각 E, F라고 하자. 이때, 두 호 CED, CFD로 둘러싸인 도형의 내부를 색칠하여 얻은 그림을 R_1이라고 하자.

그림 R_1에서 두 선분 AF, BE를 각각 지름으로 하는 원을 그리고, 새로 그린 2개의 원에서 그림 R_1을 얻은 것과 같은 방법으로 만들어지는 ◊ 모양의 두 도형의 내부를 색칠하여 얻은 그림을 R_2라고 하자.

이와 같은 과정을 계속하여 n번째 얻은 그림 R_n에서 색칠된 부분의 넓이를 S_n이라고 할 때, $\lim\limits_{n\to\infty}S_n$의 값을 구하여라.

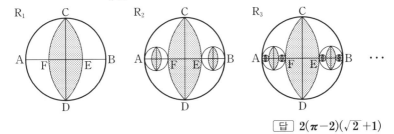

$\boxed{\text{답}}$ $2(\pi-2)(\sqrt{2}+1)$

[유제] **2**-15. 다음 그림과 같이 빗변의 길이가 2인 직각이등변삼각형의 내접원을 그리고, 그 내부를 색칠하여 얻은 그림을 R_1이라고 하자.

그림 R_1에서 원에 접하고 직각이등변삼각형의 빗변에 수직인 두 직선을 그어서 만든 2개의 직각이등변삼각형의 내접원을 각각 그리고, 그 내부를 색칠하여 얻은 그림을 R_2라고 하자.

이와 같은 과정을 계속하여 n번째 얻은 그림 R_n에서 색칠된 부분의 넓이를 S_n이라고 할 때, $\lim\limits_{n\to\infty}S_n$의 값을 구하여라.

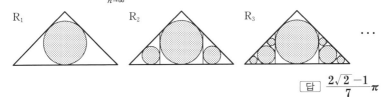

$\boxed{\text{답}}$ $\dfrac{2\sqrt{2}-1}{7}\pi$

필수 예제 **2**-10 다음 물음에 답하여라.

(1) $x^3 = 0.2\dot{9}\dot{6}$을 만족시키는 실수 x의 값을 구하여라.

(2) 연립방정식 $\begin{cases} 0.\dot{2}x + 3y = 1.\dot{1} \\ 2x + 0.\dot{3}y = 1.\dot{1} \end{cases}$ 을 풀어라.

(3) a, b, c는 10보다 작은 자연수이고, $\alpha = 0.a\dot{b}0\dot{c}$, $\beta = 0.a\dot{b}c\dot{0}$일 때, 부등식 $0.003 < \beta - \alpha < 0.004$를 만족시키는 c의 값을 구하여라.

[정석연구] 순환소수를 분수로 나타낸다.

정석 순환소수 문제 $\Longrightarrow$ 우선 분수로 나타내어 본다.

[모범답안] (1) $0.2\dot{9}\dot{6} = \dfrac{296}{999} = \dfrac{8}{27} = \left(\dfrac{2}{3}\right)^3$ 이므로 준 식은 $x^3 = \left(\dfrac{2}{3}\right)^3$

x는 실수이므로 $\boldsymbol{x = \dfrac{2}{3}} \longleftarrow$ 답

(2) $0.\dot{2}x + 3y = 1.\dot{1}$ ......① $\qquad 2x + 0.\dot{3}y = 1.\dot{1}$ ......②

①에서 $\dfrac{2}{9}x + 3y = 1 + \dfrac{1}{9}$, ②에서 $2x + \dfrac{3}{9}y = 1 + \dfrac{1}{9}$

연립하여 풀면 $\boldsymbol{x = \dfrac{1}{2}}$, $\boldsymbol{y = \dfrac{1}{3}} \longleftarrow$ 답

(3) $\alpha = \dfrac{(1000a + 100b + c) - a}{9990}$, $\beta = \dfrac{(1000a + 100b + 10c) - a}{9990}$ 이므로

$\beta - \alpha = \dfrac{9c}{9990} = \dfrac{c}{1110}$ $\quad \therefore 0.003 < \dfrac{c}{1110} < 0.004$

$\therefore 3.33 < c < 4.44$ $\quad \therefore \boldsymbol{c = 4} \longleftarrow$ 답

*Note (3)에서 엄밀하게는 '소수 첫째 자리, 둘째 자리, 셋째 자리 수를 각각 a, b, c라고 할 때 이를 $0.abc$로 나타내기로 한다'는 단서가 붙어야 하지만 이를 생략하였다. 또, α는 다음과 같이 나타낼 수 있다.

$$\alpha = 0.ab0cb0c\cdots = 0.a + 0.0b0c + 0.0000b0c + \cdots$$
$$= \dfrac{a}{10} + \left(\dfrac{b}{10^2} + \dfrac{c}{10^4}\right)\left(1 + \dfrac{1}{10^3} + \dfrac{1}{10^6} + \dfrac{1}{10^9} + \cdots\right)$$

[유제] **2**-16. 연립방정식 $\begin{cases} 0.\dot{1}x + 0.\dot{2}y = 0.\dot{3} \\ 0.\dot{2}x - 0.\dot{1}y = 1.\dot{2} \end{cases}$ 를 풀어라. 답 $\boldsymbol{x = 5}$, $\boldsymbol{y = -1}$

[유제] **2**-17. 양수 x에 $1.36\dot{5}$를 곱했더니 $1.3\dot{6}\dot{5}$를 곱했을 때보다 1.2가 작아졌다. 이때, x의 값을 구하여라. 답 $\boldsymbol{x = 2160}$

[유제] **2**-18. 순환소수 $0.\dot{3}$을 소수 몇째 자리까지 잡으면 $\dfrac{1}{3}$과의 차가 처음으로 $\dfrac{3}{10^4}$보다 작게 되는가? 답 넷째 자리

연습문제 2

기본 **2**-1 다음 급수의 수렴, 발산을 조사하여라.

(1) $1-\dfrac{1}{2}+\dfrac{1}{2}-\dfrac{1}{3}+\dfrac{1}{3}-\cdots+\dfrac{1}{n}-\dfrac{1}{n+1}+\dfrac{1}{n+1}-\cdots$

(2) $2-\dfrac{3}{2}+\dfrac{3}{2}-\dfrac{4}{3}+\dfrac{4}{3}-\cdots+\dfrac{n+1}{n}-\dfrac{n+2}{n+1}+\dfrac{n+2}{n+1}-\cdots$

2-2 두 수열 $\{a_n\}$, $\{b_n\}$이 모든 자연수 n에 대하여

$$3n^2+1<(2+4+6+\cdots+2n)a_n, \qquad b_n<6-2a_n$$

을 만족시킨다. $\displaystyle\sum_{n=1}^{\infty} b_n$이 수렴할 때, $\displaystyle\lim_{n\to\infty} a_n$의 값을 구하여라.

2-3 좌표평면에서 직선 $x-3y+3=0$ 위에 있는 점 중 x좌표와 y좌표가 자연수인 모든 점의 좌표를

$$(a_1,\ b_1),\ (a_2,\ b_2),\ \cdots,\ (a_n,\ b_n),\ \cdots \quad (\text{단},\ a_1<a_2<\cdots<a_n<\cdots)$$

이라고 할 때, 급수 $\displaystyle\sum_{n=1}^{\infty}\dfrac{1}{a_n b_n}$의 합을 구하여라.

2-4 이차방정식 $4x^2-2x-1=0$의 두 근을 α, β라고 할 때, 급수 $\displaystyle\sum_{n=1}^{\infty}\dfrac{\alpha^n-\beta^n}{\alpha-\beta}$의 합을 구하여라.

2-5 소수 P가 $\dfrac{1}{\mathrm{P}}=\displaystyle\sum_{n=1}^{\infty}\left(\dfrac{a}{6^{2n-1}}+\dfrac{b}{6^{2n}}\right)$를 만족시킬 때, P의 값을 구하여라.

단, a와 b는 $0\le a<6$, $0\le b<6$인 정수이다.

2-6 다음 그림과 같이 한 변의 길이가 10인 정사각형의 두 대각선을 각각 5등분하는 점 중에서 대각선의 교점에 가까운 네 점을 네 꼭짓점으로 하는 정사각형을 그리고, 그 내부를 색칠하여 얻은 그림을 R_1이라고 하자.

그림 R_1에서 처음 정사각형의 각 꼭짓점으로부터 작은 정사각형의 각 꼭짓점까지의 선분을 각각 대각선으로 하는 정사각형 4개를 그리고, 새로 그린 4개의 정사각형에서 그림 R_1을 얻은 것과 같은 방법으로 만들어지는 4개의 정사각형의 내부를 색칠하여 얻은 그림을 R_2라고 하자.

이와 같은 과정을 계속하여 n번째 얻은 그림 R_n에서 색칠된 부분의 넓이를 S_n이라고 할 때, $\displaystyle\lim_{n\to\infty} S_n$의 값을 구하여라.

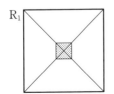
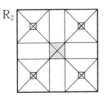
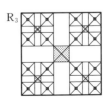

$\cdots$

2-7 오른쪽 그림과 같이 정삼각형 ABC에 원 O가 내접해 있다. 이 원에 외접하고 △ABC의 두 변에 접하는 세 개의 원을 그린다. 또, 이 세 원에 각각 외접하고 △ABC의 두 변에 접하는 세 개의 원을 그린다.

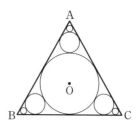

이와 같은 과정을 한없이 반복할 때, 원 O를 포함한 모든 원의 둘레의 길이의 합은 원 O의 둘레의 길이의 몇 배인가?

2-8 a, b, c는 $1 < c < b < a < 9$인 정수이고, $0.\dot{a}$, $0.\dot{b}$, $0.\dot{c}$, $\cdots$가 등비수열을 이룬다. 이 등비수열의 첫째항부터 제 n항까지의 합을 S_n이라고 할 때, $\lim\limits_{n \to \infty} S_n$의 값을 순환소수로 나타내어라.

실력 **2**-9 다음 급수의 합을 구하여라.

(1) $\displaystyle\sum_{n=1}^{\infty} \dfrac{2^n}{2^{2n+1} - 3 \times 2^n + 1}$ (2) $\dfrac{3}{4!} + \dfrac{4}{5!} + \dfrac{5}{6!} + \cdots + \dfrac{n+2}{(n+3)!} + \cdots$

2-10 수열 $\{a_n\}$이

$$a_1 = \dfrac{1}{12}, \quad \dfrac{1}{a_n} - \dfrac{1}{a_{n-1}} = 6(n^2 + n) \ (단, \ n = 2, \ 3, \ 4, \ \cdots)$$

을 만족시킬 때, 다음 물음에 답하여라.

(1) 일반항 a_n을 구하여라.   (2) $\displaystyle\sum_{n=1}^{\infty} a_n$의 값을 구하여라.

2-11 수열 $\{a_n\}$이

$$a_1 = 1, \quad a_2 = 2, \quad a_{n+2} = a_{n+1} + a_n \ (단, \ n = 1, \ 2, \ 3, \ \cdots)$$

을 만족시킬 때, 급수 $\displaystyle\sum_{n=1}^{\infty} \dfrac{a_n}{a_{n+1} a_{n+2}}$의 합을 구하여라.

2-12 첫째항이 7, 공차가 2인 등차수열 $\{a_n\}$과 첫째항이 $\dfrac{1}{3}$, 공비가 $\dfrac{1}{3}$인 등비수열 $\{b_n\}$에 대하여 수열 $\{c_n\}$이

$$\sum_{k=1}^{n} a_k b_k c_k = \dfrac{1}{3}(n+1)(n+2)(n+3)$$

을 만족시킬 때, 다음 물음에 답하여라.

(1) 일반항 c_n을 구하여라.   (2) $\displaystyle\sum_{n=1}^{\infty} \dfrac{1}{c_n}$의 값을 구하여라.

2-13 $a_1 = 1$, $\lim\limits_{n \to \infty} n^2 a_n = 0$인 수열 $\{a_n\}$에 대하여 $\displaystyle\sum_{n=1}^{\infty} a_n = 1$, $\displaystyle\sum_{n=1}^{\infty} n a_n = 10$일 때, $\displaystyle\sum_{n=1}^{\infty} (n+1)^2 (a_{n+1} - a_n)$의 값을 구하여라.

2-14 x보다 크지 않은 최대 정수를 $[x]$로 나타낼 때, 다음 물음에 답하여라.

(1) 모든 양수 x에 대하여 $[x]+\left[x+\dfrac{1}{2}\right]=[2x]$가 성립함을 보여라.

(2) a가 자연수일 때, 급수 $\displaystyle\sum_{n=1}^{\infty}\left[\dfrac{a}{2^n}+\dfrac{1}{2}\right]$의 합을 구하여라.

2-15 자연수 n에 대하여 3^n을 분모로 하는 기약분수 중 0보다 크고 1보다 크지 않은 수의 합을 S_n이라고 할 때, $\displaystyle\sum_{n=1}^{\infty}\dfrac{1}{S_n}$의 값을 구하여라.

2-16 첫째항이 각각 1이고 수렴하는 두 등비급수 $\displaystyle\sum_{n=1}^{\infty}a_n$, $\displaystyle\sum_{n=1}^{\infty}b_n$이 있다. $\displaystyle\sum_{n=1}^{\infty}(a_n+b_n)=\dfrac{8}{3}$이고 $\displaystyle\sum_{n=1}^{\infty}a_nb_n=\dfrac{4}{5}$일 때, $\displaystyle\sum_{n=1}^{\infty}(a_n+b_n)^2$의 값을 구하여라.

2-17 다음 수열의 제 n항을 a_n이라고 할 때, $\displaystyle\lim_{n\to\infty}a_n$의 값을 구하여라.

(1) $\sqrt{5}$, $\sqrt{5\sqrt{5}}$, $\sqrt{5\sqrt{5\sqrt{5}}}$, $\sqrt{5\sqrt{5\sqrt{5\sqrt{5}}}}$, $\cdots$

(2) $\sqrt{3}$, $\sqrt{3\sqrt{5}}$, $\sqrt{3\sqrt{5\sqrt{3}}}$, $\sqrt{3\sqrt{5\sqrt{3\sqrt{5}}}}$, $\cdots$

2-18 x가 1보다 큰 자연수일 때 $\displaystyle\lim_{n\to\infty}\dfrac{n}{x^n}=0$임을 이용하여 $\displaystyle\sum_{n=1}^{\infty}\dfrac{n}{a^n}=a$가 성립하는 자연수 a의 값을 구하여라.

2-19 오른쪽 그림과 같이 좌표평면에서 원점 A_0에 대하여 직선 A_0A_1이 x축의 양의 방향과 $45°$를 이루며 $\overline{A_0A_1}=2$가 되도록 점 $A_1(x_1,\ y_1)$을 정하고, 2 이상의 자연수 n에 대하여

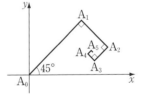

$$\angle A_{n-2}A_{n-1}A_n=90°,\quad 2\overline{A_{n-1}A_n}=\overline{A_{n-2}A_{n-1}}$$

이 되도록 점 $A_n(x_n,\ y_n)$을 정할 때, $\displaystyle\lim_{n\to\infty}x_n$의 값을 구하여라.

2-20 오른쪽 그림과 같이 길이가 4인 선분 A_1B를 지름으로 하는 반원 D_1이 있다.

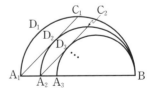

호 A_1B를 이등분하는 점을 C_1, 점 B를 지나면서 선분 A_1C_1과 접하고 중심이 선분 A_1B 위에 있는 반원을 D_2, 반원 D_2가 선분 A_1B와 만나는 점을 A_2라고 하자. 호 A_2B를 이등분하는 점을 C_2, 점 B를 지나면서 선분 A_2C_2와 접하고 중심이 선분 A_1B 위에 있는 반원을 D_3, 반원 D_3이 선분 A_1B와 만나는 점을 A_3이라고 하자.

이와 같은 과정을 계속하여 n번째 얻은 반원 D_n의 호의 길이를 l_n이라고 할 때, $\displaystyle\sum_{n=1}^{\infty}l_n$의 값을 구하여라.

2-21 원에 다음 [과정]을 시행한다.

┌─────────────────────────────────────── [과정] ───┐
│ Ⅰ. 원의 지름을 2 : 1로 내분하는 점을 잡는다.
│ Ⅱ. 이 원에 내접하고 Ⅰ의 내분점에서 외접하는 원 두 개를 그린다.
└──┘

　지름의 길이가 6인 원에 [과정]을 시행하여 그린 2개의 원의 내부를 색칠하여 얻은 그림을 C_1이라고 하자. 그림 C_1에서 새로 그린 2개의 원에 각각 [과정]을 시행하여 그린 4개의 원의 내부를 제외하여 얻은 그림을 C_2라고 하자. 그림 C_2에서 새로 그린 4개의 원에 각각 [과정]을 시행하여 그린 8개의 원의 내부를 색칠하여 얻은 그림을 C_3이라고 하자. 그림 C_3에서 새로 그린 8개의 원에 각각 [과정]을 시행하여 그린 16개의 원의 내부를 제외하여 얻은 그림을 C_4라고 하자. 이와 같은 방법을 계속하여 n번째 얻은 그림 C_n에서 색칠된 부분의 넓이를 S_n이라고 할 때, $\lim\limits_{n\to\infty} S_n$의 값을 구하여라.

　단, 모든 원의 중심은 처음 원의 한 지름 위에 있다.

C_1　　　　C_2　　　　C_3

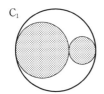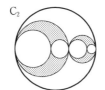 $\cdots$

2-22 오른쪽 그림과 같이 한 변의 길이가 2인 정삼각형의 내부에 크기가 같은 원들이 첫째 행부터 차례로 한 개, 두 개, 세 개, $\cdots$, n개가 배열되어 있다. 이 원들은 서로 외접하고, 가장자리의 원들은 삼각형의 각 변에 접한다.

　자연수 n의 값이 한없이 커질 때, 이 원들의 넓이의 합의 극한값을 구하여라.

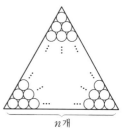

n개

2-23 자연수 n에 대하여 2023^n+1을 5로 나눈 나머지를 a_n이라고 할 때, $\sum\limits_{n=1}^{\infty} \dfrac{a_n}{10^n}$의 값을 기약분수로 나타내어라.

2-24 수열 $\{a_n\}$의 각 항이
$$a_1=0.\dot{1}\dot{0},\ \ a_2=0.\dot{1}00\dot{0},\ \ a_3=0.\dot{1}0000\dot{0},\ \cdots,\ a_n=0.\dot{1}\underbrace{00\cdots}_{2n-1\text{개}}\dot{0},\ \cdots$$
일 때, $\sum\limits_{n=1}^{\infty}\left(\dfrac{1}{a_{n+1}}-\dfrac{1}{a_n}\right)$의 값을 구하여라.

3. 삼각함수의 덧셈정리

§1. 삼각함수의 정의

기본정석

1 **삼각함수의 정의**

오른쪽 그림과 같이 동경 OP가 x축의 양의
방향과 이루는 각의 크기를 θ라고 할 때,

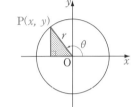

$$\sin \theta = \frac{y}{r}, \quad \cos \theta = \frac{x}{r}, \quad \tan \theta = \frac{y}{x},$$

$$\csc \theta = \frac{r}{y}, \quad \sec \theta = \frac{r}{x}, \quad \cot \theta = \frac{x}{y}$$

와 같이 정의하고, 이들을 각각 θ의 사인함수,
코사인함수, 탄젠트함수, 코시컨트함수, 시컨트
함수, 코탄젠트함수라고 하며, 이들을 통틀어 θ의 삼각함수라고 한다.

2 **삼각함수 사이의 관계**

(1) 역수 관계

$$\csc \theta = \frac{1}{\sin \theta}, \quad \sec \theta = \frac{1}{\cos \theta}, \quad \cot \theta = \frac{1}{\tan \theta}$$

(2) 상제 관계

$$\tan \theta = \frac{\sin \theta}{\cos \theta}, \quad \cot \theta = \frac{\cos \theta}{\sin \theta}$$

(3) 제곱 관계

$$\sin^2 \theta + \cos^2 \theta = 1, \quad \tan^2 \theta + 1 = \sec^2 \theta, \quad 1 + \cot^2 \theta = \csc^2 \theta$$

Advice 1° 삼각함수의 정의

위의 그림에서

$$\sin \theta = \frac{y}{r}, \quad \cos \theta = \frac{x}{r}, \quad \tan \theta = \frac{y}{x}$$

라고 정의한다는 것은 이미 공부하였다.　　　　　⇦ 실력 수학 I p. 85

이들의 역수를 생각하여

$$\csc \theta = \frac{r}{y}, \quad \sec \theta = \frac{r}{x}, \quad \cot \theta = \frac{x}{y}$$

라고 정의한다.

Note 1° $y=0$일 때 $\csc\theta$와 $\cot\theta$는 정의하지 않는다. 또, $x=0$일 때에는 $\sec\theta$와 $\tan\theta$를 정의하지 않는다.

2° $\csc\theta$를 $\operatorname{cosec}\theta$로 나타내기도 한다.

[보기] 1 원점 O와 점 P$(-4, -3)$을 지나는 동경이 나타내는 각의 크기를 θ라고 할 때, $\csc\theta$, $\sec\theta$, $\cot\theta$의 값을 구하여라.

[연구] $\overline{\mathrm{OP}}=\sqrt{(-4)^2+(-3)^2}=5$

곧, $r=5$, $x=-4$, $y=-3$이므로

$$\csc\theta=\frac{r}{y}=-\frac{5}{3}, \quad \sec\theta=\frac{r}{x}=-\frac{5}{4},$$

$$\cot\theta=\frac{x}{y}=\frac{4}{3}$$

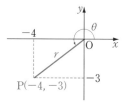

Advice 2° 삼각함수 사이의 관계

삼각함수의 정의로부터 $\sin\theta$와 $\csc\theta$, $\cos\theta$와 $\sec\theta$, $\tan\theta$와 $\cot\theta$는 서로 역수 관계가 있다는 것은 이미 공부하였다.

또, 아래 오른쪽 그림과 같이 동경 OP가 x축의 양의 방향과 이루는 각의 크기를 θ라고 할 때, 다음이 성립한다.

$$\tan\theta=\frac{y}{x}=\frac{y}{r}\div\frac{x}{r}=\sin\theta\div\cos\theta=\frac{\sin\theta}{\cos\theta}$$

$$\sin^2\theta+\cos^2\theta=\left(\frac{y}{r}\right)^2+\left(\frac{x}{r}\right)^2=\frac{y^2+x^2}{r^2}=\frac{r^2}{r^2}=1$$

$$\tan^2\theta+1=\left(\frac{y}{x}\right)^2+1=\frac{y^2+x^2}{x^2}=\left(\frac{r}{x}\right)^2=\sec^2\theta$$

$$1+\cot^2\theta=1+\left(\frac{x}{y}\right)^2=\frac{y^2+x^2}{y^2}=\left(\frac{r}{y}\right)^2=\csc^2\theta$$

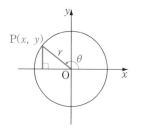

[보기] 2 다음 값을 구하여라.

(1) $\cot 135°$ (2) $\sec 210°$ (3) $\csc 330°$

[연구] 다음 역수 관계를 이용한다.

정석 $\cot\theta=\dfrac{1}{\tan\theta}, \quad \sec\theta=\dfrac{1}{\cos\theta}, \quad \csc\theta=\dfrac{1}{\sin\theta}$

(1) $\cot 135°=\dfrac{1}{\tan 135°}=\dfrac{1}{\tan(90°\times2-45°)}=\dfrac{1}{-\tan 45°}=-1$

(2) $\sec 210°=\dfrac{1}{\cos 210°}=\dfrac{1}{\cos(90°\times2+30°)}=\dfrac{1}{-\cos 30°}=-\dfrac{2\sqrt{3}}{3}$

(3) $\csc 330°=\dfrac{1}{\sin 330°}=\dfrac{1}{\sin(90°\times3+60°)}=\dfrac{1}{-\cos 60°}=-2$

필수 예제 **3**-1 $\dfrac{\pi}{2} < \theta < \pi$ 이고 $\dfrac{1+\cos\theta}{\sec\theta-\tan\theta} - \dfrac{1-\cos\theta}{\sec\theta+\tan\theta} = \dfrac{1}{2}$ 일 때, $\sin\theta$, $\cos\theta$, $\tan\theta$ 의 값을 구하여라.

[정석연구] 우선 좌변을 통분하고 간단히 한다.

이때, 삼각함수 사이에 성립하는 다음 공식을 이용한다.

[정석] $\csc\theta = \dfrac{1}{\sin\theta}$, $\sec\theta = \dfrac{1}{\cos\theta}$, $\cot\theta = \dfrac{1}{\tan\theta}$

$\tan\theta = \dfrac{\sin\theta}{\cos\theta}$, $\cot\theta = \dfrac{\cos\theta}{\sin\theta}$

$\sin^2\theta + \cos^2\theta = 1$, $\tan^2\theta + 1 = \sec^2\theta$, $1 + \cot^2\theta = \csc^2\theta$

[모범답안] 준 식의 좌변을 통분하면

$$\frac{(1+\cos\theta)(\sec\theta+\tan\theta) - (1-\cos\theta)(\sec\theta-\tan\theta)}{\sec^2\theta - \tan^2\theta} = \frac{1}{2}$$

$\tan^2\theta + 1 = \sec^2\theta$ 에서 $\sec^2\theta - \tan^2\theta = 1$ 이므로

$$2(\cos\theta\sec\theta + \tan\theta) = \frac{1}{2} \quad \therefore \ 2(1+\tan\theta) = \frac{1}{2} \quad \therefore \ \tan\theta = -\frac{3}{4}$$

$$\therefore \ \sec^2\theta = \tan^2\theta + 1 = \left(-\frac{3}{4}\right)^2 + 1 = \frac{25}{16} \quad \therefore \ \cos^2\theta = \frac{16}{25}$$

$\dfrac{\pi}{2} < \theta < \pi$ 이므로 $\cos\theta = -\dfrac{4}{5}$

$$\therefore \ \sin\theta = \tan\theta\cos\theta = \left(-\frac{3}{4}\right) \times \left(-\frac{4}{5}\right) = \frac{3}{5} \qquad \Leftarrow \tan\theta = \frac{\sin\theta}{\cos\theta}$$

[답] $\sin\theta = \dfrac{3}{5}$, $\cos\theta = -\dfrac{4}{5}$, $\tan\theta = -\dfrac{3}{4}$

[유제] **3**-1. a, b 가 다음과 같을 때, $(1-a^2)(1+b^2)$ 의 값을 구하여라.

(1) $a = \sin\theta$, $b = \tan\theta$　　　　　(2) $a = \cos\theta$, $b = \cot\theta$

[답] (1) **1**　(2) **1**

[유제] **3**-2. $\tan\theta + \cot\theta = 8$ 일 때, 다음 값을 구하여라.

(1) $\sin\theta\cos\theta$　　　　　　(2) $\dfrac{\csc\theta}{\sec\theta-\tan\theta} + \dfrac{\csc\theta}{\sec\theta+\tan\theta}$

[답] (1) $\dfrac{1}{8}$　(2) **16**

[유제] **3**-3. $\pi < \theta < \dfrac{3}{2}\pi$ 이고 $\cot\theta = \dfrac{1}{2}$ 일 때, $\sin\theta$, $\cos\theta$, $\tan\theta$ 의 값을 구하여라.　　　[답] $\sin\theta = -\dfrac{2\sqrt{5}}{5}$, $\cos\theta = -\dfrac{\sqrt{5}}{5}$, $\tan\theta = 2$

§ 2. 삼각함수의 덧셈정리

삼각함수의 덧셈정리

(1) $\begin{cases} \sin(\alpha+\beta)=\sin\alpha\cos\beta+\cos\alpha\sin\beta \\ \sin(\alpha-\beta)=\sin\alpha\cos\beta-\cos\alpha\sin\beta \end{cases}$

(2) $\begin{cases} \cos(\alpha+\beta)=\cos\alpha\cos\beta-\sin\alpha\sin\beta \\ \cos(\alpha-\beta)=\cos\alpha\cos\beta+\sin\alpha\sin\beta \end{cases}$

(3) $\tan(\alpha+\beta)=\dfrac{\tan\alpha+\tan\beta}{1-\tan\alpha\tan\beta}, \quad \tan(\alpha-\beta)=\dfrac{\tan\alpha-\tan\beta}{1+\tan\alpha\tan\beta}$

Advice | 삼각함수의 덧셈정리

오른쪽 그림과 같이 x축의 양의 방향과 이루는 각의 크기가 $\alpha+\beta$, 0, α, $-\beta$인 네 동경이 단위원과 만나는 점을 각각 P, Q, P′, Q′이라고 하자.

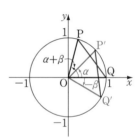

두 점 P, Q의 좌표는

$$P\big(\cos(\alpha+\beta),\ \sin(\alpha+\beta)\big),\ Q(1,\ 0)$$

이므로

$$\overline{PQ}^2=\big\{\cos(\alpha+\beta)-1\big\}^2+\sin^2(\alpha+\beta)$$
$$=2-2\cos(\alpha+\beta)$$

또, 두 점 P′, Q′의 좌표는

$$P'(\cos\alpha,\ \sin\alpha),\ Q'\big(\cos(-\beta),\ \sin(-\beta)\big)$$

이므로

$$\overline{P'Q'}^2=\big\{\cos\alpha-\cos(-\beta)\big\}^2+\big\{\sin\alpha-\sin(-\beta)\big\}^2$$
$$=2-2\cos\alpha\cos(-\beta)-2\sin\alpha\sin(-\beta)$$
$$=2-2\cos\alpha\cos\beta+2\sin\alpha\sin\beta$$

$\overline{PQ}^2=\overline{P'Q'}^2$이므로 $\ 2-2\cos(\alpha+\beta)=2-2\cos\alpha\cos\beta+2\sin\alpha\sin\beta$

$$\therefore\ \cos(\alpha+\beta)=\cos\alpha\cos\beta-\sin\alpha\sin\beta$$

또, 이 식의 β에 $-\beta$를 대입하고 정리하면

$$\cos(\alpha-\beta)=\cos\alpha\cos\beta+\sin\alpha\sin\beta$$

$\cos\left(\dfrac{\pi}{2}-\theta\right)=\sin\theta,\ \sin\left(\dfrac{\pi}{2}-\theta\right)=\cos\theta$ 이므로

$$\begin{aligned}\sin(\alpha+\beta)&=\cos\left\{\dfrac{\pi}{2}-(\alpha+\beta)\right\}=\cos\left\{\left(\dfrac{\pi}{2}-\alpha\right)-\beta\right\}\\&=\cos\left(\dfrac{\pi}{2}-\alpha\right)\cos\beta+\sin\left(\dfrac{\pi}{2}-\alpha\right)\sin\beta\\&=\sin\alpha\cos\beta+\cos\alpha\sin\beta\end{aligned}$$

곧, $\sin(\alpha+\beta)=\sin\alpha\cos\beta+\cos\alpha\sin\beta$

또, 이 식의 β에 $-\beta$를 대입하고 정리하면

$$\sin(\alpha-\beta)=\sin\alpha\cos\beta-\cos\alpha\sin\beta$$

그리고

$$\tan(\alpha+\beta)=\frac{\sin(\alpha+\beta)}{\cos(\alpha+\beta)}=\frac{\sin\alpha\cos\beta+\cos\alpha\sin\beta}{\cos\alpha\cos\beta-\sin\alpha\sin\beta}$$

에서 분모, 분자를 $\cos\alpha\cos\beta$로 나누고 정리하면

$$\tan(\alpha+\beta)=\frac{\tan\alpha+\tan\beta}{1-\tan\alpha\tan\beta}$$

또, 이 식의 β에 $-\beta$를 대입하고 정리하면

$$\tan(\alpha-\beta)=\frac{\tan\alpha-\tan\beta}{1+\tan\alpha\tan\beta}$$

이다.

보기 1 $\sin75°,\ \cos75°,\ \tan75°$의 값을 구하여라.

연구 $\sin75°=\sin(45°+30°)=\sin45°\cos30°+\cos45°\sin30°$

$\qquad=\dfrac{1}{\sqrt{2}}\times\dfrac{\sqrt{3}}{2}+\dfrac{1}{\sqrt{2}}\times\dfrac{1}{2}=\dfrac{\sqrt{3}+1}{2\sqrt{2}}=\dfrac{\sqrt{6}+\sqrt{2}}{4}$

$\cos75°=\cos(45°+30°)=\cos45°\cos30°-\sin45°\sin30°=\dfrac{\sqrt{6}-\sqrt{2}}{4}$

$\tan75°=\tan(45°+30°)=\dfrac{\tan45°+\tan30°}{1-\tan45°\tan30°}=2+\sqrt{3}$

보기 2 $\sin15°,\ \cos15°,\ \tan15°$의 값을 구하여라.

연구 $\sin15°=\sin(45°-30°)=\sin45°\cos30°-\cos45°\sin30°$

$\qquad=\dfrac{1}{\sqrt{2}}\times\dfrac{\sqrt{3}}{2}-\dfrac{1}{\sqrt{2}}\times\dfrac{1}{2}=\dfrac{\sqrt{3}-1}{2\sqrt{2}}=\dfrac{\sqrt{6}-\sqrt{2}}{4}$

$\cos15°=\cos(45°-30°)=\cos45°\cos30°+\sin45°\sin30°=\dfrac{\sqrt{6}+\sqrt{2}}{4}$

$\tan15°=\tan(45°-30°)=\dfrac{\tan45°-\tan30°}{1+\tan45°\tan30°}=2-\sqrt{3}$

필수 예제 **3**-2   다음 등식을 증명하여라.

(1) $\sin(x+y)\sin(x-y)=\sin^2 x-\sin^2 y=\cos^2 y-\cos^2 x$

(2) $\dfrac{\sin^2 A-\sin^2 B}{\sin^2(A+B)}=\dfrac{\tan A-\tan B}{\tan A+\tan B}$

[정석연구] (1) 다음 삼각함수의 덧셈정리를 이용하여 좌변을 전개하여 보아라.

정석 $\sin(\alpha\pm\beta)=\sin\alpha\cos\beta\pm\cos\alpha\sin\beta$ (복부호동순)

(2) 다음 **정석**을 이용하여 우변의 tan를 sin, cos으로 나타내어 보아라.

정석 $\tan\theta=\dfrac{\sin\theta}{\cos\theta}$

[모범답안] (1) $\sin(x+y)\sin(x-y)$
$$=(\sin x\cos y+\cos x\sin y)(\sin x\cos y-\cos x\sin y)$$
$$=\sin^2 x\cos^2 y-\cos^2 x\sin^2 y$$
$$=\sin^2 x(1-\sin^2 y)-(1-\sin^2 x)\sin^2 y=\sin^2 x-\sin^2 y$$

또,
$$\sin^2 x-\sin^2 y=(1-\cos^2 x)-(1-\cos^2 y)=\cos^2 y-\cos^2 x$$
$$\therefore\ \sin(x+y)\sin(x-y)=\sin^2 x-\sin^2 y=\cos^2 y-\cos^2 x$$

(2) $\dfrac{\tan A-\tan B}{\tan A+\tan B}=\dfrac{\dfrac{\sin A}{\cos A}-\dfrac{\sin B}{\cos B}}{\dfrac{\sin A}{\cos A}+\dfrac{\sin B}{\cos B}}=\dfrac{\sin A\cos B-\cos A\sin B}{\sin A\cos B+\cos A\sin B}$

$$=\dfrac{\sin(A-B)}{\sin(A+B)}=\dfrac{\sin(A-B)\sin(A+B)}{\sin^2(A+B)}$$

그런데 (1)에서 $\sin(A-B)\sin(A+B)=\sin^2 A-\sin^2 B$이므로
$$\dfrac{\tan A-\tan B}{\tan A+\tan B}=\dfrac{\sin^2 A-\sin^2 B}{\sin^2(A+B)}$$

Note   좌변에서 우변을 유도하려면 (1)의 결과를 역으로 이용한다.

[유제] **3**-4. 다음 등식을 증명하여라.

(1) $\cos(x+y)\cos(x-y)=\cos^2 x-\sin^2 y=\cos^2 y-\sin^2 x$

(2) $\sin\left(\dfrac{\pi}{6}+\alpha\right)+\cos\left(\dfrac{\pi}{3}+\alpha\right)=\cos\alpha$

(3) $\cos\alpha\sin(\beta-\gamma)+\cos\beta\sin(\gamma-\alpha)+\cos\gamma\sin(\alpha-\beta)=0$

[유제] **3**-5. 다음 식의 값을 구하여라.
$$\cos^2\theta+\cos^2\left(\theta+\dfrac{2}{3}\pi\right)+\cos^2\left(\theta-\dfrac{2}{3}\pi\right)$$
[답] $\dfrac{3}{2}$

필수 예제 **3**-3 $\sin\alpha=\dfrac{13}{14}$, $\sin\beta=\dfrac{11}{14}$일 때, 다음 물음에 답하여라.

단, α, β는 모두 예각이다.

(1) $\sin(\alpha+\beta)$, $\cos(\alpha+\beta)$, $\tan(\alpha+\beta)$의 값을 구하여라.

(2) $\alpha+\beta$의 값을 구하여라.

[정석연구] (1) 주어진 조건으로부터 $\cos\alpha$, $\cos\beta$의 값을 구한 다음

정석 $\sin(\alpha+\beta)=\sin\alpha\cos\beta+\cos\alpha\sin\beta$

$\cos(\alpha+\beta)=\cos\alpha\cos\beta-\sin\alpha\sin\beta$

$\tan(\alpha+\beta)=\dfrac{\tan\alpha+\tan\beta}{1-\tan\alpha\tan\beta}$

에 대입하면 된다.

[모범답안] (1) α, β는 예각이므로

$$\cos\alpha=\sqrt{1-\sin^2\alpha}=\frac{3\sqrt{3}}{14},\quad \cos\beta=\sqrt{1-\sin^2\beta}=\frac{5\sqrt{3}}{14}$$

$$\therefore\ \sin(\alpha+\beta)=\sin\alpha\cos\beta+\cos\alpha\sin\beta$$

$$=\frac{13}{14}\times\frac{5\sqrt{3}}{14}+\frac{3\sqrt{3}}{14}\times\frac{11}{14}=\frac{\sqrt{3}}{2}\ \leftarrow\ \boxed{\text{답}}$$

$$\cos(\alpha+\beta)=\cos\alpha\cos\beta-\sin\alpha\sin\beta$$

$$=\frac{3\sqrt{3}}{14}\times\frac{5\sqrt{3}}{14}-\frac{13}{14}\times\frac{11}{14}=-\frac{1}{2}\ \leftarrow\ \boxed{\text{답}}$$

$$\tan(\alpha+\beta)=\frac{\sin(\alpha+\beta)}{\cos(\alpha+\beta)}=\frac{\sqrt{3}/2}{-1/2}=-\sqrt{3}\ \leftarrow\ \boxed{\text{답}}$$

(2) α, β는 모두 예각이므로 $0<\alpha+\beta<\pi$이다.

그런데 (1)에서 $\sin(\alpha+\beta)=\dfrac{\sqrt{3}}{2}$, $\cos(\alpha+\beta)=-\dfrac{1}{2}$이므로

$$\boldsymbol{\alpha+\beta=\frac{2}{3}\pi}\ \leftarrow\ \boxed{\text{답}}$$

[유제] **3**-6. $\sin\alpha=\dfrac{1}{3}$, $\cos\beta=\dfrac{1}{4}$이고 $\dfrac{\pi}{2}<\alpha<\pi$, $0<\beta<\dfrac{\pi}{2}$일 때, 다음 삼각함수의 값을 구하여라.

(1) $\sin(\alpha+\beta)$ (2) $\cos(\alpha+\beta)$ (3) $\tan(\alpha+\beta)$

[답] (1) $\dfrac{1}{12}\left(1-2\sqrt{30}\right)$ (2) $-\dfrac{1}{12}\left(2\sqrt{2}+\sqrt{15}\right)$ (3) $\dfrac{1}{7}\left(32\sqrt{2}-9\sqrt{15}\right)$

[유제] **3**-7. $\tan\alpha=\dfrac{4}{3}$ $\left(단,\ 0<\alpha<\dfrac{\pi}{2}\right)$, $\tan\beta=-\dfrac{15}{8}$ $\left(단,\ \dfrac{\pi}{2}<\beta<\pi\right)$일 때, $\cos(\alpha+\beta)$, $\cos(\alpha-\beta)$의 값을 구하여라.

[답] $\cos(\alpha+\beta)=-\dfrac{84}{85}$, $\cos(\alpha-\beta)=\dfrac{36}{85}$

필수 예제 **3**-4   아래 그림과 같이 높이가 100 m인 건물 꼭대기를 200 m, 500 m, 800 m 전방에서 올려본각의 크기를 각각 α, β, γ라고 할 때, 다음 값을 구하여라. 단, 눈높이는 무시한다.

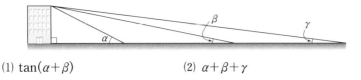

(1) $\tan(\alpha+\beta)$ (2) $\alpha+\beta+\gamma$

───────────────────────────────

[정석연구] (1) 주어진 조건에서

$$\tan\alpha=\frac{100}{200}, \quad \tan\beta=\frac{100}{500}, \quad \tan\gamma=\frac{100}{800}$$

이다. 따라서 탄젠트에 관한 다음 덧셈정리를 이용할 수 있다.

$$\boxed{\text{정석}} \ \tan(\alpha+\beta)=\frac{\tan\alpha+\tan\beta}{1-\tan\alpha\tan\beta}$$

(2) $\alpha+\beta+\gamma$를 $(\alpha+\beta)+\gamma$로 생각하여 먼저 $\tan(\alpha+\beta+\gamma)$의 값을 구하면 $\alpha+\beta+\gamma$의 값을 구할 수 있다. 이때, $\alpha+\beta+\gamma$가 제몇 사분면의 각인가를 검토해야 한다.

[모범답안] 문제의 조건으로부터 $\tan\alpha=\dfrac{1}{2}$, $\tan\beta=\dfrac{1}{5}$, $\tan\gamma=\dfrac{1}{8}$

(1) $\tan(\alpha+\beta)=\dfrac{\tan\alpha+\tan\beta}{1-\tan\alpha\tan\beta}=\dfrac{\dfrac{1}{2}+\dfrac{1}{5}}{1-\dfrac{1}{2}\times\dfrac{1}{5}}=\dfrac{7}{9}$ ← 답

(2) $\tan(\alpha+\beta+\gamma)=\dfrac{\tan(\alpha+\beta)+\tan\gamma}{1-\tan(\alpha+\beta)\tan\gamma}=\dfrac{\dfrac{7}{9}+\dfrac{1}{8}}{1-\dfrac{7}{9}\times\dfrac{1}{8}}=1$

그런데 (1)에서 $\tan(\alpha+\beta)=\dfrac{7}{9}>0$이므로 $\alpha+\beta$는 예각이다.

$$\therefore \ 0<\alpha+\beta+\gamma<\pi$$

따라서 $\tan(\alpha+\beta+\gamma)=1$로부터 $\boldsymbol{\alpha+\beta+\gamma=\dfrac{\pi}{4}}$ ← 답

[유제] **3**-8. $\tan A=1$, $\tan B=2$, $\tan C=3$이고 A, B, C가 모두 예각일 때, 다음 값을 구하여라.

(1) $\tan(A+B)$ (2) $A+B+C$ 답 (1) -3 (2) π

[유제] **3**-9. $(\tan x+\sqrt{3})(\tan y-\sqrt{3})=-4$일 때, $x-y$의 값을 구하여라. 단, $0\le x<\dfrac{\pi}{2}$, $0\le y<\dfrac{\pi}{2}$이다.   답 $\dfrac{\pi}{6}$

필수 예제 **3**-5 　다음 두 직선이 이루는 예각의 크기를 구하여라.
$$y=-x+5, \qquad y=(2+\sqrt{3}\,)x-3$$

[정석연구] 두 직선이 이루는 예각의 크기를 θ 라고
할 때, 오른쪽 그림에서
$$\theta=\alpha-\beta$$
이다. 따라서

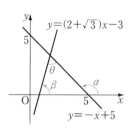

[정석] $\tan(\alpha-\beta)=\dfrac{\tan\alpha-\tan\beta}{1+\tan\alpha\tan\beta}$

를 이용하면 $\tan\theta$ 의 값을 구할 수 있다.

[모범답안] 두 직선이 x 축의 양의 방향과 이루는 각의 크기를 각각 α, β 라 하면
$$\tan\alpha=-1, \quad \tan\beta=2+\sqrt{3}$$
따라서 두 직선이 이루는 예각의 크기를 θ 라고 하면
$$\tan\theta=\tan(\alpha-\beta)=\frac{\tan\alpha-\tan\beta}{1+\tan\alpha\tan\beta}=\frac{-1-(2+\sqrt{3}\,)}{1+(-1)\times(2+\sqrt{3}\,)}=\sqrt{3}$$
$$\therefore \ \theta=\frac{\pi}{3} \longleftarrow \boxed{\text{답}}$$

Advice | 일반적으로 두 직선
$$y=mx+b, \quad y=m'x+b'$$
이 이루는 예각의 크기를 θ 라고 하면
$$\tan\theta=\left|\frac{m-m'}{1+mm'}\right|$$
이다. 왜냐하면 두 직선이 x 축의 양의 방향
과 이루는 각의 크기를 각각 θ_1, θ_2 라고 하면
$$\tan\theta_1=m, \quad \tan\theta_2=m'$$
이므로
$$\tan\theta=\left|\,\tan(\theta_2-\theta_1)\,\right|=\left|\frac{\tan\theta_2-\tan\theta_1}{1+\tan\theta_2\tan\theta_1}\right|=\left|\frac{m'-m}{1+m'm}\right|=\left|\frac{m-m'}{1+mm'}\right|$$

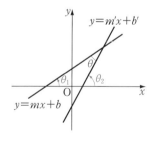

[유제] **3**-10. 점 $(1,0)$ 에서 곡선 $y=x^2+3$ 에 그은 두 접선이 이루는 예각의
크기를 θ 라고 할 때, $\tan\theta$ 의 값을 구하여라.   [답] $\dfrac{8}{11}$

[유제] **3**-11. 점 $(4,3)$ 에서 원 $x^2+y^2=1$ 에 그은 두 접선이 x 축의 양의 방향
과 이루는 각의 크기를 각각 θ_1, θ_2 라고 할 때, $\tan(\theta_1+\theta_2)$ 의 값을 구하여
라.   [답] $\dfrac{24}{7}$

필수 예제 **3**-6 x축 위의 두 점 A(1, 0), B(2, 0)과 y축 위를 움직이는 점 P(0, a)가 있다.

∠APB의 크기가 최대일 때, 양수 a의 값과 tan(∠APB)의 값을 구하여라.

정석연구 ∠APB는 예각이다.

따라서 tan(∠APB)가 최대이면 ∠APB도 최대이므로 tan(∠APB)가 최대일 때 a의 값과 tan(∠APB)의 값을 구하면 된다.

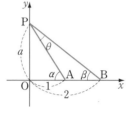

모범답안 오른쪽 그림에서 ∠APB=$\alpha-\beta$이고

$$\tan\alpha=a, \quad \tan\beta=\frac{a}{2}$$

$$\therefore \ \tan(\angle APB)=\tan(\alpha-\beta)=\frac{\tan\alpha-\tan\beta}{1+\tan\alpha\tan\beta}$$

$$=\frac{a-\dfrac{a}{2}}{1+a\times\dfrac{a}{2}}=\frac{a}{2+a^2}=\frac{1}{\dfrac{2+a^2}{a}}=\frac{1}{\dfrac{2}{a}+a}$$

$a>0$이므로 $\dfrac{2}{a}+a\geq2\sqrt{\dfrac{2}{a}\times a}=2\sqrt{2}$ 이고 등호는 $\dfrac{2}{a}=a$, 곧 $a=\sqrt{2}$ 일 때 성립한다.

따라서 tan(∠APB)의 최댓값은 $\dfrac{1}{2\sqrt{2}}$이고, 이때 a의 값은 $\sqrt{2}$이다.

답 $a=\sqrt{2}$, $\tan(\angle APB)=\dfrac{\sqrt{2}}{4}$

Advice | 두 점 A, B를 지나고 y축에 접하는 원의 접점을 P′이라고 하자.

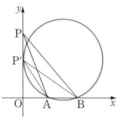

y축 위의 점 P가 접점 P′이 아니면 P는 이 원 외부의 점이므로

$$\angle APB<\angle AP'B$$

이다.

따라서 P=P′일 때 ∠APB는 최대이다.

이때, 원의 접선과 할선의 성질에서 $\overline{OP'^2}=\overline{OA}\times\overline{OB}$이므로

$$a^2=1\times2 \quad \therefore \ a=\sqrt{2}$$

유제 **3**-12. 한 변의 길이가 2인 정사각형 ABCD의 변 BC 위를 움직이는 점 P에 대하여 ∠APD=θ일 때, tanθ의 최댓값을 구하여라.   답 $\dfrac{4}{3}$

§3. 삼각함수의 합성

삼각함수의 합성

(1) $a\sin\theta + b\cos\theta = \sqrt{a^2+b^2}\,\sin(\theta+\alpha)$

단, $\cos\alpha = \dfrac{a}{\sqrt{a^2+b^2}}$, $\sin\alpha = \dfrac{b}{\sqrt{a^2+b^2}}$

(2) $a\sin\theta + b\cos\theta = \sqrt{a^2+b^2}\,\cos(\theta-\beta)$

단, $\cos\beta = \dfrac{b}{\sqrt{a^2+b^2}}$, $\sin\beta = \dfrac{a}{\sqrt{a^2+b^2}}$

Advice 1° 삼각함수의 합성

오른쪽 그림과 같이 좌표평면 위에 점
P(a, b)를 잡고 선분 OP와 x축의 양의 방향
이 이루는 각의 크기를 α라고 하면

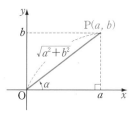

$$\overline{\text{OP}} = \sqrt{a^2+b^2}$$

이고

$$\cos\alpha = \frac{a}{\sqrt{a^2+b^2}}, \quad \sin\alpha = \frac{b}{\sqrt{a^2+b^2}} \quad \cdots \text{①}$$

이다. 이때,

$$\begin{aligned}
a\sin\theta + b\cos\theta &= \sqrt{a^2+b^2}\left(\frac{a}{\sqrt{a^2+b^2}}\times\sin\theta + \frac{b}{\sqrt{a^2+b^2}}\times\cos\theta\right) \\
&= \sqrt{a^2+b^2}\,(\cos\alpha\sin\theta + \sin\alpha\cos\theta) \\
&= \sqrt{a^2+b^2}\,\sin(\theta+\alpha) \quad\quad\quad\quad \cdots\cdots \text{②}
\end{aligned}$$

여기에서 α의 값은 ①을 만족시키는 α 중 간단한 것을 하나 택하면 된다.

같은 방법으로 점 P(b, a)를 잡고 선분 OP와 x축의 양의 방향이 이루는
각의 크기를 β라고 하면 다음을 얻는다.

$$a\sin\theta + b\cos\theta = \sqrt{a^2+b^2}\,\cos(\theta-\beta) \quad\quad\quad\quad \cdots\cdots \text{③}$$

단, $\cos\beta = \dfrac{b}{\sqrt{a^2+b^2}}$, $\sin\beta = \dfrac{a}{\sqrt{a^2+b^2}}$

이와 같이 $a\sin\theta + b\cos\theta$ 꼴의 삼각함수를 $r\sin(\theta+\alpha)$ 또는
$r\cos(\theta-\beta)$ 꼴로 변형하는 것을 삼각함수의 합성이라고 한다.

Note $\alpha+\beta = \dfrac{\pi}{2}$ 이므로 $\alpha = \dfrac{\pi}{2} - \beta$를 ②에 대입하여 ③을 얻을 수도 있다.

보기 1 다음 식을 $r\sin(\theta+\alpha)$의 꼴로 나타내어라. 단, $r>0$이다.

(1) $\sin\theta+\cos\theta$ (2) $\sqrt{3}\sin\theta-\cos\theta$ (3) $3\sin\theta+4\cos\theta$

연구 $a\sin\theta+b\cos\theta$의 꼴을 $r\sin(\theta+\alpha)$의 꼴로 나타내는 방법은

(i) $\sin\theta$의 계수 a를 x좌표, $\cos\theta$의 계수 b를 y좌표로 하는 점 $P(a,\ b)$를 좌표평면에 나타낸다.

(ii) $\overline{OP}(=r)$와 선분 OP가 x축의 양의 방향과 이루는 각 α를 구한다.

(1) $\sin\theta$의 계수가 1, $\cos\theta$의 계수가 1이므로 $P(1,\ 1)$이라고 하면

$$\overline{OP}=\sqrt{1^2+1^2}=\sqrt{2}$$

또, 선분 OP가 x축의 양의 방향과 이루는 각의 크기가 $\dfrac{\pi}{4}$이므로

$$\sin\theta+\cos\theta=\boldsymbol{\sqrt{2}\sin\left(\theta+\dfrac{\pi}{4}\right)}$$

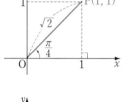

(2) $P(\sqrt{3},\ -1)$이라고 하면

$$\overline{OP}=\sqrt{(\sqrt{3})^2+(-1)^2}=2$$

또, 선분 OP가 x축의 양의 방향과 이루는 각의 크기가 $\dfrac{11}{6}\pi\left(=-\dfrac{\pi}{6}\right)$이므로

$$\sqrt{3}\sin\theta-\cos\theta=\boldsymbol{2\sin\left(\theta-\dfrac{\pi}{6}\right)}$$

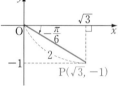

(3) $P(3,4)$라고 하면

$$\overline{OP}=\sqrt{3^2+4^2}=5$$

따라서 선분 OP가 x축의 양의 방향과 이루는 각의 크기를 α라고 하면

$$3\sin\theta+4\cos\theta=\boldsymbol{5\sin(\theta+\alpha)}$$

$$\left(단,\ \boldsymbol{\cos\alpha=\dfrac{3}{5},\ \sin\alpha=\dfrac{4}{5}}\right)$$

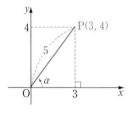

*Note (3) 선분 OP가 x축의 양의 방향과 이루는 각이 특수각이 아니면 α로 쓰되

$$\cos\alpha=\dfrac{3}{5},\quad \sin\alpha=\dfrac{4}{5}$$

와 같이 α에 대한 sin과 cos의 값을 밝혀 주면 된다.

Advice **2°** $\boldsymbol{r\cos(\theta-\beta)}$의 꼴로 나타내는 방법

$a\sin\theta+b\cos\theta$의 꼴을 $r\cos(\theta-\beta)$의 꼴로 나타내는 방법은

(i) $\sin\theta$의 계수 a를 y좌표, $\cos\theta$의 계수 b를 x좌표로 하는 점 $P(b,\ a)$를 좌표평면에 나타낸다.

(ii) $\overline{OP}(=r)$와 선분 OP가 x축의 양의 방향과 이루는 각 β를 구한다.

필수 예제 **3**-7   함수 $f(\theta)=2\sqrt{3}\,\sin\theta+3\cos\left(\theta+\dfrac{\pi}{3}\right)$에 대하여

(1) 함수 $f(\theta)$를 $a\sin\theta+b\cos\theta\,(a,\,b$는 상수$)$의 꼴로 나타내어라.

(2) $0\le\theta<2\pi$에서 함수 $f(\theta)$의 최댓값과 최솟값을 구하여라.

[정석연구] (2) $f(\theta)=a\sin\theta+b\cos\theta$의 최댓값과 최솟값은 삼각함수의 합성을 이용하여 구한다. 곧,
$$f(\theta)=a\sin\theta+b\cos\theta=\sqrt{a^2+b^2}\,\sin(\theta+\alpha)$$
에서 $-1\le\sin(\theta+\alpha)\le1$이므로 $f(\theta)$의 최댓값과 최솟값은 다음과 같다.

최댓값 $\sqrt{a^2+b^2}$,   최솟값 $-\sqrt{a^2+b^2}$

[정석] $f(\theta)=a\sin\theta+b\cos\theta$의 최댓값과 최솟값을 구할 때에는
$$\implies f(\theta)=\sqrt{a^2+b^2}\,\sin(\theta+\alpha)$$의 꼴로 합성한다.

[모범답안] (1) $f(\theta)=2\sqrt{3}\,\sin\theta+3\left(\cos\theta\cos\dfrac{\pi}{3}-\sin\theta\sin\dfrac{\pi}{3}\right)$

$$=\dfrac{\sqrt{3}}{2}\sin\theta+\dfrac{3}{2}\cos\theta \longleftarrow \boxed{답}$$

(2) $\mathrm{P}\left(\dfrac{\sqrt{3}}{2},\,\dfrac{3}{2}\right)$이라고 하면 $\overline{\mathrm{OP}}=\sqrt{\left(\dfrac{\sqrt{3}}{2}\right)^2+\left(\dfrac{3}{2}\right)^2}=\sqrt{3}$

또, 선분 OP가 x축의 양의 방향과 이루는 각의 크기가 $\dfrac{\pi}{3}$이므로

$$f(\theta)=\dfrac{\sqrt{3}}{2}\sin\theta+\dfrac{3}{2}\cos\theta=\sqrt{3}\,\sin\left(\theta+\dfrac{\pi}{3}\right)$$

그런데 $\dfrac{\pi}{3}\le\theta+\dfrac{\pi}{3}<2\pi+\dfrac{\pi}{3}$이므로 $\theta+\dfrac{\pi}{3}=\dfrac{\pi}{2}$, 곧 $\theta=\dfrac{\pi}{6}$일 때

$\sin\left(\theta+\dfrac{\pi}{3}\right)=1$이고, 이때 $f(\theta)$는 최댓값 $\sqrt{3}$을 가진다.

또, $\theta+\dfrac{\pi}{3}=\dfrac{3}{2}\pi$, 곧 $\theta=\dfrac{7}{6}\pi$일 때 $\sin\left(\theta+\dfrac{\pi}{3}\right)=-1$이고, 이때 $f(\theta)$
는 최솟값 $-\sqrt{3}$을 가진다. $\boxed{답}$ 최댓값 $\sqrt{3}$, 최솟값 $-\sqrt{3}$

[유제] **3**-13. 다음 함수의 최댓값과 최솟값을 구하여라.

(1) $y=5\sin x+8\cos x$ (2) $y=\sin x-\sqrt{3}\cos x$

(3) $y=\sqrt{2}\cos x-\sqrt{2}\sin x$ (4) $y=2\sin\left(x+\dfrac{\pi}{6}\right)-3\cos x$

$\boxed{답}$ (1) $\sqrt{89},\,-\sqrt{89}$ (2) $2,\,-2$ (3) $2,\,-2$ (4) $\sqrt{7},\,-\sqrt{7}$

[유제] **3**-14. 함수 $f(\theta)=a\sin\theta+b\cos\theta$의 최댓값이 $\sqrt{14}$이고 $f\left(\dfrac{\pi}{4}\right)=2$일
때, 실수 $a,\,b$의 값을 구하여라.

$\boxed{답}$ $a=\sqrt{2}\pm\sqrt{5}$, $b=\sqrt{2}\mp\sqrt{5}$ (복부호동순)

필수 예제 3-8   오른쪽 그림과 같이 반지름
의 길이가 4이고 중심각의 크기가 120°인
부채꼴 OAB가 있다. 점 M은 선분 OB
의 중점이고 호 AB 위의 점 P에 대하
여 ∠AOP=θ(단, 0°<θ<120°)일 때,

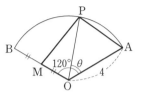

(1) 사각형 OAPM의 넓이 S를 θ로 나타내어라.
(2) 넓이 S의 최댓값을 구하여라.

─────────────────────────────

[정석연구] (1) △OAP와 △OPM의 넓이의 합을 생각한다.

> **정석** 두 변의 길이가 a, b이고 끼인각의 크기가 θ인
> 삼각형의 넓이 S는 $\Longrightarrow$ S=$\dfrac{1}{2}ab\sin\theta$

(2) (1)에서 S=$a\sin\theta+b\cos\theta$의 꼴이므로 다음 **정석**을 이용한다.

> **정석** $a\sin\theta+b\cos\theta=\sqrt{a^2+b^2}\,\sin(\theta+\alpha)$

[모범답안] (1) △OAP=$\dfrac{1}{2}\times4\times4\sin\theta=8\sin\theta$

또, $\overline{OM}=2$, ∠POM=120°-θ이므로

$$\triangle OPM=\frac{1}{2}\times2\times4\sin(120°-\theta)=4\sin(120°-\theta)$$

$$\therefore\ S=\triangle OAP+\triangle OPM=8\sin\theta+4\sin(120°-\theta)$$

$$=8\sin\theta+4(\sin120°\cos\theta-\cos120°\sin\theta)$$

$$=2(5\sin\theta+\sqrt{3}\cos\theta)\ \longleftarrow \boxed{답}$$

(2) S=$4\sqrt{7}\sin(\theta+\alpha)$ $\left(단,\ \cos\alpha=\dfrac{5\sqrt{7}}{14},\ \sin\alpha=\dfrac{\sqrt{21}}{14}\right)$

이때, α는 제1사분면의 각이고, $\sin\alpha=\dfrac{\sqrt{21}}{14}<\dfrac{1}{2}=\sin30°$이므로
0°<α<30°이다. 한편 0°<θ<120°이므로 0°<$\theta+\alpha$<150°이다.

따라서 $\theta+\alpha=90°$일 때 S의 최댓값은 $\mathbf{4\sqrt{7}}$ $\longleftarrow$ $\boxed{답}$

[유제] **3**-15. 위의 **필수 예제**에서 다음 물음에 답하여라.
(1) 사각형 OAPB의 넓이 T를 θ로 나타내어라.
(2) 넓이 T의 최댓값과 이때 θ의 값을 구하여라.

$\boxed{답}$ (1) T=$8\sqrt{3}\sin(\theta+30°)$ (2) θ=60°일 때 최댓값 $8\sqrt{3}$

[유제] **3**-16. 지름 AB의 길이가 l인 반원의 호 위에 한 점 P를 잡을 때,
$3\overline{AP}+4\overline{BP}$의 최댓값을 구하여라. $\boxed{답}$ $5l$

필수 예제 **3**-9 $0 \leq x < 2\pi$일 때, 다음 삼각방정식의 해를 구하여라.

(1) $\sqrt{3} \sin 2x - \cos 2x = \sqrt{2}$

(2) $2\sin\left(x + \dfrac{\pi}{4}\right) + 4\cos\left(x - \dfrac{\pi}{4}\right) = 3$

[정석연구] (1) $\sqrt{3} \sin 2x - \cos 2x$를 합성하여 $\sin$이나 $\cos$만의 식으로 나타낸 다음 방정식을 푼다.

정석 $a \sin x + b \cos x$ 꼴은

$\Longrightarrow \sqrt{a^2 + b^2} \sin(x + \alpha)$ 꼴로 합성한다.

(2) 먼저 다음 삼각함수의 덧셈정리를 이용하여 식을 정리한다.

정석 $\sin(\alpha \pm \beta) = \sin \alpha \cos \beta \pm \cos \alpha \sin \beta$ (복부호동순)

$\cos(\alpha \pm \beta) = \cos \alpha \cos \beta \mp \sin \alpha \sin \beta$ (복부호동순)

$\tan(\alpha \pm \beta) = \dfrac{\tan \alpha \pm \tan \beta}{1 \mp \tan \alpha \tan \beta}$ (복부호동순)

[모범답안] (1) $\sqrt{3} \sin 2x - \cos 2x = \sqrt{2}$ 에서 $2\sin\left(2x - \dfrac{\pi}{6}\right) = \sqrt{2}$

$\therefore \sin\left(2x - \dfrac{\pi}{6}\right) = \dfrac{1}{\sqrt{2}}$

$-\dfrac{\pi}{6} \leq 2x - \dfrac{\pi}{6} < \dfrac{23}{6}\pi$이므로 $2x - \dfrac{\pi}{6} = \dfrac{\pi}{4}, \dfrac{3}{4}\pi, \dfrac{9}{4}\pi, \dfrac{11}{4}\pi$

$\therefore \boldsymbol{x = \dfrac{5}{24}\pi, \dfrac{11}{24}\pi, \dfrac{29}{24}\pi, \dfrac{35}{24}\pi} \longleftarrow$ 답

(2) (좌변)$= 2\left(\sin x \cos \dfrac{\pi}{4} + \cos x \sin \dfrac{\pi}{4}\right) + 4\left(\cos x \cos \dfrac{\pi}{4} + \sin x \sin \dfrac{\pi}{4}\right)$

$= 3\sqrt{2}(\sin x + \cos x) = 6\sin\left(x + \dfrac{\pi}{4}\right)$

이므로 준 방정식은 $\sin\left(x + \dfrac{\pi}{4}\right) = \dfrac{1}{2}$

$\dfrac{\pi}{4} \leq x + \dfrac{\pi}{4} < \dfrac{9}{4}\pi$이므로 $x + \dfrac{\pi}{4} = \dfrac{5}{6}\pi, \dfrac{13}{6}\pi$

$\therefore \boldsymbol{x = \dfrac{7}{12}\pi, \dfrac{23}{12}\pi} \longleftarrow$ 답

[유제] **3**-17. $0 \leq x < 2\pi$일 때, 다음 삼각방정식의 해를 구하여라.

(1) $\sin x = \cos x$ (2) $\cos\left(x - \dfrac{\pi}{6}\right) = \sin x - \dfrac{1}{2}$

(3) $\sin\left(x + \dfrac{\pi}{3}\right) + 2\sin\left(x - \dfrac{\pi}{3}\right) = \dfrac{3}{2}$

답 (1) $\boldsymbol{x = \dfrac{\pi}{4}, \dfrac{5}{4}\pi}$ (2) $\boldsymbol{x = \dfrac{\pi}{2}, \dfrac{7}{6}\pi}$ (3) $\boldsymbol{x = \dfrac{\pi}{2}, \dfrac{5}{6}\pi}$

§ 4. 배각·반각의 공식

1 배각의 공식

(1) **2배각의 공식**

① $\sin 2\alpha = 2\sin\alpha\cos\alpha$

② $\cos 2\alpha = \cos^2\alpha - \sin^2\alpha$
$= 2\cos^2\alpha - 1$
$= 1 - 2\sin^2\alpha$

③ $\tan 2\alpha = \dfrac{2\tan\alpha}{1-\tan^2\alpha}$

(2) **3배각의 공식**

① $\sin 3\alpha = 3\sin\alpha - 4\sin^3\alpha$

② $\cos 3\alpha = 4\cos^3\alpha - 3\cos\alpha$

2 반각의 공식

① $\sin^2\dfrac{\alpha}{2} = \dfrac{1-\cos\alpha}{2}$

② $\cos^2\dfrac{\alpha}{2} = \dfrac{1+\cos\alpha}{2}$

③ $\tan^2\dfrac{\alpha}{2} = \dfrac{1-\cos\alpha}{1+\cos\alpha}$

Advice 1° 배각의 공식

삼각함수의 덧셈정리로부터 배각의 공식을 유도할 수 있다. 곧,

$$\sin(\alpha+\beta) = \sin\alpha\cos\beta + \cos\alpha\sin\beta \quad\quad \cdots\cdots ①$$
$$\cos(\alpha+\beta) = \cos\alpha\cos\beta - \sin\alpha\sin\beta \quad\quad \cdots\cdots ②$$
$$\tan(\alpha+\beta) = \frac{\tan\alpha+\tan\beta}{1-\tan\alpha\tan\beta} \quad\quad \cdots\cdots ③$$

의 β에 α를 대입하면

①에서 $\sin(\alpha+\alpha) = \sin\alpha\cos\alpha + \cos\alpha\sin\alpha \quad \therefore \sin 2\alpha = 2\sin\alpha\cos\alpha$

②에서 $\cos(\alpha+\alpha) = \cos\alpha\cos\alpha - \sin\alpha\sin\alpha$

$\quad\quad \therefore \cos 2\alpha = \cos^2\alpha - \sin^2\alpha$
$\quad\quad\quad\quad = 2\cos^2\alpha - 1 \quad\quad\quad\quad \Leftarrow \sin^2\alpha = 1-\cos^2\alpha$
$\quad\quad\quad\quad = 1 - 2\sin^2\alpha \quad\quad\quad\quad \Leftarrow \cos^2\alpha = 1-\sin^2\alpha$

③에서 $\tan(\alpha+\alpha) = \dfrac{\tan\alpha+\tan\alpha}{1-\tan\alpha\tan\alpha} \quad \therefore \tan 2\alpha = \dfrac{2\tan\alpha}{1-\tan^2\alpha}$

또, $\sin 2\alpha = 2\sin\alpha\cos\alpha$, $\cos 2\alpha = 1-2\sin^2\alpha$를 이용하면

$\sin 3\alpha = \sin(\alpha+2\alpha) = \sin\alpha\cos 2\alpha + \cos\alpha\sin 2\alpha$

$\quad = \sin\alpha(1-2\sin^2\alpha) + \cos\alpha(2\sin\alpha\cos\alpha)$

$\quad = \sin\alpha(1-2\sin^2\alpha) + 2\sin\alpha(1-\sin^2\alpha) = 3\sin\alpha - 4\sin^3\alpha$

같은 방법으로 하면 $\cos 3\alpha = 4\cos^3\alpha - 3\cos\alpha$

보기 1 $\sin x=\dfrac{3}{5}$ $\left(\text{단, } \dfrac{\pi}{2}<x<\pi\right)$일 때, 다음 값을 구하여라.

(1) $\sin 2x$ (2) $\cos 2x$ (3) $\tan 2x$ (4) $\sin 3x$

연구 (1) $\cos x<0$이므로 $\cos x=-\sqrt{1-\sin^2 x}=-\sqrt{1-\left(\dfrac{3}{5}\right)^2}=-\dfrac{4}{5}$

$$\therefore\ \sin 2x=2\sin x\cos x=2\times\dfrac{3}{5}\times\left(-\dfrac{4}{5}\right)=-\boldsymbol{\dfrac{24}{25}}$$

(2) $\cos 2x=1-2\sin^2 x=1-2\times\left(\dfrac{3}{5}\right)^2=1-\dfrac{18}{25}=\boldsymbol{\dfrac{7}{25}}$

(3) $\tan x=\dfrac{\sin x}{\cos x}=\dfrac{3/5}{-4/5}=-\dfrac{3}{4}$이므로

$$\tan 2x=\dfrac{2\tan x}{1-\tan^2 x}=\dfrac{2\times(-3/4)}{1-(-3/4)^2}=-\boldsymbol{\dfrac{24}{7}}$$

(4) $\sin 3x=3\sin x-4\sin^3 x=3\times\dfrac{3}{5}-4\times\left(\dfrac{3}{5}\right)^3=\boldsymbol{\dfrac{117}{125}}$

Advice **2°** 반각의 공식

배각의 공식 $\cos 2\alpha=1-2\sin^2\alpha=2\cos^2\alpha-1$에서 α에 $\dfrac{\alpha}{2}$를 대입하면

$$\cos\alpha=1-2\sin^2\dfrac{\alpha}{2}=2\cos^2\dfrac{\alpha}{2}-1$$

곧, $\cos\alpha=1-2\sin^2\dfrac{\alpha}{2}$에서 $\sin^2\dfrac{\alpha}{2}=\dfrac{1-\cos\alpha}{2}$

$\cos\alpha=2\cos^2\dfrac{\alpha}{2}-1$에서 $\cos^2\dfrac{\alpha}{2}=\dfrac{1+\cos\alpha}{2}$

$$\therefore\ \tan^2\dfrac{\alpha}{2}=\left(\sin^2\dfrac{\alpha}{2}\right)\Big/\left(\cos^2\dfrac{\alpha}{2}\right)=\dfrac{1-\cos\alpha}{1+\cos\alpha}$$

Note $\tan\dfrac{\alpha}{2}=\dfrac{\sin\dfrac{\alpha}{2}}{\cos\dfrac{\alpha}{2}}=\dfrac{2\sin\dfrac{\alpha}{2}\cos\dfrac{\alpha}{2}}{2\cos^2\dfrac{\alpha}{2}}=\dfrac{\sin\alpha}{1+\cos\alpha}$라고 해도 된다.

보기 2 $\sin 22.5°$, $\tan 22.5°$의 값을 구하여라.

연구 $\sin^2 22.5°=\sin^2\dfrac{45°}{2}=\dfrac{1-\cos 45°}{2}=\dfrac{2-\sqrt{2}}{4}$,

$\tan^2 22.5°=\tan^2\dfrac{45°}{2}=\dfrac{1-\cos 45°}{1+\cos 45°}=\dfrac{2-\sqrt{2}}{2+\sqrt{2}}$

그런데 $\sin 22.5°>0$, $\tan 22.5°>0$이므로

$$\sin 22.5°=\dfrac{\sqrt{2-\sqrt{2}}}{2},$$

$$\tan 22.5°=\sqrt{\dfrac{2-\sqrt{2}}{2+\sqrt{2}}}=\sqrt{\dfrac{(2-\sqrt{2})^2}{2^2-(\sqrt{2})^2}}=\dfrac{2-\sqrt{2}}{\sqrt{2}}=\boldsymbol{\sqrt{2}-1}$$

필수 예제 3-10 $\tan x = t$ 라고 할 때, $\sin 2x$, $\cos 2x$, $\tan 2x$ 를 t 에 관한
식으로 나타내어라.

───────────────────────────────────

정석연구 다음 **정석**을 이용하여 $\tan 2x$, $\cos 2x$, $\sin 2x$ 의 순서로 구한다.

정석 $\tan 2x = \dfrac{2\tan x}{1-\tan^2 x}$

$\cos 2x = 2\cos^2 x - 1 = \dfrac{2}{\sec^2 x} - 1 = \dfrac{2}{1+\tan^2 x} - 1$

$\sin 2x = \tan 2x \cos 2x$

모범답안 (i) $t \neq \pm 1$ 일 때 $\tan 2x = \dfrac{2\tan x}{1-\tan^2 x} = \dfrac{2t}{1-t^2}$

$t = \pm 1$ 일 때 $\tan 2x$ 의 값은 존재하지 않는다.

(ii) $\cos 2x = 2\cos^2 x - 1 = \dfrac{2}{\sec^2 x} - 1 = \dfrac{2}{1+\tan^2 x} - 1 = \dfrac{2}{1+t^2} - 1 = \dfrac{1-t^2}{1+t^2}$

(iii) $\sin 2x = \tan 2x \cos 2x = \dfrac{2t}{1-t^2} \times \dfrac{1-t^2}{1+t^2} = \dfrac{2t}{1+t^2}$

Advice 1° $\sin 2x$, $\cos 2x$, $\tan 2x$ 의 순서로 구할 수도 있다.

$\sin 2x = 2\sin x \cos x = 2 \times \dfrac{\sin x}{\cos x} \times \cos^2 x = \dfrac{2\tan x}{\sec^2 x}$

$\qquad = \dfrac{2\tan x}{1+\tan^2 x} = \dfrac{2t}{1+t^2}$

$\cos 2x = \cos^2 x - \sin^2 x = \cos^2 x \left(1 - \dfrac{\sin^2 x}{\cos^2 x}\right) = \dfrac{1-\tan^2 x}{\sec^2 x}$

$\qquad = \dfrac{1-\tan^2 x}{1+\tan^2 x} = \dfrac{1-t^2}{1+t^2}$

$\tan 2x = \dfrac{\sin 2x}{\cos 2x} = \dfrac{(2t)/(1+t^2)}{(1-t^2)/(1+t^2)} = \dfrac{2t}{1-t^2}$

2° $\sin x$ 와 $\cos x$ 를 t 로 나타낸 다음, 배각의 공식을 이용해도 된다.

유제 **3**-18. $\sin\theta + \cos\theta = -\dfrac{2}{3}$ 일 때, $\sin 2\theta$ 의 값을 구하여라.   답 $-\dfrac{5}{9}$

유제 **3**-19. $\tan x = \dfrac{1}{5}$ 일 때, $\tan\left(2x - \dfrac{\pi}{4}\right)$ 의 값을 구하여라.   답 $-\dfrac{7}{17}$

유제 **3**-20. $\tan\theta = \sqrt{2}$ 일 때, $\sin 2\theta + \cos 2\theta$ 의 값을 구하여라.

답 $\dfrac{2\sqrt{2}-1}{3}$

필수 예제 **3**-11 다음 물음에 답하여라.

(1) $\theta=18°$일 때, $\sin 3\theta=\cos 2\theta$가 성립함을 보여라.

(2) $\sin 18°$의 값을 구하여라.

모범답안 (1) $\theta=18°$이면 $3\theta=54°$, $2\theta=36°$이므로 $3\theta+2\theta=90°$

$\therefore \sin 3\theta=\sin(90°-2\theta)=\cos 2\theta$ 곧, $\sin 3\theta=\cos 2\theta$

(2) $\theta=18°$일 때, $\sin 3\theta=\cos 2\theta$이므로

$3\sin\theta-4\sin^3\theta=1-2\sin^2\theta$ ⇦ 2배각, 3배각의 공식

$\therefore 4\sin^3\theta-2\sin^2\theta-3\sin\theta+1=0$

$\therefore (\sin\theta-1)(4\sin^2\theta+2\sin\theta-1)=0$ ⇦ 인수정리

그런데 $\theta=18°$이므로 $0<\sin\theta<1$ $\therefore 4\sin^2\theta+2\sin\theta-1=0$

근의 공식에 대입하면 $\sin\theta=\dfrac{-1\pm\sqrt 5}{4}$

$0<\sin\theta<1$이므로 $\sin\theta=\dfrac{-1+\sqrt 5}{4}$ 답 $\dfrac{-1+\sqrt 5}{4}$

Advice | (i) $\theta=18°$일 때 $\cos 3\theta=\cos(90°-2\theta)=\sin 2\theta$ 곧,

$\cos 3\theta=\sin 2\theta$인 관계가 성립함도 알 수 있다.

여기에 배각의 공식을 써서 다음과 같이 구할 수도 있다.

$$4\cos^3\theta-3\cos\theta=2\sin\theta\cos\theta$$

$\cos\theta\neq 0$이므로 $4\cos^2\theta-3=2\sin\theta$

$\therefore 4(1-\sin^2\theta)-3=2\sin\theta$ 곧, $4\sin^2\theta+2\sin\theta-1=0$

$0<\sin\theta<1$이므로 $\sin\theta=\dfrac{-1+\sqrt 5}{4}$

이상에서 $\sin 18°$의 값은

정석 $\theta=18°$일 때

$$\sin 3\theta=\cos 2\theta, \qquad \cos 3\theta=\sin 2\theta$$

를 이용하면 구할 수 있음을 알 수 있다.

(ii) $\sin^2\theta+\cos^2\theta=1$을 이용하면 $\cos 18°$의 값을 구할 수 있다. 또,

$\sin 72°=\sin(90°-18°)=\cos 18°$, $\cos 72°=\cos(90°-18°)=\sin 18°$

와 같이 변형하면 $\sin 72°$, $\cos 72°$의 값도 구할 수 있다.

유제 **3**-21. $\theta=36°$일 때, $\sin 3\theta=\sin 2\theta$임을 이용하여 $\cos 36°$의 값을 구하여라. 답 $\dfrac{1+\sqrt 5}{4}$

필수 예제 **3**-12 $0 \le x \le 2\pi$에서 정의된 함수

$$f(x) = \sin^2 x + 2\sin x \cos x + 3\cos^2 x$$

에 대하여 다음 물음에 답하여라.

(1) 함수 $f(x)$의 최댓값, 최솟값, 주기를 구하여라.

(2) 함수 $f(x)$가 최대일 때 x의 값과 최소일 때 x의 값을 구하여라.

─────────────────────────────

[정석연구] $\sin^2 x$ 항, $\cos^2 x$ 항, $\sin x \cos x$ 항만으로 나타내어진 식은

정석 $\sin 2x = 2\sin x \cos x$

$$\sin^2 x = \frac{1-\cos 2x}{2}, \quad \cos^2 x = \frac{1+\cos 2x}{2}$$

를 이용하여 $a\sin 2x + b\cos 2x$의 꼴로 나타낼 수 있다. 따라서 최댓값과 최솟값은 다음 **정석**을 이용하여 구할 수 있다.

정석 $f(\theta) = a\sin\theta + b\cos\theta$의 최댓값과 최솟값을 구할 때에는
$$\implies f(\theta) = \sqrt{a^2+b^2}\sin(\theta+\alpha)$$의 꼴로 합성한다.

[모범답안] (1) $\sin^2 x = \dfrac{1-\cos 2x}{2}$, $\cos^2 x = \dfrac{1+\cos 2x}{2}$, $2\sin x\cos x = \sin 2x$

이므로

$$f(x) = \frac{1-\cos 2x}{2} + \sin 2x + 3\times\frac{1+\cos 2x}{2}$$
$$= \sin 2x + \cos 2x + 2 = \sqrt{2}\sin\left(2x+\frac{\pi}{4}\right)+2$$

그런데 $-\sqrt{2} \le \sqrt{2}\sin\left(2x+\dfrac{\pi}{4}\right) \le \sqrt{2}$ 이므로

최댓값 $\mathbf{2+\sqrt{2}}$, 최솟값 $\mathbf{2-\sqrt{2}}$, 주기 $\boldsymbol{\pi}$ ← [답]

(2) $0 \le x \le 2\pi$이므로 $0 \le 2x \le 4\pi$ ∴ $\dfrac{\pi}{4} \le 2x+\dfrac{\pi}{4} \le \dfrac{17}{4}\pi$

$f(x)$가 최대일 때 $\sin\left(2x+\dfrac{\pi}{4}\right)=1$이므로

$$2x+\frac{\pi}{4} = \frac{\pi}{2}, \frac{5}{2}\pi \quad \therefore\ x = \frac{\pi}{8}, \frac{9}{8}\pi \text{ ← [답]}$$

$f(x)$가 최소일 때 $\sin\left(2x+\dfrac{\pi}{4}\right)=-1$이므로

$$2x+\frac{\pi}{4} = \frac{3}{2}\pi, \frac{7}{2}\pi \quad \therefore\ x = \frac{5}{8}\pi, \frac{13}{8}\pi \text{ ← [답]}$$

[유제] **3**-22. 다음 함수의 최댓값과 최솟값을 구하여라.

(1) $y = \sin^2 x + \sin x\cos x$ (2) $y = 3\sin^2 x + 4\sin x\cos x - 5\cos^2 x$

[답] (1) $\dfrac{1}{2}+\dfrac{\sqrt{2}}{2}$, $\dfrac{1}{2}-\dfrac{\sqrt{2}}{2}$ (2) $2\sqrt{5}-1$, $-2\sqrt{5}-1$

필수 예제 3-13   실수 x, y에 대하여 다음 물음에 답하여라.

(1) $x^2+y^2=1$일 때, $x^2-y^2+2\sqrt{3}\,xy$의 최댓값과 최솟값을 구하여라.

(2) $5x^2-2xy+y^2=4$일 때, $x^2+xy+2y^2$의 최댓값과 최솟값을 구하여라.

[정석연구] (1) 점 $P(x,\ y)$가 원 $x^2+y^2=1$ 위의 점 이면 오른쪽 그림에서

$$x=\cos\theta,\ \ y=\sin\theta\ (0\le\theta<2\pi)$$

로 나타낼 수 있다.

x, y를 이와 같이 변수 θ로 나타낸 다음 $x^2-y^2+2\sqrt{3}\,xy$에 대입하면 **필수 예제 3**-12 와 같은 최대·최소 문제가 된다.

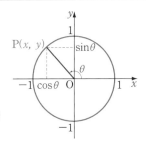

정석 $x^2+y^2=r^2$은 $\Longrightarrow x=r\cos\theta,\ y=r\sin\theta\ (0\le\theta<2\pi)$로 치환!

(2) $5x^2-2xy+y^2=4$를 바로 치환할 수 없으므로 먼저 완전제곱을 포함한 꼴로 변형해 보자.

[모범답안] (1) $x^2+y^2=1$이므로 $x=\cos\theta,\ y=\sin\theta\ (0\le\theta<2\pi)$로 놓으면

$$x^2-y^2+2\sqrt{3}\,xy=\cos^2\theta-\sin^2\theta+2\sqrt{3}\cos\theta\sin\theta$$
$$=\cos2\theta+\sqrt{3}\sin2\theta=2\sin\left(2\theta+\frac{\pi}{6}\right)$$

$0\le\theta<2\pi$이므로 $\dfrac{\pi}{6}\le2\theta+\dfrac{\pi}{6}<4\pi+\dfrac{\pi}{6}$ $\therefore\ -1\le\sin\left(2\theta+\dfrac{\pi}{6}\right)\le1$

따라서 **최댓값 2, 최솟값 -2** ← 답

(2) $5x^2-2xy+y^2=4$에서 $4x^2+(y-x)^2=4$ $\therefore\ x^2+\left(\dfrac{y-x}{2}\right)^2=1$

$x=\cos\theta,\ \dfrac{y-x}{2}=\sin\theta$, 곧 $x=\cos\theta,\ y=\cos\theta+2\sin\theta\ (0\le\theta<2\pi)$ 로 놓으면

$$x^2+xy+2y^2=\cos^2\theta+\cos\theta(\cos\theta+2\sin\theta)+2(\cos\theta+2\sin\theta)^2$$
$$=4\cos^2\theta+8\sin^2\theta+10\sin\theta\cos\theta$$
$$=4\times\frac{1+\cos2\theta}{2}+8\times\frac{1-\cos2\theta}{2}+5\sin2\theta$$
$$=6+5\sin2\theta-2\cos2\theta$$
$$=6+\sqrt{29}\sin(2\theta-\alpha)\ \ \left(단,\ \cos\alpha=\frac{5}{\sqrt{29}},\ \sin\alpha=\frac{2}{\sqrt{29}}\right)$$

$-\alpha\le2\theta-\alpha<4\pi-\alpha$이므로 **최댓값 $6+\sqrt{29}$, 최솟값 $6-\sqrt{29}$** ← 답

[유제] **3**-23. x, y가 실수이고 $x^2+y^2=1$일 때, $(x+2y)^2+(3x+2y)^2$의 최댓값과 최솟값을 구하여라.   답 **최댓값 $9+\sqrt{65}$, 최솟값 $9-\sqrt{65}$**

필수 예제 3-14 오른쪽 그림과 같이 반지름의 길이가 1이고 중심각의 크기가 60°인 부채꼴 OAB가 있다. 호 AB 위에 두 점 P, Q와 선분 OB, OA 위에 각각 점 R, S를 잡아 □PQRS가 직사각형이 되도록 하자. □PQRS의 넓이가 최대일 때, ∠AOP의 크기를 구하여라.

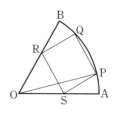

[정석연구] ∠AOP=θ로 놓고 □PQRS의 넓이를 θ로 나타내면 된다.

정 석 변의 길이를 삼각함수로 나타낸다.

[모범답안] $\overline{OR}=\overline{OS}$, ∠ROS=60°이므로 △OSR는 정삼각형이다. 또, 점 O에서 선분 PQ에 내린 수선의 발을 M이라고 하면 선분 OM은 ∠AOB의 이등분선이고, 현 PQ를 수직이등분한다.

이때, ∠AOP=θ라고 하면
$$\overline{OP}=1, \quad ∠MOP=30°-\theta$$
이므로
$$\overline{OS}=\overline{RS}=2\overline{PM}=2\sin(30°-\theta)$$
$$=2(\sin30°\cos\theta-\cos30°\sin\theta)=\cos\theta-\sqrt{3}\sin\theta$$
또, 점 P에서 선분 OA에 내린 수선의 발을 H라고 하면 $\overline{PH}=\sin\theta$

그런데 $\overline{PS}/\!/\overline{OM}$에서 ∠PSA=30°이므로 $\overline{PS}=\dfrac{\overline{PH}}{\sin30°}=2\sin\theta$

따라서 □PQRS의 넓이는
$$\overline{PS}\times\overline{RS}=2\sin\theta(\cos\theta-\sqrt{3}\sin\theta)$$
$$=\sin2\theta-2\sqrt{3}\sin^2\theta=\sin2\theta-\sqrt{3}(1-\cos2\theta)$$
$$=\sin2\theta+\sqrt{3}\cos2\theta-\sqrt{3}=2\sin(2\theta+60°)-\sqrt{3}$$

0°<θ<30°이므로 2θ+60°=90°, 곧 θ=15°일 때 □PQRS의 넓이의 최댓값은 2-$\sqrt{3}$이다. [답] **15°**

[유제] **3**-24. 반지름의 길이가 2$\sqrt{3}$이고 중심각 O의 크기가 $\dfrac{\pi}{3}$인 부채꼴 OAB가 있다. 오른쪽 그림과 같이 이 부채꼴의 반지름 또는 호 위의 네 점 P, Q, R, S를 꼭짓점으로 하는 직사각형 PQRS의 넓이의 최댓값을 구하여라. [답] **2$\sqrt{3}$**

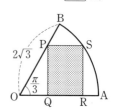

필수 예제 **3**-15 다음 삼각방정식을 풀어라. 단, $0 \leq x < 2\pi$ 이다.

(1) $\cos 2x - 5\cos x + 3 = 0$

(2) $(1 - \tan x)(1 + \sin 2x) = 1 + \tan x$

[정석연구] 다음 배각의 공식을 이용하여 식을 간단히 해 보자.

정석 $\cos 2x = \cos^2 x - \sin^2 x = 2\cos^2 x - 1 = 1 - 2\sin^2 x$
$\sin 2x = 2\sin x \cos x$

[모범답안] (1) $\cos 2x = 2\cos^2 x - 1$ 이므로 준 방정식은

$$2\cos^2 x - 1 - 5\cos x + 3 = 0 \quad \therefore (\cos x - 2)(2\cos x - 1) = 0$$

$\cos x \neq 2$ 이므로 $\cos x = \dfrac{1}{2}$ $\therefore \boldsymbol{x = \dfrac{\pi}{3}, \dfrac{5}{3}\pi}$ ← [답]

(2) $\tan x = \dfrac{\sin x}{\cos x}$ 이므로 준 방정식의 양변에 $\cos x$ 를 곱하여 정리하면

$$(\cos x - \sin x)(1 + \sin 2x) = \cos x + \sin x$$

그런데 $1 + \sin 2x = \sin^2 x + \cos^2 x + 2\sin x \cos x = (\sin x + \cos x)^2$ 이므로

$$(\cos x - \sin x)(\sin x + \cos x)^2 = \cos x + \sin x$$

$$\therefore (\sin x + \cos x)(\cos^2 x - \sin^2 x - 1) = 0$$

$$\therefore (\sin x + \cos x)(\cos 2x - 1) = 0$$

$$\therefore \sin x + \cos x = 0 \ \text{또는} \ \cos 2x = 1$$

$\tan x$ 가 정의되므로 $\cos x \neq 0$ 이다. 따라서 $\sin x + \cos x = 0$ 의 양변을 $\cos x$ 로 나누고 정리하면

$$\tan x = -1 \quad \therefore x = \dfrac{3}{4}\pi, \dfrac{7}{4}\pi$$

$0 \leq 2x < 4\pi$ 이므로 $\cos 2x = 1$ 에서 $2x = 0, 2\pi$

$$\therefore x = 0, \pi \qquad\qquad [\text{답}] \ \boldsymbol{x = 0, \dfrac{3}{4}\pi, \pi, \dfrac{7}{4}\pi}$$

*Note (2) $\sin 2x = 2\sin x \cos x = \dfrac{2\sin x \cos x}{\cos^2 x + \sin^2 x} = \dfrac{2\tan x}{1 + \tan^2 x}$

와 같이 변형한 다음 $\tan x$ 에 관한 식으로 나타내어 풀어도 된다.

[유제] **3**-25. 다음 삼각방정식을 풀어라. 단, $0 \leq x < 2\pi$ 이다.

(1) $4\sin x \cos x = -\sqrt{3}$ 　　　　(2) $\cos 2x + 5\sin x - 3 = 0$

(3) $\tan 2x = \cot x$

[답] (1) $\boldsymbol{x = \dfrac{2}{3}\pi, \dfrac{5}{6}\pi, \dfrac{5}{3}\pi, \dfrac{11}{6}\pi}$ (2) $\boldsymbol{x = \dfrac{\pi}{6}, \dfrac{5}{6}\pi}$

(3) $\boldsymbol{x = \dfrac{\pi}{6}, \dfrac{\pi}{2}, \dfrac{5}{6}\pi, \dfrac{7}{6}\pi, \dfrac{3}{2}\pi, \dfrac{11}{6}\pi}$

필수 예제 **3**-16 $0 \le x < 2\pi$일 때, 다음 삼각부등식의 해를 구하여라.

(1) $3\sin x - \cos 2x + 2 < 0$ (2) $\sin 2x < \sin x$

[정석연구] (1) $\cos 2x = 1 - 2\sin^2 x$를 대입하면 $\sin x$에 관한 이차부등식이 된다. 먼저 $\sin x$의 값의 범위부터 구한다.

(2) $\sin 2x = 2\sin x \cos x$를 대입하고 우변을 이항하여 정리한다.

정석 $\sin 2x = 2\sin x \cos x$
$\cos 2x = 2\cos^2 x - 1 = 1 - 2\sin^2 x$

[모범답안] (1) $3\sin x - (1 - 2\sin^2 x) + 2 < 0$
에서
$$2\sin^2 x + 3\sin x + 1 < 0$$
$$\therefore (2\sin x + 1)(\sin x + 1) < 0$$
$$\therefore -1 < \sin x < -\frac{1}{2}$$

따라서 오른쪽 그래프에서

$$\frac{7}{6}\pi < x < \frac{3}{2}\pi, \ \frac{3}{2}\pi < x < \frac{11}{6}\pi \ \longleftarrow \boxed{답}$$

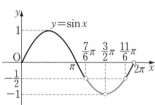

(2) $2\sin x \cos x - \sin x < 0$에서
$$\sin x(2\cos x - 1) < 0$$

(i) $\sin x > 0$이고 $\cos x < \frac{1}{2}$일 때,

$0 < x < \pi$이고 $\frac{\pi}{3} < x < \frac{5}{3}\pi$

(ii) $\sin x < 0$이고 $\cos x > \frac{1}{2}$일 때,

$\pi < x < 2\pi$이고 $\left(0 \le x < \frac{\pi}{3} \ 또는 \ \frac{5}{3}\pi < x < 2\pi\right)$

(i), (ii)에서 $\dfrac{\pi}{3} < x < \pi, \ \dfrac{5}{3}\pi < x < 2\pi \ \longleftarrow \boxed{답}$

[유제] **3**-26. $0 \le x < 2\pi$일 때, 다음 삼각부등식의 해를 구하여라.

(1) $\cos 2x + \cos x \ge 0$ (2) $\sin 2x > \cos x$

$\boxed{답}$ (1) $0 \le x \le \frac{\pi}{3}, \ x = \pi, \ \frac{5}{3}\pi \le x < 2\pi$ (2) $\frac{\pi}{6} < x < \frac{\pi}{2}, \ \frac{5}{6}\pi < x < \frac{3}{2}\pi$

[유제] **3**-27. $0 < x < \pi$일 때, 삼각부등식 $\tan 2x > 2\tan x$의 해를 구하여라.

$\boxed{답}$ $0 < x < \frac{\pi}{4}, \ \frac{\pi}{2} < x < \frac{3}{4}\pi$

§5. 합 또는 차의 공식

기 본 정 석

1 곱을 합 또는 차로 변형하는 공식

① $\sin\alpha\cos\beta=\dfrac{1}{2}\{\sin(\alpha+\beta)+\sin(\alpha-\beta)\}$

② $\cos\alpha\sin\beta=\dfrac{1}{2}\{\sin(\alpha+\beta)-\sin(\alpha-\beta)\}$

③ $\cos\alpha\cos\beta=\dfrac{1}{2}\{\cos(\alpha+\beta)+\cos(\alpha-\beta)\}$

④ $\sin\alpha\sin\beta=-\dfrac{1}{2}\{\cos(\alpha+\beta)-\cos(\alpha-\beta)\}$

2 합 또는 차를 곱으로 변형하는 공식

① $\sin A+\sin B=2\sin\dfrac{A+B}{2}\cos\dfrac{A-B}{2}$

② $\sin A-\sin B=2\cos\dfrac{A+B}{2}\sin\dfrac{A-B}{2}$

③ $\cos A+\cos B=2\cos\dfrac{A+B}{2}\cos\dfrac{A-B}{2}$

④ $\cos A-\cos B=-2\sin\dfrac{A+B}{2}\sin\dfrac{A-B}{2}$

Advice 1° (고등학교 교육과정 밖의 내용) 위의 내용은 고등학교 교육과정에 포함된 것은 아니지만, 삼각함수의 덧셈정리로부터 얻어지는 공식이므로 좀 더 깊이 있는 공부를 하고자 하는 학생을 위하여 여기에 소개한다.

공식을 잊었을 경우를 대비하여 유도 과정과 함께 익혀 두는 것이 좋다.

Advice 2° 곱을 합 또는 차로 변형하는 공식

삼각함수의 덧셈정리

$$\sin(\alpha+\beta)=\sin\alpha\cos\beta+\cos\alpha\sin\beta \qquad \cdots\cdots①$$
$$\sin(\alpha-\beta)=\sin\alpha\cos\beta-\cos\alpha\sin\beta \qquad \cdots\cdots②$$

를 이용하면 곱을 합 또는 차로 변형할 수 있다. 곧,

①+②하면 $\sin(\alpha+\beta)+\sin(\alpha-\beta)=2\sin\alpha\cos\beta \qquad \cdots\cdots③$

$\therefore \sin\alpha\cos\beta=\dfrac{1}{2}\{\sin(\alpha+\beta)+\sin(\alpha-\beta)\}$

①−②하면 $\sin(\alpha+\beta)-\sin(\alpha-\beta)=2\cos\alpha\sin\beta \qquad \cdots\cdots④$

$\therefore \cos\alpha\sin\beta=\dfrac{1}{2}\{\sin(\alpha+\beta)-\sin(\alpha-\beta)\}$

같은 방법으로

$$\cos(\alpha+\beta)=\cos\alpha\cos\beta-\sin\alpha\sin\beta \qquad \cdots\cdots ⑤$$

$$\cos(\alpha-\beta)=\cos\alpha\cos\beta+\sin\alpha\sin\beta \qquad \cdots\cdots ⑥$$

에서

⑤+⑥하면 $\cos(\alpha+\beta)+\cos(\alpha-\beta)=2\cos\alpha\cos\beta \qquad \cdots\cdots ⑦$

$$\therefore \ \boldsymbol{\cos\alpha\cos\beta=\frac{1}{2}\{\cos(\alpha+\beta)+\cos(\alpha-\beta)\}}$$

⑤−⑥하면 $\cos(\alpha+\beta)-\cos(\alpha-\beta)=-2\sin\alpha\sin\beta \qquad \cdots\cdots ⑧$

$$\therefore \ \boldsymbol{\sin\alpha\sin\beta=-\frac{1}{2}\{\cos(\alpha+\beta)-\cos(\alpha-\beta)\}}$$

보기 1 다음 식을 합 또는 차의 꼴로 나타내어라.

(1) $\sin 3\theta\cos\theta$ (2) $\cos 4\theta\sin\theta$
(3) $\cos 5\theta\cos\theta$ (4) $\sin 3\theta\sin 2\theta$

연구 (1) $\sin 3\theta\cos\theta=\dfrac{1}{2}\{\sin(3\theta+\theta)+\sin(3\theta-\theta)\}=\dfrac{1}{2}\boldsymbol{(\sin 4\theta+\sin 2\theta)}$

(2) $\cos 4\theta\sin\theta=\dfrac{1}{2}\{\sin(4\theta+\theta)-\sin(4\theta-\theta)\}=\dfrac{1}{2}\boldsymbol{(\sin 5\theta-\sin 3\theta)}$

(3) $\cos 5\theta\cos\theta=\dfrac{1}{2}\{\cos(5\theta+\theta)+\cos(5\theta-\theta)\}=\dfrac{1}{2}\boldsymbol{(\cos 6\theta+\cos 4\theta)}$

(4) $\sin 3\theta\sin 2\theta=-\dfrac{1}{2}\{\cos(3\theta+2\theta)-\cos(3\theta-2\theta)\}$

$$=-\dfrac{1}{2}\boldsymbol{(\cos 5\theta-\cos\theta)}$$

보기 2 $\sin 75°\cos 15°$의 값을 구하여라.

연구 $\sin 75°\cos 15°=\dfrac{1}{2}\{\sin(75°+15°)+\sin(75°-15°)\}$

$$=\dfrac{1}{2}(\sin 90°+\sin 60°)=\dfrac{1}{2}\left(1+\dfrac{\sqrt{3}}{2}\right)=\boldsymbol{\dfrac{2+\sqrt{3}}{4}}$$

Advice 3° 합 또는 차를 곱으로 변형하는 공식

곱을 합 또는 차로 변형하는 공식으로부터 합 또는 차를 곱으로 변형하는 공식을 유도할 수 있다.

먼저

$$\alpha+\beta=A, \qquad \alpha-\beta=B$$

로 놓고 두 식을 α, β에 관하여 연립하여 풀면

$$\alpha=\dfrac{A+B}{2}, \qquad \beta=\dfrac{A-B}{2}$$

이것을 앞의 ③, ④, ⑦, ⑧에 각각 대입하면 다음 공식을 얻는다.

$$\sin A + \sin B = 2\sin\frac{A+B}{2}\cos\frac{A-B}{2}$$

$$\sin A - \sin B = 2\cos\frac{A+B}{2}\sin\frac{A-B}{2}$$

$$\cos A + \cos B = 2\cos\frac{A+B}{2}\cos\frac{A-B}{2}$$

$$\cos A - \cos B = -2\sin\frac{A+B}{2}\sin\frac{A-B}{2}$$

이와 같이 삼각함수의 덧셈정리로부터 얻어지는 공식들을 정리하면 다음과 같다.

삼각함수의 덧셈정리 ⟹ **2배각의 공식** ⟹ 반각의 공식

3배각의 공식

곱을 합 또는 차로 변형하는 공식

합 또는 차를 곱으로 변형하는 공식

보기 3 다음 식을 곱의 꼴로 나타내어라.

(1) $\sin 3\theta + \sin\theta$ 　　　　　(2) $\sin 5\theta - \sin\theta$

(3) $\cos 5\theta + \cos 3\theta$ 　　　　(4) $\cos 4\theta - \cos 2\theta$

연구 (1) $\sin 3\theta + \sin\theta = 2\sin\dfrac{3\theta+\theta}{2}\cos\dfrac{3\theta-\theta}{2} = \boldsymbol{2\sin 2\theta\cos\theta}$

(2) $\sin 5\theta - \sin\theta = 2\cos\dfrac{5\theta+\theta}{2}\sin\dfrac{5\theta-\theta}{2} = \boldsymbol{2\cos 3\theta\sin 2\theta}$

(3) $\cos 5\theta + \cos 3\theta = 2\cos\dfrac{5\theta+3\theta}{2}\cos\dfrac{5\theta-3\theta}{2} = \boldsymbol{2\cos 4\theta\cos\theta}$

(4) $\cos 4\theta - \cos 2\theta = -2\sin\dfrac{4\theta+2\theta}{2}\sin\dfrac{4\theta-2\theta}{2} = \boldsymbol{-2\sin 3\theta\sin\theta}$

보기 4 $\sin 75° + \sin 15°$의 값을 구하여라.

연구 $\sin 75° + \sin 15° = 2\sin\dfrac{75°+15°}{2}\cos\dfrac{75°-15°}{2} = 2\sin 45°\cos 30°$

$$= 2 \times \frac{1}{\sqrt{2}} \times \frac{\sqrt{3}}{2} = \frac{\sqrt{6}}{2}$$

필수 예제 3-17 다음 식의 값을 구하여라.

(1) $\sin 20° \sin 40° \sin 80°$ (2) $\cos^2\theta + \cos^2\left(\theta + \dfrac{\pi}{3}\right) - \cos\theta\cos\left(\theta + \dfrac{\pi}{3}\right)$

[정석연구] 곱을 합 또는 차로 변형하는 공식을 이용한다.

> **정석** $\sin\alpha\cos\beta = \dfrac{1}{2}\{\sin(\alpha+\beta) + \sin(\alpha-\beta)\}$
>
> $\cos\alpha\cos\beta = \dfrac{1}{2}\{\cos(\alpha+\beta) + \cos(\alpha-\beta)\}$
>
> $\sin\alpha\sin\beta = -\dfrac{1}{2}\{\cos(\alpha+\beta) - \cos(\alpha-\beta)\}$

(1) $\sin 20° \sin 40°$ 또는 $\sin 40° \sin 80°$ 부터 변형한다.

(2) $\cos^2\theta$, $\cos^2\left(\theta + \dfrac{\pi}{3}\right)$ 는 다음 **정석**을 이용하여 일차의 꼴로 나타낸다.

> **정석** $\cos^2\theta = \dfrac{1+\cos 2\theta}{2}$

[모범답안] (1) (준 식) $= -\dfrac{1}{2}(\cos 60° - \cos 20°)\sin 80°$

$= -\dfrac{1}{2}\sin 80°\cos 60° + \dfrac{1}{2}\sin 80°\cos 20°$

$= -\dfrac{1}{4}\sin 80° + \dfrac{1}{4}(\sin 100° + \sin 60°)$

$= -\dfrac{1}{4}\sin 80° + \dfrac{1}{4}\sin(180° - 80°) + \dfrac{1}{4}\sin 60° = \dfrac{\sqrt{3}}{8}$ ← 답

(2) (준 식) $= \dfrac{1+\cos 2\theta}{2} + \dfrac{1+\cos 2\left(\theta + \dfrac{\pi}{3}\right)}{2} - \dfrac{1}{2}\left\{\cos\left(2\theta + \dfrac{\pi}{3}\right) + \cos\dfrac{\pi}{3}\right\}$

$= \dfrac{3}{4} + \dfrac{1}{2}\left\{\cos 2\theta + \left(\cos 2\theta\cos\dfrac{2}{3}\pi - \sin 2\theta\sin\dfrac{2}{3}\pi\right)\right.$

$\left. - \left(\cos 2\theta\cos\dfrac{\pi}{3} - \sin 2\theta\sin\dfrac{\pi}{3}\right)\right\}$

$= \dfrac{3}{4} + \dfrac{1}{2}\left(\cos 2\theta - \dfrac{1}{2}\cos 2\theta - \dfrac{\sqrt{3}}{2}\sin 2\theta - \dfrac{1}{2}\cos 2\theta + \dfrac{\sqrt{3}}{2}\sin 2\theta\right)$

$= \dfrac{3}{4}$ ← 답

[유제] **3**-28. 다음 식의 값을 구하여라.

(1) $\sin 37.5° \sin 7.5°$ (2) $\cos 40° \cos 80° \cos 160°$

(3) $\cos^2\theta - \sin^2\alpha + \cos^2(\alpha+\theta) - 2\cos\alpha\cos\theta\cos(\alpha+\theta)$

답 (1) $\dfrac{\sqrt{3}-\sqrt{2}}{4}$ (2) $-\dfrac{1}{8}$ (3) **0**

필수 예제 **3**-18   다음 물음에 답하여라.

(1) $\sin 10° - \sin 110° + \sin 130°$의 값을 구하여라.

(2) $\cos\theta + \cos 3\theta + \cos 5\theta + \cos 7\theta$를 곱의 꼴로 나타내어라.

[정석연구] 합 또는 차를 곱으로 변형하는 공식을 이용한다.

> **정석** $\sin A + \sin B = 2\sin\dfrac{A+B}{2}\cos\dfrac{A-B}{2}$
>
> $\sin A - \sin B = 2\cos\dfrac{A+B}{2}\sin\dfrac{A-B}{2}$
>
> $\cos A + \cos B = 2\cos\dfrac{A+B}{2}\cos\dfrac{A-B}{2}$
>
> $\cos A - \cos B = -2\sin\dfrac{A+B}{2}\sin\dfrac{A-B}{2}$

(1) $\sin 10° - \sin 110°$를 먼저 변형할 수도 있고,

$$\frac{130° - 110°}{2} = 10°$$

에 착안하여 $-\sin 110° + \sin 130°$를 먼저 변형할 수도 있다.

(2) $\dfrac{3\theta - \theta}{2} = \dfrac{7\theta - 5\theta}{2}$임에 착안하여 $\cos 3\theta + \cos\theta$, $\cos 7\theta + \cos 5\theta$를 먼저 변형한다.

[모범답안] (1) (준 식)$= \sin 10° + (\sin 130° - \sin 110°)$

$\qquad\qquad = \sin 10° + 2\cos 120° \sin 10° = \sin 10° - \sin 10°$

$\qquad\qquad = \mathbf{0} \longleftarrow$ 답

(2) (준 식)$= (\cos 3\theta + \cos\theta) + (\cos 7\theta + \cos 5\theta)$

$\qquad = 2\cos\dfrac{4\theta}{2}\cos\dfrac{2\theta}{2} + 2\cos\dfrac{12\theta}{2}\cos\dfrac{2\theta}{2}$

$\qquad = 2\cos 2\theta \cos\theta + 2\cos 6\theta \cos\theta = 2\cos\theta(\cos 2\theta + \cos 6\theta)$

$\qquad = 4\cos\theta \cos\dfrac{8\theta}{2}\cos\dfrac{-4\theta}{2} = \mathbf{4\cos\theta\cos 2\theta\cos 4\theta} \longleftarrow$ 답

[유제] **3**-29. $\cos 55° + \cos 65° + \cos 175°$의 값을 구하여라.   답 0

[유제] **3**-30. 다음 식을 곱의 꼴로 나타내어라.

(1) $\sin\theta + \sin 2\theta + \sin 3\theta + \sin 4\theta$

(2) $\sin(\theta+\alpha) + \sin(2\theta+\alpha) + \sin(3\theta+\alpha) + \sin(4\theta+\alpha)$

답 (1) $4\sin\dfrac{5}{2}\theta\cos\theta\cos\dfrac{\theta}{2}$ (2) $4\sin\left(\dfrac{5}{2}\theta+\alpha\right)\cos\theta\cos\dfrac{\theta}{2}$

연습문제 3

기본 **3**-1 오른쪽 삼각형 ABC에서
  $\angle BAD=\alpha$, $\angle DAC=\beta$, $\angle BDA=90°$
  이다. 삼각형의 넓이를 이용하여
  $$\sin(\alpha+\beta)=\sin\alpha\cos\beta+\cos\alpha\sin\beta$$
  가 성립함을 증명하여라.
   단, $0°<\alpha<90°$, $0°<\beta<90°$이다.

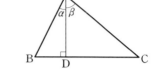

3-2 다음 값을 구하여라.
  (1) $\sin\dfrac{4}{5}\pi\cos\dfrac{\pi}{5}+\cos\dfrac{4}{5}\pi\sin\dfrac{\pi}{5}$
  (2) $\dfrac{\tan 20°+\tan 25°}{1-\tan 20°\tan 25°}$
  (3) $4\sin 165°+8\cos 105°-\sqrt{2}\tan 195°$

3-3 $\tan x+\tan y=\dfrac{5}{6}$, $\tan(x+y)=1$이고 $\tan x>\tan y$일 때, $\tan x$, $\tan y$
  의 값을 구하여라.

3-4 $0<x<\dfrac{\pi}{2}$에서 정의된 함수 $f(x)=\tan x$가 있다.
   $f(x)$의 역함수를 $g(x)$라고 할 때, $g\left(\dfrac{1}{2}\right)+g\left(\dfrac{1}{3}\right)$의 값을 구하여라.

3-5 직선 $2\sqrt{3}\,x-y+2=0$과 이루는 예각의 크기가 $\dfrac{\pi}{3}$이고 원점을 지나는
  두 직선의 방정식을 구하여라.

3-6 오른쪽 그림과 같이 $\overline{AB}=2$, $\overline{BC}=a$,
  $\angle B=90°$인 직각삼각형 ABC에서 변 BA의
  연장선 위에 $\overline{AD}=4$인 점 D를 잡자.
   $\tan(\angle DCA)=\dfrac{4}{7}$일 때, a의 값을 구하여라.

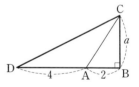

3-7 원 $x^2+y^2=1$ 위의 점 P_1, P_2에서의 접선이 x축과 만나는 점을 각각 Q_1,
  Q_2라고 하자. 원점 O에 대하여 $\angle P_1OP_2=\dfrac{\pi}{4}$이고 삼각형 P_1OQ_1의 넓이가
  $\dfrac{1}{4}$일 때, 삼각형 P_2OQ_2의 넓이를 구하여라. 단, 점 P_1, P_2는 제1사분면의
  점이다.

3-8 다음 함수의 최댓값과 최솟값을 구하여라.
  (1) $y=3^{\cos x}9^{\sin x}$
  (2) $y=(\sin x+1)(\cos x+1)$

3-9 반지름의 길이가 2인 원에 내접하는 삼각형 ABC가 있다.
   $\angle A=60°$일 때, $\overline{AB}+\overline{AC}$의 최댓값을 구하여라.

3-10 원점 O를 지나고 기울기가 $\tan\theta$인 직선 l이 있다. 두 점 A(0, 2), B($2\sqrt{3}$, 0)에서 직선 l에 내린 수선의 발을 각각 A′, B′이라고 하자.
  원점 O로부터 점 A′까지의 거리와 점 B′까지의 거리의 합 $\overline{\mathrm{OA'}}+\overline{\mathrm{OB'}}$이 최대가 되는 θ의 값을 구하여라. 단, $0<\theta<\dfrac{\pi}{2}$이다.

3-11 $\dfrac{\pi}{2}<x<\pi$이고 $6\sin^2 x+\sin x\cos x-2\cos^2 x=0$이 성립할 때, $\sin 2x+\cos 2x$의 값을 구하여라.

3-12 다음 함수의 최댓값과 최솟값을 구하여라.
  (1) $y=2\sin^3 x+\sin 2x\cos x+2\cos x$ (2) $y=\cos 2x+2\sin x+1$
  (3) $y=2+2(\sin x+\cos x)-\sin 2x$ (4) $y=\sin^4 x+2\sin x\cos x+\cos^4 x$

3-13 $\cos x+\cos y=1$일 때, $\cos 2x+\cos 2y$의 최댓값과 최솟값을 구하여라.

3-14 오른쪽 그림과 같이 원점에서 x축에 접하는 원이 있다. 직선 $y=\dfrac{3}{2}x$가 이 원과 만나는 점 중에서 원점이 아닌 점을 P라고 할 때, 점 P에서 이 원에 접하는 직선의 기울기를 구하여라.

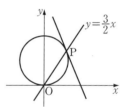

3-15 $0\le\theta<2\pi$일 때, $\dfrac{1}{3+4\sin^2\theta}+\dfrac{1}{3+4\cos^2\theta}$의 최솟값을 구하여라.

3-16 다음 등식을 만족시키는 $\triangle\mathrm{ABC}$는 어떤 삼각형인가?
  (1) $\sin 2\mathrm{A}:\sin 2\mathrm{B}=\cot\mathrm{B}:\cot\mathrm{A}$
  (2) $a(\sin\mathrm{B}\cos\mathrm{B}-\sin\mathrm{C}\cos\mathrm{C})=b\sin\mathrm{C}-c\sin\mathrm{B}$

3-17 다음 삼각방정식을 풀어라.
  (1) $\cos^2 x-\sin^2 2x=0$ $(0\le x<2\pi)$ (2) $\cos 2x=\sin 4x\ \left(0\le x\le\dfrac{\pi}{2}\right)$
  (3) $\cos^2\dfrac{x}{2}-\sin^2 x=0$ $(0\le x<2\pi)$

3-18 다음 삼각부등식을 풀어라. 단, $0\le x<2\pi$이다.
  (1) $\sin x+\sqrt{3}\cos x\ge 1$ (2) $\sin 2x-\sin x-2\cos x+1\ge 0$

3-19 다음 x에 관한 이차방정식이 실근을 가지도록 θ의 값을 정하여라. 단, $0\le\theta<2\pi$이다.
$$x^2-2(\sin\theta+\cos\theta)x+3-2\sin\theta\cos\theta=0$$

3-20 다음 집합을 좌표평면 위에 나타내어라.

$$\{(x,\ y)\ |\ x=\cos\theta+\sin\theta+1,\ y=\cos\theta-\sin\theta+2,\ 0\le\theta<2\pi\}$$

실력 **3**-21 수열 $\{a_n\}$에서 $a_n=\sin\dfrac{n}{12}\pi$일 때, 다음 물음에 답하여라.

(1) a_1, a_{50}을 구하여라.   (2) $\displaystyle\sum_{k=1}^{100}\sin\dfrac{k}{12}\pi$의 값을 구하여라.

3-22 두 실수 α, β에 대하여 $0\le\alpha\le\dfrac{\pi}{4}$, $0\le\beta\le\dfrac{\pi}{4}$, $\alpha+\beta=\dfrac{\pi}{4}$일 때, $\tan\alpha+\tan\beta$의 최솟값과 이때 α, β의 값을 구하여라.

3-23 좌표평면에서 정삼각형 ABC의 세 꼭짓점이 포물선 $y=x^2$ 위에 있고, 직선 AB의 기울기가 2일 때, 세 꼭짓점의 x좌표의 합을 구하여라.

3-24 사각형 ABCD가 원에 내접해 있다. $\overline{AB}=9$, $\overline{CD}=4$, $\overline{AC}=7$, $\overline{BD}=8$ 일 때, 사각형 ABCD의 넓이를 구하여라.

3-25 삼각형 ABC에서 다음 두 식의 대소를 비교하여라.

$P=3\cos A\cos B\cos C$

$Q=\sin A\sin B\cos C+\sin B\sin C\cos A+\sin C\sin A\cos B$

3-26 삼각형 ABC에서 다음 물음에 답하여라.

(1) $\tan A+\tan B+\tan C=\tan A\tan B\tan C$가 성립함을 보여라.

(2) $\tan A$, $\tan B$, $\tan C$가 모두 자연수일 때, $\tan A\tan B\tan C$의 값을 구하여라.

3-27 두 원 $C_1:\ x^2+y^2=1$, $C_2:\ x^2+y^2-y=0$이 있다. C_1 위를 움직이는 점 P, C_2 위를 움직이는 점 Q가 각각 점 $(1,\ 0)$, $(0,\ 0)$에서 각각의 원 위를 시계 반대 방향으로 일정한 속력으로 움직이며 2π 시간 동안 한 바퀴 돌 때, 두 점 P, Q 사이의 거리의 최댓값과 최솟값을 구하여라.

3-28 x에 관한 이차방정식 $x^2-3ax+1-4a=0$이 두 근 $\tan\alpha$, $\tan\beta$를 가 지도록 실수 a의 값의 범위를 정하고, 이때 $\tan\dfrac{\alpha+\beta}{2}$의 값을 구하여라. 단, $0<\alpha<\beta<\dfrac{\pi}{2}$이다.

3-29 $A+B+C=\pi$일 때, 다음 등식을 증명하여라.

$$\sin A+\sin B+\sin C=4\cos\frac{A}{2}\cos\frac{B}{2}\cos\frac{C}{2}$$

3-30 오른쪽 그림과 같이 $\angle\text{BAC}=90°$인 직
각삼각형 ABC에서 변 BC의 연장선 위의
점 D가 $\angle\text{CDA}=2\angle\text{CAD}$를 만족시킬 때,
$\overline{\text{AD}}\left(\dfrac{1}{\overline{\text{CD}}}-\dfrac{1}{\overline{\text{BD}}}\right)$의 값을 구하여라.

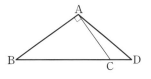

3-31 삼각형 ABC에서 $(b+c):(c+a):(a+b)=4:5:6$일 때,
$\sin 2\text{A}:\sin 2\text{B}:\sin 2\text{C}$를 구하여라.

3-32 원 $x^2+y^2=1$ 위에 세 점
$$\text{P}(\cos\theta,\ \sin\theta),\quad \text{Q}(\cos 2\theta,\ \sin 2\theta),\quad \text{R}(\cos 4\theta,\ \sin 4\theta)$$
가 있다. 이때, $\overline{\text{PQ}}^2+\overline{\text{QR}}^2$의 값의 범위를 구하여라.

3-33 x에 관한 이차방정식 $25x^2-ax+12=0$의 두 근이 $\sin 2\theta,\ \cos 2\theta$일 때,
다음 물음에 답하여라. 단, $a>0$이다.
 ⑴ 상수 a의 값을 구하여라.   ⑵ $\tan\theta$의 값을 구하여라.

3-34 직선 $3x+4y-10=0$ 위의 점 P에서 원 $x^2+y^2=1$에 그은 두 접선이 이
루는 예각의 크기를 θ라고 할 때, $\cos\theta$의 최솟값을 구하여라.

3-35 오른쪽 그림과 같이 선분 AB를 지름으로
하는 반원의 호 위에 점 C, D가 있고 $\overline{\text{AD}}=2$,
$\overline{\text{BC}}=\overline{\text{CD}}=1$이다.
  지름 AB의 길이를 구하여라.

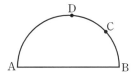

3-36 삼각형의 세 변의 길이가 $x-1$, x, $x+1$이고, 최대각의 크기는 최소각
의 크기의 두 배이다. 이 삼각형의 세 변의 길이를 구하여라.

3-37 $0<x<2\pi$일 때, 다음 삼각방정식의 해를 구하여라.
$$\sin x+\sin 2x+\sin 3x=0$$

3-38 다음 x에 관한 이차방정식이 실근을 가질 때, 실수 θ의 값과 실근을 구
하여라. 단, $i=\sqrt{-1}$이다.
$$(1+i)x^2+(\sin^2\theta-i\cos^2\theta)x-(1-i\tan^2\theta)=0$$

3-39 x에 관한 삼각방정식 $\cos 2x+2\sin x-2a-1=0$이 실근을 가질 때, 실
수 a의 값의 범위를 구하여라.

3-40 다음 x에 관한 삼각방정식이 $0\le x\le\dfrac{5}{6}\pi$에서 오직 하나의 실근을 가질
때, 실수 a의 값의 범위를 구하여라.
$$(4a+2)\sin x+2a\cos 2x+a+1=0$$

④. 함수의 극한

§1. 함수의 극한

1 함수의 수렴

(1) **함수의 극한**: 함수 $f(x)$에서 x가 a와 다른 값을 가지면서 a에 한없이 가까워질 때 $f(x)$의 값이 일정한 값 l에 한없이 가까워지면 $x \longrightarrow a$일 때 $f(x)$는 l에 수렴한다고 하고, 다음과 같이 나타낸다.

$$x \longrightarrow a일 \ 때 \ f(x) \longrightarrow l \quad 또는 \quad \lim_{x \to a} f(x) = l$$

이때, l을 $x=a$에서의 $f(x)$의 극한 또는 극한값이라고 한다.

(2) **좌극한, 우극한**: 함수 $f(x)$에서 x가 a보다 작은 값을 가지면서 a에 한없이 가까워질 때 $f(x)$의 값이 일정한 값 l에 한없이 가까워지면

$$x \longrightarrow a-일 \ 때 \ f(x) \longrightarrow l \quad 또는 \quad \lim_{x \to a-} f(x) = l$$

로 나타내며, l을 $x=a$에서의 $f(x)$의 좌극한 또는 좌극한값이라고 한다.

마찬가지로 x가 a보다 큰 값을 가지면서 a에 한없이 가까워질 때 $f(x)$의 값이 일정한 값 l에 한없이 가까워지면

$$x \longrightarrow a+일 \ 때 \ f(x) \longrightarrow l \quad 또는 \quad \lim_{x \to a+} f(x) = l$$

로 나타내며, l을 $x=a$에서의 $f(x)$의 우극한 또는 우극한값이라고 한다.

함수의 극한값이 존재하면 좌극한과 우극한이 모두 존재하고 두 값은 같다. 역으로 좌극한과 우극한이 모두 존재하고 두 값이 같으면 극한값이 존재한다.

정석 $\lim_{x \to a} f(x) = l \iff \lim_{x \to a-} f(x) = \lim_{x \to a+} f(x) = l$

2 함수의 발산

(1) 함수 $f(x)$에서 $x \longrightarrow a$일 때 $f(x)$의 값이 한없이 커지면 $x \longrightarrow a$일 때 $f(x)$는 양의 무한대로 발산한다고 하고, 다음과 같이 나타낸다.

$$x \longrightarrow a일 \ 때 \ f(x) \longrightarrow \infty \quad 또는 \quad \lim_{x \to a} f(x) = \infty$$

(2) 함수 $f(x)$에서 $x \longrightarrow a$일 때 $f(x)$의 값이 음수이면서 그 절댓값이 한없이 커지면 $x \longrightarrow a$일 때 $f(x)$는 음의 무한대로 발산한다고 하고, 다음과 같이 나타낸다.

$$x \longrightarrow a\text{일 때 } f(x) \longrightarrow -\infty \quad \text{또는} \quad \lim_{x \to a} f(x) = -\infty$$

(3) $f(x)$가 양의 무한대 또는 음의 무한대로 발산하는 경우를 포함하여 $f(x)$가 수렴하지 않는 경우, $f(x)$는 발산한다고 한다.

*Note ∞는 수가 아니므로 (1), (2)에서 극한값이 존재한다고 생각해서는 안 된다.

③ 함수의 극한에 관한 기본 성질

$\lim\limits_{x \to a} f(x) = \alpha$, $\lim\limits_{x \to a} g(x) = \beta$ (단, α, β는 실수)이면

(1) $\lim\limits_{x \to a} kf(x) = k\alpha$ (k는 상수) (2) $\lim\limits_{x \to a} \left\{ f(x) \pm g(x) \right\} = \alpha \pm \beta$ (복부호동순)

(3) $\lim\limits_{x \to a} f(x)g(x) = \alpha\beta$ (4) $\lim\limits_{x \to a} \dfrac{f(x)}{g(x)} = \dfrac{\alpha}{\beta}$ (단, $\beta \neq 0$)

④ 함수의 극한의 대소 관계

a에 가까운 모든 실수 x에 대하여

(1) $f(x) \leq g(x)$이고 $\lim\limits_{x \to a} f(x)$, $\lim\limits_{x \to a} g(x)$의 값이 존재하면

$$\Longrightarrow \lim_{x \to a} f(x) \leq \lim_{x \to a} g(x)$$

(2) $f(x) \leq h(x) \leq g(x)$이고 $\lim\limits_{x \to a} f(x) = \lim\limits_{x \to a} g(x) = l$ (l은 실수)이면

$$\Longrightarrow \lim_{x \to a} h(x) = l$$

*Note ③의 기본 성질과 ④의 대소 관계는 $x \longrightarrow a+$, $x \longrightarrow a-$, $x \longrightarrow \infty$, $x \longrightarrow -\infty$일 때에도 성립한다.

─────────────────────────────

Advice 1° 우리는 수학 Ⅱ에서 다항함수의 극한·미분·적분에 대하여 공부하였다. 이를 바탕으로 하여 이 책에서는 유리함수, 무리함수, 삼각함수, 지수함수, 로그함수의 극한·미분·적분에 대하여 공부한다.

수학 Ⅱ에서 공부한 극한·미분·적분에 관한 기초가 부족한 학생은 실력 수학 Ⅱ와 함께 공부하길 바란다.

2° $x \longrightarrow \infty$ 또는 $x \longrightarrow -\infty$일 때에도 함수 $f(x)$의 수렴 또는 발산에 따라 다음과 같은 기호를 쓴다.

$$\lim_{x \to \infty} f(x) = \alpha, \qquad \lim_{x \to -\infty} f(x) = \beta, \qquad \lim_{x \to \infty} f(x) = \infty,$$
$$\lim_{x \to -\infty} f(x) = \infty, \qquad \lim_{x \to \infty} f(x) = -\infty, \qquad \lim_{x \to -\infty} f(x) = -\infty$$

필수 예제 4-1 다음 극한값을 구하여라.

(1) $\lim\limits_{x \to 2} \dfrac{x^3 - 2x^2 + x - 2}{x^2 - 4}$　　　(2) $\lim\limits_{x \to 1} \dfrac{\sqrt{3x-1} - \sqrt{x+1}}{\sqrt{2x+1} - \sqrt{x+2}}$

[정석연구] (1) $x \longrightarrow 2$일 때 (분모) $\longrightarrow 0$, (분자) $\longrightarrow 0$인 꼴이다.

이때에는 분모, 분자가 $x-2$를 인수로 가진다. 따라서 분모, 분자를 인수분해한 다음 $x-2$로 약분하여라.

정석 $\dfrac{0}{0}$ 꼴의 유리함수의 극한은

　　$\Longrightarrow$ 분모, 분자를 인수분해한 다음 약분하여라.

(2) $x \longrightarrow 1$일 때 (분모) $\longrightarrow 0$, (분자) $\longrightarrow 0$인 꼴이다.

분모, 분자에 $\left(\sqrt{3x-1} + \sqrt{x+1}\right)\left(\sqrt{2x+1} + \sqrt{x+2}\right)$를 곱하여라.

정석 $\dfrac{0}{0}$ 꼴의 무리함수의 극한은

　　$\Longrightarrow$ 분모, 분자 중 $\sqrt{}$ 가 있는 쪽을 유리화하여라.

[모범답안] (1) (준 식) $= \lim\limits_{x \to 2} \dfrac{(x-2)(x^2+1)}{(x-2)(x+2)} = \lim\limits_{x \to 2} \dfrac{x^2+1}{x+2} = \dfrac{5}{4}$ ← [답]

(2) 분모, 분자에 $\left(\sqrt{3x-1} + \sqrt{x+1}\right)\left(\sqrt{2x+1} + \sqrt{x+2}\right)$를 각각 곱하면

$$(준 식) = \lim_{x \to 1} \dfrac{\left\{(3x-1)-(x+1)\right\}\left(\sqrt{2x+1} + \sqrt{x+2}\right)}{\left\{(2x+1)-(x+2)\right\}\left(\sqrt{3x-1} + \sqrt{x+1}\right)}$$

$$= \lim_{x \to 1} \dfrac{2(x-1)\left(\sqrt{2x+1} + \sqrt{x+2}\right)}{(x-1)\left(\sqrt{3x-1} + \sqrt{x+1}\right)}$$

$$= \lim_{x \to 1} \dfrac{2\left(\sqrt{2x+1} + \sqrt{x+2}\right)}{\sqrt{3x-1} + \sqrt{x+1}} = \dfrac{2 \times 2\sqrt{3}}{2\sqrt{2}} = \sqrt{6} \ \leftarrow \ \boxed{답}$$

[유제] **4**-1. 다음 극한값을 구하여라.

(1) $\lim\limits_{x \to 1} \dfrac{x^3-1}{x^2+x-2}$　　　　　(2) $\lim\limits_{x \to 2} \dfrac{x^2-3x+2}{x^3-3x-2}$

(3) $\lim\limits_{x \to a} \dfrac{3x^2-2ax-a^2}{2x^2-ax-a^2}$　　　(4) $\lim\limits_{x \to 1} \dfrac{\sqrt{x^2+8}-3}{x-1}$

(5) $\lim\limits_{x \to 8} \dfrac{\sqrt[3]{x}-2}{x-8}$　　　　　(6) $\lim\limits_{x \to 0} \dfrac{\sqrt{1+x}-\sqrt{1+2x^2}}{\sqrt{1+x^2}-\sqrt{1-2x}}$

　　[답] (1) 1　(2) $\dfrac{1}{9}$　(3) $a \neq 0$일 때 $\dfrac{4}{3}$, $a = 0$일 때 $\dfrac{3}{2}$　(4) $\dfrac{1}{3}$　(5) $\dfrac{1}{12}$　(6) $\dfrac{1}{2}$

필수 예제 **4**-2 다음 극한값을 구하여라.

(1) $\lim\limits_{x\to\infty}\dfrac{2x^3+x+3}{3x^3-2x^2+1}$ (2) $\lim\limits_{x\to\infty}\dfrac{2x+1}{\sqrt{x^2-1}+2}$ (3) $\lim\limits_{x\to-\infty}\dfrac{2x+1}{\sqrt{x^2-1}+2}$

[정석연구] $x\longrightarrow\infty$일 때 (분모) $\longrightarrow\infty$, (분자) $\longrightarrow\infty$인 꼴이다.

(1) 먼저 분모, 분자를 분모의 최고차항인 x^3으로 나누어라.

정석 $\dfrac{\infty}{\infty}$ 꼴의 유리함수의 극한은

⟹ 분모의 최고차항으로 분모, 분자를 나누어라.

(2) 먼저 분모, 분자를 x로 나누어 본다.

분모의 $\sqrt{x^2-1}$을 $x\,(x>0)$로 나누면 다음과 같다.

$$\frac{\sqrt{x^2-1}}{x}=\frac{\sqrt{x^2-1}}{\sqrt{x^2}}=\sqrt{\frac{x^2-1}{x^2}}=\sqrt{1-\frac{1}{x^2}}$$

정석 $\dfrac{\infty}{\infty}$ 꼴의 무리함수의 극한은

⟹ $\sqrt{}$ 안의 x의 차수는 반으로 생각하고

분모의 최고차항으로 분모, 분자를 나누어라.

(3) 분모의 $\sqrt{x^2-1}$을 $x\,(x<0)$로 나눌 때에는 부호에 주의해야 한다.

[모범답안] (1) (준 식)$=\lim\limits_{x\to\infty}\dfrac{2+\dfrac{1}{x^2}+\dfrac{3}{x^3}}{3-\dfrac{2}{x}+\dfrac{1}{x^3}}=\dfrac{2}{3}\ \longleftarrow\ \boxed{\text{답}}$

(2) (준 식)$=\lim\limits_{x\to\infty}\dfrac{2+\dfrac{1}{x}}{\sqrt{\dfrac{x^2-1}{x^2}}+\dfrac{2}{x}}=\lim\limits_{x\to\infty}\dfrac{2+\dfrac{1}{x}}{\sqrt{1-\dfrac{1}{x^2}}+\dfrac{2}{x}}=2\ \longleftarrow\ \boxed{\text{답}}$

(3) (준 식)$=\lim\limits_{x\to-\infty}\dfrac{2+\dfrac{1}{x}}{-\sqrt{\dfrac{x^2-1}{x^2}}+\dfrac{2}{x}}=\lim\limits_{x\to-\infty}\dfrac{2+\dfrac{1}{x}}{-\sqrt{1-\dfrac{1}{x^2}}+\dfrac{2}{x}}=-2\ \longleftarrow\ \boxed{\text{답}}$

*Note (3)에서 $x=-t$로 놓고 $\lim\limits_{t\to\infty}\dfrac{-2t+1}{\sqrt{t^2-1}+2}$을 계산해도 된다.

[유제] **4**-2. 다음 극한값을 구하여라.

(1) $\lim\limits_{x\to\infty}\dfrac{3x^2-4x+1}{2x^3+2}$ (2) $\lim\limits_{x\to\infty}\dfrac{2x^2+\sqrt{x^3+1}}{x^2+2x+2}$ (3) $\lim\limits_{x\to-\infty}\dfrac{x+1}{\sqrt{x^2+x+1}}$

$\boxed{\text{답}}$ (1) **0** (2) **2** (3) $-$**1**

필수 예제 **4**-3 다음 극한값을 구하여라.

(1) $\displaystyle\lim_{x\to-\infty}\left(\sqrt{x^2+2x+3}-\sqrt{x^2-2x+3}\right)$ (2) $\displaystyle\lim_{x\to0}\frac{1}{x}\left(\frac{1}{\sqrt{x+2}}-\frac{1}{\sqrt2}\right)$

[정석연구] (1)은 $\infty-\infty$ 꼴이고, (2)는 $\infty\times0$ 꼴이다. 다음 **정석**을 이용해 보아라.

> **정석** $\infty-\infty$ 꼴, $\infty\times0$ 꼴의 극한은
>
> $$\infty\times c,\quad \frac{c}{\infty},\quad \frac{\infty}{\infty},\quad \frac{0}{0}$$
>
> 꼴로 변형할 수 있는가를 검토해 보아라.

[모범답안] (1) 분모를 1로 보고, 분자를 유리화하면

$$(준\ 식)=\lim_{x\to-\infty}\frac{\left(\sqrt{x^2+2x+3}-\sqrt{x^2-2x+3}\right)\left(\sqrt{x^2+2x+3}+\sqrt{x^2-2x+3}\right)}{\sqrt{x^2+2x+3}+\sqrt{x^2-2x+3}}$$

$$=\lim_{x\to-\infty}\frac{4x}{\sqrt{x^2+2x+3}+\sqrt{x^2-2x+3}}\qquad\Leftarrow\frac{\infty}{\infty}\ 꼴,\ x로\ 나누어라.$$

$$=\lim_{x\to-\infty}\frac{4}{-\sqrt{1+\dfrac{2}{x}+\dfrac{3}{x^2}}-\sqrt{1-\dfrac{2}{x}+\dfrac{3}{x^2}}}=\frac{4}{-2}=\boldsymbol{-2}\ \leftarrow\ \boxed{답}$$

(2) $\displaystyle(준\ 식)=\lim_{x\to0}\left(\frac{1}{x}\times\frac{\sqrt2-\sqrt{x+2}}{\sqrt2\sqrt{x+2}}\right)\qquad\Leftarrow\frac{0}{0}\ 꼴,\ 분자를\ 유리화$

$$=\lim_{x\to0}\left\{\frac{1}{x}\times\frac{(\sqrt2-\sqrt{x+2})(\sqrt2+\sqrt{x+2})}{\sqrt2\sqrt{x+2}(\sqrt2+\sqrt{x+2})}\right\}$$

$$=\lim_{x\to0}\left\{\frac{1}{x}\times\frac{-x}{\sqrt2\sqrt{x+2}(\sqrt2+\sqrt{x+2})}\right\}\qquad\Leftarrow x로\ 약분$$

$$=\lim_{x\to0}\frac{-1}{\sqrt2\sqrt{x+2}(\sqrt2+\sqrt{x+2})}=\frac{-1}{\sqrt2\times\sqrt2\times2\sqrt2}$$

$$=-\frac{\sqrt2}{8}\ \leftarrow\ \boxed{답}$$

[유제] **4**-3. 다음 극한값을 구하여라.

(1) $\displaystyle\lim_{x\to\infty}\left(\sqrt{x^2+2x+3}-x\right)$ (2) $\displaystyle\lim_{x\to\infty}\left(\sqrt{x^2+12x+1}-\sqrt{x^2+1}\right)$

(3) $\displaystyle\lim_{x\to0}\frac{1}{x}\left\{\frac{1}{(x+1)^2}-1\right\}$ (4) $\displaystyle\lim_{x\to0+}\left(\sqrt{\frac{1}{x^2}+\frac{2}{x}}-\sqrt{\frac{1}{x^2}-\frac{1}{x}}\right)$

$\boxed{답}$ (1) **1** (2) **6** (3) $-\boldsymbol{2}$ (4) $\dfrac{\boldsymbol{3}}{\boldsymbol{2}}$

§2. 삼각·지수·로그함수의 극한

1️⃣ **삼각함수의 극한**

$$\lim_{x \to 0} \frac{\sin x}{x} = 1 \ (\text{단, } x\text{의 단위는 라디안})$$

2️⃣ **지수함수와 로그함수의 극한**

(i) $\lim_{x \to \infty} a^x = \begin{cases} \infty & (a>1) \\ 0 & (0<a<1) \end{cases}$ $\qquad$ $\lim_{x \to -\infty} a^x = \begin{cases} 0 & (a>1) \\ \infty & (0<a<1) \end{cases}$

(ii) $\lim_{x \to \infty} \log_a x = \begin{cases} \infty & (a>1) \\ -\infty & (0<a<1) \end{cases}$ $\qquad$ $\lim_{x \to 0+} \log_a x = \begin{cases} -\infty & (a>1) \\ \infty & (0<a<1) \end{cases}$

3️⃣ **e의 정의**

$$\lim_{x \to \infty} \left(1 + \frac{1}{x}\right)^x = e, \quad \lim_{x \to 0}(1+x)^{\frac{1}{x}} = e \quad (\text{단, } e = 2.71828182845\cdots)$$

Advice 1° $\lim_{x \to 0} \dfrac{\sin x}{x} = 1$ $(x$의 단위는 라디안$)$

이것은 삼각함수의 극한을 구하는 데 기본이 되는 공식이다.

(증명) (i) $0 < x < \dfrac{\pi}{2}$일 때 : 오른쪽 그림에서

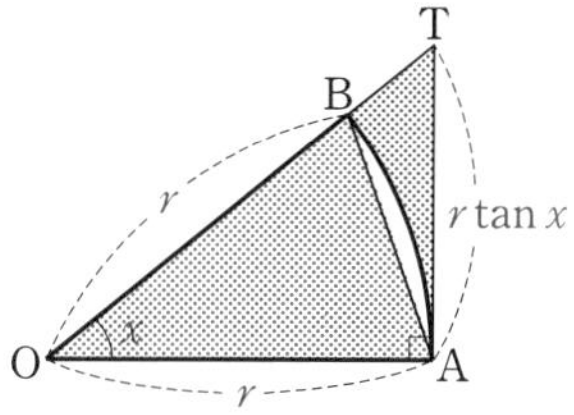

$\triangle$OAB < (부채꼴 OAB의 넓이) < $\triangle$OAT

곧, $\dfrac{1}{2}r^2 \sin x < \dfrac{1}{2}r^2 x < \dfrac{1}{2}r^2 \tan x$

$\therefore \ \sin x < x < \tan x$

$\sin x > 0$이므로 각 변을 $\sin x$로 나누면

$1 < \dfrac{x}{\sin x} < \dfrac{1}{\cos x}$ $\quad \therefore \ 1 > \dfrac{\sin x}{x} > \cos x$

여기에서 $x \longrightarrow 0+$일 때 $\cos x \longrightarrow 1$이므로 $\lim_{x \to 0+} \dfrac{\sin x}{x} = 1$

(ii) $-\dfrac{\pi}{2} < x < 0$일 때 : $x = -\theta$로 놓으면

$$\lim_{x \to 0-} \frac{\sin x}{x} = \lim_{\theta \to 0+} \frac{\sin(-\theta)}{-\theta} = \lim_{\theta \to 0+} \frac{\sin \theta}{\theta} = 1$$

(i), (ii)에서 $\lim_{x \to 0} \dfrac{\sin x}{x} = 1$

보기 1 다음 극한값을 구하여라.

(1) $\lim_{x \to 0} \dfrac{\sin 2x}{3x}$　　　　(2) $\lim_{x \to 0} \dfrac{\sin x^{\circ}}{x}$　　　　(3) $\lim_{x \to 0} \dfrac{\tan x}{x}$

연구 (1) $\lim_{x \to 0} \dfrac{\sin 2x}{3x} = \lim_{x \to 0} \left(\dfrac{\sin 2x}{2x} \times \dfrac{2}{3} \right) = 1 \times \dfrac{2}{3} = \dfrac{\mathbf{2}}{\mathbf{3}}$

(2) $180^{\circ} = \pi$ 에서 $1^{\circ} = \dfrac{\pi}{180}$ 이므로 $x^{\circ} = \dfrac{\pi}{180}x$

$$\therefore \lim_{x \to 0} \dfrac{\sin x^{\circ}}{x} = \lim_{x \to 0} \dfrac{\sin \dfrac{\pi}{180}x}{x} = \lim_{x \to 0} \left(\dfrac{\sin \dfrac{\pi}{180}x}{\dfrac{\pi}{180}x} \times \dfrac{\pi}{180} \right) = 1 \times \dfrac{\pi}{180} = \dfrac{\boldsymbol{\pi}}{\mathbf{180}}$$

(3) $\lim_{x \to 0} \dfrac{\tan x}{x} = \lim_{x \to 0} \dfrac{\sin x}{x \cos x} = \lim_{x \to 0} \left(\dfrac{\sin x}{x} \times \dfrac{1}{\cos x} \right) = 1 \times 1 = \mathbf{1}$

Advice 2° 지수함수와 로그함수의 극한

　지수함수와 로그함수의 극한에서도 함수의 그래프를 이용하면 함수의 극한을 직관적으로 쉽게 이해할 수 있다. 따라서 수학 I 에서 공부한 $y = a^x$ 과 $y = \log_a x$ 의 그래프의 개형을 다음과 같이 정리해 두어라.

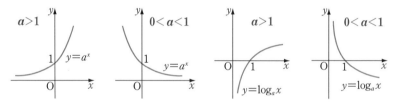

보기 2 다음 극한값을 구하여라.

(1) $\lim_{x \to -\infty} \dfrac{2^x}{\sqrt{3^x}}$　　　　(2) $\lim_{x \to \infty} \dfrac{1}{1 + a^x}$ (단, $a > 0$)

연구 (1) $\lim_{x \to -\infty} \dfrac{2^x}{\sqrt{3^x}} = \lim_{x \to -\infty} \left(\dfrac{2}{\sqrt{3}} \right)^x = \mathbf{0}$

(2) $a > 1$ 일 때 $\lim_{x \to \infty} a^x = \infty$ 이므로 $\lim_{x \to \infty} \dfrac{1}{1 + a^x} = \mathbf{0}$

　　$a = 1$ 일 때 $\lim_{x \to \infty} a^x = 1$ 이므로 $\lim_{x \to \infty} \dfrac{1}{1 + a^x} = \dfrac{\mathbf{1}}{\mathbf{2}}$

　　$0 < a < 1$ 일 때 $\lim_{x \to \infty} a^x = 0$ 이므로 $\lim_{x \to \infty} \dfrac{1}{1 + a^x} = \mathbf{1}$

보기 3 다음 극한을 조사하여라.

(1) $\lim_{x \to 1+} \log_{10}(x-1)$　　　　(2) $\lim_{x \to 3+} \log_{\frac{1}{2}}(x-3)$

연구 (1) $-\infty$　　　　(2) ∞

4. 함수의 극한   **87**

𝒜𝒹𝓋𝒾𝒸𝑒 **3°** e의 정의

수열 $\left\{\left(1+\dfrac{1}{n}\right)^n\right\}$ $(n=1, 2, 3, \cdots)$의 항의 값

은 오른쪽 표와 같이 몇 개 구해 보면 $n \longrightarrow \infty$
일 때 어떤 일정한 값에 한없이 가까워진다는 것
을 알 수 있다.

n	$\left(1+\dfrac{1}{n}\right)^n$
1	2
10	$2.593742\cdots$
100	$2.704813\cdots$
1000	$2.716923\cdots$
10000	$2.718145\cdots$
$\cdots$	$\cdots$

일반적으로 x가 실수일 때

$$\lim_{x\to\infty}\left(1+\frac{1}{x}\right)^x \qquad \cdots\cdots\text{①}$$

의 값이 존재한다는 것이 알려져 있으며, 이 값
을 e로 나타낸다.

$$e=2.71828182845\cdots$$

또, $\displaystyle\lim_{x\to-\infty}\left(1+\frac{1}{x}\right)^x=\lim_{t\to\infty}\left(1-\frac{1}{t}\right)^{-t}=\lim_{t\to\infty}\left(\frac{t-1}{t}\right)^{-t}=\lim_{t\to\infty}\left(\frac{t}{t-1}\right)^{t}$

에서 $t-1=s$로 놓으면

$$\lim_{s\to\infty}\left(\frac{s+1}{s}\right)^{s+1}=\lim_{s\to\infty}\left(1+\frac{1}{s}\right)^s\left(1+\frac{1}{s}\right)=e$$

$$\therefore \lim_{x\to-\infty}\left(1+\frac{1}{x}\right)^x=e \qquad \cdots\cdots\text{②}$$

한편 ①, ②에서 $\dfrac{1}{x}=h$로 놓으면 $h \longrightarrow 0$일 때 $(1+h)^{\frac{1}{h}}$의 값도 e에 수렴
한다는 것을 알 수 있다.

정석 $\displaystyle\lim_{x\to\pm\infty}\left(1+\frac{1}{x}\right)^x=e, \quad \lim_{x\to0}(1+x)^{\frac{1}{x}}=e$

보기 4 다음 극한값을 구하여라.

(1) $\displaystyle\lim_{x\to0}(1+2x)^{\frac{1}{x}}$ (2) $\displaystyle\lim_{x\to\infty}\left(1+\frac{3}{x}\right)^x$ (3) $\displaystyle\lim_{x\to\infty}\left(1+\frac{2}{x}\right)^{3x}$

연구 (1) (준 식)$=\displaystyle\lim_{x\to0}\left\{(1+2x)^{\frac{1}{2x}}\right\}^2=e^2$ (2) (준 식)$=\displaystyle\lim_{x\to\infty}\left\{\left(1+\frac{3}{x}\right)^{\frac{x}{3}}\right\}^3=e^3$

(3) (준 식)$=\displaystyle\lim_{x\to\infty}\left\{\left(1+\frac{2}{x}\right)^{\frac{x}{2}}\right\}^6=e^6$

𝒜𝒹𝓋𝒾𝒸𝑒 **4°** 자연로그와 상용로그

e를 밑으로 하는 로그를 자연로그라고 한다.

자연로그에서는 e를 생략하여 $\log x$나 $\ln x$로 나타내기도 한다. 그러나
수학 I에서 상용로그 $\log_{10} x$를 간단히 $\log x$로 나타내었으므로 이와 혼동을
피하기 위하여 앞으로 $\log_e x$를 $\ln x$로 나타내기로 한다.

필수 예제 **4**-4   다음 극한값을 구하여라.

(1) $\lim\limits_{x \to 0} \dfrac{\sin 5x}{\sin 2x}$
　　　　　　　　(2) $\lim\limits_{x \to 0} \dfrac{\tan 3x}{\tan 2x}$

(3) $\lim\limits_{x \to 0} \dfrac{\sin(\sin x)}{x}$
　　　　　　　　(4) $\lim\limits_{x \to 0+} \dfrac{\ln(\sin x)}{\ln x}$

[정석연구] $\lim\limits_{x \to 0} \dfrac{\sin x}{x} = 1$ 이므로 $\lim\limits_{x \to 0} \dfrac{x}{\sin x} = \lim\limits_{x \to 0} \dfrac{1}{\dfrac{\sin x}{x}} = \dfrac{1}{1} = 1$ 이다.

정석 $\dfrac{0}{0}$ 꼴의 삼각함수의 극한은

$$\lim_{x \to 0} \frac{\sin x}{x} = 1, \quad \lim_{x \to 0} \frac{x}{\sin x} = 1, \quad \lim_{x \to 0} \frac{\tan x}{x} = 1, \quad \lim_{x \to 0} \frac{x}{\tan x} = 1$$

을 이용할 수 있도록 변형한다.

[모범답안] (1) $\lim\limits_{x \to 0} \dfrac{\sin 5x}{\sin 2x} = \lim\limits_{x \to 0} \left(\dfrac{\sin 5x}{5x} \times \dfrac{2x}{\sin 2x} \times \dfrac{5}{2} \right) = 1 \times 1 \times \dfrac{5}{2} = \dfrac{5}{2}$ ← [답]

(2) $\lim\limits_{x \to 0} \dfrac{\tan 3x}{\tan 2x} = \lim\limits_{x \to 0} \left(\dfrac{\tan 3x}{3x} \times \dfrac{2x}{\tan 2x} \times \dfrac{3}{2} \right) = 1 \times 1 \times \dfrac{3}{2} = \dfrac{3}{2}$ ← [답]

(3) $\lim\limits_{x \to 0} \dfrac{\sin(\sin x)}{x} = \lim\limits_{x \to 0} \left\{ \dfrac{\sin(\sin x)}{\sin x} \times \dfrac{\sin x}{x} \right\}$

$\sin x = t$ 로 놓으면 $x \longrightarrow 0$ 일 때 $t \longrightarrow 0$ 이므로

$\lim\limits_{x \to 0} \dfrac{\sin(\sin x)}{\sin x} = \lim\limits_{t \to 0} \dfrac{\sin t}{t} = 1$ $\therefore$ $\lim\limits_{x \to 0} \dfrac{\sin(\sin x)}{x} = 1 \times 1 = 1$ ← [답]

(4) $\ln(\sin x) = \ln \left(\dfrac{\sin x}{x} \times x \right) = \ln \dfrac{\sin x}{x} + \ln x$

$\lim\limits_{x \to 0+} \ln \dfrac{\sin x}{x} = \ln 1 = 0, \quad \lim\limits_{x \to 0+} \ln x = -\infty$ 이므로

$\lim\limits_{x \to 0+} \dfrac{\ln(\sin x)}{\ln x} = \lim\limits_{x \to 0+} \left(\dfrac{\ln \dfrac{\sin x}{x}}{\ln x} + 1 \right) = 0 + 1 = 1$ ← [답]

[유제] **4**-4. 다음 극한값을 구하여라.

(1) $\lim\limits_{x \to 0} \dfrac{\sin 3x}{\sin 2x}$
　　(2) $\lim\limits_{\theta \to 0} \dfrac{\tan 2\theta}{\theta \cos \theta}$
　　(3) $\lim\limits_{x \to 0} \dfrac{\tan x^\circ}{x}$

(4) $\lim\limits_{x \to 0} \sin 3x \cot x$
　　(5) $\lim\limits_{\theta \to 0} \dfrac{\tan(\tan \theta)}{\theta}$
　　(6) $\lim\limits_{x \to 0} \dfrac{\tan(\sin \pi x)}{x}$

[답] (1) $\dfrac{3}{2}$　(2) **2**　(3) $\dfrac{\pi}{180}$　(4) **3**　(5) **1**　(6) $\boldsymbol{\pi}$

필수 예제 **4**-5　다음 극한값을 구하여라.

(1) $\displaystyle\lim_{x\to0}\dfrac{1-\cos kx}{x^2}$ (단, $k\neq0$)　　　(2) $\displaystyle\lim_{x\to0}\dfrac{1-\cos(1-\cos x)}{x^4}$

(3) $\displaystyle\lim_{x\to0}\dfrac{\sin(n+1)x-\sin(n-1)x}{\sin nx}$ (단, n은 자연수)

──────────────────────────────

[정석연구] $\dfrac{0}{0}$ 꼴의 삼각함수의 극한은 주어진 식을 변형하여

$$\boxed{\text{정석}}\quad \lim_{\theta\to0}\frac{\sin\theta}{\theta}=1,\quad \lim_{\theta\to0}\frac{\theta}{\sin\theta}=1$$

을 이용한다.

[모범답안] (1) (준 식)$=\displaystyle\lim_{x\to0}\dfrac{1-\cos^2 kx}{x^2(1+\cos kx)}=\lim_{x\to0}\dfrac{\sin^2 kx}{x^2(1+\cos kx)}$

$\qquad=\displaystyle\lim_{x\to0}\left\{\left(\dfrac{\sin kx}{kx}\right)^2\times\dfrac{1}{1+\cos kx}\times k^2\right\}=1\times\dfrac{1}{2}\times k^2=\boxed{\dfrac{k^2}{2}}$ ← 답

(2) (준 식)$=\displaystyle\lim_{x\to0}\dfrac{1-\cos^2(1-\cos x)}{x^4\{1+\cos(1-\cos x)\}}$

$\qquad=\displaystyle\lim_{x\to0}\left\{\dfrac{\sin^2(1-\cos x)}{x^4}\times\dfrac{1}{1+\cos(1-\cos x)}\right\}$

$\qquad=\displaystyle\lim_{x\to0}\left\{\dfrac{\sin^2(1-\cos x)}{(1-\cos x)^2}\times\dfrac{(1-\cos x)^2}{x^4}\times\dfrac{1}{1+\cos(1-\cos x)}\right\}$

여기에서 $\displaystyle\lim_{x\to0}\dfrac{(1-\cos x)^2}{x^4}=\lim_{x\to0}\left\{\dfrac{\sin^4 x}{x^4}\times\dfrac{1}{(1+\cos x)^2}\right\}=\dfrac{1}{4}$ 이므로

$\qquad$(준 식)$=1\times\dfrac{1}{4}\times\dfrac{1}{2}=\boxed{\dfrac{1}{8}}$ ← 답

(3) (준 식)$=\displaystyle\lim_{x\to0}\left\{\dfrac{\sin(n+1)x}{\sin nx}-\dfrac{\sin(n-1)x}{\sin nx}\right\}=\dfrac{n+1}{n}-\dfrac{n-1}{n}=\boxed{\dfrac{2}{n}}$ ← 답

*Note (3)에서 분자를 다음과 같이 변형하여 풀 수도 있다.

$\sin(n+1)x-\sin(n-1)x=\sin nx\cos x+\cos nx\sin x-(\sin nx\cos x-\cos nx\sin x)$
$\qquad\qquad\qquad\qquad\quad=2\cos nx\sin x$

[유제] **4**-5. 다음 극한값을 구하여라.

(1) $\displaystyle\lim_{x\to0}\dfrac{1-\cos 2x}{x^2}$　　　　　　　　(2) $\displaystyle\lim_{x\to0}\dfrac{\sin(1-\cos x)}{x^2}$

(3) $\displaystyle\lim_{x\to0}\dfrac{\cos ax-\cos bx}{x^2}$ (단, $ab\neq0$)　　　답 (1) **2** (2) $\dfrac{1}{2}$ (3) $\dfrac{b^2-a^2}{2}$

필수 예제 **4**-6 다음 극한값을 구하여라.

(1) $\lim\limits_{x \to \frac{\pi}{2}} (\pi - 2x) \tan x$　　(2) $\lim\limits_{x \to 1} \dfrac{\cos \frac{\pi}{2} x}{1 - x^2}$　　(3) $\lim\limits_{x \to \pi} \dfrac{\sqrt{2 + \cos x} - 1}{(x - \pi)^2}$

[정석연구] (1) $\dfrac{\pi}{2} - x = \theta$ 로 놓는다. $x - \dfrac{\pi}{2} = \theta$ 로 놓아도 된다.

(2) $x - 1 = \theta$ 로 놓는다.　　　　(3) $x - \pi = \theta$ 로 놓는다.

이와 같이 치환한 다음

정석 $\lim\limits_{\theta \to 0} \dfrac{\sin \theta}{\theta} = 1$,　$\lim\limits_{\theta \to 0} \dfrac{\theta}{\sin \theta} = 1$

을 이용할 수 있는 꼴로 변형한다.

[모범답안] (1) $\dfrac{\pi}{2} - x = \theta$ 로 놓으면 $x \longrightarrow \dfrac{\pi}{2}$ 일 때 $\theta \longrightarrow 0$ 이므로

$\text{(준 식)} = \lim\limits_{\theta \to 0} 2\theta \tan\left(\dfrac{\pi}{2} - \theta\right) = \lim\limits_{\theta \to 0} 2\theta \cot \theta = \lim\limits_{\theta \to 0} \left(2\theta \times \dfrac{\cos \theta}{\sin \theta}\right)$

$\qquad = \lim\limits_{\theta \to 0} \left(\dfrac{\theta}{\sin \theta} \times 2\cos \theta\right) = \mathbf{2}$ ← [답]

(2) $x - 1 = \theta$ 로 놓으면 $x \longrightarrow 1$ 일 때 $\theta \longrightarrow 0$ 이므로

$\text{(준 식)} = \lim\limits_{\theta \to 0} \dfrac{\cos\left(\dfrac{\pi}{2} + \dfrac{\pi}{2}\theta\right)}{1 - (1 + \theta)^2} = \lim\limits_{\theta \to 0} \dfrac{\sin \frac{\pi}{2}\theta}{\theta(\theta + 2)}$

$\qquad = \lim\limits_{\theta \to 0} \left(\dfrac{\sin \frac{\pi}{2}\theta}{\frac{\pi}{2}\theta} \times \dfrac{1}{\theta + 2} \times \dfrac{\pi}{2}\right) = \dfrac{\boldsymbol{\pi}}{\mathbf{4}}$ ← [답]

(3) $x - \pi = \theta$ 로 놓으면 $x \longrightarrow \pi$ 일 때 $\theta \longrightarrow 0$ 이므로

$\text{(준 식)} = \lim\limits_{\theta \to 0} \dfrac{\sqrt{2 + \cos(\pi + \theta)} - 1}{\theta^2} = \lim\limits_{\theta \to 0} \dfrac{\sqrt{2 - \cos \theta} - 1}{\theta^2}$

$\qquad = \lim\limits_{\theta \to 0} \dfrac{1 - \cos \theta}{\theta^2(\sqrt{2 - \cos \theta} + 1)}$

$\qquad = \lim\limits_{\theta \to 0} \left\{\dfrac{1}{(\sqrt{2 - \cos \theta} + 1)(1 + \cos \theta)} \times \left(\dfrac{\sin \theta}{\theta}\right)^2\right\} = \dfrac{\mathbf{1}}{\mathbf{4}}$ ← [답]

[유제] **4**-6. 다음 극한값을 구하여라.

(1) $\lim\limits_{x \to 1} \dfrac{\sin \pi x}{x - 1}$　　　(2) $\lim\limits_{x \to \frac{\pi}{2}} \dfrac{\cos x}{\frac{\pi}{2} - x}$　　　(3) $\lim\limits_{x \to 2\pi} \dfrac{\sin x}{x^2 - 4\pi^2}$

(4) $\lim\limits_{x \to \frac{\pi}{2}} \dfrac{1 - \sin x}{(2x - \pi)^2}$

[답] (1) $-\boldsymbol{\pi}$ (2) $\mathbf{1}$ (3) $\dfrac{\mathbf{1}}{\mathbf{4\pi}}$ (4) $\dfrac{\mathbf{1}}{\mathbf{8}}$

필수 예제 **4**-7　다음을 증명하여라. 단, $a>0$, $a\neq1$이다.

(1) $\lim\limits_{x\to0}\dfrac{\log_a(1+x)}{x}=\log_a e$　　　(2) $\lim\limits_{x\to0}\dfrac{a^x-1}{x}=\ln a$

(3) $\lim\limits_{x\to1}x^{\frac{1}{1-x}}=\dfrac{1}{e}$　　　(4) $\lim\limits_{x\to0}\dfrac{a^x-1}{\log_a(1+x)}=(\ln a)^2$

[정석연구] 지수 · 로그함수의 극한은 다음 **정석**을 이용할 수 있는 꼴로 변형한다.

정석 $\lim\limits_{x\to\infty}\left(1+\dfrac{1}{x}\right)^x=e,\qquad \lim\limits_{x\to0}(1+x)^{\frac{1}{x}}=e$

[모범답안] (1) $\lim\limits_{x\to0}\dfrac{\log_a(1+x)}{x}=\lim\limits_{x\to0}\dfrac{1}{x}\log_a(1+x)=\lim\limits_{x\to0}\log_a(1+x)^{\frac{1}{x}}$

$$=\log_a e$$

(2) $a^x-1=t$로 놓으면 $a^x=1+t$　∴ $x=\log_a(1+t)$

또, $x\to0$일 때 $t\to0$이므로

$$\lim\limits_{x\to0}\dfrac{a^x-1}{x}=\lim\limits_{t\to0}\dfrac{t}{\log_a(1+t)}=\lim\limits_{t\to0}\dfrac{1}{\dfrac{1}{t}\log_a(1+t)}=\lim\limits_{t\to0}\dfrac{1}{\log_a(1+t)^{\frac{1}{t}}}$$

$$=\dfrac{1}{\log_a e}=\log_e a=\ln a$$

(3) $x-1=t$로 놓으면 $x=1+t$이고 $x\to1$일 때 $t\to0$이므로

$$\lim\limits_{x\to1}x^{\frac{1}{1-x}}=\lim\limits_{t\to0}(1+t)^{-\frac{1}{t}}=\lim\limits_{t\to0}\left\{(1+t)^{\frac{1}{t}}\right\}^{-1}=e^{-1}=\dfrac{1}{e}$$

(4) $\lim\limits_{x\to0}\dfrac{a^x-1}{\log_a(1+x)}=\lim\limits_{x\to0}\left\{\dfrac{a^x-1}{x}\times\dfrac{x}{\log_a(1+x)}\right\}=\ln a\times\dfrac{1}{\log_a e}$

$$=\ln a\times\ln a=(\ln a)^2$$

Advice | (1), (2)에서 $a=e$로 놓으면 다음과 같다.

정석 $\lim\limits_{x\to0}\dfrac{\ln(1+x)}{x}=1,\qquad \lim\limits_{x\to0}\dfrac{e^x-1}{x}=1$

(1), (2)와 함께 공식처럼 기억하고 이용해도 된다.

[유제] **4**-7. 다음 극한값을 구하여라.

(1) $\lim\limits_{x\to0}\dfrac{\ln(1+x)}{2x}$　　(2) $\lim\limits_{x\to0}\dfrac{\ln(1+ax)}{x}$ (단, $a\neq0$)　　(3) $\lim\limits_{x\to0}\dfrac{e^x-1}{x}$

(4) $\lim\limits_{x\to1}\dfrac{\ln x}{x-1}$　　(5) $\lim\limits_{x\to\infty}x\left\{\ln(x+1)-\ln x\right\}$

[답] (1) $\dfrac{1}{2}$　(2) a　(3) **1**　(4) **1**　(5) **1**

필수 예제 **4**-8   선분 AB를 지름으로 하는 반원이 있다. 반원의 중심 O
와 반원의 호 위의 점 P에 대하여 ∠APO=∠OPC가 되도록 점 C를
반지름 OB 위에 잡자. 점 P가 반원의 호 위를 따라 점 B에 한없이 가
까워질 때, $\dfrac{\triangle \text{PAC}}{\triangle \text{PCB}}$ 의 극한값을 구하여라.

[정석연구] △PCB와 △PAC는 밑변을 각각 선분
CB, AC로 보면 높이가 같은 삼각형이므로 넓
이의 비를 다음과 같이 $\overline{\text{CB}}$, $\overline{\text{AC}}$의 비로 나타낼
수 있다.

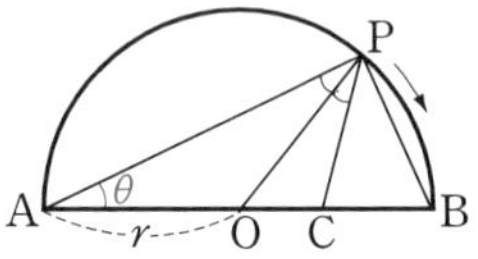

$$\frac{\triangle \text{PAC}}{\triangle \text{PCB}}=\frac{\overline{\text{AC}}}{\overline{\text{CB}}}=\frac{\overline{\text{AO}}+\overline{\text{OC}}}{\overline{\text{AO}}-\overline{\text{OC}}}$$

한편 P $\longrightarrow$ B일 때 ∠OAP $\longrightarrow$ 0+이므로 $\overline{\text{AO}}=r$, ∠OAP$=\theta$로 놓고
$\overline{\text{OC}}$를 r와 θ로 나타낸 다음, 아래 **정석**을 이용하여 극한값을 구한다.

정석 $\displaystyle\lim_{\theta\to 0}\frac{\sin\theta}{\theta}=1$, $\displaystyle\lim_{\theta\to 0}\frac{\theta}{\sin\theta}=1$

[모범답안] $\dfrac{\triangle \text{PAC}}{\triangle \text{PCB}}=\dfrac{\overline{\text{AC}}}{\overline{\text{CB}}}=\dfrac{\overline{\text{AO}}+\overline{\text{OC}}}{\overline{\text{AO}}-\overline{\text{OC}}}$

$\overline{\text{AO}}=r$, ∠OAP$=\theta$로 놓으면   ∠OPA=∠OPC$=\theta$ ∴ ∠PCO$=\pi-3\theta$

△POC에 사인법칙을 쓰면 $\dfrac{\overline{\text{OP}}}{\sin(\pi-3\theta)}=\dfrac{\overline{\text{OC}}}{\sin\theta}$ ∴ $\overline{\text{OC}}=\dfrac{r\sin\theta}{\sin 3\theta}$

∴ $\displaystyle\lim_{\text{P}\to\text{B}}\overline{\text{OC}}=\lim_{\theta\to 0+}\frac{r\sin\theta}{\sin 3\theta}=\lim_{\theta\to 0+}\left(\frac{\sin\theta}{\theta}\times\frac{3\theta}{\sin 3\theta}\times\frac{r}{3}\right)=\frac{r}{3}$

∴ $\displaystyle\lim_{\text{P}\to\text{B}}\frac{\triangle \text{PAC}}{\triangle \text{PCB}}=\lim_{\text{P}\to\text{B}}\frac{r+\overline{\text{OC}}}{r-\overline{\text{OC}}}=\frac{r+(r/3)}{r-(r/3)}=2\longleftarrow$ [답]

Note $\overline{\text{OC}}$는 오른쪽 그림에서 다음과 같이 구할 수도 있다.

$\overline{\text{OH}}=r\cos 2\theta$, $\overline{\text{PH}}=r\sin 2\theta$, $\overline{\text{CH}}=\dfrac{r\sin 2\theta}{\tan 3\theta}$

$\begin{aligned}\therefore \overline{\text{OC}}&=r\cos 2\theta-\frac{r\sin 2\theta}{\tan 3\theta}\\&=r\cos 2\theta-\frac{r\sin 2\theta\cos 3\theta}{\sin 3\theta}\\&=\frac{r(\cos 2\theta\sin 3\theta-\sin 2\theta\cos 3\theta)}{\sin 3\theta}=\frac{r\sin\theta}{\sin 3\theta}\end{aligned}$

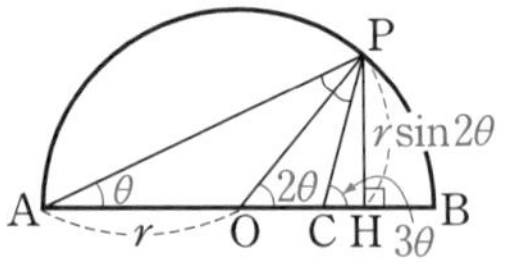

[유제] **4**-8. 반지름의 길이가 1인 원 O 위에 $\overline{\text{AB}}=\overline{\text{AC}}$를 만족시키는 세 점
A, B, C가 있다. ∠BAC$=\theta$이고 △ABC의 내접원의 반지름의 길이를
$r(\theta)$라고 할 때, $\displaystyle\lim_{\theta\to\pi-}\frac{r(\theta)}{(\pi-\theta)^2}$의 값을 구하여라.   [답] $\dfrac{1}{4}$

§ 3. 미정계수의 결정

미정계수 결정의 기본

두 함수 $f(x)$, $g(x)$에 대하여 $\lim\limits_{x \to a} \dfrac{f(x)}{g(x)} = \alpha$ (α는 실수)일 때,

(1) $\lim\limits_{x \to a} g(x) = 0$이면 $\Longrightarrow$ $\lim\limits_{x \to a} f(x) = 0$

(2) $\lim\limits_{x \to a} f(x) = 0$이고 $\alpha \neq 0$이면 $\Longrightarrow$ $\lim\limits_{x \to a} g(x) = 0$

보기 1 $\lim\limits_{x \to 1} \dfrac{x^2 - a}{x - 1} = 2$를 만족시키는 상수 a의 값을 구하여라.

연구 $x \longrightarrow 1$일 때 극한값이 존재하고 (분모) $\longrightarrow 0$이므로 (분자) $\longrightarrow 0$이어야 한다.

왜냐하면 만일 $\lim\limits_{x \to 1}(x^2 - a) \neq 0$이면 $\lim\limits_{x \to 1} \dfrac{x^2 - a}{x - 1}$ 는 ∞ 또는 $-\infty$가 되어 $\lim\limits_{x \to 1} \dfrac{x^2 - a}{x - 1} = 2$에 모순이기 때문이다.

따라서 $\lim\limits_{x \to 1}(x^2 - a) = 0$에서 $1 - a = 0$ $\therefore$ $\boldsymbol{a = 1}$

> **정석** 극한값이 존재하고
> (분모) $\longrightarrow 0$이면 $\Longrightarrow$ (분자) $\longrightarrow 0$

보기 2 $\lim\limits_{x \to 3} \dfrac{x^3 - 27}{x - a} = b$(단, $b \neq 0$)를 만족시키는 상수 a, b의 값을 구하여라.

연구 $x \longrightarrow 3$일 때 0이 아닌 극한값이 존재하고 (분자) $\longrightarrow 0$이므로 (분모) $\longrightarrow 0$이어야 한다.

왜냐하면 만일 $\lim\limits_{x \to 3}(x - a) \neq 0$이면 $\lim\limits_{x \to 3} \dfrac{x^3 - 27}{x - a} = 0$이 되어 $b \neq 0$이라는 조건에 모순이기 때문이다.

따라서 $\lim\limits_{x \to 3}(x - a) = 0$에서 $3 - a = 0$ $\therefore$ $\boldsymbol{a = 3}$

이때, $b = \lim\limits_{x \to 3} \dfrac{x^3 - 27}{x - 3} = \lim\limits_{x \to 3} \dfrac{(x - 3)(x^2 + 3x + 9)}{x - 3} = \lim\limits_{x \to 3}(x^2 + 3x + 9) = \boldsymbol{27}$

> **정석** 0이 아닌 극한값이 존재하고
> (분자) $\longrightarrow 0$이면 $\Longrightarrow$ (분모) $\longrightarrow 0$

Note $b \neq 0$이라는 조건이 없으면 a는 모든 실수가 될 수 있으며, 이때 $a = 3$이면 $b = 27$, $a \neq 3$이면 $b = 0$이다.

필수 예제 **4**-9   다음을 만족시키는 상수 a, b의 값을 구하여라.

(1) $\lim\limits_{x\to 2}\dfrac{x^2+ax+2}{2x^2-7x+6}=b$ (2) $\lim\limits_{x\to 1}\dfrac{a\sqrt{x+1}-b}{x-1}=\sqrt{2}$

(3) $\lim\limits_{x\to 2}\dfrac{x^2-4}{x^2+ax+b}=\dfrac{1}{2}$

[정석연구] 미정계수 결정의 기본은 0이 아닌 극한값이 존재하고

정석 (분모) $\longrightarrow$ 0이면 (분자) $\longrightarrow$ **0**,   (분자) $\longrightarrow$ 0이면 (분모) $\longrightarrow$ **0**

[모범답안] (1) $x \longrightarrow 2$일 때 극한값이 존재하고 (분모) $\longrightarrow$ 0이므로 (분자) $\longrightarrow$ 0

$\therefore \lim\limits_{x\to 2}(x^2+ax+2)=0$ $\therefore 2a+6=0$ $\therefore a=-3$

$\therefore b=\lim\limits_{x\to 2}\dfrac{x^2-3x+2}{2x^2-7x+6}=\lim\limits_{x\to 2}\dfrac{(x-1)(x-2)}{(2x-3)(x-2)}=\lim\limits_{x\to 2}\dfrac{x-1}{2x-3}=1$

[답] $a=-3$, $b=1$

(2) $x \longrightarrow 1$일 때 극한값이 존재하고 (분모) $\longrightarrow$ 0이므로 (분자) $\longrightarrow$ 0

$\therefore \lim\limits_{x\to 1}\left(a\sqrt{x+1}-b\right)=0$ $\therefore b=\sqrt{2}\,a$ ······①

$\therefore$ (좌변)$=\lim\limits_{x\to 1}\dfrac{a\sqrt{x+1}-\sqrt{2}\,a}{x-1}=\lim\limits_{x\to 1}\dfrac{a(x+1-2)}{(x-1)\left(\sqrt{x+1}+\sqrt{2}\right)}$

$=\lim\limits_{x\to 1}\dfrac{a}{\sqrt{x+1}+\sqrt{2}}=\dfrac{a}{2\sqrt{2}}$ $\therefore \dfrac{a}{2\sqrt{2}}=\sqrt{2}$ $\therefore a=4$

①에 대입하면 $b=4\sqrt{2}$ [답] $a=4$, $b=4\sqrt{2}$

(3) $x \longrightarrow 2$일 때 극한값이 0이 아니고 (분자) $\longrightarrow$ 0이므로 (분모) $\longrightarrow$ 0

$\therefore \lim\limits_{x\to 2}(x^2+ax+b)=0$ $\therefore b=-2a-4$ ······①

$\therefore$ (좌변)$=\lim\limits_{x\to 2}\dfrac{x^2-4}{x^2+ax-2a-4}=\lim\limits_{x\to 2}\dfrac{(x+2)(x-2)}{(x-2)(x+a+2)}$

$=\lim\limits_{x\to 2}\dfrac{x+2}{x+a+2}=\dfrac{4}{a+4}$ $\therefore \dfrac{4}{a+4}=\dfrac{1}{2}$ $\therefore a=4$

①에 대입하면 $b=-12$ [답] $a=4$, $b=-12$

[유제] **4**-9. 다음을 만족시키는 상수 a, b의 값을 구하여라.

(1) $\lim\limits_{x\to 0}\dfrac{\sqrt{a+x}-\sqrt{2}}{x}=b$ (2) $\lim\limits_{x\to 2}\dfrac{ax^2+bx-10}{3x^2-5x-2}=3$

(3) $\lim\limits_{x\to 0}\dfrac{x}{\sqrt{x+a}-b}=6$ (4) $\lim\limits_{x\to 2}\dfrac{x^2-ax+8}{x^2-(2+b)x+2b}=\dfrac{1}{5}$

[답] (1) $a=2$, $b=\dfrac{\sqrt{2}}{4}$ (2) $a=8$, $b=-11$ (3) $a=9$, $b=3$ (4) $a=6$, $b=12$

필수 예제 **4**-10 다음을 만족시키는 상수 a, b의 값을 구하여라.

(1) $\lim\limits_{x\to 0}\dfrac{ax\sin x+b}{1-\cos x}=1$

(2) $\lim\limits_{x\to 1}\dfrac{\sin^2(x-1)}{x^2+ax+b}=1$

[정석연구] 다음 **정석**을 이용한다.

정석 (분모) $\longrightarrow$ 0이면 (분자) $\longrightarrow$ 0 ⇦ 극한값이 존재할 때

(분자) $\longrightarrow$ 0이면 (분모) $\longrightarrow$ 0 ⇦ 0이 아닌 극한값이 존재할 때

[모범답안] (1) $x \longrightarrow 0$일 때 극한값이 존재하고 (분모) $\longrightarrow$ 0이므로

(분자) $\longrightarrow$ 0이어야 한다.

$$\therefore \lim_{x\to 0}(ax\sin x+b)=0 \quad \therefore b=0$$

이때, 준 식의 좌변은

$$\lim_{x\to 0}\frac{ax\sin x+b}{1-\cos x}=\lim_{x\to 0}\frac{ax\sin x}{1-\cos x}=\lim_{x\to 0}\frac{ax\sin x(1+\cos x)}{1-\cos^2 x}$$

$$=\lim_{x\to 0}\left\{a\times\frac{x}{\sin x}\times(1+\cos x)\right\}=a\times1\times2=2a$$

$$\therefore 2a=1 \quad \therefore a=\frac{1}{2} \qquad \boxed{답}\ a=\frac{1}{2},\ b=0$$

(2) $x \longrightarrow 1$일 때 0이 아닌 극한값이 존재하고 (분자) $\longrightarrow$ 0이므로

(분모) $\longrightarrow$ 0이어야 한다.

$$\therefore \lim_{x\to 1}(x^2+ax+b)=0 \quad \therefore 1+a+b=0 \quad \therefore b=-(a+1) \ \cdots①$$

이때, 준 식의 좌변은

$$\lim_{x\to 1}\frac{\sin^2(x-1)}{x^2+ax+b}=\lim_{x\to 1}\frac{\sin^2(x-1)}{x^2+ax-(a+1)}=\lim_{x\to 1}\left\{\frac{\sin(x-1)}{x-1}\times\frac{\sin(x-1)}{x+a+1}\right\}$$

여기에서 $\lim\limits_{x\to 1}\dfrac{\sin(x-1)}{x-1}=1$이므로 $\lim\limits_{x\to 1}\dfrac{\sin(x-1)}{x+a+1}=1$ $\cdots\cdots②$

②에서 $x \longrightarrow 1$일 때 0이 아닌 극한값이 존재하고 (분자) $\longrightarrow$ 0이므로

(분모) $\longrightarrow$ 0이어야 한다.

$$\therefore \lim_{x\to 1}(x+a+1)=0 \quad \therefore 1+a+1=0 \quad \therefore a=-2$$

①에 대입하면 $b=1$ \qquad $\boxed{답}\ a=-2,\ b=1$

[유제] **4**-10. 다음을 만족시키는 상수 a, b의 값을 구하여라.

(1) $\lim\limits_{x\to 0}\dfrac{x^2+ax+b}{\sin x}=1$

(2) $\lim\limits_{x\to 0}\dfrac{\sin 2x}{\sqrt{ax+b}-1}=2$

$\boxed{답}$ (1) $a=1$, $b=0$ (2) $a=2$, $b=1$

필수 예제 **4**-11 다음을 만족시키는 다항식 $f(x)$ 중 차수가 가장 작은 것을 구하여라.

$$\lim_{x\to 0}\frac{f(x)\sin x}{x}=1, \quad \lim_{x\to 1}\frac{f(x)\sin x}{x-1}=0, \quad \lim_{x\to 2}\frac{f(x)\sin x}{x-2}=2$$

[모범답안] $\lim_{x\to 0}\dfrac{f(x)\sin x}{x}=1$ ······① $\qquad \lim_{x\to 1}\dfrac{f(x)\sin x}{x-1}=0$ ······②

$\qquad\qquad \lim_{x\to 2}\dfrac{f(x)\sin x}{x-2}=2$ ······③

①에서 $\lim_{x\to 0}\left\{f(x)\times\dfrac{\sin x}{x}\right\}=1 \quad \therefore f(0)\times 1=1 \quad \therefore f(0)=1$ ······④

②에서 $f(1)=0$, ③에서 $f(2)=0$이므로

$\qquad\qquad f(x)=(x-1)(x-2)g(x)$ (단, $g(x)$는 다항식) ······⑤

⑤를 ②에 대입하면 $\lim_{x\to 1}\dfrac{(x-1)(x-2)g(x)\sin x}{x-1}=0 \quad \therefore g(1)=0$

$\qquad\qquad \therefore g(x)=(x-1)h(x)$ (단, $h(x)$는 다항식)

따라서 ⑤는 $f(x)=(x-1)^2(x-2)h(x)$ ······⑥

⑥을 ③에 대입하면

$\qquad\qquad \lim_{x\to 2}\dfrac{(x-1)^2(x-2)h(x)\sin x}{x-2}=2 \quad \therefore h(2)=\dfrac{2}{\sin 2}$ ······⑦

또, ④와 ⑥에서 $h(0)=-\dfrac{1}{2}$ ······⑧

⑦, ⑧을 만족시키는 다항식 중 차수가 가장 작은 다항식 $h(x)$는 일차식이므로 $h(x)=ax+b\,(a\neq 0)$로 놓으면 ⑦, ⑧에서

$$h(x)=\left(\frac{1}{4}+\frac{1}{\sin 2}\right)x-\frac{1}{2}$$

⑥에 대입하면 $\boldsymbol{f(x)=(x-1)^2(x-2)\left\{\left(\dfrac{1}{4}+\dfrac{1}{\sin 2}\right)x-\dfrac{1}{2}\right\}}$ ← 답

[유제] **4**-11. 다음을 만족시키는 다항식 $f(x)$ 중 차수가 가장 작은 것을 구하여라.

(1) $\lim_{x\to 0}\dfrac{f(x)}{x(x-1)}=1, \quad \lim_{x\to 1}\dfrac{f(x)}{x(x-1)}=2$

(2) $\lim_{x\to 0}\dfrac{f(x)}{x}=10, \quad \lim_{x\to 1}\dfrac{f(x)}{x-1}=-4, \quad \lim_{x\to 2}\dfrac{f(x)}{x-2}=26$

답 (1) $\boldsymbol{f(x)=x(x-1)(x+1)}$ (2) $\boldsymbol{f(x)=x(x-1)(x-2)(5x^2-6x+5)}$

§4. 연속함수

기 본 정 석

1 함수의 연속과 불연속

(1) $x=a$에서 연속과 불연속

함수 $f(x)$가

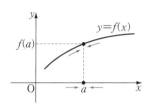

(i) $x=a$에서 정의되어 있고,

(ii) $\lim_{x \to a} f(x)$가 존재하며,

(iii) $\lim_{x \to a} f(x)=f(a)$

일 때, $f(x)$는 $x=a$에서 연속이라고 한다.

또, 함수 $f(x)$가 $x=a$에서 연속이 아닐 때, $f(x)$는 $x=a$에서 **불연속**이라고 한다.

함수 $y=f(x)$의 그래프는 연속인 점에서는 이어져 있고, 불연속인 점에서는 끊어져 있다.

(2) 구간에서의 연속

함수 $f(x)$가 어떤 구간에 속하는 모든 실수에서 연속이면 $f(x)$는 이 구간에서 연속 또는 이 구간에서 연속함수라고 한다.

2 연속함수의 성질

두 함수 $f(x)$, $g(x)$가 모두 $x=a$에서 연속이면 다음 함수도 $x=a$에서 연속이다.

① $kf(x)$ (단, k는 상수)   ② $f(x) \pm g(x)$

③ $f(x)g(x)$ ④ $\dfrac{f(x)}{g(x)}$ (단, $g(a) \neq 0$)

3 최대・최소 정리와 사잇값의 정리

(1) **최대・최소 정리** : 함수 $f(x)$가 닫힌구간 $[a, b]$에서 연속이면 $f(x)$는 이 구간에서 반드시 최댓값과 최솟값을 가진다.

(2) **사잇값의 정리** : 함수 $f(x)$가 닫힌구간 $[a, b]$에서 연속이고 $f(a) \neq f(b)$이면 $f(a)$와 $f(b)$ 사이의 임의의 실수 k에 대하여 $f(c)=k$인 c가 열린구간 (a, b)에 적어도 하나 존재한다.

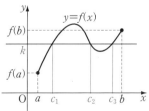

Advice 1° 함수의 연속과 불연속

이를테면 네 함수

$$f(x)=x+1, \quad g(x)=\frac{x^2-1}{x-1}, \quad h(x)=[x], \quad k(x)=\begin{cases} x^2 & (x\neq1) \\ 0 & (x=1) \end{cases}$$

의 그래프는 다음과 같다. 단, $[x]$는 x보다 크지 않은 최대 정수이다.

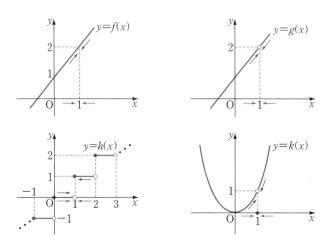

이 중 $y=f(x)$의 그래프는 $x=1$인 점에서 이어져 있지만, 나머지 세 함수의 그래프는 $x=1$인 점에서 끊어져 있다. 이때, 함수 $f(x)$는 **$x=1$에서 연속**이라 하고, 함수 $g(x)$, $h(x)$, $k(x)$는 **$x=1$에서 불연속**이라고 한다.

$x=1$에서 불연속인 함수 $g(x)$, $h(x)$, $k(x)$에는 다음과 같은 특징이 있다.

(i) 함수 $g(x)$는 $x=1$에서 정의되지 않는다.

(ii) $\lim\limits_{x\to1-}h(x)=0$, $\lim\limits_{x\to1+}h(x)=1$이므로

함수 $h(x)$는 $x \longrightarrow 1$일 때 극한값이 존재하지 않는다.

(iii) $\lim\limits_{x\to1}k(x)=1$, $k(1)=0$이므로 $\Leftarrow \lim\limits_{x\to1}k(x)\neq k(1)$

함수 $k(x)$는 $x \longrightarrow 1$일 때의 극한값과 $k(1)$이 같지 않다.

그러나 $x=1$에서 연속인 함수 $f(x)$에서는 다음이 성립한다.

(i) $x=1$에서 정의되어 있다. 곧, $f(1)=2$

(ii) $x \longrightarrow 1$일 때 극한값이 존재한다. 곧, $\lim\limits_{x\to1}f(x)=2$

(iii) (i)과 (ii)의 값이 같다. 곧, $\lim\limits_{x\to1}f(x)=f(1)$

이상을 일반화하여 다음과 같이 정의한다.

> **정의** 함수 $f(x)$가
> (i) $x=a$에서 정의되어 있고,
> (ii) $\lim\limits_{x \to a} f(x)$가 존재하며,
> (iii) $\lim\limits_{x \to a} f(x)=f(a)$
>
> 일 때, $f(x)$는 $x=a$에서 연속이라고 한다.

또, 함수 $f(x)$가 $x=a$에서 위의 조건 중 어느 한 가지라도 만족시키지 않을 때, $f(x)$는 $x=a$에서 불연속이라고 한다.

*Note 책에 따라서는 정의역의 원소에 대해서만 연속, 불연속을 생각한다. 이를 테면 함수 $g(x)=\dfrac{x^2-1}{x-1}$은 $x=1$에서 정의되지 않으므로 이 값에서 연속, 불연속을 생각하지 않는다.
하지만 이 책에서는 $g(x)$는 $x=1$에서 불연속이라고 약속한다.

보기 1 함수 $f(x)=x$는 모든 실수에서 연속임을 증명하여라.

연구 임의의 실수 a에 대하여
$$\lim_{x \to a} f(x)=\lim_{x \to a} x=a, \quad f(a)=a \quad \therefore \ \lim_{x \to a} f(x)=f(a)$$
곧, $f(x)$는 $x=a$에서 연속이다.
따라서 $f(x)$는 모든 실수에서 연속이다.

*Note 같은 방법에 의하여 상수함수 $f(x)=c$ 역시 모든 실수에서 연속임을 보일 수 있다.

Advice 2° 구간에서의 연속

함수 $f(x)$가 열린구간 (a, b)에 속하는 모든 x에서 연속이면 $f(x)$는 열린구간 $(\boldsymbol{a}, \boldsymbol{b})$에서 연속이라고 정의한다.
또, 함수 $f(x)$가
> (i) 열린구간 $(\boldsymbol{a}, \boldsymbol{b})$에서 연속이고
> (ii) $\lim\limits_{x \to a+} f(x)=f(\boldsymbol{a}), \quad \lim\limits_{x \to b-} f(x)=f(\boldsymbol{b})$

이면 닫힌구간 $[\boldsymbol{a}, \boldsymbol{b}]$에서 연속이라고 정의한다.

이를테면 닫힌구간 $[0, 3]$에서 정의된 함수 $f(x)=x^2-4x+3$은 열린구간 $(0, 3)$에서 연속이고
$$\lim_{x \to 0+} f(x)=3=f(0), \quad \lim_{x \to 3-} f(x)=0=f(3)$$
이므로 $f(x)$는 닫힌구간 $[0, 3]$에서 연속이다.

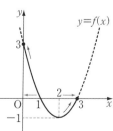

Advice 3° 연속함수의 성질

이를테면 다항함수

$$f(x)=a_n x^n + a_{n-1} x^{n-1} + \cdots + a_1 x + a_0$$

은 항등함수 $y=x$와 상수함수 $y=c$의 곱과 합으로 된 함수이다. 따라서 연속함수의 성질에 의하여 다항함수는 구간 $(-\infty, \infty)$에서 연속이다.

지금까지 공부한 기본적인 함수의 연속성을 정리하면 다음과 같다. 엄밀한 증명은 고등학교 교육과정의 수준을 넘으므로 생략한다. 그리고 이 함수들은 모두 정의역에서 연속이라고 생각하면 된다.

다항함수 $a_n x^n + a_{n-1} x^{n-1} + \cdots + a_1 x + a_0$ ····· 구간 $(-\infty, \infty)$에서 연속

유리함수 $\dfrac{f(x)}{g(x)}$ (f, g는 다항함수) ····· $g(x) \neq 0$인 x에서 연속

무리함수 $\sqrt{f(x)}$ (f는 다항함수) ····· $f(x) \geq 0$인 x에서 연속

지수함수 a^x ($a>0$, $a \neq 1$) ····· 구간 $(-\infty, \infty)$에서 연속

로그함수 $\log_a x$ ($a>0$, $a \neq 1$) ····· 구간 $(0, \infty)$에서 연속

삼각함수 $\sin x$, $\cos x$ ····· 구간 $(-\infty, \infty)$에서 연속

 $\tan x$ ····· $x \neq n\pi + \dfrac{\pi}{2}$ (n은 정수)에서 연속

Advice 4° 최대 · 최소 정리와 사잇값의 정리

최대 · 최소 정리와 사잇값의 정리의 엄밀한 증명은 고등학교 교육과정의 수준을 넘는다. 여기에서는 그 내용만 정확하게 이해하고 있으면 된다.

이를테면 이차함수 $f(x)=x^2+ax+b$가

$$f(1)>0, \quad f(3)<0$$

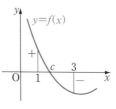

을 만족시키면 방정식 $f(x)=0$은 $1<x<3$에서 하나의 실근을 가진다는 것을 수학(상)에서 공부하였다. 이것을 사잇값의 정리를 이용하여 다음과 같이 설명할 수 있다.

『 이차함수 $f(x)$는 닫힌구간 $[1, 3]$에서 연속이므로 $f(1)$과 $f(3)$
 사이의 값 0에 대하여 $f(c)=0$을 만족시키는 c가 열린구간 $(1, 3)$
 에 적어도 하나 존재한다. 』

그리고 이것을 일반화하면 다음과 같다.

정석 함수 $f(x)$가 구간 $[a, b]$에서 연속이고 $f(a)f(b)<0$이면
 방정식 $f(x)=0$은 구간 (a, b)에서 적어도 하나의 실근을 가진다.

이 성질은 방정식이 주어진 구간에서 실근을 가진다는 것을 보일 때 유용하다. **필수 예제 4**-13에서 이용해 보아라.

필수 예제 **4**-12　구간 $(0,\pi)$에서 정의된 다음 함수 $f(x)$가 $x=\dfrac{\pi}{2}$에서 연속일 때, 상수 a,b의 값을 구하여라.

$$f(x)=\begin{cases} \dfrac{ax+b}{\cos x} & \left(x\neq\dfrac{\pi}{2}\right) \\[2mm] 2 & \left(x=\dfrac{\pi}{2}\right)\end{cases}$$

정석연구 일반적으로 함수 $f(x)$가

(i) $x=a$에서 정의되어 있고,

(ii) $\lim\limits_{x\to a}f(x)$가 존재하며,

(iii) $\lim\limits_{x\to a}f(x)=f(a)$

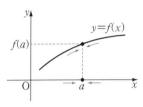

일 때, $f(x)$는 $x=a$에서 연속이라고 한다.

또, 함수 $f(x)$가 이 중 어느 한 조건이라도 만족시키지 않으면 $f(x)$는 $x=a$에서 불연속이라고 한다.

모범답안 $f(x)$가 $x=\dfrac{\pi}{2}$에서 연속이므로　$\lim\limits_{x\to\frac{\pi}{2}}\dfrac{ax+b}{\cos x}=2$　　　　……①

①에서 $x\longrightarrow\dfrac{\pi}{2}$일 때 극한값이 존재하고 (분모) $\longrightarrow 0$이므로

(분자) $\longrightarrow 0$이어야 한다.

$$\therefore\ \lim_{x\to\frac{\pi}{2}}(ax+b)=0\quad\therefore\ \frac{\pi}{2}a+b=0\quad\therefore\ b=-\frac{\pi}{2}a\quad\cdots\cdots②$$

$$\therefore\ \lim_{x\to\frac{\pi}{2}}\frac{ax+b}{\cos x}=\lim_{x\to\frac{\pi}{2}}\frac{ax-\frac{\pi}{2}a}{\cos x}=\lim_{x\to\frac{\pi}{2}}\frac{a\left(x-\frac{\pi}{2}\right)}{\cos x}$$

여기에서 $x-\dfrac{\pi}{2}=\theta$로 놓으면 $x\longrightarrow\dfrac{\pi}{2}$일 때 $\theta\longrightarrow 0$이므로

$$\lim_{x\to\frac{\pi}{2}}\frac{a\left(x-\frac{\pi}{2}\right)}{\cos x}=\lim_{\theta\to 0}\frac{a\theta}{\cos\left(\frac{\pi}{2}+\theta\right)}=\lim_{\theta\to 0}\frac{a\theta}{-\sin\theta}=-a$$

①에서　$a=-2$

②에 대입하면　$b=\pi$　　　　　　　　　답 $a=-2,\ b=\pi$

유제 **4**-12. 다음 함수가 $x=0$에서 연속일 때, 상수 a의 값을 구하여라.

(1) $f(x)=\begin{cases}\dfrac{\ln(1+ax)}{x} & (x\neq 0) \\[2mm] 3 & (x=0)\end{cases}$　　(2) $f(x)=\begin{cases}\dfrac{e^{3x}-1}{\tan x} & (x\neq 0) \\[2mm] a & (x=0)\end{cases}$

답 (1) $a=3$　(2) $a=3$

필수 예제 **4**-13   다음 방정식이 주어진 구간에서 적어도 하나의 실근을
가짐을 보여라.

(1) $\log_{10} x + x - 2 = 0$,   (1, 2)

(2) $(x^2 - 1)\cos x + \sqrt{2}\sin x = 0$,   (0, 1)

[정석연구] 사잇값의 정리의 특수한 경우로서

정석 함수 $f(x)$가 구간 $[a, b]$에서 연속이고 $f(a)f(b) < 0$이면
방정식 $f(x) = 0$은 구간 (a, b)에서 적어도 하나의 실근을 가진다

는 성질을 이용한다.

[모범답안] (1) $f(x) = \log_{10} x + x - 2$로 놓자.

함수 $y = \log_{10} x$는 구간 $(0, \infty)$에서 연속이므로 $f(x)$는 구간 $[1, 2]$에서
연속이고

$$f(1) = 0 + 1 - 2 = -1 < 0, \quad f(2) = \log_{10} 2 + 2 - 2 = \log_{10} 2 > 0$$

따라서 사잇값의 정리에 의하여 방정식 $f(x) = 0$은 구간 $(1, 2)$에서 적어
도 하나의 실근을 가진다.

(2) $f(x) = (x^2 - 1)\cos x + \sqrt{2}\sin x$로 놓자.

함수 $y = x^2 - 1$, $y = \cos x$, $y = \sin x$는 모두 실수 전체의 집합에서 연속
이므로 $f(x)$는 구간 $[0, 1]$에서 연속이고

$$f(0) = -\cos 0 + \sqrt{2}\sin 0 = -1 < 0, \quad f(1) = \sqrt{2}\sin 1 \qquad \cdots\cdots ①$$

그런데 $\sin x$는 구간 $(0, \pi)$에서 양의 값을 가지며 $1 \in (0, \pi)$이므로

$$\sqrt{2}\sin 1 > 0 \qquad\qquad\qquad \cdots\cdots ②$$

①, ②에서 $f(0) < 0$, $f(1) > 0$

따라서 사잇값의 정리에 의하여 방정식 $f(x) = 0$은 구간 $(0, 1)$에서 적
어도 하나의 실근을 가진다.

[유제] **4**-13. 다음 방정식이 주어진 구간에서 적어도 하나의 실근을 가짐을 보
여라.

(1) $x^4 + x^3 - 9x + 1 = 0$,   (1, 3)   (2) $\log_3 x + x - 3 = 0$,   (1, 3)

(3) $x - \cos x = 0$, $\left(0, \dfrac{\pi}{2}\right)$ (4) $\sin x - x\cos x = 0$, $\left(\pi, \dfrac{3}{2}\pi\right)$

(5) $(x - 1)\sin x + \sqrt{2}\cos x = 1$, $\left(0, \dfrac{\pi}{2}\right)$

(6) $(x^2 - 1)\cos x + \sqrt{2}\sin x = 1$, $\left(0, \dfrac{\pi}{2}\right)$

연습문제 4

기본 **4**-1 다음 극한을 조사하여라.

$$\lim_{x\to 0}\left(\sqrt{\frac{1}{x^2}+\frac{1}{x}}-\sqrt{\frac{1}{x^2}-\frac{1}{x}}\right)$$

4-2 다음 극한값을 구하여라. 단, $[x]$는 x보다 크지 않은 최대 정수이다.

(1) $\displaystyle\lim_{x\to\infty}\frac{\left[\sqrt{x^2+x}\,\right]-\sqrt{x}}{x}$

(2) $\displaystyle\lim_{x\to\infty}\left(\sqrt{x^2+\left[\frac{x}{3}\right]}-x\right)$

4-3 $a>0$, $a\neq 1$, $b>0$, $b\neq 1$일 때, 함수 $f(x)=\dfrac{b^x+\log_a x}{a^x+\log_b x}$에 대하여 다음 물음에 답하여라.

(1) $a<1$, $b<1$일 때, $\displaystyle\lim_{x\to\infty}f(x)$를 구하여라.

(2) $\displaystyle\lim_{x\to 0+}f(x)$를 구하여라.

4-4 다음 극한값을 구하여라.

(1) $\displaystyle\lim_{x\to 0}x\sin\frac{1}{x}$

(2) $\displaystyle\lim_{x\to\infty}x\sin\frac{1}{x}$

(3) $\displaystyle\lim_{x\to 0}\frac{\sin x}{x+\tan x}$

(4) $\displaystyle\lim_{x\to\infty}\frac{x}{x+\sin x}$

4-5 다음 극한값을 구하여라.

(1) $\displaystyle\lim_{x\to 0}\frac{1-\cos x}{x\sin x}$

(2) $\displaystyle\lim_{x\to 0}\frac{\sin x-2\sin 2x}{x\cos x}$

4-6 다음 극한값을 구하여라.

(1) $\displaystyle\lim_{x\to\frac{1}{4}}\frac{1-4^{x-\frac{1}{4}}}{1-4x}$

(2) $\displaystyle\lim_{x\to\infty}x\left\{\ln(x+1)-\ln(x-1)\right\}$

4-7 다음 극한값을 구하여라.

(1) $\displaystyle\lim_{x\to 0}\frac{e^{a+x}-e^a}{x}$

(2) $\displaystyle\lim_{x\to 0}\frac{3^x-2^x}{x}$

(3) $\displaystyle\lim_{x\to\infty}x\left(a^{\frac{1}{x}}-1\right)$

(4) $\displaystyle\lim_{x\to\infty}\left(\frac{x}{x-2}\right)^{3x}$

(5) $\displaystyle\lim_{x\to 0}\frac{\ln(1+x)}{\tan x}$

(6) $\displaystyle\lim_{x\to 0}\frac{e^{2x}-1}{\sin x}$

4-8 다음 극한값을 구하여라.

(1) $\displaystyle\lim_{x\to 0}\frac{1-\cos 2x}{x\ln(1+x)}$

(2) $\displaystyle\lim_{x\to 0}\frac{e^{x\sin 3x}-1}{x\ln(1+x)}$

4-9 자연수 n에 대하여 $f(x)=\cos x+\cos^2 x+\cos^3 x+\cdots+\cos^n x+\cdots$일 때, $\displaystyle\lim_{x\to 0}x^2 f(x)$의 값을 구하여라. 단, $0<|x|<\dfrac{\pi}{2}$이다.

4-10 다음 극한값을 구하여라.

$$\lim_{n\to\infty}\left\{\frac{1}{2}\left(1+\frac{1}{n}\right)\left(1+\frac{1}{n+1}\right)\left(1+\frac{1}{n+2}\right)\times\cdots\times\left(1+\frac{1}{2n}\right)\right\}^{2n}$$

4-11 2보다 큰 실수 a에 대하여 두 곡선 $y=\log_2 x$, $y=\log_2(a-x)$가 x축과
만나는 점을 각각 A, B라 하고, 두 곡선이 만나는 점을 C라고 하자.
직선 AC의 기울기를 $f(a)$, 직선 BC의 기울기를 $g(a)$라고 할 때,
$\lim_{a\to 2+}\left\{f(a)-g(a)\right\}$의 값을 구하여라.

4-12 오른쪽 그림과 같이 한 변의 길이가 1인
마름모 ABCD가 있다. 점 D에서 직선 BC에
내린 수선의 발을 E, 점 E를 지나고 직선 BD
에 수직인 직선이 선분 AD와 만나는 점을 F
라 하고, $\angle ABC=\theta$일 때 삼각형 DEF의 넓이를 $S(\theta)$라고 하자.

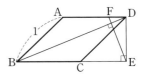

$\lim_{\theta\to 0+}\dfrac{S(\theta)}{\theta^3}$의 값을 구하여라. 단, $0<\theta<\dfrac{\pi}{2}$이다.

4-13 다음을 만족시키는 상수 a, b의 값을 구하여라.

(1) $\lim_{x\to 0}\dfrac{e^x+a}{\tan 2x}=b$　　　　　　(2) $\lim_{x\to 0}\dfrac{\ln(a+x)}{\sin x}=b$

4-14 두 함수 $y=f(x)$와
$y=g(x)$의 그래프가 오른
쪽과 같을 때, $-1\le x\le 3$에
서 함수 $g(f(x))$가 불연속
인 x의 값을 구하여라.

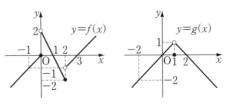

4-15 구간 $(0, 2)$에서 다음 함수가 불연속인 x의 값을 구하여라.
단, $[x]$는 x보다 크지 않은 최대 정수이다.

(1) $f(x)=[x]+[-x]$　　　　　　(2) $f(x)=[\sin\pi x+1]$

실력 **4**-16 다음 극한값을 구하여라.

(1) $\lim_{x\to 1}\dfrac{\sin\left(\cos\dfrac{\pi}{2}x\right)}{x-1}$　　　　　　(2) $\lim_{x\to\infty}\left(\cos\dfrac{2}{x}\right)^{x^2}$

4-17 다음 극한을 구하여라.

$$\lim_{h\to 0}\frac{\sin(x+h)-\sin x}{\sqrt{x+h}-\sqrt{x}}$$

4-18 $xy-x^3\tan\dfrac{1}{x}+y^2=0$을 만족시키는 양의 실수 x, y에 대하여 $\displaystyle\lim_{x\to\infty}\dfrac{y}{x}$
의 값을 구하여라.

4-19 $f(x)=ne^{-x}+(n-1)e^{-2x}+(n-2)e^{-3x}+\cdots+2e^{-(n-1)x}+e^{-nx}$일 때,
다음을 구하여라. 단, $x>0$이고, n은 자연수이다.

(1) $\displaystyle\lim_{n\to\infty}\dfrac{1}{n}f(x)$ (2) $\displaystyle\lim_{x\to\ln 2}\left\{\lim_{n\to\infty}\dfrac{1}{n}f(x)\right\}$

4-20 넓이가 1인 정 n각형의 둘레의 길이를 $L(n)$이라고 할 때, $\displaystyle\lim_{n\to\infty}L(n)$의
값을 구하여라.

4-21 △ABC에서 $\overline{\mathrm{AB}}=1$이고 $\angle\mathrm{A}=\theta$, $\angle\mathrm{B}=2\theta$이다.
$\angle\mathrm{ACD}=2\angle\mathrm{BCD}$가 되도록 변 AB 위의 점 D를 잡을 때, $\displaystyle\lim_{\theta\to0+}\dfrac{\overline{\mathrm{CD}}}{\theta}$의 값
을 구하여라. 단, $0<\theta<\dfrac{\pi}{4}$이다.

4-22 오른쪽 그림에서 $\overline{\mathrm{AB}}=3$, $\overline{\mathrm{BC}}=4$,
$\overline{\mathrm{AD}}=7$, $\angle\mathrm{BAC}=\theta$이다. 점 C가 선분 AD
위를 움직일 때, $\displaystyle\lim_{\theta\to0+}\dfrac{\overline{\mathrm{CD}}}{\theta^2}$의 값을 구하여라.

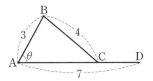

4-23 오른쪽 그림과 같이 한 변의 길이가 1인 정사
각형 ABCD가 있다. 변 CD 위의 점 E에 대하여
점 D에서 직선 BE에 내린 수선의 발을 F라 하
고, $\angle\mathrm{EBC}=\theta$일 때 삼각형 DEF의 둘레의 길이
를 $l(\theta)$라고 하자.

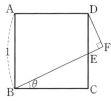

$\displaystyle\lim_{\theta\to\frac{\pi}{4}-}\dfrac{l(\theta)}{\dfrac{\pi}{4}-\theta}$의 값을 구하여라. 단, $0<\theta<\dfrac{\pi}{4}$이다.

4-24 다음을 만족시키는 상수 a, b의 값을 구하여라.

(1) $\displaystyle\lim_{x\to\frac{\pi}{2}}\dfrac{a(2x-\pi)\cos x+b}{\sin x-1}=1$ (2) $\displaystyle\lim_{x\to\pi}\dfrac{\sqrt{a+\cos x}-b}{(x-\pi)^2}=\dfrac{1}{4}$

4-25 $\displaystyle\lim_{x\to0}\dfrac{\sqrt{1+\sin x+\sin^2 x}-(a+b\sin x)}{\sin^2 x}=c$가 성립하도록 상수 a, b, c
의 값을 정하여라.

4-26 실수 전체의 집합에서 연속인 함수 $f(x)$가
$$(x^2-x-2)f(x)=x^2+a\sin\dfrac{\pi}{2}x+b$$
를 만족시킬 때, $f(-1)$, $f(2)$의 값을 구하여라.

⑤. 함수의 미분

§1. 미분계수와 도함수

1 평균변화율

(1) 평균변화율의 정의

함수 $y=f(x)$에서

$$\frac{\Delta y}{\Delta x}=\frac{f(a+\Delta x)-f(a)}{\Delta x}$$

를 x의 값이 a부터 $a+\Delta x$까지 변할 때의 y의 평균변화율이라고 한다.

(2) 평균변화율의 기하적 의미

평균변화율은 오른쪽 그림에서 두 점 P, Q를 지나는 직선의 기울기를 나타낸다.

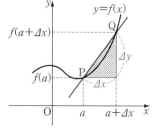

2 미분계수

(1) 미분계수의 정의

함수 $y=f(x)$에서 x의 값이 a부터 $a+\Delta x$까지 변할 때의 평균변화율의 $\Delta x \longrightarrow 0$일 때의 극한값, 곧

$$\lim_{\Delta x \to 0}\frac{\Delta y}{\Delta x}=\lim_{\Delta x \to 0}\frac{f(a+\Delta x)-f(a)}{\Delta x}$$

가 존재하면 함수 $f(x)$는 $x=a$에서 미분가능하다고 한다. 이때, 이 극한값을 함수 $f(x)$의 $x=a$에서의 미분계수 또는 순간변화율이라 하고,

$$f'(a), \quad y'_{x=a}, \quad \left[\frac{dy}{dx}\right]_{x=a}$$

로 나타낸다.

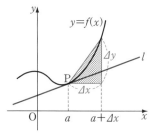

(2) 미분계수의 기하적 의미

미분계수는 위의 그림에서 점 P에서의 접선(그림에서 직선 l)의 기울기를 나타낸다.

3 도함수

어떤 구간에서 미분가능한 함수 $y=f(x)$ 에 대하여

$$\lim_{\varDelta x \to 0} \frac{\varDelta y}{\varDelta x} = \lim_{\varDelta x \to 0} \frac{f(x+\varDelta x) - f(x)}{\varDelta x}$$

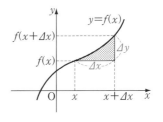

를 x에 관한 y의 도함수라 하고,

$$y', \quad f'(x), \quad \frac{dy}{dx}, \quad \frac{df(x)}{dx}, \quad \frac{d}{dx}f(x)$$

등의 기호를 써서 나타낸다.

또, 함수 $f(x)$의 도함수 $f'(x)$를 구하는 것을 함수 $f(x)$를 x에 관하여 미분한다고 하고, 이 계산법을 미분법이라고 한다.

4 이계도함수와 n계도함수

(1) 이계도함수

함수 $y=f(x)$가 미분가능하면 도함수 $f'(x)$도 함수이다. 따라서 $f'(x)$가 미분가능하면 도함수 $\{f'(x)\}'$을 생각할 수 있다. 이 함수를 $f(x)$의 이계도함수라 하고, 다음과 같이 나타낸다.

$$y'', \quad f''(x), \quad \frac{d^2 y}{dx^2}, \quad \frac{d^2}{dx^2}f(x)$$

(2) n계도함수

함수 $y=f(x)$가 x에 관하여 n번 미분가능할 때, $f(x)$를 x에 관하여 n번 미분한 것을 함수 $f(x)$의 n계도함수라 하고, 다음과 같이 나타낸다.

$$y^{(n)}, \quad f^{(n)}(x), \quad \frac{d^n y}{dx^n}, \quad \frac{d^n}{dx^n}f(x)$$

또, 이계 이상의 도함수를 통틀어 함수 $f(x)$의 고계도함수라고 한다.

Advice | 함수의 미분계수와 도함수

함수의 평균변화율, 미분계수, 도함수의 정의 및 기하적 의미에 대해서는 수학Ⅱ에서 이미 공부하였다. 앞의 **기본정석**은 그 내용을 다시 정리한 것이다. 이에 대한 기초가 부족한 학생은 수학Ⅱ로 되돌아가서 우선 기초부터 튼튼히 닦은 다음 이 책을 공부하길 바란다.

보기 1 다음 함수의 주어진 구간에서의 평균변화율을 구하여라.

(1) $y=3x^2+2x-1$, $[1, 3]$ (2) $y=x^3$, $[2, 2+\varDelta x]$

[연구] (1) $f(x)=3x^2+2x-1$로 놓으면

$$\frac{\Delta y}{\Delta x}=\frac{f(3)-f(1)}{3-1}=\frac{(3\times3^2+2\times3-1)-(3\times1^2+2\times1-1)}{2}=\mathbf{14}$$

(2) $f(x)=x^3$으로 놓으면

$$\frac{\Delta y}{\Delta x}=\frac{f(2+\Delta x)-f(2)}{(2+\Delta x)-2}=\frac{(2+\Delta x)^3-2^3}{\Delta x}=(\boldsymbol{\Delta x})^2+6\boldsymbol{\Delta x}+\mathbf{12}$$

[보기] 2 다음 함수의 $x=4$에서의 미분계수를 구하여라.

(1) $f(x)=x^3-x$ (2) $f(x)=\dfrac{1}{x}$ (3) $f(x)=\sqrt{x}$

[연구] (1) $f'(4)=\lim\limits_{\Delta x\to0}\dfrac{\left\{(4+\Delta x)^3-(4+\Delta x)\right\}-(4^3-4)}{\Delta x}$

$\qquad\quad=\lim\limits_{\Delta x\to0}\left\{(\Delta x)^2+12\Delta x+47\right\}=\mathbf{47}$

(2) $f'(4)=\lim\limits_{\Delta x\to0}\dfrac{\dfrac{1}{4+\Delta x}-\dfrac{1}{4}}{\Delta x}=\lim\limits_{\Delta x\to0}\dfrac{-1}{4(4+\Delta x)}=-\dfrac{\mathbf{1}}{\mathbf{16}}$

(3) $f'(4)=\lim\limits_{\Delta x\to0}\dfrac{\sqrt{4+\Delta x}-\sqrt{4}}{\Delta x}=\lim\limits_{\Delta x\to0}\dfrac{(4+\Delta x)-4}{\Delta x(\sqrt{4+\Delta x}+\sqrt{4}\,)}=\dfrac{\mathbf{1}}{\mathbf{4}}$

[보기] 3 다음 함수의 도함수를 구하여라.

(1) $f(x)=\dfrac{1}{x}$ (2) $f(x)=\sqrt{x}$

[연구] (1) $f'(x)=\lim\limits_{\Delta x\to0}\dfrac{f(x+\Delta x)-f(x)}{\Delta x}=\lim\limits_{\Delta x\to0}\dfrac{\dfrac{1}{x+\Delta x}-\dfrac{1}{x}}{\Delta x}$

$\qquad\quad=\lim\limits_{\Delta x\to0}\dfrac{-1}{x(x+\Delta x)}=-\dfrac{\mathbf{1}}{\boldsymbol{x^2}}$

(2) $f'(x)=\lim\limits_{\Delta x\to0}\dfrac{f(x+\Delta x)-f(x)}{\Delta x}=\lim\limits_{\Delta x\to0}\dfrac{\sqrt{x+\Delta x}-\sqrt{x}}{\Delta x}$

$\qquad\quad=\lim\limits_{\Delta x\to0}\dfrac{(x+\Delta x)-x}{\Delta x(\sqrt{x+\Delta x}+\sqrt{x}\,)}=\lim\limits_{\Delta x\to0}\dfrac{1}{\sqrt{x+\Delta x}+\sqrt{x}}=\dfrac{\mathbf{1}}{\mathbf{2}\sqrt{\boldsymbol{x}}}$

[보기] 4 함수 $f(x)=x^3$의 이계도함수를 구하여라.

[연구] $f'(x)=\lim\limits_{\Delta x\to0}\dfrac{f(x+\Delta x)-f(x)}{\Delta x}=\lim\limits_{\Delta x\to0}\dfrac{(x+\Delta x)^3-x^3}{\Delta x}$

$\qquad\quad=\lim\limits_{\Delta x\to0}\left\{3x^2+3x\Delta x+(\Delta x)^2\right\}=3x^2$

이므로

$$f''(x)=\lim\limits_{\Delta x\to0}\dfrac{f'(x+\Delta x)-f'(x)}{\Delta x}=\lim\limits_{\Delta x\to0}\dfrac{3(x+\Delta x)^2-3x^2}{\Delta x}$$

$\qquad\quad=\lim\limits_{\Delta x\to0}(6x+3\Delta x)=\mathbf{6x}$

필수 예제 5-1 $f'(a)=1$인 함수 $f(x)$에 대하여 다음 극한값을 구하여라. 단, a, m, n은 상수이고, $mn\neq0$이다.

(1) $\displaystyle\lim_{h\to0}\frac{f(a+2h)-f(a)}{h}$ (2) $\displaystyle\lim_{h\to0}\frac{f(a+h^3)-f(a)}{h}$

(3) $\displaystyle\lim_{h\to0}\frac{f(a+mh)-f(a+nh)}{h}$

[정석연구] $\displaystyle\lim_{\Delta x\to0}\frac{f(a+\Delta x)-f(a)}{\Delta x}$ 의 꼴로 만든 다음, 미분계수의 정의

정의 $\displaystyle\lim_{\Delta x\to0}\frac{f(a+\Delta x)-f(a)}{\Delta x}=f'(a)$

를 이용한다.

(1) $2h$를 Δx로 생각하면 분모가 $2h$가 되어야 한다.

(2) h^3을 Δx로 생각하면 분모가 h^3이 되어야 한다.

(3) 분자에 $f(a)$를 더하고 빼어 식을 변형한다.

[모범답안] (1) (준 식)$=\displaystyle\lim_{h\to0}\left\{\frac{f(a+2h)-f(a)}{2h}\times2\right\}=f'(a)\times2=1\times2$

$=\boldsymbol{2}$ ← [답]

(2) (준 식)$=\displaystyle\lim_{h\to0}\left\{\frac{f(a+h^3)-f(a)}{h^3}\times h^2\right\}=f'(a)\times0=\boldsymbol{0}$ ← [답]

(3) (준 식)$=\displaystyle\lim_{h\to0}\frac{f(a+mh)-f(a)+f(a)-f(a+nh)}{h}$

$=\displaystyle\lim_{h\to0}\left\{\frac{f(a+mh)-f(a)}{h}-\frac{f(a+nh)-f(a)}{h}\right\}$

$=\displaystyle\lim_{h\to0}\left\{\frac{f(a+mh)-f(a)}{mh}\times m-\frac{f(a+nh)-f(a)}{nh}\times n\right\}$

$=f'(a)\times m-f'(a)\times n=\boldsymbol{m-n}$ ← [답]

[유제] **5**-1. 함수 $f(x)$가 $x=a$에서 미분가능할 때, 다음 극한값을 $f(a)$와 $f'(a)$로 나타내어라.

(1) $\displaystyle\lim_{h\to0}\frac{f(a+h^2)-f(a)}{h}$ (2) $\displaystyle\lim_{h\to0}\frac{f(a-h)-f(a)}{h}$

(3) $\displaystyle\lim_{h\to0}\frac{f(a+h)-f(a-h)}{h}$ (4) $\displaystyle\lim_{h\to0}\frac{\{f(a+2h)\}^2-\{f(a-2h)\}^2}{8h}$

[답] (1) $\boldsymbol{0}$ (2) $\boldsymbol{-f'(a)}$ (3) $\boldsymbol{2f'(a)}$ (4) $\boldsymbol{f(a)f'(a)}$

필수 예제 5-2 $f(1)=3$, $f'(1)=2$인 함수 $f(x)$에 대하여 다음 극한값을 구하여라.

(1) $\displaystyle\lim_{x\to1}\dfrac{f(x)-f(1)}{x^2-1}$ (2) $\displaystyle\lim_{x\to1}\dfrac{x^3-1}{f(x)-f(1)}$

(3) $\displaystyle\lim_{x\to1}\dfrac{f(x^2)-f(1)}{x-1}$ (4) $\displaystyle\lim_{x\to1}\dfrac{x^3f(1)-f(x^2)}{x-1}$

[정석연구] $\displaystyle\lim_{t\to a}\dfrac{f(t)-f(a)}{t-a}$ 의 꼴로 만든 다음, 미분계수의 정의

$$\boxed{\text{정 의}}\ \ \lim_{t\to a}\frac{f(t)-f(a)}{t-a}=f'(a)$$

를 이용한다.

[모범답안] (1) (준 식)$=\displaystyle\lim_{x\to1}\left\{\dfrac{f(x)-f(1)}{x-1}\times\dfrac{1}{x+1}\right\}=f'(1)\times\dfrac{1}{2}=1 \longleftarrow \boxed{\text{답}}$

(2) (준 식)$=\displaystyle\lim_{x\to1}\left\{\dfrac{x-1}{f(x)-f(1)}\times(x^2+x+1)\right\}$

$=\displaystyle\lim_{x\to1}\left\{\dfrac{1}{\dfrac{f(x)-f(1)}{x-1}}\times(x^2+x+1)\right\}=\dfrac{1}{f'(1)}\times3=\dfrac{3}{2} \longleftarrow \boxed{\text{답}}$

(3) (준 식)$=\displaystyle\lim_{x\to1}\left\{\dfrac{f(x^2)-f(1)}{x^2-1}\times(x+1)\right\}=f'(1)\times2=4 \longleftarrow \boxed{\text{답}}$

(4) (준 식)$=\displaystyle\lim_{x\to1}\dfrac{x^3f(1)-f(1)+f(1)-f(x^2)}{x-1}$

$=\displaystyle\lim_{x\to1}\left\{\dfrac{(x^3-1)f(1)}{x-1}-\dfrac{f(x^2)-f(1)}{x-1}\right\}$

$=\displaystyle\lim_{x\to1}\left\{(x^2+x+1)f(1)-\dfrac{f(x^2)-f(1)}{x^2-1}\times(x+1)\right\}$

$=3f(1)-f'(1)\times2=3\times3-2\times2=5 \longleftarrow \boxed{\text{답}}$

[유제] **5**-2. 함수 $f(x)$가 $x=a$에서 미분가능할 때, 다음 극한값을 a, $f(a)$, $f'(a)$로 나타내어라.

(1) $\displaystyle\lim_{x\to a}\dfrac{af(x)-xf(a)}{x-a}$ (2) $\displaystyle\lim_{x\to a}\dfrac{x^2f(a)-a^2f(x)}{x-a}$

(3) $\displaystyle\lim_{x\to a}\dfrac{x^3f(a)-a^3f(x)}{x-a}$ (4) $\displaystyle\lim_{x\to a}\dfrac{x^2f(x)-a^2f(a)}{x-a}$

$\boxed{\text{답}}$ (1) $af'(a)-f(a)$ (2) $2af(a)-a^2f'(a)$
(3) $3a^2f(a)-a^3f'(a)$ (4) $a^2f'(a)+2af(a)$

필수 예제 5-3 $f(x)$가 미분가능한 함수일 때, 도함수의 정의를 이용하여 다음 함수를 미분하고 $x=1$에서의 미분계수를 $f(1)$, $f'(1)$로 나타내어라.

(1) $y=\{f(x)\}^2$ (2) $y=\sqrt{f(x)}$ (단, $f(1)\neq0$)

[정석연구] 위의 문제와 같이

도함수의 정의를 이용하여 미분하여라

라고 하면 반드시 다음 **정의**를 이용하여 답을 구해야 한다.

정의 $y=f(x)$의 도함수 $\Longrightarrow$ $y'=\lim\limits_{\Delta x\to0}\dfrac{f(x+\Delta x)-f(x)}{\Delta x}$

[모범답안] (1) $F(x)=\{f(x)\}^2$으로 놓으면

$$F'(x)=\lim_{\Delta x\to0}\frac{F(x+\Delta x)-F(x)}{\Delta x}=\lim_{\Delta x\to0}\frac{\{f(x+\Delta x)\}^2-\{f(x)\}^2}{\Delta x}$$
$$=\lim_{\Delta x\to0}\left[\frac{f(x+\Delta x)-f(x)}{\Delta x}\times\{f(x+\Delta x)+f(x)\}\right]$$
$$=f'(x)\times2f(x)=\boldsymbol{2f(x)f'(x)}\longleftarrow\boxed{답}$$
$$F'(1)=\boldsymbol{2f(1)f'(1)}\longleftarrow\boxed{답}$$

(2) $F(x)=\sqrt{f(x)}$로 놓으면

$$F'(x)=\lim_{\Delta x\to0}\frac{F(x+\Delta x)-F(x)}{\Delta x}=\lim_{\Delta x\to0}\frac{\sqrt{f(x+\Delta x)}-\sqrt{f(x)}}{\Delta x}$$
$$=\lim_{\Delta x\to0}\frac{f(x+\Delta x)-f(x)}{\Delta x\{\sqrt{f(x+\Delta x)}+\sqrt{f(x)}\}}$$
$$=\lim_{\Delta x\to0}\left\{\frac{f(x+\Delta x)-f(x)}{\Delta x}\times\frac{1}{\sqrt{f(x+\Delta x)}+\sqrt{f(x)}}\right\}$$
$$=f'(x)\times\frac{1}{2\sqrt{f(x)}}=\boldsymbol{\frac{f'(x)}{2\sqrt{f(x)}}}\longleftarrow\boxed{답}$$
$$F'(1)=\boldsymbol{\frac{f'(1)}{2\sqrt{f(1)}}}\longleftarrow\boxed{답}$$

[유제] **5**-3. 도함수의 정의를 이용하여 다음 함수를 미분하여라.

(1) $y=2x^2-4x+3$ (2) $y=(3x+1)^2$
(3) $y=\dfrac{1}{x^2+1}$ (4) $y=\sqrt{x+2}$

[답] (1) $\boldsymbol{y'=4x-4}$ (2) $\boldsymbol{y'=18x+6}$ (3) $\boldsymbol{y'=-\dfrac{2x}{(x^2+1)^2}}$ (4) $\boldsymbol{y'=\dfrac{1}{2\sqrt{x+2}}}$

§2. 미분법의 공식

미분법의 기본 공식

두 함수 $f(x)$, $g(x)$의 도함수가 존재할 때

(1) $y = c$ (상수)이면 $\implies y' = 0$

(2) $y = x^n$ (n은 정수)이면 $\implies y' = nx^{n-1}$

(3) $y = cf(x)$ (c는 상수)이면 $\implies y' = cf'(x)$

(4) $y = f(x) \pm g(x)$이면 $\implies y' = f'(x) \pm g'(x)$ (복부호동순)

(5) $y = f(x)g(x)$이면 $\implies y' = f'(x)g(x) + f(x)g'(x)$

(6) $y = \dfrac{f(x)}{g(x)} \left(g(x) \neq 0 \right)$ 이면 $\implies y' = \dfrac{f'(x)g(x) - f(x)g'(x)}{\{g(x)\}^2}$

특히 $y = \dfrac{1}{g(x)}$ 이면 $\implies y' = -\dfrac{g'(x)}{\{g(x)\}^2}$

Advice | 앞에서는 도함수의 정의를 이용하여 간단한 함수의 도함수를 구했다. 일반적으로는 위의 공식을 이용하여 도함수를 구한다. (1)~(5)에 대해서는 이미 실력 수학 Ⅱ (p. 53~54)에서 공부한 바 있으므로 여기서는 (6)의 몫의 미분법과 (2)에서 n이 0 또는 음의 정수인 경우를 증명한 다음, 공식의 활용법을 공부해 보자.

(6) $y' = \lim\limits_{\Delta x \to 0} \dfrac{\Delta y}{\Delta x} = \lim\limits_{\Delta x \to 0} \dfrac{\dfrac{f(x+\Delta x)}{g(x+\Delta x)} - \dfrac{f(x)}{g(x)}}{\Delta x}$

$= \lim\limits_{\Delta x \to 0} \left\{ \dfrac{1}{\Delta x} \times \dfrac{f(x+\Delta x)g(x) - g(x+\Delta x)f(x)}{g(x+\Delta x)g(x)} \right\}$

$= \lim\limits_{\Delta x \to 0} \left\{ \dfrac{1}{\Delta x} \times \dfrac{f(x+\Delta x)g(x) - f(x)g(x) - f(x)g(x+\Delta x) + f(x)g(x)}{g(x+\Delta x)g(x)} \right\}$

$= \lim\limits_{\Delta x \to 0} \dfrac{\dfrac{f(x+\Delta x) - f(x)}{\Delta x} \times g(x) - f(x) \times \dfrac{g(x+\Delta x) - g(x)}{\Delta x}}{g(x+\Delta x)g(x)}$

$= \dfrac{f'(x)g(x) - f(x)g'(x)}{\{g(x)\}^2}$ ⇐ 미분가능한 함수는 연속

또, $f(x) = 1$이면 $f'(x) = 0$이므로

$y = \dfrac{1}{g(x)}$이면 $y' = -\dfrac{g'(x)}{\{g(x)\}^2}$

(2) $y=x^n$에서 n이 음의 정수일 때, $-n=m$으로 놓으면

$y=\dfrac{1}{x^m}\,(m$은 자연수)이므로 몫의 미분법에서 도함수는

$$y'=-\dfrac{(x^m)'}{(x^m)^2}=-\dfrac{mx^{m-1}}{x^{2m}}=-mx^{-m-1}=nx^{n-1}$$

또, $n=0$이면 $y=1$에서 $y'=0$

따라서 $y=x^n\,(n$은 정수$)$일 때 $y'=nx^{n-1}$이다.

보기 1 다음 함수의 도함수를 구하여라. ⇦ 공식 (1), (2)

(1) $y=2020$ (2) $y=x^3$ (3) $y=\dfrac{1}{x^3}$

연구 (1) $y'=\mathbf{0}$ (2) $y'=3x^{3-1}=\mathbf{3x^2}$

(3) $y=x^{-3}$이므로 $y'=-3x^{-3-1}=-\dfrac{\mathbf{3}}{\boldsymbol{x^4}}$

보기 2 다음 함수의 도함수를 구하여라. ⇦ 공식 (3), (4)

(1) $y=4x^3$ (2) $y=3x^2-5x+\dfrac{1}{x}$

연구 (1) $y'=4(x^3)'=4\times3x^{3-1}=\mathbf{12x^2}$

(2) $y'=(3x^2)'-(5x)'+(x^{-1})'=6x-5-x^{-1-1}=\mathbf{6x-5-\dfrac{1}{x^2}}$

보기 3 함수 $f(x)=(x^3-2)(x+2)$의 도함수를 구하고, $x=2$에서의 미분계수

를 구하여라. ⇦ 공식 (5)

연구 $f'(x)=(x^3-2)'(x+2)+(x^3-2)(x+2)'=3x^2(x+2)+(x^3-2)\times1$

$\qquad=2(2x^3+3x^2-1)$

$\qquad\qquad\therefore\ f'(2)=2(2\times2^3+3\times2^2-1)=\mathbf{54}$

*Note　일반적으로 함수 $f(x)$에서 미분계수 $f'(a)$를 구할 때, 미분계수의 정의를
이용하는 것보다 미분법을 이용하여 먼저 $f'(x)$를 구하고 여기에 $x=a$를 대입하
는 것이 간편하다.

정석 $f'(a)$의 계산 ⟹ 먼저 $f'(x)$를 구하고 $x=a$를 대입!

보기 4 다음 함수의 도함수를 구하고, $x=2$에서의 미분계수를 구하여라.

(1) $f(x)=\dfrac{1}{2x+1}$ (2) $f(x)=\dfrac{x}{x^2+1}$ ⇦ 공식 (6)

연구 (1) $f'(x)=-\dfrac{(2x+1)'}{(2x+1)^2}=-\dfrac{2}{(\mathbf{2x+1})^2}$ $\therefore\ f'(2)=-\dfrac{2}{(2\times2+1)^2}=-\dfrac{\mathbf{2}}{\mathbf{25}}$

(2) $f'(x)=\dfrac{(x)'(x^2+1)-x(x^2+1)'}{(x^2+1)^2}=\dfrac{x^2+1-2x^2}{(x^2+1)^2}=\dfrac{\mathbf{1-x^2}}{(\boldsymbol{x^2+1})^2}$

$\qquad\qquad\therefore\ f'(2)=\dfrac{1-2^2}{(2^2+1)^2}=-\dfrac{\mathbf{3}}{\mathbf{25}}$

필수 예제 5-4   다음 함수의 도함수를 구하여라.

(1) $y=(x^2+2)(2x^3-3x+1)$　　　(2) $y=(x-1)(x+2)(x^2+5)$

(3) $y=\dfrac{x+2}{x^2+2x+3}$　　　　　(4) $y=\dfrac{x^4-2x^2+1}{x^4+1}$

──────────────────────────────────────

[정석연구] (2) $y=uvw$ ($u,\ v,\ w$는 미분가능한 함수) 꼴의 도함수는

$y=uvw=(uv)w$ 에서

$$y'=(uv)'w+(uv)w'=(u'v+uv')w+uvw'$$

이므로 다음이 성립한다.

정석 $y=uvw \implies y'=u'vw+uv'w+uvw'$

[모범답안] (1) $y'=(x^2+2)'(2x^3-3x+1)+(x^2+2)(2x^3-3x+1)'$

$=2x(2x^3-3x+1)+(x^2+2)(6x^2-3)$

$=\boldsymbol{10x^4+3x^2+2x-6}$ ←── [답]

(2) $y'=(x-1)'(x+2)(x^2+5)+(x-1)(x+2)'(x^2+5)+(x-1)(x+2)(x^2+5)'$

$=(x+2)(x^2+5)+(x-1)(x^2+5)+(x-1)(x+2)\times2x$

$=\boldsymbol{4x^3+3x^2+6x+5}$ ←── [답]

(3) $y'=\dfrac{(x+2)'(x^2+2x+3)-(x+2)(x^2+2x+3)'}{(x^2+2x+3)^2}$

$=\dfrac{x^2+2x+3-(x+2)(2x+2)}{(x^2+2x+3)^2}=-\dfrac{\boldsymbol{x^2+4x+1}}{\boldsymbol{(x^2+2x+3)^2}}$ ←── [답]

(4) $y'=\dfrac{(x^4-2x^2+1)'(x^4+1)-(x^4-2x^2+1)(x^4+1)'}{(x^4+1)^2}$

$=\dfrac{(4x^3-4x)(x^4+1)-(x^4-2x^2+1)\times4x^3}{(x^4+1)^2}$

$=\dfrac{\boldsymbol{4x(x^2-1)(x^2+1)}}{\boldsymbol{(x^4+1)^2}}$ ←── [답]

[유제] **5**-4. 다음 함수의 도함수를 구하여라.

(1) $y=(x^2+x+1)(x^2-x+1)$　　　(2) $y=(x-2)(x+1)(2x+1)$

(3) $y=\dfrac{1}{x^2+x+1}$　　　　　(4) $y=\dfrac{2x-3}{x^2-1}$

[답] (1) $\boldsymbol{y'=4x^3+2x}$　　　(2) $\boldsymbol{y'=6x^2-2x-5}$

(3) $\boldsymbol{y'=-\dfrac{2x+1}{(x^2+x+1)^2}}$　(4) $\boldsymbol{y'=-\dfrac{2(x^2-3x+1)}{(x^2-1)^2}}$

필수 예제 **5**-5   함수 $f(x)=\dfrac{ax+b}{x^2+1}$ 가

$$\lim_{x\to 2}\frac{f(x)-f(2)}{x-2}=-\frac{3}{25}, \quad \lim_{x\to 1}\frac{f(x)-f(1)}{x^2-1}=0$$

을 만족시킬 때, $\lim\limits_{x\to 0}\dfrac{f(x)}{x}$ 의 값을 구하여라.

[정석연구] 미분계수의 정의

$$\boxed{정의}\ \lim_{x\to a}\frac{f(x)-f(a)}{x-a}=f'(a)$$

를 이용하면 첫 번째 조건식에서 $f'(2)$의 값을, 두 번째 조건식에서 $f'(1)$의 값을 구할 수 있다.

[모범답안] 첫 번째 조건식에서 $f'(2)=-\dfrac{3}{25}$ ······①

두 번째 조건식에서

$$\lim_{x\to 1}\frac{f(x)-f(1)}{x^2-1}=\lim_{x\to 1}\left\{\frac{f(x)-f(1)}{x-1}\times\frac{1}{x+1}\right\}=f'(1)\times\frac{1}{2}=0$$

$$\therefore\ f'(1)=0 \qquad\qquad ······②$$

한편 $f'(x)=\dfrac{a(x^2+1)-(ax+b)\times 2x}{(x^2+1)^2}=\dfrac{-ax^2-2bx+a}{(x^2+1)^2}$

①, ②에서 $f'(2)=\dfrac{-3a-4b}{25}=-\dfrac{3}{25}$, $f'(1)=\dfrac{-2b}{4}=0$ $\therefore\ a=1,\ b=0$

$$\therefore\ f(x)=\frac{x}{x^2+1}, \quad f'(x)=\frac{-x^2+1}{(x^2+1)^2}$$

이때, $f(0)=0$이므로

$$\lim_{x\to 0}\frac{f(x)}{x}=\lim_{x\to 0}\frac{f(x)-f(0)}{x-0}=f'(0)=\mathbf{1} \leftarrow \boxed{답}$$

*Note $f(x)=\dfrac{x}{x^2+1}$이므로 $\lim\limits_{x\to 0}\dfrac{f(x)}{x}=\lim\limits_{x\to 0}\dfrac{1}{x^2+1}=1$

[유제] **5**-5. 함수 $f(x)=x^5+ax+b$에 대하여 $f(1)=4$이고 $\lim\limits_{h\to 0}\dfrac{f(1+h)-f(1)}{h}=6$일 때, $f(-1)$의 값을 구하여라.   [답] **0**

[유제] **5**-6. 함수 $f(x)=(x^2+x+1)(ax+b)$가

$$\lim_{x\to 1}\frac{f(x)-f(1)}{x-1}=3, \quad \lim_{x\to 2}\frac{x^3-8}{f(x)-f(2)}=1$$

을 만족시킬 때, $f'(3)$의 값을 구하여라.   [답] **27**

§3. 합성함수의 미분법

1 합성함수의 미분법

$y=f(u)$, $u=g(x)$가 미분가능할 때

정석 $y=f(u)$, $u=g(x)$이면 $\implies$ $\dfrac{dy}{dx}=\dfrac{dy}{du}\times\dfrac{du}{dx}$

또, 특별한 경우로 다음 관계가 성립한다.

$y=f(ax+b)$이면 $\implies$ $\dfrac{dy}{dx}=af'(ax+b)$

$y=\left\{f(x)\right\}^n$이면 $\implies$ $\dfrac{dy}{dx}=n\left\{f(x)\right\}^{n-1}f'(x)$

2 n이 유리수일 때, $y=x^n$의 미분법

정석 $y=x^n$ (n은 유리수) $\implies$ $y'=nx^{n-1}$

Advice 1° 합성함수의 미분법

이를테면 $y=(2x+1)^3$의 우변을 전개하여 도함수를 구하면

$$y=(2x+1)^3=8x^3+12x^2+6x+1$$

$$\therefore\ y'=24x^2+24x+6=6(2x+1)^2$$

그런데 함수 $y=(2x+1)^3$이 두 함수 $y=u^3$, $u=2x+1$의 합성함수라는 것에 착안하면 좀 더 간단히 미분할 수 있다.

$y=f(u)$, $u=g(x)$가 미분가능할 때, $y=f\big(g(x)\big)$의 도함수를 구해 보자.

x의 증분 Δx에 대하여 $u=g(x)$의 증분을 Δu라 하고, $y=f\big(g(x)\big)$의 증분을 Δy라고 하자.

$\Delta u=g(x+\Delta x)-g(x)$에서 $g(x+\Delta x)=u+\Delta u$이므로

$$\Delta y=f\big(g(x+\Delta x)\big)-f\big(g(x)\big)=f(u+\Delta u)-f(u)$$

$$\therefore\ \frac{\Delta y}{\Delta x}=\frac{\Delta y}{\Delta u}\times\frac{\Delta u}{\Delta x}=\frac{f(u+\Delta u)-f(u)}{\Delta u}\times\frac{g(x+\Delta x)-g(x)}{\Delta x}$$

여기에서 $u=g(x)$는 미분가능하므로 연속이다.

따라서 $\Delta x \longrightarrow 0$일 때 $\Delta u \longrightarrow 0$이고

$$\lim_{\Delta x\to0}\frac{f(u+\Delta u)-f(u)}{\Delta u}=\lim_{\Delta u\to0}\frac{f(u+\Delta u)-f(u)}{\Delta u}=f'(u),$$

$$\lim_{\Delta x \to 0} \frac{g(x+\Delta x)-g(x)}{\Delta x}=g'(x)$$

이므로 $\lim_{\Delta x \to 0} \dfrac{\Delta y}{\Delta x}=f'(u)g'(x)$ 이다. 따라서

$$\frac{d}{dx}f(u)=\frac{d}{du}f(u)\frac{du}{dx} \quad 곧, \quad \frac{dy}{dx}=\frac{dy}{du}\times\frac{du}{dx}$$

이 방법에 따라 $y=(2x+1)^3$ 의 도함수를 구해 보자.

$u=2x+1$ 로 놓으면 $y=u^3$ 이고 u 는 x 에 관하여 미분가능한 함수이므로

$$y=u^3에서 \quad \frac{dy}{du}=3u^2, \qquad u=2x+1에서 \quad \frac{du}{dx}=2$$

$$\therefore \frac{dy}{dx}=\frac{dy}{du}\times\frac{du}{dx}=3u^2\times2=6u^2=6(2x+1)^2$$

이와 같은 미분법을 합성함수의 미분법이라고 한다.

> **정석** $y=f\big(g(x)\big) \implies y'=f'\big(g(x)\big)g'(x)$

보기 1 다음 함수의 도함수를 구하여라.

(1) $y=(2x^2+1)^5$ (2) $y=(ax^2+bx+c)^n$

연구 (1) $y=u^5, \ u=2x^2+1$ 이라고 하면 $\dfrac{dy}{du}=5u^4, \ \dfrac{du}{dx}=4x$

$$\therefore \frac{dy}{dx}=\frac{dy}{du}\times\frac{du}{dx}=5u^4\times4x=5(2x^2+1)^4\times4x=\boldsymbol{20x(2x^2+1)^4}$$

(2) $y=u^n, \ u=ax^2+bx+c$ 라고 하면 $\dfrac{dy}{du}=nu^{n-1}, \ \dfrac{du}{dx}=2ax+b$

$$\therefore \frac{dy}{dx}=\frac{dy}{du}\times\frac{du}{dx}=nu^{n-1}(2ax+b)=\boldsymbol{n(2ax+b)(ax^2+bx+c)^{n-1}}$$

Advice $2°$ $\boldsymbol{y=f(ax+b), \ y=\big\{f(x)\big\}^n}$ 의 도함수

(i) $y=f(ax+b)$ 에서 $u=ax+b$ 로 놓으면 $y=f(u)$ 이므로

$$\frac{dy}{du}=f'(u), \ \frac{du}{dx}=a \quad \therefore \frac{dy}{dx}=\frac{dy}{du}\times\frac{du}{dx}=f'(u)\times a=af'(ax+b)$$

> **정석** $\dfrac{d}{dx}f(ax+b)=af'(ax+b)$

(ii) $y=\big\{f(x)\big\}^n$ (n 은 정수)에서 $u=f(x)$ 로 놓으면 $y=u^n$ 이므로

$$\frac{dy}{du}=nu^{n-1}, \qquad \frac{du}{dx}=f'(x)$$

$$\therefore \frac{dy}{dx}=\frac{dy}{du}\times\frac{du}{dx}=nu^{n-1}f'(x)=n\big\{f(x)\big\}^{n-1}f'(x)$$

> **정석** $y=\big\{f(x)\big\}^n \implies \dfrac{dy}{dx}=n\big\{f(x)\big\}^{n-1}f'(x)$

따라서 앞면의 **보기 1**의 도함수를 다음과 같이 간단히 구할 수 있다.

(1) $y=(2x^2+1)^5$에서

$$\frac{dy}{dx}=5(\underbrace{2x^2+1}_{\text{미분}})^4(\,4x\,)$$

(2) $y=(ax^2+bx+c)^n$에서

$$\frac{dy}{dx}=n(\underbrace{ax^2+bx+c}_{\text{미분}})^{n-1}(\,2ax+b\,)$$

𝒜dvice **3° n이 유리수일 때, $y=x^n$의 미분법**

미분가능한 함수 $y=f(x)$에 대하여 n이 정수일 때,

$$\frac{d}{dx}y^n=\frac{d}{dx}\{f(x)\}^n=n\{f(x)\}^{n-1}f'(x)=ny^{n-1}\frac{dy}{dx}$$

임을 이용하면 n이 유리수일 때, $y=x^n$의 도함수를 구할 수 있다.

$n=\dfrac{q}{p}$ $(p,\ q$는 정수, $p\neq0)$라고 하면 $y=x^{\frac{q}{p}}$에서 $y^p=x^q$

양변을 x에 관하여 미분하면 $py^{p-1}\dfrac{dy}{dx}=qx^{q-1}$ $\therefore$ $\dfrac{dy}{dx}=\dfrac{q}{p}x^{q-1}y^{-p+1}$

$y=x^{\frac{q}{p}}$을 대입하고 정리하면 $\dfrac{dy}{dx}=\dfrac{q}{p}x^{q-1}\big(x^{\frac{q}{p}}\big)^{-p+1}=\dfrac{q}{p}x^{\frac{q}{p}-1}$

$$\therefore\ y'=nx^{n-1}$$

*Note   이 공식은 n이 실수일 때에도 성립한다.   ⇦ 연습문제 **6**-7의 (1)

마찬가지로 p.116의 **기본정석** ①의 $y=\{f(x)\}^n$의 도함수에 관한 공식도 n이 실수일 때 성립한다.

보기 2 다음 함수를 미분하여라.

(1) $y=\sqrt{x}$ (2) $y=\sqrt[3]{x^2}$ (3) $y=\sqrt{x^2+1}$ (4) $y=\sqrt[3]{2x+1}$

[연구] (1) $y=x^{\frac{1}{2}}$이므로 $y'=\dfrac{1}{2}x^{\frac{1}{2}-1}=\dfrac{1}{2\sqrt{x}}$

(2) $y=x^{\frac{2}{3}}$이므로 $y'=\dfrac{2}{3}x^{\frac{2}{3}-1}=\dfrac{2}{3\sqrt[3]{x}}$

(3) $y=(x^2+1)^{\frac{1}{2}}$이므로 $y'=\dfrac{1}{2}(x^2+1)^{\frac{1}{2}-1}(x^2+1)'=x(x^2+1)^{-\frac{1}{2}}=\dfrac{x}{\sqrt{x^2+1}}$

(4) $y=(2x+1)^{\frac{1}{3}}$이므로

$$y'=\frac{1}{3}(2x+1)^{\frac{1}{3}-1}(2x+1)'=\frac{1}{3}(2x+1)^{-\frac{2}{3}}\times2=\frac{2}{3\sqrt[3]{(2x+1)^2}}$$

*Note 1° $y=\sqrt{f(x)}=\{f(x)\}^{\frac{1}{2}}$에서 $y'=\dfrac{1}{2}\{f(x)\}^{\frac{1}{2}-1}f'(x)=\dfrac{f'(x)}{2\sqrt{f(x)}}$

2° $y=\sqrt{x}$ 와 $y=\sqrt{f(x)}$의 도함수는 자주 구하므로 공식처럼 기억하고 이용하는 것이 좋다.

정석 $y=\sqrt{x}\implies y'=\dfrac{1}{2\sqrt{x}}$, $y=\sqrt{f(x)}\implies y'=\dfrac{f'(x)}{2\sqrt{f(x)}}$

필수 예제 5-6   다음 함수를 미분하여라.

(1) $y=(x+1)^3(x^2+2)^4$

(2) $y=\sqrt[3]{x^2+1}$

(3) $y=\left(\dfrac{x}{x^2+1}\right)^3$

(4) $y=\sqrt{1+\dfrac{1}{\sqrt{x}}}$

정석연구 합성함수의 미분법 또는 다음 정석을 이용한다.

정석 $y=\{f(x)\}^n \implies y'=n\{f(x)\}^{n-1}f'(x)$

$y=\sqrt{f(x)} \implies y'=\dfrac{1}{2\sqrt{f(x)}}\times f'(x)$

모범답안 (1) $y'=\{(x+1)^3\}'(x^2+2)^4+(x+1)^3\{(x^2+2)^4\}'$

$=3(x+1)^2(x^2+2)^4+(x+1)^3\times4(x^2+2)^3\times2x$

$=(x+1)^2(x^2+2)^3(11x^2+8x+6)$ ⟵ 답

(2) $y=\sqrt[3]{x^2+1}=(x^2+1)^{\frac{1}{3}}$ 이므로

$y'=\dfrac{1}{3}(x^2+1)^{-\frac{2}{3}}(x^2+1)'=\dfrac{2x}{3\sqrt[3]{(x^2+1)^2}}$ ⟵ 답

(3) $y'=3\left(\dfrac{x}{x^2+1}\right)^2\left(\dfrac{x}{x^2+1}\right)'=3\left(\dfrac{x}{x^2+1}\right)^2\times\dfrac{(x)'(x^2+1)-x(x^2+1)'}{(x^2+1)^2}$

$=3\left(\dfrac{x}{x^2+1}\right)^2\times\dfrac{1-x^2}{(x^2+1)^2}=\dfrac{3x^2(1-x^2)}{(x^2+1)^4}$ ⟵ 답

(4) $y=\sqrt{1+\dfrac{1}{\sqrt{x}}}=\left(1+\dfrac{1}{\sqrt{x}}\right)^{\frac{1}{2}}$ 이므로

$y'=\dfrac{1}{2}\left(1+\dfrac{1}{\sqrt{x}}\right)^{-\frac{1}{2}}\left(1+\dfrac{1}{\sqrt{x}}\right)'=\dfrac{1}{2}\times\dfrac{1}{\sqrt{1+\dfrac{1}{\sqrt{x}}}}\times\left(-\dfrac{1}{2x\sqrt{x}}\right)$

$=-\dfrac{1}{4x\sqrt{x+\sqrt{x}}}$ ⟵ 답

유제 **5**-7. 다음 함수를 미분하여라.

(1) $y=(x^3+2x^2+3)^4$

(2) $y=\left(x+\sqrt{x^2+1}\right)^2$

(3) $y=\left(x+\dfrac{1}{x}\right)^7$

(4) $y=\dfrac{(x^2-1)^2}{x^4+1}$

(5) $y=\sqrt[3]{\dfrac{x^2}{1-x}}$

답 (1) $y'=4x(3x+4)(x^3+2x^2+3)^3$ (2) $y'=\dfrac{2\left(x+\sqrt{x^2+1}\right)^2}{\sqrt{x^2+1}}$

(3) $y'=7\left(1-\dfrac{1}{x^2}\right)\left(x+\dfrac{1}{x}\right)^6$ (4) $y'=\dfrac{4x(x^2-1)(x^2+1)}{(x^4+1)^2}$ (5) $y'=\dfrac{2-x}{3(1-x)\sqrt[3]{x(1-x)}}$

§4. 음함수와 역함수의 미분법

① **음함수의 정의**

정의역의 원소 x와 공역의 원소 y 사이의 관계가 $\mathrm{F}(x,\ y)=0$의 꼴로 주어졌을 때, y는 x의 음함수 꼴로 표현되었다고 한다.

② **음함수의 미분법**

음함수 $\mathrm{F}(x,\ y)=0$에서 y를 x의 함수로 생각하고, 각 항을 x에 관하여 미분하여 $\dfrac{dy}{dx}$를 구한다.

③ **역함수의 미분법**

함수 g가 함수 f의 역함수이고, f와 g가 미분가능하면

> **정석** $b=f(a)$일 때 $g'(b)=\dfrac{1}{f'(a)}$
>
> $y=f(x) \iff x=g(y)$이고 $\dfrac{dx}{dy}=\dfrac{1}{\dfrac{dy}{dx}}, \quad g'(y)=\dfrac{1}{f'(x)}$

Advice 1° 음함수의 미분법

이를테면 음함수 꼴로 표현된 원의 방정식

$$x^2+y^2-4=0 \qquad\qquad \cdots\cdots①$$

에서 적당히 정의역과 공역을 정하면 y를 x의 함수로 나타낼 수 있다. 곧,

$$-2\le x\le 2,\ y\ge 0$$이면 $$y=\sqrt{4-x^2} \qquad\qquad \cdots\cdots②$$

$$-2\le x\le 2,\ y\le 0$$이면 $$y=-\sqrt{4-x^2} \qquad\qquad \cdots\cdots③$$

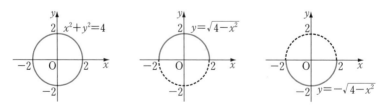

이때, ②와 ③은 $-2<x<2$에서 x에 관하여 미분가능한 함수이고, 도함수는 다음과 같다.

$y=\sqrt{4-x^2}$ 에서 $\dfrac{dy}{dx}=\dfrac{-2x}{2\sqrt{4-x^2}}=\dfrac{-x}{\sqrt{4-x^2}}=-\dfrac{x}{y}$

$y=-\sqrt{4-x^2}$ 에서 $\dfrac{dy}{dx}=-\dfrac{-2x}{2\sqrt{4-x^2}}=\dfrac{x}{\sqrt{4-x^2}}=-\dfrac{x}{y}$

따라서 $x\neq\pm2$, 곧 $y\neq0$일 때 ①을 x에 관하여 미분하면

$$\dfrac{dy}{dx}=-\dfrac{x}{y}$$

라고 할 수 있다.

한편 방정식 ①에서 y를 x의 함수라고 생각하고 x에 관하여 미분하면

$$\dfrac{d}{dx}(x^2)+\dfrac{d}{dx}(y^2)-\dfrac{d}{dx}(4)=\dfrac{d}{dx}(0)$$

그런데 합성함수의 미분법에서

$$\dfrac{d}{dx}y^2=\dfrac{d}{dy}y^2\dfrac{dy}{dx}=2y\dfrac{dy}{dx}$$

이므로 $2x+2y\dfrac{dy}{dx}=0$ ······④

따라서 $y\neq0$일 때 $\dfrac{dy}{dx}=-\dfrac{x}{y}$

이와 같이 하면 방정식 ①을 ②, ③의 꼴로 고치지 않고도 $\dfrac{dy}{dx}$를 구할 수 있다. 이와 같이 음함수 $F(x,\ y)=0$을 x에 관하여 미분하여 $\dfrac{dy}{dx}$를 구하는 것을 음함수의 미분법이라고 한다.

한편 ④에서 $y=0$일 때에는 $\dfrac{dy}{dx}$를 생각할 수 없다. 이와 같이 음함수를 미분하는 경우 모든 $x,\ y$에 대하여 $\dfrac{dy}{dx}$를 구할 수 있는 것은 아니다.

보기 1 다음에서 $\dfrac{dy}{dx}$를 구하여라.

(1) $4x^2+9y^2=36$ (2) $y^2=4x$

연구 음함수의 미분에서는 다음 합성함수의 미분법을 공식처럼 기억하고 이용하면 편리하다.

정석 $\dfrac{d}{dx}y^n=\dfrac{d}{dy}y^n\dfrac{dy}{dx}=ny^{n-1}\dfrac{dy}{dx}$

(1) 양변을 x에 관하여 미분하면

$$8x+18y\dfrac{dy}{dx}=0 \quad \therefore\ \dfrac{dy}{dx}=-\dfrac{4x}{9y}\ (y\neq0)$$

(2) 양변을 x에 관하여 미분하면

$$2y\dfrac{dy}{dx}=4 \quad \therefore\ \dfrac{dy}{dx}=\dfrac{2}{y}\ (y\neq0)$$

𝒜𝒹𝓋𝒾𝒸ℯ **2° 역함수의 미분법**

　미분가능한 함수 f의 역함수 g가 존재하고 g도 미분가능하다고 하자.

　역함수 관계에 있는 두 함수 f, g의 그래프는 직선 $y=x$에 대하여 대칭이다.

　따라서 곡선 $y=f(x)$ 위의 한 점 (a, b)에서의 접선과 곡선 $y=g(x)$ 위의 점 (b, a)에서의 접선도 직선 $y=x$에 대하여 대칭이다.

　따라서 두 접선의 기울기의 곱은 1이다. 곧,

$$f'(a)g'(b)=1 \quad \therefore \ g'(b)=\frac{1}{f'(a)} \ \left(f'(a)\neq0\right)$$

이 관계는 합성함수의 미분법을 이용하여 다음과 같이 정리할 수 있다.

　함수 f의 역함수를 g라 하고, 함수 f와 g가 미분가능하면

$$y=f(x)에서 \quad x=g(y)$$

양변을 x에 관하여 미분하면

$$1=\frac{dg(y)}{dy}\times\frac{dy}{dx}=\frac{dx}{dy}\times\frac{dy}{dx} \qquad \Leftarrow g(y)=x$$

따라서 $\dfrac{dy}{dx}\neq0$이고 $\quad \dfrac{dx}{dy}=\dfrac{1}{\dfrac{dy}{dx}}$

보기 2 함수 $f(x)=x^3+1$의 역함수를 $g(x)$라고 할 때, $g'(2)$의 값을 구하여라.

연구 $f(a)=2$라고 하면 $a^3+1=2$이고 a는 실수이므로 $a=1$

　$f'(x)=3x^2$이므로 $\quad g'(2)=\dfrac{1}{f'(1)}=\dfrac{1}{3}$

보기 3 $y=x^2+1$일 때, $\dfrac{dx}{dy}$를 구하여라.

연구 $y=x^2+1$의 양변을 x에 관하여 미분하면

$$\frac{dy}{dx}=2x \quad \therefore \ \boldsymbol{\frac{dx}{dy}}=\frac{1}{\dfrac{dy}{dx}}=\boldsymbol{\frac{1}{2x}} \ (\boldsymbol{x\neq0}) \qquad\qquad \cdots\cdots①$$

Note $y=x^2+1$을 $x=g(y)$의 꼴로 고치면 $x=\pm\sqrt{y-1}$

　$y>1$일 때 $x_1=\sqrt{y-1}$, $x_2=-\sqrt{y-1}$은 모두 y에 관하여 미분가능한 함수이고

$$\frac{dx_1}{dy}=\frac{1}{2\sqrt{y-1}}=\frac{1}{2x_1}, \quad \frac{dx_2}{dy}=-\frac{1}{2\sqrt{y-1}}=\frac{1}{2x_2} \qquad\qquad \cdots\cdots②$$

따라서 ①은 ②를 하나의 식으로 나타낸 것이다.

필수 예제 **5**-7   다음에서 $\dfrac{dy}{dx}$ 를 구하여라.

(1) $\sqrt{x} + \sqrt{y} = \sqrt{a}$ (단, a 는 상수)   (2) $x^3 - 3xy + y^3 = 3$

[정석연구] (1) 양변을 x 에 관하여 미분한다.

> **정석** $\dfrac{d}{dx} y^n = \dfrac{d}{dy} y^n \dfrac{dy}{dx} = n y^{n-1} \dfrac{dy}{dx}$

(2) 마찬가지로 양변을 x 에 관하여 미분한다. 이때, 좌변은

$$\frac{d}{dx}(x^3 - 3xy + y^3) = \frac{d}{dx}(x^3) - 3\frac{d}{dx}(xy) + \frac{d}{dx}(y^3)$$

이고, 여기에서 y 도 x 의 함수이므로 xy 의 미분은

$$\frac{d}{dx}(xy) = \left(\frac{d}{dx}x\right)y + x\left(\frac{d}{dx}y\right) \qquad \Leftarrow 곱의\ 미분법$$

라는 것에 주의하여라.

[모범답안] (1) 양변을 x 에 관하여 미분하면

$$\frac{1}{2\sqrt{x}} + \frac{1}{2\sqrt{y}} \times \frac{dy}{dx} = 0 \quad \therefore \ \boldsymbol{\frac{dy}{dx} = -\frac{\sqrt{y}}{\sqrt{x}}} \ (\boldsymbol{x \neq 0,\ y \neq 0}) \longleftarrow \boxed{답}$$

(2) 양변을 x 에 관하여 미분하면

$$3x^2 - 3\left(1 \times y + x\frac{dy}{dx}\right) + 3y^2 \frac{dy}{dx} = 0$$

$$\therefore (y^2 - x)\frac{dy}{dx} = y - x^2 \quad \therefore \ \boldsymbol{\frac{dy}{dx} = \frac{y - x^2}{y^2 - x}} \ (\boldsymbol{y^2 \neq x}) \longleftarrow \boxed{답}$$

Advice | 곡선 $x^3 - 3xy + y^3 = 3$ 위의 점 $(1, 2)$에서의 접선의 기울기는

$$\left[\frac{dy}{dx}\right]_{\substack{x=1 \\ y=2}} = \frac{2 - 1^2}{2^2 - 1} = \frac{1}{3} \qquad \Leftarrow \text{p. 144}$$

[유제] **5**-8. 다음에서 $\dfrac{dy}{dx}$ 를 구하여라.

(1) $2x - 3y + 4 = 0$ (2) $xy = 4$ (3) $y^2 = 4px$ (단, p 는 상수)

(4) $x^2 + y^2 = 1$ (5) $x^2 - 4y^2 = 1$ (6) $\sqrt[3]{x^2} + \sqrt[3]{y^2} = 4$

(7) $x^2 - xy + y^2 = 1$ (8) $\dfrac{y}{x} + \dfrac{x}{y} = 3$

[답] (1) $\boldsymbol{\dfrac{dy}{dx} = \dfrac{2}{3}}$ (2) $\boldsymbol{\dfrac{dy}{dx} = -\dfrac{y}{x}}$ (3) $\boldsymbol{\dfrac{dy}{dx} = \dfrac{2p}{y}}$ $(\boldsymbol{y \neq 0})$

(4) $\boldsymbol{\dfrac{dy}{dx} = -\dfrac{x}{y}}$ $(\boldsymbol{y \neq 0})$ (5) $\boldsymbol{\dfrac{dy}{dx} = \dfrac{x}{4y}}$ $(\boldsymbol{y \neq 0})$ (6) $\boldsymbol{\dfrac{dy}{dx} = -\dfrac{\sqrt[3]{y}}{\sqrt[3]{x}}}$ $(\boldsymbol{x \neq 0,\ y \neq 0})$

(7) $\boldsymbol{\dfrac{dy}{dx} = \dfrac{2x - y}{x - 2y}}$ $(\boldsymbol{x \neq 2y})$ (8) $\boldsymbol{\dfrac{dy}{dx} = \dfrac{3y - 2x}{2y - 3x}}$ $\left(= \boldsymbol{\dfrac{y}{x}}\right)$

필수 예제 **5**-8 다음 물음에 답하여라.

(1) $x=y\sqrt{1+y}$ 일 때, $\left[\dfrac{dy}{dx}\right]_{x=\sqrt{2}}$ 의 값을 구하여라.

(2) 실수 전체의 집합에서 증가하고 미분가능한 함수 $f(x)$가 있다.
$f(2)=1$, $f'(2)=1$이고, $f(2x)$의 역함수를 $g(x)$라고 할 때, $g'(1)$의 값을 구하여라.

[정석연구] (1) x가 y에 관한 식으로 주어져 있다. 이런 경우 $\dfrac{dy}{dx}$를 바로 구하는 것보다 먼저 양변을 y에 관하여 미분한 다음, 아래 **정석**을 이용한다.

$$\boxed{\text{정석}}\quad \frac{dy}{dx}=\frac{1}{\dfrac{dx}{dy}}\quad \left(\text{단, }\frac{dx}{dy}\neq 0\right)\qquad \Leftarrow\ \frac{b}{a}=\frac{1}{\dfrac{a}{b}}$$

(2) $h(x)=f(2x)$라고 하면 h는 g의 역함수이므로 다음 관계를 이용한다.

$$\boxed{\text{정석}}\quad g,\ h\text{가 서로 역함수이고 } g(a)=b\text{이면}\implies g'(a)=\frac{1}{h'(b)}$$

[모범답안] (1) $x=y\sqrt{1+y}$ 에서 $\dfrac{dx}{dy}=\sqrt{1+y}+y\times\dfrac{1}{2\sqrt{1+y}}=\dfrac{3y+2}{2\sqrt{1+y}}$

$\sqrt{2}=y\sqrt{1+y}$ 에서 $y^3+y^2=2$ $\therefore\ y=1$

$$\therefore\ \left[\frac{dy}{dx}\right]_{x=\sqrt{2}}=\frac{1}{\left[\dfrac{dx}{dy}\right]_{y=1}}=\frac{2\sqrt{2}}{5}\ \longleftarrow\ \boxed{\text{답}}$$

(2) $h(x)=f(2x)$라고 하면 h는 g의 역함수이다.

따라서 $g(1)=a$라고 하면 $h(a)=1$, 곧 $f(2a)=1$이므로 $a=1$

또, $h'(x)=2f'(2x)$이므로 $g'(1)=\dfrac{1}{h'(1)}=\dfrac{1}{2f'(2)}=\dfrac{1}{2}\ \longleftarrow\ \boxed{\text{답}}$

Advice | (2) 주어진 조건에서 $g\big(f(2x)\big)=x$

양변을 x에 관하여 미분하면 $g'\big(f(2x)\big)f'(2x)\times 2=1$

$x=1$을 대입하면 $g'\big(f(2)\big)f'(2)\times 2=1$ $\therefore\ \boldsymbol{g'(1)=\dfrac{1}{2}}$

[유제] **5**-9. $y=\sqrt[3]{x+1}$ 일 때, $\dfrac{dx}{dy}$ 를 구하여라. 　[답] $\dfrac{dx}{dy}=3\sqrt[3]{(x+1)^2}$

[유제] **5**-10. $x>0$에서 증가하고 미분가능한 함수 $f(x)$가 있다.
$f(4)=3$, $f'(4)=3$이고, $f(x^2)$ (단, $x>0$)의 역함수를 $g(x)$라고 할 때, $g'(3)$의 값을 구하여라. 　[답] $\dfrac{1}{12}$

§5. 매개변수로 나타낸 함수의 미분법

1 **매개변수로 나타낸 함수**

두 변수 x, y의 관계를 변수 t를 매개로 하여

$$x=f(t), \quad y=g(t)$$

의 꼴로 나타낸 것을 매개변수로 나타낸 함수라 하고, t를 매개변수라고 한다.

2 **매개변수로 나타낸 함수의 미분법**

$x=f(t)$, $y=g(t)$가 t에 관하여 미분가능하고 $f'(t)\neq 0$일 때,

$$\frac{dy}{dx}=\frac{\dfrac{dy}{dt}}{\dfrac{dx}{dt}}=\frac{g'(t)}{f'(t)}$$

Advice 1° 매개변수로 나타낸 함수

이를테면 두 변수 x, y의 관계가

$$x=t-1, \quad y=2t+1$$

과 같이 변수 t를 매개로 하여 주어졌다고 하자.

두 식에서 t를 소거하면 $y=2(x+1)+1$ ∴ $y=2x+3$

이와 같이 매개변수를 이용하여 x, y의 관계가 주어진 경우 매개변수를 소거하면 x, y의 관계식을 구할 수 있다.

보기 1 다음 매개변수 θ로 나타낸 함수에서 x, y의 관계식을 구하여라.

$$x=3\cos\theta, \; y=3\sin\theta \; (단, \; 0\leq\theta\leq\pi)$$

연구 $\cos^2\theta+\sin^2\theta=1$이고, $0\leq\theta\leq\pi$일 때 $y\geq 0$이므로

$$\left(\frac{x}{3}\right)^2+\left(\frac{y}{3}\right)^2=1 \quad ∴ \; \boldsymbol{x^2+y^2=9 \; (y\geq 0)}$$

Advice 2° 매개변수로 나타낸 곡선

일반적으로

$$t \longrightarrow \big(f(t), \, g(t)\big)$$

에 의하여 실수를 좌표평면 위의 점에 대응시킬 때, 대응된 점들은 좌표평면의 곡선이 된다(직선도 곡선의

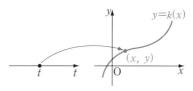

하나라고 생각한다). 이 곡선을 매개변수로 나타낸 곡선이라고 한다.

좌표평면 위의 직선이나 곡선은 매개변수를 이용하여 이와 같은 방법으로 나타낼 수 있다.

보기 2 원 $x^2+y^2=4$를 매개변수 t로 나타내어라.

연구 $x^2+y^2=4$에서 $\left(\dfrac{x}{2}\right)^2+\left(\dfrac{y}{2}\right)^2=1$

$\cos^2 t+\sin^2 t=1$이므로 $\dfrac{x}{2}=\cos t$, $\dfrac{y}{2}=\sin t$로 놓으면

$$x=2\cos t, \;\; y=2\sin t \;(0\le t<2\pi)$$

*Note $x=2\sin t$, $y=2\cos t$ $(0\le t<2\pi)$도 답이 될 수 있다. 직선이나 곡선을 매개변수로 나타내는 방법은 여러 가지일 수 있다.

Advice 3° 매개변수로 나타낸 함수의 미분법

매개변수 t로 나타낸 함수

$$x=f(t), \;\; y=g(t)$$

에서 $f(t)$, $g(t)$가 미분가능하다고 하자.

$f'(t)\ne 0$이면 $\dfrac{dt}{dx}=\dfrac{1}{\dfrac{dx}{dt}}=\dfrac{1}{f'(t)}$이므로   ⇐ 역함수의 미분법

$$\dfrac{dy}{dx}=\dfrac{dy}{dt}\times\dfrac{dt}{dx}$$ ⇐ 합성함수의 미분법

$$=\dfrac{dy}{dt}\times\dfrac{1}{\dfrac{dx}{dt}}=\dfrac{g'(t)}{f'(t)}$$

이와 같이 하면 매개변수 t를 소거하지 않고도 $\dfrac{dy}{dx}$를 구할 수 있다.

보기 3 다음 매개변수 t로 나타낸 함수에서 $\dfrac{dy}{dx}$를 구하여라.

 (1) $x=t^2+1$, $y=2t^2$ (2) $x=1-2t$, $y=t^2$

연구 (1) $\dfrac{dx}{dt}=2t$, $\dfrac{dy}{dt}=4t$이므로 $\boldsymbol{\dfrac{dy}{dx}}=\dfrac{dy}{dt}\Big/\dfrac{dx}{dt}=\dfrac{4t}{2t}=\boldsymbol{2}$

(2) $\dfrac{dx}{dt}=-2$, $\dfrac{dy}{dt}=2t$이므로 $\boldsymbol{\dfrac{dy}{dx}}=\dfrac{dy}{dt}\Big/\dfrac{dx}{dt}=\dfrac{2t}{-2}=\boldsymbol{-t}$

*Note 1° (1)에서 $t=0$일 때에는 $\dfrac{dx}{dt}=0$이므로 위와 같은 방법으로 $\dfrac{dy}{dx}$를 구할 수 없다.

 2° (2)의 결과는 $x=1-2t$에서 $t=\dfrac{1}{2}(1-x)$이므로 $\dfrac{dy}{dx}=\dfrac{1}{2}(x-1)$로 나타내어도 된다. 이와 같이 미분한 결과는 x로 나타내어도 되고, t로 나타내어도 된다.

필수 예제 **5**-9　다음 매개변수로 나타낸 함수에서 x, y의 관계식을 구하여라.

(1) $x=\dfrac{1}{1-t^2}$, $y=\dfrac{1+t^2}{1-t^2}$　　　(2) $x=\cos 2\theta$, $y=2\cos\theta$

───────────────────────────────

[정석연구] 매개변수를 소거할 때에는 항상 매개변수에 의하여 생기는 제한 범위에 주의해야 한다.

정석 매개변수를 소거할 때에는 ⟹ 제한 범위에 주의하여라.

곧, (1)에서는 $t^2\geq0$을 이용하여 x 또는 y의 범위를 구하고, (2)에서는 $-1\leq\cos 2\theta\leq1$을 이용하여 x 또는 y의 범위를 구한다.

[모범답안] (1) $x=\dfrac{1}{1-t^2}$에서　$1-t^2=\dfrac{1}{x}$

$$\therefore\ t^2=1-\dfrac{1}{x}\qquad\cdots\cdots①$$

$y=\dfrac{1+t^2}{1-t^2}$에 대입하면

$$y=\dfrac{1+\left(1-\dfrac{1}{x}\right)}{1-\left(1-\dfrac{1}{x}\right)}=2x-1$$

한편 ①에서 $t^2\geq0$이므로　$1-\dfrac{1}{x}\geq0$

$$\therefore\ \dfrac{x-1}{x}\geq0\quad\therefore\ x<0,\ x\geq1\qquad\cdots\cdots②$$

$$\therefore\ \boldsymbol{y=2x-1\ (x<0,\ x\geq1)}\ \leftarrow\ \boxed{답}$$

(2) $x=\cos 2\theta$에서　$x=2\cos^2\theta-1$

또, $y=2\cos\theta$에서　$\cos\theta=\dfrac{y}{2}$

$$\therefore\ x=2\times\left(\dfrac{y}{2}\right)^2-1\quad\therefore\ y^2=2(x+1)$$

한편 $-1\leq\cos 2\theta\leq1$이므로　$-1\leq x\leq1$

$$\therefore\ \boldsymbol{y^2=2(x+1)\ (-1\leq x\leq1)}\ \leftarrow\ \boxed{답}$$

*$Note$ 1° ②에서는 다음 부등식의 성질을 이용하였다.

$$\dfrac{A}{B}\geq0\iff AB\geq0\text{이고 }B\neq0$$

2° 이를테면 (1)은 점 $\left(\dfrac{1}{1-t^2},\ \dfrac{1+t^2}{1-t^2}\right)$의 자취의 방정식을 구하는 것과 같다.

[유제] **5**-11. 다음 매개변수로 나타낸 함수에서 x, y의 관계식을 구하여라.

(1) $x=t^2+1$, $y=2t^2$　　　(2) $x=\sin\theta$, $y=\cos 2\theta$

　　　　　　　　　　[답] (1) $\boldsymbol{y=2x-2\ (x\geq1)}$ (2) $\boldsymbol{y=-2x^2+1\ (-1\leq x\leq1)}$

필수 예제 **5**-10 다음 매개변수 t로 나타낸 함수에서 $\dfrac{dy}{dx}$를 구하여라.

(1) $x=\dfrac{1+t^2}{t}$, $y=\dfrac{1}{t}$ (2) $x=\dfrac{1-t^2}{1+t^2}$, $y=\dfrac{2t}{1+t^2}$

[정석연구] 미분계수 또는 $\dfrac{dy}{dx}$를 구하는 경우에는 보통 매개변수 t를 소거하지 않고 다음 **정석**을 이용하여 구한다.

$$\boxed{정석}\ \ \frac{dy}{dx}=\frac{\dfrac{dy}{dt}}{\dfrac{dx}{dt}}\ \left(단,\ \frac{dx}{dt}\neq 0\right)\ \ \ \ \ \ \Leftarrow \frac{b}{a}=\frac{\dfrac{b}{c}}{\dfrac{a}{c}}$$

[모범답안] (1) $x=\dfrac{1+t^2}{t}=\dfrac{1}{t}+t$에서 $\dfrac{dx}{dt}=-\dfrac{1}{t^2}+1=\dfrac{-1+t^2}{t^2}$

$y=\dfrac{1}{t}$에서 $\dfrac{dy}{dt}=-\dfrac{1}{t^2}$

$\therefore \dfrac{dy}{dx}=\dfrac{dy}{dt}\Big/\dfrac{dx}{dt}=\dfrac{-1}{-1+t^2}=\dfrac{1}{1-t^2}$ ($t^2\neq 1$) $\longleftarrow$ [답]

(2) $x=\dfrac{1-t^2}{1+t^2}$에서 $\dfrac{dx}{dt}=\dfrac{-2t(1+t^2)-(1-t^2)\times 2t}{(1+t^2)^2}=\dfrac{-4t}{(1+t^2)^2}$

$y=\dfrac{2t}{1+t^2}$에서 $\dfrac{dy}{dt}=\dfrac{2(1+t^2)-2t\times 2t}{(1+t^2)^2}=\dfrac{2(1-t^2)}{(1+t^2)^2}$

$\therefore \dfrac{dy}{dx}=\dfrac{dy}{dt}\Big/\dfrac{dx}{dt}=\dfrac{2(1-t^2)}{-4t}=\dfrac{t^2-1}{2t}$ ($t\neq 0$) $\longleftarrow$ [답]

Advice | (2)에서 $\dfrac{x}{y}=\dfrac{1-t^2}{2t}$이므로 $\dfrac{dy}{dx}=-\dfrac{x}{y}$ $(y\neq 0)$로 나타내어도 되는데, 이것은 원의 방정식 $x^2+y^2=r^2$에서 구한 $\dfrac{dy}{dx}$와 같음을 알 수 있다.

직접 주어진 식의 양변을 제곱하여 더하면

$$x^2+y^2=\left(\dfrac{1-t^2}{1+t^2}\right)^2+\left(\dfrac{2t}{1+t^2}\right)^2=\dfrac{(1-2t^2+t^4)+4t^2}{(1+t^2)^2}=\dfrac{(1+t^2)^2}{(1+t^2)^2}=1$$

이므로 원의 방정식 $x^2+y^2=1$을 얻는다.

[유제] **5**-12. 다음 매개변수 t로 나타낸 함수에서 $\dfrac{dy}{dx}$를 구하여라.

(1) $x=t-\dfrac{1}{t}$, $y=t^2+\dfrac{1}{t^2}$ (2) $x=\dfrac{1-t}{1+t}$, $y=\dfrac{t}{1+t}$

[답] (1) $\dfrac{dy}{dx}=2\left(t-\dfrac{1}{t}\right)$ (2) $\dfrac{dy}{dx}=-\dfrac{1}{2}$

연습문제 5

[기본] **5**-1 다음과 같이 정의된 함수 $f(x)$에서 $f'(0)$의 값을 구하여라.

$$f(x)=\begin{cases} 3\sin x+x^3\cos\dfrac{1}{x^2} & (x\neq 0) \\ 0 & (x=0) \end{cases}$$

5-2 실수 전체의 집합에서 이계도함수를 가지는 함수 $f(x)$가

$$f(1)=2, \quad f'(1)=3, \quad \lim_{x\to 1}\frac{f'(f(x))-1}{x-1}=3$$

을 만족시킬 때, $f''(2)$의 값을 구하여라.

5-3 다음 함수를 미분하여라.

(1) $y=\dfrac{3}{2}\sqrt[3]{x^2}-\dfrac{2}{\sqrt{x}}$

(2) $y=\sqrt{x^2+2x+3}$

(3) $y=(x+1)\sqrt{x-1}$

(4) $y=\dfrac{1}{(x^2+1)^2}$

(5) $y=\dfrac{x}{x+\sqrt{1+x^2}}$

(6) $y=\dfrac{3-2x}{\sqrt{x^2+1}}$

5-4 함수 $f(x)=\dfrac{x-2}{x^2-2}$와 실수 전체의 집합에서 미분가능한 함수 $g(x)$에 대하여 함수 $h(x)$를 $h(x)=(g\circ f)(x)$라고 하자. $h'(0)=15$일 때, $g'(1)$의 값을 구하여라.

5-5 실수 전체의 집합에서 미분가능한 두 함수 $f(x)$, $g(x)$가 모든 실수 x에 대하여 $f(3x+1)=g(x^2+1)$을 만족시킨다. $f'(4)=6$일 때, $f'(-2)$의 값을 구하여라.

5-6 곡선 $x^2+axy-2y^2+b=0$ 위의 점 $(1, 4)$에서 $\dfrac{dy}{dx}$의 값이 2일 때, 상수 a, b의 값을 구하여라.

5-7 미분가능한 함수 f의 역함수 g가 연속이고 $\lim_{x\to 1}\dfrac{g(x)-2}{x-1}=3$을 만족시킬 때, $f'(2)$의 값을 구하여라.

5-8 $x>-1$에서 정의된 함수 $f(x)=\sqrt[3]{(x+1)(x^2+1)}$의 역함수 $g(x)$에 대하여 $\lim_{n\to\infty}n\left\{g\left(1+\dfrac{1}{n}\right)-g\left(1-\dfrac{1}{n}\right)\right\}$의 값을 구하여라.

5-9 매개변수 t로 나타낸 함수 $x=t-t^2$, $y=t^3-t$에 대하여 $t=1$일 때 $\dfrac{dy}{dx}$, $\dfrac{d^2y}{dx^2}$의 값을 구하여라.

[실력] **5**-10 함수 $f(x)$에 대하여 $f'(0)=a$일 때, 다음 극한값을 a로 나타내어라.

(1) $\lim\limits_{x \to 0} \dfrac{f(2x)-f(\sin x)}{x}$ (2) $\lim\limits_{x \to 0} \dfrac{f(3x)-f(e^x-1)}{x}$

5-11 함수 $f(x)$에 대하여 $f(1)=1$, $f'(1)=2$일 때, 다음 극한값을 구하여라.

(1) $\lim\limits_{x \to 1} \dfrac{xf(x)-1}{x^2-1}$ (2) $\lim\limits_{x \to 1} \dfrac{f(x)-x^2f(1)}{\sin(x-1)}$ (3) $\lim\limits_{x \to 0} \dfrac{f(2-\cos x)-f(1)}{x^2}$

5-12 함수 $f(x)$가 모든 실수 x, y에 대하여
$$f(x+y)=e^{-y}f(x)+e^{-x}f(y)$$
를 만족시킨다. $f'(0)=1$일 때, $f'(x)$를 $f(x)$로 나타내어라.

5-13 도함수를 이용하여 다음 합을 구하여라. 단, n은 자연수이다.
$$1+2x+3x^2+\cdots+nx^{n-1}$$

5-14 함수 $f(x)$가 모든 실수 x에 대하여 $f(x)=x-f\big(f(x)\big)$를 만족시킨다. $f(0)=0$일 때, 다음 물음에 답하여라.

(1) $f(x)$의 이계도함수가 존재할 때, $f'(0)$과 $f''(0)$의 값을 구하여라.

(2) $f(x)$가 다항함수일 때, $f(x)$를 구하여라.

5-15 n이 자연수일 때, 다음이 성립함을 수학적 귀납법으로 증명하여라.
$$\frac{d}{dx}\big\{f(x)\big\}^n=n\big\{f(x)\big\}^{n-1}f'(x)$$

5-16 함수 $f(x)=x^3+3x^2-10x+7$의 극솟값을 a, 극댓값을 b라고 할 때, $a<t<b$인 실수 t에 대하여 곡선 $y=f(x)$와 직선 $y=t$가 만나는 세 점 중에서 x좌표가 가장 큰 점의 좌표를 $\big(g(t), t\big)$, x좌표가 가장 작은 점의 좌표를 $\big(h(t), t\big)$라고 하자. $p(t)=10t\big\{g(t)-h(t)\big\}$라고 할 때, $p'(7)$의 값을 구하여라.

5-17 오른쪽 그림과 같이 중심이 원점 O이고 반지름의 길이가 4인 원 C_1과 중심이 $(3, 0)$이고 반지름의 길이가 1인 원 C_2가 있다. 원 C_2를 원 C_1에 접하면서 미끄러지지 않게 시계 반대 방향으로 굴려 처음 위치로 돌아오게 할 때, 원 C_2 위의 점 $P(x, y)$가 나타내는 곡선을 매개변수로 나타내고, $\dfrac{dy}{dx}$를 구하여라. 단, 점 P의 처음 위치는 A$(4, 0)$이다.

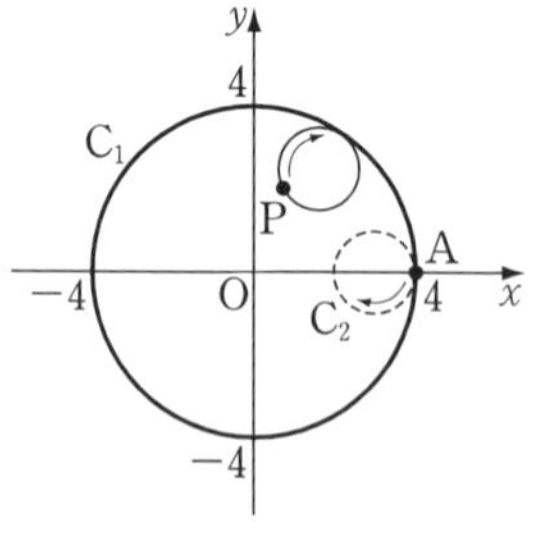

⑥. 여러 가지 함수의 도함수

§1. 삼각함수의 도함수

삼각함수의 도함수

(1) $y=\sin x \implies y'=\cos x$

(2) $y=\cos x \implies y'=-\sin x$

(3) $y=\tan x \implies y'=\sec^2 x$

(4) $y=\cot x \implies y'=-\csc^2 x$

(5) $y=\sec x \implies y'=\sec x \tan x$

(6) $y=\csc x \implies y'=-\csc x \cot x$

Advice 1° $y=\sin x$의 도함수는 삼각함수의 덧셈정리와

정석 $\displaystyle\lim_{h\to0}\frac{\sin h}{h}=1$

을 이용하여 증명하고, 나머지는 삼각함수의 성질을 이용하여 증명한다.

(1) $y=\sin x$의 도함수

$$y'=\lim_{h\to0}\frac{\sin(x+h)-\sin x}{h}=\lim_{h\to0}\frac{\sin x\cos h+\cos x\sin h-\sin x}{h}$$
$$=\lim_{h\to0}\left(\cos x\times\frac{\sin h}{h}-\sin x\times\frac{1-\cos h}{h}\right)$$

그런데 $\displaystyle\lim_{h\to0}\frac{1-\cos h}{h}=\lim_{h\to0}\frac{1-\cos^2 h}{h(1+\cos h)}=\lim_{h\to0}\frac{\sin^2 h}{h(1+\cos h)}=0$이므로

$$y'=\cos x$$

(2) $y=\cos x$의 도함수

$y=\cos x=\sin\left(\dfrac{\pi}{2}+x\right)$이므로

$$y'=\cos\left(\frac{\pi}{2}+x\right)\times\left(\frac{\pi}{2}+x\right)'=\cos\left(\frac{\pi}{2}+x\right)=-\sin x \quad \text{곧,}$$

$$y'=-\sin x$$

*Note $y=\cos x$의 도함수 역시 도함수의 정의와 삼각함수의 덧셈정리를 이용
하여 구할 수 있다.

(3) $y = \tan x$의 도함수

$$y' = (\tan x)' = \left(\frac{\sin x}{\cos x}\right)' = \frac{\cos x \cos x - (\sin x)(-\sin x)}{\cos^2 x} = \frac{1}{\cos^2 x} = \sec^2 x$$

(4) $y = \cot x$의 도함수

$$y' = (\cot x)' = \left(\frac{\cos x}{\sin x}\right)' = \frac{-\sin x \sin x - \cos x \cos x}{\sin^2 x} = \frac{-1}{\sin^2 x} = -\csc^2 x$$

(5) $y = \sec x$의 도함수

$$y' = (\sec x)' = \left(\frac{1}{\cos x}\right)' = -\frac{(\cos x)'}{\cos^2 x} = \frac{\sin x}{\cos^2 x} = \sec x \tan x$$

(6) $y = \csc x$의 도함수

$$y' = (\csc x)' = \left(\frac{1}{\sin x}\right)' = -\frac{(\sin x)'}{\sin^2 x} = -\frac{\cos x}{\sin^2 x} = -\csc x \cot x$$

Advice 2° 합성함수의 미분법을 이용하면 $y = \sin f(x)$의 도함수는 다음과 같이 구할 수 있다.

$y = \sin u$, $u = f(x)$라고 하면 $\dfrac{dy}{du} = \cos u$, $\dfrac{du}{dx} = f'(x)$이므로

$$\frac{dy}{dx} = \frac{dy}{du} \times \frac{du}{dx} = (\cos u)f'(x) = f'(x)\cos f(x) \quad 곧,$$

정석 $y = \sin f(x) \implies y' = \{\cos f(x)\}f'(x)$

$\underbrace{\qquad\qquad}_{\text{미분}}$

함수 $y = \cos f(x)$, $y = \tan f(x)$, $y = \cot f(x)$, $\cdots$ 에 대해서도 같은 방법으로 미분할 수 있다.

보기 1 다음 함수를 미분하여라. 단, a, b는 상수이다.

(1) $y = \sin x + \sqrt{3}\cos x$ (2) $y = (\sin x)(1 + \cos x)$

(3) $y = \cos^3 x$ (4) $y = \sqrt{1 + \sin x}$

(5) $y = \sin(ax^2 + b)$ (6) $y = \tan(1 + x^2)$

연구 (1) $y' = \cos x + \sqrt{3}(-\sin x) = \cos x - \sqrt{3}\sin x$

(2) $y' = (\sin x)'(1 + \cos x) + (\sin x)(1 + \cos x)'$
$\qquad = (\cos x)(1 + \cos x) + (\sin x)(-\sin x) = \cos x + \cos^2 x - \sin^2 x$

(3) $y' = 3(\cos^2 x)(\cos x)' = 3(\cos^2 x)(-\sin x) = -3\sin x \cos^2 x$

(4) $y' = \dfrac{1}{2\sqrt{1 + \sin x}} \times (1 + \sin x)' = \dfrac{\cos x}{2\sqrt{1 + \sin x}}$

(5) $y' = \{\cos(ax^2 + b)\}(ax^2 + b)' = 2ax\cos(ax^2 + b)$

(6) $y' = \{\sec^2(1 + x^2)\}(1 + x^2)' = 2x\sec^2(1 + x^2)$

필수 예제 **6**-1   다음 함수의 도함수를 구하여라.

(1) $y=(\sin x+\cos x)^3$ (2) $y=\cos x°$

(3) $y=\sin(\cos x)$ (4) $y=\sin 2x\cos^2 x$

(5) $y=(2x^2+1)\sin 2x$ (6) $y=\dfrac{1+\sin x}{\cos x}$

[정석연구] 다음 **정석**을 이용하면 보다 능률적으로 계산할 수 있다.

$$\boxed{정석}\ y=\sin f(x)\implies y'=f'(x)\cos f(x)$$
$$y=\cos f(x)\implies y'=-f'(x)\sin f(x)$$
$$y=\tan f(x)\implies y'=f'(x)\sec^2 f(x)$$

[모범답안] (1) $y'=3(\sin x+\cos x)^2(\sin x+\cos x)'$

$\qquad =\mathbf{3(\sin x+\cos x)^2(\cos x-\sin x)}\longleftarrow$ [답]

(2) $y=\cos\dfrac{\pi}{180}x$ 이므로

$\quad y'=\left(-\sin\dfrac{\pi}{180}x\right)\left(\dfrac{\pi}{180}x\right)'=-\dfrac{\pi}{180}\sin\dfrac{\pi}{180}x=-\dfrac{\boldsymbol{\pi}}{\mathbf{180}}\boldsymbol{\sin x°}\longleftarrow$ [답]

(3) $y'=\big\{\cos(\cos x)\big\}(\cos x)'=\mathbf{-\sin x\cos(\cos x)}\longleftarrow$ [답]

(4) $y'=(\sin 2x)'\cos^2 x+(\sin 2x)(\cos^2 x)'$

$\qquad =2\cos 2x\cos^2 x+(\sin 2x)(2\cos x)(-\sin x)$

$\qquad =2(\cos x)(\cos 2x\cos x-\sin 2x\sin x)=\mathbf{2\cos x\cos 3x}\longleftarrow$ [답]

(5) $y'=(2x^2+1)'\sin 2x+(2x^2+1)(\sin 2x)'=4x\sin 2x+(2x^2+1)\times 2\cos 2x$

$\qquad =\mathbf{4x\sin 2x+2(2x^2+1)\cos 2x}\longleftarrow$ [답]

(6) $y'=\dfrac{(1+\sin x)'\cos x-(1+\sin x)(\cos x)'}{\cos^2 x}$

$\qquad =\dfrac{\cos x\cos x-(1+\sin x)(-\sin x)}{\cos^2 x}=\dfrac{1+\sin x}{1-\sin^2 x}=\dfrac{1}{\mathbf{1-\sin x}}\longleftarrow$ [답]

[유제] **6**-1. 다음 함수의 도함수를 구하여라. 단, a는 상수이다.

(1) $y=(\sec x+\tan x)^5$ (2) $y=\sin^2(2\pi x-a)$ (3) $y=\sin x\cos^2 x$

(4) $y=\sqrt{1+\sin x}+\sqrt{1-\sin x}$ (단, $0<x<\dfrac{\pi}{2}$)   (5) $y=\dfrac{\cos x}{1+\sin x}$

$\qquad$ [답] (1) $\boldsymbol{y'=5(\sec x+\tan x)^5\sec x}$ (2) $\boldsymbol{y'=2\pi\sin 2(2\pi x-a)}$

$\qquad$ (3) $\boldsymbol{y'=\cos x(\cos^2 x-2\sin^2 x)}$

$\qquad$ (4) $\boldsymbol{y'=\dfrac{\sqrt{1-\sin x}-\sqrt{1+\sin x}}{2}}$ (5) $\boldsymbol{y'=-\dfrac{1}{1+\sin x}}$

필수 예제 **6**-2   다음에서 $\dfrac{dy}{dx}$ 를 구하여라.

(1) $x=\sec^2 y$ 　　　　　　　　(2) $x\cos y+y\cos x=1$

(3) $x=\cos t+t\sin t,\ y=\sin t-t\cos t$

[정석연구] (1) 양변을 x 에 관하여 미분한다. 또는 양변을 y 에 관하여 미분한 다음 역함수의 미분법을 이용한다.

$$\boxed{정석}\ \frac{dy}{dx}=\frac{1}{\dfrac{dx}{dy}}\quad\left(단,\ \frac{dx}{dy}\neq0\right)$$

(2) 양변을 x 에 관하여 미분한다.

(3) 매개변수로 나타낸 함수의 미분법을 이용한다.

$$\boxed{정석}\ \frac{dy}{dx}=\frac{dy}{dt}\bigg/\frac{dx}{dt}\quad\left(단,\ \frac{dx}{dt}\neq0\right)$$

[모범답안] (1) 양변을 y 에 관하여 미분하면

$$\frac{dx}{dy}=2(\sec y)(\sec y)'=2\sec y\sec y\tan y=2\sec^2 y\tan y$$

$$\therefore\ \boldsymbol{\frac{dy}{dx}=\frac{1}{2\sec^2 y\tan y}}\ (\tan y\neq0)\longleftarrow\boxed{답}$$

(2) 양변을 x 에 관하여 미분하면

$$\cos y+x(-\sin y)\frac{dy}{dx}+\frac{dy}{dx}(\cos x)+y(-\sin x)=0$$

$$\therefore\ (\cos x-x\sin y)\frac{dy}{dx}=y\sin x-\cos y$$

$$\therefore\ \boldsymbol{\frac{dy}{dx}=\frac{y\sin x-\cos y}{\cos x-x\sin y}}\ (\cos x\neq x\sin y)\longleftarrow\boxed{답}$$

(3) $\dfrac{dx}{dt}=-\sin t+\sin t+t\cos t,\quad \dfrac{dy}{dt}=\cos t-\cos t+t\sin t$

$$\therefore\ \boldsymbol{\frac{dy}{dx}}=\frac{dy}{dt}\bigg/\frac{dx}{dt}=\frac{t\sin t}{t\cos t}=\boldsymbol{\tan t}\ (t\cos t\neq0)\longleftarrow\boxed{답}$$

[유제] **6**-2. 다음에서 $\dfrac{dy}{dx}$ 를 구하여라. 단, a 는 0이 아닌 상수이다.

(1) $x=\sin 3y$ 　　　　　　　　(2) $\sin x+\sin y=xy$

(3) $x=a\cos t,\ y=a\sin t$ 　　(4) $x=2\sin^2 t,\ y=3\cos^2 t$

　　$\boxed{답}$ (1) $\dfrac{dy}{dx}=\dfrac{1}{3\cos 3y}$ $(\cos 3y\neq0)$　(2) $\dfrac{dy}{dx}=\dfrac{\cos x-y}{x-\cos y}$ $(x\neq\cos y)$

　　　　(3) $\dfrac{dy}{dx}=-\cot t$ $(\sin t\neq0)$　　(4) $\dfrac{dy}{dx}=-\dfrac{3}{2}$

§2. 지수함수와 로그함수의 도함수

1 지수함수의 도함수

(1) $y=e^x \implies y'=e^x$

(2) $y=a^x \implies y'=a^x \ln a$

2 로그함수의 도함수

(1) $y=\ln x \implies y'=\dfrac{1}{x}$

(2) $y=\log_a x \implies y'=\dfrac{1}{x \ln a}$

Advice 1° 지수함수의 도함수

$y=e^x$일 때

$$y'=\lim_{h\to 0}\frac{e^{x+h}-e^x}{h}=\lim_{h\to 0}\left(e^x \times \frac{e^h-1}{h}\right)=e^x \qquad \Leftarrow \text{p. 91}$$

$y=a^x$일 때

$$y'=\lim_{h\to 0}\frac{a^{x+h}-a^x}{h}=\lim_{h\to 0}\left(a^x \times \frac{a^h-1}{h}\right)=a^x \ln a \qquad \Leftarrow \text{p. 91}$$

여기에 $a=e$를 대입하여 $y=e^x$의 도함수를 얻을 수도 있다.

정석 $\dfrac{d}{dx}e^x=e^x, \qquad \dfrac{d}{dx}a^x=a^x \ln a$

Note $y=a^x$의 도함수를 다음과 같이 구할 수도 있다.

$y=a^x=e^{x \ln a}$이므로

$$y'=e^{x \ln a}\times \ln a \qquad \qquad \Leftarrow \text{합성함수의 미분법}$$
$$=a^x \ln a$$

Advice 2° $y=a^{f(x)}$의 도함수는 다음과 같이 구하면 된다.

$y=a^u$, $u=f(x)$라고 하면 $\dfrac{dy}{du}=a^u \ln a$, $\dfrac{du}{dx}=f'(x)$이므로

$$\frac{dy}{dx}=\frac{dy}{du}\times \frac{du}{dx}=a^u \ln a \times f'(x)=a^{f(x)}\ln a \times f'(x)$$

정석 $y=a^{f(x)} \implies y'=a^{f(x)}\ln a \times f'(x)$

$\underline{\qquad\qquad}$ 미분 $\underline{\qquad\qquad}$

보기 1 다음 함수의 도함수를 구하여라.

(1) $y=6e^x$ (2) $y=xe^x$ (3) $y=e^{3x}$

(4) $y=7\times3^x$ (5) $y=\dfrac{x}{4^x}$ (6) $y=a^{x^2}$

연구 (1) $y'=6(e^x)'=\boldsymbol{6e^x}$ (2) $y'=(x)'e^x+x(e^x)'=e^x+xe^x=\boldsymbol{(1+x)e^x}$

(3) $y'=e^{3x}\times(3x)'=\boldsymbol{3e^{3x}}$

(4) $y'=7\times(3^x)'=7\times3^x\ln3=\boldsymbol{7\ln3\times3^x}$

(5) $y'=\dfrac{(x)'4^x-x(4^x)'}{(4^x)^2}=\dfrac{4^x-x\times4^x\ln4}{(4^x)^2}=\boldsymbol{\dfrac{1-x\ln4}{4^x}}$

(6) $y'=(a^{x^2}\ln a)(x^2)'=(a^{x^2}\ln a)\times2x=\boldsymbol{2x\,a^{x^2}\ln a}$

Advice 3° 로그함수의 도함수

   $\boldsymbol{y=\log_a x}$일 때

$$y'=\lim_{h\to0}\frac{\log_a(x+h)-\log_a x}{h}=\lim_{h\to0}\frac{1}{h}\log_a\frac{x+h}{x}=\lim_{h\to0}\log_a\left(1+\frac{h}{x}\right)^{\frac{1}{h}}$$

$$=\lim_{h\to0}\log_a\left(1+\frac{h}{x}\right)^{\frac{x}{h}\times\frac{1}{x}}=\log_a e^{\frac{1}{x}}=\frac{1}{x}\log_a e=\boldsymbol{\frac{1}{x\ln a}}$$

또, $a=e$를 대입하면 $y=\ln x$일 때 $y'=\dfrac{1}{x\ln e}=\dfrac{1}{x}$ 곧,

정석 $y=\log_a x \implies y'=\dfrac{1}{x\ln a}$, $y=\ln x \implies y'=\dfrac{1}{x}$

그리고 합성함수의 미분법을 이용하면 다음 결과를 얻는다.

정석 $y=\log_a f(x) \implies y'=\dfrac{1}{f(x)\ln a}\times f'(x)$

                      └─────── 미분 ───────┘

보기 2 다음 함수의 도함수를 구하여라.

(1) $y=\ln x+x$ (2) $y=\ln3x$ (3) $y=\ln(\sin x)$

(4) $y=(\ln x)^3$ (5) $y=\log_{10}2x$ (6) $y=\log_a(\tan x)$

연구 (1) $y'=\dfrac{1}{x}+1$ (2) $y'=\dfrac{1}{3x}\times(3x)'=\dfrac{1}{x}$

(3) $y'=\dfrac{1}{\sin x}\times(\sin x)'=\dfrac{\cos x}{\sin x}=\boldsymbol{\cot x}$

(4) $y'=3(\ln x)^2(\ln x)'=\boldsymbol{\dfrac{3(\ln x)^2}{x}}$

(5) $y'=\dfrac{1}{2x\ln10}\times(2x)'=\boldsymbol{\dfrac{1}{x\ln10}}$

(6) $y'=\dfrac{1}{\tan x\ln a}\times(\tan x)'=\dfrac{\sec^2x}{\tan x\ln a}=\boldsymbol{\dfrac{1}{\sin x\cos x\ln a}}$

필수 예제 **6**-3   다음 함수의 도함수를 구하여라. 단, a, b는 상수이다.

(1) $y=a^{\sin x}$　　　　(2) $y=e^{ax}\cos bx$　　　　(3) $y=\ln\left(e^x+\sqrt{1+e^{2x}}\right)$

(4) $y=e^x\ln(\sin x)$　　　　(5) $y=\ln\sqrt{\dfrac{1+\sin x}{1-\sin x}}$

정석연구 다음 **정석**을 이용하면 보다 능률적으로 계산할 수 있다.

정석 $y=a^{f(x)} \implies y'=a^{f(x)}\ln a\times f'(x)$

$y=\log_a f(x) \implies y'=\dfrac{1}{f(x)\ln a}\times f'(x)$

특히 $a=e$일 때에는 다음을 이용한다.

$y=e^{f(x)} \implies y'=e^{f(x)}f'(x),\qquad y=\ln f(x) \implies y'=\dfrac{1}{f(x)}\times f'(x)$

모범답안 (1) $y'=a^{\sin x}(\ln a)(\sin x)'=(\ln a)a^{\sin x}\cos x$ ← 답

(2) $y'=(e^{ax})'\cos bx+e^{ax}(\cos bx)'=ae^{ax}\cos bx+e^{ax}(-b\sin bx)$

$=e^{ax}(a\cos bx-b\sin bx)$ ← 답

(3) $y'=\dfrac{\left(e^x+\sqrt{1+e^{2x}}\right)'}{e^x+\sqrt{1+e^{2x}}}=\dfrac{1}{e^x+\sqrt{1+e^{2x}}}\times\left(e^x+\dfrac{2e^{2x}}{2\sqrt{1+e^{2x}}}\right)$

$=\dfrac{1}{e^x+\sqrt{1+e^{2x}}}\times\dfrac{e^x\left(\sqrt{1+e^{2x}}+e^x\right)}{\sqrt{1+e^{2x}}}=\dfrac{e^x}{\sqrt{1+e^{2x}}}$ ← 답

(4) $y'=(e^x)'\ln(\sin x)+e^x\left\{\ln(\sin x)\right\}'$

$=e^x\ln(\sin x)+e^x\times\dfrac{(\sin x)'}{\sin x}=e^x\left\{\ln(\sin x)+\cot x\right\}$ ← 답

(5) $y=\dfrac{1}{2}\left\{\ln(1+\sin x)-\ln(1-\sin x)\right\}$ 이므로

$y'=\dfrac{1}{2}\left\{\dfrac{(1+\sin x)'}{1+\sin x}-\dfrac{(1-\sin x)'}{1-\sin x}\right\}=\dfrac{1}{2}\left(\dfrac{\cos x}{1+\sin x}+\dfrac{\cos x}{1-\sin x}\right)$

$=\dfrac{1}{2}\times\dfrac{2\cos x}{1-\sin^2 x}=\dfrac{1}{\cos x}$ ← 답

유제 **6**-3. 다음 함수의 도함수를 구하여라.

(1) $y=e^{\cos x}$　　　　(2) $y=2^x\sin x$　　　　(3) $y=\ln\left(x+\sqrt{x^2+1}\right)$

(4) $y=x\ln(x^2+1)$　　　　(5) $y=e^x\log_2 x$　　　　(6) $y=\ln\dfrac{1+e^x}{e^x}$

답 (1) $y'=-e^{\cos x}\sin x$　(2) $y'=2^x\left\{(\ln 2)\sin x+\cos x\right\}$　(3) $y'=\dfrac{1}{\sqrt{x^2+1}}$

(4) $y'=\ln(x^2+1)+\dfrac{2x^2}{x^2+1}$　(5) $y'=e^x\left(\log_2 x+\dfrac{1}{x\ln 2}\right)$　(6) $y'=-\dfrac{1}{1+e^x}$

필수 예제 **6**-4   다음 함수의 도함수를 구하여라.

(1) $y = x^{\sin x}$ (단, $x > 0$)   (2) $y = \dfrac{(x-2)(x-1)^2}{(x+1)^3}$

정석연구 (1) $y = a^{\sin x}$ (밑이 상수)과 다르다는 것에 주의한다.

(2) 몫의 미분법을 이용해도 되지만, 다음 **정석**을 따르면 더욱 좋다.

정석 밑과 지수에 모두 변수를 포함하거나 형태가 복잡한 함수는
양변의 절댓값의 로그를 잡은 다음, 양변을 **x**에 관하여 미분한다.

이와 같은 미분법을 **로그미분법**이라고 한다.

이때, 로그의 진수는 양수이어야 하므로 양변의 절댓값의 로그를 잡는다는 것에 주의해야 한다. 단, 양변이 양수일 때에는 바로 로그를 잡으면 된다.

모범답안 (1) 양변의 자연로그를 잡으면 $\ln y = \sin x \ln x$

양변을 x에 관하여 미분하면 $\dfrac{1}{y} \times \dfrac{dy}{dx} = \cos x \ln x + (\sin x) \times \dfrac{1}{x}$

$\therefore \dfrac{dy}{dx} = \boldsymbol{x^{\sin x} \Big(\cos x \ln x + \dfrac{\sin x}{x}\Big)}$ ← 답

(2) 양변의 절댓값의 자연로그를 잡으면

$$\ln|y| = \ln|x-2| + 2\ln|x-1| - 3\ln|x+1|$$

양변을 x에 관하여 미분하면 $\dfrac{1}{y} \times \dfrac{dy}{dx} = \dfrac{1}{x-2} + \dfrac{2}{x-1} - \dfrac{3}{x+1}$

$$\therefore \dfrac{dy}{dx} = \dfrac{(x-2)(x-1)^2}{(x+1)^3} \times \dfrac{7x-11}{(x-2)(x-1)(x+1)}$$

$$= \boldsymbol{\dfrac{(x-1)(7x-11)}{(x+1)^4}}$$ ← 답

*Note (2) 몫의 미분법을 이용하여 계산한 결과와 비교해 보아라.

Advice | $y = \ln|x|$의 도함수는

$x > 0$일 때 $y = \ln x$ | $x < 0$일 때 $y = \ln(-x)$

$\therefore y' = \dfrac{1}{x}$ | $\therefore y' = \dfrac{(-x)'}{-x} = \dfrac{1}{x}$

정석 $y = \ln|x| \implies y' = \dfrac{1}{x}$

유제 **6**-4. 다음 함수의 도함수를 구하여라.

(1) $y = x^x$ (단, $x > 0$)   (2) $y = (\ln x)^x$ (단, $x > 1$)

답 (1) $\boldsymbol{y' = x^x(\ln x + 1)}$ (2) $\boldsymbol{y' = (\ln x)^x \ln(\ln x) + (\ln x)^{x-1}}$

필수 예제 **6**-5   함수 $y=e^{ax}\sin bx$ (단, $b\neq0$)가 있다.

(1) y', y''을 구하여라.

(2) 모든 실수 x에 대하여 $y''-2y'+2y=0$을 만족시키도록 상수 a, b
   의 값을 정하여라.

[정석연구] $y=e^{ax}\sin bx$에서 y는 미분가능한 함수이고
$$y'=(e^{ax})'\sin bx+e^{ax}(\sin bx)'=ae^{ax}\sin bx+e^{ax}\times b\cos bx$$
이 함수 또한 미분가능한 함수이므로 도함수가 존재한다. 이와 같은 방법
으로 차례로 y', y''을 구하고, 이것을 $y''-2y'+2y=0$에 대입한다.

정석 $y=f(x) \xrightarrow{\text{미분}} y'=f'(x) \xrightarrow{\text{미분}} y''=f''(x)$

[모범답안] (1) $y'=ae^{ax}\sin bx+e^{ax}\times b\cos bx$
$$=e^{ax}(\boldsymbol{a\sin bx+b\cos bx}) \longleftarrow \boxed{\text{답}}$$
$$y''=ae^{ax}(a\sin bx+b\cos bx)+e^{ax}(ab\cos bx-b^2\sin bx)$$
$$=e^{ax}\{(\boldsymbol{a^2-b^2})\boldsymbol{\sin bx+2ab\cos bx}\} \longleftarrow \boxed{\text{답}}$$

(2) (1)의 결과를 $y''-2y'+2y=0$에 대입하면
$$e^{ax}\{(a^2-b^2)\sin bx+2ab\cos bx\}$$
$$-2e^{ax}(a\sin bx+b\cos bx)+2e^{ax}\sin bx=0$$
$e^{ax}>0$이므로 양변을 e^{ax}으로 나누고 정리하면
$$(a^2-b^2-2a+2)\sin bx+2(a-1)b\cos bx=0 \qquad \cdots\cdots①$$
①이 모든 실수 x에 대하여 성립하므로 $x=\dfrac{\pi}{2b}$, $x=0$을 대입하면
$$a^2-b^2-2a+2=0 \quad\cdots\cdots② \qquad (a-1)b=0 \quad\cdots\cdots③$$
③에서 $b\neq0$이므로 $a=1$이고, 이것을 ②에 대입하면 $b=\pm1$
따라서 $\boldsymbol{a=1}$, $\boldsymbol{b=1}$ 또는 $\boldsymbol{a=1}$, $\boldsymbol{b=-1}$ $\longleftarrow$ $\boxed{\text{답}}$

[유제] **6**-5. 다음 함수의 이계도함수를 구하여라.

(1) $y=x^3\ln x$ (2) $y=\sin x\ln x$

(3) $y=e^x\cos x$ (4) $y=e^{2x}\sin x$

$\boxed{\text{답}}$ (1) $\boldsymbol{y''=x(6\ln x+5)}$ (2) $\boldsymbol{y''=\dfrac{2\cos x}{x}-\sin x\left(\ln x+\dfrac{1}{x^2}\right)}$

(3) $\boldsymbol{y''=-2e^x\sin x}$ (4) $\boldsymbol{y''=e^{2x}(3\sin x+4\cos x)}$

[유제] **6**-6. 함수 $f(x)=(ax+b)\sin x$가 모든 실수 x에 대하여
$f(x)+f''(x)=2\cos x$를 만족시키고 $f'(0)=0$일 때, 상수 a, b의 값을 구하
여라. $\boxed{\text{답}}$ $\boldsymbol{a=1}$, $\boldsymbol{b=0}$

필수 예제 **6**-6　다음 함수의 n계도함수를 구하여라.

(1) $y = e^{2x}$　　　　　　　　(2) $y = \sin x$

[정석연구] (1) $y' = 2e^{2x}$, $\quad y'' = 2 \times 2e^{2x} = 2^2 e^{2x}$, $\quad y''' = 2^2 \times 2e^{2x} = 2^3 e^{2x}$, $\quad \cdots$
이므로 $y^{(n)} = 2^n e^{2x}$임을 추정할 수 있다.

　여기에 수학적 귀납법을 이용하여 증명까지 해야만 완전한 답안이 된다.

⇦ 실력 수학 I p. 214

　　　　[정석] n계도함수의 증명은 ⟹ 수학적 귀납법

[모범답안] (1) $y' = 2e^{2x}$, $\quad y'' = 2 \times 2e^{2x} = 2^2 e^{2x}$, $\quad y''' = 2^2 \times 2e^{2x} = 2^3 e^{2x}$, $\quad \cdots$
따라서 $y^{(n)} = 2^n e^{2x}$이라고 추정할 수 있다.

(증명) (i) $n = 1$일 때 $y' = 2e^{2x}$이므로 성립한다.

(ii) $n = k \, (k \geq 1)$일 때 성립한다고 가정하면 $\quad y^{(k)} = 2^k e^{2x}$
이때, $\quad y^{(k+1)} = (2^k e^{2x})' = 2^k \times 2e^{2x} = 2^{k+1} e^{2x}$
따라서 $n = k+1$일 때에도 성립한다.

(i), (ii)에 의하여 모든 자연수 n에 대하여 성립한다. [답] $\boldsymbol{y^{(n)} = 2^n e^{2x}}$

(2) $y' = \cos x = \sin\left(x + \dfrac{\pi}{2}\right)$, $\quad y'' = \cos\left(x + \dfrac{\pi}{2}\right) = \sin\left(x + 2 \times \dfrac{\pi}{2}\right)$,

$y''' = \cos\left(x + 2 \times \dfrac{\pi}{2}\right) = \sin\left(x + 3 \times \dfrac{\pi}{2}\right)$, $\quad \cdots$

따라서 $y^{(n)} = \sin\left(x + \dfrac{n}{2}\pi\right)$라고 추정할 수 있다.

(증명) (i) $n = 1$일 때 $y' = \cos x = \sin\left(x + \dfrac{\pi}{2}\right)$이므로 성립한다.

(ii) $n = k \, (k \geq 1)$일 때 성립한다고 가정하면 $\quad y^{(k)} = \sin\left(x + \dfrac{k}{2}\pi\right)$
이때,
$$y^{(k+1)} = \left\{\sin\left(x + \dfrac{k}{2}\pi\right)\right\}' = \cos\left(x + \dfrac{k}{2}\pi\right) = \sin\left(x + \dfrac{k+1}{2}\pi\right)$$
따라서 $n = k+1$일 때에도 성립한다.

(i), (ii)에 의하여 모든 자연수 n에 대하여 성립한다.

[답] $\boldsymbol{y^{(n)} = \sin\left(x + \dfrac{n}{2}\pi\right)}$

[유제] **6**-7. 다음 함수의 n계도함수를 구하여라.

(1) $y = x^m$ (단, $m \geq n$)　　(2) $y = e^{-x}$　　　(3) $y = \cos x$

[답] (1) $\boldsymbol{y^{(n)} = m(m-1)\cdots(m-n+1)x^{m-n}}$

(2) $\boldsymbol{y^{(n)} = (-1)^n e^{-x}}$ (3) $\boldsymbol{y^{(n)} = \cos\left(x + \dfrac{n}{2}\pi\right)}$

연습문제 6

기본 **6**-1 다음 함수의 도함수를 구하여라.

(1) $y=\tan x+\dfrac{1}{3}\tan^3 x$ (2) $y=\csc^2 x$ (3) $y=\sin x\sin(x+1)$

(4) $y=\dfrac{1-\cos x}{1+\cos x}$ (5) $y=\dfrac{\cos 2x}{1-x^2}$ (6) $y=\dfrac{\cos^2 x}{1+\tan x}$

6-2 다음 함수의 도함수를 구하여라.

(1) $y=e^x+e^{-x}$ (2) $y=\dfrac{e^x-1}{e^x+1}$ (3) $y=\ln(\sec x+\tan x)$

(4) $y=x^2\log_2 x$ (5) $y=\ln\left\{e^x(1-x)\right\}$ (6) $y=\ln(\ln x)$

6-3 $f(x)=\lim\limits_{h\to 0}\dfrac{e^{x+h}-e^x}{\sqrt{x+h}-\sqrt{x}}$ 일 때, $f'(1)$의 값을 구하여라.

6-4 $\lim\limits_{x\to a}\dfrac{b\ln x}{x^2-a^2}=1$이 성립하도록 상수 a, b의 값을 정하여라.

6-5 함수 $f(x)=\ln(e^x-1)$의 역함수를 $g(x)$라고 할 때, 양수 a에 대하여 $\dfrac{1}{f'(a)}+\dfrac{1}{g'(a)}$의 값을 구하여라.

6-6 함수 $f(x)=\sin x\left(단,\ -\dfrac{\pi}{2}<x<\dfrac{\pi}{2}\right)$의 역함수를 $g(x)$라고 할 때, $g'(x)$와 $g'\left(\dfrac{1}{2}\right)$의 값을 구하여라.

6-7 다음 물음에 답하여라.

(1) r가 실수일 때, $y=x^r$의 도함수를 구하여라.

(2) 세 함수 $f(x)=x^{\sqrt 2}$, $g(x)=(\sqrt 2)^x$, $h(x)=x^{\sqrt x}$의 $x=2$에서의 미분계수를 구하여라.

6-8 $f(x)=\dfrac{e^x\cos x}{1+\sin x}$ 일 때, $f'\left(\dfrac{\pi}{6}\right)$의 값을 구하여라.

6-9 두 함수 $f(x)=\ln x$, $g(x)=x^2$에 대하여 $h(x)=(g\circ f)(x)$일 때, $\lim\limits_{x\to 1}\dfrac{h'(x)}{x-1}$의 값을 구하여라.

6-10 함수 $f(x)=(x+a)e^{bx}$에 대하여 $f'(0)=3$, $f''(0)=-2$일 때, 상수 a, b의 값을 구하여라.

6-11 모든 실수 x에 대하여 다음을 만족시키는 함수 $f(x)$, $g(x)$를 구하여라.
$$f''(x)+g''(x)+g(x)=e^x, \quad f''(x)-f(x)+g''(x)=e^{-x}$$

실력 **6**-12 다음 극한값을 구하여라.

(1) $\displaystyle\lim_{x\to a}\frac{x^2e^a-a^2e^x}{x-a}$
(2) $\displaystyle\lim_{x\to a}\frac{x\sin a-a\sin x}{x-a}$

(3) $\displaystyle\lim_{x\to 0}\frac{1}{x}\ln\frac{e^x+e^{2x}+e^{3x}+\cdots+e^{nx}}{n}$ (단, n은 자연수)

(4) $\displaystyle\lim_{x\to 1}\frac{1}{x-1}\ln\frac{x-a}{1-a}$ (단, $0<a<1$)

6-13 다음에서 $\dfrac{dy}{dx}$를 구하여라.

(1) $y=\sqrt[3]{\dfrac{x^2-1}{x^2+1}}$
(2) $y=x^{\frac{2}{3}}(x-1)^{\frac{3}{2}}$

(3) $y=\left(1+\dfrac{1}{x}\right)^x$ (단, $x<-1$, $x>0$)
(4) $y=e^{x^x}$ (단, $x>0$)

6-14 함수 $f(x)=2\sin x+\cos x$와 구간 $(-\infty,\ \infty)$에서 미분가능한 두 함수 $g(x)$, $h(x)$에 대하여 $p(x)=(h\circ g\circ f)(x)$라고 하자. $p'(0)=12$일 때, $h'\big(g(1)\big)g'(1)$의 값을 구하여라.

6-15 미분가능한 함수 $f(x)$가 모든 실수 x, y에 대하여
$$f(x+y)=f(x)f(y)$$
를 만족시킨다. $f'(0)=1$일 때, 다음 물음에 답하여라.

(1) $f(0)=1$임을 보여라.
(2) $f'(x)=f(x)$임을 보여라.

(3) $\dfrac{f(x)}{e^x}$의 미분을 이용하여 $f(x)=e^x$임을 보여라.

6-16 함수 $\mathrm{P}(x)=ax^2+bx$, $\mathrm{Q}(x)=cx^2+dx$에 대하여 $f(x)=\mathrm{P}(x)\cos x+\mathrm{Q}(x)\sin x$라고 하자. 함수 $f(x)$가 모든 실수 x에 대하여 $f''(x)+f(x)=x\sin x$를 만족시키도록 상수 a, b, c, d의 값을 정하여라.

6-17 다음 함수의 n계도함수를 구하여라.

(1) $y=\sin^2 x$
(2) $y=\ln x$
(3) $y=xe^x$
(4) $y=e^x\sin x$

6-18 함수 $f(x)=\tan x$가
$$f(\alpha)+f(\beta)+f(\gamma)=0,\ \ f'(\alpha)+f'(\beta)+f'(\gamma)=9,\ \ f''(\alpha)+f''(\beta)+f''(\gamma)=0$$
을 만족시킬 때, 실수 α, β, γ의 값을 구하여라.
단, $-\dfrac{\pi}{2}<\alpha<\beta<\gamma<\dfrac{\pi}{2}$이다.

7. 곡선의 접선과 미분

§1. 미분계수의 기하적 의미

미분가능한 함수 $y=f(x)$에서

미분계수 : $f'(a)=\lim\limits_{\varDelta x \to 0}\dfrac{f(a+\varDelta x)-f(a)}{\varDelta x}$

$\Longleftrightarrow x=a$인 점에서의 접선의 기울기

도 함 수 : $f'(x)=\lim\limits_{\varDelta x \to 0}\dfrac{f(x+\varDelta x)-f(x)}{\varDelta x}$

$\Longleftrightarrow$ 점 $\big(x,\ f(x)\big)$에서의 접선의 기울기

Advice | 오른쪽 그림에서 곡선 $y=x^2$ 위의
점 P(1, 1)에서의 접선의 기울기는 $f(x)=x^2$의
$x=1$에서의 미분계수

$$f'(1)=\lim\limits_{\varDelta x \to 0}\dfrac{(1+\varDelta x)^2-1^2}{\varDelta x}=2$$

라는 것은 앞에서 공부하였다.

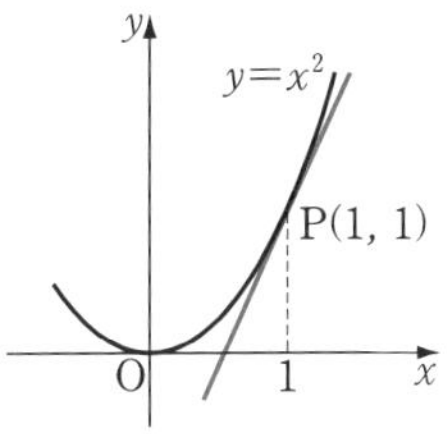

이때, $f'(1)$은 $f(x)$의 도함수 $f'(x)$를 구한
다음 $x=1$을 대입하는 것이 더 간단하다는 것도 공부하였다.

곧, $f(x)=x^2$에서 $f'(x)=2x$ $\therefore$ $f'(1)=2$

정석 $f'(a)$의 계산 $\Longrightarrow$ 먼저 $f'(x)$를 구하고 $x=a$를 대입!

보기 1 곡선 $y=x^2-4x+3$ 위의 x좌표가 $x=0,\ x=1,\ x=2,\ x=3$인 점에서의
접선의 기울기를 각각 구하여라.

연구 $f(x)=x^2-4x+3$으로 놓으면 $f'(x)=2x-4$

$$\therefore\ f'(0)=-4,\ \ f'(1)=-2,\ \ f'(2)=0,\ \ f'(3)=2$$

Note 접선의 기울기를 m으로 놓은 다음 이차방정식의 판별식을 이용하여 m의
값을 구할 수도 있지만, 대개의 경우 미분을 이용하는 것보다 계산이 복잡하다.
또, 주어진 곡선의 방정식이 이차식이 아닐 때에는 판별식을 이용할 수 없는 경우
가 대부분이다. 따라서 앞으로 특별한 경우가 아니면 접선의 기울기는 미분을 이
용하여 구하기로 한다.

━━━━━━━━━━━━━━━━━━━━━━━━━━━━━━━━━━━━━

필수 예제 **7**-1   다음 물음에 답하여라.

(1) 곡선 $y=a\sin x+b\cos x+c$ 위의 두 점 $(0,\,-1)$, $\left(\dfrac{\pi}{2},\,3\right)$에서의 접선이 평행할 때, 상수 a, b, c의 값을 구하여라.

(2) 곡선 $ax^2-xy^2+4=0$ 위의 $x=2$인 점에서의 접선의 기울기가 0일 때, 상수 a의 값을 구하여라.

━━━━━━━━━━━━━━━━━━━━━━━━━━━━━━━━━━━━━

[정석연구] (1) 두 접선이 평행하므로 두 접점 $(0,\,-1)$, $\left(\dfrac{\pi}{2},\,3\right)$에서의 접선의 기울기, 곧 $x=0,\ \dfrac{\pi}{2}$에서의 미분계수가 같다는 것을 이용해 보자.

> **정석** 곡선 $y=f(x)$ 위의
> $x=a$인 점에서의 접선의 기울기 $\Longrightarrow f'(a)$

(2) 음함수의 미분법을 이용하여 $\dfrac{dy}{dx}$를 계산한 다음, 접점의 좌표를 $(2,\,b)$로 놓고 $x=2$, $y=b$일 때의 미분계수를 구한다.

[모범답안] (1) $f(x)=a\sin x+b\cos x+c$로 놓으면 $f'(x)=a\cos x-b\sin x$

문제의 조건으로부터 $f(0)=-1$, $f\left(\dfrac{\pi}{2}\right)=3$, $f'(0)=f'\left(\dfrac{\pi}{2}\right)$이므로

$$b+c=-1,\ a+c=3,\ a=-b$$

연립하여 풀면 $\boldsymbol{a=2,\ b=-2,\ c=1}$ ← [답]

(2) 접점의 좌표를 $(2,\,b)$라고 하면 $4a-2b^2+4=0$ ……①

$ax^2-xy^2+4=0$의 양변을 x에 관하여 미분하면

$$2ax-y^2-2xy\dfrac{dy}{dx}=0\quad\therefore\ \dfrac{dy}{dx}=\dfrac{2ax-y^2}{2xy}\ (y\neq0)$$

점 $(2,\,b)$에서의 접선의 기울기가 0이므로

$$\left[\dfrac{dy}{dx}\right]_{\substack{x=2\\y=b}}=\dfrac{4a-b^2}{4b}=0\quad\therefore\ 4a-b^2=0 \qquad\cdots\cdots②$$

①, ②에서 b^2을 소거하면 $4a-2\times4a+4=0$ $\therefore\ \boldsymbol{a=1}$ ← [답]

[유제] **7**-1. 곡선 $y=ax+\cos x+b$ 위의 점 $(0,\,1)$에서의 접선의 기울기가 2일 때, 상수 a, b의 값을 구하여라. [답] $a=2,\ b=0$

[유제] **7**-2. 곡선 $x^3+y^3-2xy=5$ 위의 $x=1$인 점에서의 접선의 기울기를 구하여라. [답] $\dfrac{1}{10}$

[유제] **7**-3. 곡선 $x^3+aye^x+y^2=b$ 위의 점 $(0,\,1)$에서의 접선의 기울기가 1일 때, 상수 a, b의 값을 구하여라. [답] $a=-1,\ b=0$

필수 예제 **7**-2 곡선 $y=ax^2$이 곡선 $y=\ln x$에 접하도록 상수 a의 값을 정하여라.

[정석연구] 일반적으로 두 곡선

　　$y=f(x)$ $\cdots\cdots$①　　　$y=g(x)$ $\cdots\cdots$②

가 오른쪽 그림과 같이 점 P에서 만나고, 이 점에서 두 곡선의 접선이 일치할 때, 두 곡선은 점 P에서 접한다고 한다.

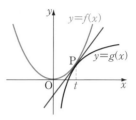

　따라서 두 곡선의 접점의 x좌표를 t로 놓으면

　(i) $x=t$에서 ①의 함숫값과 ②의 함숫값이 같다. 곧, $f(t)=g(t)$

　(ii) $x=t$인 점에서 ①, ②의 접선의 기울기가 같다. 곧, $f'(t)=g'(t)$

　정석 두 곡선 $y=f(x)$, $y=g(x)$가 $x=t$인 점에서 접하면

$$\Longrightarrow f(t)=g(t), \quad f'(t)=g'(t)$$

먼저 두 곡선의 접점의 x좌표를 t로 놓고, 위의 **정석**을 이용해 보아라.

[모범답안] $y=ax^2$에서 $y'=2ax$, $y=\ln x$에서 $y'=\dfrac{1}{x}$

두 곡선이 $x=t$인 점에서 접한다고 하면

$$at^2=\ln t \qquad\cdots\cdots① \qquad\qquad 2at=\frac{1}{t} \qquad\cdots\cdots②$$

②에서 $2at^2=1$ $\therefore$ $at^2=\dfrac{1}{2}$ $\qquad\qquad\qquad\qquad\cdots\cdots③$

③을 ①에 대입하면 $\dfrac{1}{2}=\ln t$ $\therefore$ $t=e^{\frac{1}{2}}$ $\qquad\qquad\cdots\cdots④$

④를 ③에 대입하면 $ae=\dfrac{1}{2}$ $\therefore$ $\boxed{a=\dfrac{1}{2e}}$ ← [답]

[유제] **7**-4. 직선 $y=4x$가 곡선 $y=x^3-ax-2$에 접하도록 상수 a의 값을 정하여라.　　　　　　　　　　　　　　　　[답] $a=-1$

[유제] **7**-5. $0<x<3\pi$에서 직선 $y=x+a$가 곡선 $y=x+\sin x$에 접하도록 상수 a의 값을 정하여라.　　　　　　　　　[답] $a=-1,\ 1$

[유제] **7**-6. 두 곡선 $y=x^3+ax$, $y=bx^2+c$가 점 $(-1,\ 0)$에서 접하도록 상수 a, b, c의 값을 정하여라.　　　[답] $a=-1$, $b=-1$, $c=1$

[유제] **7**-7. $0<x<2\pi$에서 두 곡선 $y=a-2\cos^2 x$, $y=2\sin x$가 접할 때, 상수 a의 값을 구하여라.　　　　　　[답] $a=-2,\ 2,\ \dfrac{5}{2}$

§2. 접선의 방정식

1 곡선 위의 점에서의 접선의 방정식

    곡선 $y=f(x)$ 위의 점 $P(x_1, y_1)$에서의 접선의 기울기는

        $f'(\boldsymbol{x_1})$

    이므로

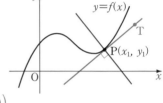

  ⑴ 접선의 방정식은

      $\boldsymbol{y-y_1=f'(x_1)(x-x_1)}$

  ⑵ 법선의 방정식은

      $\boldsymbol{y-y_1=-\dfrac{1}{f'(x_1)}(x-x_1)}\ \left(\boldsymbol{f'(x_1)\neq 0}\right)$

  *Note   접선 PT와 점 P에서 직교하는 직선을 점 P에서의 법선이라고 한다.

2 접선의 방정식을 구하는 방법

    곡선 $y=f(x)$에 대하여

  ⑴ 접점 $\left(a, f(a)\right)$가 주어진 경우 : 접선의 기울기가 $f'(a)$이므로 접선의
      방정식은 $y-f(a)=f'(a)(x-a)$

  ⑵ 기울기 m이 주어진 경우 : $f'(x)=m$을 만족시키는 x의 값이 접점의 x
      좌표이다. 이 값부터 구한다.

  ⑶ 곡선 밖의 점이 주어진 경우 : 접점의 좌표를 $\left(a, f(a)\right)$로 놓고 이 점에
      서의 접선의 방정식을 구한 다음, 이 접선이 곡선 밖의 주어진 점을 지날
      조건을 구한다.

Advice | 접선의 방정식을 구하는 문제는 크게

        접점의 좌표,   접선의 기울기,   곡선 밖의 점

이 주어지는 경우로 나누어 생각할 수 있다.

    다음 **보기**에서 접선의 방정식을 구하는 방법을 익히도록 하여라.

보기 1 곡선 $y=x^3$ 위의 점 $(-1, -1)$에서의 접선의 방정식을 구하여라.

연구 $f(x)=x^3$으로 놓으면 $f'(x)=3x^2$ $\therefore\ f'(-1)=3$

    따라서 구하는 접선의 방정식은 $y+1=3(x+1)$ $\therefore\ \boldsymbol{y=3x+2}$

보기 2 곡선 $y=x^3-x+1$ 위의 점 $(1, 1)$을 지나고, 이 점에서의 접선에 수직인 직선의 방정식을 구하여라.

연구 $f(x)=x^3-x+1$로 놓으면 $f'(x)=3x^2-1$ $\quad \therefore f'(1)=2$
따라서 구하는 직선의 방정식은

$$y-1=-\frac{1}{2}(x-1) \quad \therefore \boldsymbol{y}=-\frac{1}{2}\boldsymbol{x}+\frac{3}{2}$$

보기 3 곡선 $y=x^3$에 접하고 기울기가 12인 직선의 방정식을 구하여라.

연구 $y=x^3$에서 $y'=3x^2$

접선의 기울기가 12인 접점의 x좌표는

$3x^2=12$로부터 $x=\pm 2$

$x=2$일 때 $y=8$, $x=-2$일 때 $y=-8$

이므로 접점의 좌표는 $(2, 8)$, $(-2, -8)$

따라서 구하는 접선의 방정식은

접점이 점 $(2, 8)$일 때

$\quad y-8=12(x-2) \quad \therefore \boldsymbol{y}=\boldsymbol{12x}-\boldsymbol{16}$

접점이 점 $(-2, -8)$일 때

$\quad y+8=12(x+2) \quad \therefore \boldsymbol{y}=\boldsymbol{12x}+\boldsymbol{16}$

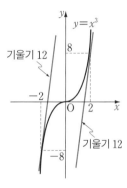

보기 4 점 $(0, 3)$에서 곡선 $y=x^3+5$에 그은 접선의 방정식을 구하여라.

연구 접점의 x좌표를 α라고 하면 접점의 좌표는 (α, α^3+5)이다.

방법 (i) $f(x)=x^3+5$로 놓으면 $f'(x)=3x^2$이므로
$x=\alpha$인 점에서의 접선의 기울기는 $f'(\alpha)=3\alpha^2$
따라서 점 (α, α^3+5)에서의 접선의 방정식은
$\quad y-(\alpha^3+5)=3\alpha^2(x-\alpha)$
이 직선이 점 $(0, 3)$을 지나므로
$\quad 3-(\alpha^3+5)=3\alpha^2(0-\alpha) \quad \therefore \alpha^3=1$
α는 실수이므로 $\alpha=1$ $\quad \therefore \boldsymbol{y}=\boldsymbol{3x}+\boldsymbol{3}$

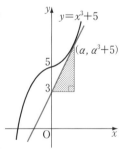

방법 (ii) $f(x)=x^3+5$로 놓으면 $f'(x)=3x^2$이므로
$x=\alpha$인 점에서의 접선의 기울기는 $f'(\alpha)=3\alpha^2$
두 점 $(0, 3)$, (α, α^3+5)를 지나는 직선의 기울기가 $3\alpha^2$이므로
$\quad \dfrac{(\alpha^3+5)-3}{\alpha-0}=3\alpha^2 \quad \therefore \alpha^3=1 \quad \therefore \alpha=1 \ (\because \alpha는 실수)$
따라서 점 $(0, 3)$을 지나고 기울기가 $3(=3\alpha^2)$인 직선이므로
$$\boldsymbol{y}=\boldsymbol{3x}+\boldsymbol{3}$$

필수 예제 **7**-3   다음 물음에 답하여라.

(1) 곡선 $x^2+2ye^x+y=3$ 위의 $x=0$인 점에서의 접선의 방정식을 구하여라.

(2) 곡선 $y=(\ln x)^x$ 위의 점 $(e, 1)$에서의 법선의 방정식을 구하여라.

[정석연구] (1) $y=f(x)$ 꼴로 고친 다음 $f'(x)$를 구할 수 있다. 또는

$$\frac{d}{dx}(ye^x)=\frac{dy}{dx}e^x+y(e^x)'=\frac{dy}{dx}e^x+ye^x$$

이므로 음함수의 미분법을 이용하여 $\dfrac{dy}{dx}$를 구할 수도 있다.

(2) 양변의 자연로그를 잡아 로그미분법을 이용해 보자.

> **정석** 곡선 $y=f(x)$ 위의 점 $\big(a,\ f(a)\big)$에서의
>
> 접선의 방정식 $\Longrightarrow y-f(a)=f'(a)(x-a)$
>
> 법선의 방정식 $\Longrightarrow y-f(a)=-\dfrac{1}{f'(a)}(x-a)\ \big(f'(a)\neq0\big)$

[모범답안] (1) 양변을 x에 관하여 미분하면

$$2x+2\frac{dy}{dx}e^x+2ye^x+\frac{dy}{dx}=0 \quad \therefore \frac{dy}{dx}=-\frac{2x+2ye^x}{1+2e^x}$$

$x=0$일 때 $y=1$이므로 $\left[\dfrac{dy}{dx}\right]_{\substack{x=0\\y=1}}=-\dfrac{2}{3}$

따라서 점 $(0, 1)$에서의 접선의 방정식은

$$y-1=-\frac{2}{3}(x-0) \quad \therefore \boldsymbol{y=-\frac{2}{3}x+1} \longleftarrow \boxed{\text{답}}$$

(2) $y=(\ln x)^x$에서 양변의 자연로그를 잡으면 $\ln y=x\ln(\ln x)$

양변을 x에 관하여 미분하면 $\dfrac{1}{y}\times\dfrac{dy}{dx}=\ln(\ln x)+x\times\dfrac{1}{\ln x}\times\dfrac{1}{x}$

$$\therefore \frac{dy}{dx}=(\ln x)^x\ln(\ln x)+(\ln x)^{x-1} \quad \therefore \left[\frac{dy}{dx}\right]_{x=e}=1$$

따라서 점 $(e, 1)$에서의 법선의 방정식은

$$y-1=-1\times(x-e) \quad \therefore \boldsymbol{y=-x+e+1} \longleftarrow \boxed{\text{답}}$$

[유제] **7**-8. 다음 곡선 위의 주어진 점에서의 접선의 방정식을 구하여라.

(1) $y=\tan x$, 점 $(0, 0)$ (2) $y=\sqrt{1+\sin\pi x}$, 점 $(1, 1)$

(3) $y=e^{x-1}$, 점 $(2, e)$ (4) $e^x\ln y=1$, 점 $(0, e)$

(5) $y=x^{2x}$ (단, $x>0$), 점 $(1, 1)$

$\boxed{\text{답}}$ (1) $\boldsymbol{y=x}$ (2) $\boldsymbol{y=-\dfrac{\pi}{2}x+\dfrac{\pi}{2}+1}$ (3) $\boldsymbol{y=ex-e}$

(4) $\boldsymbol{y=-ex+e}$ (5) $\boldsymbol{y=2x-1}$

필수 예제 **7**-4　다음 곡선 위의 점 (x_1, y_1)에서의 접선의 방정식을 구하여라.

(1) $x^2+y^2=r^2$　　　　(2) $y^2=4px$　　　　(3) $\dfrac{x^2}{a^2}+\dfrac{y^2}{b^2}=1$

─────────────────────────────────────

정석연구 (2), (3)은 각각 기하에서 공부하는 포물선, 타원의 방정식이다.

음함수의 미분법을 이용하면 이와 같은 이차곡선의 접선의 방정식을 보다 쉽게 구할 수 있다.

정 석 y가 x의 함수일 때 $\implies$ $\dfrac{d}{dx}y^n = ny^{n-1}\dfrac{dy}{dx}$

모범답안 (1) 양변을 x에 관하여 미분하면

$$2x+2y\dfrac{dy}{dx}=0 \quad \therefore \dfrac{dy}{dx}=-\dfrac{x}{y} \ (y\neq 0)$$

따라서 구하는 접선의 방정식은 $y-y_1=-\dfrac{x_1}{y_1}(x-x_1)$

$$\therefore x_1x+y_1y=x_1^2+y_1^2 \quad \therefore \boldsymbol{x_1x+y_1y=r^2} \longleftarrow \boxed{\text{답}}$$

(2) 양변을 x에 관하여 미분하면

$$2y\dfrac{dy}{dx}=4p \quad \therefore \dfrac{dy}{dx}=\dfrac{2p}{y} \ (y\neq 0)$$

따라서 구하는 접선의 방정식은 $y-y_1=\dfrac{2p}{y_1}(x-x_1)$

$$\therefore y_1y-y_1^2=2p(x-x_1) \quad \therefore y_1y-4px_1=2p(x-x_1)$$

$$\therefore \boldsymbol{y_1y=2p(x+x_1)} \longleftarrow \boxed{\text{답}}$$

(3) 양변을 x에 관하여 미분하면

$$\dfrac{2x}{a^2}+\dfrac{2y}{b^2}\times\dfrac{dy}{dx}=0 \quad \therefore \dfrac{dy}{dx}=-\dfrac{b^2x}{a^2y} \ (y\neq 0)$$

따라서 구하는 접선의 방정식은 $y-y_1=-\dfrac{b^2x_1}{a^2y_1}(x-x_1)$

$$\therefore \dfrac{x_1x}{a^2}+\dfrac{y_1y}{b^2}=\dfrac{x_1^2}{a^2}+\dfrac{y_1^2}{b^2} \quad \therefore \boldsymbol{\dfrac{x_1x}{a^2}+\dfrac{y_1y}{b^2}=1} \longleftarrow \boxed{\text{답}}$$

*$Note$　완전한 답안을 위해서는 $y_1\neq 0$일 때와 $y_1=0$일 때로 구분해서 풀어야 한다.　　　　　　　　　　　　　　　　　　　<= 유제 **7**-9의 (4) 참조

유제 **7**-9. 다음 곡선 위의 주어진 점에서의 접선의 방정식을 구하여라.

(1) $x^2+y^2=25$, 점 $(3, 4)$　　　　(2) $y^2=-8x$, 점 $(-2, 4)$

(3) $x^2+\dfrac{y^2}{4}=1$, 점 $\left(\dfrac{1}{\sqrt{2}}, \sqrt{2}\right)$　　(4) $\dfrac{x^2}{a^2}-\dfrac{y^2}{b^2}=1$, 점 (x_1, y_1)

　　답 (1) $3x+4y=25$　(2) $y=-x+2$　(3) $2x+y=2\sqrt{2}$　(4) $\dfrac{x_1x}{a^2}-\dfrac{y_1y}{b^2}=1$

필수 예제 7-5 매개변수 θ로 나타낸 곡선 $x=\cos^3\theta$, $y=\sin^3\theta$ 위의
$\theta=\dfrac{\pi}{3}$에 대응하는 점에서의 접선의 방정식을 구하여라.

[정석연구] 매개변수로 나타낸 함수의 미분법을 이용하여 $\dfrac{dy}{dx}$를 계산한 다음
$\theta=\dfrac{\pi}{3}$를 대입하면 접선의 기울기를 구할 수 있다.

$$\boxed{정석}\quad \frac{dy}{dx}=\frac{dy}{d\theta}\Big/\frac{dx}{d\theta}\left(\frac{dx}{d\theta}\neq0\right)$$

[모범답안] $x=\cos^3\theta$ ······① $\qquad\qquad y=\sin^3\theta$ ······②

①에서 $\dfrac{dx}{d\theta}=-3\cos^2\theta\sin\theta$ $\qquad$ ②에서 $\dfrac{dy}{d\theta}=3\sin^2\theta\cos\theta$

$\therefore \dfrac{dy}{dx}=\dfrac{dy}{d\theta}\Big/\dfrac{dx}{d\theta}=\dfrac{3\sin^2\theta\cos\theta}{-3\cos^2\theta\sin\theta}=-\tan\theta\,(\sin\theta\cos\theta\neq0)$ ···③

$\theta=\dfrac{\pi}{3}$를 ①, ②, ③에 대입하면 $x=\dfrac{1}{8}$, $y=\dfrac{3\sqrt{3}}{8}$, $\dfrac{dy}{dx}=-\sqrt{3}$

$\qquad\therefore y-\dfrac{3\sqrt{3}}{8}=-\sqrt{3}\left(x-\dfrac{1}{8}\right)$ $\quad\therefore \boldsymbol{y=-\sqrt{3}\,x+\dfrac{\sqrt{3}}{2}}$ ←[답]

Advice | 준 식에서 $x>0$, $y>0$일 때

$\qquad x^{\frac{2}{3}}=\cos^2\theta$, $y^{\frac{2}{3}}=\sin^2\theta$

변변 더하면 $x^{\frac{2}{3}}+y^{\frac{2}{3}}=1$ ······④

한편 $\theta=\dfrac{\pi}{3}$일 때 $x=\dfrac{1}{8}$, $y=\dfrac{3\sqrt{3}}{8}$

따라서 ④에서 음함수의 미분법을 이용하여

$\dfrac{dy}{dx}$를 구한 다음 점 $\left(\dfrac{1}{8},\ \dfrac{3\sqrt{3}}{8}\right)$에서의 접선의

기울기를 구해도 된다.

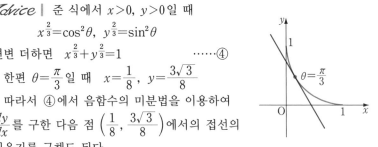

[유제] **7**-10. 매개변수 t로 나타낸 곡선 $x=\dfrac{2t}{1+t^2}$, $y=\dfrac{1-t^2}{1+t^2}$ 위의 $t=2$에
대응하는 점에서의 접선의 방정식을 구하여라. [답] $y=\dfrac{4}{3}x-\dfrac{5}{3}$

[유제] **7**-11. 매개변수 θ로 나타낸 곡선 $x=a(\theta-\sin\theta)$, $y=a(1-\cos\theta)$
(단, $a>0$) 위의 $\theta=\dfrac{\pi}{4}$에 대응하는 점에서의 접선의 방정식을 구하여라.
[답] $y=(\sqrt{2}+1)x-\left\{\dfrac{(\sqrt{2}+1)\pi}{4}-2\right\}a$

[유제] **7**-12. 매개변수 t로 나타낸 곡선 $x=e^t\cos t$, $y=e^t\sin t$ 위의 $t=\dfrac{\pi}{3}$인
점에서의 접선의 방정식을 구하여라. [답] $y=-(2+\sqrt{3})x+(1+\sqrt{3})e^{\frac{\pi}{3}}$

필수 예제 **7**-6   곡선 $y=x^3$ 위의 점 $P(a, a^3)$에서의 접선을 l이라 하고, l이 이 곡선과 만나는 점 중에서 P가 아닌 점을 Q, 점 Q에서의 이 곡선의 접선을 l'이라고 하자. 두 직선 l, l'이 이루는 예각의 크기를 θ라고 할 때, 다음 물음에 답하여라. 단, $a>0$이다.

(1) $\tan\theta$를 a로 나타내어라.

(2) θ가 최대일 때, a의 값과 $\tan\theta$의 값을 구하여라.

───────────────────────────────

정석연구 기울기가 각각 m, m'인 두 직선이 이루는 예각의 크기를 θ라고 하면

   정석 $\tan\theta=\left|\dfrac{m-m'}{1+mm'}\right|$ ⇦ p. 55

모범답안 (1) $f(x)=x^3$으로 놓으면 $f'(x)=3x^2$이므로 점 $P(a, a^3)$에서의 접선의 방정식은

$$y-a^3=3a^2(x-a) \quad 곧, \quad y=3a^2x-2a^3$$

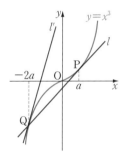

$y=x^3$과 연립하여 풀면

$$x^3=3a^2x-2a^3 \quad \therefore (x-a)^2(x+2a)=0$$

따라서 점 Q의 x좌표는 $-2a$이다.

$$\therefore \tan\theta=\frac{f'(-2a)-f'(a)}{1+f'(-2a)f'(a)}$$

$$=\frac{12a^2-3a^2}{1+12a^2\times 3a^2}=\frac{9a^2}{1+36a^4} \longleftarrow \boxed{답}$$

(2) $\tan\theta$가 최대이면 θ가 최대이므로 $\tan\theta=\dfrac{9a^2}{1+36a^4}=\dfrac{9}{\dfrac{1}{a^2}+36a^2}$에서

$$\frac{1}{a^2}+36a^2\geq 2\sqrt{\frac{1}{a^2}\times 36a^2}=12 \quad \therefore \tan\theta\leq\frac{9}{12}=\frac{3}{4}$$

등호는 $\dfrac{1}{a^2}=36a^2$, 곧 $a=\dfrac{\sqrt{6}}{6}$일 때 성립한다.

$$\boxed{답} \; a=\frac{\sqrt{6}}{6}, \; \tan\theta=\frac{3}{4}$$

유제 **7**-13. 곡선 $y=x^3+2x^2+1$ 위의 두 점 $(1, 4)$, $(-2, 1)$에서의 접선이 이루는 예각의 크기를 θ라고 할 때, $\tan\theta$의 값을 구하여라. $\boxed{답} \; \dfrac{3}{29}$

유제 **7**-14. 곡선 $y=3\ln x$ 위의 두 점 $P(a, 3\ln a)$, $Q(b, 3\ln b)$에서의 접선이 이루는 예각의 크기가 $45°$일 때, 정수 a, b의 값을 구하여라. 단, $a<b$이다. $\boxed{답} \; a=1, \; b=6 \; 또는 \; a=2, \; b=15$

필수 예제 **7**-7   다음 물음에 답하여라.

(1) 곡선 $y = x \ln x + 2x$에 접하고 직선 $y = 4x + 3$에 평행한 직선의 방정식을 구하여라.

(2) $-\dfrac{\pi}{2} < x < \dfrac{\pi}{2}$에서 곡선 $y = \dfrac{1}{2}x + \cos 2x$에 접하고 직선 $y = -2x + 5$에 수직인 직선의 방정식을 구하여라.

[정석연구] 곡선 $y = f(x)$의 접선의 기울기가 m으로 주어지면

$$f'(x) = m$$

을 만족시키는 x의 값을 찾아 접점부터 구한다.

정석 기울기가 주어지면 $\Longrightarrow$ 먼저 접점을 구하여라.

[모범답안] (1) $y' = \ln x + x \times \dfrac{1}{x} + 2 = \ln x + 3$

이므로 접선의 기울기가 4인 접점의 x좌표는 $\ln x + 3 = 4$에서

$$\ln x = 1 \quad \therefore \ x = e \qquad 이때, \ y = 3e \qquad \Leftarrow 접점 \ (e,\ 3e)$$

따라서 구하는 직선의 방정식은

$$y - 3e = 4(x - e) \quad \therefore \ \boldsymbol{y = 4x - e} \longleftarrow \boxed{답}$$

(2) $y' = \dfrac{1}{2} - 2\sin 2x$이므로 접선의 기울기가 $\dfrac{1}{2}$인 접점의 x좌표는

$$\dfrac{1}{2} - 2\sin 2x = \dfrac{1}{2}에서 \quad \sin 2x = 0$$

$-\dfrac{\pi}{2} < x < \dfrac{\pi}{2}$이므로 $x = 0$ 이때, $y = 1$ $\qquad \Leftarrow 접점 \ (0,\ 1)$

따라서 구하는 직선의 방정식은

$$y - 1 = \dfrac{1}{2}(x - 0) \quad \therefore \ \boldsymbol{y = \dfrac{1}{2}x + 1} \longleftarrow \boxed{답}$$

[유제] **7**-15. 곡선 $y = e^x + 2e^{-x}$에 접하고 기울기가 1인 직선의 방정식을 구하여라. $\qquad\qquad \boxed{답} \ \boldsymbol{y = x - \ln 2 + 3}$

[유제] **7**-16. $0 < x < \dfrac{\pi}{2}$에서 곡선 $y = \sin 3x$에 접하고 직선 $3x + y = 0$에 평행한 직선의 방정식을 구하여라. $\qquad\qquad \boxed{답} \ \boldsymbol{y = -3x + \pi}$

[유제] **7**-17. 다음 물음에 답하여라.

(1) 곡선 $y = \sin x$ 위의 $x = \dfrac{\pi}{3}$인 점에서의 접선의 방정식을 구하여라.

(2) $0 < x < \pi$에서 곡선 $y = \sin 2x$에 접하고 (1)에서 구한 접선에 수직인 직선의 방정식을 구하여라. $\quad \boxed{답} \ (1) \ \boldsymbol{y = \dfrac{1}{2}x - \dfrac{\pi}{6} + \dfrac{\sqrt{3}}{2}} \quad (2) \ \boldsymbol{y = -2x + \pi}$

필수 예제 **7**-8   원점에서 곡선 $y=(x-a)e^{-x}$(단, $a\neq0$)에 오직 하나의 접선을 그을 수 있을 때, 상수 a의 값을 구하여라.

[정석연구] 먼저 곡선 위의 점 $\left(t,\ (t-a)e^{-t}\right)$에서의 접선의 방정식을 구한다.

정석 곡선 $y=f(x)$에 대한 접선의 방정식을 구할 때

곡선 밖의 점이 주어지면 $\Longrightarrow$ 접점의 좌표를 $\left(t,\ f(t)\right)$로 놓아라.

[모범답안] $y=(x-a)e^{-x}$에서 $y'=e^{-x}+(x-a)(-e^{-x})=-(x-a-1)e^{-x}$

따라서 곡선 위의 점 $\left(t,\ (t-a)e^{-t}\right)$에서의 접선의 방정식은

$$y-(t-a)e^{-t}=-(t-a-1)e^{-t}(x-t) \qquad\qquad \cdots\cdots①$$

이 직선이 점 $(0,\ 0)$을 지나므로

$$0-(t-a)e^{-t}=-(t-a-1)e^{-t}(0-t)$$
$$\therefore\ -(t-a)e^{-t}=t(t-a-1)e^{-t}$$

$e^{-t}>0$이므로 양변을 e^{-t}으로 나누면

$$-(t-a)=t(t-a-1) \quad \therefore\ t^2-at-a=0 \qquad\qquad \cdots\cdots②$$

이 방정식을 만족시키는 t의 값이 오직 하나 존재해야 하므로

$$D=(-a)^2-4\times1\times(-a)=0 \quad \therefore\ a(a+4)=0$$

$a\neq0$이므로 $\boldsymbol{a=-4}$ ← [답]

$\mathscr{Advice}$ | $a=-4$일 때 ②에서 $t^2+4t+4=0$ $\therefore\ t=-2$

이 값을 ①에 대입하면

$$y-(-2+4)e^2=-(-2+4-1)e^2(x+2) \quad \therefore\ y=-e^2x$$

이 식이 원점에서 곡선에 그은 접선의 방정식이다.

[유제] **7**-18. 원점에서 다음 곡선에 그은 접선의 방정식을 구하여라.

(1) $y=\sqrt{x-1}$ (2) $y=e^{2x}$

(3) $y=\dfrac{e^x}{x}$ (4) $y=\ln x^2$

[답] (1) $\boldsymbol{y=\dfrac{1}{2}x}$ (2) $\boldsymbol{y=2ex}$ (3) $\boldsymbol{y=\dfrac{e^2}{4}x}$ (4) $\boldsymbol{y=\pm\dfrac{2}{e}x}$

[유제] **7**-19. 점 $P(a,\ 0)$에서 곡선 $y=e^{-x^2}$에 오직 하나의 접선을 그을 수 있을 때, 상수 a의 값을 구하여라.   [답] $\boldsymbol{a=\pm\sqrt{2}}$

[유제] **7**-20. 점 $P(a,\ 0)$에서 곡선 $y=xe^x$에 두 개의 접선을 그을 수 있을 때, 실수 a의 값의 범위를 구하여라.   [답] $\boldsymbol{a<-4,\ a>0}$

========= **연습문제 7** =========

기본 **7**-1 다음 곡선 위의 주어진 점에서의 접선의 기울기를 구하여라.

(1) $y^3=\ln(5-x^2)+xy+4$, 점 $(2, 2)$ (2) $y^x=x^y$, 점 $(4, 2)$

7-2 두 곡선 $y=\cos\pi x$, $y=ax^2+b$가 $x=\dfrac{2}{3}$인 점에서 접할 때, 상수 a, b의 값을 구하여라.

7-3 두 곡선 $y=\ln(2x+3)$과 $y=a-\ln x$가 직교하도록 상수 a의 값을 정하여라. 단, 두 곡선의 교점에서 각각의 접선이 서로 수직일 때 두 곡선은 직교한다고 한다.

7-4 실수 전체의 집합에서 미분가능한 함수 $f(x)$에 대하여 함수 $g(x)$를 $g(x)=f(x)\cos^4 x$라고 하자. 곡선 $y=f(x)$ 위의 $x=\dfrac{\pi}{3}$인 점에서의 접선과 곡선 $y=g(x)$ 위의 $x=\dfrac{\pi}{3}$인 점에서의 접선이 서로 수직이고, $f\left(\dfrac{\pi}{3}\right)=\dfrac{2\sqrt{3}}{3}$일 때, $f'\left(\dfrac{\pi}{3}\right)$의 값을 구하여라.

7-5 곡선 $y=\dfrac{2}{3}\sin 2x+x^2$ 위의 점 $(0, 0)$에서의 접선과 x축이 이루는 예각을 이등분하는 직선의 기울기를 구하여라.

7-6 다음 곡선 위의 주어진 x의 값에 대응하는 점에서의 접선의 방정식을 구하여라.

(1) $y=\dfrac{3-2x}{\sqrt{x^2+1}}$ $(x=0)$ (2) $y=\dfrac{e^x+e^{-x}}{2}$ $(x=-1)$

7-7 연속함수 $f(x)$가 $\lim\limits_{x\to 0}\dfrac{f(x)-2}{a^x-1}=2$를 만족시킨다. 곡선 $y=f(x)$ 위의 $x=0$인 점에서의 접선이 점 $(-1, 0)$을 지날 때, 양수 a의 값을 구하여라.

7-8 함수 $f(x)=x^2e^x$ (단, $x>0$)의 역함수를 $g(x)$라고 할 때, 곡선 $y=g(x)$ 위의 점 $(e, 1)$에서의 접선의 방정식을 구하여라.

7-9 곡선 $y=\dfrac{1}{x+1}$ 위의 점 (x, y)에서의 접선과 x축 및 y축으로 둘러싸인 부분의 넓이를 $S(x)$라고 할 때, $\lim\limits_{x\to\infty}S(x)$의 값을 구하여라.

7-10 곡선 $y=e^{2x}$ 위의 점 $P(a, e^{2a})$에서의 접선과 x축의 교점을 Q라 하고, 점 P에서 x축에 내린 수선의 발을 R라고 할 때, 삼각형 PQR의 넓이가 4가 되도록 상수 a의 값을 정하여라.

7-11 포물선 $y^2+6y-4x+17=0$ 위의 점 $(3, -1)$에서의 접선의 방정식을 구하여라.

7-12 직선 $2x+y=k$가 매개변수 θ로 나타낸 곡선 $x=\cos\theta$, $y=\sin2\theta$ $\left(\text{단, } 0<\theta<\dfrac{\pi}{2}\right)$에 접할 때, 상수 k의 값을 구하여라.

7-13 직선 $2x-y+2=0$이 매개변수 t로 나타낸 곡선 $x=a\sec t$, $y=2\tan t$에 접할 때, 상수 a의 값을 구하여라. 단, $a\neq0$이다.

7-14 매개변수 t로 나타낸 곡선 $x=3\cos t-2$, $y=4\sin t+1$(단, $0\leq t<2\pi$)에 접하고 점 $(3, 1)$을 지나는 직선의 방정식을 구하여라.

7-15 매개변수 t로 나타낸 곡선 $x=3\cos t$, $y=2\sin t\left(\text{단, } 0<t<\dfrac{\pi}{2}\right)$ 위의 한 점에서의 접선이 x축, y축과 만나서 생기는 삼각형의 넓이의 최솟값을 구하여라.

7-16 곡선 $y=e^x$ 위의 점 $(1, e)$에서의 접선이 곡선 $y=2\sqrt{x-k}$에 접할 때, 실수 k의 값을 구하여라.

7-17 직선 $y=mx$를 원점을 중심으로 시계 방향으로 $\dfrac{\pi}{4}$만큼 회전시켜서 얻은 직선이 곡선 $y=\ln x$에 접할 때, 상수 m의 값을 구하여라.

7-18 $1\leq x\leq2$인 모든 실수 x에 대하여 부등식 $ax\leq e^x\leq\beta x$가 성립하도록 상수 a, β를 정할 때, $\beta-a$의 최솟값을 구하여라.

[실력] **7**-19 곡선 $y=\ln x$와 곡선 $y=mx+\dfrac{n}{x}$이 점 $(e^2, 2)$에서 공통접선을 가지도록 상수 m, n의 값을 정하여라.

7-20 포물선 $y=\dfrac{1}{4}x^2$ 위의 두 점 $\text{P}\left(\sqrt{2}, \dfrac{1}{2}\right)$, $\text{Q}\left(a, \dfrac{a^2}{4}\right)$에서의 두 접선과 x축으로 둘러싸인 삼각형이 이등변삼각형일 때, 상수 a의 값을 구하여라. 단, $a>\sqrt{2}$이다.

7-21 두 곡선 $y=a^x$과 $y=\log_a x$가 접할 때, 상수 a의 값을 구하여라.

7-22 두 곡선 $x^2-y^2=3$과 $xy=2$가 만나는 점을 P라고 할 때, 점 P에서의 두 곡선의 접선이 서로 수직임을 증명하여라.

7-23 곡선 $y=e^x$ 위의 두 점 $\text{P}(a, e^a)$, $\text{Q}(a+1, e^{a+1})$에 대하여 직선 PQ가 곡선 $y=e^{x+c}$에 접할 때, 다음 물음에 답하여라.
(1) 접점 R의 좌표를 구하여라.　　　(2) 상수 c의 값을 구하여라.

7-24 곡선 $y=\ln x$ 위의 서로 다른 두 점 $A(a,\ \ln a)$, $B\big(a+h,\ \ln(a+h)\big)$ 에 대하여 점 A에서의 법선과 점 B에서의 법선이 만나는 점을 C라고 하자.
$h \longrightarrow 0$일 때 점 C가 한없이 가까워지는 점 C_0의 좌표를 구하여라.

7-25 함수 $f(x)=e^{-x}\sin x$ (단, $x>0$)에 대하여 곡선 $y=f(x)$의 x 절편을 작은 것부터 차례로 $x_1,\ x_2,\ \cdots,\ x_n,\ \cdots$ 이라고 하자.
$x=x_n$에서 곡선 $y=f(x)$에 접하는 직선의 y 절편을 y_n 이라고 할 때, $\displaystyle\sum_{n=1}^{\infty}\frac{y_n}{n}$ 의 값을 구하여라.

7-26 곡선 $\sqrt{x}+\sqrt{y}=a$ (단, $a>0$) 위의 점 $(\alpha,\ \beta)$ (단, $\alpha\neq 0$, $\beta\neq 0$)에서의 접선이 x 축, y 축과 만나는 점을 각각 P, Q라고 하자.
원점 O에 대하여 $\overline{OP}+\overline{OQ}$의 값이 일정함을 증명하여라.

7-27 매개변수 t로 나타낸 곡선 $x=\cos^3 t$, $y=\sin^3 t\left(\text{단},\ 0<t<\dfrac{\pi}{2}\right)$ 위의 임의의 점에서의 접선이 x 축, y 축에 의하여 잘린 선분의 길이는 항상 일정함을 증명하여라.

7-28 매개변수 t로 나타낸 두 곡선 $\begin{cases} x=2\cos t \\ y=a\sin t \end{cases}$, $\begin{cases} x=\sec t \\ y=\tan t \end{cases}$ 의 교점에서 각 곡선에 접하는 직선이 서로 수직일 때, 양수 a의 값을 구하여라.

7-29 점 P에서 곡선 $y=\sin^2 x$ (단, $0<x<\pi$)에 그은 두 접선이 서로 수직일 때, 점 P의 좌표를 구하여라.

7-30 점 $(1, 2)$에서 곡선 $xy=k^2$ (단, $k\neq 0$)에 그은 접선의 접점은 k의 값이 변할 때, 어떤 곡선 위를 움직이는가?

7-31 오른쪽 그림과 같이 제1사분면에 있는 점 $P(2p,\ p)$에서 곡선 $y=-\dfrac{1}{x}$에 그은 두 접선의 접점을 각각 A, B라고 할 때, $\overline{PA}^2+\overline{PB}^2$의 최솟값을 구하여라.

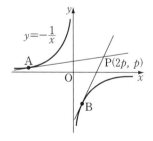

7-32 1보다 큰 실수 t에 대하여 구간 $[1,\ \infty)$ 에서 정의된 함수
$$f(x)=\begin{cases} \ln x & (1\leq x\leq e) \\ -t+\ln x & (x>e) \end{cases}$$
가 있다. $x\geq 1$인 모든 실수 x에 대하여 $(x-e)\big\{g(x)-f(x)\big\}\geq 0$을 만족시키는 일차함수 $g(x)$ 중에서 직선 $y=g(x)$의 기울기의 최솟값을 $h(t)$라고 하자. 실수 a가 $h(a)=\dfrac{1}{2e}$을 만족시킬 때, $h'(a)$의 값을 구하여라.

⑧. 도함수의 성질

§1. 미분가능성과 연속성

기 본 정 석

미분가능성과 연속성

(i) 함수 $f(x)$가 $x=a$에서 미분가능하면 $f(x)$는 $x=a$에서 연속이다.

(ii) 함수 $f(x)$가 어떤 구간에서 미분가능하면 $f(x)$는 이 구간에서 연속이다.

(i), (ii)의 역은 성립하지 않는다.

Advice 1° 함수 $f(x)$의 $x=a$에서의 미분가능성을 조사할 때에는

$$\lim_{x \to a} \frac{f(x)-f(a)}{x-a} \quad \text{또는} \quad \lim_{h \to 0} \frac{f(a+h)-f(a)}{h} \text{가 존재하는지 확인한다.}$$

2° 함수 $f(x)$가 $x=a$에서 미분가능하면 $f'(a)$가 존재하므로

$$\lim_{x \to a}\{f(x)-f(a)\}=\lim_{x \to a}\left\{\frac{f(x)-f(a)}{x-a} \times (x-a)\right\}=f'(a) \times 0 = 0$$

곧, $\lim_{x \to a}f(x)=f(a)$이므로 $f(x)$는 $x=a$에서 연속이다.

보기 1 함수 $f(x)=|x-1|$의 $x=1$에서의 연속성, 미분가능성을 조사하여라.

연구 (i) $f(1)=0$, $\lim_{x \to 1}f(x)=\lim_{x \to 1}|x-1|=0$이므로

$$f(1)=\lim_{x \to 1}f(x)$$

따라서 $f(x)$는 $x=1$에서 연속이다.

(ii) $\lim_{h \to 0} \dfrac{f(1+h)-f(1)}{h}$

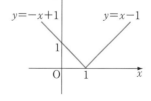

$$=\lim_{h \to 0}\frac{|1+h-1|-|1-1|}{h}=\lim_{h \to 0}\frac{|h|}{h}$$

그런데 $\lim_{h \to 0+}\dfrac{|h|}{h}=\lim_{h \to 0+}\dfrac{h}{h}=1$, $\lim_{h \to 0-}\dfrac{|h|}{h}=\lim_{h \to 0-}\dfrac{-h}{h}=-1$

이므로 극한값이 존재하지 않는다.

따라서 $f(x)$는 $x=1$에서 미분가능하지 않다.

필수 예제 **8**-1 다음 함수의 $x=0$에서의 연속성과 미분가능성을 조사하
여라.

(1) $f(x)=\sqrt[3]{x^2}$ 　　　　　(2) $f(x)=\begin{cases} x\sin\dfrac{1}{x} & (x\neq0) \\ 0 & (x=0) \end{cases}$

정석연구 함수 $f(x)$의 연속성과 미분가능성은 다음 **정의**를 이용하여 조사한다.

정의 $f(a)=\lim\limits_{x\to a}f(x)$이면 $\Longrightarrow$ $x=a$에서 연속

$\lim\limits_{h\to0}\dfrac{f(a+h)-f(a)}{h}$ 가 존재하면 $\Longrightarrow$ $x=a$에서 미분가능

모범답안 (1) $f(0)=0,\ \lim\limits_{x\to0}f(x)=\lim\limits_{x\to0}\sqrt[3]{x^2}=0$이므로 $f(0)=\lim\limits_{x\to0}f(x)$이다.

따라서 $f(x)$는 $x=0$에서 연속이다.

또, $\lim\limits_{h\to0}\dfrac{f(0+h)-f(0)}{h}=\lim\limits_{h\to0}\dfrac{\sqrt[3]{h^2}-0}{h}=\lim\limits_{h\to0}\dfrac{1}{\sqrt[3]{h}}$

에서 $\lim\limits_{h\to0+}\dfrac{1}{\sqrt[3]{h}}=\infty,\ \lim\limits_{h\to0-}\dfrac{1}{\sqrt[3]{h}}=-\infty$이므로 극한값이 존재하지 않는다.

따라서 $f(x)$는 $x=0$에서 미분가능하지 않다.

(2) $f(0)=0,\ \lim\limits_{x\to0}f(x)=\lim\limits_{x\to0}x\sin\dfrac{1}{x}=0$이므로 　$\Leftarrow$ 연습문제 **4**-4의 (1)

$f(0)=\lim\limits_{x\to0}f(x)$이다.

따라서 $f(x)$는 $x=0$에서 연속이다.

또, $\lim\limits_{h\to0}\dfrac{f(0+h)-f(0)}{h}=\lim\limits_{h\to0}\dfrac{h\sin\dfrac{1}{h}-0}{h}=\lim\limits_{h\to0}\sin\dfrac{1}{h}$

에서 $\lim\limits_{h\to0+}\sin\dfrac{1}{h},\ \lim\limits_{h\to0-}\sin\dfrac{1}{h}$은 각각 발산(진동)하므로 극한값이 존재하지
않는다. 따라서 $f(x)$는 $x=0$에서 미분가능하지 않다.

답 (1) 연속, 미분불가능 (2) 연속, 미분불가능

*Note 함수 $f(x)$가 $x=a$에서 불연속이면 $x=a$에서 미분가능하지 않다.

유제 **8**-1. 다음 함수의 $x=0$에서의 연속성과 미분가능성을 조사하여라.

(1) $f(x)=|x^2-3x|$ 　　　　　(2) $f(x)=\dfrac{1}{2}(x^3+|x|^3)$

(3) $f(x)=\begin{cases} \dfrac{1-\cos x}{x} & (x\neq0) \\ 0 & (x=0) \end{cases}$ 　　(4) $f(x)=\begin{cases} x^2\sin\dfrac{1}{x} & (x\neq0) \\ 0 & (x=0) \end{cases}$

답 (1) 연속, 미분불가능 (2) 연속, 미분가능
　　(3) 연속, 미분가능 (4) 연속, 미분가능

필수 예제 **8**-2   함수 $f(x)=\begin{cases} ae^{-x} & (x\leq 1) \\ x^2+bx-1 & (x>1) \end{cases}$ 이 $x=1$에서 미분가능

할 때, 상수 a, b의 값을 구하여라.

정석연구 미분가능한 함수 $f_1(x)$, $f_2(x)$에 대하여
$$f(x)=\begin{cases} f_1(x) & (x\leq p) \\ f_2(x) & (x>p) \end{cases}$$
와 같이 정의된 함수 $f(x)$가 $x=p$에서 미분가능하다고 하자.

$f(x)$는 $x=p$에서 연속이므로 $f(p)=f_1(p)=f_2(p)$ ⇐ $f_2(p)=\lim\limits_{x\to p+}f(x)$

또, $f_1(x)$와 $f_2(x)$가 $x=p$에서 미분가능하므로
$$\lim_{h\to 0-}\frac{f(p+h)-f(p)}{h}=\lim_{h\to 0-}\frac{f_1(p+h)-f_1(p)}{h}=f_1'(p),$$
$$\lim_{h\to 0+}\frac{f(p+h)-f(p)}{h}=\lim_{h\to 0+}\frac{f_2(p+h)-f_2(p)}{h}=f_2'(p)$$

그런데 $f(x)$는 $x=p$에서 미분가능하므로 $f_1'(p)=f_2'(p)$이다. 곧,

정석 미분가능한 함수 f_1, f_2에 대하여
$$f(x)=\begin{cases} f_1(x) & (x\leq p) \\ f_2(x) & (x>p) \end{cases}$$가 $x=p$에서 미분가능하면
  (i) $f_1(p)=f_2(p)$ (ii) $f_1'(p)=f_2'(p)$

모범답안 $f_1(x)=ae^{-x}$, $f_2(x)=x^2+bx-1$이라고

하면 $f_1'(x)=-ae^{-x}$, $f_2'(x)=2x+b$

(i) $f(x)$는 $x=1$에서 연속이므로

$f_1(1)=f_2(1)$에서 $ae^{-1}=b$ ……①

(ii) $f(x)$는 $x=1$에서 미분가능하므로

$f_1'(1)=f_2'(1)$에서 $-ae^{-1}=2+b$ ……②

①을 ②에 대입하여 풀면

$a=-e$, $b=-1$ ← 답

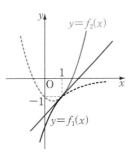

유제 **8**-2. 다음 함수가 $x=1$에서 미분가능할 때, 상수 a, b의 값을 구하여라.

(1) $f(x)=\begin{cases} x^2+1 & (x\leq 1) \\ \dfrac{ax+b}{x+1} & (x>1) \end{cases}$ (2) $f(x)=\begin{cases} ax^2+1 & (x\leq 1) \\ \ln x+b & (x>1) \end{cases}$

답 (1) $a=6$, $b=-2$ (2) $a=\dfrac{1}{2}$, $b=\dfrac{3}{2}$

§2. 평균값 정리

기 본 정 석

1 롤의 정리

함수 $f(x)$가 닫힌구간 $[a, b]$에서 연속이고 열린구간 (a, b)에서 미분가능할 때, $f(a)=f(b)$이면

$$f'(c)=0 \ (단, \ a<c<b)$$

인 c가 적어도 하나 존재한다.

2 평균값 정리

함수 $f(x)$가 닫힌구간 $[a, b]$에서 연속이고 열린구간 (a, b)에서 미분가능하면

$$\frac{f(b)-f(a)}{b-a}=f'(c) \ (단, \ a<c<b)$$

인 c가 적어도 하나 존재한다.

3 평균값 정리의 활용

함수 $f(x)$가 닫힌구간 $[a, b]$에서 연속이고 열린구간 (a, b)에서 미분가능할 때, 구간 (a, b)에서 $f'(x)=0$이면 $f(x)$는 구간 $[a, b]$에서 상수함수이다.

Advice 1° 롤의 정리

(증명) 함수 $f(x)$가 닫힌구간 $[a, b]$에서 연속이고 열린구간 (a, b)에서 미분가능하며, $f(a)=f(b)$라고 하자.

(i) $f(x)$가 상수함수인 경우 : 구간 (a, b)에서 $f'(x)=0$이므로 모든 $c\in(a, b)$에 대하여 $f'(c)=0$이다.

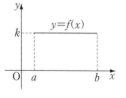

(ii) $f(x)$가 상수함수가 아닌 경우 : 최대·최소 정리에 의하여 구간 $[a, b]$에서 $f(x)$의 최댓값과 최솟값이 존재한다. 그런데 $f(a)=f(b)$이므로 $f(x)$가 최대 또는 최소가 되는 $x=c$가 구간 (a, b)에 존재한다.

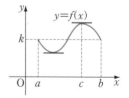

$f(x)$가 $x=c$에서 최대이면 구간 $[a,\,b]$에 속하는 모든 x에 대하여 $f(x)\leq f(c)$이다. 이때,

$$x>c\text{이면 } \frac{f(x)-f(c)}{x-c}\leq 0\text{이므로 } \lim_{x\to c+}\frac{f(x)-f(c)}{x-c}\leq 0$$

$$x<c\text{이면 } \frac{f(x)-f(c)}{x-c}\geq 0\text{이므로 } \lim_{x\to c-}\frac{f(x)-f(c)}{x-c}\geq 0$$

그런데 $f(x)$는 $x=c$에서 미분가능하므로 $f'(c)=0$이다.

$f(x)$가 $x=c$에서 최소일 때에도 같은 방법으로 하면 $f'(c)=0$이다.

따라서 $f'(c)=0$인 c가 구간 $(a,\,b)$에 적어도 하나 존재한다.

또, 위의 증명에서 다음도 알 수 있다.

정석 구간 $(a,\,b)$에서 미분가능한 함수 $f(x)$가
　　　　$x=c\,(a<c<b)$에서 최대 또는 최소이면 $\implies$ $f'(c)=0$

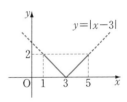

*$Note$　롤의 정리는 $f(x)$가 구간 $(a,\,b)$에서 미분 가능할 때 성립한다는 것에 특히 주의해야 한다.

이를테면 $f(x)=|x-3|$은 구간 $[1,\,5]$에서 연속이고 $f(1)=f(5)=2$이지만, 구간 $(1,\,5)$에서 미분가능하지 않은 x의 값$(x=3)$이 있으므로 롤의 정리가 성립하지 않는다.

보기 1 $f(x)=\sin^2 x+1$일 때 $f'(c)=0$인 c가 구간 $(0,\,\pi)$에 존재함을 롤의 정리를 이용하여 보이고, 이때 c의 값을 구하여라.

연구 함수 $f(x)$는 구간 $[0,\,\pi]$에서 연속이고 구간 $(0,\,\pi)$에서 미분가능하며, $f(0)=f(\pi)=1$이므로 롤의 정리에 의하여

$$f'(c)=0\ (0<c<\pi)$$

인 c가 존재한다.

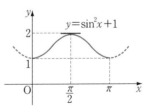

이때, $f'(x)=2\sin x\cos x$에서

$$2\sin c\cos c=0\quad \therefore\ c=\frac{\pi}{2}$$

Advice 2° 평균값 정리

(증명)　함수 $f(x)$가 닫힌구간 $[a,\,b]$에서 연속이고 열린구간 $(a,\,b)$에서 미분가능하다고 하자.

$\dfrac{f(b)-f(a)}{b-a}=k$라고 하면 오른쪽 그림에서 직선 AB의 방정식은

$$y=k(x-a)+f(a)$$

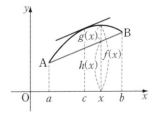

이때,
$$h(x)=k(x-a)+f(a), \quad g(x)=f(x)-h(x)$$
라고 하면 함수 $g(x)$는 구간 $[a, b]$에서 연속이고 구간 (a, b)에서 미분가능하며, $g(a)=g(b)=0$이다.

따라서 롤의 정리에 의하여
$$g'(c)=0 \ (a<c<b)$$
인 c가 적어도 하나 존재한다.

한편 $g'(x)=f'(x)-h'(x)=f'(x)-k$이므로 $g'(c)=f'(c)-k=0$에서
$$f'(c)=k \quad 곧, \ f'(c)=\frac{f(b)-f(a)}{b-a} \ (a<c<b)$$

보기 2 함수 $f(x)=\ln x$에 대하여 구간 $[1, e]$에서 평균값 정리를 만족시키는 c의 값을 구하여라.

[연구] 구간 $[1, e]$에서의 평균변화율과 $x=c$에서의 순간변화율이 같아지는 c의 값을 구간 $(1, e)$에서 구하면 된다.

$f(x)=\ln x$에서 $f'(x)=\dfrac{1}{x}$이므로 $\dfrac{f(e)-f(1)}{e-1}=f'(c) \ (1<c<e)$

$\therefore \dfrac{\ln e-\ln 1}{e-1}=\dfrac{1}{c} \qquad \therefore \ \boldsymbol{c=e-1}$

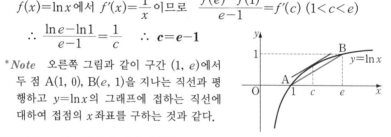

*Note 오른쪽 그림과 같이 구간 $(1, e)$에서 두 점 $A(1, 0)$, $B(e, 1)$을 지나는 직선과 평행하고 $y=\ln x$의 그래프에 접하는 직선에 대하여 접점의 x좌표를 구하는 것과 같다.

Advice 3° 평균값 정리의 활용

함수 $f(x)$가 닫힌구간 $[a, b]$에서 연속이고 열린구간 (a, b)에서 미분가능하면 x가 구간 (a, b)에 속할 때, 평균값 정리에 의하여
$$\frac{f(x)-f(a)}{x-a}=f'(c) \ (a<c<x)$$
를 만족시키는 c가 존재한다.

그런데 $f'(c)=0$이므로 $\dfrac{f(x)-f(a)}{x-a}=0 \quad \therefore \ f(x)=f(a)$

따라서 구간 (a, b)에 속하는 모든 x에 대하여 $f(x)=f(a)$이다.

그리고 $f(x)$는 구간 $[a, b]$에서 연속이므로
$$f(b)=\lim_{x\to b-}f(x)=\lim_{x\to b-}f(a)=f(a)$$
이상에서 구간 $[a, b]$에서 $f(x)=f(a)$이므로 $f(x)$는 상수함수이다.

필수 예제 **8**-3   오른쪽 그림은 직선 $y=x$와 미분가능한 함수 $y=f(x)$의 그래프이다.

모든 실수 x에 대하여 $f'(x) \geq 0$이고
$$f(0)=\frac{1}{5},\ f(1)=1,\ g(x)=(f \circ f)(x)$$
일 때, $g'(x)=1$을 만족시키는 x가 구간 $(0,\ 1)$에 적어도 하나 존재함을 증명하여라.

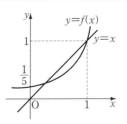

정석연구 $f'(x)=k$를 만족시키는 실수 x가 어떤 구간에 존재하는지를 묻는 문제이다. 따라서 롤의 정리나 다음 평균값 정리를 생각해 보자.

정석 평균값 정리

함수 $f(x)$가 구간 $[a,\ b]$에서 연속이고 구간 $(a,\ b)$에서 미분가능하면
$$\frac{f(b)-f(a)}{b-a}=f'(c),\quad a<c<b$$
인 c가 적어도 하나 존재한다.

모범답안 $0<x<1$에서 직선 $y=x$와 곡선 $y=f(x)$의 교점을 점 $(a,\ a)$라고 하자. 함수 $g(x)$는 구간 $[a,\ 1]$에서 연속이고 구간 $(a,\ 1)$에서 미분가능하므로 평균값 정리에 의하여
$$\frac{g(1)-g(a)}{1-a}=g'(c),\quad a<c<1$$
인 c가 적어도 하나 존재한다.

그런데 $g(1)=f(f(1))=f(1)=1,\ g(a)=f(f(a))=f(a)=a$이므로
$$g'(c)=\frac{1-a}{1-a}=1$$
따라서 $g'(x)=1$을 만족시키는 x가 구간 $(0,\ 1)$에 적어도 하나 존재한다.

유제 **8**-3. 함수 $f(x)=x+\sin x$에 대하여 $g(x)=(f \circ f)(x)$일 때, $g'(x)=1$을 만족시키는 x가 구간 $(0,\ \pi)$에 적어도 하나 존재함을 증명하여라.

유제 **8**-4. 실수 전체의 집합에서 정의된 함수 $f(x)$가 이계도함수를 가지고
$$f(-1)=-1,\quad f(0)=1,\quad f(1)=0$$
을 만족시킨다. 이때, 다음 명제가 참인지 거짓인지 말하여라.

(1) $f(a)=\dfrac{1}{2}$인 a가 구간 $(-1,\ 1)$에 두 개 이상 존재한다.

(2) $f'(b)=-1$인 b가 구간 $(-1,\ 1)$에 적어도 하나 존재한다.

(3) $f''(c)=0$인 c가 구간 $(-1,\ 1)$에 적어도 하나 존재한다.

답 (1) 참 (2) 참 (3) 거짓

필수 예제 **8**-4   평균값 정리를 이용하여 다음 극한값을 구하여라.

$$\lim_{x \to 0} \frac{e^x - e^{\sin x}}{x - \sin x}$$

[정석연구] 평균값 정리에서

$$\frac{f(b) - f(a)}{b - a} = f'(c), \quad a < c < b$$

이 식과 비교하면 미분가능한 함수 $f(x)$와 구간을 정할 수 있다.

[모범답안] $f(x) = e^x$ 이라고 하면 $f'(x) = e^x$

(i) $x > 0$ 일 때 $\sin x < x$ 이고, 함수 $f(x)$는 구간 $[\sin x, \, x]$ 에서 연속이고 구간 $(\sin x, \, x)$ 에서 미분가능하다. 따라서 평균값 정리에 의하여

$$\frac{e^x - e^{\sin x}}{x - \sin x} = e^{c_1}, \quad \sin x < c_1 < x$$

를 만족시키는 c_1 이 존재한다.

이때, $x \longrightarrow 0+$ 이면 $c_1 \longrightarrow 0+$ 이므로 $\displaystyle\lim_{x \to 0+} \frac{e^x - e^{\sin x}}{x - \sin x} = \lim_{c_1 \to 0+} e^{c_1} = 1$

(ii) $x < 0$ 일 때 $x < \sin x$ 이고, 함수 $f(x)$는 구간 $[x, \, \sin x]$ 에서 연속이고 구간 $(x, \, \sin x)$ 에서 미분가능하다. 따라서 평균값 정리에 의하여

$$\frac{e^{\sin x} - e^x}{\sin x - x} = e^{c_2}, \quad x < c_2 < \sin x$$

를 만족시키는 c_2 가 존재한다.

이때, $x \longrightarrow 0-$ 이면 $c_2 \longrightarrow 0-$ 이므로 $\displaystyle\lim_{x \to 0-} \frac{e^{\sin x} - e^x}{\sin x - x} = \lim_{c_2 \to 0-} e^{c_2} = 1$

(i), (ii)에서 $\displaystyle\lim_{x \to 0} \frac{e^x - e^{\sin x}}{x - \sin x} = 1$ ← [답]

Advice | $x \longrightarrow a$ 일 때 $\dfrac{0}{0}$ 꼴의 극한을 구하는 방법은 다음과 같다.

(i) 분모, 분자를 인수분해한 다음 $x - a$ 로 약분한다.   ⇐ p. 82

(ii) 다음을 이용할 수 있는 꼴로 변형한다.   ⇐ p. 88, 91

$$\boxed{\text{정석}} \quad \lim_{\theta \to 0} \frac{\sin \theta}{\theta} = 1, \quad \lim_{h \to 0} \frac{a^h - 1}{h} = \ln a$$

(iii) $f'(a) = \displaystyle\lim_{x \to a} \dfrac{f(x) - f(a)}{x - a}$ 를 이용할 수 있는 꼴로 변형한다.

⇐ 실력 수학 II p. 59

(iv) 평균값 정리를 이용할 수 있는 꼴로 변형한다.   ⇐ 유제 **8**-5

[유제] **8**-5. 평균값 정리를 이용하여 다음 극한값을 구하여라.

(1) $\displaystyle\lim_{x \to 2} \dfrac{3^x - 3^2}{x - 2}$ (2) $\displaystyle\lim_{x \to 0} \dfrac{\sin x - \sin(\sin x)}{x - \sin x}$ [답] (1) **9 ln 3** (2) **1**

필수 예제 8-5 $x>0$일 때, 다음 부등식을 증명하여라.

(1) $\dfrac{1}{x+1}<\ln(x+1)-\ln x<\dfrac{1}{x}$ (2) $0<\dfrac{1}{x}\ln\dfrac{e^x-1}{x}<1$

[정석연구] 미분가능한 함수 $f(x)$와 적당한 구간 $[a,\ b]$를 정하고 나면

$$\frac{f(b)-f(a)}{b-a}=f'(c),\quad a<c<b$$

인 c가 존재함을 이용하여 주어진 부등식을 증명할 수 있다.

[모범답안] (1) $f(x)=\ln x$ 라고 하면 함수 $f(x)$는 $x>0$에서 미분가능하고 연속이므로 $x>0$일 때 $f(x)$는 구간 $[x,\ x+1]$에서 연속이고 구간 $(x,\ x+1)$에서 미분가능하다.

따라서 평균값 정리에 의하여

$$\frac{\ln(x+1)-\ln x}{(x+1)-x}=f'(c) \quad\cdots\cdots① \qquad x<c<x+1 \quad\cdots\cdots②$$

인 c가 존재한다.

그런데 $f'(x)=\dfrac{1}{x}$ 이므로 ①은 $\ln(x+1)-\ln x=\dfrac{1}{c}$

또, $x>0$이므로 ②에서 $\dfrac{1}{x+1}<\dfrac{1}{c}<\dfrac{1}{x}$

$$\therefore\ \frac{1}{x+1}<\ln(x+1)-\ln x<\frac{1}{x}$$

(2) $f(x)=e^x$ 이라고 하면 함수 $f(x)$는 모든 실수 x에서 미분가능하고 연속이므로 $x>0$일 때 $f(x)$는 구간 $[0,\ x]$에서 연속이고 구간 $(0,\ x)$에서 미분가능하다.

따라서 평균값 정리에 의하여

$$\frac{e^x-e^0}{x-0}=f'(c) \quad\cdots\cdots① \qquad 0<c<x \quad\cdots\cdots②$$

인 c가 존재한다.

그런데 $f'(x)=e^x$ 이므로 ①은 $\dfrac{e^x-1}{x}=e^c$ $\therefore\ \ln\dfrac{e^x-1}{x}=c$

이때, ②에서 $0<\ln\dfrac{e^x-1}{x}<x$

$x>0$이므로 각 변을 x로 나누면 $0<\dfrac{1}{x}\ln\dfrac{e^x-1}{x}<1$

[유제] **8**-6. $x>1$일 때, 부등식 $x\ln x>x-1$을 증명하여라.

[유제] **8**-7. $a<b$일 때, 부등식 $e^a(b-a)<e^b-e^a<e^b(b-a)$를 증명하여라.

Advice | (고등학교 교육과정 밖의 내용) 로피탈의 정리

롤의 정리로부터 코시의 평균값 정리와 로피탈의 정리를 유도할 수 있다. 이 정리를 이용하면 $\dfrac{0}{0}$ 또는 $\dfrac{\infty}{\infty}$ 꼴의 극한을 쉽게 구할 수 있다.

코시의 평균값 정리

두 함수 $f(x)$, $g(x)$가 닫힌구간 $[a, b]$에서 연속이고 열린구간 (a, b)에서 미분가능하며, $g'(x) \neq 0$일 때

$$\frac{f(b)-f(a)}{g(b)-g(a)} = \frac{f'(c)}{g'(c)} \quad (a < c < b)$$

인 c가 적어도 하나 존재한다.

(증명) $g(b)-g(a)=0$이면 롤의 정리에 의하여 $g'(c)=0\,(a<c<b)$인 c가 존재한다. 이것은 $g'(x) \neq 0$인 조건에 모순이다. $\therefore \; g(b) \neq g(a)$

$$F(x)=f(x)-f(a)-\frac{f(b)-f(a)}{g(b)-g(a)}\{g(x)-g(a)\}$$

라고 하면 $F(x)$는 구간 $[a, b]$에서 연속이고 구간 (a, b)에서 미분가능하며 $F(a)=0$, $F(b)=0$이므로 $F'(c)=0\,(a<c<b)$인 c가 적어도 하나 존재한다.

$$\therefore \; F'(c)=f'(c)-\frac{f(b)-f(a)}{g(b)-g(a)} \times g'(c)=0$$

여기에서 $g'(c) \neq 0$이므로 $\dfrac{f(b)-f(a)}{g(b)-g(a)} = \dfrac{f'(c)}{g'(c)}$

로피탈의 정리

$\lim\limits_{x \to a} \dfrac{f(x)}{g(x)}$에서 두 함수 $f(x)$, $g(x)$가 a를 포함하는 열린구간에서 미분가능하고

$$f(a)=0, \quad g(a)=0, \quad g'(x) \neq 0$$

이며, $\lim\limits_{x \to a} \dfrac{f'(x)}{g'(x)}$가 존재하면 다음이 성립한다.

$$\lim_{x \to a} \frac{f(x)}{g(x)} = \lim_{x \to a} \frac{f'(x)}{g'(x)}$$

(증명) (i) $x>a$일 때, 코시의 평균값 정리에 의하여

$$\frac{f(x)-f(a)}{g(x)-g(a)} = \frac{f'(c_1)}{g'(c_1)}, \quad a < c_1 < x$$

를 만족시키는 c_1이 존재한다.

조건에서 $f(a)=0$, $g(a)=0$이고 $x \longrightarrow a+$일 때 $c_1 \longrightarrow a+$이므로

$$\lim_{x \to a+} \frac{f(x)}{g(x)} = \lim_{c_1 \to a+} \frac{f'(c_1)}{g'(c_1)} = \lim_{x \to a+} \frac{f'(x)}{g'(x)}$$

(ii) $x < a$일 때에도 같은 방법으로 하면　$\displaystyle\lim_{x \to a-} \frac{f(x)}{g(x)} = \lim_{x \to a-} \frac{f'(x)}{g'(x)}$

Note 1° 이 정리는 조건 $f(a)=0$, $g(a)=0$ 대신 다음 조건일 때에도 성립한다.

$$\left(\lim_{x \to a} f(x) = \infty, \ \lim_{x \to a} g(x) = \infty \right) \text{ 또는 } \left(\lim_{x \to \infty} f(x) = 0, \ \lim_{x \to \infty} g(x) = 0 \right)$$

$$\text{또는 } \left(\lim_{x \to \infty} f(x) = \infty, \ \lim_{x \to \infty} g(x) = \infty \right)$$

2° 이 정리는 $\displaystyle\lim_{x \to a} \frac{f'(x)}{g'(x)} = \pm\infty$인 경우에도 성립한다.

보기 1 다음 극한값을 구하여라.

(1) $\displaystyle\lim_{x \to 1} \frac{2x^2 - x - 1}{x^2 + 3x - 4}$ 　　(2) $\displaystyle\lim_{x \to 0} \frac{1 - \cos x}{x^2}$ 　　(3) $\displaystyle\lim_{x \to 0} \frac{e^x - 1}{x}$

(4) $\displaystyle\lim_{x \to a} \frac{a \sin x - x \sin a}{x - a}$ 　(5) $\displaystyle\lim_{x \to a} \frac{e^x \cos a - e^a \cos x}{x - a}$ 　(6) $\displaystyle\lim_{x \to 1} \frac{\ln x}{x - 1}$

(7) $\displaystyle\lim_{x \to 0} \frac{x - \ln(1 + x)}{x^2}$ 　(8) $\displaystyle\lim_{x \to 0} \frac{x - \sin x}{x^3}$

연구 (1) (준 식) $= \displaystyle\lim_{x \to 1} \frac{(2x^2 - x - 1)'}{(x^2 + 3x - 4)'} = \lim_{x \to 1} \frac{4x - 1}{2x + 3} = \frac{3}{5}$

(2) (준 식) $= \displaystyle\lim_{x \to 0} \frac{(1 - \cos x)'}{(x^2)'} = \lim_{x \to 0} \frac{\sin x}{2x} = \lim_{x \to 0} \frac{(\sin x)'}{(2x)'} = \lim_{x \to 0} \frac{\cos x}{2} = \frac{1}{2}$

(3) (준 식) $= \displaystyle\lim_{x \to 0} \frac{(e^x - 1)'}{(x)'} = \lim_{x \to 0} \frac{e^x}{1} = 1$

(4) (준 식) $= \displaystyle\lim_{x \to a} \frac{(a \sin x - x \sin a)'}{(x - a)'} = \lim_{x \to a} \frac{a \cos x - \sin a}{1} = \boldsymbol{a \cos a - \sin a}$

(5) (준 식) $= \displaystyle\lim_{x \to a} \frac{(e^x \cos a - e^a \cos x)'}{(x - a)'} = \lim_{x \to a} \frac{e^x \cos a + e^a \sin x}{1} = \boldsymbol{e^a(\cos a + \sin a)}$

(6) (준 식) $= \displaystyle\lim_{x \to 1} \frac{(\ln x)'}{(x - 1)'} = \lim_{x \to 1} \frac{1/x}{1} = 1$

(7) (준 식) $= \displaystyle\lim_{x \to 0} \frac{\{x - \ln(1 + x)\}'}{(x^2)'} = \lim_{x \to 0} \frac{1 - \dfrac{1}{1 + x}}{2x} = \lim_{x \to 0} \frac{1}{2(1 + x)} = \frac{1}{2}$

(8) (준 식) $= \displaystyle\lim_{x \to 0} \frac{(x - \sin x)'}{(x^3)'} = \lim_{x \to 0} \frac{1 - \cos x}{3x^2} = \lim_{x \to 0} \frac{(1 - \cos x)'}{(3x^2)'}$

$$= \lim_{x \to 0} \frac{\sin x}{6x} = \frac{1}{6} \lim_{x \to 0} \frac{\sin x}{x} = \frac{1}{6}$$

보기 2 다음 극한값을 구하여라. 단, n은 자연수이다.

(1) $\displaystyle\lim_{x\to0+}\frac{\ln(\sin x)}{\ln x}$　　(2) $\displaystyle\lim_{x\to0+}\frac{\ln x}{\csc x}$　　(3) $\displaystyle\lim_{x\to0+}\frac{\ln(\tan 2x)}{\ln(\tan x)}$

(4) $\displaystyle\lim_{x\to\infty}\frac{\ln x}{x}$　　(5) $\displaystyle\lim_{x\to\infty}\frac{\ln x}{x^{\frac{1}{n}}}$　　(6) $\displaystyle\lim_{x\to\infty}\frac{e^{-x}}{x^{-2}}$

(7) $\displaystyle\lim_{x\to\infty}\frac{x^n}{e^x}$　　(8) $\displaystyle\lim_{x\to0+}x\ln x$　　(9) $\displaystyle\lim_{x\to0+}x^x$

[연구] (1) (준 식)$=\displaystyle\lim_{x\to0+}\frac{\{\ln(\sin x)\}'}{(\ln x)'}=\lim_{x\to0+}\frac{\dfrac{\cos x}{\sin x}}{\dfrac{1}{x}}=\lim_{x\to0+}\left(\frac{x}{\sin x}\times\cos x\right)=\mathbf{1}$

(2) (준 식)$=\displaystyle\lim_{x\to0+}\frac{(\ln x)'}{(\csc x)'}=\lim_{x\to0+}\frac{1/x}{-\csc x\cot x}=\lim_{x\to0+}\left(-\frac{\sin x}{x}\times\tan x\right)=\mathbf{0}$

(3) (준 식)$=\displaystyle\lim_{x\to0+}\frac{\{\ln(\tan 2x)\}'}{\{\ln(\tan x)\}'}=\lim_{x\to0+}\frac{\dfrac{2\sec^2 2x}{\tan 2x}}{\dfrac{\sec^2 x}{\tan x}}=\lim_{x\to0+}\frac{2\sin x\cos x}{\sin 2x\cos 2x}$

$\qquad=\displaystyle\lim_{x\to0+}\frac{1}{\cos 2x}=\mathbf{1}$

(4) (준 식)$=\displaystyle\lim_{x\to\infty}\frac{(\ln x)'}{(x)'}=\lim_{x\to\infty}\frac{1}{x}=\mathbf{0}$

(5) (준 식)$=\displaystyle\lim_{x\to\infty}\frac{(\ln x)'}{\left(x^{\frac{1}{n}}\right)'}=\lim_{x\to\infty}\left(\frac{1}{x}\times\frac{1}{\dfrac{1}{n}x^{\frac{1}{n}-1}}\right)=\lim_{x\to\infty}\frac{n}{x\times x^{\frac{1}{n}-1}}=\lim_{x\to\infty}\frac{n}{x^{\frac{1}{n}}}=\mathbf{0}$

(6) (준 식)$=\displaystyle\lim_{x\to\infty}\frac{x^2}{e^x}=\lim_{x\to\infty}\frac{(x^2)'}{(e^x)'}=\lim_{x\to\infty}\frac{2x}{e^x}=\lim_{x\to\infty}\frac{(2x)'}{(e^x)'}=\lim_{x\to\infty}\frac{2}{e^x}=\mathbf{0}$

(7) (준 식)$=\displaystyle\lim_{x\to\infty}\frac{(x^n)'}{(e^x)'}=\lim_{x\to\infty}\frac{nx^{n-1}}{e^x}=\lim_{x\to\infty}\frac{(nx^{n-1})'}{(e^x)'}=\lim_{x\to\infty}\frac{n(n-1)x^{n-2}}{e^x}$

$\qquad=\cdots=\displaystyle\lim_{x\to\infty}\frac{n(n-1)\times\cdots\times2\times1}{e^x}=\mathbf{0}$

(8) (준 식)$=\displaystyle\lim_{x\to0+}\frac{\ln x}{\dfrac{1}{x}}=\lim_{x\to0+}\frac{(\ln x)'}{\left(\dfrac{1}{x}\right)'}=\lim_{x\to0+}\frac{\dfrac{1}{x}}{-\dfrac{1}{x^2}}=\lim_{x\to0+}(-x)=\mathbf{0}$

(9) $y=x^x\,(x>0)$으로 놓으면 $\ln y=x\ln x$이므로

$\quad\displaystyle\lim_{x\to0+}\ln y=\lim_{x\to0+}x\ln x=\lim_{x\to0+}\frac{(\ln x)'}{\left(\dfrac{1}{x}\right)'}=\lim_{x\to0+}\frac{\dfrac{1}{x}}{-\dfrac{1}{x^2}}=\lim_{x\to0+}(-x)=0$

$\quad\therefore\ \displaystyle\lim_{x\to0+}x^x=\lim_{x\to0+}e^{\ln x^x}=\lim_{x\to0+}e^{\ln y}=e^0=\mathbf{1}$

연습문제 8

[기본] **8**-1 함수 $f(x)$가 $x=0$에서 연속일 때, 함수 $g(x)=\dfrac{1}{1+xf(x)}$ 은 $x=0$에서 미분가능함을 보여라.

8-2 다음 함수의 $x=0$에서의 미분가능성을 조사하여라.

(1) $f(x)=x|x|$　　　(2) $f(x)=|x|\sin x$　　　(3) $f(x)=|x|\cos x$

8-3 함수 $f(x)=\begin{cases} x^2\sin\dfrac{1}{x} & (x\neq 0) \\ 0 & (x=0) \end{cases}$ 에 대하여 $f'(x)$의 $x=0$에서의 연속성을 조사하여라.

8-4 구간 $(-\infty,\ \infty)$에서 미분가능한 함수 $f(x)$가 $\lim\limits_{x\to\infty}f'(x)=2$를 만족시킬 때, $\lim\limits_{x\to\infty}\{f(x+1)-f(x)\}=2$임을 증명하여라.

8-5 $0<x_1<x_2<x_3<\pi$ 일 때, 다음 부등식을 증명하여라.

$$\frac{\sin x_2-\sin x_1}{x_2-x_1}>\frac{\sin x_3-\sin x_2}{x_3-x_2}$$

[실력] **8**-6 함수 $f(x)=4x^2-12x+5$에 대하여 다음 물음에 답하여라.

(1) $f\circ g=f$를 만족시키는 다항함수 $g(x)$를 모두 구하여라.

(2) $f\circ h=f$를 만족시키는 연속함수 $h(x)$는 모두 미분가능한가?

8-7 최고차항의 계수가 1인 사차함수 $f(x)$와 함수

$$g(x)=\begin{cases} |2\sin 2x+1| & (x\geq 0) \\ |\sin x-1| & (x<0) \end{cases}$$

에 대하여 함수 $h(x)=f\big(g(x)\big)$가 실수 전체의 집합에서 이계도함수 $h''(x)$를 가질 때, $f'(2)$의 값을 구하여라.

8-8 실수 $a_0,\ a_1,\ a_2,\ \cdots,\ a_n$이 $a_0+\dfrac{a_1}{2}+\dfrac{a_2}{3}+\cdots+\dfrac{a_n}{n+1}=0$을 만족시킬 때, 다음 방정식은 0과 1 사이에서 실근을 적어도 하나 가짐을 증명하여라.

$$a_0+a_1x+a_2x^2+\cdots+a_{n-1}x^{n-1}+a_nx^n=0$$

8-9 다음 물음에 답하여라.

(1) $f(x)$가 미분가능한 함수이고 $h>0$일 때, 평균값 정리를 이용하여

$$f(a+h)=f(a)+hf'(a+\theta h)$$

를 만족시키는 θ가 구간 $(0,\ 1)$에 적어도 하나 존재함을 증명하여라.

(2) $f(x)=\sqrt{x}$ 일 때, (1)의 등식을 만족시키는 θ에 대하여 $\lim\limits_{h\to 0+}\theta$의 값을 구하여라.

⑨. 극대·극소와 미분

§ 1. 함수의 증가와 감소

1️⃣ 함수의 증가와 감소

(1) 증가 : 함수 $f(x)$가 어떤 구간에 속하는 임의의 두 수 x_1, x_2에 대하여
$$x_1 < x_2 \implies f(x_1) < f(x_2)$$
일 때, $f(x)$는 이 구간에서 증가한다고 한다.

(2) 감소 : 함수 $f(x)$가 어떤 구간에 속하는 임의의 두 수 x_1, x_2에 대하여
$$x_1 < x_2 \implies f(x_1) > f(x_2)$$
일 때, $f(x)$는 이 구간에서 감소한다고 한다.

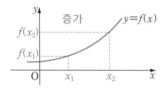 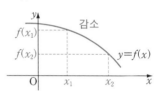

Note 함수 $f(x)$가 정의역 전체에서 증가하면 함수 $f(x)$를 증가함수라 하고, 정의역 전체에서 감소하면 함수 $f(x)$를 감소함수라고 한다.

2️⃣ $f'(x)$의 부호와 $f(x)$의 증감

함수 $f(x)$가 어떤 구간에서 미분가능하고, 이 구간에서

① $f'(x) > 0$이면 $f(x)$는 이 구간에서 증가한다.

② $f'(x) < 0$이면 $f(x)$는 이 구간에서 감소한다.

③ $f'(x) = 0$이면 $f(x)$는 이 구간에서 상수함수이다.

Advice | 도함수의 부호와 함수의 증감

함수 $f(x)$가 어떤 구간에서 미분가능하며 $f'(x) > 0$이라고 하자.

이 구간에서 임의로 두 수 x_1, $x_2 (x_1 < x_2)$를 잡으면 평균값 정리에 의하여
$$\frac{f(x_2) - f(x_1)}{x_2 - x_1} = f'(c), \quad x_1 < c < x_2$$
를 만족시키는 c가 존재한다.

그런데 $f'(c)>0$, $x_2-x_1>0$이므로 $f(x_2)-f(x_1)>0$이다. 곧, $x_1<x_2$인 모든 x_1, x_2에 대하여 $f(x_1)<f(x_2)$이므로 $f(x)$는 증가한다.

같은 방법으로 어떤 구간에서 $f'(x)<0$일 때, $f(x)$는 이 구간에서 감소한다는 것도 설명할 수 있다.

정석 어떤 구간에서 $f'(x)>0$이면 $\Longrightarrow$ 이 구간에서 $f(x)$는 증가
어떤 구간에서 $f'(x)<0$이면 $\Longrightarrow$ 이 구간에서 $f(x)$는 감소

그러나 위의 역은 성립하지 않는다.

이를테면 함수 $f(x)=x^3$은 구간 $(-\infty, \infty)$에서 증가하지만 $f'(0)=0$이다.
또, 함수 $f(x)=-x^3$은 구간 $(-\infty, \infty)$에서 감소하지만 $f'(0)=0$이다.

따라서 다음과 같이 알아 두자.

정석 함수 $f(x)$가 어떤 구간에서 미분가능하고, 이 구간에서
(i) $f(x)$가 증가하면 $\Longrightarrow$ 이 구간에서 $f'(x)\geq0$
(ii) $f(x)$가 감소하면 $\Longrightarrow$ 이 구간에서 $f'(x)\leq0$

보기 1 다음 함수의 증감을 조사하여라.
(1) $f(x)=2x^3+6x^2+6x+2$ (2) $f(x)=\dfrac{1}{x^2}$
(3) $f(x)=3^x$ (4) $f(x)=\ln x$ (5) $f(x)=2x+\sin x$

연구 (1) $f'(x)=6x^2+12x+6=6(x+1)^2\geq0$
그런데 $f'(x)$는 $x=-1$일 때에만 $f'(x)=0$이므로 $f(x)$는 구간 $(-\infty, \infty)$에서 증가한다.

(2) $f'(x)=-\dfrac{2}{x^3}$이므로
$x<0$일 때 $f'(x)>0$, $x>0$일 때 $f'(x)<0$
따라서 $f(x)$는 구간 $(-\infty, 0)$에서 증가, 구간 $(0, \infty)$에서 감소한다.

(3) $f'(x)=3^x\ln 3>0$이므로 $f(x)$는 구간 $(-\infty, \infty)$에서 증가한다.

(4) $f'(x)=\dfrac{1}{x}$이므로 $x>0$일 때 $f'(x)>0$
따라서 $f(x)$는 구간 $(0, \infty)$에서 증가한다.

(5) $f'(x)=2+\cos x>0$이므로 $f(x)$는 구간 $(-\infty, \infty)$에서 증가한다.

*Note $f'(x)\geq0$일 때 $f(x)$가 반드시 증가함수라고 할 수는 없으나, (1)과 같이 유한개의 x의 값에서만 $f'(x)=0$이면 $f(x)$는 증가함수라고 할 수 있다.

정석 유한개의 x의 값에서만 $f'(x)=0$이고
$f'(x)\geq0$이면 $\Longrightarrow$ $f(x)$는 증가함수,
$f'(x)\leq0$이면 $\Longrightarrow$ $f(x)$는 감소함수

필수 예제 **9**-1 다음을 증명하여라.

(1) 함수 $f(x)=\ln\dfrac{1+x}{1-x}$ 는 증가함수이다.

(2) 함수 $f(x)=x^{\frac{1}{x}}$ 은 $x\geq e$ 에서 감소한다.

(3) 함수 $f(x)=\dfrac{\sin x}{x}$ 는 $0<x<\dfrac{\pi}{2}$ 에서 감소한다.

─────────────────────────────

[정석연구] $f'(x)\geq0$ 일 때 함수 $f(x)$ 가 반드시 증가함수라고 할 수는 없지만,

정석 유한개의 x 의 값에서만 $f'(x)=0$ 이고
$f'(x)\geq0$ 이면 $\implies$ $f(x)$ 는 증가함수,
$f'(x)\leq0$ 이면 $\implies$ $f(x)$ 는 감소함수

라고 할 수 있다. (2)에 적용해 보아라.

[모범답안] (1) $f(x)=\ln(1+x)-\ln(1-x)$ 에서

$f'(x)=\dfrac{1}{1+x}-\dfrac{-1}{1-x}=\dfrac{2}{1-x^2}$ 이고, $-1<x<1$ 일 때 $f'(x)>0$

따라서 $f(x)$ 는 $-1<x<1$ 에서 증가한다. 곧, 증가함수이다.

Note 진수 조건에서 $\dfrac{1+x}{1-x}>0$, 곧 $-1<x<1$ 이므로 함수 $f(x)$ 의 정의역은
$\{x\,|\,-1<x<1\}$ 이다.

(2) $f(x)=x^{\frac{1}{x}}$ 에서 양변의 자연로그를 잡으면 $\ln f(x)=\dfrac{1}{x}\ln x$

이 식의 양변을 x 에 관하여 미분하면

$\dfrac{f'(x)}{f(x)}=-\dfrac{1}{x^2}\ln x+\dfrac{1}{x}\times\dfrac{1}{x}$ $\therefore$ $f'(x)=-\dfrac{1}{x^2}(\ln x-1)x^{\frac{1}{x}}$

그런데 $x\geq e$ 일 때 $x^{\frac{1}{x}}>0$, $\ln x-1\geq0$ $\therefore$ $f'(x)\leq0$

여기에서 $x=e$ 일 때에만 $f'(x)=0$ 이므로 $f(x)$ 는 $x\geq e$ 에서 감소한다.

(3) $f'(x)=\dfrac{x\cos x-\sin x}{x^2}$ 에서 $g(x)=x\cos x-\sin x$ 로 놓으면

$0<x<\dfrac{\pi}{2}$ 일 때 $g'(x)=\cos x-x\sin x-\cos x=-x\sin x<0$

또, $g(0)=0$ 이므로 $0<x<\dfrac{\pi}{2}$ 에서 $g(x)<0$ $\therefore$ $f'(x)<0$

따라서 $f(x)$ 는 $0<x<\dfrac{\pi}{2}$ 에서 감소한다.

[유제] **9**-1. $f(x)=\dfrac{e^x}{x}$ 은 $0<x<1$ 에서 감소함을 보여라.

[유제] **9**-2. $f(x)=x-\sin x$ 는 $-\dfrac{\pi}{2}\leq x\leq\dfrac{\pi}{2}$ 에서 증가함을 보여라.

[유제] **9**-3. $f(x)=\sqrt{x+1}-\sqrt{x-1}$ 은 감소함수임을 보여라.

§2. 함수의 극대와 극소

1 함수의 극대와 극소

(1) 함수 $f(x)$가 $x=a$를 포함하는 어떤 열린구간에서 $f(x) \leq f(a)$이면 $f(x)$는 $x=a$에서 극대라 하고, $f(a)$를 극댓값이라고 한다.

(2) 함수 $f(x)$가 $x=b$를 포함하는 어떤 열린구간에서 $f(x) \geq f(b)$이면 $f(x)$는 $x=b$에서 극소라 하고, $f(b)$를 극솟값이라고 한다.

또, 극댓값과 극솟값을 통틀어 극값이라고 한다.

(3) 극대인 점 $(a, f(a))$를 극대점, 극소인 점 $(b, f(b))$를 극소점이라 하고, 극대점과 극소점을 통틀어 극점이라고 한다.

2 미분계수와 극대·극소

미분가능한 함수 $f(x)$가 $x=a$에서 극값을 가지면 $f'(a)=0$이다.

3 도함수의 부호와 극대·극소

$f'(a)=0$이고 $x=a$의 좌우에서 $f'(x)$의 부호가

양$(+)$에서 음$(-)$으로 바뀌면 $f(x)$는 $x=a$에서 극대이다.

음$(-)$에서 양$(+)$으로 바뀌면 $f(x)$는 $x=a$에서 극소이다.

Advice 1° 함수의 극대와 극소

함수의 극대와 극소의 정의는 수학 Ⅱ에서 공부하였다. 함수가 연속이 아닌 점이나 연속이지만 미분가능하지 않은 점에서도 극대 또는 극소일 수 있다는 것에 주의한다.

이를테면 함수 $y=f(x)$의 그래프가 아래와 같다고 하자.

$x=a$의 주변에서 $f(x) \leq f(a)$이고 동시에 $f(x) \geq f(a)$이므로 $x=a$에서 극대이면서 동시에 극소이다.

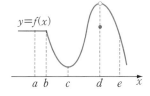

$x=b$의 주변에서 $f(x) \leq f(b)$이므로 $x=b$에서 극대이다.

$x=c$의 주변에서 $f(x) \geq f(c)$이므로 $x=c$에서 극소이다.

또, $x=d$의 주변에서 $f(x) \geq f(d)$이므로 $x=d$에서 극소이다.

$x=e$의 주변에서는 $x<e$이면 $f(x) \geq f(e)$이고 $x>e$이면 $f(x) \leq f(e)$이므로 $x=e$에서 극대도, 극소도 아니다.

Advice 2° 미분계수와 극대·극소

미분가능한 함수 $f(x)$가 $x=a$에서 극대라고 하자.

절댓값이 충분히 작은 모든 h에 대하여 $f(a+h) \leq f(a)$이므로

$$\lim_{h \to 0+} \frac{f(a+h)-f(a)}{h} \leq 0, \quad \lim_{h \to 0-} \frac{f(a+h)-f(a)}{h} \geq 0$$

그런데 $f(x)$는 $x=a$에서 미분가능하므로 위의 우극한과 좌극한이 같다.

$$\therefore \lim_{h \to 0} \frac{f(a+h)-f(a)}{h} = 0 \quad \therefore f'(a)=0$$

같은 방법으로 미분가능한 함수 $f(x)$가 $x=a$에서 극소이면 $f'(a)=0$임을 증명할 수 있다.

> **정석** 미분가능한 함수 $f(x)$가
> $x=a$에서 극값을 가지면 $\implies f'(a)=0$

이를테면 함수 $y=x^2-1$의 그래프는 오른쪽과 같다. 따라서 함수 $f(x)=x^2-1$은 $x=0$에서 극소이다.

또, $f'(x)=2x$에서 $f'(0)=0$이므로 위의 **정석**이 성립한다는 것을 확인할 수 있다.

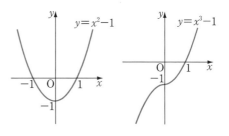

그러나 위의 **정석**의 역은 성립하지 않는다.

이를테면 함수 $g(x)=x^3-1$은 미분가능하고 $g'(x)=3x^2$에서 $g'(0)=0$이다. 그러나 $g(x)$는 $x=0$에서 극값을 가지지 않는다.

Advice 3° 도함수의 부호와 극대·극소

위의 예에서 함수 $f(x)=x^2-1$의 경우, $f'(0)=0$이고

$x<0$일 때 $f'(x)<0 \implies f(x)$는 감소,

$x>0$일 때 $f'(x)>0 \implies f(x)$는 증가

이다. 곧, $x=0$의 좌우에서 $f'(x)$의 부호가 음에서 양으로 바뀌고, $f(x)$는 $x=0$에서 극소이다.

그러나 $g(x)=x^3-1$의 경우, $g'(0)=0$이지만

$x<0$일 때 $g'(x)>0 \implies g(x)$는 증가,

$x>0$일 때 $g'(x)>0 \implies g(x)$는 증가

이다. 곧, $x=0$의 좌우에서 $g'(x)$의 부호가 바뀌지 않고, $g(x)$는 $x=0$에서 극값을 가지지 않는다.

보기 1 함수 $f(x)=x^3-3x+1$의 극값을 구하여라.

[연구] $f'(x)=3x^2-3=3(x+1)(x-1)$

이므로 $f'(x)=0$인 x의 값은 $x=-1,\ 1$

이때, $x=-1,\ 1$의 좌우에서 $f'(x)$의 부호와 $f(x)$의 증감을 조사하면

$x<-1$일 때 $f'(x)>0$ 따라서 $f(x)$는 증가
$-1<x<1$일 때 $f'(x)<0$ 따라서 $f(x)$는 감소
$x>1$일 때 $f'(x)>0$ 따라서 $f(x)$는 증가

이것을 표로 만들면 다음과 같다.

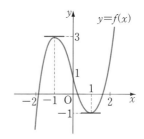

x	$\cdots$	-1	$\cdots$	1	$\cdots$
$f'(x)$	$+$	0	$-$	0	$+$
$f(x)$	↗	극대	↘	극소	↗

따라서 극댓값 $f(-1)=\mathbf{3}$,
극솟값 $f(1)=\mathbf{-1}$

*_Note_ 1° 위에서 $f'(x)$의 부호와 $f(x)$의 증감을 기록한 표를 증감표라고 한다.

2° 삼차함수가 극값을 2개 가질 때, 그 그래프는 x^3의 계수가 양수이면 오른쪽 그림 ①과 같은 모양이 되고, x^3의 계수가 음수이면 오른쪽 그림 ②와 같은 모양이 된다.

3° 함수의 그래프의 개형을 그리는 방법은 §4에서 자세히 공부한다.

보기 2 함수 $f(x)=-3x^4-8x^3+6x^2+24x+2$의 극값을 구하여라.

[연구] $f'(x)=-12x^3-24x^2+12x+24=-12(x+2)(x+1)(x-1)$

이므로 $f'(x)=0$인 x의 값은 $x=-2,\ -1,\ 1$

이때, $x=-2,\ -1,\ 1$의 좌우에서 $f'(x)$의 부호와 $f(x)$의 증감을 조사하여 증감표를 만들면 다음과 같다.

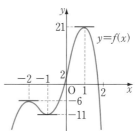

x	$\cdots$	-2	$\cdots$	-1	$\cdots$	1	$\cdots$
$f'(x)$	$+$	0	$-$	0	$+$	0	$-$
$f(x)$	↗	극대	↘	극소	↗	극대	↘

따라서 극댓값 $f(-2)=\mathbf{-6}$, $f(1)=\mathbf{21}$,
극솟값 $f(-1)=\mathbf{-11}$

필수 예제 **9**-2 함수 $f(x)=x^3+ax^2+bx+c$가 $x=2, 4$에서 극값을 가질 때, 다음 물음에 답하여라.

(1) 상수 a, b의 값을 구하여라.

(2) 극댓값이 3일 때, 극솟값을 구하여라.

[정석연구] (1) $f(x)$가 삼차함수이고 $x=2, 4$에서 극값을 가지므로

$$f'(2)=0, \quad f'(4)=0$$

이다. 일반적으로

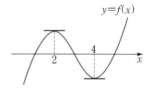

정석 미분가능한 함수 $f(x)$가
$x=\alpha$에서 극값을 가지면 $\Longrightarrow f'(\alpha)=0$

(2) 증감을 조사하여 $f(x)$가 극대가 되는 x의 값부터 찾는다.

[모범답안] (1) $f'(x)=3x^2+2ax+b$이고 $x=2, 4$에서 극값을 가지므로

$$f'(2)=12+4a+b=0, \quad f'(4)=48+8a+b=0$$

연립하여 풀면 $\boldsymbol{a=-9, \ b=24}$ ← [답]

*Note $f'(x)=3x^2+2ax+b=0$의 두 근이 2, 4이므로 근과 계수의 관계를 이용하여 a, b의 값을 구할 수도 있다.

(2) $f'(x)=3(x-2)(x-4)$
이므로 오른쪽 증감표에서 $f(x)$
는 $x=2$에서 극대이고, $x=4$에
서 극소이다.

x	$\cdots$	2	$\cdots$	4	$\cdots$
$f'(x)$	$+$	0	$-$	0	$+$
$f(x)$	$\nearrow$	극대	$\searrow$	극소	$\nearrow$

(1)에서 $a=-9, b=24$이므로

$$f(x)=x^3-9x^2+24x+c$$

극댓값이 3이므로 $f(2)=3$ $\therefore 8-36+48+c=3$ $\therefore c=-17$

$$\therefore f(x)=x^3-9x^2+24x-17$$

따라서 극솟값은 $f(4)=4^3-9\times4^2+24\times4-17=-1$ ← [답]

[유제] **9**-4. 함수 $y=x^3+ax^2+bx+c$가 $x=-2, 4$에서 극값을 가지고, 그래프가 점 $(1, -18)$을 지난다. 이때, 상수 a, b, c의 값을 구하여라.
[답] $a=-3, \ b=-24, \ c=8$

[유제] **9**-5. 함수 $f(x)=2ax^3+6bx^2+6cx+9$가 $x=-1$에서 극댓값을, $x=3$에서 극솟값을 가지고, 극댓값과 극솟값의 차는 8이다. 이때, 상수 a, b, c의 값을 구하여라.
[답] $a=\dfrac{1}{8}, \ b=-\dfrac{1}{8}, \ c=-\dfrac{3}{8}$

필수 예제 **9**-3   다음 물음에 답하여라.

(1) 함수 $f(x)=\dfrac{x^2-3x}{x^2+3}$ 의 극값을 구하여라.

(2) 함수 $f(x)=\dfrac{x^2-ax+1}{x^2+x+1}$ 의 극댓값이 b 이고 극솟값이 $\dfrac{1}{b}$ 일 때, 상수 $a,\ b$ 의 값을 구하여라. 단, $a\neq-1$ 이다.

[모범답안] (1) $f'(x)=\dfrac{(2x-3)(x^2+3)-(x^2-3x)\times2x}{(x^2+3)^2}=\dfrac{3(x+3)(x-1)}{(x^2+3)^2}$

$f'(x)=0$ 에서 $x=-3,\ 1$

x	$\cdots$	-3	$\cdots$	1	$\cdots$
$f'(x)$	$+$	0	$-$	0	$+$
$f(x)$	$\nearrow$	극대	$\searrow$	극소	$\nearrow$

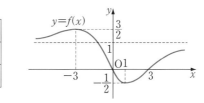

또, $\lim_{x\to\infty}f(x)=1$, $\lim_{x\to-\infty}f(x)=1$

[답] 극댓값 $f(-3)=\dfrac{3}{2}$, 극솟값 $f(1)=-\dfrac{1}{2}$

(2) $f'(x)=\dfrac{(2x-a)(x^2+x+1)-(x^2-ax+1)(2x+1)}{(x^2+x+1)^2}$

$\qquad=\dfrac{(a+1)(x+1)(x-1)}{(x^2+x+1)^2}$

$a>-1$ 일 때 증감을 조사하면

x	$\cdots$	-1	$\cdots$	1	$\cdots$
$f'(x)$	$+$	0	$-$	0	$+$
$f(x)$	$\nearrow$	극대	$\searrow$	극소	$\nearrow$

$a<-1$ 일 때 증감을 조사하면

x	$\cdots$	-1	$\cdots$	1	$\cdots$
$f'(x)$	$-$	0	$+$	0	$-$
$f(x)$	$\searrow$	극소	$\nearrow$	극대	$\searrow$

극댓값 $f(-1)=2+a=b$

극솟값 $f(1)=\dfrac{2-a}{3}=\dfrac{1}{b}$

극댓값 $f(1)=\dfrac{2-a}{3}=b$

극솟값 $f(-1)=2+a=\dfrac{1}{b}$

각각을 연립하여 풀면 조건에 맞는 것은 $\boldsymbol{a=1},\ \boldsymbol{b=3}$ ← [답]

*Note (1)에서 극값을 구하는 데는 증감표만으로 충분하나 이해를 돕기 위하여 그래프를 그려 놓았다.

[유제] **9**-6. 함수 $f(x)=\dfrac{x^2+ax+b}{x^2+1}$ 가 $x=1$ 에서 극값 3을 가진다. 이때, $f(x)$ 의 극솟값을 구하여라.   [답] -1

필수 예제 **9**-4   다음 함수의 극값을 구하여라.

(1) $f(x)=\sqrt[3]{x^2}$ (2) $f(x)=\sqrt[3]{x^2}(x-1)$

[정석연구] $f(x)$가 $x=a$에서 미분가능하지 않더라도 $x=a$에서 극대 또는 극소
일 수도 있다는 것에 주의해야 한다.

정석 극값을 조사할 때에는 $\Longrightarrow$ 미분가능하지 않은 점도 조사한다.

[모범답안] (1) $f(x)$는 $x=0$에서 연속이고 미분
가능하지 않다.

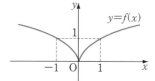

$x>0$일 때 $f(x)=\sqrt[3]{x^2}=x^{\frac{2}{3}}$에서

$f'(x)=\dfrac{2}{3}x^{\frac{2}{3}-1}=\dfrac{2}{3\sqrt[3]{x}}$

$x<0$일 때 $f(x)=\sqrt[3]{(-x)^2}=(-x)^{\frac{2}{3}}$에서

$f'(x)=\dfrac{2}{3}(-x)^{\frac{2}{3}-1}\times(-1)=-\dfrac{2}{3\sqrt[3]{-x}}=\dfrac{2}{3\sqrt[3]{x}}$

따라서 $x>0$일 때 $f'(x)>0$, $x<0$일 때 $f'(x)<0$이므로 $x=0$에서 극소
이고, 극솟값 $f(0)=0$ ⟵ [답]

*Note $f(x)$의 도함수는 $x>0$, $x<0$인 경우로 구분하지 않고 $f(x)=\sqrt[3]{x^2}=x^{\frac{2}{3}}$
으로 고친 다음 $f'(x)=\dfrac{2}{3}x^{-\frac{1}{3}}=\dfrac{2}{3\sqrt[3]{x}}$로 계산한 결과와 같다.

(2) $f(x)$는 $x=0$에서 연속이고 미분가능하지 않다.

(1)에서 $\left(\sqrt[3]{x^2}\right)'=\dfrac{2}{3\sqrt[3]{x}}$이므로 $f'(x)=\dfrac{2(x-1)}{3\sqrt[3]{x}}+\sqrt[3]{x^2}=\dfrac{5x-2}{3\sqrt[3]{x}}$

$f'(x)=0$에서 $x=\dfrac{2}{5}$

x	$-\infty$	$\cdots$	0	$\cdots$	$\dfrac{2}{5}$	$\cdots$	∞
$f'(x)$		$+$	없다	$-$	0	$+$	
$f(x)$	$-\infty$	↗	극대	↘	극소	↗	∞

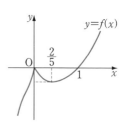

[답] 극댓값 $f(0)=0$,

극솟값 $f\left(\dfrac{2}{5}\right)=-\dfrac{3}{5}\sqrt[3]{\dfrac{4}{25}}$

[유제] **9**-7. 다음 함수의 극값을 구하여라.

(1) $f(x)=\sqrt{|x|}$ (2) $f(x)=x\sqrt[3]{x}$

[답] (1) 극솟값 $f(0)=0$ (2) 극솟값 $f(0)=0$

필수 예제 **9**-5　다음 함수의 극값을 구하고, 그래프의 개형을 그려라.
$$f(x)=(1+\cos x)\sin x$$

[정석연구] $\sin x$와 $\cos x$의 주기는 모두 2π이므로 $f(x)=(1+\cos x)\sin x$에서
$f(x+2\pi)=f(x)$이다.

따라서 구간 $[0,\,2\pi]$에서 $f(x)$의 극값을 조사하면 충분하다.

정석 주기함수의 극값은 $\Longrightarrow$ 한 주기 안에서 조사한다.

[모범답안] $f(x)$는 주기가 2π인 주기함수이므로 구간 $[0,\,2\pi]$에서 극값을 조사하면 된다.

$$f'(x)=-\sin^2 x+(1+\cos x)\cos x=2\cos^2 x+\cos x-1$$
$$=(2\cos x-1)(\cos x+1)$$

$f'(x)=0$에서
$$\cos x=\frac{1}{2},\ -1$$
$0\leq x\leq 2\pi$에서
$$x=\frac{\pi}{3},\ \frac{5}{3}\pi,\ \pi$$

x	0	$\cdots$	$\dfrac{\pi}{3}$	$\cdots$	π	$\cdots$	$\dfrac{5}{3}\pi$	$\cdots$	2π
$f'(x)$		$+$	0	$-$	0	$-$	0	$+$	
$f(x)$	0	$\nearrow$	극대	$\searrow$	0	$\searrow$	극소	$\nearrow$	0

$f(x)$의 증감을 조사하면 위와 같다.

따라서

극댓값 $f\left(\dfrac{\pi}{3}\right)=\dfrac{3\sqrt{3}}{4}$
극솟값 $f\left(\dfrac{5}{3}\pi\right)=-\dfrac{3\sqrt{3}}{4}$ ←[답]

또, 함수의 그래프의 개형은 오른쪽과 같다.

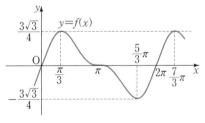

[유제] **9**-8. $0\leq x\leq 2\pi$에서 정의된 함수 $f(x)=\cos 2x+2\cos x$에 대하여 다음 물음에 답하여라.
(1) 함수 $f(x)$의 치역을 구하여라.
(2) 함수 $f(x)$가 증가하는 구간을 구하여라.

[답] (1) $\left\{y\mid -\dfrac{3}{2}\leq y\leq 3\right\}$　(2) $\left[\dfrac{2}{3}\pi,\ \pi\right],\ \left[\dfrac{4}{3}\pi,\ 2\pi\right]$

[유제] **9**-9. 함수 $f(x)=\cos^2 x\sin 2x$(단, $0\leq x\leq \pi$)의 극값을 구하여라.

[답] 극댓값 $f\left(\dfrac{\pi}{6}\right)=\dfrac{3\sqrt{3}}{8}$, 극솟값 $f\left(\dfrac{5}{6}\pi\right)=-\dfrac{3\sqrt{3}}{8}$

필수 예제 **9**-6   다음 함수의 극값을 구하여라.

    (1) $f(x)=x+1-\ln x$ (2) $f(x)=e^{-x}\sin x$ $(0 \le x \le 2\pi)$

[정석연구] 먼저 도함수를 구한 다음 증감표를 만든다.

   정석 함수의 증감과 극값은 $\Longrightarrow$ 도함수의 부호로써 조사한다.

[모범답안] (1) $f'(x)=1-\dfrac{1}{x}=\dfrac{x-1}{x}$

    $f'(x)=0$에서 $x=1$

      또, $\lim\limits_{x\to 0+}f(x)=\lim\limits_{x\to 0+}(x+1-\ln x)=\infty$

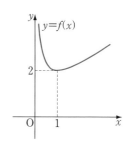

x	(0)	$\cdots$	1	$\cdots$	∞
$f'(x)$		$-$	0	$+$	
$f(x)$	(∞)	$\searrow$	극소	$\nearrow$	∞

      [답] 극솟값 $f(1)=\mathbf{2}$

   (2) $f'(x)=-e^{-x}\sin x+e^{-x}\cos x=-\sqrt{2}\,e^{-x}\sin\!\left(x-\dfrac{\pi}{4}\right)$

     $f'(x)=0$에서 $x=\dfrac{\pi}{4},\ \dfrac{5}{4}\pi$

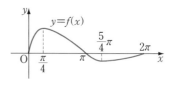

x	0	$\cdots$	$\dfrac{\pi}{4}$	$\cdots$	$\dfrac{5}{4}\pi$	$\cdots$	2π
$f'(x)$		$+$	0	$-$	0	$+$	
$f(x)$	0	$\nearrow$	극대	$\searrow$	극소	$\nearrow$	0

      [답] 극댓값 $f\!\left(\dfrac{\pi}{4}\right)=\dfrac{\sqrt{2}}{2}e^{-\frac{\pi}{4}}$, 극솟값 $f\!\left(\dfrac{5}{4}\pi\right)=-\dfrac{\sqrt{2}}{2}e^{-\frac{5}{4}\pi}$

[유제] **9**-10. 다음 함수의 극값을 구하여라.

   (1) $f(x)=x\ln x$ (2) $f(x)=x^2\ln x$ (3) $f(x)=\ln x-x$

        [답] (1) 극솟값 $f(e^{-1})=-\dfrac{1}{e}$ (2) 극솟값 $f\!\left(\dfrac{1}{\sqrt{e}}\right)=-\dfrac{1}{2e}$

            (3) 극댓값 $f(1)=-\mathbf{1}$

[유제] **9**-11. 다음 함수의 극값을 구하여라.

   (1) $f(x)=x^2e^{-x}$ (2) $f(x)=e^x\sin x$ $(0 \le x \le 2\pi)$

        [답] (1) 극댓값 $f(2)=4e^{-2}$, 극솟값 $f(0)=\mathbf{0}$

            (2) 극댓값 $f\!\left(\dfrac{3}{4}\pi\right)=\dfrac{\sqrt{2}}{2}e^{\frac{3}{4}\pi}$, 극솟값 $f\!\left(\dfrac{7}{4}\pi\right)=-\dfrac{\sqrt{2}}{2}e^{\frac{7}{4}\pi}$

필수 예제 **9**-7 $0<x<2\pi$에서 정의된 함수 $f(x)=x+a\cos x$에 대하여 다음 물음에 답하여라. 단, $a>0$이다.

(1) $f(x)$가 극값을 가지기 위한 실수 a의 값의 범위를 구하여라.

(2) $f(x)$의 극솟값이 0일 때, $f(x)$의 극댓값을 구하여라.

───────────────────────

[정석연구] $f(x)=x+a\cos x$에서 $f'(x)=1-a\sin x$이고 $f(x)$, $f'(x)$는 연속이다. 일반적으로

정석 $f(x)$, $f'(x)$가 연속일 때, $f(x)$가 극값을 가질 조건은

(i) $f'(x)=0$이 실근을 가지고

(ii) 이 실근의 좌우에서 $f'(x)$의 부호가 바뀐다.

[모범답안] (1) $f'(x)=1-a\sin x$

(i) $0<a\leq1$일 때 $|a\sin x|\leq1$이므로 $f'(x)\geq0$

따라서 $f(x)$는 증가함수이므로 극값을 가지지 않는다.

(ii) $a>1$일 때 $f'(x)=0$에서 $\sin x=\dfrac{1}{a}$ $(0<x<2\pi)$

이 방정식의 해를 α, $\beta\,(\alpha<\beta)$라고 하면

$$0<\alpha<\frac{\pi}{2}<\beta<\pi,\qquad \alpha+\beta=\pi$$

$x=\alpha$, β의 좌우에서 $f'(x)$의 부호와 $f(x)$의 증감을 조사하면 오른쪽 표와 같으므로 $f(x)$는 $x=\alpha$에서 극대, $x=\beta$에서 극소이다.

x	(0)	$\cdots$	α	$\cdots$	β	$\cdots$	(2π)
$f'(x)$		$+$	0	$-$	0	$+$	
$f(x)$		↗	극대	↘	극소	↗	

(i), (ii)에서 구하는 조건은 **$a>1$** ← [답]

(2) $\sin\alpha=\dfrac{1}{a}$에서 $\cos\alpha=\dfrac{\sqrt{a^2-1}}{a}$, $\sin\beta=\dfrac{1}{a}$에서 $\cos\beta=-\dfrac{\sqrt{a^2-1}}{a}$

문제의 조건에서 극솟값이 0이므로

$$f(\beta)=\beta+a\cos\beta=\beta-\sqrt{a^2-1}=0 \quad \therefore\ \beta=\sqrt{a^2-1}$$

따라서 극댓값은

$$f(\alpha)=\alpha+a\cos\alpha=\pi-\beta+\sqrt{a^2-1}=\pi-\sqrt{a^2-1}+\sqrt{a^2-1}$$
$$=\boldsymbol{\pi} \ \leftarrow\ \boxed{답}$$

[유제] **9**-12. 함수 $f(x)=ax+2\sin x$가 극값을 가질 때, 실수 a의 값의 범위를 구하여라. [답] $-2<a<2$

§3. 곡선의 오목·볼록과 변곡점

1 곡선의 오목·볼록과 변곡점

어떤 구간에서 곡선 $y=f(x)$ 위의 임의의 두 점 A, B에 대하여 A, B 사이에 있는 곡선 부분이 항상 선분 AB보다 아래쪽에 있을 때, 곡선 $y=f(x)$는 이 구간에서 아래로 볼록(또는 위로 오목)하다고 한다.

반대로 임의의 두 점 A, B 사이에 있는 곡선 부분이 항상 선분 AB보다 위쪽에 있을 때, 곡선 $y=f(x)$는 이 구간에서 위로 볼록(또는 아래로 오목)하다고 한다.

또, 곡선 $y=f(x)$ 위의 한 점의 좌우에서 곡선의 오목·볼록이 바뀔 때, 이 점을 곡선 $y=f(x)$의 변곡점이라고 한다.

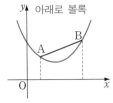
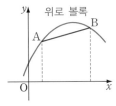
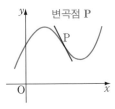

2 $f''(x)$와 곡선의 오목·볼록, 변곡점

(1) $f''(x)>0$인 구간에서 곡선 $y=f(x)$는 아래로 볼록하다.

(2) $f''(x)<0$인 구간에서 곡선 $y=f(x)$는 위로 볼록하다.

(3) $f''(a)=0$이고 $x=a$의 좌우에서 $f''(x)$의 부호가 바뀌면 점 $\left(a, f(a)\right)$는 곡선 $y=f(x)$의 변곡점이다.

3 $f''(x)$에 의한 극값의 판정

(1) $f'(a)=0$이고 $f''(a)<0$이면 $f(x)$는 $x=a$에서 극대이다.

(2) $f'(a)=0$이고 $f''(a)>0$이면 $f(x)$는 $x=a$에서 극소이다.

Advice 1° $f''(x)$의 부호와 곡선의 오목·볼록

곡선의 오목·볼록은 접선의 기울기의 증감과 관련이 있다.

곧, $f'(x)>0$인 구간에서 $f(x)$가 증가하는 것과 같은 이치로

$f''(x)>0$인 구간에서 $f'(x)$는 증가한다.

그런데 $f'(x)$는 곡선 $y=f(x)$의 접선의 기울기를 나타내므로 $f'(x)$가 증가하는 구간에서는 접점이 오른쪽으로 이동함에 따라 기울기는 증가한다.

그림 ① 　　그림 ②

이와 같이 되는 경우는 그림 ①과 같이 곡선이 아래로 볼록할 때이다.

같은 방법으로 생각하면 $f''(x)<0$인 구간에서 $f'(x)$는 감소하고 이와 같이 되는 경우는 그림 ②와 같이 곡선이 위로 볼록할 때이다.

따라서 곡선의 오목·볼록은 이계도함수의 부호로 알 수 있다.

> **정석**　함수 $f(x)$의 증감 $\Longrightarrow$ $f'(x)$의 부호로 판정
>
> 　　곡선 $y=f(x)$의 오목·볼록 $\Longrightarrow$ $f''(x)$의 부호로 판정

앞면의 **기본정석** ②의 (1)은 다음과 같이 증명할 수 있다.

(증명)　$f''(x)>0$인 구간에 속하는 임의의 두 수를 x_1, x_2 $(x_1<x_2)$라고 하자.

또, $f(x_1)=y_1$, $f(x_2)=y_2$라 하고, 두 점 $A(x_1,\ y_1)$, $B(x_2,\ y_2)$ 사이에 있는 곡선 위의 임의의 점을 $P(x_0,\ y_0)$이라고 하자.

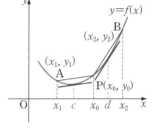

평균값 정리에 의하여

$$\frac{y_0-y_1}{x_0-x_1}=f'(c),\quad x_1<c<x_0$$

$$\frac{y_2-y_0}{x_2-x_0}=f'(d),\quad x_0<d<x_2$$

인 c, d가 존재한다.

이 구간에서 항상 $f''(x)>0$이므로 $f'(x)$는 이 구간에서 증가하고, $c<d$이므로 $f'(c)<f'(d)$이다.

$$\therefore\ \frac{y_2-y_1}{x_2-x_1}=\frac{(y_2-y_0)+(y_0-y_1)}{x_2-x_1}=\frac{f'(d)(x_2-x_0)+f'(c)(x_0-x_1)}{x_2-x_1}$$

$$>\frac{f'(c)(x_2-x_0)+f'(c)(x_0-x_1)}{x_2-x_1}=f'(c)=\frac{y_0-y_1}{x_0-x_1}$$

$$\therefore\ y_0-y_1<\frac{y_2-y_1}{x_2-x_1}(x_0-x_1)$$

이것은 곡선 위의 임의의 점 $P(x_0,\ y_0)$이 직선 AB, 곧

$$y-y_1=\frac{y_2-y_1}{x_2-x_1}(x-x_1)$$

보다 아래쪽에 있음을 뜻하므로 곡선은 아래로 볼록하다.

같은 방법으로 하면 **기본정석** ②의 (2)도 증명할 수 있다.

$\mathscr{Advice}$ 2° $f''(x)$와 변곡점

오른쪽 그림의 점 P와 같이 어떤 점의 좌우에서 $y=f(x)$의 그래프의 오목·볼록이 바뀔 때, 이 점을 변곡점이라고 한다.

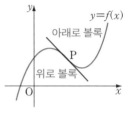

점 P의 왼쪽에서는 곡선이 위로 볼록하므로 $f'(x)$가 감소하고, 점 P의 오른쪽에서는 곡선이 아래로 볼록하므로 $f'(x)$가 증가한다. 따라서 $f''(x)$가 존재하는 경우 반드시 이 점에서 $f''(x)$의 값이 0이어야 한다.

정석 변곡점에서 $f''(x)=0$이다.

그러나 위의 역은 성립하지 않는다는 것에 주의해야 한다.

이를테면 $f(x)=x^4$에서는 $f''(0)=0$이지만, 이때 점 $(0,\,0)$은 변곡점이 아니다. 곧, $f''(x)=0$인 점은 변곡점일 수도 있고, 아닐 수도 있다.

따라서 변곡점인 것을 확인하기 위해서는 반드시 $f''(x)=0$인 점의 좌우에서 $f''(x)$의 부호가 바뀌는지를 조사해야 한다.

보기 1 곡선 $y=x^3-9x^2+24x-7$의 극점과 변곡점의 좌표를 구하여라.

연구 $y'=3x^2-18x+24=3(x-2)(x-4),$
$\qquad y''=6x-18=6(x-3)$
$y'=0$에서 $x=2,\ 4,\quad y''=0$에서 $x=3$
증감과 오목·볼록을 조사하면

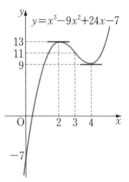

x	$\cdots$	2	$\cdots$	3	$\cdots$	4	$\cdots$
y'	+	0	−	−	−	0	+
y''	−	−	−	0	+	+	+
y	$\nearrow$	13	$\searrow$	11	$\searrow$	9	$\nearrow$

따라서 $x=2$에서 극대, $x=4$에서 극소이고, $x=3$인 점이 변곡점이다.

$\qquad\qquad \therefore$ 극대점 $(2,\,13)$, 극소점 $(4,\,9)$, 변곡점 $(3,\,11)$

*Note 1° 함수 $f(x)$가 증가할 때, 곡선 $y=f(x)$는 위로 볼록하면서 증가하는 경우($\nearrow$)가 있다. 또, 함수 $f(x)$가 감소할 때, 곡선 $y=f(x)$는 위로 볼록하면서 감소하는 경우($\searrow$)와 아래로 볼록하면서 감소하는 경우($\searrow$)가 있다.

2° 위의 삼차함수의 그래프에서 극대점, 극소점, 변곡점 사이의 위치 관계를 보면 극대점, 극소점은 변곡점에 대하여 서로 대칭인 위치에 있음을 알 수 있다.

⇐ 연습문제 **9**-10

Advice 3° $f''(x)$에 의한 극값의 판정

$y=f(x)$에서

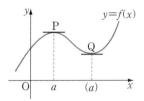

(1) $f'(a)=0$이고 $f''(a)<0$이면

$x=a$인 점에서의 접선은 y축에 수직이고 곡선은 위로 볼록하므로 오른쪽 그림의 P 와 같은 점이고 바로 극대점이다.

(2) $f'(a)=0$이고 $f''(a)>0$이면

$x=a$인 점에서의 접선은 y축에 수직이고 곡선은 아래로 볼록하므로 위의 그림의 Q와 같은 점이고 바로 극소점이다. 이상을 정리하면

> **정석** $f'(a)=0$이고 $f''(a)<0$이면 $f(x)$는 $x=a$에서 극대이고, $f'(a)=0$이고 $f''(a)>0$이면 $f(x)$는 $x=a$에서 극소이다.

여기에서 $f'(a)=0$이더라도 $f''(a)$의 값이 0이거나 또는 존재하지 않을 때에는 위의 방법을 쓸 수 없다. 이때에는 앞에서와 같이 $f'(x)$의 부호를 조사하여 극대 또는 극소를 판정하면 된다.

보기 2 이계도함수를 이용하여 다음 함수의 극값을 구하여라.

(1) $f(x)=2x^3-9x^2+12x-1$　　　　(2) $f(x)=e^x-x$

(3) $f(x)=x-2\sin x \ (0\le x\le 2\pi)$

연구 (1) $f'(x)=6x^2-18x+12=6(x-1)(x-2),\quad f''(x)=12x-18$

$f'(x)=0$에서 $x=1,\ 2$이다. 이 값을 $f''(x)$에 대입하면

$f''(1)=-6<0$이므로 $x=1$에서 극대이고, 극댓값 $f(1)=\mathbf{4}$

$f''(2)=6>0$이므로 $x=2$에서 극소이고, 극솟값 $f(2)=\mathbf{3}$

(2) $f'(x)=e^x-1,\quad f''(x)=e^x$

$f'(x)=0$에서 $x=0$이다. 이 값을 $f''(x)$에 대입하면 $f''(0)=1>0$이므로 $x=0$에서 극소이고, 극솟값 $f(0)=\mathbf{1}$

(3) $f'(x)=1-2\cos x,\quad f''(x)=2\sin x$

$f'(x)=0$에서 $x=\dfrac{\pi}{3},\ \dfrac{5}{3}\pi\ (\because\ 0\le x\le 2\pi)$이다. 이 값을 $f''(x)$에 대입하면

$f''\!\left(\dfrac{\pi}{3}\right)=\sqrt{3}>0$이므로 $x=\dfrac{\pi}{3}$에서 극소이고,

$$극솟값\ f\!\left(\frac{\pi}{3}\right)=\frac{\boldsymbol{\pi}}{3}-\sqrt{3}$$

$f''\!\left(\dfrac{5}{3}\pi\right)=-\sqrt{3}<0$이므로 $x=\dfrac{5}{3}\pi$에서 극대이고,

$$극댓값\ f\!\left(\frac{5}{3}\pi\right)=\frac{\mathbf{5}}{3}\boldsymbol{\pi}+\sqrt{3}$$

필수 예제 **9**-8   다음 함수 $f(x)$에 대하여 곡선 $y=f(x)$의 변곡점의 좌표를 구하고, 변곡점에서의 접선의 방정식을 구하여라.

(1) $f(x)=x+2\sin x \ (0<x<2\pi)$ (2) $f(x)=xe^{-x}$

[정석연구] 변곡점은 다음 순서로 구한다.

정석 곡선 $y=f(x)$의 변곡점을 구하는 순서

(i) $f''(x)=0$의 해 $x=a$를 구한다.

(ii) $x=a$의 좌우에서 $f''(x)$의 부호가 바뀌면

변곡점 $\Longrightarrow$ 점 $\big(a,\ f(a)\big)$

또한 $f''(x)=0$의 해가 두 개 이상인 경우에도 각각의 해에 대하여 해의 좌우에서 $f''(x)$의 부호가 바뀌는지 확인한다.

[모범답안] (1) $f'(x)=1+2\cos x$,

$f''(x)=-2\sin x$

$f''(x)=0$에서 $\sin x=0$

$0<x<2\pi$이므로 $x=\pi$

x	(0)	$\cdots$	π	$\cdots$	(2π)
$f''(x)$		$-$	0	$+$	

$x=\pi$의 좌우에서 $f''(x)$의 부호가 바뀌고 $f(\pi)=\pi+2\sin\pi=\pi$이므로 구하는 변곡점의 좌표는 $(\boldsymbol{\pi},\ \boldsymbol{\pi})$ ← [답]

또, $f'(\pi)=1+2\cos\pi=-1$이므로 구하는 접선의 방정식은

$$y-\pi=-1\times(x-\pi) \quad \therefore\ \boldsymbol{y=-x+2\pi} \ \leftarrow \ \boxed{답}$$

(2) $f'(x)=e^{-x}-xe^{-x}=(1-x)e^{-x}$,

$f''(x)=-e^{-x}-(1-x)e^{-x}=(x-2)e^{-x}$

$f''(x)=0$에서 $x-2=0$

$\therefore\ x=2$

x	$\cdots$	2	$\cdots$
$f''(x)$	$-$	0	$+$

$x=2$의 좌우에서 $f''(x)$의 부호가 바뀌고 $f(2)=2e^{-2}$이므로 구하는 변곡점의 좌표는 $(\boldsymbol{2,\ 2e^{-2}})$ ← [답]

또, $f'(2)=(1-2)e^{-2}=-e^{-2}$이므로 구하는 접선의 방정식은

$$y-2e^{-2}=-e^{-2}(x-2) \quad \therefore\ \boldsymbol{y=-e^{-2}x+4e^{-2}} \ \leftarrow \ \boxed{답}$$

[유제] **9**-13. 다음 함수 $f(x)$에 대하여 곡선 $y=f(x)$의 변곡점의 좌표를 구하고, 변곡점에서의 접선의 방정식을 구하여라.

(1) $f(x)=\sin x \ (0<x<2\pi)$ (2) $f(x)=\tan x$ (3) $f(x)=xe^x$

[답] (1) $(\boldsymbol{\pi,\ 0}),\ \boldsymbol{y=-x+\pi}$ (2) $(\boldsymbol{n\pi,\ 0}),\ \boldsymbol{y=x-n\pi}$ ($\boldsymbol{n}$은 정수)

(3) $(\boldsymbol{-2,\ -2e^{-2}}),\ \boldsymbol{y=-e^{-2}x-4e^{-2}}$

필수 예제 **9**-9   다음 물음에 답하여라.

(1) 함수 $f(x)=\ln x^3+\dfrac{a}{x}+bx$ 가 $x=1$에서 극솟값 1을 가질 때, 상수 $a,\ b$의 값을 구하여라.

(2) 함수 $f(x)=a\sin x+b\cos x+x$ (단, $0\leq x\leq 2\pi$)가 $x=\dfrac{\pi}{3}$ 와 $x=\pi$ 에서 극값을 가질 때, 상수 $a,\ b$의 값과 $f(x)$의 극솟값을 구하여라.

[정석연구] $f'(x)$의 부호를 조사하여 극값을 구해도 되지만, 이 경우에는

정석 $f'(a)=0,\ f''(a)<0 \implies f(x)$는 $x=a$에서 극대
$\qquad f'(a)=0,\ f''(a)>0 \implies f(x)$는 $x=a$에서 극소

를 이용하여 극값을 구해도 된다.

[모범답안] (1) $f'(x)=\dfrac{3}{x}-\dfrac{a}{x^2}+b=\dfrac{bx^2+3x-a}{x^2}$,

$$f''(x)=\dfrac{(2bx+3)x^2-(bx^2+3x-a)\times 2x}{x^4}=\dfrac{-3x+2a}{x^3}$$

$f(1)=a+b=1 \qquad \cdots\cdots \text{①}\qquad\qquad f'(1)=b+3-a=0 \qquad\cdots\cdots\text{②}$
$f''(1)=-3+2a>0 \qquad\qquad\qquad\qquad\qquad\qquad\qquad\cdots\cdots\text{③}$

①, ②를 연립하여 풀면 $a=2,\ b=-1$이고, 이때 ③이 성립한다.

[답] $\boldsymbol{a=2,\ b=-1}$

(2) $f'(x)=a\cos x-b\sin x+1$이므로

$f'\!\left(\dfrac{\pi}{3}\right)=\dfrac{1}{2}a-\dfrac{\sqrt{3}}{2}b+1=0,\quad f'(\pi)=-a+1=0 \quad\therefore\ a=1,\ b=\sqrt{3}$

이때, $f(x)=\sin x+\sqrt{3}\cos x+x$이고
$\qquad f'(x)=\cos x-\sqrt{3}\sin x+1,\quad f''(x)=-\sin x-\sqrt{3}\cos x$

그런데 $f''\!\left(\dfrac{\pi}{3}\right)=-\dfrac{\sqrt{3}}{2}-\dfrac{\sqrt{3}}{2}=-\sqrt{3}<0,\quad f''(\pi)=\sqrt{3}>0$

이므로 조건을 만족시키고 $f(x)$는 $x=\pi$에서 극솟값 $f(\pi)=-\sqrt{3}+\pi$를 가진다.   [답] $\boldsymbol{a=1,\ b=\sqrt{3}}$, 극솟값 $\boldsymbol{\pi-\sqrt{3}}$

Advice | (1) 조건 ③을 사용하지 않는 경우 ①, ②를 연립하여 풀어 얻은 $a,\ b$의 값을 $f(x)$에 대입한 다음, $x=1$에서 극솟값을 가지는지 확인해 보아야 한다.

[유제] **9**-14. 함수 $f(x)=a\sin 2x+b\cos x$ 가 $x=\dfrac{7}{6}\pi$에서 극댓값 $\dfrac{3\sqrt{3}}{2}$ 을 가질 때, 상수 $a,\ b$의 값을 구하여라.   [답] $a=1,\ b=-2$

필수 예제 **9**-10   함수 $f(x)=e^{ax}(\sin x+\cos x)$가 $x=\pi$에서 극솟값을 가질 때, 다음 물음에 답하여라.

(1) 상수 a의 값을 구하여라.

(2) $x>0$에서 함수 $f(x)$의 극댓값을 x의 값이 작은 것부터 차례로 a_1, a_2, a_3, $\cdots$ 이라고 할 때, $\sum\limits_{n=1}^{\infty} a_n$의 값을 구하여라.

[정석연구] $f'(x)$의 부호를 조사하여 극값을 구해도 되고,

정석 $f'(a)=0,\ f''(a)<0 \implies f(x)$는 $x=a$에서 극대

$\qquad f'(a)=0,\ f''(a)>0 \implies f(x)$는 $x=a$에서 극소

를 이용하여 극값을 구해도 된다.

[모범답안] (1) $f'(x)=ae^{ax}(\sin x+\cos x)+e^{ax}(\cos x-\sin x)$

$\qquad\qquad =e^{ax}\{(a-1)\sin x+(a+1)\cos x\}$

함수 $f(x)$는 $x=\pi$에서 극소이므로

$\qquad f'(\pi)=e^{a\pi}\{(a-1)\sin\pi+(a+1)\cos\pi\}=0$

$\qquad\qquad \therefore\ -(a+1)=0 \quad \therefore\ a=-1$

이때, $f(x)=e^{-x}(\sin x+\cos x)$이고

$\qquad f'(x)=-2e^{-x}\sin x,\quad f''(x)=2e^{-x}(\sin x-\cos x)$

그런데 $f''(\pi)=2e^{-\pi}(\sin\pi-\cos\pi)=2e^{-\pi}>0$

이므로 $f(x)$는 $x=\pi$에서 극소이고 조건을 만족시킨다.　[답] $a=-1$

(2) $f'(x)=0$에서 $\sin x=0$

$x>0$이므로 $x=m\pi$ (m은 자연수)

그런데 $x=2n\pi$ (n은 자연수)일 때 $f''(x)<0$,

$\qquad\qquad x=(2n-1)\pi$ (n은 자연수)일 때 $f''(x)>0$

이므로 극댓값은 $f(2n\pi)=e^{-2n\pi}$ (n은 자연수)

$\qquad\qquad \therefore\ a_n=e^{-2n\pi}$

따라서 수열 $\{a_n\}$은 첫째항이 $a_1=e^{-2\pi}$, 공비가 $e^{-2\pi}$인 등비수열이고 $0<e^{-2\pi}<e^0=1$이므로

$$\sum_{n=1}^{\infty} a_n=\frac{e^{-2\pi}}{1-e^{-2\pi}}=\frac{1}{e^{2\pi}-1} \longleftarrow \boxed{답}$$

[유제] **9**-15. $x\geq0$에서 함수 $y=e^x\sin x$의 극댓값을 x의 값이 작은 것부터 차례로 $y_1,\ y_2,\ y_3,\ \cdots$ 이라고 할 때, $\ln y_{100}-\ln y_{99}$의 값을 구하여라.

[답] 2π

§4. 곡선의 개형

1 **점근선을 조사하는 방법**

　곡선 $y=f(x)$의 점근선은

(i) $\lim\limits_{x \to a+} f(x)$, $\lim\limits_{x \to a-} f(x)$에서 이것이 ∞ 또는 $-\infty$이면　$\boldsymbol{x=a}$

(ii) $\lim\limits_{x \to \infty} f(x)=b$ 또는 $\lim\limits_{x \to -\infty} f(x)=b$이면　$\boldsymbol{y=b}$

(iii) $\lim\limits_{x \to \infty} \big| f(x)-(ax+b) \big|=0$ 또는 $\lim\limits_{x \to -\infty} \big| f(x)-(ax+b) \big|=0$이면

$$\boldsymbol{y=ax+b}$$

2 **곡선의 개형을 그리는 순서**

(1) 곡선이 존재하는 범위를 구한다 (정의역과 치역을 구한다).

(2) x축, y축, 원점 등에 대한 대칭성이 있는지를 조사한다.

(3) 곡선과 좌표축의 교점이 쉽게 구해지면 그것을 구한다.

(4) 도함수를 구하여 함수의 증감, 극대·극소를 조사한다.

(5) 이계도함수를 구하여 곡선의 오목·볼록, 변곡점을 조사한다.

(6) 곡선의 점근선이 있는지를 조사한다.

Advice | 지금까지 여러 가지 곡선의 개형을 그려 보았으나, 곡선에 따라서는 곡선의 오목·볼록, 변곡점, 점근선 등에 대해서 조사해야만 비교적 정확한 개형을 그릴 수 있다.

　실력 수학(하)(p.227)에서

$$\text{쌍곡선 } \boldsymbol{y=\frac{1}{x}}\text{의 점근선은} \implies \boldsymbol{x=0}\,(y\text{축}),\ \boldsymbol{y=0}\,(x\text{축})$$

인 것은 이미 공부하였다.

　다음 그림을 보고 위의 **기본정석** 1의 (i), (ii), (iii)을 이해해 보아라.

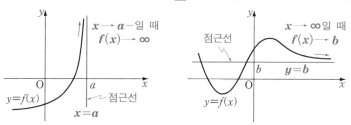

특히 (i)의 경우 $f(x)$는 $x=a$에서 불연속이라는 것에 주의하여라.

보기 1 곡선 $y=\dfrac{x^3}{x^2-4}$ 의 개형을 그려라.

[연구] 앞면의 곡선의 개형을 그리는 순서에 따라 조사한다.

(1) 분모가 0이 되는 x의 값, 곧 $x=\pm2$에서 y의 값은 존재하지 않는다.

(2) y는 x의 기함수이므로 그래프는 원점에 대하여 대칭이다.

(3) $x=0$을 대입하면 $y=0$이고, $y=0$을 대입하면 $x=0$이므로 곡선이 x축, y축과 만나는 점은 원점뿐이다.

(4) $y'=\dfrac{3x^2(x^2-4)-x^3\times2x}{(x^2-4)^2}=\dfrac{x^2(x^2-12)}{(x^2-4)^2}$

(5) $y''=\dfrac{(4x^3-24x)(x^2-4)^2-x^2(x^2-12)\times2(x^2-4)\times2x}{(x^2-4)^4}=\dfrac{8x(x^2+12)}{(x^2-4)^3}$

(4), (5)로부터 함수의 증감, 곡선의 오목·볼록을 조사하면 다음과 같다.

x	$\cdots$	$-2\sqrt{3}$	$\cdots$	(-2)	$\cdots$	0	$\cdots$	(2)	$\cdots$	$2\sqrt{3}$	$\cdots$
y'	$+$	0	$-$		$-$	0	$-$		$-$	0	$+$
y''	$-$	$-$	$-$		$+$	0	$-$		$+$	$+$	$+$
y	$\nearrow$	$-3\sqrt{3}$	$\searrow$		$\searrow$	0	$\searrow$		$\searrow$	$3\sqrt{3}$	$\nearrow$

$\therefore$ 극대점 $(-2\sqrt{3},\ -3\sqrt{3})$, 극소점 $(2\sqrt{3},\ 3\sqrt{3})$, 변곡점 $(0,\ 0)$

(6) $y=\dfrac{x^3}{x^2-4}=x+\dfrac{4x}{x^2-4}$ 에서

$$\lim_{x\to2+}y=\infty,\quad \lim_{x\to2-}y=-\infty,$$
$$\lim_{x\to-2+}y=\infty,\quad \lim_{x\to-2-}y=-\infty,$$
$$\lim_{x\to\infty}(y-x)=0,\quad \lim_{x\to-\infty}(y-x)=0$$

따라서 점근선은 직선

$$x=2,\quad x=-2,\quad y=x$$

이고, (1)~(6)으로부터 곡선의 개형은 오른쪽 그림의 초록 곡선이다.

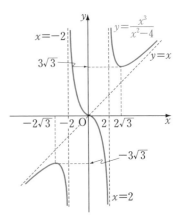

*Note 1° 유리함수에서 분모가 0이 되는 x의 값에서는 함수가 정의되지 않는다. 그리고 이 x의 값에서 함수의 극한을 조사해 보면 $x=a$ 꼴의 점근선이 생긴다는 것을 쉽게 알 수 있다.

2° 기함수이므로 $x<0$에서 증감을 조사하지 않고 대칭성을 이용해도 된다.

필수 예제 **9**-11　다음 곡선의 극점과 변곡점의 좌표를 구하고, 오목 · 볼록을 조사하여 곡선의 개형을 그려라.

(1) $y=3x^4-4x^3+1$　　　　(2) $y=\dfrac{2x}{x^2+1}$

[모범답안] (1) $y'=12x^2(x-1)$,　$y''=12x(3x-2)$

$y'=0$에서　$x=0, 1$,　$y''=0$에서　$x=0, \dfrac{2}{3}$

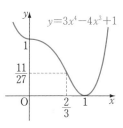

x	$\cdots$	0	$\cdots$	$\dfrac{2}{3}$	$\cdots$	1	$\cdots$
y'	$-$	0	$-$	$-$	$-$	0	$+$
y''	$+$	0	$-$	0	$+$	$+$	$+$
y	$\searrow$	1	$\searrow$	$\dfrac{11}{27}$	$\searrow$	0	$\nearrow$

따라서 극소점 $(\mathbf{1, 0})$, 변곡점 $(\mathbf{0, 1})$, $\left(\dfrac{\mathbf{2}}{\mathbf{3}}, \dfrac{\mathbf{11}}{\mathbf{27}}\right)$

이고, 곡선의 개형은 위와 같다.

(2) $y'=\dfrac{-2(x+1)(x-1)}{(x^2+1)^2}$,　$y''=\dfrac{4x(x+\sqrt{3}\,)(x-\sqrt{3}\,)}{(x^2+1)^3}$

$y'=0$에서　$x=-1, 1$,　$y''=0$에서　$x=0, -\sqrt{3}, \sqrt{3}$

x	$\cdots$	$-\sqrt{3}$	$\cdots$	-1	$\cdots$	0	$\cdots$	1	$\cdots$	$\sqrt{3}$	$\cdots$
y'	$-$	$-$	$-$	0	$+$	$+$	$+$	0	$-$	$-$	$-$
y''	$-$	0	$+$	$+$	$+$	0	$-$	$-$	$-$	0	$+$
y	$\searrow$	$-\dfrac{\sqrt{3}}{2}$	$\searrow$	-1	$\nearrow$	0	$\nearrow$	1	$\searrow$	$\dfrac{\sqrt{3}}{2}$	$\searrow$

따라서 극대점 $(\mathbf{1, 1})$, 극소점 $(\mathbf{-1, -1})$,

변곡점 $\left(-\sqrt{\mathbf{3}}, -\dfrac{\sqrt{\mathbf{3}}}{\mathbf{2}}\right)$, $(\mathbf{0, 0})$, $\left(\sqrt{\mathbf{3}}, \dfrac{\sqrt{\mathbf{3}}}{\mathbf{2}}\right)$

이고 $\lim\limits_{x\to\infty} y=0$, $\lim\limits_{x\to-\infty} y=0$이므로 곡선
의 개형은 오른쪽과 같다.

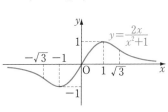

[유제] **9**-16. 다음 곡선의 개형을 그려라.

(1) $y=x^4-4x^3+3$

(2) $y=\dfrac{2}{x^2+1}$

필수 예제 **9**-12   다음 함수의 그래프의 개형을 그려라.

(1) $y=xe^{-x}$

(2) $y=\dfrac{\ln x}{x}$

[모범답안] (1) $y'=(1-x)e^{-x}$, $y''=(x-2)e^{-x}$

이므로 주어진 함수의 증감과 곡선의 오목·볼록은 다음과 같다.

x	$\cdots$	1	$\cdots$	2	$\cdots$
y'	$+$	0	$-$	$-$	$-$
y''	$-$	$-$	$-$	0	$+$
y	$\nearrow$	e^{-1}	$\searrow$	$2e^{-2}$	$\searrow$

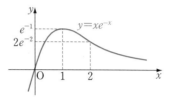

곧, 극대점 $(1, e^{-1})$, 변곡점 $(2, 2e^{-2})$

또, $\displaystyle\lim_{x\to\infty} y=\lim_{x\to\infty} xe^{-x}=\lim_{x\to\infty}\frac{x}{e^x}=\lim_{x\to\infty}\frac{1}{e^x}=0$,   ⇐ 로피탈의 정리 (p. 166)

$\displaystyle\lim_{x\to-\infty} y=\lim_{x\to-\infty} xe^{-x}=-\infty$

이므로 그래프의 개형은 위와 같다.

(2) 정의역이 $\{x\,|\,x>0\}$이고 $y'=\dfrac{1-\ln x}{x^2}$, $y''=\dfrac{2\ln x-3}{x^3}$

이므로 주어진 함수의 증감과 곡선의 오목·볼록은 다음과 같다.

x	$\cdots$	e	$\cdots$	$e^{\frac{3}{2}}$	$\cdots$
y'	$+$	0	$-$	$-$	$-$
y''	$-$	$-$	$-$	0	$+$
y	$\nearrow$	e^{-1}	$\searrow$	$\dfrac{3}{2}e^{-\frac{3}{2}}$	$\searrow$

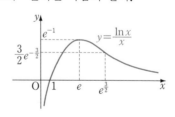

곧, 극대점 (e, e^{-1}), 변곡점 $\left(e^{\frac{3}{2}}, \dfrac{3}{2}e^{-\frac{3}{2}}\right)$

또, $\displaystyle\lim_{x\to 0+} y=\lim_{x\to 0+}\frac{\ln x}{x}=-\infty$, $\displaystyle\lim_{x\to\infty} y=\lim_{x\to\infty}\frac{\ln x}{x}=\lim_{x\to\infty}\frac{1}{x}=0$

이므로 그래프의 개형은 위와 같다.

*__Note__   지수함수 $y=e^x$의 그래프의 점근선은 x축이고, 로그함수 $y=\ln x$의 그래프의 점근선은 y축이다.

[유제] **9**-17. 다음 함수의 그래프의 개형을 그려라.

(1) $y=e^{-x^2}$

(2) $y=\dfrac{e^x}{x-1}$

(3) $y=\ln(x^2+1)$

필수 예제 **9**-13   매개변수 t로 나타낸 다음 곡선(사이클로이드)의 오목·볼록을 조사하고, 곡선의 개형을 그려라.
$$x=t-\sin t, \quad y=1-\cos t \quad (\text{단, } 0<t<2\pi)$$

정석연구 먼저 $\dfrac{dx}{dt}$, $\dfrac{dy}{dt}$를 계산한 다음 $\dfrac{dy}{dx}$, $\dfrac{d^2y}{dx^2}$를 계산한다.

정석 $\dfrac{dy}{dx}=\dfrac{dy}{dt}\Big/\dfrac{dx}{dt}$, $\dfrac{d^2y}{dx^2}=\dfrac{d}{dt}\Big(\dfrac{dy}{dx}\Big)\dfrac{dt}{dx}$, $\dfrac{dt}{dx}=\dfrac{1}{\dfrac{dx}{dt}}\Big(\dfrac{dx}{dt}\neq0\Big)$

모범답안 $x=t-\sin t$에서 $\dfrac{dx}{dt}=1-\cos t$, $\quad y=1-\cos t$에서 $\dfrac{dy}{dt}=\sin t$

$$\therefore \dfrac{dy}{dx}=\dfrac{dy}{dt}\Big/\dfrac{dx}{dt}=\dfrac{\sin t}{1-\cos t}$$

$$\therefore \dfrac{d^2y}{dx^2}=\dfrac{d}{dt}\Big(\dfrac{dy}{dx}\Big)\dfrac{dt}{dx}=\dfrac{d}{dt}\Big(\dfrac{\sin t}{1-\cos t}\Big)\dfrac{dt}{dx} \quad \Leftarrow \dfrac{dt}{dx}=\dfrac{1}{\dfrac{dx}{dt}}=\dfrac{1}{1-\cos t}$$

$$=\dfrac{\cos t(1-\cos t)-\sin t\sin t}{(1-\cos t)^2}\times\dfrac{1}{1-\cos t}$$

$$=\dfrac{\cos t-(\cos^2 t+\sin^2 t)}{(1-\cos t)^3}=\dfrac{\cos t-1}{(1-\cos t)^3}=-\dfrac{1}{(1-\cos t)^2}<0$$

따라서 $0<t<2\pi$에서 곡선은 위로 볼록하다.

또, $\dfrac{dy}{dx}=\dfrac{\sin t}{1-\cos t}=0$에서 $t=\pi$
이므로 $t=\pi(x=\pi)$에서 극대이고,
극댓값은 $y=1-\cos\pi=2$
따라서 곡선의 개형은 오른쪽과
같다.

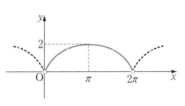

Advice | 원 $x^2+(y-1)^2=1$이 x축과 만나는 점을 P라고 하자. 이 원이 x축의 양의 방향으로 굴러가서 원의 중심이 점 $(t, 1)$일 때, 점 P의 좌표는
$$P(t-\sin t, \; 1-\cos t)$$
이다. 이때, 점 P의 자취가 사이클로이드이다.

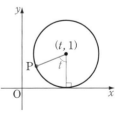

유제 **9**-18. 매개변수 t로 나타낸 다음 곡선의 개형을 그려라.
$$x=\ln t, \quad y=\dfrac{1}{2}\Big(t+\dfrac{1}{t}\Big)$$

━━━━━━━━━━━━━━ **연습문제 9** ━━━━━━━━━━━━━━

[기본] **9**-1 다음 함수가 증가함수일 때, 실수 a의 값의 범위를 구하여라.
(1) $f(x) = ax + \sin x$　　　　　(2) $f(x) = (ax^2 + 1)e^x$

9-2 $f(x) = (\sin\theta)x^3 - 3(\cos\theta)x^2 + (\sin\theta)x$가 증가함수일 때, 실수 θ의 값의 범위를 구하여라. 단, $0 \le \theta \le 2\pi$이다.

9-3 다음 함수의 극값을 구하여라.
(1) $f(x) = x(\ln x - 1)^2$　　　　　(2) $f(x) = x^2 - \ln(2 - x^2)$

9-4 자연수 n에 대하여 함수
$$f(x) = n\ln x + \frac{n+1}{x} + n^2\sin^2\frac{1}{n} - n$$
의 극솟값을 a_n이라고 할 때, $\lim\limits_{n\to\infty} a_n$의 값을 구하여라.

9-5 $0 < \theta < \dfrac{\pi}{2}$인 상수 θ에 대하여 곡선 $y = x^3 + 3x^2\cos\theta - 4\sin 2\theta$가 x축에 접할 때, $\sin\theta$의 값을 구하여라.

9-6 상수 k에 대하여 함수 $f(x) = (x^2 - k)e^{-x+1}$이 $x = 4$에서 극댓값 a를 가진다. $f(x)$의 극솟값을 b라고 할 때, kab의 값을 구하여라.

9-7 함수 $f(x) = x + 1 + \dfrac{a}{x}$의 극댓값이 -1일 때, 상수 a의 값과 $f(x)$의 극솟값을 구하여라.

9-8 함수 $f(x) = \ln x + \dfrac{a}{x} - x$가 극댓값과 극솟값을 모두 가질 때, 실수 a의 값의 범위를 구하여라.

9-9 이계도함수를 이용하여 다음 함수의 극값을 구하여라.
(1) $f(x) = e^x + 2e^{-x}$　　　　　(2) $f(x) = e^{-x}\cos x \ (0 \le x \le 2\pi)$

9-10 삼차함수의 그래프는 변곡점에 대하여 대칭임을 증명하여라.

9-11 함수 $f(x) = x^3 + ax^2 - a^2x + b$의 그래프가 다음 두 조건을 만족시킬 때, 정수 a, b의 값을 구하여라.
　　　㈎ x축 위의 한 점에 대하여 대칭이다.
　　　㈏ 점 $(0, 10)$과 점 $(0, 15)$ 사이에서 y축과 만난다.

9-12 다음 함수의 그래프의 개형을 그려라.
(1) $y = x + \dfrac{1}{x}$　　　(2) $y = x + \sqrt{1 - x^2}$　　　(3) $y = 2x^2 - \sqrt{x}$
(4) $y = e^{\frac{1}{x}}$　　　(5) $y = x\ln x - x$　　　(6) $y = (\ln x)^2$

9-13 함수 $f(x)=-2x^2+a\sin x$가 모든 실수 p, q에 대하여

$$f\left(\frac{p+q}{2}\right)\geq\frac{f(p)+f(q)}{2}$$

를 만족시킬 때, 실수 a의 값의 범위를 구하여라.

9-14 오른쪽 표는 다항함수 $f(x)$에 대하여 x의 값에 따른 $f(x)$, $f'(x)$, $f''(x)$의 변화 중 일부를 나타낸 것이다.

함수 $g(x)=\sin f(x)$에 대하여 다음이 참인지 거짓인지 말하여라.

x	$\cdots$	1	$\cdots$	3
$f'(x)$		0		1
$f''(x)$	+		+	0
$f(x)$		$\dfrac{\pi}{2}$		π

(1) 함수 $f(x)$는 $x=1$에서 극값을 가진다.

(2) $1<a<b<3$이면 $-1<\dfrac{g(b)-g(a)}{b-a}<0$이다.

(3) 점 P$(1, 1)$은 곡선 $y=g(x)$의 변곡점이다.

9-15 실수 전체의 집합에서 이계도함수를 가지는 함수 $f(x)$에 대하여 점 A$\big(a, f(a)\big)$를 곡선 $y=f(x)$의 변곡점이라 하고, 곡선 $y=f(x)$ 위의 점 A에서의 접선의 방정식을 $y=g(x)$라고 하자. 직선 $y=g(x)$가 곡선 $y=f(x)$와 점 B$\big(b, f(b)\big)$에서 접할 때, 함수 $h(x)$를 $h(x)=f(x)-g(x)$라고 하자. 이때, 다음이 성립함을 보여라. 단, $a\neq b$이다.

(1) 방정식 $h'(x)=0$은 적어도 3개의 서로 다른 실근을 가진다.

(2) 점 $\big(a, h(a)\big)$는 곡선 $y=h(x)$의 변곡점이다.

[실력] **9**-16 구간 $(-\infty, \infty)$에서 함수 $f(x)$가 $f''(x)>0$이고 $f(0)=0$이다. $x>0$에서 $\dfrac{f(x)}{x}$가 증가함을 보여라.

9-17 함수 $f(x)=\dfrac{4x-a}{x^2+1}$의 극댓값이 1일 때, $f(x)$의 치역을 구하여라. 단, a는 실수이다.

9-18 $f'(x)=-2e^{2x}\sin 2x+2f(x)$, $f''(x)=-8e^{2x}\sin 2x+4e^{2x}$일 때, $f(x)$를 구하고, $-\pi<x<\pi$에서 $f(x)$의 극값을 구하여라.

9-19 다음 함수 $f(x)$에 대하여 곡선 $y=f(x)$의 극대점과 극소점을 잇는 선분의 중점의 자취의 방정식을 구하여라.

$$f(x)=x^3-3(1+\sin\theta)x^2+3\sin\theta(2+\sin\theta)x+3\sin\theta+1$$

9-20 a가 0이 아닌 실수일 때, 곡선 $y=x^2e^{\frac{x}{a}}$의 극대점은 a의 값이 변함에 따라 어떤 곡선 위를 움직이는가?

9-21 함수 $f(x)=x^2+a\ln(x+1)$에 대하여 다음 물음에 답하여라.

(1) $a<0$일 때, $f(x)$가 오직 한 점에서 극값을 가짐을 보여라.

(2) $f(x)$가 두 점에서 극값을 가지는 실수 a의 값의 범위를 구하여라.

(3) (2)에서 구한 범위의 a에 대하여 $f(x)$의 극값의 합 $S(a)$를 구하여라.

9-22 함수 $f(x)=x^2-2x+2+ae^{-x}$(단, $a>0$)이 있다.

(1) $y=f(x)$의 그래프는 오직 하나의 극점을 가짐을 보여라.

(2) a의 값이 변할 때, 극점의 자취를 구하여라.

9-23 함수 $f(x)$가 모든 실수 x에 대하여 $f''(x)\geq0$이고, $x=0$일 때 최댓값 3을 가진다. 이때, $f(1)$의 값을 구하여라.

9-24 다음을 만족시키는 실수 α, β에 대하여 $\alpha+\beta$의 값을 구하여라.
$$\alpha^3-3\alpha^2+5\alpha=1, \qquad \beta^3-3\beta^2+5\beta=5$$

9-25 곡선 $y=\cos^n x$의 변곡점의 y좌표를 a_n이라고 할 때, $\lim_{n\to\infty}a_n$의 값을 구하여라. 단, $0<x<\dfrac{\pi}{2}$이고, n은 2 이상의 자연수이다.

9-26 곡선 $y=\dfrac{x^2+ax+b}{x^2-1}$의 변곡점의 좌표가 $(2, 5)$일 때, 상수 a, b의 값을 구하여라.

9-27 다음 함수의 그래프의 개형을 그려라.

(1) $y=e^x\cos x \ (0\leq x\leq2\pi)$ (2) $y=x^x \ (x>0)$

9-28 최고차항의 계수가 1인 삼차함수 $f(x)$와 그 역함수 $g(x)$가 다음 두 조건을 만족시킨다.

(가) $g(x)$는 실수 전체의 집합에서 미분가능하고 $g'(x)\leq\dfrac{1}{3}$이다.

(나) $\lim\limits_{x\to3}\dfrac{f(x)-g(x)}{(x-3)g(x)}=\dfrac{8}{9}$

이때, $f(x)$를 구하고, 곡선 $y=f(x)$의 변곡점의 좌표를 구하여라.

9-29 실수 전체의 집합에서 미분가능한 함수 $f(x)$가 모든 실수 x에 대하여 다음 세 조건을 만족시킬 때, 아래 물음에 답하여라.

(가) $f(x)\neq1$ (나) $f(x)+f(-x)=0$

(다) $f'(x)=\{1+f(x)\}\{1-f(x)\}$

(1) 곡선 $y=f(x)$의 변곡점은 오직 하나임을 보여라.

(2) 곡선 $y=f(x)$의 변곡점에서의 접선의 방정식을 구하여라.

10. 최대·최소와 미분

§ 1. 함수의 최대와 최소

구간 $[a, b]$ 에서 연속함수 $f(x)$ 의 최대와 최소

첫째—구간 $[a, b]$ 에서의 모든 극댓값, 극솟값을 구한다.

둘째—구간의 양 끝 값에서의 함숫값 $f(a)$, $f(b)$ 를 구한다.

셋째—위의 첫째, 둘째에서 구한 값들의 크기를 비교한다.

최댓값은 $\Longrightarrow$ $f(x)$ 의 모든 극댓값, $f(a)$, $f(b)$ 중에서 최대인 것

최솟값은 $\Longrightarrow$ $f(x)$ 의 모든 극솟값, $f(a)$, $f(b)$ 중에서 최소인 것

Advice | 이차함수 $f(x) = ax^2 + bx + c$ 의 최댓값 또는 최솟값은 준 식을

$$f(x) = a(x-m)^2 + n \qquad \Leftarrow \text{완전제곱의 꼴}$$

의 꼴로 변형하여 구했다.

특히 구간이 주어진 경우 최댓값 또는 최솟값은 이 구간에서 $y = f(x)$ 의 그래프를 그린 다음, 이를 이용하여 구했다. $\Leftarrow$ 실력 수학(상) p.146

삼차함수, 사차함수와 같은 다항함수뿐만 아니라 분수함수, 삼각함수, 지수함수, 로그함수의 최댓값과 최솟값을 구할 때에도 도함수를 이용하여 그래프를 그리면 쉽게 구할 수 있다.

정석 함수의 최대와 최소 $\Longrightarrow$ 함수의 그래프를 그린다.

다음 그림은 어떤 구간에서의 삼차함수의 그래프와 이 구간에서 최대인 경우와 최소인 경우를 나타낸 것이다.

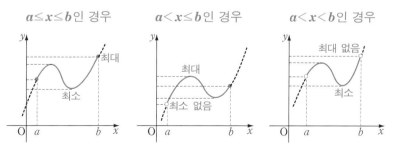

필수 예제 **10**-1 다음 함수의 최댓값과 최솟값을 구하여라.

(1) $y=\sin x \cos^2 x$ (2) $y=|x^2(x-3)|$ $(-2 \le x \le 4)$

[정석연구] (1) $\cos^2 x = 1 - \sin^2 x$ 이므로 $\sin x = t$ 로 놓으면 y 를 t 의 다항함수로 나타낼 수 있다. 이때, $-1 \le t \le 1$ 이다.

정석 치환하면 $\Longrightarrow$ 제한 범위를 확인하여라.

(2) $y=f(x)$ 의 그래프를 이용하여 $y=|f(x)|$ 의 그래프를 그린다.

[모범답안] (1) $y = \sin x(1 - \sin^2 x) = -\sin^3 x + \sin x$

여기에서 $\sin x = t$ 로 놓으면 $-1 \le t \le 1$ 이고

$y = -t^3 + t,$

$y' = -3t^2 + 1$

$\quad = -3\left(t + \dfrac{1}{\sqrt{3}}\right)\left(t - \dfrac{1}{\sqrt{3}}\right)$

$-1 \le t \le 1$ 에서 증감을 조사하면 오른쪽과 같으므로

t	-1	$\cdots$	$-\dfrac{1}{\sqrt{3}}$	$\cdots$	$\dfrac{1}{\sqrt{3}}$	$\cdots$	1
y'		$-$	0	$+$	0	$-$	
y	0	$\searrow$	$-\dfrac{2\sqrt{3}}{9}$	$\nearrow$	$\dfrac{2\sqrt{3}}{9}$	$\searrow$	0

$t = \dfrac{1}{\sqrt{3}}$ 일 때 최댓값 $\dfrac{2\sqrt{3}}{9}$, $t = -\dfrac{1}{\sqrt{3}}$ 일 때 최솟값 $-\dfrac{2\sqrt{3}}{9}$ ← [답]

(2) $f(x) = x^2(x-3)$ 으로 놓으면

$f'(x) = 2x(x-3) + x^2 = 3x(x-2)$

$-2 \le x \le 4$ 에서 증감을 조사하면

x	-2	$\cdots$	0	$\cdots$	2	$\cdots$	4
$f'(x)$		$+$	0	$-$	0	$+$	
$f(x)$	-20	$\nearrow$	0	$\searrow$	-4	$\nearrow$	16

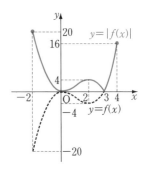

따라서 $-2 \le x \le 4$ 에서 $y = |f(x)|$ 의 그래프는 오른쪽과 같고

$x = -2$ 일 때 최댓값 **20**, $x = 0, 3$ 일 때 최솟값 **0** ← [답]

[유제] **10**-1. 다음 함수의 최댓값 또는 최솟값을 구하여라.

(1) $y = (x^2 - 3)(x^2 - 4x + 1)$ $(-2 \le x \le 4)$

(2) $y = |x^3 - 3x| - 2$ $(-2 \le x \le 3)$ (3) $y = 2\sin^3 x + 3\cos^2 x$

(4) $y = 2^{3x+1} - 15 \times 4^x + 9 \times 2^{x+2} + 1$ $(x \ge 0)$

[답] (1) 최댓값 **13**, 최솟값 -12 (2) 최댓값 **16**, 최솟값 -2

(3) 최댓값 **3**, 최솟값 -2 (4) 최솟값 **24**, 최댓값 없다.

필수 예제 **10**-2 다음 함수의 최댓값 또는 최솟값을 구하여라.

(1) $y=\dfrac{x^2-3x+1}{x-3}$ $(-2\leq x<3)$

(2) $y=\dfrac{x^2+x-1}{x^2-x+1}$

[정석연구] 도함수를 이용하여 주어진 함수의 증감을 조사한다.

정석 함수의 최대와 최소 $\Longrightarrow$ 도함수를 이용하여 증감을 조사하여라.

[모범답안] (1) $y'=\dfrac{(2x-3)(x-3)-(x^2-3x+1)}{(x-3)^2}=\dfrac{(x-2)(x-4)}{(x-3)^2}$

$y'=0$에서 $x=2$ $(\because -2\leq x<3)$

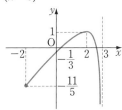

x	-2	$\cdots$	2	$\cdots$	(3)
y'		$+$	0	$-$	
y	$-\dfrac{11}{5}$	$\nearrow$	1	$\searrow$	$(-\infty)$

따라서 $x=2$일 때 최댓값 **1**, 최솟값 없다. $\longleftarrow$ [답]

(2) $y'=\dfrac{(2x+1)(x^2-x+1)-(x^2+x-1)(2x-1)}{(x^2-x+1)^2}=-\dfrac{2x(x-2)}{(x^2-x+1)^2}$

$y'=0$에서 $x=0,\ 2$

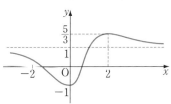

x	$-\infty$	$\cdots$	0	$\cdots$	2	$\cdots$	∞
y'		$-$	0	$+$	0	$-$	
y	(1)	$\searrow$	-1	$\nearrow$	$\dfrac{5}{3}$	$\searrow$	(1)

따라서 $x=2$일 때 최댓값 $\dfrac{5}{3}$, $x=0$일 때 최솟값 -1 $\longleftarrow$ [답]

Advice | 실력 수학(하)(p. 152)에서 (1)과 같은 문제는

$$y=\dfrac{x^2-3x+1}{x-3}=x-3+\dfrac{1}{x-3}+3=-\Big(3-x+\dfrac{1}{3-x}\Big)+3$$

으로 변형한 다음 (산술평균)$\geq$(기하평균)의 관계를 이용하여 구했다. 또, 실력 수학(상)(p. 150)에서 (2)와 같은 문제는 판별식을 이용하여 구했다.

[유제] **10**-2. 다음 함수의 최댓값 또는 최솟값을 구하여라.

(1) $y=\dfrac{x^2}{x-2}$ $(2<x\leq 6)$

(2) $y=\dfrac{2(x-1)}{x^2-2x+2}$

[답] (1) 최솟값 **8**, 최댓값 없다. (2) 최댓값 **1**, 최솟값 -1

필수 예제 **10**-3 다음 함수의 최댓값과 최솟값을 구하여라.

(1) $y=x^3\sqrt{4-x^2}$　　　　　　(2) $y=\sin x+|\cos x|-1$

───

[정석연구] (1) $4-x^2\geq0$, 곧 $-2\leq x\leq2$에서 최대·최소를 구한다.

(2) $|\cos x|=\sqrt{\cos^2 x}=\sqrt{1-\sin^2 x}$ 이므로 $\sin x=t$로 치환한다. 이때에는 t 에 제한 범위가 있음에 주의한다.

정석 함수의 최대와 최소 $\Longrightarrow$ 정의역에 주의하여라.

[모범답안] (1) 정의역은 $\{x\,|\,4-x^2\geq0\}$에서 $\{x\,|\,-2\leq x\leq2\}$

$$y'=3x^2\sqrt{4-x^2}+x^3\times\frac{-2x}{2\sqrt{4-x^2}}=-\frac{4x^2(x+\sqrt{3}\,)(x-\sqrt{3}\,)}{\sqrt{4-x^2}}$$

$y'=0$에서 $x=0,\ -\sqrt{3},\ \sqrt{3}$

x	-2	$\cdots$	$-\sqrt{3}$	$\cdots$	0	$\cdots$	$\sqrt{3}$	$\cdots$	2
y'		$-$	0	$+$	0	$+$	0	$-$	
y	0	$\searrow$	$-3\sqrt{3}$	$\nearrow$	0	$\nearrow$	$3\sqrt{3}$	$\searrow$	0

따라서 $x=\sqrt{3}$ 일 때 최댓값 $3\sqrt{3}$

　　　$x=-\sqrt{3}$ 일 때 최솟값 $-3\sqrt{3}$ 　$\Bigg\}\longleftarrow$ [답]

(2) $|\cos x|=\sqrt{\cos^2 x}=\sqrt{1-\sin^2 x}$ 이므로 $\sin x=t$로 놓으면 $-1\leq t\leq1$이고

$$y=t+\sqrt{1-t^2}-1,$$
$$y'=1+\frac{-2t}{2\sqrt{1-t^2}}=\frac{\sqrt{1-t^2}-t}{\sqrt{1-t^2}}$$

$y'=0$에서 $\sqrt{1-t^2}=t$

양변을 제곱하여 풀면

t	-1	$\cdots$	$\dfrac{1}{\sqrt{2}}$	$\cdots$	1
y'		$+$	0	$-$	
y	-2	$\nearrow$	$\sqrt{2}-1$	$\searrow$	0

$t=\dfrac{1}{\sqrt{2}}$ $\left(t=-\dfrac{1}{\sqrt{2}}$ 은 근이 아님$\right)$

$-1\leq t\leq1$에서 증감을 조사하면

$t=\dfrac{1}{\sqrt{2}}$ 일 때 최댓값 $\sqrt{2}-1$, $t=-1$일 때 최솟값 -2 $\longleftarrow$ [답]

[유제] **10**-3. 다음 함수의 최댓값과 최솟값을 구하여라.

(1) $y=2x+\sqrt{1-x^2}$ 　　　　　(2) $y=x-2+\sqrt{4-x^2}$

(3) $y=\sqrt{3-x}+\sqrt{5x-4}$ 　　(4) $y=\sqrt[3]{(x-1)^2}-1$ $(0\leq x\leq3)$

[답] (1) 최댓값 $\sqrt{5}$, 최솟값 -2 (2) 최댓값 $2(\sqrt{2}-1)$, 최솟값 -4

　　(3) 최댓값 $\dfrac{\sqrt{330}}{5}$, 최솟값 $\dfrac{\sqrt{55}}{5}$ (4) 최댓값 $\sqrt[3]{4}-1$, 최솟값 -1

필수 예제 **10**-4 다음 함수의 최댓값과 최솟값을 구하여라.

(1) $f(x)=x^2e^{-x}\ (-1\le x\le 3)$

(2) $f(x)=e^{-x}\sin x+e^x\cos x\ \left(0\le x\le\dfrac{\pi}{2}\right)$

[정석연구] 도함수를 이용하여 주어진 구간에서 증감을 조사한다.

정석 함수의 최대와 최소 ⟹ 도함수를 이용하여 증감을 조사하여라.

[모범답안] (1) $f'(x)=2xe^{-x}+x^2(-e^{-x})=-x(x-2)e^{-x}$

$f'(x)=0$에서 $x=0,\ 2$

$-1\le x\le 3$에서 증감을 조
사하면 오른쪽과 같으므로

$x=-1$일 때 최댓값 e,

$x=0$일 때 최솟값 0

x	-1	$\cdots$	0	$\cdots$	2	$\cdots$	3
$f'(x)$		$-$	0	$+$	0	$-$	
$f(x)$	e	$\searrow$	0	$\nearrow$	$4e^{-2}$	$\searrow$	$9e^{-3}$

(2) $f'(x)=-e^{-x}\sin x+e^{-x}\cos x+e^x\cos x+e^x(-\sin x)$

$=(e^x+e^{-x})\cos x-(e^x+e^{-x})\sin x=(e^x+e^{-x})(\cos x-\sin x)$

$f'(x)=0$에서 $\cos x=\sin x$

$\therefore\ \tan x=1$

$0\le x\le\dfrac{\pi}{2}$이므로 $x=\dfrac{\pi}{4}$

$0\le x\le\dfrac{\pi}{2}$에서 증감을 조
사하면 오른쪽과 같으므로

x	0	$\cdots$	$\dfrac{\pi}{4}$	$\cdots$	$\dfrac{\pi}{2}$
$f'(x)$		$+$	0	$-$	
$f(x)$	1	$\nearrow$	$\dfrac{\sqrt{2}}{2}\left(e^{\frac{\pi}{4}}+e^{-\frac{\pi}{4}}\right)$	$\searrow$	$e^{-\frac{\pi}{2}}$

$x=\dfrac{\pi}{4}$일 때 최댓값 $\dfrac{\sqrt{2}}{2}\left(e^{\frac{\pi}{4}}+e^{-\frac{\pi}{4}}\right)$, $x=\dfrac{\pi}{2}$일 때 최솟값 $e^{-\frac{\pi}{2}}$

*Note $e^{\frac{\pi}{2}}>1$이므로 $e^{-\frac{\pi}{2}}<1$

[유제] **10**-4. 다음 함수의 최댓값 또는 최솟값을 구하여라.

(1) $f(x)=e^x-ax$ (단, $a>0$) (2) $f(x)=xe^{-x^2}\ (0\le x\le 1)$

(3) $f(x)=\sqrt{2-x^2}\,e^x$ (4) $f(x)=x\ln x$

(5) $f(x)=\dfrac{\ln x}{x}\ (1\le x\le 4e)$ (6) $f(x)=\dfrac{e^x}{\sin x}\ (0<x<\pi)$

[답] (1) 최솟값 $a(1-\ln a)$, 최댓값 없다. (2) 최댓값 $\dfrac{1}{\sqrt{2e}}$, 최솟값 0

(3) 최댓값 e, 최솟값 0 (4) 최솟값 $-\dfrac{1}{e}$, 최댓값 없다.

(5) 최댓값 $\dfrac{1}{e}$, 최솟값 0 (6) 최솟값 $\sqrt{2}\,e^{\frac{\pi}{4}}$, 최댓값 없다.

§2. 최대와 최소의 활용

<hr>

필수 예제 **10**-5 반지름의 길이가 1인 구에 외접하는 원뿔의 부피의 최
솟값을 구하여라.

<hr>

[정석연구] 오른쪽 그림과 같이 구의 중심과 원뿔의 꼭짓
점을 지나는 단면도를 생각하면 원뿔의 부피 V는

$$V=\frac{1}{3}\pi x^2(y+1)$$

이다.

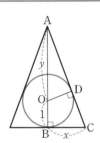

따라서 x, y 사이의 관계를 찾아 V를 x나 y만의
식으로 나타내어 보자.

정석 입체도형은 ⟹ 단면도를 생각한다.

[모범답안] 오른쪽 위의 그림과 같이 원뿔의 밑면의 반지름의 길이를 x, 높이를
$y+1$, 부피를 V라고 하면

$$V=\frac{1}{3}\pi x^2(y+1) \quad (y>1) \qquad \cdots\cdots ①$$

한편 △ABC∽△ADO이므로 $\overline{BC}:\overline{AB}=\overline{DO}:\overline{AD}$

$$\therefore \ x:(y+1)=1:\sqrt{y^2-1} \quad \therefore \ x=\frac{y+1}{\sqrt{y^2-1}}$$

이것을 ①에 대입하여 정리하면

$$V=\frac{1}{3}\pi\times\frac{(y+1)^3}{y^2-1}=\frac{\pi}{3}\times\frac{(y+1)^2}{y-1}\ (y>1) \qquad \cdots\cdots ②$$

$$\therefore \ \frac{dV}{dy}=\frac{\pi}{3}\times\frac{2(y+1)(y-1)-(y+1)^2}{(y-1)^2}=\frac{\pi}{3}\times\frac{(y+1)(y-3)}{(y-1)^2}$$

$\frac{dV}{dy}=0$에서 $y=3\ (\because \ y>1)$

$y>1$에서 증감을 조사하면 V는 $y=3$일
때 최소이고, 최솟값은 ②에서

y	(1)	$\cdots$	3	$\cdots$
V′		$-$	0	$+$
V		↘	최소	↗

$$V=\frac{\pi}{3}\times\frac{(3+1)^2}{3-1}=\frac{8}{3}\pi \leftarrow \boxed{답}$$

[유제] **10**-5. 밑면의 반지름의 길이가 r인 원뿔에 내접하는 원기둥 중에서 부
피가 최대인 것의 밑면의 반지름의 길이를 구하여라. $\boxed{답} \ \frac{2}{3}r$

필수 예제 10-6 점 P가 제1사분면에서 곡선 $y=e^{-2x}$ 위를 움직인다. 곡선 $y=e^{-2x}$ 위의 점 P에서의 접선이 x축, y축과 만나는 점을 각각 Q, R라 하고, △QOR의 넓이를 S라고 할 때, S의 최댓값을 구하여라. 단, O는 원점이다.

정석연구 점 P의 좌표를 $(a,\ e^{-2a})$으로 놓고 접선의 방정식을 구한 다음, 점 Q, R의 좌표와 △QOR의 넓이 S를 a로 나타내어 보자.

이때, 점 P는 제1사분면의 점이므로 $a>0$이다.

정석 최대·최소 문제 $\Longrightarrow$ 제한 범위에 주의한다.

모범답안 $y'=-2e^{-2x}$이므로 $P(a,\ e^{-2a})$으로 놓으면 이 점에서의 접선의 방정식은

$$y-e^{-2a}=-2e^{-2a}(x-a)$$

$y=0$을 대입하면 $x=\dfrac{1}{2}(2a+1)$

$x=0$을 대입하면 $y=(2a+1)e^{-2a}$

∴ $Q\left(\dfrac{1}{2}(2a+1),\ 0\right),\ R\left(0,\ (2a+1)e^{-2a}\right)$

∴ $S=\dfrac{1}{2}\times\dfrac{1}{2}(2a+1)(2a+1)e^{-2a}=\dfrac{1}{4}(2a+1)^2e^{-2a}\ (a>0)$

∴ $\dfrac{dS}{da}=\dfrac{1}{4}\{2(2a+1)\times2\times e^{-2a}+(2a+1)^2\times(-2e^{-2a})\}$

$=-\dfrac{1}{2}(2a+1)(2a-1)e^{-2a}$

$\dfrac{dS}{da}=0$에서 $a=\dfrac{1}{2}\ (\because\ a>0)$

$a>0$에서 증감을 조사하면 S는 $a=\dfrac{1}{2}$ 일 때 최대이고, 최댓값은

$S=\dfrac{1}{4}\left(2\times\dfrac{1}{2}+1\right)^2e^{-2\times\frac{1}{2}}=e^{-1}=\dfrac{1}{e}$ ← 답

a	(0)	$\cdots$	$\dfrac{1}{2}$	$\cdots$
S'		$+$	0	$-$
S	$\left(\dfrac{1}{4}\right)$	↗	최대	↘

유제 **10**-6. 곡선 $y=\ln x$ 위의 점 $(a,\ \ln a)$에서의 접선과 x축, y축으로 둘러싸인 삼각형의 넓이의 최댓값과 이때 a의 값을 구하여라. 단, $0<a<e$이다. 답 최댓값 $\dfrac{2}{e},\ a=\dfrac{1}{e}$

유제 **10**-7. 곡선 $y=\sin x$ (단, $0<x<\pi$) 위의 점 P에서의 접선과 x축, y축 및 직선 $x=\pi$로 둘러싸인 도형의 넓이를 S라고 하자. S의 최솟값과 이때 점 P의 좌표를 구하여라. 답 최솟값 π, $P\left(\dfrac{\pi}{2},\ 1\right)$

필수 예제 **10**-7   곡선 $y=e^x$ 위의 점 P와 원 $(x-1)^2+y^2=\dfrac{1}{4}$ 위의 점 Q에 대하여 선분 PQ의 길이의 최솟값과 이때 점 P, Q의 좌표를 구하여라.

정석연구 원의 중심을 C라고 하면 곡선 $y=e^x$ 위의 점 P에 대하여 점 Q가 선분 PC와 원의 교점일 때 선분 PQ의 길이가 최소이고, 이때 선분 PQ의 길이는 $\overline{PC}-\dfrac{1}{2}$이다.

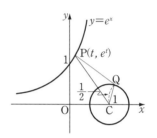

따라서 선분 PC의 길이가 최소가 되는 점 P를 찾으면 된다.

모범답안 곡선 위의 점을 $P(t,\ e^t)$이라 하고, 원의 중심을 $C(1,\ 0)$이라고 하면 점 Q가 선분 PC와 원의 교점일 때 선분 PQ의 길이는 최소이다. 이때, $\overline{PQ}=\overline{PC}-\dfrac{1}{2}$

여기에서 $\overline{PC}^2=f(t)$로 놓으면 $f(t)=(t-1)^2+e^{2t}$

$\therefore\ f'(t)=2\{(t-1)+e^{2t}\},\quad f''(t)=2(1+2e^{2t})$

이때, $f''(t)>0$이므로 $f'(t)$는 증가함수이다. 또, $f'(0)=0$이므로

$t<0$일 때 $f'(t)<0,\quad t>0$일 때 $f'(t)>0$

따라서 증감을 조사하면 $f(t)$는 $t=0$일 때 최소이고, 최솟값은 $f(0)=2$이다. 곧, $\overline{PC}$의 최솟값은 $\sqrt{2}$이다.

한편 점 $P(0,\ 1)$이므로 선분 PC의 방정식은 $y=-x+1\,(0\le x\le 1)$이다.

이때, 원과 선분 PC의 교점의 좌표는 $\left(1-\dfrac{\sqrt{2}}{4},\ \dfrac{\sqrt{2}}{4}\right)$이다.

답 최솟값 $\sqrt{2}-\dfrac{1}{2}$, **P(0, 1)**, $\mathbf{Q}\!\left(1-\dfrac{\sqrt{2}}{4},\ \dfrac{\sqrt{2}}{4}\right)$

Note $\overline{PC}$가 최소일 때 직선 PC는 곡선 $y=e^x$ 위의 점 P에서의 법선이다. 이를 이용하여 점 P의 좌표를 찾아도 된다.

유제 **10**-8. 포물선 $y=x^2$과 원 $x^2+y^2-6x+8=0$ 위를 각각 움직이는 점 P, Q가 있다. 원의 중심을 C라고 할 때, 다음 물음에 답하여라.
(1) 선분 PQ의 길이가 최소일 때, 세 점 P, Q, C는 이 순서로 한 직선 위에 있음을 보여라.
(2) 선분 PQ의 길이의 최솟값과 이때 점 P의 좌표를 구하여라.

답 (1) 생략 (2) 최솟값 $\sqrt{5}-1$, **P(1, 1)**

필수 예제 **10**-8 오른쪽 그림과 같이 반지름의 길이가 1인 사분원 OAB의 호 AB 위의 한 점 P에서 선분 OA에 내린 수선의 발을 Q라 하고, 정사각형 PQQ′P′을 만든다.

점 찍은 부분의 넓이가 최대일 때, 변 PQ의 길이를 구하여라.

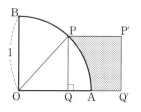

[모범답안] $\angle POQ = \theta$라 하고, 점 찍은 부분의 넓이를 $S(\theta)$라고 하자.

$\overline{OP} = 1$이므로 $\overline{PQ} = \sin\theta$, $\overline{OQ} = \cos\theta$

$\therefore S(\theta) = \square PQQ'P' + \triangle OPQ - (\text{부채꼴 OPA의 넓이})$

$$= \sin^2\theta + \frac{1}{2}\sin\theta\cos\theta - \frac{1}{2}\theta \quad \left(0 < \theta < \frac{\pi}{2}\right)$$

$$\therefore S'(\theta) = 2\sin\theta\cos\theta + \frac{1}{2}(\cos^2\theta - \sin^2\theta) - \frac{1}{2}$$

$$= 2\sin\theta\cos\theta - \sin^2\theta = \sin\theta(2\cos\theta - \sin\theta)$$

$S'(\theta) = 0$에서 $2\cos\theta = \sin\theta$ $\cdots$①

이 방정식의 해를 $\theta = \alpha$라고 하면

$0 < \theta < \alpha$일 때 $2\cos\theta > \sin\theta$

$\alpha < \theta < \dfrac{\pi}{2}$일 때 $\sin\theta > 2\cos\theta$

따라서 $S(\theta)$는 $\theta = \alpha$일 때 최대이다.

θ	(0)	$\cdots$	α	$\cdots$	$\left(\dfrac{\pi}{2}\right)$
$S'(\theta)$		$+$	0	$-$	
$S(\theta)$	(0)	$\nearrow$	최대	$\searrow$	$\left(1 - \dfrac{\pi}{4}\right)$

이때, ①은 $2\cos\alpha = \sin\alpha$ $\therefore 4\cos^2\alpha = \sin^2\alpha$

$\therefore 4(1 - \sin^2\alpha) = \sin^2\alpha$ $\therefore \sin\alpha = \dfrac{2\sqrt{5}}{5}$ $(\because \sin\alpha > 0)$

이때, $\overline{PQ} = \sin\alpha = \dfrac{2\sqrt{5}}{5}$ ← [답]

[유제] **10**-9. 오른쪽 그림과 같이 중심각의 크기가 $\dfrac{\pi}{2}$이고 반지름의 길이가 1인 부채꼴 AOB와 선분 OA 위를 움직이는 점 P가 있다. 선분 OP를 한 변으로 하는 정사각형 OPQR가 호 AB와 서로 다른 두 점 S, T에서 만날 때, 정사각형 OPQR의 내부에서 점 Q를 중심으로 하고 반지름이 $\overline{QS}$인 부채꼴 SQT의 내부를 제외한 점 찍은 부분의 넓이를 D라고 하자.

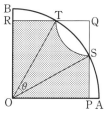

$\angle SOT = \theta$라고 할 때, D가 최대가 되게 하는 θ에 대하여 $\tan\theta$의 값을 구하여라.

[답] $\dfrac{2}{\pi}$

======================================= **연습문제 10** =======================================

기본 **10**-1 두 실수 x, y가 $xy^2=100$, $1\le x\le10$을 만족시킬 때, $(\log_{10}x)^3+(\log_{10}y)^2$의 최댓값과 최솟값을 구하여라.

10-2 함수 $y=\sin^3x+\cos^3x-4\sin x\cos x$의 최댓값과 최솟값을 구하여라.

10-3 다음 함수의 최댓값과 최솟값을 구하여라.

(1) $f(x)=x+2\cos x \ (0\le x\le2\pi)$ (2) $f(x)=\sin x(1+\cos x) \ (0\le x\le\pi)$

(3) $f(x)=\dfrac{1+\sin x}{\sqrt{3}+\cos x}$ (4) $f(x)=\sin\left(\dfrac{\pi}{2}\sin x+\dfrac{\pi}{4}\right) \ (0\le x\le2\pi)$

10-4 다음 함수의 최댓값 또는 최솟값을 구하여라.

(1) $y=\log_9(5-x)+\log_3(x+4)$ (2) $y=x\log_2\dfrac{1}{x}+(1-x)\log_2\dfrac{1}{1-x}$

10-5 $1\le x\le e^\pi$에서 정의된 함수 $y=x\sin(\ln x)$의 최댓값을 구하여라.

10-6 a가 $0<a<1$인 상수일 때, 다음 물음에 답하여라.

(1) $x\ge0$일 때, $f(x)=x^2a^x$의 최댓값을 구하여라.

(2) (1)의 결과를 이용하여 $\lim\limits_{x\to\infty}xa^x$의 값을 구하여라.

10-7 다음 등비급수가 수렴할 때, 이 급수의 합을 $f(x)$라고 하자.

$$1+\frac{x-2}{x^2+x+2}+\left(\frac{x-2}{x^2+x+2}\right)^2+\left(\frac{x-2}{x^2+x+2}\right)^3+\cdots$$

이 급수가 수렴하는 구간에서 $f(x)$의 최댓값을 구하여라.

10-8 구간 $[-a,\,a]$에서 함수 $f(x)=\dfrac{x-5}{(x-5)^2+36}$의 최댓값을 M, 최솟값을 m이라고 할 때, $\text{M}+m=0$이 되는 양수 a의 최솟값을 구하여라.

10-9 좌표평면 위에 세 점 A$(0,\,1)$, B$(2,\,2)$, C$(x,\,0)$이 있다. $\angle$ACB가 최대일 때, 양수 x의 값을 구하여라.

10-10 오른쪽 그림과 같이 $\overline{\text{OP}}=2$인 제1사분면의 점 P에서 x축에 내린 수선의 발을 P$'$이라 하고, $\overline{\text{OQ}}=4$이고 $\angle$QOP$'=\dfrac{1}{2}\angle$POP$'$인 제4사분면의 점 Q에서 x축에 내린 수선의 발을 Q$'$이라고 하자.

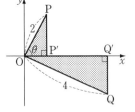

$\angle$POP$'=\theta\left(\text{단, }0<\theta<\dfrac{\pi}{2}\right)$라고 할 때, 두 삼각형 POP$'$, QOQ$'$의 넓이의 합이 최대가 되도록 하는 θ에 대하여 $\cos\theta$의 값을 구하여라. 단, O는 원점이다.

[실력] **10**-11　구간 $\left[-\dfrac{\pi}{2},\ \dfrac{\pi}{2}\right]$ 에서 함수 $f(x)=a(x-\sin 2x)$ 의 최댓값이 π 일 때, 양수 a 의 값을 구하여라.

10-12　구간 $[0,\ 1]$ 에서 함수 $y=|\,e^x-ax\,|$ 의 최댓값이 2가 되도록 양수 a 의 값을 정하여라.

10-13　함수 $f(x)=x\ln x-ax-b$ 가 다음 두 조건을 만족시키도록 상수 a, b 의 값을 정하여라.
　(개) $f(1)=f(e)$
　(내) 구간 $[1,\ e]$ 에서 $f(x)$ 의 최댓값과 최솟값은 절댓값이 같다.

10-14　곡선 $y=e^x$ 과 $y=\ln x$ 위를 각각 움직이는 점 P, Q가 있다. 선분 PQ 가 직선 $y=x$ 에 수직일 때, 선분 PQ의 길이의 최솟값을 구하여라.

10-15　중심이 점 A, B이고 반지름의 길이가 각각 a, b 인 두 원이 있다.
　$\overline{AB}=1$ 이고 $a^2+b^2=1$ 일 때, 두 원의 내부 중에서 겹치는 부분의 넓이의 최댓값을 구하여라.

10-16　오른쪽 그림과 같이 지점 P에서 서로 수직으로 만나는 두 도로가 있다. 두 직선 도로 PA, PB에서 각각 16 km, 2 km 떨어진 마을을 지나고 두 직선 도로를 연결하는 새 직선 도로를 만들려고 한다.
　새 직선 도로와 도로 PA가 이루는 예각의 크기를 θ 라고 할 때, 새 직선 도로의 길이가 최소이기 위한 $\tan\theta$ 의 값을 구하여라.

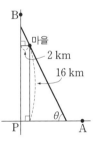

10-17　어느 운동장에 반지름의 길이가 $20\sqrt{2}$ m인 원형 트랙이 있다. 이 트랙의 중심 상공에 조명등을 설치하여 트랙을 밝게 하려고 한다. 트랙의 한 지점에 이르는 조명등의 광선이 운동장 표면과 이루는 각의 sin 값을 p, 이 지점과 조명등 사이의 거리의 제곱을 q 라고 할 때, 이 지점에서의 밝기는 $\dfrac{p}{q}$ 에 정비례한다. 트랙을 가장 밝게 하기 위한 조명등의 높이를 구하여라.

10-18　$\overline{AB}=\overline{BC}=\overline{CD}=1$ 인 사각형 ABCD가 있다.
　$\angle ABC=2\theta$, $\angle ACD=t$ 라 하고, 사각형 ABCD의 넓이를 S라고 할 때, 다음 물음에 답하여라.
　(1) S를 t 와 θ 로 나타내어라.
　(2) θ 가 일정할 때, S가 최대가 되는 t 의 값을 구하여라.
　(3) t 가 (2)에서의 값이고 θ 가 변할 때, S의 최댓값을 구하여라.

11. 방정식 · 부등식과 미분

§1. 방정식과 미분

1 방정식의 실근과 함수의 그래프

(i) 방정식 $f(x)=0$의 실근은
함수 $y=f(x)$의 그래프와 x축의 교점
의 x좌표이다.

(ii) 방정식 $f(x)=g(x)$의 실근은
함수 $y=f(x)$의 그래프와 $y=g(x)$의
그래프의 교점의 x좌표이다.

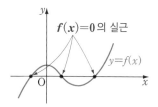

2 방정식 $F(x)=0$의 실근의 개수를 조사하는 방법

(i) 함수 $y=F(x)$의 그래프와 x축의 교점의 개수를 조사한다.

(ii) 방정식 $F(x)=0$을 $f(x)=g(x)$의 꼴로 변형한 다음, 두 함수 $y=f(x)$,
$y=g(x)$의 그래프의 교점의 개수를 조사한다.

Advice | 방정식의 실근과 그래프의 관계

방정식의 실근의 개수를 판별하는 방법으로

판별식을 이용하는 방법,   그래프를 이용하는 방법

을 공부하였다. 이차방정식의 경우에는 판별식을 이용하는 것이 간단하지만,
삼차 이상의 고차방정식, 분수방정식, 무리방정식, 삼각방정식, 지수방정식,
로그방정식의 경우에는 그래프를 그려 판별한다.

보기 1 방정식 $2x^3-3x^2-12x+6=0$의 서로 다른 실근의 개수를 구하여라.

연구 $f(x)=2x^3-3x^2-12x+6$으로 놓으면

$f'(x)=6x^2-6x-12=6(x+1)(x-2)$

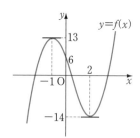

x	$\cdots$	-1	$\cdots$	2	$\cdots$
$f'(x)$	$+$	0	$-$	0	$+$
$f(x)$	$\nearrow$	13	$\searrow$	-14	$\nearrow$

그래프로부터 $f(x)=0$의 실근의 개수는 **3**

필수 예제 **11**-1 x에 관한 삼차방정식 $x^3-6x^2+9x+a=0$에 대하여
(1) 서로 다른 세 실근을 가지도록 실수 a의 값의 범위를 정하여라.
(2) 이중근과 다른 하나의 실근을 가지도록 실수 a의 값을 정하여라.
(3) 하나의 실근과 두 허근을 가지도록 실수 a의 값의 범위를 정하여라.

[정석연구] 극값을 가지므로 다음과 같은 그래프의 개형을 생각해 보아라.

①    ②    ③

[모범답안] $f(x)=x^3-6x^2+9x+a$ 라 하면
$f'(x)=3(x-1)(x-3)$
따라서 극댓값 $f(1)=a+4$,
극솟값 $f(3)=a$

x	$\cdots$	1	$\cdots$	3	$\cdots$
$f'(x)$		+	0	$-$	0	+
$f(x)$		$\nearrow$	극대	$\searrow$	극소	$\nearrow$

(1) 극댓값이 양수, 극솟값이 음수이어야 하므로   ⇐ 그림 ①
$a+4>0,\ a<0$ $\therefore$ $-4<a<0$ ← 답

(2) 극댓값 또는 극솟값이 0이어야 하므로   ⇐ 그림 ②
$a+4=0$ 또는 $a=0$ $\therefore$ $a=-4,\ 0$ ← 답

(3) 극값이 모두 양수이거나 모두 음수이어야 하므로   ⇐ 그림 ③
$(a+4)a>0$ $\therefore$ $a<-4,\ a>0$ ← 답

Advice | $x^3-6x^2+9x=-a$ 이므로
$y=x^3-6x^2+9x$ $\cdots$① $y=-a$ $\cdots$②
로 놓고, 곡선 ①과 직선 ②의 교점의 개수를
조사해도 된다. 곧, 오른쪽 그림에서

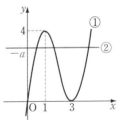

(1) $0<-a<4$ $\therefore$ $-4<a<0$
(2) $-a=4$ 또는 $-a=0$ $\therefore$ $a=-4,\ 0$
(3) $-a>4$ 또는 $-a<0$ $\therefore$ $a<-4,\ a>0$

[유제] **11**-1. 삼차방정식 $2x^3-3(\sin\theta)x^2+\cos^3\theta=0$이 서로 다른 세 실근을
가질 때, θ의 값의 범위를 구하여라. 단, $0<\theta<\pi$이다. 답 $\dfrac{\pi}{4}<\theta<\dfrac{\pi}{2}$

[유제] **11**-2. a가 실수일 때, 삼차방정식 $x^3-3x^2-a=0$의 서로 다른 실근의
개수를 조사하여라.
답 $a<-4,\ a>0$일 때 1, $a=-4,\ 0$일 때 2, $-4<a<0$일 때 3

필수 예제 **11**-2 다음 방정식이 구간 $\left(0, \dfrac{\pi}{2}\right)$에서 오직 하나의 실근을 가짐을 보여라.

(1) $\cos x = 2x$ (2) $x^2 = 2\sin x$

[모범답안] (1) $f(x) = \cos x - 2x$로 놓으면 $f'(x) = -\sin x - 2 < 0$이므로 $f(x)$는 감소함수이다.   ······①

한편 $f(x)$는 연속함수이고
$$f(0) = 1 > 0, \quad f\left(\frac{\pi}{2}\right) = -\pi < 0$$
이므로 사잇값의 정리에 의하여 방정식 $f(x) = 0$은 구간 $\left(0, \dfrac{\pi}{2}\right)$에서 적어도 하나의 실근을 가진다.   ······②

①, ②에서 $f(x) = 0$, 곧 $\cos x = 2x$는 오직 하나의 실근을 가진다.

(2) $f(x) = x^2 - 2\sin x$로 놓으면
$$f'(x) = 2(x - \cos x), \quad f''(x) = 2(1 + \sin x)$$

⇦ $f'(x)$의 부호만으로는 판정하기가 곤란하므로 $f''(x)$를 이용한다.

$0 < x < \dfrac{\pi}{2}$이므로 $f''(x) > 0$

따라서 $f'(x)$는 구간 $\left(0, \dfrac{\pi}{2}\right)$에서 증가하고
$$f'(0) = -2 < 0, \quad f'\left(\frac{\pi}{2}\right) = \pi > 0$$
이므로 방정식 $f'(x) = 0$은 오직 하나의 실근을 가진다.

이 실근을 $\alpha\left(0 < \alpha < \dfrac{\pi}{2}\right)$라고 하면 $f(x)$는 $x = \alpha$에서 극소이고
$$f(0) = 0, \quad f\left(\frac{\pi}{2}\right) = \frac{\pi^2}{4} - 2 > 0$$

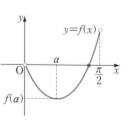

이므로 $y = f(x)$의 그래프는 오른쪽과 같다.

따라서 $f(x) = 0$, 곧 $x^2 = 2\sin x$는 오직 하나의 실근을 가진다.

[유제] **11**-3. 다음 방정식이 오직 하나의 실근을 가짐을 보여라.

(1) $\tan x = x \left(\pi < x < \dfrac{3}{2}\pi\right)$

(2) $x - e + x \ln x = 0$ 단, $\displaystyle\lim_{x \to 0+} x \ln x = 0$이다.

[유제] **11**-4. x에 관한 방정식 $\ln x - x + 20 - n = 0$이 서로 다른 두 실근을 가질 때, 자연수 n의 개수를 구하여라. 단, $\displaystyle\lim_{x \to \infty}(\ln x - x) = -\infty$이다.

[답] 18

필수 예제 **11**-3 k가 실수일 때, x에 관한 방정식 $\ln x = kx$의 서로 다른 실근의 개수를 조사하여라.

[정석연구] $f(x) = \ln x - kx$로 놓고 **필수 예제 11**-2와 같이 x축과 만나는 점의 개수를 조사하는 것보다

정석 $f(x) = kx$의 실근의 개수
$\iff$ 곡선 $y = f(x)$와 직선 $y = kx$의 교점의 개수

임을 이용하여 조사하는 것이 더 간편하다.

$y = kx$가 원점을 지나는 직선이므로, 먼저 원점에서 곡선 $y = \ln x$에 그은 접선의 방정식을 구해 보아라.

[모범답안] 방정식 $\ln x = kx$의 실근의 개수는

$y = \ln x$ ……① $\qquad$ $y = kx$ ……②

의 그래프의 교점의 개수와 같다.

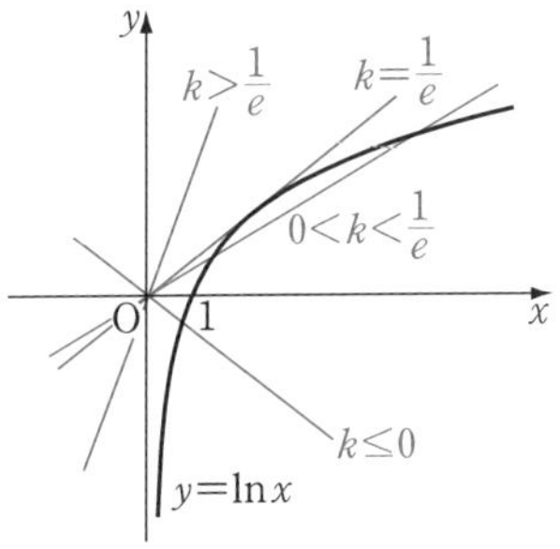

①에서 $y' = \dfrac{1}{x}$이므로 곡선 ① 위의 점 $(t, \ln t)$에서의 접선의 방정식은

$$y - \ln t = \frac{1}{t}(x - t)$$

이 직선이 점 $(0, 0)$을 지나면

$$-\ln t = -1 \quad \therefore \ t = e$$

따라서 원점을 지나는 ①의 접선의 방정식은 $y = \dfrac{1}{e}x$이다.

위의 그림에서 ①, ②의 교점의 개수를 조사하면 방정식 $\ln x = kx$의 실근의 개수는 다음과 같다.

[답] $k > \dfrac{1}{e}$일 때 0, $k \le 0$, $k = \dfrac{1}{e}$일 때 1, $0 < k < \dfrac{1}{e}$일 때 2

*Note $x > 0$이므로 $\dfrac{\ln x}{x} = k$에서 곡선 $y = \dfrac{\ln x}{x}$와 직선 $y = k$의 교점의 개수를 조사해도 된다.

[유제] **11**-5. k가 실수일 때, 다음 x에 관한 방정식의 서로 다른 실근의 개수를 조사하여라.

(1) $x - \sqrt{x+1} = k$ $\qquad$ (2) $\ln x = x + k$ $\qquad$ (3) $e^x = kx$

[답] (1) $k < -\dfrac{5}{4}$일 때 0, $k > -1$, $k = -\dfrac{5}{4}$일 때 1, $-\dfrac{5}{4} < k \le -1$일 때 2

(2) $k > -1$일 때 0, $k = -1$일 때 1, $k < -1$일 때 2

(3) $0 \le k < e$일 때 0, $k < 0$, $k = e$일 때 1, $k > e$일 때 2

§2. 부등식과 미분

기 본 정 석

(1) 구간 $[a, b]$에서 함수 $f(x)$의 최솟값이 양수이면
$\Longrightarrow$ 이 구간에서 부등식 $f(x)>0$이 성립한다.

(2) 구간 $[a, b]$에서 함수 $f(x)-g(x)$의 최솟값이 양수이면
$\Longrightarrow$ 이 구간에서 부등식 $f(x)>g(x)$가 성립한다.

(3) 구간 (a, ∞)에서 함수 $f(x)$가 증가하고 $f(a)\geq0$이면
$\Longrightarrow$ 이 구간에서 부등식 $f(x)>0$이 성립한다.

Advice | 주어진 구간에서 부등식
$$f(x)>0, \qquad f(x)>g(x)$$
등이 성립한다는 것을 함수의 그래프를 이용하여 보일 수 있다.

보기 1 $x\geq0$일 때, $3x^5+5>5x^3+2$가 성립함을 보여라.

연구 $f(x)=(3x^5+5)-(5x^3+2)=3x^5-5x^3+3$
으로 놓으면
$$f'(x)=15x^4-15x^2=15x^2(x+1)(x-1)$$
$x\geq0$에서 증감을 조사하면

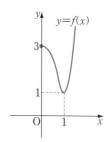

x	0	$\cdots$	1	$\cdots$
$f'(x)$	0	$-$	0	$+$
$f(x)$	3	$\searrow$	1	$\nearrow$

$x\geq0$에서 $f(x)$의 최솟값은 $f(1)=1$이므로 $f(x)>0$
$\therefore (3x^5+5)-(5x^3+2)>0$ $\therefore 3x^5+5>5x^3+2$

보기 2 $x>1$일 때, $x^3+3x>3x^2+1$이 성립함을 보여라.

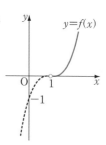

연구 $f(x)=(x^3+3x)-(3x^2+1)=x^3-3x^2+3x-1$
로 놓으면
$$f'(x)=3x^2-6x+3=3(x-1)^2\geq0$$
따라서 $f(x)$는 구간 $(-\infty, \infty)$에서 증가한다.
한편 $f(1)=0$이므로 $x>1$일 때 $f(x)>0$이다.
곧, $x^3+3x>3x^2+1$

필수 예제 **11**-4 다음 물음에 답하여라.

(1) $x>0$일 때, $x \geq \ln x + 1$임을 증명하여라.

(2) 임의의 양수 a, b에 대하여 다음 부등식이 성립함을 증명하여라.

$$b \ln \frac{a}{b} \leq a - b \leq a \ln \frac{a}{b}$$

[정석연구] 도함수를 이용한 부등식의 증명은 다음 방법을 이용한다.

[정석] 구간 (a, ∞)에서 $f(x)>0$임을 증명하려면

(i) $f(x)$의 최솟값이 양수임을 보이거나

(ii) $f(x)$가 증가하고 $f(a) \geq 0$임을 보인다.

[모범답안] (1) $f(x) = x - \ln x - 1 \,(x>0)$로 놓으면

$$f'(x) = 1 - \frac{1}{x} = \frac{x-1}{x}$$

$f'(x)=0$에서 $x=1$

오른쪽 증감표에 의하여 $f(x)$는

$x=1$일 때 최소이고, 최솟값은

$$f(1) = 0$$

x	(0)	$\cdots$	1	$\cdots$	∞
$f'(x)$		$-$	0	$+$	
$f(x)$		$\searrow$	0	$\nearrow$	

따라서 $x>0$에서 $f(x) \geq 0$ 곧, $x \geq \ln x + 1$

(2) $x \geq \ln x + 1$에서 $x = \dfrac{b}{a} \,(>0)$로 놓으면 $\dfrac{b}{a} \geq \ln \dfrac{b}{a} + 1$

$$a - b \leq -a \ln \frac{b}{a} \quad \therefore \ a - b \leq a \ln \frac{a}{b} \qquad \cdots\cdots ①$$

또, $x = \dfrac{a}{b} \,(>0)$로 놓으면 $\dfrac{a}{b} \geq \ln \dfrac{a}{b} + 1 \quad \therefore \ a - b \geq b \ln \dfrac{a}{b} \qquad \cdots\cdots ②$

①, ②로부터 $b \ln \dfrac{a}{b} \leq a - b \leq a \ln \dfrac{a}{b}$

Note 평균값 정리 (p. 160)에 의하여

$a>b>0$일 때 $\dfrac{1}{a} < \dfrac{\ln a - \ln b}{a - b} < \dfrac{1}{b}$, $b>a>0$일 때 $\dfrac{1}{b} < \dfrac{\ln b - \ln a}{b - a} < \dfrac{1}{a}$

이 성립한다. 이 식을 이용하여 (2)를 증명할 수도 있다.

[유제] **11**-6. 다음 부등식을 증명하여라.

(1) $e^x \geq x + 1$

(2) $x - \dfrac{1}{2}x^2 < \ln(1+x) \,(x>0)$

(3) $\ln(x+1) < \sqrt{x+1}$

(4) $\sin x \geq \dfrac{2}{\pi}x \left(0 \leq x \leq \dfrac{\pi}{2} \right)$

[유제] **11**-7. 모든 양수 x에 대하여 부등식 $x - \ln ax \geq 0$이 성립할 때, 실수 a의 값의 범위를 구하여라. 　　　[답] $0 < a \leq e$

필수 예제 **11**-5 다음 물음에 답하여라.

(1) $x>0$일 때, $e^x>1+x+\dfrac{1}{2}x^2$임을 증명하여라.

(2) 위의 부등식을 이용하여 $\lim\limits_{x\to\infty}\dfrac{x}{e^x}$, $\lim\limits_{x\to\infty}\dfrac{\ln x}{e^x}$ 의 값을 구하여라.

[정석연구] $f'(x)=0$의 해를 찾기 힘든 경우 $f''(x)$를 이용하여 $f'(x)$의 부호나 부호의 변화를 조사할 수도 있다.

정석 $f'(x)=0$의 해를 찾기 힘든 경우

$\implies$ $f''(x)$를 이용하여 $f'(x)$의 부호를 조사한다.

[모범답안] (1) $f(x)=e^x-\left(1+x+\dfrac{1}{2}x^2\right)$으로 놓으면

$$f'(x)=e^x-1-x, \quad f''(x)=e^x-1$$

$x>0$일 때 $f''(x)>0$이므로 $f'(x)$는 증가한다. 또, $f'(0)=0$이므로 $f'(x)>0$이다.

따라서 $f(x)$도 $x>0$에서 증가하고 $f(0)=0$이므로 $f(x)>0$이다.

$$\therefore\ e^x>1+x+\frac{1}{2}x^2$$

(2) $x>0$일 때 $e^x>1+x+\dfrac{1}{2}x^2$이므로 $e^x>\dfrac{1}{2}x^2$

양변을 x로 나누면 $\dfrac{e^x}{x}>\dfrac{x}{2}$ $\therefore$ $0<\dfrac{x}{e^x}<\dfrac{2}{x}$

$\lim\limits_{x\to\infty}\dfrac{2}{x}=0$이므로 $\lim\limits_{x\to\infty}\dfrac{x}{e^x}=0$ ← [답]

또, $x>1$에서 생각하면 (1)에서 $e^x>x$ $\therefore$ $x>\ln x$

양변을 e^x으로 나누면 $0<\dfrac{\ln x}{e^x}<\dfrac{x}{e^x}$

$\lim\limits_{x\to\infty}\dfrac{x}{e^x}=0$이므로 $\lim\limits_{x\to\infty}\dfrac{\ln x}{e^x}=0$ ← [답]

*Note (2) 다음과 같이 로피탈의 정리를 이용하면 쉽게 구할 수 있다.

$$\lim_{x\to\infty}\frac{x}{e^x}=\lim_{x\to\infty}\frac{1}{e^x}=0, \quad \lim_{x\to\infty}\frac{\ln x}{e^x}=\lim_{x\to\infty}\frac{1}{xe^x}=0$$

[유제] **11**-8. $x>0$일 때, 다음 부등식을 증명하여라.

(1) $x-\dfrac{1}{6}x^3<\sin x$ (2) $\dfrac{x}{e^x-1}<1+\dfrac{1}{2}x$

[유제] **11**-9. 다음 물음에 답하여라.

(1) $0<x<1$일 때, $1+x<e^x<\dfrac{1}{1-x}$임을 증명하여라.

(2) 위의 부등식을 이용하여 $\lim\limits_{n\to\infty}n\left(e^{\frac{1}{n}}-1\right)$의 값을 구하여라. [답] (2) 1

필수 예제 **11**-6 $a>0$, $b>0$일 때, 다음 부등식을 증명하여라.
$$a\ln(1+a)+e^b>1+ab+b$$

[정석연구] a, b를 모두 변수로 생각하지 않고 한 문자만을 변수로 생각하여 해결하면 된다.

이를테면 b를 변수 x로 놓으면 주어진 부등식은
$$a\ln(1+a)+e^x>1+ax+x$$
가 된다. 따라서
$$f(x)=a\ln(1+a)+e^x-(1+ax+x)\ (x>0)$$
로 놓고, 양수 a에 대하여 $f(x)>0$이 성립함을 보이면 된다.

정석 $f(x)$의 최솟값이 양수이면 $\implies f(x)>0$

[모범답안] $f(x)=a\ln(1+a)+e^x-(1+ax+x)(a>0,\ x>0)$로 놓으면
$$f'(x)=e^x-a-1$$
$f'(x)=0$에서 $e^x=a+1$
$$\therefore\ x=\ln(a+1)$$
따라서 오른쪽 증감표에 의하여 $f(x)$의 최솟값은

x	(0)	$\cdots$	$\ln(a+1)$	$\cdots$
$f'(x)$		$-$	0	$+$
$f(x)$		↘	최소	↗

$$f\big(\ln(a+1)\big)=a\ln(1+a)+(a+1)-1-(a+1)\ln(a+1)$$
$$=a-\ln(a+1) \quad \Leftarrow \text{이 값이 양수임을 보이면 된다.}$$
여기에서 $g(t)=t-\ln(t+1)(t>0)$로 놓으면
$$g'(t)=1-\frac{1}{t+1}=\frac{t}{t+1}>0$$
이므로 $g(t)$는 증가함수이다.

한편 $g(0)=0$이므로 $t>0$일 때 $g(t)>0$
그러므로 $a>0$일 때
$$f\big(\ln(a+1)\big)=a-\ln(a+1)=g(a)>0$$
따라서 $f(x)$의 최솟값이 양수이므로 $x>0$에서 $f(x)>0$이다. 곧, $f(b)>0$이다.
$$\therefore\ a\ln(1+a)+e^b>1+ab+b$$

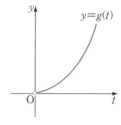

[유제] **11**-10. $a>0$, $b>0$이고 m이 자연수일 때, 다음 부등식을 증명하여라.
$$\frac{a^m+b^m}{2}\ge\left(\frac{a+b}{2}\right)^m$$

연습문제 11

[기본] **11**-1 방정식 $e^x+x=0$의 실근은 오직 하나이고 -1과 0 사이에 있음을 보여라.

11-2 방정식 $x^{\frac{3}{2}}-3x+1=0$의 서로 다른 실근의 개수를 구하여라.

11-3 함수 $f(x)=2x\cos x$에 대하여 다음이 성립함을 보여라.

(1) 함수 $f(x)$는 구간 $\left(\dfrac{\pi}{4}, \dfrac{\pi}{3}\right)$에서 극댓값을 가진다.

(2) 방정식 $f(x)=1$은 구간 $\left(0, \dfrac{\pi}{2}\right)$에서 서로 다른 두 실근을 가진다.

11-4 x에 관한 방정식 $x\ln x+x-a-e=0$이 오직 하나의 실근을 가질 때, 실수 a의 값의 범위를 구하여라. 단, $\lim\limits_{x\to 0+}x\ln x=0$이다.

11-5 x에 관한 방정식 $\dfrac{1}{2}x^2-\ln(1+x^2)=k$가 $-1\leq x\leq1$에서 실근을 가지도록 실수 k의 값의 범위를 정하여라.

11-6 실수 m에 대하여 점 $(0, 2)$를 지나고 기울기가 m인 직선이 곡선 $y=x^3-3x^2+1$과 만나는 점의 개수를 $f(m)$이라고 하자. 함수 $f(m)$이 구간 $(-\infty, a)$에서 연속이 되는 실수 a의 최댓값을 구하여라.

11-7 점 $(5, a)$에서 곡선 $y=xe^{-x}$에 접선을 그을 수 있을 때, 실수 a의 값의 범위를 구하여라. 단, 자연수 n에 대하여 $\lim\limits_{x\to\infty}x^ne^{-x}=0$이다.

11-8 $0<x<\dfrac{\pi}{2}$일 때, 다음 부등식이 성립함을 증명하여라.

(1) $\sin x<x<\tan x$ (2) $3x<2\sin x+\tan x$

11-9 $0<x<\dfrac{\pi}{4}$에서 부등식 $\tan 2x>ax$가 성립하도록 하는 실수 a의 최댓값을 구하여라.

11-10 자연수 n에 대하여 함수 $f(x)=e^{x+1}\{x^2+(n-1)x-n+2\}+ax$의 역함수가 존재하도록 하는 실수 a의 최솟값을 $g(n)$이라고 할 때, $\sum\limits_{n=1}^{10}g(n)$의 값을 구하여라.

11-11 $0\leq x<1$일 때, 자연수 n에 대하여 다음 부등식이 성립함을 증명하여라.

$$x+\frac{1}{2}x^2+\frac{1}{3}x^3+\cdots+\frac{1}{n}x^n\leq-\ln(1-x)$$

11-12 $x>0$일 때, 부등식 $\dfrac{x}{1+x}<\ln(1+x)<x$가 성립함을 증명하여라.

실력 **11**-13 a가 실수일 때, 다음 x에 관한 방정식의 서로 다른 실근의 개수를 조사하여라.

(1) $\ln x=ax^2$ 단, $\displaystyle\lim_{x\to\infty}\dfrac{\ln x}{x^2}=0$이다.

(2) $(a-1)e^x-x+2=0$ 단, $\displaystyle\lim_{x\to\infty}xe^{-x}=0$이다.

11-14 곡선 $y=e^{ax}$과 직선 $y=x$가 서로 다른 두 점에서 만날 때, 실수 a의 값의 범위를 구하여라.

11-15 $a>0$일 때, x에 관한 방정식 $x\ln a=a\ln x$의 서로 다른 실근의 개수를 조사하여라.

11-16 $0<x<\dfrac{\pi}{2}$에서 다음 x에 관한 방정식이 실근을 가지도록 실수 a의 값의 범위를 정하여라.

(1) $\sin x=ax$　　　　　　　　　　(2) $\cos x=1-ax^2$

11-17 곡선 $y=xe^{1-x}$의 접선의 기울기를 k라고 할 때, k의 값에 따른 접선의 개수를 구하여라. 단, $\displaystyle\lim_{x\to\infty}xe^{-x}=0$이다.

11-18 함수 $y=a\sin x+2x$의 그래프를 원점을 중심으로 양의 방향으로 $45°$ 회전하여 얻은 곡선이 실수 전체의 집합에서 정의된 어떤 함수 $y=f(x)$의 그래프가 되는 실수 a의 값의 범위를 구하여라.

11-19 함수 $f(x)=k(x^2-2x-1)e^x$이 $0\leq x_1<x_2$인 임의의 두 실수 x_1, x_2에 대하여 $f(x_2)-f(x_1)+x_2-x_1\geq0$을 만족시킬 때, 양수 k의 최댓값을 구하여라.

11-20 다음 물음에 답하여라.

(1) $x>0$일 때, $\ln(1+x)<\sqrt{x}$ 임을 증명하여라.

(2) 위의 부등식을 이용하여 $\displaystyle\lim_{x\to\infty}\dfrac{\ln(1+x)}{x}$의 값을 구하여라.

11-21 $x>1$ 또는 $x<\dfrac{1}{2}$일 때, 자연수 n에 대하여 다음 부등식이 성립함을 증명하여라.

$$\left(1+\dfrac{x}{x-1}\right)^n\geq1+\dfrac{nx}{x-1}$$

11-22 $0<x<y$일 때, 다음 두 식의 대소를 비교하여라.

(1) $x^2e^{\frac{y}{x}}$, $y^2e^{\frac{x}{y}}$　　　　　　(2) $(1+x)^y$, $(1+y)^x$

12. 속도 · 가속도와 미분

§1. 속도와 가속도

기 본 정 석

속도와 가속도

점 P가 수직선 위를 움직일 때, 시각 t에 대하여 점 P의 위치 x를 대응시키는 함수 f는 $x=f(t)$로 나타낼 수 있다. 이때, 시각 t에서의 점 P의 속도와 가속도는 다음과 같다.

(1) 속도 : 시각 t에서의 x의 순간변화율

$$\lim_{\Delta t \to 0} \frac{\Delta x}{\Delta t} = \frac{dx}{dt} = f'(t)$$

를 시각 t에서의 점 P의 속도라 하고, 흔히 v로 나타낸다.

(2) 가속도 : 시각 t에서의 v의 순간변화율

$$\lim_{\Delta t \to 0} \frac{\Delta v}{\Delta t} = \frac{dv}{dt} = v' = f''(t)$$

를 시각 t에서의 점 P의 가속도라 하고, 흔히 a로 나타낸다.

Advice | 속도와 가속도

이를테면 수직선 위를 움직이는 점 P의 시각 t에서의 위치 x가

$$x = 5t^2$$

으로 주어졌다고 하자.

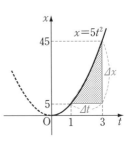

이때, $t=1$부터 $t=3$까지의 점 P의 평균속도는

$$\frac{\Delta x}{\Delta t} = \frac{5 \times 3^2 - 5 \times 1^2}{3-1} = 20$$

이고, 이것은 $x=5t^2$에서 t가 1부터 3까지 변할 때의 x의 평균변화율과 같다.

마찬가지로 $t=1$부터 $t=1+\Delta t$까지의 점 P의 평균속도는

$$\frac{\Delta x}{\Delta t} = \frac{5(1+\Delta t)^2 - 5 \times 1^2}{\Delta t} = 10 + 5\Delta t$$

이다. 여기에서 $\Delta t \longrightarrow 0$일 때를 생각하면 $t=1$인 순간의 속도를 알 수 있다.

곧, $t=1$인 순간의 속도는

$$\lim_{\Delta t\to0}\frac{\Delta x}{\Delta t}=\lim_{\Delta t\to0}(10+5\Delta t)=10$$

이고, 이것은 $t=1$에서의 x의 순간변화율과 같다.

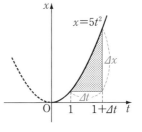

일반적으로 시각 t에서의 점 P의 위치 x가 $x=f(t)$일 때, 시각 t에서의 $x=f(t)$의 순간 변화율

$$\lim_{\Delta t\to0}\frac{\Delta x}{\Delta t}=\lim_{\Delta t\to0}\frac{f(t+\Delta t)-f(t)}{\Delta t}=f'(t)$$

를 시각 t에서의 점 P의 순간속도 또는 속도라고 한다.

또, 어떤 물체를 똑바로 위로 던졌을 때 속도는 차츰 줄어들어 어느 시각에서는 그 속도가 0이 되고, 다시 땅에 떨어지면서 속도의 절댓값은 커진다. 이와 같이 속도 변화가 있는 운동에서 속도 v도 t의 함수이므로 시각 t에서 v의 순간변화율을 생각할 수 있다. 곧, 시각 t에서의 v의 순간변화율

$$\lim_{\Delta t\to0}\frac{\Delta v}{\Delta t}=\frac{dv}{dt}=v'=f''(t)$$

를 시각 t에서의 점 P의 가속도라고 한다.

*Note 1° 속도 v의 절댓값 $|v|$를 속력이라고 한다. 또, 가속도 a의 절댓값 $|a|$를 가속도의 크기 또는 가속력이라고 한다.

2° 속도가 일정한 운동을 등속 운동, 가속도가 일정한 운동을 등가속도 운동이라고 한다. 등속 운동에서는 속도가 상수이므로 가속도는 0이다.

[보기] 1 수직선 위를 움직이는 점 P의 시각 t에서의 위치 x가 $x=e^t+e^{-t}$일 때, 다음 물음에 답하여라.

(1) $t=0$부터 $t=2$까지의 평균속도를 구하여라.

(2) $t=1$일 때의 속도와 가속도를 구하여라.

(3) 속도가 0일 때의 가속도를 구하여라.

[연구] (1) $\dfrac{\Delta x}{\Delta t}=\dfrac{(e^2+e^{-2})-(e^0+e^{-0})}{2-0}=\dfrac{e^2+e^{-2}-2}{2}=\dfrac{(e-e^{-1})^2}{2}$

(2) 시각 t에서의 속도를 v, 가속도를 a라고 하면

$$v=\frac{dx}{dt}=e^t-e^{-t},\quad a=\frac{dv}{dt}=e^t+e^{-t}$$

따라서 $t=1$일 때 $v=e-e^{-1}$, $a=e+e^{-1}$

(3) $v=e^t-e^{-t}=0$에서 $e^t=e^{-t}$ ∴ $t=0$

따라서 $t=0$일 때 $a=e^0+e^{-0}=2$

필수 예제 12-1   수직선 위를 움직이는 점 P의 시각 t에서의 위치 x가
$x=-\pi t+2\sin \pi t$라고 한다.

(1) $t=\dfrac{1}{2}$일 때, 점 P의 속도와 가속도를 구하여라.

(2) 점 P가 움직이는 방향이 바뀌는 시각 t를 구하여라.

(3) 점 P의 최대 속력을 구하여라.

[정석연구] (1) 시각 t에서의 위치 x가 $x=f(t)$로 주어질 때, 속도를 v, 가속도를 a라고 하면

정석 $v=f'(t), \quad a=v'=f''(t)$

(2) 속도가 양수이면 점 P는 양의 방향으로, 속도가 음수이면 점 P는 음의 방향으로 움직이므로 속도가 0인 t의 값을 구한다.

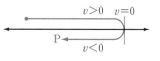

[모범답안] (1) $x=f(t)$로 놓으면 $f'(t)=-\pi+2\pi\cos\pi t$, $f''(t)=-2\pi^2\sin\pi t$

$\therefore f'\left(\dfrac{1}{2}\right)=-\pi$, $f''\left(\dfrac{1}{2}\right)=-2\pi^2$ [답] 속도 $-\boldsymbol{\pi}$, 가속도 $-2\boldsymbol{\pi^2}$

(2) $f'(t)=-\pi+2\pi\cos\pi t=0$에서 $\cos\pi t=\dfrac{1}{2}$

$\therefore \pi t=2n\pi\pm\dfrac{\pi}{3}$ $\therefore t=2n\pm\dfrac{1}{3}$ (n은 정수) ⟵ [답]

*Note $t=2n\pm\dfrac{1}{3}$(n은 정수)의 좌우에서 $f'(t)$의 부호가 바뀐다.

(3) $v=f'(t)$의 그래프는 오른쪽과 같다.
따라서 $|f'(t)|$의 최댓값은
$t=2n-1$(n은 정수)일 때
$|-3\pi|=\boldsymbol{3\pi}$ ⟵ [답]

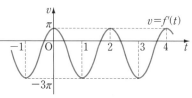

[유제] **12**-1. 수직선 위를 움직이는 점 P의 시각 t에서의 위치 x가 다음 식으로 주어질 때, 주어진 시각에서의 점 P의 속도와 가속도를 구하여라.

(1) $x=5\cos\left(\pi t-\dfrac{\pi}{6}\right)$, $t=4$ (2) $x=4\sin\dfrac{\pi}{2}t+3\cos\dfrac{\pi}{2}t$, $t=5$

[답] (1) 속도 $\dfrac{5}{2}\boldsymbol{\pi}$, 가속도 $-\dfrac{5\sqrt{3}}{2}\boldsymbol{\pi^2}$ (2) 속도 $-\dfrac{3}{2}\boldsymbol{\pi}$, 가속도 $-\boldsymbol{\pi^2}$

[유제] **12**-2. 수직선 위를 움직이는 점 P의 시각 t에서의 위치 x가
$x=-(t^2-8t+17)e^t$이라고 한다. $0\le t\le 3$에서 점 P의 최대 속력을 구하여라.
[답] $4e$

§2. 시각에 대한 함수의 순간변화율

1 **길이의 순간변화율**

시각 t일 때 길이가 l인 물체가 Δt시간 동안 길이가 Δl만큼 변했다고 하면

    시각 t에서의 길이 l의 순간변화율은

$$\Longrightarrow \lim_{\Delta t \to 0} \frac{\Delta l}{\Delta t} = \frac{dl}{dt}$$

만일 이 물체의 한쪽 끝이 고정되어 있다면 길이의 순간변화율은 다른 쪽 끝이 이동하는 속도이다.

2 **넓이의 순간변화율**

시각 t일 때 넓이가 S인 도형이 Δt시간 동안 넓이가 ΔS만큼 변했다고 하면

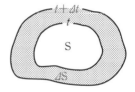

    시각 t에서의 넓이 S의 순간변화율은

$$\Longrightarrow \lim_{\Delta t \to 0} \frac{\Delta S}{\Delta t} = \frac{dS}{dt}$$

3 **부피의 순간변화율**

시각 t일 때 부피가 V인 입체가 Δt시간 동안 부피가 ΔV만큼 변했다고 하면

    시각 t에서의 부피 V의 순간변화율은 $\Longrightarrow \lim_{\Delta t \to 0} \dfrac{\Delta V}{\Delta t} = \dfrac{dV}{dt}$

Advice | 시각 t일 때 길이가 $l=f(t)$인 물체가 Δt시간 동안 길이가 Δl만큼 변했다고 하면 이 시간 동안의 l의 평균변화율은

$$\frac{\Delta l}{\Delta t} = \frac{f(t+\Delta t)-f(t)}{\Delta t}$$

이다. 여기에서 $\Delta t \longrightarrow 0$일 때를 생각하면

$$\lim_{\Delta t \to 0} \frac{\Delta l}{\Delta t} = \lim_{\Delta t \to 0} \frac{f(t+\Delta t)-f(t)}{\Delta t} = f'(t)$$

이며, 이것은 시각 t에서의 l의 순간변화율을 나타낸다. 곧, 시각 t에서의 길이 l의 순간변화율은 $\lim\limits_{\Delta t \to 0} \dfrac{\Delta l}{\Delta t} = \dfrac{dl}{dt}$이다.

　　마찬가지로 생각하면 어떤 도형의 넓이 또는 부피가 시각 t의 함수로 주어졌을 때, 넓이의 순간변화율, 부피의 순간변화율에 대해서도 쉽게 이해할 수 있다.

　　일반적으로 시각에 대한 함수의 순간변화율은 다음과 같이 정리할 수 있다.

> **정석** 시각 t의 함수 $y=f(t)$가 주어질 때,
>
> 시각 t에서의 y의 순간변화율은 $\implies \lim\limits_{\varDelta t \to 0} \dfrac{\varDelta y}{\varDelta t} = \dfrac{dy}{dt} = f'(t)$

　　여기에서 y가 길이를 나타낼 때는 길이의 순간변화율, 넓이를 나타낼 때는 넓이의 순간변화율, 부피를 나타낼 때는 부피의 순간변화율이 된다.

보기 1 t초일 때, 길이 l cm가 $l=t^2+3t+1$을 만족시키면서 변하는 물체가 있다. 3초일 때, 이 물체의 길이의 순간변화율을 구하여라.

[연구] $l=t^2+3t+1$에서

$$\frac{dl}{dt}=2t+3 \quad \therefore \left[\frac{dl}{dt}\right]_{t=3}=2\times 3+3=\mathbf{9\,(cm/s)}$$

보기 2 공의 반지름의 길이가 매초 1 mm의 비율로 증가한다고 한다. 반지름의 길이가 10 cm일 때, 이 공의 겉넓이의 순간변화율과 부피의 순간변화율을 구하여라. 단, 처음 공의 반지름의 길이는 0 cm로 생각한다.

[연구] 공의 반지름의 길이가 증가한 지 t초 후의 반지름의 길이를 r (cm), 겉넓이를 S (cm²), 부피를 V (cm³)라고 하면

$$S=4\pi r^2 \qquad \cdots\cdots ① \qquad\qquad V=\frac{4}{3}\pi r^3 \qquad \cdots\cdots ②$$

> **정석** 겉넓이의 순간변화율 $\implies \dfrac{dS}{dt}$,　부피의 순간변화율 $\implies \dfrac{dV}{dt}$

이므로 ①, ②의 양변을 각각 t에 관하여 미분하면

　　①에서 $\dfrac{dS}{dt}=8\pi r\dfrac{dr}{dt}$,　　②에서 $\dfrac{dV}{dt}=4\pi r^2\dfrac{dr}{dt}$

여기에서 $r=10$, $\dfrac{dr}{dt}=0.1$이므로

$$\left[\frac{dS}{dt}\right]_{r=10}=\mathbf{8\pi\,(cm^2/s)}, \qquad \left[\frac{dV}{dt}\right]_{r=10}=\mathbf{40\pi\,(cm^3/s)}$$

*$Note$　공의 반지름의 길이가 증가한 지 t초 후의 반지름의 길이 r는 $r=0.1t$이므로

　　①은　$S=4\pi\times(0.1t)^2=0.04\pi t^2$,　②는　$V=\dfrac{4}{3}\pi\times(0.1t)^3=\dfrac{1}{3}\times 0.004\pi t^3$

여기에서 $\dfrac{dS}{dt}$, $\dfrac{dV}{dt}$를 구해도 된다.

필수 예제 **12**-2 벽에 세워 놓은 길이 $10\,\mathrm{m}$의 사다리의 아래 끝을 매초 $5\,\mathrm{cm}$의 속력으로 벽에서 멀어지게 수평으로 당긴다. 아래 끝에서 벽까지의 거리가 $6\,\mathrm{m}$일 때, 위 끝이 내려오는 속력을 구하여라.

[정석연구] 아래 그림과 같이 사다리를 당길 때 변하는 길이를 x, y로 놓고, 이들 사이의 관계식을 구한다.

정석 길이 l이 시각 t의 함수일 때, 길이 l의 순간변화율 $\Longrightarrow \dfrac{dl}{dt}$

[모범답안] t초 후 벽 밑에서 사다리 아래 끝까지의 거리를 $x\,(\mathrm{m})$, 위 끝까지의 거리를 $y\,(\mathrm{m})$라고 하면

$$x^2+y^2=10^2 \qquad \cdots\cdots①$$

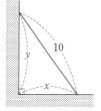

x, y는 시각 t의 함수이므로 양변을 t에 관하여 미분하면

$$2x\frac{dx}{dt}+2y\frac{dy}{dt}=0$$

문제의 조건에서 $\dfrac{dx}{dt}=0.05$이고, ①에서 $x=6$일 때 $y=8$이므로

$$2\times6\times0.05+2\times8\times\frac{dy}{dt}=0 \qquad \therefore \ \frac{dy}{dt}=-0.0375$$

따라서 구하는 속력은 $\left|\dfrac{dy}{dt}\right|=0.0375\,(\mathrm{m/s})=\mathbf{3.75\,(cm/s)}\longleftarrow$ [답]

Advice | y를 시각 t의 함수로 나타내어 구할 수도 있다. 곧,

$x=0.05t$이므로 $y=\sqrt{10^2-(0.05t)^2}=\sqrt{100-0.0025t^2}$

$$\therefore \ \frac{dy}{dt}=\frac{-0.005t}{2\sqrt{100-0.0025t^2}}$$

$x=0.05t=6$에서 $t=120$이므로 $\left[\dfrac{dy}{dt}\right]_{t=120}=-0.0375\,(\mathrm{m/s})$

[유제] **12**-3. 키가 $160\,\mathrm{cm}$인 사람이 $4\,\mathrm{m}$ 높이의 가로등의 바로 밑에서부터 일직선 위를 매분 $84\,\mathrm{m}$의 속도로 걸어갈 때,
 (1) 이 사람의 머리 끝의 그림자의 속도를 구하여라.
 (2) 그림자의 길이의 순간변화율을 구하여라.
  [답] (1) **140 m/min** (2) **56 m/min**

[유제] **12**-4. 수면 위 $30\,\mathrm{m}$ 높이의 암벽 위에서 길이 $58\,\mathrm{m}$의 줄에 끌려오는 배가 있다. 줄을 매초 $4\,\mathrm{m}$의 속력으로 끌 때, 2초 후의 배의 속력을 구하여라. [답] **5 m/s**

필수 예제 12-3 윗면의 반지름의 길이가 6 cm, 깊이가 10 cm인 원뿔 모양의 그릇이 있다. 지금 이 그릇에 물이 30 cm³/s의 속도로 흘러 들어가고, 꼭짓점으로부터 10 cm³/s의 속도로 흘러 나가고 있다.
수면의 높이가 5 cm일 때, 다음 물음에 답하여라.
(1) 수면의 상승 속도를 구하여라.
(2) 수면의 반지름의 길이의 순간변화율을 구하여라.

[정석연구] 수면의 높이를 h cm, 반지름의 길이를 r cm, 물의 부피를 V cm³라고 하면

$$\boxed{정석}\ \text{물의 부피} \implies V=\frac{1}{3}\pi r^2 h$$

[모범답안] t초일 때 수면의 높이를 h (cm), 반지름의 길이를 r (cm), 물의 부피를 V (cm³)라고 하면 $V=\frac{1}{3}\pi r^2 h$ ......①

그런데 $\dfrac{r}{h}=\dfrac{6}{10}$ 이므로 $r=\dfrac{3}{5}h$ ......②

(1) ②를 ①에 대입하면 $V=\dfrac{3}{25}\pi h^3$

여기에서 V, h는 모두 t의 함수이다.

양변을 t에 관하여 미분하면

$$\frac{dV}{dt}=\frac{9}{25}\pi h^2\frac{dh}{dt}\quad \therefore\ \frac{dh}{dt}=\frac{25}{9\pi h^2}\times\frac{dV}{dt}\qquad ......③$$

부피의 순간변화율은 $\dfrac{dV}{dt}=30-10=20\,(\text{cm}^3/\text{s})$이므로

$h=5$일 때 ③에서 $\dfrac{dh}{dt}=\dfrac{25}{9\pi\times5^2}\times20=\dfrac{20}{9\pi}\,(\textbf{cm/s})$

(2) ②에서의 $h=\dfrac{5}{3}r$ 를 ①에 대입하면 $V=\dfrac{5}{9}\pi r^3$

양변을 t에 관하여 미분하면 $\dfrac{dV}{dt}=\dfrac{5}{3}\pi r^2\dfrac{dr}{dt}$

$h=5$일 때 $\dfrac{dV}{dt}=20$, $r=3$이므로 $\dfrac{dr}{dt}=20\times\dfrac{3}{5\pi\times3^2}=\dfrac{4}{3\pi}\,(\textbf{cm/s})$

[유제] **12**-5. 위의 **필수 예제**에서 수면의 넓이의 순간변화율을 구하여라.
[답] $8\,\text{cm}^2/\text{s}$

[유제] **12**-6. 구 모양의 고무풍선의 겉넓이가 매초 4π cm²의 비율로 증가하고 있다. 풍선의 반지름의 길이가 10 cm일 때, 부피의 순간변화율을 구하여라.
[답] $20\pi\,\text{cm}^3/\text{s}$

필수 예제 **12**-4   반지름의 길이가 $1\,\mathrm{m}$인 원판에 기대어 있는 막대 OP의 한끝은 오른쪽 그림과 같이 평평한 지면 위의 한 점 O에 고정되어 있다. 원판이 지면과 접하는 점을 Q라고 하자. 또, 원판의 중심이 오른쪽으로 지면과 평행하게 등속도 $1.5\,\mathrm{m/s}$로 움직일 때, 막대 OP가 지면과 이루는 각의 크기를 $\theta\,(\mathrm{rad})$라고 하자.

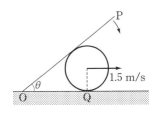

$\overline{\mathrm{OQ}}=2\,\mathrm{m}$일 때, θ의 시간(초)에 대한 순간변화율을 구하여라.

─────────────────────────────────────

정석연구 t초 후 선분 OQ의 길이를 이용하여 θ와 t 사이의 관계식을 구한 다음, t에 관하여 미분하면 된다.

> 정석 각의 크기 θ의 시각 t에 대한 순간변화율은 $\implies \dfrac{d\theta}{dt}$

모범답안 $t=0$일 때 선분 OQ의 길이를 a 라고 하면 t초 후 선분 OQ의 길이는

$$\overline{\mathrm{OQ}}=a+1.5t \quad (a<2)$$

따라서 오른쪽 그림의 $\triangle\mathrm{OCQ}$에서

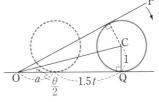

$$\tan\frac{\theta}{2}=\frac{1}{a+1.5t}$$

양변을 t에 관하여 미분하면 $\left(\sec^2\dfrac{\theta}{2}\right)\times\dfrac{1}{2}\times\dfrac{d\theta}{dt}=\dfrac{-1.5}{(a+1.5t)^2}$

$$\therefore\ \frac{1}{2}\left(\tan^2\frac{\theta}{2}+1\right)\frac{d\theta}{dt}=\frac{-1.5}{(a+1.5t)^2}$$

$\overline{\mathrm{OQ}}=2$일 때 $a+1.5t=2$, $\tan\dfrac{\theta}{2}=\dfrac{1}{2}$이므로

$$\frac{1}{2}\left(\frac{1}{4}+1\right)\frac{d\theta}{dt}=\frac{-1.5}{4} \quad \therefore\ \frac{d\theta}{dt}=-\frac{3}{5}\,(\mathbf{rad/s}) \leftarrow \boxed{\text{답}}$$

유제 **12**-7. 오른쪽 그림과 같이 비행기가 $3000\,\mathrm{m}$의 고도에서 초속 $600\,\mathrm{m}$로 비행을 하고 있을 때, 지상에서 관찰자가 비행기를 바라보는 각의 크기를 $\theta\,(\mathrm{rad})$라고 하자.

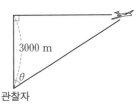

비행기가 관찰자 바로 위를 지난 지 2초 후 θ의 시간(초)에 대한 순간변화율을 구하여라.

$\boxed{\text{답}}\ \dfrac{5}{29}\,\mathbf{rad/s}$

§3. 평면 위의 운동

기 본 정 석

평면 위의 운동

좌표평면 위를 움직이는 점 P의 시각 t에서의 위치 (x, y)가

$$x=f(t), \quad y=g(t)$$

로 주어질 때,

(1) 속 도 $\qquad (v_x, v_y)=\left(\dfrac{dx}{dt}, \dfrac{dy}{dt}\right)$

속 력 $\qquad \sqrt{v_x^2+v_y^2}=\sqrt{\left(\dfrac{dx}{dt}\right)^2+\left(\dfrac{dy}{dt}\right)^2}$

속도의 방향 $\quad \tan\theta=\dfrac{dy}{dt}\bigg/\dfrac{dx}{dt}=\dfrac{dy}{dx} \quad \left(\text{단}, \dfrac{dx}{dt}\neq 0\right)$

(2) 가속도 $\qquad \left(\dfrac{dv_x}{dt}, \dfrac{dv_y}{dt}\right)=\left(\dfrac{d^2x}{dt^2}, \dfrac{d^2y}{dt^2}\right)$

가속도의 크기 $\sqrt{\left(\dfrac{dv_x}{dt}\right)^2+\left(\dfrac{dv_y}{dt}\right)^2}=\sqrt{\left(\dfrac{d^2x}{dt^2}\right)^2+\left(\dfrac{d^2y}{dt^2}\right)^2}$

가속도의 방향 $\tan\varphi=\dfrac{d^2y}{dt^2}\bigg/\dfrac{d^2x}{dt^2} \quad \left(\text{단}, \dfrac{d^2x}{dt^2}\neq 0\right)$

$\mathscr{Advice}$ 1° 평면 위를 움직이는 점의 속도와 가속도

좌표평면 위를 움직이는 점 P의 위치 (x, y)가 시각 t의 함수

$$x=f(t), \quad y=g(t)$$

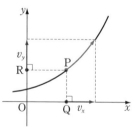

로 주어질 때, 점 P에서 x축에 내린 수선의
발 Q는 x축 위에서 $x=f(t)$로 주어지는 운
동을 한다.

따라서 시각 t에서의 점 Q의 속도를 v_x라
고 하면 v_x는 다음과 같다.

$$v_x=\frac{dx}{dt}=f'(t)$$

마찬가지로 점 P에서 y축에 내린 수선의 발 R는 y축 위에서 $y=g(t)$로
주어지는 운동을 하며, 시각 t에서의 점 R의 속도를 v_y라고 하면

$$v_y=\frac{dy}{dt}=g'(t)$$

이때, v_x와 v_y의 순서쌍

$$(v_x,\ v_y)\ \ \text{곧,}\ \left(\frac{dx}{dt},\ \frac{dy}{dt}\right)$$

를 시각 t에서의 점 P의 속도라 하고, 속도의 크기는

$$\sqrt{{v_x}^2+{v_y}^2}=\sqrt{\left(\frac{dx}{dt}\right)^2+\left(\frac{dy}{dt}\right)^2}$$

이며, 이것을 속력이라고 한다.

또, 앞면의 그림에서 시각 t에서의 x축 위의 점 Q, y축 위의 점 R의 가속도를 각각 a_x, a_y라고 하면

$$a_x=\frac{dv_x}{dt}=\frac{d^2x}{dt^2}=f''(t),\qquad a_y=\frac{dv_y}{dt}=\frac{d^2y}{dt^2}=g''(t)$$

이때, a_x와 a_y의 순서쌍

$$(a_x,\ a_y)\ \ \text{곧,}\ \left(\frac{d^2x}{dt^2},\ \frac{d^2y}{dt^2}\right)$$

를 시각 t에서의 점 P의 가속도라 하고, 가속도의 크기는 다음과 같다.

$$\sqrt{{a_x}^2+{a_y}^2}=\sqrt{\left(\frac{d^2x}{dt^2}\right)^2+\left(\frac{d^2y}{dt^2}\right)^2}$$

Advice 2° 속도벡터와 가속도벡터

평면 위를 움직이는 점의 속도, 가속도는 기하(벡터)에서 공부하는 벡터의 개념과 성질을 알고 있으면 더 정확히 이해할 수 있다.

이때, 좌표평면 위를 움직이는 점 P$(x,\ y)$의 속도를 속도벡터라고도 하며, $\overrightarrow{v}=\left(\dfrac{dx}{dt},\ \dfrac{dy}{dt}\right)$와 같이 나타낸다. 또, 속력은 속도벡터의 크기이므로 $|\overrightarrow{v}|$와 같이 나타낸다.

가속도를 가속도벡터라고도 하며, $\overrightarrow{a}=\left(\dfrac{d^2x}{dt^2},\ \dfrac{d^2y}{dt^2}\right)$와 같이 나타낸다. 또, 가속도의 크기는 $|\overrightarrow{a}|$와 같이 나타낸다.

한편 오른쪽 그림과 같이 점 P의 속도 $\overrightarrow{v}$가 x축의 양의 방향과 이루는 각의 크기를 θ라고 하면

$$\tan\theta=\frac{dy}{dt}\bigg/\frac{dx}{dt}=\frac{dy}{dx}\quad\left(\text{단,}\ \frac{dx}{dt}\neq0\right)$$

이므로 속도 $\overrightarrow{v}$의 방향은 점 P가 움직이는 곡선의 접선 방향과 같다.

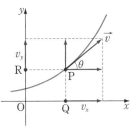

마찬가지로 점 P의 가속도 $\vec{a}$ 가 x축의 양의 방향과 이루는 각의 크기를 φ라고 하면

$$\tan \varphi = \frac{d^2 y}{dt^2} \Big/ \frac{d^2 x}{dt^2} \quad \left(\text{단, } \frac{d^2 x}{dt^2} \neq 0\right)$$

보기 1 좌표평면 위를 움직이는 점 P의 시각 $t\,(t \geq 0)$에서의 위치 (x, y)가

$$x = 2t, \qquad y = -2t^2 + 8t$$

로 주어질 때, 다음 물음에 답하여라.

(1) 점 P의 자취를 좌표평면 위에 나타내어라.

(2) $t = 2$일 때, 점 P의 속도와 속력을 구하여라.

(3) $t = 2$일 때, 점 P의 가속도와 가속도의 크기를 구하여라.

[연구] 다음 **정석**을 이용한다.

> **정석** $x = f(t),\ y = g(t)$일 때,
>
> 속도 $\Longrightarrow \left(\dfrac{dx}{dt}, \dfrac{dy}{dt}\right),$　　속력 $\Longrightarrow \sqrt{\left(\dfrac{dx}{dt}\right)^2 + \left(\dfrac{dy}{dt}\right)^2}$
>
> 가속도 $\Longrightarrow \left(\dfrac{d^2 x}{dt^2}, \dfrac{d^2 y}{dt^2}\right),$　가속도의 크기 $\Longrightarrow \sqrt{\left(\dfrac{d^2 x}{dt^2}\right)^2 + \left(\dfrac{d^2 y}{dt^2}\right)^2}$

(1) $x = 2t$에서 $t = \dfrac{1}{2}x \,(x \geq 0)$이므로 이것을

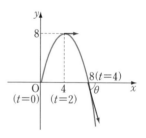

$\quad y = -2t^2 + 8t$에 대입하면

$$y = -2 \times \left(\frac{1}{2}x\right)^2 + 8 \times \frac{1}{2}x$$

$$= -\frac{1}{2}(x - 4)^2 + 8 \ (x \geq 0)$$

따라서 점 P의 자취는 오른쪽 그림의 포물선이다.

(2) $x = 2t$에서 $\dfrac{dx}{dt} = 2,$　　$y = -2t^2 + 8t$에서 $\dfrac{dy}{dt} = -4t + 8$

　따라서 $t = 2$일 때 속도는 $(\mathbf{2, 0})$, 속력은 $\sqrt{2^2 + 0^2} = \mathbf{2}$

(3) $\dfrac{dx}{dt} = 2$에서 $\dfrac{d^2 x}{dt^2} = 0,$　　$\dfrac{dy}{dt} = -4t + 8$에서 $\dfrac{d^2 y}{dt^2} = -4$

　따라서 $t = 2$일 때 가속도는 $(\mathbf{0, -4})$, 가속도의 크기는 $\sqrt{0^2 + (-4)^2} = \mathbf{4}$

*Note　$t = 4$일 때, 점 P의 속도 $\vec{v}$ 가 x축의 양의 방향과 이루는 각의 크기를

$\theta\left(-\dfrac{\pi}{2} < \theta < \dfrac{\pi}{2}\right)$라고 하면　　　　　　　　　　⇐ 기하(벡터)

$$\tan \theta = \frac{dy}{dt} \Big/ \frac{dx}{dt} = \frac{-8}{2} = -4$$

필수 예제 **12**-5 지면과 이루는 각의 크기가 α인 방향으로 초속 v_0 m 로 던진 물체의 t초 후의 위치 (x, y)가 다음과 같다고 한다.

$$x=v_0(\cos\alpha)t, \quad y=v_0(\sin\alpha)t-\frac{1}{2}gt^2 \ (단, \ g는 \ 중력 \ 가속도)$$

(1) 시각 t에서의 속도를 구하여라.

(2) 물체가 최고점에 도달하는 시각을 구하여라.

(3) 물체가 지면에 떨어지는 순간의 속력을 구하여라.

──────────────────────────────

[정석연구] (1) x, y를 각각 t에 관하여 미분하면 된다.

(2) 최고점을 지나면서 $\dfrac{dy}{dt}$ 의 값이 양수에서

음수로 바뀌므로 $\dfrac{dy}{dt}=0$인 시각 t를 찾으 면 된다.

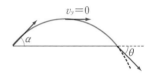

(3) 지면에 떨어질 때의 시각 t부터 구한다.

정석 속도 $\implies \left(\dfrac{dx}{dt}, \dfrac{dy}{dt}\right)$, 속력 $\implies \sqrt{\left(\dfrac{dx}{dt}\right)^2+\left(\dfrac{dy}{dt}\right)^2}$

[모범답안] (1) $\left(\dfrac{dx}{dt}, \dfrac{dy}{dt}\right)=(v_0\cos\alpha, \ v_0\sin\alpha-gt)$ ← [답]

(2) 최고점에 도달할 때에는 $\dfrac{dy}{dt}=0$이므로 $t=\dfrac{v_0\sin\alpha}{g}$ (초) ← [답]

(3) 지면에 떨어질 때의 시각을 t라고 하면 $y=0$에서

$$0=v_0(\sin\alpha)t-\frac{1}{2}gt^2 \quad \therefore \ t=\frac{2v_0\sin\alpha}{g} \ (\because \ t>0)$$

(1)의 결과에 대입하면 속도는 $(v_0\cos\alpha, \ -v_0\sin\alpha)$

따라서 속력은 $\sqrt{(v_0\cos\alpha)^2+(-v_0\sin\alpha)^2}=v_0\,(\mathbf{m/s})$ ← [답]

*$Note$ 물체가 지면에 떨어지는 순간의 속도 $\overrightarrow{v}$ 가 지면과 이루는 각의 크기를 θ라 고 하면   ⇦ 기하(벡터)

$$\tan\theta=\frac{dy}{dt}\Big/\frac{dx}{dt}=\frac{-v_0\sin\alpha}{v_0\cos\alpha}=-\tan\alpha이므로 \quad \theta=-\alpha$$

[유제] **12**-8. 좌표평면 위를 움직이는 점 P의 시각 t에서의 위치 (x, y)가

$$x=t-\sin t, \quad y=\cos t$$

로 주어질 때, 다음 물음에 답하여라.

(1) $t=\dfrac{\pi}{2}$일 때, 점 P의 속도와 가속도를 구하여라.

(2) 점 P의 속력의 최댓값을 구하여라.

[답] (1) 속도 $(1, -1)$, 가속도 $(1, 0)$ (2) 2

필수 예제 **12**-6 중심이 원점이고 반지름의 길이가 r인 원주 위를 시계 반대 방향으로 매초 ω(단, $\omega>0$) 라디안만큼 일정하게 회전하는 점 P가 있다. 점 P(x, y)가 시각 $t=0$에서 점 $(r, 0)$에 있었다고 할 때, 다음 물음에 답하여라.

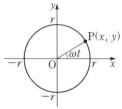

(1) 시각 t에서의 x, y를 t로 나타내어라.

(2) 점 P의 시각 t에서의 속도와 속력을 구하여라.

(3) 점 P의 시각 t에서의 가속도와 가속도의 크기를 구하여라.

모범답안 (1) 시각 t에서 선분 OP가 x축의 양의 방향과 이루는 각의 크기는 ωt이므로 $\boldsymbol{x=r\cos\omega t, \ y=r\sin\omega t}$ ⟵ 답

(2) $\dfrac{dx}{dt}=-r\omega\sin\omega t, \ \dfrac{dy}{dt}=r\omega\cos\omega t$이므로

시각 t에서의 속도는 $(\boldsymbol{-r\omega\sin\omega t, \ r\omega\cos\omega t})$ ⟵ 답

따라서 속력은

$$\sqrt{(-r\omega\sin\omega t)^2+(r\omega\cos\omega t)^2}=r\omega\sqrt{\sin^2\omega t+\cos^2\omega t}$$
$$=\boldsymbol{r\omega} \ ⟵ \ 답$$

(3) $\dfrac{d^2x}{dt^2}=-r\omega^2\cos\omega t, \ \dfrac{d^2y}{dt^2}=-r\omega^2\sin\omega t$이므로

시각 t에서의 가속도는 $(\boldsymbol{-r\omega^2\cos\omega t, \ -r\omega^2\sin\omega t})$ ⟵ 답

따라서 가속도의 크기는

$$\sqrt{(-r\omega^2\cos\omega t)^2+(-r\omega^2\sin\omega t)^2}=r\omega^2\sqrt{\cos^2\omega t+\sin^2\omega t}$$
$$=\boldsymbol{r\omega^2} \ ⟵ \ 답$$

Advice | 점 P의 속도와 가속도를 각각 벡터로 나타내면 ⟸ 기하(벡터)

$$\vec{v}=(-r\omega\sin\omega t, \ r\omega\cos\omega t)=(-\omega y, \ \omega x)$$
$$\vec{a}=(-r\omega^2\cos\omega t, \ -r\omega^2\sin\omega t)=(-\omega^2 x, \ -\omega^2 y)$$

이때, $\vec{v}\cdot\vec{a}=(-\omega y)(-\omega^2 x)+\omega x(-\omega^2 y)=0$이므로 $\vec{v}\perp\vec{a}$ 이다.

유제 **12**-9. 좌표평면 위를 움직이는 점 P의 시각 t에서의 위치 (x, y)가 $x=4t-2\sin t$, $y=4-2\cos t$로 주어질 때, $t=\dfrac{\pi}{3}$에서의 점 P의 속도, 속력, 가속도, 가속도의 크기를 구하여라.

답 속도 $(3, \sqrt{3})$, 속력 $2\sqrt{3}$,
가속도 $(\sqrt{3}, 1)$, 가속도의 크기 2

연습문제 12

[기본] **12**-1 수직선 위를 움직이는 점 P의 시각 t에서의 위치 x가
$$x = a\sin mt + \beta\cos mt \text{ (단, } a,\ \beta,\ m\text{은 상수, } m \neq 0)$$
라고 한다. $x = 3$일 때, 점 P의 가속도를 구하여라.

12-2 수직선 위를 움직이는 두 점 P, Q의 시각 t에서의 위치가 각각
$$f(t) = 2\cos t - 3, \qquad g(t) = t - 2\sin t$$
라고 한다. $0 < t < 2\pi$에서 두 점 P, Q가 서로 반대 방향으로 움직이는 t의 값의 범위를 구하여라.

12-3 좌표평면 위에 오른쪽 그림과 같이 중심각의 크기가 $\dfrac{\pi}{2}$이고 반지름의 길이가 10인 부채꼴 OAB 가 있다. 점 P가 점 A에서 출발하여 호 AB를 따라 매초 2의 일정한 속력으로 움직일 때, $\angle AOP = \theta\,(\text{rad})$라고 하자. $\theta = \dfrac{\pi}{6}$일 때, 점 P의 y좌표의 시간(초)에 대한 순간변화율을 구하여라.

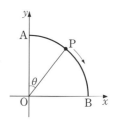

12-4 두 점 P, Q는 중심이 O이고 반지름의 길이가 각각 3 cm, 4 cm인 동심원의 원주 위를 시계 반 대 방향으로 각각 매초 1 cm, 2 cm의 속력으로 움직인다고 한다.

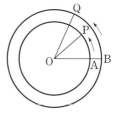

(1) 점 P, Q가 각각 점 A, B의 위치에서 동시에 출 발하고 t(단, $0 \leq t \leq 10$)초 후의 점 P, Q 사이의 거리를 x라고 할 때, x를 t로 나타내어라.

(2) (1)에서 $\angle POQ = \dfrac{\pi}{2}$일 때, x의 시간(초)에 대한 순간변화율을 구하여라.

12-5 어떤 직사각형의 세로의 길이는 일정한 속력으로 줄어들고, 가로의 길 이는 그보다 2배 빠른 속력으로 늘어나고 있다. 이 직사각형의 넓이의 순간 변화율이 0일 때, 가로의 길이는 세로의 길이의 몇 배인가?

12-6 곡선 $x^2 + 16y^2 = 1$ 위를 움직이는 점 P(x, y)의 x좌표의 속도가 3이라 고 한다. 점 P의 x좌표가 $\dfrac{1}{2}$이고 y좌표가 양수일 때, y좌표의 속도를 구 하여라.

12-7 좌표평면 위를 움직이는 점 P의 시각 t에서의 위치 (x, y)가
$$x = e^t + e^{-t} - 2, \qquad y = e^t - e^{-t} + 1$$
이라고 한다. 점 P의 속력의 최솟값과 이때 t의 값을 구하여라.

[실력] **12**-8 오른쪽 그림과 같이 좌표평면에서 원 $x^2+y^2=1$ 위의 점 P가 점 A$(1, 0)$에서 출발하여 원주 위를 시계 반대 방향으로 매초 $\dfrac{\pi}{2}$ 의 일정한 속력으로 움직이고 있다. 또, 점 Q는 점 A에서 출발하여 점 B$(-1, 0)$을 향하여 매 초 1의 일정한 속력으로 x축 위를 움직이고 있

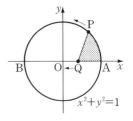

다. 점 P와 점 Q가 동시에 점 A에서 출발하여 t초가 되는 순간, 선분 PQ, 선분 QA, 호 AP로 둘러싸인 점 찍은 부분의 넓이를 S라고 하자. 출발한 지 1초 후 S의 시간(초)에 대한 순간변화율을 구하여라.

12-9 곡선 $y=\sin x$(단, $0 \le x \le \pi$) 위의 점 P와 x축 위의 점 Q에 대하여 선분 PQ가 x축과 수직을 유지하며 움직인다. 다음 물음에 답하여라.
단, 점 P는 원점에서 출발한다.
(1) 점 Q의 속력이 k일 때, 점 P의 속력의 최댓값과 최솟값을 구하여라.
(2) 점 P의 속력이 k일 때, 점 Q의 속력의 최댓값과 이때 점 Q의 x좌표를 구하여라.

12-10 $t=0$일 때 좌표평면의 원점에 있는 점 P가 x축 위를 양의 방향으로 일정한 속력 k(단, $k>0$)로 움직인다. 또, 점 P를 지나고 x축에 수직인 직선이 곡선 $y=(\sqrt{3}-1)\sin x+(\sqrt{3}+1)\cos x$와 만나는 점을 Q라고 하자. 다음 물음에 답하여라.
(1) 점 Q의 시각 t에서의 속력을 구하여라.
(2) 점 Q의 속력의 최댓값과 최솟값을 구하여라.

12-11 반지름의 길이가 25 m인 반구 모 양의 온실 지붕에 길이가 39 m인 사다리 가 걸쳐 있다. 지면에 놓인 사다리의 끝이 2 m/s의 속도로 미끄러져 사다리의 끝에 서 온실까지의 거리가 31 m가 될 때, 온

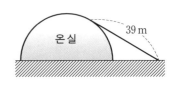

온실
39 m

실 지붕에 놓인 사다리의 다른 한쪽 끝의 속도를 구하여라.

12-12 미분가능한 함수 $f(t)$에 대하여 좌표평면 위를 움직이는 점 P의 시각 t에서의 위치 (x, y)가 다음과 같다.
$$x=f(t)\cos t, \qquad y=f(t)\sin t$$
점 P의 속도 $\vec{v}$와 벡터 $\overrightarrow{\text{OP}}$가 이루는 각의 크기를 $\theta\left(\text{단, } \theta \ne \dfrac{\pi}{2}\right)$라고 할 때, $\tan\theta$를 $f(t)$와 $f'(t)$로 나타내어라. 단, O는 원점이다. ⇦ 기하(벡터)

13. 부정적분

§1. 부정적분의 정의와 계산

기본정석

1 부정적분(원시함수)의 정의

함수 $f(x)$가 주어져 있을 때, $F'(x)=f(x)$인 함수 $F(x)$를 $f(x)$의 부정적분 또는 원시함수라고 한다.

$F(x)$가 함수 $f(x)$의 부정적분의 하나일 때, $f(x)$의 모든 부정적분은 $F(x)+C$의 꼴로 나타내어지며, 이것을

$$\int f(x)dx=F(x)+C \ (단, \ C는 \ 상수)$$

로 나타낸다.

여기에서 C를 적분상수, 함수 $f(x)$를 피적분함수, x를 적분변수라 하고, $f(x)$의 부정적분을 구하는 것을 $f(x)$를 적분한다라고 한다.

2 부정적분과 도함수

$$\frac{d}{dx}\left(\int f(x)dx\right)=f(x), \qquad \int \left(\frac{d}{dx}f(x)\right)dx=f(x)+C$$

3 부정적분의 기본 공식

(1) $\int k\,dx=kx+C$ (단, k는 상수, C는 적분상수)

(2) $\int x^r dx=\dfrac{1}{r+1}x^{r+1}+C$ (단, $r\neq-1$, C는 적분상수)

$\int \dfrac{1}{x}dx=\ln|x|+C$ (단, C는 적분상수) ⇦ $r=-1$

(3) $\int kf(x)dx=k\int f(x)dx$ (단, k는 0이 아닌 상수)

(4) $\int \{f(x)\pm g(x)\}dx=\int f(x)dx\pm\int g(x)dx$ (복부호동순)

Advice 1° 부정적분의 정의

이를테면 x^2의 도함수를 구하면 $2x$이다. 이것을

$$x^2의 \ 도함수는 \ (x^2을 \ 미분하면) \ 2x이다$$

라 하고, $(x^2)'=2x$, $\dfrac{d}{dx}(x^2)=2x$와 같이 나타내었다.

역으로 x^2은 도함수가 $2x$인 함수라는 것을

$$x^2 은 \ 2x 의 \ 부정적분이다,$$
$$x^2 은 \ 2x 의 \ 원시함수이다$$

라고 한다.

그런데 $2x$의 부정적분은 x^2 하나만 있는 것이 아니다. 왜냐하면

$$x^2 - 1, \quad x^2 + 1, \quad x^2 + 2, \quad x^2 + 3, \quad \cdots$$

의 도함수도 모두 $2x$이므로 위의 함수들은 모두 $2x$의 부정적분이라고 할 수 있기 때문이다.

곧, C가 상수일 때 $(x^2 + C)' = 2x$이므로

$$2x 의 \ 부정적분은 \ x^2 + C 이다$$

라고 한다. 또, 이것을 기호를 사용하여 다음과 같이 나타내기로 한다.

$$\int 2x \, dx = x^2 + C$$

$$\underbrace{\int}_{\text{미}} \; 2x \; \underbrace{dx}_{\text{분}} = \overbrace{x^2}^{\text{부정적분}} + \underbrace{C}_{\text{적분상수}}$$

이제 일반적으로 함수 $f(x)$의 부정적분을 표현하는 방법을 알아보자.

평균값 정리에서

함수 $f(x)$가 구간 $[a, \ b]$에서 연속, 구간 $(a, \ b)$에서 미분가능할 때,
$$f'(x) = 0 이면 \implies f(x) = C \ (상수함수)$$

임을 공부하였다.   ⇐ p. 160

따라서 $F(x)$와 $G(x)$가 모두 함수 $f(x)$의 부정적분이면

$$G'(x) - F'(x) = f(x) - f(x) = 0$$

곧, $\{G(x) - F(x)\}' = 0$이므로 적당한 상수 C가 있어

$$G(x) - F(x) = C \quad 곧, \ G(x) = F(x) + C$$

로 나타낼 수 있다. 따라서 $F(x)$가 함수 $f(x)$의 부정적분 중 하나이면 $f(x)$의 모든 부정적분은 $F(x) + C$(단, C는 상수)의 꼴로 나타낼 수 있다.

역으로 C가 상수이면 $\{F(x) + C\}' = F'(x) = f(x)$

따라서 $f(x)$의 부정적분은 특정한 부정적분 $F(x)$를 써서

$$\int f(x) dx = F(x) + C \ (단, \ C는 상수)$$

로 나타낼 수 있다.

이상을 정리하면

정석 $F'(x) = f(x) \iff \int f(x) dx = F(x) + C$

Note 기호 $\int$은 Sum의 첫 글자 S를 길게 늘어뜨린 것으로 적분 또는 인테그랄 (integral)이라고 읽는다. 그리고 dx는 x에 관하여 적분한다는 뜻이다.

보기 1 $\int f(x)dx = x\ln x - x^2 + C$(단, C는 상수)일 때, $f(x)$를 구하여라.

연구 우변을 x에 관하여 미분한 것이 피적분함수 $f(x)$이므로

$$f(x) = (x\ln x - x^2 + C)' = \ln x + x \times \frac{1}{x} - 2x = \boldsymbol{\ln x - 2x + 1}$$

Advice 2° 부정적분과 도함수

(i) $f(x)$의 부정적분의 하나를 $F(x)$라고 하면 $\int f(x)dx = F(x) + C$

$F'(x) = f(x)$이므로 양변을 x에 관하여 미분하면

$$\frac{d}{dx}\left(\int f(x)dx\right) = f(x) \qquad \Leftarrow \text{적분상수 C가 없다.}$$

(ii) $\int\left(\frac{d}{dx}f(x)\right)dx = G(x)$로 놓으면 부정적분의 정의에 의하여

$$\frac{d}{dx}f(x) = \frac{d}{dx}G(x) \qquad \therefore G(x) = f(x) + C \text{ (단, C는 상수)}$$

$$\therefore \int\left(\frac{d}{dx}f(x)\right)dx = f(x) + C \qquad \Leftarrow \text{적분상수 C가 있다.}$$

보기 2 다음 식을 간단히 하여라.

(1) $\dfrac{d}{dx}\int(x^4 - 2x^3 - 7x^2)dx$ (2) $\int\dfrac{d}{dx}(x^4 - 2x^3 - 7x^2)dx$

연구 (1) $\boldsymbol{x^4 - 2x^3 - 7x^2}$ (2) $\boldsymbol{x^4 - 2x^3 - 7x^2 + C}$

*Note 특별한 말이 없어도 부정적분에서 C는 적분상수를 의미하는 것으로 한다.

Advice 3° 부정적분의 기본 공식

적분은 미분의 역연산이므로 미분법의 역을 생각하면 앞의 **기본정석** ③과 같은 공식을 얻을 수 있다. 곧, 이 공식들은 우변을 미분하면 좌변의 피적분함수가 된다는 것을 보임으로써 증명할 수 있다. $\Leftarrow$ 실력 수학 Ⅱ p. 138

보기 3 다음 부정적분을 구하여라.

(1) $\int 5\,dx$ (2) $\int\left(x^3 + 3x^2\sqrt{x} + 2\right)dx$ (3) $\int\dfrac{3+x}{x^2}dx$

연구 (1) $\int 5\,dx = \boldsymbol{5x + C}$

(2) $\displaystyle\int\left(x^3 + 3x^2\sqrt{x} + 2\right)dx = \int\left(x^3 + 3x^{\frac{5}{2}} + 2\right)dx$

$$= \frac{1}{3+1}x^{3+1} + 3 \times \frac{1}{\frac{5}{2}+1}x^{\frac{5}{2}+1} + 2x + C$$

$$= \boldsymbol{\frac{1}{4}x^4 + \frac{6}{7}x^3\sqrt{x} + 2x + C}$$

(3) $\displaystyle\int\frac{3+x}{x^2}dx = \int\left(3x^{-2} + \frac{1}{x}\right)dx = \boldsymbol{-\frac{3}{x} + \ln|x| + C}$

필수 예제 13-1 다음 부정적분을 구하여라.

(1) $\int (x^2+\sqrt{2}\,x+1)(x^2-\sqrt{2}\,x+1)\,dx$ (2) $\int \dfrac{x^4+x^2+1}{x^2-x+1}\,dx$

(3) $\int \left(\dfrac{1}{1+\tan^2\theta}+\dfrac{1}{1+\cot^2\theta}\right)d\theta$ (4) $\int \dfrac{x^3}{x+1}\,dx+\int \dfrac{1}{x+1}\,dx$

(5) $\int(\sin\theta+\cos\theta)^2\,d\theta+\int(\sin\theta-\cos\theta)^2\,d\theta$

──────────────────────────────

[정석연구] (1), (2), (3) 피적분함수를 간단히 한 다음 구한다.

(4), (5) 아래 **정석**을 이용하여 피적분함수를 간단히 한 다음 구한다.

정석 $\displaystyle\int f(x)\,dx\pm\int g(x)\,dx=\int\{f(x)\pm g(x)\}\,dx$ (복부호동순)

[모범답안] (1) (준 식)$=\displaystyle\int(x^4+1)\,dx=\dfrac{1}{5}x^5+x+C$ ⟵ [답]

(2) (준 식)$=\displaystyle\int \dfrac{(x^2+x+1)(x^2-x+1)}{x^2-x+1}\,dx=\int(x^2+x+1)\,dx$

$\qquad =\dfrac{1}{3}x^3+\dfrac{1}{2}x^2+x+C$ ⟵ [답]

(3) (준 식)$=\displaystyle\int\left(\dfrac{1}{\sec^2\theta}+\dfrac{1}{\csc^2\theta}\right)d\theta=\int(\cos^2\theta+\sin^2\theta)\,d\theta=\int 1\,d\theta$

$\qquad =\theta+C$ ⟵ [답]

(4) (준 식)$=\displaystyle\int \dfrac{x^3+1}{x+1}\,dx=\int \dfrac{(x+1)(x^2-x+1)}{x+1}\,dx=\int(x^2-x+1)\,dx$

$\qquad =\dfrac{1}{3}x^3-\dfrac{1}{2}x^2+x+C$ ⟵ [답]

(5) (준 식)$=\displaystyle\int\{(\sin\theta+\cos\theta)^2+(\sin\theta-\cos\theta)^2\}\,d\theta=\int 2\,d\theta$

$\qquad =2\theta+C$ ⟵ [답]

[유제] **13**-1. 다음 부정적분을 구하여라.

(1) $\int x(x+1)(x+2)\,dx$ (2) $\int \dfrac{x^3+8}{x+2}\,dx$ (3) $\int\left(\dfrac{1}{\cos^2 y}-\dfrac{\sin^2 y}{\cos^2 y}\right)dy$

(4) $\int(x+1)^3\,dx-\int(x-1)^3\,dx$ (5) $\int \dfrac{x^3}{x-1}\,dx-\int \dfrac{1}{x-1}\,dx$

(6) $\int\sqrt{2x^2+1+2x\sqrt{x^2+1}}\,dx-\int\sqrt{2x^2+1-2x\sqrt{x^2+1}}\,dx$

[답] (1) $\dfrac{1}{4}x^4+x^3+x^2+C$ (2) $\dfrac{1}{3}x^3-x^2+4x+C$ (3) $y+C$

(4) $2x^3+2x+C$ (5) $\dfrac{1}{3}x^3+\dfrac{1}{2}x^2+x+C$ (6) x^2+C

필수 예제 **13**-2 다음 부정적분을 구하여라.

(1) $\int \dfrac{\sqrt{x}+\sqrt[3]{x}-1}{x}dx$　　(2) $\int\Big(x+\dfrac{1}{x^2}\Big)^2 dx$　　(3) $\int \dfrac{(\sqrt{x}+1)^3}{\sqrt{x}}dx$

[정석연구] x^r 의 꼴로 변형한 다음

$$\boxed{정석}\ \int x^r dx = \frac{1}{r+1}x^{r+1}+C\ (r \neq -1)$$

$$\int \frac{1}{x}dx = \ln|x|+C \qquad\qquad \Leftarrow r=-1$$

를 이용한다.

[모범답안] (1) (준 식)$=\int \dfrac{x^{\frac{1}{2}}+x^{\frac{1}{3}}-1}{x}dx=\int \Big(x^{-\frac{1}{2}}+x^{-\frac{2}{3}}-\dfrac{1}{x}\Big)dx$

$\qquad =\dfrac{1}{(-1/2)+1}x^{-\frac{1}{2}+1}+\dfrac{1}{(-2/3)+1}x^{-\frac{2}{3}+1}-\ln|x|+C$

$\qquad =2x^{\frac{1}{2}}+3x^{\frac{1}{3}}-\ln|x|+C$

$\qquad =\boldsymbol{2\sqrt{x}+3\sqrt[3]{x}-\ln x+C} \longleftarrow \boxed{답}$

(2) (준 식)$=\int \Big(x^2+2\times \dfrac{1}{x}+\dfrac{1}{x^4}\Big)dx=\int \Big(x^2+\dfrac{2}{x}+x^{-4}\Big)dx$

$\qquad =\dfrac{1}{2+1}x^{2+1}+2\ln|x|+\dfrac{1}{-4+1}x^{-4+1}+C$

$\qquad =\boldsymbol{\dfrac{1}{3}x^3+2\ln|x|-\dfrac{1}{3x^3}+C} \longleftarrow \boxed{답}$

(3) (준 식)$=\int \dfrac{x\sqrt{x}+3x+3\sqrt{x}+1}{\sqrt{x}}dx=\int \Big(x+3x^{\frac{1}{2}}+3+x^{-\frac{1}{2}}\Big)dx$

$\qquad =\dfrac{1}{1+1}x^{1+1}+3\times \dfrac{1}{(1/2)+1}x^{\frac{1}{2}+1}+3x+\dfrac{1}{(-1/2)+1}x^{-\frac{1}{2}+1}+C$

$\qquad =\boldsymbol{\dfrac{1}{2}x^2+2x\sqrt{x}+3x+2\sqrt{x}+C} \longleftarrow \boxed{답}$

[유제] **13**-2. 다음 부정적분을 구하여라.

(1) $\int \dfrac{x-1}{\sqrt{x}}dx$　　　　　　　　(2) $\int\Big(x+\dfrac{1}{x}\Big)^2 dx$

(3) $\int\Big(x-\dfrac{1}{x}\Big)^3 dx$　　　　　　(4) $\int \dfrac{x-1}{\sqrt{x}+1}dx$

$\boxed{답}$ (1) $\dfrac{2}{3}x\sqrt{x}-2\sqrt{x}+C$ (2) $\dfrac{1}{3}x^3+2x-\dfrac{1}{x}+C$

$\qquad$ (3) $\dfrac{1}{4}x^4-\dfrac{3}{2}x^2+3\ln|x|+\dfrac{1}{2x^2}+C$ (4) $\dfrac{2}{3}x\sqrt{x}-x+C$

필수 예제 **13**-3 두 다항함수 $f(x)$, $g(x)$가

$$f'(x)+g'(x)=2x+1, \quad f'(x)g(x)+f(x)g'(x)=3x^2-2x+2$$

를 만족시킨다. $f(0)=2$, $g(0)=-1$일 때, $f(x)$, $g(x)$를 구하여라.

정석연구 두 조건식에서 좌변은

$$f'(x)+g'(x)=\{f(x)+g(x)\}',$$
$$f'(x)g(x)+f(x)g'(x)=\{f(x)g(x)\}'$$

이다. 따라서 두 조건식의 부정적분으로부터 각각 $f(x)+g(x)$, $f(x)g(x)$를 구할 수 있다.

정석 $\dfrac{d}{dx}F(x)=f(x) \iff F(x)=\int f(x)dx$

모범답안 첫 번째 조건식에서 $\{f(x)+g(x)\}'=2x+1$

$$\therefore \ f(x)+g(x)=\int(2x+1)dx=x^2+x+C_1$$

여기에서 $x=0$을 대입하면 $f(0)+g(0)=C_1$ $\therefore$ $C_1=2+(-1)=1$

$$\therefore \ f(x)+g(x)=x^2+x+1 \qquad\qquad \cdots\cdots①$$

또, 두 번째 조건식에서 $\{f(x)g(x)\}'=3x^2-2x+2$

$$\therefore \ f(x)g(x)=\int(3x^2-2x+2)dx=x^3-x^2+2x+C_2$$

여기에서 $x=0$을 대입하면 $f(0)g(0)=C_2$ $\therefore$ $C_2=2\times(-1)=-2$

$$\therefore \ f(x)g(x)=x^3-x^2+2x-2=(x-1)(x^2+2) \qquad \cdots\cdots②$$

①, ②를 만족시키는 다항함수 $f(x)$, $g(x)$는

$$\begin{cases} f(x)=x-1 \\ g(x)=x^2+2 \end{cases} \quad \text{또는} \quad \begin{cases} f(x)=x^2+2 \\ g(x)=x-1 \end{cases}$$

$f(0)=2$, $g(0)=-1$이므로

$$\boldsymbol{f(x)=x^2+2, \ g(x)=x-1} \longleftarrow \boxed{답}$$

Advice | 첫 번째 조건식이 없으면

$$f(x)=-(x-1)(x^2+2), \quad g(x)=-1 \quad \text{또는}$$
$$f(x)=2, \quad g(x)=\frac{1}{2}(x-1)(x^2+2)$$

도 답이 될 수 있다.

유제 **13**-3. 계수가 정수인 두 다항함수 $f(x)$, $g(x)$가

$$f'(x)g(x)+f(x)g'(x)=3x^2-4x-3$$

을 만족시킨다. $f(0)=-3$, $g(0)=-2$일 때, $f(x)$, $g(x)$를 구하여라.

$\boxed{답}$ $\boldsymbol{f(x)=x^2-3, \ g(x)=x-2}$

§ 2. 여러 가지 함수의 부정적분

1 삼각함수의 부정적분

(1) $\int \sin x \, dx = -\cos x + C$ (2) $\int \cos x \, dx = \sin x + C$

(3) $\int \sec^2 x \, dx = \tan x + C$ (4) $\int \csc^2 x \, dx = -\cot x + C$

(5) $\int \sec x \tan x \, dx = \sec x + C$ (6) $\int \csc x \cot x \, dx = -\csc x + C$

2 지수함수의 부정적분

(1) $\int e^x \, dx = e^x + C$ (2) $\int a^x \, dx = \dfrac{a^x}{\ln a} + C$

Advice | 위의 공식들은 모두 우변을 미분하면 좌변의 피적분함수가 된다는 것을 보임으로써 증명할 수 있다. 이를테면

$$\frac{d}{dx}(-\cos x + C) = \sin x \quad \therefore \int \sin x \, dx = -\cos x + C$$

$$\frac{d}{dx}\left(\frac{a^x}{\ln a} + C\right) = a^x \quad \therefore \int a^x \, dx = \frac{a^x}{\ln a} + C$$

이 공식들은 삼각함수와 지수함수의 미분법과 연관지어 기억해 두는 것이 좋다. ⇦ p. 131, 135

보기 1 다음 부정적분을 구하여라.

(1) $\int (\sin x - \cos x) dx$ (2) $\int \tan^2 x \, dx$ (3) $\int \cot^2 x \, dx$

(4) $\int 10^{x+1} dx$ (5) $\int (2e^x + 3^x) dx$

연구 (1) $\int (\sin x - \cos x) dx = -\cos x - \sin x + C$

(2) $\int \tan^2 x \, dx = \int (\sec^2 x - 1) dx = \tan x - x + C$

(3) $\int \cot^2 x \, dx = \int (\csc^2 x - 1) dx = -\cot x - x + C$

(4) $\int 10^{x+1} dx = \int 10 \times 10^x dx = 10 \times \dfrac{10^x}{\ln 10} + C = \dfrac{10^{x+1}}{\ln 10} + C$

(5) $\int (2e^x + 3^x) dx = 2e^x + \dfrac{3^x}{\ln 3} + C$

필수 예제 13-4   다음 부정적분을 구하여라.

(1) $\displaystyle\int\sin^2\frac{x}{2}\,dx$ (2) $\displaystyle\int\frac{x-\cos^2x}{x\cos^2x}\,dx$ (3) $\displaystyle\int\frac{8^x-2^x}{2^x+1}\,dx$

[정석연구] 피적분함수를 공식을 적용할 수 있는 꼴로 변형한다. 곧,

> **정석** 삼각함수의 경우 $\Longrightarrow$ $\sin x,\ \cos x,\ \sec^2x,\ \csc^2x,\ \cdots$
>
>   지수함수의 경우 $\Longrightarrow$ $e^x,\ a^x$

등을 포함한 식으로 변형한다. 특히

> **정석** $\displaystyle\int e^x\,dx=e^x+C,\quad \int a^x\,dx=\frac{a^x}{\ln a}+C$

와 같이 e^x의 부정적분과 a^x의 부정적분의 차이에 주의한다.

[모범답안] (1) $\displaystyle\sin^2\frac{x}{2}=\frac{1-\cos x}{2}$ 이므로

$$\int\sin^2\frac{x}{2}\,dx=\int\frac{1}{2}(1-\cos x)\,dx=\frac{1}{2}x-\frac{1}{2}\sin x+C \leftarrow \boxed{답}$$

(2) $\displaystyle\frac{x-\cos^2x}{x\cos^2x}=\frac{1}{\cos^2x}-\frac{1}{x}=\sec^2x-\frac{1}{x}$ 이므로

$$\int\frac{x-\cos^2x}{x\cos^2x}\,dx=\int\left(\sec^2x-\frac{1}{x}\right)dx=\tan x-\ln|x|+C \leftarrow \boxed{답}$$

(3) $\displaystyle\frac{8^x-2^x}{2^x+1}=\frac{2^{3x}-2^x}{2^x+1}=\frac{2^x(2^{2x}-1)}{2^x+1}=\frac{2^x(2^x+1)(2^x-1)}{2^x+1}=2^x(2^x-1)$

$$=2^{2x}-2^x=4^x-2^x$$

이므로

$$\int\frac{8^x-2^x}{2^x+1}\,dx=\int(4^x-2^x)\,dx=\frac{4^x}{\ln 4}-\frac{2^x}{\ln 2}+C$$

$$=\frac{2^{2x-1}}{\ln 2}-\frac{2^x}{\ln 2}+C \leftarrow \boxed{답}$$

[유제] **13**-4. 다음 부정적분을 구하여라.

(1) $\displaystyle\int\cos^2\frac{x}{2}\,dx$ (2) $\displaystyle\int\left(\sin\frac{x}{2}-\cos\frac{x}{2}\right)^2dx$ (3) $\displaystyle\int\frac{4e^x\cos^2x-3}{\cos^2x}\,dx$

(4) $\displaystyle\int 3^x(9^x+1)\,dx$ (5) $\displaystyle\int\frac{e^{2x}-4^x}{e^x+2^x}\,dx$ (6) $\displaystyle\int\frac{8^x+1}{2^x+1}\,dx$

     $\boxed{답}$ (1) $\displaystyle\frac{1}{2}x+\frac{1}{2}\sin x+C$ (2) $x+\cos x+C$ (3) $4e^x-3\tan x+C$

        (4) $\displaystyle\frac{3^{3x-1}}{\ln 3}+\frac{3^x}{\ln 3}+C$ (5) $e^x-\displaystyle\frac{2^x}{\ln 2}+C$ (6) $\displaystyle\frac{2^{2x-1}}{\ln 2}-\frac{2^x}{\ln 2}+x+C$

필수 예제 13-5 다음 물음에 답하여라.

(1) 함수 $y=(\tan x+\cot x)^2$의 부정적분 중에서 $x=\dfrac{\pi}{4}$일 때 함숫값이 2 인 것을 구하여라.

(2) 곡선 $y=f(x)$ 위의 점 (x, y)에서의 접선의 기울기는 e^x+6x+2에 정비례하고, 이 곡선 위의 x좌표가 0인 점에서의 접선의 방정식은 $y=3x+4$이다. 이때, $f(x)$를 구하여라.

[정석연구] $f'(x)$를 주고 $f(x)$를 구하는 문제이다. 다음을 이용하여라.

$$\boxed{\text{정석}}\ \ f(x)=\int f'(x)dx \qquad\qquad \cdots\cdots①$$

[모범답안] (1) $(\tan x+\cot x)^2=\tan^2 x+2\tan x\cot x+\cot^2 x$
$$=(\sec^2 x-1)+2+(\csc^2 x-1)=\sec^2 x+\csc^2 x$$

따라서 구하는 부정적분을 $f(x)$라고 하면
$$f(x)=\int (\tan x+\cot x)^2 dx=\int (\sec^2 x+\csc^2 x)dx$$
$$=\tan x-\cot x+\mathrm{C}$$

$f\left(\dfrac{\pi}{4}\right)=2$이므로 $\tan\dfrac{\pi}{4}-\cot\dfrac{\pi}{4}+\mathrm{C}=2$ $\therefore$ $\mathrm{C}=2$

$$\therefore f(x)=\boldsymbol{\tan x-\cot x+2} \longleftarrow \boxed{\text{답}}$$

(2) $f'(x)=k(e^x+6x+2)$ (단, $k\neq0$)로 놓을 수 있다.

$f'(0)=3$이므로 $3k=3$ $\therefore$ $k=1$
$$\therefore f(x)=\int f'(x)dx=\int (e^x+6x+2)dx=e^x+3x^2+2x+\mathrm{C}$$

또, 곡선 $y=f(x)$가 점 $(0, 4)$를 지나므로 $\qquad\qquad \Leftarrow y=3x+4$

$f(0)=1+\mathrm{C}=4$ $\therefore$ $\mathrm{C}=3$ $\therefore$ $\boldsymbol{f(x)=e^x+3x^2+2x+3} \longleftarrow \boxed{\text{답}}$

*Note $f(x)$는 $f'(x)$의 부정적분 중 하나이므로 $\int f'(x)dx=f(x)+\mathrm{C}$로 쓰는 것이 정확한 표현이다. 이 문제에서는 $\int f'(x)dx$를 계산하는 과정에서 적분상수가 나타나므로 ①에서는 적분상수를 따로 쓰지 않는 것이 편리하다.

[유제] **13**-5. $f'(x)=\cos x+2x$이고 $f(0)=2$인 함수 $f(x)$를 구하여라.
$$\boxed{\text{답}}\ f(x)=\boldsymbol{\sin x+x^2+2}$$

[유제] **13**-6. 곡선 $y=f(x)$ (단, $x>0$) 위의 점 (x, y)에서의 접선의 기울기가 $e^x+\dfrac{1}{x}$이라고 한다. 이 곡선이 점 $(1, 2)$를 지날 때, $f(x)$를 구하여라.
$$\boxed{\text{답}}\ f(x)=\boldsymbol{e^x+\ln x+2-e}$$

연습문제 13

기본 **13**-1 $f(x)=\int (x\ln x + e^x + x + 1)dx$ 일 때, 다음 극한값을 구하여라.

(1) $\displaystyle\lim_{h\to 0}\frac{f(1+h)-f(1)}{h}$ (2) $\displaystyle\lim_{h\to 0}\frac{f(1+h+h^2)-f(1-h)}{h}$

13-2 「$f(x)$를 적분하여라」라는 문제를 잘못 보아 $f(x)$를 미분하여 $2x+\dfrac{1}{\sqrt{x}}$ 을 얻었다. 옳은 답을 구하여라. 단, $f(1)=1$이다.

13-3 다음 부정적분을 구하여라.

(1) $\displaystyle\int\frac{3\sin^3 x - 3\sin x + \cos^3 x - 2}{\cos^2 x}dx$ (2) $\displaystyle\int\frac{1}{\tan(x/2)+\cot(x/2)}dx$

13-4 미분가능한 함수 $f(x)$가 $f'(x)=2\sin x + a\cos x$, $\displaystyle\lim_{x\to\pi}\frac{f(x)}{x-\pi}=2a-3$ 을 만족시킬 때, 상수 a의 값과 함수 $f(x)$를 구하여라.

실력 **13**-5 $x>0$에서 정의된 연속함수 $f(x)$에 대하여 함수 $(x-1)f(x)$의 도함수는 $\dfrac{1}{x}$이다. 이때, $f(x)$를 구하여라.

13-6 $x>0$에서 정의되고 이 구간에서 미분가능한 함수 $f(x)$가 모든 양수 x, y에 대하여 $f(xy)=f(x)+f(y)$를 만족시키고 $f'(1)=a$이다.

(1) $f(1)$의 값을 구하여라.   (2) $f'(x)$를 구하여라.

(3) $f(x)$를 구하여라.

13-7 $f(x)$는 연속함수이고

$$f'(x)=\begin{cases} 1-\cos x & \left(|x|<\dfrac{\pi}{2}\right) \\ -1 & \left(|x|>\dfrac{\pi}{2}\right) \end{cases}$$

이다. $f(\pi)=0$일 때, $f(-\pi)+f(0)+f(2\pi)$의 값을 구하여라.

13-8 미분가능한 함수 $f(x)$가 모든 실수 x에 대하여 $f'(x)=-f(x)+e^{-x}\cos x$를 만족시킨다. $g(x)=e^x f(x)$이고 $f(0)=1$일 때, 다음 물음에 답하여라.

(1) $g'(x)$를 구하여라.   (2) $f(x)$를 구하여라.

(3) $-\pi\le x\le\pi$에서 $f(x)$의 최댓값과 최솟값을 구하여라.

13-9 미분가능한 함수 $f(x)$가 모든 실수 x에 대하여

$$f(x)=f(-x)+2x, \quad f(x)f'(x)+f(-x)f'(-x)=6\cos x+2$$

를 만족시킬 때, $f(x)$를 구하여라.

14. 치환적분과 부분적분

§ 1. 치환적분법

1 치환적분에 관한 공식

미분가능한 함수 $g(t)$에 대하여 $x=g(t)$로 놓으면

$$\int f(x)dx = \int f\big(g(t)\big)g'(t)dt$$

2 치환적분에 관한 기본 유형

(1) $\int f(x)dx = \mathrm{F}(x)+\mathrm{C}$이면 $\int f(ax+b)dx = \dfrac{1}{a}\mathrm{F}(ax+b)+\mathrm{C}\ (a\neq 0)$

(2) $g(x)=t$라고 하면 $\int f\big(g(x)\big)g'(x)dx = \int f(t)dt$

(3) $\int \dfrac{f'(x)}{f(x)}dx = \ln|f(x)|+\mathrm{C}$

Advice 1° 치환적분에 관한 공식

이를테면 $(3x+2)^2$의 부정적분을 구할 때, 이를 전개하여

$$\int (3x+2)^2 dx = \int (9x^2+12x+4)dx = 3x^3+6x^2+4x+\mathrm{C}$$

와 같이 하여 구할 수도 있고, 다음과 같은 방법으로 구할 수도 있다.

구하는 부정적분을

$$y=\int (3x+2)^2 dx$$

로 놓고 $3x+2=t$, 곧 $x=\dfrac{1}{3}(t-2)$라고 하면

$$\frac{dy}{dt} = \frac{dy}{dx}\times\frac{dx}{dt}$$

$$= \frac{d}{dx}\left\{\int (3x+2)^2 dx\right\}\times\frac{d}{dt}\left\{\frac{1}{3}(t-2)\right\} \quad \Leftarrow \frac{d}{dx}\int f(x)dx = f(x)$$

$$= (3x+2)^2\times\frac{1}{3} \quad \text{곧, } \frac{dy}{dt}=\frac{1}{3}t^2 \qquad \Leftarrow 3x+2=t$$

$$\therefore\ y = \int \frac{1}{3}t^2 dt = \frac{1}{9}t^3+\mathrm{C} = \frac{1}{9}(3x+2)^3+\mathrm{C}$$

일반적으로 함수 $f(x)$의 부정적분을

$$y = \int f(x)dx$$

라고 할 때, x가 t의 미분가능한 함수 $x = g(t)$로 나타내어지면 y는 x의 미분가능한 함수이므로 y는 t의 미분가능한 함수이다.

그리고

$$\frac{dy}{dx} = f(x), \qquad \frac{dx}{dt} = g'(t)$$

이므로 합성함수의 미분법에 의하여

$$\frac{dy}{dt} = \frac{dy}{dx} \times \frac{dx}{dt} = f(x)\frac{dx}{dt} = f\big(g(t)\big)g'(t)$$

이다. 따라서

$$y = \int f\big(g(t)\big)g'(t)dt \qquad 곧, \quad \int f(x)dx = \int f\big(g(t)\big)g'(t)dt$$

가 성립한다.

이 공식을 이용하는 적분법을 **치환적분법**이라고 한다.

> **정석** 미분가능한 함수 $g(t)$에 대하여 $\boldsymbol{x = g(t)}$로 놓으면
>
> $$\int f(x)dx = \int f\big(g(t)\big)g'(t)dt$$

보기 1 $\int (2x-3)^5 dx$ 를 구하여라.

연구 $2x-3 = t$ 라고 하면 $\quad x = \dfrac{1}{2}(t+3) = g(t) \quad \therefore \ g'(t) = \dfrac{1}{2}$

$$\therefore \int (2x-3)^5 dx = \int t^5 g'(t)dt = \int \frac{1}{2}t^5 dt$$
$$= \frac{1}{12}t^6 + C = \frac{1}{12}(2x-3)^6 + C$$

그런데 실제 계산에서는 위와 같이 공식에 맞추어 $x = g(t)$로부터 $g'(t)$를 구하여 대입하는 것보다 다음과 같은 방법으로 dx와 dt의 관계를 찾아서 치환한 다음 부정적분을 구하는 것이 편리하다.

$$2x-3 = t \implies 2\frac{dx}{dt} = 1 \implies dx = \frac{1}{2}dt$$

양변을 t로 미분   양변에 dt를 곱함

$$\therefore \int (2x-3)^5 dx = \int t^5 \times \frac{1}{2}dt = \frac{1}{12}t^6 + C = \frac{1}{12}(2x-3)^6 + C$$

치환하여 적분할 때에는 항상 다음에 주의해야 한다.

> **정석** $\boldsymbol{dx}$도 $\boldsymbol{dt}$를 써서 치환해야 한다.

보기 2 다음 부정적분을 구하여라.

(1) $\displaystyle\int \sin(2x+1)dx$ (2) $\displaystyle\int e^{2x+1}dx$ (3) $\displaystyle\int (x^2+1)^3 x\,dx$

(4) $\displaystyle\int (e^x+2)^2 e^x dx$ (5) $\displaystyle\int \frac{x}{x^2+2}dx$ (6) $\displaystyle\int \frac{e^x}{e^x+2}dx$

[연구] (1) $2x+1=t$ 라 하고, 양변을 t 에 관하여 미분하면

$$2\frac{dx}{dt}=1 \quad \therefore\ dx=\frac{1}{2}dt$$

$$\therefore\ \int \sin(2x+1)dx=\int \sin t \times \frac{1}{2}dt=-\frac{1}{2}\cos t+C=-\boldsymbol{\frac{1}{2}\cos(2x+1)+C}$$

(2) $\displaystyle\int e^{2x+1}dx=\int e^t \times \frac{1}{2}dt=\frac{1}{2}e^t+C=\boldsymbol{\frac{1}{2}e^{2x+1}+C}$ ⇦ $2x+1=t$ 로 치환

(3) $x^2+1=t$ 라 하고, 양변을 t 에 관하여 미분하면

$$2x\frac{dx}{dt}=1 \quad \therefore\ x\,dx=\frac{1}{2}dt$$

$$\therefore\ \int (x^2+1)^3 x\,dx=\int t^3 \times \frac{1}{2}dt=\frac{1}{2}\int t^3 dt=\frac{1}{2}\times\frac{1}{4}t^4+C$$

$$=\boldsymbol{\frac{1}{8}(x^2+1)^4+C}$$

(4) $e^x+2=t$ 라 하고, 양변을 t 에 관하여 미분하면

$$e^x\frac{dx}{dt}=1 \quad \therefore\ e^x dx=dt$$

$$\therefore\ \int (e^x+2)^2 e^x dx=\int t^2 dt=\frac{1}{3}t^3+C=\boldsymbol{\frac{1}{3}(e^x+2)^3+C}$$

(5) $x^2+2=t$ 라 하고, 양변을 t 에 관하여 미분하면

$$2x\frac{dx}{dt}=1 \quad \therefore\ x\,dx=\frac{1}{2}dt$$

$$\therefore\ \int \frac{x}{x^2+2}dx=\int \frac{1}{t}\times\frac{1}{2}dt=\frac{1}{2}\int \frac{1}{t}dt=\frac{1}{2}\ln|t|+C$$

$$=\frac{1}{2}\ln|x^2+2|+C=\boldsymbol{\frac{1}{2}\ln(x^2+2)+C}$$ ⇦ $x^2+2>0$

(6) $e^x+2=t$ 라 하고, 양변을 t 에 관하여 미분하면

$$e^x\frac{dx}{dt}=1 \quad \therefore\ e^x dx=dt$$

$$\therefore\ \int \frac{e^x}{e^x+2}dx=\int \frac{1}{t}dt=\ln|t|+C$$

$$=\ln|e^x+2|+C=\boldsymbol{\ln(e^x+2)+C}$$ ⇦ $e^x+2>0$

Advice 2° 치환적분에 관한 기본 유형

앞면의 **보기 2**는 치환적분법이 적용되는 기본적인 유형이다. 이를 다음과 같이 공식화해서 활용하면 편리할 때가 많다.

▶ $\int f(x)dx = F(x) + C$ 이면 $\int f(ax+b)dx = \dfrac{1}{a} F(ax+b) + C$ $(a \neq 0)$

$ax+b = t$ 라고 하면 $a\dfrac{dx}{dt} = 1$ $\therefore$ $dx = \dfrac{1}{a}dt$

$\therefore$ $\int f(ax+b)dx = \int f(t) \times \dfrac{1}{a}dt = \dfrac{1}{a} F(t) + C = \dfrac{1}{a} F(ax+b) + C$

앞면의 **보기 2**의 (1), (2)에 위의 공식을 적용하면

$\int \sin(2x+1)dx = \dfrac{1}{2}\{-\cos(2x+1)\} + C = -\dfrac{1}{2}\cos(2x+1) + C$

$\int e^{2x+1}dx = \dfrac{1}{2}e^{2x+1} + C$

▶ $g(x) = t$ 라고 하면 $\int f\big(g(x)\big)g'(x)dx = \int f(t)dt$

$g(x) = t$ 에서 $g'(x)dx = dt$

$\therefore$ $\int f\big(g(x)\big)g'(x)dx = \int f(t)dt$

앞면의 **보기 2**의 (3), (4)에 위의 공식을 적용하면

$\int (x^2+1)^3 x\, dx = \dfrac{1}{2}\int (x^2+1)^3(2x)dx = \dfrac{1}{2}\int (x^2+1)^3(x^2+1)' dx$

$\qquad = \dfrac{1}{2} \times \dfrac{1}{4}(x^2+1)^4 + C = \dfrac{1}{8}(x^2+1)^4 + C$

$\int (e^x+2)^2 e^x dx = \int (e^x+2)^2(e^x+2)' dx = \dfrac{1}{3}(e^x+2)^3 + C$

▶ $\int \dfrac{f'(x)}{f(x)}dx = \ln|f(x)| + C$

$f(x) = t$ 라고 하면 $f'(x)dx = dt$

$\therefore$ $\int \dfrac{f'(x)}{f(x)}dx = \int \dfrac{1}{t}dt = \ln|t| + C = \ln|f(x)| + C$

앞면의 **보기 2**의 (5), (6)에 위의 공식을 적용하면

$\int \dfrac{x}{x^2+2}dx = \dfrac{1}{2}\int \dfrac{2x}{x^2+2}dx = \dfrac{1}{2}\int \dfrac{(x^2+2)'}{x^2+2}dx = \dfrac{1}{2}\ln(x^2+2) + C$

$\int \dfrac{e^x}{e^x+2}dx = \int \dfrac{(e^x+2)'}{e^x+2}dx = \ln(e^x+2) + C$

필수 예제 **14**-1 다음 부정적분을 구하여라.

(1) $\int x(1-x)^{10}dx$　　(2) $\int \dfrac{1}{2x+1}dx$　　(3) $\int \dfrac{1}{\sqrt[4]{2x+3}}dx$

(4) $\int \sin^2 x\,dx$　　(5) $\int 10^{3x+2}dx$　　(6) $\int (e^x-e^{-x})^2 dx$

정석연구 함수 $f(ax+b)$ (괄호 안이 일차식) 꼴의 부정적분이다. 이와 같은 꼴의 부정적분은

정석 $\int f(x)dx = \mathrm{F}(x)+\mathrm{C}$ 이면

$$\Longrightarrow \int f(ax+b)dx = \dfrac{1}{a}\mathrm{F}(ax+b)+\mathrm{C}\ (a\neq 0)$$

를 기억해 두고서 활용하는 것이 편리하다.

모범답안 (1) $x(1-x)^{10}=\{1-(1-x)\}(1-x)^{10}=(1-x)^{10}-(1-x)^{11}$ 이므로

$$\int x(1-x)^{10}dx = \int (1-x)^{10}dx - \int (1-x)^{11}dx$$

$$=-\dfrac{1}{11}(1-x)^{11}+\dfrac{1}{12}(1-x)^{12}+\mathrm{C} \longleftarrow \boxed{답}$$

(2) $\int \dfrac{1}{2x+1}dx = \dfrac{1}{2}\ln|2x+1|+\mathrm{C} \longleftarrow \boxed{답}$

(3) $\int \dfrac{1}{\sqrt[4]{2x+3}}dx = \int (2x+3)^{-\frac{1}{4}}dx = \dfrac{1}{2}\times\dfrac{4}{3}(2x+3)^{\frac{3}{4}}+\mathrm{C}$

$$=\dfrac{2}{3}\sqrt[4]{(2x+3)^3}+\mathrm{C} \longleftarrow \boxed{답}$$

(4) $\int \sin^2 x\,dx = \int \dfrac{1-\cos 2x}{2}dx = \dfrac{1}{2}x-\dfrac{1}{4}\sin 2x+\mathrm{C} \longleftarrow \boxed{답}$

(5) $\int 10^{3x+2}dx = \dfrac{1}{3}\times\dfrac{10^{3x+2}}{\ln 10}+\mathrm{C} = \dfrac{10^{3x+2}}{3\ln 10}+\mathrm{C} \longleftarrow \boxed{답}$

(6) $\int (e^x-e^{-x})^2 dx = \int (e^{2x}-2+e^{-2x})dx = \dfrac{1}{2}e^{2x}-2x-\dfrac{1}{2}e^{-2x}+\mathrm{C} \longleftarrow \boxed{답}$

유제 **14**-1. 다음 부정적분을 구하여라.

(1) $\int \sqrt[3]{2x+1}\,dx$　　(2) $\int \dfrac{1}{(3x+1)^4}dx$　　(3) $\int \sin x°\,dx$

(4) $\int \cos^2 x\,dx$　　(5) $\int \tan^2(2x+1)dx$

$\boxed{답}$ (1) $\dfrac{3}{8}(2x+1)\sqrt[3]{2x+1}+\mathrm{C}$ (2) $-\dfrac{1}{9(3x+1)^3}+\mathrm{C}$ (3) $-\dfrac{180}{\pi}\cos x°+\mathrm{C}$

(4) $\dfrac{1}{2}x+\dfrac{1}{4}\sin 2x+\mathrm{C}$ (5) $\dfrac{1}{2}\tan(2x+1)-x+\mathrm{C}$

필수 예제 **14**-2 다음 부정적분을 구하여라.

(1) $\int \dfrac{x^2+1}{x+1}dx$ (2) $\int \dfrac{2x+1}{(x-1)(x+2)^2}dx$

─────────────────────────────

[정석연구] (1) x^2+1을 $x+1$로 나눈 몫은 $x-1$, 나머지는 2이므로 피적분함수를 다음과 같이 변형할 수 있다.

$$\frac{x^2+1}{x+1}=x-1+\frac{2}{x+1}$$

(2) 피적분함수를 부분분수로 변형한다. ⇦ p. 28

정석 $\int \dfrac{1}{ax+b}dx=\dfrac{1}{a}\ln|ax+b|+C \ (a\ne 0)$

[모범답안] (1) $\int \dfrac{x^2+1}{x+1}dx=\int\left(x-1+\dfrac{2}{x+1}\right)dx=\dfrac{1}{2}x^2-x+2\ln|x+1|+C$

(2) $\dfrac{2x+1}{(x-1)(x+2)^2}=\dfrac{a}{x-1}+\dfrac{b}{x+2}+\dfrac{c}{(x+2)^2}$ 라고 하면

$$\frac{2x+1}{(x-1)(x+2)^2}=\frac{a(x+2)^2+b(x-1)(x+2)+c(x-1)}{(x-1)(x+2)^2}$$

$$\therefore \ 2x+1=(a+b)x^2+(4a+b+c)x+4a-2b-c$$

x에 관한 항등식이므로 $a+b=0, \ 4a+b+c=2, \ 4a-2b-c=1$

연립하여 풀면 $a=\dfrac{1}{3}, \ b=-\dfrac{1}{3}, \ c=1$

$$\therefore \ \frac{2x+1}{(x-1)(x+2)^2}=\frac{1}{3}\times\frac{1}{x-1}-\frac{1}{3}\times\frac{1}{x+2}+\frac{1}{(x+2)^2}$$

$$\therefore \ \int \frac{2x+1}{(x-1)(x+2)^2}dx=\frac{1}{3}\int\frac{1}{x-1}dx-\frac{1}{3}\int\frac{1}{x+2}dx+\int\frac{1}{(x+2)^2}dx$$

$$=\frac{1}{3}\ln|x-1|-\frac{1}{3}\ln|x+2|-\frac{1}{x+2}+C$$

[유제] **14**-2. 다음 부정적분을 구하여라.

(1) $\int \dfrac{2x^2}{x+1}dx$ (2) $\int \dfrac{x+1}{2x^2-3x-2}dx$

(3) $\int \dfrac{x+1}{(2x-1)^2}dx$ (4) $\int \dfrac{1}{x(x+1)(x+2)}dx$

[답] (1) $x^2-2x+2\ln|x+1|+C$ (2) $-\dfrac{1}{10}\ln|2x+1|+\dfrac{3}{5}\ln|x-2|+C$

(3) $\dfrac{1}{4}\ln|2x-1|-\dfrac{3}{4(2x-1)}+C$ (4) $\dfrac{1}{2}\ln\dfrac{|x(x+2)|}{(x+1)^2}+C$

필수 예제 **14**-3 다음 부정적분을 구하여라.

(1) $\displaystyle\int \frac{x}{\sqrt{x+2}}dx$ (2) $\displaystyle\int \frac{1}{\sqrt{x+1}-\sqrt{x-1}}dx$

[정석연구] (1)은 분자의 x를 $x+2-2$로 변형하고, (2)는 분모를 유리화한다. 그리고 이들을 $\int(ax+b)^r dx$의 꼴로 변형한 다음

정석 $\displaystyle\int(ax+b)^r dx = \frac{1}{a}\times\frac{1}{r+1}(ax+b)^{r+1}+C \ (a\neq0,\ r\neq-1)$

를 이용한다.

[모범답안] (1) (준 식) $\displaystyle=\int\frac{(x+2)-2}{\sqrt{x+2}}dx=\int\left(\sqrt{x+2}-\frac{2}{\sqrt{x+2}}\right)dx$

$\displaystyle=\int\left\{(x+2)^{\frac{1}{2}}-2(x+2)^{-\frac{1}{2}}\right\}dx$

$\displaystyle=\frac{2}{3}(x+2)^{\frac{3}{2}}-2\times2(x+2)^{\frac{1}{2}}+C$

$\displaystyle=\frac{2}{3}(x+2)\sqrt{x+2}-4\sqrt{x+2}+C$

$\displaystyle=\frac{2}{3}(x-4)\sqrt{x+2}+C \longleftarrow$ [답]

(2) $\displaystyle\frac{1}{\sqrt{x+1}-\sqrt{x-1}}=\frac{\sqrt{x+1}+\sqrt{x-1}}{(x+1)-(x-1)}=\frac{1}{2}\left(\sqrt{x+1}+\sqrt{x-1}\right)$ 이므로

(준 식) $\displaystyle=\int\frac{1}{2}\left(\sqrt{x+1}+\sqrt{x-1}\right)dx=\frac{1}{2}\int\left\{(x+1)^{\frac{1}{2}}+(x-1)^{\frac{1}{2}}\right\}dx$

$\displaystyle=\frac{1}{2}\left\{\frac{2}{3}(x+1)^{\frac{3}{2}}+\frac{2}{3}(x-1)^{\frac{3}{2}}\right\}+C$

$\displaystyle=\frac{1}{3}\left\{(x+1)\sqrt{x+1}+(x-1)\sqrt{x-1}\right\}+C \longleftarrow$ [답]

*$Note$ (1)에서 $\sqrt{x+2}=t$로 치환하는 방법도 있다 (필수 예제 **14**-6의 (2) 참조).

[유제] **14**-3. 다음 부정적분을 구하여라.

(1) $\displaystyle\int \frac{x+1}{\sqrt{x+3}}dx$ (2) $\displaystyle\int \frac{x}{\sqrt{x+1}+1}dx$

(3) $\displaystyle\int \frac{2x}{\sqrt{2x+1}-1}dx$ (4) $\displaystyle\int \frac{1}{\sqrt{2x+1}+\sqrt{2x-1}}dx$

[답] (1) $\dfrac{2}{3}(x-3)\sqrt{x+3}+C$ (2) $\dfrac{2}{3}(x+1)\sqrt{x+1}-x+C$

(3) $\dfrac{1}{3}(2x+1)\sqrt{2x+1}+x+C$ (4) $\dfrac{1}{6}\left\{(2x+1)\sqrt{2x+1}-(2x-1)\sqrt{2x-1}\right\}+C$

필수 예제 **14**-4 다음 부정적분을 구하여라.

(1) $\int (x^2+2x+2)^5(x+1)dx$　　(2) $\int (x^2-1)\sqrt{x^3-3x}\,dx$

(3) $\int (1+\sin x)^2\cos x\,dx$　　(4) $\int \sin x\cos 2x\,dx$　　(5) $\int \dfrac{e^x}{\sqrt{e^x+1}}dx$

[정석연구] 다음 **정석**을 염두에 두고 어느 것을 치환할 것인가를 생각한다.

정석 $g(x)=t$ 라고 하면 $\int f\big(g(x)\big)g'(x)dx=\int f(t)dt$

[모범답안] (1) $x^2+2x+2=t$ 라고 하면 $(2x+2)\dfrac{dx}{dt}=1$ $\therefore (x+1)dx=\dfrac{1}{2}dt$

$$\therefore \int (x^2+2x+2)^5(x+1)dx=\int t^5\times\dfrac{1}{2}dt=\dfrac{1}{12}t^6+C$$
$$=\dfrac{1}{12}(x^2+2x+2)^6+C \longleftarrow \boxed{답}$$

(2) $x^3-3x=t$ 라고 하면 $(3x^2-3)\dfrac{dx}{dt}=1$ $\therefore (x^2-1)dx=\dfrac{1}{3}dt$

$$\therefore \int (x^2-1)\sqrt{x^3-3x}\,dx=\int\sqrt{t}\times\dfrac{1}{3}dt=\dfrac{1}{3}\int t^{\frac{1}{2}}dt=\dfrac{2}{9}t^{\frac{3}{2}}+C$$
$$=\dfrac{2}{9}(x^3-3x)\sqrt{x^3-3x}+C \longleftarrow \boxed{답}$$

(3) $1+\sin x=t$ 라고 하면 $\cos x\,dx=dt$

$$\therefore \int (1+\sin x)^2\cos x\,dx=\int t^2dt=\dfrac{1}{3}t^3+C=\dfrac{1}{3}(1+\sin x)^3+C \longleftarrow \boxed{답}$$

(4) $\cos x=t$ 라고 하면 $-\sin x\,dx=dt$ $\therefore \sin x\,dx=-dt$

$$\therefore \int \sin x\cos 2x\,dx=\int(\sin x)(2\cos^2 x-1)dx=\int(2t^2-1)(-dt)$$
$$=-\dfrac{2}{3}t^3+t+C=-\dfrac{2}{3}\cos^3 x+\cos x+C \longleftarrow \boxed{답}$$

(5) $e^x+1=t$ 라고 하면 $e^x dx=dt$

$$\therefore \int \dfrac{e^x}{\sqrt{e^x+1}}dx=\int\dfrac{1}{\sqrt{t}}dt=\int t^{-\frac{1}{2}}dt=2t^{\frac{1}{2}}+C=2\sqrt{e^x+1}+C \longleftarrow \boxed{답}$$

[유제] **14**-4. 다음 부정적분을 구하여라.

(1) $\int (x^2+x+1)^3(2x+1)dx$　(2) $\int x\sqrt{3x^2+2}\,dx$　(3) $\int e^x\sqrt{e^x+2}\,dx$

(4) $\int (1+\cos x)^3\sin x\,dx$　(5) $\int x\cos(x^2+2)dx$　(6) $\int xe^{-x^2}dx$

$\boxed{답}$ (1) $\dfrac{1}{4}(x^2+x+1)^4+C$ (2) $\dfrac{1}{9}\sqrt{(3x^2+2)^3}+C$ (3) $\dfrac{2}{3}\sqrt{(e^x+2)^3}+C$

(4) $-\dfrac{1}{4}(1+\cos x)^4+C$ (5) $\dfrac{1}{2}\sin(x^2+2)+C$ (6) $-\dfrac{1}{2}e^{-x^2}+C$

필수 예제 **14**-5 다음 부정적분을 구하여라.

(1) $\displaystyle\int \frac{2x+1}{x^2+x+1}dx$ (2) $\displaystyle\int \frac{x+1}{x^3-1}dx$ (3) $\displaystyle\int \tan 2x\, dx$

(4) $\displaystyle\int \frac{1}{x\ln x}dx$ (5) $\displaystyle\int \frac{e^x-e^{-x}}{e^x+e^{-x}}dx$

[정석연구] (2) 피적분함수를 부분분수로 변형한 다음 아래 **정석**을 이용한다.

$$\boxed{정석}\quad \int \frac{f'(x)}{f(x)}dx=\ln|f(x)|+C$$

[모범답안] (1) $x^2+x+1=t$ 라고 하면 $(2x+1)dx=dt$

$$\therefore \int \frac{2x+1}{x^2+x+1}dx=\int \frac{1}{t}dt=\ln|t|+C=\ln(x^2+x+1)+C \longleftarrow \boxed{답}$$

(2) $\displaystyle\frac{x+1}{x^3-1}=\frac{x+1}{(x-1)(x^2+x+1)}=\frac{2}{3}\times\frac{1}{x-1}-\frac{1}{3}\times\frac{2x+1}{x^2+x+1}$

$$\therefore \int \frac{x+1}{x^3-1}dx=\frac{2}{3}\int \frac{1}{x-1}dx-\frac{1}{3}\int \frac{2x+1}{x^2+x+1}dx$$
$$=\frac{2}{3}\ln|x-1|-\frac{1}{3}\ln(x^2+x+1)+C \longleftarrow \boxed{답}$$

(3) $\cos 2x=t$ 라고 하면 $-2\sin 2x\, dx=dt$ $\therefore \sin 2x\, dx=-\frac{1}{2}dt$

$$\therefore \int \tan 2x\, dx=\int \frac{\sin 2x}{\cos 2x}dx=\int \frac{1}{t}\left(-\frac{1}{2}dt\right)=-\frac{1}{2}\int \frac{1}{t}dt$$
$$=-\frac{1}{2}\ln|t|+C=-\frac{1}{2}\ln|\cos 2x|+C \longleftarrow \boxed{답}$$

(4) $\ln x=t$ 라고 하면 $\frac{1}{x}dx=dt$

$$\therefore \int \frac{1}{x\ln x}dx=\int \frac{1}{t}dt=\ln|t|+C=\ln|\ln x|+C \longleftarrow \boxed{답}$$

(5) $e^x+e^{-x}=t$ 라고 하면 $(e^x-e^{-x})dx=dt$

$$\therefore \int \frac{e^x-e^{-x}}{e^x+e^{-x}}dx=\int \frac{1}{t}dt=\ln|t|+C=\ln(e^x+e^{-x})+C \longleftarrow \boxed{답}$$

[유제] **14**-5. 다음 부정적분을 구하여라.

(1) $\displaystyle\int \frac{1}{x(x^2+1)}dx$ (2) $\displaystyle\int \cot x\, dx$ (3) $\displaystyle\int \frac{\cos x}{3-2\sin x}dx$

(4) $\displaystyle\int \frac{dx}{(\cos^2 x)(1+\tan x)}$ (5) $\displaystyle\int \frac{3^x \ln 3}{3^x+1}dx$ (6) $\displaystyle\int \frac{\cos(\ln x)}{x}dx$

$\boxed{답}$ (1) $\ln\sqrt{\dfrac{x^2}{x^2+1}}+C$ (2) $\ln|\sin x|+C$ (3) $-\dfrac{1}{2}\ln(3-2\sin x)+C$

(4) $\ln|1+\tan x|+C$ (5) $\ln(3^x+1)+C$ (6) $\sin(\ln x)+C$

필수 예제 **14**-6 다음 부정적분을 구하여라.

(1) $\displaystyle\int (2+3x)\sqrt{1+2x}\,dx$ 　　(2) $\displaystyle\int \frac{x-1}{\sqrt{x+1}}\,dx$ 　　(3) $\displaystyle\int \frac{x^3}{\sqrt{1-x^2}}\,dx$

[정석연구] 피적분함수가 무리식일 때에는 다음 **정석**을 이용한다.

정석 $\sqrt{f(x)}$ 를 포함한 부정적분

$\Longrightarrow \sqrt{f(x)}=t$ 또는 $f(x)=t$ 로 치환하여라.

[모범답안] (1) $\sqrt{1+2x}=t$ 라고 하면 $1+2x=t^2$ 이므로

$2\,dx=2t\,dt$ 에서 $dx=t\,dt$ 이고, $2+3x=\dfrac{1}{2}(3t^2+1)$

$\therefore \displaystyle\int (2+3x)\sqrt{1+2x}\,dx=\int \frac{1}{2}(3t^2+1)t\times t\,dt=\frac{1}{2}\int(3t^4+t^2)\,dt$

$\qquad\qquad =\dfrac{3}{10}t^5+\dfrac{1}{6}t^3+C=\dfrac{1}{30}\left\{9\sqrt{(1+2x)^5}+5\sqrt{(1+2x)^3}\right\}+C$

$\qquad\qquad =\dfrac{1}{15}(9x+7)(2x+1)\sqrt{1+2x}+C \longleftarrow$ [답]

(2) $\sqrt{x+1}=t$ 라고 하면 $x+1=t^2$ 이므로 $x=t^2-1$, $dx=2t\,dt$

$\therefore \displaystyle\int \frac{x-1}{\sqrt{x+1}}\,dx=\int \frac{t^2-1-1}{t}\times 2t\,dt=2\int(t^2-2)\,dt=\frac{2}{3}t^3-4t+C$

$\qquad\qquad =\dfrac{2}{3}(x+1)\sqrt{x+1}-4\sqrt{x+1}+C$

$\qquad\qquad =\dfrac{2}{3}(x-5)\sqrt{x+1}+C \longleftarrow$ [답]

(3) $\sqrt{1-x^2}=t$ 라고 하면 $1-x^2=t^2$ 이므로 $x^2=1-t^2$, $x\,dx=-t\,dt$

$\therefore \displaystyle\int \frac{x^3}{\sqrt{1-x^2}}\,dx=\int \frac{x^2}{\sqrt{1-x^2}}\times x\,dx=\int \frac{1-t^2}{t}\times(-t\,dt)=\int(t^2-1)\,dt$

$\qquad\qquad =\dfrac{1}{3}t^3-t+C=\dfrac{1}{3}\left\{\sqrt{(1-x^2)^3}-3\sqrt{1-x^2}\right\}+C$

$\qquad\qquad =-\dfrac{1}{3}(x^2+2)\sqrt{1-x^2}+C \longleftarrow$ [답]

[유제] **14**-6. 다음 부정적분을 구하여라.

(1) $\displaystyle\int x\sqrt{1-x}\,dx$ 　　(2) $\displaystyle\int \frac{3x-1}{\sqrt{x+1}}\,dx$ 　　(3) $\displaystyle\int \frac{1}{x\sqrt{x^2+1}}\,dx$

[답] (1) $-\dfrac{2}{15}(1-x)(3x+2)\sqrt{1-x}+C$ 　(2) $2(x-3)\sqrt{x+1}+C$

(3) $\ln \dfrac{\sqrt{x^2+1}-1}{|x|}+C$

필수 예제 **14**-7 다음 물음에 답하여라.

(1) $x=a\sin\theta\left(단,\ -\dfrac{\pi}{2}\leq\theta\leq\dfrac{\pi}{2}\right)$로 치환하여 $\displaystyle\int\dfrac{1}{\sqrt{(a^2-x^2)^3}}dx\ (a>0)$
를 구하여라.

(2) $x=a\tan\theta\left(단,\ -\dfrac{\pi}{2}<\theta<\dfrac{\pi}{2}\right)$로 치환하여 $\displaystyle\int\dfrac{1}{\sqrt{(a^2+x^2)^3}}dx\ (a>0)$
를 구하여라.

[정석연구] 치환하는 방법까지 기억해 두어야 한다.

정석 $\sqrt{a^2-x^2}$ 의 꼴 $\Longrightarrow$ $x=a\sin\theta\left(-\dfrac{\pi}{2}\leq\theta\leq\dfrac{\pi}{2}\right)$로 치환!

$\sqrt{a^2+x^2}$ 의 꼴 $\Longrightarrow$ $x=a\tan\theta\left(-\dfrac{\pi}{2}<\theta<\dfrac{\pi}{2}\right)$로 치환!

[모범답안] (1) $x=a\sin\theta\left(-\dfrac{\pi}{2}\leq\theta\leq\dfrac{\pi}{2}\right)$에서 $dx=a\cos\theta\,d\theta$

한편 $\sqrt{a^2-x^2}=\sqrt{a^2-a^2\sin^2\theta}=\sqrt{a^2\cos^2\theta}$ 에서

$a>0,\ -\dfrac{\pi}{2}\leq\theta\leq\dfrac{\pi}{2}$ 이므로 $\sqrt{a^2-x^2}=a\cos\theta$

$\therefore\ \displaystyle\int\dfrac{1}{\sqrt{(a^2-x^2)^3}}dx=\int\dfrac{a\cos\theta}{a^3\cos^3\theta}d\theta=\dfrac{1}{a^2}\int\dfrac{1}{\cos^2\theta}d\theta=\dfrac{1}{a^2}\int\sec^2\theta\,d\theta$

$=\dfrac{1}{a^2}\tan\theta+C=\dfrac{x}{a^2\sqrt{a^2-x^2}}+C\ \leftarrow$ [답]

(2) $x=a\tan\theta\left(-\dfrac{\pi}{2}<\theta<\dfrac{\pi}{2}\right)$에서 $dx=a\sec^2\theta\,d\theta$

한편 $\sqrt{a^2+x^2}=\sqrt{a^2+a^2\tan^2\theta}=\sqrt{a^2\sec^2\theta}$ 에서

$a>0,\ -\dfrac{\pi}{2}<\theta<\dfrac{\pi}{2}$ 이므로 $\sqrt{a^2+x^2}=a\sec\theta$

$\therefore\ \displaystyle\int\dfrac{1}{\sqrt{(a^2+x^2)^3}}dx=\int\dfrac{a\sec^2\theta}{a^3\sec^3\theta}d\theta=\dfrac{1}{a^2}\int\cos\theta\,d\theta=\dfrac{1}{a^2}\sin\theta+C$

$=\dfrac{x}{a^2\sqrt{a^2+x^2}}+C\ \leftarrow$ [답]

[유제] **14**-7. $x=\sin\theta\left(단,\ -\dfrac{\pi}{2}\leq\theta\leq\dfrac{\pi}{2}\right)$일 때, $\displaystyle\int\sqrt{1-x^2}\,dx$를 θ로 나타내
어라.   [답] $\dfrac{1}{2}\theta+\dfrac{1}{4}\sin2\theta+C$

[유제] **14**-8. $x=\tan\theta\left(단,\ -\dfrac{\pi}{2}<\theta<\dfrac{\pi}{2}\right)$일 때, $\displaystyle\int\dfrac{1}{1+x^2}dx$를 θ로 나타내
어라.   [답] $\theta+C$

§ 2. 부분적분법

부분적분에 관한 공식

$$\int f'(x)g(x)\,dx = f(x)g(x) - \int f(x)g'(x)\,dx$$

$$\int u'v\,dx = uv - \int uv'\,dx \quad \text{단, } u=f(x),\ v=g(x)$$

Advice 1° 부분적분법

이를테면 부정적분

$$\int xe^x dx$$

는 부정적분의 기본 공식에 의해서는 구할 수 없을 뿐만 아니라 $e^x = t$로 치환하는 방법으로도 구할 수 없다.

이제 이와 같은 두 함수의 곱의 적분법을 공부해 보자.

두 함수 $f(x)$, $g(x)$의 곱을 미분하면

$$\{f(x)g(x)\}' = f'(x)g(x) + f(x)g'(x)$$

이므로 부정적분의 정의에 의하여

$$f(x)g(x) = \int f'(x)g(x)\,dx + \int f(x)g'(x)\,dx$$

$$\therefore \int f'(x)g(x)\,dx = f(x)g(x) - \int f(x)g'(x)\,dx$$

이 공식을 이용하는 적분법을 부분적분법이라고 한다. 또, 이 식에서

$$f(x) = u, \quad g(x) = v$$

라고 하면

정석 $\int u'v\,dx = uv - \int uv'\,dx$

이므로 이것을 공식으로 기억해 두는 것이 편리하다.

보기 1 $\int xe^x dx$를 구하여라.

연구 $u' = e^x$, $v = x$라고 하면 $u = e^x$, $v' = 1$이므로

$$\int e^x \times x\,dx = e^x \times x - \int e^x \times 1\,dx = xe^x - e^x + C$$

*_Note_ $u'=e^x$에서 $u=e^x+$C이지만 적분상수 C는 생략하고, 마지막 적분 기호
가 없어질 때 적분상수 C를 더하면 된다.

보기 2 $\int x\cos x\,dx$를 구하여라.

연구 $u'=\cos x,\ v=x$라고 하면 $u=\sin x,\ v'=1$이므로

$$\int (\cos x)\times x\,dx=(\sin x)\times x-\int(\sin x)\times 1\,dx$$

$$\therefore \int x\cos x\,dx=\boldsymbol{x\sin x+\cos x+\mathrm{C}}$$

보기 3 $\int \ln x\,dx$를 구하여라.

연구 $\int \ln x\,dx=\int 1\times \ln x\,dx$로 보고 $u'=1,\ v=\ln x$라고 하면

$$u=x,\quad v'=\frac{1}{x}$$

$$\therefore \int 1\times \ln x\,dx=x\ln x-\int x\times\frac{1}{x}\,dx=x\ln x-\int 1\,dx=\boldsymbol{x\ln x-x+\mathrm{C}}$$

이 결과를 다음과 같이 기억해 두는 것도 좋다.

정석 $\int v\,dx=xv-\int xv'\,dx$ ⇦ $u'=1,\ u=x$

$$\int \ln x\,dx=x\ln x-x+\mathrm{C}$$

Advice 2° 부분적분법을 적용하는 방법

부분적분법을 적용할 수 있는 경우는 대개 피적분함수가 두 함수의 곱으
로 되어 있는 경우이다. 특히 피적분함수가 $\ln x$인 경우에는 $1\times \ln x$로 생각
하면 역시 두 함수의 곱으로 되어 있는 경우라고 할 수 있다.

이 중에서 어느 것을 u'이라 하고, 어느 것을 v라고 할 것인가를 잘 판단
해야 한다. 대부분의 경우

$$\ln x,\quad x^n,\quad \sin x\ (\text{또는 }\cos x),\quad e^x$$

$v \Longleftarrow \qquad\qquad\qquad \Longrightarrow u'$

과 같이 피적분함수가 $\ln x$와 x^n의 곱일 때에는 x^n을 u'으로, x^n과 $\sin x$의
곱일 때에는 $\sin x$를 u'으로, $\sin x$와 e^x의 곱일 때에는 e^x을 u'으로 하면
된다.

필수 예제 14-8   다음 부정적분을 구하여라.

(1) $\int x e^{-x} dx$ (2) $\int x \cos^2 x \, dx$ (3) $\int \ln(x+2) dx$

[정석연구] u' 과 v 를 적절히 선택하고 다음 **정석**을 이용한다.

$$\boxed{\text{정석}} \quad \int u'v \, dx = uv - \int uv' \, dx$$

[모범답안] (1) $u' = e^{-x}$, $v = x$ 라고 하면 $u = -e^{-x}$, $v' = 1$ 이므로

$$\int x e^{-x} dx = -e^{-x}x - \int (-e^{-x}) \times 1 \, dx$$
$$= -xe^{-x} - e^{-x} + C = -(x+1)e^{-x} + C \longleftarrow \boxed{답}$$

(2) $\int x \cos^2 x \, dx = \int x \times \dfrac{1+\cos 2x}{2} dx$

$\qquad = \dfrac{1}{2} \int x(1+\cos 2x) dx$ $\qquad\qquad \Leftrightarrow u' = 1+\cos 2x, \ v = x$

$\qquad = \dfrac{1}{2} \left\{ \left(x + \dfrac{1}{2}\sin 2x\right)x - \int \left(x + \dfrac{1}{2}\sin 2x\right) \times 1 \, dx \right\}$

$\qquad = \dfrac{1}{2} \left(x^2 + \dfrac{1}{2}x\sin 2x - \dfrac{1}{2}x^2 + \dfrac{1}{4}\cos 2x \right) + C$

$\qquad = \dfrac{1}{8}(2x^2 + 2x\sin 2x + \cos 2x) + C \longleftarrow \boxed{답}$

(3) $u' = 1$, $v = \ln(x+2)$ 라고 하면 $u = x$, $v' = \dfrac{1}{x+2}$ 이므로

$$\int \ln(x+2) dx = x\ln(x+2) - \int x \times \dfrac{1}{x+2} dx = x\ln(x+2) - \int \left(1 - \dfrac{2}{x+2}\right) dx$$
$$= x\ln(x+2) - x + 2\ln(x+2) + C$$
$$= (x+2)\ln(x+2) - x + C \longleftarrow \boxed{답}$$

Note (3) $u = x+2$ 라고 해도 된다.

[유제] **14**-9. 다음 부정적분을 구하여라.

(1) $\int x e^{3x} dx$ (2) $\int x \cos 2x \, dx$ (3) $\int x \sin^2 x \, dx$

(4) $\int \ln(x+1) dx$ (5) $\int x \ln x \, dx$ (6) $\int x^2 \ln x \, dx$

$\qquad$ $\boxed{답}$ (1) $\dfrac{1}{3}xe^{3x} - \dfrac{1}{9}e^{3x} + C$ (2) $\dfrac{1}{4}(2x\sin 2x + \cos 2x) + C$

$\qquad\qquad$ (3) $\dfrac{1}{8}(2x^2 - 2x\sin 2x - \cos 2x) + C$ (4) $(x+1)\ln(x+1) - x + C$

$\qquad\qquad$ (5) $\dfrac{1}{2}x^2\ln x - \dfrac{1}{4}x^2 + C$ (6) $\dfrac{1}{3}x^3\ln x - \dfrac{1}{9}x^3 + C$

필수 예제 **14**-9 다음 부정적분을 구하여라.

(1) $\int x^2 e^x dx$　　　　(2) $\int x^2 \sin x\, dx$　　　　(3) $\int (\ln x)^2 dx$

[정석연구] 부분적분법을 한 번 적용해서 적분이 안 되면 다시 적용한다.

정석　$\int u'v\, dx = uv - \int uv'\, dx$

[모범답안] (1) $u'=e^x$, $v=x^2$이라고 하면 $u=e^x$, $v'=2x$이므로

$$\int x^2 e^x dx = x^2 e^x - \int 2x e^x dx$$

$\int x e^x dx$에서 $u'=e^x$, $v=x$라고 하면 $u=e^x$, $v'=1$이므로

$$\int x e^x dx = x e^x - \int e^x dx = x e^x - e^x + C_1 = (x-1)e^x + C_1$$

$$\therefore \int x^2 e^x dx = x^2 e^x - 2\{(x-1)e^x + C_1\}$$

$$= x^2 e^x - 2(x-1)e^x - 2C_1 \qquad \Leftarrow -2C_1 = C$$

$$= (x^2 - 2x + 2)e^x + C \longleftarrow \boxed{답}$$

(2) $u'=\sin x$, $v=x^2$이라고 하면 $u=-\cos x$, $v'=2x$이므로

$$\int x^2 \sin x\, dx = -x^2 \cos x + \int 2x \cos x\, dx$$

$\int x \cos x\, dx$에서 $u'=\cos x$, $v=x$라고 하면 $u=\sin x$, $v'=1$이므로

$$\int x \cos x\, dx = x \sin x - \int \sin x\, dx = x \sin x + \cos x + C_1$$

$$\therefore \int x^2 \sin x\, dx = -x^2 \cos x + 2(x \sin x + \cos x + C_1)$$

$$= -x^2 \cos x + 2x \sin x + 2\cos x + 2C_1 \qquad \Leftarrow 2C_1 = C$$

$$= (2-x^2)\cos x + 2x \sin x + C \longleftarrow \boxed{답}$$

(3) $\int (\ln x)^2 dx = x(\ln x)^2 - \int x \times (2\ln x) \times \dfrac{1}{x} dx = x(\ln x)^2 - 2\int \ln x\, dx$

한편　$\int \ln x\, dx = x \ln x - \int x \times \dfrac{1}{x} dx = x \ln x - x + C_1$

$$\therefore \int (\ln x)^2 dx = x(\ln x)^2 - 2(x \ln x - x + C_1) \qquad \Leftarrow -2C_1 = C$$

$$= x(\ln x)^2 - 2x \ln x + 2x + C \longleftarrow \boxed{답}$$

[유제] **14**-10. 다음 부정적분을 구하여라.

(1) $\int x^2 e^{-x} dx$　　　　(2) $\int x^2 \cos x\, dx$　　　　(3) $\int x(\ln x)^2 dx$

$\boxed{답}$ (1) $-(x^2 + 2x + 2)e^{-x} + C$　(2) $(x^2 - 2)\sin x + 2x \cos x + C$

(3) $\dfrac{1}{4}x^2\{2(\ln x)^2 - 2\ln x + 1\} + C$

필수 예제 14-10 다음 부정적분을 구하여라.

(1) $\int e^x \cos x \, dx$　　　　　(2) $\int e^x \sin^2 x \, dx$

───────────────────────────────

[정석연구] 이를테면 $\int e^x \cos x \, dx$ 에 부분적분법을 거듭 적용하면

$\int e^x \sin x \, dx$ 와 $\int e^x \cos x \, dx$ 가 반복하여 나타난다. 이것을 이용해 보아라.

[모범답안] (1) $u' = e^x$, $v = \cos x$ 라고 하면 $u = e^x$, $v' = -\sin x$ 이므로

$$I = \int e^x \cos x \, dx = e^x \cos x + \int e^x \sin x \, dx \qquad \cdots\cdots ①$$

$\int e^x \sin x \, dx$ 에서 $u' = e^x$, $v = \sin x$ 라고 하면 $u = e^x$, $v' = \cos x$ 이므로

$$\int e^x \sin x \, dx = e^x \sin x - \int e^x \cos x \, dx = e^x \sin x - I$$

①에 대입하면　$I = e^x \cos x + e^x \sin x - I$　∴ $2I = e^x(\cos x + \sin x)$

$$\therefore \int e^x \cos x \, dx = \frac{1}{2} e^x (\sin x + \cos x) + C \longleftarrow \boxed{답}$$

*Note　이런 경우 마지막에 적분상수 C를 더해 주면 된다.

(2) $u' = e^x$, $v = \sin^2 x$ 라고 하면 $u = e^x$, $v' = 2\sin x \cos x$ 이므로

$$\int e^x \sin^2 x \, dx = e^x \sin^2 x - \int e^x \times 2\sin x \cos x \, dx$$
$$= e^x \sin^2 x - \int e^x \sin 2x \, dx \qquad \cdots\cdots ②$$

한편 $I = \int e^x \sin 2x \, dx$ 라 하고, 부분적분법을 거듭 적용하면

$$I = e^x \sin 2x - 2\int e^x \cos 2x \, dx = e^x \sin 2x - 2\left(e^x \cos 2x + 2\int e^x \sin 2x \, dx\right)$$
$$= e^x \sin 2x - 2(e^x \cos 2x + 2I)$$

곧, $I = e^x \sin 2x - 2e^x \cos 2x - 4I$ 에서　$I = \frac{1}{5} e^x (\sin 2x - 2\cos 2x)$

②에 대입하면

$$\int e^x \sin^2 x \, dx = e^x \sin^2 x - \frac{1}{5} e^x (\sin 2x - 2\cos 2x) + C \longleftarrow \boxed{답}$$

[유제] **14**-11. $I_1 = \int e^x \sin x \, dx$, $I_2 = \int e^x \cos x \, dx$ 라고 할 때, 다음 등식을 증명하고 I_1, I_2를 구하여라.

(i) $I_1 = e^x \sin x - I_2$　　　　(ii) $I_2 = e^x \cos x + I_1$

$\boxed{답}$ $I_1 = \frac{1}{2} e^x (\sin x - \cos x) + C$, $I_2 = \frac{1}{2} e^x (\sin x + \cos x) + C$

[유제] **14**-12. 부정적분 $\int e^x \cos^2 x \, dx$ 를 구하여라.

$\boxed{답}$ $e^x \cos^2 x + \frac{1}{5} e^x (\sin 2x - 2\cos 2x) + C$

필수 예제 14-11   자연수 n에 대하여 $I_n = \int (\ln x)^n dx$ 라고 할 때,

(1) $I_n = x(\ln x)^n - n I_{n-1}$ (단, $n \geq 2$)이 성립함을 증명하여라.

(2) I_1, I_2, I_3을 구하여라.

[정석연구] 이를테면 수열 $\{a_n\}$에서 $a_{n+1} = 3a_n + 2$인 관계가 성립할 때, 이 관계식을 점화식이라고 하였다. 이때, a_1이 주어지면 a_2, a_3, $\cdots$ 을 차례로 구할 수 있었다.

수열 $\{I_n\}$이 적분으로 주어진 경우도 (1)과 같은 점화식을 얻을 수 있고, I_1을 구하면 I_2, I_3, $\cdots$ 을 차례로 구할 수 있다.

정석 적분의 점화식 $\Longrightarrow$ 부분적분을 이용하여라.

[모범답안] (1) $u' = 1$, $v = (\ln x)^n$ 이라고 하면

$$u = x, \quad v' = n(\ln x)^{n-1} \times \frac{1}{x}$$

$$\therefore \ I_n = \int (\ln x)^n dx = x(\ln x)^n - \int x \times n(\ln x)^{n-1} \times \frac{1}{x} dx$$

$$= x(\ln x)^n - n \int (\ln x)^{n-1} dx$$

$$\therefore \ I_n = x(\ln x)^n - n I_{n-1}$$

(2) $I_1 = \int \ln x \, dx = \boldsymbol{x \ln x - x + C}$ ⟵ 〔답〕

$I_2 = x(\ln x)^2 - 2I_1 = x(\ln x)^2 - 2(x \ln x - x) + C$ ⟸ $-2C$를 C로

$\quad = \boldsymbol{x(\ln x)^2 - 2x \ln x + 2x + C}$ ⟵ 〔답〕

$I_3 = x(\ln x)^3 - 3I_2$

$\quad = x(\ln x)^3 - 3\{x(\ln x)^2 - 2x \ln x + 2x\} + C$ ⟸ $-3C$를 C로

$\quad = \boldsymbol{x(\ln x)^3 - 3x(\ln x)^2 + 6x \ln x - 6x + C}$ ⟵ 〔답〕

*Note   위와 같은 방법을 계속하면

$$I_4 = \int (\ln x)^4 dx, \quad I_5 = \int (\ln x)^5 dx$$

도 구할 수 있다.

〔유제〕 **14**-13. 자연수 n에 대하여 $I_n = \int x^n e^x dx$ 라고 할 때,

(1) $I_n = x^n e^x - n I_{n-1}$ (단, $n \geq 2$)이 성립함을 증명하여라.

(2) I_1, I_2, I_3을 구하여라.

〔답〕 (2) $\boldsymbol{I_1 = (x-1)e^x + C}$, $\boldsymbol{I_2 = (x^2 - 2x + 2)e^x + C}$,

$\boldsymbol{I_3 = (x^3 - 3x^2 + 6x - 6)e^x + C}$

연습문제 14

기본 **14**-1 다음 부정적분을 구하여라.

(1) $\displaystyle\int \frac{x}{(2x+1)^3}dx$

(2) $\displaystyle\int \frac{1}{x^2-4}dx$

(3) $\displaystyle\int \frac{x^2+x+1}{x^2+x}dx$

(4) $\displaystyle\int \frac{1}{x^3(x+1)}dx$

(5) $\displaystyle\int \frac{x}{\sqrt{1-x^2}}dx$

(6) $\displaystyle\int \frac{1}{1+\cos x}dx$

(7) $\displaystyle\int x\sin x^2 dx$

(8) $\displaystyle\int \frac{\cos x}{\sin^2 x}dx$

(9) $\displaystyle\int \cos x\sqrt{\sin x}\,dx$

(10) $\displaystyle\int \sin^3 x\,dx$

(11) $\displaystyle\int x^2 e^{x^3}dx$

(12) $\displaystyle\int \frac{e^x-1}{e^x+1}dx$

(13) $\displaystyle\int \frac{1}{e^{2x}+1}dx$

(14) $\displaystyle\int \frac{1}{e^{2x}+e^x}dx$

(15) $\displaystyle\int \frac{e^x\ln(e^x+1)}{e^x+1}dx$

(16) $\displaystyle\int \frac{e^x(e^x+1)}{(e^x+3)^2}dx$

(17) $\displaystyle\int \frac{\ln x}{x}dx$

(18) $\displaystyle\int \frac{\ln x}{x(\ln x+1)^2}dx$

14-2 $0<x<2\pi$에서 정의된 함수 $f(x)$가 다음 두 조건을 만족시킬 때, $f(x)$의 극댓값을 구하여라.

(개) $f'(x)=\sin 2x-\cos x$ (내) $f(x)$의 극솟값은 모두 0이다.

14-3 함수 $f(x)$, $g(x)$가 다음 세 조건을 만족시킬 때, $f(x)+g(x)$를 구하여라.

(개) $f'(x)=2g(x)$, $g'(x)=2f(x)$ (내) $f(0)=1$, $g(0)=e-1$

(대) $f(x)+g(x)>0$

14-4 함수 $f(x)$는 $x>0$에서 정의되고, 곡선 $y=f(x)$ 위의 점 (x, y)에서의 접선의 기울기는 $(x+1)\ln x$이다. 이 곡선이 점 $(1, 0)$을 지날 때, $f(x)$를 구하여라.

14-5 미분가능한 함수 $f(x)$가 모든 실수 x에 대하여

$$xf'(x)-f(x)=(x^4+2x^2)e^{x-1}$$

을 만족시킨다. $f(1)=3$일 때, $f(3)$의 값을 구하여라.

실력 **14**-6 다음 부정적분을 구하여라. 단, (2)에서 $a^2\neq b^2$이다.

(1) $\displaystyle\int \frac{x^4}{(x-1)^3}dx$

(2) $\displaystyle\int \frac{x^2}{(x^2-a^2)(x^2-b^2)}dx$

(3) $\displaystyle\int x^3\sqrt{x^2+a}\,dx$

(4) $\displaystyle\int \frac{\sqrt{x}}{\sqrt[4]{x^3}+1}dx$

(5) $\displaystyle\int \sqrt{1+\sqrt{x}}\,dx$

(6) $\displaystyle\int \sqrt{x+\sqrt{x^2+3}}\,dx$

14-7 다음 부정적분을 구하여라.

(1) $\displaystyle\int \frac{1}{\sin x}dx$ (2) $\displaystyle\int \frac{1}{1+\tan x}dx$ (3) $\displaystyle\int \frac{1}{\sin 2x - \sin x}dx$

(4) $\displaystyle\int \frac{1}{1-3\cos^2 x}dx$ (5) $\displaystyle\int \frac{\sin x}{1+\sin x}dx$

14-8 $\tan \dfrac{x}{2}=t$ 로 치환하여 다음 부정적분을 구하여라.

(1) $\displaystyle\int \frac{1}{3+5\cos x}dx$ (2) $\displaystyle\int \frac{1}{4\sin x + 3\cos x}dx$

14-9 함수 $f(x)$가 다음 세 조건을 만족시킬 때, 상수 k의 값을 구하여라.

(가) $f'(x)=\begin{cases} \cos^2 x & (x>0) \\ k\sin x & (x<0) \end{cases}$ (나) $f(\pi)=1,\ f(-\pi)=1$

(다) $f(x)$는 $x=0$에서 연속이다.

14-10 미분가능한 함수 $f(x)$가 다음 세 조건을 만족시킬 때, $y=f(x)$의 그래프의 개형을 그려라.

(가) $0<f(x)<1$ (나) $f(0)=\dfrac{1}{2}$ (다) $\dfrac{f'(x)}{f(x)}+\dfrac{f'(x)}{1-f(x)}=2$

14-11 다음 부정적분을 구하여라.

(1) $\displaystyle\int x\cot^2 x\, dx$ (2) $\displaystyle\int \frac{\ln(x-1)}{\sqrt{x-1}}dx$ (3) $\displaystyle\int \sin^4 x \cos^2 x\, dx$

14-12 미분가능한 두 함수 $f(x),\ g(x)$가 모든 실수 x에 대하여

$$\{f(x)+g(x)\}'=(x^2+2x+2)e^x,\quad \{f(x)g(x)\}'=(2x^3+3x^2+2)e^{2x}$$

을 만족시킨다. $f(0)=g(0)=1,\ f'(0)=2$일 때, $f(x),\ g(x)$를 구하여라.

14-13 모든 실수 x에서 정의되고 이계도함수를 가지는 함수 $f(x)$가 다음 세 조건을 만족시킨다.

(가) $f''(x)+f(x)=x$ (나) $f(0)=a$ (다) $f'(0)=b$

(1) $g(x)=f(x)\cos x - f'(x)\sin x,\ h(x)=f(x)\sin x + f'(x)\cos x$ 라고 할 때, $g(x)$와 $h(x)$를 구하여라.

(2) $f(x)$를 구하여라.

14-14 다음 등식이 성립함을 증명하여라. 단, n은 2 이상의 자연수이다.

(1) $\displaystyle\int \tan^n x\, dx = \frac{\tan^{n-1}x}{n-1} - \int \tan^{n-2}x\, dx$

(2) $\displaystyle\int \sin^n x\, dx = -\frac{\sin^{n-1}x \cos x}{n} + \frac{n-1}{n}\int \sin^{n-2}x\, dx$

15. 정적분의 계산

§1. 정적분의 정의와 계산

1 정적분의 정의

(1) 닫힌구간 $[a, b]$에서 연속인 함수 $f(x)$의 한 부정적분을 $F(x)$라고 할
때, 곧 $\int f(x)dx = F(x) + C$(단, C는 적분상수)일 때, $F(b) - F(a)$를
$f(x)$의 a에서 b까지의 정적분이라 하고,

$$\int_a^b f(x)dx = \left[F(x)\right]_a^b = F(b) - F(a)$$

와 같이 나타낸다.

이때, a와 b를 각각 정적분의 아래끝, 위끝이라고 한다.

(2) $\displaystyle\int_a^a f(x)dx = 0$

(3) $a > b$일 때 $\displaystyle\int_a^b f(x)dx = -\int_b^a f(x)dx$

2 정적분과 넓이 사이의 관계

함수 $f(x)$가 닫힌구간 $[a, b]$에서 연속일 때, 곡선 $y = f(x)$와 x축 및
두 직선 $x = a$, $x = b$로 둘러싸인 도형의 넓이를 S라고 하면

(i) 구간 $[a, b]$에서   (ii) 구간 $[a, b]$에서
    $f(x) \geq 0$인 경우 $f(x) \leq 0$인 경우

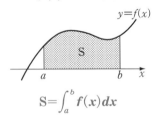

$$S = \int_a^b f(x)dx \qquad\qquad S = \int_a^b \left\{-f(x)\right\}dx$$

3 정적분의 기본 공식

a, b, c의 대소에 관계없이 다음 관계식이 성립한다.

(1) $\displaystyle\int_a^b kf(x)dx = k\int_a^b f(x)dx$ (단, k는 상수)

(2) $\displaystyle\int_a^b \{ f(x) \pm g(x) \} \, dx = \int_a^b f(x) \, dx \pm \int_a^b g(x) \, dx$ (복부호동순)

(3) $\displaystyle\int_a^b f(x) \, dx = \int_a^c f(x) \, dx + \int_c^b f(x) \, dx$

Advice 1° 정적분의 정의

닫힌구간 $[a,\ b]$에서 연속인 함수 $f(x)$의 한 부정적분을 $\mathrm{F}(x)$, 다른 한 부정적분을 $\mathrm{G}(x)$라고 하면

$$\mathrm{F}(x) = \mathrm{G}(x) + \mathrm{C} \ (단, \ \mathrm{C}는 \ 상수)$$

이므로 두 실수 $a,\ b$에 대하여

$$\mathrm{F}(b) - \mathrm{F}(a) = \{ \mathrm{G}(b) + \mathrm{C} \} - \{ \mathrm{G}(a) + \mathrm{C} \} = \mathrm{G}(b) - \mathrm{G}(a)$$

이다.

곧, $\mathrm{F}(b) - \mathrm{F}(a)$의 값은 C의 값에 관계없이 하나로 정해진다.

이때, 일정한 값 $\mathrm{F}(b) - \mathrm{F}(a)$를 함수 $f(x)$의 a에서 b까지의 정적분이라 하고, 기호로 $\displaystyle\int_a^b f(x) \, dx$와 같이 나타낸다.

여기에서 $\mathrm{F}(b) - \mathrm{F}(a)$를 기호 $\left[\mathrm{F}(x) \right]_a^b$로 나타내면 다음과 같다.

> **정의** $f(x)$가 구간 $[a,\ b]$에서 연속이고 $\displaystyle\int f(x) \, dx = \mathrm{F}(x) + \mathrm{C}$이면
> $$\int_a^b f(x) \, dx = \left[\mathrm{F}(x) \right]_a^b = \mathrm{F}(b) - \mathrm{F}(a)$$

이때, 정적분 $\displaystyle\int_a^b f(x) \, dx$의 값을 구하는 것을 $f(x)$를 a에서 b까지 적분한다고 하고, a와 b를 각각 정적분의 아래끝, 위끝이라고 한다.

한편 $a > b$일 때

$$\int_a^b f(x) \, dx = -\int_b^a f(x) \, dx$$

로 정의하면 $\displaystyle\int f(x) \, dx = \mathrm{F}(x) + \mathrm{C}$일 때,

$$\int_a^b f(x) \, dx = -\int_b^a f(x) \, dx = -\left[\mathrm{F}(x) \right]_b^a$$
$$= -\{ \mathrm{F}(a) - \mathrm{F}(b) \} = \mathrm{F}(b) - \mathrm{F}(a)$$

가 성립한다.

따라서 $a,\ b$의 대소에 관계없이 다음 **정석**이 성립한다.

> **정석** $f(x)$가 $a,\ b$를 포함한 구간에서 연속이고
> $\displaystyle\int f(x) \, dx = \mathrm{F}(x) + \mathrm{C}$이면 $\displaystyle\int_a^b f(x) \, dx = \mathrm{F}(b) - \mathrm{F}(a)$

보기 1 다음 정적분의 값을 구하여라.

(1) $\displaystyle\int_0^1 3x^2 dx$ (2) $\displaystyle\int_{-1}^2 x^2 dx$ (3) $\displaystyle\int_2^1 4x^3 dx$

[연구] (1) 첫째 — 부정적분 $\displaystyle\int 3x^2 dx$를 구하면 $\displaystyle\int 3x^2 dx = x^3 + C$

둘째 — $x^3 + C$에 $x=1$을 대입한 값에서 $x=0$을 대입한 값을 빼면

$$\int_0^1 3x^2 dx = \Big[x^3 + C\Big]_0^1 = (1^3 + C) - (0^3 + C) = \mathbf{1}$$

이와 같이 정적분의 값은 적분상수 C의 값에 관계없이 일정하다. 따라서 다음과 같이 적분상수 C를 생략하고 계산하는 것이 일반적이다.

(2) $\displaystyle\int_{-1}^2 x^2 dx = \Big[\frac{1}{3}x^3\Big]_{-1}^2 = \frac{8}{3} - \Big(-\frac{1}{3}\Big) = \mathbf{3}$ (3) $\displaystyle\int_2^1 4x^3 dx = \Big[x^4\Big]_2^1 = 1 - 16 = \mathbf{-15}$

보기 2 다음 정적분의 값을 구하여라.

(1) $\displaystyle\int_0^1 x\sqrt{x}\,dx$ (2) $\displaystyle\int_1^2 \frac{1}{x}dx$ (3) $\displaystyle\int_\pi^0 \sin x\,dx$ (4) $\displaystyle\int_1^0 3^x dx$

[연구] (1) $\displaystyle\int_0^1 x\sqrt{x}\,dx = \int_0^1 x^{\frac{3}{2}}dx = \Big[\frac{2}{5}x^{\frac{5}{2}}\Big]_0^1 = \mathbf{\frac{2}{5}}$

(2) $\displaystyle\int_1^2 \frac{1}{x}dx = \Big[\ln|x|\Big]_1^2 = \ln 2 - \ln 1 = \mathbf{\ln 2}$

(3) $\displaystyle\int_\pi^0 \sin x\,dx = \Big[-\cos x\Big]_\pi^0 = -\cos 0 - (-\cos \pi) = -1 - 1 = \mathbf{-2}$

(4) $\displaystyle\int_1^0 3^x dx = \Big[\frac{3^x}{\ln 3}\Big]_1^0 = \frac{3^0}{\ln 3} - \frac{3^1}{\ln 3} = \mathbf{-\frac{2}{\ln 3}}$

Advice 2° 정적분과 넓이 사이의 관계

실력 수학Ⅱ(p. 149~151)에서 정적분과 넓이 사이의 관계에 대하여 공부하였다.

오른쪽 그림과 같이 구간 $[a, b]$에서 $f(x)$의 부호가 일정하지 않을 때의 넓이는 $f(x)$의 값이 양수인 구간과 음수인 구간으로 나누어 구해야 한다.

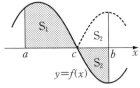

곧, 오른쪽 그림에서 곡선 $y=f(x)$와 x축 및 두 직선 $x=a$, $x=b$로 둘러싸인 도형의 넓이를 S라고 하면

$$S = S_1 + S_2 = \int_a^c f(x)dx + \int_c^b \{-f(x)\}dx$$

이고, 이것은 절댓값 기호를 써서 $S = \displaystyle\int_a^b |f(x)|dx$와 같이 나타낼 수도 있다.

이와 같은 정적분과 넓이 사이의 관계에 대해서는 17단원에서 다시 깊이 있게 다룬다.

보기 3 아래 그림의 점 찍은 부분의 넓이 S를 구하여라.

(1) 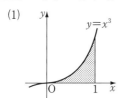　(2) 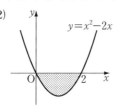　(3)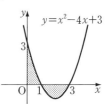

[연구] (1) $S=\displaystyle\int_0^1 x^3\,dx=\left[\dfrac{1}{4}x^4\right]_0^1=\dfrac{1}{4}$

(2) $S=\displaystyle\int_0^2\{-(x^2-2x)\}\,dx=\int_0^2(-x^2+2x)\,dx=\left[-\dfrac{1}{3}x^3+x^2\right]_0^2=\dfrac{4}{3}$

(3) $S=\displaystyle\int_0^1(x^2-4x+3)\,dx+\int_1^3\{-(x^2-4x+3)\}\,dx$

$=\displaystyle\int_0^1(x^2-4x+3)\,dx+\int_1^3(-x^2+4x-3)\,dx$

$=\left[\dfrac{1}{3}x^3-2x^2+3x\right]_0^1+\left[-\dfrac{1}{3}x^3+2x^2-3x\right]_1^3=\dfrac{4}{3}+\dfrac{4}{3}=\dfrac{8}{3}$

Advice 3° 정적분의 기본 공식

실력 수학 Ⅱ (p. 156~157)에서 정적분의 기본 공식의 증명과 다항함수를 중심으로 이 공식을 활용하는 방법을 공부하였다. 지금부터는 이 공식을 활용하여 유리함수, 무리함수, 삼각함수, 지수함수, 로그함수 등 여러 가지 함수에 대한 정적분의 값을 구해 보자.

보기 4 다음 정적분의 값을 구하여라.

(1) $\displaystyle\int_0^1(\tan x+1)\,dx+\int_1^0(\tan x-1)\,dx$　(2) $\displaystyle\int_0^1(e^x-1)\,dx-\int_1^2(1-e^x)\,dx$

[연구] (1) (준 식)$=\displaystyle\int_0^1(\tan x+1)\,dx-\int_0^1(\tan x-1)\,dx$

$=\displaystyle\int_0^1\{(\tan x+1)-(\tan x-1)\}\,dx=\int_0^1 2\,dx=\left[2x\right]_0^1=\mathbf{2}$

(2) (준 식)$=\displaystyle\int_0^1(e^x-1)\,dx+\int_1^2(e^x-1)\,dx=\int_0^2(e^x-1)\,dx$

$=\displaystyle\int_0^2 e^x\,dx-\int_0^2 1\,dx=\left[e^x\right]_0^2-\left[x\right]_0^2=(e^2-1)-2=\boldsymbol{e^2-3}$

Note (2)는 기본 공식을 적용하는 방법을 연습하기 위한 것이고, 실제 계산에서는 다음과 같은 방법으로 한다.

$\text{(준 식)}=\displaystyle\int_0^2(e^x-1)\,dx=\left[e^x-x\right]_0^2=(e^2-2)-1=\boldsymbol{e^2-3}$

필수 예제 **15**-1 다음 정적분의 값을 구하여라.

(1) $\displaystyle\int_1^4 \frac{(\sqrt{x}+1)^3}{\sqrt{x}}dx$ (2) $\displaystyle\int_{-1}^2 \frac{x}{x^2-x-6}dx$ (3) $\displaystyle\int_0^\pi (e^{4x}-\sin^2 x)dx$

[정석연구] 부정적분을 구한 다음, 아래 정적분의 정의를 이용한다.

[정의] $f(x)$가 구간 $[a, b]$에서 연속이고 $\int f(x)dx=\mathrm{F}(x)+\mathrm{C}$이면
$$\int_a^b f(x)dx=\Big[\mathrm{F}(x)\Big]_a^b=\mathrm{F}(b)-\mathrm{F}(a)$$

[모범답안] (1) $\displaystyle\int_1^4 \frac{(\sqrt{x}+1)^3}{\sqrt{x}}dx=\int_1^4 \frac{x\sqrt{x}+3x+3\sqrt{x}+1}{\sqrt{x}}dx$

$\displaystyle =\int_1^4 \Big(x+3\sqrt{x}+3+\frac{1}{\sqrt{x}}\Big)dx=\Big[\frac{x^2}{2}+2x\sqrt{x}+3x+2\sqrt{x}\Big]_1^4$

$\displaystyle =\Big(\frac{16}{2}+2\times4\sqrt{4}+3\times4+2\sqrt{4}\Big)-\Big(\frac{1}{2}+2+3+2\Big)=\frac{65}{2}$ ← [답]

(2) $\displaystyle\int_{-1}^2 \frac{x}{x^2-x-6}dx=\int_{-1}^2 \frac{x}{(x-3)(x+2)}dx=\int_{-1}^2 \frac{1}{5}\Big(\frac{3}{x-3}+\frac{2}{x+2}\Big)dx$

$\displaystyle =\frac{1}{5}\Big[3\ln|x-3|+2\ln|x+2|\Big]_{-1}^2$

$\displaystyle =\frac{1}{5}\big\{(3\ln1+2\ln4)-(3\ln4+2\ln1)\big\}$

$\displaystyle =-\frac{1}{5}\ln4=-\frac{2}{5}\ln2$ ← [답]

(3) $\displaystyle\int_0^\pi (e^{4x}-\sin^2 x)dx=\int_0^\pi \Big(e^{4x}-\frac{1-\cos2x}{2}\Big)dx=\Big[\frac{1}{4}e^{4x}-\frac{1}{2}x+\frac{1}{4}\sin2x\Big]_0^\pi$

$\displaystyle =\Big(\frac{1}{4}e^{4\pi}-\frac{\pi}{2}\Big)-\frac{1}{4}e^0=\frac{1}{4}(e^{4\pi}-2\pi-1)$ ← [답]

Advice | 이상과 같이 부정적분을 구하고 나면 간단한 수와 식의 계산으로 정적분의 값을 구할 수 있다.

[정석] 정적분의 기본은 ⟹ 부정적분

[유제] **15**-1. 다음 정적분의 값을 구하여라.

(1) $\displaystyle\int_1^3 \frac{(x^2-1)^2}{x^4}dx$ (2) $\displaystyle\int_0^2 \sqrt{2-x}\,dx$ (3) $\displaystyle\int_1^2 \frac{1}{x^2+x}dx$

(4) $\displaystyle\int_0^{\frac{\pi}{3}} \tan^2 x\,dx$ (5) $\displaystyle\int_0^\pi \cos^2 x\,dx$ (6) $\displaystyle\int_0^\pi (e^x-\sin x)dx$

[답] (1) $\dfrac{80}{81}$ (2) $\dfrac{4\sqrt{2}}{3}$ (3) $\ln\dfrac{4}{3}$ (4) $\sqrt{3}-\dfrac{\pi}{3}$ (5) $\dfrac{\pi}{2}$ (6) $e^\pi-3$

필수 예제 **15**-2 다음 정적분의 값을 구하여라.

(1) $\int_0^1 \dfrac{x^3}{x+1}dx + \int_0^1 \dfrac{1}{t+1}dt$ (2) $\int_0^{\ln 3} \dfrac{e^{3x}}{e^x+1}dx - \int_{\ln 3}^0 \dfrac{1}{e^t+1}dt$

정석연구 두 정적분을 따로 계산하는 것보다

정석 a, b가 실수일 때

(i) $\displaystyle\int_a^b f(x)dx = \int_a^b f(t)dt$ ⇦ 적분변수에 관계없다.

(ii) $\displaystyle\int_a^b f(x)dx = -\int_b^a f(x)dx$

(iii) $\displaystyle\int_a^b f(x)dx \pm \int_a^b g(x)dx = \int_a^b \{f(x) \pm g(x)\}dx$ (복부호동순)

임을 이용하여 피적분함수를 하나로 묶어 계산하는 것이 편리하다.

모범답안 (1) (준 식) $= \displaystyle\int_0^1 \dfrac{x^3}{x+1}dx + \int_0^1 \dfrac{1}{x+1}dx$ ⇦ (i)

$\qquad = \displaystyle\int_0^1 \dfrac{x^3+1}{x+1}dx$ ⇦ (iii)

$\qquad = \displaystyle\int_0^1 \dfrac{(x+1)(x^2-x+1)}{x+1}dx = \int_0^1 (x^2-x+1)dx$

$\qquad = \left[\dfrac{1}{3}x^3 - \dfrac{1}{2}x^2 + x\right]_0^1 = \dfrac{1}{3} - \dfrac{1}{2} + 1 = \dfrac{\mathbf{5}}{\mathbf{6}}$ ← 답

(2) (준 식) $= \displaystyle\int_0^{\ln 3} \dfrac{e^{3x}}{e^x+1}dx + \int_0^{\ln 3} \dfrac{1}{e^t+1}dt$ ⇦ (ii)

$\qquad = \displaystyle\int_0^{\ln 3} \dfrac{e^{3x}}{e^x+1}dx + \int_0^{\ln 3} \dfrac{1}{e^x+1}dx$ ⇦ (i)

$\qquad = \displaystyle\int_0^{\ln 3} \dfrac{e^{3x}+1}{e^x+1}dx = \int_0^{\ln 3} \dfrac{(e^x+1)(e^{2x}-e^x+1)}{e^x+1}dx$ ⇦ (iii)

$\qquad = \displaystyle\int_0^{\ln 3} (e^{2x}-e^x+1)dx = \left[\dfrac{1}{2}e^{2x} - e^x + x\right]_0^{\ln 3}$

$\qquad = \left(\dfrac{1}{2}e^{2\ln 3} - e^{\ln 3} + \ln 3\right) - \left(\dfrac{1}{2} - 1\right) = \mathbf{2 + \ln 3}$ ← 답

유제 **15**-2. 다음 정적분의 값을 구하여라.

(1) $\displaystyle\int_1^2 (\sqrt{x}+1)^3 dx - \int_1^2 (\sqrt{x}-1)^3 dx$

(2) $\displaystyle\int_0^1 (e^{2x} - \sin x)dx + \int_0^1 (e^{2x} + \sin x)dx$

(3) $\displaystyle\int_0^\pi (\sin x + \cos x)^2 dx - \int_\pi^0 (\sin y - \cos y)^2 dy$ 답 (1) **11** (2) $e^2 - 1$ (3) $\mathbf{2\pi}$

필수 예제 15-3 다음 정적분의 값을 구하여라.

(1) $\displaystyle\int_0^1 |e^x-2|\,dx$

(2) $\displaystyle\int_0^\pi \left(|\sin x|+|\cos 2x|\right)dx$

[정석연구] (1) $e^x-2=0$에서 $e^x=2$, 곧 $x=\ln 2$이므로 $y=|e^x-2|$의 그래프는 아래 왼쪽 그림과 같다. 이를 이용하여라.

(2) $y=|\cos 2x|$의 그래프는 아래 오른쪽 그림과 같다.

$$\boxed{\text{정석}} \quad \int_a^b f(x)\,dx = \int_a^c f(x)\,dx + \int_c^b f(x)\,dx$$

(1)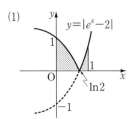

(2)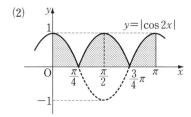

[모범답안] (1) $\displaystyle\int_0^1 |e^x-2|\,dx = \int_0^{\ln 2}\{-(e^x-2)\}\,dx + \int_{\ln 2}^1 (e^x-2)\,dx$

$\qquad = \left[-e^x+2x\right]_0^{\ln 2} + \left[e^x-2x\right]_{\ln 2}^1$

$\qquad = \{(-e^{\ln 2}+2\ln 2)-(-1)\} + \{(e-2)-(e^{\ln 2}-2\ln 2)\}$

$\qquad = \mathbf{4\ln 2 + e - 5} \longleftarrow \boxed{\text{답}}$

(2) $\displaystyle\int_0^\pi \left(|\sin x|+|\cos 2x|\right)dx = \int_0^\pi |\sin x|\,dx + \int_0^\pi |\cos 2x|\,dx$ 이고

$\displaystyle\int_0^\pi |\sin x|\,dx = \int_0^\pi \sin x\,dx = \left[-\cos x\right]_0^\pi = 2$

$\displaystyle\int_0^\pi |\cos 2x|\,dx = \int_0^{\frac{\pi}{4}} \cos 2x\,dx + \int_{\frac{\pi}{4}}^{\frac{3}{4}\pi}(-\cos 2x)\,dx + \int_{\frac{3}{4}\pi}^\pi \cos 2x\,dx$

$\qquad = \left[\frac{1}{2}\sin 2x\right]_0^{\frac{\pi}{4}} + \left[-\frac{1}{2}\sin 2x\right]_{\frac{\pi}{4}}^{\frac{3}{4}\pi} + \left[\frac{1}{2}\sin 2x\right]_{\frac{3}{4}\pi}^\pi = 2$

$\therefore \displaystyle\int_0^\pi \left(|\sin x|+|\cos 2x|\right)dx = 2+2 = \mathbf{4} \longleftarrow \boxed{\text{답}}$

[유제] **15**-3. 다음 정적분의 값을 구하여라.

(1) $\displaystyle\int_{-1}^1 |e^x-1|\,dx$

(2) $\displaystyle\int_0^\pi |\cos x|\,dx$

(3) $\displaystyle\int_0^\pi |\sin x\cos x|\,dx$

(4) $\displaystyle\int_0^\pi \left|\sqrt{1+\cos 2x}-\sqrt{1-\cos 2x}\right|\,dx$

$\boxed{\text{답}}$ (1) $e^{-1}+e-2$ (2) **2** (3) **1** (4) $4(2-\sqrt{2})$

필수 예제 **15**-4 a가 실수일 때, 다음 물음에 답하여라.

(1) 정적분 $\displaystyle\int_0^1 |\,e^x - a\,|\,dx$ 의 값을 a로 나타내어라.

(2) a의 값이 변할 때, (1)의 정적분의 최솟값을 구하여라.

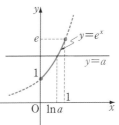

[정석연구] $0 \le x \le 1$에서 $1 \le e^x \le e$이므로 a의 값의 범위를 다음 세 경우로 나누어 절댓값 기호를 없앤다. 오른쪽 그래프를 참조하여라.

$$a \le 1, \quad 1 < a < e, \quad a \ge e$$

[모범답안] (1) $y = e^x$은 증가함수이고 구간 $[0,\,1]$에서 $1 \le e^x \le e$이므로

(i) $a \le 1$일 때 $e^x \ge a$

$$\therefore \int_0^1 |\,e^x - a\,|\,dx = \int_0^1 (e^x - a)\,dx = \Big[\,e^x - ax\,\Big]_0^1 = \boldsymbol{e - a - 1}$$

(ii) $1 < a < e$일 때 $[0,\,\ln a]$에서 $e^x \le a$, $[\ln a,\,1]$에서 $e^x \ge a$

$$\therefore \int_0^1 |\,e^x - a\,|\,dx = \int_0^{\ln a} (a - e^x)\,dx + \int_{\ln a}^1 (e^x - a)\,dx$$
$$= \Big[\,ax - e^x\,\Big]_0^{\ln a} + \Big[\,e^x - ax\,\Big]_{\ln a}^1$$
$$= (a\ln a - a + 1) + (e - a - a + a\ln a) = \boldsymbol{-3a + 2a\ln a + e + 1}$$

(iii) $a \ge e$일 때 $e^x \le a$

$$\therefore \int_0^1 |\,e^x - a\,|\,dx = \int_0^1 (a - e^x)\,dx = \Big[\,ax - e^x\,\Big]_0^1 = \boldsymbol{a - e + 1}$$

(2) $f(a) = \displaystyle\int_0^1 |\,e^x - a\,|\,dx$로 놓으면 (1)의 결과에 의하여

$a < 1$일 때 $f'(a) < 0$, $a > e$일 때 $f'(a) > 0$

또, $1 < a < e$일 때 $f'(a) = -3 + 2(\ln a + 1) = 2\ln a - 1$이므로

$1 < a < \sqrt{e}$일 때 $f'(a) < 0$, $\sqrt{e} < a < e$일 때 $f'(a) > 0$

곧, $f(a)$는 구간 $(-\infty,\,\sqrt{e}\,]$에서 감소하고, 구간 $[\sqrt{e},\,\infty)$에서 증가한다.

따라서 $f(a)$의 최솟값은 $f(\sqrt{e}\,) = \boldsymbol{e - 2\sqrt{e} + 1}$ ← 답

[유제] **15**-4. $f(x) = \displaystyle\int_0^1 |\,t - x\,|\,e^t\,dt$ (단, $0 \le x \le 1$)일 때,

(1) $f(x)$를 구하여라.   (2) $f(x)$가 최소일 때, x의 값을 구하여라.

답 (1) $f(x) = 2e^x - (e+1)x - 1$ (2) $x = \ln\dfrac{e+1}{2}$

§ 2. 정적분의 치환적분법과 부분적분법

기 본 정 석

1 정적분의 치환적분법

함수 $f(t)$가 구간 $[\alpha,\ \beta]$에서 연속이고, 미분가능한 함수 $t=g(x)$의 도함수 $g'(x)$가 구간 $[a,\ b]$에서 연속이며, $g(a)=\alpha$, $g(b)=\beta$이면

$$\int_a^b f\big(g(x)\big)g'(x)\,dx=\int_\alpha^\beta f(t)\,dt$$

2 정적분의 부분적분법

$$\int_a^b f'(x)g(x)\,dx=\Big[f(x)g(x)\Big]_a^b-\int_a^b f(x)g'(x)\,dx$$

$$\int_a^b u'v\,dx=\Big[uv\Big]_a^b-\int_a^b uv'\,dx \qquad \text{단, } u=f(x),\ v=g(x)$$

Advice 1° 정적분의 치환적분법

이를테면 정적분 $\displaystyle\int_1^2 \frac{2x}{1+x^2}\,dx$는 먼저 부정적분 $\displaystyle\int \frac{2x}{1+x^2}\,dx$를 구하여 다음과 같이 계산할 수 있다.

$1+x^2=t$라고 하면 $2x\,dx=dt$이므로

$$\int \frac{2x}{1+x^2}\,dx=\int \frac{1}{t}\,dt=\ln|t|+C=\ln(1+x^2)+C$$

$$\therefore \int_1^2 \frac{2x}{1+x^2}\,dx=\Big[\ln(1+x^2)\Big]_1^2=\ln 5-\ln 2=\mathbf{\ln\frac{5}{2}}$$

여기에서 아래끝 1과 위끝 2는 모두 x의 값이므로 t에 관한 식으로 나타내어진 부정적분을 x에 관한 식으로 나타낸 다음 대입하였다.

따라서 아래끝과 위끝의 값도 t의 값으로 치환할 수 있다면 굳이 부정적분을 x에 관한 식으로 나타내지 않고도 정적분의 값을 구할 수 있다.

곧, $1+x^2=t$에서

$x=1$일 때 $t=2$, $x=2$일 때 $t=5$

이므로 다음과 같이 아래끝과 위끝도 치환하여 계산하는 방법을 생각할 수 있다.

x	1	2
t	2	5

$$\int_1^2 \frac{2x}{1+x^2}\,dx=\int_2^5 \frac{1}{t}\,dt=\Big[\ln|t|\Big]_2^5=\ln 5-\ln 2=\mathbf{\ln\frac{5}{2}}$$

이와 같이 계산하는 방법을 정적분의 **치환적분법**이라고 한다.

보기 1 정적분 $\int_1^2 xe^{x^2}dx$ 의 값을 구하여라.

연구 $x^2=t$ 라고 하면 $2x\,dx=dt$, 곧 $x\,dx=\dfrac{1}{2}dt$ 이
고 $x=1$일 때 $t=1$, $x=2$일 때 $t=4$이므로

x	1	2
t	1	4

$$\int_1^2 xe^{x^2}dx=\int_1^4 e^t\times\frac{1}{2}dt=\frac{1}{2}\Big[e^t\Big]_1^4=\frac{1}{2}(e^4-e)$$

Advice **2°** 정적분의 부분적분법

이를테면 정적분 $\int_0^1 xe^x dx$ 는 먼저 부정적분 $\int xe^x dx$ 를 구하여 다음과 같이 계산할 수 있다.

$$\int xe^x dx=e^x x-\int e^x\times 1\,dx=xe^x-e^x+C \quad \Leftarrow u'=e^x,\ v=x$$

$$\therefore \int_0^1 xe^x dx=\Big[xe^x-e^x\Big]_0^1=(e-e)-(0-1)=1$$

그런데 일반적으로 두 함수의 곱의 미분법의 공식

$$\big\{f(x)g(x)\big\}'=f'(x)g(x)+f(x)g'(x)$$

에서

$$\int_a^b\big\{f(x)g(x)\big\}'dx=\int_a^b f'(x)g(x)dx+\int_a^b f(x)g'(x)dx$$

$$\therefore \int_a^b f'(x)g(x)dx=\Big[f(x)g(x)\Big]_a^b-\int_a^b f(x)g'(x)dx \quad \text{곧,}$$

정석 $\displaystyle\int_a^b u'v\,dx=\Big[uv\Big]_a^b-\int_a^b uv'\,dx$　　단, $u=f(x),\ v=g(x)$

이므로 이를 이용하면 더욱 간단히 구할 수 있다. 곧,

$$\int_0^1 xe^x dx=\Big[e^x x\Big]_0^1-\int_0^1 e^x\times 1\,dx=e-\Big[e^x\Big]_0^1=1$$

이와 같이 계산하는 방법을 정적분의 부분적분법이라고 한다.

보기 2 다음 정적분의 값을 구하여라.

(1) $\displaystyle\int_0^e xe^{-x}dx$　　　　　　　　(2) $\displaystyle\int_0^{\frac{\pi}{4}} x\cos 2x\,dx$

연구 (1) $u'=e^{-x}$, $v=x$ 라고 하면 $u=-e^{-x}$, $v'=1$이므로

(준 식)$=\Big[-e^{-x}x\Big]_0^e-\int_0^e(-e^{-x})dx=-e^{-e}\times e-\Big[e^{-x}\Big]_0^e=-(e+1)e^{-e}+1$

(2) $u'=\cos 2x$, $v=x$ 라고 하면 $u=\dfrac{1}{2}\sin 2x$, $v'=1$이므로

(준 식)$=\Big[\dfrac{1}{2}x\sin 2x\Big]_0^{\frac{\pi}{4}}-\int_0^{\frac{\pi}{4}}\dfrac{1}{2}\sin 2x\,dx=\dfrac{\pi}{8}-\Big[-\dfrac{1}{4}\cos 2x\Big]_0^{\frac{\pi}{4}}=\dfrac{\pi}{8}-\dfrac{1}{4}$

필수 예제 **15**-5 다음 정적분의 값을 구하여라.

(1) $\displaystyle\int_0^\pi (1-\cos^3 x)\cos x \sin x\, dx$ (2) $\displaystyle\int_{\frac{\pi}{6}}^{\frac{\pi}{2}} \frac{\cos x}{\sin x + \sin^3 x}\, dx$

(3) $\displaystyle\int_1^e \ln x^{\frac{1}{x}}\, dx$ (4) $\displaystyle\int_0^1 \frac{e^x - 1}{e^{2x}+e^{-x}}\, dx$

[모범답안] (1) $\cos x = t$ 라고 하면 $-\sin x\, dx = dt$, 곧 $\sin x\, dx = -dt$ 이고

$\quad x=0$ 일 때 $t=1$, $\quad x=\pi$ 일 때 $t=-1$

$\therefore \displaystyle\int_0^\pi (1-\cos^3 x)\cos x \sin x\, dx = \int_1^{-1}(1-t^3)t(-dt) = \int_{-1}^1 (t-t^4)\, dt$

$\qquad\qquad = \left[\dfrac{1}{2}t^2 - \dfrac{1}{5}t^5\right]_{-1}^1 = -\dfrac{2}{5}$ ← [답]

(2) $\sin x = t$ 라고 하면 $\cos x\, dx = dt$ 이고

$\quad x = \dfrac{\pi}{6}$ 일 때 $t = \dfrac{1}{2}$, $\quad x = \dfrac{\pi}{2}$ 일 때 $t=1$

$\therefore \displaystyle\int_{\frac{\pi}{6}}^{\frac{\pi}{2}} \frac{\cos x}{\sin x + \sin^3 x}\, dx = \int_{\frac{1}{2}}^1 \frac{1}{t+t^3}\, dt = \int_{\frac{1}{2}}^1 \left(\frac{1}{t} - \frac{t}{1+t^2}\right)dt$

$\qquad\qquad = \left[\ln t - \dfrac{1}{2}\ln(1+t^2)\right]_{\frac{1}{2}}^1 = \dfrac{1}{2}\ln\dfrac{5}{2}$ ← [답]

(3) $\ln x = t$ 라고 하면 $\dfrac{1}{x}dx = dt$ 이고

$\quad x=1$ 일 때 $t=0$, $\quad x=e$ 일 때 $t=1$

$\therefore \displaystyle\int_1^e \ln x^{\frac{1}{x}}\, dx = \int_1^e \frac{1}{x}\ln x\, dx = \int_0^1 t\, dt = \left[\dfrac{1}{2}t^2\right]_0^1 = \dfrac{1}{2}$ ← [답]

(4) $e^x = t$ 라고 하면 $e^x dx = dt$, 곧 $dx = \dfrac{1}{t}dt$ 이고

$\quad x=0$ 일 때 $t=1$, $\quad x=1$ 일 때 $t=e$

$\therefore \displaystyle\int_0^1 \frac{e^x-1}{e^{2x}+e^{-x}}\, dx = \int_1^e \frac{t-1}{t^2+t^{-1}}\times\frac{1}{t}\, dt = \frac{1}{3}\int_1^e \left(\frac{2t-1}{t^2-t+1} - \frac{2}{t+1}\right)dt$

$\qquad\qquad = \dfrac{1}{3}\left[\ln(t^2-t+1) - 2\ln(t+1)\right]_1^e = \dfrac{1}{3}\ln\dfrac{4(e^2-e+1)}{(e+1)^2}$ ← [답]

[유제] **15**-5. 다음 정적분의 값을 구하여라.

(1) $\displaystyle\int_0^{\sqrt{3}} x\sqrt{x^2+1}\, dx$ (2) $\displaystyle\int_0^{\frac{\pi}{2}}(\sin^3 x + 1)\cos x\, dx$ (3) $\displaystyle\int_0^{\frac{\pi}{2}}\sin x \cos 2x\, dx$

(4) $\displaystyle\int_0^{\frac{\pi}{2}}\frac{\sin^3 x}{1+\cos x}\, dx$ (5) $\displaystyle\int_0^{\frac{\pi}{2}}\frac{\cos x}{\sqrt{1+\sin x}}\, dx$ (6) $\displaystyle\int_{\ln 2}^1 \frac{1}{e^x - e^{-x}}\, dx$

[답] (1) $\dfrac{7}{3}$ (2) $\dfrac{5}{4}$ (3) $-\dfrac{1}{3}$ (4) $\dfrac{1}{2}$ (5) $2(\sqrt{2}-1)$ (6) $\dfrac{1}{2}\ln\dfrac{3(e-1)}{e+1}$

필수 예제 **15**-6 다음 정적분의 값을 구하여라.

(1) $\displaystyle\int_0^a \sqrt{a^2-x^2}\,dx$ (단, $a>0$)　　(2) $\displaystyle\int_0^a \dfrac{1}{x^2+a^2}\,dx$ (단, $a\neq0$)

[정석연구] 다음 **정석**을 이용한다.

>**정석** $\sqrt{a^2-x^2}$의 꼴은 $\Longrightarrow$ $x=a\sin\theta\left(-\dfrac{\pi}{2}\leq\theta\leq\dfrac{\pi}{2}\right)$로 치환!
>
>a^2+x^2의 꼴은 $\Longrightarrow$ $x=a\tan\theta\left(-\dfrac{\pi}{2}<\theta<\dfrac{\pi}{2}\right)$로 치환!

[모범답안] (1) $x=a\sin\theta\left(-\dfrac{\pi}{2}\leq\theta\leq\dfrac{\pi}{2}\right)$라고 하면 $dx=a\cos\theta\,d\theta$

이때, $\sqrt{a^2-x^2}=\sqrt{a^2(1-\sin^2\theta)}=a\cos\theta$이고

$x=0$일 때 $\theta=0$,　　$x=a$일 때 $\theta=\dfrac{\pi}{2}$

$$\therefore \int_0^a \sqrt{a^2-x^2}\,dx=\int_0^{\frac{\pi}{2}}(a\cos\theta)(a\cos\theta\,d\theta)=a^2\int_0^{\frac{\pi}{2}}\dfrac{1+\cos2\theta}{2}\,d\theta$$

$$=a^2\left[\dfrac{1}{2}\theta+\dfrac{1}{4}\sin2\theta\right]_0^{\frac{\pi}{2}}=\dfrac{1}{4}\pi a^2 \longleftarrow \boxed{\text{답}}$$

(2) $x=a\tan\theta\left(-\dfrac{\pi}{2}<\theta<\dfrac{\pi}{2}\right)$라고 하면 $dx=a\sec^2\theta\,d\theta$

이때, $x^2+a^2=a^2(\tan^2\theta+1)=a^2\sec^2\theta$이고

$x=0$일 때 $\theta=0$,　　$x=a$일 때 $\theta=\dfrac{\pi}{4}$

$$\therefore \int_0^a \dfrac{1}{x^2+a^2}\,dx=\int_0^{\frac{\pi}{4}}\dfrac{a\sec^2\theta}{a^2\sec^2\theta}\,d\theta=\dfrac{1}{a}\int_0^{\frac{\pi}{4}}1\,d\theta=\dfrac{1}{a}\left[\theta\right]_0^{\frac{\pi}{4}}=\dfrac{\pi}{4a} \longleftarrow \boxed{\text{답}}$$

Advice | $y=\sqrt{a^2-x^2}$ 의 그래프는 중심이 원점,

반지름의 길이가 a인 원의 x축 윗부분이므로

$$\int_0^a \sqrt{a^2-x^2}\,dx \text{는} \Longrightarrow \text{사분원의 넓이}$$

이다. 따라서

$$\int_0^a \sqrt{a^2-x^2}\,dx=\dfrac{1}{4}\pi a^2$$

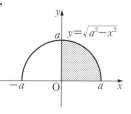

[유제] **15**-6. 다음 정적분의 값을 구하여라.

(1) $\displaystyle\int_0^{\frac{1}{2}}\sqrt{1-x^2}\,dx$ 　　　　　(2) $\displaystyle\int_0^1 \dfrac{1}{\sqrt{1+x^2}}\,dx$

(3) $\displaystyle\int_0^1 \dfrac{1}{\sqrt{4-x^2}}\,dx$ 　　　　(4) $\displaystyle\int_0^{\frac{\pi}{2}}\dfrac{\sin x}{1+\cos^2 x}\,dx$

$\boxed{\text{답}}$ (1) $\dfrac{\pi}{12}+\dfrac{\sqrt{3}}{8}$ (2) $\ln(\sqrt{2}+1)$ (3) $\dfrac{\pi}{6}$ (4) $\dfrac{\pi}{4}$

필수 예제 **15**-7 다음을 증명하여라.

(1) $f(x)$가 우함수이면 $\displaystyle\int_{-a}^{a}f(x)dx=2\int_{0}^{a}f(x)dx$ 이다.

(2) $f(x)$가 기함수이면 $\displaystyle\int_{-a}^{a}f(x)dx=0$ 이다.

[정석연구] 다음 우함수, 기함수의 정의를 이용한다.　　⇦ 실력 수학(하) p. 210

> **정의** $f(x)$가 우함수 $\Longleftrightarrow$ $f(-x)=f(x)$
>
> $f(x)$가 기함수 $\Longleftrightarrow$ $f(-x)=-f(x)$

[모범답안] $\displaystyle\int_{-a}^{a}f(x)dx=\int_{-a}^{0}f(x)dx+\int_{0}^{a}f(x)dx$ ......①

$\displaystyle\int_{-a}^{0}f(x)dx$에서 $x=-t$라고 하면 $dx=-dt$이고

$x=-a$일 때 $t=a$, $x=0$일 때 $t=0$

$\therefore \displaystyle\int_{-a}^{0}f(x)dx=\int_{a}^{0}f(-t)(-dt)=\int_{0}^{a}f(-t)dt=\int_{0}^{a}f(-x)dx$ ......②

(1) $f(x)$가 우함수이면 $f(-x)=f(x)$이므로 ①, ②에서

$$\int_{-a}^{a}f(x)dx=\int_{0}^{a}f(x)dx+\int_{0}^{a}f(x)dx=2\int_{0}^{a}f(x)dx$$

(2) $f(x)$가 기함수이면 $f(-x)=-f(x)$이므로 ①, ②에서

$$\int_{-a}^{a}f(x)dx=-\int_{0}^{a}f(x)dx+\int_{0}^{a}f(x)dx=0$$

Advice | 정적분의 위끝과 아래끝의 절댓값이 같고 부호가 다른 경우이다. 이와 같은 성질은 다음 그림과 함께 기억해 두고 활용하길 바란다.

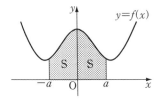 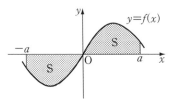

> **정석** $f(-x)=f(x)$ (우함수) $\Longrightarrow$ $\displaystyle\int_{-a}^{a}f(x)dx=2\int_{0}^{a}f(x)dx$
>
> $f(-x)=-f(x)$ (기함수) $\Longrightarrow$ $\displaystyle\int_{-a}^{a}f(x)dx=0$

[유제] **15**-7. 다음 정적분의 값을 구하여라.

(1) $\displaystyle\int_{-2}^{2}(x^5-3x^2+5x+2)dx$　　(2) $\displaystyle\int_{-1}^{0}(x^5+x^3)dx-\int_{1}^{0}(x^5+x^3)dx$

(3) $\displaystyle\int_{-\pi}^{\pi}(\sin x+\cos x)dx$　　　　　　　　[답] (1) -8 (2) $\mathbf{0}$ (3) $\mathbf{0}$

필수 예제 15-8　다음 정적분의 값을 구하여라.

(1) $\displaystyle\int_0^\pi x\,|\cos x|\,dx$　(2) $\displaystyle\int_0^1 \ln\left(\sqrt{x^2+1}-x\right)dx$　(3) $\displaystyle\int_0^1 x^2 e^{2x}\,dx$

───────────────────────────────

[정석연구] 먼저 부정적분을 구한 다음 정적분을 계산해도 되고, 다음 **정석**을 이용해도 된다.

정석 $\displaystyle\int_a^b u'v\,dx=\Big[uv\Big]_a^b-\int_a^b uv'\,dx$

[모범답안] (1) $\displaystyle\int_0^\pi x\,|\cos x|\,dx=\int_0^{\frac{\pi}{2}} x\cos x\,dx+\int_{\frac{\pi}{2}}^\pi(-x\cos x)dx$

$\displaystyle=\int_0^{\frac{\pi}{2}} x\cos x\,dx-\int_{\frac{\pi}{2}}^\pi x\cos x\,dx$　⇐ $u'=\cos x,\ v=x$

$\displaystyle=\Big[x\sin x\Big]_0^{\frac{\pi}{2}}-\int_0^{\frac{\pi}{2}}\sin x\,dx-\left(\Big[x\sin x\Big]_{\frac{\pi}{2}}^\pi-\int_{\frac{\pi}{2}}^\pi\sin x\,dx\right)$

$\displaystyle=\frac{\pi}{2}-\Big[-\cos x\Big]_0^{\frac{\pi}{2}}+\frac{\pi}{2}+\Big[-\cos x\Big]_{\frac{\pi}{2}}^\pi=\boldsymbol{\pi}$ ⟵ 답

(2) $u'=1,\ v=\ln\left(\sqrt{x^2+1}-x\right)$ 라고 하면

$\displaystyle u=x,\quad v'=\frac{1}{\sqrt{x^2+1}-x}\left(\frac{2x}{2\sqrt{x^2+1}}-1\right)=-\frac{1}{\sqrt{x^2+1}}$

$\displaystyle\therefore\ \int_0^1\ln\left(\sqrt{x^2+1}-x\right)dx=\Big[x\ln\left(\sqrt{x^2+1}-x\right)\Big]_0^1-\int_0^1\left(-\frac{x}{\sqrt{x^2+1}}\right)dx$

$\displaystyle=\ln(\sqrt2-1)+\Big[\sqrt{x^2+1}\Big]_0^1$

$\displaystyle=\boldsymbol{\ln(\sqrt2-1)+\sqrt2-1}$ ⟵ 답

(3) $\displaystyle\int_0^1 x^2 e^{2x}dx=\Big[\frac{1}{2}e^{2x}\times x^2\Big]_0^1-\int_0^1 x e^{2x}dx$　⇐ $u'=e^{2x},\ v=x^2$

$\displaystyle=\frac{1}{2}e^2-\left(\Big[\frac{1}{2}e^{2x}\times x\Big]_0^1-\int_0^1\frac{1}{2}e^{2x}dx\right)$　⇐ $u'=e^{2x},\ v=x$

$\displaystyle=\frac{1}{2}e^2-\frac{1}{2}e^2+\frac{1}{2}\Big[\frac{1}{2}e^{2x}\Big]_0^1=\boldsymbol{\frac{1}{4}(e^2-1)}$ ⟵ 답

[유제] **15**-8. 다음 정적분의 값을 구하여라.

(1) $\displaystyle\int_0^\pi x(\sin x+\cos x)dx$　(2) $\displaystyle\int_1^2 \ln x^3\,dx$　(3) $\displaystyle\int_0^1 x\ln(2x+1)dx$

(4) $\displaystyle\int_e^{e^2}(\ln x)^2 dx$　　(5) $\displaystyle\int_e^{e^2}\frac{\ln x}{x^2}dx$　(6) $\displaystyle\int_0^\pi x^2\sin x\,dx$

답 (1) $\boldsymbol{\pi-2}$ (2) $\boldsymbol{6\ln2-3}$ (3) $\boldsymbol{\frac{3}{8}\ln3}$ (4) $\boldsymbol{2e^2-e}$ (5) $\boldsymbol{\frac{2}{e}-\frac{3}{e^2}}$ (6) $\boldsymbol{\pi^2-4}$

필수 예제 **15**-9 다음을 만족시키는 연속함수 $f(x)$, $g(x)$를 구하여라.

$$f(x)=x^2+\int_0^1 tg(t)dt, \quad g(x)=e^{-x}+x\int_0^1 f(t)dt$$

[정석연구] 정적분의 위끝, 아래끝이 상수이면 정적분의 값은 일정하다. 곧,

정석 p, q가 상수일 때 $\int_p^q f(x)dx \implies$ 일정(상수)

[모범답안] $\int_0^1 tg(t)dt=a$ $\qquad$ ……① $\qquad\qquad$ $\int_0^1 f(t)dt=b$ $\qquad$ ……②

라고 하면 $f(x)=x^2+a$, $g(x)=e^{-x}+bx$

따라서 ①, ②는

$\int_0^1 t(e^{-t}+bt)dt=a$ ……③ $\qquad\qquad$ $\int_0^1 (t^2+a)dt=b$ ……④

③에서 $a=\int_0^1 (te^{-t}+bt^2)dt=\int_0^1 te^{-t}dt+\int_0^1 bt^2 dt$

$\qquad\qquad =\left[-te^{-t}\right]_0^1+\int_0^1 e^{-t}dt+b\left[\dfrac{1}{3}t^3\right]_0^1$

$\qquad\qquad =-\dfrac{1}{e}+\left[-e^{-t}\right]_0^1+\dfrac{1}{3}b=-\dfrac{2}{e}+1+\dfrac{1}{3}b$ $\qquad$ ……⑤

④에서 $b=\left[\dfrac{1}{3}t^3+at\right]_0^1=\dfrac{1}{3}+a$ $\qquad$ ……⑥

⑤, ⑥을 연립하여 풀면 $a=\dfrac{5}{3}-\dfrac{3}{e}$, $b=2-\dfrac{3}{e}$

$\qquad \therefore \; \boldsymbol{f(x)=x^2+\dfrac{5}{3}-\dfrac{3}{e}}$, $\boldsymbol{g(x)=e^{-x}+\left(2-\dfrac{3}{e}\right)x}$ ← 답

[유제] **15**-9. 다음을 만족시키는 연속함수 $f(x)$를 구하여라.

(1) $f(x)=\sin x+3\int_0^{\frac{\pi}{2}} f(t)\cos t\,dt$ $\qquad$ (2) $f(x)=\ln x+\int_1^2 tf(t)dt$

$\qquad\qquad$ 답 (1) $\boldsymbol{f(x)=\sin x-\dfrac{3}{4}}$ (2) $\boldsymbol{f(x)=\ln x+\dfrac{3}{2}-4\ln 2}$

[유제] **15**-10. 다음을 만족시키는 연속함수 $f(x)$, $g(x)$를 구하여라.

(1) $f(x)=\sin x+\int_0^\pi g'(t)dt$, $\quad g(x)=\sin x+\int_0^x f(t)dt$

(2) $f(x)=\int_0^{\frac{\pi}{2}} g(t)\sin(x-t)dt$, $\quad g(x)=x+\int_0^{\frac{\pi}{2}} f(t)dt$

$\qquad\qquad$ 답 (1) $\boldsymbol{f(x)=\sin x+\dfrac{2}{1-\pi}}$, $\boldsymbol{g(x)=\sin x-\cos x+\dfrac{2}{1-\pi}x+1}$

$\qquad\qquad$ (2) $\boldsymbol{f(x)=(\pi-3)\sin x-\left(\dfrac{\pi}{2}-1\right)\cos x}$, $\boldsymbol{g(x)=x+\dfrac{\pi}{2}-2}$

필수 예제 **15**-10 $f(y)=\int_0^y e^{ax}\cos x\,dx$ 일 때, 다음 물음에 답하여라.

(1) $f(y)$ 를 구하여라.

(2) $\lim\limits_{y\to\infty} f(y)$ 의 값이 존재하기 위한 실수 a 의 값의 범위와 이때의 극한 값을 구하여라.

[정석연구] $I=\int e^{ax}\cos x\,dx$ 라 하고, I 를 먼저 구한다. 이때,

$\int e^{ax}\cos x\,dx$ 는 부분적분법을 거듭 적용하면 원래 함수가 나타나는 꼴 이라는 것을 이용한다.

[모범답안] (1) $I=\int e^{ax}\cos x\,dx$ 라고 하면 $\Leftarrow$ $u'=e^{ax},\ v=\cos x$

$$I=\frac{1}{a}e^{ax}\cos x-\int \frac{1}{a}e^{ax}(-\sin x)dx$$

$$=\frac{1}{a}e^{ax}\cos x+\frac{1}{a}\int e^{ax}\sin x\,dx \qquad \Leftarrow u'=e^{ax},\ v=\sin x$$

$$=\frac{1}{a}e^{ax}\cos x+\frac{1}{a}\left(\frac{1}{a}e^{ax}\sin x-\int \frac{1}{a}e^{ax}\cos x\,dx\right)$$

$$\therefore\ I=\frac{1}{a}e^{ax}\cos x+\frac{1}{a^2}e^{ax}\sin x-\frac{1}{a^2}\times I$$

$$\therefore\ I=\frac{1}{a^2+1}e^{ax}(a\cos x+\sin x)+C$$

$$\therefore\ f(y)=\int_0^y e^{ax}\cos x\,dx=\frac{1}{a^2+1}\Big[e^{ax}(a\cos x+\sin x)\Big]_0^y$$

$$=\frac{1}{a^2+1}e^{ay}(a\cos y+\sin y)-\frac{a}{a^2+1} \longleftarrow \boxed{\text{답}}$$

(2) $\dfrac{1}{a^2+1}(a\cos y+\sin y)=\dfrac{1}{\sqrt{a^2+1}}\sin(y+\alpha)$ (단, $\tan\alpha=a$)는

$y\longrightarrow\infty$ 일 때 $-\dfrac{1}{\sqrt{a^2+1}}$ 과 $\dfrac{1}{\sqrt{a^2+1}}$ 사이에서 진동(발산)한다.

따라서 $\lim\limits_{y\to\infty} f(y)$ 의 값이 존재하려면 $\lim\limits_{y\to\infty} e^{ay}=0$ 이어야 하므로 $a<0$ 이

고, 이때 $\lim\limits_{y\to\infty} f(y)=-\dfrac{a}{a^2+1}$ $\boxed{\text{답}}$ $a<0,\ \lim\limits_{y\to\infty}f(y)=-\dfrac{a}{a^2+1}$

*Note (1)에서 부정적분을 구할 때 $u'=\cos x,\ v=e^{ax}$ 으로 생각해도 된다.

[유제] **15**-11. 다음 정적분의 값을 구하여라.

(1) $\displaystyle\int_0^{\frac{\pi}{2}} e^{-3x}\sin x\,dx$ \qquad\qquad (2) $\displaystyle\int_0^{\pi} e^{-x}\sin x\cos x\,dx$

$\boxed{\text{답}}$ (1) $\dfrac{1}{10}\left(1-3e^{-\frac{3}{2}\pi}\right)$ (2) $\dfrac{1}{5}\left(1-e^{-\pi}\right)$

필수 예제 **15**-11 다음 물음에 답하여라.

(1) 음이 아닌 정수 n에 대하여 $I_n = \int_0^{\frac{\pi}{2}} \sin^n x\, dx$ 라고 할 때,

$I_n = \dfrac{n-1}{n} I_{n-2}$(단, $n \geq 2$)가 성립함을 증명하여라.

(2) (1)의 결과를 이용하여 $\int_0^{\frac{\pi}{2}} \sin^5 x\, dx$, $\int_0^{\frac{\pi}{2}} \sin^{10} x\, dx$ 의 값을 구하여라.

모범답안 (1) $I_n = \int_0^{\frac{\pi}{2}} \sin^{n-1} x \sin x\, dx \ (n \geq 2)$ $\Leftarrow u' = \sin x, \ v = \sin^{n-1} x$

$\qquad = \left[-\sin^{n-1} x \cos x \right]_0^{\frac{\pi}{2}} + \int_0^{\frac{\pi}{2}} (n-1) \sin^{n-2} x \cos^2 x\, dx$

$\qquad = (n-1) \int_0^{\frac{\pi}{2}} \sin^{n-2} x (1 - \sin^2 x)\, dx$

$\qquad = (n-1) \int_0^{\frac{\pi}{2}} \sin^{n-2} x\, dx - (n-1) \int_0^{\frac{\pi}{2}} \sin^n x\, dx$

$\qquad \therefore \ I_n = (n-1) I_{n-2} - (n-1) I_n \quad \therefore \ I_n = \dfrac{n-1}{n} I_{n-2} \ (n \geq 2)$

(2) $I_n = \dfrac{n-1}{n} I_{n-2} \, (n \geq 2)$이므로

$I_5 = \dfrac{4}{5} I_3 = \dfrac{4}{5} \times \dfrac{2}{3} I_1 = \dfrac{8}{15} \int_0^{\frac{\pi}{2}} \sin x\, dx = \dfrac{8}{15} \left[-\cos x \right]_0^{\frac{\pi}{2}} = \dfrac{8}{15}$

$I_{10} = \dfrac{9}{10} I_8 = \dfrac{9}{10} \times \dfrac{7}{8} I_6 = \dfrac{9}{10} \times \dfrac{7}{8} \times \dfrac{5}{6} I_4 = \dfrac{9}{10} \times \dfrac{7}{8} \times \dfrac{5}{6} \times \dfrac{3}{4} I_2$

$\qquad = \dfrac{9}{10} \times \dfrac{7}{8} \times \dfrac{5}{6} \times \dfrac{3}{4} \times \dfrac{1}{2} I_0 = \dfrac{63}{256} \int_0^{\frac{\pi}{2}} 1\, dx = \dfrac{63}{256} \left[x \right]_0^{\frac{\pi}{2}} = \dfrac{63}{512} \pi$

답 $\displaystyle \int_0^{\frac{\pi}{2}} \sin^5 x\, dx = \dfrac{8}{15}, \quad \int_0^{\frac{\pi}{2}} \sin^{10} x\, dx = \dfrac{63}{512} \pi$

유제 **15**-12. 음이 아닌 정수 n에 대하여 $I_n = \int_0^{\frac{\pi}{2}} \cos^n x\, dx$ 라고 할 때,

$I_n = \dfrac{n-1}{n} I_{n-2}$(단, $n \geq 2$)가 성립함을 증명하여라.

유제 **15**-13. 음이 아닌 정수 n에 대하여 $I_n = \int_0^{\frac{\pi}{4}} \tan^n x\, dx$ 라고 할 때,

(1) $I_{n+2} + I_n$을 계산하여라.   (2) I_1, I_2, I_3의 값을 구하여라.

답 (1) $\dfrac{1}{n+1}$ (2) $I_1 = \dfrac{1}{2} \ln 2, \ I_2 = 1 - \dfrac{\pi}{4}, \ I_3 = \dfrac{1}{2} - \dfrac{1}{2} \ln 2$

유제 **15**-14. 음이 아닌 정수 n에 대하여 $I_n = \int_1^e (\ln x)^n dx$ 라고 할 때,

$I_n = e - n I_{n-1}$(단, $n \geq 1$)이 성립함을 증명하여라.

연습문제 15

15-1 다음 정적분의 값을 구하여라.

(1) $\displaystyle\int_0^1 \frac{(x+3)^2}{x+1}dx$

(2) $\displaystyle\int_0^1 \frac{x}{(x+1)^2}dx$

(3) $\displaystyle\int_1^2 \frac{x}{\sqrt{2x+1}}dx$

(4) $\displaystyle\int_0^\pi |\sin x+\cos x|\,dx$

(5) $\displaystyle\int_{-\pi}^\pi (\cos 3x+1)dx$

(6) $\displaystyle\int_0^{\frac{\pi}{2}} \sin^2 3x\,dx$

(7) $\displaystyle\int_0^{\frac{\pi}{2}} \frac{\sin x\cos x}{1+\sin^2 x}dx$

(8) $\displaystyle\int_{-1}^1 |3^x-2^x|\,dx$

(9) $\displaystyle\int_0^1 (e^x+e^{-x})^2 dx$

(10) $\displaystyle\int_0^1 \frac{e^x-1}{e^x+1}dx$

(11) $\displaystyle\int_1^e \frac{1}{x(1+\ln x)^2}dx$

(12) $\displaystyle\int_0^{\frac{\pi}{2}} \frac{\cos^3 x}{1+\sin x}dx$

15-2 다음 정적분의 값을 구하여라.

(1) $\displaystyle\int_0^\pi x\sin x\cos x\,dx$

(2) $\displaystyle\int_1^4 e^{\sqrt{x}}dx$

(3) $\displaystyle\int_0^{\sqrt{2}} x^7 e^{x^4}dx$

(4) $\displaystyle\int_0^{\sqrt{\pi}} x^3\cos x^2\,dx$

(5) $\displaystyle\int_{-1}^1 |x|\,e^x\,dx$

(6) $\displaystyle\int_{\frac{1}{e}}^e |\ln x|\,dx$

15-3 다음을 만족시키는 함수 $f(x)$를 구하여라.

$$\int_0^x e^t\{f(t)+f'(t)\}dt=f(x)f'(x)-2,\quad f(x)>0,\quad f(0)=2$$

15-4 다음을 만족시키는 연속함수 $f(x)$를 구하여라.

$$2e^x f(x)=x^3+x+\int_0^1 \{e^t f(t)-t^2\}dt$$

15-5 정의역이 $\{x\,|\,0\le x\le 6\}$이고 다음 세 조건을 만족시키는 모든 연속함수 $f(x)$에 대하여 $\displaystyle\int_0^6 f(x)dx$의 최댓값을 구하여라.

(가) $f(0)=1$

(나) $0\le k\le 5$인 각각의 정수 k에 대하여

$f(k+t)=f(k)\ (0<t\le 1)$ 또는 $f(k+t)=2^t\times f(k)\ (0<t\le 1)$

(다) 구간 $(0,\,6)$에서 함수 $f(x)$가 미분가능하지 않은 점의 개수는 3이다.

15-6 다음을 만족시키는 상수 a의 값을 구하여라.

$$\int_0^1 (x-a)(x-1)^7 dx=0$$

15-7 $0\le x\le 4$에서 정의된 함수 $y=f(x)$의 그래프가 오른쪽과 같을 때, $\displaystyle\int_0^1 f(2x+1)dx$의 값을 구하여라.

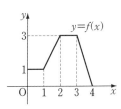

15-8 자연수 n에 대하여 $a_n = \int_0^{\frac{\pi}{2}} \sin x \cos x (1-\sin x)^n dx$ 일 때, $\sum_{n=1}^{\infty} a_n$의 값을 구하여라.

15-9 미분가능한 함수 $f(x)$가 모든 실수 x에 대하여 $f(1-x)=1-f(x)$를 만족시킬 때, 다음을 증명하여라.

(1) $f'(0) = f'(1)$ (2) $\int_0^1 f(x)dx = \dfrac{1}{2}$

15-10 함수 $f(x)$가 $x > -1$에서 정의되고, $f'(x) = \dfrac{1}{(1+x^3)^2}$ 이다. 함수 $g(x) = x^2$에 대하여 $\int_0^1 f(x)g'(x)dx = \dfrac{1}{6}$ 일 때, $f(1)$의 값을 구하여라.

15-11 함수 $f(x)$가 모든 실수 x에 대하여 $f(x)=f(x+2)$를 만족시키고, $-1 \le x \le 1$일 때 $f(x) = |x|$이다. 이때, $\int_0^2 e^{-x} f(x)dx$ 의 값을 구하여라.

15-12 다음을 만족시키는 미분가능한 함수 $f(x)$를 구하여라.

(1) $f'(x) = \sin x + \int_{-\pi}^{\pi} f(t)dt, \quad f(0)=0$ (2) $f(x) = x + \int_0^{f(0)} e^t f(t)dt$

15-13 $x > 0$에서 다음을 만족시키는 함수 $f(x)$를 구하여라.

$$f(1)=0, \quad f''(x) = \frac{1}{x}, \quad \int_1^e f(x)dx = \frac{1}{4}(e^2+1)$$

[실력] **15**-14 다음 정적분의 값을 구하여라. 단, a, b는 상수이다.

(1) $\int_0^1 \dfrac{1}{(1+x^2)^2} dx$ (2) $\int_0^1 \dfrac{2x^2+x+3}{x^3+x^2+x+1} dx$ (3) $\int_{-5}^3 \dfrac{|x|}{\sqrt{4-x}} dx$

(4) $\int_0^{2\pi} |a\sin x + b\cos x| dx$ (5) $\int_0^\pi x\sqrt{1+\cos 2x}\, dx$

(6) $\int_0^\pi x\sin x\cos^2 x\, dx$ (7) $\int_0^{\frac{1}{2}} x^2 \ln(1-x)dx$ (8) $\int_1^e (1+x)e^x \ln x\, dx$

15-15 다음 물음에 답하여라.

(1) 삼각함수의 덧셈정리를 이용하여 다음이 성립함을 증명하여라.

$$\sin\alpha\sin\beta = \frac{1}{2}\{\cos(\alpha-\beta) - \cos(\alpha+\beta)\}$$

(2) $I = \int_0^{2\pi} \sin mt \sin nt\, dt$ (단, m, n은 자연수)의 값을 구하여라.

15-16 다음 물음에 답하여라.

(1) 연속함수 $f(x)$에 대하여 다음이 성립함을 증명하여라.

$$\int_0^{\frac{\pi}{2}} f(\sin x)dx = \int_0^{\frac{\pi}{2}} f(\cos x)dx$$

(2) $\int_0^{\frac{\pi}{2}} \dfrac{\cos x}{\sin x + \cos x} dx$ 의 값을 구하여라.

15-17 다음 물음에 답하여라.

(1) $x=\dfrac{\pi}{4}-t$로 치환하여 $\displaystyle\int_0^{\frac{\pi}{4}}\ln(1+\tan x)dx$ 의 값을 구하여라.

(2) $\displaystyle\int_0^1 \dfrac{\ln(1+x)}{1+x^2}dx$ 의 값을 구하여라.

15-18 양의 실수 전체의 집합에서 감소하고 연속인 함수 $f(x)$가 다음 세 조건을 만족시킬 때, $\displaystyle\int_4^5 \dfrac{f(x)}{x}dx$ 의 값을 구하여라.

　(가) 모든 양의 실수 x에 대하여 $f(x)>0$이다.

　(나) 임의의 양의 실수 x에 대하여 세 점 $(0, 0)$, $\big(x, f(x)\big)$,

　　$\big(x+1, f(x+1)\big)$을 꼭짓점으로 하는 삼각형의 넓이가 $\dfrac{x+1}{x}$이다.

　(다) $\displaystyle\int_1^2 \dfrac{f(x)}{x}dx=3$

15-19 n이 자연수일 때, $\displaystyle\lim_{t\to\infty}\int_0^t x^n e^{-x}dx$를 구하여라.

단, $\displaystyle\lim_{x\to\infty}\dfrac{x^n}{e^x}=0$이다.

15-20 자연수 n에 대하여 $a_n=\displaystyle\int_{(n-1)\pi}^{n\pi}|\,e^{-x}\sin x\,|\,dx$ 일 때, $\displaystyle\sum_{n=1}^{\infty}a_n$의 값을 구하여라.

15-21 다음 함수가 최소가 되는 실수 t의 값을 구하여라.

(1) $f(t)=\displaystyle\int_1^e (t-x)^2 \ln x\, dx$　　　(2) $f(t)=\displaystyle\int_0^1 (e^{tx}-2tx)dx$ (단, $t\geq 0$)

15-22 모든 일차함수 $f(x)$에 대하여
$$\int_0^{\pi} f(x)(a\sin x+b\cos x+1)dx=0$$
이 성립하도록 상수 a, b의 값을 정하여라.

15-23 자연수 n에 대하여 다음과 같이 정의된 함수 $f_n(x)$가 있다.
$$f_1(x)=xe^x+\dfrac{1}{2}, \quad f_{n+1}(x)=xe^x+\dfrac{1}{2}\int_0^1 f_n(x)dx$$
함수 $f_n(x)$에 대하여 $a_{n+1}=\dfrac{1}{2}\displaystyle\int_0^1 f_n(x)dx$, $a_1=\dfrac{1}{2}$이라고 할 때,

(1) a_{n+1}을 a_n으로 나타내어라.　　(2) $\displaystyle\lim_{n\to\infty}a_n$의 값을 구하여라.

15-24 자연수 n에 대하여 $a_n=\dfrac{1}{n!}\displaystyle\int_0^1 x^n e^{1-x}dx$ 라고 할 때,

(1) a_1을 구하여라.　　(2) a_n-a_{n-1}(단, $n\geq 2$)을 구하여라.

(3) a_n(단, $n\geq 1$)을 구하여라.

16. 여러 가지 정적분에 관한 문제

§1. 구분구적법

다음과 같은 방법으로 평면도형의 넓이나 입체도형의 부피를 구하는 것을 구분구적법이라고 한다.

(i) 주어진 도형을 충분히 작은 n개의 기본 도형으로 나눈다.

(ii) 기본 도형들의 넓이의 합 S_n 또는 부피의 합 V_n을 구한다.

(iii) $\lim_{n\to\infty} S_n$ 또는 $\lim_{n\to\infty} V_n$을 구한다.

Advice │ 몇 개의 선분으로 둘러싸인 다각형의 넓이는 삼각형 또는 직사각형으로 분할하여 이들 분할된 도형의 넓이의 합으로 구하면 된다.

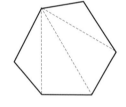

그러나 곡선으로 둘러싸인 도형은 직사각형이나 삼각형만으로 분할할 수 없다. 따라서 이런 도형의 넓이를 구할 때에는 주어진 도형을 다각형으로 근사시키는 방법을 생각해야 한다.

이를테면 오른쪽 그림에서 반지름의 길이가 r인 원에 내접하는 정 n각형의 넓이를 S_n이라고 하면

$$S_n = \triangle OAB \times n$$
$$= \frac{1}{2}\overline{AB} \times h_n \times n = \frac{1}{2}h_n \times n\overline{AB}$$

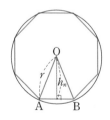

이때, 정 n각형의 둘레의 길이를 l_n이라고 하면

$n\overline{AB} = l_n$이므로　$S_n = \frac{1}{2}h_n l_n$

이 그림에서는 정팔각형의 경우이지만 $n=16$, $n=100$ 등 변의 개수 n을 더욱 크게 하면 할수록 S_n의 값은 원의 넓이에 더욱 더 가까워진다.

따라서 $n \longrightarrow \infty$일 때 S_n의 극한이 원의 넓이라고 할 수 있다.

그런데 $n \longrightarrow \infty$일 때 $h_n \longrightarrow r$, $l_n \longrightarrow 2\pi r$이므로 반지름의 길이가 r인 원의 넓이 S는 다음과 같다.

$$S = \lim_{n\to\infty} S_n = \lim_{n\to\infty} \frac{1}{2}h_n l_n = \frac{1}{2} \times r \times 2\pi r = \boldsymbol{\pi r^2}$$

필수 예제 **16**-1 곡선 $y=x^3$과 x축 및 직선 $x=1$로 둘러싸인 도형의 넓이를 구분구적법으로 구하여라.

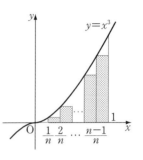

정석연구 구간 $[0, 1]$을 n등분하면 양 끝 점과 각 분점의 x좌표는 왼쪽부터

$$0, \ \frac{1}{n}, \ \frac{2}{n}, \ \cdots, \ \frac{n-1}{n}, \ 1$$

n등분한 각 소구간의 왼쪽 끝 점의 함숫값을 세로의 길이로 하는 직사각형을 각각 만들면, 분점 사이의 거리가 $\frac{1}{n}$이므로 이들의 넓이는 각각

$$0^3 \times \frac{1}{n}, \ \left(\frac{1}{n}\right)^3 \frac{1}{n}, \ \left(\frac{2}{n}\right)^3 \frac{1}{n}, \ \cdots, \ \left(\frac{n-1}{n}\right)^3 \frac{1}{n}$$

이들의 넓이의 합을 S_n이라고 하면

$$S_n = \frac{1}{n^4}\left\{0^3 + 1^3 + 2^3 + \cdots + (n-1)^3\right\}$$
$$= \frac{1}{n^4}\left\{\frac{n(n-1)}{2}\right\}^2 = \frac{1}{4}\left(1 - \frac{1}{n}\right)^2$$

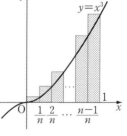

한편 n등분한 각 소구간의 오른쪽 끝 점의 함숫값을 세로의 길이로 하는 직사각형을 각각 만들어 이들의 넓이의 합을 T_n이라고 하면

$$T_n = \left(\frac{1}{n}\right)^3 \frac{1}{n} + \left(\frac{2}{n}\right)^3 \frac{1}{n} + \cdots + \left(\frac{n}{n}\right)^3 \frac{1}{n}$$
$$= \frac{1}{n^4}(1^3 + 2^3 + \cdots + n^3) = \frac{1}{n^4}\left\{\frac{n(n+1)}{2}\right\}^2 = \frac{1}{4}\left(1 + \frac{1}{n}\right)^2$$

따라서 구하는 넓이를 S라고 하면 모든 자연수 n에 대하여

$$S_n < S < T_n$$

이고 $\lim\limits_{n \to \infty} S_n = \frac{1}{4}$, $\lim\limits_{n \to \infty} T_n = \frac{1}{4}$이므로 $S = \dfrac{1}{4}$ ← 답

*Note $y=x^3$과 같이 연속함수인 경우 다음이 성립한다.

$$S = \lim\limits_{n \to \infty} S_n = \lim\limits_{n \to \infty} T_n$$

따라서 $S = \lim\limits_{n \to \infty} S_n$, $S = \lim\limits_{n \to \infty} T_n$ 중 어느 한 경우만을 생각해도 된다.

유제 **16**-1. 곡선 $y=x^2$과 x축 및 직선 $x=2$로 둘러싸인 도형의 넓이를 구분구적법으로 구하여라. 답 $\dfrac{8}{3}$

필수 예제 **16**-2   밑면의 반지름의 길이가 r이고 높이가 h인 원뿔의 부피 V를 구분구적법으로 구하여라.

[정석연구] 원뿔을 밑면에 평행한 같은 간격의 평면으로 n개의 부분으로 나누어 오른쪽 아래 그림과 같이 $(n-1)$개의 원기둥을 만든다.

이때 생기는 원기둥의 밑면의 반지름의 길이는 위에서부터

$$\frac{r}{n}, \frac{2r}{n}, \frac{3r}{n}, \cdots, \frac{(n-1)r}{n}$$

이고, 높이는 모두 $\frac{h}{n}$이다. 따라서 원기둥의 부피는 위에서부터 차례로

$$\pi\left(\frac{r}{n}\right)^2\frac{h}{n}, \quad \pi\left(\frac{2r}{n}\right)^2\frac{h}{n}, \quad \cdots,$$

$$\pi\left\{\frac{(n-1)r}{n}\right\}^2\frac{h}{n}$$

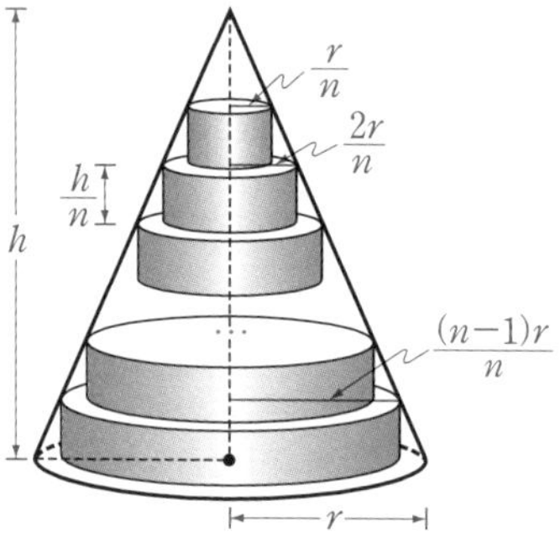

이들의 합을 V_n이라고 하면

$$V_n = \pi \times \frac{r^2h}{n^3}\left\{1^2+2^2+\cdots+(n-1)^2\right\}$$

$$= \frac{\pi r^2 h}{n^3} \times \frac{(n-1)n(2n-1)}{6} = \frac{1}{6}\pi r^2 h\left(1-\frac{1}{n}\right)\left(2-\frac{1}{n}\right)$$

$$\therefore V = \lim_{n\to\infty} V_n = \frac{1}{6}\pi r^2 h \times 1 \times 2 = \frac{1}{3}\pi r^2 h \longleftarrow \boxed{답}$$

Advice | 위의 그림에서 밑면의 반지름의 길이가 각각 $\frac{r}{n}, \frac{2r}{n}, \cdots, \frac{nr}{n}$인 원기둥을 원뿔의 밖으로 만든 다음, 이들의 부피의 합을 U_n이라고 하면

$$U_n = \pi \times \frac{r^2h}{n^3} \times \sum_{k=1}^{n} k^2 = \frac{\pi r^2 h}{n^3} \times \frac{n(n+1)(2n+1)}{6}$$

$$\therefore V = \lim_{n\to\infty} U_n = \pi r^2 h \times \frac{1}{6} \times 1 \times 2 = \frac{1}{3}\pi r^2 h$$

따라서 원뿔의 밖으로 n개의 원기둥을 만들어 부피를 구해도 된다.

[유제] **16**-2. 밑면은 한 변의 길이가 a인 정사각형이고 높이가 h인 정사각뿔의 부피를 구분구적법으로 구하여라. $\boxed{답}$ $\dfrac{1}{3}a^2h$

[유제] **16**-3. 곡선 $y=\sqrt{x}$ 와 x축 및 직선 $x=1$로 둘러싸인 도형을 x축 둘레로 회전시킨 입체도형의 부피를 구분구적법으로 구하여라. $\boxed{답}$ $\dfrac{\pi}{2}$

Advice | 구분구적법을 이용한 정적분의 정의

다음과 같이 구분구적법을 이용하여 정적분을 정의하기도 한다.

함수 $f(x)$가 닫힌구간 $[a, b]$에서 연속이고 $f(x) \geq 0$일 때, 곡선 $y = f(x)$와 x축 및 두 직선 $x = a$, $x = b$로 둘러싸인 도형의 넓이 S를 구분구적법으로 구해 보자.

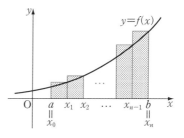

구간 $[a, b]$를 n등분하여 오른쪽 그림과 같이 양 끝 점과 각 분점의 x좌표를 왼쪽부터

$$x_0(=a), \quad x_1, \quad x_2, \quad \cdots, \quad x_{n-1}, \quad x_n(=b)$$

이라고 하자. 이때, 각 소구간의 길이를 Δx라고 하면 Δx는 각각의 직사각형의 가로의 길이이고, 직사각형의 세로의 길이는 각각 다음과 같다.

$$f(x_1), \quad f(x_2), \quad \cdots, \quad f(x_{n-1}), \quad f(x_n)$$

따라서 이들 직사각형의 넓이의 합을 S_n이라고 하면

$$S_n = f(x_1)\Delta x + f(x_2)\Delta x + \cdots + f(x_{n-1})\Delta x + f(x_n)\Delta x = \sum_{k=1}^{n} f(x_k)\Delta x$$

이므로 구하는 넓이 S는 다음과 같다.

$$S = \lim_{n \to \infty} S_n = \lim_{n \to \infty} \sum_{k=1}^{n} f(x_k)\Delta x$$

일반적으로 함수 $f(x)$가 닫힌구간 $[a, b]$에서 연속이면

$$\lim_{n \to \infty} S_n = \lim_{n \to \infty} \sum_{k=1}^{n} f(x_k)\Delta x$$

의 값이 존재한다. 이 극한값을 $f(x)$의 a에서 b까지의 정적분이라 하고, $\int_a^b f(x)dx$로 나타낸다. 곧,

정의 $\int_a^b f(x)dx = \lim\limits_{n \to \infty} \sum\limits_{k=1}^{n} f(x_k)\Delta x \left(\Delta x = \dfrac{b-a}{n}, \ x_k = a + k\Delta x \right)$

여기에서 $f(x) \geq 0$이면 $f(x_k) \geq 0$, $f(x) < 0$이면 $f(x_k) < 0$이므로

$$\sum_{k=1}^{n} f(x_k)\Delta x$$

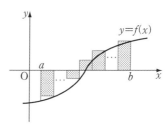

는 x축 위쪽에 있는 직사각형의 넓이의 합에서 x축 아래쪽에 있는 직사각형의 넓이의 합을 뺀 것과 같다.

이 값의 극한인 정적분도 같은 뜻을 가진다.

§ 2. 정적분과 급수

급수와 정적분의 관계

연속함수 $f(x)$에 대하여

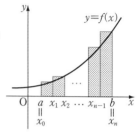

(1) $\displaystyle\lim_{n\to\infty}\sum_{k=1}^{n} f\left(a+\frac{(b-a)k}{n}\right)\frac{b-a}{n}=\int_a^b f(x)dx$

(2) $\displaystyle\lim_{n\to\infty}\sum_{k=1}^{n} f\left(a+\frac{pk}{n}\right)\frac{p}{n}=\int_a^{a+p} f(x)dx$

$\displaystyle\qquad\qquad\qquad\qquad=\int_0^p f(a+x)dx$

$\displaystyle\qquad\qquad\qquad\qquad=\int_0^1 pf(a+px)dx$

$^*Note$ $\displaystyle\lim_{n\to\infty}\sum_{k=1}^{n}$ 이 $\displaystyle\lim_{n\to\infty}\sum_{k=0}^{n-1}$ 로 바뀌어도 위의 관계식은 성립한다.

Advice | 급수와 정적분의 관계

이를테면 $\displaystyle\int_1^3 x^2 dx$ 를 구분구적법을 이용하여 급수로 나타내어 보자.

구간 $[1,\,3]$ 을 n 등분하여 양 끝 점과 각 분점의 x 좌표를 왼쪽부터

$\qquad x_0(=1),\ x_1,\ x_2,\ \cdots,\ x_{n-1},\ x_n(=3)$

이라고 하면

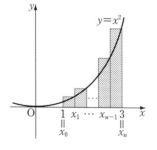

$\qquad \Delta x=\dfrac{3-1}{n}=\dfrac{2}{n}\,(=x_{k+1}-x_k)$

이고 $x_k=1+\dfrac{2k}{n}$ 이므로

$\displaystyle\int_1^3 x^2 dx=\lim_{n\to\infty}\sum_{k=1}^{n} f(x_k)\Delta x$

$\displaystyle\qquad\qquad=\lim_{n\to\infty}\sum_{k=1}^{n}\left(1+\frac{2k}{n}\right)^2\frac{2}{n}$

따라서 급수

$\displaystyle\lim_{n\to\infty}\left\{\left(1+\frac{2\times 1}{n}\right)^2\frac{2}{n}+\left(1+\frac{2\times 2}{n}\right)^2\frac{2}{n}+\cdots+\left(1+\frac{2\times n}{n}\right)^2\frac{2}{n}\right\}$

는 다음과 같이 계산할 수 있다.

$\displaystyle\lim_{n\to\infty}\sum_{k=1}^{n}\left(1+\frac{2k}{n}\right)^2\frac{2}{n}=\int_1^3 x^2 dx=\left[\frac{1}{3}x^3\right]_1^3=\frac{1}{3}(3^3-1^3)=\frac{26}{3}$

이와 같이 급수를 정적분으로 나타내면 부분합과 그 극한값을 구하는 복잡한 과정을 생략할 수도 있고, 부분합을 구할 수 없는 경우의 극한값도 구할 수 있다.

일반적으로 함수 $f(x)$가 닫힌구간 $[a, b]$에서 연속이고 $f(x) \geq 0$일 때, 곡선 $y=f(x)$와 x축 및 두 직선 $x=a$, $x=b$로 둘러싸인 도형의 넓이 S를 급수의 합으로 나타내어 보자.

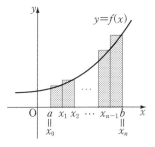

구간 $[a, b]$를 n등분하여 양 끝 점과 각 분점의 x좌표를 왼쪽부터

$$x_0(=a), \ x_1, \ x_2, \ \cdots, \ x_{n-1}, \ x_n(=b)$$

이라 하고, n등분한 각 소구간의 오른쪽 끝 점의 함숫값을 세로의 길이로 하는 직사각형을 각각 만들어 이들의 넓이의 합을 S_n이라고 하면

$$S_n = \sum_{k=1}^{n} f(x_k) \frac{b-a}{n}$$

이때, $n \longrightarrow \infty$이면 S_n은 도형의 넓이 S에 한없이 가까워지므로

$$S = \lim_{n \to \infty} S_n = \lim_{n \to \infty} \sum_{k=1}^{n} f(x_k) \frac{b-a}{n}$$

한편 정적분과 넓이의 관계에 의하여 $S = \int_a^b f(x)dx$이므로

$$\lim_{n \to \infty} \sum_{k=1}^{n} f(x_k) \frac{b-a}{n} = \int_a^b f(x)dx$$

이고, 이것은 $f(x) \geq 0$이 아닌 경우에도 성립함이 알려져 있다.

여기에서

$$x_1 = a + \frac{b-a}{n}, \ x_2 = a + \frac{(b-a) \times 2}{n}, \ \cdots, \ x_n = a + \frac{(b-a)n}{n}$$

이므로 다음이 성립한다.

$$\lim_{n \to \infty} \sum_{k=1}^{n} f\left(a + \frac{(b-a)k}{n}\right) \frac{b-a}{n} = \int_a^b f(x)dx \qquad \cdots\cdots①$$

또, $b-a=p$라고 하면 $b=a+p$이므로 ①은 다음과도 같다.

$$\lim_{n \to \infty} \sum_{k=1}^{n} f\left(a + \frac{pk}{n}\right) \frac{p}{n} = \int_a^{a+p} f(x)dx \qquad \cdots\cdots②$$

이때, $\displaystyle\lim_{n \to \infty} \sum_{k=1}^{n}$은 $\int$에, $f\left(a + \dfrac{pk}{n}\right)\dfrac{p}{n}$는 $f(x)dx$에 대응된다.

또, 치환적분법을 이용하면 ②는 다음과 같이 변형할 수 있다.

(i) $x=a+t$ 라고 하면 $dx=dt$ 이고

$x=a$ 일 때 $t=0$, $x=a+p$ 일 때 $t=p$ 이므로

$$\int_a^{a+p} f(x)dx = \int_0^p f(a+t)dt = \int_0^p f(a+x)dx \quad \Leftarrow$$

y=f(x)의 그래프를 x축의 방향으로 −a만큼 평행이동한 것을 생각해도 된다.

(ii) $x=a+pt$ 라고 하면 $dx=pdt$ 이고

$x=a$ 일 때 $t=0$, $x=a+p$ 일 때 $t=1$ 이므로

$$\int_a^{a+p} f(x)dx = \int_0^1 f(a+pt)pdt = \int_0^1 pf(a+px)dx \quad \text{곧,}$$

$$\lim_{n\to\infty} \sum_{k=1}^n f\left(a+\frac{pk}{n}\right)\frac{p}{n} = \int_0^1 pf(a+px)dx \qquad \cdots\cdots ③$$

이때의 적분구간은 $[0, 1]$ 이고 다음과 같은 방법으로 바꾸면 된다.

정석 $\dfrac{k}{n}$ 는 $\Longrightarrow$ x 로! $\dfrac{1}{n}$ 은 $\Longrightarrow$ dx 로!

보기 1 정적분을 이용하여 다음 급수의 합을 구하여라.

(1) $\displaystyle\lim_{n\to\infty} \sum_{k=1}^n \left\{2+\frac{(t-2)k}{n}\right\}^3 \frac{t-2}{n}$ (2) $\displaystyle\lim_{n\to\infty} \sum_{k=1}^n \left(1+\frac{2k}{n}\right)^3 \frac{2}{n}$

(3) $\displaystyle\lim_{n\to\infty} \sum_{k=1}^n \left(1+\frac{3k}{n}\right)^2 \frac{5}{n}$

연구 (1) 앞면의 ①에서 $a=2$, $b=t$, $f(x)=x^3$ 인 경우이므로

$$(준 \ 식) = \int_2^t x^3 dx = \left[\frac{1}{4}x^4\right]_2^t = \frac{1}{4}(t^4-16)$$

(2) 앞면의 ②에서 $a=1$, $p=2$, $f(x)=x^3$ 인 경우이므로

$$(준 \ 식) = \int_1^{1+2} x^3 dx = \left[\frac{1}{4}x^4\right]_1^3 = 20$$

또는 위의 ③에 의하면

$$(준 \ 식) = \int_0^1 2(1+2x)^3 dx = 2\left[\frac{1}{2}\times\frac{1}{4}(1+2x)^4\right]_0^1 = 20$$

(3) $\dfrac{5}{n}$ 의 분자 5가 3이 되도록 변형하면 앞면의 ②에 의하여

$$(준 \ 식) = \lim_{n\to\infty} \sum_{k=1}^n \left(1+\frac{3k}{n}\right)^2 \frac{3}{n} \times \frac{5}{3} = \frac{5}{3}\int_1^{1+3} x^2 dx = \frac{5}{3}\left[\frac{1}{3}x^3\right]_1^4 = 35$$

또는 위의 ③에 의하면

$$(준 \ 식) = \int_0^1 5(1+3x)^2 dx = 5\left[\frac{1}{3}\times\frac{1}{3}(1+3x)^3\right]_0^1 = 35$$

필수 예제 **16**-3 정적분을 이용하여 다음 급수의 합을 구하여라.

(1) $\lim\limits_{n\to\infty}\dfrac{(n+1)^3+(n+2)^3+(n+3)^3+\cdots+(2n)^3}{1^3+2^3+3^3+\cdots+n^3}$

(2) $\lim\limits_{n\to\infty}\sum\limits_{k=1}^{n}\dfrac{k}{n^2}\cos\dfrac{\pi k^2}{2n^2}$

(3) $\lim\limits_{n\to\infty}\dfrac{1}{n^3}\sum\limits_{k=1}^{n}k^2 e^{\frac{k}{n}}$

[정석연구] 다음 **정석**을 이용하여 먼저 정적분으로 나타낸다.

$$\boxed{\text{정석}}\ \lim_{n\to\infty}\sum_{k=1}^{n}f\!\left(a+\dfrac{pk}{n}\right)\dfrac{1}{n}=\int_{0}^{1}f(a+px)dx$$

[모범답안] (1) 분모, 분자를 $\sum$로 나타낸 다음 n^4으로 나누면

$$(\text{준 식})=\lim_{n\to\infty}\dfrac{\sum\limits_{k=1}^{n}(n+k)^3}{\sum\limits_{k=1}^{n}k^3}=\lim_{n\to\infty}\dfrac{\sum\limits_{k=1}^{n}\left(1+\dfrac{k}{n}\right)^3\dfrac{1}{n}}{\sum\limits_{k=1}^{n}\left(\dfrac{k}{n}\right)^3\dfrac{1}{n}}$$

$$=\dfrac{\displaystyle\int_{0}^{1}(1+x)^3dx}{\displaystyle\int_{0}^{1}x^3dx}=\dfrac{\left[\dfrac{1}{4}(1+x)^4\right]_{0}^{1}}{\left[\dfrac{1}{4}x^4\right]_{0}^{1}}=15\ \leftarrow\ \boxed{\text{답}}$$

(2) $(\text{준 식})=\lim\limits_{n\to\infty}\sum\limits_{k=1}^{n}\left[\dfrac{k}{n}\cos\left\{\dfrac{\pi}{2}\left(\dfrac{k}{n}\right)^2\right\}\times\dfrac{1}{n}\right]=\int_{0}^{1}x\cos\left(\dfrac{\pi}{2}x^2\right)dx$

$$=\left[\dfrac{1}{\pi}\sin\left(\dfrac{\pi}{2}x^2\right)\right]_{0}^{1}=\dfrac{1}{\pi}\ \leftarrow\ \boxed{\text{답}}$$

(3) $(\text{준 식})=\lim\limits_{n\to\infty}\sum\limits_{k=1}^{n}\left\{\left(\dfrac{k}{n}\right)^2 e^{\frac{k}{n}}\times\dfrac{1}{n}\right\}=\int_{0}^{1}x^2 e^x dx=\left[x^2 e^x\right]_{0}^{1}-2\int_{0}^{1}x e^x dx$

$$=e-2\left(\left[xe^x\right]_{0}^{1}-\int_{0}^{1}e^x dx\right)=-e+2\left[e^x\right]_{0}^{1}=e-2\ \leftarrow\ \boxed{\text{답}}$$

[유제] **16**-4. 정적분을 이용하여 다음 급수의 합을 구하여라.

(1) $\lim\limits_{n\to\infty}\dfrac{1}{n^5}\left\{(n+2)^4+(n+4)^4+(n+6)^4+\cdots+(n+2n)^4\right\}$

(2) $\lim\limits_{n\to\infty}\dfrac{(1+2+3+\cdots+n)(1^5+2^5+3^5+\cdots+n^5)}{(1^3+2^3+3^3+\cdots+n^3)^2}$

(3) $\lim\limits_{n\to\infty}\dfrac{1}{n}\left(\sqrt[n]{e^2}+\sqrt[n]{e^4}+\sqrt[n]{e^6}+\cdots+\sqrt[n]{e^{2n}}\right)$

(4) $\lim\limits_{n\to\infty}\dfrac{1}{n}\sum\limits_{k=1}^{n}\left(\sin\dfrac{\pi k}{2n}+\cos\dfrac{\pi k}{2n}\right)^2$

$\boxed{\text{답}}$ (1) $\dfrac{121}{5}$ (2) $\dfrac{4}{3}$ (3) $\dfrac{1}{2}e^2-\dfrac{1}{2}$ (4) $1+\dfrac{2}{\pi}$

필수 예제 16-4   정적분을 이용하여 다음 급수의 합을 구하여라.

(1) $\displaystyle\lim_{n\to\infty}\frac{\pi}{n^2}\left(\cos\frac{\pi}{n}+2\cos\frac{2\pi}{n}+3\cos\frac{3\pi}{n}+\cdots+n\cos\frac{n\pi}{n}\right)$

(2) $\displaystyle\lim_{n\to\infty}\left(\ln\sqrt[n]{\frac{n+1}{n}}+\ln\sqrt[n]{\frac{n+2}{n}}+\ln\sqrt[n]{\frac{n+3}{n}}+\cdots+\ln\sqrt[n]{\frac{n+n}{n}}\right)$

[정석연구] 다음 **정석**을 이용하여 먼저 정적분으로 나타낸다.

> **정석** $\displaystyle\lim_{n\to\infty}\sum_{k=1}^{n}f\left(a+\frac{pk}{n}\right)\frac{1}{n}=\int_0^1 f(a+px)\,dx$

[모범답안] (1) (준 식)$=\displaystyle\lim_{n\to\infty}\frac{\pi}{n^2}\sum_{k=1}^{n}k\cos\frac{\pi k}{n}=\pi\lim_{n\to\infty}\sum_{k=1}^{n}\left(\frac{k}{n}\cos\frac{\pi k}{n}\times\frac{1}{n}\right)$

$\displaystyle=\pi\int_0^1 x\cos\pi x\,dx=\pi\left(\left[x\times\frac{\sin\pi x}{\pi}\right]_0^1-\int_0^1\frac{\sin\pi x}{\pi}dx\right)$

$\displaystyle=\pi\left(0-\left[-\frac{\cos\pi x}{\pi^2}\right]_0^1\right)=-\frac{2}{\pi}\ \longleftarrow\boxed{\text{답}}$

(2) (준 식)$=\displaystyle\lim_{n\to\infty}\sum_{k=1}^{n}\ln\sqrt[n]{\frac{n+k}{n}}=\lim_{n\to\infty}\sum_{k=1}^{n}\frac{1}{n}\ln\left(1+\frac{k}{n}\right)$

$\displaystyle=\int_0^1\ln(1+x)\,dx=\left[(1+x)\ln(1+x)-(1+x)\right]_0^1$

$=2\ln 2-1\ \longleftarrow\boxed{\text{답}}$

Advice | 위의 (1)에서 적분구간을 $[0,\,1]$로 하여 구했으나

> **정석** $\displaystyle\lim_{n\to\infty}\sum_{k=1}^{n}f\left(a+\frac{pk}{n}\right)\frac{p}{n}=\int_a^{a+p}f(x)\,dx$

를 이용하면

(준 식)$=\displaystyle\frac{1}{\pi}\lim_{n\to\infty}\sum_{k=1}^{n}\left(\frac{\pi k}{n}\cos\frac{\pi k}{n}\times\frac{\pi}{n}\right)=\frac{1}{\pi}\int_0^\pi x\cos x\,dx$

로 변형하여 구할 수도 있다.

마찬가지로 (2)도 $\displaystyle\int_1^2\ln x\,dx$로 변형하여 구할 수 있다.

[유제] **16**-5. 정적분을 이용하여 다음 급수의 합을 구하여라.

(1) $\displaystyle\lim_{n\to\infty}\frac{\pi}{n}\sum_{k=1}^{n}\frac{\pi k}{n}\sin\frac{\pi k}{n}$ (2) $\displaystyle\lim_{n\to\infty}\sum_{k=1}^{n}\frac{1}{n}\ln\left(\frac{k}{n}+2\right)$

$\boxed{\text{답}}$ (1) π (2) $\ln\dfrac{27}{4e}$

[유제] **16**-6. $f(x)=x(\sin x+\cos x)$일 때, 다음 급수의 합을 구하여라.

$$\lim_{n\to\infty}\frac{\pi}{n}\left\{f\left(\frac{\pi}{n}\right)+f\left(\frac{2\pi}{n}\right)+\cdots+f\left(\frac{n\pi}{n}\right)\right\}$$

$\boxed{\text{답}}$ $\pi-2$

필수 예제 **16**-5 정적분을 이용하여 다음 급수의 합을 구하여라.

(1) $\displaystyle\lim_{n\to\infty}\dfrac{1}{n^3}\left\{\sqrt{n^2-1^2}+2\sqrt{n^2-2^2}+\cdots+(n-1)\sqrt{n^2-(n-1)^2}\right\}$

(2) $\displaystyle\lim_{n\to\infty}\left(\dfrac{n+2}{n^2+1}+\dfrac{n+4}{n^2+4}+\dfrac{n+6}{n^2+9}+\cdots+\dfrac{n+2n}{n^2+n^2}\right)$

[모범답안] (1) (준 식)$=\displaystyle\lim_{n\to\infty}\sum_{k=1}^{n-1}\left(\dfrac{1}{n^3}\times k\sqrt{n^2-k^2}\right)=\lim_{n\to\infty}\sum_{k=1}^{n-1}\left\{\dfrac{k}{n}\sqrt{1-\left(\dfrac{k}{n}\right)^2}\times\dfrac{1}{n}\right\}$

$\qquad=\displaystyle\lim_{n\to\infty}\sum_{k=1}^{n}\left\{\dfrac{k}{n}\sqrt{1-\left(\dfrac{k}{n}\right)^2}\times\dfrac{1}{n}\right\}=\int_0^1 x\sqrt{1-x^2}\,dx$

$1-x^2=t$ 라고 하면 $-2x\,dx=dt$, 곧 $x\,dx=-\dfrac{1}{2}dt$ 이고

$\qquad x=0$ 일 때 $t=1$, $\quad x=1$ 일 때 $t=0$

$\therefore$ (준 식)$=\displaystyle\int_1^0\sqrt{t}\left(-\dfrac{1}{2}dt\right)=\dfrac{1}{2}\int_0^1\sqrt{t}\,dt=\dfrac{1}{2}\left[\dfrac{2}{3}t\sqrt{t}\right]_0^1=\boldsymbol{\dfrac{1}{3}}$ ← [답]

(2) (준 식)$=\displaystyle\lim_{n\to\infty}\sum_{k=1}^{n}\dfrac{n+2k}{n^2+k^2}=\lim_{n\to\infty}\sum_{k=1}^{n}\left\{\dfrac{1+2(k/n)}{1+(k/n)^2}\times\dfrac{1}{n}\right\}$ ⇐ 분모, 분자를 n^2으로 나눈다.

$\qquad=\displaystyle\int_0^1\dfrac{1+2x}{1+x^2}dx=\int_0^1\dfrac{1}{1+x^2}dx+\int_0^1\dfrac{2x}{1+x^2}dx$

$x=\tan\theta\left(-\dfrac{\pi}{2}<\theta<\dfrac{\pi}{2}\right)$ 라고 하면 $dx=\sec^2\theta\,d\theta$ 이고

$\qquad x=0$ 일 때 $\theta=0$, $\quad x=1$ 일 때 $\theta=\dfrac{\pi}{4}$

$\therefore\displaystyle\int_0^1\dfrac{1}{1+x^2}dx=\int_0^{\frac{\pi}{4}}\dfrac{1}{1+\tan^2\theta}\times\sec^2\theta\,d\theta=\int_0^{\frac{\pi}{4}}1\,d\theta=\left[\theta\right]_0^{\frac{\pi}{4}}=\dfrac{\pi}{4}$

또, $\displaystyle\int_0^1\dfrac{2x}{1+x^2}dx=\left[\ln(1+x^2)\right]_0^1=\ln 2$

$\therefore$ (준 식)$=\boldsymbol{\dfrac{\pi}{4}+\ln 2}$ ← [답]

[유제] **16**-7. 정적분을 이용하여 다음 급수의 합을 구하여라.

(1) $\displaystyle\lim_{n\to\infty}\dfrac{\sqrt{n}}{n^2}\sum_{k=1}^{n}\sqrt{2n+k}$

(2) $\displaystyle\lim_{n\to\infty}\sum_{k=1}^{n}\left(\dfrac{\sqrt{n}}{n+k}\right)^2$

(3) $\displaystyle\lim_{n\to\infty}\sum_{k=1}^{n}\dfrac{k}{n^2+k^2}$

(4) $\displaystyle\lim_{n\to\infty}\sum_{k=0}^{n-1}\dfrac{n}{n^2+k^2}$

(5) $\displaystyle\lim_{n\to\infty}\dfrac{1}{n^2}\left\{\sqrt{n^2-1^2}+\sqrt{n^2-2^2}+\cdots+\sqrt{n^2-(n-1)^2}\right\}$

[답] (1) $\dfrac{2}{3}(3\sqrt{3}-2\sqrt{2})$ (2) $\dfrac{1}{2}$ (3) $\dfrac{1}{2}\ln 2$ (4) $\dfrac{\pi}{4}$ (5) $\dfrac{\pi}{4}$

필수 예제 **16**-6 n이 2 이상의 자연수일 때, 다음 부등식을 증명하여라.

$$\ln(n+1)<1+\frac{1}{2}+\frac{1}{3}+\cdots+\frac{1}{n}<1+\ln n$$

[정석연구] $1+\dfrac{1}{2}+\dfrac{1}{3}+\cdots+\dfrac{1}{n}$ 을 좌표평면 위의 도형의 넓이로 나타내고, 정적분을 이용하여 이 넓이의 범위를 알아본다.

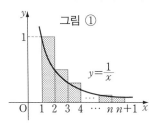
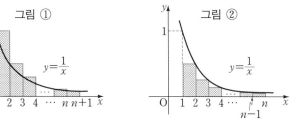

그림 ①에서 $1+\dfrac{1}{2}+\dfrac{1}{3}+\cdots+\dfrac{1}{n}>\displaystyle\int_{1}^{n+1}\dfrac{1}{x}dx$

그림 ②에서 $\dfrac{1}{2}+\dfrac{1}{3}+\cdots+\dfrac{1}{n}<\displaystyle\int_{1}^{n}\dfrac{1}{x}dx$

양변에 1을 더하면 $1+\dfrac{1}{2}+\dfrac{1}{3}+\cdots+\dfrac{1}{n}<1+\displaystyle\int_{1}^{n}\dfrac{1}{x}dx$

$\therefore \displaystyle\int_{1}^{n+1}\dfrac{1}{x}dx<1+\dfrac{1}{2}+\dfrac{1}{3}+\cdots+\dfrac{1}{n}<1+\displaystyle\int_{1}^{n}\dfrac{1}{x}dx$

[모범답안] $S=1+\dfrac{1}{2}+\dfrac{1}{3}+\cdots+\dfrac{1}{n}$ 이라고 하자.

위의 그림 ①에서

$$S>\int_{1}^{n+1}\frac{1}{x}dx \quad \therefore S>\Big[\ln|x|\Big]_{1}^{n+1} \quad \therefore S>\ln(n+1)$$

위의 그림 ②에서

$$S-1<\int_{1}^{n}\frac{1}{x}dx \quad \therefore S<1+\Big[\ln|x|\Big]_{1}^{n} \quad \therefore S<1+\ln n$$

$$\therefore \ln(n+1)<S<1+\ln n$$

[유제] **16**-8. n이 자연수일 때, 다음 부등식을 증명하여라.

(1) $\dfrac{1}{6}n^6<1^5+2^5+3^5+\cdots+n^5<\dfrac{1}{6}(n+1)^6$

(2) $\dfrac{1}{n}\left\{\left(\dfrac{1}{n}\right)^3+\left(\dfrac{2}{n}\right)^3+\left(\dfrac{3}{n}\right)^3+\cdots+\left(\dfrac{n}{n}\right)^3\right\}>\dfrac{1}{4}$

(3) $\dfrac{2}{3}n\sqrt{n}<\sqrt{1}+\sqrt{2}+\sqrt{3}+\cdots+\sqrt{n}<\dfrac{2}{3}n\sqrt{n}+\sqrt{n}$

§ 3. 정적분으로 정의된 함수

1 정적분과 미분의 관계

$f(x)$가 연속함수일 때, 상수 a와 임의의 실수 x에 대하여

$$\frac{d}{dx}\int_a^x f(t)\,dt = f(x)$$

2 정적분으로 정의된 함수의 미분

$f(x)$가 연속이고, $g(x)$와 $h(x)$가 미분가능할 때

(1) $\dfrac{d}{dx}\displaystyle\int_a^x f(t)\,dt = f(x)$ (단, a는 상수)

(2) $\dfrac{d}{dx}\displaystyle\int_{h(x)}^{g(x)} f(t)\,dt = f\big(g(x)\big)g'(x) - f\big(h(x)\big)h'(x)$

특히 $\dfrac{d}{dx}\displaystyle\int_x^{x+a} f(t)\,dt = f(x+a) - f(x)$ (단, a는 상수)

Advice 1° 정적분과 미분의 관계

이를테면 위끝이 변수 x이고 아래끝이 상수 1인 정적분

$$\int_1^x (t^2 - 2t)\,dt \qquad\qquad \cdots\cdots ①$$

을 계산하면

$$\int_1^x (t^2 - 2t)\,dt = \left[\frac{1}{3}t^3 - t^2\right]_1^x = \frac{1}{3}(x^3 - 1) - (x^2 - 1) = \frac{1}{3}x^3 - x^2 + \frac{2}{3}$$

이므로 ①은 위끝 x의 함수임을 알 수 있다.

①을 x에 관하여 미분하면

$$\frac{d}{dx}\int_1^x (t^2 - 2t)\,dt = \frac{d}{dx}\left(\frac{1}{3}x^3 - x^2 + \frac{2}{3}\right) = x^2 - 2x$$

이고, 이 식은 ①에서 피적분함수의 t에 x를 대입한 것과 같다.

일반적으로 $f(x)$가 연속함수이고 a가 상수일 때, x의 함수 $\displaystyle\int_a^x f(t)\,dt$에서 $\displaystyle\int f(x)\,dx = F(x) + C$ (단, C는 적분상수)라고 하면

$$\int_a^x f(t)\,dt = \Big[F(t)\Big]_a^x = F(x) - F(a)$$

이다. 이 식을 x에 관하여 미분하면

$$\frac{d}{dx}\int_a^x f(t)\,dt = \frac{d}{dx}\big\{F(x) - F(a)\big\} = F'(x) = f(x)$$

*Note 앞의 관계는 피적분함수에 변수 x가 포함된 경우에는 성립하지 않는다는 것에 주의해야 한다. 이를테면 $\dfrac{d}{dx}\displaystyle\int_a^x xf(t)dt \neq xf(x)$이다. 이 경우 x가 적분변수 t에 대해서는 상수이므로 먼저 $\displaystyle\int_a^x xf(t)dt = x\int_a^x f(t)dt$로 변형한 다음, x에 관하여 미분해야 한다.   ⇦ 보기 1의 (4)

𝒜dvice 2° 정적분으로 정의된 함수의 미분

앞면의 **기본정석** ②의 (1)은 ①에 의하여 성립한다.

②의 (2)와 같이 위끝과 아래끝에 미분가능한 함수 $g(x)$, $h(x)$가 있는 경우를 생각해 보자.

연속함수 $f(x)$의 한 부정적분을 $F(x)$라고 하면

$$\int_{h(x)}^{g(x)} f(t)dt = \Big[F(t)\Big]_{h(x)}^{g(x)} = F\big(g(x)\big) - F\big(h(x)\big)$$

이고, 이 식을 x에 관하여 미분하면

$$\begin{aligned}\frac{d}{dx}\int_{h(x)}^{g(x)} f(t)dt &= \frac{d}{dx}\big\{F\big(g(x)\big) - F\big(h(x)\big)\big\} \\ &= F'\big(g(x)\big)g'(x) - F'\big(h(x)\big)h'(x) \\ &= f\big(g(x)\big)g'(x) - f\big(h(x)\big)h'(x)\end{aligned}$$

특히 $g(x)=x+a$, $h(x)=x$이면 $g'(x)=1$, $h'(x)=1$이므로

$$\frac{d}{dx}\int_x^{x+a} f(t)dt = f(x+a) - f(x) \qquad \text{⇦ } a \text{는 상수}$$

보기 1 다음 함수를 x에 관하여 미분하여라.

(1) $y = \displaystyle\int_0^x e^t \sin t\, dt$ (2) $y = \displaystyle\int_x^{x+1} \ln t\, dt$ (단, $x>0$)

(3) $y = \displaystyle\int_{-x}^{2x} \cos^2 t\, dt$ (4) $y = \displaystyle\int_0^x (x-t)\cos t\, dt$

연구 (1) $y' = e^x \sin x$ (2) $y' = \ln(x+1) - \ln x = \ln\dfrac{x+1}{x}$

(3) $y' = \cos^2 2x \times (2x)' - \cos^2(-x) \times (-x)' = 2\cos^2 2x + \cos^2 x$

(4) $y = \displaystyle\int_0^x (x-t)\cos t\, dt = \int_0^x x\cos t\, dt - \int_0^x t\cos t\, dt$

$= x\displaystyle\int_0^x \cos t\, dt - \int_0^x t\cos t\, dt$

이므로

$$\begin{aligned}y' &= (x)'\int_0^x \cos t\, dt + x\Big(\int_0^x \cos t\, dt\Big)' - \Big(\int_0^x t\cos t\, dt\Big)' \\ &= \int_0^x \cos t\, dt + x\cos x - x\cos x = \Big[\sin t\Big]_0^x = \sin x\end{aligned}$$

필수 예제 16-7 다음 극한값을 구하여라.

(1) $\lim\limits_{x \to 1} \dfrac{1}{x-1} \displaystyle\int_1^x (t^5 + 3t^3 + 2t)\,dt$ (2) $\lim\limits_{x \to 1} \dfrac{1}{x^3-1} \displaystyle\int_1^{x^2} t^3 e^t \,dt$

[정석연구] (1) 정적분 $\displaystyle\int_1^x (t^5 + 3t^3 + 2t)\,dt$ 를 계산하여 극한값을 구할 수 있다.

또는 $\displaystyle\int (t^5 + 3t^3 + 2t)\,dt = F(t) + C$ 라고 하면

$$\int_1^x (t^5 + 3t^3 + 2t)\,dt = \Big[F(t) \Big]_1^x = F(x) - F(1)$$

이므로 다음 미분계수의 정의를 이용하여 좀 더 간편하게 구할 수 있다.

$$\boxed{\text{정 의}} \quad \lim_{x \to a} \frac{F(x) - F(a)}{x - a} = F'(a)$$

[모범답안] (1) $\displaystyle\int (t^5 + 3t^3 + 2t)\,dt = F(t) + C$ 라고 하면 $F'(t) = t^5 + 3t^3 + 2t$

$$\therefore \ (\text{준 식}) = \lim_{x \to 1} \frac{F(x) - F(1)}{x - 1} = F'(1) = \mathbf{6} \longleftarrow \boxed{\text{답}}$$

(2) $\displaystyle\int t^3 e^t \,dt = F(t) + C$ 라고 하면 $F'(t) = t^3 e^t$

$$\therefore \ (\text{준 식}) = \lim_{x \to 1} \frac{F(x^2) - F(1)}{x^3 - 1} = \lim_{x \to 1} \left\{ \frac{F(x^2) - F(1)}{x^2 - 1} \times \frac{x^2 - 1}{x^3 - 1} \right\}$$

$$= \lim_{x \to 1} \left\{ \frac{F(x^2) - F(1)}{x^2 - 1} \times \frac{(x-1)(x+1)}{(x-1)(x^2 + x + 1)} \right\} = F'(1) \times \frac{2}{3}$$

$$= e \times \frac{2}{3} = \frac{2}{3} e \longleftarrow \boxed{\text{답}}$$

Advice | 일반적으로 $\displaystyle\int f(t)\,dt = F(t) + C$ 라고 하면 $F'(t) = f(t)$ 이므로

$$\lim_{x \to a} \frac{1}{x-a} \int_a^x f(t)\,dt = \lim_{x \to a} \frac{F(x) - F(a)}{x - a} = F'(a) = f(a) \quad \text{곧},$$

$$\boxed{\text{정석}} \ \lim_{x \to a} \frac{1}{x - a} \int_a^x f(t)\,dt = f(a)$$

[유제] **16**-9. 다음 극한값을 구하여라. 단, a는 상수이다.

(1) $\lim\limits_{x \to 0} \dfrac{1}{x} \displaystyle\int_0^x |\, t - a \,|\, dt$ (2) $\lim\limits_{x \to \pi} \dfrac{1}{x - \pi} \displaystyle\int_\pi^x \dfrac{2\cos t}{1 + \sin t}\,dt$

(3) $\lim\limits_{x \to 1} \dfrac{1}{x - 1} \displaystyle\int_1^{x^2} \dfrac{\sin \pi t}{\sin \pi t + \cos \pi t}\,dt$ (4) $\lim\limits_{x \to a} \dfrac{2}{x - a} \displaystyle\int_{\sqrt{a}}^{\sqrt{x}} t e^t \sin t \,dt \ (a > 0)$

$\boxed{\text{답}}$ (1) $|\,a\,|$ (2) -2 (3) 0 (4) $e^{\sqrt{a}} \sin \sqrt{a}$

필수 예제 16-8 다음 극한값을 구하여라.

(1) $\displaystyle\lim_{h\to0}\frac{1}{h}\int_{1-h}^{1+h}\frac{\cos^3\pi x}{1+\sin\pi x}dx$ (2) $\displaystyle\lim_{t\to\infty}t\int_0^{\frac{2}{t}}\frac{|x-1|}{x^2+2}dx$

[정석연구] (1) $\displaystyle\int\frac{\cos^3\pi x}{1+\sin\pi x}dx=F(x)+C$ 라고 하면

$$\int_{1-h}^{1+h}\frac{\cos^3\pi x}{1+\sin\pi x}dx=\Big[F(x)\Big]_{1-h}^{1+h}=F(1+h)-F(1-h)$$

이므로 다음 미분계수의 정의를 이용하면 좀 더 간편하게 구할 수 있다.

$$\boxed{\text{정의}}\ \lim_{h\to0}\frac{F(a+h)-F(a)}{h}=F'(a)$$

(2) $\dfrac{1}{t}=h$ 로 치환하면 (1)과 같은 방법으로 구할 수 있다.

[모범답안] (1) $\displaystyle\int\frac{\cos^3\pi x}{1+\sin\pi x}dx=F(x)+C$ 라고 하면 $F'(x)=\dfrac{\cos^3\pi x}{1+\sin\pi x}$

$\therefore$ (준 식)$\displaystyle=\lim_{h\to0}\frac{F(1+h)-F(1-h)}{h}$

$\displaystyle=\lim_{h\to0}\left\{\frac{F(1+h)-F(1)}{h}+\frac{F(1-h)-F(1)}{-h}\right\}=2F'(1)$

$\displaystyle=2\times\frac{\cos^3\pi}{1+\sin\pi}=\mathbf{-2}\ \leftarrow\ \boxed{\text{답}}$

(2) $\displaystyle\int\frac{|x-1|}{x^2+2}dx=F(x)+C$ 라고 하면 $F'(x)=\dfrac{|x-1|}{x^2+2}$

또, $\dfrac{1}{t}=h$ 로 치환하면 $t\longrightarrow\infty$일 때 $h\longrightarrow0+$이므로

(준 식)$\displaystyle=\lim_{h\to0+}\frac{1}{h}\int_0^{2h}\frac{|x-1|}{x^2+2}dx=\lim_{h\to0+}\frac{F(2h)-F(0)}{h}$

$\displaystyle=\lim_{h\to0+}\left\{\frac{F(2h)-F(0)}{2h}\times2\right\}=2F'(0)=2\times\frac{1}{2}=\mathbf{1}\ \leftarrow\ \boxed{\text{답}}$

[유제] **16**-10. 다음 극한값을 구하여라.

(1) $\displaystyle\lim_{h\to0}\frac{1}{h}\int_1^{1+2h}x^2e^xdx$ (2) $\displaystyle\lim_{h\to0}\frac{1}{h}\int_{\frac{\pi}{2}-h}^{\frac{\pi}{2}+h}x\sin x\,dx$

(3) $\displaystyle\lim_{t\to\infty}t\int_1^{1-\frac{3}{t}}(x\ln x+2x)dx$ $\boxed{\text{답}}$ (1) $2e$ (2) π (3) -6

[유제] **16**-11. $f(x)=\displaystyle\int_x^{x+2h}e^{t^2}dt$ 일 때, $\displaystyle\lim_{h\to0}\frac{f(0)}{h}$ 의 값을 구하여라. $\boxed{\text{답}}$ 2

필수 예제 16-9 연속함수 $f(x)$가 다음 등식을 만족시킬 때, 상수 a의 값과 $f(x)$를 구하여라.

(1) $\displaystyle\int_{\ln 3}^{x} e^t f(t)\,dt = e^{2x} - ae^x + 3$ 　　(2) $\displaystyle\int_{a}^{\ln x} f(t)\,dt = x^2 - x$

[정석연구] 이와 같은 유형의 문제에서 a의 값은

$$\boxed{정의}\ \int_{k}^{k} f(x)\,dx = 0$$

을 이용하여 구하고, 함수 $f(x)$는 다음 **정석**을 이용하여 구한다.

$$\boxed{정석}\ \frac{d}{dx}\int_{a}^{x} f(t)\,dt = f(x)\ (a\text{는 상수})$$

$$\frac{d}{dx}\int_{h(x)}^{g(x)} f(t)\,dt = f\big(g(x)\big)g'(x) - f\big(h(x)\big)h'(x)$$

[모범답안] (1) 준 식에 $x = \ln 3$을 대입하면

$$0 = e^{2\ln 3} - ae^{\ln 3} + 3 \quad \therefore\ 0 = 9 - 3a + 3 \quad \therefore\ a = 4$$

$$\therefore\ \int_{\ln 3}^{x} e^t f(t)\,dt = e^{2x} - 4e^x + 3$$

양변을 x에 관하여 미분하면　$e^x f(x) = 2e^{2x} - 4e^x$

$$\therefore\ f(x) = 2e^x - 4 \qquad \boxed{답}\ a=4,\ f(x) = 2e^x - 4$$

(2) 준 식에 $x = e^a$을 대입하면　$0 = e^{2a} - e^a \quad \therefore\ e^a = 1 \quad \therefore\ a = 0$

또, 준 식의 양변을 x에 관하여 미분하면　$f(\ln x) \times (\ln x)' = 2x - 1$

$$\therefore\ f(\ln x) \times \frac{1}{x} = 2x - 1 \quad \therefore\ f(\ln x) = 2x^2 - x$$

$\ln x = t$라고 하면 $x = e^t$이므로　$f(t) = 2e^{2t} - e^t$

$$\boxed{답}\ a=0,\ f(x) = 2e^{2x} - e^x$$

*Note (2)에서 $\ln x = u$로 치환하면 $\displaystyle\int_{a}^{u} f(t)\,dt = e^{2u} - e^u$

양변을 u에 관하여 미분하면　$f(u) = 2e^{2u} - e^u \quad \therefore\ f(x) = 2e^{2x} - e^x$

[유제] **16**-12. 연속함수 $f(x)$가 모든 실수 x에 대하여 다음 등식을 만족시킬 때, 상수 a의 값과 $f(x)$를 구하여라.

(1) $\displaystyle\int_{1}^{x} f(t)\,dt = x^4 + x^3 - 2ax$ 　　(2) $\displaystyle\int_{x}^{a} f(t)\,dt = -2x^2 + 3x - 1$

(3) $\displaystyle\int_{a}^{2x-1} f(t)\,dt = x^2 - 2x$ 　　(4) $\displaystyle\int_{1}^{e^x} f(t)\,dt = a\cos x - 1$

$\boxed{답}$ (1) $a=1,\ f(x) = 4x^3 + 3x^2 - 2$　(2) $a = \dfrac{1}{2},\ 1,\ f(x) = 4x - 3$

(3) $a = -1,\ 3,\ f(x) = \dfrac{1}{2}x - \dfrac{1}{2}$　(4) $a=1,\ f(x) = -\dfrac{\sin(\ln x)}{x}$

필수 예제 **16**-10 $-\dfrac{\pi}{2}<x<\dfrac{\pi}{2}$ 에서 정의된 함수 $f(x)$에 대하여 $f'(x)$ 가 연속함수이고

$$f(x)=\tan x-x-\int_0^x f'(u)\tan^2 u\,du$$

일 때, 다음 물음에 답하여라.

(1) $f'(x)$를 구하여라.   (2) $f(x)$를 구하여라.

[정석연구] 다음 **정석**을 이용하여 주어진 식의 양변을 x에 관하여 미분한다.

$$\boxed{\textbf{정석}}\ \ \frac{d}{dx}\int_a^x f(t)dt=f(x)\ \ (a\text{는 상수})$$

[모범답안] (1) $f(x)=\tan x-x-\displaystyle\int_0^x f'(u)\tan^2 u\,du$ ······①

양변을 x에 관하여 미분하면 $f'(x)=\sec^2 x-1-f'(x)\tan^2 x$

$\therefore\ (1+\tan^2 x)f'(x)=\sec^2 x-1$

$1+\tan^2 x=\sec^2 x$ 이므로 $\sec^2 x\,f'(x)=\tan^2 x$

$\therefore\ f'(x)=\tan^2 x\cos^2 x$ 곧, $\boldsymbol{f'(x)=\sin^2 x}$ ⟵ 답

(2) $f'(x)=\sin^2 x=\dfrac{1}{2}(1-\cos 2x)$ 에서

$f(x)=\displaystyle\int f'(x)dx=\int\frac{1}{2}(1-\cos 2x)dx=\frac{1}{2}\Big(x-\frac{1}{2}\sin 2x\Big)+C$ ······②

한편 ①에 $x=0$을 대입하면 $\Leftarrow \displaystyle\int_a^a \mathrm{F}(u)du=0$

$f(0)=\tan 0-0-\displaystyle\int_0^0 f'(u)\tan^2 u\,du$ $\therefore\ f(0)=0$

따라서 ②에서 $f(0)=0+C$ $\therefore\ C=0$

$\therefore\ \boldsymbol{f(x)=\dfrac{1}{2}x-\dfrac{1}{4}\sin 2x}$ ⟵ 답

[유제] **16**-13. 모든 실수 x에 대하여 다음을 만족시키는 미분가능한 함수 $f(x)$를 구하여라.

(1) $f(x)=e^x+x-\displaystyle\int_0^x f'(t)e^t dt$ 단, $f'(x)$는 연속함수이다.

(2) $xf(x)=x^2 e^x+\displaystyle\int_0^x f(t)dt$ 단, $f(0)=1$이다.

(3) $x^2 f(x)=2x^6-3x^4+2\displaystyle\int_1^x tf(t)dt$

(4) $\{f(x)\}^2=\displaystyle\int_0^x\Big(4t-\frac{4}{3}\Big)f(t)dt+\int_0^1 f(t)dt$ 단, $f(0)>0$이다.

답 (1) $\boldsymbol{f(x)=x+1}$ (2) $\boldsymbol{f(x)=(x+1)e^x}$

(3) $\boldsymbol{f(x)=3x^4-6x^2+2}$ (4) $\boldsymbol{f(x)=x^2-\dfrac{2}{3}x+1}$

필수 예제 16-11   함수 $f(x)=e^x(ax+b)$가 모든 실수 x에 대하여

$$f(x)=\int_0^x (x-t)f'(t)dt+e^x+x$$

를 만족시킬 때, 상수 a, b의 값을 구하여라.

[정석연구] 피적분함수에 적분변수 t와는 다른 변수 x가 포함되어 있으므로

$$\int_0^x (x-t)f'(t)dt=\int_0^x xf'(t)dt-\int_0^x tf'(t)dt \quad \Leftarrow \text{적분변수가 } t\text{이므로}$$
$$=x\int_0^x f'(t)dt-\int_0^x tf'(t)dt \qquad\qquad x\text{는 상수로 생각!}$$

와 같이 변형한 다음 아래 **정석**을 이용하여 미분한다.

정석 $\dfrac{d}{dx}\displaystyle\int_a^x f(t)dt=f(x)$ (a는 상수)

이때, $x\displaystyle\int_0^x f'(t)dt$는 미분가능한 두 함수 x와 $\displaystyle\int_0^x f'(t)dt$의 곱임에 주의한다.

[모범답안] $f(x)=x\displaystyle\int_0^x f'(t)dt-\int_0^x tf'(t)dt+e^x+x$ ……①

$f'(t)$, $tf'(t)$가 연속함수이므로 양변을 x에 관하여 미분하면

$$f'(x)=\int_0^x f'(t)dt+xf'(x)-xf'(x)+e^x+1$$
$$=\Big[f(t)\Big]_0^x+e^x+1=f(x)-f(0)+e^x+1$$

한편 ①에서 $f(0)=0-0+e^0+0=1$, 곧 $f(0)=1$이므로

$$f'(x)=f(x)+e^x \qquad\qquad ……②$$

또, $f(x)=e^x(ax+b)$이므로

$$f'(x)=e^x(ax+b)+e^x\times a=f(x)+ae^x \qquad ……③$$

②, ③에서 $e^x=ae^x$ $\therefore$ $a=1$

$f(x)=e^x(x+b)$에서 $f(0)=b$ $\therefore$ $b=1$ 　　　　　[답] $a=1$, $b=1$

[유제] **16**-14. 다음 함수를 x에 관하여 미분하여라.

(1) $f(x)=\displaystyle\int_0^x (x-t)\cos^2 t\, dt$ 　　(2) $f(x)=x+\displaystyle\int_1^x t(2x-3t)\ln t\, dt$ ($x>0$)

　　　　　[답] (1) $f'(x)=\dfrac{1}{2}x+\dfrac{1}{4}\sin 2x$ (2) $f'(x)=\dfrac{1}{2}(3-x^2)$

[유제] **16**-15. 연속함수 $f(x)$가 모든 실수 x에 대하여 다음 등식을 만족시킬 때, 상수 a, b의 값과 $f(x)$를 구하여라.

$$\int_0^x (x-t)f(t)dt=e^x-ax-b \qquad \text{[답] } a=1,\ b=1,\ f(x)=e^x$$

필수 예제 16-12 다음 물음에 답하여라.

(1) $f(x)=\displaystyle\int_0^x (1+\cos t)\sin t\,dt\ (-2\pi<x<2\pi)$의 극값을 구하여라.

(2) $f(x)=\displaystyle\int_x^{x+1} e^{t^3-7t}dt$ 가 극대가 되는 x의 값을 구하여라.

──────────

[정석연구] $f'(x)$의 부호로 $f(x)$의 증감을 조사한다. 한편 a가 상수일 때,

정 석 $\dfrac{d}{dx}\displaystyle\int_a^x f(t)dt=f(x),\quad \dfrac{d}{dx}\displaystyle\int_x^{x+a} f(t)dt=f(x+a)-f(x)$

[모범답안] (1) $f'(x)=(1+\cos x)\sin x$

$f'(x)=0$에서 $x=-\pi,\ 0,\ \pi$

따라서 오른쪽 증감표에서

$f(x)$는 $x=-\pi,\ \pi$일 때 극대이

고, $x=0$일 때 극소이다.

x	$\cdots$	$-\pi$	$\cdots$	0	$\cdots$	π	$\cdots$
$f'(x)$	$+$	0	$-$	0	$+$	0	$-$
$f(x)$	↗	극대	↘	극소	↗	극대	↘

한편 $f(x)=\displaystyle\int_0^x \left(\sin t+\frac{1}{2}\sin 2t\right)dt=\left[-\cos t-\frac{1}{4}\cos 2t\right]_0^x$

$\qquad\qquad =-\cos x-\dfrac{1}{4}\cos 2x+\dfrac{5}{4}$

∴ 극댓값 $f(-\pi)=f(\pi)=2$, 극솟값 $f(0)=0$ ← [답]

(2) $f'(x)=e^{(x+1)^3-7(x+1)}-e^{x^3-7x}$

$\qquad =e^{x^3-7x}(e^{3x^2+3x-6}-1)$

$f'(x)=0$에서 $e^{3x^2+3x-6}=1$

∴ $3x^2+3x-6=0$ ∴ $x=-2,\ 1$

따라서 오른쪽 증감표에서

$f(x)$가 극대가 되는 x의 값은 $x=-2$ ← [답]

x	$\cdots$	-2	$\cdots$	1	$\cdots$
$f'(x)$	$+$	0	$-$	0	$+$
$f(x)$	↗	극대	↘	극소	↗

[유제] **16**-16. 다음 함수의 극값을 구하여라.

(1) $f(x)=\displaystyle\int_1^x 3(t+1)(t-1)dt$

(2) $f(x)=\displaystyle\int_0^x (\cos 2t+\cos t)dt\ (0\leq x\leq 2\pi)$

[답] (1) 극댓값 4, 극솟값 0 (2) 극댓값 $\dfrac{3\sqrt{3}}{4}$, 극솟값 $-\dfrac{3\sqrt{3}}{4}$

[유제] **16**-17. 다음 함수의 최댓값을 구하여라.

(1) $f(x)=\displaystyle\int_1^x (t^2-4)dt\ (x<0)$ (2) $f(x)=\displaystyle\int_1^x (1-\ln t)dt\ (x>0)$

(3) $f(x)=\displaystyle\int_0^x (1-t)e^t dt$

[답] (1) 9 (2) $e-2$ (3) $e-2$

§4. 정적분과 부등식

정적분과 부등식

(1) 함수 $f(x)$가 구간 $[a, b]$에서 연속이고 $f(x) \geq 0$일 때,
    이 구간에 속하는 α에 대하여 $f(\alpha) > 0$이면 $\implies \int_a^b f(x)dx > 0$

(2) 두 함수 $f(x)$, $g(x)$가 구간 $[a, b]$에서 연속이고 $f(x) \geq g(x)$일 때,
    이 구간에 속하는 α에 대하여 $f(\alpha) > g(\alpha)$이면
    $$\implies \int_a^b f(x)dx > \int_a^b g(x)dx$$

Advice | 직관적으로 이해해도 충분하지만, 연속함수의 성질을 이용하여 다음과 같이 증명할 수도 있다.

(1) $f(\alpha) = k > 0$이라고 하자.

　$f(x)$가 연속이므로 $f(x) \geq \dfrac{k}{2}$를 만족시키는 구간 $[c, d]\,(a \leq c < d \leq b)$를 찾을 수 있다.

　이때, 오른쪽 그림에서 점 찍은 부분의 넓이와 빗금 친 직사각형의 넓이를 비교하면

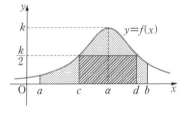

$$\int_a^b f(x)dx \geq \frac{k(d-c)}{2} > 0$$
$$\therefore \int_a^b f(x)dx > 0$$

(2) $f(x) \geq g(x)$이면 $f(x) - g(x) \geq 0$

　$f(\alpha) - g(\alpha) > 0$이면 (1)에서 $\int_a^b \{f(x) - g(x)\}dx > 0$

　$\therefore \int_a^b f(x)dx - \int_a^b g(x)dx > 0 \quad \therefore \int_a^b f(x)dx > \int_a^b g(x)dx$

[보기] 1 부등식 $\dfrac{1}{2} < \int_1^2 \dfrac{1}{x}dx < 1$을 증명하여라.

[연구] 적분구간 $1 \leq x \leq 2$에서 $1 \geq \dfrac{1}{x} \geq \dfrac{1}{2}$

　곧, $\dfrac{1}{2} \leq \dfrac{1}{x} \leq 1$에서 $\int_1^2 \dfrac{1}{2}dx < \int_1^2 \dfrac{1}{x}dx < \int_1^2 1\,dx \quad \therefore \dfrac{1}{2} < \int_1^2 \dfrac{1}{x}dx < 1$

필수 예제 **16**-13 n이 자연수일 때, 다음 부등식을 증명하여라.

(1) $\dfrac{1}{2(n+1)} < \displaystyle\int_0^1 \dfrac{x^n}{1+x^2}dx < \dfrac{1}{n+1}$ (2) $\dfrac{1}{3} < \displaystyle\int_0^1 x^{(\sin x+\cos x)^2}dx < \dfrac{1}{2}$

[정석연구] 피적분함수 $f(x)$의 부정적분을 구하는 것은 쉽지 않다. 따라서 다음
정석을 적용할 수 있는 적당한 연속함수 $g(x)$, $h(x)$를 찾아보아라.

정석 적어도 한 실수 x에서 $f(x)\neq g(x)$, $f(x)\neq h(x)$일 때

$$g(x)\leq f(x)\leq h(x)\text{이면} \implies \int_a^b g(x)dx < \int_a^b f(x)dx < \int_a^b h(x)dx$$

[모범답안] (1) $0\leq x\leq 1$일 때 $1\leq 1+x^2\leq 2$이므로 $1\geq \dfrac{1}{1+x^2}\geq \dfrac{1}{2}$

$\therefore \dfrac{x^n}{2}\leq \dfrac{x^n}{1+x^2}\leq x^n$ $\therefore \displaystyle\int_0^1 \dfrac{1}{2}x^n dx < \int_0^1 \dfrac{x^n}{1+x^2}dx < \int_0^1 x^n dx$

$\therefore \dfrac{1}{2}\left[\dfrac{x^{n+1}}{n+1}\right]_0^1 < \displaystyle\int_0^1 \dfrac{x^n}{1+x^2}dx < \left[\dfrac{x^{n+1}}{n+1}\right]_0^1$

$\therefore \dfrac{1}{2(n+1)} < \displaystyle\int_0^1 \dfrac{x^n}{1+x^2}dx < \dfrac{1}{n+1}$

(2) $(\sin x+\cos x)^2 = 1+\sin 2x$

이고 $0\leq x\leq 1$이므로 $0\leq \sin 2x\leq 1$

$\therefore 1\leq (\sin x+\cos x)^2\leq 2$

$\therefore x^2\leq x^{(\sin x+\cos x)^2}\leq x^1$

(등호는 $x=0$, 1일 때 성립)

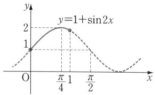

$\therefore \displaystyle\int_0^1 x^2 dx < \int_0^1 x^{(\sin x+\cos x)^2}dx < \int_0^1 x\,dx$

$\therefore \left[\dfrac{1}{3}x^3\right]_0^1 < \displaystyle\int_0^1 x^{(\sin x+\cos x)^2}dx < \left[\dfrac{1}{2}x^2\right]_0^1$ $\therefore \dfrac{1}{3} < \displaystyle\int_0^1 x^{(\sin x+\cos x)^2}dx < \dfrac{1}{2}$

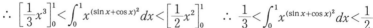

[유제] **16**-18. n이 자연수일 때, 다음 부등식을 증명하여라.

(1) $\dfrac{1}{n+1} < \displaystyle\int_n^{n+1} \dfrac{1}{x}dx < \dfrac{1}{n}$ (2) $\displaystyle\int_0^\pi \dfrac{\sin x}{n\pi+x}dx > \dfrac{2}{(n+1)\pi}$

[유제] **16**-19. 함수 $f(x)=\dfrac{\sin x}{x}$가 $0 < x\leq \dfrac{\pi}{2}$에서 감소함을 이용하여 다음
부등식을 증명하여라.

(1) $1 < \displaystyle\int_0^{\frac{\pi}{2}} \dfrac{\sin x}{x}dx < \dfrac{\pi}{2}$ (2) $\dfrac{\pi}{2}(e-1) < \displaystyle\int_0^{\frac{\pi}{2}} e^{\sin x}dx < e^{\frac{\pi}{2}}-1$

필수 예제 16-14　함수 $f(x)$가 구간 $[a, b]$에서 연속이면

$$\frac{1}{b-a}\int_a^b f(x)dx=f(c)$$

를 만족시키는 c가 구간 (a, b)에 적어도 하나 존재함을 증명하여라.

모범답안 구간 $[a, b]$에서 $f(x)=k$ (상수)이면

$$\frac{1}{b-a}\int_a^b f(x)dx=\frac{1}{b-a}\times k(b-a)=k$$

이므로 성립한다.

$f(x)$가 상수가 아니면 최대·최소 정리에 의해 최댓값 M과 최솟값 m이 존재한다. 이때, $m\leq f(x)\leq$ M이고 $f(x)\neq m$, $f(y)\neq$ M인 x, y가 존재하므로

$$\int_a^b m\,dx<\int_a^b f(x)dx<\int_a^b \mathrm{M}\,dx$$

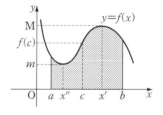

$$\therefore\ m(b-a)<\int_a^b f(x)dx<\mathrm{M}(b-a)$$

$$\therefore\ m<\frac{1}{b-a}\int_a^b f(x)dx<\mathrm{M}$$

따라서 사잇값의 정리에 의하여

$$\frac{1}{b-a}\int_a^b f(x)dx=f(c)\ (a<c<b)$$

인 c가 적어도 하나 존재한다.

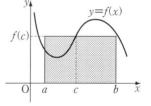

𝒜𝒹𝓋𝒾𝒸𝑒 1° 이것을 적분의 평균값 정리라고 한다.

또, 위에서 $\displaystyle\int_a^b f(x)dx=(b-a)f(c)$

이므로 이것은 $f(x)\geq 0$일 때 그림과 같이 구간 $[a, b]$에서 곡선 $y=f(x)$와 x축으로 둘러싸인 도형의 넓이가 점 찍은 직사각형의 넓이와 같음을 뜻한다. 이때, $f(c)$를 구간 $[a, b]$에서의 $f(x)$의 평균이라고 한다.

2° $\displaystyle\int f(x)dx=$ F$(x)+$ C라고 하면 F(x)는 구간 $[a, b]$에서 연속이고 구간 (a, b)에서 미분가능하다. 따라서 평균값 정리에 의하여

$$\frac{\mathrm{F}(b)-\mathrm{F}(a)}{b-a}=\mathrm{F}'(c)\qquad 곧,\ \frac{1}{b-a}\int_a^b f(x)dx=f(c)$$

인 c가 구간 (a, b)에 적어도 하나 존재한다.

유제 **16**-20. 구간 $[0, \pi]$에서의 다음 함수 $f(x)$의 평균을 구하여라.

$$f(x)=\sin x+\cos x$$

답 $\dfrac{2}{\pi}$

연습문제 16

기본 **16**-1 정적분을 이용하여 다음 급수의 합을 구하여라.

(1) $\displaystyle\lim_{n\to\infty}\sum_{k=1}^{n}\frac{1}{n+k}$　　(2) $\displaystyle\lim_{n\to\infty}\sum_{k=1}^{2n}\frac{1}{2n+k}$　　(3) $\displaystyle\lim_{n\to\infty}\sum_{k=n+1}^{2n}\frac{1}{2n+k}$

16-2 오른쪽 그림과 같이 선분 AB를 지름으로 하는 반원의 호 AB의 n등분점을 각각 C_1, C_2, $\cdots$, C_{n-1}이라고 하자. 삼각형 ABC_k(단, $k=1, 2, \cdots, n-1$)의 넓이를 S_k라고 할 때, $\displaystyle\lim_{n\to\infty}\frac{1}{n}\sum_{k=1}^{n-1}S_k$의 값을 구하여라. 단, $\overline{AB}=2a$이다.

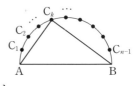

16-3 $f(x)=\displaystyle\int_{-x}^{x}\frac{\cos t}{1+e^t}dt$라고 할 때, $f'(x)$와 $f(x)$를 구하여라.

16-4 모든 실수 x에 대하여 다음 등식을 만족시키고 $f(0)=3$인 연속함수 $f(x)$를 구하여라.
$$(1-x)\int_0^x f(t)dt = x\int_x^1 f(t)dt$$

16-5 두 함수 $f(x)=ax+b$, $g(x)=e^x$이 모든 실수 x에 대하여
$$f\big(g(x)\big)=\int_0^x f(t)g(t)dt - xe^x + c$$
를 만족시킬 때, 상수 a, b, c의 값을 구하여라.

16-6 모든 실수 x에 대하여 다음 등식을 만족시키는 연속함수 $f(x)$와 상수 a의 값을 구하여라.
$$\int_0^x f(t)dt = e^x - ae^{2x}\int_0^1 f(t)e^{-t}dt$$

16-7 연속함수 $f(x)$가 모든 실수 t에 대하여 $\displaystyle\int_0^2 xf(tx)dx=4t^2$을 만족시킬 때, $f(2)$의 값을 구하여라.

16-8 다음 방정식을 풀어라.
$$\sin\left\{\frac{1}{2}\pi\log_x\left(\frac{d}{dx}\int_1^x t^2 dt\right)\right\}=x^2-2x$$

16-9 다음 세 조건을 만족시키는 모든 미분가능한 함수 $f(x)$에 대하여 $\displaystyle\int_0^2 f(x)dx$의 최솟값을 구하여라.

　　(가) $f(0)=1$, $f'(0)=1$
　　(나) $0<a<b<2$이면 $f'(a)\leq f'(b)$이다.
　　(다) 구간 $(0, 1)$에서 $f''(x)=e^x$이다.

[실력] **16**-10 반지름의 길이가 r인 구의 부피를 구분구적법으로 구하여라.

16-11 정적분을 이용하여 다음 극한값을 구하여라.

(1) $\displaystyle\lim_{n\to\infty}\frac{1}{n}\left(\sum_{k=n+1}^{2n}\ln k - n\ln n\right)$ (2) $\displaystyle\lim_{n\to\infty}\frac{1}{n^5}\sum_{k=1}^{2n}(k+1)^4$

(3) $\displaystyle\lim_{n\to\infty}n\sum_{k=n+1}^{3n}\frac{1}{k^2-2nk-8n^2}$ (4) $\displaystyle\lim_{n\to\infty}\left\{\frac{(2n)!}{n!\,n^n}\right\}^{\frac{1}{n}}$

16-12 반지름의 길이가 r인 원 위에 한 점 P와 이 점에서 원에 접하는 직선 l이 있다. 점 P를 지나는 현이 직선 l과 이루는 각의 크기가 $\dfrac{\pi k}{2n}$ (단, $k=1,\ 2,\ 3,\ \cdots,\ 2n-1$)일 때, 현의 길이를 r_k라고 하자. $\displaystyle\lim_{n\to\infty}\frac{1}{2n-1}\sum_{k=1}^{2n-1}r_k{}^2$의 값을 구하여라.

16-13 연속함수 $f(x)$에 대하여 $\displaystyle\int_0^x f(t)dt=\sin^2 x$일 때, $\displaystyle\int_0^{\frac{\pi}{2}}t^2 f(t)dt$의 값을 구하여라.

16-14 함수 $f(x)=\displaystyle\int_a^x(2+\sin t^2)dt$에 대하여 $f''(a)=\sqrt{3}\,a$일 때, $(f^{-1})'(0)$의 값을 구하여라. 단, $0<a<\sqrt{\dfrac{\pi}{2}}$이다.

16-15 $0\le x\le\dfrac{\pi}{2}$에서 연속인 함수 $f(x)$가 다음 두 조건을 만족시킬 때, $f\left(\dfrac{\pi}{4}\right)$의 값을 구하여라.

(가) $\displaystyle\int_0^{\frac{\pi}{2}}f(t)dt=1$ (나) $\cos x\displaystyle\int_0^x f(t)dt=\sin x\int_x^{\frac{\pi}{2}}f(t)dt$

16-16 두 연속함수 $f(x)$, $g(x)$에 대하여 연산 $*$를 다음과 같이 정의한다.

$$f(x)*g(x)=\int_0^x f(t)g(x+t)dt$$

(1) $1*x^2$을 구하여라.

(2) $f(x)*x=5x^3+x^2$, $f'(1)=6$일 때, $f(1)$의 값을 구하여라.

16-17 함수 $f(x)=\ln(x^4+1)-\ln 2$에 대하여 $g(x)=\displaystyle\int_{-a}^x f(t)dt$ (단, $a>1$)라고 하자. 함수 $y=g(x)$의 그래프가 x축과 만나는 서로 다른 점의 개수가 2일 때, 다음 등식을 만족시키는 상수 k의 값을 구하여라.

$$\int_{-a}^a g(x)dx=ka\int_0^1\left|f(x)\right|dx$$

16-18 $a>0$, $b>0$일 때, 다음 부등식을 증명하여라.

$$\int_0^a\ln(x+1)dx+\int_0^b(e^x-1)dx\ge ab$$

17. 넓이와 적분

§1. 곡선과 좌표축 사이의 넓이

1 곡선과 x축 사이의 넓이

(ⅰ) 구간 $[a, b]$에서
$f(x) \geq 0$인 경우

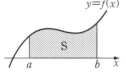

$$S = \int_a^b f(x) dx$$

(ⅱ) 구간 $[a, b]$에서
$f(x) \leq 0$인 경우

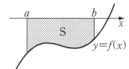

$$S = -\int_a^b f(x) dx$$

(ⅲ) 구간 $[a, b]$에서
일반적인 경우

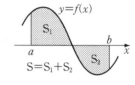

$$S = \int_a^b \left| f(x) \right| dx$$

2 곡선과 y축 사이의 넓이

(ⅰ) 구간 $[\alpha, \beta]$에서
$g(y) \geq 0$인 경우

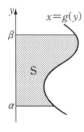

$$S = \int_\alpha^\beta g(y) dy$$

(ⅱ) 구간 $[\alpha, \beta]$에서
$g(y) \leq 0$인 경우

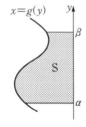

$$S = -\int_\alpha^\beta g(y) dy$$

(ⅲ) 구간 $[\alpha, \beta]$에서
일반적인 경우

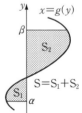

$$S = \int_\alpha^\beta \left| g(y) \right| dy$$

Advice 1° 곡선과 x축 사이의 넓이

이미 수학Ⅱ에서 정적분과 넓이 사이의 관계를 공부했지만 이에 대하여 다시 정리해 보자.

함수 $f(t)$가 구간 $[a, b]$에서 연속이고 $f(t){\geq}0$일 때, $a{\leq}x{\leq}b$인 x에 대하여 곡선 $y=f(t)$와 t축 및 두 직선 $t=a,\ t=x$ 로 둘러싸인 도형의 넓이를 S(x)라고 하면

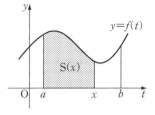

$$S'(x)=f(x)$$

이므로 S(x)는 $f(x)$의 부정적분 중 하나 이다.

이때, $f(x)$의 다른 한 부정적분을 F(x)라고 하면
$$S(x)=F(x)+C \text{ (단, C는 상수)}$$
이고, S$(a)=0$에서 C$=-$F(a)이므로
$$S(b)=F(b)+C=F(b)-F(a)=\int_a^b f(t)dt$$
이다.

곧, 함수 $f(x)$가 구간 $[a, b]$에서 연속이고 $f(x){\geq}0$일 때, 곡선 $y=f(x)$ 와 x축 및 두 직선 $x=a,\ x=b$로 둘러싸인 도형의 넓이를 S라고 하면
$$S=\int_a^b f(x)dx$$
이다.

한편 구간 $[a, b]$에서 $f(x){\leq}0$일 때에는 곡선 $y=f(x)$가 곡선 $y=-f(x)$ 와 x축에 대하여 대칭이고 $-f(x){\geq}0$이므로 곡선 $y=f(x)$와 x축 및 두 직선 $x=a,\ x=b$로 둘러싸인 도형의 넓이를 S라고 하면
$$S=\int_a^b \{-f(x)\}dx=-\int_a^b f(x)dx$$
이다.

따라서 오른쪽 그림과 같이 구간 $[a, b]$에서 $f(x)$의 부호가 일정하지 않을 때의 넓이는 $f(x)$의 값이 양수인 구간과 음수인 구간으로 나누어서 다음과 같이 구하면 된다.

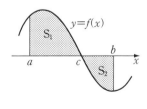

$$S_1+S_2=\int_a^c f(x)dx+\left\{-\int_c^b f(x)dx\right\}$$
$$=\int_a^c f(x)dx-\int_c^b f(x)dx$$

Note S_1+S_2를 절댓값 기호를 써서 하나의 식으로 나타내면 다음과 같다.
$$S_1+S_2=\int_a^c f(x)dx+\int_c^b \{-f(x)\}dx$$
$$=\int_a^c |f(x)|dx+\int_c^b |f(x)|dx=\int_a^b |f(x)|dx$$

보기 1 곡선 $y=x(x-1)(x-2)$와 x축으로 둘러싸인 도형의 넓이를 구하여라.

연구 오른쪽 그림에서 넓이 S_1과 넓이 S_2의 합을 구하는 것이다.

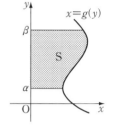

$0 \le x \le 1$에서 $y \ge 0$이므로

$$S_1 = \int_0^1 x(x-1)(x-2)\,dx$$

$1 \le x \le 2$에서 $y \le 0$이므로 $\quad S_2 = -\int_1^2 x(x-1)(x-2)\,dx$

$$\therefore \; S_1 + S_2 = \int_0^1 (x^3 - 3x^2 + 2x)\,dx - \int_1^2 (x^3 - 3x^2 + 2x)\,dx = \frac{1}{2}$$

Advice 2° 곡선과 y축 사이의 넓이

곡선과 x축 사이의 넓이를 구할 때와 같은 방법으로 생각하면 된다.

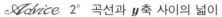

오른쪽 그림과 같이 구간 $[\alpha, \beta]$에서 $g(y) \ge 0$일 때, 곧 곡선 $x = g(y)$가 y축의 오른쪽에 있을 때, 곡선 $x = g(y)$와 y축 및 두 직선 $y = \alpha$, $y = \beta$로 둘러싸인 도형의 넓이를 S라고 하면

$$S = \int_\alpha^\beta g(y)\,dy$$

한편 구간 $[\alpha, \beta]$에서 $g(y) \le 0$일 때, 곧 곡선 $x = g(y)$가 y축의 왼쪽에 있을 때에는 앞에서와 같이 '$-$'를 붙여서 $S = -\displaystyle\int_\alpha^\beta g(y)\,dy$ 라고 해야 한다.

따라서 오른쪽 그림과 같이 구간 $[\alpha, \beta]$에서 $g(y)$의 부호가 일정하지 않을 때의 넓이는 $g(y)$의 값이 양수인 구간과 음수인 구간으로 나누어서 다음과 같이 구하면 된다.

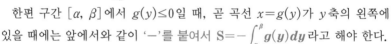

$$S_1 + S_2 = -\int_\alpha^\gamma g(y)\,dy + \int_\gamma^\beta g(y)\,dy$$

보기 2 곡선 $y^2 = x + 9$와 두 직선 $x = 0$, $y = 5$로 둘러싸인 두 부분의 넓이의 합을 구하여라.

연구 오른쪽 그림에서 넓이 S_1과 넓이 S_2의 합을 구하는 것이다.

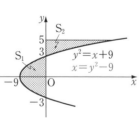

$$S_1 + S_2 = -\int_{-3}^3 x\,dy + \int_3^5 x\,dy$$

그런데 $y^2 = x + 9$에서 $x = y^2 - 9$이므로

$$S_1 + S_2 = -\int_{-3}^3 (y^2 - 9)\,dy + \int_3^5 (y^2 - 9)\,dy = \frac{152}{3}$$

Advice 3° **구분구적법을 이용한 넓이와 정적분의 관계**

도형의 넓이와 정적분의 관계를 앞에서 공부한 구분구적법을 이용하여 다음과 같이 생각할 수도 있다. ⇦ p. 282

함수 $f(x)$가 닫힌구간 $[a, b]$에서 연속이고 $f(x) \geq 0$일 때, 곡선 $y = f(x)$와 x축 및 두 직선 $x = a$, $x = b$로 둘러싸인 도형의 넓이를 S라고 하자.

구간 $[a, b]$를 n등분하여 양 끝 점과 각 분점의 x좌표를 왼쪽부터

$$x_0(=a), \ x_1, \ x_2, \ \cdots, \ x_{n-1}, \ x_n(=b)$$

이라 하고, 각 소구간의 길이를 Δx라고 하면

$$\Delta x = \frac{b-a}{n}, \quad x_k = a + k\Delta x$$

이때, 오른쪽 그림과 같이 x좌표가 x_k (단, $k = 1, 2, \cdots, n$)인 점을 지나고 x축에 수직인 직선을 그어 가로의 길이가 Δx인 직사각형을 만들고 이들 n개의 직사각형의 넓이의 합을 S_n이라고 하면

$$S_n = \sum_{k=1}^{n} f(x_k) \Delta x$$

이고, 여기에서 $n \longrightarrow \infty$일 때 $S_n \longrightarrow S$이다.

따라서 정적분과 급수의 관계에 의하여

$$S = \lim_{n \to \infty} S_n = \lim_{n \to \infty} \sum_{k=1}^{n} f(x_k) \Delta x = \int_{a}^{b} f(x) dx$$

이와 같은 넓이와 정적분의 관계를 다음과 같이 나타낼 수 있다.

넓이 요소	⟹	넓이 요소의 합	⟹	한없이 세분한 극한	=	넓이
↓		↓		↓		↓
$f(x_k)\Delta x$	⟹	$\displaystyle\sum_{k=1}^{n} f(x_k)\Delta x$	⟹	$\displaystyle\lim_{n \to \infty}\sum_{k=1}^{n} f(x_k)\Delta x$	$=$	$\displaystyle\int_{a}^{b} f(x)dx$

한편 오른쪽 그림과 같이 구간 $[a, b]$에서 $f(x) \leq 0$일 때에는

$$S_n = \sum_{k=1}^{n} \left\{ -f(x_k)\Delta x \right\}$$

이므로

$$S = \lim_{n \to \infty} S_n = \lim_{n \to \infty} \sum_{k=1}^{n} \left\{ -f(x_k)\Delta x \right\}$$
$$= -\lim_{n \to \infty} \sum_{k=1}^{n} f(x_k)\Delta x = -\int_{a}^{b} f(x)dx$$

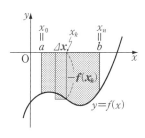

Note 곡선과 y축 사이의 넓이도 마찬가지 방법으로 생각할 수 있다.

필수 예제 **17**-1   함수 $f(x)=x^3-x^2-x+a$가 극솟값 0을 가질 때, 다음
물음에 답하여라.
(1) 상수 a의 값을 구하여라.
(2) 곡선 $y=f(x)$와 x축으로 둘러싸인 도형의 넓이를 구하여라.

[정석연구] 넓이를 구하는 기본 방법은
 (i) 넓이를 구하는 도형이 어떤 것인가 그린다.
 (ii) dx를 쓸 것인가, dy를 쓸 것인가를 판단한다.

정석 dx를 쓸 때는 $\Longrightarrow \displaystyle\int_a^b |\,y\,|\,dx,$ dy를 쓸 때는 $\Longrightarrow \displaystyle\int_a^\beta |\,x\,|\,dy$

[모범답안] (1) $f'(x)=3x^2-2x-1$
$\qquad\qquad =(3x+1)(x-1)$
 오른쪽 증감표에서 극솟값은
$\qquad f(1)=a-1$
 조건에서 극솟값이 0이므로
$\qquad a-1=0$ $\therefore$ $\boldsymbol{a=1}$ ← 답

x	$\cdots$	$-\dfrac{1}{3}$	$\cdots$	1	$\cdots$
$f'(x)$	$+$	0	$-$	0	$+$
$f(x)$	↗	극대	↘	극소	↗

(2) $a=1$이므로
$\quad f(x)=x^3-x^2-x+1=(x-1)^2(x+1)$
 구하는 넓이를 S라고 하면
$$S=\int_{-1}^1 y\,dx=\int_{-1}^1 (x^3-x^2-x+1)dx$$
$$=2\int_0^1 (-x^2+1)dx \qquad \Leftarrow \text{우함수만}$$
$$=2\left[-\frac{1}{3}x^3+x\right]_0^1=\frac{4}{3} \quad \text{← 답}$$

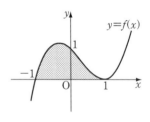

[유제] **17**-1. 다음 곡선과 x축으로 둘러싸인 도형의 넓이를 구하여라.
 (1) $y=-x^2-2x+3$ $\qquad\qquad$ (2) $y=x^2-4x+3$
 (3) $y=(x-1)^2(x+2)$ $\qquad\quad$ (4) $y=x^2(x-3)$
$\qquad\qquad\qquad$ 답 (1) $\dfrac{32}{3}$ (2) $\dfrac{4}{3}$ (3) $\dfrac{27}{4}$ (4) $\dfrac{27}{4}$

[유제] **17**-2. 곡선 $y=x(x-a)$와 x축으로 둘러싸인 도형의 넓이가 $\dfrac{2}{3}$일 때,
양수 a의 값을 구하여라. $\qquad\qquad\qquad$ 답 $a=\sqrt[3]{4}$

[유제] **17**-3. 곡선 $y=x(x-a)^2$과 x축으로 둘러싸인 도형의 넓이가 12일 때,
양수 a의 값을 구하여라. $\qquad\qquad\qquad$ 답 $a=2\sqrt{3}$

필수 예제 **17**-2 다음 곡선과 직선으로 둘러싸인 도형의 넓이 S를 구하여라.

(1) $y=x\sin x$ (단, $0\le x\le 2\pi$), $y=0$

(2) $y^2=\dfrac{1-x}{x}$, $y=1$, $y=-1$, $x=0$

[정석연구] 넓이를 구할 때에는 극값보다는

곡선의 교점, x절편, y절편

에 주의하여 곡선의 개형을 그린다.

[모범답안] (1) $y=x\sin x=0$ $(0\le x\le 2\pi)$에서 $x=0,\ \pi,\ 2\pi$

또, $0\le x\le\pi$에서 $y\ge 0$,

$\pi\le x\le 2\pi$에서 $y\le 0$

$$\therefore\ S=\int_0^\pi x\sin x\,dx-\int_\pi^{2\pi}x\sin x\,dx$$

$$=\left\{\Big[x(-\cos x)\Big]_0^\pi-\int_0^\pi(-\cos x)dx\right\}$$

$$-\left\{\Big[x(-\cos x)\Big]_\pi^{2\pi}-\int_\pi^{2\pi}(-\cos x)dx\right\}$$

$$=\Big(\pi+\Big[\sin x\Big]_0^\pi\Big)-\Big(-3\pi+\Big[\sin x\Big]_\pi^{2\pi}\Big)$$

$$=\boldsymbol{4\pi}\ \longleftarrow\ \boxed{답}$$

(2) $y^2=\dfrac{1-x}{x}$에서 $x=\dfrac{1}{1+y^2}$

$$\therefore\ S=2\int_0^1 x\,dy=2\int_0^1\dfrac{1}{1+y^2}dy$$

$y=\tan\theta\Big(-\dfrac{\pi}{2}<\theta<\dfrac{\pi}{2}\Big)$라고 하면

$dy=\sec^2\theta\,d\theta$이므로

$$S=2\int_0^{\frac{\pi}{4}}\dfrac{1}{1+\tan^2\theta}\times\sec^2\theta\,d\theta=2\int_0^{\frac{\pi}{4}}1\,d\theta=2\Big[\theta\Big]_0^{\frac{\pi}{4}}=\dfrac{\pi}{2}\ \longleftarrow\ \boxed{답}$$

$^*Note$ 곡선 $x=\dfrac{1}{1+y^2}$ 은 곡선 $y=\dfrac{1}{1+x^2}$ 과 직선 $y=x$에 대하여 대칭이다.

[유제] **17**-4. 다음 곡선과 직선으로 둘러싸인 도형의 넓이를 구하여라.

(1) $y=\sqrt{x}$, $x=4$, $y=0$ (2) $y=-\ln x$, $x=e$, $y=0$

(3) $y=\sin x$ (단, $0\le x\le 2\pi$), $y=0$ (4) $y=\ln x$, $x=0$, $y=0$, $y=1$

(5) $x=\sin y$ (단, $0\le y\le 2\pi$), $x=0$ (6) $(x+1)(y+1)^2=4$, $x=0$, $y=0$

[답] (1) $\dfrac{16}{3}$ (2) **1** (3) **4** (4) $e-1$ (5) **4** (6) **1**

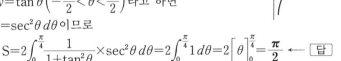

필수 예제 17-3   함수 $f(x)=e^x+1$의 역함수를 $g(x)$라고 하자. a가 양의 상수일 때, 다음 정적분의 값을 구하여라.

$$\int_0^a f(x)dx+\int_2^{f(a)} g(x)dx$$

[정석연구] 정적분의 값은 좌표평면에서 영역의 넓이로 이해할 수 있다. 따라서 함수 $y=f(x)$와 $y=g(x)$의 그래프를 그린 다음, 어느 부분의 넓이가 정적분 $\int_0^a f(x)dx$, $\int_2^{f(a)} g(x)dx$의 값을 나타내는지 조사해 보아라.

정석 함수 f와 g가 서로 역함수이면
$\Longrightarrow$ 곡선 $y=f(x)$와 $y=g(x)$는 직선 $y=x$에 대하여 대칭!

[모범답안] $y=g(x)$의 그래프는 $y=f(x)$의 그래프와 직선 $y=x$에 대하여 대칭이므로 $y=f(x)$, $y=g(x)$의 그래프는 오른쪽과 같다.

따라서 정적분

$$\int_0^a f(x)dx,\quad \int_2^{f(a)} g(x)dx$$

의 값은 각각 그림에서 점 찍은 부분 A, B의 넓이와 같으므로 두 부분의 넓이의 합은 네 점

$$(0,\,0),\ (a,\,0),\ \big(a,\,f(a)\big),\ \big(0,\,f(a)\big)$$

를 꼭짓점으로 하는 직사각형의 넓이와 같다.

$$\therefore\ \int_0^a f(x)dx+\int_2^{f(a)} g(x)dx=a\times f(a)=\boldsymbol{a(e^a+1)} \longleftarrow \boxed{답}$$

Advice | 역함수 $g(x)$를 직접 구해서 풀어도 된다. 곧,

$y=f(x)=e^x+1$로 놓으면 $e^x=y-1$ $\therefore\ x=\ln(y-1)$

x와 y를 바꾸면 $y=\ln(x-1)$ $\therefore\ g(x)=\ln(x-1)$

$$\therefore\ (준\ 식)=\int_0^a (e^x+1)dx+\int_2^{f(a)} \ln(x-1)dx$$

$$=\Big[e^x+x\Big]_0^a+\Big[(x-1)\ln(x-1)-(x-1)\Big]_2^{e^a+1}=\boldsymbol{a(e^a+1)}$$

그러나 아래 **유제**와 같이 역함수를 구하기가 곤란한 경우에는 위의 **모범답안**과 같은 방법으로 풀어야 한다.

[유제] **17**-5. 함수 $f(x)=x^3+x+2$의 역함수를 $g(x)$라고 할 때, $\int_0^2 f(x)dx+\int_2^{12} g(x)dx$의 값을 구하여라.   답 24

§2. 두 곡선 사이의 넓이

두 곡선 사이의 넓이

(1) 구간 $[a,\ b]$에서 $f(x) \geq g(x)$일 때, $y=f(x)$와 $y=g(x)$의 그래 프로 둘러싸인 도형의 넓이 S는

$$S=\int_a^b \left\{ f(x)-g(x) \right\} dx$$

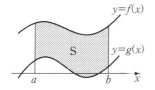

(2) 구간 $[\alpha,\ \beta]$에서 $f(y) \geq g(y)$일 때, $x=f(y)$와 $x=g(y)$의 그래 프로 둘러싸인 도형의 넓이 S는

$$S=\int_\alpha^\beta \left\{ f(y)-g(y) \right\} dy$$

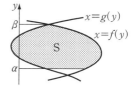

Advice | 두 곡선 사이의 넓이

오른쪽 그림에서 도형 ACDB의 넓이 S는

$$S=(도형\ AEFB)-(도형\ CEFD)$$
$$=\int_a^b f(x)dx-\int_a^b g(x)dx$$
$$=\int_a^b \left\{ f(x)-g(x) \right\} dx$$

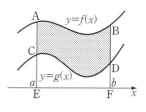

곧, 구간 $[a,\ b]$에서 $f(x) \geq g(x)$일 때, 두 곡선 $y=f(x),\ y=g(x)$와 두 직선 $x=a,\ x=b$로 둘러싸인 도형의 넓이 S 는 위에 있는 그래프의 식 $f(x)$에서 아래에 있는 그래프의 식 $g(x)$를 뺀 $f(x)-g(x)$를 $x=a$에서 $x=b$까지 적분한 값이 된다.

이것은 구간 $[a,\ b]$에서 두 곡선이 모두 x축 아래에 있거나 x축을 사이 에 두고 있는 경우에도 성립하며, 일반적으로 $f(x),\ g(x)$의 대소에 관계없 이 다음과 같이 나타낼 수 있다.

$$S=\int_a^b \left| f(x)-g(x) \right| dx$$

같은 방법으로 생각하면 위의 **기본정석**의 (2)에서도 $f(y),\ g(y)$의 대소에 관계없이 다음과 같이 나타낼 수 있다.

$$S=\int_\alpha^\beta \left| f(y)-g(y) \right| dy$$

필수 예제 **17**-4 다음 곡선과 직선 또는 곡선과 곡선으로 둘러싸인 도
형의 넓이 S를 구하여라.

(1) $y=xe^{1-x}$, $y=x$ (2) $y=\sin x$, $y=\cos 2x$ (단, $0<x<2\pi$)

[정석연구] 넓이를 구하기 위하여 주어진 식의 그래프를 그릴 때에는 극값보다
교점을 정확하게 나타낼 수 있어야 한다.

[정석] 넓이 문제 $\Longrightarrow$ 그래프의 절편, 교점을 정확히 나타낸다.

[모범답안] (1) 교점의 x좌표는 $xe^{1-x}=x$에서

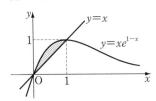

$$x(e^{1-x}-1)=0 \quad \therefore \ x=0, \ 1$$

한편 $0\le x\le 1$일 때 $0\le 1-x\le 1$이므로
$e^{1-x}\ge 1$이다.

따라서 구간 $[0, 1]$에서 $xe^{1-x}\ge x$

$$\therefore \ S=\int_0^1 (xe^{1-x}-x)dx=\left[-xe^{1-x}\right]_0^1+\int_0^1 e^{1-x}dx-\int_0^1 x\,dx$$

$$=-1+\left[-e^{1-x}\right]_0^1-\left[\frac{1}{2}x^2\right]_0^1=e-\frac{5}{2} \longleftarrow \boxed{\text{답}}$$

(2) 교점의 x좌표는 $\sin x=\cos 2x$에서

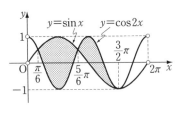

$$\sin x=1-2\sin^2 x$$

$$\therefore \ (2\sin x-1)(\sin x+1)=0$$

$$\therefore \ \sin x=\frac{1}{2}, \ -1$$

$$\therefore \ x=\frac{\pi}{6}, \ \frac{5}{6}\pi, \ \frac{3}{2}\pi$$

$$\therefore \ S=\int_{\frac{\pi}{6}}^{\frac{5}{6}\pi}(\sin x-\cos 2x)dx+\int_{\frac{5}{6}\pi}^{\frac{3}{2}\pi}(\cos 2x-\sin x)dx$$

$$=\left[-\cos x-\frac{1}{2}\sin 2x\right]_{\frac{\pi}{6}}^{\frac{5}{6}\pi}+\left[\frac{1}{2}\sin 2x+\cos x\right]_{\frac{5}{6}\pi}^{\frac{3}{2}\pi}=\frac{9\sqrt{3}}{4} \longleftarrow \boxed{\text{답}}$$

[유제] **17**-6. 다음 곡선과 직선 또는 곡선과 곡선으로 둘러싸인 도형의 넓이
를 구하여라.

(1) $y=e^x$, $y=xe^x$, $x=0$ (2) $y=x^2e^{-x}$, $y=e^{-x}$

(3) $y=\sin x$, $y=\sin 2x$ (단, $0\le x\le 2\pi$)

(4) $y=(1+\cos x)\sin x$, $y=\sin x$ (단, $0\le x\le\pi$)

(5) $y=2\sin^2 x$, $y=\cos 2x$ (단, $0<x<\pi$)

$\boxed{\text{답}}$ (1) $e-2$ (2) $\dfrac{4}{e}$ (3) 5 (4) 1 (5) $\dfrac{2}{3}\pi+\sqrt{3}$

필수 예제 17-5 다음 직선과 곡선 또는 곡선과 곡선으로 둘러싸인 도형의 넓이 S를 구하여라.

(1) $y=x-2$, $y^2+2y=x$
(2) $x=(y-2)^2+1$, $(x-1)^2+(y-1)^2=1$ (단, $x \geq 1$)

[정석연구] x에 관하여 적분하기 복잡하거나 어려울 때는 x를 y의 식으로 나타낸 다음 y에 관하여 적분한다.

[모범답안] (1) 직선과 포물선의 교점의 y좌표는

$y^2+2y=y+2$에서 $y=-2, 1$

$$\therefore \ S=\int_{-2}^{1}\left\{(y+2)-(y^2+2y)\right\}dy$$

$$=\int_{-2}^{1}(-y^2-y+2)dy$$

$$=\left[-\frac{1}{3}y^3-\frac{1}{2}y^2+2y\right]_{-2}^{1}=\frac{9}{2} \ \longleftarrow \boxed{\text{답}}$$

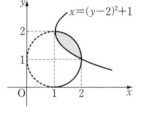

(2) x를 소거하면 $(y-2)^4+(y-1)^2=1$

$\therefore \ (y-1)(y-2)(y^2-5y+8)=0$

$y^2-5y+8>0$이므로 $y=1, 2$

따라서 포물선과 반원으로 둘러싸인 도형은 오른쪽 그림의 초록 점 찍은 부분이다.

그런데 이 도형을 x축의 방향으로 -1만큼, y축의 방향으로 -1만큼 평행이동하면 오른쪽 아래 그림의 초록 점 찍은 부분이므로 이 도형의 넓이를 구해도 된다.

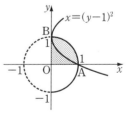

$\therefore \ S=(부채꼴 \ OAB)-(붉은 \ 점 \ 찍은 \ 부분)$

$$=\frac{1}{4}\times\pi\times1^2-\int_{0}^{1}(y-1)^2dy$$

$$=\frac{\pi}{4}-\left[\frac{1}{3}(y-1)^3\right]_{0}^{1}=\frac{\pi}{4}-\frac{1}{3} \ \longleftarrow \boxed{\text{답}}$$

[유제] **17**-7. 다음 곡선과 직선 또는 곡선과 곡선으로 둘러싸인 도형의 넓이를 구하여라.

(1) $y^2=x$, $y=x-2$
(2) $y=\sqrt{x}+2$, $y=2\sqrt{x}$, $x=0$
(3) $y=\sqrt{x}$, $y=x-2$, $y=0$
(4) $y=x^2$, $y=\sqrt{1-(x-1)^2}$

$\boxed{\text{답}}$ (1) $\dfrac{9}{2}$　(2) $\dfrac{8}{3}$　(3) $\dfrac{10}{3}$　(4) $\dfrac{\pi}{4}-\dfrac{1}{3}$

필수 예제 **17**-6 곡선 $y=(\ln x)^2$에 대하여 다음 물음에 답하여라.

(1) 원점에서 이 곡선에 그은 접선의 방정식을 구하여라.

(2) 이 곡선의 증감과 오목·볼록을 조사하고, 곡선의 개형을 그려라.

(3) (1)에서 구한 두 접선과 곡선의 $x \geq 1$인 부분으로 둘러싸인 도형의 넓이 S를 구하여라.

[모범답안] (1) $y=(\ln x)^2$에서 $y'=2(\ln x)\times(\ln x)'=\dfrac{2\ln x}{x}$

따라서 곡선 위의 점 $\left(t, (\ln t)^2\right)$에서의 접선의 방정식은

$$y-(\ln t)^2=\frac{2\ln t}{t}(x-t) \qquad \cdots\cdots ①$$

이 직선이 원점 $(0, 0)$을 지나므로 $0-(\ln t)^2=\dfrac{2\ln t}{t}(0-t)$

$\therefore (\ln t)(\ln t-2)=0$ $\therefore t=1, e^2$

이 값을 ①에 대입하면 $\boldsymbol{y=0, \ y=4e^{-2}x}$ ← [답]

(2) $y'=\dfrac{2\ln x}{x}$, $y''=\dfrac{2(1-\ln x)}{x^2}$

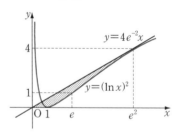

$y=4e^{-2}x$

$y=(\ln x)^2$

x	(0)	$\cdots$	1	$\cdots$	e	$\cdots$
y'		$-$	0	$+$	$+$	$+$
y''		$+$	$+$	$+$	0	$-$
y	(∞)	$\searrow$	극소	$\nearrow$	변곡	$\nearrow$

따라서 $y=(\ln x)^2$의 그래프를 그리면 위의 그림에서 붉은 곡선이다.

(3) $S=\dfrac{1}{2}\times e^2\times 4-\displaystyle\int_1^{e^2}(\ln x)^2 dx=2e^2-\left[x(\ln x)^2\right]_1^{e^2}+\int_1^{e^2}2\ln x\,dx$

$=-2e^2+2\left[x\ln x-x\right]_1^{e^2}=2$ ← [답]

[유제] **17**-8. 곡선 $y=\sqrt{x}$ 위의 점 $(1, 1)$에서의 접선과 이 곡선 및 x축으로 둘러싸인 도형의 넓이를 구하여라. [답] $\dfrac{1}{3}$

[유제] **17**-9. 곡선 $y^2=4x$와 이 곡선 위의 점 $P(4, 4)$, $Q(1, -2)$에서의 접선으로 둘러싸인 도형의 넓이를 구하여라. [답] $\dfrac{9}{2}$

[유제] **17**-10. 곡선 $y=e^x$과 원점에서 이 곡선에 그은 접선 및 직선 $x=-a$(단, $a>0$), $y=0$으로 둘러싸인 도형의 넓이를 $S(a)$라고 할 때, $\displaystyle\lim_{a\to\infty}S(a)$의 값을 구하여라. [답] $\dfrac{1}{2}e$

필수 예제 **17**-7 곡선 $y=\sin 2x\left(단,\ 0\leq x\leq \dfrac{\pi}{2}\right)$와 x축으로 둘러싸인 도형의 넓이를 곡선 $y=k\cos x$가 이등분하도록 실수 k의 값을 정하여라.

───────────────────────────────

[모범답안] $y=\sin 2x\ \left(0\leq x\leq \dfrac{\pi}{2}\right)$ ⋯⋯①

$y=k\cos x$ ⋯⋯②

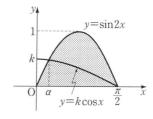

두 곡선 ①, ②의 교점의 x좌표는

$\sin 2x=k\cos x$에서

$(\cos x)(2\sin x-k)=0$

$0<x<\dfrac{\pi}{2}$에서 $\cos x>0$이므로 방정식

$2\sin x-k=0$

이 $0<x<\dfrac{\pi}{2}$에서 해를 가져야 한다. ∴ $0<k<2$

따라서 교점의 x좌표를 α라고 하면

$0<\alpha<\dfrac{\pi}{2}$이고 $\sin \alpha=\dfrac{k}{2}$ ⋯⋯③

한편 문제의 조건에서 $\displaystyle\int_{\alpha}^{\frac{\pi}{2}}(\sin 2x-k\cos x)\,dx=\dfrac{1}{2}\int_{0}^{\frac{\pi}{2}}\sin 2x\,dx$

$\therefore \left[-\dfrac{1}{2}\cos 2x-k\sin x\right]_{\alpha}^{\frac{\pi}{2}}=\dfrac{1}{2}\left[-\dfrac{1}{2}\cos 2x\right]_{0}^{\frac{\pi}{2}}$

$\therefore \dfrac{1}{2}\cos 2\alpha+k\sin \alpha-k+\dfrac{1}{2}=\dfrac{1}{2}$

$\therefore \cos 2\alpha+2k(\sin \alpha-1)=0$ $\therefore 1-2\sin^2\alpha+2k(\sin \alpha-1)=0$

③을 대입하면 $1-\dfrac{k^2}{2}+2k\left(\dfrac{k}{2}-1\right)=0$ $\therefore k^2-4k+2=0$

$0<k<2$이므로 $\boldsymbol{k=2-\sqrt{2}}$ ← 답

[유제] **17**-11. 다음과 같은 곡선과 직선이 있다.

$y=\sin x\left(단,\ 0\leq x\leq \dfrac{\pi}{2}\right),\quad y=0,\quad x=\dfrac{\pi}{2}$

이들로 둘러싸인 도형의 넓이를 곡선 $y=k\cos x$가 이등분할 때, 상수 k의 값을 구하여라. 답 $k=\dfrac{3}{4}$

[유제] **17**-12. 곡선 $y=(1-x)\sqrt{x}$와 x축으로 둘러싸인 도형의 넓이를 곡선 $y=k\sqrt{x}$가 이등분할 때, 실수 k의 값을 구하여라. 답 $k=1-\dfrac{1}{\sqrt[5]{4}}$

필수 예제 **17**-8   방정식 $2x^2+2xy+y^2=1$이 나타내는 곡선으로 둘러싸인 도형의 넓이를 구하여라.

[정석연구] 미분법을 이용하여 곡선의 극값과 증감을 조사하면 곡선의 개형을 좀 더 정확하게 그릴 수 있지만, 여기서는 넓이를 구하는 것이므로 다음과 같이 곡선의 개형을 그려도 된다.

준 방정식에서

$$y=-x\pm\sqrt{1-x^2}\ (-1\le x\le1)$$

따라서 오른쪽 그림과 같이 $y=-x$의 함숫값과 $y=\sqrt{1-x^2}$의 함숫값의 합을 생각하여 직선 $y=-x$의 위쪽에 곡선 $y=-x+\sqrt{1-x^2}$을 그린다.

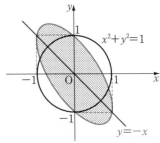

또, 직선 $y=-x$의 아래쪽에 곡선 $y=-x-\sqrt{1-x^2}$을 그린다.

이 개형으로부터 두 곡선 $y=-x+\sqrt{1-x^2}$ 과 $y=-x-\sqrt{1-x^2}$ 으로 둘러싸인 도형의 넓이를 구하면 된다는 것을 알 수 있다.

정석 넓이 문제 $\Longrightarrow$ 곡선의 개형부터 그려 본다.

[모범답안] $y^2+2xy+2x^2-1=0$에서 $y=-x\pm\sqrt{1-x^2}\ (-1\le x\le1)$

이때, 곡선을 직선 $y=-x$를 경계로 하여 두 부분으로 나누면

위쪽은 $y_1=-x+\sqrt{1-x^2}$,   아래쪽은 $y_2=-x-\sqrt{1-x^2}$

따라서 구하는 넓이를 S라고 하면

$$S=\int_{-1}^{1}(y_1-y_2)dx=\int_{-1}^{1}\left\{\left(-x+\sqrt{1-x^2}\right)-\left(-x-\sqrt{1-x^2}\right)\right\}dx$$

$$=2\int_{-1}^{1}\sqrt{1-x^2}\,dx=4\int_{0}^{1}\sqrt{1-x^2}\,dx$$

$x=\sin\theta\left(-\dfrac{\pi}{2}\le\theta\le\dfrac{\pi}{2}\right)$라고 하면 $dx=\cos\theta\,d\theta$이므로

$$S=4\int_{0}^{\frac{\pi}{2}}(\cos\theta)(\cos\theta\,d\theta)=4\int_{0}^{\frac{\pi}{2}}\cos^2\theta\,d\theta=2\int_{0}^{\frac{\pi}{2}}(1+\cos2\theta)d\theta$$

$$=2\left[\theta+\frac{1}{2}\sin2\theta\right]_{0}^{\frac{\pi}{2}}=\boldsymbol{\pi}\ \longleftarrow\ \boxed{답}$$

[유제] **17**-13. 곡선 $2x^2-2xy+y^2=a^2$ (단, $a>0$)으로 둘러싸인 도형의 넓이를 구하여라. $\boxed{답}\ \pi a^2$

§3. 매개변수로 나타낸 곡선과 넓이

필수 예제 17-9 매개변수 t로 나타낸 곡선 $x=2t$, $y=t^2-1$과 x축으로
둘러싸인 도형의 넓이를 구하여라.

[정석연구] 매개변수 t를 소거하여 곡선의 개형을 그린 다음 정적분을 이용하면
넓이를 구할 수 있다.

곧, $x=2t$에서 $t=\dfrac{1}{2}x$

이것을 $y=t^2-1$에 대입하면

$$y=\frac{1}{4}x^2-1$$

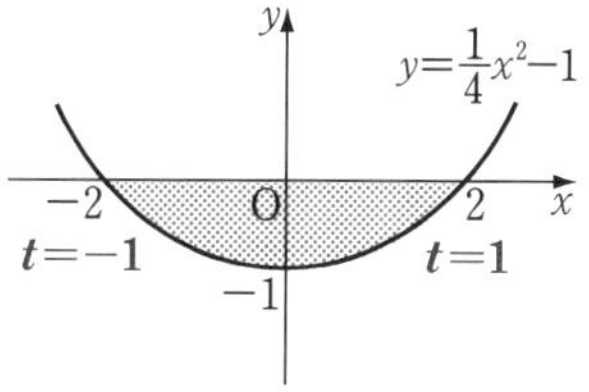

따라서 주어진 곡선과 x축으로 둘러싸인
도형은 오른쪽 그림에서 점 찍은 부분이다.

이때, 구하는 넓이를 S라고 하면

$$S=-\int_{-2}^{2}\left(\frac{1}{4}x^2-1\right)dx=-2\left[\frac{1}{12}x^3-x\right]_{0}^{2}=\frac{8}{3}$$

또는 정적분의 치환적분법을 이용하여 **모범답안**과 같이 풀 수도 있다.

정석 $x=f(\theta),\ y=g(\theta),\ f(\alpha)=a,\ f(\beta)=b$이면

$$\implies \int_{a}^{b}y\,dx=\int_{\alpha}^{\beta}g(\theta)f'(\theta)d\theta$$

[모범답안] $y=0$에서 $t=\pm1$이고, $t=1$일 때 $x=2$, $t=-1$일 때 $x=-2$

또, $-2\leq x\leq 2$는 $-1\leq t\leq 1$에 대응하고 $-1\leq t\leq 1$에서 $y\leq 0$이므로 구하는 넓이를 S라고 하면

$$S=-\int_{-2}^{2}y\,dx=-\int_{-1}^{1}(t^2-1)\times2\,dt=-4\left[\frac{1}{3}t^3-t\right]_{0}^{1}=\frac{8}{3} \longleftarrow \boxed{답}$$

Advice | 곡선과 x축으로 둘러싸인 도형의 넓이를 구할 때에는 y의 값의
부호에 주의해야 한다. **모범답안**에서는 y의 값의 부호를 간단한 계산으로 확
인했지만 보통 곡선의 개형을 이용한다.

매개변수를 소거하지 않고 곡선의 개형을 그리는 방법은 p.193에서 공부
하였다. 이를 이용하여 주어진 곡선의 개형을 그려 보아라.

[유제] **17**-14. 매개변수 t로 나타낸 곡선 $x=t+1$, $y=t^2+t-2$와 x축으로
둘러싸인 도형의 넓이를 구하여라. $\boxed{답}$ $\dfrac{9}{2}$

필수 예제 17-10   매개변수 θ로 나타낸 함수
$$x=a(\theta-\sin\theta),\quad y=a(1-\cos\theta)\quad(\text{단},\ a>0,\ 0\le\theta\le2\pi)$$
의 그래프와 x축으로 둘러싸인 도형의 넓이를 구하여라.

정석연구 매개변수 θ로 나타낸 함수 $x=f(\theta),\ y=g(\theta)$에서 $f(\theta)$가 미분가능
하면 치환적분법을 이용하여 정적분 $\displaystyle\int_a^b y\,dx$를 계산할 수 있다.

곧, $f(\alpha)=a,\ f(\beta)=b$라고 하면 $dx=f'(\theta)d\theta$이므로
$$\int_a^b y\,dx=\int_\alpha^\beta g(\theta)f'(\theta)d\theta$$
이다.

정석 매개변수로 나타낸 함수의 정적분은 $\Longrightarrow$ 치환적분을 생각한다.

그리고 y의 부호와 적분구간은 함수의 그래프(**필수 예제 9**-13 참조)를 그
려 확인하면 된다.

모범답안 함수의 그래프는 오른쪽과 같
으므로 구하는 넓이를 S라고 하면
$$S=\int_0^{2\pi a} y\,dx$$
$x=a(\theta-\sin\theta)$에서
$$dx=a(1-\cos\theta)d\theta$$

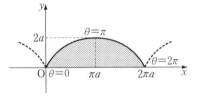

이고 θ가 0에서 2π까지 변할 때 x는 0에서 $2\pi a$까지 변하므로
$$\begin{aligned}
S&=\int_0^{2\pi}a(1-\cos\theta)\,a(1-\cos\theta)d\theta\\
&=a^2\int_0^{2\pi}(1-2\cos\theta+\cos^2\theta)d\theta\\
&=a^2\int_0^{2\pi}\Big(1-2\cos\theta+\frac{1+\cos2\theta}{2}\Big)d\theta\\
&=a^2\Big[\frac{3}{2}\theta-2\sin\theta+\frac{1}{4}\sin2\theta\Big]_0^{2\pi}=3\pi a^2 \longleftarrow \boxed{\text{답}}
\end{aligned}$$

유제 **17**-15. 다음 매개변수 θ로 나타낸 원의 넓이를 구하여라.
$$x=r\cos\theta,\quad y=r\sin\theta\quad(\text{단},\ r>0,\ 0\le\theta<2\pi)\qquad\boxed{\text{답}}\ \pi r^2$$

유제 **17**-16. 매개변수 t로 나타낸 곡선
$$x=a\cos^3t,\quad y=a\sin^3t\quad(\text{단},\ a>0,\ 0\le t<2\pi)$$
로 둘러싸인 도형의 넓이를 구하여라.\qquad $\boxed{\text{답}}\ \dfrac{3}{8}\pi a^2$

연습문제 17

기본 **17**-1 다음 곡선 또는 직선으로 둘러싸인 도형의 넓이를 구하여라.

(1) $y=\tan x$, $x=\dfrac{\pi}{3}$, $y=0$ (2) $y=(1-\cos x)\sin x$ $(0\leq x\leq\pi)$, $y=0$

(3) $y=e^{2x}-4e^x+3$, $y=0$ (4) $y=e^x-1$, $y=4e^{-x}-1$, $y=0$

(5) $|x|^{\frac{1}{2}}+|y|^{\frac{1}{2}}=1$ (6) $y=|e^x-1|$, $x=-1$, $x=1$, $y=0$

17-2 다음 곡선과 직선으로 둘러싸인 도형의 넓이를 구하여라.

(1) $y=\sqrt{-x+1}$, $y=0$, $y=2$, $x=0$ (2) $y=\ln(2-x)$, $y=0$, $x=0$

17-3 $x\geq0$에서 정의된 연속함수 $f(x)$가 $\displaystyle\int_a^x f(t)dt=\dfrac{4}{3}x\sqrt{x}-\dfrac{1}{2}x^2+5$를 만족시킬 때, 곡선 $y=f(x)$와 x축으로 둘러싸인 도형의 넓이를 구하여라.

17-4 곡선 $y=(x^2-a)\sin x$ (단, $0\leq x\leq\pi$)와 x축으로 둘러싸인 두 부분의 넓이가 같도록 상수 a의 값을 정하여라. 단, $0<a<\pi^2$이다.

17-5 곡선 $y=x\sin x\left(단, 0\leq x\leq\dfrac{\pi}{2}\right)$와 x축 및 직선 $x=k$, $y=\dfrac{\pi}{2}$로 둘러싸인 두 부분의 넓이가 같을 때, 상수 k의 값을 구하여라. 단, $0<k<\dfrac{\pi}{2}$이다.

17-6 연속함수 $y=f(x)$의 그래프는 오른쪽과 같다. 이 곡선과 x축으로 둘러싸인 두 부분 A, B의 넓이가 각각 α, β일 때, $\displaystyle\int_0^p xf(2x^2)dx$를 α, β로 나타내어라. 단, $p>\dfrac{1}{2}$이다.

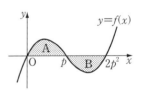

17-7 자연수 n에 대하여 구간 $[n\pi, (n+2)\pi]$에서 곡선 $y=3^n\cos\dfrac{1}{2}x$와 x축으로 둘러싸인 도형의 넓이를 S_n이라고 할 때, $\displaystyle\sum_{n=1}^{\infty}\dfrac{16}{S_n}$의 값을 구하여라.

17-8 함수 $y=\ln\dfrac{x}{a}$의 그래프와 x축, y축 및 직선 $y=1$로 둘러싸인 도형의 넓이 S가 직선 $x=3$에 의하여 이등분될 때, 양수 a의 값을 구하여라.

17-9 미분가능한 함수 $f(x)$가 모든 실수 x에 대하여 $f(x)<0$, $f'(x)>0$을 만족시키고 $f(0)=-6$이다. 곡선 $y=f(x)$ 위의 점 $A\big(t, f(t)\big)$(단, $t>0$)에서 x축에 내린 수선의 발을 B라 하고, 점 A에서의 접선이 x축과 만나는 점을 C라고 하자. 삼각형 ABC의 넓이가 e^{-3t}일 때, 곡선 $y=f(x)$와 x축, y축 및 직선 $x=\ln2$로 둘러싸인 도형의 넓이를 구하여라.

17-10 다음 곡선 또는 직선으로 둘러싸인 도형의 넓이를 구하여라.

(1) $y=x^2,\ y=4\sqrt{x}-3,\ x=0$ (2) $y=e^x,\ y=x,\ y=1,\ y=2$

(3) $y^2=2x,\ x^2=2y$

17-11 오른쪽 그림과 같이 곡선 $y=\log_a x$
와 x축 및 직선 $x=e$로 둘러싸인 도형을
곡선 $y=\log_b x$가 두 부분 A와 B로 나눈
다. A의 넓이가 $\dfrac{2}{\ln b}$일 때, B의 넓이를 a
로 나타내어라. 단, $1<a<b$이다.

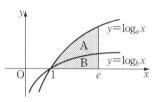

17-12 자연수 n에 대하여 곡선 $y=\dfrac{3n}{x}$과 직선 $y=4-\dfrac{x}{n}$로 둘러싸인 도형의
넓이를 S_n이라고 할 때, $\displaystyle\sum_{n=1}^{10}S_n$의 값을 구하여라.

17-13 곡선 $y=xe^{-x}$과 이 곡선의 변곡점에서의 접선 및 y축으로 둘러싸인
도형의 넓이를 구하여라.

[실력] **17**-14 다음 곡선과 x축으로 둘러싸인 도형의 넓이를 구하여라.

(1) $y=\sqrt{x^3-x^2-8x+12}$ (2) $y=(1-\cos x)\cos x\ (0\leq x\leq 2\pi)$

(3) $y=(1-\ln x)\ln x$ (4) $y=e^{\frac{x}{4}}(9-x^2)$

(5) $y=e^{-x}\sin x\ (0\leq x\leq 2\pi)$

17-15 다음 곡선 또는 직선으로 둘러싸인 도형의 넓이를 구하여라.

(1) $y=e^x\cos x\ (0\leq x\leq \pi),\ y=e^x\sin x\ (0\leq x\leq \pi),\ x=0,\ x=\pi$

(2) $y=\ln\dfrac{3}{4-x},\ y=\ln x$ (3) $y=\dfrac{xe^{x^2}}{e^{x^2}+1},\ y=\dfrac{2}{3}x$

17-16 함수 $f(x)=e^{-x}$과 자연수 n에 대하여
점 $P_n,\ Q_n$을 각각

$$P_n\big(n,\ f(n)\big),\quad Q_n\big(n+1,\ f(n)\big)$$

이라고 하자. 삼각형 $P_nP_{n+1}Q_n$의 넓이를
A_n, 선분 P_nP_{n+1}과 함수 $y=f(x)$의 그래
프로 둘러싸인 도형의 넓이를 B_n이라고 할 때, 다음을 증명하여라.

(1) $\displaystyle\int_n^{n+1}f(x)dx=f(n)-(A_n+B_n)$

(2) $\displaystyle\sum_{n=1}^{\infty}A_n=\dfrac{1}{2e}$ (3) $\displaystyle\sum_{n=1}^{\infty}B_n=\dfrac{3-e}{2e(e-1)}$

17-17 방정식 $|\ln x|+|\ln y|=1$이 나타내는 곡선으로 둘러싸인 도형의 넓
이를 구하여라.

17-18 곡선 $C : y=\sqrt{3}\,e\ln x$에 대하여 다음 물음에 답하여라.

(1) 원점 O에서 곡선 C에 그은 접선의 방정식을 구하여라.

(2) (1)에서 구한 접선의 접점을 A라고 하자. 또, 곡선 C의 아래쪽에 있고 x축과 점 B에서 접하며 점 A에서 곡선 C와 공통접선을 가지는 원의 중심을 P라고 하자. 곡선 C와 x축 및 호 AB(중심각 $\angle$APB의 크기가 π보다 작은 각에 대한 호)로 둘러싸인 도형의 넓이를 구하여라.

17-19 오른쪽 그림과 같이 두 곡선

$$y=a\cos x\left(\text{단, } 0\le x\le \frac{\pi}{2}\right),$$

$$y=b\sin x\,(\text{단, } 0\le x\le \pi)$$

와 x축, y축으로 둘러싸인 세 부분의 넓이 S_1, S_2, S_3을 구하여라. 단, $a>0$, $b>0$이다.

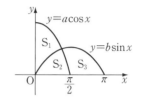

17-20 곡선 $y=\cos x\left(\text{단, } 0\le x\le \frac{\pi}{2}\right)$와 이 곡선 위의 점 $(a, \cos a)$에서의 접선 및 x축으로 둘러싸인 도형의 넓이가 1일 때, $\sin a$의 값을 구하여라.

17-21 점 $\left(\frac{1}{2}, 0\right)$에서 곡선 $y=xe^x$에 그은 두 접선과 이 곡선으로 둘러싸인 도형의 넓이를 구하여라.

17-22 두 곡선 $y=\ln x$, $y=2\ln x$와 이 두 곡선에 동시에 접하는 직선으로 둘러싸인 도형의 넓이를 구하여라.

17-23 함수 $y=e^{ax}$(단, $a\ne 0$)과 그 역함수 $y=g(x)$의 그래프가 $x=e$인 점에서 접하도록 상수 a의 값을 정하여라. 또, 이 두 곡선과 x축, y축으로 둘러싸인 도형의 넓이를 구하여라.

17-24 곡선 $y=x\cos x$(단, $x\ge 0$)가 직선 $y=x$에 접하는 점을 원점에 가까운 순서로 P_0(원점), P_1, P_2, $\cdots$, P_{n-1}, P_n, $\cdots$ 이라 하고, 자연수 n에 대하여 선분 $P_{n-1}P_n$과 곡선 $y=x\cos x$로 둘러싸인 도형의 넓이를 A_n이라고 하자.

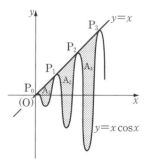

(1) A_n을 n으로 나타내어라.

(2) $S_n=\sum\limits_{k=1}^{n} A_k$를 n으로 나타내어라.

17-25 매개변수 t로 나타낸 곡선 $x=3t^2$, $y=3t-t^3$으로 둘러싸인 도형의 넓이를 구하여라.

18. 부피와 적분

§1. 일반 입체의 부피

일반 입체의 부피

  x축에 수직인 평면으로 어떤 입체를 자를 때, 자른 단면의 넓이가 $S(x)$이면 이 입체의 $x=a$와 $x=b$(단, $a<b$) 사이에 있는 부분의 부피 V는

$$V=\int_a^b S(x)dx$$

이다.

Advice | 일반 입체의 부피

  오른쪽 그림과 같이 주어진 입체에 대하여 한 직선을 x축으로 정하여 x좌표가 x(단, $a\le x\le b$)인 점을 지나고 x축에 수직인 평면으로 입체를 자른 단면의 넓이를 $S(x)$라고 할 때, 이 입체의 $x=a$와 $x=b$ 사이에 있는 부분의 부피 V를 구하는 방법을 알아보자.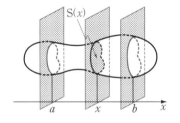

  닫힌구간 $[a,\ b]$를 n등분하여 양 끝점과 각 분점의 x좌표를 왼쪽부터

$$x_0(=a),\ x_1,\ x_2,\ \cdots,\ x_{n-1},\ x_n(=b)$$

이라 하고, 각 소구간의 길이를 Δx라고 하면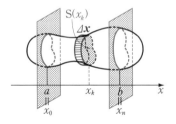

$$\Delta x=\frac{b-a}{n},\quad x_k=a+k\Delta x$$

  이때, x좌표가 x_k(단, $k=1,\ 2,\ \cdots,\ n$)인 점을 지나고 x축에 수직인 평면으로 입체를 자른 단면을 밑면으로 하고 높이가 Δx인 기둥의 부피는 $S(x_k)\Delta x$이므로 이들 n개의 기둥의 부피의 합을 V_n이라고 하면

$$V_n=\sum_{k=1}^{n} S(x_k)\Delta x$$

이고, 여기에서 $n\longrightarrow\infty$일 때 $V_n\longrightarrow V$이다.

따라서 정적분과 급수의 관계에 의하여 구하는 부피 V는

$$V = \lim_{n \to \infty} V_n = \lim_{n \to \infty} \sum_{k=1}^{n} S(x_k) \Delta x = \int_a^b S(x) dx$$

이다.

곧, 단면의 넓이를 x의 함수 $S(x)$로 나타낼 수 있는 입체는 그 부피를 정적분으로 나타내어 구할 수 있다.

이와 같은 입체의 부피와 정적분의 관계를 다음과 같이 생각할 수도 있다.

부피 요소	$\Longrightarrow$	부피 요소의 합	$\Longrightarrow$	한없이 세분한 극한	$=$	부피
↓		↓		↓		↓
$S(x_k)\Delta x$	$\Longrightarrow$	$\displaystyle\sum_{k=1}^{n} S(x_k)\Delta x$	$\Longrightarrow$	$\displaystyle\lim_{n\to\infty}\sum_{k=1}^{n} S(x_k)\Delta x$	$=$	$\displaystyle\int_a^b S(x)dx$

보기 1 높이가 x인 평면으로 자른 단면이 한 변의 길이가 x^2인 정사각형인 입체가 있다. 이 입체의 높이가 0부터 9까지인 부분의 부피 V를 구하여라.

연구 높이가 x인 평면으로 자른 단면의 넓이를 $S(x)$라고 하면

$$S(x) = (x^2)^2 = x^4$$

$$\therefore V = \int_0^9 S(x)dx = \int_0^9 x^4 dx = \left[\frac{1}{5}x^5\right]_0^9 = \frac{9^5}{5}$$

보기 2 어떤 그릇에 물을 넣는데 수면의 높이가 x cm일 때, 수면의 넓이는 (x^2+2x+2) cm²라고 한다. 수면의 높이가 6 cm일 때, 물의 부피를 구하여라.

연구 물의 부피를 V라고 하면

$$V = \int_0^6 (x^2+2x+2)dx = \left[\frac{1}{3}x^3 + x^2 + 2x\right]_0^6 = 120\,(\mathbf{cm}^3)$$

보기 3 밑면의 넓이가 a이고 높이가 h인 원뿔의 부피를 정적분을 이용하여 구하여라.

연구 오른쪽 그림과 같이 원뿔의 꼭짓점과 밑면의 중심을 지나는 직선을 x축으로 하고 원뿔의 꼭짓점을 원점으로 하여, x좌표가 x인 점을 지나고 x축에 수직인 평면으로 원뿔을 자른 단면의 넓이를 $S(x)$라고 하면

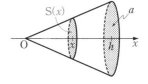

$$S(x) : a = x^2 : h^2 \quad \therefore S(x) = \frac{a}{h^2}x^2$$

따라서 원뿔의 부피를 V라고 하면

$$V = \int_0^h S(x)dx = \int_0^h \frac{a}{h^2}x^2 dx = \frac{a}{h^2}\left[\frac{1}{3}x^3\right]_0^h = \frac{1}{3}ah$$

필수 예제 18-1 어떤 그릇에 수면의 높이가 $x\,\mathrm{cm}$가 되도록 물을 넣을 때, 물의 부피 $V\,\mathrm{cm^3}$는 다음과 같다고 한다.
$$V=x^3-3x^2+4x$$
(1) 수면의 높이가 $5\,\mathrm{cm}$일 때, 수면의 넓이를 구하여라.
(2) 수면의 넓이가 $13\,\mathrm{cm^2}$일 때, 수면의 높이를 구하여라.

정석연구 아래 그림과 같이 수면의 높이가 t일 때 수면의 넓이를 $S(t)$라고 하면, 높이가 x일 때 물의 부피 V는

$$V=\int_0^x S(t)\,dt$$

이다.

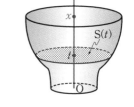

그런데 문제의 조건에서 높이가 x일 때 $V=x^3-3x^2+4x$이므로

$$\int_0^x S(t)\,dt=x^3-3x^2+4x$$

여기에서 $S(x)$를 구할 때에는 다음 정적분과 미분의 관계를 이용하여라.

정석 $\dfrac{d}{dx}\displaystyle\int_a^x S(t)\,dt=S(x)$ (a는 상수)

모범답안 수면의 높이가 t일 때 수면의 넓이를 $S(t)$라고 하면, 높이가 x일 때 물의 부피는 $\displaystyle\int_0^x S(t)\,dt$이다. 따라서 문제의 조건으로부터

$$\int_0^x S(t)\,dt=x^3-3x^2+4x$$

양변을 x에 관하여 미분하면 $S(x)=3x^2-6x+4$

(1) $x=5$일 때이므로 $S(5)=3\times5^2-6\times5+4=\mathbf{49\,(cm^2)}$ ← 답

(2) $S(x)=13$일 때이므로 $3x^2-6x+4=13$ $\therefore$ $(x-3)(x+1)=0$
$x>0$이므로 $x=\mathbf{3\,(cm)}$ ← 답

유제 **18**-1. 어떤 그릇에 수면의 높이가 $x\,\mathrm{cm}$가 되도록 물을 넣을 때, 물의 부피는 $(2x^3+4x)\,\mathrm{cm^3}$라고 한다. 수면의 높이가 $3\,\mathrm{cm}$일 때, 수면의 넓이를 구하여라. 답 $58\,\mathrm{cm^2}$

유제 **18**-2. 어떤 그릇에 수면의 높이가 x가 되도록 물을 넣을 때, 물의 부피 V는 $V=x^3-4x^2+5x$라고 한다. 수면의 높이가 x일 때와 $\dfrac{1}{2}x$일 때의 수면의 넓이가 같게 되는 x(단, $x>0$)의 값을 구하여라. 답 $x=\dfrac{16}{9}$

필수 예제 **18**-2 xy 평면에 곡선 $y=\dfrac{1}{x}\ln x$ 와 x 축 및 직선 $x=e^2$ 으로 둘러싸인 도형이 있다. 이 도형을 밑면으로 하는 입체를 x 축에 수직인 평면으로 자른 단면이 모두 반원일 때, 이 입체의 부피를 구하여라.

정석연구 단면의 넓이를 $S(x)$ 라고 할 때, 입체의 부피 V는 다음과 같이 정적분으로 나타내어 구할 수 있다.

$$\boxed{정석}\ \mathrm{V}=\int_a^b \mathrm{S}(x)\,dx$$

모범답안 $y=\dfrac{\ln x}{x}$ 에서 $y'=\dfrac{1-\ln x}{x^2}$

$y'=0$ 에서 $x=e$

증감을 조사하면 주어진 곡선은 오른쪽 그림과 같다.

점 $(x,\,0)$ 을 지나고 x 축에 수직인 평면으로 자른 단면의 넓이를 $S(x)$ 라고 하면

$$\mathrm{S}(x)=\frac{1}{2}\pi\left(\frac{y}{2}\right)^2=\frac{\pi}{8}\times\frac{(\ln x)^2}{x^2}$$

따라서 구하는 부피를 V라고 하면

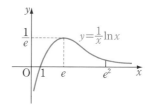

$$\begin{aligned}
\mathrm{V}&=\int_1^{e^2}\mathrm{S}(x)\,dx=\int_1^{e^2}\frac{\pi}{8}\times\frac{(\ln x)^2}{x^2}\,dx\\
&=\frac{\pi}{8}\left\{\left[-\frac{1}{x}(\ln x)^2\right]_1^{e^2}+2\int_1^{e^2}\frac{\ln x}{x^2}\,dx\right\}\\
&=\frac{\pi}{8}\left(-\frac{4}{e^2}+2\left[-\frac{1}{x}\ln x-\frac{1}{x}\right]_1^{e^2}\right)\\
&=\frac{\pi}{8}\left\{-\frac{4}{e^2}+2\left(-\frac{2}{e^2}-\frac{1}{e^2}\right)+2\right\}=\frac{\boldsymbol{\pi}}{\boldsymbol{4e^2}}(\boldsymbol{e^2-5})\ \longleftarrow\ \boxed{답}
\end{aligned}$$

유제 **18**-3. 곡선 $y=x-x^2$ 위의 점 P에서 x 축에 내린 수선의 발을 Q라 하고, 선분 PQ를 대각선으로 하는 정사각형을 xy 평면에 수직이 되도록 만든다. 점 P가 곡선 위를 원점부터 점 $(1,\,0)$ 까지 움직일 때, 이 정사각형에 의하여 생기는 입체의 부피를 구하여라. $\boxed{답}\ \dfrac{1}{60}$

유제 **18**-4. 좌표평면 위의 두 점 $A(x,\,0)$, $B(x,\,\sin x)$ 를 잇는 선분 AB를 한 변으로 하고, 좌표평면에 수직인 정삼각형을 항상 좌표평면에 대하여 같은 쪽에 만든다. x 가 0 부터 π 까지 변할 때, 이 정삼각형에 의하여 생기는 입체의 부피를 구하여라. $\boxed{답}\ \dfrac{\sqrt{3}}{8}\pi$

필수 예제 18-3   밑면의 반지름의 길이가 a이고 높이가 $2a$인 원기둥이 있다. 밑면의 한 지름을 포함하고 밑면과 이루는 각의 크기가 60°인 평면으로 이 원기둥을 두 개의 부분으로 나눌 때, 작은 쪽의 부피 V를 구하여라.

[정석연구] 주어진 문제와 같은 입체의 부피는 다음 순서로 구한다.

첫째— x축과 원점을 정한다.

둘째— x좌표가 x인 점을 지나고 x축에 수직인 평면으로 자른 입체의 단면의 넓이 S(x)를 구한다.

셋째— 필요한 구간에서 단면의 넓이 S(x)를 적분한다.

  곧, 입체의 부피를 V라고 하면

$$\boxed{\text{정석}}\ \ V=\int_a^b S(x)\,dx$$

여기에서는 아래 그림과 같이 밑면의 지름을 x축으로 하고, 밑면의 중심을 원점으로 하여 구해 보아라.

[모범답안] 아래 그림과 같이 밑면을 좌표평면으로 하여 밑면의 지름 AB를 x축, 밑면의 중심 O를 원점으로 하자.

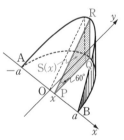

x축 위에 점 P(x, 0)($-a\leq x\leq a$)을 잡고, 점 P를 지나고 x축에 수직인 평면으로 자른 입체의 단면의 넓이를 S(x)라고 하면

$$\overline{PQ}^2=\overline{OQ}^2-\overline{OP}^2=a^2-x^2$$

$$\therefore \ \overline{PQ}=\sqrt{a^2-x^2}$$

또, $\angle PQR=90°$, $\angle RPQ=60°$이므로

$$\overline{QR}=\overline{PQ}\tan 60°=\sqrt 3\times\sqrt{a^2-x^2}$$

$$\therefore \ S(x)=\triangle PQR=\frac{1}{2}\times\overline{PQ}\times\overline{QR}=\frac{\sqrt 3}{2}(a^2-x^2)$$

$$\therefore \ V=\int_{-a}^a S(x)\,dx=2\int_0^a S(x)\,dx=2\int_0^a \frac{\sqrt 3}{2}(a^2-x^2)\,dx$$

$$=\sqrt 3\left[a^2x-\frac{1}{3}x^3\right]_0^a=\frac{2\sqrt 3}{3}a^3 \longleftarrow \boxed{\text{답}}$$

[유제] **18**-5. 반지름의 길이가 $\sqrt 3$인 원을 밑면으로 하는 입체가 있다. 밑면의 한 고정된 지름에 수직인 임의의 평면으로 이 입체를 자른 단면이 정삼각형일 때, 이 입체의 부피를 구하여라. $\boxed{\text{답}}$ 12

§2. 회전체의 부피

1 **x축을 회전축으로 하는 회전체**

　곡선 $y=f(x)$(단, $a \le x \le b$)를 x축 둘
레로 회전시킨 회전체의 부피를 V라고
하면

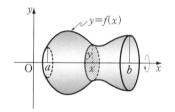

$$V = \int_a^b \pi y^2 dx = \pi \int_a^b \{f(x)\}^2 dx$$

이다.

2 **y축을 회전축으로 하는 회전체**

　곡선 $x=g(y)$(단, $a \le y \le \beta$)를 y축 둘
레로 회전시킨 회전체의 부피를 V라고
하면

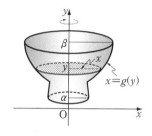

$$V = \int_a^\beta \pi x^2 dy = \pi \int_a^\beta \{g(y)\}^2 dy$$

이다.

Advice | 회전체의 부피

　회전체는 일반 입체의 특수한 경우로서 단면이 원이다. 따라서 단면인 원
의 넓이를 x에 관한 식으로 나타낸 다음, 이를 일반 입체의 부피 공식
$\int_a^b S(x)dx$ 의 $S(x)$에 대입하면 된다.

　곧, 회전체의 부피를 V라고 하면

(i) 곡선 $y=f(x)$(단, $a \le x \le b$)를 x축 둘레로 회전시킨

　입체일 때에는 $S(x)=\pi y^2 = \pi \{f(x)\}^2$이므로

$$V = \int_a^b \pi y^2 dx = \pi \int_a^b y^2 dx = \pi \int_a^b \{f(x)\}^2 dx$$

(ii) 곡선 $x=g(y)$(단, $a \le y \le \beta$)를 y축 둘레로 회전시킨

　입체일 때에는 $S(y)=\pi x^2 = \pi \{g(y)\}^2$이므로

$$V = \int_a^\beta \pi x^2 dy = \pi \int_a^\beta x^2 dy = \pi \int_a^\beta \{g(y)\}^2 dy$$

보기 1 포물선 $y=x^2$과 x축 및 두 직선 $x=1$, $x=2$로 둘러싸인 도형이 있다. 다음 물음에 답하여라.

(1) 이 도형의 넓이 S를 구하여라.

(2) 이 도형을 x축 둘레로 회전시킨 입체의 부피 V를 구하여라.

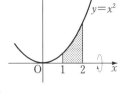

연구 $S=\displaystyle\int_a^b |y|\,dx$, $V=\pi\displaystyle\int_a^b y^2\,dx$

(1) $S=\displaystyle\int_1^2 y\,dx=\int_1^2 x^2\,dx=\left[\dfrac{1}{3}x^3\right]_1^2=\dfrac{7}{3}$

(2) $V=\pi\displaystyle\int_1^2 y^2\,dx=\pi\int_1^2 (x^2)^2\,dx=\pi\left[\dfrac{1}{5}x^5\right]_1^2=\dfrac{31}{5}\boldsymbol{\pi}$

보기 2 직선 $y=x+1$과 y축 및 두 직선 $y=2$, $y=4$로 둘러싸인 도형이 있다. 다음 물음에 답하여라.

(1) 이 도형의 넓이 S를 구하여라.

(2) 이 도형을 y축 둘레로 회전시킨 입체의 부피 V를 구하여라.

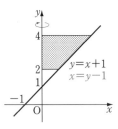

연구 $S=\displaystyle\int_\alpha^\beta |x|\,dy$, $V=\pi\displaystyle\int_\alpha^\beta x^2\,dy$

(1) $S=\displaystyle\int_2^4 x\,dy=\int_2^4 (y-1)\,dy=\left[\dfrac{1}{2}y^2-y\right]_2^4=4$

(2) $V=\pi\displaystyle\int_2^4 x^2\,dy=\pi\int_2^4 (y-1)^2\,dy$

$\qquad =\pi\left[\dfrac{1}{3}(y-1)^3\right]_2^4=\dfrac{26}{3}\boldsymbol{\pi}$

보기 3 포물선 $y=1-x^2$과 x축으로 둘러싸인 도형이 있다.

(1) 이 도형을 x축 둘레로 회전시킨 입체의 부피 V_x를 구하여라.

(2) 이 도형을 y축 둘레로 회전시킨 입체의 부피 V_y를 구하여라.

연구 포물선 $y=1-x^2$과 x축으로 둘러싸인 도형은 오른쪽 그림에서 점 찍은 부분이다.

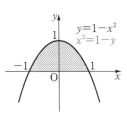

회전체의 부피를 구할 때에는

> **정석** x축 둘레로 회전 $\Longrightarrow$ $\boldsymbol{\pi}\displaystyle\int_a^b y^2\,dx$
>
> $\qquad\qquad$ y축 둘레로 회전 $\Longrightarrow$ $\boldsymbol{\pi}\displaystyle\int_\alpha^\beta x^2\,dy$

를 이용해 보아라.

(1) $V_x=\pi\displaystyle\int_{-1}^1 y^2\,dx=\pi\int_{-1}^1 (1-x^2)^2\,dx=2\pi\left[\dfrac{1}{5}x^5-\dfrac{2}{3}x^3+x\right]_0^1=\dfrac{16}{15}\boldsymbol{\pi}$

(2) $V_y=\pi\displaystyle\int_0^1 x^2\,dy=\pi\int_0^1 (1-y)\,dy=\pi\left[y-\dfrac{1}{2}y^2\right]_0^1=\dfrac{\boldsymbol{\pi}}{2}$

필수 예제 **18**-4　다음 물음에 답하여라.

(1) 반원 $x^2+y^2=4$ (단, $x\geq0$)와 포물선 $y^2=3x$로 둘러싸인 도형을 x축 둘레로 회전시킨 입체의 부피 V를 구하여라.

(2) 곡선 $y=\sqrt{x}\sin x$ (단, $0\leq x\leq\pi$)와 x축으로 둘러싸인 도형을 x축 둘레로 회전시킨 입체의 부피 V를 구하여라.

[정석연구] 다음 **정석**을 이용한다.

> **정석** x축 둘레로 회전시킨 입체의 부피는 $\implies \pi\displaystyle\int_a^b y^2\,dx$

[모범답안] (1) 반원과 포물선으로 둘러싸인 도형은 오른쪽 그림에서 점 찍은 부분이다.

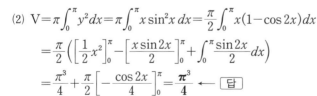

반원과 포물선의 교점의 좌표는
$$x^2+y^2=4, \quad y^2=3x$$
의 해이다.　$\therefore x=1, y=\pm\sqrt{3}$

$$\therefore V=\pi\int_0^1 y^2\,dx+\pi\int_1^2 y^2\,dx$$
$$=\pi\int_0^1 3x\,dx+\pi\int_1^2 (4-x^2)\,dx$$
$$=3\pi\left[\frac{1}{2}x^2\right]_0^1+\pi\left[4x-\frac{1}{3}x^3\right]_1^2=\frac{19}{6}\pi \longleftarrow \boxed{답}$$

(2) $V=\pi\displaystyle\int_0^\pi y^2\,dx=\pi\int_0^\pi x\sin^2 x\,dx=\frac{\pi}{2}\int_0^\pi x(1-\cos 2x)\,dx$
$$=\frac{\pi}{2}\left(\left[\frac{1}{2}x^2\right]_0^\pi-\left[\frac{x\sin 2x}{2}\right]_0^\pi+\int_0^\pi \frac{\sin 2x}{2}\,dx\right)$$
$$=\frac{\pi^3}{4}+\frac{\pi}{2}\left[-\frac{\cos 2x}{4}\right]_0^\pi=\frac{\pi^3}{4} \longleftarrow \boxed{답}$$

[유제] **18**-6. 원 $x^2+y^2=r^2$ (단, $r>0$)을 x축 둘레로 회전시킨 입체의 부피를 구하여라.　$\boxed{답}\ \dfrac{4}{3}\pi r^3$

[유제] **18**-7. 다음 곡선과 직선으로 둘러싸인 도형을 x축 둘레로 회전시킨 입체의 부피를 구하여라.

(1) $y=\tan x$, $y=0$, $x=\dfrac{\pi}{4}$　　(2) $y=1+\sin\dfrac{x}{2}$, $y=0$, $x=0$, $x=2\pi$

(3) $y=\ln x$, $y=0$, $x=e$　　(4) $y=\sin x+\cos x$, $y=0$, $x=0$, $x=\pi$

$\boxed{답}$ (1) $\pi\left(1-\dfrac{\pi}{4}\right)$　(2) $\pi(3\pi+8)$　(3) $\pi(e-2)$　(4) π^2

필수 예제 **18**-5 다음 곡선과 직선으로 둘러싸인 도형을 y축 둘레로 회전시킨 입체의 부피 V를 구하여라.

(1) $y=e^x$, $y=e$, $x=0$ (2) $y=\sin x \left(0\leq x\leq\dfrac{\pi}{2}\right)$, $y=1$, $x=0$

[정석연구] 다음 **정석**을 이용한다.

정석 y축 둘레로 회전시킨 입체의 부피는 $\implies \pi\displaystyle\int_{\alpha}^{\beta} x^2\,dy$

(2)에서와 같이 x를 y로 나타내기 힘든 경우 다음 **정석**을 이용한다.

정석 $y=g(x)$, $g(a)=\alpha$, $g(b)=\beta$이면 $\implies \displaystyle\int_{\alpha}^{\beta} x^2\,dy=\int_{a}^{b} x^2\,g'(x)\,dx$

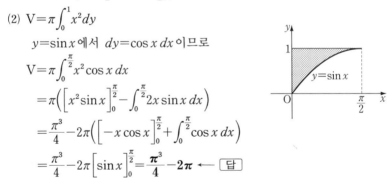

[모범답안] (1) $y=e^x$에서 $x=\ln y$

$\therefore$ V $=\pi\displaystyle\int_{1}^{e} x^2\,dy=\pi\int_{1}^{e}(\ln y)^2\,dy$

$\qquad =\pi\left\{\left[y(\ln y)^2\right]_{1}^{e}-\displaystyle\int_{1}^{e} y\times 2\ln y\times\dfrac{1}{y}\,dy\right\}$

$\qquad =\pi\left(e-2\displaystyle\int_{1}^{e}\ln y\,dy\right)$

$\qquad =\pi\left(e-2\left[y\ln y-y\right]_{1}^{e}\right)=\boldsymbol{\pi(e-2)}$ ← [답]

(2) V $=\pi\displaystyle\int_{0}^{1} x^2\,dy$

$y=\sin x$에서 $dy=\cos x\,dx$이므로

V $=\pi\displaystyle\int_{0}^{\frac{\pi}{2}} x^2\cos x\,dx$

$\quad =\pi\left(\left[x^2\sin x\right]_{0}^{\frac{\pi}{2}}-\displaystyle\int_{0}^{\frac{\pi}{2}}2x\sin x\,dx\right)$

$\quad =\dfrac{\pi^3}{4}-2\pi\left(\left[-x\cos x\right]_{0}^{\frac{\pi}{2}}+\displaystyle\int_{0}^{\frac{\pi}{2}}\cos x\,dx\right)$

$\quad =\dfrac{\pi^3}{4}-2\pi\left[\sin x\right]_{0}^{\frac{\pi}{2}}=\dfrac{\boldsymbol{\pi^3}}{\boldsymbol{4}}-\boldsymbol{2\pi}$ ← [답]

[유제] **18**-8. 다음 곡선과 직선으로 둘러싸인 도형을 y축 둘레로 회전시킨 입체의 부피를 구하여라.

(1) $y=e^{-x^2}$ $(0\leq x\leq 1)$, $y=e^{-1}$, $x=0$

(2) $y=e^x-x-1$ $(0\leq x\leq 1)$, $y=e-2$, $x=0$

[답] (1) $\pi\left(1-\dfrac{2}{e}\right)$ (2) $\pi\left(e-\dfrac{7}{3}\right)$

필수 예제 **18**-6 다음 물음에 답하여라.

(1) 포물선 $y=4-x^2$과 직선 $y=x+2$로 둘러싸인 도형을 x축 둘레로 회전시킨 입체의 부피 V를 구하여라.

(2) 곡선 $y=x^2$(단, $x≥0$)과 두 직선 $x=0$, $y=x+2$로 둘러싸인 도형을 y축 둘레로 회전시킨 입체의 부피 V를 구하여라.

정석연구 오른쪽 그림에서 도형 ABCD를 x축 둘레로 회전시킨 입체의 부피는 도형 AEFD를 x축 둘레로 회전시킨 입체의 부피에서 도형 BEFC를 x축 둘레로 회전시킨 입체의 부피를 **뺀** 것과 같다.

또, y축 둘레로 회전시키는 경우에 대해서도 같은 방법으로 생각하면 된다.

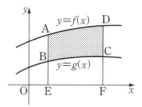

모범답안 (1) 포물선과 직선의 교점의 x좌표는

$4-x^2=x+2$에서 $x=-2, 1$

$$\therefore V=\pi\int_{-2}^{1}(4-x^2)^2dx-\pi\int_{-2}^{1}(x+2)^2dx$$

$$=\pi\int_{-2}^{1}(x^4-9x^2-4x+12)dx$$

$$=\pi\left[\frac{1}{5}x^5-3x^3-2x^2+12x\right]_{-2}^{1}=\frac{108}{5}\boldsymbol{\pi}$$

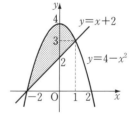

(2) 곡선과 직선의 교점의 y좌표는

$y=(y-2)^2$에서 $y=4$

                $\Leftarrow$ $x=y-2≥0$에서 $y≥2$

$$\therefore V=\pi\int_{0}^{4}y\,dy-\pi\int_{2}^{4}(y-2)^2dy$$

$$=\pi\left[\frac{1}{2}y^2\right]_{0}^{4}-\pi\left[\frac{1}{3}(y-2)^3\right]_{2}^{4}=\frac{16}{3}\boldsymbol{\pi}$$

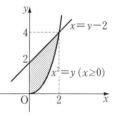

유제 **18**-9. 다음 곡선과 직선 또는 곡선과 곡선으로 둘러싸인 도형을 x축 둘레로 회전시킨 입체의 부피를 구하여라.

(1) $y=2\sqrt{x}$, $y=x$ (2) $y=x^2+1$, $y=3-x^2$

(3) $y=x|x-1|$, $y=x$ 답 (1) $\dfrac{32}{3}\pi$ (2) $\dfrac{32}{3}\pi$ (3) $\dfrac{8}{5}\pi$

유제 **18**-10. 두 곡선 $y=x^2$, $x=y^2$으로 둘러싸인 도형을 y축 둘레로 회전시킨 입체의 부피를 구하여라.   답 $\dfrac{3}{10}\pi$

필수 예제 **18**-7   곡선 $y=x^2$과 직선 $y=mx$ (단, $m>0$)로 둘러싸인 도
형을 x축 둘레로 회전시킨 입체의 부피를 V_x라 하고, y축 둘레로 회
전시킨 입체의 부피를 V_y라고 하자.
(1) $V_x=V_y$일 때, 상수 m의 값을 구하여라.
(2) V_y-V_x의 최댓값과 이때 상수 m의 값을 구하여라.

[모범답안] 곡선 $y=x^2$과 직선 $y=mx$의 교점의
좌표는 $(0,0)$, (m, m^2)이다.
따라서

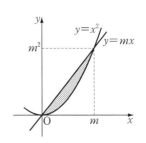

$$V_x=\pi\int_0^m (mx)^2 dx - \pi\int_0^m (x^2)^2 dx$$

$$=\pi\left[\frac{m^2}{3}x^3\right]_0^m - \pi\left[\frac{1}{5}x^5\right]_0^m = \frac{2}{15}\pi m^5,$$

$$V_y=\pi\int_0^{m^2} y\,dy - \pi\int_0^{m^2}\left(\frac{1}{m}y\right)^2 dy$$

$$=\pi\left[\frac{1}{2}y^2\right]_0^{m^2} - \pi\left[\frac{1}{3m^2}y^3\right]_0^{m^2} = \frac{\pi}{6}m^4$$

(1) $V_x=V_y$에서 $12m^5=15m^4$ $\therefore 3m^4(4m-5)=0$
    $m>0$이므로 $m=\dfrac{5}{4}$ ← [답]

(2) $f(m)=V_y-V_x=\dfrac{\pi}{6}m^4 - \dfrac{2}{15}\pi m^5$
    이라고 하면

$$f'(m)=-\frac{2}{3}\pi m^3(m-1)$$

$m>0$에서 증감을 조사하면 오른쪽과
같으므로 $f(m)$은 $m=1$일 때 최대이고,
최댓값은 $f(1)=\dfrac{\pi}{30}$이다.   [답] 최댓값 $\dfrac{\pi}{30}$, $m=1$

m	(0)	$\cdots$	1	$\cdots$
$f'(m)$	(0)	$+$	0	$-$
$f(m)$	(0)	↗	극대	↘

[유제] **18**-11. 곡선 $y=\sqrt{x}$ 와 직선 $y=mx$ (단, $m>0$)로 둘러싸인 도형을 x
축 둘레로 회전시킨 입체의 부피를 V_x라 하고, y축 둘레로 회전시킨 입체
의 부피를 V_y라고 하자.
$V_x=V_y$일 때, 상수 m의 값을 구하여라.   [답] $m=\dfrac{4}{5}$

[유제] **18**-12. 곡선 $y=x^4$과 직선 $y=m^3x$로 둘러싸인 도형을 x축 둘레로 회
전시킨 입체의 부피가 6π일 때, 양수 m의 값을 구하여라.   [답] $m=\sqrt[3]{3}$

필수 예제 18-8 $\dfrac{\pi}{4} \le x \le \dfrac{5}{4}\pi$에서 두 곡선 $y=\sin x$, $y=\cos x$로 둘러싸인 도형을 x축 둘레로 회전시킨 입체의 부피 V를 구하여라.

[정석연구] 회전하는 도형이 회전축을 포함하고 있으면 어떤 부분은 회전체의 모양에 영향을 주지 않는다.

이를테면 오른쪽 그림에서 도형 ACEDGFB 를 x축 둘레로 회전시켜 얻은 입체는

구간 $[a,\ b]$에서는 곡선 AB 부분,
구간 $[b,\ c]$에서는 곡선 ED 부분

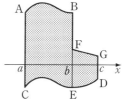

에 의하여 정해지므로 곡선 CE 부분과 직선 FG 부분을 생각할 필요가 없다.

이 문제의 경우 오른쪽 그림에서 점 찍은 부분을 x축 둘레로 회전시킨 입체의 부피를 구하는 문제이다.

따라서 주어진 곡선의 x축 아랫부분을 위로 꺾어 올린 곡선(그림의 붉은 점선)을 생각하여 필요한 곡선을 찾으면 된다.

정석 회전축을 포함하는 경우 $\Longrightarrow$ 회전축의 한쪽으로 모은다.

[모범답안] 오른쪽 그림에서 점 찍은 부분을 x축 둘레로 회전시킨 입체의 부피를 구하면 된다. 그런데 점 찍은 두 부분에 의하여 생기는 입체의 부피가 같으므로

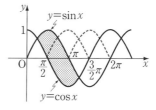

$$V = 2\pi\left(\int_{\frac{\pi}{4}}^{\frac{3}{4}\pi} \sin^2 x\, dx - \int_{\frac{\pi}{4}}^{\frac{\pi}{2}} \cos^2 x\, dx\right)$$
$$= 2\pi\left(\int_{\frac{\pi}{4}}^{\frac{3}{4}\pi} \frac{1-\cos 2x}{2}\, dx - \int_{\frac{\pi}{4}}^{\frac{\pi}{2}} \frac{1+\cos 2x}{2}\, dx\right)$$
$$= 2\pi\left(\left[\frac{x}{2} - \frac{\sin 2x}{4}\right]_{\frac{\pi}{4}}^{\frac{3}{4}\pi} - \left[\frac{x}{2} + \frac{\sin 2x}{4}\right]_{\frac{\pi}{4}}^{\frac{\pi}{2}}\right) = \frac{\pi}{4}(\pi+6) \leftarrow \boxed{\text{답}}$$

[유제] **18**-13. 다음 곡선과 직선 또는 곡선과 곡선으로 둘러싸인 도형을 x축 둘레로 회전시킨 입체의 부피를 구하여라.

(1) $y = -x^2 + 2,\ y = -x$ (2) $y = \sqrt{2}\sin x,\ y = -|\sin 2x|\ (0 \le x \le \pi)$

$\boxed{\text{답}}$ (1) $\dfrac{60+32\sqrt{2}}{15}\pi$ (2) $\dfrac{3}{4}\pi^2 + \pi$

필수 예제 **18**-9 곡선 $y=\ln x$와 원점에서 이 곡선에 그은 접선 및 x축
으로 둘러싸인 도형을 F라고 할 때, 다음 물음에 답하여라.
(1) 도형 F를 x축 둘레로 회전시킨 입체의 부피 V_x를 구하여라.
(2) 도형 F를 y축 둘레로 회전시킨 입체의 부피 V_y를 구하여라.

[모범답안] $y'=\dfrac{1}{x}$ 이므로 곡선 위의 점 $(a,\ \ln a)$
에서의 접선의 방정식은
$$y-\ln a=\frac{1}{a}(x-a) \quad \cdots\cdots ①$$
이 직선이 원점 $(0,\ 0)$을 지나므로
$$0-\ln a=\frac{1}{a}(0-a) \quad \therefore\ a=e$$
①에 대입하면 $y=\dfrac{1}{e}x$

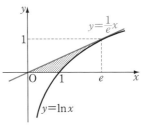

(1) $V_x=\pi\displaystyle\int_0^e\left(\frac{1}{e}x\right)^2dx-\pi\int_1^e(\ln x)^2dx$

$\qquad =\pi\left[\dfrac{1}{e^2}\times\dfrac{1}{3}x^3\right]_0^e-\pi\left\{\left[x(\ln x)^2\right]_1^e-\int_1^e x\times 2\ln x\times\dfrac{1}{x}dx\right\}$

$\qquad =\dfrac{1}{3}\pi e-\pi\left(e-2\left[x\ln x-x\right]_1^e\right)=\dfrac{2}{3}\pi(3-e)$ ← [답]

(2) $y=\ln x$에서 $x=e^y$, $y=\dfrac{1}{e}x$에서 $x=ey$

$\quad\therefore\ V_y=\pi\displaystyle\int_0^1(e^y)^2dy-\pi\int_0^1(ey)^2dy=\pi\left[\dfrac{1}{2}e^{2y}\right]_0^1-\pi\left[e^2\times\dfrac{1}{3}y^3\right]_0^1$

$\qquad =\dfrac{\pi}{6}(e^2-3)$ ← [답]

[유제] **18**-14. 점 $(1,\ 0)$에서 곡선 $x^2=4y$에 그은 두 접선과 이 곡선으로 둘러싸인 도형을 x축 둘레로 회전시킨 입체의 부피 V_x와 y축 둘레로 회전시킨 입체의 부피 V_y를 구하여라. [답] $V_x=\dfrac{\pi}{15},\ V_y=\dfrac{\pi}{3}$

[유제] **18**-15. 곡선 $y=e^x$과 원점에서 이 곡선에 그은 접선 및 y축으로 둘러싸인 도형을 x축 둘레로 회전시킨 입체의 부피 V_x와 y축 둘레로 회전시킨 입체의 부피 V_y를 구하여라. [답] $V_x=\dfrac{\pi}{6}(e^2-3),\ V_y=\dfrac{2}{3}\pi(3-e)$

[유제] **18**-16. 곡선 $y=x+e^{x-2}$과 이 곡선 위의 점 $(2,\ 3)$에서의 접선과 x축 및 y축의 양의 부분으로 둘러싸인 도형을 x축 둘레로 회전시킨 입체의 부피를 구하여라. [답] $\left(\dfrac{2}{3}+\dfrac{4e^2-1}{2e^4}\right)\pi$

필수 예제 18-10　원 $x^2+y^2+4x-6y+12=0$이 있다.

(1) 이 원을 x축 둘레로 회전시킨 입체의 부피를 구하여라.

(2) 이 원을 직선 $3x-4y+8=0$ 둘레로 회전시킨 입체의 부피를 구하여라.

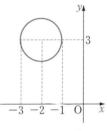

[모범답안] (1) $(x+2)^2+(y-3)^2=1$에서 $y=3\pm\sqrt{1-(x+2)^2}$ 이므로

직선 $y=3$의 위쪽 반원은　$y=3+\sqrt{1-(x+2)^2}$,

직선 $y=3$의 아래쪽 반원은　$y=3-\sqrt{1-(x+2)^2}$

따라서 구하는 부피를 V_1이라고 하면

$$V_1=\pi\int_{-3}^{-1}\Big[\{3+\sqrt{1-(x+2)^2}\}^2$$
$$-\{3-\sqrt{1-(x+2)^2}\}^2\Big]dx$$
$$=12\pi\int_{-3}^{-1}\sqrt{1-(x+2)^2}\,dx$$

$x+2=t$ 라고 하면 $dx=dt$ 이므로

$$V_1=12\pi\int_{-1}^{1}\sqrt{1-t^2}\,dt=24\pi\int_{0}^{1}\sqrt{1-t^2}\,dt$$

$t=\sin\theta\left(-\dfrac{\pi}{2}\le\theta\le\dfrac{\pi}{2}\right)$ 라고 하면 $dt=\cos\theta\,d\theta$ 이므로

$$V_1=24\pi\int_{0}^{\frac{\pi}{2}}\cos^2\theta\,d\theta=24\pi\int_{0}^{\frac{\pi}{2}}\frac{1+\cos2\theta}{2}\,d\theta=12\pi\Big[\theta+\frac{1}{2}\sin2\theta\Big]_{0}^{\frac{\pi}{2}}$$
$$=\boldsymbol{6\pi^2} \longleftarrow \boxed{답}$$

Note　원 $x^2+(y-3)^2=1$을 x축 둘레로 회전시킨 입체의 부피를 구해도 된다.

(2) 원의 중심 $(-2,\,3)$과 직선 $3x-4y+8=0$ 사이의 거리는

$$\frac{|3\times(-2)-4\times3+8|}{\sqrt{3^2+(-4)^2}}=2$$

따라서 오른쪽 그림과 같이 X축, Y축을 잡으면 새 좌표축에 대한 원의 방정식은

$$X^2+(Y-2)^2=1$$

따라서 구하는 부피를 V_2라고 하면

$$V_2=\pi\int_{-1}^{1}\Big\{\big(2+\sqrt{1-X^2}\big)^2-\big(2-\sqrt{1-X^2}\big)^2\Big\}dX=16\pi\int_{0}^{1}\sqrt{1-X^2}\,dX$$
$$=\boldsymbol{4\pi^2} \longleftarrow \boxed{답}$$

[유제] **18**-17. 원 $(x-4)^2+(y-2)^2=1$을 y축 둘레로 회전시킨 입체의 부피를 구하여라.　　　　　　　　　　　　　　　　　　 $\boxed{답}$ $8\pi^2$

연습문제 18

[기본] **18**-1 반지름의 길이가 3인 반원 모양의 판자 두 개가 지름 AB를 공유하고, 두 판자가 이루는 각의 크기는 60°이다. 지름 AB 위의 점 P를 지나고 직선 AB에 수직인 평면이 두 반원의 호와 만나는 점을 각각 Q, R라고 하자. 점 P가 점 A부터 점 B까지 움직일 때, 삼각형 PQR에 의하여 생기는 입체의 부피를 구하여라.

18-2 곡선 $y=e^{ax}-x$가 x축에 접할 때, 이 곡선과 x축, y축으로 둘러싸인 도형을 P라고 하자. 도형 P를 밑면으로 하는 입체를 x축에 수직인 평면으로 자른 단면이 모두 정삼각형일 때, 이 입체의 부피를 구하여라.

18-3 $0<k<1$일 때, 오른쪽 그림과 같이 곡선 $y=\sin x-k$와 세 직선 $x=0$, $x=\pi$, $y=0$으로 둘러싸인 도형(점 찍은 부분)을 밑면으로 하는 입체를 x축에 수직인 평면으로 자른 단면은 모두 정사각형이다. 이 입체의 부피가 최소가 되는 상수 k의 값을 구하여라.

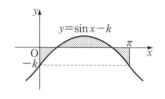

18-4 $0<t<1$인 실수 t에 대하여 곡선 $y=|x-1|\sqrt{x}$ (단, $t\le x\le t+1$)와 x축 및 두 직선 $x=t$, $x=t+1$로 둘러싸인 도형을 밑면으로 하는 입체를 x축에 수직인 평면으로 자른 단면은 모두 정사각형이다. 이 입체의 부피를 $V(t)$라고 할 때, $V(t)$가 최소가 되는 t의 값을 구하여라.

18-5 연속함수 $f(x)$가 모든 양수 x에 대하여
$$\int_0^x (x-t)\{f(t)\}^2 dt=6\int_0^1 x^3(x-t)^2 dt$$
를 만족시킨다. 곡선 $y=f(x)$와 직선 $x=1$ 및 x축, y축으로 둘러싸인 도형을 밑면으로 하는 입체를 x축에 수직인 평면으로 자른 단면이 모두 정사각형일 때, 이 입체의 부피를 구하여라.

18-6 다음 곡선과 x축으로 둘러싸인 도형을 x축 둘레로 회전시킨 입체의 부피를 구하여라.
  (1) $y=x^4-2x^2+1$ (2) $y=x-2\sqrt{x}$ (3) $y=e^x\sqrt{1-x^2}$

18-7 다음 곡선과 직선으로 둘러싸인 도형을 y축 둘레로 회전시킨 입체의 부피를 구하여라.
  (1) $y=\sqrt{x}+1$, $y=2$, $x=0$ (2) $y=\ln(2-x)$, $y=0$, $x=0$

18-8 구간 $[0, 2\pi]$에서 곡선 $y=x+2\sin x$와 직선 $y=x$로 둘러싸인 도형을 x축 둘레로 회전시킨 입체의 부피를 구하여라.

18-9 제1사분면에서 두 곡선 $y=3-\dfrac{1}{2}x^2$, $x^2+y^2=9$와 x축으로 둘러싸인 도형을 y축 둘레로 회전시킨 입체의 부피를 구하여라.

18-10 오른쪽 그림은 반지름의 길이가 1인 반원이고, 현 AP, AQ와 지름 AB가 이루는 각의 크기는 각각 $\dfrac{\pi}{6}$, $\dfrac{\pi}{3}$이다. 이때, 현 AP, AQ와 호 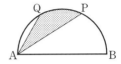 QP로 둘러싸인 도형을 지름 AB 둘레로 회전시킨 입체의 부피를 구하여라.

[실력] **18**-11 두 곡선 $y=x^2$, $y=-x^2+2x$로 둘러싸인 도형을 밑면으로 하는 입체를 x축에 수직인 평면으로 자른 단면이 모두 반원일 때, 이 입체의 부피를 구하여라.

18-12 밑면의 반지름의 길이가 r인 두 원기둥이 오른쪽 그림과 같이 서로 수직으로 만날 때, 겹쳐진 부분의 부피를 구하여라.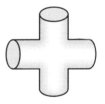

18-13 $f(x)=\displaystyle\int_0^x e^{-t}dt$이고, 점 A는 곡선 $y=f(x)$위의 x좌표가 1인 점이다. 곡선 $y=f(x)$와 점 A를 지나고 y축에 수직인 직선 및 y축으로 둘러싸인 도형을 밑면으로 하는 입체를 y축에 수직인 평면으로 자른 단면이 모두 정삼각형일 때, 이 입체의 부피를 구하여라.

18-14 어떤 입체를 xy평면으로 자른 단면은 두 곡선 $y=\cos x$와 $y=|\sin x|\left(단, -\dfrac{\pi}{4}\leq x\leq\dfrac{\pi}{4}\right)$로 둘러싸인 도형이고, y축에 수직인 평면으로 자른 단면은 모두 중심이 y축 위에 있는 원이다. 이 입체의 부피를 구하여라.

18-15 한 모서리의 길이가 2인 정육면체 ABCD-EFGH를 밑면의 대각선 AC 둘레로 회전시킬 때 생기는 입체의 부피를 구하여라.

18-16 곡선 $y=(x^2-3)^2$(단, $0\leq x\leq\sqrt{7}$)을 y축 둘레로 회전시켜 만들어진 곡면을 내면으로 하는 그릇에 물을 넣었더니 수면의 높이가 h가 되었다. 그릇에 들어 있는 물의 부피를 h로 나타내어라.

18-17 포물선 $y=x^2-1$과 x축으로 둘러싸인 도형을 직선 $y=3$ 둘레로 회전시킨 입체의 부피를 구하여라.

❶❾. 속도 · 거리와 적분

§ 1. 속도와 거리

기 본 정 석

속도와 거리

수직선 위를 움직이는 점 P의 시각 t에서의 속도가 $v(t)$일 때,

점 P가 $t=a$일 때부터 $t=b$일 때까지 움직이면

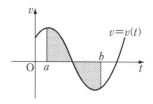

점 P의 위치의 변화량 $\Longrightarrow \int_a^b v(t)dt$

점 P가 움직인 거리 $\Longrightarrow \int_a^b \left| v(t) \right| dt$ ⇐ 점 찍은 부분의 넓이의 합

Advice 1° 속도와 거리

수직선 위를 움직이는 점 P의 시각 t에서의 위치 x가 $x=f(t)$일 때, 속도 $v(t)$는

$$v(t)=\frac{dx}{dt}=f'(t)$$

이므로

$$\int_{t_0}^t v(t)dt=f(t)-f(t_0)$$

이다. 이때, 시각 t_0에서의 점 P의 위치를 x_0이라고 하면 시각 t에서의 점 P의 위치 $f(t)$는

$$f(t)=f(t_0)+\int_{t_0}^t v(t)dt=x_0+\int_{t_0}^t v(t)dt$$

이다. 따라서 $t=a$일 때부터 $t=b$일 때까지 점 P의 위치의 변화량은

$$f(b)-f(a)=\left\{x_0+\int_{t_0}^b v(t)dt\right\}$$
$$-\left\{x_0+\int_{t_0}^a v(t)dt\right\}$$
$$=\int_a^b v(t)dt$$

이다.

미 분

위 치 ⟶ 속 도

적 분

이제 구간 $[a,\ b]$에서 $v(t)$의 부호가 바뀌는 경우에 대하여 알아보자.

이를테면 $t=0$일 때 원점을 출발하여 수직선 위를 움직이는 점 P의 시각 t초에서의 속도가 $v(t)=6-t$로 주어질 때를 생각해 보자.

(ⅰ) $0\le t\le 6$일 때, 곧 처음 6초 동안은 $v(t)\ge 0$이므로 점 P는 양의 방향으로 움직이고, 6초일 때의 점 P의 위치는

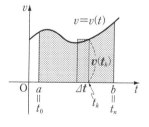

$$\int_0^6 v(t)dt=\int_0^6 (6-t)dt=18$$

이므로 점 P는 오른쪽 그림의 점 A의 위치에 있게 된다. 또, 점 P가 움직인 거리는 18이다.

(ⅱ) $t\ge 6$일 때, 곧 6초 이후에는 $v(t)\le 0$이므로 점 P는 음의 방향으로 움직이게 된다. 이를테면 10초일 때의 점 P의 위치는

$$\int_0^{10} v(t)dt=\int_0^{10}(6-t)dt=10$$

이므로 점 P는 위의 그림의 점 B의 위치에 있게 된다.

또, 점 P가 움직인 거리는 18+8(=26)이다. 움직인 거리를 정적분을 써서 구할 때에는 $v(t)$의 절댓값(곧, 속력)을 생각하면 된다. 따라서

$$\int_0^{10}\big|v(t)\big|dt=\int_0^{10}|6-t|\,dt=\int_0^6(6-t)dt+\int_6^{10}(-6+t)dt=26$$

이다.

Advice 2° 구분구적법을 이용한 속도와 거리의 관계

속도와 거리의 관계를 앞에서 공부한 구분구적법을 이용하여 다음과 같이 생각할 수도 있다. ⇦ p. 282

속도가 일정할 때

(속도)×(시간)=(거리)

이다.

따라서 수직선 위를 움직이는 점 P의 시각 t에서의 속도가 $v(t)$일 때, $v(t)$가 연속이고 $v(t)\ge 0$이면 점 P가 움직인 거리는 다음과 같이 나타낼 수 있다.

거리 요소	⟹	거리 요소의 합	⟹	한없이 세분한 극한	=	거리
↓		↓		↓		↓
$v(t_k)\varDelta t$	⟹	$\displaystyle\sum_{k=1}^{n}v(t_k)\varDelta t$	⟹	$\displaystyle\lim_{n\to\infty}\sum_{k=1}^{n}v(t_k)\varDelta t$	=	$\displaystyle\int_a^b v(t)dt$

필수 예제 19-1   수직선 위를 움직이는 점 P의 시각 t에서의 속도 $v(t)$
는 $v(t)=(t^2-1)e^{-t}$이고, $t=0$일 때 점 P는 원점에 있다.
(1) $v(t)$가 최소가 되는 시각 t를 구하여라.
(2) $t=-1$일 때의 점 P의 위치를 구하여라.
(3) $t=-2$일 때부터 $t=2$일 때까지 점 P가 움직인 거리를 구하여라.

정석연구 점 P의 위치의 변화량과 점 P가 움직인 거리를 구분할 수 있어야
한다.
　오른쪽 그림과 같이 점 P가
A부터 D까지 움직였다고 할 때

　정석 점 P의 위치의 변화량($\overline{\mathrm{AD}}$) $\Longrightarrow \displaystyle\int_a^b v(t)dt$

　　　　점 P가 움직인 거리($\overline{\mathrm{AB}}+\overline{\mathrm{BC}}+\overline{\mathrm{CD}}$) $\Longrightarrow \displaystyle\int_a^b |v(t)|dt$

모범답안 (1) $v'(t)=2te^{-t}+(t^2-1)(-e^{-t})=-(t^2-2t-1)e^{-t}$
　　$v'(t)=0$에서　$t=1\pm\sqrt{2}$
　　증감을 조사하면 $v(t)$는 $t=1-\sqrt{2}$일 때 최소이다. 답 $t=1-\sqrt{2}$
(2) 시각 t에서의 점 P의 위치를 $x(t)$라고 하자.
　　$t=0$일 때 원점에 있으므로
$$x(-1)=0+\int_0^{-1}v(t)dt=\int_0^{-1}(t^2-1)e^{-t}dt=\left[-(t+1)^2e^{-t}\right]_0^{-1}$$
$$=1 \longleftarrow \boxed{답}$$
(3) 점 P가 움직인 거리를 l이라고 하면
$$l=\int_{-2}^2|v(t)|dt=\int_{-2}^2|t^2-1|e^{-t}dt \qquad \Leftarrow e^{-t}>0$$
$$=\int_{-2}^{-1}(t^2-1)e^{-t}dt+\int_{-1}^1(1-t^2)e^{-t}dt+\int_1^2(t^2-1)e^{-t}dt$$
$$=\left[-(t+1)^2e^{-t}\right]_{-2}^{-1}+\left[(t+1)^2e^{-t}\right]_{-1}^1+\left[-(t+1)^2e^{-t}\right]_1^2$$
$$=e^2+8e^{-1}-9e^{-2} \longleftarrow \boxed{답}$$

유제 **19**-1. 수직선 위를 움직이는 점 P의 시각 t에서의 속도 $v(t)$는
$v(t)=\sin\pi t+\cos\pi t$라고 한다.
(1) $t=0$일 때부터 $t=1$일 때까지 점 P의 위치의 변화량을 구하여라.
(2) $t=0$일 때부터 $t=1$일 때까지 점 P가 움직인 거리를 구하여라.
$\boxed{답}$ (1) $\dfrac{2}{\pi}$　(2) $\dfrac{2\sqrt{2}}{\pi}$

필수 예제 19-2 수직선 위를 움직이는 두 점 P_1, P_2의 시각 t에서의 속도 v_1, v_2는
$$v_1=\sin t, \qquad v_2=1-\cos t$$
라고 한다. 또, $t=0$일 때 두 점은 모두 원점에 있다.

선분 P_1P_2의 중점을 Q라고 할 때, 다음 물음에 답하여라.

(1) 시각 t에서의 점 Q의 속도 $v(t)$를 v_1, v_2로 나타내어라.

(2) 시각 t에서의 점 Q의 위치를 t로 나타내어라.

(3) $t=0$일 때부터 $t=2\pi$일 때까지 점 Q가 움직인 거리 l을 구하여라.

[모범답안] (1) 시각 t에서의 점 P_1, P_2, Q 의 위치를 각각 x_1, x_2, x 라고 하면

$x=\dfrac{1}{2}(x_1+x_2)$이므로

$$v(t)=\frac{dx}{dt}=\frac{d}{dt}\left\{\frac{1}{2}(x_1+x_2)\right\}=\frac{1}{2}\left(\frac{dx_1}{dt}+\frac{dx_2}{dt}\right)=\boldsymbol{\frac{1}{2}(v_1+v_2)}$$

(2) $v(t)=\dfrac{1}{2}(v_1+v_2)=\dfrac{1}{2}(\sin t+1-\cos t)$이므로

$$x=\int_0^t v(t)dt=\int_0^t \frac{1}{2}(\sin t-\cos t+1)dt$$

$$=\frac{1}{2}\Big[-\cos t-\sin t+t\Big]_0^t=\boldsymbol{\frac{1}{2}(-\cos t-\sin t+t+1)}$$

(3) $v(t)=\dfrac{1}{2}(\sin t-\cos t+1)=\dfrac{1}{2}\left\{\sqrt{2}\sin\left(t-\dfrac{\pi}{4}\right)+1\right\}$이므로

$$l=\int_0^{2\pi}\big|v(t)\big|dt=\frac{1}{2}\int_0^{2\pi}\left|\sqrt{2}\sin\left(t-\frac{\pi}{4}\right)+1\right|dt$$

$$=\frac{1}{2}\int_0^{\frac{3}{2}\pi}\left\{\sqrt{2}\sin\left(t-\frac{\pi}{4}\right)+1\right\}dt-\frac{1}{2}\int_{\frac{3}{2}\pi}^{2\pi}\left\{\sqrt{2}\sin\left(t-\frac{\pi}{4}\right)+1\right\}dt$$

$$=\frac{1}{2}\Big[-\sqrt{2}\cos\left(t-\frac{\pi}{4}\right)+t\Big]_0^{\frac{3}{2}\pi}-\frac{1}{2}\Big[-\sqrt{2}\cos\left(t-\frac{\pi}{4}\right)+t\Big]_{\frac{3}{2}\pi}^{2\pi}=\boldsymbol{\frac{\pi+4}{2}}$$

[유제] **19**-2. 수직선 위를 움직이는 두 점 P_1, P_2의 시각 t에서의 속도는 각각
$$v_1=-5t^2+4t+40, \qquad v_2=2t^2+14t+8$$
이라고 한다. 또, $t=0$일 때 두 점은 모두 원점에 있다.

선분 P_1P_2의 중점을 Q라고 할 때, 다음 물음에 답하여라.

(1) $t\geq0$에서 수직선의 양의 방향으로 점 Q가 원점에서 가장 멀어질 때의 시각 t를 구하여라.

(2) $t=0$일 때부터 $t=10$일 때까지 점 Q가 움직인 거리를 구하여라.

[답] (1) $t=8$ (2) **258**

필수 예제 **19**-3 수직선 위를 움직이는 두 점 A, B의 시각 t에서의 속도가 각각 $\sin t$, $\cos 2t$이고, $t=0$일 때 점 A는 원점에서, 점 B는 좌표가 1인 점에서 동시에 출발한다. 다음 물음에 답하여라.

(1) $0<t\le 2\pi$에서 점 A와 B가 만나는 횟수를 구하여라.

(2) $0<t\le 2\pi$에서 점 A와 B가 가장 멀어질 때의 시각 t를 구하여라. 또, 이때 두 점 사이의 거리를 구하여라.

[정석연구] 두 점 A, B의 처음 위치가 각각 x_1, x_2이고, 시각 t에서의 속도가 각각 v_A, v_B이면 시각 t에서의 두 점 A, B의 위치 x_A, x_B는 다음과 같다.

$$x_A=x_1+\int_0^t v_A\,dt, \quad x_B=x_2+\int_0^t v_B\,dt$$

[모범답안] (1) 시각 t에서의 두 점 A, B의 위치를 각각 x_A, x_B라고 하면

$$x_A=\int_0^t \sin t\,dt=1-\cos t, \quad x_B=1+\int_0^t \cos 2t\,dt=1+\frac{1}{2}\sin 2t$$

$x_A=x_B$에서 $1-\cos t=1+\frac{1}{2}\sin 2t$

$\therefore 1-\cos t=1+\sin t\cos t$ $\therefore \cos t(\sin t+1)=0$

$0<t\le 2\pi$에서 $t=\dfrac{\pi}{2}, \dfrac{3}{2}\pi$이므로 만나는 횟수는 **2** ←── 답

(2) $x_B-x_A=f(t)$라고 하면

$$f(t)=\frac{1}{2}\sin 2t+\cos t$$

$\therefore f'(t)=\cos 2t-\sin t$

$\qquad =(1-2\sin^2 t)-\sin t$

$\qquad =-(2\sin t-1)(\sin t+1)$

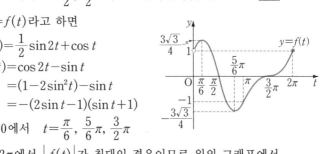

$f'(t)=0$에서 $t=\dfrac{\pi}{6}, \dfrac{5}{6}\pi, \dfrac{3}{2}\pi$

$0<t\le 2\pi$에서 $\left|f(t)\right|$가 최대인 경우이므로 위의 그래프에서

$t=\dfrac{\pi}{6}, \dfrac{5}{6}\pi$일 때, 두 점 사이의 거리는 $\dfrac{3\sqrt{3}}{4}$ ←── 답

Note (1)은 $f(t)=0$의 서로 다른 실근의 개수를 조사해도 된다.

[유제] **19**-3. $t=0$일 때 수직선 위의 원점 O에 있던 두 점 P, Q가 이 수직선 위를 동시에 움직이기 시작하여 시각 t에서의 두 점 P, Q의 속도는 각각 $\sin^2 t$, $\dfrac{1}{2}\sin t$라고 한다. $0\le t\le \pi$에서 두 점 P, Q 사이의 거리가 최대가 되는 시각 t를 구하여라.   답 $t=\dfrac{5}{6}\pi$

§2. 평면 위의 운동

1 곡선의 길이

함수 $f(x)$가 구간 $[a, b]$에서 미분가능하고 도함수 $f'(x)$가 연속이면 구간 $[a, b]$에서 곡선 $y=f(x)$의 길이 l은 다음과 같다.

$$l=\int_a^b \sqrt{1+\{f'(x)\}^2}\,dx$$

*Note $f(x)$가 구간 $[a, b]$를 포함하는 어떤 열린구간에서 미분가능하면 구간 $[a, b]$에서 미분가능하다고 한다.

2 평면 위의 운동

좌표평면 위를 움직이는 점 P의 시각 t에서의 위치 (x, y)가 $x=f(t)$, $y=g(t)$이고 구간 $[a, b]$에서 $f(t)$, $g(t)$가 연속인 도함수를 가지면 이 구간에서 점 P가 움직인 거리 l은 다음과 같다.

$$l=\int_a^b \sqrt{\left(\frac{dx}{dt}\right)^2+\left(\frac{dy}{dt}\right)^2}\,dt=\int_a^b \sqrt{\{f'(t)\}^2+\{g'(t)\}^2}\,dt$$

Advice 1° 곡선의 길이

구간 $[a, b]$에서 곡선 $y=f(x)$가 오른쪽과 같을 때, 곡선의 길이를 구하는 방법을 알아보자.

구간 $[a, b]$를 n등분한 점과 양 끝 점을
$$x_0(=a),\ x_1,\ x_2,\ \cdots,\ x_n(=b)$$
이라 하고, 이에 대응하는 곡선 위의 점을 각각 $P_0,\ P_1,\ P_2,\ \cdots,\ P_n$이라고 하자. 이때,

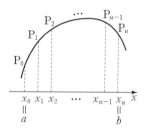

$$\overline{P_0P_1}+\overline{P_1P_2}+\overline{P_2P_3}+\cdots+\overline{P_{n-1}P_n}$$

······①

은 $n \longrightarrow \infty$일 때 곡선의 길이에 수렴한다.

한편 함수 $f(x)$가 닫힌구간 $[a, b]$에서 연속이고 열린구간 (a, b)에서 미분가능하면 평균값 정리에 의하여

$$\frac{f(x_k)-f(x_{k-1})}{x_k-x_{k-1}}=f'(t_k)$$

곧, $f(x_k)-f(x_{k-1})=f'(t_k)(x_k-x_{k-1})$

을 만족시키는 t_k가 구간 (x_{k-1}, x_k)에 존재한다.

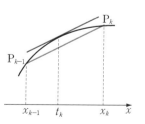

$$\therefore \ \overline{P_k P_{k-1}}^2 = (x_k - x_{k-1})^2 + \big\{ f(x_k) - f(x_{k-1}) \big\}^2$$
$$= (x_k - x_{k-1})^2 + \big\{ f'(t_k)(x_k - x_{k-1}) \big\}^2$$
$$= \big[1 + \big\{ f'(t_k) \big\}^2 \big] (x_k - x_{k-1})^2$$

$$\therefore \ \overline{P_k P_{k-1}} = \sqrt{ 1 + \big\{ f'(t_k) \big\}^2 } \, (x_k - x_{k-1})$$

따라서 ①은

$$\sum_{k=1}^{n} \overline{P_k P_{k-1}} = \sum_{k=1}^{n} \sqrt{ 1 + \big\{ f'(t_k) \big\}^2 } \, (x_k - x_{k-1}) \qquad \cdots\cdots ②$$

이다. 그런데 $f(x)$의 도함수가 구간 $[a,\ b]$에서 연속이면 $n \longrightarrow \infty$일 때 $t_k \longrightarrow x_k$이고 $f'(t_k) \longrightarrow f'(x_k)$이므로 ②의 극한값은

$$\int_a^b \sqrt{ 1 + \big\{ f'(x) \big\}^2 } \, dx$$

이고, 이 값이 구간 $[a,\ b]$에서 곡선 $y = f(x)$의 길이이다.

보기 1 $0 \le x \le 1$에서 직선 $y = 3x + 1$의 길이 l을 구하여라.

연구 $l = \int_0^1 \sqrt{ 1 + \left(\dfrac{dy}{dx} \right)^2 } \, dx = \int_0^1 \sqrt{ 1 + 3^2 } \, dx = \Big[\sqrt{10} \, x \Big]_0^1 = \sqrt{10}$

Advice   2°   평면 위의 운동

구간 $[a,\ b]$에서 연속인 도함수를 가지는 $f(t)$, $g(t)$에 대하여 $x = f(t)$, $y = g(t)$와 같이 매개변수 t로 나타낸 곡선을 생각하자.

$t = a$일 때 $x = f(a)$, $t = b$일 때 $x = f(b)$이므로 이 곡선의 길이 l은

$$l = \int_{f(a)}^{f(b)} \sqrt{ 1 + \left(\frac{dy}{dx} \right)^2 } \, dx = \int_a^b \sqrt{ 1 + \left(\frac{dy}{dt} \times \frac{dt}{dx} \right)^2 } \, \frac{dx}{dt} dt$$

그런데 $\dfrac{dx}{dt} = f'(t)$, $\dfrac{dy}{dt} = g'(t)$이므로

$$l = \int_a^b \sqrt{ \left(\frac{dx}{dt} \right)^2 + \left(\frac{dy}{dt} \right)^2 } \, dt = \int_a^b \sqrt{ \big\{ f'(t) \big\}^2 + \big\{ g'(t) \big\}^2 } \, dt$$

이고, 이것은 좌표평면 위를 움직이는 점 P의 시각 t에서의 위치 $(x,\ y)$가 $x = f(t)$, $y = g(t)$로 주어질 때, $t = a$일 때부터 $t = b$일 때까지 점 P가 움직인 거리와 같다.

보기 2 좌표평면 위를 움직이는 점 P의 시각 t에서의 위치 $(x,\ y)$가

$$x = t - 1, \qquad y = 3t - 2$$

일 때, $t = 1$일 때부터 $t = 2$일 때까지 점 P가 움직인 거리 l을 구하여라.

연구 $l = \int_1^2 \sqrt{ \left(\dfrac{dx}{dt} \right)^2 + \left(\dfrac{dy}{dt} \right)^2 } \, dt = \int_1^2 \sqrt{ 1^2 + 3^2 } \, dt = \Big[\sqrt{10} \, t \Big]_1^2 = \sqrt{10}$

필수 예제 19-4   다음 주어진 구간에서 곡선의 길이 l을 구하여라.

(1) $y=\dfrac{1}{2}(e^x+e^{-x})\ (-1\le x\le 1)$ (2) $y=\ln x\ (1\le x\le 2)$

정석연구 다음 **정석**을 이용한다.

정석 곡선 $y=f(x)\,(a\le x\le b)$의 길이 l은
$$l=\int_a^b \sqrt{1+\{f'(x)\}^2}\,dx=\int_a^b \sqrt{1+\left(\dfrac{dy}{dx}\right)^2}\,dx$$

모범답안 (1) $\dfrac{dy}{dx}=\dfrac{1}{2}(e^x-e^{-x})$이므로

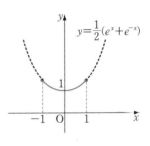

$$\begin{aligned}
l&=2\int_0^1 \sqrt{1+\left(\dfrac{dy}{dx}\right)^2}\,dx\\
&=2\int_0^1 \sqrt{1+\dfrac{1}{4}(e^x-e^{-x})^2}\,dx\\
&=2\int_0^1 \sqrt{\dfrac{1}{4}(4+e^{2x}-2+e^{-2x})}\,dx\\
&=\int_0^1 \sqrt{(e^x+e^{-x})^2}\,dx=\int_0^1 (e^x+e^{-x})\,dx\\
&=\Big[e^x-e^{-x}\Big]_0^1=(e-e^{-1})-(1-1)=e-\dfrac{1}{e}\ \longleftarrow \boxed{\text{답}}
\end{aligned}$$

(2) $\dfrac{dy}{dx}=\dfrac{1}{x}$이므로

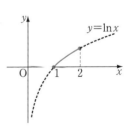

$$\begin{aligned}
l&=\int_1^2 \sqrt{1+\left(\dfrac{dy}{dx}\right)^2}\,dx=\int_1^2 \sqrt{1+\left(\dfrac{1}{x}\right)^2}\,dx\\
&=\int_1^2 \dfrac{\sqrt{x^2+1}}{x}\,dx=\int_1^2 \dfrac{\sqrt{x^2+1}}{x^2}x\,dx
\end{aligned}$$

$\sqrt{x^2+1}=t$ 라고 하면
$$x^2+1=t^2,\ x\,dx=t\,dt$$
$$\begin{aligned}
\therefore\ l&=\int_{\sqrt{2}}^{\sqrt{5}} \dfrac{t^2}{t^2-1}\,dt=\int_{\sqrt{2}}^{\sqrt{5}}\left\{1+\dfrac{1}{2}\left(\dfrac{1}{t-1}-\dfrac{1}{t+1}\right)\right\}dt\\
&=\left[t+\dfrac{1}{2}\ln\dfrac{t-1}{t+1}\right]_{\sqrt{2}}^{\sqrt{5}}=\sqrt{5}-\sqrt{2}+\ln\dfrac{(\sqrt{5}-1)(\sqrt{2}+1)}{2}\ \longleftarrow \boxed{\text{답}}
\end{aligned}$$

유제 **19**-4. 다음 주어진 구간에서 곡선의 길이를 구하여라.

(1) $y=\dfrac{a}{2}\left(e^{\frac{x}{a}}+e^{-\frac{x}{a}}\right)(0\le x\le a)$ (2) $y=\ln(1-x^2)\left(0\le x\le \dfrac{1}{2}\right)$

$\boxed{\text{답}}$ (1) $\dfrac{a}{2}\left(e-\dfrac{1}{e}\right)$ (2) $\ln 3-\dfrac{1}{2}$

필수 예제 **19**-5 $a>0$, $0\le t\le 2\pi$일 때, 매개변수 t로 나타낸 곡선
$$x=a(t-\sin t), \qquad y=a(1-\cos t)$$
의 길이를 구하여라.

[정석연구] 이 곡선의 개형은 p. 193, 320에서 그려 보았다. 여기에서는

정석 곡선 $x=f(t)$, $y=g(t)(a\le t\le b)$의 길이 l은
$$l=\int_a^b \sqrt{\left(\dfrac{dx}{dt}\right)^2+\left(\dfrac{dy}{dt}\right)^2}\, dt=\int_a^b \sqrt{\{f'(t)\}^2+\{g'(t)\}^2}\, dt$$

임을 이용하여 곡선의 길이를 구해 보자.

[모범답안] $\dfrac{dx}{dt}=a(1-\cos t)$, $\dfrac{dy}{dt}=a\sin t$

이므로 곡선의 길이를 l이라고 하면

$$\begin{aligned}
l&=\int_0^{2\pi} \sqrt{\left(\dfrac{dx}{dt}\right)^2+\left(\dfrac{dy}{dt}\right)^2}\, dt\\
&=\int_0^{2\pi} \sqrt{a^2(1-\cos t)^2+a^2\sin^2 t}\, dt\\
&=a\int_0^{2\pi} \sqrt{2(1-\cos t)}\, dt=a\int_0^{2\pi}\sqrt{4\sin^2\dfrac{t}{2}}\, dt=2a\int_0^{2\pi}\sin\dfrac{t}{2}\, dt\\
&=2a\left[-2\cos\dfrac{t}{2}\right]_0^{2\pi}=\boldsymbol{8a} \longleftarrow \boxed{답}
\end{aligned}$$

Advice | 이 문제는 『좌표평면 위를 움직이는 점 P의 시각 t에서의 위치 (x, y)가
$$x=a(t-\sin t), \qquad y=a(1-\cos t) \quad (단, \ a>0)$$
일 때, $t=0$일 때부터 $t=2\pi$일 때까지 점 P가 움직인 거리』를 구하는 것과 같다. 다음 **유제**도 마찬가지이다. ⇦ 필수 예제 **19**-6, 유제 **19**-6

[유제] **19**-5. 다음 주어진 구간에서 매개변수 t로 나타낸 곡선의 길이를 구하여라.

(1) $x=r\cos t$, $y=r\sin t$ $(0\le t\le 2\pi, \ r>0)$

(2) $x=2\cos^3 t$, $y=2\sin^3 t$ $(0\le t\le 2\pi)$

(3) $x=3\cos t+\cos 3t$, $y=3\sin t-\sin 3t$ $\left(0\le t\le\dfrac{\pi}{2}\right)$

(4) $x=t^3\cos\dfrac{3}{t}$, $y=t^3\sin\dfrac{3}{t}$ $(2\le t\le 3)$

(5) $x=\ln t$, $y=\dfrac{1}{2}\left(t+\dfrac{1}{t}\right)$ $\left(\dfrac{1}{e}\le t\le e\right)$

[답] (1) $\boldsymbol{2\pi r}$ (2) **12** (3) **6** (4) $\boldsymbol{10\sqrt{10}-5\sqrt{5}}$ (5) $\boldsymbol{e-\dfrac{1}{e}}$

필수 예제 **19**-6   좌표평면 위를 움직이는 점 P의 시각 t에서의 위치가 $(e^{-t}\cos t,\ e^{-t}\sin t)$일 때, 다음 물음에 답하여라.

(1) 시각 t에서의 점 P의 속력을 구하여라.

(2) $t=0$일 때부터 $t=a\,(a>0)$일 때까지 점 P가 움직인 거리 l을 구하여라.

(3) (2)에서 $a \longrightarrow \infty$일 때, l의 극한값을 구하여라.

정석연구 다음 **정석**을 이용한다.

정석 $t=a$일 때부터 $t=b$일 때까지 점 P$(x,\ y)$가 움직인 거리 l은

$$l=\int_a^b \sqrt{\left(\frac{dx}{dt}\right)^2+\left(\frac{dy}{dt}\right)^2}\,dt$$

모범답안 (1) $x=e^{-t}\cos t,\ y=e^{-t}\sin t$ 라고 하면

$$\frac{dx}{dt}=-e^{-t}(\sin t+\cos t),$$

$$\frac{dy}{dt}=-e^{-t}(\sin t-\cos t)$$

따라서 구하는 속력은

$$\sqrt{\left(\frac{dx}{dt}\right)^2+\left(\frac{dy}{dt}\right)^2}=\sqrt{(-e^{-t})^2\left\{(\sin t+\cos t)^2+(\sin t-\cos t)^2\right\}}$$
$$=\sqrt{2}\,e^{-t} \longleftarrow \boxed{답}$$

(2) $l=\int_0^a \sqrt{2}\,e^{-t}dt=\sqrt{2}\left[-e^{-t}\right]_0^a=\sqrt{2}\,(1-e^{-a}) \longleftarrow \boxed{답}$

(3) $\lim\limits_{a\to\infty}l=\lim\limits_{a\to\infty}\sqrt{2}\,(1-e^{-a})=\lim\limits_{a\to\infty}\sqrt{2}\left(1-\dfrac{1}{e^a}\right)=\sqrt{2} \longleftarrow \boxed{답}$

*$Note$ (2)는 $0\le t\le a$에서 곡선 $x=e^{-t}\cos t,\ y=e^{-t}\sin t$의 길이를 구하는 것과 같다. 다음 유제도 마찬가지이다.   ⇐ 필수 예제 **19**-5, 유제 **19**-5

유제 **19**-6. 좌표평면 위를 움직이는 점 P의 시각 t에서의 위치 $(x,\ y)$가 다음과 같을 때, 주어진 시간 동안 점 P가 움직인 거리를 구하여라.

(1) $x=2t^2+1,\ y=t^3$ ($t=0$부터 $t=1$까지)

(2) $x=-t+1,\ y=\dfrac{2}{3}t\sqrt{t}+1$ ($t=3$부터 $t=8$까지)

(3) $x=e^t\cos t,\ y=e^t\sin t$ ($t=0$부터 $t=2\pi$까지)

(4) $x=e^{-t}(\sin t+\cos t),\ y=e^{-t}(\sin t-\cos t)$ ($t=0$부터 $t=1$까지)

$\boxed{답}$ (1) $\dfrac{61}{27}$ (2) $\dfrac{38}{3}$ (3) $\sqrt{2}\,(e^{2\pi}-1)$ (4) $2\left(1-\dfrac{1}{e}\right)$

연습문제 19

[기본] **19**-1 수직선 위를 움직이는 점 P의 시각 t에서의 속도 $v(t)$는 $v(t)=30-3t-\sqrt{t}$ 라고 한다. $t=0$일 때부터 점 P의 속도가 0이 될 때까지 점 P가 움직인 거리를 구하여라.

19-2 수직선 위를 움직이는 점 P의 시각 t에서의 속도 $v(t)$는 $v(t)=\cos t+\cos 2t$이고, $t=0$일 때 점 P는 원점에 있다. 다음 물음에 답하여라.

(1) 시각 t에서의 점 P의 위치를 t로 나타내어라.

(2) $t=0$일 때부터 $t=\pi$일 때까지 점 P가 움직인 거리를 구하여라.

19-3 다음 주어진 구간에서 곡선의 길이를 구하여라.

(1) $y=x\sqrt{x}$ $(0 \leq x \leq 2)$ (2) $y=\dfrac{1}{3}(x^2+2)^{\frac{3}{2}}$ $(0 \leq x \leq 6)$

(3) $y=\ln(\sec x)$ $\left(0 \leq x \leq \dfrac{\pi}{4}\right)$ (4) $y=\dfrac{1}{4}x^2-\dfrac{1}{2}\ln x$ $(1 \leq x \leq 3)$

19-4 곡선 $9y^2=(x+5)^3$과 y축으로 둘러싸인 도형의 둘레의 길이를 구하여라.

19-5 실수 전체의 집합에서 이계도함수를 가지고 $f(0)=0$, $f(1)=\sqrt{3}$을 만족시키는 모든 함수 $f(x)$에 대하여 $\displaystyle\int_0^1 \sqrt{1+\{f'(x)\}^2}\,dx$의 최솟값을 구하여라.

19-6 $f(x)=\displaystyle\int_0^x \dfrac{x-t}{\cos^2 t}dt$ $\left(단, -\dfrac{\pi}{2}<x<\dfrac{\pi}{2}\right)$일 때, $0 \leq x \leq \dfrac{\pi}{6}$에서 곡선 $y=f(x)$의 길이를 구하여라.

19-7 곡선 $y=f(x)$ 위의 점 $(0,\,1)$부터 곡선 위의 임의의 점 $(x,\,y)$까지 곡선의 길이가 $e^{2x}+y-2$일 때, $f(x)$를 구하여라.

단, $f(x)$는 $x \geq 0$에서 정의되고, $x>0$에서 미분가능한 함수이다.

19-8 좌표평면 위를 움직이는 점 P의 시각 t(단, $t \geq 0$)에서의 위치 $(x,\,y)$가 $x=1+\dfrac{5}{4}t^2$, $y=1+t^{\frac{5}{2}}$일 때, 다음 물음에 답하여라.

(1) 점 P가 그리는 곡선의 접선의 기울기가 1이 되는 시각 t_0을 구하여라.

(2) (1)의 t_0에 대하여 $t=0$일 때부터 $t=t_0$일 때까지 점 P가 움직인 거리를 구하여라.

실력 **19**-9　$t=0$일 때 동시에 원점을 출발하여 수직선 위를 움직이는 점 P, Q의 시각 t에서의 속도가 각각 $\sin \pi t$, $2\sin 2\pi t$라고 한다.

　　원점을 출발한 후 처음으로 두 점이 만날 때까지 점 P, Q가 움직인 거리를 구하여라.

19-10　점 P가 좌표평면의 원점 O에서 x축의 양의 방향으로 출발하여 1초간 직선 운동을 하여 점 P_1에 와서 양의 방향으로 90° 회전하여 다시 1초간 직선 운동을 하여 점 P_2에 이른다. 이와 같이 매초마다 양의 방향으로 90° 회전하여 1초간 직선 운동을 계속한다. 점 P의 시각

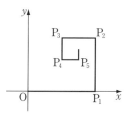

t에서의 속력을 e^{-t}이라고 할 때, 점 P의 x좌표의 극한값을 구하여라. 단, 회전하는 동안 걸리는 시간은 무시한다.

19-11　좌표평면 위의 점 P는 점 $(0, 1)$을 출발하여 매초 1의 속력으로 제1 사분면에 있는 곡선 $y=\dfrac{1}{2}(e^x+e^{-x})$ 위를 움직인다.

　　t초 후 점 P의 x좌표를 t로 나타내어라.

19-12　좌표평면 위에서 직선 g가 원 $x^2+y^2=1$과 점 $A(1, 0)$에서 접하고 있다. 직선 g가 원에 접하면서 미끄러지지 않게 시계 반대 방향으로 90° 회전할 때, 점 A와 일치해 있던 직선 g 위의 점 P가 그리는 곡선의 길이를 구하여라.

19-13　좌표평면 위를 움직이는 점 P의 시각 t에서의 위치 (x, y)가
$$x=\int_0^t \theta\cos\theta\,d\theta, \qquad y=\int_0^t \theta\sin\theta\,d\theta$$
일 때, 다음 물음에 답하여라. 단, O는 원점이다.

(1) $t=0$일 때부터 $t=2\pi$일 때까지 점 P가 움직인 거리를 구하여라.

(2) $0\le t\le 2\pi$일 때, 선분 OP의 길이의 최댓값을 구하여라.

19-14　실수 전체의 집합에서 이계도함수를 가지는 함수 $f(t)$에 대하여 좌표평면 위를 움직이는 점 P의 시각 t에서의 위치 (x, y)가
$$x=4\cos t, \qquad y=f(t)$$
이다. 점 P가 $t=0$일 때부터 $t=s\,(s>0)$일 때까지 움직인 거리는 $\dfrac{9}{2}s-\dfrac{\sin 2s}{4}$이고, $t=\pi$일 때 점 P의 속도는 $(0, 4)$이다. $t=\dfrac{\pi}{4}$일 때, 점 P의 가속도의 크기를 구하여라.

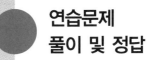

연습문제
풀이 및 정답

연습문제 풀이 및 정답

1-1. $\lim_{n\to\infty}\dfrac{(10n+1)b_n}{a_n}$

$=\lim_{n\to\infty}\left\{\dfrac{(n^2+1)b_n}{(n+1)a_n}\times\dfrac{(n+1)(10n+1)}{n^2+1}\right\}$

그런데

$\lim_{n\to\infty}\dfrac{(n+1)(10n+1)}{n^2+1}=10$

이므로 (준 식)$=\dfrac{7}{2}\times10=\mathbf{35}$

1-2. $b_n=\dfrac{1^2+2^2+3^2+\cdots+n^2}{1\times2+2\times3+3\times4+\cdots+n(n+1)}$

으로 놓으면

$b_n=\dfrac{\sum\limits_{k=1}^{n}k^2}{\sum\limits_{k=1}^{n}k(k+1)}$

$=\dfrac{\dfrac{1}{6}n(n+1)(2n+1)}{\dfrac{1}{6}n(n+1)(2n+1)+\dfrac{1}{2}n(n+1)}$

이므로 $\lim_{n\to\infty}b_n=1$

한편 $\dfrac{2a_n-1}{a_n+5}=b_n$에서

$2a_n-1=b_n(a_n+5)$

$\therefore a_n=\dfrac{1+5b_n}{2-b_n}$

$\therefore \lim_{n\to\infty}a_n=\lim_{n\to\infty}\dfrac{1+5b_n}{2-b_n}=\dfrac{1+5\times1}{2-1}=\mathbf{6}$

1-3. $(n+1)^2<n^2+3n+1<(n+2)^2$

이므로

$n+1<\sqrt{n^2+3n+1}<n+2$

따라서 $\sqrt{n^2+3n+1}$ 의 정수부분이

$n+1$이므로

$a_n=\sqrt{n^2+3n+1}-(n+1)$

$\therefore \lim_{n\to\infty}a_n=\lim_{n\to\infty}\left\{\sqrt{n^2+3n+1}-(n+1)\right\}$

$=\lim_{n\to\infty}\dfrac{n}{\sqrt{n^2+3n+1}+(n+1)}$

$=\lim_{n\to\infty}\dfrac{1}{\sqrt{1+\dfrac{3}{n}+\dfrac{1}{n^2}}+1+\dfrac{1}{n}}=\dfrac{1}{2}$

1-4. $x^2-(3n+1)x+a_n=0$의 판별식을

D_1이라고 하면

$D_1=(3n+1)^2-4a_n\geq0$

$\therefore a_n\leq\dfrac{(3n+1)^2}{4}$ ……①

$4x^2+(6n-4)x+a_n=0$의 판별식을

D_2라고 하면

$D_2/4=(3n-2)^2-4a_n<0$

$\therefore a_n>\dfrac{(3n-2)^2}{4}$ ……②

①, ②에서

$\dfrac{(3n-2)^2}{4}<a_n\leq\dfrac{(3n+1)^2}{4}$

$\therefore \dfrac{(3n-2)^2}{4n^2}<\dfrac{a_n}{n^2}\leq\dfrac{(3n+1)^2}{4n^2}$

이때,

$\lim_{n\to\infty}\dfrac{(3n-2)^2}{4n^2}=\lim_{n\to\infty}\dfrac{(3n+1)^2}{4n^2}=\dfrac{9}{4}$

이므로 $\lim_{n\to\infty}\dfrac{a_n}{n^2}=\dfrac{\mathbf{9}}{\mathbf{4}}$

1-5. $\dfrac{6n}{x}=-\dfrac{1}{n}x+5$에서

$x^2-5nx+6n^2=0$

$\therefore (x-2n)(x-3n)=0$

$\therefore x=2n,\ 3n$

따라서 두 교점의 좌표가

$(2n,\ 3),\ (3n,\ 2)$

이므로

$l_n=\sqrt{(3n-2n)^2+(2-3)^2}=\sqrt{n^2+1}$

$$\therefore \lim_{n\to\infty}(l_{n+2}-l_n)$$

$$=\lim_{n\to\infty}\left(\sqrt{(n+2)^2+1}-\sqrt{n^2+1}\right)$$

$$=\lim_{n\to\infty}\left(\sqrt{n^2+4n+5}-\sqrt{n^2+1}\right)$$

$$=\lim_{n\to\infty}\frac{4n+4}{\sqrt{n^2+4n+5}+\sqrt{n^2+1}}$$

$$=\lim_{n\to\infty}\frac{4+\dfrac{4}{n}}{\sqrt{1+\dfrac{4}{n}+\dfrac{5}{n^2}}+\sqrt{1+\dfrac{1}{n^2}}}=\mathbf{2}$$

1-**6**.

$$y=\frac{1}{2n}x+\frac{1}{4n}\text{에서}$$

$$y=0\text{일 때}\quad x=-\frac{1}{2}$$

$$y=1\text{일 때}\quad x=2n-\frac{1}{2}=(2n-1)+\frac{1}{2}$$

따라서 두 그래프의 교점의 개수는

$$-1\le x\le1\text{에서}\ \ 2$$
$$1<x\le3\text{에서}\ \ 2$$
$$\cdots$$
$$2n-3<x\le2n-1\text{에서}\ \ 2$$
$$2n-1<x\le(2n-1)+\frac{1}{2}\text{에서}\ \ 1$$

이므로 $a_n=2n+1$

$$\therefore \lim_{n\to\infty}\frac{a_n}{n}=\lim_{n\to\infty}\frac{2n+1}{n}=\mathbf{2}$$

1-**7**. 수열 $\{x^n(x-2)^n\}$은 공비가
$x(x-2)$인 등비수열이므로 수렴하기 위한 조건은 $-1<x(x-2)\le1$
$x(x-2)>-1$에서 $x^2-2x+1>0$
$$\therefore (x-1)^2>0 \quad \therefore x\ne1 \quad\cdots\cdots①$$
$x(x-2)\le1$에서 $x^2-2x-1\le0$
$$\therefore 1-\sqrt{2}\le x\le1+\sqrt{2} \quad\cdots\cdots②$$
①, ②에서
$$\mathbf{1-\sqrt{2}\le x<1,\ 1<x\le1+\sqrt{2}}$$

1-**8**. $20^n=2^{2n}\times5^n$이므로

$$T(n)=(1+2+2^2+\cdots+2^{2n})$$
$$\times(1+5+5^2+\cdots+5^n)$$

$$=\frac{2^{2n+1}-1}{2-1}\times\frac{5^{n+1}-1}{5-1}$$

$$=\frac{1}{2^2}(2^{2n+1}-1)(5^{n+1}-1)$$

$$\therefore \lim_{n\to\infty}\frac{T(n)}{20^n}=\lim_{n\to\infty}\frac{(2^{2n+1}-1)(5^{n+1}-1)}{2^2\times2^{2n}\times5^n}$$

$$=\lim_{n\to\infty}\frac{1}{2^2}\left(2-\frac{1}{2^{2n}}\right)\left(5-\frac{1}{5^n}\right)$$

$$=\frac{\mathbf{5}}{\mathbf{2}}$$

1-**9**. n회 시행 후 물과 알코올 양의 합을
a_n, 알코올의 양을 b_n이라고 하면

$$a_{n+1}=\frac{1}{2}a_n+400,\ a_1=900 \quad\cdots①$$

$$b_{n+1}=\frac{1}{2}b_n+100,\ b_1=100 \quad\cdots②$$

①에서 $a_{n+1}-800=\dfrac{1}{2}(a_n-800)$

$$\therefore a_n-800=(a_1-800)\left(\frac{1}{2}\right)^{n-1}$$

$$\therefore a_n=800+100\times\left(\frac{1}{2}\right)^{n-1}$$

②에서 $b_{n+1}-200=\dfrac{1}{2}(b_n-200)$

$$\therefore b_n-200=(b_1-200)\left(\frac{1}{2}\right)^{n-1}$$

$$\therefore b_n=200-100\times\left(\frac{1}{2}\right)^{n-1}$$

따라서 구하는 농도의 극한값은

$$\lim_{n\to\infty}\left(\frac{b_n}{a_n}\times100\right)=\frac{200}{800}\times100=\mathbf{25\,(\%)}$$

1-**10**. (준 식)$=\lim_{n\to\infty}\left[5^n\left\{\left(\frac{2}{5}\right)^n+\left(\frac{3}{5}\right)^n+1\right\}\right]^{\frac{1}{n}}$

$$=\lim_{n\to\infty}5\left\{\left(\frac{2}{5}\right)^n+\left(\frac{3}{5}\right)^n+1\right\}^{\frac{1}{n}}$$

$a_n=\left(\dfrac{2}{5}\right)^n+\left(\dfrac{3}{5}\right)^n+1$로 놓으면

$$1<a_n<3 \quad \therefore 1^{\frac{1}{n}}<a_n^{\frac{1}{n}}<3^{\frac{1}{n}}$$

$\lim_{n\to\infty}1^{\frac{1}{n}}=\lim_{n\to\infty}3^{\frac{1}{n}}=1$이므로 $\lim_{n\to\infty}a_n^{\frac{1}{n}}=1$

$\therefore$ (준 식)$=5\times1=\mathbf{5}$

Note 지수함수는 연속함수이므로
$\lim\limits_{n\to\infty}x_n=\alpha$일 때 $\lim\limits_{n\to\infty}a^{x_n}=a^{\alpha}$

1-11. $S_n=\sum\limits_{k=1}^{n}(a_{k+1}-a_k)^2=2\left(1-\dfrac{1}{9^n}\right)$

로 놓으면 $n\geq2$일 때

$$(a_{n+1}-a_n)^2=S_n-S_{n-1}$$
$$=2\left(1-\dfrac{1}{9^n}\right)-2\left(1-\dfrac{1}{9^{n-1}}\right)$$
$$=\dfrac{16}{9^n}$$

한편 $(a_2-a_1)^2=S_1=2\left(1-\dfrac{1}{9}\right)=\dfrac{16}{9}$

이므로

$$(a_{n+1}-a_n)^2=\dfrac{16}{9^n} \ (n=1, 2, 3, \cdots)$$

$a_{n+1}>a_n$이므로 $a_{n+1}-a_n=\dfrac{4}{3^n}$

n에 1, 2, 3, $\cdots$, $n-1$을 대입하고
변변 더하면

$$a_n-a_1=\dfrac{4}{3}+\dfrac{4}{3^2}+\dfrac{4}{3^3}+\cdots+\dfrac{4}{3^{n-1}}$$

$$\therefore a_n=a_1+\dfrac{\dfrac{4}{3}\left\{1-\left(\dfrac{1}{3}\right)^{n-1}\right\}}{1-\dfrac{1}{3}}$$

$$=10+2\left\{1-\left(\dfrac{1}{3}\right)^{n-1}\right\}$$

$$\therefore \lim\limits_{n\to\infty}a_n=\mathbf{12}$$

1-12. (1) 수학적 귀납법을 이용한다.

(i) $n=1$일 때 $a_1=\dfrac{1}{2}$이므로 성립한다.

(ii) $n=k\,(k\geq1)$일 때 성립한다고 가정
하면

$$0<a_k<1 \quad \therefore \ 2<3-a_k<3$$
$$\therefore \ \dfrac{2}{3}<\dfrac{2}{3-a_k}<1 \quad \therefore \ \dfrac{2}{3}<a_{k+1}<1$$

따라서 $n=k+1$일 때에도 성립
한다.

(i), (ii)에 의하여 모든 자연수 n에 대
하여 $0<a_n<1$

(2) $1-a_{n+1}=1-\dfrac{2}{3-a_n}=\dfrac{1-a_n}{3-a_n}$

$0<a_n<1$이므로 $3-a_n>2$

$$\therefore \ 1-a_{n+1}<\dfrac{1}{2}(1-a_n) \quad \cdots\cdots\text{①}$$

(3) $1-a_n>0$이므로 ①의 n에 1, 2, 3,
$\cdots$, $n-1$을 대입하고 변변 곱하면

$$1-a_n<\left(\dfrac{1}{2}\right)^{n-1}(1-a_1)=\left(\dfrac{1}{2}\right)^n$$

$$\therefore \ 1-\left(\dfrac{1}{2}\right)^n<a_n<1 \ (n\geq2)$$

이때, $\lim\limits_{n\to\infty}\left\{1-\left(\dfrac{1}{2}\right)^n\right\}=\lim\limits_{n\to\infty}1=1$

이므로 $\lim\limits_{n\to\infty}a_n=\mathbf{1}$

1-13. $g(n)=|\,nf(a)-1\,|-nf(a)$
로 놓자.

$nf(a)-1\geq0$이면

$$g(n)=nf(a)-1-nf(a)=-1$$

이므로 $\lim\limits_{n\to\infty}\dfrac{g(n)}{2n+3}=0$이 되어 조건을 만
족시키지 않는다.

따라서 $nf(a)<1$이고, 이때

$$\lim\limits_{n\to\infty}\dfrac{g(n)}{2n+3}=\lim\limits_{n\to\infty}\dfrac{-2nf(a)+1}{2n+3}$$

이 값이 1이어야 하므로 $f(a)=-1$이
다. 따라서 가능한 a의 값의 개수는 **2**

1-14. 점 P_n의 x
좌표를 a_n이라고
하면 y좌표는 $a_n{}^2$
이다.

m이 0 또는 자
연수일 때, 직선
$P_{2m}P_{2m+1}$의 기울
기가 1이므로

$$\dfrac{(a_{2m+1})^2-a_{2m}{}^2}{a_{2m+1}-a_{2m}}=1$$

$$\therefore \ a_{2m+1}+a_{2m}=1 \quad \cdots\cdots\text{①}$$

또, 직선 $P_{2m+1}P_{2m+2}$의 기울기가 -1
이므로

$$\frac{(a_{2m+2})^2-(a_{2m+1})^2}{a_{2m+2}-a_{2m+1}}=-1$$

$$\therefore\ a_{2m+2}+a_{2m+1}=-1\ \cdots\cdots ②$$

②$-$①하면　$a_{2m+2}-a_{2m}=-2$

따라서 수열 $\{a_{2m}\}$은 첫째항이

$a_2=-2$, 공차가 -2인 등차수열이므로

$$a_{2m}=-2m$$

①에 대입하면　$a_{2m+1}=2m+1$

$$\therefore\ l_{2m}=\sqrt{2}\,|\,a_{2m+1}-a_{2m}\,|$$
$$=\sqrt{2}\,(4m+1)$$
$$l_{2m+1}=\sqrt{2}\,|\,a_{2m+2}-a_{2m+1}\,|$$
$$=\sqrt{2}\,(4m+3)$$

곧, $l_n=\sqrt{2}\,(2n+1)$이므로

$$\lim_{n\to\infty}\frac{l_n}{n}=\lim_{n\to\infty}\frac{\sqrt{2}\,(2n+1)}{n}=\mathbf{2\sqrt{2}}$$

1-15.

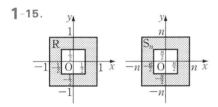

R는 위의 왼쪽 그림의 점 찍은 부분(경계 포함)이다.

R를 n배한 위의 오른쪽 그림의 점 찍은 부분(경계 포함)을 S_n이라 하고, S_n의 내부에 한 변의 길이가 1인 정사각형을 주어진 규칙에 따라 그릴 때, 가능한 정사각형의 개수의 최댓값은 a_n과 같다.

(ⅰ) a_{2n}: 두 직선 $x=n$과 $x=2n$ 사이에서 내부가 겹치지 않게 한 변의 길이가 1인 정사각형을 그리면 가로 방향으로 최대 n개가 가능하다.

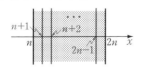

따라서 a_{2n}은 직선

$$x=k,\quad y=l$$
$$(\,|\,k\,|,\,|\,l\,|=n,\ n+1,\ \cdots,\ 2n)$$

이 만나서 생기는 정사각형의 개수와 같으므로

$$a_{2n}=(4n)^2-(2n)^2=12n^2$$

(ⅱ) a_{2n+1}: 두 직선 $x=\dfrac{2n+1}{2}$과 $x=2n+1$ 사이에서 내부가 겹치지 않게 한 변의 길이가 1인 정사각형을 그리면 가로 방향으로 최대

$$2n+1-\frac{2n+1}{2}=n+\frac{1}{2}\ (개)$$

가 가능하다.

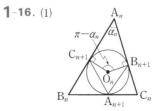

따라서 a_{2n+1}은 직선

$$x=k,\quad y=l$$
$$(\,|\,k\,|,\,|\,l\,|=n+1,\ n+2,\ \cdots,\ 2n+1)$$

이 만나서 생기는 정사각형의 개수와 같으므로

$$a_{2n+1}=(4n+2)^2-(2n+2)^2$$
$$=12n^2+8n$$

$$\therefore\ \lim_{n\to\infty}\frac{a_{2n+1}-a_{2n}}{a_{2n}-a_{2n-1}}$$

$$=\lim_{n\to\infty}\frac{12n^2+8n-12n^2}{12n^2-\{12(n-1)^2+8(n-1)\}}$$

$$=\lim_{n\to\infty}\frac{8n}{16n-4}=\frac{1}{2}$$

1-16. (1)

위의 그림에서 $\triangle A_nB_nC_n$의 내심을 O_n이라고 하면

$$\angle A_n B_{n+1} O_n = \angle A_n C_{n+1} O_n = \frac{\pi}{2}$$

$$\therefore \ \angle B_{n+1} O_n C_{n+1} = \pi - a_n$$

그런데

$$\angle B_{n+1} A_{n+1} C_{n+1} = \frac{1}{2} \angle B_{n+1} O_n C_{n+1}$$

이므로

$$a_{n+1} = -\frac{1}{2} a_n + \frac{\pi}{2}$$

$$\therefore \ a_{n+1} - \frac{\pi}{3} = -\frac{1}{2}\left(a_n - \frac{\pi}{3}\right)$$

$$\therefore \ a_n - \frac{\pi}{3} = \left(a_1 - \frac{\pi}{3}\right)\left(-\frac{1}{2}\right)^{n-1}$$

$$\therefore \ \boldsymbol{a_n = \left(a_1 - \frac{\pi}{3}\right)\left(-\frac{1}{2}\right)^{n-1} + \frac{\pi}{3}}$$

(2) $\displaystyle \lim_{n\to\infty} a_n = \frac{\pi}{3}$

2-1. 부분합을 S_n이라고 하자.

(1) 자연수 m에 대하여

$$S_{2m-1} = 1 - \frac{1}{2} + \frac{1}{2} - \frac{1}{3} + \frac{1}{3} - \cdots$$
$$- \frac{1}{m} + \frac{1}{m} = 1$$

$$S_{2m} = 1 - \frac{1}{2} + \frac{1}{2} - \frac{1}{3} + \frac{1}{3} - \cdots$$
$$- \frac{1}{m} + \frac{1}{m} - \frac{1}{m+1}$$
$$= 1 - \frac{1}{m+1}$$

$$\therefore \ \lim_{m\to\infty} S_{2m-1} = 1, \ \lim_{m\to\infty} S_{2m} = 1$$

따라서 1로 수렴한다.

(2) 자연수 m에 대하여

$$S_{2m-1} = 2 - \frac{3}{2} + \frac{3}{2} - \frac{4}{3} + \frac{4}{3} - \cdots$$
$$- \frac{m+1}{m} + \frac{m+1}{m} = 2$$

$$S_{2m} = 2 - \frac{3}{2} + \frac{3}{2} - \frac{4}{3} + \frac{4}{3} - \cdots$$
$$- \frac{m+1}{m} + \frac{m+1}{m} - \frac{m+2}{m+1}$$
$$= 2 - \frac{m+2}{m+1}$$

$$\therefore \ \lim_{m\to\infty} S_{2m-1} = 2, \ \lim_{m\to\infty} S_{2m} = 1$$

따라서 발산한다.

*__Note__ (2)로 주어진 급수와

$$\left(2 - \frac{3}{2}\right) + \left(\frac{3}{2} - \frac{4}{3}\right) + \cdots$$
$$+ \left(\frac{n+1}{n} - \frac{n+2}{n+1}\right) + \cdots \quad \cdots \text{①}$$

로 주어진 급수는 서로 다르다.

급수 ①에서는

$$S_n = \left(2 - \frac{3}{2}\right) + \left(\frac{3}{2} - \frac{4}{3}\right) + \cdots$$
$$+ \left(\frac{n+1}{n} - \frac{n+2}{n+1}\right)$$

로 놓으면

$$S_n = 2 - \frac{n+2}{n+1}$$

이므로 $\displaystyle \lim_{n\to\infty} S_n = 1$이다.

일반적으로 급수의 수렴과 발산을 조사할 때에는 특히 다음에 주의해야 한다.

(i) 적당히 괄호로 항을 묶어 풀면 안 된다. 곧, 결합법칙이 성립하지 않는 경우가 있다.

(ii) 항을 서로 바꾸어 풀면 안 된다. 곧, 교환법칙이 성립하지 않는 경우가 있다.

(예) 급수

$$1 - 1 + 1 - 1 + 1 - 1 + \cdots$$

에서는

$$S_1 = 1, \ S_2 = 0, \ S_3 = 1, \ S_4 = 0, \ \cdots$$

이므로 수열 $\{S_n\}$은 발산한다.

그러나 급수

$$(1-1) + (1-1) + (1-1) + \cdots$$

에서는

$$S_1 = 0, \ S_2 = 0, \ S_3 = 0, \ \cdots$$

이므로 수열 $\{S_n\}$은 0에 수렴한다.

2-2. 첫 번째 조건식에서

$$3n^2 + 1 < n(n+1)a_n \quad \therefore \ a_n > \frac{3n^2+1}{n(n+1)}$$

두 번째 조건식에서 $\ a_n < 3 - \dfrac{b_n}{2}$

$$\therefore \frac{3n^2+1}{n(n+1)} < a_n < 3 - \frac{b_n}{2}$$

이때, $\lim\limits_{n\to\infty} \dfrac{3n^2+1}{n(n+1)} = 3$ ······①

또, $\sum\limits_{n=1}^{\infty} b_n$ 이 수렴하므로 $\lim\limits_{n\to\infty} b_n = 0$

$$\therefore \lim_{n\to\infty}\left(3 - \frac{b_n}{2}\right) = 3 \quad ······②$$

①, ②에서 $\lim\limits_{n\to\infty} a_n = \mathbf{3}$

2-3. 직선의 방정식은 $y = \dfrac{1}{3}x + 1$이므로 x는 3의 배수이어야 한다. 곧, $x = 3k$를 대입하면 $y = k+1$이므로 k가 자연수이면 x, y좌표가 모두 자연수이다.

따라서
$$a_n = 3n, \quad b_n = n+1 \ (n = 1, 2, 3, \cdots)$$
이므로
$$\frac{1}{a_n b_n} = \frac{1}{3n(n+1)} = \frac{1}{3}\left(\frac{1}{n} - \frac{1}{n+1}\right)$$

$$\therefore \sum_{n=1}^{\infty} \frac{1}{a_n b_n} = \lim_{n\to\infty} \sum_{k=1}^{n} \frac{1}{a_k b_k}$$
$$= \frac{1}{3}\lim_{n\to\infty}\left(1 - \frac{1}{n+1}\right) = \frac{\mathbf{1}}{\mathbf{3}}$$

2-4. $4x^2 - 2x - 1 = 0$의 두 근은

$\dfrac{1\pm\sqrt{5}}{4}$ 이므로

$$-1 < \alpha < 1, \quad -1 < \beta < 1$$

따라서 $\sum\limits_{n=1}^{\infty} \alpha^n$과 $\sum\limits_{n=1}^{\infty} \beta^n$은 수렴한다.

$$\therefore (준\ 식) = \frac{1}{\alpha-\beta}\left(\sum_{n=1}^{\infty}\alpha^n - \sum_{n=1}^{\infty}\beta^n\right)$$
$$= \frac{1}{\alpha-\beta}\left(\frac{\alpha}{1-\alpha} - \frac{\beta}{1-\beta}\right)$$
$$= \frac{1}{\alpha-\beta} \times \frac{\alpha-\beta}{(1-\alpha)(1-\beta)}$$
$$= \frac{1}{1-(\alpha+\beta)+\alpha\beta}$$

이때, $\alpha+\beta = \dfrac{1}{2}$, $\alpha\beta = -\dfrac{1}{4}$이므로

$$(준\ 식) = \frac{1}{1 - \dfrac{1}{2} - \dfrac{1}{4}} = 4$$

2-5. $\sum\limits_{n=1}^{\infty} \dfrac{a}{6^{2n-1}}$, $\sum\limits_{n=1}^{\infty} \dfrac{b}{6^{2n}}$ 는 수렴하므로

$$\frac{1}{P} = \sum_{n=1}^{\infty}\left(\frac{a}{6^{2n-1}} + \frac{b}{6^{2n}}\right)$$
$$= \sum_{n=1}^{\infty}\frac{a}{6^{2n-1}} + \sum_{n=1}^{\infty}\frac{b}{6^{2n}}$$
$$= \frac{a/6}{1-(1/36)} + \frac{b/36}{1-(1/36)}$$
$$= \frac{6a+b}{35}$$

$$\therefore P = \frac{35}{6a+b}$$

P는 소수이므로

$6a+b = 5$ 또는 $6a+b = 7$

a와 b는 $0 \le a < 6$, $0 \le b < 6$인 정수이므로

$$a = 0, \ b = 5 \ 또는 \ a = 1, \ b = 1$$
$$\therefore \mathbf{P = 5, 7}$$

2-6.

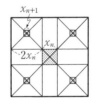

그림 R_n에서 새로 그려 색칠한 정사각형의 한 변의 길이를 x_n이라고 하면 위의 그림에서

$$x_{n+1} = 2x_n \times \frac{1}{5} = \frac{2}{5}x_n$$

따라서 그림 R_n에서 새로 색칠하는 정사각형과 그림 R_{n+1}에서 새로 색칠하는 정사각형의 닮음비가 $1 : \dfrac{2}{5}$이므로 넓이의 비는 $1 : \dfrac{4}{25}$이다.

또한 색칠하는 정사각형의 개수가 4배씩 늘어나므로 그림 R_n에서 새로 색칠하는 모든 정사각형의 넓이의 합을 a_n이라고 하면

$$a_{n+1} = 4 \times \frac{4}{25}a_n = \frac{16}{25}a_n$$

이때, $a_1=\left(10\times\dfrac{1}{5}\right)^2=4$이므로 수열 $\{a_n\}$은 첫째항이 4, 공비가 $\dfrac{16}{25}$인 등비수열이다.

$$\therefore \lim_{n\to\infty}S_n=\sum_{n=1}^{\infty}a_n=\frac{4}{1-(16/25)}=\boldsymbol{\frac{100}{9}}$$

2-7.

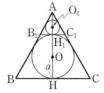

원 O와 변 BC의 접점을 H라 하고, 원 O의 반지름의 길이를 a라고 하면 원 O의 중심은 $\triangle$ABC의 무게중심이므로 위의 그림에서

$$\overline{\mathrm{AH}}=3a, \quad \overline{\mathrm{AH_1}}=a$$

따라서 원 O_1의 반지름의 길이는 원 O의 반지름의 길이의 $\dfrac{1}{3}$, 곧 $\dfrac{1}{3}a$이다.

같은 방법으로 계속하면 원의 반지름의 길이는

$$a, \ \frac{1}{3}a, \ \frac{1}{9}a, \ \cdots$$

이므로 모든 원의 둘레의 길이의 합은

$$2\pi\left\{a+3\left(\frac{1}{3}a+\frac{1}{9}a+\cdots\right)\right\}$$
$$=2\pi\left\{a+3\times\frac{(1/3)a}{1-(1/3)}\right\}=5\pi a$$

그런데 원 O의 둘레의 길이는 $2\pi a$이므로

$$5\pi a\div 2\pi a=\boldsymbol{2.5}(\text{배})$$

2-8. $0.\dot{a}, 0.\dot{b}, 0.\dot{c}$가 이 순서로 등비수열을 이루므로

$$(0.\dot{b})^2=0.\dot{a}\times 0.\dot{c}$$
$$\therefore \left(\frac{b}{9}\right)^2=\frac{a}{9}\times\frac{c}{9} \quad \therefore b^2=ac$$

a, b, c는 $1<c<b<a<9$인 정수이므로 $a=8, b=4, c=2$

따라서 첫째항이 $\dfrac{8}{9}$, 공비가 $\dfrac{1}{2}$인 등비수열이므로

$$\lim_{n\to\infty}S_n=\frac{8/9}{1-(1/2)}=\frac{16}{9}=\boldsymbol{1.\dot{7}}$$

2-9. 부분합을 S_n이라고 하자.

(1) $\dfrac{2^n}{2^{2n+1}-3\times 2^n+1}=\dfrac{2^n}{2\times(2^n)^2-3\times 2^n+1}$

$$=\frac{2^n}{(2^n-1)(2\times 2^n-1)}$$
$$=\frac{1}{2^n-1}-\frac{1}{2^{n+1}-1}$$

$$\therefore S_n=\sum_{k=1}^{n}\left(\frac{1}{2^k-1}-\frac{1}{2^{k+1}-1}\right)$$
$$=\frac{1}{2^1-1}-\frac{1}{2^{n+1}-1}$$
$$=1-\frac{1}{2^{n+1}-1}$$

$$\therefore (\text{준 식})=\lim_{n\to\infty}S_n=\boldsymbol{1}$$

(2) $\dfrac{n+2}{(n+3)!}=\dfrac{n+3-1}{(n+3)!}$

$$=\frac{n+3}{(n+3)!}-\frac{1}{(n+3)!}$$
$$=\frac{1}{(n+2)!}-\frac{1}{(n+3)!}$$

$$\therefore S_n=\sum_{k=1}^{n}\frac{k+2}{(k+3)!}$$
$$=\sum_{k=1}^{n}\left\{\frac{1}{(k+2)!}-\frac{1}{(k+3)!}\right\}$$
$$=\frac{1}{3!}-\frac{1}{(n+3)!}$$

$$\therefore (\text{준 식})=\lim_{n\to\infty}S_n=\frac{1}{3!}=\boldsymbol{\frac{1}{6}}$$

2-10. (1) 점화식의 n에 2, 3, $\cdots$, n을 대입하고 변변 더하면

$$\frac{1}{a_n}-\frac{1}{a_1}=\sum_{k=2}^{n}6(k^2+k)$$

이고,

$$(\text{우변})=6\left(\sum_{k=2}^{n}k^2+\sum_{k=2}^{n}k\right)$$
$$=2n(n+1)(n+2)-12$$

이므로

$$\frac{1}{a_n}=2n(n+1)(n+2)\ (n\ge 2)$$

또, $a_1=\dfrac{1}{12}$ 은 위의 식을 만족시킨다.

$$\therefore\ \boldsymbol{a_n=\dfrac{1}{2n(n+1)(n+2)}}$$
$$\boldsymbol{(n=1,\ 2,\ 3,\ \cdots)}$$

(2) $a_n=\dfrac{1}{2n(n+1)(n+2)}$

$$=\dfrac{1}{2\{(n+2)-n\}}$$
$$\times\left\{\dfrac{1}{n(n+1)}-\dfrac{1}{(n+1)(n+2)}\right\}$$
$$=\dfrac{1}{4}\left\{\dfrac{1}{n(n+1)}-\dfrac{1}{(n+1)(n+2)}\right\}$$

이므로 부분합 S_n은

$$S_n=\sum_{k=1}^{n}a_k$$
$$=\dfrac{1}{4}\left\{\dfrac{1}{1\times 2}-\dfrac{1}{(n+1)(n+2)}\right\}$$
$$\therefore\ \sum_{n=1}^{\infty}a_n=\lim_{n\to\infty}S_n=\dfrac{1}{4}\times\dfrac{1}{1\times 2}=\dfrac{1}{8}$$

2-11. $a_n=a_{n+2}-a_{n+1}$이므로

$$\dfrac{a_n}{a_{n+1}a_{n+2}}=\dfrac{a_{n+2}-a_{n+1}}{a_{n+1}a_{n+2}}$$
$$=\dfrac{1}{a_{n+1}}-\dfrac{1}{a_{n+2}}$$
$$\therefore\ \sum_{k=1}^{n}\dfrac{a_k}{a_{k+1}a_{k+2}}=\sum_{k=1}^{n}\left(\dfrac{1}{a_{k+1}}-\dfrac{1}{a_{k+2}}\right)$$
$$=\dfrac{1}{a_2}-\dfrac{1}{a_{n+2}}=\dfrac{1}{2}-\dfrac{1}{a_{n+2}}$$

그런데 수열 $\{a_n\}$은

$$a_1=1,\ a_2=2,\ a_{n+2}=a_{n+1}+a_n$$

이므로

$$a_{n+2}>a_{n+1}>a_n\text{이고}\ \ a_{n+2}>2a_n$$
$$\therefore\ \lim_{n\to\infty}\dfrac{1}{a_{n+2}}=0$$
$$\therefore\ (\text{준 식})=\lim_{n\to\infty}\left(\dfrac{1}{2}-\dfrac{1}{a_{n+2}}\right)=\dfrac{1}{2}$$

2-12. (1) $a_n=7+(n-1)\times 2$
$$=2n+5\qquad\cdots\cdots①$$

$$b_n=\dfrac{1}{3}\left(\dfrac{1}{3}\right)^{n-1}=\dfrac{1}{3^n}\ \cdots\cdots②$$

$$S_n=\sum_{k=1}^{n}a_kb_kc_k\text{로 놓으면 }n\ge 2\text{일 때}$$

$$a_nb_nc_n=S_n-S_{n-1}$$
$$=\dfrac{1}{3}(n+1)(n+2)(n+3)$$
$$-\dfrac{1}{3}n(n+1)(n+2)$$
$$=(n+1)(n+2)\qquad\cdots\cdots③$$

③에 ①, ②를 대입하고 정리하면

$$\boldsymbol{c_n=\dfrac{3^n(n+1)(n+2)}{2n+5}}\ (\boldsymbol{n=2,\ 3,\ 4,\ \cdots})$$

또, $S_1=a_1b_1c_1$에서　$\boldsymbol{c_1=\dfrac{24}{7}}$

(2) $\displaystyle\sum_{k=1}^{n}\dfrac{1}{c_k}=\dfrac{1}{c_1}+\sum_{k=2}^{n}\dfrac{1}{c_k}$

$$=\dfrac{7}{24}+\sum_{k=2}^{n}\dfrac{2k+5}{3^k(k+1)(k+2)}$$
$$=\dfrac{7}{24}+\sum_{k=2}^{n}\left\{\dfrac{1}{3^{k-1}(k+1)}-\dfrac{1}{3^k(k+2)}\right\}$$
$$=\dfrac{7}{24}+\dfrac{1}{9}-\dfrac{1}{3^n(n+2)}$$
$$\therefore\ \sum_{n=1}^{\infty}\dfrac{1}{c_n}=\lim_{n\to\infty}\sum_{k=1}^{n}\dfrac{1}{c_k}$$
$$=\dfrac{7}{24}+\dfrac{1}{9}=\dfrac{\boldsymbol{29}}{\boldsymbol{72}}$$

*$\boldsymbol{Note}$　$\dfrac{2k+5}{3^k(k+1)(k+2)}$

$$=\dfrac{a}{3^k(k+1)}+\dfrac{b}{3^k(k+2)}$$

로 놓으면

$$\dfrac{2k+5}{3^k(k+1)(k+2)}=\dfrac{(a+b)k+2a+b}{3^k(k+1)(k+2)}$$
$$\therefore\ a+b=2,\ 2a+b=5$$
$$\therefore\ a=3,\ b=-1$$

2-13. $S_n=\displaystyle\sum_{k=1}^{n}(k+1)^2(a_{k+1}-a_k)$

로 놓으면

$$S_n=\sum_{k=1}^{n}\left\{(k+1)^2a_{k+1}-(k+1)^2a_k\right\}$$
$$=\sum_{k=1}^{n}\left\{(k+1)^2a_{k+1}-k^2a_k-2ka_k-a_k\right\}$$

$$=\sum_{k=1}^{n}\left\{(k+1)^2 a_{k+1}-k^2 a_k\right\}$$
$$-2\sum_{k=1}^{n}k a_k-\sum_{k=1}^{n}a_k$$
$$=(n+1)^2 a_{n+1}-1^2 a_1$$
$$-2\sum_{k=1}^{n}k a_k-\sum_{k=1}^{n}a_k$$

문제의 조건에서
$$\lim_{n\to\infty}(n+1)^2 a_{n+1}=0,\quad a_1=1,$$
$$\lim_{n\to\infty}\sum_{k=1}^{n}k a_k=10,\quad \lim_{n\to\infty}\sum_{k=1}^{n}a_k=1$$
이므로
$$(준\ 식)=\lim_{n\to\infty}S_n$$
$$=0-1-2\times 10-1=\boldsymbol{-22}$$

2-14. (1) $[x]=n\,(n$은 정수)으로 놓으면
$$n\le x<n+1$$

(i) $n\le x<n+\dfrac{1}{2}$ 일 때
$$[x]=n,\quad \left[x+\frac{1}{2}\right]=n,$$
$$[2x]=2n$$
$$\therefore\ [x]+\left[x+\frac{1}{2}\right]=[2x]$$

(ii) $n+\dfrac{1}{2}\le x<n+1$ 일 때
$$[x]=n,\quad \left[x+\frac{1}{2}\right]=n+1,$$
$$[2x]=2n+1$$
$$\therefore\ [x]+\left[x+\frac{1}{2}\right]=[2x]$$

(i), (ii)에 의하여 주어진 등식은 성립한다.

(2) (1)에 의하여
$$\left[\frac{a}{2^n}\right]+\left[\frac{a}{2^n}+\frac{1}{2}\right]=\left[\frac{a}{2^{n-1}}\right]$$
$$\therefore\ \sum_{k=1}^{n}\left[\frac{a}{2^k}+\frac{1}{2}\right]$$
$$=\sum_{k=1}^{n}\left(\left[\frac{a}{2^{k-1}}\right]-\left[\frac{a}{2^k}\right]\right)$$
$$=[a]-\left[\frac{a}{2^n}\right]$$

$$\therefore\ \sum_{n=1}^{\infty}\left[\frac{a}{2^n}+\frac{1}{2}\right]=\lim_{n\to\infty}\sum_{k=1}^{n}\left[\frac{a}{2^k}+\frac{1}{2}\right]$$
$$=\lim_{n\to\infty}\left([a]-\left[\frac{a}{2^n}\right]\right)$$
$$=[a]=\boldsymbol{a}$$

2-15. 3^n을 분모로 하며, 0보다 크고 1보다 크지 않은 수는
$$\frac{1}{3^n},\ \frac{2}{3^n},\ \frac{3}{3^n},\ \cdots,\ \frac{3^n}{3^n}$$
이 중에서 기약분수가 아닌 수는
$$\frac{3\times 1}{3^n},\ \frac{3\times 2}{3^n},\ \frac{3\times 3}{3^n},\ \cdots,\ \frac{3\times 3^{n-1}}{3^n}$$
이므로
$$S_n=\frac{1}{3^n}\times\frac{3^n(1+3^n)}{2}-\frac{1}{3^n}\times\frac{3^{n-1}(3+3^n)}{2}$$
$$=\frac{3^n+3^{2n}-3^n-3^{2n-1}}{2\times 3^n}=3^{n-1}$$
$$\therefore\ \sum_{n=1}^{\infty}\frac{1}{S_n}=\sum_{n=1}^{\infty}\left(\frac{1}{3}\right)^{n-1}$$
$$=\frac{1}{1-(1/3)}=\frac{3}{2}$$

2-16. $\displaystyle\sum_{n=1}^{\infty}a_n,\ \sum_{n=1}^{\infty}b_n$의 공비를 각각 r, s라고 하면 $-1<r<1,\ -1<s<1$이고
$$\sum_{n=1}^{\infty}a_n=\frac{1}{1-r},\quad \sum_{n=1}^{\infty}b_n=\frac{1}{1-s}$$
$$\sum_{n=1}^{\infty}(a_n+b_n)=\frac{8}{3}$$ 이므로
$$\frac{1}{1-r}+\frac{1}{1-s}=\frac{8}{3}$$
$$\therefore\ 8rs-5(r+s)+2=0\quad\cdots\cdots①$$
$$\sum_{n=1}^{\infty}a_n b_n=\frac{4}{5}$$ 이므로 $$\frac{1}{1-rs}=\frac{4}{5}$$
$$\therefore\ rs=-\frac{1}{4}\quad\cdots\cdots②$$

①, ②를 연립하여 풀면
$$(r,\ s)=\left(\frac{1}{2},\ -\frac{1}{2}\right),\ \left(-\frac{1}{2},\ \frac{1}{2}\right)$$
$$\therefore\ (준\ 식)=\sum_{n=1}^{\infty}(a_n^2+2a_n b_n+b_n^2)$$
$$=\frac{1^2}{1-r^2}+2\times\frac{4}{5}+\frac{1^2}{1-s^2}$$

$$=\frac{1}{1-(1/4)}+\frac{8}{5}+\frac{1}{1-(1/4)}=\frac{64}{15}$$

2-17. (1) $a_1=\sqrt{5}=5^{\frac{1}{2}}$

$$a_2=\sqrt{5a_1}=\left(5\times5^{\frac{1}{2}}\right)^{\frac{1}{2}}=5^{\frac{1}{2}+\left(\frac{1}{2}\right)^2}$$

$$\cdots$$

$$a_n=5^{\frac{1}{2}+\left(\frac{1}{2}\right)^2+\left(\frac{1}{2}\right)^3+\cdots+\left(\frac{1}{2}\right)^n}=5^{1-\left(\frac{1}{2}\right)^n}$$

$$\therefore \lim_{n\to\infty}a_n=\mathbf{5}$$

***Note** 이 수열을 점화식으로 나타내면 $a_{n+1}=\sqrt{5a_n}$ 이다.

따라서 수열 $\{a_n\}$ 이 수렴한다는 사실을 미리 알고 있다면, $\lim\limits_{n\to\infty}a_n=\alpha$ 로 놓고 $\alpha=\sqrt{5\alpha}$ 를 풀어 $\alpha=5$ 를 얻을 수도 있다.

(2) 자연수 m에 대하여

(ⅰ) $n=2m$일 때

$$\log a_{2m}=\frac{1}{2}\log3+\frac{1}{2^2}\log5$$
$$+\frac{1}{2^3}\log3+\cdots+\frac{1}{2^{2m}}\log5$$
$$=\log3\sum_{i=1}^{m}\frac{1}{2^{2i-1}}+\log5\sum_{i=1}^{m}\frac{1}{2^{2i}}$$

$$\therefore \lim_{m\to\infty}\log a_{2m}=\log3\times\frac{1/2}{1-(1/4)}$$
$$+\log5\times\frac{1/4}{1-(1/4)}$$
$$=\frac{2}{3}\log3+\frac{1}{3}\log5$$
$$=\log\left(3^{\frac{2}{3}}\times5^{\frac{1}{3}}\right)$$

(ⅱ) $n=2m-1$일 때

$$\lim_{m\to\infty}\log a_{2m-1}$$
$$=\lim_{m\to\infty}\left(\log a_{2m}-\frac{1}{2^{2m}}\log5\right)$$
$$=\lim_{m\to\infty}\log a_{2m}$$

(ⅰ), (ⅱ)에서 $\lim\limits_{n\to\infty}a_n=3^{\frac{2}{3}}\times5^{\frac{1}{3}}=\sqrt[3]{45}$

2-18. $a=1$일 때 $\sum\limits_{n=1}^{\infty}\dfrac{n}{1^n}=\infty$이므로 $a\geq2$이다.

$$S_n=\frac{1}{a}+\frac{2}{a^2}+\frac{3}{a^3}+\cdots+\frac{n}{a^n}$$

으로 놓으면

$$\frac{1}{a}S_n=\frac{1}{a^2}+\frac{2}{a^3}+\frac{3}{a^4}+\cdots+\frac{n}{a^{n+1}}$$

$$\therefore \left(1-\frac{1}{a}\right)S_n=\frac{1}{a}+\frac{1}{a^2}+\frac{1}{a^3}$$
$$+\cdots+\frac{1}{a^n}-\frac{n}{a^{n+1}}$$

$$\therefore S_n=\frac{a}{a-1}\left(\frac{1-a^{-n}}{a-1}-\frac{n}{a^{n+1}}\right)$$

그런데 $\lim\limits_{n\to\infty}\dfrac{n}{a^{n+1}}=\lim\limits_{n\to\infty}\left(\dfrac{1}{a}\times\dfrac{n}{a^n}\right)=0$ 이므로

$$\lim_{n\to\infty}S_n=\frac{a}{(a-1)^2}$$

문제의 조건에서 $\dfrac{a}{(a-1)^2}=a$

$$\therefore (a-1)^2=1$$

$a\geq2$이므로 $\boldsymbol{a=2}$

2-19. 자연수 n에 대하여

$\overline{A_{n-1}A_n}=\left(\dfrac{1}{2}\right)^{n-2}$이므로

$$a_n=\left(\frac{1}{2}\right)^{n-2}\cos45°=\sqrt{2}\left(\frac{1}{2}\right)^{n-1}$$

이라고 하면

$$x_{2n}=(a_1+a_2)-(a_3+a_4)+(a_5+a_6)$$
$$-\cdots+(-1)^{n-1}(a_{2n-1}+a_{2n}),$$
$$x_{2n+1}=x_{2n}+(-1)^na_{2n+1}$$

여기에서 x_{2n}은 첫째항이

$a_1+a_2=\sqrt{2}+\dfrac{\sqrt{2}}{2}=\dfrac{3\sqrt{2}}{2}$, 공비가

$-\left(\dfrac{1}{2}\right)^2$인 등비수열의 첫째항부터 제 n 항까지의 합이므로

$$\lim_{n\to\infty}x_{2n}=\frac{3\sqrt{2}/2}{1-(-1/4)}=\frac{6\sqrt{2}}{5}$$

또, $\lim\limits_{n\to\infty}(-1)^na_{2n+1}=0$이므로

$$\lim_{n\to\infty}x_{2n+1}=\lim_{n\to\infty}x_{2n}$$

$$\therefore \lim_{n\to\infty}x_n=\frac{6\sqrt{2}}{5}$$

2-20.

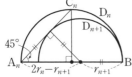

반원 D_n의 반지름의 길이를 r_n이라고 하면 $\overline{A_nB}=2r_n$이므로 위의 그림에서

$r_{n+1} : (2r_n - r_{n+1}) = 1 : \sqrt{2}$

$\therefore r_{n+1} = 2(\sqrt{2}-1)r_n$

$\therefore l_{n+1} = 2(\sqrt{2}-1)l_n$

$l_1 = 2\pi$이고 $-1 < 2(\sqrt{2}-1) < 1$이므로

$$\sum_{n=1}^{\infty} l_n = \frac{2\pi}{1-2(\sqrt{2}-1)} = 2(3+2\sqrt{2})\pi$$

2-21. 그림 C_n에서 새로 그린 원은 2^n개이고, 이 원의 넓이의 합을 a_n이라 하면

$$S_n = a_1 - a_2 + a_3 - a_4 + \cdots + (-1)^{n-1}a_n$$

한편 주어진 원과 그 내부에 그린 두 원을 생각할 때, 세 원의 반지름의 길이의 비가 $3:2:1$이므로 넓이의 비는 $9:4:1$이다.

$$\therefore a_{n+1} = \frac{5}{9}a_n$$

이때, $a_1 = \pi \times 3^2 \times \frac{5}{9} = 5\pi$이므로

$$\lim_{n \to \infty} S_n = 5\pi - 5\pi \times \frac{5}{9} + 5\pi \times \left(\frac{5}{9}\right)^2$$

$$-5\pi \times \left(\frac{5}{9}\right)^3 + \cdots$$

$$= \frac{5\pi}{1-(-5/9)} = \frac{45}{14}\pi$$

2-22.

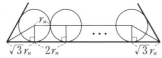

가장 아래 행에 n개의 원이 있을 때, 한 원의 반지름의 길이를 r_n이라고 하면

$$2(n-1)r_n + 2\sqrt{3}r_n = 2$$

$$\therefore r_n = \frac{1}{n-1+\sqrt{3}}$$

또, 원의 개수는 $\displaystyle\sum_{k=1}^{n} k = \frac{n(n+1)}{2}$

따라서 모든 원의 넓이의 합을 S_n이라고 하면

$$S_n = \frac{n(n+1)}{2} \times \pi \times r_n^2$$

$$= \frac{n(n+1)\pi}{2(n-1+\sqrt{3})^2}$$

$$\therefore \lim_{n \to \infty} S_n = \frac{\pi}{2}$$

2-23. 십의 자리 이상은 5로 나누어 떨어지므로 일의 자리 수를 5로 나눈 나머지만 생각하면 된다.

$a_1, a_2, a_3, \cdots$을 차례로 구하면

$a_1 = 4, \ a_2 = 0, \ a_3 = 3, \ a_4 = 2,$

$a_5 = 4, \ a_6 = 0, \ a_7 = 3, \ a_8 = 2,$

$\cdots\cdots$

와 같이 $4, 0, 3, 2$가 반복된다.

$$\therefore \sum_{n=1}^{\infty} \frac{a_n}{10^n} = \frac{4}{10} + \frac{0}{10^2} + \frac{3}{10^3} + \frac{2}{10^4}$$

$$+ \frac{4}{10^5} + \frac{0}{10^6} + \cdots$$

$$= 0.40324032\cdots$$

$$= 0.\dot{4}03\dot{2} = \frac{4032}{9999} = \frac{448}{1111}$$

2-24. $a_1 = \dfrac{10}{99} = \dfrac{10}{10^2-1}$,

$$a_2 = \frac{1000}{9999} = \frac{10^3}{10^4-1},$$

$$a_3 = \frac{100000}{999999} = \frac{10^5}{10^6-1},$$

$$\cdots,$$

$$a_n = \frac{10^{2n-1}}{10^{2n}-1}$$

$$\therefore (준 식) = \sum_{n=1}^{\infty} \left(\frac{10^{2n+2}-1}{10^{2n+1}} - \frac{10^{2n}-1}{10^{2n-1}} \right)$$

$$= \sum_{n=1}^{\infty} \frac{(10^{2n+2}-1)-10^2(10^{2n}-1)}{10^{2n+1}}$$

$$= \sum_{n=1}^{\infty} \frac{99}{10^{2n+1}}$$

$$= \frac{\frac{99}{1000}}{1-\frac{1}{100}} = \frac{1}{10}$$

3-1. $\overline{AB}=c$, $\overline{AC}=b$, $\overline{AD}=d$라 하자.

$$\triangle ABC = \frac{1}{2}bc\sin(\alpha+\beta)$$

$$\triangle ABD = \frac{1}{2}cd\sin\alpha$$
$$= \frac{1}{2}c(b\cos\beta)\sin\alpha$$
$$= \frac{1}{2}bc\sin\alpha\cos\beta$$

$$\triangle ADC = \frac{1}{2}db\sin\beta$$
$$= \frac{1}{2}(c\cos\alpha)b\sin\beta$$
$$= \frac{1}{2}bc\cos\alpha\sin\beta$$

한편 $\triangle ABC = \triangle ABD + \triangle ADC$
이므로

$$\frac{1}{2}bc\sin(\alpha+\beta) = \frac{1}{2}bc\sin\alpha\cos\beta$$
$$+ \frac{1}{2}bc\cos\alpha\sin\beta$$

$$\therefore \sin(\alpha+\beta) = \sin\alpha\cos\beta + \cos\alpha\sin\beta$$

3-2. (1) (준 식)$= \sin\left(\frac{4}{5}\pi + \frac{\pi}{5}\right)$
$$= \sin\pi = \mathbf{0}$$

(2) (준 식)$= \tan(20°+25°) = \tan 45° = \mathbf{1}$

(3) $\sin 165° = \sin(180°-15°) = \sin 15°$
$$= \sin(60°-45°)$$
$$= \sin 60°\cos 45° - \cos 60°\sin 45°$$
$$= \frac{\sqrt{6}-\sqrt{2}}{4}$$

$\cos 105° = \cos(60°+45°)$
$$= \cos 60°\cos 45° - \sin 60°\sin 45°$$
$$= \frac{\sqrt{2}-\sqrt{6}}{4}$$

$\tan 195° = \tan(180°+15°) = \tan 15°$
$$= \tan(60°-45°)$$
$$= \frac{\tan 60° - \tan 45°}{1 + \tan 60°\tan 45°}$$

$$= 2 - \sqrt{3}$$

$\therefore$ (준 식)$= (\sqrt{6}-\sqrt{2})$
$$+ 2(\sqrt{2}-\sqrt{6})$$
$$- \sqrt{2}(2-\sqrt{3})$$
$$= -\sqrt{2}$$

3-3. $\tan(x+y) = \dfrac{\tan x + \tan y}{1 - \tan x \tan y}$

여기에 주어진 조건을 대입하면

$$1 = \frac{5/6}{1-\tan x\tan y}$$

$$\therefore \tan x\tan y = \frac{1}{6}$$

따라서 $\tan x$, $\tan y$는 t에 관한 이차
방정식

$$t^2 - \frac{5}{6}t + \frac{1}{6} = 0, \ \ \text{곧}$$
$$(2t-1)(3t-1) = 0$$

의 두 근이고, $\tan x > \tan y$이므로

$$\boldsymbol{\tan x = \frac{1}{2},\ \ \tan y = \frac{1}{3}}$$

3-4. $g\left(\dfrac{1}{2}\right) = \alpha$, $g\left(\dfrac{1}{3}\right) = \beta$로 놓으면

$\tan\alpha = \dfrac{1}{2}$, $\tan\beta = \dfrac{1}{3}$이므로

$$\tan(\alpha+\beta) = \frac{\tan\alpha + \tan\beta}{1 - \tan\alpha\tan\beta}$$

$$= \frac{\frac{1}{2}+\frac{1}{3}}{1 - \frac{1}{2}\times\frac{1}{3}} = 1$$

$0 < \alpha < \dfrac{\pi}{2}$, $0 < \beta < \dfrac{\pi}{2}$이므로

$$\alpha + \beta = \frac{\pi}{4}$$

$$\therefore g\left(\frac{1}{2}\right) + g\left(\frac{1}{3}\right) = \alpha + \beta = \boldsymbol{\frac{\pi}{4}}$$

3-5.

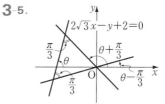

직선 $y=2\sqrt{3}\,x+2$가 x축의 양의 방향과 이루는 각의 크기를 θ라고 하면 $\tan\theta=2\sqrt{3}$이고, 구하는 두 직선의 기울기는

$$\tan\left(\theta+\frac{\pi}{3}\right),\ \tan\left(\theta-\frac{\pi}{3}\right)$$

이때,

$$\tan\left(\theta+\frac{\pi}{3}\right)=\frac{\tan\theta+\tan\dfrac{\pi}{3}}{1-\tan\theta\tan\dfrac{\pi}{3}}$$

$$=\frac{2\sqrt{3}+\sqrt{3}}{1-2\sqrt{3}\times\sqrt{3}}=-\frac{3\sqrt{3}}{5}$$

$$\tan\left(\theta-\frac{\pi}{3}\right)=\frac{\tan\theta-\tan\dfrac{\pi}{3}}{1+\tan\theta\tan\dfrac{\pi}{3}}$$

$$=\frac{2\sqrt{3}-\sqrt{3}}{1+2\sqrt{3}\times\sqrt{3}}=\frac{\sqrt{3}}{7}$$

$$\therefore\ \boldsymbol{y=-\frac{3\sqrt{3}}{5}x,\ y=\frac{\sqrt{3}}{7}x}$$

3-6.

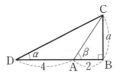

$\angle\mathrm{CDA}=\alpha,\ \angle\mathrm{CAB}=\beta$라고 하면

$$\tan(\angle\mathrm{DCA})=\tan(\beta-\alpha)$$

$$=\frac{\tan\beta-\tan\alpha}{1+\tan\beta\tan\alpha}$$

이때, $\tan\alpha=\dfrac{a}{6},\ \tan\beta=\dfrac{a}{2}$이므로

$$\frac{\dfrac{a}{2}-\dfrac{a}{6}}{1+\dfrac{a}{2}\times\dfrac{a}{6}}=\frac{4}{7}\quad\therefore\ \frac{4a}{12+a^2}=\frac{4}{7}$$

$$\therefore\ a^2-7a+12=0\quad\therefore\ \boldsymbol{a=3,\ 4}$$

3-7. 직각삼각형 $\mathrm{P_1OQ_1}$의 넓이가 $\dfrac{1}{4}$이고, $\overline{\mathrm{OP_1}}=1$이므로

$$\frac{1}{2}\times1\times\overline{\mathrm{P_1Q_1}}=\frac{1}{4}\quad\therefore\ \overline{\mathrm{P_1Q_1}}=\frac{1}{2}$$

$\angle\mathrm{Q_1OP_1}=\theta$라고 하면 $\tan\theta=\dfrac{1}{2}$

따라서 $0<\theta<\dfrac{\pi}{4}$이고, 점 $\mathrm{P_2}$가 제1사분면의 점이므로 아래 그림과 같다.

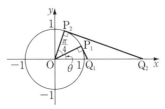

이때,

$$\tan(\angle\mathrm{Q_2OP_2})=\tan\left(\frac{\pi}{4}+\theta\right)$$

$$=\frac{\tan\dfrac{\pi}{4}+\tan\theta}{1-\tan\dfrac{\pi}{4}\tan\theta}=\frac{1+\dfrac{1}{2}}{1-1\times\dfrac{1}{2}}=3$$

직각삼각형 $\mathrm{P_2OQ_2}$에서 $\overline{\mathrm{OP_2}}=1$이므로

$$\overline{\mathrm{P_2Q_2}}=\overline{\mathrm{OP_2}}\times\tan\left(\frac{\pi}{4}+\theta\right)=3$$

$$\therefore\ \triangle\mathrm{P_2OQ_2}=\frac{1}{2}\times1\times3=\frac{3}{2}$$

3-8. (1) $y=3^{\cos x}3^{2\sin x}=3^{\cos x+2\sin x}$

그런데

$$\cos x+2\sin x=\sqrt{5}\sin(x+\alpha)$$

$$\left(\text{단},\ \cos\alpha=\frac{2}{\sqrt{5}},\ \sin\alpha=\frac{1}{\sqrt{5}}\right)$$

이므로

$$-\sqrt{5}\le\cos x+2\sin x\le\sqrt{5}$$

$$\therefore\ \text{최댓값}\ 3^{\sqrt{5}},\ \text{최솟값}\ 3^{-\sqrt{5}}$$

(2) $\sin x+\cos x=t$로 놓으면

$$\sin^2 x+2\sin x\cos x+\cos^2 x=t^2$$

$$\therefore\ \sin x\cos x=\frac{t^2-1}{2}$$

$$\therefore\ y=\sin x\cos x+\sin x+\cos x+1$$

$$=\frac{t^2-1}{2}+t+1=\frac{1}{2}(t+1)^2$$

한편 $t=\sqrt{2}\sin\left(x+\dfrac{\pi}{4}\right)$이므로

$$-\sqrt{2}\le t\le\sqrt{2}$$

따라서

$t=\sqrt{2}$ 일 때 최댓값 $\dfrac{3+2\sqrt{2}}{2}$,

$t=-1$일 때 최솟값 **0**

3-9. 외접원의 반지름의 길이가 2이므로 사인법칙으로부터

$$\overline{AB}=2\times2\sin C=4\sin C,$$
$$\overline{AC}=2\times2\sin B=4\sin B$$

이고, $B+C=120°$이므로

$$\overline{AB}+\overline{AC}=4\sin C+4\sin B$$
$$=4\sin C+4\sin(120°-C)$$
$$=4\sin C+4\sin120°\cos C$$
$$\qquad-4\cos120°\sin C$$
$$=6\sin C+2\sqrt{3}\cos C$$
$$=4\sqrt{3}\sin(C+30°)$$

따라서 $C+30°=90°$, 곧 $C=60°$일 때 최댓값은 $4\sqrt{3}$

Note $\triangle ABC$의 세 각 A, B, C의 크기를 각각 A, B, C로 나타내고, 그 대변 BC, CA, AB의 길이를 각각 a, b, c로 나타낸다.　　　⇦ 수학 I

3-10.

두 점 $A(0,\ 2)$, $B(2\sqrt{3},\ 0)$에서 기울기가 $\tan\theta$인 직선 l에 내린 수선의 발이 각각 A′, B′이므로

$$\overline{OA'}=\overline{OA}\cos\left(\frac{\pi}{2}-\theta\right)=2\sin\theta,$$
$$\overline{OB'}=\overline{OB}\cos\theta=2\sqrt{3}\cos\theta$$
$$\therefore\ \overline{OA'}+\overline{OB'}=2\sin\theta+2\sqrt{3}\cos\theta$$
$$=4\sin\left(\theta+\frac{\pi}{3}\right)$$

$0<\theta<\dfrac{\pi}{2}$이므로 $\sin\left(\theta+\dfrac{\pi}{3}\right)=1$일 때 $\overline{OA'}+\overline{OB'}$은 최대이다.

따라서 $\theta+\dfrac{\pi}{3}=\dfrac{\pi}{2}$에서 $\theta=\dfrac{\pi}{6}$

3-11. $\dfrac{\pi}{2}<x<\pi$일 때 $\cos x\neq0$이므로 양변을 $\cos^2x$로 나누면

$$6\tan^2x+\tan x-2=0$$
$$\therefore\ \tan x=-\frac{2}{3},\ \frac{1}{2}$$

$\dfrac{\pi}{2}<x<\pi$이므로 $\tan x=-\dfrac{2}{3}$

$$\therefore\ \sin2x+\cos2x \qquad\qquad ⇦ \text{p. 64}$$
$$=\frac{2\tan x}{1+\tan^2x}+\frac{1-\tan^2x}{1+\tan^2x}$$
$$=-\frac{12}{13}+\frac{5}{13}=-\frac{7}{13}$$

3-12. (1) $y=2\sin^3x$
$$\qquad+(2\sin x\cos x)\cos x+2\cos x$$
$$=2\sin x(\sin^2x+\cos^2x)+2\cos x$$
$$=2(\sin x+\cos x)$$
$$=2\sqrt{2}\sin\left(x+\frac{\pi}{4}\right)$$

$\therefore$ 최댓값 $2\sqrt{2}$, 최솟값 $-2\sqrt{2}$

(2) $y=1-2\sin^2x+2\sin x+1$
$$=-2\sin^2x+2\sin x+2$$

$\sin x=t$로 놓으면 $-1\leq t\leq1$이고,

$$y=-2t^2+2t+2$$
$$=-2\left(t-\frac{1}{2}\right)^2+\frac{5}{2}$$

따라서

$t=\dfrac{1}{2}$일 때 최댓값 $\dfrac{5}{2}$,

$t=-1$일 때 최솟값 -2

(3) $\sin x+\cos x=t$로 놓으면
$$t=\sqrt{2}\sin\left(x+\frac{\pi}{4}\right)$$

이므로 $-\sqrt{2}\leq t\leq\sqrt{2}$

또,
$$\sin^2x+2\sin x\cos x+\cos^2x=t^2$$

에서 $\sin2x=t^2-1$

$$\therefore\ y=2+2t-(t^2-1)$$
$$=-(t-1)^2+4$$

따라서

$t=1$일 때 최댓값 **4**,

$t=-\sqrt{2}$일 때 최솟값 $1-2\sqrt{2}$

(4) $y=\left(\dfrac{1-\cos 2x}{2}\right)^2+\sin 2x$

$\qquad\qquad +\left(\dfrac{1+\cos 2x}{2}\right)^2$

$\quad =\dfrac{1}{2}(1-\sin^2 2x)+\dfrac{1}{2}+\sin 2x$

$\quad =-\dfrac{1}{2}(\sin 2x-1)^2+\dfrac{3}{2}$

$-1\le\sin 2x\le 1$이므로

최댓값 $\dfrac{3}{2}$, 최솟값 $-\dfrac{1}{2}$

3-13. (준 식)$=(2\cos^2 x-1)$

$\qquad\qquad +(2\cos^2 y-1)$

$\quad =2\cos^2 x+2(1-\cos x)^2-2$

$\quad =4\cos^2 x-4\cos x$

$\cos x=t$로 놓으면 $0\le t\le 1$이고,

$\qquad\qquad (\because \cos x+\cos y=1)$

(준 식)$=4t^2-4t=4\left(t-\dfrac{1}{2}\right)^2-1$

따라서

$t=0,\ 1$일 때 **최댓값 0**,

$t=\dfrac{1}{2}$일 때 **최솟값** -1

3-14. 점 P에서 원에 접하는 직선이 x축

과 만나는 점을 Q라 하고, $\angle POQ=\theta$

라고 하면

$$\tan\theta=\dfrac{3}{2}$$

또, 원의 접선의 성질에서 $\overline{OQ}=\overline{PQ}$이

므로

$\qquad \angle OPQ=\angle POQ=\theta$

$\qquad \therefore \angle OQP=\pi-2\theta$

따라서 구하는 접선의 기울기는

$$\tan 2\theta=\dfrac{2\tan\theta}{1-\tan^2\theta}=\dfrac{2\times\dfrac{3}{2}}{1-\left(\dfrac{3}{2}\right)^2}=-\dfrac{12}{5}$$

3-15. 준 식을 $f(\theta)$라고 하면

$f(\theta)=\dfrac{1}{3+2(1-\cos 2\theta)}$

$\qquad\qquad +\dfrac{1}{3+2(1+\cos 2\theta)}$

$\quad =\dfrac{1}{5-2\cos 2\theta}+\dfrac{1}{5+2\cos 2\theta}$

$\quad =\dfrac{10}{25-4\cos^2 2\theta}$

$f(\theta)$는 분모가 최대일 때 최솟값을 가

지므로 $\cos 2\theta=0$일 때 최솟값은

$$\dfrac{10}{25}=\dfrac{2}{5}$$

Note 준 식을 통분하면

$\dfrac{(3+4\cos^2\theta)+(3+4\sin^2\theta)}{(3+4\sin^2\theta)(3+4\cos^2\theta)}$

$=\dfrac{6+4(\sin^2\theta+\cos^2\theta)}{9+12(\sin^2\theta+\cos^2\theta)+16\sin^2\theta\cos^2\theta}$

$=\dfrac{10}{21+4\sin^2 2\theta}$

따라서 $\sin^2 2\theta=1$일 때 최소이고,

최솟값은 $\dfrac{10}{21+4\times 1}=\dfrac{2}{5}$

3-16. (1) $\sin 2A\cot A=\sin 2B\cot B$

에서

$2\sin A\cos A\times\dfrac{\cos A}{\sin A}$

$\qquad\qquad =2\sin B\cos B\times\dfrac{\cos B}{\sin B}$

$\qquad \therefore \cos^2 A=\cos^2 B$ $\quad\cdots\cdots$①

$\therefore \dfrac{1+\cos 2A}{2}=\dfrac{1+\cos 2B}{2}$

$\therefore \cos 2A=\cos 2B$

$A+B<\pi$이므로 $A=B$

따라서 $a=b$인 이등변삼각형

Note ①에서 $\cos A=\pm\cos B$일 조

건을 찾아도 된다.

(2) 사인법칙에서 $\dfrac{b}{\sin B}=\dfrac{c}{\sin C}$

$\therefore b\sin C-c\sin B=0$

이때, 준 식에서 $a\ne 0$이므로

$\sin B \cos B - \sin C \cos C = 0$

$\therefore \sin 2B = \sin 2C$

$\therefore 2B = 2C$ 또는 $2B = 180° - 2C$

따라서 **$b = c$** 인 이등변삼각형

또는 **$A = 90°$** 인 직각삼각형

3-**17.** (1) $\cos^2 x - 4\sin^2 x \cos^2 x = 0$

$\therefore \cos^2 x (1 - 4\sin^2 x) = 0$

$\therefore \cos x = 0$ 또는 $\sin x = \dfrac{1}{2}, -\dfrac{1}{2}$

$0 \le x < 2\pi$ 이므로

$x = \dfrac{\pi}{2}, \dfrac{3}{2}\pi, \dfrac{\pi}{6}, \dfrac{5}{6}\pi, \dfrac{7}{6}\pi, \dfrac{11}{6}\pi$

(2) $\cos 2x - 2\sin 2x \cos 2x = 0$

$\therefore \cos 2x (1 - 2\sin 2x) = 0$

$\therefore \cos 2x = 0$ 또는 $\sin 2x = \dfrac{1}{2}$

$0 \le 2x \le \pi$ 이므로 $2x = \dfrac{\pi}{2}, \dfrac{\pi}{6}, \dfrac{5}{6}\pi$

$\therefore x = \dfrac{\pi}{4}, \dfrac{\pi}{12}, \dfrac{5}{12}\pi$

(3) $\dfrac{1 + \cos x}{2} - (1 - \cos^2 x) = 0$

$\therefore (\cos x + 1)(2\cos x - 1) = 0$

$\therefore \cos x = -1, \dfrac{1}{2}$

$0 \le x < 2\pi$ 이므로 $x = \pi, \dfrac{\pi}{3}, \dfrac{5}{3}\pi$

3-**18.** (1) $2\sin\left(x + \dfrac{\pi}{3}\right) \ge 1$

$\therefore \sin\left(x + \dfrac{\pi}{3}\right) \ge \dfrac{1}{2}$

$\dfrac{\pi}{3} \le x + \dfrac{\pi}{3} < \dfrac{7}{3}\pi$ 이므로

$\dfrac{\pi}{3} \le x + \dfrac{\pi}{3} \le \dfrac{5}{6}\pi, \dfrac{13}{6}\pi \le x + \dfrac{\pi}{3} < \dfrac{7}{3}\pi$

$\therefore \boldsymbol{0 \le x \le \dfrac{\pi}{2}, \dfrac{11}{6}\pi \le x < 2\pi}$

(2) $2\sin x \cos x - \sin x - 2\cos x + 1 \ge 0$

$\therefore (2\cos x - 1)(\sin x - 1) \ge 0$

$\sin x \le 1$ 이므로

$\sin x = 1$ 또는 $2\cos x - 1 \le 0$

$0 \le x < 2\pi$ 이므로

$x = \dfrac{\pi}{2}$ 또는 $\dfrac{\pi}{3} \le x \le \dfrac{5}{3}\pi$

$\therefore \boldsymbol{\dfrac{\pi}{3} \le x \le \dfrac{5}{3}\pi}$

3-**19.** $D/4 = (\sin\theta + \cos\theta)^2$

$\qquad\qquad - (3 - 2\sin\theta\cos\theta) \ge 0$

$\therefore \sin 2\theta \ge 1$

그런데 $-1 \le \sin 2\theta \le 1$ 이므로

$\sin 2\theta = 1$

$0 \le 2\theta < 4\pi$ 이므로 $2\theta = \dfrac{\pi}{2}, \dfrac{5}{2}\pi$

$\therefore \boldsymbol{\theta = \dfrac{\pi}{4}, \dfrac{5}{4}\pi}$

3-**20.** $x = \cos\theta + \sin\theta + 1$ ……①

$\qquad y = \cos\theta - \sin\theta + 2$ ……②

①에서 $(x-1)^2 = 1 + 2\sin\theta\cos\theta$

②에서 $(y-2)^2 = 1 - 2\sin\theta\cos\theta$

$\therefore (x-1)^2 + (y-2)^2 = 2$ ……③

한편 $x = \sqrt{2}\sin\left(\theta + \dfrac{\pi}{4}\right) + 1$ 이므로

$-\sqrt{2} + 1 \le x \le \sqrt{2} + 1$

이 범위에서 ③의 그래프는 아래 그림과 같다.

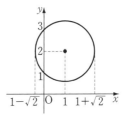

3-**21.** (1) $a_1 = \sin\dfrac{\pi}{12} = \sin\left(\dfrac{\pi}{3} - \dfrac{\pi}{4}\right)$

$\qquad = \sin\dfrac{\pi}{3}\cos\dfrac{\pi}{4} - \cos\dfrac{\pi}{3}\sin\dfrac{\pi}{4}$

$\qquad = \dfrac{\sqrt{6} - \sqrt{2}}{4}$

$a_{50} = \sin\dfrac{50}{12}\pi = \sin\left(4\pi + \dfrac{\pi}{6}\right)$

$\qquad = \sin\dfrac{\pi}{6} = \dfrac{1}{2}$

(2) $\displaystyle\sum_{k=1}^{24}\sin\frac{k}{12}\pi=\sum_{k=1}^{12}\left\{\sin\frac{k}{12}\pi\right.$

$\left.+\sin\left(\pi+\frac{k}{12}\pi\right)\right\}$

$=\displaystyle\sum_{k=1}^{12}\left(\sin\frac{k}{12}\pi-\sin\frac{k}{12}\pi\right)$

$=0$

$\therefore \displaystyle\sum_{k=1}^{96}\sin\frac{k}{12}\pi=4\sum_{k=1}^{24}\sin\frac{k}{12}\pi=0$

$\therefore \displaystyle\sum_{k=1}^{100}\sin\frac{k}{12}\pi=\sum_{k=97}^{100}\sin\frac{k}{12}\pi$

$=\displaystyle\sum_{k=1}^{4}\sin\frac{k}{12}\pi$

$=\dfrac{\sqrt{6}-\sqrt{2}}{4}+\dfrac{1}{2}+\dfrac{\sqrt{2}}{2}+\dfrac{\sqrt{3}}{2}$

$=\boldsymbol{\dfrac{2+\sqrt{2}+2\sqrt{3}+\sqrt{6}}{4}}$

3-22. $\tan(\alpha+\beta)=\tan\dfrac{\pi}{4}=1$이므로

$\dfrac{\tan\alpha+\tan\beta}{1-\tan\alpha\tan\beta}=1$

$\tan\alpha+\tan\beta=k$로 놓으면

$\tan\alpha\tan\beta=1-k$

따라서 $\tan\alpha$, $\tan\beta$는 이차방정식

$f(x)=x^2-kx+1-k=0 \quad\cdots\cdots$①

의 두 근이다.

한편 문제의 조건에서

$0\leq\tan\alpha\leq1,\ 0\leq\tan\beta\leq1$

이므로

$D=k^2-4(1-k)\geq0$,

$f(0)=1-k\geq0,\ f(1)=2-2k\geq0$,

축 : $0\leq\dfrac{k}{2}\leq1$

$\therefore 2(\sqrt{2}-1)\leq k\leq1$

따라서 구하는 최솟값은 $\boldsymbol{2(\sqrt{2}-1)}$

이때, ①은 중근을 가지므로

$\tan\alpha=\tan\beta$, 곧 $\alpha=\beta$이고,

$\alpha+\beta=\dfrac{\pi}{4}$이므로 $\boldsymbol{\alpha=\dfrac{\pi}{8}}$, $\boldsymbol{\beta=\dfrac{\pi}{8}}$

3-23. 정삼각형 ABC의 세 꼭짓점의 좌표를

$A(x_1,\ x_1{}^2)$, $B(x_2,\ x_2{}^2)$, $C(x_3,\ x_3{}^2)$

이라고 하자. 이때, $x_1<x_2$라고 해도 일반성을 잃지 않는다.

직선 AB의 기울기는

$\dfrac{x_2{}^2-x_1{}^2}{x_2-x_1}=x_1+x_2$

같은 방법으로 하면 직선 AC, BC의 기울기는 각각 x_1+x_3, x_2+x_3이다.

직선 AB가 x축의 양의 방향과 이루는 각의 크기를 α라고 하면

$\tan\alpha=x_1+x_2=2 \quad\cdots\cdots$①

직선 AC가 x축의 양의 방향과 이루는 각의 크기는 $\alpha+\dfrac{\pi}{3}$이므로

$x_1+x_3=\tan\left(\alpha+\dfrac{\pi}{3}\right)$

$=\dfrac{\tan\alpha+\tan\dfrac{\pi}{3}}{1-\tan\alpha\tan\dfrac{\pi}{3}}=\dfrac{2+\sqrt{3}}{1-2\sqrt{3}}$

$=-\dfrac{8+5\sqrt{3}}{11} \quad\cdots\cdots$②

직선 BC가 x축의 양의 방향과 이루는 각의 크기는 $\alpha-\dfrac{\pi}{3}$이므로

$x_2+x_3=\tan\left(\alpha-\dfrac{\pi}{3}\right)$

$=\dfrac{\tan\alpha-\tan\dfrac{\pi}{3}}{1+\tan\alpha\tan\dfrac{\pi}{3}}=\dfrac{2-\sqrt{3}}{1+2\sqrt{3}}$

$=-\dfrac{8-5\sqrt{3}}{11} \quad\cdots\cdots$③

①+②+③하면 $2(x_1+x_2+x_3)=\dfrac{6}{11}$

따라서 x좌표의 합은 $\boldsymbol{\dfrac{3}{11}}$

3-24.

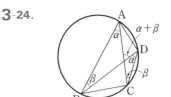

$\angle BAC = \alpha$, $\angle ABD = \beta$라고 하면

$\qquad \angle BDC = \alpha$, $\angle ACD = \beta$

$\triangle ABC$에서

$\qquad \overline{BC}^2 = 9^2 + 7^2 - 2 \times 9 \times 7 \cos \alpha$

$\triangle BCD$에서

$\qquad \overline{BC}^2 = 8^2 + 4^2 - 2 \times 8 \times 4 \cos \alpha$

$\therefore \cos \alpha = \dfrac{25}{31} \quad \therefore \sin \alpha = \dfrac{4\sqrt{21}}{31}$

또, $\triangle ABD$에서

$\qquad \overline{AD}^2 = 9^2 + 8^2 - 2 \times 9 \times 8 \cos \beta$

$\triangle ACD$에서

$\qquad \overline{AD}^2 = 7^2 + 4^2 - 2 \times 7 \times 4 \cos \beta$

$\therefore \cos \beta = \dfrac{10}{11} \quad \therefore \sin \beta = \dfrac{\sqrt{21}}{11}$

$\therefore \sin(\alpha + \beta) = \sin \alpha \cos \beta + \cos \alpha \sin \beta$

$\qquad = \dfrac{4\sqrt{21}}{31} \times \dfrac{10}{11} + \dfrac{25}{31} \times \dfrac{\sqrt{21}}{11}$

$\qquad = \dfrac{65\sqrt{21}}{341}$

$\therefore \square ABCD = \dfrac{1}{2} \times \overline{AC} \times \overline{BD} \sin(\alpha + \beta)$

$\qquad = \dfrac{1}{2} \times 7 \times 8 \times \dfrac{65\sqrt{21}}{341}$

$\qquad = \mathbf{\dfrac{1820\sqrt{21}}{341}}$

3-25. $P - Q$

$= \cos C(\cos A \cos B - \sin A \sin B)$

$\quad + \cos B(\cos A \cos C - \sin A \sin C)$

$\quad + \cos A(\cos B \cos C - \sin B \sin C)$

$= \cos C \cos(A+B) + \cos B \cos(A+C)$

$\qquad\qquad + \cos A \cos(B+C)$

그런데

$\cos(A+B) = \cos(\pi - C) = -\cos C$,

$\cos(B+C) = -\cos A$,

$\cos(A+C) = -\cos B$

이고 $\cos A$, $\cos B$, $\cos C$가 동시에 0일 수 없으므로

$P - Q = -(\cos^2 A + \cos^2 B + \cos^2 C) < 0$

$\qquad \therefore \mathbf{P < Q}$

3-26. (1) $A + B + C = \pi$이므로

$\tan C = \tan \{ \pi - (A+B) \}$

$\qquad = -\tan(A+B)$

$\qquad = -\dfrac{\tan A + \tan B}{1 - \tan A \tan B}$

$\therefore -\tan C(1 - \tan A \tan B)$

$\qquad = \tan A + \tan B$

$\therefore \tan A + \tan B + \tan C$

$\qquad = \tan A \tan B \tan C$

(2) $A \leq B \leq C$라고 해도 문제의 일반성을 잃지 않는다.

$A + B + C = \pi$이고 $A \leq B \leq C$이므로

$\qquad 0 < A \leq \dfrac{\pi}{3}$

따라서 $0 < \tan A \leq \sqrt{3}$이고 $\tan A$가 자연수이므로 $\tan A = 1$

(1)의 결과에 $\tan A = 1$을 대입하면

$\tan B \tan C = \tan B + \tan C + 1$

$\qquad \therefore (\tan B - 1)(\tan C - 1) = 2$

$\tan B$, $\tan C$가 자연수이고

$\tan B \leq \tan C$이므로

$\tan B - 1 = 1$, $\tan C - 1 = 2$

$\qquad \therefore \tan B = 2$, $\tan C = 3$

$\qquad \therefore \mathbf{\tan A \tan B \tan C = 6}$

3-27.

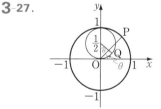

어느 시각에서 점 P, Q가 움직인 각의 크기가 같으므로 이것을 θ $(0 \leq \theta < 2\pi)$라고 하면 점 P, Q의 좌표는 각각

$\qquad P(\cos \theta, \sin \theta)$,

$\qquad Q\left(\dfrac{1}{2} \sin \theta, \dfrac{1}{2} - \dfrac{1}{2} \cos \theta \right)$

$\therefore \overline{PQ}^2 = \left(\cos \theta - \dfrac{1}{2} \sin \theta \right)^2$

$$+\left(\sin\theta+\frac{1}{2}\cos\theta-\frac{1}{2}\right)^2$$

$$=\frac{1}{2}\left\{3-(2\sin\theta+\cos\theta)\right\}$$

$$=\frac{1}{2}\left\{3-\sqrt{5}\sin(\theta+\alpha)\right\}$$

$$\left(\text{단, } \cos\alpha=\frac{2}{\sqrt{5}},\ \sin\alpha=\frac{1}{\sqrt{5}}\right)$$

따라서

최댓값 $\sqrt{\dfrac{3+\sqrt{5}}{2}}=\dfrac{\sqrt{5}+1}{2}$,

최솟값 $\sqrt{\dfrac{3-\sqrt{5}}{2}}=\dfrac{\sqrt{5}-1}{2}$

3-28. $x^2-3ax+1-4a=0$ ……①

$0<\alpha<\beta<\dfrac{\pi}{2}$일 때 $0<\tan\alpha<\tan\beta$
이므로 ①이 서로 다른 두 양의 실근을
가지면 된다.

$$\therefore \text{D}=(-3a)^2-4(1-4a)>0,$$
$$(\text{두 근의 합})=3a>0,$$
$$(\text{두 근의 곱})=1-4a>0$$
$$\therefore \frac{2}{9}<a<\frac{1}{4}$$

또, $\tan\alpha+\tan\beta=3a,$
$\tan\alpha\tan\beta=1-4a$

$$\therefore \tan(\alpha+\beta)=\frac{\tan\alpha+\tan\beta}{1-\tan\alpha\tan\beta}$$
$$=\frac{3a}{1-(1-4a)}=\frac{3}{4}$$

여기서 $\dfrac{\alpha+\beta}{2}=\theta$로 놓으면

$$\tan(\alpha+\beta)=\tan2\theta=\frac{2\tan\theta}{1-\tan^2\theta}=\frac{3}{4}$$

$$\therefore \tan\theta=-3,\ \frac{1}{3}$$

$0<\dfrac{\alpha+\beta}{2}=\theta<\dfrac{\pi}{2}$이므로 $\tan\theta>0$

$$\therefore \tan\frac{\alpha+\beta}{2}=\frac{1}{3}$$

3-29. $\sin\text{C}=\sin\left\{\pi-(\text{A}+\text{B})\right\}$
$$=\sin(\text{A}+\text{B})$$
$$=\sin\text{A}\cos\text{B}+\cos\text{A}\sin\text{B}$$

이므로
$$\sin\text{A}+\sin\text{B}+\sin\text{C}$$
$$=\sin\text{A}+\sin\text{B}+\sin\text{A}\cos\text{B}$$
$$\qquad\qquad\qquad+\cos\text{A}\sin\text{B}$$
$$=\sin\text{A}(1+\cos\text{B})+\sin\text{B}(1+\cos\text{A})$$
$$=2\sin\frac{\text{A}}{2}\cos\frac{\text{A}}{2}\times2\cos^2\frac{\text{B}}{2}$$
$$\qquad\qquad+2\sin\frac{\text{B}}{2}\cos\frac{\text{B}}{2}\times2\cos^2\frac{\text{A}}{2}$$
$$=4\cos\frac{\text{A}}{2}\cos\frac{\text{B}}{2}\left(\sin\frac{\text{A}}{2}\cos\frac{\text{B}}{2}\right.$$
$$\qquad\qquad\qquad\left.+\cos\frac{\text{A}}{2}\sin\frac{\text{B}}{2}\right)$$
$$=4\cos\frac{\text{A}}{2}\cos\frac{\text{B}}{2}\sin\frac{\text{A}+\text{B}}{2}$$
$$=4\cos\frac{\text{A}}{2}\cos\frac{\text{B}}{2}\sin\left(\frac{\pi}{2}-\frac{\text{C}}{2}\right)$$
$$=4\cos\frac{\text{A}}{2}\cos\frac{\text{B}}{2}\cos\frac{\text{C}}{2}$$

* ***Note*** 다음과 같이 p. 71의 공식을 이
용하여 증명할 수도 있다.
$$\sin\text{A}+\sin\text{B}+\sin\text{C}$$
$$=2\sin\frac{\text{A}+\text{B}}{2}\cos\frac{\text{A}-\text{B}}{2}+2\sin\frac{\text{C}}{2}\cos\frac{\text{C}}{2}$$
$$=2\cos\frac{\text{C}}{2}\cos\frac{\text{A}-\text{B}}{2}+2\sin\frac{\text{C}}{2}\cos\frac{\text{C}}{2}$$
$$=2\cos\frac{\text{C}}{2}\left(\cos\frac{\text{A}-\text{B}}{2}+\sin\frac{\text{C}}{2}\right)$$
$$=2\cos\frac{\text{C}}{2}\left(\cos\frac{\text{A}-\text{B}}{2}+\cos\frac{\text{A}+\text{B}}{2}\right)$$
$$=2\cos\frac{\text{C}}{2}\times2\cos\frac{\text{A}}{2}\cos\left(-\frac{\text{B}}{2}\right)$$
$$=4\cos\frac{\text{A}}{2}\cos\frac{\text{B}}{2}\cos\frac{\text{C}}{2}$$

3-30. $\angle\text{CAD}=\theta$라고 하면
$\angle\text{CDA}=2\theta$, $\angle\text{ACD}=180°-3\theta$이므로
$\triangle\text{ACD}$에서 사인법칙으로부터
$$\frac{\overline{\text{AD}}}{\overline{\text{CD}}}=\frac{\sin(180°-3\theta)}{\sin\theta}=\frac{\sin3\theta}{\sin\theta}$$

또, $\angle\text{ACB}=3\theta$, $\angle\text{ABC}=90°-3\theta$,
$\angle\text{BAD}=90°+\theta$이므로 $\triangle\text{ABD}$에서 사

인법칙으로부터

$$\frac{\overline{AD}}{\overline{BD}}=\frac{\sin(90°-3\theta)}{\sin(90°+\theta)}=\frac{\cos 3\theta}{\cos \theta}$$

$$\therefore \ (준\ 식)=\frac{\sin 3\theta}{\sin \theta}-\frac{\cos 3\theta}{\cos \theta}$$

$$=\frac{\sin 3\theta \cos \theta-\cos 3\theta \sin \theta}{\sin \theta \cos \theta}$$

$$=\frac{\sin 2\theta}{\sin \theta \cos \theta}=\frac{2\sin \theta \cos \theta}{\sin \theta \cos \theta}$$

$$=2$$

3-31. $\dfrac{b+c}{4}=\dfrac{c+a}{5}=\dfrac{a+b}{6}=k$

로 놓으면

$b+c=4k, \ c+a=5k, \ a+b=6k$

연립하여 풀면

$$a=\frac{7}{2}k, \ b=\frac{5}{2}k, \ c=\frac{3}{2}k \quad \cdots\cdots ①$$

한편 사인법칙으로부터

$\sin A : \sin B : \sin C$

$$=a:b:c=7:5:3 \quad \cdots\cdots ②$$

또, 코사인법칙으로부터

$\cos A : \cos B : \cos C$

$$=\frac{b^2+c^2-a^2}{2bc} : \frac{c^2+a^2-b^2}{2ca} : \frac{a^2+b^2-c^2}{2ab}$$

여기에 ①을 대입하고 정리하면

$\cos A : \cos B : \cos C$

$$=\frac{-15}{30} : \frac{33}{42} : \frac{65}{70}$$

$$=-7:11:13 \quad \cdots\cdots ③$$

②에서

$\sin A=7l, \ \sin B=5l, \ \sin C=3l$

③에서

$\cos A=-7m, \ \cos B=11m,$

$\cos C=13m$

으로 놓으면

$\sin 2A : \sin 2B : \sin 2C$

$=2\sin A\cos A : 2\sin B\cos B : 2\sin C\cos C$

$=\{7l\times(-7m)\} : (5l\times 11m) : (3l\times 13m)$

$=\mathbf{-49:55:39}$

3-32. $\overline{PQ}^2=(\cos 2\theta-\cos \theta)^2$

$$+(\sin 2\theta-\sin \theta)^2$$

$$=2\{1-(\cos 2\theta \cos \theta$$

$$+\sin 2\theta \sin \theta)\}$$

$$=2\{1-\cos (2\theta-\theta)\}$$

$$=2(1-\cos \theta)$$

$\overline{QR}^2$은 위의 식에서 θ 대신 2θ로 놓은 것이므로

$$\overline{QR}^2=2(1-\cos 2\theta)$$

따라서

$\overline{PQ}^2+\overline{QR}^2=4-2(\cos \theta+\cos 2\theta)$

$$=4-2(\cos \theta+2\cos^2\theta-1)$$

$$=-4\cos^2\theta-2\cos \theta+6$$

$\cos \theta=t$로 놓으면 $-1\leq t\leq 1$이고,

$$\overline{PQ}^2+\overline{QR}^2=-4t^2-2t+6$$

$$=-4\left(t+\frac{1}{4}\right)^2+\frac{25}{4}$$

$$\therefore \ 0\leq \overline{\mathbf{PQ}}^2+\overline{\mathbf{QR}}^2\leq \frac{25}{4}$$

3-33. (1) 근과 계수의 관계로부터

$$\sin 2\theta+\cos 2\theta=\frac{a}{25} \quad \cdots\cdots ①$$

$$\sin 2\theta \cos 2\theta=\frac{12}{25} \quad \cdots\cdots ②$$

①의 양변을 제곱하면

$$1+2\sin 2\theta \cos 2\theta=\left(\frac{a}{25}\right)^2$$

②를 대입하면 $\left(\dfrac{a}{25}\right)^2=\dfrac{49}{25}$

$a>0$이므로 $\boldsymbol{a=35}$

(2) $\tan \theta=t$로 놓으면 $\Leftarrow$ p. 64

$$\sin 2\theta=\frac{2t}{1+t^2}, \ \cos 2\theta=\frac{1-t^2}{1+t^2}$$

①에 대입하면

$$\frac{2t}{1+t^2}+\frac{1-t^2}{1+t^2}=\frac{7}{5}$$

$$\therefore \ 6t^2-5t+1=0 \quad \therefore \ t=\frac{1}{2}, \ \frac{1}{3}$$

$$\therefore \ \boldsymbol{\tan \theta=\frac{1}{2}, \ \frac{1}{3}}$$

3-34.

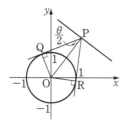

점 P에서 원 $x^2+y^2=1$에 그은 두 접선의 접점을 각각 Q, R라고 하자.

$\triangle POQ \equiv \triangle POR$이므로

$$\angle OPQ = \angle OPR = \frac{\theta}{2}$$

$\cos\theta = 1-2\sin^2\dfrac{\theta}{2}$이고 $0<\theta<\dfrac{\pi}{2}$이므로 $\sin\dfrac{\theta}{2}$가 최대일 때 $\cos\theta$는 최소이다.

그런데 $\sin\dfrac{\theta}{2} = \dfrac{1}{\overline{OP}}$이므로 $\overline{OP}$가 최소일 때 $\sin\dfrac{\theta}{2}$가 최대이다.

$\overline{OP}$의 최솟값은 점 O와 직선 $3x+4y-10=0$ 사이의 거리이므로

$$\frac{|-10|}{\sqrt{3^2+4^2}}=2$$

따라서 $\sin\dfrac{\theta}{2}$의 최댓값은 $\dfrac{1}{2}$이므로 $\cos\theta$의 최솟값은

$$1-2\times\left(\frac{1}{2}\right)^2=\frac{1}{2}$$

3-35.

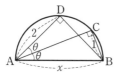

$\overline{AB}=x$, $\angle BAC=\angle CAD=\theta$로 놓으면 직각삼각형 DAB, CAB에서

$$\cos2\theta=\frac{2}{x},\ \sin\theta=\frac{1}{x}$$

이때, $\cos2\theta=1-2\sin^2\theta$이므로

$$\frac{2}{x}=1-2\times\frac{1}{x^2}$$

$\therefore\ x^2-2x-2=0$

$x>0$이므로 $x=1+\sqrt{3}$

3-36. 최소각의 크기를 θ라고 하면 최대각의 크기는 2θ이다.

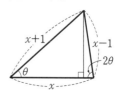

사인법칙으로부터 $\dfrac{x-1}{\sin\theta}=\dfrac{x+1}{\sin2\theta}$

$\therefore\ \dfrac{x-1}{\sin\theta}=\dfrac{x+1}{2\sin\theta\cos\theta}$

$\therefore\ x-1=\dfrac{x+1}{2\cos\theta}$

$\therefore\ x=\dfrac{2\cos\theta+1}{2\cos\theta-1}$　　……①

이때, 위의 그림에서

$$(x+1)\cos\theta+(x-1)\cos2\theta=x$$

이므로 ①을 대입하여 정리하면

$$\frac{4\cos^2\theta}{2\cos\theta-1}+\frac{2\cos2\theta}{2\cos\theta-1}=\frac{2\cos\theta+1}{2\cos\theta-1}$$

$\therefore\ 4\cos^2\theta+2(2\cos^2\theta-1)=2\cos\theta+1$

$\therefore\ 8\cos^2\theta-2\cos\theta-3=0$

$\therefore\ (2\cos\theta+1)(4\cos\theta-3)=0$

$\cos\theta>0$이므로 $\cos\theta=\dfrac{3}{4}$

①에서 $x=\dfrac{2\times\dfrac{3}{4}+1}{2\times\dfrac{3}{4}-1}=5$

따라서 구하는 세 변의 길이는

4, 5, 6

*__*Note*__ 최소각의 크기를 θ라고 하면 최대각의 크기는 2θ이고, 나머지 각의 크기는 $\pi-3\theta$이다.

따라서 사인법칙으로부터

$$\frac{x-1}{\sin\theta}=\frac{x}{\sin(\pi-3\theta)}=\frac{x+1}{\sin2\theta}$$

곧, $\dfrac{x-1}{\sin\theta}=\dfrac{x}{\sin 3\theta}=\dfrac{x+1}{\sin 2\theta}$

이므로 3배각의 공식(p. 62)을 이용하여 x의 값을 구할 수도 있다.

3-37. $\sin x+\sin 2x+\sin x\cos 2x$
$$+\cos x\sin 2x=0$$
$\therefore\ \sin x(1+\cos 2x)$
$$+\sin 2x(1+\cos x)=0$$
$\therefore\ \sin x\times 2\cos^2 x$
$$+2\sin x\cos x(1+\cos x)=0$$
$\therefore\ 2\sin x\cos x(2\cos x+1)=0$
$\therefore\ \sin x=0$ 또는 $\cos x=0,\ -\dfrac{1}{2}$

$0<x<2\pi$이므로
$$x=\dfrac{\pi}{2},\ \dfrac{2}{3}\pi,\ \pi,\ \dfrac{4}{3}\pi,\ \dfrac{3}{2}\pi$$

3-38. 실근을 α라고 하면
$$(1+i)\alpha^2+(\sin^2\theta-i\cos^2\theta)\alpha$$
$$-(1-i\tan^2\theta)=0$$
i에 관하여 정리하면
$$(\alpha^2+\alpha\sin^2\theta-1)$$
$$+(\alpha^2-\alpha\cos^2\theta+\tan^2\theta)i=0$$
$\alpha^2+\alpha\sin^2\theta-1,\ \alpha^2-\alpha\cos^2\theta+\tan^2\theta$
가 실수이므로
$$\alpha^2+\alpha\sin^2\theta-1=0 \qquad\cdots\cdots\text{①}$$
$$\alpha^2-\alpha\cos^2\theta+\tan^2\theta=0 \qquad\cdots\cdots\text{②}$$
①$-$②하면
$$(\sin^2\theta+\cos^2\theta)\alpha=\tan^2\theta+1$$
$$\therefore\ \alpha=\sec^2\theta$$
이것을 ②에 대입하면
$$\sec^4\theta-\sec^2\theta\cos^2\theta+\tan^2\theta=0$$
$\therefore\ \sec^4\theta-1+\sec^2\theta-1=0$
$\therefore\ \sec^4\theta+\sec^2\theta-2=0$
$\therefore\ (\sec^2\theta+2)(\sec^2\theta-1)=0$
$\sec^2\theta+2\neq 0$이므로
$$\sec^2\theta=1 \quad 곧,\ \alpha=1$$
$\therefore\ \cos^2\theta=1 \quad\therefore\ \cos\theta=\pm 1$
$$\therefore\ \theta=n\pi\ (n은\ 정수)$$

3-39. $1-2\sin^2 x+2\sin x-2a-1=0$
$$\therefore\ \sin^2 x-\sin x+a=0$$
$\sin x=t$로 놓으면 $\quad t^2-t+a=0$
이 방정식이 $-1\leq t\leq 1$에서 실근을 가지기 위한 조건을 구하면 된다.
$f(t)=t^2-t+a$로 놓으면
$$f(t)=\left(t-\dfrac{1}{2}\right)^2+a-\dfrac{1}{4}$$
따라서
$$f(-1)=1+1+a\geq 0,\ \mathrm{D}=1-4a\geq 0$$
$$\therefore\ -2\leq a\leq \dfrac{1}{4}$$

3-40. 준 방정식에서
$$(4a+2)\sin x+2a(1-2\sin^2 x)+a+1=0$$
$\sin x=t$로 놓으면
$$4at^2-2(2a+1)t-3a-1=0\cdots\text{①}$$
한편 $0\leq x\leq\dfrac{5}{6}\pi$일 때 x에 관한 방정식 $\sin x=t$가 오직 하나의 실근을 가질 t의 값의 범위는
$$0\leq t<\dfrac{1}{2},\ t=1 \qquad\cdots\cdots\text{②}$$
따라서 ②의 범위에서 ①이 오직 하나의 실근을 가질 a의 값의 범위를 구하면 된다.

그런데 ①에서
$$\mathrm{D}/4=(2a+1)^2-4a(-3a-1)$$
$$=(4a+1)^2\geq 0$$
$a=-\dfrac{1}{4}$일 때 ①은 중근 $t=-\dfrac{1}{2}$ 을 가지지만 이 값은 ②의 범위에 속하지 않는다. $\quad\therefore\ a\neq -\dfrac{1}{4} \qquad\cdots\cdots\text{③}$
$f(t)=4at^2-2(2a+1)t-3a-1$로 놓으면 방정식 $f(t)=0$이

(ⅰ) $t=1$을 근으로 가질 때
$$f(1)=0 \quad\therefore\ a=-1 \quad\cdots\cdots\text{④}$$
이때,
$$f(t)=-4t^2+2t+2$$
$$=-2(2t+1)(t-1)$$

이므로 ②의 범위에서 방정식 $f(t)=0$
의 근은 $t=1$뿐이다.

(ii) $0 \le t < \dfrac{1}{2}$에서 하나의 실근을 가질 때

$$f(0)f\left(\dfrac{1}{2}\right) \le 0 \text{이고} \quad f\left(\dfrac{1}{2}\right) \ne 0$$

$$\therefore \ (3a+1)(4a+2) \le 0, \ a \ne -\dfrac{1}{2}$$

$$\therefore \ -\dfrac{1}{2} < a \le -\dfrac{1}{3} \quad \cdots\cdots ⑤$$

③, ④, ⑤에서

$$\boldsymbol{a=-1}, \ \boldsymbol{-\dfrac{1}{2} < a \le -\dfrac{1}{3}}$$

4-1. (준 식)$=\lim\limits_{x \to 0}\left(\sqrt{\dfrac{1+x}{x^2}} - \sqrt{\dfrac{1-x}{x^2}}\right)$

$$=\lim_{x \to 0} \dfrac{\sqrt{1+x} - \sqrt{1-x}}{|x|}$$

$$=\lim_{x \to 0} \dfrac{2x}{|x|\left(\sqrt{1+x} + \sqrt{1-x}\right)}$$

여기에서 좌극한은 -1, 우극한은 1이
므로 극한값은 존재하지 않는다.

Note $\dfrac{1}{x}=t$로 놓으면 $x \longrightarrow 0+$ 일
때 $t \longrightarrow \infty$이고, $x \longrightarrow 0-$ 일 때
$t \longrightarrow -\infty$이다. 이를 이용하여 좌극
한, 우극한을 구할 수도 있다.

4-2. (1) $\left[\sqrt{x^2+x}\,\right] = \sqrt{x^2+x} - h$
$(0 \le h < 1)$로 놓으면

(준 식)$=\lim\limits_{x \to \infty} \dfrac{\sqrt{x^2+x} - h - \sqrt{x}}{x}$

$$=\lim_{x \to \infty}\left(\sqrt{1+\dfrac{1}{x}} - \dfrac{h}{x} - \sqrt{\dfrac{1}{x}}\right)$$

$$=1$$

(2) $\left[\dfrac{x}{3}\right] = \dfrac{x}{3} - h \, (0 \le h < 1)$로 놓으면

(준 식)$=\lim\limits_{x \to \infty}\left(\sqrt{x^2+\dfrac{x}{3} - h} - x\right)$

$$=\lim_{x \to \infty} \dfrac{\dfrac{x}{3} - h}{\sqrt{x^2 + \dfrac{x}{3} - h} + x}$$

$$=\lim_{x \to \infty} \dfrac{\dfrac{1}{3} - \dfrac{h}{x}}{\sqrt{1 + \dfrac{1}{3x} - \dfrac{h}{x^2}} + 1}$$

$$=\dfrac{1}{6}$$

4-3. (1) $\lim\limits_{x \to \infty} a^x = 0$, $\lim\limits_{x \to \infty} b^x = 0$이고,

$$\lim_{x \to \infty}\log_a x = -\infty, \ \lim_{x \to \infty}\log_b x = -\infty$$

이므로

$$\lim_{x \to \infty} f(x) = \lim_{x \to \infty} \dfrac{\dfrac{b^x}{\log_b x} + \dfrac{\log_a x}{\log_b x}}{\dfrac{a^x}{\log_b x} + 1}$$

$$=\log_a b$$

(2) $\lim\limits_{x \to 0+} a^x = 1$, $\lim\limits_{x \to 0+} b^x = 1$이고,

$$0 < a < 1 \text{일 때} \lim_{x \to 0+}\log_a x = \infty,$$

$$a > 1 \text{일 때} \lim_{x \to 0+}\log_a x = -\infty$$

마찬가지로 b의 값에 따라

$$\lim_{x \to 0+}\log_b x = \infty \text{ 또는 } -\infty$$

이므로

$$\lim_{x \to 0+} f(x) = \lim_{x \to 0+} \dfrac{\dfrac{b^x}{\log_b x} + \dfrac{\log_a x}{\log_b x}}{\dfrac{a^x}{\log_b x} + 1}$$

$$=\log_a b$$

Note $\dfrac{\log_a x}{\log_b x} = \dfrac{\log_x b}{\log_x a} = \log_a b$

4-4. (1) $\left|\sin\dfrac{1}{x}\right| \le 1$이므로

$$0 \le \left|x\sin\dfrac{1}{x}\right| = |x|\left|\sin\dfrac{1}{x}\right| \le |x|$$

$$\lim_{x \to 0}|x| = 0 \text{이므로}$$

$$\lim_{x \to 0}\left|x\sin\dfrac{1}{x}\right| = 0$$

$$\therefore \ \lim_{x \to 0} x\sin\dfrac{1}{x} = 0$$

(2) $\dfrac{1}{x}=t$로 놓으면 $x \longrightarrow \infty$일 때
$t \longrightarrow 0+$ 이므로

$(준 식)=\lim\limits_{t\to 0+}\dfrac{\sin t}{t}=\mathbf{1}$

(3) $(준 식)=\lim\limits_{x\to 0}\left(\dfrac{\sin x}{x}\times\dfrac{x}{x+\tan x}\right)$

$=\lim\limits_{x\to 0}\left(\dfrac{\sin x}{x}\times\dfrac{1}{1+\dfrac{\tan x}{x}}\right)$

$=1\times\dfrac{1}{2}=\dfrac{\mathbf{1}}{\mathbf{2}}$

(4) $\lim\limits_{x\to\infty}\dfrac{x}{x+\sin x}=\lim\limits_{x\to\infty}\dfrac{1}{1+\dfrac{\sin x}{x}}$

$|\sin x|\le 1$이므로

$0\le\left|\dfrac{\sin x}{x}\right|\le\left|\dfrac{1}{x}\right|$

$\lim\limits_{x\to\infty}\left|\dfrac{1}{x}\right|=0$이므로

$\lim\limits_{x\to\infty}\left|\dfrac{\sin x}{x}\right|=0$ $\therefore\ \lim\limits_{x\to\infty}\dfrac{\sin x}{x}=0$

$\therefore\ \lim\limits_{x\to\infty}\dfrac{x}{x+\sin x}=\mathbf{1}$

*__Note__ $\dfrac{1}{x}=t$로 놓으면 $x\longrightarrow\infty$일

때 $t\longrightarrow 0+$이므로

$\lim\limits_{x\to\infty}\dfrac{\sin x}{x}=\lim\limits_{t\to 0+}t\sin\dfrac{1}{t}=0$ ⇦ (1)

4-5. (1) $(준 식)=\lim\limits_{x\to 0}\dfrac{1-\cos^2 x}{x\sin x(1+\cos x)}$

$=\lim\limits_{x\to 0}\left(\dfrac{\sin x}{x}\times\dfrac{1}{1+\cos x}\right)$

$=1\times\dfrac{1}{2}=\dfrac{\mathbf{1}}{\mathbf{2}}$

(2) $(준 식)=\lim\limits_{x\to 0}\dfrac{\sin x-4\sin x\cos x}{x\cos x}$

$=\lim\limits_{x\to 0}\left(\dfrac{\sin x}{x}\times\dfrac{1}{\cos x}-4\times\dfrac{\sin x}{x}\right)$

$=1\times 1-4\times 1=\mathbf{-3}$

4-6. (1) $x-\dfrac{1}{4}=t$로 놓으면 $x\longrightarrow\dfrac{1}{4}$일

때 $t\longrightarrow 0$이므로

$(준 식)=\lim\limits_{t\to 0}\dfrac{1-4^t}{-4t}=\lim\limits_{t\to 0}\dfrac{4^t-1}{4t}$

$=\dfrac{1}{4}\ln 4=\dfrac{\mathbf{1}}{\mathbf{2}}\,\mathbf{\ln 2}$

(2) $(준 식)=\lim\limits_{x\to\infty}x\ln\dfrac{x+1}{x-1}$

$=\lim\limits_{x\to\infty}\ln\left(\dfrac{x+1}{x-1}\right)^x=\lim\limits_{x\to\infty}\ln\left(1+\dfrac{2}{x-1}\right)^x$

$=\lim\limits_{x\to\infty}\ln\left\{\left(1+\dfrac{2}{x-1}\right)^{\frac{x-1}{2}}\right\}^{\frac{2x}{x-1}}$

$=\ln e^2=\mathbf{2}$

4-7. (1) $(준 식)=\lim\limits_{x\to 0}\left(\dfrac{e^x-1}{x}\times e^a\right)$

$=1\times e^a=\boldsymbol{e^a}$

(2) $(준 식)=\lim\limits_{x\to 0}\left(\dfrac{3^x-1}{x}-\dfrac{2^x-1}{x}\right)$

$=\ln 3-\ln 2=\mathbf{\ln\dfrac{3}{2}}$

(3) $\dfrac{1}{x}=t$로 놓으면 $x\longrightarrow\infty$일 때

$t\longrightarrow 0+$이므로

$(준 식)=\lim\limits_{t\to 0+}\dfrac{a^t-1}{t}=\boldsymbol{\ln a}$

(4) $(준 식)=\lim\limits_{x\to\infty}\left(1+\dfrac{2}{x-2}\right)^{\frac{x-2}{2}\times 6+6}$

$=\lim\limits_{x\to\infty}\left\{\left(1+\dfrac{2}{x-2}\right)^{\frac{x-2}{2}}\right\}^6\left(1+\dfrac{2}{x-2}\right)^6$

$=e^6\times 1=\boldsymbol{e^6}$

*__Note__ $x-2=t$로 놓고 풀어도 된다.

(5) $(준 식)=\lim\limits_{x\to 0}\left\{\dfrac{\ln(1+x)}{x}\times\dfrac{x}{\tan x}\right\}$

$=1\times 1=\mathbf{1}$

(6) $(준 식)=\lim\limits_{x\to 0}\left(\dfrac{e^{2x}-1}{2x}\times\dfrac{x}{\sin x}\times 2\right)$

$=1\times 1\times 2=\mathbf{2}$

4-8. (1) $(준 식)=\lim\limits_{x\to 0}\dfrac{2\sin^2 x}{x\ln(1+x)}$

$=\lim\limits_{x\to 0}\left\{2\left(\dfrac{\sin x}{x}\right)^2\times\dfrac{x}{\ln(1+x)}\right\}$

$=2\times 1\times 1=\mathbf{2}$

(2) $(준 식)=\lim\limits_{x\to 0}\left\{3\times\dfrac{e^{x\sin 3x}-1}{x\sin 3x}\right.$

$\left.\times\dfrac{\sin 3x}{3x}\times\dfrac{x}{\ln(1+x)}\right\}$

$=3\times 1\times 1\times 1=\mathbf{3}$

4-9. $0<|x|<\dfrac{\pi}{2}$이므로 $0<\cos x<1$

$\therefore f(x)=\dfrac{\cos x}{1-\cos x}=\dfrac{\cos x(1+\cos x)}{1-\cos^2 x}$

$\qquad =\dfrac{\cos x(1+\cos x)}{\sin^2 x}$

$\therefore \lim_{x\to 0}x^2 f(x)$

$\qquad =\lim_{x\to 0}\left\{\dfrac{x^2}{\sin^2 x}\times\cos x(1+\cos x)\right\}$

$\qquad =1\times 1\times 2=\boldsymbol{2}$

4-10. (준 식)$=\lim_{n\to\infty}\left(\dfrac{1}{2}\times\dfrac{n+1}{n}\times\dfrac{n+2}{n+1}\right.$

$\qquad\qquad \left.\times\dfrac{n+3}{n+2}\times\cdots\times\dfrac{2n+1}{2n}\right)^{2n}$

$\qquad =\lim_{n\to\infty}\left(\dfrac{2n+1}{2n}\right)^{2n}$

$\qquad =\lim_{n\to\infty}\left(1+\dfrac{1}{2n}\right)^{2n}=\boldsymbol{e}$

4-11. 두 점 A, B의 좌표는

$\qquad$ A$(1,\,0)$, B$(a-1,\,0)$

또, 점 C의 x좌표는

$\log_2 x=\log_2(a-x)$에서

$\qquad x=a-x \quad\therefore x=\dfrac{a}{2}$

$\qquad \therefore \text{C}\left(\dfrac{a}{2},\,\log_2\dfrac{a}{2}\right)$

따라서

$\qquad f(a)=\dfrac{\log_2\dfrac{a}{2}}{\dfrac{a}{2}-1}=\dfrac{2\log_2\dfrac{a}{2}}{a-2}$,

$\qquad g(a)=\dfrac{\log_2\dfrac{a}{2}}{\dfrac{a}{2}-(a-1)}=\dfrac{2\log_2\dfrac{a}{2}}{2-a}$

이므로

$\qquad f(a)-g(a)=\dfrac{4\log_2\dfrac{a}{2}}{a-2}$

$\therefore \lim_{a\to 2+}\{f(a)-g(a)\}=\lim_{a\to 2+}\dfrac{4\log_2\dfrac{a}{2}}{a-2}$

여기에서 $a-2=t$로 놓으면

$a\longrightarrow 2+$일 때 $t\longrightarrow 0+$이므로

(준 식)$=\lim_{t\to 0+}\dfrac{4\log_2\dfrac{2+t}{2}}{t}$

$\qquad =\lim_{t\to 0+}2\log_2\left(1+\dfrac{t}{2}\right)^{\frac{2}{t}}$

$\qquad =2\log_2 e=\dfrac{\boldsymbol{2}}{\boldsymbol{\ln 2}}$

4-12.

직각삼각형 DCE에서 $\overline{\text{CD}}=1$,

$\angle\text{DCE}=\theta$이므로

$\qquad \overline{\text{DE}}=\overline{\text{CD}}\sin\theta=\sin\theta$

$\angle\text{DEF}=\dfrac{\pi}{2}-\angle\text{BDE}=\angle\text{DBE}=\dfrac{\theta}{2}$

이므로 직각삼각형 DEF에서

$\qquad \overline{\text{DF}}=\overline{\text{DE}}\tan\dfrac{\theta}{2}=\sin\theta\tan\dfrac{\theta}{2}$

$\therefore S(\theta)=\dfrac{1}{2}\times\overline{\text{DE}}\times\overline{\text{DF}}$

$\qquad =\dfrac{1}{2}\sin^2\theta\tan\dfrac{\theta}{2}$

따라서

$\lim_{\theta\to 0+}\dfrac{S(\theta)}{\theta^3}=\lim_{\theta\to 0+}\dfrac{\sin^2\theta\tan\dfrac{\theta}{2}}{2\theta^3}$

$\qquad =\lim_{\theta\to 0+}\left\{\dfrac{1}{4}\times\left(\dfrac{\sin\theta}{\theta}\right)^2\times\dfrac{\tan(\theta/2)}{\theta/2}\right\}$

$\qquad =\dfrac{1}{4}\times 1\times 1=\dfrac{\boldsymbol{1}}{\boldsymbol{4}}$

4-13. (1) $x\longrightarrow 0$일 때 극한값이 존재하고 (분모) $\longrightarrow 0$이므로 (분자) $\longrightarrow 0$이어야 한다.

$\therefore \lim_{x\to 0}(e^x+a)=0 \quad\therefore e^0+a=0$

$\qquad\qquad \therefore \boldsymbol{a=-1}$

$\therefore$ (좌변)$=\lim_{x\to 0}\dfrac{e^x-1}{\tan 2x}$

$\qquad =\lim_{x\to 0}\left(\dfrac{e^x-1}{x}\times\dfrac{2x}{\tan 2x}\times\dfrac{1}{2}\right)$

$$=1\times1\times\frac{1}{2}=\frac{1}{2}$$

$$\therefore\ \boldsymbol{b}=\frac{1}{2}$$

(2) $x\longrightarrow0$일 때 극한값이 존재하고 (분모) $\longrightarrow0$이므로 (분자) $\longrightarrow0$이어야 한다.

$$\therefore\ \lim_{x\to0}\ln(a+x)=0\quad\therefore\ \ln a=0$$

$$\therefore\ \boldsymbol{a}=\boldsymbol{1}$$

$\therefore$ (좌변) $=\displaystyle\lim_{x\to0}\frac{\ln(1+x)}{\sin x}$

$$=\lim_{x\to0}\left\{\frac{\ln(1+x)}{x}\times\frac{x}{\sin x}\right\}$$

$$=1\times1=1$$

$$\therefore\ \boldsymbol{b}=\boldsymbol{1}$$

4-14. $f(x)$는 $x=0,\ 2$에서 불연속이고, $g(x)$는 $x=1$에서 불연속이다.

그리고 $-1\le x\le3$에서 $f(x)=1$의 해는 $x=\dfrac{1}{2}$이다.

(ⅰ) $x=0$에서

$$\lim_{x\to0+}g\big(f(x)\big)=\lim_{t\to2-}g(t)=0,$$

$$\lim_{x\to0-}g\big(f(x)\big)=\lim_{t\to0-}g(t)=0$$

이고 $g\big(f(0)\big)=g(0)=0$이므로 $g\big(f(x)\big)$는 $x=0$에서 연속이다.

(ⅱ) $x=2$에서

$$\lim_{x\to2+}g\big(f(x)\big)=\lim_{t\to-1+}g(t)=-1,$$

$$\lim_{x\to2-}g\big(f(x)\big)=\lim_{t\to-2+}g(t)=-2$$

이므로 $g\big(f(x)\big)$는 $x=2$에서 불연속이다.

(ⅲ) $x=\dfrac{1}{2}$에서 $f(x)$는 연속이므로

$$\lim_{x\to\frac{1}{2}}g\big(f(x)\big)=\lim_{t\to1}g(t)=1$$

그런데 $g\big(f\big(\dfrac{1}{2}\big)\big)=g(1)=0$이므로 $g\big(f(x)\big)$는 $x=\dfrac{1}{2}$에서 불연속이다.

(ⅰ), (ⅱ), (ⅲ)에서　$\boldsymbol{x=\dfrac{1}{2}},\ \boldsymbol{2}$

4-15. (1) $f(x)=[x]+[-x]$에서

$0<x<1$일 때　$f(x)=0-1=-1$

$x=1$일 때　　$f(x)=1-1=0$

$1<x<2$일 때　$f(x)=1-2=-1$

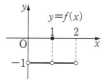

따라서 $\boldsymbol{x=1}$에서 불연속이다.

(2) $y=\sin\pi x+1$의 그래프는 주기가 2인 $y=\sin\pi x$의 그래프를 y축의 방향으로 1만큼 평행이동한 것으로, 이 그래프를 이용하여 $y=f(x)$의 그래프를 그리면 아래와 같다.

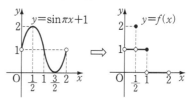

따라서 $\boldsymbol{x=\dfrac{1}{2}},\ \boldsymbol{1}$에서 불연속이다.

4-16. (1) $x-1=\theta$로 놓으면 $x\longrightarrow1$일 때 $\theta\longrightarrow0$이므로

(준 식) $=\displaystyle\lim_{\theta\to0}\frac{\sin\left\{\cos\left(\dfrac{\pi}{2}+\dfrac{\pi}{2}\theta\right)\right\}}{\theta}$

$$=\lim_{\theta\to0}\frac{\sin\left(-\sin\dfrac{\pi}{2}\theta\right)}{\theta}$$

$$=\lim_{\theta\to0}\left\{\frac{\sin\left(-\sin\dfrac{\pi}{2}\theta\right)}{-\sin\dfrac{\pi}{2}\theta}\times\frac{\sin\dfrac{\pi}{2}\theta}{\dfrac{\pi}{2}\theta}\times\left(-\dfrac{\pi}{2}\right)\right\}$$

$$=1\times1\times\left(-\dfrac{\pi}{2}\right)=-\boldsymbol{\dfrac{\pi}{2}}$$

(2) $\dfrac{1}{x}=\theta$로 놓으면 $x \longrightarrow \infty$일 때

$\theta \longrightarrow 0+$이므로

$$(준 식)=\lim_{\theta \to 0+}(\cos 2\theta)^{\frac{1}{\theta^2}}$$

$$=\lim_{\theta \to 0+}(1-2\sin^2\theta)^{\frac{1}{\theta^2}}$$

$$=\lim_{\theta \to 0+}\left\{(1-2\sin^2\theta)^{-\frac{1}{2\sin^2\theta}}\right\}^{\frac{-2\sin^2\theta}{\theta^2}}$$

$$=e^{-2}$$

4-17. $\displaystyle\lim_{h \to 0}\dfrac{\sin(x+h)-\sin x}{\sqrt{x+h}-\sqrt{x}}$

$$=\lim_{h \to 0}\left\{\dfrac{\sin(x+h)-\sin x}{h}\right.$$

$$\left.\times\dfrac{h}{\sqrt{x+h}-\sqrt{x}}\right\} \cdots ①$$

이때,

$$\sin(x+h)-\sin x$$

$$=\sin x\cos h+\cos x\sin h-\sin x$$

$$=\sin x(\cos h-1)+\cos x\sin h$$

그런데

$$\lim_{h \to 0}\dfrac{\sin x(\cos h-1)}{h}$$

$$=\lim_{h \to 0}\dfrac{\sin x(-\sin^2 h)}{h(1+\cos h)}=0,$$

$$\lim_{h \to 0}\dfrac{\cos x\sin h}{h}=\cos x$$

이므로

$$\lim_{h \to 0}\dfrac{\sin(x+h)-\sin x}{h}=\cos x$$

또, $\displaystyle\lim_{h \to 0}\dfrac{h}{\sqrt{x+h}-\sqrt{x}}$

$$=\lim_{h \to 0}\dfrac{h(\sqrt{x+h}+\sqrt{x})}{h}=2\sqrt{x}$$

따라서 ①에서

$$(준 식)=\cos x\times 2\sqrt{x}$$

$$=2\sqrt{x}\cos x$$

*Note p.71의 공식

$$\sin A-\sin B=2\cos\dfrac{A+B}{2}\sin\dfrac{A-B}{2}$$

를 이용하여 다음과 같이 구할 수도 있다.

$$\lim_{h \to 0}\dfrac{\sin(x+h)-\sin x}{\sqrt{x+h}-\sqrt{x}}$$

$$=\lim_{h \to 0}\left\{\dfrac{\sqrt{x+h}+\sqrt{x}}{h}\right.$$

$$\left.\times 2\cos\left(x+\dfrac{h}{2}\right)\sin\dfrac{h}{2}\right\}$$

$$=\lim_{h \to 0}\left\{(\sqrt{x+h}+\sqrt{x})\cos\left(x+\dfrac{h}{2}\right)\right.$$

$$\left.\times\dfrac{\sin(h/2)}{h/2}\right\}$$

$$=2\sqrt{x}\cos x$$

4-18. $x\neq 0$이므로 조건식의 양변을 x^2으로 나누고 정리하면

$$\left(\dfrac{y}{x}\right)^2+\dfrac{y}{x}-x\tan\dfrac{1}{x}=0$$

$$\therefore \dfrac{y}{x}=\dfrac{-1+\sqrt{1+4x\tan\dfrac{1}{x}}}{2}$$

$\dfrac{1}{x}=t$로 놓으면 $x \longrightarrow \infty$일 때

$t \longrightarrow 0+$이므로

$$\lim_{x \to \infty}x\tan\dfrac{1}{x}=\lim_{t \to 0+}\dfrac{\tan t}{t}=1$$

$$\therefore \lim_{x \to \infty}\dfrac{y}{x}=\dfrac{-1+\sqrt{5}}{2}$$

4-19. $f(x)=ne^{-x}+(n-1)e^{-2x}$

$$+\cdots+e^{-nx} \quad\cdots\cdots①$$

$$e^x f(x)=n+(n-1)e^{-x}+\cdots$$

$$+e^{-(n-1)x} \quad\cdots\cdots②$$

①$-$②하면

$$(1-e^x)f(x)=-n+e^{-x}+\cdots+e^{-nx}$$

$$=-n+\dfrac{e^{-x}(1-e^{-nx})}{1-e^{-x}}$$

(1) $\displaystyle\lim_{n \to \infty}\dfrac{1}{n}f(x)$

$$=\lim_{n \to \infty}\left\{\dfrac{1}{e^x-1}+\dfrac{1}{n}\times\dfrac{e^{-x}(1-e^{-nx})}{(1-e^{-x})(1-e^x)}\right\}$$

$$=\dfrac{1}{e^x-1}$$

(2) $(준 식)=\displaystyle\lim_{x \to \ln 2}\dfrac{1}{e^x-1}=\dfrac{1}{2-1}=1$

4-20.

정 n각형의 외접원의 중심과 꼭짓점 사이의 거리를 r라고 하면 정 n각형의 넓이 S는

$$S=n\times\frac{1}{2}r^2\times\sin\frac{2\pi}{n}=1$$

$$\therefore\ r=\sqrt{\frac{2}{n\sin\dfrac{2\pi}{n}}}$$

$$\therefore\ \mathrm{L}(n)=2n\times r\times\sin\frac{\pi}{n}$$

$$=2n\sqrt{\frac{2}{n\sin\dfrac{2\pi}{n}}}\times\sin\frac{\pi}{n}$$

$$=2\sqrt{n\tan\frac{\pi}{n}}$$

$\dfrac{\pi}{n}=\theta$로 놓으면 $n\longrightarrow\infty$일 때 $\theta\longrightarrow 0+$이므로

$$\lim_{n\to\infty}\mathrm{L}(n)=\lim_{\theta\to 0+}2\sqrt{\pi\times\frac{\tan\theta}{\theta}}=2\sqrt{\pi}$$

4-21.

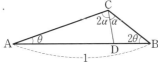

$\angle\mathrm{BCD}=\alpha$로 놓고 $\triangle\mathrm{ACD}$, $\triangle\mathrm{BCD}$에 각각 사인법칙을 쓰면

$$\frac{\overline{\mathrm{CD}}}{\sin\theta}=\frac{\overline{\mathrm{AD}}}{\sin 2\alpha},\ \frac{\overline{\mathrm{CD}}}{\sin 2\theta}=\frac{\overline{\mathrm{BD}}}{\sin\alpha}$$

$$\therefore\ \overline{\mathrm{AD}}=\frac{\sin 2\alpha}{\sin\theta}\overline{\mathrm{CD}},\ \overline{\mathrm{BD}}=\frac{\sin\alpha}{\sin 2\theta}\overline{\mathrm{CD}}$$

$\overline{\mathrm{AD}}+\overline{\mathrm{BD}}=1$이므로

$$\overline{\mathrm{CD}}=\frac{1}{\dfrac{\sin 2\alpha}{\sin\theta}+\dfrac{\sin\alpha}{\sin 2\theta}}$$

한편 $3\theta+3\alpha=\pi$이므로

$\theta\longrightarrow 0+$일 때 $\alpha\longrightarrow\dfrac{\pi}{3}-$

$$\therefore\ \lim_{\theta\to 0+}\frac{\overline{\mathrm{CD}}}{\theta}$$

$$=\lim_{\theta\to 0+}\frac{1}{\dfrac{\theta}{\sin\theta}\times\sin 2\alpha+\dfrac{\theta}{\sin 2\theta}\times\sin\alpha}$$

$$=\frac{1}{\sin\dfrac{2}{3}\pi+\dfrac{1}{2}\times\sin\dfrac{\pi}{3}}=\frac{4\sqrt{3}}{9}$$

4-22.

$\overline{\mathrm{AC}}=x$로 놓고 $\triangle\mathrm{ABC}$에 코사인법칙을 쓰면

$$4^2=3^2+x^2-2\times 3\times x\cos\theta$$

$$\therefore\ x^2-6x\cos\theta-7=0$$

$x>0$이므로

$$x=3\cos\theta+\sqrt{9\cos^2\theta+7}$$

$$\therefore\ \overline{\mathrm{CD}}=7-3\cos\theta-\sqrt{9\cos^2\theta+7}$$

$$\therefore\ \lim_{\theta\to 0+}\frac{\overline{\mathrm{CD}}}{\theta^2}$$

$$=\lim_{\theta\to 0+}\frac{7-3\cos\theta-\sqrt{9\cos^2\theta+7}}{\theta^2}$$

$$=\lim_{\theta\to 0+}\frac{(7-3\cos\theta)^2-(9\cos^2\theta+7)}{\theta^2\big(7-3\cos\theta+\sqrt{9\cos^2\theta+7}\big)}$$

$$=\lim_{\theta\to 0+}\frac{42(1-\cos\theta)}{\theta^2\big(7-3\cos\theta+\sqrt{9\cos^2\theta+7}\big)}$$

$$=42\times\frac{1}{2}\times\frac{1}{7-3+\sqrt{16}}=\frac{21}{8}$$

Note $\displaystyle\lim_{\theta\to 0}\frac{1-\cos\theta}{\theta^2}$

$$=\lim_{\theta\to 0}\frac{1-\cos^2\theta}{\theta^2(1+\cos\theta)}$$

$$=\lim_{\theta\to 0}\left\{\left(\frac{\sin\theta}{\theta}\right)^2\times\frac{1}{1+\cos\theta}\right\}=\frac{1}{2}$$

4-23. $\overline{\mathrm{CE}}=\overline{\mathrm{BC}}\tan\theta=\tan\theta$이므로

$$\overline{\mathrm{DE}}=1-\tan\theta$$

∠EDF=θ이므로

$\overline{EF}=\overline{DE}\sin\theta=(1-\tan\theta)\sin\theta$,

$\overline{DF}=\overline{DE}\cos\theta=(1-\tan\theta)\cos\theta$

$\therefore\ l(\theta)=(1-\tan\theta)(1+\sin\theta+\cos\theta)$

$\therefore\ \displaystyle\lim_{\theta\to\frac{\pi}{4}-}\frac{l(\theta)}{\frac{\pi}{4}-\theta}$

$=\displaystyle\lim_{\theta\to\frac{\pi}{4}-}\left\{\frac{1-\tan\theta}{\frac{\pi}{4}-\theta}\times(1+\sin\theta+\cos\theta)\right\}$

$\qquad\qquad\qquad\qquad\cdots\cdots①$

$\dfrac{\pi}{4}-\theta=t$로 놓으면 $\theta\longrightarrow\dfrac{\pi}{4}-$일 때

$t\longrightarrow 0+$이므로

$\displaystyle\lim_{\theta\to\frac{\pi}{4}-}\frac{1-\tan\theta}{\frac{\pi}{4}-\theta}=\lim_{t\to0+}\frac{1-\tan\left(\frac{\pi}{4}-t\right)}{t}$

$=\displaystyle\lim_{t\to0+}\frac{1-\dfrac{1-\tan t}{1+\tan t}}{t}$

$=\displaystyle\lim_{t\to0+}\frac{2\tan t}{t(1+\tan t)}$

$=\displaystyle\lim_{t\to0+}\left(\frac{\tan t}{t}\times\frac{2}{1+\tan t}\right)$

$=2$

따라서 ①에서

(준 식)$=2\times(1+\sqrt{2})=\boldsymbol{2+2\sqrt{2}}$

4-24. (1) $x-\dfrac{\pi}{2}=\theta$로 놓으면

$x\longrightarrow\dfrac{\pi}{2}$일 때 $\theta\longrightarrow 0$이다.

이때, 준 식은

$\displaystyle\lim_{\theta\to0}\frac{-2a\theta\sin\theta+b}{\cos\theta-1}=1$

$\theta\longrightarrow 0$일 때 극한값이 존재하고
(분모)$\longrightarrow 0$이므로 (분자)$\longrightarrow 0$이어
야 한다.

$\therefore\ \displaystyle\lim_{\theta\to0}(-2a\theta\sin\theta+b)=0$

$\therefore\ \boldsymbol{b=0}$

따라서

(좌변)$=\displaystyle\lim_{\theta\to0}\frac{-2a\theta\sin\theta}{\cos\theta-1}$

$=\displaystyle\lim_{\theta\to0}\left\{\frac{-2a\theta\sin\theta}{\cos^2\theta-1}\times(\cos\theta+1)\right\}$

$=\displaystyle\lim_{\theta\to0}\left\{2a\times\frac{\theta}{\sin\theta}\times(\cos\theta+1)\right\}$

$=4a=1\quad\therefore\ \boldsymbol{a=\dfrac{1}{4}}$

(2) $x-\pi=\theta$로 놓으면 $x\longrightarrow\pi$일 때
$\theta\longrightarrow 0$이다.

이때, 준 식은

$\displaystyle\lim_{\theta\to0}\frac{\sqrt{a-\cos\theta}-b}{\theta^2}=\frac{1}{4}$

$\theta\longrightarrow 0$일 때 극한값이 존재하고
(분모)$\longrightarrow 0$이므로 (분자)$\longrightarrow 0$이어
야 한다.

$\therefore\ \displaystyle\lim_{\theta\to0}\left(\sqrt{a-\cos\theta}-b\right)=0$

$\therefore\ b=\sqrt{a-1}$

따라서

(좌변)$=\displaystyle\lim_{\theta\to0}\frac{\sqrt{a-\cos\theta}-\sqrt{a-1}}{\theta^2}$

$=\displaystyle\lim_{\theta\to0}\frac{1-\cos\theta}{\theta^2\left(\sqrt{a-\cos\theta}+\sqrt{a-1}\right)}$

$=\displaystyle\lim_{\theta\to0}\left\{\left(\frac{\sin\theta}{\theta}\right)^2\right.$

$\qquad\left.\times\frac{1}{(1+\cos\theta)\left(\sqrt{a-\cos\theta}+\sqrt{a-1}\right)}\right\}$

$=\dfrac{1}{4\sqrt{a-1}}=\dfrac{1}{4}\quad\therefore\ \sqrt{a-1}=1$

$\therefore\ \boldsymbol{a=2,\ b=1}$

4-25. $x\longrightarrow 0$일 때 극한값이 존재하고
(분모)$\longrightarrow 0$이므로 (분자)$\longrightarrow 0$이어야
한다. 따라서

$\displaystyle\lim_{x\to0}\left\{\sqrt{1+\sin x+\sin^2 x}-(a+b\sin x)\right\}=0$

$\therefore\ 1-a=0\quad\therefore\ \boldsymbol{a=1}$

$\therefore$ (좌변)

$=\displaystyle\lim_{x\to0}\frac{1+\sin x+\sin^2 x-(1+b\sin x)^2}{\sin^2 x\left\{\sqrt{1+\sin x+\sin^2 x}+(1+b\sin x)\right\}}$

$=\displaystyle\lim_{x\to0}\frac{1-2b+(1-b^2)\sin x}{\sin x\left(\sqrt{1+\sin x+\sin^2 x}+1+b\sin x\right)}$

여기에서 다시 $x \longrightarrow 0$일 때 극한값이
존재하고 (분모) $\longrightarrow 0$이므로
(분자) $\longrightarrow 0$이어야 한다. 따라서

$$\lim_{x \to 0}\left\{1-2b+(1-b^2)\sin x\right\}=0$$

$$\therefore\ 1-2b=0 \quad \therefore\ \boldsymbol{b=\frac{1}{2}}$$

이때,

(좌변)

$$=\lim_{x \to 0}\frac{3/4}{\sqrt{1+\sin x+\sin^2 x}+1+(1/2)\sin x}$$

$$=\frac{3}{8} \quad \therefore\ \boldsymbol{c=\frac{3}{8}}$$

4-26. $(x^2-x-2)f(x)=x^2+a\sin\dfrac{\pi}{2}x+b$

에서 $x=-1$, $x=2$를 각각 대입하면

$$0=1-a+b,\ \ 0=4+b$$

$$\therefore\ b=-4,\ a=-3$$

따라서 $x\neq-1$, $x\neq2$일 때

$$f(x)=\frac{x^2-3\sin\dfrac{\pi}{2}x-4}{x^2-x-2}$$

(ⅰ) $x=-1$에서 $f(x)$가 연속이므로

$$f(-1)=\lim_{x \to -1}\frac{x^2-3\sin\dfrac{\pi}{2}x-4}{x^2-x-2}$$

$x+1=t$로 놓으면 $x \longrightarrow -1$일 때
$t \longrightarrow 0$이므로

$$f(-1)=\lim_{t \to 0}\frac{(t-1)^2-3\sin\dfrac{\pi}{2}(t-1)-4}{(t-1)^2-(t-1)-2}$$

$$=\lim_{t \to 0}\frac{t^2-2t-3+3\cos\dfrac{\pi}{2}t}{t(t-3)}$$

$$=\lim_{t \to 0}\left\{\frac{t(t-2)}{t(t-3)}-\frac{3\left(1-\cos\dfrac{\pi}{2}t\right)}{t(t-3)}\right\}$$

여기에서

$$\lim_{t \to 0}\frac{t(t-2)}{t(t-3)}=\lim_{t \to 0}\frac{t-2}{t-3}=\frac{2}{3},$$

$$\lim_{t \to 0}\frac{3\left(1-\cos\dfrac{\pi}{2}t\right)}{t(t-3)}$$

$$=\lim_{t \to 0}\frac{3\sin^2\dfrac{\pi}{2}t}{t(t-3)\left(1+\cos\dfrac{\pi}{2}t\right)}$$

$$=\lim_{t \to 0}\left\{\frac{3\sin\dfrac{\pi}{2}t}{t}\times\frac{\sin\dfrac{\pi}{2}t}{(t-3)\left(1+\cos\dfrac{\pi}{2}t\right)}\right\}$$

$$=\frac{3}{2}\pi\times0=0$$

이므로

$$f(-1)=\frac{2}{3}-0=\frac{2}{3}$$

(ⅱ) $x=2$에서 $f(x)$가 연속이므로

$$f(2)=\lim_{x \to 2}\frac{x^2-3\sin\dfrac{\pi}{2}x-4}{x^2-x-2}$$

$x-2=t$로 놓으면 $x \longrightarrow 2$일 때
$t \longrightarrow 0$이므로

$$f(2)=\lim_{t \to 0}\frac{(t+2)^2-3\sin\dfrac{\pi}{2}(t+2)-4}{(t+2)^2-(t+2)-2}$$

$$=\lim_{t \to 0}\frac{t^2+4t+3\sin\dfrac{\pi}{2}t}{t(t+3)}$$

$$=\lim_{t \to 0}\left\{\frac{t(t+4)}{t(t+3)}+\frac{3\sin\dfrac{\pi}{2}t}{t}\times\frac{1}{t+3}\right\}$$

$$=\frac{4}{3}+\frac{3}{2}\pi\times\frac{1}{3}=\boldsymbol{\frac{4}{3}+\frac{\pi}{2}}$$

5-1. $f'(0)=\lim_{h \to 0}\dfrac{f(h)-f(0)}{h}$

$$=\lim_{h \to 0}\frac{3\sin h+h^3\cos\dfrac{1}{h^2}}{h}$$

$$=\lim_{h \to 0}\left(3\times\frac{\sin h}{h}+h^2\cos\frac{1}{h^2}\right)$$

$$=3\times1+0=\boldsymbol{3}$$

5-2. $\lim_{x \to 1}\dfrac{f'(f(x))-1}{x-1}=3$에서 $x \longrightarrow 1$

일 때 (분모) $\longrightarrow 0$이므로 (분자) $\longrightarrow 0$
이어야 한다.

$$\therefore\ \lim_{x \to 1}\left\{f'(f(x))-1\right\}=0$$

$$\therefore \ f'\big(f(1)\big)=1$$

$$\therefore \ (좌변)=\lim_{x\to 1}\frac{f'\big(f(x)\big)-f'\big(f(1)\big)}{x-1}$$

$$=\lim_{x\to 1}\left\{\frac{f'\big(f(x)\big)-f'\big(f(1)\big)}{f(x)-f(1)}\right.$$

$$\left.\times\frac{f(x)-f(1)}{x-1}\right\}$$

$$=f''\big(f(1)\big)f'(1)=f''(2)\times 3$$

곧, $f''(2)\times 3=3$에서 $f''(2)=1$

5-3. (1) $y=\dfrac{3}{2}x^{\frac{2}{3}}-2x^{-\frac{1}{2}}$이므로

$$y'=\frac{3}{2}\times\frac{2}{3}x^{-\frac{1}{3}}-2\times\left(-\frac{1}{2}\right)x^{-\frac{3}{2}}$$

$$=\frac{1}{\sqrt[3]{x}}+\frac{1}{x\sqrt{x}}$$

(2) $y'=\dfrac{2x+2}{2\sqrt{x^2+2x+3}}=\dfrac{x+1}{\sqrt{x^2+2x+3}}$

(3) $y'=\sqrt{x-1}+(x+1)\times\dfrac{1}{2\sqrt{x-1}}$

$$=\frac{3x-1}{2\sqrt{x-1}}$$

(4) $y=(x^2+1)^{-2}$이므로

$$y'=-2(x^2+1)^{-3}\times 2x=-\frac{4x}{(x^2+1)^3}$$

(5) $y=\dfrac{x(x-\sqrt{1+x^2}\,)}{(x+\sqrt{1+x^2}\,)(x-\sqrt{1+x^2}\,)}$

$$=x\sqrt{1+x^2}-x^2$$

이므로

$$y'=\sqrt{1+x^2}+x\times\frac{2x}{2\sqrt{1+x^2}}-2x$$

$$=\frac{1+2x^2-2x\sqrt{1+x^2}}{\sqrt{1+x^2}}$$

(6) $y=(3-2x)(x^2+1)^{-\frac{1}{2}}$이므로

$$y'=(-2)(x^2+1)^{-\frac{1}{2}}$$

$$+(3-2x)\left(-\frac{1}{2}\right)(x^2+1)^{-\frac{3}{2}}\times 2x$$

$$=\frac{-2(x^2+1)-x(3-2x)}{\sqrt{(x^2+1)^3}}$$

$$=-\frac{3x+2}{(x^2+1)\sqrt{x^2+1}}$$

*__Note__ (4), (5), (6)은 몫의 미분법을 이용해도 된다.

5-4. $h'(x)=g'\big(f(x)\big)f'(x)$이므로

$$h'(0)=g'\big(f(0)\big)f'(0)$$

$$=g'(1)f'(0) \qquad\cdots\cdots①$$

이때,

$$f'(x)=\frac{(x^2-2)-(x-2)\times 2x}{(x^2-2)^2}$$

$$=\frac{-x^2+4x-2}{(x^2-2)^2}$$

이므로 $f'(0)=-\dfrac{1}{2}$

또, 조건에서 $h'(0)=15$이므로 ①에 대입하면

$$15=g'(1)\times\left(-\frac{1}{2}\right)$$

$$\therefore \ g'(1)=-30$$

5-5. 조건식의 양변을 x에 관하여 미분하면

$$3f'(3x+1)=2x\,g'(x^2+1) \ \cdots\cdots①$$

①의 양변에 $x=1$을 대입하면

$$3f'(4)=2g'(2)$$

$$\therefore \ g'(2)=\frac{3\times 6}{2}=9$$

또, ①의 양변에 $x=-1$을 대입하면

$$3f'(-2)=-2g'(2)$$

$$\therefore \ f'(-2)=\frac{-2\times 9}{3}=-6$$

5-6. $x^2+axy-2y^2+b=0$의 양변을 x에 관하여 미분하면

$$2x+ay+ax\frac{dy}{dx}-4y\frac{dy}{dx}=0$$

$$\therefore \ \frac{dy}{dx}=-\frac{2x+ay}{ax-4y} \ (ax\neq 4y)$$

$$\therefore \ \left[\frac{dy}{dx}\right]_{\substack{x=1\\y=4}}=-\frac{2+4a}{a-16}=2$$

$$\therefore \ a=5$$

이때, 곡선 $x^2+5xy-2y^2+b=0$이 점 $(1, 4)$를 지나므로

$$1^2+5\times1\times4-2\times4^2+b=0$$

$$\therefore \boldsymbol{b=11}$$

5-7. $\lim\limits_{x\to1}\dfrac{g(x)-2}{x-1}=3 \qquad \cdots\cdots\text{①}$

에서 $x \longrightarrow 1$일 때 (분모) $\longrightarrow 0$이므로 (분자) $\longrightarrow 0$이어야 한다.

$$\therefore \lim_{x\to1}\{g(x)-2\}=0 \quad \therefore g(1)=2$$

①에서 $\lim\limits_{x\to1}\dfrac{g(x)-g(1)}{x-1}=3$이므로

$$g'(1)=3$$

$$\therefore f'(2)=f'\big(g(1)\big)=\frac{1}{g'(1)}=\frac{1}{3}$$

*__Note__ g가 f의 역함수이므로 $f\big(g(x)\big)=x$이고, 이 식의 양변을 x에 관하여 미분하면

$$f'\big(g(x)\big)g'(x)=1$$

$x=1$을 대입하면

$$f'\big(g(1)\big)g'(1)=1 \quad \therefore \boldsymbol{f'(2)=\frac{1}{3}}$$

5-8. $\dfrac{1}{n}=h$로 놓으면 $n \longrightarrow \infty$일 때 $h \longrightarrow 0+$이다.

$$\therefore (준\ 식)=\lim_{h\to0+}\frac{g(1+h)-g(1-h)}{h}$$

$$=\lim_{h\to0+}\frac{g(1+h)-g(1)+g(1)-g(1-h)}{h}$$

$$=\lim_{h\to0+}\Big\{\frac{g(1+h)-g(1)}{h}$$

$$+\frac{g(1-h)-g(1)}{-h}\Big\}$$

$$=g'(1)+g'(1)=2g'(1)$$

한편 $g(1)=a$로 놓으면 $f(a)=1$

$$\therefore \sqrt[3]{(a+1)(a^2+1)}=1$$

$$\therefore (a+1)(a^2+1)=1$$

$$\therefore a(a^2+a+1)=0$$

a는 실수이므로 $a=0$

또, $f(x)=(x^3+x^2+x+1)^{\frac{1}{3}}$에서

$$f'(x)=\frac{1}{3}(x^3+x^2+x+1)^{-\frac{2}{3}}$$

$$\times(3x^2+2x+1)$$

$$\therefore f'(0)=\frac{1}{3}$$

$$\therefore (준\ 식)=2g'(1)=\frac{2}{f'(0)}=\boldsymbol{6}$$

*__Note__ $y=\sqrt[3]{(x+1)(x^2+1)}$로 놓고 $y^3=(x+1)(x^2+1)$로 변형하여 음함수의 미분법을 이용할 수도 있다.

5-9. $\dfrac{dx}{dt}=1-2t, \quad \dfrac{dy}{dt}=3t^2-1$

$$\therefore \frac{dy}{dx}=\frac{dy}{dt}\Big/\frac{dx}{dt}=\frac{3t^2-1}{1-2t} \left(t\neq\frac{1}{2}\right)$$

$$\therefore \left[\frac{dy}{dx}\right]_{t=1}=\boldsymbol{-2}$$

또,

$$\frac{d^2y}{dx^2}=\frac{d}{dx}\left(\frac{dy}{dx}\right)=\frac{d}{dt}\left(\frac{dy}{dx}\right)\frac{dt}{dx}$$

$$=\frac{d}{dt}\left(\frac{dy}{dx}\right)\Big/\frac{dx}{dt}$$

이때,

$$\frac{d}{dt}\left(\frac{dy}{dx}\right)=\frac{6t(1-2t)-(3t^2-1)\times(-2)}{(1-2t)^2}$$

$$=\frac{-6t^2+6t-2}{(1-2t)^2}$$

이므로

$$\frac{d^2y}{dx^2}=\frac{-6t^2+6t-2}{(1-2t)^3} \left(t\neq\frac{1}{2}\right)$$

$$\therefore \left[\frac{d^2y}{dx^2}\right]_{t=1}=\boldsymbol{2}$$

5-10. (1) $(준\ 식)=\lim\limits_{x\to0}\Big\{\dfrac{f(2x)-f(0)}{x}$

$$-\frac{f(\sin x)-f(0)}{x}\Big\}$$

$$=\lim_{x\to0}\Big\{\frac{f(2x)-f(0)}{2x}\times2$$

$$-\frac{\sin x}{x}\times\frac{f(\sin x)-f(0)}{\sin x}\Big\}$$

$$=2f'(0)-1\times f'(0)$$

$$=f'(0)=\boldsymbol{a}$$

(2) (준 식)$=\lim\limits_{x\to 0}\left\{\dfrac{f(3x)-f(0)}{x}\right.$

$\left.-\dfrac{f(e^x-1)-f(0)}{x}\right\}$

$=\lim\limits_{x\to 0}\left\{\dfrac{f(3x)-f(0)}{3x}\times 3\right.$

$\left.-\dfrac{e^x-1}{x}\times\dfrac{f(e^x-1)-f(0)}{e^x-1}\right\}$

$=3f'(0)-1\times f'(0)=2f'(0)=\boldsymbol{2a}$

5-11. (1) (준 식)

$=\lim\limits_{x\to 1}\left\{\dfrac{1}{x+1}\times\dfrac{xf(x)-1}{x-1}\right\}$

$=\lim\limits_{x\to 1}\dfrac{1}{x+1}\left\{\dfrac{xf(x)-xf(1)+xf(1)-1}{x-1}\right\}$

$=\lim\limits_{x\to 1}\dfrac{1}{x+1}\left\{x\times\dfrac{f(x)-f(1)}{x-1}+\dfrac{x-1}{x-1}\right\}$

$=\dfrac{1}{2}\left\{1\times f'(1)+1\right\}=\dfrac{1}{2}(2+1)=\dfrac{3}{2}$

(2) (준 식)

$=\lim\limits_{x\to 1}\dfrac{f(x)-f(1)+f(1)-x^2f(1)}{\sin(x-1)}$

$=\lim\limits_{x\to 1}\left\{\dfrac{x-1}{\sin(x-1)}\right.$

$\left.\times\dfrac{f(x)-f(1)-(x^2-1)f(1)}{x-1}\right\}$

$=\lim\limits_{x\to 1}\dfrac{x-1}{\sin(x-1)}\left\{\dfrac{f(x)-f(1)}{x-1}\right.$

$\left.-(x+1)f(1)\right\}$

$=1\times\left\{f'(1)-2f(1)\right\}=2-2\times 1=\boldsymbol{0}$

(3) $1-\cos x=h$로 놓으면 $x\longrightarrow 0$일 때

$h\longrightarrow 0$이다.

$\therefore$ (준 식)$=\lim\limits_{x\to 0}\dfrac{f(1+h)-f(1)}{x^2}$

$=\lim\limits_{x\to 0}\left\{\dfrac{h}{x^2}\times\dfrac{f(1+h)-f(1)}{h}\right\}$

$=\lim\limits_{x\to 0}\left\{\dfrac{1-\cos x}{x^2}\times\dfrac{f(1+h)-f(1)}{h}\right\}$

$=\lim\limits_{x\to 0}\left\{\dfrac{1-\cos^2 x}{x^2(1+\cos x)}\times\dfrac{f(1+h)-f(1)}{h}\right\}$

$=\dfrac{1}{2}f'(1)=\dfrac{1}{2}\times 2=\boldsymbol{1}$

5-12. $f'(x)=\lim\limits_{h\to 0}\dfrac{f(x+h)-f(x)}{h}$

$=\lim\limits_{h\to 0}\dfrac{e^{-h}f(x)+e^{-x}f(h)-f(x)}{h}$

$=\lim\limits_{h\to 0}\left\{e^{-x}\times\dfrac{f(h)}{h}+f(x)\times\dfrac{e^{-h}-1}{h}\right\}$

한편 조건식에 $x=0$, $y=0$을 대입하면

$f(0)=f(0)+f(0)$ $\therefore$ $f(0)=0$

$\therefore$ $\lim\limits_{h\to 0}\dfrac{f(h)}{h}=\lim\limits_{h\to 0}\dfrac{f(0+h)-f(0)}{h}$

$=f'(0)=1$

또,

$\lim\limits_{h\to 0}\dfrac{e^{-h}-1}{h}=\lim\limits_{h\to 0}\left(-\dfrac{e^{-h}-1}{-h}\right)=-1$

$\therefore$ $f'(x)=e^{-x}\times 1+f(x)\times(-1)$

$=\boldsymbol{e^{-x}-f(x)}$

5-13. (i) $\boldsymbol{x\ne 1}$일 때

$x+x^2+x^3+\cdots+x^n=\dfrac{x(x^n-1)}{x-1}$

곧, $x+x^2+x^3+\cdots+x^n=\dfrac{x^{n+1}-x}{x-1}$

양변을 x에 관하여 미분하면

$1+2x+3x^2+\cdots+nx^{n-1}$

$=\dfrac{\left\{(n+1)x^n-1\right\}(x-1)-(x^{n+1}-x)}{(x-1)^2}$

$=\dfrac{\boldsymbol{nx^{n+1}-(n+1)x^n+1}}{\boldsymbol{(x-1)^2}}$

(ii) $\boldsymbol{x=1}$일 때

$1+2x+3x^2+\cdots+nx^{n-1}=\dfrac{1}{2}\boldsymbol{n(n+1)}$

5-14. (1) $f(x)=x-f\big(f(x)\big)$ $\cdots\cdots$①

①의 양변을 x에 관하여 미분하면

$f'(x)=1-f'\big(f(x)\big)f'(x)$ $\cdots\cdots$②

$x=0$을 대입하면

$f'(0)=1-f'\big(f(0)\big)f'(0)$

$f(0)=0$이므로

$\left\{f'(0)\right\}^2+f'(0)-1=0$ $\cdots\cdots$③

$$\therefore \ f'(0)=\frac{-1\pm\sqrt{5}}{2}$$

②의 양변을 x에 관하여 미분하면

$$f''(x)=-f''\big(f(x)\big)\big\{f'(x)\big\}^2$$
$$-f'\big(f(x)\big)f''(x)$$

$x=0$을 대입하면

$$f''(0)=-f''(0)\big\{f'(0)\big\}^2-f'(0)f''(0)$$

$$\therefore \ f''(0)\big[\big\{f'(0)\big\}^2+f'(0)+1\big]=0$$

③에서 $\big\{f'(0)\big\}^2+f'(0)=1$이므로

$$2f''(0)=0 \quad \therefore \ f''(0)=0$$

(2) $f(x)$가 상수함수이면 ①의 좌변의 차수는 0, 우변의 차수는 1이다. 또, $f(x)$의 차수를 $n(n\ge2)$이라고 하면 ①의 좌변의 차수는 n, 우변의 차수는 n^2으로 성립하지 않으므로 $f(x)$는 일차함수이다.

따라서 $f(x)=ax+b\,(a\neq0)$로 놓을 수 있다.

$f(0)=0$이므로　$b=0$

$f'(0)=\dfrac{-1\pm\sqrt{5}}{2}$이므로

$$a=\frac{-1\pm\sqrt{5}}{2} \quad \therefore \ f(x)=\frac{-1\pm\sqrt{5}}{2}x$$

5-15. $\dfrac{d}{dx}\big\{f(x)\big\}^n=n\big\{f(x)\big\}^{n-1}f'(x)$

$$\cdots\cdots①$$

(ⅰ) $n=1$일 때

(좌변)$=\dfrac{d}{dx}f(x)=f'(x)$,

(우변)$=1\times\big\{f(x)\big\}^{1-1}f'(x)=f'(x)$

이므로 ①이 성립한다.

(ⅱ) $n=k\,(k\ge1)$일 때 ①이 성립한다고 가정하면

$$\frac{d}{dx}\big\{f(x)\big\}^k=k\big\{f(x)\big\}^{k-1}f'(x)$$

이때,

$$\frac{d}{dx}\big\{f(x)\big\}^{k+1}=\frac{d}{dx}f(x)\big\{f(x)\big\}^k$$

$$=f'(x)\big\{f(x)\big\}^k$$
$$+f(x)\times k\big\{f(x)\big\}^{k-1}f'(x)$$
$$=f'(x)\big\{f(x)\big\}^k+k\big\{f(x)\big\}^kf'(x)$$
$$=(k+1)\big\{f(x)\big\}^kf'(x)$$

따라서 $n=k+1$일 때에도 ①이 성립한다.

(ⅰ), (ⅱ)에 의하여 모든 자연수 n에 대하여 ①이 성립한다.

5-16. $p(t)=10t\big\{g(t)-h(t)\big\}$에서

$p'(t)=10\big\{g(t)-h(t)\big\}+10t\big\{g'(t)-h'(t)\big\}$

이므로

$$p'(7)=10\big\{g(7)-h(7)\big\}+70\big\{g'(7)-h'(7)\big\}$$
$$\cdots\cdots①$$

이때, 곡선 $y=f(x)$와 직선 $y=7$이 만나는 점의 x좌표는

$x^3+3x^2-10x+7=7$에서

$$x(x+5)(x-2)=0$$
$$\therefore \ x=0,\ -5,\ 2$$
$$\therefore \ g(7)=2,\ h(7)=-5$$

또, $f'(x)=3x^2+6x-10$이고 $f\big(g(t)\big)=t$이므로 역함수의 미분법에 의하여

$$g'(7)=\frac{1}{f'(2)}=\frac{1}{14}$$

마찬가지로 $f\big(h(t)\big)=t$이므로

$$h'(7)=\frac{1}{f'(-5)}=\frac{1}{35}$$

따라서 ①에서

$$p'(7)=10\big\{2-(-5)\big\}+70\Big(\frac{1}{14}-\frac{1}{35}\Big)$$
$$=73$$

5-17.

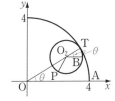

원 C_1과 원 C_2의 접점을 T, 원 C_2의 중심을 O_2라고 하자.

$\angle AOT = \theta$라고 하면 $\overline{OO_2} = 3$이므로

$$O_2(3\cos\theta,\ 3\sin\theta)$$

점 P가 움직인 거리는 호 AT의 길이와 같고, 호 AT의 길이는 호 PT의 길이와 같다. 그런데

(호 PT의 길이)=(호 AT의 길이)=4θ

이고 $\overline{O_2P} = 1$이므로 $\angle TO_2P = 4\theta$

또, 점 O_2를 지나고 x축에 평행한 직선이 원 C_2와 만나는 점을 B라고 하면

$$\angle BO_2P = \angle TO_2P - \angle TO_2B = 3\theta$$

이므로 점 P의 x, y좌표는

$$x = 3\cos\theta + \cos(-3\theta),$$
$$y = 3\sin\theta + \sin(-3\theta)$$

$$\therefore\ x = 3\cos\theta + \cos3\theta,$$
$$y = 3\sin\theta - \sin3\theta$$
$$(0 \le \theta < 2\pi)$$

이때,

$$\frac{dx}{d\theta} = -3\sin\theta - 3\sin3\theta$$
$$= -3\sin\theta - 3(3\sin\theta - 4\sin^3\theta)$$
$$= -12\sin\theta(1 - \sin^2\theta)$$
$$= -12\sin\theta\cos^2\theta,$$

$$\frac{dy}{d\theta} = 3\cos\theta - 3\cos3\theta$$
$$= 3\cos\theta - 3(4\cos^3\theta - 3\cos\theta)$$
$$= 12\cos\theta(1 - \cos^2\theta)$$
$$= 12\cos\theta\sin^2\theta$$

$$\therefore\ \frac{dy}{dx} = \frac{dy}{d\theta}\bigg/\frac{dx}{d\theta}$$
$$= \frac{12\cos\theta\sin^2\theta}{-12\sin\theta\cos^2\theta}$$
$$= -\tan\theta\ (\sin\theta\cos\theta \ne 0)$$

*__Note__ $\dfrac{dx}{d\theta}$, $\dfrac{dy}{d\theta}$의 계산 과정에서 3배각의 공식(p. 62)을 이용하였다.

6-1. (1) $y' = \sec^2 x + \tan^2 x \sec^2 x$
$$= (\sec^2 x)(1 + \tan^2 x) = \textbf{sec}^4\textbf{x}$$

(2) $y' = 2(\csc x)(-\csc x \cot x)$
$$= -2\textbf{csc}^2\textbf{x}\cot\textbf{x}$$

(3) $y' = \cos x \sin(x+1) + \sin x \cos(x+1)$
$$= \sin(2x+1)$$

(4) $y' = \dfrac{1}{(1+\cos x)^2}\big\{(\sin x)(1+\cos x)$
$$\qquad\qquad\qquad -(1-\cos x)(-\sin x)\big\}$$
$$= \frac{2\sin x}{(1+\cos x)^2}$$

*__Note__ $y = \dfrac{1-\cos x}{1+\cos x} = \tan^2\dfrac{x}{2}$ 이므로

$$y' = \Big(\tan^2\frac{x}{2}\Big)'$$
$$= 2\tan\frac{x}{2}\sec^2\frac{x}{2}\times\frac{1}{2}$$
$$= \tan\frac{x}{2}\sec^2\frac{x}{2}$$

(5) $y' = \dfrac{1}{(1-x^2)^2}\big\{(-2\sin2x)(1-x^2)$
$$\qquad\qquad\qquad -(\cos2x)(-2x)\big\}$$
$$= \frac{2(x^2-1)\sin2x + 2x\cos2x}{(1-x^2)^2}$$

(6) $y' = \dfrac{1}{(1+\tan x)^2}$
$$\times\big\{2(\cos x)(-\sin x)(1+\tan x)$$
$$\qquad\qquad -\cos^2 x\sec^2 x\big\}$$
$$= \frac{-\sin2x - 2\sin^2 x - 1}{(1+\tan x)^2}$$
$$= -\frac{\sin2x - \cos2x + 2}{(1+\tan x)^2}$$

6-2. (1) $y' = e^x + e^{-x}(-1) = e^x - e^{-x}$

(2) $y' = \dfrac{e^x(e^x+1) - (e^x-1)e^x}{(e^x+1)^2}$
$$= \frac{2e^x}{(e^x+1)^2}$$

(3) $y' = \dfrac{\sec x\tan x + \sec^2 x}{\sec x + \tan x} = \sec x$

(4) $y' = 2x\log_2 x + x^2\times\dfrac{1}{x\ln 2}$
$$= 2x\log_2 x + \frac{x}{\ln 2}$$

(5) $y=\ln e^x+\ln(1-x)=x+\ln(1-x)$
이므로

$$y'=1+\frac{-1}{1-x}=\frac{x}{x-1}$$

(6) $y'=\dfrac{1}{\ln x}\times(\ln x)'=\dfrac{1}{\ln x}\times\dfrac{1}{x}$

$$=\frac{1}{x\ln x}$$

6-3. $f(x)=\lim\limits_{h\to 0}\dfrac{e^x(e^h-1)}{\sqrt{x+h}-\sqrt{x}}$

$$=\lim_{h\to 0}\frac{e^x(e^h-1)(\sqrt{x+h}+\sqrt{x})}{h}$$

$$=\lim_{h\to 0}\left\{e^x\times\frac{e^h-1}{h}\times(\sqrt{x+h}+\sqrt{x})\right\}$$

$$=e^x\times 1\times 2\sqrt{x}=2e^x\sqrt{x}$$

$$\therefore\ f'(x)=2\left(e^x\sqrt{x}+e^x\times\frac{1}{2\sqrt{x}}\right)$$

$$\therefore\ \boldsymbol{f'(1)=3e}$$

6-4. $x\longrightarrow a$일 때 극한값이 존재하고
(분모) $\longrightarrow 0$이므로 (분자) $\longrightarrow 0$이어야
한다.

$$\therefore\ \lim_{x\to a}b\ln x=0\quad\therefore\ b\ln a=0$$

한편 조건식에서 $b\neq 0$이므로

$$\ln a=0\quad\therefore\ \boldsymbol{a=1}$$

$$\therefore\ \lim_{x\to a}\frac{b\ln x}{x^2-a^2}=\lim_{x\to 1}\frac{b\ln x}{x^2-1}$$

$$=\lim_{x\to 1}\left(\frac{\ln x-\ln 1}{x-1}\times\frac{b}{x+1}\right)$$

따라서 $f(x)=\ln x$라고 하면

$f'(x)=\dfrac{1}{x}$ 이고

$$\lim_{x\to a}\frac{b\ln x}{x^2-a^2}=f'(1)\times\frac{b}{2}=\frac{b}{2}$$

$$\therefore\ \frac{b}{2}=1\quad\therefore\ \boldsymbol{b=2}$$

6-5. $f'(x)=\dfrac{e^x}{e^x-1}$ 이므로

$$f'(a)=\frac{e^a}{e^a-1}$$

또, $g(a)=b$라고 하면 $f(b)=a$에서

$$\ln(e^b-1)=a\quad\therefore\ e^b=e^a+1$$

$$\therefore\ g'(a)=\frac{1}{f'(b)}=\frac{e^b-1}{e^b}=\frac{e^a}{e^a+1}$$

$$\therefore\ (\text{준 식})=\frac{e^a-1}{e^a}+\frac{e^a+1}{e^a}=\boldsymbol{2}$$

*__Note__ $g(x)$를 직접 구해서 계산해도
된다.

6-6. $f\big(g(x)\big)=x$이므로　$\sin g(x)=x$
양변을 x에 관하여 미분하면

$$\big\{\cos g(x)\big\}g'(x)=1$$

$$\therefore\ g'(x)=\frac{1}{\cos g(x)}\quad\cdots\cdots①$$

한편 $\sin^2 g(x)+\cos^2 g(x)=1$에서

$$x^2+\cos^2 g(x)=1$$

$-\dfrac{\pi}{2}<g(x)<\dfrac{\pi}{2}$이므로

$$\cos g(x)=\sqrt{1-x^2}$$

①에 대입하면　$\boldsymbol{g'(x)=\dfrac{1}{\sqrt{1-x^2}}}$

$$\therefore\ g'\left(\frac{1}{2}\right)=\frac{1}{\sqrt{1-(1/2)^2}}=\frac{2\sqrt{3}}{3}$$

*__Note__ $g'\left(\dfrac{1}{2}\right)$의 값만 구할 때에는 다
음과 같이 역함수의 미분법을 이용하
면 된다.

$-\dfrac{\pi}{2}<x<\dfrac{\pi}{2}$이므로

$$\frac{1}{2}=\sin\frac{\pi}{6}=f\left(\frac{\pi}{6}\right)$$

$f'(x)=\cos x$이므로

$$g'\left(\frac{1}{2}\right)=\frac{1}{f'\left(\dfrac{\pi}{6}\right)}=\frac{1}{\cos\dfrac{\pi}{6}}=\frac{2\sqrt{3}}{3}$$

6-7. (1) $y=x^r$에서 양변의 자연로그를 잡
으면　$\ln y=r\ln x$
양변을 x에 관하여 미분하면

$$\frac{1}{y}\times\frac{dy}{dx}=r\times\frac{1}{x}$$

$$\therefore\ \frac{dy}{dx}=r\times\frac{1}{x}\times y=r\times\frac{1}{x}\times x^r$$

$$=\boldsymbol{rx^{r-1}}$$

(2) (i) $f'(x)=\sqrt{2}\,x^{\sqrt{2}-1}$

$\therefore f'(2)=\sqrt{2}\times 2^{\sqrt{2}-1}=2^{\frac{1}{2}}\times 2^{\sqrt{2}-1}$
$=2^{\sqrt{2}-\frac{1}{2}}$

(ii) $g'(x)=(\sqrt{2})^x\ln\sqrt{2}$

$\therefore g'(2)=(\sqrt{2})^2\times\ln\sqrt{2}=2\ln\sqrt{2}$
$=\ln 2$

(iii) $h(x)=x^{\sqrt{x}}$ 에서 양변의 자연로그를
잡으면 $\ln h(x)=\sqrt{x}\,\ln x$
양변을 x에 관하여 미분하면

$$\frac{h'(x)}{h(x)}=\frac{1}{2\sqrt{x}}\ln x+\frac{\sqrt{x}}{x}$$

$$\therefore h'(x)=x^{\sqrt{x}}\Big(\frac{1}{2\sqrt{x}}\ln x+\frac{\sqrt{x}}{x}\Big)$$

$$\therefore h'(2)=2^{\sqrt{2}}\Big(\frac{1}{2\sqrt{2}}\ln 2+\frac{\sqrt{2}}{2}\Big)$$

6-8. 양변의 절댓값의 자연로그를 잡으면
$\ln|f(x)|=\ln e^x+\ln|\cos x|$
$\qquad\qquad -\ln|1+\sin x|$
양변을 x에 관하여 미분하면

$$\frac{f'(x)}{f(x)}=1+\frac{-\sin x}{\cos x}-\frac{\cos x}{1+\sin x}$$

$$=\frac{\cos x-1}{\cos x}$$

$$\therefore f'(x)=\frac{e^x\cos x}{1+\sin x}\times\frac{\cos x-1}{\cos x}$$

$$=\frac{e^x(\cos x-1)}{\sin x+1}$$

$$\therefore f'\Big(\frac{\pi}{6}\Big)=\frac{\sqrt{3}-2}{3}e^{\frac{\pi}{6}}$$

6-9. $h(x)=(g\circ f)(x)=g\big(f(x)\big)$
$\qquad =g(\ln x)=(\ln x)^2$

$\therefore h'(x)=2(\ln x)(\ln x)'=\dfrac{2\ln x}{x}$

$\therefore h'(1)=0$

$\therefore$ (준 식)$=\lim\limits_{x\to 1}\dfrac{h'(x)-h'(1)}{x-1}=h''(1)$

한편 $h''(x)=\dfrac{2(1-\ln x)}{x^2}$ 이므로

$$h''(1)=2$$

6-10. $f'(x)=e^{bx}+(x+a)be^{bx}$
$\qquad =e^{bx}(bx+ab+1)$
$f''(x)=be^{bx}(bx+ab+1)+e^{bx}\times b$
$\qquad =e^{bx}(b^2x+ab^2+2b)$
$f'(0)=3$이므로
$\qquad ab+1=3 \qquad\cdots\cdots①$
$f''(0)=-2$이므로
$\qquad ab^2+2b=-2 \qquad\cdots\cdots②$
①에서 $ab=2$를 ②에 대입하면
$\qquad 2b+2b=-2 \quad\therefore b=-\dfrac{1}{2}$
①에 대입하면 $a=-4$

6-11. 두 조건식을 변변 빼면
$\qquad f(x)+g(x)=e^x-e^{-x}$
양변을 x에 관하여 미분하면
$\qquad f'(x)+g'(x)=e^x+e^{-x}$
다시 양변을 x에 관하여 미분하면
$\qquad f''(x)+g''(x)=e^x-e^{-x}$
두 조건식에 각각 대입하고 정리하면
$\qquad f(x)=e^x-2e^{-x},\ g(x)=e^{-x}$

6-12. (1) $f(x)=x^2e^a-a^2e^x$으로 놓으면
$f(a)=0$이므로
(준 식)$=\lim\limits_{x\to a}\dfrac{f(x)-f(a)}{x-a}=f'(a)$
그런데 $f'(x)=2xe^a-a^2e^x$이므로
(준 식)$=f'(a)=2ae^a-a^2e^a$
$\qquad =a(2-a)e^a$

(2) $f(x)=x\sin a-a\sin x$로 놓으면
$f(a)=0$이므로
(준 식)$=\lim\limits_{x\to a}\dfrac{f(x)-f(a)}{x-a}=f'(a)$
그런데 $f'(x)=\sin a-a\cos x$이므로
(준 식)$=f'(a)=\sin a-a\cos a$

(3) (준 식)
$=\lim\limits_{x\to 0}\dfrac{\ln(e^x+e^{2x}+\cdots+e^{nx})-\ln n}{x}$
한편
$f(x)=\ln(e^x+e^{2x}+\cdots+e^{nx})$

으로 놓으면 $f(0)=\ln n$이므로

(준 식)$=\lim\limits_{x\to 0}\dfrac{f(x)-f(0)}{x}=f'(0)$

그런데

$f'(x)=\dfrac{e^x+2e^{2x}+\cdots+ne^{nx}}{e^x+e^{2x}+\cdots+e^{nx}}$

이므로

(준 식)$=f'(0)=\dfrac{1+2+\cdots+n}{n}$

$\qquad\qquad =\dfrac{n+1}{2}$

(4) (진수)>0이므로 $\dfrac{x-a}{1-a}>0$

한편 $0<a<1$이므로

$1-a>0$ ∴ $x-a>0$

이때,

$\ln\dfrac{x-a}{1-a}=\ln(x-a)-\ln(1-a)$

여기에서 $f(x)=\ln(x-a)$로 놓으면

$f(1)=\ln(1-a)$이므로

(준 식)$=\lim\limits_{x\to 1}\dfrac{f(x)-f(1)}{x-1}=f'(1)$

$f'(x)=\dfrac{1}{x-a}$이므로

(준 식)$=f'(1)=\dfrac{1}{1-a}$

6-13. (1) 양변의 절댓값의 자연로그를 잡
으면

$\ln|y|=\dfrac{1}{3}\left(\ln|x^2-1|-\ln|x^2+1|\right)$

양변을 x에 관하여 미분하면

$\dfrac{1}{y}\times\dfrac{dy}{dx}=\dfrac{1}{3}\left(\dfrac{2x}{x^2-1}-\dfrac{2x}{x^2+1}\right)$

∴ $\dfrac{dy}{dx}=\sqrt[3]{\dfrac{x^2-1}{x^2+1}}\times\dfrac{4x}{3(x^2-1)(x^2+1)}$

$\qquad =\dfrac{4x}{3\sqrt[3]{(x^2-1)^2(x^2+1)^4}}$ $(x\ne\pm 1)$

(2) $x>0,\ x-1>0$에서 $x>1$

양변의 자연로그를 잡으면

$\ln y=\dfrac{2}{3}\ln x+\dfrac{3}{2}\ln(x-1)$

양변을 x에 관하여 미분하면

$\dfrac{1}{y}\times\dfrac{dy}{dx}=\dfrac{2}{3x}+\dfrac{3}{2(x-1)}$

∴ $\dfrac{dy}{dx}=x^{\frac{2}{3}}(x-1)^{\frac{3}{2}}\times\dfrac{13x-4}{6x(x-1)}$

$\qquad =\dfrac{(x-1)^{\frac{1}{2}}(13x-4)}{6x^{\frac{1}{3}}}$

(3) 양변의 자연로그를 잡으면

$\ln y=x\ln\left(1+\dfrac{1}{x}\right)$

양변을 x에 관하여 미분하면

$\dfrac{1}{y}\times\dfrac{dy}{dx}=\ln\left(1+\dfrac{1}{x}\right)+x\times\dfrac{-\dfrac{1}{x^2}}{1+\dfrac{1}{x}}$

∴ $\dfrac{dy}{dx}=\left(1+\dfrac{1}{x}\right)^x\left\{\ln\left(1+\dfrac{1}{x}\right)-\dfrac{1}{x+1}\right\}$

(4) $y=e^{x^x}$에서 $\dfrac{dy}{dx}=e^{x^x}(x^x)'$ …①

$z=x^x$으로 놓고 양변의 자연로그를
잡으면 $\ln z=x\ln x$

양변을 x에 관하여 미분하면

$\dfrac{1}{z}\times\dfrac{dz}{dx}=\ln x+1$

∴ $\dfrac{dz}{dx}=x^x(\ln x+1)$

곧, $(x^x)'=x^x(\ln x+1)$

①에 대입하면

$\dfrac{dy}{dx}=e^{x^x}x^x(\ln x+1)$

6-14. $(h\circ g)'(x)=\left\{h\big(g(x)\big)\right\}'$

$\qquad\qquad =h'\big(g(x)\big)g'(x)$

이므로

$h'\big(g(1)\big)g'(1)=(h\circ g)'(1)$

한편

$p(x)=(h\circ g\circ f)(x)=(h\circ g)\big(f(x)\big)$

에서

$p'(x)=(h\circ g)'\big(f(x)\big)f'(x)$

∴ $p'(0)=(h\circ g)'\big(f(0)\big)f'(0)$ …①

그런데 $f(x)=2\sin x+\cos x$에서

$f'(x)=2\cos x-\sin x$

$\therefore f(0)=1,\ f'(0)=2$

또, $p'(0)=12$이므로 ①에 대입하면

$12=(h\circ g)'(1)\times 2$ $\therefore (h\circ g)'(1)=6$

$\therefore h'\big(g(1)\big)g'(1)=\mathbf{6}$

6-15. (1) $f(x+y)=f(x)f(y)$ ……①

$x=0,\ y=0$을 대입하면

$f(0)=f(0)f(0)$

$\therefore f(0)\big\{f(0)-1\big\}=0$ $\therefore f(0)=0,\ 1$

그런데 ①에 $y=0$을 대입하면

$f(x)=f(x)f(0)$

이때, $f(0)=0$이면 $f(x)=0$이므로

$f'(x)=0$ $\therefore f'(0)=0$

이것은 문제의 조건 $f'(0)=1$에 모순

이므로 $f(0)\ne0$ $\therefore f(0)=1$

(2) $f'(x)=\lim\limits_{h\to0}\dfrac{f(x+h)-f(x)}{h}$

$\qquad =\lim\limits_{h\to0}\dfrac{f(x)f(h)-f(x)}{h}$

$\qquad =\lim\limits_{h\to0}\dfrac{f(x)\big\{f(h)-1\big\}}{h}$

$\qquad =\lim\limits_{h\to0}\Big\{f(x)\times\dfrac{f(h)-f(0)}{h}\Big\}$

$\qquad =f(x)f'(0)=f(x)$

(3) $\Big\{\dfrac{f(x)}{e^x}\Big\}'=\dfrac{f'(x)e^x-f(x)e^x}{e^{2x}}$

$\qquad\qquad =\dfrac{f'(x)-f(x)}{e^x}=0$

따라서 $\dfrac{f(x)}{e^x}$ 는 상수함수이므로

$f(x)=ce^x$으로 놓을 수 있다.

⇦ 평균값 정리의 활용(p.160)

$f(0)=1$이므로 $c=1$

$\therefore f(x)=e^x$

6-16. $f'(x)=\mathrm{P}'(x)\cos x-\mathrm{P}(x)\sin x$

$\qquad\quad +\mathrm{Q}'(x)\sin x+\mathrm{Q}(x)\cos x$

$f''(x)=\big\{\mathrm{P}''(x)+2\mathrm{Q}'(x)-\mathrm{P}(x)\big\}\cos x$

$\qquad\quad +\big\{\mathrm{Q}''(x)-2\mathrm{P}'(x)-\mathrm{Q}(x)\big\}\sin x$

$f''(x)+f(x)=x\sin x$에 대입하면

$\big\{\mathrm{P}''(x)+2\mathrm{Q}'(x)\big\}\cos x$

$\qquad +\big\{\mathrm{Q}''(x)-2\mathrm{P}'(x)\big\}\sin x=x\sin x$

이 식에

$\mathrm{P}'(x)=2ax+b,\ \mathrm{P}''(x)=2a,$

$\mathrm{Q}'(x)=2cx+d,\ \mathrm{Q}''(x)=2c$

를 대입하고 정리하면

$2(2cx+a+d)\cos x$

$\qquad +2(c-b-2ax)\sin x=x\sin x$

모든 실수 x에 대하여 성립하므로

$c=0,\ a+d=0,\ c-b=0,\ -4a=1$

$\therefore \boldsymbol{a=-\dfrac{1}{4},\ b=0,\ c=0,\ d=\dfrac{1}{4}}$

6-17. (1) $y'=2\sin x\cos x=\sin 2x,$

$y''=2\cos 2x=2\sin\Big(\dfrac{\pi}{2}+2x\Big),$

$y'''=-2^2\sin 2x=2^2\sin\Big(\dfrac{2\pi}{2}+2x\Big),$

$\cdots$

$\therefore \boldsymbol{y^{(n)}=2^{n-1}\sin\Big(2x+\dfrac{n-1}{2}\pi\Big)}$

(2) $y'=\dfrac{1}{x},\ y''=(-1)\dfrac{1}{x^2},$

$y'''=(-1)^2\dfrac{2!}{x^3},\ \cdots$

$\therefore \boldsymbol{y^{(n)}=(-1)^{n-1}\dfrac{(n-1)!}{x^n}}$

(3) $y'=e^x+xe^x=(1+x)e^x,$

$y''=e^x+(1+x)e^x=(2+x)e^x,$

$y'''=e^x+(2+x)e^x=(3+x)e^x,$

$\cdots$

$\therefore \boldsymbol{y^{(n)}=(n+x)e^x}$

(4) $y'=e^x\sin x+e^x\cos x$

$\quad =e^x(\sin x+\cos x)$

$\quad =\sqrt{2}\,e^x\sin\Big(x+\dfrac{\pi}{4}\Big),$

$y''=\sqrt{2}\Big\{e^x\sin\Big(x+\dfrac{\pi}{4}\Big)$

$\qquad\qquad +e^x\cos\Big(x+\dfrac{\pi}{4}\Big)\Big\}$

$\quad =\sqrt{2}\,e^x\sqrt{2}\sin\Big(x+\dfrac{\pi}{4}+\dfrac{\pi}{4}\Big)$

$$=(\sqrt{2})^2\,e^x\sin\left(x+\frac{2}{4}\pi\right),$$

$$\cdots$$

$$\therefore\;y^{(n)}=(\sqrt{2})^n\,e^x\sin\left(x+\frac{n}{4}\pi\right)$$

***Note**　증명은 필수 예제 **6**-6과 같이 수학적 귀납법을 이용한다.

6-18. $f'(x)=\sec^2 x=1+\tan^2 x$

$f''(x)=2\tan x\sec^2 x$

　　　$=2(\tan x)(1+\tan^2 x)$

$\tan\alpha=A,\ \tan\beta=B,\ \tan\gamma=C$ 로 놓으면 $f(\alpha)+f(\beta)+f(\gamma)=0$ 에서

　　　$A+B+C=0$ ······①

$f'(\alpha)+f'(\beta)+f'(\gamma)=9$ 에서

$(1+A^2)+(1+B^2)+(1+C^2)=9$

　　$\therefore\;A^2+B^2+C^2=6$ ······②

$f''(\alpha)+f''(\beta)+f''(\gamma)=0$ 에서

$2A(1+A^2)+2B(1+B^2)+2C(1+C^2)=0$

　　$\therefore\;A^3+B^3+C^3=0$ ······③

$A^3+B^3+C^3-3ABC=(A+B+C)$

　　　$\times(A^2+B^2+C^2-AB-BC-CA)$

에 ①, ②, ③을 대입하면

　　　$ABC=0$ ······④

$A<B<C$ 이므로 ①, ④에서

　　　$B=0,\ A=-C$

②에 대입하면 $C^2=3$

　　$\therefore\;C=\sqrt{3},\ A=-\sqrt{3}$

　　$\therefore\;\alpha=-\dfrac{\pi}{3},\ \beta=0,\ \gamma=\dfrac{\pi}{3}$

7-1. (1) 양변을 x에 관하여 미분하면

$$3y^2\frac{dy}{dx}=\frac{-2x}{5-x^2}+y+x\frac{dy}{dx}$$

$$\therefore\;(3y^2-x)\frac{dy}{dx}=-\frac{2x}{5-x^2}+y$$

$x=2,\ y=2$를 대입하면

$$10\frac{dy}{dx}=-4+2\quad\therefore\;\frac{dy}{dx}=-\frac{1}{5}$$

(2) 양변의 자연로그를 잡으면

　　　$x\ln y=y\ln x$

양변을 x에 관하여 미분하면

$$\ln y+x\times\frac{1}{y}\times\frac{dy}{dx}=\frac{dy}{dx}\times\ln x+y\times\frac{1}{x}$$

$$\therefore\;\left(\frac{x}{y}-\ln x\right)\frac{dy}{dx}=\frac{y}{x}-\ln y$$

$x=4,\ y=2$를 대입하면

$$(2-2\ln 2)\frac{dy}{dx}=\frac{1}{2}-\ln 2$$

$$\therefore\;\frac{dy}{dx}=\frac{1-2\ln 2}{4-4\ln 2}$$

7-2. $y=\cos\pi x$에서 $y'=-\pi\sin\pi x$

$y=ax^2+b$에서 $y'=2ax$

$x=\dfrac{2}{3}$인 점에서 접하므로

$$\cos\frac{2}{3}\pi=\frac{4}{9}a+b,\quad-\pi\sin\frac{2}{3}\pi=\frac{4}{3}a$$

$$\therefore\;\boldsymbol{a=-\frac{3\sqrt{3}}{8}\pi,\ b=-\frac{1}{2}+\frac{\sqrt{3}}{6}\pi}$$

7-3. $y=\ln(2x+3)$에서 $y'=\dfrac{2}{2x+3}$

$y=a-\ln x$에서 $y'=-\dfrac{1}{x}$

$x=t$인 점에서 직교한다고 하면

　　　$\ln(2t+3)=a-\ln t$ ······①

$$\frac{2}{2t+3}\times\left(-\frac{1}{t}\right)=-1\quad\text{······②}$$

②에서 $2t^2+3t-2=0$

　　$\therefore\;(2t-1)(t+2)=0$

$t>0$이므로 $t=\dfrac{1}{2}$

①에 대입하면 $\boldsymbol{a=\ln 2}$

7-4. $g(x)=f(x)\cos^4 x$에서

$g'(x)=f'(x)\cos^4 x+f(x)\times 4\cos^3 x(-\sin x)$

이므로

$$g'\left(\frac{\pi}{3}\right)=f'\left(\frac{\pi}{3}\right)\cos^4\frac{\pi}{3}$$

$$\qquad+f\left(\frac{\pi}{3}\right)\times 4\cos^3\frac{\pi}{3}\left(-\sin\frac{\pi}{3}\right)$$

$$=f'\left(\frac{\pi}{3}\right)\times\frac{1}{16}+\frac{2\sqrt{3}}{3}\times\frac{1}{2}\times\left(-\frac{\sqrt{3}}{2}\right)$$

$$=\frac{1}{16}f'\left(\frac{\pi}{3}\right)-\frac{1}{2}$$

이때, $f'\left(\dfrac{\pi}{3}\right)\times g'\left(\dfrac{\pi}{3}\right)=-1$이므로

$f'\left(\dfrac{\pi}{3}\right)=t$로 놓으면

$$t\left(\dfrac{1}{16}t-\dfrac{1}{2}\right)=-1$$

$$\therefore\ t^2-8t+16=0\quad\therefore\ t=4$$

곧, $f'\left(\dfrac{\pi}{3}\right)=4$

7-5. $y'=\dfrac{4}{3}\cos 2x+2x$이므로 점 $(0,0)$에서의 접선의 기울기는 $\dfrac{4}{3}$이다.

한편 접선과 x축이 이루는 예각의 크기를 2α라고 하면

$$\tan 2\alpha=\dfrac{4}{3}\quad 곧,\ \dfrac{2\tan\alpha}{1-\tan^2\alpha}=\dfrac{4}{3}$$

$$\therefore\ 2\tan^2\alpha+3\tan\alpha-2=0$$

$$\therefore\ (2\tan\alpha-1)(\tan\alpha+2)=0$$

α는 예각이므로 $\tan\alpha=\dfrac{1}{2}$

7-6. (1) 접점의 좌표는 $(0,3)$이고

$$y'=\dfrac{1}{x^2+1}\Big\{-2\sqrt{x^2+1}$$
$$-(3-2x)\times\dfrac{x}{\sqrt{x^2+1}}\Big\}$$

이므로 접선의 기울기는 -2이다.

따라서 구하는 접선의 방정식은

$$y=-2x+3$$

(2) 접점의 좌표는 $\left(-1,\dfrac{1+e^2}{2e}\right)$이고

$$y'=\dfrac{e^x-e^{-x}}{2}$$

이므로 접선의 기울기는

$$\dfrac{e^{-1}-e}{2}=\dfrac{1-e^2}{2e}$$

따라서 구하는 접선의 방정식은

$$y-\dfrac{1+e^2}{2e}=\dfrac{1-e^2}{2e}(x+1)$$

$$\therefore\ y=\dfrac{1-e^2}{2e}x+\dfrac{1}{e}$$

7-7. $x\longrightarrow 0$일 때 극한값이 존재하고 (분모) $\longrightarrow 0$이므로 (분자) $\longrightarrow 0$이어야

한다.

곧, $\lim\limits_{x\to0}\{f(x)-2\}=0$에서 $f(0)=2$이다. 이때, 조건식은

$$\lim\limits_{x\to0}\left\{\dfrac{f(x)-f(0)}{x}\times\dfrac{x}{a^x-1}\right\}=2$$

이고

$$\lim\limits_{x\to0}\dfrac{a^x-1}{x}=\ln a$$

이므로 $\lim\limits_{x\to0}\dfrac{f(x)-f(0)}{x}$이 존재하고 이 극한값은 $2\ln a$이다.

⇐ 함수의 극한에 관한 기본 성질(p.81)

곧, $f(x)$는 $x=0$에서 미분가능하고

$$f'(0)=2\ln a$$

곡선 $y=f(x)$가 점 $(0,2)$를 지나므로 이 점에서의 접선의 방정식은

$$y-2=2\ln a(x-0)$$

이 직선이 점 $(-1,0)$을 지나므로

$$-2=-2\ln a\quad\therefore\ a=e$$

7-8. $f'(x)=2xe^x+x^2e^x$이므로

$$g'(e)=\dfrac{1}{f'(1)}=\dfrac{1}{2e+e}=\dfrac{1}{3e}$$

따라서 구하는 접선의 방정식은

$$y-1=\dfrac{1}{3e}(x-e)\quad\therefore\ y=\dfrac{1}{3e}x+\dfrac{2}{3}$$

7-9. $y'=-\dfrac{1}{(x+1)^2}$이므로 곡선 위의 점 $\left(t,\dfrac{1}{t+1}\right)$에서의 접선의 방정식은

$$y-\dfrac{1}{t+1}=-\dfrac{1}{(t+1)^2}(x-t)$$

$y=0$을 대입하면 $x=2t+1$

$x=0$을 대입하면 $y=\dfrac{2t+1}{(t+1)^2}$

$$\therefore\ S(t)=\dfrac{1}{2}|2t+1|\left|\dfrac{2t+1}{(t+1)^2}\right|$$
$$=\dfrac{(2t+1)^2}{2(t+1)^2}$$

$$\therefore\ \lim\limits_{x\to\infty}S(x)=2$$

7-10. $y'=2e^{2x}$이므로 점 $\mathrm{P}(a,\ e^{2a})$에서의 접선의 방정식은

$$y-e^{2a}=2e^{2a}(x-a)$$

$y=0$을 대입하면

$$-e^{2a}=2e^{2a}(x-a) \quad \therefore\ x=a-\frac{1}{2}$$

$$\therefore\ \mathrm{Q}\!\left(a-\frac{1}{2},\ 0\right),\ \mathrm{R}(a,\ 0)$$

$$\therefore\ \triangle\mathrm{PQR}=\frac{1}{2}\times\frac{1}{2}\times e^{2a}=\frac{1}{4}e^{2a}=4$$

$$\therefore\ \boldsymbol{a=2\ln 2}$$

7-11. 양변을 x에 관하여 미분하면

$$2y\frac{dy}{dx}+6\frac{dy}{dx}-4=0$$

$$\therefore\ \frac{dy}{dx}=\frac{2}{y+3}\ (y\neq-3)$$

$$\therefore\ \left[\frac{dy}{dx}\right]_{\substack{x=3\\y=-1}}=1$$

따라서 구하는 접선의 방정식은

$$y+1=1\times(x-3) \quad \therefore\ \boldsymbol{y=x-4}$$

7-12. $\dfrac{dx}{d\theta}=-\sin\theta,\ \dfrac{dy}{d\theta}=2\cos 2\theta$ 이므로

$$\frac{dy}{dx}=\frac{dy}{d\theta}\Big/\frac{dx}{d\theta}=-\frac{2\cos 2\theta}{\sin\theta}$$

$\theta=\alpha$인 점에서 접한다고 하면 접점의 좌표는 $(\cos\alpha,\ \sin 2\alpha)$

접선의 기울기가 -2이므로

$$-\frac{2\cos 2\alpha}{\sin\alpha}=-2 \quad \therefore\ \cos 2\alpha=\sin\alpha$$

$$\therefore\ 1-2\sin^2\alpha=\sin\alpha$$

$$\therefore\ (2\sin\alpha-1)(\sin\alpha+1)=0$$

$\sin\alpha+1\neq0$이므로 $\ \sin\alpha=\dfrac{1}{2}$

$$\therefore\ \alpha=\frac{\pi}{6}$$

이때,

$$x=\frac{\sqrt{3}}{2},\ y=\frac{\sqrt{3}}{2},\ \frac{dy}{dx}=-2$$

이므로 접선의 방정식은

$$y-\frac{\sqrt{3}}{2}=-2\!\left(x-\frac{\sqrt{3}}{2}\right)$$

$$\therefore\ 2x+y=\frac{3\sqrt{3}}{2} \quad \therefore\ \boldsymbol{k=\frac{3\sqrt{3}}{2}}$$

7-13. $\dfrac{dx}{dt}=a\sec t\tan t,\ \dfrac{dy}{dt}=2\sec^2 t$ 이므로

$$\frac{dy}{dx}=\frac{dy}{dt}\Big/\frac{dx}{dt}=\frac{2\sec t}{a\tan t}\ (\tan t\neq 0)$$

$t=\alpha$인 점에서 접한다고 하면 접점의 좌표는 $(a\sec\alpha,\ 2\tan\alpha)$

따라서 접선의 방정식은

$$y-2\tan\alpha=\frac{2\sec\alpha}{a\tan\alpha}(x-a\sec\alpha)$$

$$\therefore\ 2x\sec\alpha-ay\tan\alpha$$
$$=2a\sec^2\alpha-2a\tan^2\alpha=2a$$

$$\therefore\ 2x\sec\alpha-ay\tan\alpha-2a=0$$

이 식이 $2x-y+2=0$과 일치하므로

$$\frac{2\sec\alpha}{2}=\frac{-a\tan\alpha}{-1}=\frac{-2a}{2}$$

$$\frac{-a\tan\alpha}{-1}=\frac{-2a}{2}$$에서 $\ \tan\alpha=-1$

$$\therefore\ \sec^2\alpha=\tan^2\alpha+1=2$$

$$\therefore\ \sec\alpha=\pm\sqrt{2}$$

$$\frac{2\sec\alpha}{2}=\frac{-2a}{2}$$에서

$$\boldsymbol{a=-\sec\alpha=\pm\sqrt{2}}$$

7-14. $\dfrac{dx}{dt}=-3\sin t,\ \dfrac{dy}{dt}=4\cos t$이므로

$$\frac{dy}{dx}=\frac{dy}{dt}\Big/\frac{dx}{dt}=-\frac{4\cos t}{3\sin t}\ (\sin t\neq 0)$$

$t=\alpha$인 점에서 접한다고 하면 접점의 좌표는 $(3\cos\alpha-2,\ 4\sin\alpha+1)$

따라서 접선의 방정식은

$$y-4\sin\alpha-1$$
$$=-\frac{4\cos\alpha}{3\sin\alpha}(x-3\cos\alpha+2)\ \cdots①$$

이 직선이 점 $(3,\ 1)$을 지나므로

$$1-4\sin\alpha-1=-\frac{4\cos\alpha}{3\sin\alpha}(3-3\cos\alpha+2)$$

$\sin^2\alpha+\cos^2\alpha=1$이므로 정리하면

$$\cos\alpha=\frac{3}{5}$$

이때,
$$\sin a=\pm\sqrt{1-\cos^2 a}=\pm\frac{4}{5}$$
①에 대입하여 정리하면
$$x+y-4=0,\quad x-y-2=0$$

7-15. $\dfrac{dx}{dt}=-3\sin t,\ \dfrac{dy}{dt}=2\cos t$이므로

$$\frac{dy}{dx}=\frac{dy}{dt}\Big/\frac{dx}{dt}=-\frac{2\cos t}{3\sin t}$$

$t=\alpha$인 점에서 접한다고 하면 접점의 좌표는 $(3\cos\alpha,\ 2\sin\alpha)$

따라서 접선의 방정식은
$$y-2\sin\alpha=-\frac{2\cos\alpha}{3\sin\alpha}(x-3\cos\alpha)$$

$x=0$을 대입하면 $y=\dfrac{2}{\sin\alpha}$,

$y=0$을 대입하면 $x=\dfrac{3}{\cos\alpha}$

이므로 삼각형의 넓이는
$$\frac{1}{2}\times\frac{3}{\cos\alpha}\times\frac{2}{\sin\alpha}=\frac{6}{\sin 2\alpha}$$

따라서 $\sin 2\alpha$가 최대일 때 삼각형의 넓이는 최소이다. 곧, $2\alpha=\dfrac{\pi}{2}$일 때 삼각형의 넓이의 최솟값은 **6**

7-16. $y=e^x$에서 $y'=e^x$

이므로 점 $(1,\ e)$에서의 접선의 방정식은
$$y-e=e(x-1)\quad\therefore\ y=ex$$

$f(x)=ex,\ g(x)=2\sqrt{x-k}$로 놓고, 직선 $y=f(x)$와 곡선 $y=g(x)$가 $x=t$인 점에서 접한다고 하면

$f(t)=g(t)$에서 $et=2\sqrt{t-k}$ $\cdots$①

또, $f'(x)=e,\ g'(x)=\dfrac{1}{\sqrt{x-k}}$이므로

$f'(t)=g'(t)$에서 $e=\dfrac{1}{\sqrt{t-k}}$ $\cdots$②

②에서 $\sqrt{t-k}=\dfrac{1}{e}$을 ①에 대입하면

$$et=\frac{2}{e}\quad\therefore\ t=\frac{2}{e^2}$$

②에서 $t-k=\dfrac{1}{e^2}$이므로

$$k=t-\frac{1}{e^2}=\frac{1}{e^2}$$

***Note** 직선 $y=ex$가 곡선 $y=2\sqrt{x-k}$에 접하므로
$$ex=2\sqrt{x-k},\ \text{곧}\ e^2x^2-4x+4k=0$$
이 중근을 가질 조건을 구해도 된다.

7-17.

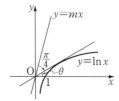

$y=\ln x$에서 $y'=\dfrac{1}{x}$

이므로 원점을 지나는 접선의 접점의 좌표를 $(t,\ \ln t)$라고 하면 접선의 방정식은
$$y-\ln t=\frac{1}{t}(x-t)$$

이 직선이 원점을 지나므로
$$-\ln t=-1\quad\therefore\ t=e$$

따라서 접선의 방정식은 $y=\dfrac{1}{e}x$

이 직선이 x축과 이루는 예각의 크기를 θ라고 하면 $\tan\theta=\dfrac{1}{e}$이므로

$$m=\tan\Big(\theta+\frac{\pi}{4}\Big)=\frac{\tan\theta+\tan(\pi/4)}{1-\tan\theta\tan(\pi/4)}$$
$$=\frac{(1/e)+1}{1-(1/e)}=\frac{e+1}{e-1}$$

7-18. $y=e^x$ $(1\leq x\leq 2)$ $\cdots\cdots$①

위의 점 $P(1,\ e)$, $Q(2,\ e^2)$을 생각하자.

$y'=e^x$이므로 ① 위의 점 $(a,\ e^a)$ $(1\leq a\leq 2)$에서의 접선의 방정식은
$$y-e^a=e^a(x-a)$$

이 직선이 원점을 지나면
$$-e^a=e^a\times(-a)$$

$e^a>0$이므로 $a=1$

따라서 접점은 $P(1,\ e)$이고, 직선 OP는 ①의 접선이다.

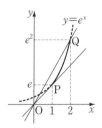

위의 그림에서 a는 직선 OP의 기울기 e보다 작거나 같아야 한다.

$$\therefore \ a \le e$$

또, β는 직선 OQ의 기울기 $\dfrac{e^2}{2}$보다 크거나 같아야 한다.

$$\therefore \ \beta \ge \dfrac{e^2}{2}$$

따라서 $\beta - a$의 최솟값은 $\dfrac{e^2}{2} - e$

7-19. $f(x) = \ln x, \ g(x) = mx + \dfrac{n}{x}$ 으로 놓으면

$$f'(x) = \dfrac{1}{x}, \ g'(x) = m - \dfrac{n}{x^2}$$

$x = e^2$인 점에서 공통접선을 가지므로

$$f(e^2) = g(e^2), \ f'(e^2) = g'(e^2)$$

$$\therefore \ 2 = me^2 + \dfrac{n}{e^2}, \ \dfrac{1}{e^2} = m - \dfrac{n}{e^4}$$

$$\therefore \ me^4 + n = 2e^2, \ me^4 - n = e^2$$

$$\therefore \ \boldsymbol{m = \dfrac{3}{2e^2}, \ n = \dfrac{e^2}{2}}$$

7-20.

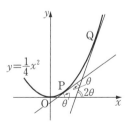

점 P에서의 접선이 x축과 이루는 예각의 크기를 θ라고 하면 점 Q에서의 접선이 x축과 이루는 예각의 크기는 2θ이다.

$y = \dfrac{1}{4}x^2$에서 $y' = \dfrac{1}{2}x$이므로 점 P, Q 에서의 접선의 기울기는 각각 $\dfrac{\sqrt{2}}{2}$, $\dfrac{a}{2}$ 이다.

$$\therefore \ \tan\theta = \dfrac{\sqrt{2}}{2}, \ \tan 2\theta = \dfrac{a}{2}$$

$\tan 2\theta = \dfrac{2\tan\theta}{1 - \tan^2\theta}$에 대입하면

$$\dfrac{a}{2} = \dfrac{\sqrt{2}}{1 - (1/2)} \quad \therefore \ \boldsymbol{a = 4\sqrt{2}}$$

7-21. 함수 $y = a^x$과 $y = \log_a x$는 서로 역함수이므로 두 함수의 그래프는 직선 $y = x$에 대하여 대칭이다.

(i) $a > 1$일 때

곡선 $y = a^x$과 $y = \log_a x$의 공통접선은 직선 $y = x$이다.

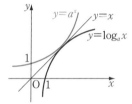

$y = a^x$에서 $y' = a^x \ln a$

접점의 x좌표를 t라고 하면

$$a^t = t, \ a^t \ln a = 1$$

두 식에서 a^t을 소거하면

$$t \ln a = 1 \quad \therefore \ \ln a = \dfrac{1}{t}$$

$$\therefore \ a = e^{\frac{1}{t}}$$

$$\therefore \ t = a^t = \left(e^{\frac{1}{t}}\right)^t = e \quad \therefore \ a = e^{\frac{1}{e}}$$

(ii) $0 < a < 1$일 때

곡선 $y = a^x$과 $y = \log_a x$의 접점은 두 곡선의 교점이므로 다음 그림과 같이 곡선 $y = a^x$과 직선 $y = x$의 교점이다. 또, 이 점에서 곡선 $y = a^x$에 그은 접선과 곡선 $y = \log_a x$에 그은 접선은 직선 $y = x$에 대하여 대칭이므로 접선은 직선 $y = x$와 수직이다.

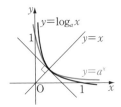

접점의 x좌표를 t라고 하면
$$a^t=t, \quad a^t \ln a=-1$$
두 식에서 a^t을 소거하면
$$t \ln a=-1 \quad \therefore \ln a=-\frac{1}{t}$$
$$\therefore a=e^{-\frac{1}{t}}$$
$$\therefore t=a^t=\left(e^{-\frac{1}{t}}\right)^t=e^{-1}=\frac{1}{e}$$
$$\therefore a=e^{-e}=\frac{1}{e^e}$$
(i), (ii)에서 $\boldsymbol{a=e^{\frac{1}{e}}, \dfrac{1}{e^e}}$

7-22. 점 P의 좌표를 (x_0, y_0)이라 하자.
$x^2-y^2=3$의 양변을 x에 관하여 미분하면
$$2x-2y\frac{dy}{dx}=0 \quad \therefore \frac{dy}{dx}=\frac{x}{y} \ (y\neq0)$$
$xy=2$의 양변을 x에 관하여 미분하면
$$y+x\frac{dy}{dx}=0 \quad \therefore \frac{dy}{dx}=-\frac{y}{x}$$
따라서 점 P에서의 두 접선의 기울기의 곱은
$$\frac{x_0}{y_0}\times\left(-\frac{y_0}{x_0}\right)=-1$$
이므로 두 곡선의 접선은 서로 수직이다.

7-23. (1) 직선 PQ의 방정식은
$$y-e^a=\frac{e^{a+1}-e^a}{(a+1)-a}(x-a)$$
$$\therefore y=e^a(e-1)x-e^a\{a(e-1)-1\} \quad \cdots\cdots①$$
$y=e^{x+c}$에서 $y'=e^{x+c}$
이므로 곡선 $y=e^{x+c}$ 위의 점
$R(t, e^{t+c})$에서의 접선의 방정식은
$$y-e^{t+c}=e^{t+c}(x-t)$$

$$\therefore y=e^{t+c}x-e^{t+c}(t-1) \quad \cdots\cdots②$$
①, ②가 일치하기 위한 조건은
$$e^{t+c}=e^a(e-1) \quad\quad\quad \cdots③$$
$$e^{t+c}(t-1)=e^a\{a(e-1)-1\} \quad \cdots④$$
③을 ④에 대입하면
$$e^a(e-1)(t-1)=e^a\{a(e-1)-1\}$$
$e^a(e-1)>0$이므로 양변을
$e^a(e-1)$로 나누면
$$t-1=a-\frac{1}{e-1}$$
$$\therefore t=a+\frac{e-2}{e-1}$$
$$\therefore \boldsymbol{R\left(a+\frac{e-2}{e-1}, \ e^a(e-1)\right)}$$

(2) ③의 양변의 자연로그를 잡으면
$$t+c=a+\ln(e-1)$$
$$\therefore c=-t+a+\ln(e-1)$$
$$=-a-\frac{e-2}{e-1}+a+\ln(e-1)$$
$$=\boldsymbol{\ln(e-1)-\frac{e-2}{e-1}}$$

7-24. $f(x)=\ln x$로 놓으면
$$f'(x)=\frac{1}{x}$$
점 A에서의 법선의 방정식은
$$y-\ln a=-a(x-a) \quad\quad\cdots\cdots①$$
점 B에서의 법선의 방정식은
$$y-\ln(a+h)=-(a+h)(x-a-h) \quad\quad\cdots\cdots②$$
①-②하면
$$x=2a+h+\frac{\ln(a+h)-\ln a}{h}$$
$$\therefore \lim_{h\to0}x=2a+f'(a)=2a+\frac{1}{a}$$
이때, ①에서
$$y=\ln a-a\left(a+\frac{1}{a}\right)=\ln a-a^2-1$$
$$\therefore \boldsymbol{C_0\left(2a+\frac{1}{a}, \ \ln a-a^2-1\right)}$$

7-25. $y=e^{-x}\sin x$에 $y=0$을 대입하면
$$e^{-x}\sin x=0$$

$e^{-x}>0$이므로 $\sin x=0$

$x>0$이므로 $x=n\pi$ (n은 자연수)

$$\therefore\ x_n=n\pi$$

또, $f'(x)=e^{-x}(\cos x-\sin x)$이므로

$$f'(n\pi)=(-1)^n e^{-n\pi}$$

따라서 곡선 $y=f(x)$ 위의 점 $(n\pi,\ 0)$ 에서의 접선의 방정식은

$$y=(-1)^n e^{-n\pi}(x-n\pi)$$

$$\therefore\ y_n=(-1)^{n+1}n\pi e^{-n\pi}$$

따라서 수열 $\left\{\dfrac{y_n}{n}\right\}$은 첫째항이 $\pi e^{-\pi}$,

공비가 $-e^{-\pi}$인 등비수열이다.

$$\therefore\ \sum_{n=1}^{\infty}\frac{y_n}{n}=\frac{\pi e^{-\pi}}{1-(-e^{-\pi})}=\frac{\boldsymbol{\pi}}{\boldsymbol{e^{\pi}+1}}$$

7-**26.** $\sqrt{x}+\sqrt{y}=a$의 양변을 x에 관하여 미분하면

$$\frac{1}{2\sqrt{x}}+\frac{1}{2\sqrt{y}}\times\frac{dy}{dx}=0$$

$$\therefore\ \frac{dy}{dx}=-\frac{\sqrt{y}}{\sqrt{x}}\ (x\neq0)$$

점 $(\alpha,\ \beta)$에서의 접선의 방정식은

$$y-\beta=-\frac{\sqrt{\beta}}{\sqrt{\alpha}}(x-\alpha)\ \cdots\cdots①$$

$\sqrt{\alpha}+\sqrt{\beta}=a$이므로 ①에서

$x=0$일 때 $y=\sqrt{\beta}(\sqrt{\alpha}+\sqrt{\beta})=a\sqrt{\beta}$,

$y=0$일 때 $x=\sqrt{\alpha}(\sqrt{\alpha}+\sqrt{\beta})=a\sqrt{\alpha}$

$$\therefore\ \overline{OP}+\overline{OQ}=a\sqrt{\alpha}+a\sqrt{\beta}$$

$$=a(\sqrt{\alpha}+\sqrt{\beta})$$

$$=a^2\ (\text{일정})$$

7-**27.** $\dfrac{dx}{dt}=-3\cos^2 t\sin t,$

$$\frac{dy}{dt}=3\sin^2 t\cos t$$

$$\therefore\ \frac{dy}{dx}=\frac{dy}{dt}\bigg/\frac{dx}{dt}=-\frac{\sin t}{\cos t}$$

따라서 곡선 위의 점 $(\cos^3\alpha,\ \sin^3\alpha)$에서의 접선의 방정식은

$$y-\sin^3\alpha=-\frac{\sin\alpha}{\cos\alpha}(x-\cos^3\alpha)\ \cdots①$$

$x=0$을 대입하면 $y=\sin\alpha$,

$y=0$을 대입하면 $x=\cos\alpha$

이므로 ①이 x축, y축에 의하여 잘린 선분의 길이는

$$\sqrt{\cos^2\alpha+\sin^2\alpha}=1\ (\text{일정})$$

7-**28.** $\begin{cases} x=2\cos t \\ y=a\sin t \end{cases}$ ……①

$\begin{cases} x=\sec t \\ y=\tan t \end{cases}$ ……②

①에서

$$\frac{dy}{dx}=\frac{dy}{dt}\bigg/\frac{dx}{dt}$$

$$=-\frac{a\cos t}{2\sin t}\ (\sin t\neq0)$$

②에서

$$\frac{dy}{dx}=\frac{dy}{dt}\bigg/\frac{dx}{dt}=\frac{\sec^2 t}{\sec t\tan t}$$

$$=\frac{\sec t}{\tan t}\ (\tan t\neq0)$$

곡선 ①은 $t=\alpha$, 곡선 ②는 $t=\beta$일 때 두 곡선이 만난다고 하면

$$2\cos\alpha=\sec\beta,\ a\sin\alpha=\tan\beta\cdots③$$

두 접선이 서로 수직이므로

$$-\frac{a\cos\alpha}{2\sin\alpha}\times\frac{\sec\beta}{\tan\beta}=-1$$

③을 대입하면

$$-\frac{a\cos\alpha}{2\sin\alpha}\times\frac{2\cos\alpha}{a\sin\alpha}=-1$$

$$\therefore\ \cos^2\alpha=\sin^2\alpha$$

$\sin^2\alpha+\cos^2\alpha=1$이므로

$$\cos^2\alpha=\sin^2\alpha=\frac{1}{2}$$

또, $\sec^2\beta=\tan^2\beta+1$에 ③을 대입하면 $4\cos^2\alpha=a^2\sin^2\alpha+1$

$$\therefore\ 4\times\frac{1}{2}=a^2\times\frac{1}{2}+1\ \ \therefore\ a^2=2$$

$a>0$이므로 $\boldsymbol{a=\sqrt{2}}$

7-**29.** $y'=2\sin x\cos x=\sin 2x$이므로 곡선 위의 두 점 $(x_1,\ y_1),\ (x_2,\ y_2)$에서의 접선의 방정식은 각각

$$\left. \begin{array}{l} y-y_1=(x-x_1)\sin 2x_1 \\ y-y_2=(x-x_2)\sin 2x_2 \end{array} \right\} \quad \cdots\cdots ①$$

두 접선이 서로 수직일 조건은

$$\sin 2x_1 \times \sin 2x_2 = -1$$

$|\sin 2x_1| \le 1, \ |\sin 2x_2| \le 1$이므로

$$(\sin 2x_1 = 1, \ \sin 2x_2 = -1),$$
$$(\sin 2x_1 = -1, \ \sin 2x_2 = 1)$$

중의 어느 한 경우이지만

$$\sin 2x_1 = 1, \ \sin 2x_2 = -1$$

이라고 해도 일반성을 잃지 않는다.

$0 < x_1 < \pi, \ 0 < x_2 < \pi$이므로

$$x_1 = \frac{\pi}{4}, \ x_2 = \frac{3}{4}\pi$$

이때, $y_1 = y_2 = \dfrac{1}{2}$

이 값을 ①에 대입하면

$$y - \frac{1}{2} = x - \frac{\pi}{4}, \ y - \frac{1}{2} = -x + \frac{3}{4}\pi$$

연립하여 풀면

$$x = \frac{\pi}{2}, \ y = \frac{1}{2} + \frac{\pi}{4}$$

$$\therefore \ \mathbf{P}\left(\frac{\boldsymbol{\pi}}{2}, \ \frac{1}{2} + \frac{\boldsymbol{\pi}}{4}\right)$$

7-30. $y = \dfrac{k^2}{x}$에서 $y' = -\dfrac{k^2}{x^2}$

이므로 곡선 위의 점 $(X, \ Y)$에서의 접선
의 방정식은

$$y - Y = -\frac{k^2}{X^2}(x - X)$$

이 직선이 점 $(1, \ 2)$를 지나므로

$$2 - Y = -\frac{k^2}{X^2}(1 - X) \quad \cdots\cdots ①$$

점 $(X, \ Y)$는 곡선 $xy = k^2$ 위에 있으
므로 $XY = k^2$ $\quad\quad \cdots\cdots ②$

①, ②에서 k^2을 소거하면

$$2 - Y = -\frac{Y}{X}(1 - X)$$

$$\therefore \ Y = \frac{2X}{2X - 1} \quad\quad \cdots\cdots ③$$

점 $(1, \ 2)$에서 접선을 그을 수 있으려면

$k^2 \ge 2$ $\quad \therefore \ XY \ge 2$ $\quad \cdots\cdots ④$

③, ④에서 Y를 소거하면

$$\frac{2(X-1)^2}{2X - 1} \ge 0 \quad \therefore \ X > \frac{1}{2}$$

따라서 접점의 자취의 방정식은

$$\boldsymbol{y} = \frac{2\boldsymbol{x}}{2\boldsymbol{x} - 1} \ \left(\boldsymbol{x} > \frac{1}{2}\right)$$

7-31. $y = -\dfrac{1}{x}$에서 $y' = \dfrac{1}{x^2}$

이므로 곡선 위의 점 $\left(t, \ -\dfrac{1}{t}\right)$에서의 접
선의 방정식은

$$y + \frac{1}{t} = \frac{1}{t^2}(x - t)$$

이 직선이 점 $P(2p, \ p)$를 지나므로

$$p + \frac{1}{t} = \frac{1}{t^2}(2p - t)$$

$$\therefore \ pt^2 + 2t - 2p = 0 \quad\quad \cdots\cdots ①$$

두 점 A, B의 x좌표를 각각 α, β라고
하면 α, β는 이차방정식 ①의 두 근이
므로

$$\alpha + \beta = -\frac{2}{p}, \ \alpha\beta = -2$$

$$\therefore \ \overline{PA}^2 + \overline{PB}^2 = \left\{(2p - \alpha)^2 + \left(p + \frac{1}{\alpha}\right)^2\right\}$$
$$+ \left\{(2p - \beta)^2 + \left(p + \frac{1}{\beta}\right)^2\right\}$$
$$= 10p^2 - 4p(\alpha + \beta) + (\alpha^2 + \beta^2)$$
$$+ 2p\left(\frac{1}{\alpha} + \frac{1}{\beta}\right) + \left(\frac{1}{\alpha^2} + \frac{1}{\beta^2}\right)$$
$$= 10p^2 - 4p(\alpha + \beta) + (\alpha + \beta)^2 - 2\alpha\beta$$
$$+ 2p \times \frac{\alpha + \beta}{\alpha\beta} + \frac{(\alpha + \beta)^2 - 2\alpha\beta}{(\alpha\beta)^2}$$
$$= 10p^2 + 8 + \left(\frac{4}{p^2} + 4\right)$$
$$+ 2p \times \frac{1}{p} + \left(\frac{1}{p^2} + 1\right)$$
$$= 10p^2 + \frac{5}{p^2} + 15 \ge 2\sqrt{10p^2 \times \frac{5}{p^2}} + 15$$
$$= 10\sqrt{2} + 15$$

$$\left(\text{등호는} \ p = \frac{1}{\sqrt[4]{2}} \text{일 때 성립}\right)$$

따라서 구하는 최솟값은 $\mathbf{10\sqrt{2} + 15}$

7-32.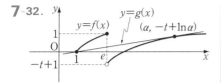

일차함수 $g(x)$가 $x \geq 1$에서 주어진 부등식을 만족시키려면

$1 \leq x \leq e$일 때 $g(x) \leq f(x)$,

$x > e$일 때 $g(x) \geq f(x)$

이어야 한다.

따라서 직선 $y = g(x)$의 기울기는 위의 그림과 같이 직선 $y = g(x)$가 점 $(1, 0)$을 지나고 $x > e$에서 곡선 $y = -t + \ln x$에 접할 때 최소가 된다.

$x > e$일 때 $f'(x) = \dfrac{1}{x}$이므로 접점의 좌표를 $(\alpha, -t + \ln \alpha)$라고 하면 접선의 방정식은

$$y - (-t + \ln \alpha) = \frac{1}{\alpha}(x - \alpha)$$

이 직선이 점 $(1, 0)$을 지나므로

$$t - \ln \alpha = \frac{1}{\alpha} - 1$$

이때, $h(t) = \dfrac{1}{\alpha}$이므로

$$t - \ln \frac{1}{h(t)} = h(t) - 1$$

$$\therefore \ h(t) - \ln h(t) = t + 1$$

양변을 t에 관하여 미분하면

$$h'(t) - \frac{h'(t)}{h(t)} = 1 \quad \therefore \ h'(t) = \frac{h(t)}{h(t) - 1}$$

$h(a) = \dfrac{1}{2e}$이므로

$$h'(a) = \frac{h(a)}{h(a) - 1} = \frac{1/2e}{(1/2e) - 1}$$

$$= \frac{1}{1 - 2e}$$

8-1. 함수 $f(x)$는 $x = 0$에서 연속이므로

$$\lim_{x \to 0} f(x) = f(0) \qquad \cdots\cdots ①$$

$g(x) = \dfrac{1}{1 + xf(x)}$이므로

$$\lim_{h \to 0} \frac{g(0 + h) - g(0)}{h} = \lim_{h \to 0} \frac{\dfrac{1}{1 + hf(h)} - 1}{h}$$

$$= \lim_{h \to 0} \frac{-f(h)}{1 + hf(h)}$$

$$= -f(0) \qquad \Leftarrow ①$$

따라서 $g(x)$는 $x = 0$에서 미분가능하다.

8-2. (1) $\displaystyle \lim_{h \to 0+} \frac{f(0 + h) - f(0)}{h} = \lim_{h \to 0+} \frac{h|h|}{h}$

$$= \lim_{h \to 0+} h = 0$$

$$\lim_{h \to 0-} \frac{f(0 + h) - f(0)}{h} = \lim_{h \to 0-} \frac{h|h|}{h}$$

$$= \lim_{h \to 0-} (-h) = 0$$

$$\therefore \ \lim_{h \to 0} \frac{f(0 + h) - f(0)}{h} = 0$$

곧, $f'(0) = 0$

따라서 $f(x)$는 $x = 0$에서 미분가능하다.

(2) $\displaystyle \lim_{h \to 0+} \frac{f(0 + h) - f(0)}{h} = \lim_{h \to 0+} \frac{|h| \sin h}{h}$

$$= \lim_{h \to 0+} \sin h = 0$$

$$\lim_{h \to 0-} \frac{f(0 + h) - f(0)}{h} = \lim_{h \to 0-} \frac{|h| \sin h}{h}$$

$$= \lim_{h \to 0-} (-\sin h) = 0$$

$$\therefore \ \lim_{h \to 0} \frac{f(0 + h) - f(0)}{h} = 0$$

곧, $f'(0) = 0$

따라서 $f(x)$는 $x = 0$에서 미분가능하다.

(3) $\displaystyle \lim_{h \to 0+} \frac{f(0 + h) - f(0)}{h} = \lim_{h \to 0+} \frac{|h| \cos h}{h}$

$$= \lim_{h \to 0+} \cos h = 1$$

$$\lim_{h \to 0-} \frac{f(0 + h) - f(0)}{h} = \lim_{h \to 0-} \frac{|h| \cos h}{h}$$

$$= \lim_{h \to 0-} (-\cos h) = -1$$

좌극한과 우극한이 다르므로 극한값

이 존재하지 않는다.

따라서 $f(x)$는 $x=0$에서 미분가능 하지 않다.

8-3. $f'(0)=\lim\limits_{h\to 0}\dfrac{f(0+h)-f(0)}{h}$

$=\lim\limits_{h\to 0}\dfrac{h^2\sin\dfrac{1}{h}}{h}$

$=\lim\limits_{h\to 0}h\sin\dfrac{1}{h}=0$

$x\neq 0$일 때

$f'(x)=2x\sin\dfrac{1}{x}+x^2\cos\dfrac{1}{x}\times\left(-\dfrac{1}{x^2}\right)$

$=2x\sin\dfrac{1}{x}-\cos\dfrac{1}{x}$

그런데 $\lim\limits_{x\to 0}\cos\dfrac{1}{x}$이 존재하지 않으므로 $\lim\limits_{x\to 0}f'(x)$도 존재하지 않는다.

따라서 $f'(x)$는 $x=0$에서 불연속이다.

8-4. 함수 $f(x)$는 모든 실수 x에 대하여 구간 $[x,\,x+1]$에서 연속이고 구간 $(x,\,x+1)$에서 미분가능하다.

따라서 평균값 정리에 의하여

$\dfrac{f(x+1)-f(x)}{(x+1)-x}=f'(c),\ x<c<x+1$

곧,

$f(x+1)-f(x)=f'(c),\ x<c<x+1$

인 c가 존재한다.

그런데 $x\longrightarrow\infty$일 때 $x<c$에서 $c\longrightarrow\infty$이므로

$\lim\limits_{x\to\infty}\{f(x+1)-f(x)\}=\lim\limits_{c\to\infty}f'(c)=2$

8-5. $f(x)=\sin x$라고 하면

$f'(x)=\cos x$

$f(x)$는 모든 실수 x에서 연속이고 미분가능하므로 평균값 정리에 의하여

$\dfrac{\sin x_2-\sin x_1}{x_2-x_1}=\cos t_1\ (x_1<t_1<x_2),$

$\dfrac{\sin x_3-\sin x_2}{x_3-x_2}=\cos t_2\ (x_2<t_2<x_3)$

인 t_1, t_2가 존재한다.

그런데 $0<t_1<t_2<\pi$이고 $y=\cos x$는 $0<x<\pi$에서 감소하므로

$\cos t_1>\cos t_2$

$\therefore\ \dfrac{\sin x_2-\sin x_1}{x_2-x_1}>\dfrac{\sin x_3-\sin x_2}{x_3-x_2}$

8-6. (1) $f\circ g=f$이므로

$(f\circ g)(x)=f\big(g(x)\big)$

$=4\big\{g(x)\big\}^2-12g(x)+5$

$=4x^2-12x+5$

$\therefore\ \big\{g(x)\big\}^2-3g(x)=x^2-3x\ \ \cdots\text{①}$

$g(x)$는 다항식이므로 $g(x)$의 차수를 n이라고 하면 ①의 좌변은 $2n$차식이고, 우변은 이차식이므로

$2n=2\quad\therefore\ n=1$

따라서 $g(x)=ax+b\,(a\neq 0)$라고 하면 ①에서

$a^2x^2+a(2b-3)x+b(b-3)=x^2-3x$

x에 관한 항등식이므로

$a^2=1,\ a(2b-3)=-3,\ b(b-3)=0$

$\therefore\ a=1,\ b=0$ 또는 $a=-1,\ b=3$

$\therefore\ \boldsymbol{g(x)=x}$ 또는 $\boldsymbol{g(x)=3-x}$

(2)

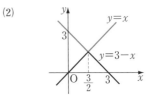

위의 그림에서 $f\circ h=f$를 만족시키는 연속함수 $h(x)$는

$h(x)=\left|x-\dfrac{3}{2}\right|+\dfrac{3}{2}$

도 있으며, 이 함수는 $x=\dfrac{3}{2}$에서 미분가능하지 않다.

따라서 $f\circ h=f$를 만족시키는 연속함수 $h(x)$가 모두 미분가능한 것은 아니다.

*__Note__　①에서

$$\{g(x)\}^2 - 3g(x) - x(x-3) = 0$$

$$\therefore \{g(x) - x\}\{g(x) + (x-3)\} = 0$$

$$\therefore g(x) = x \ \text{또는} \ g(x) = 3 - x \cdots ②$$

이때, ②식은

$\left(\text{모든 } x\text{에 대하여 } g(x) = x\right)$ 또는

$\qquad \left(\text{모든 } x\text{에 대하여 } g(x) = 3 - x\right)$

를 뜻하지 않는다는 것에 주의하여라.

곧, $g(x)$가 다항함수라는 조건이 없으면 각각의 x에 대하여 $g(x)$가 x 또는 $3 - x$의 값을 가지면 되므로

$$g(x) = \begin{cases} x & (x\text{는 유리수}) \\ 3 - x & (x\text{는 무리수}) \end{cases}$$

도 $f \circ g = f$를 만족시킨다.

8-7. 사차함수 $f(x)$는 실수 전체의 집합에서 연속이고 미분가능하다.

한편 $g_1(x) = 2\sin 2x + 1$,

$\qquad g_2(x) = |\sin x - 1| = 1 - \sin x$

라고 하면 $y = g(x)$의 그래프는 아래와 같다.

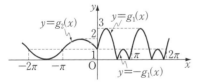

곧, $g(x)$가 실수 전체의 집합에서 연속이므로 $h(x)$는 실수 전체의 집합에서 연속이다.

또, $g(x)$가 $x = 0$과 $g_1(x) = 0$을 만족시키는 x의 값에서만 미분가능하지 않으므로 $h(x)$는 $x = 0$과 $g_1(x) = 0$을 만족시키는 x의 값에서 미분가능하면 실수 전체의 집합에서 미분가능하다.

이때, $g_1'(x) = 4\cos 2x$,

$\qquad g_2'(x) = -\cos x$

이므로 $h(x) = f(g(x))$가 $x = 0$에서 미분

가능하려면

$$f'(g_1(0))g_1'(0) = f'(g_2(0))g_2'(0)$$

$$\therefore f'(1) \times 4 = f'(1) \times (-1)$$

$$\therefore f'(1) = 0 \qquad \cdots\cdots ①$$

또, $x > 0$에서 $g_1(x) = 0$을 만족시키는 x의 값을 α라고 할 때, $h(x)$가 $x = \alpha$에서 미분가능하려면

$$f'(g_1(\alpha))g_1'(\alpha) = f'(-g_1(\alpha))\{-g_1'(\alpha)\}$$

$$\therefore f'(0) \times 4\cos 2\alpha = f'(0) \times (-4\cos 2\alpha)$$

$$\sin 2\alpha = -\frac{1}{2} \text{이므로} \quad \cos 2\alpha \neq 0$$

$$\therefore f'(0) = 0 \qquad \cdots\cdots ②$$

한편

$$h''(x) = f''(g(x))\{g'(x)\}^2 + f'(g(x))g''(x)$$

$$(x \neq 0, \ g_1(x) \neq 0)$$

이므로 $h'(x)$가 $x = 0$에서 미분가능하려면

$$f''(g_1(0))\{g_1'(0)\}^2 + f'(g_1(0))g_1''(0)$$

$$= f''(g_2(0))\{g_2'(0)\}^2 + f'(g_2(0))g_2''(0)$$

$$\Leftrightarrow g_1''(x) = -8\sin 2x, \ g_2''(x) = \sin x$$

$$\therefore f''(1) \times 4^2 = f''(1) \times (-1)^2$$

$$\therefore f''(1) = 0 \qquad \cdots\cdots ③$$

또, $h'(x)$가 $x = \alpha$에서 미분가능하려면

$$f''(g_1(\alpha))\{g_1'(\alpha)\}^2 + f'(g_1(\alpha))g_1''(\alpha)$$

$$= f''(-g_1(\alpha))\{-g_1'(\alpha)\}^2$$

$$\qquad\qquad + f'(-g_1(\alpha))\{-g_1''(\alpha)\}$$

이고, ②와 같은 결과를 얻는다.

$f(x)$는 최고차항의 계수가 1인 사차함수이므로 ①, ②에서

$$f'(x) = 4x(x-1)(x-k)$$

로 놓을 수 있다. 이때,

$$f''(x) = 4(x-1)(x-k) + 4x(x-k)$$

$$\qquad\qquad + 4x(x-1)$$

이므로 ③에서

$$f''(1) = 4(1-k) = 0 \quad \therefore k = 1$$

$$\therefore f'(x) = 4x(x-1)^2 \quad \therefore \boldsymbol{f'(2) = 8}$$

8-8. $f(x)=a_0x+\dfrac{a_1}{2}x^2+\dfrac{a_2}{3}x^3$
$$+\cdots+\dfrac{a_n}{n+1}x^{n+1}$$

이라고 하면 $f(x)$는 다항함수이므로 모든 실수 x에서 연속이고 미분가능하다.

그런데 $f(0)=0$,
$$f(1)=a_0+\dfrac{a_1}{2}+\dfrac{a_2}{3}+\cdots+\dfrac{a_n}{n+1}=0$$

이므로 롤의 정리에 의하여
$$f'(x)=0,\ 0<x<1$$

인 x가 적어도 하나 존재한다.

이때,
$$f'(x)=a_0+a_1x+a_2x^2+\cdots+a_nx^n$$

이므로 방정식
$$a_0+a_1x+a_2x^2+\cdots+a_nx^n=0$$

은 0과 1 사이에서 실근을 적어도 하나 가진다.

8-9. (1) 평균값 정리에 의하여
$$\dfrac{f(b)-f(a)}{b-a}=f'(c),\ a<c<b$$

인 c가 적어도 하나 존재한다.

양변에 $b-a$를 곱하고 정리하면
$$f(b)=f(a)+(b-a)f'(c),\ a<c<b$$

여기에서 $b-a=h$, $\dfrac{c-a}{b-a}=\theta$로 놓으면 $0<c-a<b-a$이므로 $0<\theta<1$ 이고
$$f(a+h)=f(a)+hf'(a+\theta h)$$

(2) $f(x)=\sqrt{x}$ 에서 $f'(x)=\dfrac{1}{2\sqrt{x}}$

$a>0$, $h>0$일 때
$$f(a+h)=f(a)+hf'(a+\theta h),$$
$$0<\theta<1$$

에서
$$\sqrt{a+h}=\sqrt{a}+\dfrac{h}{2\sqrt{a+\theta h}}$$
$$\therefore\ \sqrt{a+\theta h}=\dfrac{h}{2(\sqrt{a+h}-\sqrt{a})}$$
$$=\dfrac{\sqrt{a+h}+\sqrt{a}}{2}$$

$$\therefore\ a+\theta h=\dfrac{2a+h+2\sqrt{a}\sqrt{a+h}}{4}$$
$$\therefore\ \theta=\dfrac{1}{4}+\dfrac{\sqrt{a}}{2h}(\sqrt{a+h}-\sqrt{a})$$
$$\therefore\ \lim_{h\to0+}\theta$$
$$=\lim_{h\to0+}\left\{\dfrac{1}{4}+\dfrac{\sqrt{a}}{2h}(\sqrt{a+h}-\sqrt{a})\right\}$$
$$=\lim_{h\to0+}\left\{\dfrac{1}{4}+\dfrac{\sqrt{a}}{2(\sqrt{a+h}+\sqrt{a})}\right\}$$
$$=\dfrac{1}{2}$$

9-1. (1) $f'(x)=a+\cos x$

모든 실수 x에 대하여 $f'(x)\geq0$이어야 하므로
$$a+\cos x\geq0\quad\therefore\ a\geq-\cos x$$
$-1\leq-\cos x\leq1$이므로 $\boldsymbol{a\geq1}$

(2) $f'(x)=(ax^2+2ax+1)e^x$

모든 실수 x에 대하여 $f'(x)\geq0$이어야 하므로
$$(ax^2+2ax+1)e^x\geq0$$
$e^x>0$이므로 $ax^2+2ax+1\geq0$
$$\therefore\ (a>0,\ D/4=a^2-a\leq0)\ 또는\ a=0$$
$$\therefore\ 0<a\leq1\ 또는\ a=0$$
$$\therefore\ \boldsymbol{0\leq a\leq1}$$

9-2. $f'(x)=3(\sin\theta)x^2-6(\cos\theta)x+\sin\theta$

모든 실수 x에 대하여 $f'(x)\geq0$이어야 하므로
$$3(\sin\theta)x^2-6(\cos\theta)x+\sin\theta\geq0$$

(i) $\sin\theta\neq0$일 때, $\sin\theta>0$ ……①

$D/4=9\cos^2\theta-3\sin^2\theta\leq0$에서
$$3(1-\sin^2\theta)-\sin^2\theta\leq0$$
$$\therefore\ 4\sin^2\theta-3\geq0$$
$$\therefore\ \sin\theta\geq\dfrac{\sqrt{3}}{2},\ \sin\theta\leq-\dfrac{\sqrt{3}}{2}$$
$$\cdots\cdots②$$

①, ②에서 $\sin\theta\geq\dfrac{\sqrt{3}}{2}$

$0\leq\theta\leq2\pi$이므로 $\dfrac{\pi}{3}\leq\theta\leq\dfrac{2}{3}\pi$

(ii) $\sin\theta=0$일 때, $f'(x)=\pm6x$이므로

항상 $f'(x)\geq0$일 수는 없다.

(i), (ii)에서　$\dfrac{\pi}{3}\leq\theta\leq\dfrac{2}{3}\pi$

9-3. (1) $f'(x)=(\ln x-1)^2$
$$+x\times2(\ln x-1)\times\dfrac{1}{x}$$
$$=(\ln x-1)(\ln x+1)$$

$f'(x)=0$에서　$x=e,\ \dfrac{1}{e}$

한편 진수 조건에서　$x>0$

이 범위에서 증감을 조사하면

극댓값 $f\left(\dfrac{1}{e}\right)=\dfrac{4}{e}$,

극솟값 $f(e)=\mathbf{0}$

(2) $f'(x)=2x+\dfrac{2x}{2-x^2}=\dfrac{2x(x^2-3)}{x^2-2}$

한편 진수 조건에서　$2-x^2>0$

$$\therefore\ -\sqrt{2}<x<\sqrt{2}$$

이 범위에서 $f'(x)=0$의 해를 구하면

$$x=0$$

증감을 조사하면

극솟값 $f(0)=-\mathbf{\ln 2}$

9-4. $f'(x)=\dfrac{n}{x}-\dfrac{n+1}{x^2}$
$$=\dfrac{n}{x^2}\left(x-\dfrac{n+1}{n}\right)$$

$f'(x)=0$에서　$x=\dfrac{n+1}{n}$

$x>0$에서 증감을 조사하면 이때 $f(x)$
는 극소이고, 극솟값 a_n은

$$a_n=f\left(\dfrac{n+1}{n}\right)$$
$$=n\ln\dfrac{n+1}{n}+n^2\sin^2\dfrac{1}{n}$$

$$\therefore\ \lim_{n\to\infty}a_n=\lim_{n\to\infty}\left[\ln\left(1+\dfrac{1}{n}\right)^n\right.$$
$$\left.+\dfrac{\{\sin(1/n)\}^2}{(1/n)^2}\right]$$
$$=\ln e+1=2$$

9-5. $f(x)=x^3+3x^2\cos\theta-4\sin2\theta$
로 놓자.

곡선 $y=f(x)$가 x축에 접하려면
$f(x)=0,\ f'(x)=0$을 동시에 만족시키는
x의 값이 존재해야 한다.

그런데 $f'(x)=3x(x+2\cos\theta)$이므로
$f'(x)=0$에서　$x=0,\ -2\cos\theta$

$0<\theta<\dfrac{\pi}{2}$일 때 $f(0)=-4\sin2\theta\neq0$

이므로　$f(-2\cos\theta)=0$

$\therefore\ (-2\cos\theta)^3+3(-2\cos\theta)^2\cos\theta$
$$-4\sin2\theta=0$$

$$\therefore\ \cos\theta(\cos^2\theta-2\sin\theta)=0$$

$0<\theta<\dfrac{\pi}{2}$에서 $\cos\theta\neq0$이므로

$$\cos^2\theta-2\sin\theta=0$$

$$\therefore\ \sin^2\theta+2\sin\theta-1=0$$

$0<\sin\theta<1$이므로　$\sin\theta=\sqrt{2}-1$

9-6. $f'(x)=2xe^{-x+1}+(x^2-k)(-e^{-x+1})$
$$=-(x^2-2x-k)e^{-x+1}$$

$f(x)$가 $x=4$에서 극댓값을 가지므로
$$f'(4)=-(8-k)e^{-3}=0\ \ \therefore\ k=8$$

이때,
$$f(x)=(x^2-8)e^{-x+1},$$
$$f'(x)=-(x^2-2x-8)e^{-x+1}$$
$$=-(x+2)(x-4)e^{-x+1}$$

증감을 조사하면 $x=-2$에서 극소,
$x=4$에서 극대이므로
$$a=f(4)=8e^{-3},$$
$$b=f(-2)=-4e^3$$
$$\therefore\ kab=8\times8e^{-3}\times(-4e^3)=-\mathbf{256}$$

9-7. $f'(x)=1-\dfrac{a}{x^2}=\dfrac{x^2-a}{x^2}$

$a\leq0$일 때 $f'(x)>0$이므로 극값을 가
지지 않는다.

$a>0$일 때
$$f'(x)=\dfrac{(x+\sqrt{a})(x-\sqrt{a})}{x^2}$$

$f'(x)=0$에서　$x=-\sqrt{a},\ \sqrt{a}$

증감을 조사하면

x	$\cdots$	$-\sqrt{a}$	$\cdots$	(0)
$f'(x)$	$+$	0	$-$	
$f(x)$	$\nearrow$	극대	$\searrow$	

x	(0)	$\cdots$	$\sqrt{a}$	$\cdots$
$f'(x)$		$-$	0	$+$
$f(x)$		$\searrow$	극소	$\nearrow$

따라서 $x=-\sqrt{a}$ 에서 극대이고,
$x=\sqrt{a}$ 에서 극소이다.

$$\therefore \ f(-\sqrt{a})=1-2\sqrt{a}=-1$$
$$\therefore \ \boldsymbol{a=1}$$

이때, $f(x)=x+1+\dfrac{1}{x}$ 이므로 극솟값
은 $f(1)=\mathbf{3}$

*Note $f(x)$는 $x=0$에서 불연속이므로
$x<0$일 때와 $x>0$일 때로 나누어 생각
해야 한다.

9-8. 진수 조건에서 정의역은 $\{x \mid x>0\}$
이고,
$$f'(x)=\frac{1}{x}-\frac{a}{x^2}-1=\frac{-x^2+x-a}{x^2}$$

$f(x)$가 극댓값과 극솟값을 모두 가질
때, 방정식 $f'(x)=0$이 $x>0$에서 서로 다
른 두 실근을 가진다.

곧, $x^2-x+a=0$이 서로 다른 두 양의
실근을 가지므로
$$D=1-4a>0,$$
$$(\text{두 근의 합})=1>0,$$
$$(\text{두 근의 곱})=a>0$$
$$\therefore \ \boldsymbol{0<a<\frac{1}{4}}$$

9-9. (1) $f'(x)=e^x-2e^{-x}$,
$$f''(x)=e^x+2e^{-x}$$
$f'(x)=0$에서 $e^x=2e^{-x}$
$$\therefore \ e^{2x}=2 \quad \therefore \ 2x=\ln 2$$
$$\therefore \ x=\frac{1}{2}\ln 2=\ln\sqrt{2}$$
한편

$$f''(\ln\sqrt{2})=\sqrt{2}+2\times\frac{1}{\sqrt{2}}=2\sqrt{2}>0$$
이므로 $x=\ln\sqrt{2}$ 에서 극소이고,
극솟값 $f(\ln\sqrt{2})=\mathbf{2\sqrt{2}}$

(2) $f'(x)=-e^{-x}\cos x-e^{-x}\sin x$
$$=-e^{-x}(\cos x+\sin x),$$
$$f''(x)=e^{-x}(\cos x+\sin x)$$
$$\qquad -e^{-x}(-\sin x+\cos x)$$
$$=2e^{-x}\sin x$$
$0\le x\le 2\pi$이므로 $f'(x)=0$에서
$$x=\frac{3}{4}\pi, \ \frac{7}{4}\pi$$
한편
$$f''\left(\frac{3}{4}\pi\right)=\sqrt{2}\,e^{-\frac{3}{4}\pi}>0,$$
$$f''\left(\frac{7}{4}\pi\right)=-\sqrt{2}\,e^{-\frac{7}{4}\pi}<0$$
이므로
극솟값 $f\left(\dfrac{3}{4}\pi\right)=-\dfrac{\sqrt{2}}{2}e^{-\frac{3}{4}\pi}$,

극댓값 $f\left(\dfrac{7}{4}\pi\right)=\dfrac{\sqrt{2}}{2}e^{-\frac{7}{4}\pi}$

9-10. 삼차함수를
$$f(x)=ax^3+bx^2+cx+d \ (a\ne 0)$$
로 놓으면
$$f'(x)=3ax^2+2bx+c,$$
$$f''(x)=6ax+2b$$
$f''(x)=0$의 해를 $x=p$라고 하면 $x=p$
의 좌우에서 $f''(x)$의 부호가 바뀌므로
점 $(p, f(p))$는 $y=f(x)$의 그래프의 변
곡점이다.

변곡점이 원점에 놓이도록 $y=f(x)$의
그래프를 x축의 방향으로 $-p$만큼, y축
의 방향으로 $-f(p)$만큼 평행이동하면
$$y+f(p)=a(x+p)^3+b(x+p)^2$$
$$\qquad\qquad +c(x+p)+d$$
이 식을 정리하면
$$y=ax^3+(3ap+b)x^2+(3ap^2+2bp+c)x$$
그런데 $f''(p)=0$에서 $3ap+b=0$이므
로 $\ y=ax^3+(3ap^2+2bp+c)x$

이 함수는 기함수이므로 그래프는 원점에 대하여 대칭이다. 따라서 $y=f(x)$의 그래프는 변곡점 $\left(p,\ f(p)\right)$에 대하여 대칭이다.

9-11. $f'(x)=3x^2+2ax-a^2$,
$\qquad f''(x)=6x+2a$

$f''(x)=0$에서 $x=-\dfrac{a}{3}$이고, 이것이 변곡점의 x좌표이다.

조건 (개)에 의하여 변곡점이 x축 위에 있으므로

$$f\left(-\frac{a}{3}\right)=-\frac{a^3}{27}+\frac{a^3}{9}+\frac{a^3}{3}+b=0$$

$$\therefore\ b=-\frac{11}{27}a^3$$

조건 (내)에서 $10<b<15$이므로

$$10<-\frac{11}{27}a^3<15$$

$$\therefore\ -36\frac{9}{11}<a^3<-24\frac{6}{11}$$

a는 정수이므로　$\boldsymbol{a=-3}$　$\therefore\ \boldsymbol{b=11}$

9-12. y'을 구하여 함수의 증감을 조사하고, y''을 구하여 곡선의 오목·볼록을 조사한다.

(1)에서는 직선 $x=0$, $y=x$, (4)에서는 직선 $x=0$, $y=1$, (6)에서는 직선 $x=0$이 점근선이다.

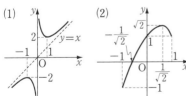

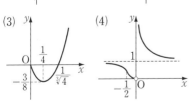

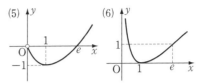

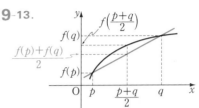

9-13.

모든 실수 p, q에 대하여

$$f\left(\frac{p+q}{2}\right)\geq\frac{f(p)+f(q)}{2}$$

를 만족시키는 함수의 그래프는 위로 볼록한 곡선이거나 직선이므로 모든 실수 x에 대하여 $f''(x)\leq0$이다.

$f(x)=-2x^2+a\sin x$에서

$\qquad f'(x)=-4x+a\cos x$,
$\qquad f''(x)=-4-a\sin x$

이므로 $f''(x)\leq0$에서

$\qquad -4-a\sin x\leq0$

모든 실수 x에 대하여 $|\sin x|\leq1$이므로 $|a|\leq4$

$\qquad\therefore\ \boldsymbol{-4\leq a\leq4}$

9-14. (1) (참) $x<1$, $1<x<3$일 때, $f''(x)>0$이므로 $f'(x)$는 증가한다.

또, $f'(1)=0$이므로 $x=1$의 좌우에서 $f'(x)$의 부호가 음에서 양으로 바뀐다.

따라서 $f(x)$는 $x=1$에서 극소이다.

(2) (참) $1<x<3$에서 $g(x)$는 미분가능하므로 평균값 정리에 의하여

$$\frac{g(b)-g(a)}{b-a}=g'(c),\ a<c<b$$

인 c가 존재한다.

그런데 $g'(c)=\left\{\cos f(c)\right\}f'(c)$에서

$1<c<3$이면 $\dfrac{\pi}{2}<f(c)<\pi$이므로

$$-1<\cos f(c)<0$$

또, $0<f'(c)<1$이므로

$$-1<g'(c)<0$$

곧, $-1<\dfrac{g(b)-g(a)}{b-a}<0$

(3) (거짓) $g''(x)=-\{\sin f(x)\}\{f'(x)\}^2$
$$+\{\cos f(x)\}f''(x)$$

이므로

$$g''(1)=-\sin\dfrac{\pi}{2}\times 0^2+\cos\dfrac{\pi}{2}\times f''(1)$$
$$=0$$

그러나 $x=1$의 좌우에서

$$\sin f(x)>0,\ \{f'(x)\}^2>0,$$
$$\cos f(x)<0,\ f''(x)>0$$

이므로 $g''(x)$의 부호 변화는 없다.

따라서 점 P는 변곡점이 아니다.

9-15. (1) 직선 $y=g(x)$가 곡선 $y=f(x)$ 위의 점 $A\big(a,\ f(a)\big)$에서의 접선이므로

$$g(x)=f'(a)(x-a)+f(a)\ \cdots\text{①}$$

또, 직선 $y=g(x)$가 점 $B\big(b,\ f(b)\big)$ 에서 곡선 $y=f(x)$에 접하므로

$$f'(b)=f'(a)$$
$$h(x)=f(x)-g(x)$$에서
$$h'(x)=f'(x)-g'(x)$$

①에서 $g'(x)=f'(a)$이므로

$$h'(x)=f'(x)-f'(a)\ \ \cdots\cdots\text{②}$$
$$\therefore\ h''(x)=f''(x)$$

②에서 $h'(b)=f'(b)-f'(a)=0$

$f(a)=g(a)$이므로 $h(a)=0$,

$f(b)=g(b)$이므로 $h(b)=0$

이고 $h(x)$가 미분가능하므로 롤의 정리에 의하여 $h'(c)=0$인 c가 구간 $(a,\ b)$에 적어도 하나 존재한다.

따라서 $h'(a)=h'(b)=h'(c)=0$이므로 방정식 $h'(x)=0$은 적어도 3개의 서로 다른 실근을 가진다.

(2) 점 $A\big(a,\ f(a)\big)$는 곡선 $y=f(x)$의 변곡점이므로 $f''(a)=0$이고 $x=a$의 좌우에서 $f''(x)$의 부호가 바뀐다.

$h''(x)=f''(x)$이므로 점 $\big(a,\ h(a)\big)$는 곡선 $y=h(x)$의 변곡점이다.

9-16. $g(x)=\dfrac{f(x)}{x}$로 놓으면

$$g'(x)=\dfrac{xf'(x)-f(x)}{x^2}$$

$h(x)=xf'(x)-f(x)$로 놓으면

$h(0)=-f(0)=0$이고

$$h'(x)=f'(x)+xf''(x)-f'(x)$$
$$=xf''(x)$$

따라서 $x>0$일 때 $h'(x)>0$

$$\therefore\ g'(x)>0$$

곧, $g(x)$는 $x>0$에서 증가한다.

***Note** $\dfrac{f(x)}{x}$는 원점과 곡선 $y=f(x)$ 위의 점 $\big(x,\ f(x)\big)$를 지나는 직선의 기울기이다. 그런데 곡선 $y=f(x)$는 아래로 볼록하므로 $x>0$에서 x의 값이 커지면 $\dfrac{f(x)}{x}$의 값도 커진다.

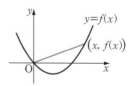

9-17. $f'(x)=\dfrac{-2(2x^2-ax-2)}{(x^2+1)^2}$

$f'(x)=0$에서 $2x^2-ax-2=0$ $\cdots$①

이 방정식의 두 근을 $\alpha,\ \beta\ (\alpha<\beta)$라 고, $f'(x)$의 부호를 조사하면 $f(x)$는 $x=\alpha$에서 극소, $x=\beta$에서 극대이다.

극댓값이 1이므로

$$f(\beta)=\dfrac{4\beta-a}{\beta^2+1}=1$$
$$\therefore\ \beta^2-4\beta+a+1=0\ \ \cdots\cdots\text{②}$$

또, ①에서
$$2\beta^2 - a\beta - 2 = 0 \qquad \cdots\cdots ③$$
②에서의 $a = -\beta^2 + 4\beta - 1$을 ③에 대입하여 정리하면
$$\beta^3 - 2\beta^2 + \beta - 2 = 0$$
$$\therefore (\beta-2)(\beta^2+1) = 0$$
β는 실수이므로 $\beta = 2$
②에 대입하면 $a = 3$
이때, ①은 $2x^2 - 3x - 2 = 0$
$$\therefore x = -\frac{1}{2},\ 2$$
따라서 극솟값은 $f\left(-\dfrac{1}{2}\right) = -4$
한편 $\lim\limits_{x\to\infty} f(x) = 0,\ \lim\limits_{x\to-\infty} f(x) = 0$이므로
$$-4 \le f(x) \le 1$$
$$\therefore \{\,\boldsymbol{y} \mid -4 \le \boldsymbol{y} \le 1\,\}$$

9-18. $f'(x) = -2e^{2x}\sin 2x + 2f(x)$
$$\qquad\qquad\qquad\qquad\cdots\cdots①$$
$f''(x) = -8e^{2x}\sin 2x + 4e^{2x} \quad \cdots\cdots②$
①을 x에 관하여 미분하면
$$f''(x) = -4e^{2x}\sin 2x$$
$$\qquad -4e^{2x}\cos 2x + 2f'(x) \ \cdots③$$
①을 ③에 대입하면
$$f''(x) = -8e^{2x}\sin 2x$$
$$\qquad -4e^{2x}\cos 2x + 4f(x) \ \cdots④$$
②와 ④의 우변을 비교하면
$$4e^{2x} = -4e^{2x}\cos 2x + 4f(x)$$
$$\therefore\ \boldsymbol{f(x) = e^{2x}(1 + \cos 2x)}$$
이때,
$$f'(x) = 2e^{2x}(1 + \cos 2x) + e^{2x}(-2\sin 2x)$$
$$= 2e^{2x}(1 + \cos 2x - \sin 2x)$$
$$= 2e^{2x}(2\cos^2 x - 2\sin x\cos x)$$
$$= 4e^{2x}(\cos x)(\cos x - \sin x)$$
$f'(x) = 0$에서
$$\cos x = 0 \ \text{또는}\ \cos x = \sin x$$
$-\pi < x < \pi$이므로
$$x = -\frac{3}{4}\pi,\ -\frac{\pi}{2},\ \frac{\pi}{4},\ \frac{\pi}{2}$$

한편 $f''(x) = 4e^{2x}(1 - 2\sin 2x)$이므로
$$f''\left(-\frac{3}{4}\pi\right) < 0, \quad f''\left(-\frac{\pi}{2}\right) > 0,$$
$$f''\left(\frac{\pi}{4}\right) < 0, \quad f''\left(\frac{\pi}{2}\right) > 0$$
$$\therefore\ \text{극댓값}\ f\left(-\frac{3}{4}\pi\right) = e^{-\frac{3}{2}\pi},$$
$$f\left(\frac{\pi}{4}\right) = e^{\frac{\pi}{2}}$$
$$\text{극솟값}\ f\left(-\frac{\pi}{2}\right) = f\left(\frac{\pi}{2}\right) = 0$$

9-19. $f'(x) = 3x^2 - 6(1 + \sin\theta)x$
$$\qquad\qquad + 3\sin\theta(2 + \sin\theta)$$
$$= 3(x - \sin\theta)(x - \sin\theta - 2)$$
$f'(x) = 0$에서 $x = \sin\theta,\ \sin\theta + 2$
증감을 조사하면 $x = \sin\theta$에서 극대,
$x = \sin\theta + 2$에서 극소이고,
$$f(\sin\theta) = (\sin\theta + 1)^3,$$
$$f(\sin\theta + 2) = (\sin\theta + 1)^3 - 4$$
따라서
$$\text{극대점}\ (\sin\theta,\ (\sin\theta+1)^3),$$
$$\text{극소점}\ (\sin\theta+2,\ (\sin\theta+1)^3-4)$$
극대점, 극소점을 잇는 선분의 중점의 좌표를 (X, Y)라고 하면
$$X = \frac{\sin\theta + \sin\theta + 2}{2} = \sin\theta + 1,$$
$$Y = \frac{(\sin\theta+1)^3 + (\sin\theta+1)^3 - 4}{2}$$
$$= (\sin\theta+1)^3 - 2$$
$$\therefore\ Y = X^3 - 2$$
한편 $0 \le \sin\theta + 1 \le 2$이므로
$$0 \le X \le 2$$
따라서 구하는 자취의 방정식은
$$\boldsymbol{y = x^3 - 2\ (0 \le x \le 2)}$$

9-20. $y' = 2x \times e^{\frac{x}{a}} + x^2 \times \dfrac{1}{a}e^{\frac{x}{a}}$
$$= \frac{1}{a}x(x + 2a)e^{\frac{x}{a}}$$
$y' = 0$에서 $x = 0,\ -2a$
$a > 0$일 때

x	$\cdots$	$-2a$	$\cdots$	0	$\cdots$
y'	$+$	0	$-$	0	$+$
y	↗	극대	↘	극소	↗

$a<0$일 때

x	$\cdots$	0	$\cdots$	$-2a$	$\cdots$
y'	$-$	0	$+$	0	$-$
y	↘	극소	↗	극대	↘

따라서 극대점의 좌표는 $\left(-2a,\ \dfrac{4a^2}{e^2}\right)$
이므로
$$x=-2a,\ y=\frac{4a^2}{e^2}$$
으로 놓고 a를 소거하면 $y=\dfrac{x^2}{e^2}$

한편 $a\neq0$이므로 $x\neq0$

따라서 곡선 $\boldsymbol{y=\dfrac{x^2}{e^2}}\ (\boldsymbol{x\neq0})$ 위를 움직
인다.

9-21. (1) $f'(x)=2x+\dfrac{a}{x+1}$
$$=\frac{2x^2+2x+a}{x+1}$$
$f'(x)=0$에서
$$2x^2+2x+a=0 \quad\cdots\cdots①$$
$g(x)=2x^2+2x+a$로 놓으면
$g(-1)=a<0$이므로 $y=g(x)$의 그래
프는 아래와 같다.

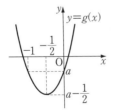

따라서 ①은 $x>-1$에서 오직 하나
의 실근을 가지며, 이 근의 좌우에서
$f'(x)$의 부호가 바뀌므로 $f(x)$는 오직
한 점에서 극값을 가진다.

(2) ①이 $x>-1$에서 서로 다른 두 실근

을 가지면 $f'(x)$의 부호는 두 근의 좌
우에서 각각 바뀌므로 문제의 뜻에 적
합하다.

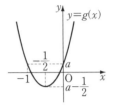

위의 그림에서
$$a-\frac{1}{2}<0,\ g(-1)=a>0$$
$$\therefore\ \boldsymbol{0<a<\frac{1}{2}}$$

(3) $0<a<\dfrac{1}{2}$일 때 ①의 두 근을 $\alpha,\ \beta$라
고 하면
$$\alpha+\beta=-1,\ \alpha\beta=\frac{a}{2}$$
$$\begin{aligned}
\therefore\ S(a)&=f(\alpha)+f(\beta)\\
&=\alpha^2+a\ln(\alpha+1)\\
&\quad+\beta^2+a\ln(\beta+1)\\
&=(\alpha+\beta)^2-2\alpha\beta\\
&\quad+a\ln(\alpha\beta+\alpha+\beta+1)\\
&=(-1)^2-2\times\frac{a}{2}\\
&\quad+a\ln\left(\frac{a}{2}-1+1\right)\\
&=\boldsymbol{1-a+a\ln\frac{a}{2}}
\end{aligned}$$

9-22. (1) $f'(x)=2x-2-ae^{-x} \cdots\cdots①$
에서 $f'(0)=-2-a$
$a>0$이므로 $f'(0)<0$
$\displaystyle\lim_{x\to\infty}f'(x)=\infty$이고 $f'(x)$는 연속함수
이므로 사잇값의 정리에 의하여
$f'(c)=0$을 만족시키는 양수 c가 존재
한다.

한편 $f''(x)=2+ae^{-x}$에서 $a>0$,
$e^{-x}>0$이므로 모든 실수 x에 대하여
$f''(x)>0$이다.

따라서 $f'(x)$는 구간 $(-\infty,\ \infty)$에서 증가하므로 $f'(x)=0$은 오직 하나의 실근을 가지고, 이 근의 좌우에서 $f'(x)$의 부호가 바뀐다.

따라서 $y=f(x)$의 그래프는 오직 하나의 극점을 가진다.

(2) 극점의 좌표를 $(X,\ Y)$라고 하자.

$f'(X)=0$이므로 ①에서

$$2X-2-ae^{-X}=0 \quad \cdots\cdots②$$

또,

$$Y=X^2-2X+2+ae^{-X} \quad \cdots\cdots③$$

$a>0$에서 $ae^{-X}>0$이므로 ②에서

$$ae^{-X}=2(X-1)>0$$

③에 대입하면 $Y=X^2\ (X>1)$

따라서 구하는 자취는

포물선 $y=x^2$의 $x>1$인 부분

9-23. $f''(x)\geq0$이면 함수 $y=f(x)$의 그래프는 아래로 볼록한 곡선이거나 직선이므로 임의의 실수 $a,\ b$에 대하여

$$f\left(\frac{a+b}{2}\right)\leq\frac{f(a)+f(b)}{2}$$

$a=-1,\ b=1$일 때

$$f(0)\leq\frac{f(-1)+f(1)}{2} \quad \cdots\cdots①$$

그런데 $f(0)$이 최댓값이므로

$$f(-1)\leq f(0),\ f(1)\leq f(0)$$

따라서

$$\frac{f(-1)+f(1)}{2}\leq f(0) \quad \cdots\cdots②$$

이고, 등호는 $f(-1)=f(1)=f(0)$일 때 성립한다.

한편 ①, ②에서

$$\frac{f(-1)+f(1)}{2}=f(0)$$

이므로 $f(1)=f(0)=\mathbf{3}$

*__Note__ $f(x)$는 최댓값을 가지고, 함수 $y=f(x)$의 그래프는 아래로 볼록하거나 직선이므로 $f(x)$는 상수함수이다.

9-24. $f(x)=x^3-3x^2+5x$로 놓으면

$$f'(x)=3x^2-6x+5,\ f''(x)=6(x-1)$$

이므로 곡선 $y=f(x)$의 변곡점의 좌표는 $(1,\ 3)$이다.

$f(x)$가 삼차함수이므로 곡선 $y=f(x)$는 점 $(1,\ 3)$에 대하여 대칭이다.

그런데

$$\frac{f(\alpha)+f(\beta)}{2}=3$$이므로 위의 그림에서

$$\frac{\alpha+\beta}{2}=1 \quad \therefore\ \boldsymbol{\alpha+\beta=2}$$

9-25. $y'=-n\cos^{n-1}x\sin x,$

$$y''=n(n-1)\cos^{n-2}x\sin^2 x-n\cos^n x$$
$$=n(n-1-n\cos^2 x)\cos^{n-2}x$$

$0<x<\dfrac{\pi}{2}$이므로 $y''=0$에서

$$\cos^2 x=\frac{n-1}{n} \quad \therefore\ \cos x=\sqrt{\frac{n-1}{n}}$$

이 방정식의 해를 $x=\theta$라고 하면 $x=\theta$의 좌우에서 y''의 부호가 바뀌므로 변곡점의 좌표는 $(\theta,\ \cos^n\theta)$이다.

$$\therefore\ a_n=\cos^n\theta=(\cos^2\theta)^{\frac{n}{2}}=\left(\frac{n-1}{n}\right)^{\frac{n}{2}}$$

$$\therefore\ \lim_{n\to\infty}a_n=\lim_{n\to\infty}\left(\frac{n-1}{n}\right)^{\frac{n}{2}}$$

$$=\lim_{n\to\infty}\left\{\left(1-\frac{1}{n}\right)^{-n}\right\}^{-\frac{1}{2}}$$

$$=e^{-\frac{1}{2}}=\frac{1}{\sqrt{e}}$$

9-26. 양변에 x^2-1을 곱하면

$$y(x^2-1)=x^2+ax+b \quad \cdots\cdots①$$

양변을 x에 관하여 미분하면

$$y'(x^2-1)+2xy=2x+a \quad \cdots\cdots②$$

다시 양변을 x에 관하여 미분하면

$$y''(x^2-1)+2xy'+2y+2xy'=2$$

$$\therefore\ y''(x^2-1)+4xy'+2y=2 \quad \cdots③$$

주어진 곡선은 점 $(2,\ 5)$를 지나므로

①에 $x=2$, $y=5$를 대입하면

$$15=4+2a+b$$

$$\therefore\ 2a+b=11 \quad \cdots\cdots④$$

또, 점 $(2, 5)$는 변곡점이므로 ③에 $x=2$, $y=5$, $y''=0$을 대입하면

$$8y'+10=2 \quad \therefore\ y'=-1$$

따라서 ②에 $x=2$, $y=5$, $y'=-1$을 대입하면

$$-3+20=4+a \quad \therefore\ \boldsymbol{a=13}$$

④에 대입하면 $\boldsymbol{b=-15}$

*__Note__ $y=\dfrac{x^2+ax+b}{x^2-1}$에서 직접 y''을 구하여 $x=2$일 때 $y=5$, $y''=0$임을 이용해도 되나 계산이 더 복잡하다.

9-27. (1) $y'=e^x(\cos x-\sin x)$,

$$y''=e^x(\cos x-\sin x)$$
$$+e^x(-\sin x-\cos x)$$
$$=-2e^x\sin x$$

$y'=0$에서 $x=\dfrac{\pi}{4}, \dfrac{5}{4}\pi$

$y''=0$에서 $x=0, \pi, 2\pi$

극대점 $\left(\dfrac{\pi}{4}, \dfrac{1}{\sqrt{2}}e^{\frac{\pi}{4}}\right)$,

극소점 $\left(\dfrac{5}{4}\pi, -\dfrac{1}{\sqrt{2}}e^{\frac{5}{4}\pi}\right)$,

변곡점 $(\pi, -e^\pi)$

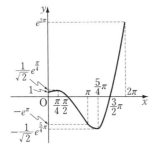

(2) $x>0$이므로 $y>0$이고

$$y'=x^x(\ln x+1),$$
$$y''=x^x(\ln x+1)^2+x^x\times\dfrac{1}{x}>0$$

$y'=0$에서 $x=\dfrac{1}{e}$

극소점 $\left(\dfrac{1}{e}, e^{-\frac{1}{e}}\right)$

$$\lim_{x\to0+}\ln x^x=\lim_{x\to0+}x\ln x$$
$$=\lim_{x\to0+}\dfrac{\ln x}{\dfrac{1}{x}} \quad \Leftarrow 로피탈의 정리$$
$$=\lim_{x\to0+}\dfrac{\dfrac{1}{x}}{-\dfrac{1}{x^2}}=\lim_{x\to0+}(-x)=0$$

$$\therefore\ \lim_{x\to0+}x^x=1$$

9-28. $f(x)$의 최고차항의 계수가 1이고, 역함수가 존재한다. 따라서 $f(x)$는 증가함수이고, $f'(x)\geq0$이다.

조건 (나)에서 $x\longrightarrow3$일 때 극한값이 존재하고 (분모) $\longrightarrow0$이므로 (분자) $\longrightarrow0$이어야 한다.

$$\therefore\ \lim_{x\to3}\{f(x)-g(x)\}=0$$
$$\therefore\ f(3)=g(3)$$

$f(x)$와 $g(x)$는 서로 역함수이므로 $f(3)=g(3)=a$라고 하면 $f(a)=3$

$f(x)$가 증가함수이므로 $a>3$이면 $f(a)>f(3)$, 곧 $3>a$가 되어 모순이다.

같은 이유로 $a<3$일 때도 모순이다.

$$\therefore\ f(3)=g(3)=3$$
$$\therefore\ \lim_{x\to3}\dfrac{f(x)-g(x)}{(x-3)g(x)}$$
$$=\lim_{x\to3}\Bigg[\left\{\dfrac{f(x)-f(3)}{x-3}-\dfrac{g(x)-g(3)}{x-3}\right\}$$
$$\times\dfrac{1}{g(x)}\Bigg]$$

$$= \{ f'(3) - g'(3) \} \times \frac{1}{3} = \frac{8}{9}$$

그런데 $g'(3) = \dfrac{1}{f'(3)}$ 이므로

$$\frac{1}{3} \left\{ f'(3) - \frac{1}{f'(3)} \right\} = \frac{8}{9}$$

$$\therefore \; 3\{ f'(3) \}^2 - 8f'(3) - 3 = 0$$

$$\therefore \; f'(3) = -\frac{1}{3}, \; 3$$

$f'(x) \geq 0$ 이므로　$f'(3) = 3$

또, $f'(x) \geq 0$ 이고 $g'(x) \leq \dfrac{1}{3}$ 이므로

$$f'(x) \geq 3$$

따라서 $f'(x)$ 는 $x=3$ 일 때 최솟값이 3인 이차함수이다. 그리고 $f'(x)$ 의 x^2 의 계수는 3이므로

$$f'(x) = 3(x-3)^2 + 3$$
$$= 3x^2 - 18x + 30$$

이때, $f(x) = x^3 - 9x^2 + 30x + k$ 로 놓으면 $f(3) = 3$ 이므로　$k = -33$

$$\therefore \; \boldsymbol{f(x) = x^3 - 9x^2 + 30x - 33}$$

또, $f''(x) = 6(x-3)$ 이므로 $f''(x) = 0$ 에서　$x = 3$

따라서 변곡점의 좌표는　**(3, 3)**

****Note***　그래프를 그려 보면 삼차함수가 증가함수일 때 변곡점에서의 미분계수가 최소임을 알 수 있다.

9-29. (1) 조건 ㈏에서 $f(-x) = -f(x)$ 이므로 곡선 $y = f(x)$ 는 원점에 대하여 대칭이다. 그런데 조건 ㈎에서 $f(x) \neq 1$ 이므로 $f(x) \neq -1$ 이다.

이때, 실수 전체의 집합에서 미분가능한 함수 $f(x)$ 는 실수 전체의 집합에서 연속이고, 조건 ㈏에서 $f(0) = 0$ 이므로 모든 실수 x 에 대하여

$$-1 < f(x) < 1 \qquad \cdots\cdots ①$$

또, 조건 ㈐에서 $f'(x) = 1 - \{ f(x) \}^2$ 이므로 모든 실수 x 에 대하여

$$0 < f'(x) \leq 1 \qquad \cdots\cdots ②$$

한편 $f'(x) = 1 - \{ f(x) \}^2$ 의 양변을 x 에 관하여 미분하면

$$f''(x) = -2f(x)f'(x) \quad \cdots\cdots ③$$

①, ②에 의하여 $f''(x) = 0$ 을 만족시키는 x 는 $f(x) = 0$ 일 때뿐이다. 그런데 $f(0) = 0$ 이고 ②에서 $f(x)$ 는 증가함수이므로 $f''(x) = 0$ 을 만족시키는 x 는 $x = 0$ 뿐이다.

또, $f(x)$ 가 증가함수이고 $f(0) = 0$ 이므로 $x > 0$ 일 때 $f(x) > 0$, $x < 0$ 일 때 $f(x) < 0$ 이다.

이때, ③에서 $x > 0$ 일 때 $f''(x) < 0$, $x < 0$ 일 때 $f''(x) > 0$ 이므로 점 $(0, 0)$ 은 곡선 $y = f(x)$ 의 변곡점이다.

따라서 곡선 $y = f(x)$ 의 변곡점은 점 $(0, 0)$ 하나뿐이다.

(2) 변곡점은 점 $(0, 0)$ 이고, 이 점에서의 접선의 기울기는

$$f'(0) = 1 - \{ f(0) \}^2 = 1$$

이므로 접선의 방정식은　$\boldsymbol{y = x}$

10-1. $xy^2 = 100$, $1 \leq x \leq 10$ 에서

$$\log_{10} x + 2\log_{10} y = 2, \; 0 \leq \log_{10} x \leq 1$$

$\log_{10} x = X$, $\log_{10} y = Y$ 로 놓으면

$$X + 2Y = 2, \; 0 \leq X \leq 1$$

$$\therefore \; (\log_{10} x)^3 + (\log_{10} y)^2$$
$$= X^3 + Y^2 = X^3 + \left(1 - \frac{X}{2} \right)^2$$
$$= X^3 + \frac{1}{4} X^2 - X + 1$$

$f(X) = X^3 + \dfrac{1}{4} X^2 - X + 1$ 로 놓으면

$$f'(X) = \frac{1}{2} (3X + 2)(2X - 1)$$

$f'(X) = 0$ 에서　$X = \dfrac{1}{2}$ ($\because \; 0 \leq X \leq 1$)

$0 \leq X \leq 1$ 에서 증감을 조사하면

$X = 1$ 일 때 최댓값 $\dfrac{5}{4}$,

$X = \dfrac{1}{2}$ 일 때 최솟값 $\dfrac{11}{16}$

10-2. $\sin x + \cos x = t$ ······①

로 놓으면

$$t = \sqrt{2}\sin\left(x + \frac{\pi}{4}\right)$$

이므로 $-\sqrt{2} \le t \le \sqrt{2}$

①의 양변을 제곱하면

$$\sin^2 x + 2\sin x \cos x + \cos^2 x = t^2$$

$$\therefore \sin x \cos x = \frac{t^2 - 1}{2}$$

$$\therefore y = (\sin x + \cos x)$$
$$\times (\sin^2 x - \sin x \cos x + \cos^2 x)$$
$$-4\sin x \cos x$$
$$= t\left(1 - \frac{t^2 - 1}{2}\right) - 4 \times \frac{t^2 - 1}{2}$$
$$= -\frac{1}{2}(t^3 + 4t^2 - 3t - 4)$$

$$\therefore y' = -\frac{1}{2}(t + 3)(3t - 1)$$

$y' = 0$에서 $t = \frac{1}{3}$ $(\because -\sqrt{2} \le t \le \sqrt{2})$

$-\sqrt{2} \le t \le \sqrt{2}$에서 증감을 조사하면

$t = \frac{1}{3}$ 일 때 최댓값 $\dfrac{61}{27}$,

$t = -\sqrt{2}$ 일 때 최솟값 $-\dfrac{4 + \sqrt{2}}{2}$

10-3. (1) $f'(x) = 1 - 2\sin x$

$f'(x) = 0$에서 $\sin x = \frac{1}{2}$

$0 \le x \le 2\pi$이므로 $x = \frac{\pi}{6}, \frac{5}{6}\pi$

$0 \le x \le 2\pi$에서 증감을 조사하면

최댓값 $f(2\pi) = 2\pi + 2$,

최솟값 $f\left(\dfrac{5}{6}\pi\right) = \dfrac{5}{6}\pi - \sqrt{3}$

(2) $f'(x) = \cos x(1 + \cos x) - \sin x \sin x$
$$= 2\cos^2 x + \cos x - 1$$
$$= (\cos x + 1)(2\cos x - 1)$$

$f'(x) = 0$에서 $\cos x = -1, \frac{1}{2}$

$0 \le x \le \pi$이므로 $x = \frac{\pi}{3}, \pi$

$0 \le x \le \pi$에서 증감을 조사하면

최댓값 $f\left(\dfrac{\pi}{3}\right) = \dfrac{3\sqrt{3}}{4}$,

최솟값 $f(0) = f(\pi) = 0$

(3) $f'(x) = \dfrac{\sqrt{3}\cos x + \sin x + 1}{(\sqrt{3} + \cos x)^2}$
$$= \dfrac{2\cos\left(x - \dfrac{\pi}{6}\right) + 1}{(\sqrt{3} + \cos x)^2}$$

$f(x)$는 주기가 2π인 주기함수이므

로 $0 \le x \le 2\pi$에서 생각하면 된다.

$f'(x) = 0$에서 $x = \frac{5}{6}\pi, \frac{3}{2}\pi$

증감을 조사하면

최댓값 $f\left(\dfrac{5}{6}\pi\right) = \sqrt{3}$,

최솟값 $f\left(\dfrac{3}{2}\pi\right) = 0$

(4) $f'(x) = \dfrac{\pi}{2}\cos x \cos\left(\dfrac{\pi}{2}\sin x + \dfrac{\pi}{4}\right)$

$f'(x) = 0$에서

$\cos x = 0$ 또는 $\cos\left(\dfrac{\pi}{2}\sin x + \dfrac{\pi}{4}\right) = 0$

$0 \le x \le 2\pi$이므로

$\cos x = 0$에서 $x = \dfrac{\pi}{2}, \dfrac{3}{2}\pi$

$\cos\left(\dfrac{\pi}{2}\sin x + \dfrac{\pi}{4}\right) = 0$에서

$$\dfrac{\pi}{2}\sin x + \dfrac{\pi}{4} = \dfrac{\pi}{2}$$

$\therefore \sin x = \dfrac{1}{2}$ $\therefore x = \dfrac{\pi}{6}, \dfrac{5}{6}\pi$

$0 \le x \le 2\pi$에서 증감을 조사하면

최댓값 $f\left(\dfrac{\pi}{6}\right) = f\left(\dfrac{5}{6}\pi\right) = 1$,

최솟값 $f\left(\dfrac{3}{2}\pi\right) = -\dfrac{\sqrt{2}}{2}$

*__Note__ $-1 \le \sin x \le 1$이므로

$$-\dfrac{\pi}{2} \le \dfrac{\pi}{2}\sin x \le \dfrac{\pi}{2}$$

$\therefore -\dfrac{\pi}{4} \le \dfrac{\pi}{2}\sin x + \dfrac{\pi}{4} \le \dfrac{3}{4}\pi$

따라서

$\dfrac{\pi}{2}\sin x + \dfrac{\pi}{4} = \dfrac{\pi}{2}$ 일 때 최댓값 **1**,

$\dfrac{\pi}{2}\sin x+\dfrac{\pi}{4}=-\dfrac{\pi}{4}$ 일 때

$$\text{최솟값} \ -\dfrac{\sqrt{2}}{2}$$

10-4. (1) 진수 조건에서　$-4<x<5$

$$y=\dfrac{1}{2}\log_3(5-x)+\log_3(x+4)$$
$$=\dfrac{1}{2}\log_3(5-x)(x+4)^2$$

여기에서 $g(x)=(5-x)(x+4)^2$으로 놓으면

$$g'(x)=-3(x+4)(x-2)$$

$g'(x)=0$에서　$x=2\,(\because\ -4<x<5)$
$-4<x<5$에서 증감을 조사하면
$g(x)$는 $x=2$일 때 최대이고, 최댓값은 $g(2)=108$이다.

따라서 y의 최댓값은

$$\dfrac{1}{2}\log_3 108=\dfrac{1}{2}\log_3(3^3\times 2^2)$$
$$=\dfrac{3}{2}+\log_3 2$$

곧, $x=2$일 때 최댓값 $\dfrac{3}{2}+\boldsymbol{\log_3 2},$

$$\text{최솟값 없다.}$$

(2) 진수 조건에서　$0<x<1$

$$y=x\times\dfrac{-\ln x}{\ln 2}+(1-x)\times\dfrac{-\ln(1-x)}{\ln 2}$$
$$=-\log_2 e\{x\ln x+(1-x)\ln(1-x)\}$$
$$\therefore\ y'=-\log_2 e\{\ln x-\ln(1-x)\}$$

$y'=0$에서　$\ln x=\ln(1-x)$

$$\therefore\ x=1-x\quad \therefore\ x=\dfrac{1}{2}$$

$0<x<1$에서 증감을 조사하면
$x=\dfrac{1}{2}$일 때 최댓값 **1**, 최솟값 없다.

10-5. $f(x)=x\sin(\ln x)$로 놓으면

$$f'(x)=\sin(\ln x)+x\cos(\ln x)\times\dfrac{1}{x}$$
$$=\sin(\ln x)+\cos(\ln x)$$
$$=\sqrt{2}\sin\left(\dfrac{\pi}{4}+\ln x\right)$$

$1\le x\le e^\pi$에서 $\dfrac{\pi}{4}\le\dfrac{\pi}{4}+\ln x\le\dfrac{5}{4}\pi$

이므로 $f'(x)=0$에서

$$\dfrac{\pi}{4}+\ln x=\pi\quad \therefore\ x=e^{\frac{3}{4}\pi}$$

$1\le x\le e^\pi$에서 증감을 조사하면 최댓값은

$$f\!\left(e^{\frac{3}{4}\pi}\right)=e^{\frac{3}{4}\pi}\sin\!\left(\ln e^{\frac{3}{4}\pi}\right)=\dfrac{\sqrt{2}}{2}e^{\frac{3}{4}\pi}$$

__Note__ $\ln x=t$로 치환하여

$$y=e^t\sin t\ (0\le t\le\pi)$$

의 최댓값을 구해도 된다.

10-6. (1) $f'(x)=2xa^x+x^2a^x\ln a$

$$=x(2+x\ln a)a^x$$

$f'(x)=0$에서　$x=0,\ -\dfrac{2}{\ln a}$

$\ln a<0$이므로 $x\ge 0$에서 증감을 조사하면 최댓값은

$$f\!\left(-\dfrac{2}{\ln a}\right)=\left(-\dfrac{2}{\ln a}\right)^2 a^{-\frac{2}{\ln a}}$$
$$=\left(\dfrac{2}{e\ln a}\right)^2$$

__Note__ $a^{-\frac{2}{\ln a}}=\left(a^{\frac{1}{\ln a}}\right)^{-2}=\left(a^{\log_a e}\right)^{-2}$
$$=e^{-2}$$

(2) (1)에서 구한 최댓값을 M이라고 하면

$$f(x)\le M$$
$$\therefore\ 0\le xa^x=\dfrac{1}{x}\times x^2a^x\le\dfrac{M}{x}$$

$\displaystyle\lim_{x\to\infty}\dfrac{M}{x}=0$이므로　$\displaystyle\lim_{x\to\infty}xa^x=\boldsymbol{0}$

10-7. 공비가 $\dfrac{x-2}{x^2+x+2}$이므로

$$-1<\dfrac{x-2}{x^2+x+2}<1\quad \cdots\cdots①$$

일 때 수렴한다.

그런데

$$x^2+x+2=\left(x+\dfrac{1}{2}\right)^2+\dfrac{7}{4}>0$$

이므로 ①은

$$-x^2-x-2<x-2<x^2+x+2$$

(i) $-x^2-x-2<x-2$에서

$x^2+2x>0$ ∴ $x<-2,\ x>0$

(ii) $x-2<x^2+x+2$에서 $x^2+4>0$

이것은 모든 실수 x에 대하여 성립

한다.

(i), (ii)에서 $x<-2,\ x>0$ ……②

이때,

$$f(x)=\dfrac{1}{1-\dfrac{x-2}{x^2+x+2}}=\dfrac{x^2+x+2}{x^2+4},$$

$$f'(x)=\dfrac{(2x+1)(x^2+4)-(x^2+x+2)\times2x}{(x^2+4)^2}$$

$$=\dfrac{-(x^2-4x-4)}{(x^2+4)^2}$$

$f'(x)=0$에서 $x^2-4x-4=0$

②에서 $x=2+2\sqrt{2}$

$x<-2,\ x>0$에서 증감을 조사하면

x	$-\infty$	$\cdots$	(-2)
$f'(x)$		$-$	
$f(x)$	(1)	$\searrow$	$\left(\dfrac{1}{2}\right)$

x	(0)	$\cdots$	$2+2\sqrt{2}$	$\cdots$	∞
$f'(x)$		$+$	0	$-$	
$f(x)$	$\left(\dfrac{1}{2}\right)$	$\nearrow$	$\dfrac{3+\sqrt{2}}{4}$	$\searrow$	(1)

따라서 $f(x)$는 $x=2+2\sqrt{2}$ 일 때 최대

이고, 최댓값은 $\dfrac{3+\sqrt{2}}{4}$

10-8. $f'(x)$

$$=\dfrac{\{(x-5)^2+36\}-(x-5)\times2(x-5)}{\{(x-5)^2+36\}^2}$$

$$=\dfrac{-(x+1)(x-11)}{\{(x-5)^2+36\}^2}$$

$f'(x)=0$에서 $x=-1,\ 11$

구간 $(-\infty,\ \infty)$에서 증감을 조사하면

$y=f(x)$의 그래프는 다음과 같다.

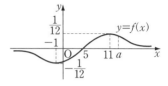

구간 $[-a,\ a]$에서 $M+m=0$이려면

구간 $[-a,\ a]$는 $x=-1$과 $x=11$을 모

두 포함해야 한다.

∴ $-a\le-1,\ a\ge11$ ∴ $a\ge11$

따라서 a의 최솟값은 **11**

10-9.

직선 AC가 x축의 양의 방향과 이루는

각의 크기를 α, 직선 BC가 x축의 양의

방향과 이루는 각의 크기를 β라고 하면

$$\tan\alpha=-\dfrac{1}{x},\ \tan\beta=\dfrac{2}{2-x}$$

따라서 $\angle ACB=\theta$라고 하면

$$\tan\theta=\tan(\alpha-\beta)=\dfrac{\tan\alpha-\tan\beta}{1+\tan\alpha\tan\beta}$$

$$=\dfrac{-\dfrac{1}{x}-\dfrac{2}{2-x}}{1+\left(-\dfrac{1}{x}\right)\times\dfrac{2}{2-x}}=\dfrac{x+2}{x^2-2x+2}$$

$f(x)=\dfrac{x+2}{x^2-2x+2}\ (x>0)$로 놓으면

$$f'(x)=\dfrac{(x^2-2x+2)-(x+2)(2x-2)}{(x^2-2x+2)^2}$$

$$=\dfrac{-(x^2+4x-6)}{(x^2-2x+2)^2}$$

$f'(x)=0$에서 $x^2+4x-6=0$

$x>0$이므로 $x=-2+\sqrt{10}$

$x>0$에서 증감을 조사하면 $f(x)$는

$x=-2+\sqrt{10}$ 일 때 최대이다. 이때,

$\tan\theta$는 최대이고, θ도 최대이다.

10-10. $\triangle \text{POP}' = \dfrac{1}{2} \times \overline{\text{PP}'} \times \overline{\text{OP}'}$

$\qquad\qquad = \dfrac{1}{2} \times 2\sin\theta \times 2\cos\theta$

$\qquad\qquad = 2\sin\theta\cos\theta = \sin 2\theta$

$\triangle \text{QOQ}' = \dfrac{1}{2} \times \overline{\text{QQ}'} \times \overline{\text{OQ}'}$

$\qquad\qquad = \dfrac{1}{2} \times 4\sin\dfrac{\theta}{2} \times 4\cos\dfrac{\theta}{2}$

$\qquad\qquad = 8\sin\dfrac{\theta}{2}\cos\dfrac{\theta}{2} = 4\sin\theta$

두 삼각형의 넓이의 합을 $f(\theta)$라고 하면

$\quad f(\theta) = \sin 2\theta + 4\sin\theta \left(0 < \theta < \dfrac{\pi}{2}\right)$

$\quad \therefore f'(\theta) = 2\cos 2\theta + 4\cos\theta$

$f'(\theta) = 0$에서

$\quad 2(2\cos^2\theta - 1) + 4\cos\theta = 0$

$\quad \therefore 2\cos^2\theta + 2\cos\theta - 1 = 0$

$0 < \cos\theta < 1$이므로

$\qquad \cos\theta = \dfrac{-1 + \sqrt{3}}{2}$

$0 < \theta < \dfrac{\pi}{2}$에서 증감을 조사하면 $f(\theta)$

는 $\boldsymbol{\cos\theta = \dfrac{-1 + \sqrt{3}}{2}}$일 때 극대이면서 최대이다.

10-11. $f'(x) = a(1 - 2\cos 2x)$

$\quad f'(x) = 0$에서 $\cos 2x = \dfrac{1}{2}$

$-\dfrac{\pi}{2} \le x \le \dfrac{\pi}{2}$이므로 $x = -\dfrac{\pi}{6},\ \dfrac{\pi}{6}$

$-\dfrac{\pi}{2} \le x \le \dfrac{\pi}{2}$에서 증감을 조사하면

$x = -\dfrac{\pi}{6}$에서 극대이고, 극댓값은

$\quad f\left(-\dfrac{\pi}{6}\right) = a\left(-\dfrac{\pi}{6} + \sin\dfrac{\pi}{3}\right)$

$\qquad\qquad = a\left(-\dfrac{\pi}{6} + \dfrac{\sqrt{3}}{2}\right)$

한편

$\quad f\left(-\dfrac{\pi}{2}\right) = -\dfrac{1}{2}\pi a,\ \ f\left(\dfrac{\pi}{2}\right) = \dfrac{1}{2}\pi a$

그런데 $\ a\left(-\dfrac{\pi}{6} + \dfrac{\sqrt{3}}{2}\right) < \dfrac{1}{2}\pi a$

이므로 최댓값은 $f\left(\dfrac{\pi}{2}\right) = \dfrac{1}{2}\pi a$이다.

조건에서 최댓값이 π이므로

$\quad \dfrac{1}{2}\pi a = \pi \quad \therefore \boldsymbol{a = 2}$

10-12. $f(x) = e^x - ax\ (a > 0)$로 놓으면

$f'(x) = e^x - a = 0$에서 $\ x = \ln a$

구간 $(-\infty, \infty)$에서 증감을 조사하면

$x = \ln a$에서 극소이다.

(i)
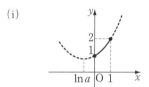

$\ln a < 0$, 곧 $0 < a < 1$일 때 구간 $[0, 1]$에서 $f'(x) > 0$이므로 $f(x)$는 증가하고 $f(0) = 1$이다.

$\quad \therefore f(1) = e - a = 2 \quad \therefore a = e - 2$

(ii)
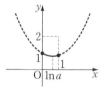

$0 \le \ln a \le 1$, 곧 $1 \le a \le e$일 때 $f(x)$는 $x = \ln a$에서 최솟값을 가진다.

그런데

$\quad f(\ln a) = a - a\ln a$

$\qquad\qquad = a(1 - \ln a) \ge 0,$

$\quad f(0) = 1,\ f(1) = e - a < 2$

이므로 $|f(x)|$의 최댓값은 2가 될 수 없다.

(iii)
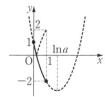

$\ln a > 1$, 곧 $a > e$일 때 구간 $[0, 1]$
에서 $f'(x) < 0$이므로 $f(x)$는 감소하고
$f(0) = 1$이다.

$\quad \therefore f(1) = e - a = -2 \quad \therefore a = e + 2$

(i), (ii), (iii)에서　$\boldsymbol{a = e - 2,\ e + 2}$

10-**13**. 조건 (가)에서 $f(1) = f(e)$이므로

$$-a - b = e - ae - b$$

$$\therefore \boldsymbol{a = \frac{e}{e-1}}$$

$$\therefore f(x) = x \ln x - \frac{e}{e-1} x - b$$

$$\therefore f'(x) = \ln x + 1 - \frac{e}{e-1}$$

$$= \ln x - \frac{1}{e-1}$$

$f'(x) = 0$에서　$\ln x = \dfrac{1}{e-1}$

$$\therefore x = e^{\frac{1}{e-1}}$$

$0 < \dfrac{1}{e-1} < 1$이므로　$1 < e^{\frac{1}{e-1}} < e$

$1 \le x \le e$에서 증감을 조사하면

최댓값 $f(1) = f(e) = -\dfrac{e}{e-1} - b$

최솟값 $f\left(e^{\frac{1}{e-1}}\right) = e^{\frac{1}{e-1}} \times \dfrac{1}{e-1}$

$$\qquad\qquad - \frac{e}{e-1} \times e^{\frac{1}{e-1}} - b$$

$$= -e^{\frac{1}{e-1}} - b$$

조건 (나)에서 $f(1) + f\left(e^{\frac{1}{e-1}}\right) = 0$이므로

$$-\frac{e}{e-1} - b - e^{\frac{1}{e-1}} - b = 0$$

$$\therefore \boldsymbol{b = -\frac{1}{2}\left(\frac{e}{e-1} + e^{\frac{1}{e-1}}\right)}$$

10-**14**.

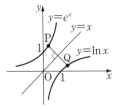

곡선 $y = e^x$과 $y = \ln x$는 직선 $y = x$에
대하여 대칭이고, 선분 PQ가 직선 $y = x$

에 수직이므로 두 점 P, Q는 직선 $y = x$
에 대하여 대칭이다.

　　따라서 P$(x,\ e^x)$으로 놓으면
Q$(e^x,\ x)$이므로

$$\overline{PQ} = \sqrt{(e^x - x)^2 + (x - e^x)^2}$$

$$= \sqrt{2}\,(e^x - x) \quad \Leftarrow e^x - x > 0$$

$f(x) = \sqrt{2}\,(e^x - x)$로 놓으면

$$f'(x) = \sqrt{2}\,(e^x - 1)$$

$f'(x) = 0$에서　$e^x = 1 \quad \therefore x = 0$

증감을 조사하면 최솟값은

$$f(0) = \sqrt{2}\,(e^0 - 0) = \sqrt{2}$$

*__Note__　이때, 두 점 P, Q의 좌표는
P$(0, 1)$, Q$(1, 0)$이다.

10-**15**.

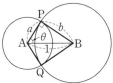

두 원의 교점을 P, Q라 하고,
$\angle PAB = \theta$라고 하면 $0 < \theta < \dfrac{\pi}{2}$이고
$$\overline{AB} = 1,\quad a^2 + b^2 = 1$$
이므로　$\angle APB = \dfrac{\pi}{2}$

$\quad \therefore a = \cos\theta,\quad b = \sin\theta$

두 원의 내부 중에서 겹치는 부분의 넓
이를 S라고 하면

S = (부채꼴 APQ의 넓이)

　　　+ (부채꼴 BPQ의 넓이)

　　　− □APBQ

$$= \frac{1}{2} a^2 \times 2\theta + \frac{1}{2} b^2 \times 2\left(\frac{\pi}{2} - \theta\right) - ab$$

$$= \theta \cos^2\theta + \left(\frac{\pi}{2} - \theta\right)\sin^2\theta - \sin\theta\cos\theta$$

$$= \left(\theta - \frac{\pi}{4}\right)\cos 2\theta - \frac{1}{2}\sin 2\theta + \frac{\pi}{4}$$

$$\therefore \frac{dS}{d\theta} = -2\left(\theta - \frac{\pi}{4}\right)\sin 2\theta$$

$\dfrac{dS}{d\theta} = 0$에서　$\theta = \dfrac{\pi}{4}\left(\because 0 < \theta < \dfrac{\pi}{2}\right)$

$0<\theta<\dfrac{\pi}{2}$ 에서 증감을 조사하면 S는

$\theta=\dfrac{\pi}{4}$ 일 때 최대이고, 최댓값은

$$\dfrac{\pi}{4}-\dfrac{1}{2}$$

10-16. 새 도로와 도로 PA, PB가 만나는 점을 각각 C, D라 하고, 마을을 점 Q라고 하면 $0<\theta<\dfrac{\pi}{2}$ 이고

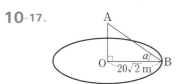

$\overline{CD}=\overline{CQ}+\overline{DQ}$

$\qquad=\dfrac{16}{\sin\theta}+\dfrac{2}{\cos\theta}$

$f(\theta)=\dfrac{16}{\sin\theta}+\dfrac{2}{\cos\theta}\ \left(0<\theta<\dfrac{\pi}{2}\right)$ 로 놓으면

$f'(\theta)=-\dfrac{16\cos\theta}{\sin^2\theta}+\dfrac{2\sin\theta}{\cos^2\theta}$

$\qquad=\dfrac{-16\cos^3\theta+2\sin^3\theta}{\sin^2\theta\cos^2\theta}$

$f'(\theta)=0$ 에서 $16\cos^3\theta=2\sin^3\theta$

$\qquad\qquad\therefore\ \tan^3\theta=8$

$\tan\theta$ 는 실수이므로 $\tan\theta=2$

$0<\theta<\dfrac{\pi}{2}$ 에서 증감을 조사하면 $f(\theta)$ 는 $\tan\boldsymbol{\theta}=\boldsymbol{2}$ 일 때 최소이다.

10-17.

위의 그림에서 A에 조명등이 있다고 하고, 트랙의 한 지점을 B라고 하자.

$\angle ABO=\alpha\left(0<\alpha<\dfrac{\pi}{2}\right)$ 라고 하면

$$p=\sin\alpha$$

$\overline{AB}=\dfrac{20\sqrt{2}}{\cos\alpha}$ 이므로 $q=\dfrac{800}{\cos^2\alpha}$

따라서 점 B에서의 밝기를 L이라고 하면

$$L=k\times\dfrac{p}{q}=k\times\dfrac{\sin\alpha}{\dfrac{800}{\cos^2\alpha}}$$

$\qquad=\dfrac{k}{800}\sin\alpha\cos^2\alpha\ (k$ 는 비례상수$)$

$\sin\alpha=x$ 로 놓으면 $0<x<1$ 이고

$$L=\dfrac{k}{800}x(1-x^2)$$

$\therefore\ \dfrac{dL}{dx}=\dfrac{k}{800}(1-3x^2)$

$\dfrac{dL}{dx}=0$ 에서 $x=\dfrac{1}{\sqrt{3}}\ (\because\ 0<x<1)$

$0<x<1$ 에서 증감을 조사하면 L은 $x=\dfrac{1}{\sqrt{3}}$ 일 때 최대이다.

곧, $\sin\alpha=\dfrac{1}{\sqrt{3}}$ 이고, 이때

$\tan\alpha=\dfrac{1}{\sqrt{2}}$ 이므로

$$\overline{OA}=20\sqrt{2}\tan\alpha=\boldsymbol{20}\,(\mathbf{m})$$

10-18.

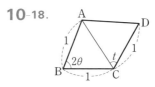

(1) △ABC에서 코사인법칙으로부터

$\overline{AC}^2=1^2+1^2-2\times1\times1\times\cos2\theta$

$\qquad=2(1-\cos2\theta)=4\sin^2\theta$

$0<2\theta<\pi$ 에서 $0<\theta<\dfrac{\pi}{2}$ 이므로

$$\overline{AC}=2\sin\theta$$

$\therefore\ \mathbf{S}=\triangle ABC+\triangle ACD$

$\qquad=\dfrac{1}{2}\sin2\theta+\sin\theta\sin t$

(2) θ 가 일정하고 $\sin\theta>0$, $\sin2\theta>0$ 이므로 S가 최대이려면

$$\sin t=1$$

곧, S는 $\boldsymbol{t}=\dfrac{\boldsymbol{\pi}}{\boldsymbol{2}}$ 일 때 최대이다.

(3) $\sin t = 1$일 때

$$S = \frac{1}{2}\sin 2\theta + \sin\theta$$

$$\therefore \frac{dS}{d\theta} = \cos 2\theta + \cos\theta$$
$$= 2\cos^2\theta - 1 + \cos\theta$$
$$= (\cos\theta + 1)(2\cos\theta - 1)$$

$\dfrac{dS}{d\theta} = 0$에서 $\cos\theta = -1, \dfrac{1}{2}$

$0 < \theta < \dfrac{\pi}{2}$이므로 $\theta = \dfrac{\pi}{3}$

$0 < \theta < \dfrac{\pi}{2}$에서 증감을 조사하면 S는

$\theta = \dfrac{\pi}{3}$일 때 최대이고, 최댓값은

$$S = \frac{1}{2}\sin\frac{2}{3}\pi + \sin\frac{\pi}{3} = \frac{3\sqrt{3}}{4}$$

*__*Note*__ (1) $\triangle ABC$가 이등변삼각형이므로 점 B에서 선분 AC에 내린 수선의 발을 H라고 하면

$$\overline{AC} = 2\overline{CH} = 2\sin\theta$$

11-1. $f(x) = e^x + x$로 놓으면

$$f'(x) = e^x + 1 > 0$$

이므로 $f(x)$는 증가함수이다.

또, $f(x)$는 연속함수이고

$$f(-1) = \frac{1}{e} - 1 < 0, \ f(0) = 1 > 0$$

따라서 방정식 $f(x) = 0$은 구간 $(-1, 0)$에서 오직 하나의 실근을 가진다.

11-2. $f(x) = x^{\frac{3}{2}} - 3x + 1$로 놓으면

$$f'(x) = \frac{3}{2}x^{\frac{1}{2}} - 3$$

$f'(x) = 0$에서 $x = 4$

$x > 0$에서 증감을 조사하면 $f(x)$는 $x = 4$에서 극소이고

$$\lim_{x \to 0+} f(x) = 1, \ f(4) = -3,$$
$$\lim_{x \to \infty} f(x) = \infty$$

따라서 곡선 $y = f(x)$는 x축과 서로 다른 두 점에서 만나므로 방정식 $f(x) = 0$의 실근의 개수는 **2**

11-3. (1) $f'(x) = 2\cos x - 2x\sin x$

$$= 2x\cos x\left(\frac{1}{x} - \tan x\right)$$

이므로 $0 < x < \dfrac{\pi}{2}$에서 방정식 $f'(x) = 0$의 해는 $\dfrac{1}{x} = \tan x$의 해와 같다.

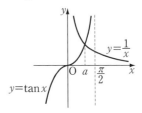

그런데 $0 < x < \dfrac{\pi}{2}$에서 $y = \dfrac{1}{x}$과 $y = \tan x$의 그래프는 한 점에서 만난다. 이 점의 x좌표를 a, $g(x) = \dfrac{1}{x} - \tan x$라고 하면 $g(x)$는 구간 $\left[\dfrac{\pi}{4}, \dfrac{\pi}{3}\right]$에서 연속이고

$$g\left(\frac{\pi}{4}\right) = \frac{4}{\pi} - 1 > 0,$$
$$g\left(\frac{\pi}{3}\right) = \frac{3}{\pi} - \sqrt{3} < 0$$

따라서 $\dfrac{\pi}{4} < a < \dfrac{\pi}{3}$이고, $f(x)$는 $x = a$에서 극대이다.

(2)
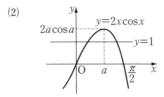

$$f(0) = f\left(\frac{\pi}{2}\right) = 0,$$
$$f\left(\frac{\pi}{3}\right) = 2 \times \frac{\pi}{3} \times \frac{1}{2} > 1$$

이므로 (1)의 a에 대하여 $f(a) > 1$

따라서 방정식 $f(x) = 1$은 구간 $\left(0, \dfrac{\pi}{2}\right)$에서 서로 다른 두 실근을 가

진다.

11-4. $x \ln x + x - e = a$ ······①

$\qquad y = x \ln x + x - e$ ······②

$\qquad y = a$ ······③

으로 놓을 때, ②, ③이 한 점에서 만나면 ①이 오직 하나의 실근을 가진다.

②에서 $y' = \ln x + 1 + 1 = \ln x + 2$

$y' = 0$에서 $x = e^{-2}$

$x > 0$에서 증감을 조사하면 ②는 $x = e^{-2}$에서 극소이고, 이때

$\qquad y = -e - e^{-2}$

또, $\lim\limits_{x \to 0+} y = -e$, $\lim\limits_{x \to \infty} y = \infty$

따라서 ②, ③이 한 점에서 만날 조건은 **$a \geq -e$, $a = -e - e^{-2}$**

11-5. $f(x) = \dfrac{1}{2} x^2 - \ln(1 + x^2)$

으로 놓으면

$\qquad f'(x) = x - \dfrac{2x}{1 + x^2} = \dfrac{x(x+1)(x-1)}{1 + x^2}$

$f'(x) = 0$에서 $x = 0, -1, 1$

$-1 \leq x \leq 1$에서 증감을 조사하면 $f(x)$는 $x = 0$에서 극대이고

$\qquad f(0) = 0$, $f(-1) = f(1) = \dfrac{1}{2} - \ln 2$

따라서 방정식 $f(x) = k$가 $-1 \leq x \leq 1$에서 실근을 가질 조건은

$$\dfrac{1}{2} - \ln 2 \leq k \leq 0$$

11-6. 점 $(0, 2)$를 지나고 기울기가 m인 직선의 방정식 $y = mx + 2$

이 직선과 곡선 $y = x^3 - 3x^2 + 1$의 교점의 개수는 방정식

$\qquad mx + 2 = x^3 - 3x^2 + 1$

의 서로 다른 실근의 개수와 같다.

$x = 0$은 이 방정식의 해가 아니므로 양변을 x로 나누고 정리하면

$$m = x^2 - 3x - \dfrac{1}{x}$$

$g(x) = x^2 - 3x - \dfrac{1}{x}$ 로 놓으면

$\qquad g'(x) = 2x - 3 + \dfrac{1}{x^2} = \dfrac{(2x+1)(x-1)^2}{x^2}$

$g'(x) = 0$에서 $x = -\dfrac{1}{2}$, 1

또, $\lim\limits_{x \to 0+} g(x) = -\infty$, $\lim\limits_{x \to 0-} g(x) = \infty$,

$\lim\limits_{x \to \infty} g(x) = \infty$, $\lim\limits_{x \to -\infty} g(x) = \infty$

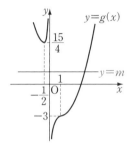

$y = g(x)$의 그래프는 위와 같고, 이 곡선과 직선 $y = m$의 교점의 개수가 $f(m)$이므로

$$f(m) = \begin{cases} 1 & \left(m < \dfrac{15}{4}\right) \\ 2 & \left(m = \dfrac{15}{4}\right) \\ 3 & \left(m > \dfrac{15}{4}\right) \end{cases}$$

따라서 a의 최댓값은 $\dfrac{15}{4}$

11-7. $f(x) = xe^{-x}$으로 놓으면

$\qquad f'(x) = e^{-x} + (-xe^{-x}) = (1-x)e^{-x}$

따라서 곡선 위의 점 (t, te^{-t})에서의 접선의 방정식은

$\qquad y - te^{-t} = (1-t)e^{-t}(x-t)$

이 직선이 점 $(5, a)$를 지나므로

$\qquad a = (t^2 - 5t + 5)e^{-t}$ ······①

$g(t) = (t^2 - 5t + 5)e^{-t}$으로 놓으면

$\qquad g'(t) = -(t-2)(t-5)e^{-t}$

$g'(t) = 0$에서 $t = 2, 5$

증감을 조사하면 $g(t)$는 $t = 2$에서 극

소이고 $g(2)=-e^{-2}$

또, $\lim_{t\to\infty}g(t)=0$, $\lim_{t\to-\infty}g(t)=\infty$

따라서 ①이 실근을 가질 조건은

$a\geq-e^{-2}$

11-8. (1) (i) $f(x)=\tan x-x\ \left(0<x<\dfrac{\pi}{2}\right)$

　로 놓으면

　　$f'(x)=\sec^2x-1=\tan^2x>0$

　이므로 $f(x)$는 증가함수이다.

　또, $f(0)=0$이므로 $f(x)>0$

　　　$\therefore\ \tan x>x$

(ii) $g(x)=x-\sin x\ \left(0<x<\dfrac{\pi}{2}\right)$

　로 놓으면

　　$g'(x)=1-\cos x>0$

　이므로 $g(x)$는 증가함수이다.

　또, $g(0)=0$이므로 $g(x)>0$

　　　$\therefore\ x>\sin x$

(i), (ii)에서 $\sin x<x<\tan x$

(2) $f(x)=2\sin x+\tan x-3x\ \left(0<x<\dfrac{\pi}{2}\right)$

　로 놓으면

　$f'(x)=2\cos x+\dfrac{1}{\cos^2x}-3$

　　$=\dfrac{2\cos^3x-3\cos^2x+1}{\cos^2x}$

　　$=\dfrac{(\cos x-1)^2(2\cos x+1)}{\cos^2x}$

　$0<x<\dfrac{\pi}{2}$에서 $0<\cos x<1$이므로

　　　$f'(x)>0$

　따라서 $f(x)$는 증가함수이고

　$f(0)=0$이므로 $f(x)>0$

　　$\therefore\ 3x<2\sin x+\tan x$

11-9. $f(x)=\tan 2x-ax$로 놓으면

　　$f'(x)=2\sec^2 2x-a$

(i) $a\leq2$일 때 $0<x<\dfrac{\pi}{4}$이므로

　　$\sec^2 2x>1$ $\therefore\ f'(x)>0$

　따라서 $f(x)$는 $0<x<\dfrac{\pi}{4}$에서 증가

하고 $f(0)=0$이므로 $f(x)>0$

(ii) $a>2$일 때

　$2\sec^2 2x=a$인 x의 값을 t라고 하면

　　　$f'(t)=0$

　이때, $f(x)$는 $x=t$에서 극소이면서

최소이다.

　그런데 $f(0)=0$이므로 최솟값은 음

수이다.

　따라서 부등식은 성립하지 않는다.

(i), (ii)에서 $a\leq2$이므로 구하는 a의 최

댓값은 **2**

11-10. $f(x)$의 역함수가 존재하려면

$f(x)$는 일대일대응이어야 한다.

　그런데 $\lim_{x\to\infty}f(x)=\infty$이므로 $f(x)$는 증

가함수이다. 곧,

　$f'(x)=e^{x+1}\{x^2+(n+1)x+1\}+a\geq0$

　　　　　　　　　　　　　……①

　이때,

　$f''(x)=e^{x+1}\{x^2+(n+3)x+n+2\}$

　　　　$=e^{x+1}(x+1)(x+n+2)$

$f''(x)=0$에서 $x=-1,\ -n-2$

　또, $\lim_{x\to\infty}f'(x)=\infty$, $\lim_{x\to-\infty}f'(x)=a$

　따라서 $f'(x)$의 증감을 조사하면 $f'(x)$

는 $x=-1$일 때 최소이다.

　이때, 모든 실수 x에 대하여 ①이 성립

하려면 $f'(-1)\geq0$

　　$\therefore\ 1-n+a\geq0$ $\therefore\ a\geq n-1$

　곧, $g(n)=n-1$이므로

　$\sum_{n=1}^{10}g(n)=\sum_{n=1}^{10}(n-1)=\textbf{45}$

11-11. $f(x)=-\ln(1-x)$

　　　　$-\left(x+\dfrac{1}{2}x^2+\cdots+\dfrac{1}{n}x^n\right)$

으로 놓으면

　$f'(x)=\dfrac{1}{1-x}-(1+x+\cdots+x^{n-1})$

　　$=\dfrac{1}{1-x}-\dfrac{1-x^n}{1-x}=\dfrac{x^n}{1-x}$

$0 \le x < 1$에서 $f'(x) \ge 0$이고 $f(0) = 0$이므로 $f(x) \ge 0$이다.

$$\therefore \ x + \frac{1}{2}x^2 + \cdots + \frac{1}{n}x^n \le -\ln(1-x)$$

11-12. (i) $f(x) = \ln(1+x) - \dfrac{x}{1+x}$ 로 놓으면

$$f'(x) = \frac{1}{1+x} - \frac{1}{(1+x)^2}$$
$$= \frac{x}{(1+x)^2}$$

$x > 0$에서 $f'(x) > 0$이므로 $f(x)$는 증가한다. 또, $f(0) = 0$이므로 $x > 0$에서 $f(x) > 0$

$$\therefore \ \ln(1+x) > \frac{x}{1+x}$$

(ii) $g(x) = x - \ln(1+x)$로 놓으면

$$g'(x) = 1 - \frac{1}{1+x} = \frac{x}{1+x}$$

$x > 0$에서 $g'(x) > 0$이므로 $g(x)$는 증가한다. 또, $g(0) = 0$이므로 $x > 0$에서 $g(x) > 0$

$$\therefore \ x > \ln(1+x)$$

(i), (ii)에서 $\dfrac{x}{1+x} < \ln(1+x) < x$

11-13. (1) $\ln x = ax^2$에서 $\dfrac{\ln x}{x^2} = a$

$f(x) = \dfrac{\ln x}{x^2}$ 로 놓으면

$$f'(x) = \frac{1 - 2\ln x}{x^3}$$

$f'(x) = 0$에서 $x = e^{\frac{1}{2}}$

x	(0)	$\cdots$	$e^{\frac{1}{2}}$	$\cdots$	∞
$f'(x)$		$+$	0	$-$	
$f(x)$	$(-\infty)$	$\nearrow$	$\dfrac{1}{2e}$	$\searrow$	(0)

위의 증감표에 의하여 실근의 개수는

$a > \dfrac{1}{2e}$일 때 **0**,

$a = \dfrac{1}{2e}$, $a \le 0$일 때 **1**,

$0 < a < \dfrac{1}{2e}$일 때 **2**

(2) $(a-1)e^x - x + 2 = 0$에서

$$a = 1 + \frac{x}{e^x} - \frac{2}{e^x}$$

$f(x) = 1 + \dfrac{x}{e^x} - \dfrac{2}{e^x}$로 놓으면

$$f'(x) = \frac{3-x}{e^x}$$

$f'(x) = 0$에서 $x = 3$

x	$-\infty$	$\cdots$	3	$\cdots$	∞
$f'(x)$		$+$	0	$-$	
$f(x)$	$-\infty$	$\nearrow$	$1 + \dfrac{1}{e^3}$	$\searrow$	(1)

위의 증감표에 의하여 실근의 개수는

$a > 1 + \dfrac{1}{e^3}$일 때 **0**,

$a = 1 + \dfrac{1}{e^3}$, $a \le 1$일 때 **1**,

$1 < a < 1 + \dfrac{1}{e^3}$일 때 **2**

***Note** 로피탈의 정리를 이용하면

(1) $\displaystyle\lim_{x\to\infty} \frac{\ln x}{x^2} = \lim_{x\to\infty} \frac{1}{2x^2} = 0$

(2) $\displaystyle\lim_{x\to\infty} x e^{-x} = \lim_{x\to\infty} \frac{x}{e^x} = \lim_{x\to\infty} \frac{1}{e^x} = 0$

11-14. 곡선 $y = e^{ax}$과 직선 $y = x$의 교점의 개수는 방정식

$$e^{ax} = x \qquad \cdots\cdots ①$$

의 실근의 개수와 같다.

그런데 $e^{ax} > 0$이므로 ①에서 양변의 자연로그를 잡으면

$$ax = \ln x$$

이고, 이 방정식이 서로 다른 두 실근을 가질 조건을 찾으면 된다.

따라서

$$y = \ln x, \quad y = ax$$

로 놓을 때, 두 그래프가 서로 다른 두 점에서 만날 조건을 구한다.

곡선 $y=\ln x$ 위의 점 $(t,\ \ln t)$에서의 접선의 방정식은

$$y-\ln t=\frac{1}{t}(x-t)$$

이 직선이 점 $(0,\ 0)$을 지나면

$$-\ln t=-1 \quad \therefore\ t=e$$

따라서 원점을 지나는 접선의 방정식은 $y=\dfrac{1}{e}x$이다.

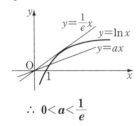

$$\therefore\ 0<a<\frac{1}{e}$$

11-15. $a>0$이므로 준 방정식은

$$\frac{\ln x}{x}=\frac{\ln a}{a} \quad \cdots\cdots①$$

$f(x)=\dfrac{\ln x}{x}$로 놓으면

$$f'(x)=\frac{1-\ln x}{x^2}$$

$f'(x)=0$에서 $x=e$

$x>0$에서 증감을 조사하면 $y=f(x)$의 그래프의 개형은 아래와 같다.

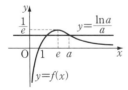

따라서 ①의 실근의 개수는

$0<a\leq1,\ a=e$일 때 1,

$1<a<e,\ a>e$일 때 2

11-16. (1) $\sin x=ax$에서

$$\frac{\sin x}{x}=a\ \left(0<x<\frac{\pi}{2}\right)\ \cdots\cdots①$$

$\mathrm{F}(x)=\dfrac{\sin x}{x}$로 놓으면

$$\mathrm{F}'(x)=\frac{x\cos x-\sin x}{x^2}$$

$f(x)=x\cos x-\sin x$로 놓으면

$0<x<\dfrac{\pi}{2}$일 때 $f'(x)=-x\sin x<0$

또, $f(0)=0$이므로 $f(x)<0$

$$\therefore\ \mathrm{F}'(x)<0$$

따라서 $\mathrm{F}(x)$는 $0<x<\dfrac{\pi}{2}$에서 감소하고

$$\lim_{x\to0+}\mathrm{F}(x)=\lim_{x\to0+}\frac{\sin x}{x}=1,$$

$$\mathrm{F}\!\left(\frac{\pi}{2}\right)=\frac{2}{\pi}$$

이므로 ①이 실근을 가지려면

$$\frac{2}{\pi}<a<1$$

*__Note__ $y=\sin x$에서 $y'=\cos x$

따라서 곡선 $y=\sin x$ 위의 점 $(0,\ 0)$에서의 접선의 방정식은 $y=x$이다.

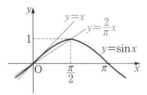

따라서 준 방정식이 실근을 가지려면 $\dfrac{2}{\pi}<a<1$

(2) $\cos x=1-ax^2$에서

$$\frac{1-\cos x}{x^2}=a\ \left(0<x<\frac{\pi}{2}\right)\ \cdots\cdots②$$

$\mathrm{G}(x)=\dfrac{1-\cos x}{x^2}$로 놓으면

$$\mathrm{G}'(x)=\frac{x\sin x+2\cos x-2}{x^3}$$

$g(x)=x\sin x+2\cos x-2$로 놓으면 $0<x<\dfrac{\pi}{2}$일 때

$$g'(x)=x\cos x-\sin x$$
$$\qquad\quad =f(x)<0 \qquad \Leftarrow (1)$$

또, $g(0)=0$이므로　$g(x)<0$

$$\therefore \ G'(x)<0$$

따라서 $G(x)$는 $0<x<\dfrac{\pi}{2}$에서 감소하고

$$\lim_{x\to 0+}G(x)=\lim_{x\to 0+}\frac{1-\cos x}{x^2}$$
$$=\lim_{x\to 0+}\frac{\sin^2 x}{x^2(1+\cos x)}=\frac{1}{2},$$
$$G\!\left(\frac{\pi}{2}\right)=\frac{4}{\pi^2}$$

이므로 ②가 실근을 가지려면

$$\frac{4}{\pi^2}<a<\frac{1}{2}$$

11-17. $y'=(1-x)e^{1-x}$이므로

$$(1-x)e^{1-x}=k \quad\cdots\cdots ①$$

로 놓고, k의 값에 따른 방정식 ①의 서로 다른 실근의 개수를 구한다.

$f(x)=(1-x)e^{1-x}$으로 놓으면

$$f'(x)=(x-2)e^{1-x}$$

$f'(x)=0$에서　$x=2$

증감을 조사하면 $y=f(x)$의 그래프의 개형은 아래와 같다.

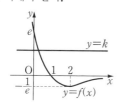

따라서 ①의 실근의 개수는

$k<-\dfrac{1}{e}$일 때 **0**,

$k=-\dfrac{1}{e},\ k\geq 0$일 때 **1**,

$-\dfrac{1}{e}<k<0$일 때 **2**

11-18. 좌표축을 원점을 중심으로 음의 방향으로 45° 회전하여 얻은 직선 $y=-x$와 $y=x$를 각각 새로운 x축, y축으로 잡을 때, 곡선 $y=a\sin x+2x$가

함수의 그래프가 되기 위한 a의 조건을 찾으면 된다.

새로운 x축인 직선 $y=-x$에 대하여 함수의 그래프가 되려면 직선 $y=-x$에 수직인 모든 직선

$$y=x+k \ (k는 \ 실수)$$

와 함수 $y=a\sin x+2x$의 그래프가 오직 한 점에서 만나야 한다. 따라서

$$a\sin x+2x=x+k$$

곧, $a\sin x+x-k=0$

이 k의 값에 관계없이 오직 하나의 실근을 가져야 한다.

여기에서 $g(x)=a\sin x+x-k$로 놓으면 k의 값에 관계없이 $y=g(x)$의 그래프가 x축과 오직 한 점에서 만나야 한다. 이때, $\lim\limits_{x\to\infty}g(x)=\infty$, $\lim\limits_{x\to -\infty}g(x)=-\infty$이므로 $g(x)$는 극값을 가지지 않아야 한다. $\therefore \ g'(x)=a\cos x+1\geq 0$

$$\therefore \ |a|\leq 1$$

11-19. $f(x_2)-f(x_1)+x_2-x_1\geq 0$의 양변을 x_2-x_1로 나누면　　$\Leftrightarrow x_2-x_1>0$

$$\frac{f(x_2)-f(x_1)}{x_2-x_1}+1\geq 0 \quad\cdots\cdots ①$$

함수 $f(x)$가 닫힌구간 $[x_1,\ x_2]$에서 연속이고 열린구간 $(x_1,\ x_2)$에서 미분가능하므로 평균값 정리에 의하여

$$\frac{f(x_2)-f(x_1)}{x_2-x_1}=f'(c) \ (x_1<c<x_2)$$

인 c가 존재한다.

이때, $0\leq x_1<x_2$인 임의의 두 실수 x_1, x_2에 대하여 ①이 성립하므로 임의의 양수 x에 대하여

$$f'(x)+1\geq 0$$

이 성립해야 한다.

그런데 $f'(x)=k(x^2-3)e^x$이므로

$$k(x^2-3)e^x+1\geq 0$$

$k>0$이므로

$$(x^2-3)e^x \geq -\frac{1}{k} \quad \cdots\cdots ②$$

$g(x)=(x^2-3)e^x$으로 놓으면

$$g'(x)=(x^2+2x-3)e^x$$
$$=(x+3)(x-1)e^x$$

$g'(x)=0$에서 $x=-3,\ 1$

$x>0$에서 증감을 조사하면 $g(x)$는 $x=1$에서 극소이면서 최소이다.

이때, $g(1)=-2e$이므로 $x>0$일 때 ②가 성립하려면

$$-2e \geq -\frac{1}{k} \quad \therefore\ 0<k\leq\frac{1}{2e}$$

따라서 k의 최댓값은 $\dfrac{1}{2e}$

11-20. (1) $f(x)=\sqrt{x}-\ln(1+x)$로 놓으면 $x>0$일 때

$$f'(x)=\frac{1}{2\sqrt{x}}-\frac{1}{1+x}$$
$$=\frac{(\sqrt{x}-1)^2}{2\sqrt{x}\,(1+x)}\geq 0$$

따라서 $f(x)$는 $x>0$에서 증가하고 $f(0)=0$이므로 $f(x)>0$이다.

$$\therefore\ \ln(1+x)<\sqrt{x} \quad \cdots\cdots ①$$

(2) $x>0$이므로 ①의 양변을 x로 나누면

$$0<\frac{\ln(1+x)}{x}<\frac{\sqrt{x}}{x}=\frac{1}{\sqrt{x}}$$

$\displaystyle\lim_{x\to\infty}\frac{1}{\sqrt{x}}=0$이므로

$$\lim_{x\to\infty}\frac{\ln(1+x)}{x}=\mathbf{0}$$

11-21. $1+\dfrac{x}{x-1}=t$로 놓으면

$x>1,\ x<\dfrac{1}{2}$일 때 $t=\dfrac{2x-1}{x-1}>0$

이때, 준 부등식은
$$t^n \geq 1+n(t-1)$$
$f(t)=t^n-\{1+n(t-1)\}$로 놓으면
$$f'(t)=nt^{n-1}-n=n(t^{n-1}-1)$$

(i) $n>1$일 때

$f'(t)=0$에서 $t=1\ (\because\ t>0)$

$t>0$에서 증감을 조사하면 $f(t)$는 $t=1$일 때 최소이고 $f(1)=0$이므로
$$f(t)\geq 0$$

(ii) $n=1$일 때 $f(t)=0$

(i), (ii)에 의하여 $t>0$일 때 $f(t)\geq 0$

$$\therefore\ t^n \geq 1+n(t-1)$$
$$\therefore\ \left(1+\frac{x}{x-1}\right)^n \geq 1+\frac{nx}{x-1}$$

(등호는 $x=0$ 또는 $n=1$일 때 성립)

11-22. (1) $\dfrac{y}{x}=t$로 놓으면 $0<x<y$이므로 $t>1$이고

$$\frac{x^2 e^{\frac{y}{x}}}{y^2 e^{\frac{x}{y}}}=\frac{e^t}{t^2 e^{\frac{1}{t}}}=\frac{e^{t-\frac{1}{t}}}{t^2}$$

$f(t)=\ln\dfrac{e^{t-\frac{1}{t}}}{t^2}=t-\dfrac{1}{t}-2\ln t$로 놓으면 $t>1$일 때

$$f'(t)=\left(\frac{t-1}{t}\right)^2>0$$

또, $f(1)=0$이므로 $f(t)>0$

$$\therefore\ \ln\frac{e^{t-\frac{1}{t}}}{t^2}>0 \quad \therefore\ \frac{e^{t-\frac{1}{t}}}{t^2}>1$$
$$\therefore\ \boldsymbol{x^2 e^{\frac{y}{x}}>y^2 e^{\frac{x}{y}}}$$

(2) $(1+x)^y>0,\ (1+y)^x>0$이므로 자연로그를 잡으면
$$y\ln(1+x),\ x\ln(1+y)$$
그런데 $x>0,\ y>0$이므로
$$\frac{\ln(1+x)}{x},\ \frac{\ln(1+y)}{y}$$
의 대소를 비교해도 된다.

$f(t)=\dfrac{\ln(1+t)}{t}\ (t>0)$로 놓으면

$$f'(t)=\frac{\dfrac{1}{1+t}\times t-\ln(1+t)}{t^2}$$

여기에서 $g(t)=\dfrac{t}{1+t}-\ln(1+t)$로 놓으면 $t>0$일 때

$$g'(t) = \frac{1}{(1+t)^2} - \frac{1}{1+t}$$

$$= \frac{-t}{(1+t)^2} < 0$$

또, $g(0)=0$이므로 $g(t)<0$

$$\therefore f'(t)<0$$

따라서 $f(t)$는 감소함수이다.

이때, $x<y$이므로 $f(x)>f(y)$

$$\therefore \frac{\ln(1+x)}{x} > \frac{\ln(1+y)}{y}$$

$$\therefore (1+x)^y > (1+y)^x$$

12-1. 점 P의 시각 t에서의 속도를 v, 가속도를 a라고 하면

$$v = \frac{dx}{dt} = \alpha m \cos mt - \beta m \sin mt,$$

$$a = \frac{dv}{dt} = -\alpha m^2 \sin mt - \beta m^2 \cos mt$$

$$= -m^2(\alpha \sin mt + \beta \cos mt)$$

$$= -m^2 x$$

따라서 $x=3$일 때 $a=-3m^2$

12-2. 두 점 P, Q가 서로 반대 방향으로 움직이면 속도의 부호가 서로 다르므로

$$f'(t)g'(t)<0$$

$$\therefore -2\sin t(1-2\cos t)<0$$

$$\therefore \left(\sin t > 0 \text{이고} \cos t < \frac{1}{2} \right)$$

$$\text{또는} \left(\sin t < 0 \text{이고} \cos t > \frac{1}{2} \right)$$

$0<t<2\pi$이므로

$$\frac{\pi}{3} < t < \pi, \quad \frac{5}{3}\pi < t < 2\pi$$

12-3. $\angle AOP = \theta \,(\mathrm{rad})$이고 t초 후 호 AP의 길이는 $2t$이므로 $10\theta = 2t$

$$\therefore \theta = \frac{1}{5}t \quad \therefore \frac{d\theta}{dt} = \frac{1}{5}$$

점 P의 y좌표는

$$y = \overline{OP}\sin\left(\frac{\pi}{2} - \theta\right)$$

$$= 10\cos\theta$$

양변을 t에 관하여 미분하면

$$\frac{dy}{dt} = -10\sin\theta\,\frac{d\theta}{dt}$$

$$\therefore \left[\frac{dy}{dt}\right]_{\theta=\frac{\pi}{6}} = -10\sin\frac{\pi}{6} \times \frac{1}{5} = -1$$

12-4. (1) t초 후 $\angle POA = \frac{t}{3}$,

$$\angle QOB = \frac{2t}{4} = \frac{t}{2} \text{이므로}$$

$$\angle POQ = \frac{t}{2} - \frac{t}{3} = \frac{t}{6}$$

$$\therefore x = \overline{PQ} \qquad \Leftarrow \text{코사인법칙}$$

$$= \sqrt{3^2 + 4^2 - 2 \times 3 \times 4 \cos\frac{t}{6}}$$

$$= \sqrt{25 - 24\cos\frac{t}{6}} \ (\mathrm{cm})$$

(2) $$\frac{dx}{dt} = \frac{2\sin\dfrac{t}{6}}{\sqrt{25 - 24\cos\dfrac{t}{6}}}$$

이므로 $\angle POQ = \frac{t}{6} = \frac{\pi}{2}$일 때

$$\frac{dx}{dt} = \frac{2}{\sqrt{25}} = \frac{2}{5} \ (\mathrm{cm/s})$$

12-5. 시각 t에서의 직사각형의 가로의 길이를 x, 세로의 길이를 y라고 하자.

이때, 양수 p에 대하여 $\dfrac{dy}{dt} = -p$로 놓으면 $\dfrac{dx}{dt} = 2p$이다.

한편 직사각형의 넓이 S는 $S = xy$이고, 양변을 t에 관하여 미분하면

$$\frac{dS}{dt} = \frac{dx}{dt} \times y + x \times \frac{dy}{dt}$$

따라서 $\dfrac{dS}{dt} = 0$일 때 $0 = 2py - px$

$$\therefore x = 2y \qquad \boxed{\text{답}} \ \text{2배}$$

12-6. $x^2 + 16y^2 = 1$ $\qquad \cdots\cdots$①

의 양변을 t에 관하여 미분하면

$$2x\frac{dx}{dt} + 16 \times 2y\frac{dy}{dt} = 0$$

$$\frac{dx}{dt} = 3 \text{이므로}$$

$$\frac{dy}{dt}=-\frac{3x}{16y}\,(y\neq0)\qquad\cdots\cdots②$$

$x=\dfrac{1}{2}$ 을 ①에 대입하면 $y=\pm\dfrac{\sqrt{3}}{8}$

$y>0$ 이므로 $y=\dfrac{\sqrt{3}}{8}$

②에 대입하면

$$\frac{dy}{dt}=-\frac{3\times\frac{1}{2}}{16\times\frac{\sqrt{3}}{8}}=-\frac{\sqrt{3}}{4}$$

12-7. 점 P의 시각 t에서의 속도는

$$\left(\frac{dx}{dt},\ \frac{dy}{dt}\right)=(e^{t}-e^{-t},\ e^{t}+e^{-t})$$

이므로 속력은

$$\sqrt{(e^{t}-e^{-t})^{2}+(e^{t}+e^{-t})^{2}}$$
$$=\sqrt{2e^{2t}+2e^{-2t}}$$

산술평균과 기하평균의 관계에서

$$2e^{2t}+2e^{-2t}\geq2\sqrt{2e^{2t}\times2e^{-2t}}=4$$
(등호는 $t=0$일 때 성립)

따라서 속력은 $\boldsymbol{t=0}$일 때 최소이고,

최솟값은 $\sqrt{4}=\boldsymbol{2}$

12-8. $\angle\mathrm{AOP}=\theta$ 라고 하면 호 AP의

길이가 θ이므로 $\dfrac{d\theta}{dt}=\dfrac{\pi}{2}$

점 Q의 x좌표를 x라고 하면

$$\frac{dx}{dt}=-1$$

(i) $0<t<1$일 때

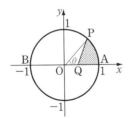

$$\mathrm{S}=\frac{1}{2}\times1^{2}\times\theta-\frac{1}{2}\times1\times x\sin\theta$$
$$=\frac{1}{2}\theta-\frac{1}{2}x\sin\theta$$

(ii) $1\leq t<2$일 때

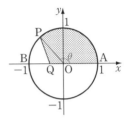

$$\mathrm{S}=\frac{1}{2}\times1^{2}\times\theta+\frac{1}{2}\times1\times(-x)\sin(\pi-\theta)$$
$$=\frac{1}{2}\theta-\frac{1}{2}x\sin\theta$$

(i), (ii)에서 $\mathrm{S}=\dfrac{1}{2}\theta-\dfrac{1}{2}x\sin\theta$

양변을 t에 관하여 미분하면

$$\frac{d\mathrm{S}}{dt}=\frac{1}{2}\times\frac{d\theta}{dt}-\frac{1}{2}\left(\frac{dx}{dt}\sin\theta\right.$$
$$\left.+x\cos\theta\frac{d\theta}{dt}\right)$$

$t=1$일 때 $\theta=\dfrac{\pi}{2}$, $x=0$이므로

$$\left[\frac{d\mathrm{S}}{dt}\right]_{t=1}=\frac{1}{2}\times\frac{\pi}{2}-\frac{1}{2}\{(-1)\times1\}$$
$$=\frac{\boldsymbol{\pi}}{\boldsymbol{4}}+\frac{\boldsymbol{1}}{\boldsymbol{2}}$$

12-9. (1) 시각 t에서의 점 P의 위치는

$$x=kt,\ y=\sin kt$$

따라서 점 P의 속도는

$$\left(\frac{dx}{dt},\ \frac{dy}{dt}\right)=(k,\ k\cos kt)$$

이므로 속력은

$$\sqrt{k^{2}+(k\cos kt)^{2}}=k\sqrt{1+\cos^{2}kt}$$

$0\leq\cos^{2}kt\leq1$이므로 속력의

최댓값 $\sqrt{2}\,\boldsymbol{k}$, **최솟값** $\boldsymbol{k}$

(2) 시각 t에서의 점 Q의 좌표를 $(x,\ 0)$

이라고 하면 점 P의 좌표는 $(x,\ \sin x)$

이고, 점 Q의 속력은 $\left|\dfrac{dx}{dt}\right|$이다.

시각 t에서의 점 P의 속도는

$$\left(\frac{dx}{dt},\ \frac{dy}{dt}\right)=\left(\frac{dx}{dt},\ \cos x\frac{dx}{dt}\right)$$

이므로 속력은

$$\sqrt{\left(\frac{dx}{dt}\right)^2+\left(\cos x\,\frac{dx}{dt}\right)^2}$$

이때, 점 P의 속력은 k이므로

$$k^2=\left(\frac{dx}{dt}\right)^2+\left(\cos x\,\frac{dx}{dt}\right)^2$$

$$\therefore\ \left(\frac{dx}{dt}\right)^2=\frac{k^2}{1+\cos^2 x}$$

$$\therefore\ \left|\frac{dx}{dt}\right|=\frac{k}{\sqrt{1+\cos^2 x}}$$

따라서 $x=\dfrac{\pi}{2}$일 때 최댓값 k

12-10. (1) 시각 t에서의 점 Q의 위치는

$x=kt,$

$y=(\sqrt{3}-1)\sin kt+(\sqrt{3}+1)\cos kt$

따라서 점 Q의 속력은

$$\sqrt{\left(\frac{dx}{dt}\right)^2+\left(\frac{dy}{dt}\right)^2}$$

$$=\sqrt{k^2+k^2\{(\sqrt{3}-1)\cos kt-(\sqrt{3}+1)\sin kt\}^2}$$

$$=k\sqrt{5-2\sqrt{3}\,(\cos^2 kt-\sin^2 kt)-4\sin kt\cos kt}$$

$$=k\sqrt{5-2(\sin 2kt+\sqrt{3}\cos 2kt)}$$

$$=k\sqrt{5-4\sin\left(2kt+\frac{\pi}{3}\right)}$$

(2) (1)에서 점 Q의 속력은

$\sin\left(2kt+\dfrac{\pi}{3}\right)=-1$일 때 최대,

$\sin\left(2kt+\dfrac{\pi}{3}\right)=1$일 때 최소이다.

　따라서 음이 아닌 정수 n에 대하여

$t=\left(n+\dfrac{7}{12}\right)\dfrac{\pi}{k}$일 때 최댓값 $3k$,

$t=\left(n+\dfrac{1}{12}\right)\dfrac{\pi}{k}$일 때 최솟값 k

12-11.

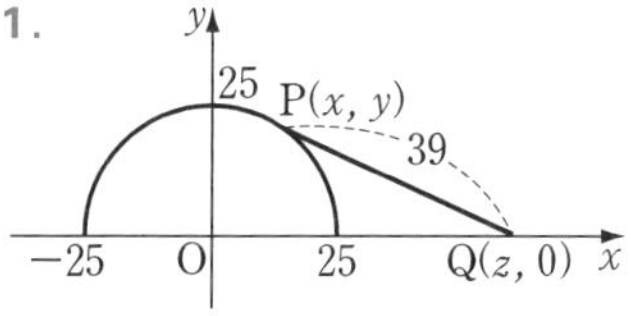

위의 그림과 같이 온실 지붕을 나타내

는 방정식이 $x^2+y^2=25^2\,(y\geq 0)$이 되도록 좌표평면을 잡자. 또, 온실 지붕에 놓인 사다리의 한쪽 끝의 좌표를 P$(x,\,y)$, 지면에 놓인 다른 한쪽 끝의 좌표를 Q$(z,\,0)$이라고 하면

$$x^2+y^2=25^2 \qquad\cdots\cdots①$$
$$(x-z)^2+y^2=39^2 \qquad\cdots\cdots②$$

①, ②에서 y를 소거하면

$$z^2-2xz=39^2-25^2 \qquad\cdots\cdots③$$

양변을 t에 관하여 미분하면

$$2(z-x)\frac{dz}{dt}-2z\frac{dx}{dt}=0 \quad\cdots\cdots④$$

①의 양변을 t에 관하여 미분하면

$$2x\frac{dx}{dt}+2y\frac{dy}{dt}=0 \qquad\cdots\cdots⑤$$

문제의 조건에서 $\dfrac{dz}{dt}=2$

한편 지면에 놓인 사다리의 끝에서 온실까지의 거리가 31 m일 때

$$z=25+31=56$$

③에 대입하면 $x=20$

①에 대입하면 $y=15$

　따라서 ④에서

$$\frac{dx}{dt}=\frac{z-x}{z}\times\frac{dz}{dt}=\frac{9}{7}$$

또, ⑤에서

$$\frac{dy}{dt}=-\frac{x}{y}\times\frac{dx}{dt}=-\frac{12}{7}$$

따라서 구하는 속도는

$$\left(\frac{9}{7}\ \text{m/s},\ -\frac{12}{7}\ \text{m/s}\right)$$

12-12. $\vec{v}=(v_x,\,v_y)$라고 하면

$v_x=f'(t)\cos t-f(t)\sin t,$

$v_y=f'(t)\sin t+f(t)\cos t$

$\overrightarrow{OP}=(x,\,y)$이므로

$$\overrightarrow{OP}\cdot\vec{v}=x\,v_x+y\,v_y$$

$$=f(t)f'(t)(\cos^2 t+\sin^2 t)$$

$$=f(t)f'(t)$$

$$|\overrightarrow{OP}|^2=x^2+y^2=\left\{f(t)\right\}^2$$

$|\vec{v}|^2 = v_x^2 + v_y^2$

$= \{f'(t)\cos t - f(t)\sin t\}^2$

$\qquad + \{f'(t)\sin t + f(t)\cos t\}^2$

$= \{f'(t)\}^2 + \{f(t)\}^2$

따라서

$\tan^2\theta = \sec^2\theta - 1 = \left(\dfrac{1}{\cos\theta}\right)^2 - 1$

$= \left(\dfrac{|\overrightarrow{OP}||\vec{v}|}{\overrightarrow{OP}\cdot\vec{v}}\right)^2 - 1$

에 대입하고 정리하면

$\tan^2\theta = \left\{\dfrac{f(t)}{f'(t)}\right\}^2$

$0 < \theta < \dfrac{\pi}{2}$, $\dfrac{\pi}{2} < \theta < \pi$에서 $\cos\theta$와

$\tan\theta$는 같은 부호, $\cos\theta$는 $f(t)f'(t)$

$(=\overrightarrow{OP}\cdot\vec{v})$와 같은 부호이므로

$$\tan\theta = \dfrac{f(t)}{f'(t)}$$

***Note** 이 문제에서는 기하(벡터)에서
공부하는 벡터의 내적을 이용하였다.

13-1. $f'(x) = x\ln x + e^x + x + 1$

(1) (준 식)$= f'(1) = 1\times\ln 1 + e + 1 + 1$

$\qquad = e + 2$

(2) (준 식)$= \lim\limits_{h\to 0}\left\{\dfrac{f(1+h+h^2)-f(1)}{h}\right.$

$\qquad\qquad \left. - \dfrac{f(1-h)-f(1)}{h}\right\}$

$= \lim\limits_{h\to 0}\left\{\dfrac{f(1+h+h^2)-f(1)}{h+h^2}\times(1+h)\right.$

$\qquad\qquad \left. + \dfrac{f(1-h)-f(1)}{-h}\right\}$

$= f'(1)\times 1 + f'(1) = 2f'(1)$ ⇐ (1)

$= 2(e+2)$

13-2. $f'(x) = 2x + \dfrac{1}{\sqrt{x}}$이므로

$f(x) = \displaystyle\int\left(2x + \dfrac{1}{\sqrt{x}}\right)dx$

$\qquad = x^2 + 2\sqrt{x} + C_1$

$f(1) = 1$이므로 $3 + C_1 = 1$

$\therefore C_1 = -2$

$\therefore f(x) = x^2 + 2\sqrt{x} - 2$

$\therefore \displaystyle\int f(x)dx = \int(x^2 + 2\sqrt{x} - 2)dx$

$\qquad = \dfrac{1}{3}x^3 + \dfrac{4}{3}x\sqrt{x} - 2x + C$

13-3. (1) (준 식)

$= \displaystyle\int\dfrac{3(\sin x)(\sin^2 x - 1) + \cos^3 x - 2}{\cos^2 x}dx$

$= \displaystyle\int(-3\sin x + \cos x - 2\sec^2 x)dx$

$= 3\cos x + \sin x - 2\tan x + C$

(2) $\tan\dfrac{x}{2} + \cot\dfrac{x}{2}$

$= \dfrac{\sin(x/2)}{\cos(x/2)} + \dfrac{\cos(x/2)}{\sin(x/2)}$

$= \dfrac{\sin^2(x/2) + \cos^2(x/2)}{\sin(x/2)\cos(x/2)}$

$= \dfrac{2}{\sin x}$

이므로

(준 식)$= \displaystyle\int\dfrac{\sin x}{2}dx = -\dfrac{1}{2}\cos x + C$

13-4. $f'(x) = 2\sin x + a\cos x$이므로

$f(x) = \displaystyle\int(2\sin x + a\cos x)dx$

$\qquad = -2\cos x + a\sin x + C$

$\lim\limits_{x\to\pi}\dfrac{f(x)}{x-\pi} = 2a - 3$에서 $f(\pi) = 0$이므

로 $2 + C = 0$ $\therefore C = -2$

또,

$\lim\limits_{x\to\pi}\dfrac{f(x)}{x-\pi} = \lim\limits_{x\to\pi}\dfrac{f(x)-f(\pi)}{x-\pi}$

$\qquad = f'(\pi) = -a$

이므로 $-a = 2a - 3$ $\therefore a = 1$

$\therefore f(x) = -2\cos x + \sin x - 2$

13-5. $(x-1)f(x) = \displaystyle\int\dfrac{1}{x}dx = \ln|x| + C$

$\qquad = \ln x + C$

$x = 1$을 대입하면 $0 = C$

$\therefore (x-1)f(x)=\ln x$

$x\neq1$일 때 $f(x)=\dfrac{\ln x}{x-1}$

$x=1$일 때 $f(x)$는 연속이므로

$f(1)=\lim\limits_{x\to1}f(x)=\lim\limits_{x\to1}\dfrac{\ln x}{x-1}$

$=\lim\limits_{x\to1}\dfrac{\ln x-\ln 1}{x-1}$

여기에서 $g(x)=\ln x$로 놓으면

$g'(x)=\dfrac{1}{x}$이므로 $f(1)=g'(1)=1$

$\therefore f(x)=\begin{cases}\dfrac{\ln x}{x-1} & (x>0,\ x\neq1)\\ 1 & (x=1)\end{cases}$

13-**6.** $f(xy)=f(x)+f(y)$ ······①

(1) $x=1,\ y=1$을 ①에 대입하면

$f(1)=2f(1)$ $\therefore f(1)=0$

(2) $f'(x)=\lim\limits_{h\to0}\dfrac{f(x+h)-f(x)}{h}$

①에서 $y=1+\dfrac{h}{x}$로 놓으면

$f(x+h)=f(x)+f\left(1+\dfrac{h}{x}\right)$

$\therefore f'(x)=\lim\limits_{h\to0}\dfrac{f\left(1+\dfrac{h}{x}\right)}{h}$

$=\lim\limits_{h\to0}\dfrac{f\left(1+\dfrac{h}{x}\right)-f(1)}{x\times\dfrac{h}{x}}$

$=\dfrac{f'(1)}{x}=\dfrac{a}{x}$ ······②

(3) ②에서 $f(x)=\int\dfrac{a}{x}dx=a\ln x+C$

$f(1)=0$이므로 $C=0$

$\therefore f(x)=a\ln x$

13-**7.** $f'(x)=\begin{cases}-1 & \left(x<-\dfrac{\pi}{2}\right)\\ 1-\cos x & \left(-\dfrac{\pi}{2}<x<\dfrac{\pi}{2}\right)\\ -1 & \left(x>\dfrac{\pi}{2}\right)\end{cases}$

이므로

$f(x)=\begin{cases}-x+C_1 & \left(x<-\dfrac{\pi}{2}\right)\\ x-\sin x+C_2 & \left(-\dfrac{\pi}{2}<x<\dfrac{\pi}{2}\right)\\ -x+C_3 & \left(x>\dfrac{\pi}{2}\right)\end{cases}$

$f(\pi)=-\pi+C_3=0$이므로 $C_3=\pi$

$f(x)$가 $x=\dfrac{\pi}{2}$에서 연속이므로

$\lim\limits_{x\to\frac{\pi}{2}-}f(x)=\lim\limits_{x\to\frac{\pi}{2}+}f(x)$

$\therefore \dfrac{\pi}{2}-1+C_2=-\dfrac{\pi}{2}+\pi$ $\therefore C_2=1$

또, $x=-\dfrac{\pi}{2}$에서 연속이므로

$\lim\limits_{x\to-\frac{\pi}{2}-}f(x)=\lim\limits_{x\to-\frac{\pi}{2}+}f(x)$

$\therefore \dfrac{\pi}{2}+C_1=-\dfrac{\pi}{2}+1+1$

$\therefore C_1=-\pi+2$

$\therefore f(x)=\begin{cases}-x-\pi+2 & \left(x\leq-\dfrac{\pi}{2}\right)\\ x-\sin x+1 & \left(-\dfrac{\pi}{2}<x\leq\dfrac{\pi}{2}\right)\\ -x+\pi & \left(x>\dfrac{\pi}{2}\right)\end{cases}$

$\therefore f(-\pi)+f(0)+f(2\pi)$

$=(\pi-\pi+2)+(0-0+1)+(-2\pi+\pi)$

$=3-\pi$

13-**8.** $f'(x)=-f(x)+e^{-x}\cos x$ ···①

$g(x)=e^xf(x)$ ······②

(1) ②에서 $g'(x)=e^xf(x)+e^xf'(x)$

①을 대입하면

$g'(x)=e^xf(x)+e^x\{-f(x)+e^{-x}\cos x\}$

$=\cos x$

(2) $g'(x)=\cos x$이므로

$g(x)=\int\cos x\,dx$

$=\sin x+C$ ······③

$f(0)=1$이므로 ②에서

$g(0)=e^0f(0)=1$

따라서 ③에서 $g(0)=C=1$

$\therefore g(x)=\sin x+1$

②에 대입하여 정리하면

$$f(x)=e^{-x}(\sin x+1) \quad \cdots\cdots④$$

(3) ④를 ①에 대입하면

$$f'(x)=-e^{-x}(\sin x-\cos x+1)$$
$$=-e^{-x}\left\{\sqrt{2}\sin\left(x-\frac{\pi}{4}\right)+1\right\}$$

$-\pi\leq x\leq\pi$에서 증감을 조사하면

최댓값 $f(-\pi)=e^{\pi}$,

최솟값 $f\left(-\frac{\pi}{2}\right)=0$

*$Note$ (2) ①에서

$$f'(x)+f(x)=e^{-x}\cos x$$
$$\therefore e^x\{f(x)+f'(x)\}=\cos x$$
$$\therefore \{e^x f(x)\}'=\cos x$$
$$\therefore e^x f(x)=\int\cos x\,dx=\sin x+C$$

$f(0)=1$이므로 $1=C$

$$\therefore f(x)=e^{-x}(\sin x+1)$$

13-9. $f(x)=f(-x)+2x$의 양변을 x에 관하여 미분하면

$$f'(x)=-f'(-x)+2$$

따라서

$$f(x)f'(x)+\{f(x)-2x\}\{-f'(x)+2\}$$
$$=6\cos x+2$$
$$\therefore f(x)+xf'(x)=3\cos x+2x+1$$
$$\cdots\cdots①$$

$\{xf(x)\}'=f(x)+xf'(x)$이므로

$$xf(x)=\int(3\cos x+2x+1)dx$$
$$=3\sin x+x^2+x+C$$

$x=0$을 대입하면 $0=C$

$$\therefore xf(x)=3\sin x+x^2+x$$

①에 $x=0$을 대입하면 $f(0)=4$

$$\therefore f(x)=\begin{cases}\dfrac{3\sin x}{x}+x+1 & (x\neq0)\\[2mm] 4 & (x=0)\end{cases}$$

*$Note$ $\displaystyle\lim_{x\to0}\frac{\sin x}{x}=1$이므로

$$\lim_{x\to0}f(x)=4$$

따라서 함수 $f(x)$는 실수 전체의 집합에서 연속이다.

또,

$$f'(0)=\lim_{h\to0}\frac{f(h)-f(0)}{h}$$
$$=\lim_{h\to0}\frac{\dfrac{3\sin h}{h}+h+1-4}{h}$$
$$=\lim_{h\to0}\left(\frac{3\sin h-3h}{h^2}+1\right)=1$$

⇐ 로피탈의 정리

이므로 함수 $f(x)$는 모든 실수 x에서 미분가능하다.

14-1. (1) $\dfrac{x}{(2x+1)^3}=\dfrac{2x+1-1}{(2x+1)^3}\times\dfrac{1}{2}$
$$=\frac{1}{2}\left\{\frac{1}{(2x+1)^2}-\frac{1}{(2x+1)^3}\right\}$$
$$\therefore (준\ 식)=\frac{1}{2}\int\{(2x+1)^{-2}$$
$$-(2x+1)^{-3}\}dx$$
$$=\frac{1}{2}\left\{-\frac{1}{2}(2x+1)^{-1}\right.$$
$$\left.+\frac{1}{4}(2x+1)^{-2}\right\}+C$$
$$=-\frac{4x+1}{8(2x+1)^2}+C$$

(2) $(준\ 식)=\displaystyle\int\frac{1}{(x-2)(x+2)}dx$
$$=\frac{1}{4}\int\left(\frac{1}{x-2}-\frac{1}{x+2}\right)dx$$
$$=\frac{1}{4}(\ln|x-2|-\ln|x+2|)+C$$
$$=\frac{1}{4}\ln\left|\frac{x-2}{x+2}\right|+C$$

(3) $(준\ 식)=\displaystyle\int\left\{1+\frac{1}{x(x+1)}\right\}dx$
$$=\int\left(1+\frac{1}{x}-\frac{1}{x+1}\right)dx$$
$$=x+\ln|x|-\ln|x+1|+C$$
$$=x+\ln\left|\frac{x}{x+1}\right|+C$$

(4) $\dfrac{1}{x^3(x+1)}=\dfrac{A}{x}+\dfrac{B}{x^2}+\dfrac{C}{x^3}+\dfrac{D}{x+1}$

로 놓고, A, B, C, D의 값을 구하면

A=1, B=−1, C=1, D=−1

$$\therefore \frac{1}{x^3(x+1)}=\frac{1}{x}-\frac{1}{x^2}+\frac{1}{x^3}-\frac{1}{x+1}$$

$$\therefore (준 식)=\ln|x|+\frac{1}{x}-\frac{1}{2x^2}$$
$$-\ln|x+1|+C$$
$$=\frac{2x-1}{2x^2}+\ln\left|\frac{x}{x+1}\right|+C$$

(5) $1-x^2=t$ 라고 하면

$$-2x\,dx=dt \quad \therefore \ x\,dx=-\frac{1}{2}dt$$

$$\therefore (준 식)=\int\frac{1}{\sqrt{t}}\left(-\frac{1}{2}dt\right)$$
$$=-\frac{1}{2}\int t^{-\frac{1}{2}}dt$$
$$=-\frac{1}{2}\times 2t^{\frac{1}{2}}+C$$
$$=-\sqrt{1-x^2}+C$$

(6) $(준 식)=\int\dfrac{1}{2\cos^2\dfrac{x}{2}}dx$

$$=\int\frac{1}{2}\sec^2\frac{x}{2}dx$$
$$=\tan\frac{x}{2}+C$$

(7) $x^2=t$ 라고 하면

$$2x\,dx=dt \quad \therefore \ x\,dx=\frac{1}{2}dt$$

$$\therefore (준 식)=\int\sin t\times\frac{1}{2}dt$$
$$=-\frac{1}{2}\cos t+C$$
$$=-\frac{1}{2}\cos x^2+C$$

(8) $\sin x=t$ 라고 하면 $\cos x\,dx=dt$

$$\therefore (준 식)=\int\frac{1}{t^2}dt=-\frac{1}{t}+C$$
$$=-\frac{1}{\sin x}+C$$
$$=-\csc x+C$$

*Note $\displaystyle\int\frac{\cos x}{\sin^2 x}dx=\int\csc x\cot x\,dx$

$$=-\csc x+C$$

(9) $\sin x=t$ 라고 하면 $\cos x\,dx=dt$

$$\therefore (준 식)=\int\sqrt{t}\,dt=\frac{2}{3}t\sqrt{t}+C$$
$$=\frac{2}{3}\sin x\sqrt{\sin x}+C$$

(10) $(준 식)=\int(1-\cos^2 x)\sin x\,dx$

$\cos x=t$ 라고 하면

$$-\sin x\,dx=dt \quad \therefore \ \sin x\,dx=-dt$$

$$\therefore (준 식)=\int(1-t^2)(-dt)$$
$$=\frac{1}{3}t^3-t+C$$
$$=\frac{1}{3}\cos^3 x-\cos x+C$$

(11) $x^3=t$ 라고 하면

$$3x^2\,dx=dt \quad \therefore \ x^2\,dx=\frac{1}{3}dt$$

$$\therefore (준 식)=\int e^t\times\frac{1}{3}dt=\frac{1}{3}e^t+C$$
$$=\frac{1}{3}e^{x^3}+C$$

(12) $e^x=t$ 라고 하면 $e^x\,dx=dt$

$$\therefore \ dx=\frac{1}{e^x}dt=\frac{1}{t}dt$$

$$\therefore (준 식)=\int\frac{t-1}{t+1}\times\frac{1}{t}dt$$
$$=\int\left(\frac{2}{t+1}-\frac{1}{t}\right)dt$$
$$=2\ln|t+1|-\ln|t|+C$$
$$=2\ln(e^x+1)-x+C$$

(13) $e^{2x}+1=t$ 라고 하면

$$2e^{2x}\,dx=dt \quad \therefore \ e^{2x}\,dx=\frac{1}{2}dt$$

$$\therefore (준 식)=\int\left(1-\frac{e^{2x}}{e^{2x}+1}\right)dx$$
$$=x-\int\frac{1}{t}\times\frac{1}{2}dt$$
$$=x-\frac{1}{2}\ln|t|+C$$
$$=x-\frac{1}{2}\ln(e^{2x}+1)+C$$

*Note $e^{2x}=t$ 로 치환하여 (12)와 같은 방법으로 풀어도 된다.

(14) $e^x=t$ 라고 하면 $e^x dx=dt$

$$\therefore dx=\frac{1}{e^x}dt=\frac{1}{t}dt$$

$\therefore$ (준 식)$=\displaystyle\int \frac{1}{t^2+t}\times\frac{1}{t}\,dt$

$\displaystyle=\int \frac{1}{(t+1)t^2}dt$

$\displaystyle=\int\left(\frac{1}{t+1}-\frac{1}{t}+\frac{1}{t^2}\right)dt$

$\displaystyle=\ln|t+1|-\ln|t|-\frac{1}{t}+C$

$=\ln(e^x+1)-\ln e^x-e^{-x}+C$

$\boldsymbol{=\ln(1+e^{-x})-e^{-x}+C}$

(15) $\ln(e^x+1)=t$ 라고 하면

$$\frac{e^x}{e^x+1}dx=dt$$

$\therefore$ (준 식)$=\displaystyle\int t\,dt=\frac{1}{2}t^2+C$

$\displaystyle=\boldsymbol{\frac{1}{2}\{\ln(e^x+1)\}^2+C}$

(16) $e^x+3=t$ 라고 하면 $e^x dx=dt$

$\therefore$ (준 식)$=\displaystyle\int \frac{t-2}{t^2}dt$

$\displaystyle=\int\left(\frac{1}{t}-\frac{2}{t^2}\right)dt$

$\displaystyle=\ln|t|+\frac{2}{t}+C$

$\displaystyle=\boldsymbol{\ln(e^x+3)+\frac{2}{e^x+3}+C}$

(17) $\ln x=t$ 라고 하면 $\dfrac{1}{x}dx=dt$

$\therefore$ (준 식)$=\displaystyle\int t\,dt=\frac{1}{2}t^2+C$

$=\boldsymbol{\dfrac{1}{2}(\ln x)^2+C}$

(18) $\ln x+1=t$ 라고 하면 $\dfrac{1}{x}dx=dt$

$\therefore$ (준 식)$=\displaystyle\int \frac{t-1}{t^2}dt$

$\displaystyle=\int\left(\frac{1}{t}-\frac{1}{t^2}\right)dt$

$\displaystyle=\ln|t|+\frac{1}{t}+C$

$\displaystyle=\boldsymbol{\ln|\ln x+1|+\frac{1}{\ln x+1}+C}$

14-2. $f'(x)=\sin 2x-\cos x$

$=2\sin x\cos x-\cos x$

$=(\cos x)(2\sin x-1)$

$f'(x)=0$에서

$\cos x=0$ 또는 $\sin x=\dfrac{1}{2}$

$0<x<2\pi$이므로 $x=\dfrac{\pi}{6},\ \dfrac{\pi}{2},\ \dfrac{5}{6}\pi,\ \dfrac{3}{2}\pi$

$f(x)$의 증감을 조사하면

$x=\dfrac{\pi}{6},\ \dfrac{5}{6}\pi$에서 극소이고,

$x=\dfrac{\pi}{2},\ \dfrac{3}{2}\pi$에서 극대이다.

또, $f(x)=\displaystyle\int f'(x)dx$

$=\displaystyle\int (\sin 2x-\cos x)dx$

$=-\dfrac{1}{2}\cos 2x-\sin x+C$

$f(x)$의 극솟값은 모두 0이므로

$f\left(\dfrac{\pi}{6}\right)=-\dfrac{1}{2}\times\dfrac{1}{2}-\dfrac{1}{2}+C=0,$

$f\left(\dfrac{5}{6}\pi\right)=-\dfrac{1}{2}\times\dfrac{1}{2}-\dfrac{1}{2}+C=0$

$\therefore C=\dfrac{3}{4}$

$\therefore f(x)=-\dfrac{1}{2}\cos 2x-\sin x+\dfrac{3}{4}$

따라서 극댓값은

$f\left(\dfrac{\pi}{2}\right)=\dfrac{1}{4},\ f\left(\dfrac{3}{2}\pi\right)=\dfrac{9}{4}$

14-3. 조건 (가)에서

$f'(x)+g'(x)=2\{f(x)+g(x)\}$

$f(x)+g(x)>0$이므로

$\dfrac{f'(x)+g'(x)}{f(x)+g(x)}=2$

$\therefore \displaystyle\int\frac{f'(x)+g'(x)}{f(x)+g(x)}dx=\int 2\,dx$

$\therefore \ln\{f(x)+g(x)\}=2x+C$

$x=0$을 대입하면

$\ln\{f(0)+g(0)\}=C \quad \therefore C=1$

$\therefore \boldsymbol{f(x)+g(x)=e^{2x+1}}$

14-4. $f'(x)=(x+1)\ln x$이므로

$$f(x)=\int f'(x)dx=\int(x+1)\ln x\,dx$$

$u'=x+1,\ v=\ln x$라고 하면

$u=\dfrac{1}{2}(x+1)^2,\ v'=\dfrac{1}{x}$이므로

$$f(x)=\dfrac{1}{2}(x+1)^2\ln x$$
$$-\int\dfrac{1}{2}(x+1)^2\times\dfrac{1}{x}\,dx$$
$$=\dfrac{1}{2}(x+1)^2\ln x$$
$$-\int\Big(\dfrac{1}{2}x+1+\dfrac{1}{2x}\Big)dx$$
$$=\dfrac{1}{2}(x+1)^2\ln x$$
$$-\dfrac{1}{4}x^2-x-\dfrac{1}{2}\ln x+C$$

곡선 $y=f(x)$가 점 $(1,0)$을 지나므로

$$f(1)=-\dfrac{1}{4}-1+C=0\quad\therefore\ C=\dfrac{5}{4}$$

$$\therefore\ f(x)=\dfrac{1}{2}(x+1)^2\ln x-\dfrac{1}{4}x^2$$
$$-x-\dfrac{1}{2}\ln x+\dfrac{5}{4}$$
$$=\dfrac{1}{2}(x^2+2x)\ln x$$
$$-\dfrac{1}{4}x^2-x+\dfrac{5}{4}$$

14-5. $x\neq0$일 때, 조건식의 양변을 x^2으로 나누면

$$\dfrac{xf'(x)-f(x)}{x^2}=(x^2+2)e^{x-1}$$

이때, $\dfrac{xf'(x)-f(x)}{x^2}=\Big\{\dfrac{f(x)}{x}\Big\}'$이므로

$$\Big\{\dfrac{f(x)}{x}\Big\}'=(x^2+2)e^{x-1}$$

$$\therefore\ \dfrac{f(x)}{x}=\int(x^2+2)e^{x-1}dx$$

$u'=e^{x-1},\ v=x^2+2$라고 하면

$u=e^{x-1},\ v'=2x$이므로

$$\dfrac{f(x)}{x}=(x^2+2)e^{x-1}-\int 2xe^{x-1}dx$$

$$=(x^2+2)e^{x-1}-2\int xe^{x-1}dx$$
$$\Leftarrow u'=e^{x-1},\ v=x$$
$$=(x^2+2)e^{x-1}-2\Big(xe^{x-1}-\int e^{x-1}dx\Big)$$
$$=(x^2+2)e^{x-1}-2xe^{x-1}+2e^{x-1}+C$$

곧, $\dfrac{f(x)}{x}=(x^2-2x+4)e^{x-1}+C$

$x=1$을 대입하면

$$f(1)=3+C=3\quad\therefore\ C=0$$
$$\therefore\ f(x)=x(x^2-2x+4)e^{x-1}\quad\cdots①$$
$$\therefore\ \boldsymbol{f(3)=21e^2}$$

***Note** 조건식에 $x=0$을 대입하면

$$f(0)=0$$

이것은 ①을 만족시키므로 모든 실수 x에 대하여

$$f(x)=x(x^2-2x+4)e^{x-1}$$

14-6. (1) $x^4=(x-1)^4+4(x-1)^3$
$$+6(x-1)^2+4(x-1)+1$$

$$\therefore\ \dfrac{x^4}{(x-1)^3}=(x-1)+4+\dfrac{6}{x-1}$$
$$+\dfrac{4}{(x-1)^2}+\dfrac{1}{(x-1)^3}$$

$$\therefore\ (준\ 식)=\int\Big\{x+3+\dfrac{6}{x-1}$$
$$+\dfrac{4}{(x-1)^2}+\dfrac{1}{(x-1)^3}\Big\}dx$$
$$=\dfrac{1}{2}x^2+3x+6\ln|x-1|$$
$$-\dfrac{4}{x-1}-\dfrac{1}{2(x-1)^2}+C$$

***Note** $x-1=t$로 치환하여 풀 수도 있다.

(2) $\dfrac{x^2}{(x^2-a^2)(x^2-b^2)}$
$$=\dfrac{1}{a^2-b^2}\Big(\dfrac{a^2}{x^2-a^2}-\dfrac{b^2}{x^2-b^2}\Big)$$
$$=\dfrac{1}{a^2-b^2}\Big\{\dfrac{a}{2}\Big(\dfrac{1}{x-a}-\dfrac{1}{x+a}\Big)$$
$$-\dfrac{b}{2}\Big(\dfrac{1}{x-b}-\dfrac{1}{x+b}\Big)\Big\}$$

$\therefore$ (준 식)$=\dfrac{1}{2(a^2-b^2)}\Big(a\ln\Big|\dfrac{x-a}{x+a}\Big|$

$\qquad\qquad -b\ln\Big|\dfrac{x-b}{x+b}\Big|\Big)+$C

(3) $\sqrt{x^2+a}=t$ 라고 하면

$\qquad x^2+a=t^2,\quad x\,dx=t\,dt$

$\therefore$ (준 식)$=\displaystyle\int x^2\sqrt{x^2+a}\times x\,dx$

$\qquad\quad =\displaystyle\int(t^2-a)t\times t\,dt$

$\qquad\quad =\dfrac{1}{5}t^5-\dfrac{a}{3}t^3+$C

$\qquad\quad =\dfrac{1}{15}(3x^2-2a)(x^2+a)$

$\qquad\qquad\qquad \times\sqrt{x^2+a}+$C

(4) $\sqrt[4]{x}=t$ 라고 하면

$\qquad \sqrt{x}=t^2,\quad x=t^4,\quad dx=4t^3dt$

$\therefore$ (준 식)$=\displaystyle\int\dfrac{t^2}{t^3+1}\times 4t^3dt$

$\qquad\quad =4\displaystyle\int\dfrac{t^5}{t^3+1}dt$

$\qquad\quad =4\displaystyle\int\Big(t^2-\dfrac{t^2}{t^3+1}\Big)dt$

$\qquad\quad =4\Big(\dfrac{1}{3}t^3-\dfrac{1}{3}\ln|t^3+1|\Big)+$C

$\qquad\quad =\dfrac{4}{3}\sqrt[4]{x^3}-\dfrac{4}{3}\ln\big(\sqrt[4]{x^3}+1\big)+$C

(5) $\sqrt{1+\sqrt{x}}=t$ 라고 하면

$\qquad 1+\sqrt{x}=t^2\quad\therefore\ x=(t^2-1)^2$

$\qquad\therefore\ dx=4t(t^2-1)dt$

$\therefore$ (준 식)$=\displaystyle\int t\times 4t(t^2-1)dt$

$\qquad\quad =\dfrac{4}{5}t^5-\dfrac{4}{3}t^3+$C

$\qquad\quad =\dfrac{4}{5}(1+\sqrt{x}\,)^2\sqrt{1+\sqrt{x}}$

$\qquad\qquad -\dfrac{4}{3}(1+\sqrt{x}\,)\sqrt{1+\sqrt{x}}+$C

(6) $x+\sqrt{x^2+3}=t$ 라고 하면

$\qquad \sqrt{x^2+3}=t-x$

$\qquad\therefore\ x^2+3=t^2-2xt+x^2$

$\therefore\ x=\dfrac{t^2-3}{2t}$

$\therefore\ dx=\dfrac{2t\times 2t-(t^2-3)\times 2}{4t^2}dt$

$\qquad\ =\dfrac{t^2+3}{2t^2}dt$

$\therefore$ (준 식)$=\displaystyle\int\sqrt{t}\times\dfrac{t^2+3}{2t^2}dt$

$\qquad\quad =\displaystyle\int\Big(\dfrac{1}{2}t^{\frac{1}{2}}+\dfrac{3}{2}t^{-\frac{3}{2}}\Big)dt$

$\qquad\quad =\dfrac{1}{3}t^{\frac{3}{2}}-3t^{-\frac{1}{2}}+$C

$\qquad\quad =\dfrac{1}{3\sqrt{t}}(t^2-9)+$C

$\qquad\quad =\dfrac{2\big(x^2-3+x\sqrt{x^2+3}\,\big)}{3\sqrt{x+\sqrt{x^2+3}}}+$C

14-7. (1) (준 식)$=\displaystyle\int\dfrac{1}{2\sin\frac{x}{2}\cos\frac{x}{2}}dx$

$\qquad\quad =\displaystyle\int\dfrac{\frac{1}{2}\sec^2\frac{x}{2}}{\tan\frac{x}{2}}dx$

$\qquad\quad =\ln\Big|\tan\dfrac{x}{2}\Big|+$C

$*Note$ $\displaystyle\int\dfrac{1}{\sin x}dx=\displaystyle\int\csc x\,dx$

$\qquad\quad =\displaystyle\int\dfrac{\csc x\,(\csc x+\cot x)}{\csc x+\cot x}dx$

$\qquad\quad =\displaystyle\int\dfrac{-(\csc x+\cot x)'}{\csc x+\cot x}dx$

$\qquad\quad =-\ln|\csc x+\cot x|+$C

이때, 반각의 공식을 이용하면 두
결과가 같음을 확인할 수 있다.

(2) $\dfrac{1}{1+\tan x}=\dfrac{\cos x}{\cos x+\sin x}$

$\qquad\quad =\dfrac{\cos^2x+\cos x\sin x}{(\cos x+\sin x)^2}$

$\qquad\quad =\dfrac{\frac{1}{2}(1+\cos 2x)+\frac{1}{2}\sin 2x}{1+\sin 2x}$

$\qquad\quad =\dfrac{1}{2}+\dfrac{1}{2}\times\dfrac{\cos 2x}{1+\sin 2x}$

$\therefore$ (준 식)$=\int \dfrac{1}{2}dx$

$\qquad\qquad +\dfrac{1}{2}\int \dfrac{\cos 2x}{1+\sin 2x}dx$

$\quad =\dfrac{1}{2}x+\dfrac{1}{4}\ln|1+\sin 2x|+C$

$\quad =\dfrac{1}{2}x+\dfrac{1}{2}\ln|\cos x+\sin x|+C$

(3) (준 식)$=\int \dfrac{1}{(\sin x)(2\cos x-1)}dx$

$\qquad =\int \dfrac{\sin x}{(1-\cos^2 x)(2\cos x-1)}dx$

$\cos x=t$ 라고 하면

$-\sin x\,dx=dt$　$\therefore$ $\sin x\,dx=-dt$

$\therefore$ (준 식)$=\int \dfrac{1}{(1-t^2)(2t-1)}(-dt)$

$\qquad =\int\Big(\dfrac{1}{2}\times\dfrac{1}{t-1}+\dfrac{1}{6}\times\dfrac{1}{t+1}$

$\qquad\qquad\qquad -\dfrac{4}{3}\times\dfrac{1}{2t-1}\Big)dt$

$\qquad =\dfrac{1}{2}\ln|t-1|+\dfrac{1}{6}\ln|t+1|$

$\qquad\qquad\qquad -\dfrac{2}{3}\ln|2t-1|+C$

$\qquad =\dfrac{1}{6}\ln\dfrac{(1-\cos x)^3(1+\cos x)}{(2\cos x-1)^4}+C$

(4) $\tan x=t$ 라고 하면　$\sec^2 x\,dx=dt$

$\therefore$ $dx=\dfrac{1}{\sec^2 x}dt=\dfrac{1}{1+t^2}dt$

$\cos^2 x=\dfrac{1}{\sec^2 x}=\dfrac{1}{1+t^2}$ 이므로

(준 식)$=\int \dfrac{1}{1-\dfrac{3}{1+t^2}}\times\dfrac{1}{1+t^2}dt$

$\quad =\int \dfrac{1}{t^2-2}dt$

$\quad =\dfrac{1}{2\sqrt{2}}\int\Big(\dfrac{1}{t-\sqrt{2}}-\dfrac{1}{t+\sqrt{2}}\Big)dt$

$\quad =\dfrac{1}{2\sqrt{2}}\big(\ln|t-\sqrt{2}|-\ln|t+\sqrt{2}|\big)+C$

$\quad =\dfrac{1}{2\sqrt{2}}\ln\left|\dfrac{\tan x-\sqrt{2}}{\tan x+\sqrt{2}}\right|+C$

(5) $\dfrac{\sin x}{1+\sin x}=\dfrac{(\sin x)(1-\sin x)}{(1+\sin x)(1-\sin x)}$

$\qquad\qquad =\dfrac{\sin x-\sin^2 x}{\cos^2 x}$

$\qquad\qquad =\dfrac{\sin x}{\cos^2 x}-\tan^2 x\ \ \cdots\cdots$①

$\cos x=t$ 라고 하면

$-\sin x\,dx=dt$　$\therefore$ $\sin x\,dx=-dt$

$\therefore$ $\int \dfrac{\sin x}{\cos^2 x}dx=\int \dfrac{1}{t^2}(-dt)$

$\qquad\qquad =-\int t^{-2}dt=\dfrac{1}{t}+C_1$

$\qquad\qquad =\dfrac{1}{\cos x}+C_1$

$\qquad\qquad =\sec x+C_1$

$\tan^2 x=\sec^2 x-1$ 이므로

$\int\tan^2 x\,dx=\int(\sec^2 x-1)dx$

$\qquad\qquad =\tan x-x+C_2$

$\therefore$ (준 식)$=\sec x-\tan x+x+C$

***Note**　①에서

$\qquad \dfrac{\sin x}{1+\sin x}=\sec x\tan x-\tan^2 x$

$\qquad \therefore$ (준 식)$=\int\sec x\tan x\,dx$

$\qquad\qquad\qquad -\int\tan^2 x\,dx$

$\qquad\qquad =\sec x-\int(\sec^2 x-1)dx$

$\qquad\qquad =\sec x-\tan x+x+C$

14-8. $\tan\dfrac{x}{2}=t$ 라고 하면

$\qquad \dfrac{1}{2}\sec^2 \dfrac{x}{2}dx=dt$

$\qquad \therefore$ $dx=\dfrac{2}{\sec^2 \dfrac{x}{2}}dt=\dfrac{2}{1+t^2}dt$

(1) $\cos x=2\cos^2 \dfrac{x}{2}-1$

$\qquad =\dfrac{2}{\sec^2 \dfrac{x}{2}}-1=\dfrac{2}{1+t^2}-1$

$\qquad =\dfrac{1-t^2}{1+t^2}$

$\therefore$ (준 식)

$$= \int \frac{1}{3+5\times\dfrac{1-t^2}{1+t^2}} \times \frac{2}{1+t^2}\,dt$$

$$= \int \frac{1}{4-t^2}\,dt = \int \frac{1}{(2-t)(2+t)}\,dt$$

$$= \frac{1}{4}\int\left(\frac{1}{2-t}+\frac{1}{2+t}\right)dt$$

$$= \frac{1}{4}\left(-\ln|2-t|+\ln|2+t|\right)+C$$

$$= \frac{1}{4}\ln\left|\frac{2+\tan\dfrac{x}{2}}{2-\tan\dfrac{x}{2}}\right|+C$$

(2) $\cos x = \dfrac{1-t^2}{1+t^2}$ 이고 $\Leftarrow$ (1)

$$\tan x = \frac{2\tan\dfrac{x}{2}}{1-\tan^2\dfrac{x}{2}} = \frac{2t}{1-t^2}$$

이므로

$$\sin x = \cos x\tan x$$

$$= \frac{1-t^2}{1+t^2}\times\frac{2t}{1-t^2} = \frac{2t}{1+t^2}$$

$\therefore$ (준 식)

$$= \int \frac{1}{4\times\dfrac{2t}{1+t^2}+3\times\dfrac{1-t^2}{1+t^2}} \times \frac{2}{1+t^2}\,dt$$

$$= \int \frac{2}{-3t^2+8t+3}\,dt$$

$$= \int \frac{2}{(3t+1)(-t+3)}\,dt$$

$$\frac{2}{(3t+1)(-t+3)} = \frac{a}{3t+1} + \frac{b}{-t+3}$$

로 놓고 a, b의 값을 구하면

$$a = \frac{3}{5}, \quad b = \frac{1}{5}$$

$$\therefore \text{(준 식)} = \int\left(\frac{\dfrac{3}{5}}{3t+1} + \frac{\dfrac{1}{5}}{-t+3}\right)dt$$

$$= \frac{1}{5}\left(\ln|3t+1|-\ln|3-t|\right)+C$$

$$= \frac{1}{5}\ln\left|\frac{1+3t}{3-t}\right|+C$$

$$= \frac{1}{5}\ln\left|\frac{1+3\tan\dfrac{x}{2}}{3-\tan\dfrac{x}{2}}\right|+C$$

14-9. 조건 ㈎에서 $x>0$일 때

$$f(x) = \int\cos^2 x\,dx = \int\frac{1+\cos 2x}{2}\,dx$$

$$= \frac{x}{2} + \frac{\sin 2x}{4} + C_1$$

조건 ㈏에서 $f(\pi) = \dfrac{\pi}{2}+C_1 = 1$

$$\therefore C_1 = 1 - \frac{\pi}{2}$$

따라서 $x>0$일 때

$$f(x) = \frac{x}{2} + \frac{\sin 2x}{4} + 1 - \frac{\pi}{2} \cdots\text{①}$$

조건 ㈎에서 $x<0$일 때

$$f(x) = \int k\sin x\,dx = -k\cos x + C_2$$

조건 ㈏에서 $f(-\pi) = k+C_2 = 1$

$$\therefore C_2 = 1-k$$

따라서 $x<0$일 때

$$f(x) = -k\cos x + 1 - k \quad\cdots\cdots\text{②}$$

①에서 $\displaystyle\lim_{x\to 0+}f(x) = 1-\frac{\pi}{2}$,

②에서 $\displaystyle\lim_{x\to 0-}f(x) = 1-2k$

조건 ㈏에서

$$1-\frac{\pi}{2} = 1-2k \quad \therefore k = \frac{\pi}{4}$$

14-10. 조건 ㈐에서

$$\int\left\{\frac{f'(x)}{f(x)} + \frac{f'(x)}{1-f(x)}\right\}dx = \int 2\,dx$$

$$\therefore \ln|f(x)| - \ln|1-f(x)| = 2x+C$$

$0<f(x)<1$이므로

$$\ln f(x) - \ln\{1-f(x)\} = 2x+C$$

$$\therefore \ln\frac{f(x)}{1-f(x)} = 2x+C$$

$x=0$을 대입하면 $\ln\dfrac{f(0)}{1-f(0)} = C$

$f(0) = \dfrac{1}{2}$이므로 $C=0$

$$\therefore \ \frac{f(x)}{1-f(x)}=e^{2x} \quad \therefore \ f(x)=\frac{e^{2x}}{1+e^{2x}}$$

$$\therefore \ f'(x)=\frac{2e^{2x}}{(1+e^{2x})^2}>0$$

$$\therefore \ f''(x)=\frac{4e^{2x}(1-e^{2x})}{(1+e^{2x})^3}$$

$f''(x)=0$에서　$x=0$

또, $\displaystyle\lim_{x\to-\infty}f(x)=0,\ \lim_{x\to\infty}f(x)=1$

따라서 함수의 증감과 곡선의 오목·볼록을 조사하여 $y=f(x)$의 그래프를 그리면 아래와 같다.

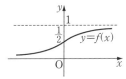

14-11. (1) $u'=\cot^2 x,\ v=x$라고 하면

$$u=\int\cot^2 x\,dx=\int(\csc^2 x-1)dx$$
$$=-\cot x-x,$$
$$v'=1$$

이므로

$$(준\ 식)=(-\cot x-x)x$$
$$-\int(-\cot x-x)dx$$
$$=-x\cot x-x^2$$
$$+\int\frac{\cos x}{\sin x}dx+\int x\,dx$$
$$=-\frac{1}{2}x^2-x\cot x$$
$$+\ln|\sin x|+C$$

(2) $u'=\dfrac{1}{\sqrt{x-1}},\ v=\ln(x-1)$이라고 하면

$$u=\int\frac{1}{\sqrt{x-1}}dx=\int(x-1)^{-\frac{1}{2}}dx$$
$$=2\sqrt{x-1},$$
$$v'=\frac{1}{x-1}$$

이므로

$$(준\ 식)=2\sqrt{x-1}\,\ln(x-1)$$
$$-\int 2\sqrt{x-1}\times\frac{1}{x-1}dx$$
$$=2\sqrt{x-1}\,\ln(x-1)$$
$$-2\int\frac{1}{\sqrt{x-1}}dx$$
$$=2\sqrt{x-1}\,\ln(x-1)$$
$$-4\sqrt{x-1}+C$$

(3) $\mathrm{I}=\displaystyle\int\sin^4 x\cos^2 x\,dx$ 라고 하면

$$\mathrm{I}=\int(\sin^4 x\cos x)\cos x\,dx$$

$u'=\sin^4 x\cos x,\ v=\cos x$라고 하면

$u=\dfrac{1}{5}\sin^5 x,\ v'=-\sin x$이므로

$$\mathrm{I}=\frac{1}{5}\sin^5 x\cos x+\frac{1}{5}\int\sin^6 x\,dx$$

여기에서

$$\sin^6 x=\sin^4 x\sin^2 x$$
$$=(\sin^4 x)(1-\cos^2 x)$$

이므로

$$\mathrm{I}=\frac{1}{5}\sin^5 x\cos x+\frac{1}{5}\int\sin^4 x\,dx-\frac{1}{5}\mathrm{I}$$

$$\therefore \ \mathrm{I}=\frac{1}{6}\sin^5 x\cos x+\frac{1}{6}\int\sin^4 x\,dx$$
$$\cdots\cdots\textcircled{1}$$

한편

$$\int\sin^4 x\,dx=\int(\sin^2 x)^2 dx$$
$$=\int\left(\frac{1-\cos 2x}{2}\right)^2 dx$$
$$=\frac{1}{4}\int(1-2\cos 2x+\cos^2 2x)dx$$
$$=\frac{1}{4}\int\left(1-2\cos 2x+\frac{1+\cos 4x}{2}\right)dx$$
$$=\frac{1}{4}\left(x-\sin 2x+\frac{x}{2}+\frac{\sin 4x}{8}\right)+C$$
$$=\frac{1}{4}\left(\frac{3}{2}x-\sin 2x+\frac{\sin 4x}{8}\right)+C$$

①에 대입하면

$$\mathrm{I}=\frac{1}{6}\sin^5 x\cos x$$
$$+\frac{1}{24}\left(\frac{3}{2}x-\sin 2x+\frac{\sin 4x}{8}\right)+C$$

14-12. $f(x)+g(x)$
$=\int(x^2+2x+2)e^x dx$
$=(x^2+2x+2)e^x-\int(2x+2)e^x dx$
$=(x^2+2x+2)e^x-(2x+2)e^x+2e^x+C$
$=(x^2+2)e^x+C$
　$x=0$을 대입하면
　　$f(0)+g(0)=2+C$
　$f(0)=g(0)=1$이므로　$C=0$
　　$\therefore f(x)+g(x)=(x^2+2)e^x$ …①
　같은 방법으로 하면
　$f(x)g(x)=(x^3+1)e^{2x}$
　　　　$=(x+1)(x^2-x+1)e^{2x}$ …②
　①, ②에서
$\begin{cases} f(x)=(x+1)e^x \\ g(x)=(x^2-x+1)e^x \end{cases}$
　　또는　$\begin{cases} f(x)=(x^2-x+1)e^x \\ g(x)=(x+1)e^x \end{cases}$
　이 중에서 $f'(0)=2$인 경우는
　　$\boldsymbol{f(x)=(x+1)e^x,}$
　　$\boldsymbol{g(x)=(x^2-x+1)e^x}$

14-13. (1) $g(x)=f(x)\cos x-f'(x)\sin x$
　　　　　　　$\cdots\cdots$①
　에서
　$g'(x)=f'(x)\cos x-f(x)\sin x$
　　　　$-f''(x)\sin x-f'(x)\cos x$
　　　$=-\{f(x)+f''(x)\}\sin x \Leftarrow$ ㈎
　　　$=-x\sin x$
　$\therefore g(x)=\int(-x\sin x)dx$
　　　　$=x\cos x-\int\cos x dx$
　　　　$=x\cos x-\sin x+C_1$
　①과 조건 ㈏에서
　　$g(0)=f(0)=a$　$\therefore C_1=a$
　$\therefore \boldsymbol{g(x)=x\cos x-\sin x+a}$
　$h(x)=f(x)\sin x+f'(x)\cos x$
　　　　　　　$\cdots\cdots$②
　에서

$h'(x)=f'(x)\sin x+f(x)\cos x$
　　　$+f''(x)\cos x-f'(x)\sin x$
　　$=\{f(x)+f''(x)\}\cos x \Leftarrow$ ㈎
　　$=x\cos x$
$\therefore h(x)=\int x\cos x dx$
　　$=x\sin x-\int\sin x dx$
　　$=x\sin x+\cos x+C_2$
②와 조건 ㈏에서
　$h(0)=f'(0)=b$　$\therefore C_2=b-1$
$\therefore \boldsymbol{h(x)=x\sin x+\cos x+b-1}$
(2) ①$\times\cos x+$②$\times\sin x$하면
　$f(x)=g(x)\cos x+h(x)\sin x$
여기에 (1)의 $g(x)$, $h(x)$를 대입하고
정리하면
　$\boldsymbol{f(x)=x+a\cos x+(b-1)\sin x}$

14-14. (1) $\int\tan^n x\,dx$
　$=\int\tan^{n-2}x\tan^2 x\,dx$
　$=\int(\tan^{n-2}x)(\sec^2 x-1)dx$
　$=\int(\tan^{n-2}x\sec^2 x-\tan^{n-2}x)dx$
　$=\int\tan^{n-2}x\sec^2 x\,dx-\int\tan^{n-2}x\,dx$
　$=\dfrac{\tan^{n-1}x}{n-1}-\int\tan^{n-2}x\,dx$
(2) $I_n=\int\sin^n x\,dx$라고 하면
　　$I_n=\int\sin x\sin^{n-1}x\,dx$
　$u'=\sin x,\ v=\sin^{n-1}x$라고 하면
　　$u=-\cos x,$
　　$v'=(n-1)\sin^{n-2}x\cos x$
　이므로
　$I_n=-\cos x\sin^{n-1}x$
　　　$+\int(n-1)\sin^{n-2}x\cos^2 x\,dx$
　　$=-\cos x\sin^{n-1}x$
　　　$+(n-1)\int(\sin^{n-2}x)(1-\sin^2 x)dx$

$$=-\cos x \sin^{n-1}x$$
$$+(n-1)\int \sin^{n-2}x\,dx$$
$$-(n-1)\int \sin^{n}x\,dx$$
$$=-\cos x \sin^{n-1}x$$
$$+(n-1)I_{n-2}-(n-1)I_{n}$$
$$\therefore\ I_n=-\frac{\sin^{n-1}x\cos x}{n}+\frac{n-1}{n}I_{n-2}$$
$$\therefore\ \int\sin^{n}x\,dx=-\frac{\sin^{n-1}x\cos x}{n}$$
$$+\frac{n-1}{n}\int\sin^{n-2}x\,dx$$

15-1. (1) (준 식)$=\int_0^1\left(x+5+\dfrac{4}{x+1}\right)dx$
$$=\left[\frac{1}{2}x^2+5x+4\ln|x+1|\right]_0^1$$
$$=\frac{11}{2}+4\ln 2$$

(2) $x+1=t$ 라고 하면 $dx=dt$ 이고
$x=0$일 때 $t=1$, $x=1$일 때 $t=2$
$$\therefore\ (준\ 식)=\int_1^2\frac{t-1}{t^2}dt$$
$$=\int_1^2\left(\frac{1}{t}-\frac{1}{t^2}\right)dt$$
$$=\left[\ln|t|+\frac{1}{t}\right]_1^2$$
$$=\ln 2-\frac{1}{2}$$

(3) $\sqrt{2x+1}=t$ 라고 하면 $2x+1=t^2$
$x=\dfrac{t^2-1}{2}$, $dx=t\,dt$ 이고
$x=1$일 때 $t=\sqrt 3$, $x=2$일 때 $t=\sqrt 5$
$$\therefore\ (준\ 식)=\int_{\sqrt3}^{\sqrt5}\frac{t^2-1}{2t}\times t\,dt$$
$$=\left[\frac{1}{6}t^3-\frac{1}{2}t\right]_{\sqrt3}^{\sqrt5}=\frac{\sqrt5}{3}$$

(4) (준 식)$=\int_0^\pi\left|\sqrt2\sin\left(x+\frac{\pi}{4}\right)\right|dx$
$$=\sqrt2\left\{\int_0^{\frac{3}{4}\pi}\sin\left(x+\frac{\pi}{4}\right)dx\right.$$
$$\left.-\int_{\frac{3}{4}\pi}^{\pi}\sin\left(x+\frac{\pi}{4}\right)dx\right\}$$

$$=\sqrt2\left\{\left[-\cos\left(x+\frac{\pi}{4}\right)\right]_0^{\frac{3}{4}\pi}\right.$$
$$\left.-\left[-\cos\left(x+\frac{\pi}{4}\right)\right]_{\frac{3}{4}\pi}^{\pi}\right\}$$
$$=2\sqrt2$$

Note (준 식)
$$=\int_0^{\frac{3}{4}\pi}(\sin x+\cos x)dx$$
$$+\int_{\frac{3}{4}\pi}^{\pi}(-\sin x-\cos x)dx$$
$$=\left[-\cos x+\sin x\right]_0^{\frac{3}{4}\pi}$$
$$+\left[\cos x-\sin x\right]_{\frac{3}{4}\pi}^{\pi}$$
$$=2\sqrt2$$

(5) (준 식)$=2\int_0^\pi(\cos 3x+1)dx$
$$=2\left[\frac{1}{3}\sin 3x+x\right]_0^\pi=2\pi$$

(6) (준 식)$=\int_0^{\frac{\pi}{2}}\dfrac{1-\cos 6x}{2}dx$
$$=\left[\frac{1}{2}x-\frac{1}{12}\sin 6x\right]_0^{\frac{\pi}{2}}=\frac{\pi}{4}$$

(7) (준 식)$=\dfrac{1}{2}\int_0^{\frac{\pi}{2}}\dfrac{2\sin x\cos x}{1+\sin^2 x}dx$
$$=\frac{1}{2}\left[\ln(1+\sin^2 x)\right]_0^{\frac{\pi}{2}}$$
$$=\frac{1}{2}\ln 2$$

(8) (준 식)$=\int_{-1}^0(-3^x+2^x)dx$
$$+\int_0^1(3^x-2^x)dx$$
$$=\left[-\frac{3^x}{\ln 3}+\frac{2^x}{\ln 2}\right]_{-1}^0$$
$$+\left[\frac{3^x}{\ln 3}-\frac{2^x}{\ln 2}\right]_0^1$$
$$=\frac{4}{3\ln 3}-\frac{1}{2\ln 2}$$

(9) (준 식)$=\int_0^1(e^{2x}+2+e^{-2x})dx$
$$=\left[\frac{1}{2}e^{2x}+2x-\frac{1}{2}e^{-2x}\right]_0^1$$

$$=\frac{1}{2}e^2+2-\frac{1}{2}e^{-2}$$

(10) (준 식)$=\int_0^1\left(\frac{2e^x}{e^x+1}-1\right)dx$

$$=\Big[2\ln(e^x+1)-x\Big]_0^1$$

$$=2\ln(e+1)-2\ln2-1$$

(11) $1+\ln x=t$ 라고 하면 $\frac{1}{x}dx=dt$ 이고

$x=1$일 때 $t=1$, $x=e$일 때 $t=2$

$\therefore$ (준 식)$=\int_1^2\frac{1}{t^2}dt=\Big[-\frac{1}{t}\Big]_1^2=\frac{1}{2}$

(12) (준 식)$=\int_0^{\frac{\pi}{2}}\frac{(1-\sin^2x)\cos x}{1+\sin x}dx$

$$=\int_0^{\frac{\pi}{2}}(1-\sin x)\cos x\,dx$$

$1-\sin x=t$ 라고 하면

$-\cos x\,dx=dt$, 곧 $\cos x\,dx=-dt$

이고

$x=0$일 때 $t=1$, $x=\frac{\pi}{2}$일 때 $t=0$

$\therefore$ (준 식)$=\int_1^0 t(-dt)=\int_0^1 t\,dt$

$$=\Big[\frac{1}{2}t^2\Big]_0^1=\frac{1}{2}$$

15-2. (1) (준 식)$=\frac{1}{2}\int_0^{\pi}x\sin 2x\,dx$

$$=\frac{1}{2}\Big\{\Big[-\frac{1}{2}x\cos 2x\Big]_0^{\pi}$$

$$-\int_0^{\pi}\Big(-\frac{1}{2}\cos 2x\Big)dx\Big\}$$

$$=\frac{1}{2}\Big(-\frac{\pi}{2}+\Big[\frac{1}{4}\sin 2x\Big]_0^{\pi}\Big)=-\frac{\pi}{4}$$

(2) $\sqrt{x}=t$ 라고 하면

$x=t^2$, $dx=2t\,dt$ 이고

$x=1$일 때 $t=1$, $x=4$일 때 $t=2$

$\therefore$ (준 식)$=\int_1^2 e^t\times 2t\,dt$

$$=2\Big(\Big[te^t\Big]_1^2-\int_1^2 e^t dt\Big)$$

$$=2\Big(2e^2-e-\Big[e^t\Big]_1^2\Big)=2e^2$$

(3) $x^4=t$ 라고 하면

$4x^3dx=dt$, 곧 $x^3dx=\frac{1}{4}dt$ 이고

$x=0$일 때 $t=0$, $x=\sqrt{2}$일 때 $t=4$

$\therefore$ (준 식)$=\int_0^4 te^t\times\frac{1}{4}dt$

$$=\frac{1}{4}\Big(\Big[te^t\Big]_0^4-\int_0^4 e^t dt\Big)$$

$$=\frac{1}{4}\Big(4e^4-\Big[e^t\Big]_0^4\Big)$$

$$=\frac{1}{4}(3e^4+1)$$

(4) $x^2=t$ 라고 하면

$2x\,dx=dt$, 곧 $x\,dx=\frac{1}{2}dt$ 이고

$x=0$일 때 $t=0$, $x=\sqrt{\pi}$일 때 $t=\pi$

$\therefore$ (준 식)$=\int_0^{\pi}t\cos t\times\frac{1}{2}dt$

$$=\frac{1}{2}\Big(\Big[t\sin t\Big]_0^{\pi}-\int_0^{\pi}\sin t\,dt\Big)$$

$$=\frac{1}{2}\Big(0-\Big[-\cos t\Big]_0^{\pi}\Big)=-1$$

(5) (준 식)$=\int_{-1}^0(-xe^x)dx+\int_0^1 xe^x dx$

$$=-\int_{-1}^0 xe^x dx+\int_0^1 xe^x dx$$

$$=-\Big[xe^x\Big]_{-1}^0+\int_{-1}^0 e^x dx$$

$$+\Big[xe^x\Big]_0^1-\int_0^1 e^x dx$$

$$=-e^{-1}+(1-e^{-1})+e-(e-1)$$

$$=2(1-e^{-1})$$

(6) (준 식)$=\int_{\frac{1}{e}}^1(-\ln x)dx+\int_1^e\ln x\,dx$

$$=\Big[-x\ln x+x\Big]_{\frac{1}{e}}^1+\Big[x\ln x-x\Big]_1^e$$

$$=2\Big(1-\frac{1}{e}\Big)$$

15-3. $\int e^t\{f(t)+f'(t)\}dt$

$$=\int\{e^tf(t)+e^tf'(t)\}dt$$

$$=\int\{e^tf(t)\}'dt=e^tf(t)+C$$

따라서 주어진 식은

$$\left[e^t f(t)\right]_0^x = f(x)f'(x) - 2$$

$$\therefore\ e^x f(x) - f(0) = f(x)f'(x) - 2$$

$f(0)=2$, $f(x)>0$이므로

$$f'(x)=e^x \quad \therefore\ f(x)=e^x+C_1$$

$f(0)=2$이므로　$1+C_1=2$

$$\therefore\ C_1=1 \quad \therefore\ \boldsymbol{f(x)=e^x+1}$$

15-4. $\displaystyle\int_0^1\left\{e^t f(t)-t^2\right\}dt=a$라고 하면

$$2e^x f(x)=x^3+x+a \quad \cdots\cdots ①$$

$$\therefore\ a=\int_0^1\left\{e^t f(t)-t^2\right\}dt$$

$$=\int_0^1\left\{\left(\frac{1}{2}t^3+\frac{1}{2}t+\frac{1}{2}a\right)-t^2\right\}dt$$

$$=\left[\frac{1}{8}t^4+\frac{1}{4}t^2+\frac{1}{2}at-\frac{1}{3}t^3\right]_0^1$$

$$=\frac{1}{2}a+\frac{1}{24} \quad \therefore\ a=\frac{1}{12}$$

①에 대입하고 정리하면

$$\boldsymbol{f(x)=\frac{1}{2}e^{-x}\!\left(x^3+x+\frac{1}{12}\right)}$$

15-5. 정수 k에 대하여

$f(k+t)=f(k)(0<t\le 1)$이면 $f(x)$는 구간 $[k,\ k+1]$에서 상수함수이다.

또, 정수 k에 대하여

$f(k+t)=2^t\times f(k)(0<t\le 1)$이면 구간 $[k,\ k+1]$에서 $f(x)=2^{x-k}\times f(k)$이므로 $f(x)$는 구간 $[k,\ k+1]$에서 밑이 2인 지수함수이다.

한편 구간 $(0,\ 6)$에서 $f(x)$가 미분 가능하지 않은 점의 개수가 3이어야 하므로 $\displaystyle\int_0^6 f(x)dx$ 의 값이 최대인 경우 $y=f(x)$의 그래프는 오른쪽과 같다.

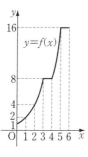

$$\therefore\ f(x)=\begin{cases} 2^x & (0\le x\le 3) \\ 8 & (3\le x\le 4) \\ 2^{x-1} & (4\le x\le 5) \\ 16 & (5\le x\le 6) \end{cases}$$

따라서 구하는 최댓값은

$$\int_0^3 2^x dx+\int_3^4 8\,dx+\int_4^5 2^{x-1}dx+\int_5^6 16\,dx$$

$$=\left[\frac{2^x}{\ln 2}\right]_0^3+8+\left[\frac{2^{x-1}}{\ln 2}\right]_4^5+16$$

$$=24+\frac{7}{\ln 2}+\frac{8}{\ln 2}=\boldsymbol{24+\frac{15}{\ln 2}}$$

15-6. $x-1=t$라고 하면 $dx=dt$이고 $x=0$일 때 $t=-1$, $x=1$일 때 $t=0$이므로

$$(좌변)=\int_{-1}^0 (t+1-a)t^7 dt$$

$$=\int_{-1}^0\left\{t^8+(1-a)t^7\right\}dt$$

$$=\left[\frac{1}{9}t^9+(1-a)\times\frac{1}{8}t^8\right]_{-1}^0$$

$$=\frac{1}{8}a-\frac{1}{72}$$

따라서 주어진 등식에서

$$\frac{1}{8}a-\frac{1}{72}=0 \quad \therefore\ \boldsymbol{a=\frac{1}{9}}$$

15-7. $2x+1=t$라고 하면

$2\,dx=dt$, 곧 $dx=\frac{1}{2}dt$이고

$x=0$일 때 $t=1$, $x=1$일 때 $t=3$이므로

$$\int_0^1 f(2x+1)dx=\int_1^3 f(t)\times\frac{1}{2}dt$$

$$=\frac{1}{2}\int_1^2 (2t-1)dt+\frac{1}{2}\int_2^3 3\,dt$$

$$=\frac{1}{2}\left[t^2-t\right]_1^2+\frac{1}{2}\left[3t\right]_2^3=\frac{5}{2}$$

***Note** $y=f(x)$의 그래프와 직선 $x=1$, $x=3$ 및 x축으로 둘러싸인 도형의 넓이에서

$$\frac{1}{2}\int_1^3 f(t)dt=\frac{1}{2}\times(6-1)=\frac{5}{2}$$

15-8. $1-\sin x=t$라고 하면

$-\cos x\,dx=dt$, 곧 $\cos x\,dx=-dt$이

고 $x=0$일 때 $t=1$, $x=\dfrac{\pi}{2}$일 때 $t=0$

이므로

$$a_n=\int_1^0(1-t)t^n(-dt)$$

$$=\int_0^1(t^n-t^{n+1})dt=\left[\frac{t^{n+1}}{n+1}-\frac{t^{n+2}}{n+2}\right]_0^1$$

$$=\frac{1}{n+1}-\frac{1}{n+2}$$

$$\therefore\ \sum_{n=1}^{\infty}a_n=\sum_{n=1}^{\infty}\left(\frac{1}{n+1}-\frac{1}{n+2}\right)$$

$$=\lim_{n\to\infty}\left(\frac{1}{2}-\frac{1}{n+2}\right)=\frac{1}{2}$$

15-9. $f(1-x)=1-f(x)$ ……①

(1) ①의 양변을 x에 관하여 미분하면

$$-f'(1-x)=-f'(x)$$

$x=0$을 대입하면

$$-f'(1)=-f'(0)\quad\therefore\ f'(0)=f'(1)$$

(2) ①에서

$$\int_0^1f(1-x)dx=\int_0^1\{1-f(x)\}dx$$

그런데 $1-x=t$라고 하면

$-dx=dt$, 곧 $dx=-dt$이고 $x=0$일

때 $t=1$, $x=1$일 때 $t=0$이므로

$$\int_0^1f(1-x)dx=\int_1^0f(t)(-dt)$$

$$=\int_0^1f(t)dt$$

또,

$$\int_0^1\{1-f(x)\}dx=1-\int_0^1f(x)dx$$

이므로

$$\int_0^1f(t)dt=1-\int_0^1f(x)dx$$

$$\therefore\ \int_0^1f(x)dx=\frac{1}{2}$$

15-10. $\displaystyle\int_0^1f'(x)g(x)dx$

$$=\left[f(x)g(x)\right]_0^1-\int_0^1f(x)g'(x)dx$$

이므로

$$\int_0^1\frac{x^2}{(1+x^3)^2}dx=f(1)g(1)-f(0)g(0)-\frac{1}{6}$$

$1+x^3=t$라고 하면

$3x^2\,dx=dt$, 곧 $x^2\,dx=\dfrac{1}{3}dt$이고 $x=0$

일 때 $t=1$, $x=1$일 때 $t=2$이므로

$$\int_0^1\frac{x^2}{(1+x^3)^2}dx=\int_1^2\frac{1}{t^2}\times\frac{1}{3}dt$$

$$=\left[-\frac{1}{3t}\right]_1^2=\frac{1}{6}$$

또, $g(1)=1$, $g(0)=0$이므로

$$\frac{1}{6}=f(1)-\frac{1}{6}\quad\therefore\ \boldsymbol{f(1)=\frac{1}{3}}$$

15-11. 주어진 조건에서 $f(x)$는 주기가

2인 주기함수이므로 함수 $y=f(x)$의 그

래프는 아래와 같다.

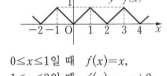

$0\le x\le1$일 때 $f(x)=x$,

$1\le x\le2$일 때 $f(x)=-x+2$

$\therefore$ (준 식)$=\displaystyle\int_0^1e^{-x}x\,dx$

$$+\int_1^2e^{-x}(-x+2)dx$$

$$=\left[-xe^{-x}-e^{-x}\right]_0^1$$

$$+\left[xe^{-x}+e^{-x}-2e^{-x}\right]_1^2$$

$$=(1-e^{-1})^2$$

15-12. (1) $\displaystyle\int_{-\pi}^{\pi}f(t)dt=a$ ……①

이라고 하면 $f'(x)=\sin x+a$

$\therefore\ f(x)=\displaystyle\int f'(x)dx=\int(\sin x+a)dx$

$$=-\cos x+ax+C$$

$f(0)=0$이므로

$$-1+C=0\quad\therefore\ C=1$$

$$\therefore\ f(x)=-\cos x+ax+1$$

①에 대입하면

$$a=\int_{-\pi}^{\pi}(-\cos t+at+1)dt$$

$$=2\int_{0}^{\pi}(-\cos t+1)dt$$

$$=2\Big[-\sin t+t\Big]_{0}^{\pi}=2\pi$$

$$\therefore\ f(x)=-\cos x+2\pi x+1$$

(2) $\int_{0}^{f(0)}e^{t}f(t)dt=a$ ......②

라고 하면

$$f(x)=x+a\quad\therefore\ f(0)=a$$

②에 대입하면

$$a=\int_{0}^{a}e^{t}(t+a)dt$$

$$=\Big[e^{t}(t+a)\Big]_{0}^{a}-\int_{0}^{a}e^{t}dt$$

$$\therefore\ a=2ae^{a}-e^{a}-a+1$$

$$\therefore\ (e^{a}-1)(2a-1)=0$$

$$\therefore\ a=0,\ \frac{1}{2}$$

$$\therefore\ f(x)=x,\ f(x)=x+\frac{1}{2}$$

15-13. $x>0$이므로 $f''(x)=\dfrac{1}{x}$에서

$$f'(x)=\ln x+C_1$$

$$\therefore\ f(x)=\int(\ln x+C_1)dx$$

$$=x\ln x-x+C_1 x+C_2$$

$f(1)=0$이므로 $-1+C_1+C_2=0$

$$\therefore\ C_1=1-C_2$$

$$\therefore\ f(x)=x\ln x-C_2 x+C_2 \cdots①$$

$$\therefore\ \int_{1}^{e}f(x)dx=\int_{1}^{e}(x\ln x-C_2 x+C_2)dx$$

$$=\Big[\frac{x^2}{2}\ln x-\frac{x^2}{4}-\frac{1}{2}C_2 x^2+C_2 x\Big]_{1}^{e}$$

$$=\frac{1}{4}(e^2+1)-\frac{1}{2}C_2(e-1)^2$$

$\int_{1}^{e}f(x)dx=\dfrac{1}{4}(e^2+1)$이므로

$$-\frac{1}{2}C_2(e-1)^2=0\quad\therefore\ C_2=0$$

①에 대입하면　$f(x)=x\ln x$

15-14. (1) $x=\tan\theta\left(-\dfrac{\pi}{2}<\theta<\dfrac{\pi}{2}\right)$

라고 하면 $dx=\sec^2\theta\,d\theta$이고

$x=0$일 때 $\theta=0$, $x=1$일 때 $\theta=\dfrac{\pi}{4}$

이므로

$$(준 식)=\int_{0}^{\frac{\pi}{4}}\frac{1}{(1+\tan^2\theta)^2}\times\sec^2\theta\,d\theta$$

$$=\int_{0}^{\frac{\pi}{4}}\frac{1}{\sec^4\theta}\times\sec^2\theta\,d\theta$$

$$=\int_{0}^{\frac{\pi}{4}}\cos^2\theta\,d\theta$$

$$=\int_{0}^{\frac{\pi}{4}}\frac{1+\cos 2\theta}{2}d\theta$$

$$=\Big[\frac{1}{2}\theta+\frac{1}{4}\sin 2\theta\Big]_{0}^{\frac{\pi}{4}}$$

$$=\frac{\pi}{8}+\frac{1}{4}$$

(2) $\dfrac{2x^2+x+3}{x^3+x^2+x+1}=\dfrac{2x^2+x+3}{(x+1)(x^2+1)}$

$$=\frac{A}{x+1}+\frac{Bx+C}{x^2+1}$$

라고 하면

$$2x^2+x+3=(A+B)x^2+(B+C)x+A+C$$

$$\therefore\ A+B=2,\ B+C=1,\ A+C=3$$

$$\therefore\ A=2,\ B=0,\ C=1$$

$$\therefore\ (준 식)=\int_{0}^{1}\left(\frac{2}{x+1}+\frac{1}{x^2+1}\right)dx$$

$$=\int_{0}^{1}\frac{2}{x+1}dx+\int_{0}^{1}\frac{1}{x^2+1}dx$$

$$=\Big[2\ln|x+1|\Big]_{0}^{1}+\frac{\pi}{4}$$

⇦ 필수 예제 **15**-6의 (2)

$$=2\ln 2+\frac{\pi}{4}$$

(3) $(준 식)=\int_{-5}^{0}\frac{-x}{\sqrt{4-x}}dx+\int_{0}^{3}\frac{x}{\sqrt{4-x}}dx$

$\sqrt{4-x}=t$라고 하면

$$x=4-t^2,\ dx=-2t\,dt$$

$$\therefore\ \int\frac{x}{\sqrt{4-x}}dx=\int\frac{4-t^2}{t}(-2t\,dt)$$

$$=\int(2t^2-8)dt=\frac{2}{3}t^3-8t+C$$

$$=-\frac{2}{3}(x+8)\sqrt{4-x}+C$$

$$\therefore (준\ 식)=\left[\frac{2}{3}(x+8)\sqrt{4-x}\right]_{-5}^0$$

$$+\left[-\frac{2}{3}(x+8)\sqrt{4-x}\right]_0^3$$

$$=8$$

(4) $a\sin x+b\cos x=\sqrt{a^2+b^2}\sin(x+\alpha)$

$$\left(\cos\alpha=\frac{a}{\sqrt{a^2+b^2}},\ \sin\alpha=\frac{b}{\sqrt{a^2+b^2}}\right)$$

이므로

$$(준\ 식)=\sqrt{a^2+b^2}\int_0^{2\pi}|\sin(x+\alpha)|\,dx$$

$$=\sqrt{a^2+b^2}\int_\alpha^{2\pi+\alpha}|\sin x|\,dx$$

$$=\sqrt{a^2+b^2}\int_0^{2\pi}|\sin x|\,dx$$

$$=\sqrt{a^2+b^2}\left\{\int_0^\pi\sin x\,dx\right.$$

$$\left.+\int_\pi^{2\pi}(-\sin x)dx\right\}$$

$$=\sqrt{a^2+b^2}\left(\left[-\cos x\right]_0^\pi\right.$$

$$\left.+\left[\cos x\right]_\pi^{2\pi}\right)$$

$$=4\sqrt{a^2+b^2}$$

(5) $(준\ 식)=\int_0^\pi x\sqrt{2\cos^2x}\,dx$

$$=\sqrt{2}\int_0^\pi x|\cos x|\,dx$$

$$=\sqrt{2}\left\{\int_0^{\frac{\pi}{2}}x\cos x\,dx\right.$$

$$\left.+\int_{\frac{\pi}{2}}^\pi(-x\cos x)dx\right\}$$

$$=\sqrt{2}\left(\left[x\sin x\right]_0^{\frac{\pi}{2}}-\int_0^{\frac{\pi}{2}}\sin x\,dx\right.$$

$$-\left[x\sin x\right]_{\frac{\pi}{2}}^\pi+\int_{\frac{\pi}{2}}^\pi\sin x\,dx\Big)$$

$$=\sqrt{2}\left(\frac{\pi}{2}-\left[-\cos x\right]_0^{\frac{\pi}{2}}\right.$$

$$\left.+\frac{\pi}{2}+\left[-\cos x\right]_{\frac{\pi}{2}}^\pi\right)$$

$$=\sqrt{2}\,\pi$$

(6) $u'=\sin x\cos^2x,\ v=x$ 라고 하면

$$u=\int\sin x\cos^2x\,dx$$

$$=-\int(-\sin x)\cos^2x\,dx$$

$$=-\frac{1}{3}\cos^3x,$$

$$v'=1$$

이므로

$$(준\ 식)=\left[-x\times\frac{1}{3}\cos^3x\right]_0^\pi$$

$$+\frac{1}{3}\int_0^\pi\cos^3x\,dx$$

$$=\frac{\pi}{3}+\frac{1}{3}\int_0^\pi(1-\sin^2x)\cos x\,dx$$

$$=\frac{\pi}{3}+\frac{1}{3}\left[\sin x-\frac{1}{3}\sin^3x\right]_0^\pi$$

$$=\frac{\pi}{3}$$

(7) $u'=x^2,\ v=\ln(1-x)$ 라고 하면

$$u=\frac{1}{3}x^3,\ v'=\frac{-1}{1-x}$$ 이므로

$$(준\ 식)=\left[\frac{1}{3}x^3\ln(1-x)\right]_0^{\frac{1}{2}}$$

$$-\int_0^{\frac{1}{2}}\frac{1}{3}x^3\times\frac{-1}{1-x}dx$$

$$=\frac{1}{24}\ln\frac{1}{2}$$

$$-\frac{1}{3}\int_0^{\frac{1}{2}}\left(x^2+x+1+\frac{1}{x-1}\right)dx$$

$$=-\frac{1}{24}\ln 2$$

$$-\frac{1}{3}\left[\frac{1}{3}x^3+\frac{1}{2}x^2+x+\ln|x-1|\right]_0^{\frac{1}{2}}$$

$$=\frac{7}{24}\ln 2-\frac{2}{9}$$

(8) $u'=e^x,\ v=(1+x)\ln x$ 라고 하면

$$u=e^x,\ v'=\ln x+\frac{1+x}{x}$$ 이므로

$$(준\ 식)=\left[e^x(1+x)\ln x\right]_1^e$$

$$-\int_1^e e^x\left(\ln x+\frac{1+x}{x}\right)dx$$

$$=e^e(1+e)-\int_1^e e^x \ln x\,dx$$
$$-\int_1^e e^x\Big(\frac{1}{x}+1\Big)dx$$
$$=e^e(1+e)-\Big(\Big[e^x\ln x\Big]_1^e$$
$$-\int_1^e e^x\times\frac{1}{x}dx\Big)$$
$$-\Big(\int_1^e e^x\times\frac{1}{x}dx+\int_1^e e^x dx\Big)$$
$$=e^e+e^{e+1}-e^e-\Big[e^x\Big]_1^e$$
$$=\boldsymbol{e^{e+1}-e^e+e}$$

15-15. (1) $\cos(\alpha+\beta)=\cos\alpha\cos\beta$
$$-\sin\alpha\sin\beta \ \cdots ①$$
$$\cos(\alpha-\beta)=\cos\alpha\cos\beta$$
$$+\sin\alpha\sin\beta \ \cdots ②$$
(②−①)÷2하면
$$\sin\alpha\sin\beta=\frac{1}{2}\{\cos(\alpha-\beta)-\cos(\alpha+\beta)\}$$

*__Note__ 이와 같이 삼각함수의 곱을 합 또는 차로 변형하는 공식은 p.71에 정리되어 있다. 좀 더 자세히 공부하고 싶으면 p.71을 참고하여라.

(2) (1)의 결과에 의하여
$$I=\int_0^{2\pi}\frac{1}{2}\{\cos(m-n)t$$
$$-\cos(m+n)t\}dt$$
따라서
$m\neq n$일 때
$$I=\frac{1}{2}\Big[\frac{1}{m-n}\sin(m-n)t$$
$$-\frac{1}{m+n}\sin(m+n)t\Big]_0^{2\pi}$$
$$=\boldsymbol{0}$$
$m=n$일 때
$$I=\int_0^{2\pi}\frac{1}{2}(1-\cos 2mt)dt$$
$$=\frac{1}{2}\Big[t-\frac{1}{2m}\sin 2mt\Big]_0^{2\pi}=\boldsymbol{\pi}$$

15-16. (1) $x=\frac{\pi}{2}-t$ 라고 하면

$dx=-dt$이고 $x=0$일 때 $t=\frac{\pi}{2}$,
$x=\frac{\pi}{2}$일 때 $t=0$이므로
$$\int_0^{\frac{\pi}{2}}f(\sin x)dx$$
$$=\int_{\frac{\pi}{2}}^0 f\Big(\sin\Big(\frac{\pi}{2}-t\Big)\Big)(-dt)$$
$$=\int_0^{\frac{\pi}{2}}f(\cos t)dt$$
$$=\int_0^{\frac{\pi}{2}}f(\cos x)dx$$

(2) $I=\int_0^{\frac{\pi}{2}}\frac{\cos x}{\sin x+\cos x}dx$ 라고 하자.
$x=\frac{\pi}{2}-t$ 라고 하면 $dx=-dt$이고
$x=0$일 때 $t=\frac{\pi}{2}$, $x=\frac{\pi}{2}$일 때 $t=0$이므로
$$I=\int_{\frac{\pi}{2}}^0\frac{\cos\Big(\frac{\pi}{2}-t\Big)}{\sin\Big(\frac{\pi}{2}-t\Big)+\cos\Big(\frac{\pi}{2}-t\Big)}(-dt)$$
$$=\int_0^{\frac{\pi}{2}}\frac{\sin t}{\cos t+\sin t}dt$$
$$\therefore\ 2I=\int_0^{\frac{\pi}{2}}\frac{\cos x}{\sin x+\cos x}dx$$
$$+\int_0^{\frac{\pi}{2}}\frac{\sin x}{\sin x+\cos x}dx$$
$$=\int_0^{\frac{\pi}{2}}1\,dx=\frac{\pi}{2}$$
$$\therefore\ I=\boldsymbol{\frac{\pi}{4}}$$

15-17. (1) $I=\int_0^{\frac{\pi}{4}}\ln(1+\tan x)dx$ 라고 하자.
$x=\frac{\pi}{4}-t$ 라고 하면 $dx=-dt$이고
$x=0$일 때 $t=\frac{\pi}{4}$, $x=\frac{\pi}{4}$일 때 $t=0$이므로
$$I=\int_{\frac{\pi}{4}}^0\ln\Big\{1+\tan\Big(\frac{\pi}{4}-t\Big)\Big\}(-dt)$$
$$=\int_0^{\frac{\pi}{4}}\ln\Big(1+\frac{1-\tan t}{1+\tan t}\Big)dt$$

$$=\int_0^{\frac{\pi}{4}}\ln\frac{2}{1+\tan t}dt$$

$$=\int_0^{\frac{\pi}{4}}\{\ln 2-\ln(1+\tan t)\}dt$$

$$=\frac{\pi}{4}\ln 2-\mathrm{I}$$

$$\therefore 2\mathrm{I}=\frac{\pi}{4}\ln 2 \quad \therefore \mathrm{I}=\frac{\pi}{8}\ln 2$$

(2) $x=\tan\theta\left(-\frac{\pi}{2}<\theta<\frac{\pi}{2}\right)$라고 하면

$$dx=\sec^2\theta\,d\theta=(1+\tan^2\theta)d\theta$$

$$=(1+x^2)d\theta$$

곧, $\dfrac{1}{1+x^2}dx=d\theta$이고 $x=0$일 때

$\theta=0$, $x=1$일 때 $\theta=\dfrac{\pi}{4}$이므로

$$\int_0^1\frac{\ln(1+x)}{1+x^2}dx=\int_0^{\frac{\pi}{4}}\ln(1+\tan\theta)d\theta$$

$$=\frac{\pi}{8}\ln 2 \qquad \Leftarrow (1)$$

15-18. 세 점 $(0,0)$, $(x,f(x))$,

$(x+1,f(x+1))$을 꼭짓점으로 하는 삼

각형의 넓이는

$$\frac{1}{2}\left|xf(x+1)-(x+1)f(x)\right|$$

$\Leftarrow$ 실력 수학(하) 유제 **17**-16

이므로 조건 (나)에 의하여

$$\frac{1}{2}\left|xf(x+1)-(x+1)f(x)\right|=\frac{x+1}{x}$$

양변을 $x(x+1)$로 나누면

$$\frac{1}{2}\left|\frac{f(x+1)}{x+1}-\frac{f(x)}{x}\right|=\frac{1}{x^2}\quad\cdots①$$

이때, $f(x)$는 양의 실수 전체의 집합에

서 감소하므로

$$\frac{f(x)}{x}>\frac{f(x+1)}{x}>\frac{f(x+1)}{x+1}$$

따라서 ①에서

$$\frac{f(x+1)}{x+1}-\frac{f(x)}{x}=-\frac{2}{x^2}$$

$\dfrac{f(x)}{x}=g(x)$로 놓으면

$$g(x+1)=g(x)-\frac{2}{x^2}\qquad\cdots②$$

한편 2 이상의 자연수 n에 대하여

$\displaystyle\int_n^{n+1}g(x)dx$에서 $x=t+1$이라고 하면

$dx=dt$이고 $x=n$일 때 $t=n-1$,

$x=n+1$일 때 $t=n$이므로

$$\int_n^{n+1}g(x)dx=\int_{n-1}^n g(t+1)dt$$

$$=\int_{n-1}^n g(x+1)dx \quad \Leftarrow ②$$

$$=\int_{n-1}^n\left\{g(x)-\frac{2}{x^2}\right\}dx$$

$$=\int_{n-1}^n g(x)dx-\int_{n-1}^n\frac{2}{x^2}dx$$

$$\therefore \int_4^5\frac{f(x)}{x}dx=\int_4^5 g(x)dx$$

$$=\int_3^4 g(x)dx-\int_3^4\frac{2}{x^2}dx$$

$$=\int_2^3 g(x)dx-\int_2^3\frac{2}{x^2}dx-\int_3^4\frac{2}{x^2}dx$$

$$=\int_1^2 g(x)dx-\int_1^2\frac{2}{x^2}dx-\int_2^3\frac{2}{x^2}dx$$

$$\qquad\qquad -\int_3^4\frac{2}{x^2}dx$$

$$=\int_1^2\frac{f(x)}{x}dx-\int_1^4\frac{2}{x^2}dx$$

$$=3-\left[-\frac{2}{x}\right]_1^4=\frac{3}{2}$$

15-19. $u'=e^{-x}$, $v=x^n$이라고 하면

$u=-e^{-x}$, $v'=nx^{n-1}$이므로

$$\int_0^t x^n e^{-x}dx=\left[-e^{-x}x^n\right]_0^t$$

$$-\int_0^t(-e^{-x}\times nx^{n-1})dx$$

$$=-\frac{t^n}{e^t}+n\int_0^t x^{n-1}e^{-x}dx$$

$$\lim_{x\to\infty}\frac{x^n}{e^x}=0$$이므로

$$(준\ 식)=n\lim_{t\to\infty}\int_0^t x^{n-1}e^{-x}dx$$

$$=n(n-1)\lim_{t\to\infty}\int_0^t x^{n-2}e^{-x}dx$$

$$\cdots$$

$$=n(n-1)(n-2)\times\cdots$$
$$\times 3\times 2\times 1\times\lim_{t\to\infty}\int_0^t e^{-x}dx$$
$$=n!\lim_{t\to\infty}\Big[-e^{-x}\Big]_0^t$$
$$=n!\lim_{t\to\infty}\Big(-\frac{1}{e^t}+1\Big)$$
$$=n!\times 1=\boldsymbol{n!}$$

15-20. $\displaystyle\int e^{-x}\sin x\,dx=-e^{-x}\sin x$
$$+\int e^{-x}\cos x\,dx$$
$$=-e^{-x}\sin x-e^{-x}\cos x$$
$$-\int e^{-x}\sin x\,dx$$
$$\therefore\ 2\int e^{-x}\sin x\,dx=-e^{-x}\sin x-e^{-x}\cos x$$
$$\therefore\ \int e^{-x}\sin x\,dx$$
$$=-\frac{1}{2}e^{-x}(\sin x+\cos x)+C$$

(i) n이 짝수일 때
구간 $[(n-1)\pi,\ n\pi]$에서 $\sin x\leq 0$
이므로
$$a_n=\Big[\frac{1}{2}e^{-x}(\sin x+\cos x)\Big]_{(n-1)\pi}^{n\pi}$$
$$=\frac{1}{2}e^{-n\pi}+\frac{1}{2}e^{-(n-1)\pi}$$

(ii) n이 홀수일 때
구간 $[(n-1)\pi,\ n\pi]$에서 $\sin x\geq 0$
이므로
$$a_n=\Big[-\frac{1}{2}e^{-x}(\sin x+\cos x)\Big]_{(n-1)\pi}^{n\pi}$$
$$=\frac{1}{2}e^{-n\pi}+\frac{1}{2}e^{-(n-1)\pi}$$

(i), (ii)에서 $\ a_n=\dfrac{1}{2}e^{-n\pi}(1+e^{\pi})$

$$\therefore\ \sum_{n=1}^{\infty}a_n=\frac{\dfrac{1}{2}e^{-\pi}(1+e^{\pi})}{1-e^{-\pi}}=\frac{1+e^{\pi}}{2(e^{\pi}-1)}$$

15-21. (1) $f(t)=\displaystyle\int_1^e (t^2-2tx+x^2)\ln x\,dx$
$$=t^2\int_1^e \ln x\,dx-2t\int_1^e x\ln x\,dx$$
$$+\int_1^e x^2\ln x\,dx$$

여기에서 $f(t)$는 t의 이차함수이고
$$\int_1^e \ln x\,dx=\Big[x\ln x\Big]_1^e-\int_1^e x\times\frac{1}{x}\,dx$$
$$=1,$$
$$\int_1^e x\ln x\,dx=\Big[\frac{1}{2}x^2\ln x\Big]_1^e$$
$$-\int_1^e \frac{1}{2}x^2\times\frac{1}{x}\,dx$$
$$=\frac{1}{4}e^2+\frac{1}{4}$$

이므로
$$t=-\frac{-2\displaystyle\int_1^e x\ln x\,dx}{2\displaystyle\int_1^e \ln x\,dx}=\frac{1}{4}e^2+\frac{1}{4}$$

일 때 $f(t)$는 최소이다.

(2) $t=0$일 때 $\ f(0)=\displaystyle\int_0^1 1\,dx=1$
$t>0$일 때
$$f(t)=\int_0^1 (e^{tx}-2tx)dx$$
$$=\Big[\frac{1}{t}e^{tx}-tx^2\Big]_0^1=\frac{1}{t}(e^t-1)-t$$
따라서 $t>0$일 때
$$f'(t)=\frac{e^t\times t-(e^t-1)}{t^2}-1$$
$$=\frac{(t-1)e^t-(t^2-1)}{t^2}$$
$$=\frac{(t-1)(e^t-1-t)}{t^2}$$
$t>0$일 때 $e^t-1-t>0$이므로 $f(t)$
는 $t=1$에서 극소이고, 이때 최솟값
$f(1)=e-2$를 가진다.

그런데 $f(0)>f(1)$이므로 $f(t)$는
$\boldsymbol{t=1}$일 때 최소이다.

*__*Note*__ $t>0$일 때 $e^t-1-t>0$의 증
명은 유제 **11**-9의 (1)을 참조하여라.

15-22. $f(x)=px+q\,(p\neq 0)$로 놓고 준
식에 대입하면
$$\int_0^{\pi}(px+q)(a\sin x+b\cos x+1)dx=0$$

따라서

$$p\int_0^{\pi}(ax\sin x+bx\cos x+x)dx$$

$$+q\int_0^{\pi}(a\sin x+b\cos x+1)dx=0$$

$$\cdots\cdots\text{①}$$

여기에서

$$\int_0^{\pi}x\sin x\,dx=\Big[-x\cos x\Big]_0^{\pi}+\int_0^{\pi}\cos x\,dx$$

$$=\pi+\Big[\sin x\Big]_0^{\pi}=\pi$$

$$\int_0^{\pi}x\cos x\,dx=\Big[x\sin x\Big]_0^{\pi}-\int_0^{\pi}\sin x\,dx$$

$$=-\Big[-\cos x\Big]_0^{\pi}=-2$$

$$\int_0^{\pi}x\,dx=\Big[\frac{1}{2}x^2\Big]_0^{\pi}=\frac{1}{2}\pi^2$$

$$\int_0^{\pi}(a\sin x+b\cos x+1)dx$$

$$=\Big[-a\cos x+b\sin x+x\Big]_0^{\pi}$$

$$=2a+\pi$$

이것을 ①에 대입하여 정리하면

$$\Big(a\pi-2b+\frac{1}{2}\pi^2\Big)p+(2a+\pi)q=0$$

모든 실수 p, q에 대하여 성립하려면

$$a\pi-2b+\frac{1}{2}\pi^2=0,\ \ 2a+\pi=0$$

$$\therefore\ \boldsymbol{a=-\frac{\pi}{2}},\ \boldsymbol{b=0}$$

15-23. (1) $n\geq2$일 때

$$a_{n+1}=\frac{1}{2}\int_0^1 f_n(x)dx$$

$$=\frac{1}{2}\int_0^1\Big\{xe^x+\frac{1}{2}\int_0^1 f_{n-1}(x)dx\Big\}dx$$

$$=\frac{1}{2}\int_0^1(xe^x+a_n)dx$$

$$=\frac{1}{2}\Big(\Big[xe^x\Big]_0^1-\int_0^1 e^x\,dx+\Big[a_n x\Big]_0^1\Big)$$

$$=\frac{1}{2}\{e-(e-1)+a_n\}$$

$$\therefore\ a_{n+1}=\frac{1}{2}a_n+\frac{1}{2}\ (n\geq2)$$

한편

$$a_2=\frac{1}{2}\int_0^1 f_1(x)dx$$

$$=\frac{1}{2}\int_0^1\Big(xe^x+\frac{1}{2}\Big)dx$$

$$=\frac{1}{2}\Big(\Big[xe^x\Big]_0^1-\int_0^1 e^x dx+\Big[\frac{1}{2}x\Big]_0^1\Big)$$

$$=\frac{1}{2}\Big\{e-(e-1)+\frac{1}{2}\Big\}=\frac{3}{4}$$

$a_1=\dfrac{1}{2}$, $a_2=\dfrac{3}{4}$이므로 $n=1$일 때

에도 $a_{n+1}=\dfrac{1}{2}a_n+\dfrac{1}{2}$이 성립한다.

따라서 자연수 n에 대하여

$$\boldsymbol{a_{n+1}=\frac{1}{2}a_n+\frac{1}{2}}\ \ \ \cdots\cdots\text{①}$$

(2) ①에서 $a_{n+1}-1=\dfrac{1}{2}(a_n-1)$

$a_1-1=\dfrac{1}{2}-1=-\dfrac{1}{2}$이므로 수열

$\{a_n-1\}$은 첫째항이 $-\dfrac{1}{2}$, 공비가 $\dfrac{1}{2}$

인 등비수열이다.

$$\therefore\ a_n-1=-\frac{1}{2}\times\Big(\frac{1}{2}\Big)^{n-1}=-\Big(\frac{1}{2}\Big)^n$$

$$\therefore\ a_n=1-\Big(\frac{1}{2}\Big)^n\ \ \ \therefore\ \lim_{n\to\infty}\boldsymbol{a_n=1}$$

15-24. (1) $a_1=\displaystyle\int_0^1 xe^{1-x}dx$

$$=\Big[-xe^{1-x}\Big]_0^1+\int_0^1 e^{1-x}dx$$

$$=-1+\Big[-e^{1-x}\Big]_0^1=\boldsymbol{e-2}$$

(2) $a_n=\dfrac{1}{n!}\Big(\Big[-x^n e^{1-x}\Big]_0^1$

$$+\int_0^1 nx^{n-1}e^{1-x}dx\Big)$$

$$=\frac{1}{n!}\Big(-1+n\int_0^1 x^{n-1}e^{1-x}dx\Big)$$

$$=-\frac{1}{n!}+a_{n-1}$$

$$\therefore\ \boldsymbol{a_n-a_{n-1}=-\frac{1}{n!}}\ (\boldsymbol{n\geq2})$$

(3) $n\geq2$일 때 $a_n-a_{n-1}=-\dfrac{1}{n!}$의 n에

2, 3, $\cdots$, n을 대입하고 변변 더하면

$$a_n - a_1 = -\sum_{k=2}^{n} \frac{1}{k!}$$

$$\therefore \ a_n = e - 2 - \sum_{k=2}^{n} \frac{1}{k!}$$

$$= e - 1 - \sum_{k=1}^{n} \frac{1}{k!}$$

$a_1 = e - 2$ 도 이 식을 만족시키므로

$$\boldsymbol{a_n = e - 1 - \sum_{k=1}^{n} \frac{1}{k!}} \ (n \geq 1)$$

16-1. (1) (준 식) $= \lim\limits_{n \to \infty} \sum\limits_{k=1}^{n} \left(\dfrac{1}{1 + \dfrac{k}{n}} \times \dfrac{1}{n} \right)$

$$= \int_0^1 \frac{1}{1+x} dx$$

$$= \Big[\ln|1+x| \Big]_0^1 = \boldsymbol{\ln 2}$$

(2) (준 식) $= \lim\limits_{n \to \infty} \sum\limits_{k=1}^{2n} \left(\dfrac{1}{1 + \dfrac{k}{2n}} \times \dfrac{1}{2n} \right)$

$$= \int_0^1 \frac{1}{1+x} dx = \Big[\ln|1+x| \Big]_0^1$$

$$= \boldsymbol{\ln 2}$$

(3) (준 식) $= \lim\limits_{n \to \infty} \sum\limits_{k=1}^{2n} \dfrac{1}{2n+k}$

$$- \lim_{n \to \infty} \sum_{k=1}^{n} \frac{1}{2n+k}$$

$$= \lim_{n \to \infty} \sum_{k=1}^{2n} \left(\frac{1}{1 + \dfrac{k}{2n}} \times \frac{1}{2n} \right)$$

$$- \lim_{n \to \infty} \sum_{k=1}^{n} \left(\frac{1}{2 + \dfrac{k}{n}} \times \frac{1}{n} \right)$$

$$= \int_0^1 \frac{1}{1+x} dx - \int_0^1 \frac{1}{2+x} dx$$

$$= \Big[\ln|1+x| \Big]_0^1 - \Big[\ln|2+x| \Big]_0^1$$

$$= \ln 2 - (\ln 3 - \ln 2) = \boldsymbol{\ln \frac{4}{3}}$$

16-2.

선분 AB의 중점을 O라고 하면

$$\triangle ABC_k = 2 \triangle AOC_k$$

$$= 2 \times \frac{1}{2} \times a \times a \sin \frac{\pi k}{n}$$

$$= a^2 \sin \frac{\pi k}{n}$$

$$\therefore \lim_{n \to \infty} \frac{1}{n} \sum_{k=1}^{n-1} S_k = \lim_{n \to \infty} \frac{1}{n} \sum_{k=1}^{n-1} a^2 \sin \frac{\pi k}{n}$$

$$= \lim_{n \to \infty} \frac{1}{n} \sum_{k=1}^{n} a^2 \sin \frac{\pi k}{n}$$

$$= a^2 \int_0^1 \sin \pi x \, dx$$

$$= a^2 \Big[-\frac{1}{\pi} \cos \pi x \Big]_0^1 = \boldsymbol{\frac{2a^2}{\pi}}$$

16-3. 준 식의 양변을 x에 관하여 미분하면

$$f'(x) = \frac{\cos x}{1 + e^x} - \frac{\cos(-x)}{1 + e^{-x}} \times (-x)'$$

$$= \frac{\cos x}{1 + e^x} + \frac{\cos x}{1 + e^{-x}}$$

$$= \frac{\cos x}{1 + e^x} + \frac{e^x \cos x}{1 + e^x} = \cos x$$

곧, $\boldsymbol{f'(x) = \cos x}$

$$\therefore \ f(x) = \int f'(x) dx = \int \cos x \, dx$$

$$= \sin x + C$$

한편 준 식에 $x = 0$을 대입하면

$$f(0) = 0 \quad \therefore \ C = 0$$

$$\therefore \ \boldsymbol{f(x) = \sin x}$$

16-4. 준 식에서

$$(x-1) \int_0^x f(t) dt = x \int_1^x f(t) dt$$

양변을 x에 관하여 미분하면

$$\int_0^x f(t) dt + (x-1) f(x) = \int_1^x f(t) dt + x f(x)$$

$$\therefore \ f(x) = \int_0^x f(t) dt - \int_1^x f(t) dt$$

$$= \int_0^1 f(t) dt$$

따라서 $f(x)$는 상수함수이다.

그런데 $f(0) = 3$이므로 $\boldsymbol{f(x) = 3}$

16-5. 준 식의 양변을 x에 관하여 미분

하면
$$f'\big(g(x)\big)g'(x)=f(x)g(x)-e^x-xe^x$$
$f'(x)=a,\ g'(x)=e^x$이므로
$$ae^x=(ax+b)e^x-e^x-xe^x$$
$$\therefore\ (a-1)xe^x+(b-a-1)e^x=0$$
$$\therefore\ (a-1)x+b-a-1=0$$
모든 실수 x에 대하여 성립하므로
$$a-1=0,\ \ b-a-1=0$$
$$\therefore\ \boldsymbol{a=1,\ \ b=2}$$
또, 준 식에 $x=0$을 대입하면
$$f\big(g(0)\big)=c\ \ \therefore\ \boldsymbol{c=a+b=3}$$

16-6. $a\displaystyle\int_0^1 f(t)e^{-t}dt=b$ ······①

이라고 하면 준 식은
$$\int_0^x f(t)dt=e^x-be^{2x}\ \ \cdots\cdots②$$
여기에 $x=0$을 대입하면
$$0=1-b\ \ \therefore\ b=1\ \ \cdots\cdots③$$
이것을 ②에 대입하고 양변을 x에 관
하여 미분하면
$$\boldsymbol{f(x)=e^x-2e^{2x}}\ \ \cdots\cdots④$$
③, ④를 ①에 대입하면
$$a\int_0^1(e^t-2e^{2t})e^{-t}dt=1$$
$$\therefore\ a\int_0^1(1-2e^t)dt=1$$
$$\therefore\ a\Big[t-2e^t\Big]_0^1=1\ \ \therefore\ \boldsymbol{a=\frac{1}{3-2e}}$$

*___Note___ $\displaystyle\int_0^1 f(t)e^{-t}dt=b$로 놓고 풀어
도 된다.

16-7. $\displaystyle\int_0^2 xf(tx)dx=4t^2$에서 $tx=y$라

고 하면 $t\,dx=dy$
$t\neq0$이면 $dx=\dfrac{1}{t}dy$이고
$x=0$일 때 $y=0$, $x=2$일 때 $y=2t$
$$\therefore\ \int_0^2 xf(tx)dx=\int_0^{2t}\frac{y}{t}f(y)\times\frac{1}{t}dy$$
$$=\frac{1}{t^2}\int_0^{2t}yf(y)dy=4t^2$$

$$\therefore\ \int_0^{2t}yf(y)dy=4t^4$$
양변을 t에 관하여 미분하면
$$2tf(2t)\times(2t)'=16t^3$$
$$\therefore\ f(2t)=4t^2\ \ \therefore\ \boldsymbol{f(2)=4}$$
*___Note___ $f(2t)=4t^2\ (t\neq0)$이므로
$f(x)=x^2\ (x\neq0)$이다.

또, 준 식에 $t=0$을 대입하면
$$\int_0^2 xf(0)dx=0\ \ \therefore\ f(0)=0$$
따라서 모든 실수 x에 대하여
$f(x)=x^2$이다.

16-8. (좌변)$=\sin\left(\dfrac{1}{2}\pi\log_x x^2\right)$
$$=\sin\left(\frac{1}{2}\pi\times2\right)=\sin\pi=0$$
따라서 주어진 방정식은
$$0=x^2-2x\ \ \therefore\ x=0,\ 2$$
그런데 $x=0$이면 로그의 밑이 0이 되
므로 적합하지 않다. $\ \ \therefore\ \boldsymbol{x=2}$

16-9. 구간 $(0,\ 1)$에서 $f''(x)=e^x$이므로
$$f'(x)=\int e^x dx=e^x+C_1$$
$$\therefore\ f(x)=\int(e^x+C_1)dx=e^x+C_1x+C_2$$
$f(0)=1$이고 $f(x)$는 연속이므로
$$\lim_{x\to0+}f(x)=1+C_2=1\ \ \therefore\ C_2=0$$
$$\therefore\ f(x)=e^x+C_1x$$
$f'(0)=1$이므로
$$\lim_{h\to0+}\frac{f(0+h)-f(0)}{h}=\lim_{h\to0+}\frac{(e^h+C_1h)-1}{h}$$
$$=\lim_{h\to0+}\left(\frac{e^h-1}{h}+C_1\right)$$
$$=1+C_1=1$$
$$\therefore\ C_1=0\ \ \therefore\ f(x)=e^x\ (0\leq x<1)$$
한편 $1\leq x<2$일 때, 조건 (나)에서
$$f'(x)\geq\lim_{x\to1-}f'(x)=e$$
따라서 구간 $[1,\ x]$에서
$$\int_1^x f'(x)dx\geq\int_1^x e\,dx$$

$\therefore f(x)-f(1)\geqq ex-e$

그런데 $f(x)$는 $x=1$에서 연속이므로

$f(1)=e$　$\therefore f(x)\geqq ex\ (1\leqq x\leqq 2)$

$\therefore \displaystyle\int_0^2 f(x)dx=\int_0^1 f(x)dx+\int_1^2 f(x)dx$

$\geqq \displaystyle\int_0^1 e^x dx+\int_1^2 ex\,dx$

$=\left[e^x\right]_0^1+\left[\dfrac{1}{2}ex^2\right]_1^2$

$=\dfrac{5}{2}e-1$

따라서 $1\leqq x\leqq 2$에서 $f(x)=ex$일 때

$\displaystyle\int_0^2 f(x)dx$는 최소이고, 최솟값은

$$\dfrac{5}{2}e-1$$

16-10.

위의 그림과 같이 같은 간격의 평행한 평면으로 반구를 n개의 부분으로 나누고, 각 원기둥의 부피의 합을 V_n이라고 하면

$V_n=\pi\left\{r^2-\left(\dfrac{r}{n}\right)^2\right\}\dfrac{r}{n}$

$\qquad+\pi\left\{r^2-\left(\dfrac{2r}{n}\right)^2\right\}\dfrac{r}{n}+\cdots$

$\qquad+\pi\left\{r^2-\left(\dfrac{n-1}{n}\times r\right)^2\right\}\dfrac{r}{n}$

$=\pi r^3\left[\left\{1-\left(\dfrac{1}{n}\right)^2\right\}\dfrac{1}{n}\right.$

$\qquad+\left\{1-\left(\dfrac{2}{n}\right)^2\right\}\dfrac{1}{n}+\cdots$

$\qquad\left.+\left\{1-\left(\dfrac{n-1}{n}\right)^2\right\}\dfrac{1}{n}\right]$

$=\pi r^3\left\{\dfrac{n-1}{n}\right.$

$\qquad\left.-\dfrac{1}{n^3}\times\dfrac{1}{6}(n-1)n(2n-1)\right\}$

$\therefore \displaystyle\lim_{n\to\infty}V_n=\pi r^3\left(1-\dfrac{2}{6}\right)=\dfrac{2}{3}\pi r^3$

따라서 구하는 부피는

$$2\times\dfrac{2}{3}\pi r^3=\dfrac{4}{3}\boldsymbol{\pi r^3}$$

16-11. (1) (준 식)

$=\displaystyle\lim_{n\to\infty}\dfrac{1}{n}\sum_{k=n+1}^{2n}(\ln k-\ln n)$

$=\displaystyle\lim_{n\to\infty}\dfrac{1}{n}\sum_{k=n+1}^{2n}\ln\dfrac{k}{n}$

$=\displaystyle\lim_{n\to\infty}\dfrac{1}{n}\sum_{k=1}^{n}\ln\left(1+\dfrac{k}{n}\right)$

$=\displaystyle\int_0^1 \ln(1+x)dx$

$=\left[(1+x)\ln(1+x)-(1+x)\right]_0^1$

$=\boldsymbol{2\ln 2-1}$

(2) $\displaystyle\sum_{k=1}^{2n}(k+1)^4=\sum_{i=2}^{2n+1}i^4$

$\qquad=\displaystyle\sum_{i=1}^{2n}i^4+(2n+1)^4-1$

이므로

$\dfrac{1}{n^5}\displaystyle\sum_{k=1}^{2n}(k+1)^4$

$=\dfrac{1}{n^5}\displaystyle\sum_{i=1}^{2n}i^4+\dfrac{(2n+1)^4-1}{n^5}$　$\cdots$①

$=2^5\displaystyle\sum_{i=1}^{2n}\left(\dfrac{i}{2n}\right)^4\dfrac{1}{2n}+\dfrac{(2n+1)^4-1}{n^5}$

$\therefore \displaystyle\lim_{n\to\infty}\dfrac{1}{n^5}\sum_{k=1}^{2n}(k+1)^4=2^5\int_0^1 x^4 dx$

$\qquad\qquad=32\left[\dfrac{1}{5}x^5\right]_0^1=\boldsymbol{\dfrac{32}{5}}$

*__Note__　①에서

$\displaystyle\lim_{n\to\infty}\dfrac{1}{n^5}\sum_{k=1}^{2n}(k+1)^4=\lim_{n\to\infty}\dfrac{1}{n^5}\sum_{i=1}^{2n}i^4$

$=\displaystyle\lim_{n\to\infty}\sum_{i=1}^{2n}\left(\dfrac{i}{n}\right)^4\dfrac{1}{n}=\int_0^2 x^4 dx$

$=\left[\dfrac{1}{5}x^5\right]_0^2=\boldsymbol{\dfrac{32}{5}}$

(3) (준 식)

$=\displaystyle\lim_{n\to\infty}\dfrac{1}{n}\left\{\sum_{k=1}^{3n}\dfrac{1}{\left(\dfrac{k}{n}\right)^2-2\left(\dfrac{k}{n}\right)-8}\right.$

$$-\sum_{k=1}^{n}\frac{1}{\left(\dfrac{k}{n}\right)^2-2\left(\dfrac{k}{n}\right)-8}\Bigg\}$$

$$=\int_0^3\frac{1}{x^2-2x-8}dx-\int_0^1\frac{1}{x^2-2x-8}dx$$

$$=\int_1^3\frac{1}{x^2-2x-8}dx$$

$$=\int_1^3\frac{1}{(x-4)(x+2)}dx$$

$$=\frac{1}{6}\int_1^3\left(\frac{1}{x-4}-\frac{1}{x+2}\right)dx$$

$$=\frac{1}{6}\Big[\ln|x-4|-\ln|x+2|\Big]_1^3$$

$$=-\frac{1}{6}\ln 5$$

(4) $a_n=\left\{\dfrac{(2n)!}{n!\,n^n}\right\}^{\frac{1}{n}}$ 이라 하고, 양변의 자
연로그를 잡으면

$$\ln a_n=\frac{1}{n}\ln\frac{(n+1)\times\cdots\times(n+n)}{n^n}$$

$$=\frac{1}{n}\left(\ln\frac{n+1}{n}+\cdots+\ln\frac{n+n}{n}\right)$$

$$=\frac{1}{n}\sum_{k=1}^{n}\ln\left(1+\frac{k}{n}\right)$$

$$\therefore\ \lim_{n\to\infty}\ln a_n=\lim_{n\to\infty}\frac{1}{n}\sum_{k=1}^{n}\ln\left(1+\frac{k}{n}\right)$$

$$=\int_0^1\ln(1+x)dx$$

$$=\Big[(1+x)\ln(1+x)-(1+x)\Big]_0^1$$

$$=2\ln 2-1=\ln\frac{4}{e}$$

$$\therefore\ \lim_{n\to\infty}a_n=\lim_{n\to\infty}e^{\ln a_n}=e^{\ln\frac{4}{e}}=\frac{4}{e}$$

16-12.

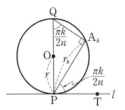

위의 그림에서 선분 PQ를 원 O의 지
름이라 하고, $\overline{PA_k}=r_k$ 라고 하면

$$\angle PQA_k=\angle A_kPT=\frac{\pi k}{2n}$$

따라서 직각삼각형 PQA_k 에서

$$r_k=2r\sin\frac{\pi k}{2n}$$

$$\therefore\ (준\ 식)=\lim_{n\to\infty}\frac{1}{2n-1}\sum_{k=1}^{2n-1}4r^2\sin^2\frac{\pi k}{2n}$$

$$=\lim_{n\to\infty}\frac{1}{2n-1}\sum_{k=0}^{2n-1}4r^2\sin^2\frac{\pi k}{2n}$$

$$=\int_0^1 4r^2\sin^2\pi x\,dx$$

$$=2r^2\int_0^1(1-\cos 2\pi x)dx$$

$$=2r^2\Big[x-\frac{1}{2\pi}\sin 2\pi x\Big]_0^1=2r^2$$

16-13. $\displaystyle\int_0^x f(t)dt=\sin^2 x$ 의 양변을 x 에
관하여 미분하면

$$f(x)=2\sin x\cos x=\sin 2x$$

$$\therefore\ \int_0^{\frac{\pi}{2}}t^2 f(t)dt=\int_0^{\frac{\pi}{2}}t^2\sin 2t\,dt$$

$$=\Big[t^2\Big(-\frac{\cos 2t}{2}\Big)\Big]_0^{\frac{\pi}{2}}$$

$$+\int_0^{\frac{\pi}{2}}t\cos 2t\,dt$$

$$=\frac{\pi^2}{8}+\Big[t\times\frac{\sin 2t}{2}\Big]_0^{\frac{\pi}{2}}$$

$$-\frac{1}{2}\int_0^{\frac{\pi}{2}}\sin 2t\,dt$$

$$=\frac{\pi^2}{8}-\frac{1}{2}\Big[-\frac{\cos 2t}{2}\Big]_0^{\frac{\pi}{2}}$$

$$=\frac{\pi^2-4}{8}$$

16-14. $f(x)=\displaystyle\int_a^x(2+\sin t^2)dt$ 에서

$$f'(x)=2+\sin x^2 \text{이고}\quad f(a)=0$$

역함수의 미분법에 의하여

$$(f^{-1})'(0)=\frac{1}{f'(a)}$$

$$=\frac{1}{2+\sin a^2}\qquad\cdots\cdots①$$

한편 $f''(x)=2x\cos x^2$ 이고

$f''(a)=\sqrt{3}\,a$이므로

$2a\cos a^2=\sqrt{3}\,a$ $\quad\therefore\ \cos a^2=\dfrac{\sqrt{3}}{2}$

$0<a^2<\dfrac{\pi}{2}$이므로

$\sin a^2=\sqrt{1-\cos^2(a^2)}$

$\qquad=\sqrt{1-\left(\dfrac{\sqrt{3}}{2}\right)^2}=\dfrac{1}{2}$

①에 대입하면 $\ (f^{-1})'(0)=\dfrac{\mathbf{2}}{\mathbf{5}}$

16-15. 조건 ⑷에서

$\cos x\displaystyle\int_0^x f(t)dt=-\sin x\int_{\frac{\pi}{2}}^x f(t)dt$

양변을 x에 관하여 미분하면

$-\sin x\displaystyle\int_0^x f(t)dt+\cos x\times f(x)$

$\qquad=-\cos x\displaystyle\int_{\frac{\pi}{2}}^x f(t)dt-\sin x\times f(x)$

$x=\dfrac{\pi}{4}$를 대입하면

$-\dfrac{\sqrt{2}}{2}\displaystyle\int_0^{\frac{\pi}{4}}f(t)dt+\dfrac{\sqrt{2}}{2}f\left(\dfrac{\pi}{4}\right)$

$\qquad=-\dfrac{\sqrt{2}}{2}\displaystyle\int_{\frac{\pi}{2}}^{\frac{\pi}{4}}f(t)dt-\dfrac{\sqrt{2}}{2}f\left(\dfrac{\pi}{4}\right)$

$\therefore\ \sqrt{2}\,f\left(\dfrac{\pi}{4}\right)=\dfrac{\sqrt{2}}{2}\displaystyle\int_0^{\frac{\pi}{4}}f(t)dt$

$\qquad\qquad\qquad+\dfrac{\sqrt{2}}{2}\displaystyle\int_{\frac{\pi}{4}}^{\frac{\pi}{2}}f(t)dt$

$\qquad\qquad=\dfrac{\sqrt{2}}{2}\displaystyle\int_0^{\frac{\pi}{2}}f(t)dt$

$\therefore\ f\left(\dfrac{\pi}{4}\right)=\dfrac{1}{2}\displaystyle\int_0^{\frac{\pi}{2}}f(t)dt$

조건 ⑺에서 $\displaystyle\int_0^{\frac{\pi}{2}}f(t)dt=1$이므로

$\qquad f\left(\dfrac{\pi}{4}\right)=\dfrac{\mathbf{1}}{\mathbf{2}}$

16-16. ⑴ $f(x)=1,\ g(x)=x^2$이라 하면

$1*x^2=f(x)*g(x)$

$\qquad=\displaystyle\int_0^x f(t)g(x+t)dt$

$\qquad=\displaystyle\int_0^x 1\times(x+t)^2 dt$

$\qquad=\left[\dfrac{1}{3}(x+t)^3\right]_0^x=\dfrac{\mathbf{7}}{\mathbf{3}}\boldsymbol{x}^3$

⑵ $g(x)=x$라고 하면

$f(x)*x=f(x)*g(x)$

$\qquad=\displaystyle\int_0^x f(t)g(x+t)dt$

$\qquad=\displaystyle\int_0^x f(t)(x+t)dt$

$\qquad=x\displaystyle\int_0^x f(t)dt+\int_0^x tf(t)dt$

이므로 준 식은

$x\displaystyle\int_0^x f(t)dt+\int_0^x tf(t)dt=5x^3+x^2$

양변을 x에 관하여 미분하면

$\displaystyle\int_0^x f(t)dt+xf(x)+xf(x)=15x^2+2x$

곧, $\displaystyle\int_0^x f(t)dt+2xf(x)=15x^2+2x$

$\qquad\qquad\qquad\qquad\qquad\cdots\cdots$①

다시 양변을 x에 관하여 미분하면

$f(x)+2f(x)+2xf'(x)=30x+2$

$x=1$을 대입하면

$\qquad 3f(1)+2f'(1)=32$

$f'(1)=6$이므로　$\boldsymbol{f(1)}=\dfrac{\mathbf{20}}{\mathbf{3}}$

*Note　①에서

$\qquad 2xf(x)=15x^2+2x-\displaystyle\int_0^x f(t)dt$

이므로 함수 $2xf(x)$는 미분가능

하다.

이때, $x\neq0$에서

$\qquad f(x)=\dfrac{1}{2x}\times 2xf(x)$

이므로 함수 $f(x)$는 $x\neq0$에서 미분

가능하다.

16-17. $g(x)=\displaystyle\int_{-a}^x f(t)dt$의 양변을 x에

관하여 미분하면 $\ g'(x)=f(x)$

곧, $g'(x)=\ln(x^4+1)-\ln 2$

$g'(x)=0$에서 $\ x^4+1=2$ $\quad\therefore\ x^4=1$

x는 실수이므로 $\ x=\pm1$

증감을 조사하면 $g(x)$는 $x=-1$에서

극대이고, $x=1$에서 극소이다.

이때, $g(-a)=0$이므로 $y=g(x)$의 그래프가 x축과 만나는 서로 다른 점의 개수가 2이려면 극솟값이 0이어야 한다.

$$\therefore\ g(1)=0$$

한편 모든 실수 x에 대하여 $g'(-x)=g'(x)$이므로 $y=g'(x)$의 그래프는 y축에 대하여 대칭이다. 따라서 $y=g(x)$의 그래프는 점 $\left(0,\ g(0)\right)$에 대하여 대칭이므로 $y=g(x)$의 그래프는 아래와 같다.

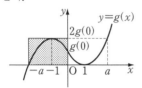

$\displaystyle\int_{-a}^{a}g(x)dx$의 값은 위의 그림에서 점찍은 부분의 넓이와 같으므로

$$\int_{-a}^{a}g(x)dx=a\times2g(0)=2ag(0)\ \cdots①$$

또,

$$\int_{0}^{1}\left|f(x)\right|dx=\int_{0}^{1}\left|g'(x)\right|dx$$
$$=\int_{0}^{1}\left\{-g'(x)\right\}dx=\left[-g(x)\right]_{0}^{1}$$
$$=-g(1)+g(0)=g(0)$$

이므로

$$ka\int_{0}^{1}\left|f(x)\right|dx=kag(0)\ \cdots\cdots②$$

①, ②에서 **$k=2$**

***Note** 1° 함수 $y=g'(x)$의 그래프는 아래와 같다.

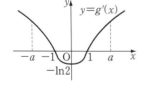

2° 모든 실수 x에 대하여

$g'(x)=g'(-x)$이면

$$\int g'(x)dx=\int g'(-x)dx$$
$$\therefore\ g(x)=-g(-x)+\mathrm{C}$$

$x=0$을 대입하면 $\mathrm{C}=2g(0)$

$$\therefore\ g(x)=-g(-x)+2g(0)$$
$$\therefore\ \frac{g(x)+g(-x)}{2}=g(0)$$

따라서 $y=g'(x)$의 그래프가 y축에 대하여 대칭이면 $y=g(x)$의 그래프는 점 $\left(0,\ g(0)\right)$에 대하여 대칭이다.

16-18. $\displaystyle\int_{0}^{a}\ln(x+1)dx$
$$=\left[(x+1)\ln(x+1)-(x+1)\right]_{0}^{a}$$
$$=(a+1)\ln(a+1)-a$$
$$\int_{0}^{b}(e^x-1)dx=\left[e^x-x\right]_{0}^{b}=e^b-1-b$$

이므로

$$f(t)=(a+1)\ln(a+1)-a$$
$$+(e^t-1-t)-at$$

라고 하면

$$f'(t)=e^t-1-a$$

$f'(t)=0$에서 $t=\ln(1+a)$

$t>0$에서 증감을 조사하면 $f(t)$는 $t=\ln(1+a)$에서 극소이고 최소이다.

이때, 최솟값은

$$f\left(\ln(1+a)\right)=(a+1)\ln(a+1)-a$$
$$+\left\{a-\ln(1+a)\right\}$$
$$-a\ln(1+a)$$
$$=0$$

따라서 $t>0$에서 $f(t)\geq0$이므로
$$f(b)=(a+1)\ln(a+1)-a$$
$$+(e^b-1-b)-ab\geq0$$
$$\therefore\ \int_{0}^{a}\ln(x+1)dx+\int_{0}^{b}(e^x-1)dx\geq ab$$

등호는 $b=\ln(1+a)$, 곧 $a=e^b-1$일 때 성립한다.

17-1. 구하는 넓이를 S라고 하자.

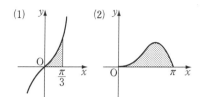

(1) $S=\int_0^{\frac{\pi}{3}}\tan x\,dx=\int_0^{\frac{\pi}{3}}\dfrac{\sin x}{\cos x}\,dx$

$\quad=\Big[-\ln|\cos x|\Big]_0^{\frac{\pi}{3}}=\mathbf{ln\,2}$

(2) x축과의 교점의 x좌표는

　　$(1-\cos x)\sin x=0$에서　$x=0,\ \pi$

　　그런데 $0\le x\le\pi$에서 $y\ge0$이므로

$\quad S=\int_0^{\pi}(1-\cos x)\sin x\,dx$

$\quad=\int_0^{\pi}\Big(\sin x-\dfrac{1}{2}\sin 2x\Big)dx$

$\quad=\Big[-\cos x+\dfrac{1}{4}\cos 2x\Big]_0^{\pi}=\mathbf{2}$

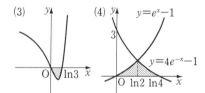

(3) x축과의 교점의 x좌표는

　　$(e^x-1)(e^x-3)=0$에서　$x=0,\ \ln 3$

　　그런데 $0\le x\le\ln 3$에서 $y\le0$이므로

$\quad S=-\int_0^{\ln 3}(e^{2x}-4e^x+3)dx$

$\quad=-\Big[\dfrac{1}{2}e^{2x}-4e^x+3x\Big]_0^{\ln 3}$

$\quad=\mathbf{4-3\,ln\,3}$

(4) 두 곡선의 교점의 x좌표는

　　$e^x-1=4e^{-x}-1$에서　$e^{2x}=4$

$\quad\quad\therefore\ e^x=2\quad\therefore\ x=\ln 2$

　　또, $4e^{-x}-1=0$에서　$x=\ln 4$

$\quad\therefore\ S=\int_0^{\ln 2}(e^x-1)dx$

$\quad\quad\quad\quad+\int_{\ln 2}^{\ln 4}(4e^{-x}-1)dx$

$\quad=\Big[e^x-x\Big]_0^{\ln 2}+\Big[-4e^{-x}-x\Big]_{\ln 2}^{\ln 4}$

$\quad=\mathbf{2-2\,ln\,2}$

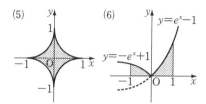

(5) $x\ge0,\ y\ge0$일 때 $\sqrt{x}+\sqrt{y}=1$이고
곡선은 x축, y축에 대하여 각각 대칭
이므로 제1사분면의 부분의 넓이를 구
하여 4배 하면 된다.

　　$\sqrt{y}=1-\sqrt{x}$ 에서　$y=\big(1-\sqrt{x}\big)^2$

$\quad\therefore\ S=4\int_0^1\big(1-\sqrt{x}\big)^2dx$

$\quad=4\int_0^1\big(1-2\sqrt{x}+x\big)dx$

$\quad=4\Big[x-\dfrac{4}{3}x\sqrt{x}+\dfrac{1}{2}x^2\Big]_0^1=\dfrac{\mathbf{2}}{\mathbf{3}}$

(6) $S=\int_{-1}^0(-e^x+1)dx+\int_0^1(e^x-1)dx$

$\quad=\Big[-e^x+x\Big]_{-1}^0+\Big[e^x-x\Big]_0^1$

$\quad=e+\dfrac{1}{e}-2$

17-2. 구하는 넓이를 S라고 하자.

(1) $y=\sqrt{-x+1}$ 에서

　　$y^2=-x+1\quad\therefore\ x=1-y^2\ (y\ge0)$

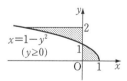

$\quad\therefore\ S=\int_0^1(1-y^2)dy-\int_1^2(1-y^2)dy$

$\quad=2$

(2) $y=\ln(2-x)$에서

　　$e^y=2-x\quad\therefore\ x=2-e^y$

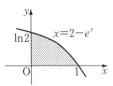

$$\therefore\ S=\int_0^{\ln 2}(2-e^y)dy=\Big[2y-e^y\Big]_0^{\ln 2}$$
$$=2\ln 2-1$$

***Note** $\int_0^1 \ln(2-x)dx$를 계산해도 된다.

17-3. 양변을 x에 관하여 미분하면
$$f(x)=2\sqrt{x}-x$$
$f(x)=0$으로 놓으면 $2\sqrt{x}=x$
$$\therefore\ 4x=x^2\quad\therefore\ x=0,\ 4$$

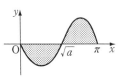

따라서 구하는 넓이를 S라고 하면
$$S=\int_0^4 f(x)dx=\int_0^4(2\sqrt{x}-x)dx$$
$$=\Big[\frac{4}{3}x\sqrt{x}-\frac{1}{2}x^2\Big]_0^4=\frac{8}{3}$$

17-4. 곡선과 x축의 교점의 x좌표는
$(x^2-a)\sin x=0$에서 $x=0,\ \sqrt{a}\ ,\ \pi$

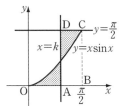

위의 그림에서 점 찍은 두 부분의 넓이 가 같으므로
$$\int_0^\pi (x^2-a)\sin x\,dx=0$$
$$\therefore\ \Big[(x^2-a)(-\cos x)\Big]_0^\pi$$
$$-\int_0^\pi 2x(-\cos x)dx=0$$

$$\therefore\ \pi^2-2a+2\Big(\Big[x\sin x\Big]_0^\pi$$
$$-\int_0^\pi \sin x\,dx\Big)=0$$
$$\therefore\ \pi^2-2a-2\Big[-\cos x\Big]_0^\pi=0$$
$$\therefore\ \pi^2-2a-4=0\quad\therefore\ \boldsymbol{a=\frac{\pi^2}{2}-2}$$

17-5. $y=x\sin x$에서
$$y'=\sin x+x\cos x$$
곧, $0\le x\le\frac{\pi}{2}$에서 $y'\ge 0$이므로
$y=x\sin x$의 그래프는 아래와 같다.

위의 그림에서 점 찍은 두 부분의 넓이 가 같으므로 $\int_0^{\frac{\pi}{2}}x\sin x\,dx$의 값은 직사 각형 ABCD의 넓이와 같다.
$$\therefore\ \int_0^{\frac{\pi}{2}}x\sin x\,dx=\frac{\pi}{2}\Big(\frac{\pi}{2}-k\Big)$$
이때,
$$(좌변)=\Big[-x\cos x\Big]_0^{\frac{\pi}{2}}-\int_0^{\frac{\pi}{2}}(-\cos x)dx$$
$$=\int_0^{\frac{\pi}{2}}\cos x\,dx=\Big[\sin x\Big]_0^{\frac{\pi}{2}}=1$$
$$\therefore\ 1=\frac{\pi}{2}\Big(\frac{\pi}{2}-k\Big)\quad\therefore\ \boldsymbol{k=\frac{\pi}{2}-\frac{2}{\pi}}$$

***Note** 위의 그림에서 점 찍은 두 부분 의 넓이가 같으므로
$$\int_0^k x\sin x\,dx=\int_k^{\frac{\pi}{2}}\Big(\frac{\pi}{2}-x\sin x\Big)dx$$
$$\therefore\ \int_0^k x\sin x\,dx+\int_k^{\frac{\pi}{2}}x\sin x\,dx=\int_k^{\frac{\pi}{2}}\frac{\pi}{2}dx$$
$$\therefore\ \int_0^{\frac{\pi}{2}}x\sin x\,dx=\frac{\pi}{2}\Big(\frac{\pi}{2}-k\Big)$$

17-6. 주어진 조건에서

$$\int_0^p f(x)dx=\alpha, \quad \int_p^{2p^2} f(x)dx=-\beta$$

$\int_0^p xf(2x^2)dx$에서 $2x^2=t$ 라고 하면

$4x\,dx=dt$, 곧 $x\,dx=\dfrac{1}{4}dt$ 이고

$x=0$일 때 $t=0$, $x=p$일 때 $t=2p^2$

$$\therefore \int_0^p xf(2x^2)dx=\int_0^{2p^2} f(t)\times\frac{1}{4}dt$$

$$=\frac{1}{4}\left\{\int_0^p f(t)dt+\int_p^{2p^2} f(t)dt\right\}$$

$$=\frac{1}{4}(\alpha-\beta)$$

17-7. $S_n=\displaystyle\int_{n\pi}^{(n+2)\pi}\left|3^n\cos\frac{1}{2}x\right|dx$

$$=3^n\int_{n\pi}^{(n+2)\pi}\left|\cos\frac{1}{2}x\right|dx$$

$$=3^n\times2\int_0^{\pi}\cos\frac{1}{2}x\,dx$$

$$=3^n\times2\left[2\sin\frac{1}{2}x\right]_0^{\pi}$$

$$=4\times3^n$$

$$\therefore \sum_{n=1}^{\infty}\frac{16}{S_n}=\sum_{n=1}^{\infty}\frac{4}{3^n}=\frac{4/3}{1-(1/3)}=2$$

17-8. $y=\ln\dfrac{x}{a}$ 에서 $e^y=\dfrac{x}{a}$

$$\therefore x=ae^y$$

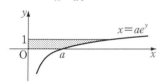

$$\therefore S=\int_0^1 ae^y\,dy=\Big[ae^y\Big]_0^1$$

$$=a(e-1)$$

이때, $\dfrac{a(e-1)}{2}<a$이고, 넓이 S가 직
선 $x=3$에 의하여 이등분되므로 $a>3$

$$\therefore \frac{a(e-1)}{2}=3 \quad \therefore \boldsymbol{a=\frac{6}{e-1}}$$

17-9.

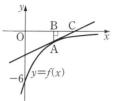

점 $A\big(t, f(t)\big)$에서의 접선의 방정식은

$$y-f(t)=f'(t)(x-t)$$

이므로 점 C의 x좌표는

$-f(t)=f'(t)(x-t)$에서 $x=t-\dfrac{f(t)}{f'(t)}$

이때, 점 B의 좌표는 $(t, 0)$이고

$f(t)<0, \ -\dfrac{f(t)}{f'(t)}>0$이므로

$$\triangle ABC=\frac{1}{2}\times\overline{AB}\times\overline{BC}$$

$$=\frac{1}{2}\times\{-f(t)\}\times\left\{-\frac{f(t)}{f'(t)}\right\}$$

$$=\frac{\{f(t)\}^2}{2f'(t)}$$

곧, $\dfrac{\{f(t)\}^2}{2f'(t)}=e^{-3t}$ 이므로

$$\frac{f'(t)}{\{f(t)\}^2}=\frac{1}{2}e^{3t}$$

$$\therefore \int\frac{f'(t)}{\{f(t)\}^2}dt=\int\frac{1}{2}e^{3t}dt$$

$$\therefore -\frac{1}{f(t)}=\frac{1}{6}e^{3t}+C$$

$t=0$을 대입하면 $f(0)=-6$이므로

$$\frac{1}{6}=\frac{1}{6}+C \quad \therefore C=0$$

$$\therefore f(t)=-6e^{-3t}$$

따라서 구하는 넓이를 S라고 하면

$$S=-\int_0^{\ln2} f(x)dx=-\int_0^{\ln2}(-6e^{-3x})dx$$

$$=\int_0^{\ln2}6e^{-3x}dx=\Big[-2e^{-3x}\Big]_0^{\ln2}=\frac{7}{4}$$

17-10. 구하는 넓이를 S라고 하자.

(1) 두 곡선의 교점의 x좌표는

$x^2=4\sqrt{x}-3$에서 $x^2+3=4\sqrt{x}$
양변을 제곱하여 정리하면
$(x-1)^2(x^2+2x+9)=0$ $\therefore$ $x=1$

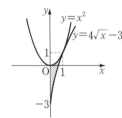

$$\therefore S=\int_0^1\{x^2-(4\sqrt{x}-3)\}dx$$
$$=\left[\frac{1}{3}x^3-\frac{8}{3}x\sqrt{x}+3x\right]_0^1=\frac{2}{3}$$

(2) $y=e^x$에서 $x=\ln y$

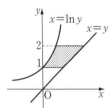

$$\therefore S=\int_1^2(y-\ln y)dy$$
$$=\left[\frac{1}{2}y^2-(y\ln y-y)\right]_1^2$$
$$=\frac{5}{2}-2\ln 2$$

(3) 두 곡선의 교점의 x좌표는
$$\left(\frac{1}{2}x^2\right)^2=2x$$에서
$$x(x-2)(x^2+2x+4)=0$$
$$\therefore x=0,\ 2$$

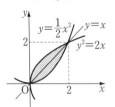

두 곡선은 직선 $y=x$에 대하여 대칭
이므로
$$S=2\int_0^2\left(x-\frac{1}{2}x^2\right)dx=\frac{4}{3}$$

17-11. A, B의 넓이를 각각 α, β라고
하면
$$\alpha+\beta=\int_1^e\log_a x\,dx=\frac{1}{\ln a}\int_1^e\ln x\,dx$$
$$=\frac{1}{\ln a}\left[x\ln x-x\right]_1^e=\frac{1}{\ln a},$$
$$\beta=\int_1^e\log_b x\,dx=\frac{1}{\ln b}\int_1^e\ln x\,dx$$
$$=\frac{1}{\ln b}\left[x\ln x-x\right]_1^e=\frac{1}{\ln b}$$
이때, $\alpha=\dfrac{1}{\ln a}-\dfrac{1}{\ln b}=\dfrac{2}{\ln b}$이므로
$$\frac{1}{\ln a}=\frac{3}{\ln b}\quad\therefore\ \ln b=3\ln a$$
$$\therefore\ \beta=\frac{1}{3\ln a}$$

17-12. 곡선과 직선의 교점의 x좌표는
$$\frac{3n}{x}=4-\frac{x}{n}$$에서 $x^2-4nx+3n^2=0$
$$\therefore\ (x-n)(x-3n)=0$$
$$\therefore\ x=n,\ 3n$$

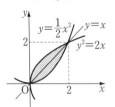

$$\therefore\ S_n=\int_n^{3n}\left(4-\frac{x}{n}-\frac{3n}{x}\right)dx$$
$$=\left[4x-\frac{1}{2n}x^2-3n\ln x\right]_n^{3n}$$
$$=n(4-3\ln 3)$$
$$\therefore\ \sum_{n=1}^{10}S_n=\sum_{n=1}^{10}n(4-3\ln 3)$$
$$=55(4-3\ln 3)$$

17-13. $y'=e^{-x}-xe^{-x}=(1-x)e^{-x}$,

$$y''=-e^{-x}-(1-x)e^{-x}$$
$$=(x-2)e^{-x}$$

따라서 곡선의 오목·볼록을 조사하면 변곡점의 좌표는 $(2,\ 2e^{-2})$

이 점에서의 접선의 방정식은

$$y-2e^{-2}=-e^{-2}(x-2)$$
$$\therefore\ y=-e^{-2}x+4e^{-2}$$

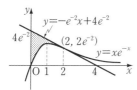

구하는 넓이를 S라고 하면

$$S=\int_0^2(-e^{-2}x+4e^{-2}-xe^{-x})dx$$
$$=\left[-\frac{1}{2}e^{-2}x^2+4e^{-2}x+xe^{-x}+e^{-x}\right]_0^2$$
$$=\frac{9}{e^2}-1$$

17-**14.** 구하는 넓이를 S라고 하자.

(1) $y=\sqrt{(x+3)(x-2)^2}=0$에서
$$x=-3,\ 2$$

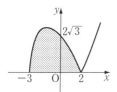

$$\therefore\ S=\int_{-3}^2(2-x)\sqrt{x+3}\,dx$$

$x+3=t$ 라고 하면
$$x=t-3,\ dx=dt$$
$$\therefore\ S=\int_0^5(5-t)\sqrt{t}\,dt$$
$$=\int_0^5\left(5t^{\frac{1}{2}}-t^{\frac{3}{2}}\right)dt$$
$$=\left[5\times\frac{2}{3}t^{\frac{3}{2}}-\frac{2}{5}t^{\frac{5}{2}}\right]_0^5=\frac{20\sqrt{5}}{3}$$

(2) $y=(1-\cos x)\cos x=0\ (0\leq x\leq 2\pi)$

에서 $x=0,\ \dfrac{\pi}{2},\ \dfrac{3}{2}\pi,\ 2\pi$

또, 곡선은 직선 $x=\pi$에 대하여 대칭이다.

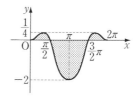

따라서

$$S=2\left\{\int_0^{\frac{\pi}{2}}(1-\cos x)\cos x\,dx\right.$$
$$\left.-\int_{\frac{\pi}{2}}^{\pi}(1-\cos x)\cos x\,dx\right\}$$
$$=2\left\{\int_0^{\frac{\pi}{2}}\left(\cos x-\frac{1}{2}\cos 2x-\frac{1}{2}\right)dx\right.$$
$$\left.-\int_{\frac{\pi}{2}}^{\pi}\left(\cos x-\frac{1}{2}\cos 2x-\frac{1}{2}\right)dx\right\}$$
$$=2\left[\sin x-\frac{1}{4}\sin 2x-\frac{1}{2}x\right]_0^{\frac{\pi}{2}}$$
$$-2\left[\sin x-\frac{1}{4}\sin 2x-\frac{1}{2}x\right]_{\frac{\pi}{2}}^{\pi}$$
$$=4$$

(3) $y=(1-\ln x)\ln x=0$에서　$x=1,\ e$

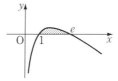

$$\therefore\ S=\int_1^e(1-\ln x)\ln x\,dx$$

$\ln x=t$ 라고 하면　$\dfrac{1}{x}dx=dt$
$$\therefore\ dx=x\,dt=e^t dt$$
$$\therefore\ S=\int_0^1(1-t)te^t dt$$
$$=\int_0^1(t-t^2)e^t dt$$
$$=\left[(t-t^2)e^t\right]_0^1-\int_0^1(1-2t)e^t dt$$

$$=\int_0^1 (2t-1)e^t dt$$

$$=\Big[(2t-1)e^t\Big]_0^1 - \int_0^1 2e^t dt$$

$$=e+1-2\Big[e^t\Big]_0^1 = -e+3$$

(4) $y=e^{\frac{x}{4}}(9-x^2)=0$ 에서 $x=-3,\ 3$

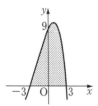

$$\therefore\ S=\int_{-3}^3 e^{\frac{x}{4}}(9-x^2)dx$$

$$=\Big[4e^{\frac{x}{4}}(9-x^2)\Big]_{-3}^3$$

$$-\int_{-3}^3 4e^{\frac{x}{4}}(-2x)dx$$

$$=8\int_{-3}^3 e^{\frac{x}{4}}x\,dx$$

$$=8\Big(\Big[4e^{\frac{x}{4}}x\Big]_{-3}^3 - 4\int_{-3}^3 e^{\frac{x}{4}}dx\Big)$$

$$=8\Big(12e^{\frac{3}{4}}+12e^{-\frac{3}{4}}-4\Big[4e^{\frac{x}{4}}\Big]_{-3}^3\Big)$$

$$=32(7e^{-\frac{3}{4}}-e^{\frac{3}{4}})$$

(5) $y=e^{-x}\sin x=0\,(0\leq x\leq 2\pi)$ 에서
$$x=0,\ \pi,\ 2\pi$$

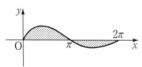

$$\therefore\ S=\int_0^\pi e^{-x}\sin x\,dx$$

$$-\int_\pi^{2\pi} e^{-x}\sin x\,dx$$

$$I=\int e^{-x}\sin x\,dx$$ 라고 하면

$$I=-e^{-x}\sin x + \int e^{-x}\cos x\,dx$$

$$=-e^{-x}\sin x - e^{-x}\cos x$$

$$-\int e^{-x}\sin x\,dx$$

$$\therefore\ I=-\frac{1}{2}e^{-x}(\sin x + \cos x)+C$$

따라서

$$S=\Big[-\frac{1}{2}e^{-x}(\sin x + \cos x)\Big]_0^\pi$$

$$-\Big[-\frac{1}{2}e^{-x}(\sin x + \cos x)\Big]_\pi^{2\pi}$$

$$=\frac{1}{2}(e^{-\pi}+1)^2$$

17-15. 구하는 넓이를 S라고 하자.

(1) 두 곡선의 교점의 x좌표는
$$e^x\cos x = e^x\sin x\,(0\leq x\leq\pi)$$ 에서
$$\tan x=1 \quad \therefore\ x=\frac{\pi}{4}$$

$0\leq x\leq\frac{\pi}{4}$ 일 때 $e^x\sin x\leq e^x\cos x$

$\frac{\pi}{4}\leq x\leq\pi$ 일 때 $e^x\sin x\geq e^x\cos x$

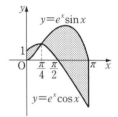

$$\therefore\ S=\int_0^{\frac{\pi}{4}}(e^x\cos x - e^x\sin x)dx$$

$$+\int_{\frac{\pi}{4}}^\pi (e^x\sin x - e^x\cos x)dx$$

그런데
$$(e^x\cos x)'=e^x\cos x - e^x\sin x$$
이므로
$$S=\Big[e^x\cos x\Big]_0^{\frac{\pi}{4}} - \Big[e^x\cos x\Big]_{\frac{\pi}{4}}^\pi$$

$$=\sqrt{2}\,e^{\frac{\pi}{4}}+e^\pi-1$$

(2) 두 곡선의 교점의 x좌표는
$$\ln\frac{3}{4-x}=\ln x$$ 에서
$$\frac{3}{4-x}=x\,(0<x<4)$$
$$\therefore\ x=1,\ 3$$

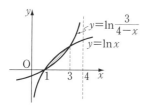

$$\therefore S = \int_1^3 \left(\ln x - \ln \frac{3}{4-x} \right) dx$$

$$= \int_1^3 \ln \frac{x(4-x)}{3} dx$$

$$= \left[x \ln \frac{x(4-x)}{3} \right]_1^3 - \int_1^3 \frac{4-2x}{4-x} dx$$

$$= -2 \int_1^3 \left(1 + \frac{2}{x-4} \right) dx$$

$$= -2 \left[x + 2 \ln |x-4| \right]_1^3$$

$$= 4(\ln 3 - 1)$$

(3) 곡선과 직선의 교점의 x좌표는

$$\frac{xe^{x^2}}{e^{x^2}+1} = \frac{2}{3}x \text{에서} \quad x(e^{x^2}-2)=0$$

$$\therefore x=0, \ \pm\sqrt{\ln 2}$$

두 함수는 모두 기함수이므로 그래프는 각각 원점에 대하여 대칭이다.

한편 $0 < x < \sqrt{\ln 2}$ 에서

$$\frac{xe^{x^2}}{e^{x^2}+1} - \frac{2}{3}x = \frac{x(e^{x^2}-2)}{3(e^{x^2}+1)} < 0$$

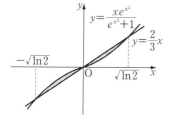

$$\therefore S = 2 \int_0^{\sqrt{\ln 2}} \left(\frac{2}{3}x - \frac{xe^{x^2}}{e^{x^2}+1} \right) dx$$

$$= 2 \left[\frac{1}{3}x^2 - \frac{1}{2}\ln(e^{x^2}+1) \right]_0^{\sqrt{\ln 2}}$$

$$= \frac{5}{3}\ln 2 - \ln 3$$

17-16.

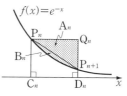

(1) 점 P_n, Q_n에서 x축에 내린 수선의 발을 각각 C_n, D_n이라고 하자.

$f(x)>0$이므로 $\int_n^{n+1} f(x)dx$는 구간 $[n, \ n+1]$에서 x축과 곡선 $y=f(x)$ 사이의 넓이이고, 직사각형 $C_nD_nQ_nP_n$의 넓이는 $\overline{C_nD_n} \times \overline{C_nP_n} = f(n)$이므로

$$\int_n^{n+1} f(x)dx = f(n) - (A_n + B_n)$$

(2) $A_n = \frac{1}{2} \times \overline{P_nQ_n} \times \overline{Q_nP_{n+1}}$

$$= \frac{1}{2} \times 1 \times \left\{ f(n) - f(n+1) \right\}$$

$$= \frac{1}{2} (e^{-n} - e^{-n-1})$$

$$= \frac{e-1}{2} \times e^{-n-1} = \frac{e-1}{2e^2} \left(\frac{1}{e} \right)^{n-1}$$

따라서 수열 $\{A_n\}$은 첫째항이 $\frac{e-1}{2e^2}$, 공비가 $\frac{1}{e}$인 등비수열이다.

$$\therefore \sum_{n=1}^{\infty} A_n = \frac{\frac{e-1}{2e^2}}{1 - \frac{1}{e}} = \frac{1}{2e}$$

(3) (1)에서

$$B_n = f(n) - A_n - \int_n^{n+1} f(x)dx$$

그런데

$$\int_n^{n+1} f(x)dx = \int_n^{n+1} e^{-x}dx$$

$$= \left[-e^{-x} \right]_n^{n+1}$$

$$= -e^{-n-1} + e^{-n}$$

$$\therefore B_n = e^{-n} - \frac{e-1}{2}e^{-n-1} + e^{-n-1} - e^{-n}$$

$$= \frac{3-e}{2}e^{-n-1} = \frac{3-e}{2e^2} \left(\frac{1}{e} \right)^{n-1}$$

따라서 수열 $\{B_n\}$은 첫째항이
$\dfrac{3-e}{2e^2}$, 공비가 $\dfrac{1}{e}$인 등비수열이다.

$$\therefore \sum_{n=1}^{\infty} B_n = \frac{\dfrac{3-e}{2e^2}}{1-\dfrac{1}{e}} = \frac{3-e}{2e(e-1)}$$

17-17. $|\ln x| + |\ln y| = 1$에서

(i) $x \geq 1$, $y \geq 1$일 때
  $\ln x + \ln y = 1$ $\therefore$ $xy = e$

(ii) $x \geq 1$, $0 < y < 1$일 때
  $\ln x - \ln y = 1$ $\therefore$ $y = \dfrac{1}{e}x$

(iii) $0 < x < 1$, $y \geq 1$일 때
  $-\ln x + \ln y = 1$ $\therefore$ $y = ex$

(iv) $0 < x < 1$, $0 < y < 1$일 때
  $-\ln x - \ln y = 1$ $\therefore$ $xy = \dfrac{1}{e}$

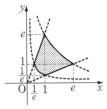

구하는 넓이를 S라고 하면

$$S = \int_{\frac{1}{e}}^{1} \left(ex - \frac{1}{ex} \right) dx + \int_{1}^{e} \left(\frac{e}{x} - \frac{x}{e} \right) dx$$
$$= \left[\frac{e}{2}x^2 - \frac{1}{e}\ln x \right]_{\frac{1}{e}}^{1} + \left[e\ln x - \frac{x^2}{2e} \right]_{1}^{e}$$
$$= e - \frac{1}{e}$$

17-18. (1) $y' = \dfrac{\sqrt{3}\,e}{x}$이므로 곡선 C 위
의 점 $A(t, \sqrt{3}\,e\ln t)$에서의 접선의
방정식은

$$y - \sqrt{3}\,e\ln t = \frac{\sqrt{3}\,e}{t}(x - t)$$

이 직선이 원점 $(0, 0)$을 지나므로
  $\ln t = 1$ $\therefore$ $t = e$
따라서 구하는 접선의 방정식은
  $$\boldsymbol{y = \sqrt{3}\,x}$$

(2)

$\angle AOB = \dfrac{\pi}{3}$이고 $\overline{OA} = \overline{OB}$이므로
$\triangle OAB$는 한 변의 길이가 $2e$인 정삼
각형이다.

선분 OB의 중점을 M이라 하고, 선
분 AM과 곡선 C 및 x축으로 둘러싸
인 도형의 넓이를 S_1이라고 하면

$$S_1 = \int_{1}^{e} \sqrt{3}\,e\ln x\,dx$$
$$= \sqrt{3}\,e\left[x\ln x - x \right]_{1}^{e} = \sqrt{3}\,e$$

$\angle POB = \dfrac{\pi}{6}$이므로 원 P의 반지름
의 길이는

$$\overline{PB} = \frac{1}{\sqrt{3}}\overline{OB} = \frac{2e}{\sqrt{3}}$$

따라서 사다리꼴 AMBP의 넓이를
S_2라고 하면

$$S_2 = \frac{1}{2}(\overline{MA} + \overline{BP}) \times \overline{MB}$$
$$= \frac{1}{2}\left(\sqrt{3}\,e + \frac{2e}{\sqrt{3}} \right)e = \frac{5\sqrt{3}}{6}e^2$$

부채꼴 PAB의 넓이를 S_3이라고 하
면 $\angle APB = \dfrac{2}{3}\pi$이므로

$$S_3 = \frac{1}{2}\left(\frac{2e}{\sqrt{3}} \right)^2 \times \frac{2}{3}\pi = \frac{4\pi e^2}{9}$$

따라서 구하는 넓이는

$$S_1 + S_2 - S_3 = \sqrt{3}\,e + \left(\frac{5\sqrt{3}}{6} - \frac{4\pi}{9} \right)e^2$$

17-19. $a\cos x = b\sin x$, 곧 $\tan x = \dfrac{a}{b}$
에서 $x = \theta$라고 하면

$$0 < \theta < \frac{\pi}{2}, \quad \tan\theta = \frac{a}{b},$$

$\sin\theta=\dfrac{a}{\sqrt{a^2+b^2}}$, $\cos\theta=\dfrac{b}{\sqrt{a^2+b^2}}$

따라서

$S_1=\displaystyle\int_0^\theta (a\cos x-b\sin x)dx$

$\quad=\Big[a\sin x+b\cos x\Big]_0^\theta$

$\quad=a\sin\theta+b\cos\theta-b$

$\quad=\dfrac{a^2}{\sqrt{a^2+b^2}}+\dfrac{b^2}{\sqrt{a^2+b^2}}-b$

$\quad=\boldsymbol{\sqrt{a^2+b^2}-b}$

$S_2=\displaystyle\int_0^{\frac{\pi}{2}}a\cos x\,dx-S_1$

$\quad=\Big[a\sin x\Big]_0^{\frac{\pi}{2}}-S_1$

$\quad=\boldsymbol{a+b-\sqrt{a^2+b^2}}$

$S_3=\displaystyle\int_0^{\pi}b\sin x\,dx-S_2$

$\quad=\Big[-b\cos x\Big]_0^{\pi}-S_2$

$\quad=2b-\left(a+b-\sqrt{a^2+b^2}\right)$

$\quad=\boldsymbol{b-a+\sqrt{a^2+b^2}}$

17-20. $y'=-\sin x$이므로 곡선 위의 점 $(a,\cos a)$에서의 접선의 방정식은

$y-\cos a=(-\sin a)(x-a)$

$y=0$을 대입하면 $\quad x=a+\dfrac{\cos a}{\sin a}$

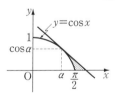

문제의 조건에서

$\dfrac{1}{2}\times\left\{\left(a+\dfrac{\cos a}{\sin a}\right)-a\right\}\times\cos a$

$\qquad\qquad -\displaystyle\int_a^{\frac{\pi}{2}}\cos x\,dx=1$

$\therefore\ \dfrac{\cos^2 a}{2\sin a}-\Big[\sin x\Big]_a^{\frac{\pi}{2}}=1$

$\therefore\ \dfrac{1-\sin^2 a}{2\sin a}-1+\sin a=1$

양변에 $2\sin a$를 곱하여 정리하면

$\sin^2 a-4\sin a+1=0$

$0<\sin a<1$이므로 $\quad\boldsymbol{\sin a=2-\sqrt{3}}$

17-21. $y'=e^x(x+1)$이므로 곡선 위의 점 $(t,\,te^t)$에서의 접선의 방정식은

$y-te^t=e^t(t+1)(x-t)$

$\therefore\ y=e^t\{(t+1)x-t^2\}$ ······①

이 직선이 점 $\left(\dfrac{1}{2},\,0\right)$을 지나므로

$\dfrac{1}{2}(t+1)-t^2=0\quad\therefore\ t=-\dfrac{1}{2},\,1$

①에 대입하면

$y=\dfrac{1}{4}e^{-\frac{1}{2}}(2x-1),\ y=e(2x-1)$

구하는 넓이를 S라고 하면

$S=\displaystyle\int_{-\frac{1}{2}}^{\frac{1}{2}}\left\{xe^x-\dfrac{1}{4}e^{-\frac{1}{2}}(2x-1)\right\}dx$

$\qquad +\displaystyle\int_{\frac{1}{2}}^{1}\left\{xe^x-e(2x-1)\right\}dx$

$\quad=\displaystyle\int_{-\frac{1}{2}}^{1}xe^x dx+2\int_0^{\frac{1}{2}}\dfrac{1}{4}e^{-\frac{1}{2}}dx$

$\qquad\qquad -e\displaystyle\int_{\frac{1}{2}}^{1}(2x-1)dx$

$\quad=\Big[xe^x-e^x\Big]_{-\frac{1}{2}}^{1}+2\Big[\dfrac{1}{4}e^{-\frac{1}{2}}x\Big]_0^{\frac{1}{2}}$

$\qquad\qquad -e\Big[x^2-x\Big]_{\frac{1}{2}}^{1}$

$\quad=\dfrac{7}{4\sqrt{e}}-\dfrac{1}{4}e$

17-22. $y=\ln x$에서 $y'=\dfrac{1}{x}$이므로 이 곡선 위의 점 $(x_1,\,\ln x_1)$에서의 접선의

방정식은
$$y - \ln x_1 = \frac{1}{x_1}(x - x_1) \quad \cdots\cdots ①$$

같은 방법으로 곡선 $y = 2\ln x$ 위의 점 $(x_2,\ 2\ln x_2)$에서의 접선의 방정식은
$$y - 2\ln x_2 = \frac{2}{x_2}(x - x_2) \quad \cdots\cdots ②$$

①과 ②가 일치할 조건은
$$\frac{1}{x_1} = \frac{2}{x_2},\ \ln x_1 - 1 = 2\ln x_2 - 2$$
$$\therefore\ x_1 = \frac{e}{4},\ x_2 = \frac{e}{2}$$

①에 대입하면 $y = \dfrac{4}{e}x - \ln 4$

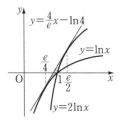

구하는 넓이를 S라고 하면
$$S = \int_{\frac{e}{4}}^{1} \left(\frac{4}{e}x - \ln 4 - \ln x \right) dx$$
$$+ \int_{1}^{\frac{e}{2}} \left(\frac{4}{e}x - \ln 4 - 2\ln x \right) dx$$
$$= \int_{\frac{e}{4}}^{\frac{e}{2}} \left(\frac{4}{e}x - \ln 4 \right) dx - \int_{\frac{e}{4}}^{1} \ln x\, dx$$
$$- 2 \int_{1}^{\frac{e}{2}} \ln x\, dx$$
$$= \left[\frac{2}{e}x^2 - x\ln 4 \right]_{\frac{e}{4}}^{\frac{e}{2}} - \left[x\ln x - x \right]_{\frac{e}{4}}^{1}$$
$$- 2\left[x\ln x - x \right]_{1}^{\frac{e}{2}}$$
$$= \frac{3}{8}e - 1$$

17-23. $y = e^{ax}$에서 $\ln y = ax$
$$\therefore\ x = \frac{1}{a}\ln y$$

x와 y를 바꾸면 $y = \dfrac{1}{a}\ln x$

$$\therefore\ g(x) = \frac{1}{a}\ln x$$

$f(x) = e^{ax}$이라고 하면 두 곡선 $y = f(x),\ y = g(x)$가 $x = e$인 점에서 접할 조건은
$$f(e) = g(e),\ f'(e) = g'(e)$$
$$\therefore\ e^{ae} = \frac{1}{a},\ ae^{ae} = \frac{1}{ae} \quad \therefore\ \boldsymbol{a = \frac{1}{e}}$$

따라서 두 곡선은
$$y = e^{\frac{x}{e}},\ y = e\ln x$$

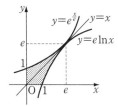

두 곡선이 직선 $y = x$에 대하여 대칭이므로 구하는 넓이를 S라고 하면
$$S = 2\int_{0}^{e} \left(e^{\frac{x}{e}} - x \right) dx$$
$$= 2\left[e \times e^{\frac{x}{e}} - \frac{1}{2}x^2 \right]_{0}^{e} = \boldsymbol{e^2 - 2e}$$

17-24. (1) 곡선과 직선의 교점의 x좌표는 $x\cos x = x$에서
$$x(\cos x - 1) = 0$$
$$\therefore\ x = 0 \ \text{또는}\ \cos x = 1$$
$$\therefore\ x = 2(n-1)\pi \ (n \text{은 자연수})$$

$y = x\cos x$에서 $y' = \cos x - x\sin x$ 이므로 $x = 2(n-1)\pi$인 점에서의 곡선의 접선의 기울기는 1이다. 따라서 교점이 바로 접점이다.
$$\therefore\ A_n = \int_{2(n-1)\pi}^{2n\pi} (x - x\cos x)\, dx$$
$$= \left[\frac{1}{2}x^2 - x\sin x - \cos x \right]_{2(n-1)\pi}^{2n\pi}$$
$$= \boldsymbol{2(2n-1)\pi^2}$$

(2) $S_n = \displaystyle\int_{0}^{2n\pi} (x - x\cos x)\, dx$

$$=\left[\frac{1}{2}x^2-x\sin x-\cos x\right]_0^{2n\pi}=\boldsymbol{2n^2\pi^2}$$

Note $S_n=\sum_{k=1}^{n}A_k=\sum_{k=1}^{n}2(2k-1)\pi^2$

$$=2\pi^2\left\{2\times\frac{n(n+1)}{2}-n\right\}$$

$$=\boldsymbol{2n^2\pi^2}$$

17-25. $\dfrac{dy}{dx}=\dfrac{dy}{dt}\Big/\dfrac{dx}{dt}=\dfrac{3-3t^2}{6t}$

$$=-\frac{(t+1)(t-1)}{2t}\ (t\neq 0)$$

$\dfrac{dy}{dx}=0$에서　$t=-1,\ 1$

$t\geq 0$일 때 증감표는 다음과 같다.

t	0	$\cdots$	1	$\cdots$	∞
x	0	$\cdots$	3	$\cdots$	∞
$\dfrac{dy}{dx}$		+	0	−	
y	0	↗	2	↘	$-\infty$

$t\leq 0$일 때에도 같은 방법으로 조사하면 곡선의 개형은 아래와 같다.

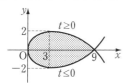

위의 그림에서 $t\geq 0$인 부분과 $t\leq 0$인 부분은 x축에 대하여 대칭이므로 구하는 넓이를 S라고 하면

$$S=2\int_0^9 y\,dx=2\int_0^{\sqrt3}(3t-t^3)6t\,dt$$

$$=\frac{\boldsymbol{72\sqrt3}}{\boldsymbol{5}}$$

Note $x=3t^2$에서 $t=\pm\sqrt{\dfrac{x}{3}}$ 이므로

$t\geq 0$일 때 $y=3\sqrt{\dfrac{x}{3}}-\dfrac{x}{3}\sqrt{\dfrac{x}{3}}$

$t\leq 0$일 때 $y=-3\sqrt{\dfrac{x}{3}}+\dfrac{x}{3}\sqrt{\dfrac{x}{3}}$

따라서 주어진 곡선에서 $t\geq 0$인 부분과 $t\leq 0$인 부분은 x축에 대하여 대칭이다.

18-1.

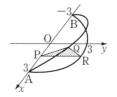

직선 AB를 x축, 선분 AB의 중점을 좌표평면의 원점으로 하자.

이때, $\overline{OQ}=\overline{OR}=3$이므로 점 P의 x좌표를 x라고 하면

$$\overline{PQ}=\overline{PR}=\sqrt{3^2-x^2}$$

$$\therefore\ \triangle PQR=\frac{1}{2}\left(\sqrt{9-x^2}\right)^2\sin 60°$$

$$=\frac{\sqrt3}{4}(9-x^2)$$

따라서 구하는 부피를 V라고 하면

$$V=2\int_0^3\frac{\sqrt3}{4}(9-x^2)dx=\boldsymbol{9\sqrt3}$$

18-2. $f(x)=e^{ax}-x$라고 하면

$$f'(x)=ae^{ax}-1$$

곡선 $y=f(x)$가 x축에 접하므로
$f'(x)=0$에서 $a>0$이고

$$e^{ax}=\frac{1}{a}\quad\therefore\ x=\frac{1}{a}\ln\frac{1}{a}$$

이때, $f\left(\dfrac{1}{a}\ln\dfrac{1}{a}\right)=0$이므로

$$\frac{1}{a}-\frac{1}{a}\ln\frac{1}{a}=0\quad\therefore\ a=\frac{1}{e}$$

따라서 $f(x)=e^{\frac{x}{e}}-x$이고 접점의 x좌표는 e이다.

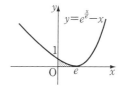

x축에 수직인 평면으로 자른 단면의 넓이를 $S(x)$라고 하면

$$S(x)=\frac{\sqrt{3}}{4}y^2=\frac{\sqrt{3}}{4}\left(e^{\frac{x}{e}}-x\right)^2$$

따라서 구하는 부피를 V라고 하면

$$V=\int_0^e S(x)dx=\int_0^e\frac{\sqrt{3}}{4}\left(e^{\frac{x}{e}}-x\right)^2 dx$$

$$=\frac{\sqrt{3}}{4}\int_0^e\left(e^{\frac{2x}{e}}-2xe^{\frac{x}{e}}+x^2\right)dx$$

$$=\frac{\sqrt{3}}{4}\left(\left[\frac{e}{2}e^{\frac{2x}{e}}+\frac{1}{3}x^3\right]_0^e\right.$$

$$\left.-2\left[e\times e^{\frac{x}{e}}\times x\right]_0^e+2\int_0^e e\times e^{\frac{x}{e}}dx\right)$$

$$=\frac{\sqrt{3}}{4}\left(\frac{5}{6}e^3-2e^2-\frac{e}{2}\right)$$

18-3. x축에 수직인 평면으로 자른 단면의 넓이를 $S(x)$라고 하면

$$S(x)=y^2=(\sin x-k)^2$$

이므로 입체의 부피를 V라고 하면

$$V=\int_0^\pi S(x)dx=\int_0^\pi(\sin x-k)^2 dx$$

$$=\int_0^\pi(\sin^2 x-2k\sin x+k^2)dx$$

$$=\int_0^\pi\left(\frac{1-\cos 2x}{2}-2k\sin x+k^2\right)dx$$

$$=\left[\frac{1}{2}x-\frac{1}{4}\sin 2x+2k\cos x+k^2 x\right]_0^\pi$$

$$=\pi k^2-4k+\frac{\pi}{2}$$

$$=\pi\left(k-\frac{2}{\pi}\right)^2+\frac{\pi}{2}-\frac{4}{\pi}\ (0<k<1)$$

따라서 V는 $k=\dfrac{2}{\pi}$일 때 최소이다.

18-4.

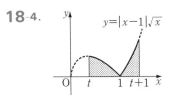

$y=|x-1|\sqrt{x}$

x축에 수직인 평면으로 자른 단면의 넓이를 $S(x)$라고 하면

$$S(x)=y^2=(x-1)^2 x$$

이므로

$$V(t)=\int_t^{t+1}S(x)dx$$

$$=\int_t^{t+1}(x-1)^2 x\,dx$$

$$\therefore\ V'(t)=t^2(t+1)-(t-1)^2 t$$

$$=3t\left(t-\frac{1}{3}\right)$$

$0<t<1$에서 증감을 조사하면 $V(t)$는 $t=\dfrac{1}{3}$일 때 최소이다.

18-5. 조건식에서

$$x\int_0^x\{f(t)\}^2 dt-\int_0^x t\{f(t)\}^2 dt$$

$$=6x^5\int_0^1 1\,dt-12x^4\int_0^1 t\,dt+6x^3\int_0^1 t^2 dt$$

$$\therefore\ x\int_0^x\{f(t)\}^2 dt-\int_0^x t\{f(t)\}^2 dt$$

$$=6x^5-6x^4+2x^3$$

양변을 x에 관하여 미분하면

$$\int_0^x\{f(t)\}^2 dt+x\{f(x)\}^2-x\{f(x)\}^2$$

$$=30x^4-24x^3+6x^2$$

$$\therefore\ \int_0^x\{f(t)\}^2 dt=30x^4-24x^3+6x^2$$

x좌표가 t인 점을 지나고 x축에 수직인 평면으로 자른 단면의 넓이가 $\{f(t)\}^2$이므로 구하는 부피를 V라고 하면

$$V=\int_0^1\{f(t)\}^2 dt$$

$$=30\times1^4-24\times1^3+6\times1^2=\mathbf{12}$$

18-6. 구하는 부피를 V라고 하자.

(1) $y=(x+1)^2(x-1)^2$이므로 그래프는 아래와 같다.

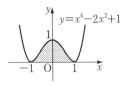

$y=x^4-2x^2+1$

따라서

$$V=\pi\int_{-1}^{1}(x^4-2x^2+1)^2dx$$

$$=2\pi\int_{0}^{1}(x^8-4x^6+6x^4-4x^2+1)\,dx$$

$$=\frac{256}{315}\pi$$

(2)　　　　　　　　(3)

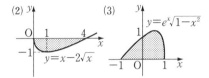

(2) $V=\pi\int_{0}^{4}\left(x-2\sqrt{x}\,\right)^2dx$

$$=\pi\int_{0}^{4}\left(x^2-4x^{\frac{3}{2}}+4x\right)dx$$

$$=\pi\left[\frac{1}{3}x^3-\frac{8}{5}x^{\frac{5}{2}}+2x^2\right]_{0}^{4}=\frac{32}{15}\pi$$

(3) $V=\pi\int_{-1}^{1}\left(e^x\sqrt{1-x^2}\,\right)^2dx$

$$=\pi\int_{-1}^{1}e^{2x}(1-x^2)\,dx$$

$$=\pi\left\{\left[\frac{1}{2}e^{2x}(1-x^2)\right]_{-1}^{1}\right.$$

$$\left.-\int_{-1}^{1}\frac{1}{2}e^{2x}(-2x)\,dx\right\}$$

$$=\pi\int_{-1}^{1}e^{2x}x\,dx$$

$$=\pi\left(\left[\frac{1}{2}e^{2x}x\right]_{-1}^{1}-\int_{-1}^{1}\frac{1}{2}e^{2x}dx\right)$$

$$=\frac{\pi}{4}\left(e^2+\frac{3}{e^2}\right)$$

18-7. 구하는 부피를 V라고 하자.

(1)　　　　　　　　(2)

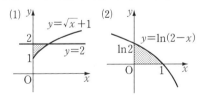

(1) $y=\sqrt{x}+1$에서

$$\sqrt{x}=y-1\quad\therefore\ x=(y-1)^2$$

$$\therefore\ V=\pi\int_{1}^{2}x^2dy$$

$$=\pi\int_{1}^{2}(y-1)^4dy=\frac{\pi}{5}$$

(2) $y=\ln(2-x)$에서

$$2-x=e^y\quad\therefore\ x=2-e^y$$

$$\therefore\ V=\pi\int_{0}^{\ln2}x^2dy=\pi\int_{0}^{\ln2}(2-e^y)^2dy$$

$$=\pi\int_{0}^{\ln2}(4-4e^y+e^{2y})dy$$

$$=\pi\left[4y-4e^y+\frac{1}{2}e^{2y}\right]_{0}^{\ln2}$$

$$=\pi\left(4\ln2-\frac{5}{2}\right)$$

18-8. 곡선과 직선의 교점의 x좌표는

$x+2\sin x=x$에서

$$\sin x=0\quad\therefore\ x=0,\ \pi,\ 2\pi$$

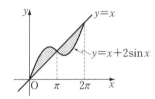

구하는 부피를 V라고 하면

$$V=\pi\int_{0}^{\pi}\left\{(x+2\sin x)^2-x^2\right\}dx$$

$$+\pi\int_{\pi}^{2\pi}\left\{x^2-(x+2\sin x)^2\right\}dx$$

$$=\pi\int_{0}^{\pi}\left(4x\sin x+4\times\frac{1-\cos2x}{2}\right)dx$$

$$-\pi\int_{\pi}^{2\pi}\left(4x\sin x+4\times\frac{1-\cos2x}{2}\right)dx$$

$$=4\pi\left[-x\cos x+\sin x+\frac{x}{2}-\frac{\sin2x}{4}\right]_{0}^{\pi}$$

$$-4\pi\left[-x\cos x+\sin x+\frac{x}{2}-\frac{\sin2x}{4}\right]_{\pi}^{2\pi}$$

$$=16\pi^2$$

18-9.

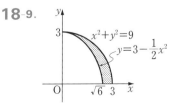

위의 그림에서 점 찍은 부분을 y축 둘레로 회전시킨 것이다.

따라서 구하는 부피를 V라고 하면

$$V=\pi\int_0^3(9-y^2)dy-\pi\int_0^3(6-2y)dy$$

$$=\pi\int_0^3(-y^2+2y+3)dy=\boldsymbol{9\pi}$$

18-10.

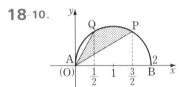

위의 그림과 같이 좌표축을 잡으면 반원의 방정식은

$$(x-1)^2+y^2=1 \ (y\geq0)$$

또, 직선 AP, AQ의 방정식은 각각

$$y=\frac{1}{\sqrt{3}}x, \ y=\sqrt{3}\,x$$

따라서 구하는 부피를 V라고 하면

$$V=\pi\int_0^{\frac{1}{2}}\left(\sqrt{3}\,x\right)^2dx$$

$$+\pi\int_{\frac{1}{2}}^{\frac{3}{2}}\{1-(x-1)^2\}\,dx$$

$$-\pi\int_0^{\frac{3}{2}}\left(\frac{1}{\sqrt{3}}x\right)^2dx$$

$$=\boldsymbol{\frac{2}{3}\pi}$$

18-11. 두 곡선의 교점의 x좌표는

$x^2=-x^2+2x$에서 $x=0, 1$

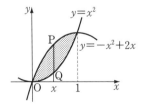

위의 그림과 같이 점 $(x, 0)$을 지나고 x축에 수직인 직선이 두 곡선과 만나는 점을 각각 P, Q라고 하면

$$\overline{PQ}=(-x^2+2x)-x^2=-2x^2+2x$$

선분 PQ를 지름으로 하는 반원의 넓이를 $S(x)$라고 하면

$$S(x)=\frac{1}{2}\pi\left(\frac{-2x^2+2x}{2}\right)^2$$

$$=\frac{\pi}{2}(x^4-2x^3+x^2)$$

따라서 구하는 부피를 V라고 하면

$$V=\int_0^1 S(x)dx$$

$$=\int_0^1\frac{\pi}{2}(x^4-2x^3+x^2)dx=\boldsymbol{\frac{\pi}{60}}$$

18-12.

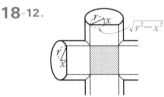

두 원기둥의 밑면에 수직이고, 밑면의 중심으로부터 거리가 x인 평면으로 자른 단면은 한 변의 길이가 $2\sqrt{r^2-x^2}$ 인 정사각형이다.

따라서 구하는 부피를 V라고 하면

$$V=2\int_0^r 4(r^2-x^2)dx=\boldsymbol{\frac{16}{3}r^3}$$

18-13. $f(x)=\int_0^x e^{-t}dt=\left[-e^{-t}\right]_0^x$

$$=-e^{-x}+1$$

$y=-e^{-x}+1$에서

$e^{-x}=1-y$ $\therefore \ln(1-y)=-x$

$\therefore x=-\ln(1-y)$

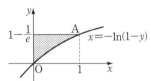

y축에 수직인 평면으로 자른 단면의 넓이를 $S(y)$라고 하면

$$S(y)=\frac{\sqrt{3}}{4}x^2=\frac{\sqrt{3}}{4}\{\ln(1-y)\}^2$$

따라서 구하는 부피를 V라고 하면

$$V=\int_0^{1-\frac{1}{e}} S(y)dy$$

$$=\int_0^{1-\frac{1}{e}} \frac{\sqrt{3}}{4}\{\ln(1-y)\}^2 dy$$

$\ln(1-y)=t$ 라고 하면

$$e^t=1-y \quad \therefore \ y=1-e^t$$

$$\therefore \ dy=-e^t dt$$

$$\therefore \ V=\frac{\sqrt{3}}{4}\int_0^{-1} t^2(-e^t dt)$$

$$=\frac{\sqrt{3}}{4}\int_{-1}^0 t^2 e^t dt$$

$$=\frac{\sqrt{3}}{4}\left(\left[t^2 e^t\right]_{-1}^0 -2\int_{-1}^0 te^t dt\right)$$

$$=\frac{\sqrt{3}}{4}\left(-e^{-1}-2\left[te^t\right]_{-1}^0 +2\int_{-1}^0 e^t dt\right)$$

$$=\frac{\sqrt{3}}{4}\left(2-\frac{5}{e}\right)$$

18-14.

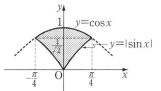

y축에 수직인 평면으로 자른 단면의 넓이를 $S(y)$라고 하자.

$0\le y\le \dfrac{1}{\sqrt{2}}$ 일 때

$$S(y)=\pi x^2 \ (단, \ y=\sin x)$$

$\dfrac{1}{\sqrt{2}}\le y\le 1$ 일 때

$$S(y)=\pi x^2 \ (단, \ y=\cos x)$$

$V_1=\int_0^{\frac{1}{\sqrt{2}}} S(y)dy$ 라고 하면

$y=\sin x$ 에서 $dy=\cos x\,dx$ 이므로

$$V_1=\int_0^{\frac{1}{\sqrt{2}}} \pi x^2 dy=\pi\int_0^{\frac{\pi}{4}} x^2\cos x\,dx$$

또, $V_2=\int_{\frac{1}{\sqrt{2}}}^1 S(y)dy$ 라고 하면

$y=\cos x$ 에서 $dy=-\sin x\,dx$ 이므로

$$V_2=\int_{\frac{1}{\sqrt{2}}}^1 \pi x^2 dy=\pi\int_{\frac{\pi}{4}}^0 x^2(-\sin x\,dx)$$

$$=\pi\int_0^{\frac{\pi}{4}} x^2\sin x\,dx$$

따라서 구하는 부피를 V라고 하면

$$V=V_1+V_2$$

$$=\pi\int_0^{\frac{\pi}{4}} x^2(\sin x+\cos x)dx$$

$$=\sqrt{2}\,\pi\int_0^{\frac{\pi}{4}} x^2\sin\left(x+\frac{\pi}{4}\right)dx$$

$$=\sqrt{2}\,\pi\left\{\left[-x^2\cos\left(x+\frac{\pi}{4}\right)\right]_0^{\frac{\pi}{4}}\right.$$

$$\left. +2\int_0^{\frac{\pi}{4}} x\cos\left(x+\frac{\pi}{4}\right)dx\right\}$$

$$=2\sqrt{2}\,\pi\left\{\left[x\sin\left(x+\frac{\pi}{4}\right)\right]_0^{\frac{\pi}{4}}\right.$$

$$\left. -\int_0^{\frac{\pi}{4}}\sin\left(x+\frac{\pi}{4}\right)dx\right\}$$

$$=\frac{(\sqrt{2}\,\pi-4)\pi}{2}$$

18-15.

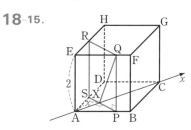

밑면의 대각선 AC를 x축, 점 A를 원점으로 하자. 또, x축 위의 점 $X(x,\,0)$ $(0\le x\le \sqrt{2})$ 을 지나고 x축에 수직인 평면이 정육면체의 모서리와 만나는 점을 위의 그림과 같이 각각 P, Q, R, S라고 하자.

이때, 정육면체를 회전시켜 얻은 입체와 이 평면이 만나서 생기는 단면은 중심이 X이고 반지름이 선분 XQ인 원이다.

한편 $\overline{PX}=\overline{AX}=x$, $\overline{PQ}=2$ 이므로

$$\overline{XQ}^2=x^2+2^2$$

따라서 구하는 부피를 V라고 하면

$$V=2\int_0^{\sqrt{2}}\pi\,\overline{XQ}^2 dx=2\int_0^{\sqrt{2}}\pi(x^2+4)dx$$
$$=\frac{28\sqrt{2}}{3}\pi$$

18-16.

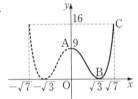

$y=(x^2-3)^2$에서 $x^2-3=\pm\sqrt{y}$

곧, $x^2=3+\sqrt{y}$ ……①

$x^2=3-\sqrt{y}$ ……②

①이 곡선 BC의 방정식이고, ②가 곡선 AB의 방정식이다.

그릇에 들어 있는 물의 부피를 V라고 하면

(i) $0<h\leq 9$일 때

$$V=\pi\int_0^h(\sqrt{y}+3)dy$$
$$-\pi\int_0^h(3-\sqrt{y})dy$$
$$=\pi\int_0^h\{(\sqrt{y}+3)-(3-\sqrt{y})\}dy$$
$$=\pi\int_0^h 2\sqrt{y}\,dy=\frac{4\pi}{3}h\sqrt{h}$$

(ii) $9<h\leq 16$일 때

(i)에서 $h=9$일 때 $V=36\pi$이므로

$$V=36\pi+\pi\int_9^h(\sqrt{y}+3)dy$$
$$=\frac{\pi}{3}(2h\sqrt{h}+9h-27)$$

18-17. 그림 ①   그림 ②

그림 ①의 직선 $y=3$과 포물선 $y=x^2-1$을 y축의 방향으로 -3만큼 평행이동하여 직선 $y=3$을 x축과 겹치게 하면 그림 ②가 되고, 이때 직선과 포물선의 방정식은 각각 $y=0$, $y=x^2-4$이다.

따라서 구하는 부피는 그림 ②에서 점 찍은 부분을 x축 둘레로 회전시킨 입체의 부피와 같으므로 구하는 부피를 V라고 하면

$$V=2\pi\int_0^1(x^2-4)^2 dx-2\pi\int_0^1(-3)^2 dx$$
$$=\frac{136}{15}\pi$$

19-1. $v(t)=30-3t-\sqrt{t}=0$에서

$\sqrt{t}=X$로 놓으면 $3X^2+X-30=0$

∴ $(3X+10)(X-3)=0$

$X\geq 0$이므로 $X=3$

∴ $\sqrt{t}=3$ ∴ $t=9$

따라서 점 P가 움직인 거리를 l이라고 하면

$$l=\int_0^9|v(t)|dt$$
$$=\int_0^9|30-3t-\sqrt{t}|dt$$
$$=\int_0^9(30-3t-\sqrt{t})dt$$
$$=\left[30t-\frac{3}{2}t^2-\frac{2}{3}t\sqrt{t}\right]_0^9=\frac{261}{2}$$

19-2. (1) 시각 t에서의 점 P의 위치를 $x(t)$라고 하면

$$x(t)=\int_0^t v(t)\,dt$$
$$=\int_0^t(\cos t+\cos 2t)dt$$
$$=\left[\sin t+\frac{1}{2}\sin 2t\right]_0^t$$
$$=\sin t+\frac{1}{2}\sin 2t$$

(2) $v(t)=\cos t+\cos 2t=0$에서

$\cos t+2\cos^2 t-1=0$

∴ $(2\cos t-1)(\cos t+1)=0$

$0 \leq t \leq \pi$ 에서 $t = \dfrac{\pi}{3}$, π 이고

$0 \leq t \leq \dfrac{\pi}{3}$ 일 때 $v(t) \geq 0$,

$\dfrac{\pi}{3} \leq t \leq \pi$ 일 때 $v(t) \leq 0$

따라서 점 P가 움직인 거리를 l 이라고 하면

$$l = \int_0^\pi |v(t)|\, dt$$

$$= \int_0^\pi |\cos t + \cos 2t|\, dt$$

$$= \int_0^{\frac{\pi}{3}} (\cos t + \cos 2t)\, dt$$

$$\qquad - \int_{\frac{\pi}{3}}^\pi (\cos t + \cos 2t)\, dt$$

$$= \left[\sin t + \frac{1}{2}\sin 2t \right]_0^{\frac{\pi}{3}}$$

$$\qquad - \left[\sin t + \frac{1}{2}\sin 2t \right]_{\frac{\pi}{3}}^\pi$$

$$= \frac{3\sqrt{3}}{2}$$

19-3. 곡선의 길이를 l 이라고 하자.

(1) $\dfrac{dy}{dx} = \left(x^{\frac{3}{2}} \right)' = \dfrac{3}{2} x^{\frac{1}{2}}$ 이므로

$$l = \int_0^2 \sqrt{1 + \left(\frac{3}{2} x^{\frac{1}{2}} \right)^2}\, dx$$

$$= \frac{1}{2} \int_0^2 \sqrt{4 + 9x}\, dx$$

$$= \frac{1}{2} \left[\frac{1}{9} \times \frac{2}{3} (4+9x)^{\frac{3}{2}} \right]_0^2$$

$$= \frac{2}{27} (11\sqrt{22} - 4)$$

(2) $\dfrac{dy}{dx} = \dfrac{1}{2}(x^2+2)^{\frac{1}{2}} \times 2x = x\sqrt{x^2+2}$ 이므로

$$l = \int_0^6 \sqrt{1 + x^2(x^2+2)}\, dx$$

$$= \int_0^6 (x^2+1)\, dx = \mathbf{78}$$

(3) $\dfrac{dy}{dx} = \dfrac{\sec x \tan x}{\sec x} = \tan x$ 이므로

$$l = \int_0^{\frac{\pi}{4}} \sqrt{1 + \tan^2 x}\, dx = \int_0^{\frac{\pi}{4}} \sec x\, dx$$

$$= \int_0^{\frac{\pi}{4}} \frac{\sec x (\tan x + \sec x)}{\tan x + \sec x}\, dx$$

$$= \left[\ln(\tan x + \sec x) \right]_0^{\frac{\pi}{4}}$$

$$= \mathbf{\ln(\sqrt{2} + 1)}$$

(4) $\dfrac{dy}{dx} = \dfrac{1}{2}x - \dfrac{1}{2x} = \dfrac{1}{2}\left(x - \dfrac{1}{x} \right)$ 이므로

$$l = \int_1^3 \sqrt{1 + \frac{1}{4}\left(x - \frac{1}{x} \right)^2}\, dx$$

$$= \int_1^3 \sqrt{\frac{1}{4}\left(x + \frac{1}{x} \right)^2}\, dx$$

$$= \frac{1}{2} \int_1^3 \left(x + \frac{1}{x} \right) dx$$

$$= \frac{1}{2} \left[\frac{1}{2}x^2 + \ln x \right]_1^3 = \mathbf{2 + \frac{1}{2}\ln 3}$$

19-4. $y = \pm \dfrac{1}{3}(x+5)^{\frac{3}{2}}$ $(x \geq -5)$

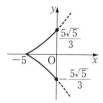

곡선 $y = \dfrac{1}{3}(x+5)^{\frac{3}{2}}$ 에 대하여

$-5 \leq x \leq 0$ 에서의 곡선의 길이를 l 이라고 하면

$$l = \int_{-5}^0 \sqrt{1 + \left(\frac{dy}{dx} \right)^2}\, dx$$

$$= \int_{-5}^0 \sqrt{1 + \left\{ \frac{1}{2}(x+5)^{\frac{1}{2}} \right\}^2}\, dx$$

$$= \int_{-5}^0 \sqrt{\frac{1}{4}(x+9)}\, dx$$

$$= \frac{1}{2} \int_{-5}^0 \sqrt{x+9}\, dx$$

$$= \frac{1}{2} \left[\frac{2}{3}(x+9)^{\frac{3}{2}} \right]_{-5}^0 = \frac{19}{3}$$

따라서 구하는 둘레의 길이는

$$2 \times \frac{19}{3} + 2 \times \frac{5\sqrt{5}}{3} = \mathbf{\frac{2}{3}(19 + 5\sqrt{5})}$$

19-5. $\int_0^1 \sqrt{1+\{f'(x)\}^2}\,dx$는 $0 \leq x \leq 1$에서 곡선 $y=f(x)$의 길이이므로 최소인 경우는 $y=f(x)$의 그래프가 두 점 $(0,\ 0)$과 $(1,\ \sqrt{3}\,)$을 지나는 직선일 때이다.

따라서 최솟값은 $\sqrt{1^2+(\sqrt{3}\,)^2}=2$

19-6. $f(x)=x\int_0^x \dfrac{1}{\cos^2 t}\,dt - \int_0^x \dfrac{t}{\cos^2 t}\,dt$

이므로

$$f'(x)=\int_0^x \frac{1}{\cos^2 t}\,dt + \frac{x}{\cos^2 x} - \frac{x}{\cos^2 x}$$

$$=\int_0^x \frac{1}{\cos^2 t}\,dt = \int_0^x \sec^2 t\,dt$$

$$=\Big[\tan t\Big]_0^x = \tan x$$

따라서 곡선의 길이를 l이라고 하면

$$l=\int_0^{\frac{\pi}{6}} \sqrt{1+\{f'(x)\}^2}\,dx$$

$$=\int_0^{\frac{\pi}{6}} \sqrt{1+\tan^2 x}\,dx = \int_0^{\frac{\pi}{6}} \sec x\,dx$$

$$=\int_0^{\frac{\pi}{6}} \frac{1}{\cos x}\,dx = \int_0^{\frac{\pi}{6}} \frac{\cos x}{1-\sin^2 x}\,dx$$

$\sin x = t$라고 하면 $\cos x\,dx = dt$

$$\therefore\ l=\int_0^{\frac{1}{2}} \frac{1}{1-t^2}\,dt$$

$$=\frac{1}{2}\int_0^{\frac{1}{2}} \Big(\frac{1}{t+1} - \frac{1}{t-1}\Big)\,dt$$

$$=\frac{1}{2}\Big[\ln|t+1| - \ln|t-1|\Big]_0^{\frac{1}{2}}$$

$$=\frac{1}{2}\ln 3$$

19-7. $\int_0^x \sqrt{1+\{f'(t)\}^2}\,dt = e^{2x}+y-2$

양변을 x에 관하여 미분하면

$$\sqrt{1+\{f'(x)\}^2} = 2e^{2x}+f'(x)$$

양변을 제곱하여 정리하면

$$f'(x)=\frac{1}{4}e^{-2x}-e^{2x}$$

$$\therefore\ f(x)=\int \Big(\frac{1}{4}e^{-2x}-e^{2x}\Big)\,dx$$

$$=-\frac{1}{8}e^{-2x}-\frac{1}{2}e^{2x}+C$$

$f(0)=1$이므로 $C=\dfrac{13}{8}$

$$\therefore\ \boldsymbol{f(x)=-\frac{1}{8}e^{-2x}-\frac{1}{2}e^{2x}+\frac{13}{8}}$$

19-8. (1) $\dfrac{dx}{dt}=\dfrac{5}{2}t, \quad \dfrac{dy}{dt}=\dfrac{5}{2}t^{\frac{3}{2}}$

$$\therefore\ \frac{dy}{dx}=\frac{dy}{dt}\Big/\frac{dx}{dt}=t^{\frac{1}{2}}$$

$$\therefore\ \Big[\frac{dy}{dx}\Big]_{t=t_0}=t_0^{\frac{1}{2}}=1$$

$$\therefore\ \boldsymbol{t_0=1}$$

(2) 점 P가 움직인 거리를 l이라고 하면

$$l=\int_0^{t_0} \sqrt{\Big(\frac{5}{2}t\Big)^2 + \Big(\frac{5}{2}t^{\frac{3}{2}}\Big)^2}\,dt$$

$$=\int_0^1 \frac{5}{2}\sqrt{t^2+t^3}\,dt$$

$$=\frac{5}{2}\int_0^1 t\sqrt{1+t}\,dt$$

$\sqrt{1+t}=u$라고 하면 $1+t=u^2$, $dt=2u\,du$이므로

$$l=\frac{5}{2}\int_1^{\sqrt{2}} (u^2-1)u \times 2u\,du$$

$$=5\int_1^{\sqrt{2}} (u^4-u^2)\,du$$

$$=\frac{2}{3}(\sqrt{2}+1)$$

* *Note* $1+t=u$로 치환하여 구할 수도 있다.

19-9. 시각 t에서의 점 P, Q의 위치를 각각 x_P, x_Q라고 하면

$$x_P=\int_0^t \sin \pi t\,dt = \Big[-\frac{1}{\pi}\cos \pi t\Big]_0^t$$

$$=\frac{1}{\pi}(1-\cos \pi t)$$

$$x_Q=\int_0^t 2\sin 2\pi t\,dt = \Big[-\frac{1}{\pi}\cos 2\pi t\Big]_0^t$$

$$=\frac{1}{\pi}(1-\cos 2\pi t)$$

$x_P=x_Q$에서 $\cos \pi t = \cos 2\pi t$

$$\therefore\ \cos \pi t = 2\cos^2 \pi t - 1$$

$$\therefore\ \cos \pi t = -\frac{1}{2},\ 1$$

따라서 점 P, Q가 출발 후 처음으로 만나는 시각 t는 $\cos \pi t = -\dfrac{1}{2}$에서

$$\pi t = \dfrac{2}{3}\pi \quad \therefore \ t = \dfrac{2}{3}$$

이때, 점 P, Q가 움직인 거리를 각각 l_P, l_Q라고 하면

$$l_P = \int_0^{\frac{2}{3}} |\sin \pi t|\, dt = \int_0^{\frac{2}{3}} \sin \pi t\, dt$$

$$= \left[-\dfrac{1}{\pi}\cos \pi t \right]_0^{\frac{2}{3}} = \dfrac{3}{2\pi}$$

$$l_Q = \int_0^{\frac{2}{3}} |2\sin 2\pi t|\, dt$$

$$= \int_0^{\frac{1}{2}} 2\sin 2\pi t\, dt - \int_{\frac{1}{2}}^{\frac{2}{3}} 2\sin 2\pi t\, dt$$

$$= \left[-\dfrac{1}{\pi}\cos 2\pi t \right]_0^{\frac{1}{2}} - \left[-\dfrac{1}{\pi}\cos 2\pi t \right]_{\frac{1}{2}}^{\frac{2}{3}}$$

$$= \dfrac{5}{2\pi}$$

19-10. n초 후의 점 P의 위치를 P_n(n은 음이 아닌 정수, $P_0 = O$)이라 하고, x좌표의 극한값을 a라고 하면

$$a = \overline{OP_1} - \overline{P_2P_3} + \overline{P_4P_5} - \cdots,$$

$$\overline{P_nP_{n+1}} = \int_n^{n+1} e^{-t}dt = \left[-e^{-t} \right]_n^{n+1}$$

$$= \dfrac{1}{e^n} - \dfrac{1}{e^{n+1}}$$

$$\therefore \ a = \left(1 - \dfrac{1}{e}\right) - \left(\dfrac{1}{e^2} - \dfrac{1}{e^3}\right)$$

$$+ \left(\dfrac{1}{e^4} - \dfrac{1}{e^5}\right) - \cdots$$

$$= \left(1 - \dfrac{1}{e}\right) - \dfrac{1}{e^2}\left(1 - \dfrac{1}{e}\right)$$

$$+ \dfrac{1}{e^4}\left(1 - \dfrac{1}{e}\right) - \cdots$$

$$= \dfrac{1 - \dfrac{1}{e}}{1 + \dfrac{1}{e^2}} = \dfrac{e^2 - e}{e^2 + 1}$$

19-11. 점 P는 매초 1의 속력으로 움직이므로 t초 동안 t만큼 움직인다.

따라서 점 $(0, 1)$을 A라고 하면

$$(\text{곡선 AP의 길이}) = t$$

한편 점 P의 x좌표를 x라고 하면 곡선 AP의 길이 t는

$$t = \int_0^x \sqrt{1 + \left(\dfrac{dy}{dx}\right)^2}\, dx$$

$$= \int_0^x \sqrt{1 + \left\{\dfrac{1}{2}(e^x - e^{-x})\right\}^2}\, dx$$

$$= \int_0^x \dfrac{1}{2}(e^x + e^{-x})\, dx$$

$$= \dfrac{1}{2}\left[e^x - e^{-x} \right]_0^x = \dfrac{1}{2}(e^x - e^{-x})$$

곧, $\dfrac{1}{2}(e^x - e^{-x}) = t$

$$\therefore \ (e^x)^2 - 2te^x - 1 = 0$$

$e^x > 0$이므로 $e^x = t + \sqrt{t^2 + 1}$

$$\therefore \ x = \ln\left(t + \sqrt{t^2 + 1}\right)$$

19-12.

접점이 점 $Q(\cos t, \sin t)$일 때

$$\overline{PQ} = \overparen{AQ} = t$$

이때, 직선 PQ가 x축과 이루는 예각의 크기는 $\dfrac{\pi}{2} - t$이므로 점 P의 좌표를 (x, y)라고 하면

$$x = \cos t + t\cos\left(\dfrac{\pi}{2} - t\right)$$

$$= \cos t + t\sin t,$$

$$y = \sin t - t\sin\left(\dfrac{\pi}{2} - t\right)$$

$$= \sin t - t\cos t$$

$$\therefore \ \dfrac{dx}{dt} = t\cos t, \ \dfrac{dy}{dt} = t\sin t$$

따라서 곡선의 길이를 l이라고 하면

$$l = \int_0^{\frac{\pi}{2}} \sqrt{\left(\dfrac{dx}{dt}\right)^2 + \left(\dfrac{dy}{dt}\right)^2}\, dt$$

$$=\int_0^{\frac{\pi}{2}}\sqrt{t^2}\,dt=\int_0^{\frac{\pi}{2}}t\,dt=\frac{\pi^2}{8}$$

19-13. (1) 양변을 t에 관하여 미분하면

$$\frac{dx}{dt}=t\cos t,\quad \frac{dy}{dt}=t\sin t$$

따라서 점 P가 움직인 거리를 l이라고 하면

$$l=\int_0^{2\pi}\sqrt{\left(\frac{dx}{dt}\right)^2+\left(\frac{dy}{dt}\right)^2}\,dt$$
$$=\int_0^{2\pi}\sqrt{t^2}\,dt=\int_0^{2\pi}t\,dt=2\pi^2$$

(2) $x=\displaystyle\int_0^t \theta\cos\theta\,d\theta$

$$=\Big[\theta\sin\theta\Big]_0^t-\int_0^t \sin\theta\,d\theta$$
$$=t\sin t+\Big[\cos\theta\Big]_0^t$$
$$=t\sin t+\cos t-1$$

$y=\displaystyle\int_0^t \theta\sin\theta\,d\theta$

$$=\Big[-\theta\cos\theta\Big]_0^t+\int_0^t \cos\theta\,d\theta$$
$$=-t\cos t+\Big[\sin\theta\Big]_0^t$$
$$=-t\cos t+\sin t$$

$$\therefore \overline{OP}^2=x^2+y^2$$
$$=t^2(\sin^2 t+\cos^2 t)$$
$$\quad+2t\{\sin t(\cos t-1)$$
$$\quad\quad -\sin t\cos t\}$$
$$\quad+(\cos t-1)^2+\sin^2 t$$
$$=t^2-2t\sin t+2-2\cos t$$
$$f(t)=t^2-2t\sin t+2-2\cos t \text{ 라고}$$
하면

$$f'(t)=2t-2\sin t-2t\cos t+2\sin t$$
$$=2t(1-\cos t)$$

$0\le t\le 2\pi$일 때 $f'(t)\ge 0$이므로 $f(t)$는 증가한다.

따라서 $f(t)$는 $t=2\pi$일 때 최대이므로 선분 OP의 길이의 최댓값은

$$\sqrt{f(2\pi)}=\sqrt{4\pi^2+2-2\cos 2\pi}=2\pi$$

19-14. $\dfrac{dx}{dt}=-4\sin t,\ \dfrac{dy}{dt}=f'(t)$이므로

$$\int_0^s\sqrt{(-4\sin t)^2+\{f'(t)\}^2}\,dt$$
$$=\frac{9}{2}s-\frac{\sin 2s}{4}$$

양변을 s에 관하여 미분하면

$$\sqrt{(-4\sin s)^2+\{f'(s)\}^2}=\frac{9}{2}-\frac{\cos 2s}{2}$$
$$=\frac{9}{2}-\frac{1-2\sin^2 s}{2}$$
$$=4+\sin^2 s$$

양변을 제곱하면

$$16\sin^2 s+\{f'(s)\}^2=(4+\sin^2 s)^2$$
$$\therefore \{f'(s)\}^2=(4-\sin^2 s)^2$$

주어진 조건에서 $f'(\pi)=4$이므로

$$f'(s)=4-\sin^2 s$$

따라서 시각 t에서의 점 P의 가속도는

$$\left(\frac{d^2x}{dt^2},\frac{d^2y}{dt^2}\right)=(-4\cos t,\,-2\sin t\cos t)$$

이므로 $t=\dfrac{\pi}{4}$일 때 가속도의 크기는

$$\sqrt{\left(-4\cos\frac{\pi}{4}\right)^2+\left(-2\sin\frac{\pi}{4}\cos\frac{\pi}{4}\right)^2}$$
$$=\sqrt{8+1}=3$$

유제
풀이 및 정답

유제 풀이 및 정답

1-1. (1) (준 식)$=\lim\limits_{n\to\infty}\dfrac{n-\dfrac{2}{n}}{1+\dfrac{2}{n^2}}=\infty$

(2) (준 식)$=\lim\limits_{n\to\infty}\dfrac{\dfrac{2}{n}}{3+\dfrac{1}{n^2}}=\mathbf{0}$

(3) (준 식)$=\lim\limits_{n\to\infty}\dfrac{8+\dfrac{3}{n}-\dfrac{1}{n^2}}{4+\dfrac{3}{n}-\dfrac{1}{n^2}}=\dfrac{8}{4}=\mathbf{2}$

(4) (준 식)$=\lim\limits_{n\to\infty}\log_2\dfrac{2n^2+1}{n^2-1}$

$=\lim\limits_{n\to\infty}\log_2\dfrac{2+\dfrac{1}{n^2}}{1-\dfrac{1}{n^2}}=\log_2 2=\mathbf{1}$

1-2. (1) (준 식)$=\lim\limits_{n\to\infty}\left\{\dfrac{1}{n^2}\times\dfrac{n(n+1)}{2}\right\}$

$=\dfrac{\mathbf{1}}{\mathbf{2}}$

(2) (준 식)$=\lim\limits_{n\to\infty}\dfrac{1}{n^3}(1^2+2^2+3^2+\cdots+n^2)$

$=\lim\limits_{n\to\infty}\left\{\dfrac{1}{n^3}\times\dfrac{n(n+1)(2n+1)}{6}\right\}$

$=\dfrac{\mathbf{1}}{\mathbf{3}}$

(3) (분자)$=\sum\limits_{k=1}^{n-1}k(n-k)=n\sum\limits_{k=1}^{n-1}k-\sum\limits_{k=1}^{n-1}k^2$

$=n\times\dfrac{(n-1)n}{2}-\dfrac{(n-1)n(2n-1)}{6}$

$=\dfrac{n(n-1)(n+1)}{6}$

이므로

(준 식)$=\lim\limits_{n\to\infty}\dfrac{\dfrac{1}{6}n(n-1)(n+1)}{n^2(n-1)}=\dfrac{\mathbf{1}}{\mathbf{6}}$

1-3. (1) (준 식)$=\lim\limits_{n\to\infty}\dfrac{n}{\sqrt{n^2+n}+n}$

$=\lim\limits_{n\to\infty}\dfrac{1}{\sqrt{1+\dfrac{1}{n}}+1}=\dfrac{\mathbf{1}}{\mathbf{2}}$

(2) (준 식)$=\lim\limits_{n\to\infty}\dfrac{2\sqrt{n}}{\sqrt{n+1}+\sqrt{n-1}}$

$=\lim\limits_{n\to\infty}\dfrac{2}{\sqrt{1+\dfrac{1}{n}}+\sqrt{1-\dfrac{1}{n}}}$

$=\mathbf{1}$

(3) (준 식)$=\lim\limits_{n\to\infty}\log_{10}\dfrac{\sqrt{n}}{\sqrt{10n+3}}$

$=\lim\limits_{n\to\infty}\log_{10}\dfrac{1}{\sqrt{10+\dfrac{3}{n}}}$

$=\log_{10}\dfrac{1}{\sqrt{10}}=-\dfrac{\mathbf{1}}{\mathbf{2}}$

(4) (준 식)$=\lim\limits_{n\to\infty}n^3\left(1-\dfrac{2}{n^2}+\dfrac{2}{n^3}\right)=\infty$

(5) (준 식)$=\lim\limits_{n\to\infty}\left\{\sqrt{\dfrac{(n+1)(n+2)}{2}}\right.$

$\left.-\sqrt{\dfrac{n(n+1)}{2}}\right\}$

$=\lim\limits_{n\to\infty}\sqrt{\dfrac{n+1}{2}}\left(\sqrt{n+2}-\sqrt{n}\right)$

$=\lim\limits_{n\to\infty}\left(\sqrt{\dfrac{n+1}{2}}\times\dfrac{2}{\sqrt{n+2}+\sqrt{n}}\right)$

$=\lim\limits_{n\to\infty}\left(\dfrac{\sqrt{1+\dfrac{1}{n}}}{\sqrt{2}}\times\dfrac{2}{\sqrt{1+\dfrac{2}{n}}+1}\right)$

$=\dfrac{\sqrt{\mathbf{2}}}{\mathbf{2}}$

1-4. $\sum\limits_{k=1}^{n}(3k^2-k)<S_n<\sum\limits_{k=1}^{n}(3k^2+k)$

이고

$$\sum_{k=1}^{n}(3k^2-k)=3\times\frac{n(n+1)(2n+1)}{6}-\frac{n(n+1)}{2}$$
$$=n^2(n+1),$$
$$\sum_{k=1}^{n}(3k^2+k)=3\times\frac{n(n+1)(2n+1)}{6}+\frac{n(n+1)}{2}$$
$$=n(n+1)^2$$

이므로

$$n^2(n+1)<S_n<n(n+1)^2$$
$$\therefore\ \frac{n+1}{n}<\frac{S_n}{n^3}<\frac{(n+1)^2}{n^2}$$

이때,

$$\lim_{n\to\infty}\frac{n+1}{n}=\lim_{n\to\infty}\left(1+\frac{1}{n}\right)=1,$$
$$\lim_{n\to\infty}\frac{(n+1)^2}{n^2}=\lim_{n\to\infty}\left(1+\frac{1}{n}\right)^2=1$$

이므로 $\quad\lim_{n\to\infty}\dfrac{S_n}{n^3}=\mathbf{1}$

1-5. (1)

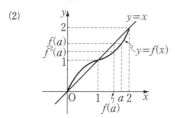

위의 그림에서 수열 $\{f^n(a)\}$는 증가
하며 1로 수렴한다.

$$\therefore\ \lim_{n\to\infty}f^n(a)=\mathbf{1}$$

(2)

위의 그림에서 수열 $\{f^n(a)\}$는 감소

하며 1로 수렴한다.

$$\therefore\ \lim_{n\to\infty}f^n(a)=\mathbf{1}$$

1-6. (1) $\lim_{n\to\infty}\dfrac{2^n}{3^n-1}=\lim_{n\to\infty}\dfrac{\left(\dfrac{2}{3}\right)^n}{1-\left(\dfrac{1}{3}\right)^n}=\mathbf{0}$

(2) $\lim_{n\to\infty}\dfrac{(-3)^n}{2^n-1}=\lim_{n\to\infty}\dfrac{\left(-\dfrac{3}{2}\right)^n}{1-\left(\dfrac{1}{2}\right)^n}$

그런데 $\lim_{n\to\infty}\left(\dfrac{1}{2}\right)^n=0$이고,

수열 $\left\{\left(-\dfrac{3}{2}\right)^n\right\}$은 진동한다.

따라서 진동 (발산)

(3) $\lim_{n\to\infty}\dfrac{\sqrt{5^n}+1}{2^n}=\lim_{n\to\infty}\left\{\left(\dfrac{\sqrt{5}}{2}\right)^n+\left(\dfrac{1}{2}\right)^n\right\}$
$$=\boldsymbol{\infty}$$

(4) $\lim_{n\to\infty}\dfrac{1+2+2^2+\cdots+2^n}{2^n}$
$$=\lim_{n\to\infty}\left(\dfrac{1}{2^n}\times\dfrac{2^{n+1}-1}{2-1}\right)$$
$$=\lim_{n\to\infty}\left(2-\dfrac{1}{2^n}\right)=\mathbf{2}$$

(5) (i) $|r|<1$일 때 $\lim_{n\to\infty}r^n=0$

$$\therefore\ \lim_{n\to\infty}\dfrac{1-r^n}{1+r^n}=1$$

(ii) $r=1$일 때 $\lim_{n\to\infty}r^n=1$

$$\therefore\ \lim_{n\to\infty}\dfrac{1-r^n}{1+r^n}=0$$

(iii) $|r|>1$일 때 $\lim_{n\to\infty}\dfrac{1}{r^n}=0$

$$\therefore\ \lim_{n\to\infty}\dfrac{1-r^n}{1+r^n}=\lim_{n\to\infty}\dfrac{\dfrac{1}{r^n}-1}{\dfrac{1}{r^n}+1}=-1$$

$\therefore\ |r|<1$일 때 **1**, $r=1$일 때 **0**,
$\quad|r|>1$일 때 **−1**

(6) $\lim_{n\to\infty}\dfrac{a^{n+1}+b^{n+1}}{a^n+b^n}$에서

(i) $a>b>0$일 때, 분모, 분자를 a^n으로 나누면
$$\lim_{n\to\infty}\frac{a+b\left(\frac{b}{a}\right)^n}{1+\left(\frac{b}{a}\right)^n}=a$$

(ii) $b>a>0$일 때, 분모, 분자를 b^n으로 나누면
$$\lim_{n\to\infty}\frac{a\left(\frac{a}{b}\right)^n+b}{\left(\frac{a}{b}\right)^n+1}=b$$

(iii) $a=b$일 때
$$\lim_{n\to\infty}\frac{a^{n+1}+a^{n+1}}{a^n+a^n}=\lim_{n\to\infty}\frac{2a^{n+1}}{2a^n}=a$$
$$\therefore\ a\geq b>0\text{일 때 }a,$$
$$b>a>0\text{일 때 }b$$

1-7. $2a_{n+2}=a_{n+1}+a_n$에서
$$2(a_{n+2}-a_{n+1})=-(a_{n+1}-a_n)$$
$$\therefore\ a_{n+2}-a_{n+1}=-\frac{1}{2}(a_{n+1}-a_n)$$

따라서 수열 $\{a_n\}$의 계차수열은 첫째항이 a_2-a_1, 공비가 $-\frac{1}{2}$인 등비수열이다.

(1) $a_n=0+\dfrac{1\times\left\{1-\left(-\frac{1}{2}\right)^{n-1}\right\}}{1-\left(-\frac{1}{2}\right)}$
$$=\frac{2}{3}\left\{1-\left(-\frac{1}{2}\right)^{n-1}\right\}$$
$$\therefore\ \lim_{n\to\infty}a_n=\frac{2}{3}$$

(2) $a_n=a_1+\dfrac{(a_2-a_1)\left\{1-\left(-\frac{1}{2}\right)^{n-1}\right\}}{1-\left(-\frac{1}{2}\right)}$
$$=a_1+\frac{2}{3}\left(\frac{1}{2}a_1\right)\left\{1-\left(-\frac{1}{2}\right)^{n-1}\right\}$$
$$=\frac{1}{3}a_1\left\{2+\left(-\frac{1}{2}\right)^{n-1}\right\}$$

또, $a_6=\dfrac{7}{8}$에서

$$\frac{1}{3}a_1\left\{2+\left(-\frac{1}{2}\right)^5\right\}=\frac{7}{8}\quad\therefore\ a_1=\frac{4}{3}$$
$$\therefore\ a_n=\frac{4}{9}\left\{2+\left(-\frac{1}{2}\right)^{n-1}\right\}$$
$$\therefore\ \lim_{n\to\infty}a_n=\frac{8}{9}$$

1-8. (1) $2a_{n+1}-a_n=2$에서
$$a_{n+1}=\frac{1}{2}a_n+1$$
$$\therefore\ a_{n+1}-2=\frac{1}{2}(a_n-2)$$
따라서 수열 $\{a_n-2\}$는 첫째항이 $a_1-2=-1$, 공비가 $\frac{1}{2}$인 등비수열이다.
$$\therefore\ a_n-2=(-1)\times\left(\frac{1}{2}\right)^{n-1}$$
$$\therefore\ a_n=2-\left(\frac{1}{2}\right)^{n-1}$$

(2) $\lim_{n\to\infty}a_n=\lim_{n\to\infty}\left\{2-\left(\frac{1}{2}\right)^{n-1}\right\}=2$

1-9.

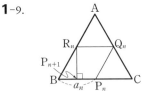

$\overline{BP_n}=a_n$이라고 하자.

$\square BP_nQ_nR_n$은 평행사변형, $\triangle P_nCQ_n$은 정삼각형이므로
$$\overline{BR_n}=\overline{P_nQ_n}=\overline{P_nC}=1-a_n$$
직각삼각형 R_nBP_{n+1}에서 $\angle B=60°$이므로
$$\overline{BP_{n+1}}=\frac{1}{2}\overline{BR_n}\quad\therefore\ a_{n+1}=\frac{1}{2}(1-a_n)$$
$$\therefore\ a_{n+1}-\frac{1}{3}=-\frac{1}{2}\left(a_n-\frac{1}{3}\right)$$
따라서 수열 $\left\{a_n-\frac{1}{3}\right\}$은 첫째항이 $a_1-\frac{1}{3}=\frac{1}{2}-\frac{1}{3}=\frac{1}{6}$, 공비가 $-\frac{1}{2}$인 등비수열이다.

$$\therefore\ a_n-\frac{1}{3}=\frac{1}{6}\times\left(-\frac{1}{2}\right)^{n-1}$$

$$\therefore\ a_n=\frac{1}{6}\times\left(-\frac{1}{2}\right)^{n-1}+\frac{1}{3}$$

$$\lim_{n\to\infty}\left(-\frac{1}{2}\right)^{n-1}=0\text{이므로}\quad \lim_{n\to\infty}a_n=\boldsymbol{\frac{1}{3}}$$

2-1. (1) $S_n=\sum\limits_{k=1}^{n}\dfrac{1}{\sqrt{k+2}+\sqrt{k}}$ 이라고 하면

$$S_n=\sum_{k=1}^{n}\frac{1}{2}\left(\sqrt{k+2}-\sqrt{k}\right)$$

$$=\frac{1}{2}\left(-1-\sqrt{2}+\sqrt{n+1}+\sqrt{n+2}\right)$$

$$\therefore\ (\text{준 식})=\lim_{n\to\infty}S_n=\infty\ (\text{발산})$$

(2) $S_n=\sum\limits_{k=2}^{n}\log\left(1-\dfrac{1}{k^2}\right)$ 이라고 하면

$$S_n=\sum_{k=2}^{n}\log\frac{k^2-1}{k^2}$$

$$=\sum_{k=2}^{n}\log\left(\frac{k-1}{k}\times\frac{k+1}{k}\right)$$

$$=\log\left(\frac{1}{2}\times\frac{3}{2}\right)+\log\left(\frac{2}{3}\times\frac{4}{3}\right)$$

$$+\log\left(\frac{3}{4}\times\frac{5}{4}\right)+\cdots$$

$$+\log\left(\frac{n-1}{n}\times\frac{n+1}{n}\right)$$

$$=\log\left\{\left(\frac{1}{2}\times\frac{3}{2}\right)\left(\frac{2}{3}\times\frac{4}{3}\right)\left(\frac{3}{4}\times\frac{5}{4}\right)\right.$$

$$\left.\times\cdots\times\left(\frac{n-1}{n}\times\frac{n+1}{n}\right)\right\}$$

$$=\log\left(\frac{1}{2}\times\frac{n+1}{n}\right)$$

$$\therefore\ (\text{준 식})=\lim_{n\to\infty}S_n=\boldsymbol{\log\frac{1}{2}}\ (\text{수렴})$$

2-2. 부분합을 S_n 이라고 하자.

(1) $S_n=\sum\limits_{k=1}^{n}\dfrac{1}{k(k+2)}$

$$=\sum_{k=1}^{n}\frac{1}{2}\left(\frac{1}{k}-\frac{1}{k+2}\right)$$

$$=\frac{1}{2}\left(\frac{1}{1}+\frac{1}{2}-\frac{1}{n+1}-\frac{1}{n+2}\right)$$

$$\therefore\ (\text{준 식})=\lim_{n\to\infty}S_n=\frac{1}{2}\left(1+\frac{1}{2}\right)=\boldsymbol{\frac{3}{4}}$$

(2) $\underbrace{1,\ \ 3,\ \ 6,\ \ 10,\ \ 15,}\ \cdots\quad \Leftarrow \dfrac{1}{a_n}$

　$\underbrace{\ \ 2,\ \ 3,\ \ 4,\ \ 5,\ }\ \cdots \Leftarrow b_n=n+1$

$$\therefore\ \frac{1}{a_n}=1+\sum_{k=1}^{n-1}(k+1)=\frac{n(n+1)}{2}$$

$$\therefore\ S_n=\sum_{k=1}^{n}a_k=\sum_{k=1}^{n}\frac{2}{k(k+1)}$$

$$=\sum_{k=1}^{n}2\left(\frac{1}{k}-\frac{1}{k+1}\right)$$

$$=2\left(1-\frac{1}{n+1}\right)$$

$$\therefore\ (\text{준 식})=\lim_{n\to\infty}S_n=\boldsymbol{2}$$

(3) $S_n=\sum\limits_{k=1}^{n}\dfrac{x^2}{\{1+(k-1)x^2\}(1+kx^2)}$

$$=\sum_{k=1}^{n}\left\{\frac{1}{1+(k-1)x^2}-\frac{1}{1+kx^2}\right\}$$

$$=1-\frac{1}{1+nx^2}$$

$$\therefore\ \boldsymbol{x\neq0}\text{일 때 }(\text{준 식})=\lim_{n\to\infty}S_n=\boldsymbol{1},$$

$$\boldsymbol{x=0}\text{일 때 }(\text{준 식})=\lim_{n\to\infty}S_n=\boldsymbol{0}$$

(4) $(n+1)^2-n^2=2n+1$ 이므로

$$\frac{4n+2}{\{n(n+1)\}^2}=\frac{4n+2}{n^2(n+1)^2}$$

$$=\frac{4n+2}{2n+1}\left\{\frac{1}{n^2}-\frac{1}{(n+1)^2}\right\}$$

$$=2\left\{\frac{1}{n^2}-\frac{1}{(n+1)^2}\right\}$$

$$\therefore\ S_n=\sum_{k=1}^{n}\frac{4k+2}{k^2(k+1)^2}$$

$$=\sum_{k=1}^{n}2\left\{\frac{1}{k^2}-\frac{1}{(k+1)^2}\right\}$$

$$=2\left\{1-\frac{1}{(n+1)^2}\right\}$$

$$\therefore\ (\text{준 식})=\lim_{n\to\infty}S_n=\boldsymbol{2}$$

(5) $\sum\limits_{k=1}^{n}k(k+1)=\sum\limits_{k=1}^{n}(k^2+k)$

$$=\frac{n(n+1)(2n+1)}{6}+\frac{n(n+1)}{2}$$

$$=\frac{1}{3}n(n+1)(n+2)$$

이므로

$$(준\ 식)=\sum_{n=1}^{\infty}\frac{3}{n(n+1)(n+2)}$$

여기서

$$\frac{1}{n(n+1)(n+2)}$$

$$=\frac{1}{2}\left\{\frac{1}{n(n+1)}-\frac{1}{(n+1)(n+2)}\right\}$$

$$\therefore\ S_n=\sum_{k=1}^{n}\frac{3}{k(k+1)(k+2)}$$

$$=\frac{3}{2}\sum_{k=1}^{n}\left\{\frac{1}{k(k+1)}\right.$$

$$\left.-\frac{1}{(k+1)(k+2)}\right\}$$

$$=\frac{3}{2}\left\{\frac{1}{1\times2}-\frac{1}{(n+1)(n+2)}\right\}$$

$$\therefore\ (준\ 식)=\lim_{n\to\infty}S_n=\frac{3}{2}\times\frac{1}{1\times2}=\frac{3}{4}$$

2-3. $\left\{1-\left(\frac{1}{2}\right)^2\right\}\prod_{k=1}^{n}\left\{1+\left(\frac{1}{2}\right)^{2^k}\right\}$

$$=\left\{1-\left(\frac{1}{2}\right)^2\right\}\left\{1+\left(\frac{1}{2}\right)^2\right\}\left\{1+\left(\frac{1}{2}\right)^{2^2}\right\}$$

$$\times\left\{1+\left(\frac{1}{2}\right)^{2^3}\right\}\times\cdots\times\left\{1+\left(\frac{1}{2}\right)^{2^n}\right\}$$

$$=\left\{1-\left(\frac{1}{2}\right)^{2^2}\right\}\left\{1+\left(\frac{1}{2}\right)^{2^2}\right\}$$

$$\times\left\{1+\left(\frac{1}{2}\right)^{2^3}\right\}\times\cdots\times\left\{1+\left(\frac{1}{2}\right)^{2^n}\right\}$$

$$=\left\{1-\left(\frac{1}{2}\right)^{2^3}\right\}\left\{1+\left(\frac{1}{2}\right)^{2^3}\right\}$$

$$\times\cdots\times\left\{1+\left(\frac{1}{2}\right)^{2^n}\right\}$$

$$\cdots$$

$$=\left\{1-\left(\frac{1}{2}\right)^{2^n}\right\}\left\{1+\left(\frac{1}{2}\right)^{2^n}\right\}$$

$$=1-\left(\frac{1}{2}\right)^{2^{n+1}}$$

$$\therefore\ \prod_{k=1}^{n}\left\{1+\left(\frac{1}{2}\right)^{2^k}\right\}=\frac{4}{3}\left\{1-\left(\frac{1}{2}\right)^{2^{n+1}}\right\}$$

$$\therefore\ \lim_{n\to\infty}\prod_{k=1}^{n}\left\{1+\left(\frac{1}{2}\right)^{2^k}\right\}$$

$$=\lim_{n\to\infty}\frac{4}{3}\left\{1-\left(\frac{1}{2}\right)^{2^{n+1}}\right\}=\frac{4}{3}$$

2-4. (1) 첫째항이 1, 공비가 $-\frac{1}{4}$인 등비급수이므로

$$(준\ 식)=\frac{1}{1-\left(-\frac{1}{4}\right)}=\frac{4}{5}$$

(2) 첫째항이 1, 공비가 $-\frac{1}{\sqrt{2}}$인 등비급수이므로

$$(준\ 식)=\frac{1}{1-\left(-\frac{1}{\sqrt{2}}\right)}=\frac{\sqrt{2}}{\sqrt{2}+1}$$

$$=2-\sqrt{2}$$

(3) 첫째항이 $\cos30°=\frac{\sqrt{3}}{2}$, 공비가 $\cos^2 30°=\frac{3}{4}$인 등비급수이므로

$$(준\ 식)=\frac{\sqrt{3}/2}{1-(3/4)}=2\sqrt{3}$$

(4) $(준\ 식)=\frac{1}{2}\log_9 3+\frac{1}{4}\log_9 3$

$$+\frac{1}{8}\log_9 3+\cdots$$

이것은 첫째항이 $\frac{1}{2}\log_9 3=\frac{1}{4}$, 공비가 $\frac{1}{2}$인 등비급수이므로

$$(준\ 식)=\frac{1/4}{1-(1/2)}=\frac{1}{2}$$

2-5. (1) $(준\ 식)=\sum_{n=1}^{\infty}\left(-\frac{1}{3}\right)^n\left(\frac{9}{4}\right)^n$

$$=\sum_{n=1}^{\infty}\left(-\frac{3}{4}\right)^n$$

이것은 첫째항이 $-\frac{3}{4}$, 공비가 $-\frac{3}{4}$인 등비급수이므로

$$(준\ 식)=\frac{-\frac{3}{4}}{1-\left(-\frac{3}{4}\right)}=-\frac{3}{7}$$

(2) $(준\ 식)=ar^n+ar^{n+1}+ar^{n+2}+\cdots$

이것은 첫째항이 ar^n, 공비가 r인 등비급수이므로

$$(준\ 식)=\frac{ar^n}{1-r}$$

2-6. (1) $\left(-\dfrac{1}{\sqrt{2}}\right)^n\cos\left(n\pi+\dfrac{\pi}{4}\right)$

$\qquad =\left(-\dfrac{1}{\sqrt{2}}\right)^n(-1)^n\cos\dfrac{\pi}{4}$

$\qquad =\left(\dfrac{1}{\sqrt{2}}\right)^{n+1}$

$\therefore$ (준 식)$=\displaystyle\sum_{n=1}^{\infty}\left(\dfrac{1}{\sqrt{2}}\right)^{n+1}$

$\qquad =\dfrac{\left(\dfrac{1}{\sqrt{2}}\right)^2}{1-\dfrac{1}{\sqrt{2}}}=\dfrac{2+\sqrt{2}}{2}$

(2) $\cos\dfrac{1\times\pi}{2}=0,\ \cos\dfrac{2\times\pi}{2}=-1,$

$\quad\cos\dfrac{3\times\pi}{2}=0,\ \cos\dfrac{4\times\pi}{2}=1,\ \cdots$

따라서

(준 식)$=-\left(\dfrac{1}{2}\right)^2+\left(\dfrac{1}{2}\right)^4-\left(\dfrac{1}{2}\right)^6+\cdots$

$\qquad =\dfrac{-\dfrac{1}{4}}{1-\left(-\dfrac{1}{4}\right)}=-\dfrac{1}{5}$

(3) $\sin\dfrac{2\times1-1}{2}\pi=1,$

$\quad\sin\dfrac{2\times2-1}{2}\pi=-1,$

$\quad\sin\dfrac{2\times3-1}{2}\pi=1,\ \cdots$

$\therefore$ (준 식)$=\dfrac{1}{2}-\left(\dfrac{1}{2}\right)^2+\left(\dfrac{1}{2}\right)^3-\cdots$

$\qquad =\dfrac{\dfrac{1}{2}}{1-\left(-\dfrac{1}{2}\right)}=\dfrac{1}{3}$

(4) $\displaystyle\sum_{n=1}^{\infty}\sin^{2n}\dfrac{\pi}{6}=\sum_{n=1}^{\infty}\left(\dfrac{1}{2}\right)^{2n}=\sum_{n=1}^{\infty}\left(\dfrac{1}{4}\right)^n$

$\qquad =\dfrac{1/4}{1-(1/4)}=\dfrac{1}{3}$

$\therefore$ (준 식)$=\displaystyle\sum_{m=0}^{\infty}\left(\dfrac{1}{3}\right)^{m+2}$

$\qquad =\dfrac{1/9}{1-(1/3)}=\dfrac{1}{6}$

2-7. (1) (준 식)$=11\displaystyle\sum_{n=1}^{\infty}\dfrac{1}{100^n}+8\sum_{n=1}^{\infty}\dfrac{1}{10^n}$

$\qquad =11\times\dfrac{\dfrac{1}{100}}{1-\dfrac{1}{100}}+8\times\dfrac{\dfrac{1}{10}}{1-\dfrac{1}{10}}=\mathbf{1}$

(2) (준 식)$=\displaystyle\sum_{n=1}^{\infty}\left(\dfrac{1}{2}\right)^n+\sum_{n=1}^{\infty}\left(\dfrac{3}{4}\right)^n$

$\qquad =\dfrac{\dfrac{1}{2}}{1-\dfrac{1}{2}}+\dfrac{\dfrac{3}{4}}{1-\dfrac{3}{4}}=\mathbf{4}$

(3) (준 식)$=2\displaystyle\sum_{n=0}^{\infty}\left(\dfrac{2}{3}\right)^n-\sum_{n=0}^{\infty}\left(\dfrac{1}{3}\right)^n$

$\qquad =2\times\dfrac{1}{1-\dfrac{2}{3}}-\dfrac{1}{1-\dfrac{1}{3}}=\dfrac{\mathbf{9}}{\mathbf{2}}$

(4) (준 식)$=\displaystyle\sum_{n=1}^{\infty}\dfrac{2^n+3^n}{6^n}$

$\qquad =\displaystyle\sum_{n=1}^{\infty}\left(\dfrac{1}{3}\right)^n+\sum_{n=1}^{\infty}\left(\dfrac{1}{2}\right)^n$

$\qquad =\dfrac{\dfrac{1}{3}}{1-\dfrac{1}{3}}+\dfrac{\dfrac{1}{2}}{1-\dfrac{1}{2}}=\dfrac{\mathbf{3}}{\mathbf{2}}$

2-8. $f(g(n))=\{g(n)\}^2-2g(n)$

$\qquad =\left(\dfrac{1}{3}\right)^{2n+2}-2\left(\dfrac{1}{3}\right)^{n+1}$

이므로

$\displaystyle\sum_{n=1}^{\infty}f(g(n))=\sum_{n=1}^{\infty}\left\{\left(\dfrac{1}{3}\right)^{2n+2}-2\left(\dfrac{1}{3}\right)^{n+1}\right\}$

$\qquad =\displaystyle\sum_{n=1}^{\infty}\left(\dfrac{1}{3}\right)^{2n+2}-2\sum_{n=1}^{\infty}\left(\dfrac{1}{3}\right)^{n+1}$

$\qquad =\dfrac{\left(\dfrac{1}{3}\right)^4}{1-\left(\dfrac{1}{3}\right)^2}-2\times\dfrac{\left(\dfrac{1}{3}\right)^2}{1-\dfrac{1}{3}}$

$\qquad =-\dfrac{\mathbf{23}}{\mathbf{72}}$

2-9. (1) 첫째항이 $\dfrac{x}{3}$, 공비가 $\dfrac{x(x-2)}{3}$ 이

므로 수렴할 조건은

$\dfrac{x}{3}=0$ 또는 $-1<\dfrac{x(x-2)}{3}<1$

$\frac{x}{3}=0$에서 $x=0$ ······①

$-1<\frac{x(x-2)}{3}$에서 $x^2-2x+3>0$

∴ x는 모든 실수 ······②

$\frac{x(x-2)}{3}<1$에서 $x^2-2x-3<0$

∴ $-1<x<3$ ······③

①, ②, ③에서 $-1<x<3$

(2) 급수의 합이 $\frac{2}{3}$이므로

$$\frac{\frac{x}{3}}{1-\frac{x(x-2)}{3}}=\frac{2}{3}$$

∴ $(x-2)(2x+3)=0$

(1)에서 $-1<x<3$이므로 $x=2$

2-10. 원 C_n의 반지름의 길이를 r_n이라고 하면

$$r_1=1, \quad r_{n+1}=\frac{1}{\sqrt{2}}r_n$$

이므로 $r_n=\left(\frac{1}{\sqrt{2}}\right)^{n-1}$

정사각형 M_n의 한 변의 길이를 x_n이라고 하면

$$x_n=\sqrt{2}\,r_n=\sqrt{2}\times\left(\frac{1}{\sqrt{2}}\right)^{n-1}$$

∴ $S_n=\pi\times r_n{}^2-x_n{}^2$

$\qquad =\pi\times\left(\frac{1}{2}\right)^{n-1}-2\times\left(\frac{1}{2}\right)^{n-1}$

$\qquad =(\pi-2)\times\left(\frac{1}{2}\right)^{n-1}$

∴ $\sum\limits_{n=1}^{\infty}S_n=\frac{\pi-2}{1-(1/2)}=2(\pi-2)$

2-11.

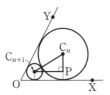

원 C_n의 반지름의 길이를 r_n이라고 하면 위의 그림에서

$\overline{C_nC_{n+1}}=r_n+r_{n+1}, \quad \overline{C_nP}=r_n-r_{n+1}$

그런데 $\angle C_nC_{n+1}P=30°$이므로

$$r_n+r_{n+1}=2(r_n-r_{n+1})$$

∴ $r_{n+1}=\frac{1}{3}r_n$

이때, $r_1=r$이므로 $r_n=r\times\left(\frac{1}{3}\right)^{n-1}$

∴ $l_n=2\pi\times r_n=2\pi r\times\left(\frac{1}{3}\right)^{n-1}$

∴ $\sum\limits_{n=1}^{\infty}l_n=\frac{2\pi r}{1-(1/3)}=3\pi r$

2-12. 점 A_1에서 선분 B_1D_1에 내린 수선의 발을 H_1이라고 하면

$$\overline{A_1B_1}\times\overline{A_1D_1}=\overline{A_1H_1}\times\overline{B_1D_1}$$

에서 $1\times2=\overline{A_1H_1}\times\sqrt{5}$

∴ $\overline{A_1H_1}=\frac{2}{\sqrt{5}}$

∴ $S_1=\frac{1}{4}\times\frac{4}{5}\pi=\frac{1}{5}\pi$

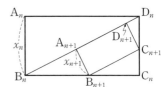

직사각형 $A_nB_nC_nD_n$에서 $\overline{A_nB_n}=x_n$이라고 하면 $\overline{B_nD_n}=\sqrt{5}\,x_n$이고 위의 그림에서

$\overline{B_nA_{n+1}}=2x_{n+1}, \quad \overline{A_{n+1}D_{n+1}}=2x_{n+1},$

$\overline{D_{n+1}D_n}=\frac{1}{2}x_{n+1}$

이므로

$$2x_{n+1}+2x_{n+1}+\frac{1}{2}x_{n+1}=\sqrt{5}\,x_n$$

∴ $x_{n+1}=\frac{2\sqrt{5}}{9}x_n$

∴ $S_{n+1}=\left(\frac{2\sqrt{5}}{9}\right)^2S_n=\frac{20}{81}S_n$

∴ $\sum\limits_{n=1}^{\infty}S_n=\frac{\frac{1}{5}\pi}{1-\frac{20}{81}}=\frac{81}{305}\pi$

2-13. 점 A_n의 좌표를 (x_n, y_n)이라 하자.

(1) $x_1=x_2=1$, $x_3=x_4=1-\left(\dfrac{1}{2}\right)^2$,

$x_5=x_6=1-\left(\dfrac{1}{2}\right)^2+\left(\dfrac{1}{2}\right)^4$, $\cdots$

$\therefore \lim\limits_{n\to\infty} x_n = \dfrac{1}{1-(-1/4)} = \dfrac{4}{5}$

또, $y_1=0$, $y_2=y_3=\dfrac{1}{2}$,

$y_4=y_5=\dfrac{1}{2}-\left(\dfrac{1}{2}\right)^3$, $\cdots$

$\therefore \lim\limits_{n\to\infty} y_n = \dfrac{1/2}{1-(-1/4)} = \dfrac{2}{5}$

$\therefore \left(\dfrac{4}{5},\ \dfrac{2}{5}\right)$

(2) $x_1=\dfrac{\sqrt{3}}{2}$, $x_2=\dfrac{\sqrt{3}}{2}-\dfrac{\sqrt{3}}{4}$,

$x_3=\dfrac{\sqrt{3}}{2}-\dfrac{\sqrt{3}}{4}+\dfrac{\sqrt{3}}{8}$, $\cdots$

$\therefore \lim\limits_{n\to\infty} x_n = \dfrac{\sqrt{3}/2}{1-(-1/2)} = \dfrac{\sqrt{3}}{3}$

또, $y_1=\dfrac{1}{2}$, $y_2=\dfrac{1}{2}+\dfrac{1}{4}$,

$y_3=\dfrac{1}{2}+\dfrac{1}{4}+\dfrac{1}{8}$, $\cdots$

$\therefore \lim\limits_{n\to\infty} y_n = \dfrac{1/2}{1-(1/2)} = 1$

$\therefore \left(\dfrac{\sqrt{3}}{3},\ 1\right)$

*__*Note*__ 점 $A_n(x_n, y_n)$에 대하여 $\lim\limits_{n\to\infty}x_n=x$, $\lim\limits_{n\to\infty}y_n=y$일 때, $(x,\ y)$를 점 A_n의 좌표의 극한이라고 하였다.

2-14.

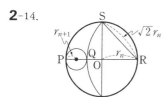

그림 R_n에서 새로 그린 원의 반지름의 길이를 r_n이라고 하면 위의 그림에서

$\overline{QR}=\overline{SR}=\sqrt{2}\,r_n$이고, $\overline{PQ}=\overline{PR}-\overline{QR}$ 에서 $2r_{n+1}=2r_n-\sqrt{2}\,r_n$

$\therefore r_{n+1}=\dfrac{2-\sqrt{2}}{2}r_n$

따라서 그림 R_n에서 새로 색칠하는 ◊ 모양의 도형과 그림 R_{n+1}에서 새로 색칠하는 ◊ 모양의 도형의 닮음비가

$1:\dfrac{2-\sqrt{2}}{2}$ 이므로 넓이의 비는

$1:\left(\dfrac{2-\sqrt{2}}{2}\right)^2$이다.

또한 색칠하는 ◊ 모양의 도형의 개수가 2배씩 늘어나므로 그림 R_n에서 새로 색칠하는 모든 도형의 넓이의 합을 a_n이라고 하면

$a_{n+1}=2\times\left(\dfrac{2-\sqrt{2}}{2}\right)^2 a_n$

$=(3-2\sqrt{2})a_n$

이때,

$a_1=2\left\{\dfrac{1}{4}\times(2\sqrt{2})^2\pi-\dfrac{1}{2}\times4\times2\right\}$

$=4\pi-8$

이므로 수열 $\{a_n\}$은 첫째항이 $4\pi-8$, 공비가 $3-2\sqrt{2}$인 등비수열이다.

$\therefore \lim\limits_{n\to\infty}S_n=\sum\limits_{n=1}^{\infty}a_n=\dfrac{4\pi-8}{1-(3-2\sqrt{2})}$

$=2(\pi-2)(\sqrt{2}+1)$

2-15.

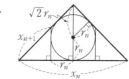

그림 R_n에서 새로 그린 직각이등변삼각형의 빗변의 길이를 x_n, 그 내접원의 반지름의 길이를 r_n이라고 하면 위의 그림에서

$(\sqrt{2}+1)r_n=\dfrac{1}{2}x_n$ $\quad\cdots\cdots$①

$\sqrt{2}\left(\dfrac{1}{2}x_n-r_n\right)=x_{n+1}$ $\quad\cdots\cdots$②

①에서 $r_n = \dfrac{\sqrt{2}-1}{2}x_n$

이것을 ②에 대입하면

$$x_{n+1} = \sqrt{2} \times \dfrac{2-\sqrt{2}}{2}x_n = (\sqrt{2}-1)x_n$$

따라서 그림 R_n에서 새로 색칠하는 원과 그림 R_{n+1}에서 새로 색칠하는 원의 닮음비가 $1:(\sqrt{2}-1)$이므로 넓이의 비는 $1:(\sqrt{2}-1)^2$이다.

또한 색칠하는 원의 개수가 2배씩 늘어나므로 그림 R_n에서 새로 색칠하는 모든 원의 넓이의 합을 a_n이라고 하면

$$a_{n+1} = 2 \times (\sqrt{2}-1)^2 a_n = (6-4\sqrt{2})a_n$$

이때, $r_1 = \sqrt{2}-1$이므로

$$a_1 = (\sqrt{2}-1)^2\pi = (3-2\sqrt{2})\pi$$

곧, 수열 $\{a_n\}$은 첫째항이 $(3-2\sqrt{2})\pi$, 공비가 $6-4\sqrt{2}$인 등비수열이다.

$$\therefore \lim_{n\to\infty} S_n = \sum_{n=1}^{\infty} a_n = \dfrac{(3-2\sqrt{2})\pi}{1-(6-4\sqrt{2})}$$
$$= \dfrac{2\sqrt{2}-1}{7}\pi$$

2-16. $0.1\dot{x} + 0.2\dot{y} = 0.\dot{3}$에서

$$\dfrac{1}{9}x + \dfrac{2}{9}y = \dfrac{1}{3}$$

$0.\dot{2}x - 0.\dot{1}y = 1.\dot{2}$에서

$$\dfrac{2}{9}x - \dfrac{1}{9}y = \dfrac{11}{9}$$

연립하여 풀면 $x=5$, $y=-1$

2-17. $1.36\dot{5}x - 1.365x = 1.2$이므로

$0.000\dot{5}x = 1.2$ $\therefore \dfrac{5}{9000}x = 1.2$

$$\therefore x = 2160$$

2-18. $0.\dot{3} = 0.33333\cdots$
$$= 0.3 + 0.03 + 0.003 + \cdots$$

$0.\dot{3}$을 소수 n째 자리까지 잡으면

$$\dfrac{0.3(1-0.1^n)}{1-0.1} = \dfrac{1}{3}\left\{1-\left(\dfrac{1}{10}\right)^n\right\}$$

소수 n째 자리까지 잡을 때 조건을 만

족시킨다고 하면

$$\dfrac{1}{3} - \dfrac{1}{3}\left\{1-\left(\dfrac{1}{10}\right)^n\right\} < \dfrac{3}{10^4}$$

$$\therefore 9 \times 10^n > 10^4$$

$n \geq 4$일 때 이 부등식이 성립하므로 소수 넷째 자리

3-1. (1) $(1-a^2)(1+b^2)$
$$= (1-\sin^2\theta)(1+\tan^2\theta)$$
$$= \cos^2\theta \sec^2\theta = (\cos\theta\sec\theta)^2 = 1$$

(2) $(1-a^2)(1+b^2)$
$$= (1-\cos^2\theta)(1+\cot^2\theta)$$
$$= \sin^2\theta \csc^2\theta = (\sin\theta\csc\theta)^2 = 1$$

3-2. (1) $\dfrac{\sin\theta}{\cos\theta} + \dfrac{\cos\theta}{\sin\theta} = 8$

$$\therefore \dfrac{\sin^2\theta + \cos^2\theta}{\sin\theta\cos\theta} = 8$$

$$\therefore \sin\theta\cos\theta = \dfrac{1}{8}$$

(2) (준 식) $= \dfrac{2\csc\theta\sec\theta}{\sec^2\theta - \tan^2\theta}$

$$= \dfrac{2}{\sin\theta\cos\theta} = 2 \times 8 = 16$$

3-3. $\csc^2\theta = 1 + \cot^2\theta = 1 + \left(\dfrac{1}{2}\right)^2 = \dfrac{5}{4}$

$$\therefore \sin^2\theta = \dfrac{4}{5}$$

$\pi < \theta < \dfrac{3}{2}\pi$이므로

$$\sin\theta = -\dfrac{2}{\sqrt{5}} = -\dfrac{2\sqrt{5}}{5}$$

$$\therefore \cos\theta = \cot\theta\sin\theta$$
$$= \dfrac{1}{2} \times \left(-\dfrac{2\sqrt{5}}{5}\right) = -\dfrac{\sqrt{5}}{5},$$

$$\tan\theta = \dfrac{1}{\cot\theta} = 2$$

3-4. (1) $\cos(x+y)\cos(x-y)$
$$= (\cos x\cos y - \sin x\sin y)$$
$$\times (\cos x\cos y + \sin x\sin y)$$
$$= \cos^2 x\cos^2 y - \sin^2 x\sin^2 y$$
$$= \cos^2 x(1-\sin^2 y)$$
$$-(1-\cos^2 x)\sin^2 y$$

$$=\cos^2 x-\sin^2 y$$
$$=(1-\sin^2 x)-(1-\cos^2 y)$$
$$=\cos^2 y-\sin^2 x$$
$$\therefore\ \cos(x+y)\cos(x-y)$$
$$=\cos^2 x-\sin^2 y$$
$$=\cos^2 y-\sin^2 x$$

(2) $\sin\left(\dfrac{\pi}{6}+\alpha\right)+\cos\left(\dfrac{\pi}{3}+\alpha\right)$

$$=\sin\dfrac{\pi}{6}\cos\alpha+\cos\dfrac{\pi}{6}\sin\alpha$$
$$+\cos\dfrac{\pi}{3}\cos\alpha-\sin\dfrac{\pi}{3}\sin\alpha$$
$$=\dfrac{1}{2}\cos\alpha+\dfrac{\sqrt{3}}{2}\sin\alpha$$
$$+\dfrac{1}{2}\cos\alpha-\dfrac{\sqrt{3}}{2}\sin\alpha$$
$$=\cos\alpha$$
$$\therefore\ \sin\left(\dfrac{\pi}{6}+\alpha\right)+\cos\left(\dfrac{\pi}{3}+\alpha\right)=\cos\alpha$$

(3) (좌변)
$$=\cos\alpha(\sin\beta\cos\gamma-\cos\beta\sin\gamma)$$
$$+\cos\beta(\sin\gamma\cos\alpha-\cos\gamma\sin\alpha)$$
$$+\cos\gamma(\sin\alpha\cos\beta-\cos\alpha\sin\beta)$$
$$=0$$
$$\therefore\ \cos\alpha\sin(\beta-\gamma)+\cos\beta\sin(\gamma-\alpha)$$
$$+\cos\gamma\sin(\alpha-\beta)=0$$

3-5. $\cos\left(\theta+\dfrac{2}{3}\pi\right)=\cos\theta\cos\dfrac{2}{3}\pi$
$$-\sin\theta\sin\dfrac{2}{3}\pi$$
$$=-\dfrac{1}{2}(\cos\theta+\sqrt{3}\sin\theta),$$
$\cos\left(\theta-\dfrac{2}{3}\pi\right)=\cos\theta\cos\dfrac{2}{3}\pi$
$$+\sin\theta\sin\dfrac{2}{3}\pi$$
$$=-\dfrac{1}{2}(\cos\theta-\sqrt{3}\sin\theta)$$
이므로
(준 식)$=\cos^2\theta+\dfrac{1}{4}(\cos\theta+\sqrt{3}\sin\theta)^2$
$$+\dfrac{1}{4}(\cos\theta-\sqrt{3}\sin\theta)^2$$

$$=\dfrac{3}{2}(\cos^2\theta+\sin^2\theta)=\dfrac{3}{2}$$

3-6. $\dfrac{\pi}{2}<\alpha<\pi$이므로
$$\cos\alpha=-\sqrt{1-\sin^2\alpha}=-\dfrac{2\sqrt{2}}{3}$$
또, $0<\beta<\dfrac{\pi}{2}$이므로
$$\sin\beta=\sqrt{1-\cos^2\beta}=\dfrac{\sqrt{15}}{4}$$

(1) $\sin(\alpha+\beta)=\sin\alpha\cos\beta+\cos\alpha\sin\beta$
$$=\dfrac{1}{3}\times\dfrac{1}{4}+\left(-\dfrac{2\sqrt{2}}{3}\right)\times\dfrac{\sqrt{15}}{4}$$
$$=\dfrac{1}{12}(1-2\sqrt{30})$$

(2) $\cos(\alpha+\beta)=\cos\alpha\cos\beta-\sin\alpha\sin\beta$
$$=\left(-\dfrac{2\sqrt{2}}{3}\right)\times\dfrac{1}{4}-\dfrac{1}{3}\times\dfrac{\sqrt{15}}{4}$$
$$=-\dfrac{1}{12}(2\sqrt{2}+\sqrt{15})$$

(3) $\tan(\alpha+\beta)=\dfrac{\sin(\alpha+\beta)}{\cos(\alpha+\beta)}$
$$=-\dfrac{1-2\sqrt{30}}{2\sqrt{2}+\sqrt{15}}$$
$$=\dfrac{1}{7}(32\sqrt{2}-9\sqrt{15})$$

3-7. $0<\alpha<\dfrac{\pi}{2}$, $\tan\alpha=\dfrac{4}{3}$이므로
$$\sin\alpha=\dfrac{4}{5},\ \cos\alpha=\dfrac{3}{5}$$
$\dfrac{\pi}{2}<\beta<\pi$, $\tan\beta=-\dfrac{15}{8}$이므로
$$\sin\beta=\dfrac{15}{17},\ \cos\beta=-\dfrac{8}{17}$$
따라서
$\cos(\alpha+\beta)=\cos\alpha\cos\beta-\sin\alpha\sin\beta$
$$=\dfrac{3}{5}\times\left(-\dfrac{8}{17}\right)-\dfrac{4}{5}\times\dfrac{15}{17}$$
$$=-\dfrac{84}{85}$$
$\cos(\alpha-\beta)=\cos\alpha\cos\beta+\sin\alpha\sin\beta$
$$=\dfrac{3}{5}\times\left(-\dfrac{8}{17}\right)+\dfrac{4}{5}\times\dfrac{15}{17}$$
$$=\dfrac{36}{85}$$

3-8. (1) $\tan A=1$, $\tan B=2$이므로

$$\tan(A+B)=\frac{\tan A+\tan B}{1-\tan A\tan B}$$
$$=\frac{1+2}{1-1\times 2}=-3$$

(2) $\tan(A+B+C)$
$$=\frac{\tan(A+B)+\tan C}{1-\tan(A+B)\tan C}$$
$$=\frac{-3+3}{1-(-3)\times 3}=0$$

그런데 A, B, C는 모두 예각이고
(1)에서 $\tan(A+B)=-3<0$이므로

$$\frac{\pi}{2}<A+B<\pi$$
$$\therefore \ \frac{\pi}{2}<A+B+C<\frac{3}{2}\pi$$

따라서 $\tan(A+B+C)=0$에서

$$\mathbf{A+B+C}=\boldsymbol{\pi}$$

Note $0<A+B+C<\frac{3}{2}\pi$,

$\tan(A+B+C)=0$에서
$A+B+C=\pi$라고 해도 충분하다.

3-9. $(\tan x+\sqrt{3})(\tan y-\sqrt{3})=-4$

$$\cdots\cdots①$$

①에서
$$\tan x\tan y=\sqrt{3}(\tan x-\tan y)-1$$
이므로
$$\tan(x-y)=\frac{\tan x-\tan y}{1+\tan x\tan y}$$
$$=\frac{\tan x-\tan y}{1+\{\sqrt{3}(\tan x-\tan y)-1\}}$$
$$=\frac{\tan x-\tan y}{\sqrt{3}(\tan x-\tan y)}=\frac{1}{\sqrt{3}}$$

그런데 $0\le x<\frac{\pi}{2}$, $0\le y<\frac{\pi}{2}$에서
$-\frac{\pi}{2}<x-y<\frac{\pi}{2}$이므로 $\boldsymbol{x-y}=\dfrac{\boldsymbol{\pi}}{\mathbf{6}}$

Note ①에서 $\tan x=\tan y$이면
$\tan^2 x=-1$이므로 $\tan x\ne \tan y$

3-10. 점 $(1, 0)$에서 그은 접선의 방정식을

$y=m(x-1)$이라고 하면
$$x^2+3=m(x-1)$$
곧, $x^2-mx+m+3=0$에서
$$D=m^2-4(m+3)=0 \quad \therefore \ m=-2, 6$$

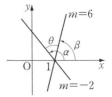

두 직선이 x축의 양의 방향과 이루는
각의 크기를 각각 α, β라고 하면
$$\tan \alpha=-2, \ \tan \beta=6$$
$$\therefore \ \tan \theta=\tan(\alpha-\beta)$$
$$=\frac{\tan \alpha-\tan \beta}{1+\tan \alpha\tan \beta}$$
$$=\frac{-2-6}{1+(-2)\times 6}=\frac{8}{11}$$

3-11. 점 $(4, 3)$을 지나고 기울기가 m인
접선의 방정식은
$$y=m(x-4)+3$$
곧, $mx-y-4m+3=0$
이 직선과 원점 사이의 거리가 1이므로
$$\frac{|-4m+3|}{\sqrt{m^2+1}}=1$$
양변을 제곱하여 정리하면
$$15m^2-24m+8=0$$
이 이차방정식의 근이 접선의 기울기
이므로 두 근은 $\tan \theta_1$, $\tan \theta_2$이다.
근과 계수의 관계로부터
$$\tan \theta_1+\tan \theta_2=\frac{24}{15},$$
$$\tan \theta_1\tan \theta_2=\frac{8}{15}$$
$$\therefore \ \tan(\theta_1+\theta_2)=\frac{\tan \theta_1+\tan \theta_2}{1-\tan \theta_1\tan \theta_2}$$
$$=\frac{24/15}{1-(8/15)}=\frac{24}{7}$$

3-12.

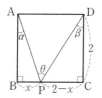

$\overline{BP}=x\,(0\le x\le2)$라고 하면

$$\overline{PC}=2-x$$

또, $\angle PAB=\alpha$, $\angle PDC=\beta$라고 하면 $\theta=\alpha+\beta$이고

$$\tan\alpha=\frac{x}{2},\ \tan\beta=\frac{2-x}{2}$$

$$\therefore\ \tan\theta=\tan(\alpha+\beta)$$

$$=\frac{\tan\alpha+\tan\beta}{1-\tan\alpha\tan\beta}$$

$$=\frac{\dfrac{x}{2}+\dfrac{2-x}{2}}{1-\dfrac{x}{2}\times\dfrac{2-x}{2}}$$

$$=\frac{4}{4-x(2-x)}=\frac{4}{(x-1)^2+3}$$

$0\le x\le2$이므로 $\tan\theta$는 $x=1$일 때 최대이고, 최댓값은 $\dfrac{4}{3}$

Note

두 점 A, D를 지나고 변 BC에 접하는 원의 접점을 P′이라고 하자.

변 BC 위의 점 P가 접점 P′이 아니면 P는 이 원 외부의 점이므로

$$\angle APD<\angle AP'D$$

따라서 P=P′일 때 $\angle APD$는 최대이다.

3-13. (1) P(5, 8)이라고 하면

$$\overline{OP}=\sqrt{5^2+8^2}=\sqrt{89}$$

또, 선분 OP가 x축의 양의 방향과 이루는 각의 크기를 θ라고 하면

$$\cos\theta=\frac{5}{\sqrt{89}},\ \sin\theta=\frac{8}{\sqrt{89}}$$

$$\therefore\ y=\sqrt{89}\sin(x+\theta)$$

$$\therefore\ \text{최댓값}\ \sqrt{89},\ \text{최솟값}\ -\sqrt{89}$$

(2) P$(1,\ -\sqrt{3}\,)$이라고 하면

$$\overline{OP}=\sqrt{1^2+(-\sqrt{3}\,)^2}=2$$

또, 선분 OP가 x축의 양의 방향과 이루는 각의 크기가 $\dfrac{5}{3}\pi\left(=-\dfrac{\pi}{3}\right)$이므로

$$y=2\sin\left(x-\frac{\pi}{3}\right)$$

$$\therefore\ \text{최댓값}\ 2,\ \text{최솟값}\ -2$$

(3) $y=-\sqrt{2}\,\sin x+\sqrt{2}\,\cos x$에서 P$(-\sqrt{2}\,,\ \sqrt{2}\,)$라고 하면

$$\overline{OP}=\sqrt{(-\sqrt{2}\,)^2+(\sqrt{2}\,)^2}=2$$

또, 선분 OP가 x축의 양의 방향과 이루는 각의 크기가 $\dfrac{3}{4}\pi$이므로

$$y=2\sin\left(x+\frac{3}{4}\pi\right)$$

$$\therefore\ \text{최댓값}\ 2,\ \text{최솟값}\ -2$$

(4) $y=2\left(\sin x\cos\dfrac{\pi}{6}+\cos x\sin\dfrac{\pi}{6}\right)$
$$-3\cos x$$

$$=\sqrt{3}\,\sin x-2\cos x$$

에서 P$(\sqrt{3}\,,\ -2)$라고 하면

$$\overline{OP}=\sqrt{(\sqrt{3}\,)^2+(-2)^2}=\sqrt{7}$$

또, 선분 OP가 x축의 양의 방향과 이루는 각의 크기를 θ라고 하면

$$\cos\theta=\frac{\sqrt{3}}{\sqrt{7}},\ \sin\theta=-\frac{2}{\sqrt{7}}$$

$$\therefore\ y=\sqrt{7}\sin(x+\theta)$$

$$\therefore\ \text{최댓값}\ \sqrt{7},\ \text{최솟값}\ -\sqrt{7}$$

3-14. $f(\theta)=\sqrt{a^2+b^2}\sin(\theta+\alpha)$

$\left(\text{단},\ \cos\alpha=\dfrac{a}{\sqrt{a^2+b^2}},\ \sin\alpha=\dfrac{b}{\sqrt{a^2+b^2}}\right)$

에서 $f(\theta)$의 최댓값이 $\sqrt{14}$ 이므로

$$\sqrt{a^2+b^2}=\sqrt{14}$$

$$\therefore\ a^2+b^2=14 \qquad\cdots\cdots①$$

또, $f\left(\dfrac{\pi}{4}\right)=2$이므로

$$a\sin\dfrac{\pi}{4}+b\cos\dfrac{\pi}{4}=2$$

$$\therefore\ a+b=2\sqrt{2} \qquad\cdots\cdots②$$

①, ②에서 b를 소거하면

$$a^2-2\sqrt{2}\,a-3=0$$

$$\therefore\ a=\sqrt{2}\pm\sqrt{5}$$

②에 대입하면 $\ b=\sqrt{2}\mp\sqrt{5}$

$$\therefore\ \boldsymbol{a=\sqrt{2}+\sqrt{5},\ b=\sqrt{2}-\sqrt{5}}$$

$$\text{또는 } \boldsymbol{a=\sqrt{2}-\sqrt{5},\ b=\sqrt{2}+\sqrt{5}}$$

3-15. (1) $\triangle\text{OAP}=\dfrac{1}{2}\times4\times4\sin\theta$

$$=8\sin\theta$$

또, $\angle\text{POB}=120°-\theta$이므로

$$\triangle\text{OBP}=\dfrac{1}{2}\times4\times4\sin(120°-\theta)$$

$$=8\sin(120°-\theta)$$

$$\therefore\ \text{T}=\triangle\text{OAP}+\triangle\text{OBP}$$

$$=8\sin\theta+8\sin(120°-\theta)$$

$$=8\sin\theta+8(\sin120°\cos\theta$$

$$-\cos120°\sin\theta)$$

$$=12\sin\theta+4\sqrt{3}\cos\theta$$

$$=\boldsymbol{8\sqrt{3}\sin(\theta+30°)}$$

(2) $0°<\theta<120°$이므로

$$30°<\theta+30°<150°$$

따라서 $\boldsymbol{\theta=60°}$일 때 **최댓값** $\boldsymbol{8\sqrt{3}}$

3-16.

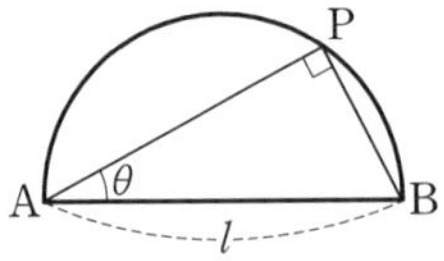

위의 그림에서 $\angle\text{APB}=90°$이므로

$\angle\text{PAB}=\theta\,(0°<\theta<90°)$라고 하면

$$\overline{\text{AP}}=l\cos\theta,\quad \overline{\text{BP}}=l\sin\theta$$

$$\therefore\ 3\overline{\text{AP}}+4\overline{\text{BP}}=3l\cos\theta+4l\sin\theta$$

$$=5l\sin(\theta+\alpha)$$

$$\left(\text{단, } \cos\alpha=\dfrac{4}{5},\ \sin\alpha=\dfrac{3}{5}\right)$$

이때, α는 제1사분면의 각이므로

$0°<\theta+\alpha<180°$이다.

따라서 $\theta+\alpha=90°$일 때 $3\overline{\text{AP}}+4\overline{\text{BP}}$

의 **최댓값은** $\boldsymbol{5l}$

3-17. (1) $\sin x-\cos x=0$에서

$$\sqrt{2}\sin\left(x-\dfrac{\pi}{4}\right)=0$$

$$\therefore\ \sin\left(x-\dfrac{\pi}{4}\right)=0$$

$-\dfrac{\pi}{4}\le x-\dfrac{\pi}{4}<\dfrac{7}{4}\pi$이므로

$$x-\dfrac{\pi}{4}=0,\ \pi \quad\therefore\ \boldsymbol{x=\dfrac{\pi}{4},\ \dfrac{5}{4}\pi}$$

***Note** $\cos x\ne0$이므로 양변을 $\cos x$

로 나누면 $\ \tan x=1$

$$\therefore\ \boldsymbol{x=\dfrac{\pi}{4},\ \dfrac{5}{4}\pi}$$

(2) $\dfrac{\sqrt{3}}{2}\cos x+\dfrac{1}{2}\sin x=\sin x-\dfrac{1}{2}$

$$\therefore\ \dfrac{1}{2}\sin x-\dfrac{\sqrt{3}}{2}\cos x=\dfrac{1}{2}$$

$$\therefore\ \sin\left(x-\dfrac{\pi}{3}\right)=\dfrac{1}{2}$$

$-\dfrac{\pi}{3}\le x-\dfrac{\pi}{3}<\dfrac{5}{3}\pi$이므로

$$x-\dfrac{\pi}{3}=\dfrac{\pi}{6},\ \dfrac{5}{6}\pi \quad\therefore\ \boldsymbol{x=\dfrac{\pi}{2},\ \dfrac{7}{6}\pi}$$

(3) (좌변)$=\sin x\cos\dfrac{\pi}{3}+\cos x\sin\dfrac{\pi}{3}$

$$+2\left(\sin x\cos\dfrac{\pi}{3}-\cos x\sin\dfrac{\pi}{3}\right)$$

$$=\dfrac{3}{2}\sin x-\dfrac{\sqrt{3}}{2}\cos x$$

$$=\sqrt{3}\sin\left(x-\dfrac{\pi}{6}\right)$$

이므로 준 방정식은

$$\sin\left(x-\dfrac{\pi}{6}\right)=\dfrac{\sqrt{3}}{2}$$

$-\dfrac{\pi}{6} \le x - \dfrac{\pi}{6} < \dfrac{11}{6}\pi$ 이므로

$x - \dfrac{\pi}{6} = \dfrac{\pi}{3},\ \dfrac{2}{3}\pi$　$\therefore$ $\boldsymbol{x = \dfrac{\pi}{2},\ \dfrac{5}{6}\pi}$

3-18. 준 식의 양변을 제곱하면

$\sin^2\theta + 2\sin\theta\cos\theta + \cos^2\theta = \dfrac{4}{9}$

$\therefore 1 + \sin 2\theta = \dfrac{4}{9}$　$\therefore \sin 2\theta = -\dfrac{5}{9}$

3-19. $\tan 2x = \dfrac{2\tan x}{1 - \tan^2 x} = \dfrac{2 \times (1/5)}{1 - (1/5)^2}$

$\qquad\qquad = \dfrac{5}{12}$

$\therefore \tan\left(2x - \dfrac{\pi}{4}\right) = \dfrac{\tan 2x - \tan(\pi/4)}{1 + \tan 2x\tan(\pi/4)}$

$\qquad\qquad = \dfrac{(5/12) - 1}{1 + (5/12) \times 1} = -\dfrac{7}{17}$

3-20. $\tan 2\theta = \dfrac{2\tan\theta}{1 - \tan^2\theta} = \dfrac{2 \times \sqrt{2}}{1 - (\sqrt{2})^2}$

$\qquad\qquad = -2\sqrt{2}$

$\cos 2\theta = 2\cos^2\theta - 1$

$\qquad = \dfrac{2}{\sec^2\theta} - 1 = \dfrac{2}{1 + \tan^2\theta} - 1$

$\qquad = \dfrac{2}{1 + (\sqrt{2})^2} - 1 = -\dfrac{1}{3}$

$\sin 2\theta = \tan 2\theta\cos 2\theta$

$\qquad = -2\sqrt{2} \times \left(-\dfrac{1}{3}\right) = \dfrac{2\sqrt{2}}{3}$

$\therefore \sin 2\theta + \cos 2\theta = \dfrac{2\sqrt{2} - 1}{3}$

Note 필수 예제 **3**-10의 결과를 이용하여 $\tan\theta = \sqrt{2}$ 로부터 $\sin 2\theta,\ \cos 2\theta$ 의 값을 바로 구할 수도 있다.

3-21. $\sin 3\theta = \sin 2\theta$ 에서

$3\sin\theta - 4\sin^3\theta = 2\sin\theta\cos\theta$

$\sin\theta \ne 0$ 이므로 양변을 $\sin\theta$로 나누면 $3 - 4\sin^2\theta = 2\cos\theta$

$\therefore 3 - 4(1 - \cos^2\theta) = 2\cos\theta$

곧, $4\cos^2\theta - 2\cos\theta - 1 = 0$

$0 < \cos\theta < 1$ 이므로　$\cos\theta = \dfrac{1 + \sqrt{5}}{4}$

$\therefore \boldsymbol{\cos 36° = \dfrac{1 + \sqrt{5}}{4}}$

Note $\theta = 36°$ 이면 $3\theta = 108°$, $2\theta = 72°$ 이므로　$3\theta + 2\theta = 180°$

$\therefore \sin 3\theta = \sin(180° - 2\theta) = \sin 2\theta$

곧, $\sin 3\theta = \sin 2\theta$

3-22. (1) $y = \dfrac{1 - \cos 2x}{2} + \dfrac{\sin 2x}{2}$

$\qquad = \dfrac{1}{2} + \dfrac{1}{2}(\sin 2x - \cos 2x)$

$\qquad = \dfrac{1}{2} + \dfrac{\sqrt{2}}{2}\sin\left(2x - \dfrac{\pi}{4}\right)$

$\therefore$ 최댓값 $\dfrac{1}{2} + \dfrac{\sqrt{2}}{2}$,

최솟값 $\dfrac{1}{2} - \dfrac{\sqrt{2}}{2}$

(2) $y = 3 \times \dfrac{1 - \cos 2x}{2} + 2\sin 2x$

$\qquad\qquad\qquad - 5 \times \dfrac{1 + \cos 2x}{2}$

$\quad = 2\sin 2x - 4\cos 2x - 1$

$\quad = 2\sqrt{5}\sin(2x - \alpha) - 1$

$\left(\text{단, } \cos\alpha = \dfrac{1}{\sqrt{5}},\ \sin\alpha = \dfrac{2}{\sqrt{5}}\right)$

$\therefore$ 최댓값 $2\sqrt{5} - 1$,

최솟값 $-2\sqrt{5} - 1$

3-23. $x^2 + y^2 = 1$ 이므로

$x = \cos\theta,\ y = \sin\theta\ (0 \le \theta < 2\pi)$ 로 놓을 수 있다.

$\therefore$ (준 식) $= 10x^2 + 16xy + 8y^2$

$\qquad = 10\cos^2\theta + 16\cos\theta\sin\theta$

$\qquad\qquad\qquad\qquad + 8\sin^2\theta$

$\qquad = 10 \times \dfrac{1 + \cos 2\theta}{2} + 8\sin 2\theta$

$\qquad\qquad\qquad\qquad + 8 \times \dfrac{1 - \cos 2\theta}{2}$

$\qquad = 9 + 8\sin 2\theta + \cos 2\theta$

$\qquad = 9 + \sqrt{65}\sin(2\theta + \alpha)$

$\left(\text{단, } \cos\alpha = \dfrac{8}{\sqrt{65}},\ \sin\alpha = \dfrac{1}{\sqrt{65}}\right)$

∴ 최댓값 $9+\sqrt{65}$, 최솟값 $9-\sqrt{65}$

3-24.

$\angle \mathrm{SOA}=\theta \left(0<\theta<\dfrac{\pi}{3}\right)$ 라고 하면

$\overline{\mathrm{PQ}}=\overline{\mathrm{SR}}=2\sqrt{3}\sin\theta$,

$\overline{\mathrm{OR}}=2\sqrt{3}\cos\theta$

또, $\dfrac{\overline{\mathrm{PQ}}}{\overline{\mathrm{OQ}}}=\tan\dfrac{\pi}{3}$ 에서 $\overline{\mathrm{OQ}}=2\sin\theta$

$\therefore \overline{\mathrm{QR}}=\overline{\mathrm{OR}}-\overline{\mathrm{OQ}}$

$\qquad =2\sqrt{3}\cos\theta-2\sin\theta$

따라서 직사각형 PQRS의 넓이는

$\overline{\mathrm{PQ}}\times\overline{\mathrm{QR}}=2\sqrt{3}\sin\theta(2\sqrt{3}\cos\theta-2\sin\theta)$

$\qquad =12\sin\theta\cos\theta-4\sqrt{3}\sin^2\theta$

$\qquad =6\sin2\theta-2\sqrt{3}(1-\cos2\theta)$

$\qquad =6\sin2\theta+2\sqrt{3}\cos2\theta-2\sqrt{3}$

$\qquad =4\sqrt{3}\sin\left(2\theta+\dfrac{\pi}{6}\right)-2\sqrt{3}$

$\dfrac{\pi}{6}<2\theta+\dfrac{\pi}{6}<\dfrac{5}{6}\pi$ 이므로 넓이의 최댓

값은 $4\sqrt{3}-2\sqrt{3}=\mathbf{2\sqrt{3}}$

3-25. (1) $2\sin2x=-\sqrt{3}$ 에서

$\qquad \sin2x=-\dfrac{\sqrt{3}}{2}$

$0\le2x<4\pi$ 이므로

$2x=\dfrac{4}{3}\pi,\ \dfrac{5}{3}\pi,\ \dfrac{10}{3}\pi,\ \dfrac{11}{3}\pi$

$\therefore \boldsymbol{x=\dfrac{2}{3}\pi,\ \dfrac{5}{6}\pi,\ \dfrac{5}{3}\pi,\ \dfrac{11}{6}\pi}$

(2) $1-2\sin^2x+5\sin x-3=0$ 에서

$(\sin x-2)(2\sin x-1)=0$

$\sin x\ne2$ 이므로 $\sin x=\dfrac{1}{2}$

$\therefore \boldsymbol{x=\dfrac{\pi}{6},\ \dfrac{5}{6}\pi}$

(3) (i) $\cot x=0$, 곧 $x=\dfrac{\pi}{2},\ \dfrac{3}{2}\pi$ 일 때 등

식이 성립한다. $\therefore x=\dfrac{\pi}{2},\ \dfrac{3}{2}\pi$

(ii) $\cot x\ne0$ 일 때

$\dfrac{2\tan x}{1-\tan^2x}=\dfrac{1}{\tan x}$ 에서

$2\tan^2x=1-\tan^2x$

$\therefore \tan x=\pm\dfrac{1}{\sqrt{3}}$

$\therefore x=\dfrac{\pi}{6},\ \dfrac{5}{6}\pi,\ \dfrac{7}{6}\pi,\ \dfrac{11}{6}\pi$

(i), (ii)에서

$\boldsymbol{x=\dfrac{\pi}{6},\ \dfrac{\pi}{2},\ \dfrac{5}{6}\pi,\ \dfrac{7}{6}\pi,\ \dfrac{3}{2}\pi,\ \dfrac{11}{6}\pi}$

3-26. (1) $2\cos^2x-1+\cos x\ge0$ 에서

$(\cos x+1)(2\cos x-1)\ge0$

$\therefore \cos x\le-1$ 또는 $\cos x\ge\dfrac{1}{2}$

$\therefore \boldsymbol{x=\pi,\ 0\le x\le\dfrac{\pi}{3},\ \dfrac{5}{3}\pi\le x<2\pi}$

(2) $2\sin x\cos x-\cos x>0$

$\therefore \cos x(2\sin x-1)>0$

(i) $\cos x>0$ 이고 $\sin x>\dfrac{1}{2}$ 일 때,

$\cos x>0$ 이면

$0\le x<\dfrac{\pi}{2},\ \dfrac{3}{2}\pi<x<2\pi$

이때, $\sin x>\dfrac{1}{2}$ 인 x의 범위는

$\dfrac{\pi}{6}<x<\dfrac{\pi}{2}$

(ii) $\cos x<0$ 이고 $\sin x<\dfrac{1}{2}$ 일 때,

$\cos x<0$ 이면

$\dfrac{\pi}{2}<x<\dfrac{3}{2}\pi$

이때, $\sin x<\dfrac{1}{2}$ 인 x의 범위는

$\dfrac{5}{6}\pi<x<\dfrac{3}{2}\pi$

(i), (ii)에서

$\dfrac{\pi}{6}<x<\dfrac{\pi}{2},\ \dfrac{5}{6}\pi<x<\dfrac{3}{2}\pi$

3-27. $\dfrac{2\tan x}{1-\tan^2x}>2\tan x$

(i) $\tan x > 0$일 때 $\dfrac{1}{1-\tan^2 x} > 1$

$\therefore\ 0 < 1-\tan^2 x < 1$　$\therefore\ 0 < \tan^2 x < 1$

$\tan x > 0$이므로　$0 < \tan x < 1$

$\therefore\ 0 < x < \dfrac{\pi}{4}$

(ii) $\tan x < 0$일 때 $\dfrac{1}{1-\tan^2 x} < 1$

$\therefore\ 1-\tan^2 x < 0$ 또는 $1-\tan^2 x > 1$

$\therefore\ \tan^2 x > 1$

$\tan x < 0$이므로　$\tan x < -1$

$\therefore\ \dfrac{\pi}{2} < x < \dfrac{3}{4}\pi$

(i), (ii)에서

$$0 < x < \dfrac{\pi}{4},\ \dfrac{\pi}{2} < x < \dfrac{3}{4}\pi$$

3-28. (1) (준 식)$=-\dfrac{1}{2}(\cos 45° - \cos 30°)$

$=-\dfrac{1}{2}\left(\dfrac{\sqrt{2}}{2} - \dfrac{\sqrt{3}}{2}\right)$

$=\dfrac{\sqrt{3}-\sqrt{2}}{4}$

(2) (준 식)$=\dfrac{1}{2}\cos 40°(\cos 240° + \cos 80°)$

$=\dfrac{1}{2}\cos 40° \cos 240°$

$\qquad +\dfrac{1}{2}\cos 40° \cos 80°$

$=-\dfrac{1}{4}\cos 40°$

$\qquad +\dfrac{1}{4}(\cos 120° + \cos 40°)$

$=\dfrac{1}{4}\cos 120° = -\dfrac{1}{8}$

(3) (준 식)$=\cos^2\theta - \sin^2\alpha$

$\qquad +\cos(\alpha+\theta)\{\cos(\alpha+\theta)$

$\qquad\qquad -2\cos\alpha\cos\theta\}$

$=\cos^2\theta - \sin^2\alpha - \cos(\alpha+\theta)$

$\qquad \times(\cos\alpha\cos\theta + \sin\alpha\sin\theta)$

$=\dfrac{1+\cos 2\theta}{2} - \dfrac{1-\cos 2\alpha}{2}$

$\qquad - \cos(\alpha+\theta)\cos(\alpha-\theta)$

$=\dfrac{1}{2}\cos 2\theta + \dfrac{1}{2}\cos 2\alpha$

$\qquad -\dfrac{1}{2}(\cos 2\alpha + \cos 2\theta)$

$=0$

3-29. (준 식)$=\cos 55°$

$\qquad +(\cos 175° + \cos 65°)$

$=\cos 55° + 2\cos 120°\cos 55°$

$=\cos 55° - \cos 55° = 0$

3-30. (1) (준 식)$=(\sin 3\theta + \sin\theta)$

$\qquad\qquad +(\sin 4\theta + \sin 2\theta)$

$=2\sin\dfrac{4\theta}{2}\cos\dfrac{2\theta}{2} + 2\sin\dfrac{6\theta}{2}\cos\dfrac{2\theta}{2}$

$=2\sin 2\theta\cos\theta + 2\sin 3\theta\cos\theta$

$=2\cos\theta(\sin 2\theta + \sin 3\theta)$

$=4\cos\theta\sin\dfrac{5\theta}{2}\cos\dfrac{-\theta}{2}$

$=\boldsymbol{4\sin\dfrac{5}{2}\theta\cos\theta\cos\dfrac{\theta}{2}}$

(2) (준 식)$=\{\sin(3\theta+\alpha) + \sin(\theta+\alpha)\}$

$\qquad +\{\sin(4\theta+\alpha) + \sin(2\theta+\alpha)\}$

$=2\sin(2\theta+\alpha)\cos\theta$

$\qquad +2\sin(3\theta+\alpha)\cos\theta$

$=2\cos\theta\{\sin(2\theta+\alpha) + \sin(3\theta+\alpha)\}$

$=4\cos\theta\sin\left(\dfrac{5}{2}\theta+\alpha\right)\cos\left(-\dfrac{\theta}{2}\right)$

$=\boldsymbol{4\sin\left(\dfrac{5}{2}\theta+\alpha\right)\cos\theta\cos\dfrac{\theta}{2}}$

4-1. (1) (준 식)$=\lim\limits_{x\to 1}\dfrac{(x-1)(x^2+x+1)}{(x-1)(x+2)}$

$=\lim\limits_{x\to 1}\dfrac{x^2+x+1}{x+2} = \boldsymbol{1}$

(2) (준 식)$=\lim\limits_{x\to 2}\dfrac{(x-1)(x-2)}{(x-2)(x+1)^2}$

$=\lim\limits_{x\to 2}\dfrac{x-1}{(x+1)^2} = \boldsymbol{\dfrac{1}{9}}$

(3) (i) $\boldsymbol{a\neq 0}$일 때

(준 식)$=\lim\limits_{x\to a}\dfrac{(x-a)(3x+a)}{(x-a)(2x+a)}$

$$=\lim_{x\to a}\frac{3x+a}{2x+a}=\frac{4}{3}$$

(ii) $a=0$일 때

$$(준 식)=\lim_{x\to 0}\frac{3x^2}{2x^2}=\frac{3}{2}$$

(4) $(준 식)=\lim_{x\to 1}\dfrac{(\sqrt{x^2+8}-3)(\sqrt{x^2+8}+3)}{(x-1)(\sqrt{x^2+8}+3)}$

$$=\lim_{x\to 1}\frac{(x+1)(x-1)}{(x-1)(\sqrt{x^2+8}+3)}$$

$$=\lim_{x\to 1}\frac{x+1}{\sqrt{x^2+8}+3}=\frac{1}{3}$$

(5) 분모, 분자에 $(\sqrt[3]{x})^2+2\sqrt[3]{x}+2^2$을 각각 곱하고 정리하면

$$(준 식)=\lim_{x\to 8}\frac{1}{(\sqrt[3]{x})^2+2\sqrt[3]{x}+2^2}$$

$$=\frac{1}{(\sqrt[3]{8})^2+2\sqrt[3]{8}+4}=\frac{1}{12}$$

(6) 분모, 분자에

$$\left(\sqrt{1+x}+\sqrt{1+2x^2}\right)\left(\sqrt{1+x^2}+\sqrt{1-2x}\right)$$

를 각각 곱하고 정리하면

(분모)$=\{(1+x^2)-(1-2x)\}$
$$\times\left(\sqrt{1+x}+\sqrt{1+2x^2}\right)$$

(분자)$=\{(1+x)-(1+2x^2)\}$
$$\times\left(\sqrt{1+x^2}+\sqrt{1-2x}\right)$$

∴ (준 식)

$$=\lim_{x\to 0}\frac{(1-2x)\left(\sqrt{1+x^2}+\sqrt{1-2x}\right)}{(x+2)\left(\sqrt{1+x}+\sqrt{1+2x^2}\right)}$$

$$=\frac{1}{2}$$

4-2. (1) $(준 식)=\lim_{x\to\infty}\dfrac{\frac{3}{x}-\frac{4}{x^2}+\frac{1}{x^3}}{2+\frac{2}{x^3}}=0$

(2) $(준 식)=\lim_{x\to\infty}\dfrac{2+\sqrt{\frac{1}{x}+\frac{1}{x^4}}}{1+\frac{2}{x}+\frac{2}{x^2}}=2$

(3) $(준 식)=\lim_{x\to-\infty}\dfrac{1+\frac{1}{x}}{-\sqrt{1+\frac{1}{x}+\frac{1}{x^2}}}=-1$

4-3. (1) 분모를 1로 보고, 분자를 유리화하면

$$(준 식)=\lim_{x\to\infty}\frac{2x+3}{\sqrt{x^2+2x+3}+x}$$

$$=\lim_{x\to\infty}\frac{2+\frac{3}{x}}{\sqrt{1+\frac{2}{x}+\frac{3}{x^2}}+1}=1$$

(2) 분모를 1로 보고, 분자를 유리화하면

$$(준 식)=\lim_{x\to\infty}\frac{12x}{\sqrt{x^2+12x+1}+\sqrt{x^2+1}}$$

$$=\lim_{x\to\infty}\frac{12}{\sqrt{1+\frac{12}{x}+\frac{1}{x^2}}+\sqrt{1+\frac{1}{x^2}}}$$

$$=6$$

(3) $(준 식)=\lim_{x\to 0}\left\{\frac{1}{x}\times\frac{1-(x+1)^2}{(x+1)^2}\right\}$

$$=\lim_{x\to 0}\frac{-(x+2)}{(x+1)^2}=-2$$

(4) $(준 식)=\lim_{x\to 0+}\left(\dfrac{\sqrt{1+2x}}{x}-\dfrac{\sqrt{1-x}}{x}\right)$

$$=\lim_{x\to 0+}\frac{1}{x}\left(\sqrt{1+2x}-\sqrt{1-x}\right)$$

분모, 분자에 $\sqrt{1+2x}+\sqrt{1-x}$ 를 각각 곱하고 정리하면

$$(준 식)=\lim_{x\to 0+}\left(\frac{1}{x}\times\frac{3x}{\sqrt{1+2x}+\sqrt{1-x}}\right)$$

$$=\lim_{x\to 0+}\frac{3}{\sqrt{1+2x}+\sqrt{1-x}}=\frac{3}{2}$$

4-4. (1) (준 식)

$$=\lim_{x\to 0}\left(\frac{\sin 3x}{3x}\times\frac{2x}{\sin 2x}\times\frac{3}{2}\right)=\frac{3}{2}$$

(2) $(준 식)=\lim_{\theta\to 0}\left(\dfrac{\tan 2\theta}{2\theta}\times\dfrac{2}{\cos\theta}\right)=2$

(3) $180°=\pi$에서 $x°=\dfrac{\pi}{180}x$

$\therefore$ (준 식)$=\lim\limits_{x\to0}\left(\dfrac{\tan\dfrac{\pi}{180}x}{\dfrac{\pi}{180}x}\times\dfrac{\pi}{180}\right)$

$\qquad\quad=\dfrac{\boldsymbol{\pi}}{\boldsymbol{180}}$

(4) (준 식)$=\lim\limits_{x\to0}\left(\sin3x\times\dfrac{1}{\tan x}\right)$

$\qquad\quad=\lim\limits_{x\to0}\left(\dfrac{\sin3x}{3x}\times\dfrac{x}{\tan x}\times3\right)$

$\qquad\quad=\boldsymbol{3}$

(5) (준 식)$=\lim\limits_{\theta\to0}\left\{\dfrac{\tan(\tan\theta)}{\tan\theta}\times\dfrac{\tan\theta}{\theta}\right\}$

$\tan\theta=t$로 놓으면 $\theta\longrightarrow0$일 때
$t\longrightarrow0$이므로

$\lim\limits_{\theta\to0}\dfrac{\tan(\tan\theta)}{\tan\theta}=\lim\limits_{t\to0}\dfrac{\tan t}{t}=1$

$\therefore\ \lim\limits_{\theta\to0}\dfrac{\tan(\tan\theta)}{\theta}=1\times1=\boldsymbol{1}$

(6) (준 식)

$=\lim\limits_{x\to0}\left\{\dfrac{\tan(\sin\pi x)}{\sin\pi x}\times\dfrac{\sin\pi x}{\pi x}\times\pi\right\}$

$\sin\pi x=t$로 놓으면 $x\longrightarrow0$일 때
$t\longrightarrow0$이므로

$\lim\limits_{x\to0}\dfrac{\tan(\sin\pi x)}{\sin\pi x}=\lim\limits_{t\to0}\dfrac{\tan t}{t}=1$

$\therefore\ \lim\limits_{x\to0}\dfrac{\tan(\sin\pi x)}{x}=1\times1\times\pi=\boldsymbol{\pi}$

4-5. (1) (준 식)$=\lim\limits_{x\to0}\dfrac{1-\cos^2 2x}{x^2(1+\cos2x)}$

$\qquad\quad=\lim\limits_{x\to0}\dfrac{\sin^2 2x}{x^2(1+\cos2x)}$

$\qquad\quad=\lim\limits_{x\to0}\left\{\left(\dfrac{\sin2x}{2x}\right)^2\times\dfrac{1}{1+\cos2x}\times4\right\}$

$\qquad\quad=1\times\dfrac{1}{2}\times4=\boldsymbol{2}$

Note (준 식)$=\lim\limits_{x\to0}\dfrac{1-(1-2\sin^2x)}{x^2}$

$\qquad\qquad=\lim\limits_{x\to0}\dfrac{2\sin^2x}{x^2}=\boldsymbol{2}$

(2) (준 식)

$=\lim\limits_{x\to0}\left\{\dfrac{\sin(1-\cos x)}{1-\cos x}\times\dfrac{1-\cos x}{x^2}\right\}$

여기에서

$\lim\limits_{x\to0}\dfrac{1-\cos x}{x^2}=\lim\limits_{x\to0}\dfrac{1-\cos^2x}{x^2(1+\cos x)}$

$\qquad\quad=\lim\limits_{x\to0}\left\{\left(\dfrac{\sin x}{x}\right)^2\times\dfrac{1}{1+\cos x}\right\}=\dfrac{1}{2}$

$\therefore$ (준 식)$=1\times\dfrac{1}{2}=\dfrac{\boldsymbol{1}}{\boldsymbol{2}}$

(3) **필수 예제 4**-5의 (1)의 결과를 이용하면

(준 식)$=\lim\limits_{x\to0}\left(\dfrac{1-\cos bx}{x^2}-\dfrac{1-\cos ax}{x^2}\right)$

$\qquad\quad=\dfrac{\boldsymbol{b^2-a^2}}{\boldsymbol{2}}$

4-6. (1) $x-1=\theta$로 놓으면 $x\longrightarrow1$일 때
$\theta\longrightarrow0$이므로

(준 식)$=\lim\limits_{\theta\to0}\dfrac{\sin(\pi+\pi\theta)}{\theta}$

$\qquad\quad=\lim\limits_{\theta\to0}\dfrac{-\sin\pi\theta}{\theta}$

$\qquad\quad=\lim\limits_{\theta\to0}\left(\dfrac{-\sin\pi\theta}{\pi\theta}\times\pi\right)$

$\qquad\quad=-\boldsymbol{\pi}$

(2) $x-\dfrac{\pi}{2}=\theta$로 놓으면 $x\longrightarrow\dfrac{\pi}{2}$일 때
$\theta\longrightarrow0$이므로

(준 식)$=\lim\limits_{\theta\to0}\dfrac{\cos\left(\dfrac{\pi}{2}+\theta\right)}{-\theta}$

$\qquad\quad=\lim\limits_{\theta\to0}\dfrac{-\sin\theta}{-\theta}=\boldsymbol{1}$

(3) $x-2\pi=\theta$로 놓으면 $x\longrightarrow2\pi$일 때
$\theta\longrightarrow0$이므로

(준 식)$=\lim\limits_{\theta\to0}\dfrac{\sin(2\pi+\theta)}{(2\pi+\theta)^2-4\pi^2}$

$\qquad\quad=\lim\limits_{\theta\to0}\dfrac{\sin\theta}{\theta(4\pi+\theta)}$

$\qquad\quad=\lim\limits_{\theta\to0}\left(\dfrac{\sin\theta}{\theta}\times\dfrac{1}{4\pi+\theta}\right)$

$\qquad\quad=\dfrac{\boldsymbol{1}}{\boldsymbol{4\pi}}$

(4) $x-\dfrac{\pi}{2}=\theta$로 놓으면 $x\longrightarrow\dfrac{\pi}{2}$일 때

$\theta \longrightarrow 0$이므로

$$(준\ 식)=\lim_{\theta\to 0}\frac{1-\sin\left(\frac{\pi}{2}+\theta\right)}{(2\theta)^2}$$

$$=\lim_{\theta\to 0}\frac{1-\cos\theta}{4\theta^2}$$

$$=\lim_{\theta\to 0}\frac{1-\cos^2\theta}{4\theta^2(1+\cos\theta)}$$

$$=\lim_{\theta\to 0}\left\{\left(\frac{\sin\theta}{\theta}\right)^2\times\frac{1}{4(1+\cos\theta)}\right\}$$

$$=\frac{1}{8}$$

4-7. (1) $(준\ 식)=\lim_{x\to 0}\dfrac{1}{2x}\ln(1+x)$

$$=\frac{1}{2}\lim_{x\to 0}\ln(1+x)^{\frac{1}{x}}$$

$$=\frac{1}{2}\ln e=\frac{1}{2}$$

(2) $(준\ 식)=\lim_{x\to 0}\dfrac{1}{x}\ln(1+ax)$

$$=\lim_{x\to 0}\ln(1+ax)^{\frac{1}{x}}$$

$$=\lim_{x\to 0}\ln\left\{(1+ax)^{\frac{1}{ax}}\right\}^a$$

$$=\ln e^a=\boldsymbol{a}$$

(3) $e^x-1=t$로 놓으면 $e^x=1+t$

$$\therefore\ x=\ln(1+t)$$

또, $x\longrightarrow 0$일 때 $t\longrightarrow 0$이므로

$$(준\ 식)=\lim_{t\to 0}\frac{t}{\ln(1+t)}$$

$$=\lim_{t\to 0}\frac{1}{\frac{1}{t}\ln(1+t)}$$

$$=\lim_{t\to 0}\frac{1}{\ln(1+t)^{\frac{1}{t}}}=\frac{1}{\ln e}=\boldsymbol{1}$$

(4) $x-1=t$로 놓으면 $x=1+t$이고

$x\longrightarrow 1$일 때 $t\longrightarrow 0$이므로

$$(준\ 식)=\lim_{t\to 0}\frac{\ln(1+t)}{t}$$

$$=\lim_{t\to 0}\frac{1}{t}\ln(1+t)$$

$$=\lim_{t\to 0}\ln(1+t)^{\frac{1}{t}}=\ln e=\boldsymbol{1}$$

(5) $(준\ 식)=\lim_{x\to\infty}x\ln\dfrac{x+1}{x}$

$$=\lim_{x\to\infty}\ln\left(1+\frac{1}{x}\right)^x=\ln e=\boldsymbol{1}$$

4-8. 사인법칙으로부터

$$\frac{\overline{BC}}{\sin\theta}=2 \quad\therefore\ \overline{BC}=2\sin\theta$$

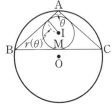

선분 BC의 중점을 M, 내접원의 중심을 I라고 하자.

$$\angle ABC=\frac{\pi-\theta}{2},\ \ \angle IBC=\frac{\pi-\theta}{4}$$

이므로

$$\tan\frac{\pi-\theta}{4}=\frac{r(\theta)}{\overline{BM}}$$

$$\overline{BM}=\frac{1}{2}\overline{BC}=\sin\theta$$이므로

$$r(\theta)=\sin\theta\tan\frac{\pi-\theta}{4}$$

따라서

$$\lim_{\theta\to\pi-}\frac{r(\theta)}{(\pi-\theta)^2}=\lim_{\theta\to\pi-}\frac{\sin\theta\tan\dfrac{\pi-\theta}{4}}{(\pi-\theta)^2}$$

에서 $\pi-\theta=\alpha$로 놓으면 $\theta\longrightarrow\pi-$일

때 $\alpha\longrightarrow 0+$이므로

$$(준\ 식)=\lim_{\alpha\to 0+}\frac{\sin(\pi-\alpha)\tan\dfrac{\alpha}{4}}{\alpha^2}$$

$$=\lim_{\alpha\to 0+}\frac{\sin\alpha\tan\dfrac{\alpha}{4}}{\alpha\times\dfrac{\alpha}{4}\times 4}=\frac{1}{4}$$

4-9. (1) $x\longrightarrow 0$일 때 극한값이 존재하고

(분모) $\longrightarrow 0$이므로 (분자) $\longrightarrow 0$이어야 한다.

$$\therefore\ \lim_{x\to 0}\left(\sqrt{a+x}-\sqrt{2}\right)=\sqrt{a}-\sqrt{2}=0$$

$$\therefore\ \boldsymbol{a=2}$$

$$\therefore\ b=\lim_{x\to0}\frac{\sqrt{2+x}-\sqrt{2}}{x}$$
$$=\lim_{x\to0}\frac{x}{x(\sqrt{2+x}+\sqrt{2})}=\frac{\sqrt{2}}{4}$$

(2) $x\longrightarrow2$일 때 극한값이 존재하고 (분모) $\longrightarrow0$이므로 (분자) $\longrightarrow0$이어야 한다.

$$\therefore\ \lim_{x\to2}(ax^2+bx-10)=4a+2b-10$$
$$=0$$
$$\therefore\ b=-2a+5　\cdots\cdots①$$
$$\therefore\ (좌변)=\lim_{x\to2}\frac{ax^2+(-2a+5)x-10}{3x^2-5x-2}$$
$$=\lim_{x\to2}\frac{(x-2)(ax+5)}{(x-2)(3x+1)}$$
$$=\lim_{x\to2}\frac{ax+5}{3x+1}=\frac{2a+5}{7}=3$$
$$\therefore\ a=8,\ b=-11　\Leftarrow①$$

(3) $x\longrightarrow0$일 때 0이 아닌 극한값이 존재하고 (분자) $\longrightarrow0$이므로 (분모) $\longrightarrow0$이어야 한다.

$$\therefore\ \lim_{x\to0}(\sqrt{x+a}-b)=\sqrt{a}-b=0$$
$$\therefore\ b=\sqrt{a}　\cdots\cdots①$$
$$\therefore\ (좌변)=\lim_{x\to0}\frac{x}{\sqrt{x+a}-\sqrt{a}}$$
$$=\lim_{x\to0}\frac{x(\sqrt{x+a}+\sqrt{a})}{x}$$
$$=2\sqrt{a}=6$$
$$\therefore\ a=9,\ b=3　\Leftarrow①$$

(4) $x\longrightarrow2$일 때 극한값이 존재하고 (분모) $\longrightarrow0$이므로 (분자) $\longrightarrow0$이어야 한다.

$$\therefore\ \lim_{x\to2}(x^2-ax+8)=4-2a+8=0$$
$$\therefore\ a=6$$
$$\therefore\ (좌변)=\lim_{x\to2}\frac{x^2-6x+8}{x^2-(2+b)x+2b}$$
$$=\lim_{x\to2}\frac{(x-2)(x-4)}{(x-2)(x-b)}$$
$$=\lim_{x\to2}\frac{x-4}{x-b}=\frac{-2}{2-b}$$
$$\therefore\ \frac{-2}{2-b}=\frac{1}{5}　\therefore\ b=12$$

4-10. (1) $x\longrightarrow0$일 때 극한값이 존재하고 (분모) $\longrightarrow0$이므로 (분자) $\longrightarrow0$이어야 한다.
$$\therefore\ \lim_{x\to0}(x^2+ax+b)=0　\therefore\ b=0$$
따라서
$$(좌변)=\lim_{x\to0}\frac{x^2+ax}{\sin x}$$
$$=\lim_{x\to0}\left\{\frac{x}{\sin x}\times(x+a)\right\}=a$$
$$\therefore\ a=1$$

(2) $x\longrightarrow0$일 때 0이 아닌 극한값이 존재하고 (분자) $\longrightarrow0$이므로 (분모) $\longrightarrow0$이어야 한다.
$$\therefore\ \lim_{x\to0}(\sqrt{ax+b}-1)=0$$
$$\therefore\ \sqrt{b}-1=0　\therefore\ b=1$$
따라서
$$(좌변)=\lim_{x\to0}\frac{\sin2x}{\sqrt{ax+1}-1}$$
$$=\lim_{x\to0}\frac{\sin2x(\sqrt{ax+1}+1)}{(\sqrt{ax+1}-1)(\sqrt{ax+1}+1)}$$
$$=\lim_{x\to0}\frac{\sin2x(\sqrt{ax+1}+1)}{ax}$$
$$=\lim_{x\to0}\left\{\frac{\sin2x}{2x}\times\frac{2}{a}\times(\sqrt{ax+1}+1)\right\}$$
$$=1\times\frac{2}{a}\times2=\frac{4}{a}=2　\therefore\ a=2$$

4-11. (1) $x\longrightarrow0,\ x\longrightarrow1$일 때 각각 극한값이 존재하고 (분모) $\longrightarrow0$이므로
$$f(0)=0,\ f(1)=0$$
따라서 $f(x)=x(x-1)g(x)$
$$\left(단,\ g(x)는\ 다항식\right)$$
로 놓으면
$$\lim_{x\to0}\frac{f(x)}{x(x-1)}=\lim_{x\to0}\frac{x(x-1)g(x)}{x(x-1)}$$
$$=\lim_{x\to0}g(x)=1$$

$$\therefore g(0)=1 \quad\cdots\cdots①$$

$$\lim_{x\to 1}\frac{f(x)}{x(x-1)}=\lim_{x\to 1}\frac{x(x-1)g(x)}{x(x-1)}$$
$$=\lim_{x\to 1}g(x)=2$$
$$\therefore g(1)=2 \quad\cdots\cdots②$$

①, ②를 만족시키는 다항식 중 차수가 가장 작은 다항식 $g(x)$는 일차식이므로 $g(x)=ax+b\,(a\neq 0)$로 놓으면
$$b=1,\ a+b=2$$
$$\therefore a=1,\ b=1 \quad\therefore g(x)=x+1$$
$$\therefore \boldsymbol{f(x)=x(x-1)(x+1)}$$

(2) $x\longrightarrow 0,\ x\longrightarrow 1,\ x\longrightarrow 2$일 때 각각 극한값이 존재하고 (분모) $\longrightarrow 0$이므로
$$f(0)=0,\ f(1)=0,\ f(2)=0$$
따라서 $f(x)=x(x-1)(x-2)g(x)$
$$(단,\ g(x)는\ 다항식)$$
로 놓으면
$$\lim_{x\to 0}\frac{f(x)}{x}=\lim_{x\to 0}\frac{x(x-1)(x-2)g(x)}{x}$$
$$=\lim_{x\to 0}(x-1)(x-2)g(x)$$
$$=10$$
$$\therefore (-1)(-2)g(0)=10$$
$$\therefore g(0)=5 \quad\cdots\cdots①$$
같은 방법으로 하면
$$\lim_{x\to 1}\frac{f(x)}{x-1}=-4,\ \lim_{x\to 2}\frac{f(x)}{x-2}=26에서$$
$$g(1)=4\ \cdots②\quad g(2)=13\ \cdots③$$
①, ②, ③을 만족시키는 다항식 중 차수가 가장 작은 다항식 $g(x)$는 이차식이므로 $g(x)=ax^2+bx+c\,(a\neq 0)$로 놓으면
$$c=5,\ a+b+c=4,$$
$$4a+2b+c=13$$
$$\therefore a=5,\ b=-6,\ c=5$$
$$\therefore g(x)=5x^2-6x+5$$
$$\therefore \boldsymbol{f(x)=x(x-1)(x-2)(5x^2-6x+5)}$$

4-12. (1) $a=0$이면 $x\neq 0$일 때 $f(x)=0$이고 $f(0)=3$이므로 $f(x)$는 $x=0$에서 연속이 아니다. $\quad\therefore a\neq 0$
$$\therefore \lim_{x\to 0}f(x)=\lim_{x\to 0}\frac{\ln(1+ax)}{x}$$
$$=\lim_{x\to 0}\left\{a\times\frac{\ln(1+ax)}{ax}\right\}$$
$$=\lim_{x\to 0}a\ln(1+ax)^{\frac{1}{ax}}$$
$$=a\ln e=a$$
그런데 $f(x)$가 $x=0$에서 연속이면 $\lim_{x\to 0}f(x)=f(0)$이므로 $\quad\boldsymbol{a=3}$

(2) $\lim_{x\to 0}f(x)=\lim_{x\to 0}\frac{e^{3x}-1}{\tan x}$
$$=\lim_{x\to 0}\left(\frac{x}{\tan x}\times\frac{e^{3x}-1}{3x}\times 3\right)$$
$$=3$$
그런데 $f(x)$가 $x=0$에서 연속이면 $\lim_{x\to 0}f(x)=f(0)$이므로 $\quad\boldsymbol{a=3}$

4-13. (1) $f(x)=x^4+x^3-9x+1$로 놓으면 $f(x)$는 구간 $[1,\,3]$에서 연속이고
$$f(1)=-6<0,\ f(3)=82>0$$
따라서 사잇값의 정리에 의하여 방정식 $f(x)=0$은 구간 $(1,\,3)$에서 적어도 하나의 실근을 가진다.

(2) $f(x)=\log_3 x+x-3$으로 놓으면 $f(x)$는 구간 $[1,\,3]$에서 연속이고
$$f(1)=0+1-3=-2<0,$$
$$f(3)=\log_3 3+3-3=1>0$$
따라서 사잇값의 정리에 의하여 방정식 $f(x)=0$은 구간 $(1,\,3)$에서 적어도 하나의 실근을 가진다.

(3) $f(x)=x-\cos x$로 놓으면 $f(x)$는 구간 $\left[0,\,\frac{\pi}{2}\right]$에서 연속이고
$$f(0)=0-\cos 0=-1<0,$$
$$f\left(\frac{\pi}{2}\right)=\frac{\pi}{2}>0$$
따라서 사잇값의 정리에 의하여 방

정식 $f(x)=0$은 구간 $\left(0, \dfrac{\pi}{2}\right)$에서 적어도 하나의 실근을 가진다.

(4) $f(x)=\sin x - x\cos x$로 놓으면

$f(x)$는 구간 $\left[\pi, \dfrac{3}{2}\pi\right]$에서 연속이고

$$f(\pi)=\pi>0, \quad f\left(\dfrac{3}{2}\pi\right)=-1<0$$

따라서 사잇값의 정리에 의하여 방정식 $f(x)=0$은 구간 $\left(\pi, \dfrac{3}{2}\pi\right)$에서 적어도 하나의 실근을 가진다.

(5) $f(x)=(x-1)\sin x+\sqrt{2}\,\cos x-1$

로 놓으면 $f(x)$는 구간 $\left[0, \dfrac{\pi}{2}\right]$에서 연속이고

$$f(0)=\sqrt{2}-1>0,$$
$$f\left(\dfrac{\pi}{2}\right)=\dfrac{\pi}{2}-2<0$$

따라서 사잇값의 정리에 의하여 방정식 $f(x)=0$은 구간 $\left(0, \dfrac{\pi}{2}\right)$에서 적어도 하나의 실근을 가진다.

(6) $f(x)=(x^2-1)\cos x+\sqrt{2}\,\sin x-1$

로 놓으면 $f(x)$는 구간 $\left[0, \dfrac{\pi}{2}\right]$에서 연속이고

$$f(0)=-2<0, \quad f\left(\dfrac{\pi}{2}\right)=\sqrt{2}-1>0$$

따라서 사잇값의 정리에 의하여 방정식 $f(x)=0$은 구간 $\left(0, \dfrac{\pi}{2}\right)$에서 적어도 하나의 실근을 가진다.

5-1. (1) (준 식)

$$=\lim_{h\to 0}\left\{\dfrac{f(a+h^2)-f(a)}{h^2}\times h\right\}$$
$$=f'(a)\times 0=\boldsymbol{0}$$

(2) (준 식)$=\lim_{h\to 0}\left\{\dfrac{f(a-h)-f(a)}{-h}\times(-1)\right\}$
$$=f'(a)\times(-1)=-\boldsymbol{f'(a)}$$

(3) (준 식)

$$=\lim_{h\to 0}\dfrac{f(a+h)-f(a)+f(a)-f(a-h)}{h}$$

$$=\lim_{h\to 0}\left\{\dfrac{f(a+h)-f(a)}{h}\right.$$
$$\left.+\dfrac{f(a-h)-f(a)}{-h}\right\}$$
$$=f'(a)+f'(a)=\boldsymbol{2f'(a)}$$

(4) $\dfrac{\{f(a+2h)\}^2-\{f(a-2h)\}^2}{8h}$

$$=\{f(a+2h)+f(a-2h)\}$$
$$\times\dfrac{f(a+2h)-f(a-2h)}{8h}$$

$f(x)$가 $x=a$에서 연속이므로

$$\lim_{h\to 0}\{f(a+2h)+f(a-2h)\}=2f(a)$$

또,

$$\lim_{h\to 0}\dfrac{f(a+2h)-f(a-2h)}{8h}$$
$$=\lim_{h\to 0}\dfrac{f(a+2h)-f(a)+f(a)-f(a-2h)}{8h}$$
$$=\lim_{h\to 0}\left\{\dfrac{f(a+2h)-f(a)}{2h\times 4}\right.$$
$$\left.+\dfrac{f(a-2h)-f(a)}{-2h\times 4}\right\}$$
$$=\dfrac{1}{4}f'(a)+\dfrac{1}{4}f'(a)=\dfrac{1}{2}f'(a)$$

따라서

(준 식)$=2f(a)\times\dfrac{1}{2}f'(a)=\boldsymbol{f(a)f'(a)}$

5-2. (1) (준 식)

$$=\lim_{x\to a}\dfrac{af(x)-af(a)+af(a)-xf(a)}{x-a}$$
$$=\lim_{x\to a}\left\{a\times\dfrac{f(x)-f(a)}{x-a}-f(a)\right\}$$
$$=\boldsymbol{af'(a)-f(a)}$$

(2) (준 식)

$$=\lim_{x\to a}\dfrac{x^2 f(a)-a^2 f(a)+a^2 f(a)-a^2 f(x)}{x-a}$$
$$=\lim_{x\to a}\left\{\dfrac{x^2-a^2}{x-a}\times f(a)\right.$$
$$\left.-a^2\times\dfrac{f(x)-f(a)}{x-a}\right\}$$
$$=\lim_{x\to a}\left\{(x+a)f(a)-a^2\times\dfrac{f(x)-f(a)}{x-a}\right\}$$

$=2af(a)-a^2f'(a)$

(3) (준 식)

$$=\lim_{x\to a}\frac{x^3f(a)-a^3f(a)+a^3f(a)-a^3f(x)}{x-a}$$

$$=\lim_{x\to a}\left\{\frac{x^3-a^3}{x-a}\times f(a)\right.$$
$$\left.-a^3\times\frac{f(x)-f(a)}{x-a}\right\}$$

$$=\lim_{x\to a}\left\{(x^2+ax+a^2)f(a)\right.$$
$$\left.-a^3\times\frac{f(x)-f(a)}{x-a}\right\}$$

$$=3a^2f(a)-a^3f'(a)$$

(4) (준 식)

$$=\lim_{x\to a}\frac{x^2f(x)-x^2f(a)+x^2f(a)-a^2f(a)}{x-a}$$

$$=\lim_{x\to a}\left\{x^2\times\frac{f(x)-f(a)}{x-a}\right.$$
$$\left.+\frac{x^2-a^2}{x-a}\times f(a)\right\}$$

$$=\lim_{x\to a}\left\{x^2\times\frac{f(x)-f(a)}{x-a}+(x+a)f(a)\right\}$$

$$=a^2f'(a)+2af(a)$$

5-3. 주어진 함수를 $y=f(x)$라고 하면

$$y'=\lim_{\Delta x\to 0}\frac{f(x+\Delta x)-f(x)}{\Delta x}$$

임을 이용한다.

(1) $f(x+\Delta x)-f(x)$
$$=4x\Delta x+2(\Delta x)^2-4\Delta x$$

이므로

$$y'=\lim_{\Delta x\to 0}(4x+2\Delta x-4)=\mathbf{4x-4}$$

(2) $f(x+\Delta x)-f(x)$
$$=18x\Delta x+9(\Delta x)^2+6\Delta x$$

이므로

$$y'=\lim_{\Delta x\to 0}(18x+9\Delta x+6)=\mathbf{18x+6}$$

(3) $f(x+\Delta x)-f(x)$
$$=\frac{1}{(x+\Delta x)^2+1}-\frac{1}{x^2+1}$$

$$=\frac{-2x\Delta x-(\Delta x)^2}{\{(x+\Delta x)^2+1\}(x^2+1)}$$

이므로

$$y'=\lim_{\Delta x\to 0}\frac{-2x-\Delta x}{\{(x+\Delta x)^2+1\}(x^2+1)}$$

$$=-\frac{\mathbf{2x}}{(\mathbf{x^2+1})^2}$$

(4) $y'=\lim_{\Delta x\to 0}\dfrac{\sqrt{x+\Delta x+2}-\sqrt{x+2}}{\Delta x}$

$$=\lim_{\Delta x\to 0}\frac{\Delta x}{\Delta x(\sqrt{x+\Delta x+2}+\sqrt{x+2})}$$

$$=\frac{1}{2\sqrt{x+2}}$$

5-4. (1) $y'=(x^2+x+1)'(x^2-x+1)$
$$+(x^2+x+1)(x^2-x+1)'$$
$$=(2x+1)(x^2-x+1)$$
$$+(x^2+x+1)(2x-1)$$
$$=\mathbf{4x^3+2x}$$

(2) $y'=(x-2)'(x+1)(2x+1)$
$$+(x-2)(x+1)'(2x+1)$$
$$+(x-2)(x+1)(2x+1)'$$
$$=(x+1)(2x+1)+(x-2)(2x+1)$$
$$+(x-2)(x+1)\times 2$$
$$=\mathbf{6x^2-2x-5}$$

(3) $y'=-\dfrac{(x^2+x+1)'}{(x^2+x+1)^2}$

$$=-\frac{\mathbf{2x+1}}{(\mathbf{x^2+x+1})^2}$$

(4) $y'=\dfrac{(2x-3)'(x^2-1)-(2x-3)(x^2-1)'}{(x^2-1)^2}$

$$=\frac{2(x^2-1)-(2x-3)\times 2x}{(x^2-1)^2}$$

$$=-\frac{\mathbf{2(x^2-3x+1)}}{(\mathbf{x^2-1})^2}$$

5-5. $f(1)=4$에서
$$1+a+b=4 \qquad\cdots\cdots①$$

또, 조건식에서 $f'(1)=6$

$f'(x)=5x^4+a$이므로

$f'(1)=5+a=6$ $\therefore$ $a=1$

①에 대입하면 $b=2$

$$\therefore f(x)=x^5+x+2$$
$$\therefore f(-1)=(-1)^5+(-1)+2=\mathbf{0}$$

5-6. 첫 번째 조건식에서
$$f'(1)=3 \qquad \cdots\cdots①$$
두 번째 조건식에서
$$\lim_{x\to2}\frac{x^3-8}{f(x)-f(2)}=\lim_{x\to2}\frac{x^2+2x+4}{\dfrac{f(x)-f(2)}{x-2}}$$
$$=\frac{12}{f'(2)}=1$$
$$\therefore f'(2)=12 \qquad \cdots\cdots②$$
한편
$$f'(x)=(2x+1)(ax+b)+(x^2+x+1)\times a$$
$$=3ax^2+(2a+2b)x+a+b$$
①, ②에서
$$f'(1)=6a+3b=3,$$
$$f'(2)=17a+5b=12$$
연립하여 풀면 $a=1,\ b=-1$
$$\therefore f'(x)=3x^2 \quad \therefore f'(3)=3\times3^2=\mathbf{27}$$

5-7. (1) $y'=4(x^3+2x^2+3)^3(x^3+2x^2+3)'$
$$=\mathbf{4x(3x+4)(x^3+2x^2+3)^3}$$

(2) $y'=2\left(x+\sqrt{x^2+1}\right)\left(x+\sqrt{x^2+1}\right)'$
$$=2\left(x+\sqrt{x^2+1}\right)\left(1+\frac{2x}{2\sqrt{x^2+1}}\right)$$
$$=\frac{\mathbf{2\left(x+\sqrt{x^2+1}\right)^2}}{\mathbf{\sqrt{x^2+1}}}$$

(3) $y'=7\left(x+\dfrac{1}{x}\right)^6\left(x+\dfrac{1}{x}\right)'$
$$=\mathbf{7\left(1-\frac{1}{x^2}\right)\left(x+\frac{1}{x}\right)^6}$$

(4) $y'=\dfrac{1}{(x^4+1)^2}\Big[\{(x^2-1)^2\}'(x^4+1)$
$$\qquad\qquad -(x^2-1)^2(x^4+1)'\Big]$$
$$=\frac{\mathbf{4x(x^2-1)(x^2+1)}}{\mathbf{(x^4+1)^2}}$$

(5) $y=\sqrt[3]{\dfrac{x^2}{1-x}}=\left(\dfrac{x^2}{1-x}\right)^{\frac13}$ 이므로

$$y'=\frac13\left(\frac{x^2}{1-x}\right)^{-\frac23}\left(\frac{x^2}{1-x}\right)'$$
$$=\frac13\left(\frac{x^2}{1-x}\right)^{-\frac23}\times\frac{2x(1-x)-x^2\times(-1)}{(1-x)^2}$$
$$=\frac13\left(\frac{x^2}{1-x}\right)^{-\frac23}\times\frac{x(2-x)}{(1-x)^2}$$
$$=\frac{\mathbf{2-x}}{\mathbf{3(1-x)\sqrt[3]{x(1-x)}}}$$

5-8. (1) 양변을 x에 관하여 미분하면
$$2-3\frac{dy}{dx}=0 \quad \therefore \frac{dy}{dx}=\frac{2}{3}$$

(2) 양변을 x에 관하여 미분하면
$$y+x\frac{dy}{dx}=0 \quad \therefore \boldsymbol{\frac{dy}{dx}=-\frac{y}{x}}$$

(3) 양변을 x에 관하여 미분하면
$$2y\frac{dy}{dx}=4p \quad \therefore \boldsymbol{\frac{dy}{dx}=\frac{2p}{y}}\ (y\neq0)$$

(4) 양변을 x에 관하여 미분하면
$$2x+2y\frac{dy}{dx}=0$$
$$\therefore \boldsymbol{\frac{dy}{dx}=-\frac{x}{y}}\ (y\neq0)$$

(5) 양변을 x에 관하여 미분하면
$$2x-8y\frac{dy}{dx}=0$$
$$\therefore \boldsymbol{\frac{dy}{dx}=\frac{x}{4y}}\ (y\neq0)$$

(6) 양변을 x에 관하여 미분하면
$$\frac{2}{3}x^{-\frac13}+\frac{2}{3}y^{-\frac13}\frac{dy}{dx}=0$$
$$\therefore \boldsymbol{\frac{dy}{dx}}=-\frac{x^{-\frac13}}{y^{-\frac13}}=\boldsymbol{-\frac{\sqrt[3]{y}}{\sqrt[3]{x}}}$$
$$(x\neq0,\ y\neq0)$$

(7) 양변을 x에 관하여 미분하면
$$2x-\left(y+x\frac{dy}{dx}\right)+2y\frac{dy}{dx}=0$$
$$\therefore (x-2y)\frac{dy}{dx}=2x-y$$
$$\therefore \boldsymbol{\frac{dy}{dx}=\frac{2x-y}{x-2y}}\ (x\neq2y)$$

(8) 양변에 xy를 곱하고 정리하면
$$x^2+y^2=3xy$$
양변을 x에 관하여 미분하면
$$2x+2y\frac{dy}{dx}=3y+3x\frac{dy}{dx}$$
$$\therefore (2y-3x)\frac{dy}{dx}=3y-2x$$
$\dfrac{y}{x}\neq\dfrac{3}{2}$이므로 $\quad\dfrac{dy}{dx}=\dfrac{3y-2x}{2y-3x}$

*$Note$ (8)의 경우 다음과 같이 준 식의 양변을 직접 미분할 수도 있다.
$$\frac{y}{x}+\frac{x}{y}=3,\ \ 곧\ \ \frac{1}{x}\times y+x\times\frac{1}{y}=3$$
의 양변을 x에 관하여 미분하면
$$-\frac{1}{x^2}\times y+\frac{1}{x}\times\frac{dy}{dx}$$
$$+\frac{1}{y}+x\times\left(-\frac{1}{y^2}\right)\frac{dy}{dx}=0$$
$$\therefore \left(\frac{1}{x}-\frac{x}{y^2}\right)\frac{dy}{dx}=\frac{y}{x^2}-\frac{1}{y}$$
$$\therefore \frac{y^2-x^2}{xy^2}\times\frac{dy}{dx}=\frac{y^2-x^2}{x^2y}$$
준 식에서 $x^2\neq y^2$이므로
$$\frac{dy}{dx}=\frac{xy^2}{y^2-x^2}\times\frac{y^2-x^2}{x^2y}=\frac{y}{x}$$
또, $\dfrac{y}{x}+\dfrac{x}{y}=3$일 때 $\dfrac{y}{x}=\dfrac{3y-2x}{2y-3x}$
이므로 이것을 답으로 해도 된다.

5-9. $y=\sqrt[3]{x+1}=(x+1)^{\frac{1}{3}}$에서
$$\frac{dy}{dx}=\frac{1}{3}(x+1)^{-\frac{2}{3}}=\frac{1}{3\sqrt[3]{(x+1)^2}}$$
$$\therefore \frac{dx}{dy}=\frac{1}{\dfrac{dy}{dx}}=3\sqrt[3]{(x+1)^2}$$

*$Note$ $y=\sqrt[3]{x+1}$ 에서 $x=y^3-1$
양변을 y에 관하여 미분하면
$$\frac{dx}{dy}=3y^2=3\sqrt[3]{(x+1)^2}$$

5-10. $h(x)=f(x^2)\,(x>0)$이라고 하면 h는 g의 역함수이다.

따라서 $g(3)=a$라고 하면 $\quad h(a)=3$
곧, $f(a^2)=3$
$x>0$에서 $f(x)$가 증가하므로
$$a^2=4 \quad\therefore\ a=2\,(\because\ a>0)$$
또, $h'(x)=2xf'(x^2)$이므로
$$g'(3)=\frac{1}{h'(2)}=\frac{1}{2\times2\times f'(4)}=\frac{1}{12}$$

*$Note$ 주어진 조건에서
$$g\big(f(x^2)\big)=x$$
양변을 x에 관하여 미분하면
$$g'\big(f(x^2)\big)\frac{d}{dx}f(x^2)=1$$
$$\therefore\ g'\big(f(x^2)\big)f'(x^2)\times2x=1$$
$x=2$를 대입하면
$$g'\big(f(4)\big)f'(4)\times2\times2=1$$
$$\therefore\ g'(3)=\frac{1}{12}$$

5-11. (1) $x=t^2+1$에서
$$t^2=x-1 \qquad\cdots\cdots①$$
$y=2t^2$에 대입하면 $\quad y=2(x-1)$
①에서 $t^2\geq0$이므로 $\quad x\geq1$
$$\therefore\ y=2x-2\,(x\geq1)$$
(2) $y=\cos2\theta$에서 $\quad y=1-2\sin^2\theta$
$$\therefore\ y=1-2x^2$$
$-1\leq\sin\theta\leq1$이므로 $\quad -1\leq x\leq1$
$$\therefore\ y=-2x^2+1\,(-1\leq x\leq1)$$

5-12. (1) $\dfrac{dx}{dt}=1+\dfrac{1}{t^2}=\dfrac{t^2+1}{t^2}$
$$\frac{dy}{dt}=2t-\frac{2}{t^3}=\frac{2(t^4-1)}{t^3}$$
$$\therefore \frac{dy}{dx}=\frac{dy}{dt}\Big/\frac{dx}{dt}=\frac{2(t^4-1)\times t^2}{t^3(t^2+1)}$$
$$=2\left(t-\frac{1}{t}\right)$$

*$Note$ $\dfrac{dy}{dx}=2x$라고 해도 된다.

(2) $\dfrac{dx}{dt}=\dfrac{-(1+t)-(1-t)}{(1+t)^2}=\dfrac{-2}{(1+t)^2}$

$\dfrac{dy}{dt}=\dfrac{(1+t)-t}{(1+t)^2}=\dfrac{1}{(1+t)^2}$

$\therefore \dfrac{dy}{dx}=\dfrac{dy}{dt}\Big/\dfrac{dx}{dt}=\dfrac{(1+t)^2}{(1+t)^2\times(-2)}$

$\qquad =-\dfrac{1}{2}$

6-1. (1) $y'=5(\sec x+\tan x)^4$
$\qquad\qquad \times(\sec x+\tan x)'$
$\qquad =5(\sec x+\tan x)^4$
$\qquad\qquad \times(\sec x\tan x+\sec^2 x)$
$\qquad =\mathbf{5(\sec x+\tan x)^5\sec x}$

(2) $y'=2\sin(2\pi x-a)\{\sin(2\pi x-a)\}'$
$\qquad =2\sin(2\pi x-a)\cos(2\pi x-a)\times2\pi$
$\qquad =\mathbf{2\pi\sin 2(2\pi x-a)}$

(3) $y'=(\sin x)'\cos^2 x+(\sin x)(\cos^2 x)'$
$\qquad =\cos x\cos^2 x$
$\qquad\qquad +(\sin x)(2\cos x)(-\sin x)$
$\qquad =\mathbf{\cos x(\cos^2 x-2\sin^2 x)}$

(4) $y'=\dfrac{(1+\sin x)'}{2\sqrt{1+\sin x}}+\dfrac{(1-\sin x)'}{2\sqrt{1-\sin x}}$

$\qquad =\dfrac{\cos x}{2\sqrt{1+\sin x}}+\dfrac{-\cos x}{2\sqrt{1-\sin x}}$

$\qquad =\dfrac{\cos x(\sqrt{1-\sin x}-\sqrt{1+\sin x})}{2\sqrt{1-\sin^2 x}}$

$0<x<\dfrac{\pi}{2}$ 에서 $\sqrt{1-\sin^2 x}=\cos x$
이므로
$\qquad y'=\mathbf{\dfrac{\sqrt{1-\sin x}-\sqrt{1+\sin x}}{2}}$

(5) $y'=\dfrac{(\cos x)'(1+\sin x)-(\cos x)(1+\sin x)'}{(1+\sin x)^2}$

$\qquad =\dfrac{(-\sin x)(1+\sin x)-\cos x\cos x}{(1+\sin x)^2}$

$\qquad =\dfrac{-\sin x-1}{(1+\sin x)^2}=\mathbf{-\dfrac{1}{1+\sin x}}$

6-2. (1) 양변을 y에 관하여 미분하면
$\qquad \dfrac{dx}{dy}=3\cos 3y$

$\therefore \mathbf{\dfrac{dy}{dx}=\dfrac{1}{3\cos 3y}}$ $(\cos 3y\neq0)$

(2) 양변을 x에 관하여 미분하면
$\quad \cos x+\cos y\dfrac{dy}{dx}=y+x\dfrac{dy}{dx}$

$\therefore (x-\cos y)\dfrac{dy}{dx}=\cos x-y$

$\therefore \mathbf{\dfrac{dy}{dx}=\dfrac{\cos x-y}{x-\cos y}}$ $(x\neq\cos y)$

(3) $\dfrac{dx}{dt}=-a\sin t,\ \dfrac{dy}{dt}=a\cos t$

$\therefore \dfrac{dy}{dx}=\dfrac{dy}{dt}\Big/\dfrac{dx}{dt}=\dfrac{a\cos t}{-a\sin t}$

$\qquad =\mathbf{-\cot t}$ $(\sin t\neq0)$

(4) $\dfrac{dx}{dt}=4\sin t\cos t,$

$\quad \dfrac{dy}{dt}=6(\cos t)(-\sin t)$

$\therefore \dfrac{dy}{dx}=\dfrac{dy}{dt}\Big/\dfrac{dx}{dt}$

$\qquad =\dfrac{-6\cos t\sin t}{4\sin t\cos t}=\mathbf{-\dfrac{3}{2}}$

Note $\dfrac{x}{2}+\dfrac{y}{3}=1$이므로

$\dfrac{1}{2}+\dfrac{1}{3}\times\dfrac{dy}{dx}=0$ $\therefore \mathbf{\dfrac{dy}{dx}=-\dfrac{3}{2}}$

6-3. (1) $y'=e^{\cos x}(\cos x)'=\mathbf{-e^{\cos x}\sin x}$

(2) $y'=(2^x)'\sin x+2^x(\sin x)'$
$\qquad =2^x\ln2\times\sin x+2^x\cos x$
$\qquad =\mathbf{2^x\{(\ln2)\sin x+\cos x\}}$

(3) $y'=\dfrac{1}{x+\sqrt{x^2+1}}\times(x+\sqrt{x^2+1})'$

$\qquad =\dfrac{1}{x+\sqrt{x^2+1}}\times\Big(1+\dfrac{2x}{2\sqrt{x^2+1}}\Big)$

$\qquad =\dfrac{1}{x+\sqrt{x^2+1}}\times\dfrac{\sqrt{x^2+1}+x}{\sqrt{x^2+1}}$

$\qquad =\mathbf{\dfrac{1}{\sqrt{x^2+1}}}$

(4) $y'=(x)'\ln(x^2+1)+x\{\ln(x^2+1)\}'$
$\qquad =\ln(x^2+1)+x\times\dfrac{2x}{x^2+1}$

$$=\ln(x^2+1)+\frac{2x^2}{x^2+1}$$

(5) $y'=(e^x)'\log_2 x+e^x(\log_2 x)'$

$$=e^x\log_2 x+e^x\times\frac{1}{x\ln 2}$$

$$=e^x\left(\log_2 x+\frac{1}{x\ln 2}\right)$$

(6) $y=\ln(1+e^x)-\ln e^x=\ln(1+e^x)-x$
이므로

$$y'=\frac{(1+e^x)'}{1+e^x}-1=\frac{e^x}{1+e^x}-1$$

$$=-\frac{1}{1+e^x}$$

6-4. (1) 양변의 자연로그를 잡으면
$$\ln y=x\ln x$$
양변을 x에 관하여 미분하면
$$\frac{1}{y}\times\frac{dy}{dx}=\ln x+x\times\frac{1}{x}$$
$$\therefore\ \frac{dy}{dx}=y(\ln x+1)=x^x(\ln x+1)$$

(2) 양변의 자연로그를 잡으면
$$\ln y=x\ln(\ln x)$$
양변을 x에 관하여 미분하면
$$\frac{1}{y}\times\frac{dy}{dx}=\ln(\ln x)+x\times\frac{1}{\ln x}\times\frac{1}{x}$$
$$\therefore\ \frac{dy}{dx}=y\left\{\ln(\ln x)+\frac{1}{\ln x}\right\}$$
$$=(\ln x)^x\ln(\ln x)+(\ln x)^{x-1}$$

6-5. (1) $y'=3x^2\ln x+x^3\times\frac{1}{x}$
$$=x^2(3\ln x+1)$$
$$\therefore\ y''=2x(3\ln x+1)+x^2\times\frac{3}{x}$$
$$=x(6\ln x+5)$$

(2) $y'=\cos x\ln x+(\sin x)\times\frac{1}{x}$
$$\therefore\ y''=-\sin x\ln x+(\cos x)\times\frac{1}{x}$$
$$+(\cos x)\times\frac{1}{x}+(\sin x)\left(-\frac{1}{x^2}\right)$$
$$=\frac{2\cos x}{x}-\sin x\left(\ln x+\frac{1}{x^2}\right)$$

(3) $y'=e^x\cos x+e^x(-\sin x)$
$$=e^x(\cos x-\sin x)$$
$$\therefore\ y''=e^x(\cos x-\sin x)$$
$$+e^x(-\sin x-\cos x)$$
$$=-2e^x\sin x$$

(4) $y'=2e^{2x}\sin x+e^{2x}\cos x$
$$=e^{2x}(2\sin x+\cos x)$$
$$\therefore\ y''=2e^{2x}(2\sin x+\cos x)$$
$$+e^{2x}(2\cos x-\sin x)$$
$$=e^{2x}(3\sin x+4\cos x)$$

6-6. $f'(x)=a\sin x+(ax+b)\cos x$
$f'(0)=0$이므로 $b=0$
이때, $f(x)=ax\sin x$이고
$f'(x)=a\sin x+ax\cos x,$
$f''(x)=a\cos x+a\cos x+ax(-\sin x)$
$$=-ax\sin x+2a\cos x$$
$f(x)+f''(x)=2\cos x$에 대입하고 정리하면
$$2a\cos x=2\cos x$$
이 식이 모든 실수 x에 대하여 성립하기 위한 조건은 $a=1$

6-7. (1) $y=x^m$에서
$y'=mx^{m-1},\quad y''=m(m-1)x^{m-2},$
$y'''=m(m-1)(m-2)x^{m-3},\ \cdots$
따라서
$$y^{(n)}=m(m-1)\cdots(m-n+1)x^{m-n}$$
이라고 추정할 수 있다.
(증명) (i) $n=1$일 때
$$y'=mx^{m-1}=(m-1+1)x^{m-1}$$
이므로 성립한다.
(ii) $n=k\,(1\leq k\leq m-1)$일 때 성립한다고 가정하면
$$y^{(k)}=m(m-1)\cdots(m-k+1)x^{m-k}$$
이때,
$$y^{(k+1)}=\left\{m(m-1)\cdots(m-k+1)x^{m-k}\right\}'$$
$$=m(m-1)\cdots(m-k+1)$$
$$\times(m-k)x^{m-k-1}$$

$$= m(m-1) \times \cdots$$
$$\times \{ m-(k+1)+1 \} x^{m-(k+1)}$$

따라서 $n=k+1$일 때에도 성립
한다.

(ⅰ), (ⅱ)에 의하여 $m \geq n$인 모든 자연
수 n에 대하여 성립한다.

$$\therefore \boldsymbol{y^{(n)}=m(m-1) \times \cdots}$$
$$\times \boldsymbol{(m-n+1) x^{m-n}}$$

(2) $y=e^{-x}$에서

$$y'=-e^{-x}, \quad y''=e^{-x},$$
$$y'''=-e^{-x}, \quad \cdots$$

이므로 $y^{(n)}=(-1)^n e^{-x}$이라고 추정할
수 있다.

(증명) (ⅰ) $n=1$일 때

$$y'=-e^{-x}=(-1)^1 e^{-x}$$

이므로 성립한다.

(ⅱ) $n=k \, (k \geq 1)$일 때 성립한다고 가
정하면 $y^{(k)}=(-1)^k e^{-x}$

이때,

$$y^{(k+1)}=\{(-1)^k e^{-x}\}'$$
$$=(-1)^k (-1) e^{-x}$$
$$=(-1)^{k+1} e^{-x}$$

따라서 $n=k+1$일 때에도 성립
한다.

(ⅰ), (ⅱ)에 의하여 모든 자연수 n에 대
하여 성립한다.

$$\therefore \boldsymbol{y^{(n)}=(-1)^n e^{-x}}$$

(3) $y=\cos x$에서

$$y'=-\sin x=\cos\left(x+\frac{\pi}{2}\right),$$
$$y''=-\sin\left(x+\frac{\pi}{2}\right)=\cos(x+\pi),$$
$$y'''=-\sin(x+\pi)=\cos\left(x+\frac{3}{2}\pi\right),$$
$$\cdots$$

이므로 $y^{(n)}=\cos\left(x+\frac{n}{2}\pi\right)$라고 추정
할 수 있다.

(증명) (ⅰ) $n=1$일 때

$$y'=-\sin x=\cos\left(x+\frac{\pi}{2}\right)$$

이므로 성립한다.

(ⅱ) $n=k \, (k \geq 1)$일 때 성립한다고 가
정하면

$$y^{(k)}=\cos\left(x+\frac{k}{2}\pi\right)$$

이때,

$$y^{(k+1)}=\left\{\cos\left(x+\frac{k}{2}\pi\right)\right\}'$$
$$=-\sin\left(x+\frac{k}{2}\pi\right)$$
$$=\cos\left(x+\frac{k+1}{2}\pi\right)$$

따라서 $n=k+1$일 때에도 성립
한다.

(ⅰ), (ⅱ)에 의하여 모든 자연수 n에 대
하여 성립한다.

$$\therefore \boldsymbol{y^{(n)}=\cos\left(x+\frac{n}{2}\boldsymbol{\pi}\right)}$$

7-1. $f(x)=ax+\cos x+b$로 놓으면

$$f'(x)=a-\sin x$$

문제의 조건에서 $f(0)=1, \ f'(0)=2$

$$\therefore \ 1+b=1, \ \boldsymbol{a=2} \quad \therefore \ \boldsymbol{b=0}$$

7-2. $x^3+y^3-2xy=5$ ……①

$x=1$을 대입하면 $1^3+y^3-2y=5$

$$\therefore \ (y-2)(y^2+2y+2)=0$$

y는 실수이므로 $y=2$

따라서 접점의 좌표는 $(1, 2)$이다.

①의 양변을 x에 관하여 미분하면

$$3x^2+3y^2\frac{dy}{dx}-2y-2x\frac{dy}{dx}=0$$

$$\therefore \ \frac{dy}{dx}=\frac{2y-3x^2}{3y^2-2x} \ (3y^2-2x \neq 0)$$

$$\therefore \ \left[\frac{dy}{dx}\right]_{\substack{x=1 \\ y=2}}=\frac{2 \times 2-3 \times 1^2}{3 \times 2^2-2}=\frac{1}{10}$$

7-3. $x^3+aye^x+y^2=b$ ……①

$x=0, \ y=1$을 대입하면

$$a+1=b$$ ……②

①의 양변을 x에 관하여 미분하면

$$3x^2 + a\left(\frac{dy}{dx} \times e^x + ye^x\right) + 2y\frac{dy}{dx} = 0$$

$$\therefore (ae^x + 2y)\frac{dy}{dx} = -3x^2 - aye^x$$

$$\therefore \frac{dy}{dx} = \frac{-3x^2 - aye^x}{ae^x + 2y} \quad (ae^x + 2y \neq 0)$$

$$\therefore \left[\frac{dy}{dx}\right]_{\substack{x=0 \\ y=1}} = \frac{-a}{a+2} = 1 \quad \therefore \ \boldsymbol{a = -1}$$

②에 대입하면　**b=0**

7-4. $y = 4x$에서　$y' = 4$

　　$y = x^3 - ax - 2$에서　$y' = 3x^2 - a$

　　직선과 곡선이 $x = t$인 점에서 접한다
고 하면

$$4t = t^3 - at - 2 \qquad \cdots\cdots①$$
$$4 = 3t^2 - a \qquad \cdots\cdots②$$

②에서　$a = 3t^2 - 4$　　　$\cdots\cdots③$

③을 ①에 대입하면

$$4t = t^3 - (3t^2 - 4)t - 2 \quad \therefore \ t^3 = -1$$

t는 실수이므로　$t = -1$　$\cdots\cdots④$

④를 ③에 대입하면　**a=-1**

7-5. $y = x + a$에서　$y' = 1$

　　$y = x + \sin x$에서　$y' = 1 + \cos x$

　　직선과 곡선이 $x = t\,(0 < t < 3\pi)$인 점
에서 접한다고 하면

$$t + a = t + \sin t \qquad \cdots\cdots①$$
$$1 = 1 + \cos t \qquad \cdots\cdots②$$

②에서　$\cos t = 0$

$$\therefore \ t = \frac{\pi}{2}, \frac{3}{2}\pi, \frac{5}{2}\pi \qquad \cdots\cdots③$$

③을 ①에 대입하면　**a=-1, 1**

7-6. $f(x) = x^3 + ax$, $g(x) = bx^2 + c$로 놓
으면

$$f'(x) = 3x^2 + a, \ g'(x) = 2bx$$

　　두 곡선이 점 $(-1, 0)$을 지나고 이 점
에서 접하므로

$$f(-1) = 0, \ g(-1) = 0,$$
$$f'(-1) = g'(-1)$$

$$\therefore \ -1 - a = 0, \ b + c = 0, \ 3 + a = -2b$$

$$\therefore \ \boldsymbol{a = -1, \ b = -1, \ c = 1}$$

7-7. $y = a - 2\cos^2 x$에서

$$y' = 4\cos x \sin x$$

　　$y = 2\sin x$에서　$y' = 2\cos x$

　　두 곡선이 $x = t\,(0 < t < 2\pi)$인 점에서
접한다고 하면

$$a - 2\cos^2 t = 2\sin t \qquad \cdots\cdots①$$
$$4\cos t \sin t = 2\cos t \qquad \cdots\cdots②$$

②에서　$(2\sin t - 1)\cos t = 0$

$$\therefore \ \sin t = \frac{1}{2} \ \text{또는} \ \cos t = 0$$

$$\therefore \ t = \frac{\pi}{6}, \frac{5}{6}\pi, \frac{\pi}{2}, \frac{3}{2}\pi \quad \cdots\cdots③$$

③을 ①에 대입하면　$\boldsymbol{a = -2, 2, \dfrac{5}{2}}$

7-8. (1) $y' = \sec^2 x$에서　$y'_{x=0} = 1$

　　따라서 구하는 접선의 방정식은

$$y - 0 = 1 \times (x - 0) \quad \therefore \ \boldsymbol{y = x}$$

(2) $y' = \dfrac{\pi\cos\pi x}{2\sqrt{1 + \sin\pi x}}$에서

$$y'_{x=1} = -\frac{\pi}{2}$$

　　따라서 구하는 접선의 방정식은

$$y - 1 = -\frac{\pi}{2}(x - 1)$$

$$\therefore \ \boldsymbol{y = -\frac{\pi}{2}x + \frac{\pi}{2} + 1}$$

(3) $y' = e^{x-1}$에서　$y'_{x=2} = e$

　　따라서 구하는 접선의 방정식은

$$y - e = e(x - 2) \quad \therefore \ \boldsymbol{y = ex - e}$$

(4) $e^x \ln y = 1$에서　$\ln y = e^{-x}$

　　양변을 x에 관하여 미분하면

$$\frac{1}{y} \times \frac{dy}{dx} = -e^{-x} \quad \therefore \ \frac{dy}{dx} = -ye^{-x}$$

$$\therefore \ \left[\frac{dy}{dx}\right]_{\substack{x=0 \\ y=e}} = -e$$

　　따라서 구하는 접선의 방정식은

$$y - e = -e(x - 0) \quad \therefore \ \boldsymbol{y = -ex + e}$$

(5) $y = x^{2x}$에서 양변의 자연로그를 잡으
면　$\ln y = 2x\ln x$

양변을 x에 관하여 미분하면

$$\frac{1}{y}\times\frac{dy}{dx}=2\left(\ln x+x\times\frac{1}{x}\right)$$

$$\therefore \frac{dy}{dx}=2x^{2x}(\ln x+1)$$

$$\therefore \left[\frac{dy}{dx}\right]_{x=1}=2$$

따라서 구하는 접선의 방정식은

$$y-1=2(x-1)　\therefore \boldsymbol{y=2x-1}$$

7-9. (1) 양변을 x에 관하여 미분하면

$$2x+2y\frac{dy}{dx}=0$$

$$\therefore \frac{dy}{dx}=-\frac{x}{y}\ (y\neq0)$$

$$\therefore \left[\frac{dy}{dx}\right]_{\substack{x=3\\y=4}}=-\frac{3}{4}$$

따라서 구하는 접선의 방정식은

$$y-4=-\frac{3}{4}(x-3)　\therefore \boldsymbol{3x+4y=25}$$

(2) 양변을 x에 관하여 미분하면

$$2y\frac{dy}{dx}=-8　\therefore \frac{dy}{dx}=-\frac{4}{y}\ (y\neq0)$$

$$\therefore \left[\frac{dy}{dx}\right]_{\substack{x=-2\\y=4}}=-1$$

따라서 구하는 접선의 방정식은

$$y-4=-1\times(x+2)　\therefore \boldsymbol{y=-x+2}$$

(3) 양변을 x에 관하여 미분하면

$$2x+\frac{1}{2}y\frac{dy}{dx}=0$$

$$\therefore \frac{dy}{dx}=-\frac{4x}{y}\ (y\neq0)$$

$$\therefore \left[\frac{dy}{dx}\right]_{\substack{x=\frac{1}{\sqrt{2}}\\y=\sqrt{2}}}=-\frac{4\times\dfrac{1}{\sqrt{2}}}{\sqrt{2}}=-2$$

따라서 구하는 접선의 방정식은

$$y-\sqrt{2}=-2\left(x-\frac{1}{\sqrt{2}}\right)$$

$$\therefore \boldsymbol{2x+y=2\sqrt{2}}$$

(4) (i) $y_1=0$일 때 $x_1=\pm a$이므로 접선의 방정식　$x=\pm a$

(ii) $y_1\neq0$일 때

양변을 x에 관하여 미분하면

$$\frac{2x}{a^2}-\frac{2y}{b^2}\times\frac{dy}{dx}=0$$

$$\therefore \frac{dy}{dx}=\frac{b^2x}{a^2y}\ (y\neq0)$$

따라서 구하는 접선의 방정식은

$$y-y_1=\frac{b^2x_1}{a^2y_1}(x-x_1)$$

$$\therefore \frac{x_1x}{a^2}-\frac{y_1y}{b^2}=\frac{x_1{}^2}{a^2}-\frac{y_1{}^2}{b^2}$$

$$\therefore \frac{x_1x}{a^2}-\frac{y_1y}{b^2}=1$$

(i), (ii)에서　$\boldsymbol{\dfrac{x_1x}{a^2}-\dfrac{y_1y}{b^2}=1}$

*__Note__　(4)의 $\dfrac{x^2}{a^2}-\dfrac{y^2}{b^2}=1$은 쌍곡선의 방정식으로 그래프의 개형은 아래와 같다.　⇦ 기하

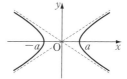

7-10.　$x=\dfrac{2t}{1+t^2}\cdots$①　$y=\dfrac{1-t^2}{1+t^2}\cdots$②

①에서

$$\frac{dx}{dt}=\frac{2(1+t^2)-2t\times2t}{(1+t^2)^2}=\frac{2(1-t^2)}{(1+t^2)^2}$$

②에서

$$\frac{dy}{dt}=\frac{-2t(1+t^2)-(1-t^2)\times2t}{(1+t^2)^2}$$

$$=\frac{-4t}{(1+t^2)^2}$$

$$\therefore \frac{dy}{dx}=\frac{dy}{dt}\Big/\frac{dx}{dt}$$

$$=-\frac{2t}{1-t^2}\ (t\neq\pm1)\ \cdots\cdots③$$

$t=2$를 ①, ②, ③에 대입하면

$$x=\frac{4}{5},\ y=-\frac{3}{5},\ \frac{dy}{dx}=\frac{4}{3}$$

따라서 구하는 접선의 방정식은

$$y+\frac{3}{5}=\frac{4}{3}\left(x-\frac{4}{5}\right) \quad \therefore \boldsymbol{y=\frac{4}{3}x-\frac{5}{3}}$$

7-11. $x=a(\theta-\sin\theta)$ ......①

$y=a(1-\cos\theta)$ ......②

①에서 $\dfrac{dx}{d\theta}=a(1-\cos\theta)$

②에서 $\dfrac{dy}{d\theta}=a\sin\theta$

$\therefore \dfrac{dy}{dx}=\dfrac{dy}{d\theta}\Big/\dfrac{dx}{d\theta}$

$\qquad =\dfrac{\sin\theta}{1-\cos\theta}\ (\cos\theta\neq1)\ \cdots③$

$\theta=\dfrac{\pi}{4}$를 ①, ②, ③에 대입하면

$x=a\left(\dfrac{\pi}{4}-\dfrac{1}{\sqrt2}\right),\ y=a\left(1-\dfrac{1}{\sqrt2}\right),$

$\dfrac{dy}{dx}=\dfrac{1/\sqrt2}{1-(1/\sqrt2)}=\sqrt2+1$

따라서 구하는 접선의 방정식은

$y-a\left(1-\dfrac{1}{\sqrt2}\right)=(\sqrt2+1)\left\{x-a\left(\dfrac{\pi}{4}-\dfrac{1}{\sqrt2}\right)\right\}$

$\therefore \boldsymbol{y=(\sqrt2+1)x-\left\{\dfrac{(\sqrt2+1)\pi}{4}-2\right\}a}$

7-12. $x=e^t\cos t$ ......①

$y=e^t\sin t$ ......②

①에서 $\dfrac{dx}{dt}=e^t\cos t-e^t\sin t$

②에서 $\dfrac{dy}{dt}=e^t\sin t+e^t\cos t$

$\therefore \dfrac{dy}{dx}=\dfrac{dy}{dt}\Big/\dfrac{dx}{dt}$

$\qquad=\dfrac{\sin t+\cos t}{\cos t-\sin t}\ (\cos t\neq\sin t)$

......③

$t=\dfrac{\pi}{3}$를 ①, ②, ③에 대입하면

$x=\dfrac{1}{2}e^{\frac{\pi}{3}},\ y=\dfrac{\sqrt3}{2}e^{\frac{\pi}{3}},$

$\dfrac{dy}{dx}=-(2+\sqrt3)$

따라서 구하는 접선의 방정식은

$y-\dfrac{\sqrt3}{2}e^{\frac{\pi}{3}}=-(2+\sqrt3)\left(x-\dfrac{1}{2}e^{\frac{\pi}{3}}\right)$

$\therefore \boldsymbol{y=-(2+\sqrt3)x+(1+\sqrt3)e^{\frac{\pi}{3}}}$

7-13. $f(x)=x^3+2x^2+1$로 놓으면

$f'(x)=3x^2+4x$

따라서 점 $(1,4),\ (-2,1)$에서의 접선의 기울기를 각각 $m_1,\ m_2$라고 하면

$m_1=f'(1)=7,\ m_2=f'(-2)=4$

$\therefore \tan\theta=\left|\dfrac{m_1-m_2}{1+m_1m_2}\right|=\left|\dfrac{7-4}{1+7\times4}\right|$

$\qquad=\dfrac{3}{29}$

7-14. $f(x)=3\ln x$로 놓으면 $f'(x)=\dfrac{3}{x}$

점 P, Q에서의 접선의 기울기를 각각 $m_1,\ m_2$라고 하면

$m_1=f'(a)=\dfrac{3}{a},\ m_2=f'(b)=\dfrac{3}{b}$

$\therefore \tan45°=\left|\dfrac{m_1-m_2}{1+m_1m_2}\right|$

$\qquad=\left|\dfrac{\dfrac{3}{a}-\dfrac{3}{b}}{1+\dfrac{3}{a}\times\dfrac{3}{b}}\right|=\left|\dfrac{3(b-a)}{ab+9}\right|$

이때, 진수 조건에서 $a>0,\ b>0$이고 $a<b$이므로

$1=\dfrac{3(b-a)}{ab+9}\quad\therefore ab+9=3(b-a)$

$\therefore (a-3)(b+3)=-18$ ......①

①에서 $b+3>0$이므로

$a-3<0\quad\therefore 0<a<3$

그런데 a는 정수이므로 $a=1,\ 2$

①에서 $a=1$일 때 $b=6$,

$a=2$일 때 $b=15$

$\therefore \boldsymbol{a=1,\ b=6}$ 또는 $\boldsymbol{a=2,\ b=15}$

7-15. $y'=e^x-2e^{-x}$이므로 접선의 기울기가 1인 접점의 x좌표는

$e^x-2e^{-x}=1$에서 $(e^x)^2-e^x-2=0$

$\therefore e^x=2\quad\therefore x=\ln2$ 이때, $y=3$

따라서 구하는 직선의 방정식은

$y-3=1\times(x-\ln2)$

$$\therefore \ y=x-\ln 2+3$$

7-16. $y'=3\cos 3x$이므로 접선의 기울기가 -3인 접점의 x좌표는

$$3\cos 3x=-3$에서 $\cos 3x=-1$$

$0<x<\dfrac{\pi}{2}$이므로 $x=\dfrac{\pi}{3}$ 이때, $y=0$

따라서 구하는 직선의 방정식은

$$y-0=-3\Big(x-\dfrac{\pi}{3}\Big) \quad \therefore \ \boldsymbol{y=-3x+\pi}$$

7-17. (1) $y'=\cos x$이므로 $x=\dfrac{\pi}{3}$인 점에서의 접선의 방정식은

$$y-\sin\dfrac{\pi}{3}=\cos\dfrac{\pi}{3}\Big(x-\dfrac{\pi}{3}\Big)$$

$$\therefore \ \boldsymbol{y=\dfrac{1}{2}x-\dfrac{\pi}{6}+\dfrac{\sqrt{3}}{2}}$$

(2) (1)에서 구한 접선에 수직인 직선의 기울기는 -2이다.

$y'=2\cos 2x$이므로 접선의 기울기가 -2인 접점의 x좌표는

$$2\cos 2x=-2$에서 $\cos 2x=-1$$

$0<x<\pi$이므로 $x=\dfrac{\pi}{2}$ 이때, $y=0$

따라서 구하는 직선의 방정식은

$$y-0=-2\Big(x-\dfrac{\pi}{2}\Big) \quad \therefore \ \boldsymbol{y=-2x+\pi}$$

7-18. (1) $y'=\dfrac{1}{2\sqrt{x-1}}$이므로 곡선 위의 점 $(t,\ \sqrt{t-1}\,)$에서의 접선의 방정식은

$$y-\sqrt{t-1}=\dfrac{1}{2\sqrt{t-1}}(x-t) \quad \cdots ①$$

이 직선이 점 $(0,\ 0)$을 지나므로

$$0-\sqrt{t-1}=\dfrac{1}{2\sqrt{t-1}}(0-t)$$

곧, $2(t-1)=t \quad \therefore \ t=2$

①에 대입하면 $\boldsymbol{y=\dfrac{1}{2}x}$

(2) $y'=2e^{2x}$이므로 곡선 위의 점 $(t,\ e^{2t})$에서의 접선의 방정식은

$$y-e^{2t}=2e^{2t}(x-t) \quad \cdots\cdots ②$$

이 직선이 점 $(0,\ 0)$을 지나므로

$$0-e^{2t}=2e^{2t}(0-t)$$

곧, $e^{2t}=2te^{2t} \quad \therefore \ t=\dfrac{1}{2}$

②에 대입하면 $\boldsymbol{y=2ex}$

(3) $y'=\dfrac{e^{x}\times x-e^{x}}{x^{2}}=\dfrac{e^{x}(x-1)}{x^{2}}$

이므로 곡선 위의 점 $\Big(t,\ \dfrac{e^{t}}{t}\Big)$에서의 접선의 방정식은

$$y-\dfrac{e^{t}}{t}=\dfrac{e^{t}(t-1)}{t^{2}}(x-t) \quad \cdots ③$$

이 직선이 점 $(0,\ 0)$을 지나므로

$$0-\dfrac{e^{t}}{t}=\dfrac{e^{t}(t-1)}{t^{2}}(0-t)$$

곧, $\dfrac{e^{t}}{t}=\dfrac{e^{t}(t-1)}{t} \quad \therefore \ t=2$

③에 대입하면 $\boldsymbol{y=\dfrac{e^{2}}{4}x}$

(4) $y'=\dfrac{2}{x}$이므로 곡선 위의 점 $(t,\ \ln t^{2})$에서의 접선의 방정식은

$$y-\ln t^{2}=\dfrac{2}{t}(x-t) \quad \cdots\cdots ④$$

이 직선이 점 $(0,\ 0)$을 지나므로

$$0-\ln t^{2}=\dfrac{2}{t}(0-t)$$

곧, $\ln t^{2}=2 \quad \therefore \ t=\pm e$

④에 대입하면 $\boldsymbol{y=\pm\dfrac{2}{e}x}$

7-19. $y'=-2xe^{-x^{2}}$이므로 곡선 위의 점 $(t,\ e^{-t^{2}})$에서의 접선의 방정식은

$$y-e^{-t^{2}}=-2te^{-t^{2}}(x-t)$$

이 직선이 점 $(a,\ 0)$을 지나므로

$$0-e^{-t^{2}}=-2te^{-t^{2}}(a-t)$$

$e^{-t^{2}}>0$이므로 양변을 $e^{-t^{2}}$으로 나누면

$$-1=-2t(a-t) \quad \therefore \ 2t^{2}-2at+1=0$$

이 방정식을 만족시키는 t의 값이 오직 하나 존재해야 하므로

$$D/4=a^{2}-2=0 \quad \therefore \ \boldsymbol{a=\pm\sqrt{2}}$$

7-20. $y'=e^{x}+xe^{x}=(1+x)e^{x}$

이므로 곡선 위의 점 $(t,\ te^{t})$에서의 접선

의 방정식은
$$y-te^t=(1+t)e^t(x-t)$$
이 직선이 점 $(a, 0)$을 지나므로
$$0-te^t=(1+t)e^t(a-t)$$
$e^t>0$이므로 양변을 e^t으로 나누면
$$-t=(1+t)(a-t) \quad \therefore t^2-at-a=0$$
이 방정식을 만족시키는 t의 값이 두 개 존재해야 하므로
$$D=a^2+4a>0 \quad \therefore \boldsymbol{a<-4,\ a>0}$$

8-1. (1) $f(0)=0$,
$$\lim_{x\to0}f(x)=\lim_{x\to0}|x^2-3x|=0$$
이므로 $f(0)=\lim_{x\to0}f(x)$이다.

따라서 $f(x)$는 $x=0$에서 연속이다.

또,
$$\lim_{h\to0}\frac{f(0+h)-f(0)}{h}=\lim_{h\to0}\frac{|h^2-3h|}{h}$$
$$=\lim_{h\to0}\frac{|h||h-3|}{h}$$
그런데
$$\lim_{h\to0+}\frac{|h||h-3|}{h}=3,$$
$$\lim_{h\to0-}\frac{|h||h-3|}{h}=-3$$
이므로 극한값이 존재하지 않는다.

따라서 $f(x)$는 $x=0$에서 미분가능하지 않다.

(2) $f(0)=0$,
$$\lim_{x\to0}f(x)=\lim_{x\to0}\frac{1}{2}\big(x^3+|x|^3\big)=0$$
이므로 $f(0)=\lim_{x\to0}f(x)$이다.

따라서 $f(x)$는 $x=0$에서 연속이다.

또,
$$\lim_{h\to0}\frac{f(0+h)-f(0)}{h}=\lim_{h\to0}\frac{h^3+|h|^3}{2h}$$
$$=0$$
따라서 $f(x)$는 $x=0$에서 미분가능하다.

(3) $f(0)=0$,

$$\lim_{x\to0}f(x)=\lim_{x\to0}\frac{1-\cos x}{x}$$
$$=\lim_{x\to0}\frac{1-\cos^2 x}{x(1+\cos x)}$$
$$=\lim_{x\to0}\Big(\frac{\sin^2 x}{x^2}\times\frac{x}{1+\cos x}\Big)$$
$$=1\times\frac{0}{2}=0$$
이므로 $f(0)=\lim_{x\to0}f(x)$이다.

따라서 $f(x)$는 $x=0$에서 연속이다.

또,
$$\lim_{h\to0}\frac{f(0+h)-f(0)}{h}=\lim_{h\to0}\frac{\dfrac{1-\cos h}{h}}{h}$$
$$=\lim_{h\to0}\frac{1-\cos h}{h^2}$$
$$=\lim_{h\to0}\frac{1-\cos^2 h}{h^2(1+\cos h)}$$
$$=\lim_{h\to0}\Big(\frac{\sin^2 h}{h^2}\times\frac{1}{1+\cos h}\Big)=\frac{1}{2}$$
따라서 $f(x)$는 $x=0$에서 미분가능하다.

(4) $f(0)=0$,
$$\lim_{x\to0}f(x)=\lim_{x\to0}x^2\sin\frac{1}{x}=0$$
이므로 $f(0)=\lim_{x\to0}f(x)$이다.

따라서 $f(x)$는 $x=0$에서 연속이다.

또,
$$\lim_{h\to0}\frac{f(0+h)-f(0)}{h}=\lim_{h\to0}h\sin\frac{1}{h}=0$$
따라서 $f(x)$는 $x=0$에서 미분가능하다.

8-2. (1) $f_1(x)=x^2+1$, $f_2(x)=\dfrac{ax+b}{x+1}$
라고 하면
$$f_1'(x)=2x,$$
$$f_2'(x)=\frac{a(x+1)-(ax+b)}{(x+1)^2}=\frac{a-b}{(x+1)^2}$$
(i) $f(x)$는 $x=1$에서 연속이므로
$$f_1(1)=f_2(1)에서 \quad 2=\frac{a+b}{2}$$

$$\therefore \ a+b=4 \quad \cdots\cdots①$$

(ii) $f(x)$는 $x=1$에서 미분가능하므로

$$f_1{}'(1)=f_2{}'(1)에서 \quad 2=\frac{a-b}{4}$$

$$\therefore \ a-b=8 \quad \cdots\cdots②$$

①, ②를 연립하여 풀면

$$\boldsymbol{a=6, \ b=-2}$$

(2) $f_1(x)=ax^2+1, \ f_2(x)=\ln x+b$

라고 하면

$$f_1{}'(x)=2ax, \quad f_2{}'(x)=\frac{1}{x}$$

(i) $f(x)$는 $x=1$에서 연속이므로

$$f_1(1)=f_2(1)에서 \quad a+1=b \ \cdots①$$

(ii) $f(x)$는 $x=1$에서 미분가능하므로

$$f_1{}'(1)=f_2{}'(1)에서 \quad 2a=1$$

$$\therefore \ a=\frac{1}{2}$$

이 값을 ①에 대입하면 $\boldsymbol{b=\dfrac{3}{2}}$

8-3. $g(x)$는 구간 $[0, \pi]$에서 연속이고 구간 $(0, \pi)$에서 미분가능하므로 평균값 정리에 의하여

$$\frac{g(\pi)-g(0)}{\pi-0}=g'(c), \ 0<c<\pi$$

인 c가 적어도 하나 존재한다.

그런데

$$g(\pi)=f\big(f(\pi)\big)=f(\pi)=\pi,$$
$$g(0)=f\big(f(0)\big)=f(0)=0$$

이므로 $g'(c)=1$

따라서 $g'(x)=1$을 만족시키는 x가 구간 $(0, \pi)$에 적어도 하나 존재한다.

8-4. (1) (참) 함수 $f(x)$는 미분가능하므로 연속이다.

$f(-1)=-1, \ f(0)=1$이므로 사잇값의 정리에 의하여 $f(c_1)=\dfrac{1}{2}$인 c_1이 구간 $(-1, 0)$에 적어도 하나 존재한다.

또, $f(0)=1, \ f(1)=0$이므로 $f(c_2)=\dfrac{1}{2}$인 c_2가 구간 $(0, 1)$에 적어

도 하나 존재한다.

따라서 $f(a)=\dfrac{1}{2}$인 a가 구간 $(-1, 1)$에 두 개 이상 존재한다.

(2) (참) 함수 $f(x)$가 미분가능하므로 평균값 정리에 의하여

$$\frac{f(1)-f(0)}{1-0}=f'(b)$$

인 b가 구간 $(0, 1)$에 적어도 하나 존재한다.

그런데 $f(1)=0, \ f(0)=1$이므로 $f'(b)=-1$인 b가 구간 $(0, 1)$에 적어도 하나 존재한다.

따라서 $f'(b)=-1$인 b가 구간 $(-1, 1)$에 적어도 하나 존재한다.

(3) (거짓) $f(x)=-\dfrac{3}{2}x^2+\dfrac{1}{2}x+1$이면 $f(-1)=-1, \ f(0)=1, \ f(1)=0$이지만

$$f'(x)=-3x+\frac{1}{2}, \quad f''(x)=-3$$

이므로 $f''(c)=0$인 c는 존재하지 않는다.

8-5. (1) $f(x)=3^x$이라고 하면

$$f'(x)=3^x\ln 3$$

(i) $x>2$일 때, $f(x)$는 구간 $[2, x]$에서 연속이고 구간 $(2, x)$에서 미분가능하므로 평균값 정리에 의하여

$$\frac{3^x-3^2}{x-2}=3^c\ln 3, \ 2<c<x$$

인 c가 존재한다.

그런데 $x \longrightarrow 2+$일 때

$c \longrightarrow 2+$이므로

$$\lim_{x\to 2+}\frac{3^x-3^2}{x-2}=\lim_{c\to 2+}3^c\ln 3=9\ln 3$$

(ii) $x<2$일 때에도 같은 방법으로 생각하면

$$\lim_{x\to 2-}\frac{3^x-3^2}{x-2}=\lim_{c\to 2-}3^c\ln 3=9\ln 3$$

(i), (ii)에서 $\lim\limits_{x\to 2}\dfrac{3^x-3^2}{x-2}=\boldsymbol{9\ln 3}$

*__Note__ 평균값 정리를 이용하지 않고 다음 방법으로 구할 수도 있다.

(i) $x-2=h$로 놓으면 $x=h+2$이고 $x \longrightarrow 2$일 때 $h \longrightarrow 0$이므로

$$(준\ 식)=\lim_{h \to 0}\frac{3^{h+2}-3^2}{h}$$
$$=\lim_{h \to 0}\left(9 \times \frac{3^h-1}{h}\right)$$
$$=9\ln 3$$

(ii) $f(x)=3^x$이라고 하면 $f'(x)=3^x \ln 3$이므로

$$(준\ 식)=\lim_{x \to 2}\frac{f(x)-f(2)}{x-2}=f'(2)$$
$$=3^2 \ln 3 = 9\ln 3$$

(iii) 로피탈의 정리에 의하여

⇦ p. 166

$$(준\ 식)=\lim_{x \to 2}\frac{(3^x-3^2)'}{(x-2)'}$$
$$=\lim_{x \to 2}3^x \ln 3 = 9\ln 3$$

(2) $f(x)=\sin x$라고 하면
$$f'(x)=\cos x$$

(i) $x>0$일 때, $f(x)$는 구간 $[\sin x,\ x]$에서 연속이고 구간 $(\sin x,\ x)$에서 미분가능하므로 평균값 정리에 의하여

$$\frac{\sin x-\sin(\sin x)}{x-\sin x}=\cos \theta,$$
$$\sin x<\theta<x$$

인 θ가 존재한다.

그런데 $x \longrightarrow 0+$일 때 $\theta \longrightarrow 0+$이므로

$$\lim_{x \to 0+}\frac{\sin x-\sin(\sin x)}{x-\sin x}=\lim_{\theta \to 0+}\cos \theta$$
$$=1$$

(ii) $x<0$일 때에도 같은 방법으로 생각하면

$$\lim_{x \to 0-}\frac{\sin x-\sin(\sin x)}{x-\sin x}=\lim_{\theta \to 0-}\cos \theta$$
$$=1$$

(i), (ii)에서

$$\lim_{x \to 0}\frac{\sin x-\sin(\sin x)}{x-\sin x}=1$$

8-6. $f(x)=\ln x$라고 하면 $x>1$일 때 $f(x)$는 구간 $[1,\ x]$에서 연속이고 구간 $(1,\ x)$에서 미분가능하다.

따라서 평균값 정리에 의하여

$$\frac{\ln x-\ln 1}{x-1}=f'(c) \quad \cdots\cdots ①$$
$$1<c<x \quad \cdots\cdots ②$$

인 c가 존재한다.

그런데 $f'(x)=\frac{1}{x}$이므로 ①은

$$\frac{\ln x}{x-1}=\frac{1}{c}$$

또, ②에서 $\frac{1}{x}<\frac{1}{c}<1$이므로

$$\frac{1}{x}<\frac{\ln x}{x-1}<1$$

$x>1$이므로 $x\ln x>x-1$

8-7. $f(x)=e^x$이라고 하면 $f(x)$는 구간 $[a,\ b]$에서 연속이고 구간 $(a,\ b)$에서 미분가능하다.

따라서 평균값 정리에 의하여

$$\frac{e^b-e^a}{b-a}=f'(c) \quad \cdots\cdots ①$$
$$a<c<b \quad \cdots\cdots ②$$

인 c가 존재한다.

그런데 $f'(x)=e^x$이므로 ①은

$$\frac{e^b-e^a}{b-a}=e^c \quad \cdots\cdots ③$$

또, $e>1$이므로 ②에서

$$e^a<e^c<e^b \quad \cdots\cdots ④$$

③을 ④에 대입하면

$$e^a<\frac{e^b-e^a}{b-a}<e^b$$

$a<b$이므로 각 변에 $b-a$를 곱하면
$$e^a(b-a)<e^b-e^a<e^b(b-a)$$

9-1. $f'(x)=\dfrac{e^x x-e^x}{x^2}=\dfrac{e^x(x-1)}{x^2}$

$0<x<1$에서 $f'(x)<0$이므로 $f(x)$는 감소한다.

9-2. $f'(x)=1-\cos x\geq 0$

$-\dfrac{\pi}{2}\leq x\leq\dfrac{\pi}{2}$ 에서 $f'(x)$는 $x=0$일 때에만 $f'(x)=0$이므로 $f(x)$는 증가한다.

9-3. $f(x)$는 $x\geq 1$에서 연속이고,

$x>1$일 때

$$f'(x)=\frac{1}{2\sqrt{x+1}}-\frac{1}{2\sqrt{x-1}}$$

$$=\frac{\sqrt{x-1}-\sqrt{x+1}}{2\sqrt{x^2-1}}<0$$

따라서 $f(x)$는 $x\geq 1$에서 감소한다. 곧, 감소함수이다.

*__Note__ $x+1\geq 0$, $x-1\geq 0$이어야 하므로 함수 $f(x)$의 정의역은 $\{x\,|\,x\geq 1\}$이다.

9-4. $f(x)=x^3+ax^2+bx+c$로 놓으면

$$f'(x)=3x^2+2ax+b$$

$x=-2,\ 4$에서 극값을 가지므로

$$f'(-2)=12-4a+b=0\quad\cdots\cdots①$$

$$f'(4)=48+8a+b=0\quad\cdots\cdots②$$

또, $y=f(x)$의 그래프가 점 $(1,\ -18)$을 지나므로

$$f(1)=1+a+b+c=-18\cdots\cdots③$$

①, ②, ③을 연립하여 풀면

$$\boldsymbol{a=-3,\ b=-24,\ c=8}$$

9-5. $f'(x)=6ax^2+12bx+6c$

$x=-1,\ 3$에서 극값을 가지므로

$$f'(-1)=6a-12b+6c=0\cdots\cdots①$$

$$f'(3)=54a+36b+6c=0\quad\cdots\cdots②$$

극댓값과 극솟값의 차가 8이므로

$$f(-1)-f(3)=(-2a+6b-6c+9)$$

$$-(54a+54b+18c+9)$$

$$=-56a-48b-24c$$

$$=8\quad\cdots\cdots③$$

①, ②, ③을 연립하여 풀면

$$a=\frac{1}{8},\ \ b=-\frac{1}{8},\ \ c=-\frac{3}{8}$$

*__Note__ $x=-1$에서 극대, $x=3$에서 극소이므로 $a>0$이다.

9-6. $f(x)=\dfrac{x^2+ax+b}{x^2+1}$ 에서

$$f'(x)=\frac{(2x+a)(x^2+1)-(x^2+ax+b)\times 2x}{(x^2+1)^2}$$

$$=\frac{-ax^2+(2-2b)x+a}{(x^2+1)^2}$$

$f(1)=3$이므로 $\dfrac{1+a+b}{2}=3$

$$\therefore\ a+b=5\qquad\cdots\cdots①$$

$f'(1)=0$이므로 $\dfrac{2-2b}{4}=0\quad\therefore\ b=1$

이 값을 ①에 대입하면 $a=4$

$$\therefore\ f(x)=\frac{x^2+4x+1}{x^2+1}$$

이때, $f'(x)=\dfrac{-4(x+1)(x-1)}{(x^2+1)^2}$

이므로 증감을 조사하면 $f(x)$는 $x=-1$에서 극소, $x=1$에서 극대이다.

따라서 극솟값은 $f(-1)=-1$

9-7. (1) $f(x)=\sqrt{|x|}$ 는 $x=0$에서 연속이고 미분가능하지 않다.

$x>0$일 때 $f(x)=\sqrt{x}$

$$\therefore\ f'(x)=\frac{1}{2\sqrt{x}}>0$$

$x<0$일 때 $f(x)=\sqrt{-x}$

$$\therefore\ f'(x)=\frac{-1}{2\sqrt{-x}}<0$$

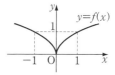

따라서 $x=0$에서 극소이고,

극솟값 $f(0)=0$

(2) $x>0$일 때 $f(x)=x\sqrt[3]{x}=x^{\frac{4}{3}}$에서

$f'(x)=\dfrac{4}{3}x^{\frac{4}{3}-1}=\dfrac{4}{3}\sqrt[3]{x}>0$

$f(x)$는 $x=0$에서 연속이고

$f(0)=0$

또, $f(-x)=f(x)$이므로 $y=f(x)$의 그래프는 아래와 같다.

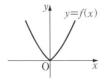

따라서 $x=0$에서 극소이고,

극솟값 $f(0)=\mathbf{0}$

9-8. (1) $f'(x)=-2\sin 2x-2\sin x$
$=-4\sin x\cos x-2\sin x$
$=-2(\sin x)(2\cos x+1)$

$f'(x)=0$에서

$\sin x=0$ 또는 $\cos x=-\dfrac{1}{2}$

$0\leq x\leq 2\pi$이므로

$x=0,\ \dfrac{2}{3}\pi,\ \pi,\ \dfrac{4}{3}\pi,\ 2\pi$

증감을 조사하면 아래와 같다.

x	0	$\cdots$	$\dfrac{2}{3}\pi$	$\cdots$	π
$f'(x)$	0	$-$	0	$+$	0
$f(x)$	3	$\searrow$	$-\dfrac{3}{2}$	$\nearrow$	-1

x	π	$\cdots$	$\dfrac{4}{3}\pi$	$\cdots$	2π
$f'(x)$	0	$-$	0	$+$	0
$f(x)$	-1	$\searrow$	$-\dfrac{3}{2}$	$\nearrow$	3

$\therefore\ \left\{y\left|-\dfrac{3}{2}\leq y\leq 3\right.\right\}$

(2) $f'(x)\geq 0$인 구간은

$\left[\dfrac{2}{3}\pi,\ \pi\right],\ \left[\dfrac{4}{3}\pi,\ 2\pi\right]$

***Note** 치역만 구하는 경우 $\cos x=t$

$(-1\leq t\leq 1)$로 치환하여 풀 수 있지만, 증감을 조사하거나 극값을 구하는 경우는 치환하지 않는 것이 좋다.

9-9. $f'(x)=-2\cos x\sin x\sin 2x$
$+2\cos^2 x\cos 2x$
$=-4\cos^2 x\sin^2 x$
$+2(\cos^2 x)(1-2\sin^2 x)$
$=2(\cos^2 x)(1-4\sin^2 x)$

$f'(x)=0$에서

$\cos x=0$ 또는 $\sin x=\pm\dfrac{1}{2}$

$0\leq x\leq\pi$이므로 $x=\dfrac{\pi}{6},\ \dfrac{\pi}{2},\ \dfrac{5}{6}\pi$

증감을 조사하면

극댓값 $f\left(\dfrac{\pi}{6}\right)=\dfrac{3\sqrt{3}}{8}$,

극솟값 $f\left(\dfrac{5}{6}\pi\right)=-\dfrac{3\sqrt{3}}{8}$

9-10. (1) $f'(x)=\ln x+1$

$f'(x)=0$에서 $x=e^{-1}$

증감을 조사하면

극솟값 $f(e^{-1})=e^{-1}\ln e^{-1}=-\dfrac{1}{e}$

(2) $f'(x)=x(2\ln x+1)$

$f'(x)=0$에서 $x=e^{-\frac{1}{2}}=\dfrac{1}{\sqrt{e}}$

증감을 조사하면

극솟값 $f\left(\dfrac{1}{\sqrt{e}}\right)=-\dfrac{1}{2e}$

(3) $f'(x)=\dfrac{1}{x}-1=\dfrac{1-x}{x}$

$f'(x)=0$에서 $x=1$

증감을 조사하면

극댓값 $f(1)=-1$

9-11. (1) $f'(x)=-x(x-2)e^{-x}$

$f'(x)=0$에서 $x=0,\ 2$

증감을 조사하면

극솟값 $f(0)=\mathbf{0}$,

극댓값 $f(2)=\mathbf{4}e^{-2}$

(2) $f'(x)=e^x\sin x+e^x\cos x$
$$=\sqrt{2}\,e^x\sin\left(x+\frac{\pi}{4}\right)$$
$0\le x\le 2\pi$이므로 $f'(x)=0$에서
$$x=\frac{3}{4}\pi,\ \frac{7}{4}\pi$$
증감을 조사하면
극댓값 $f\left(\frac{3}{4}\pi\right)=\frac{\sqrt{2}}{2}e^{\frac{3}{4}\pi}$,
극솟값 $f\left(\frac{7}{4}\pi\right)=-\frac{\sqrt{2}}{2}e^{\frac{7}{4}\pi}$

9-12. $f'(x)=a+2\cos x$
$f'(x)=0$에서 $\cos x=-\frac{a}{2}$
극값을 가지면 이 방정식이 해를 가지고, 해의 좌우에서 $f'(x)$의 부호가 바뀌어야 하므로
$$\left|\frac{a}{2}\right|<1 \quad 곧,\ -2<a<2$$

9-13. (1) $f'(x)=\cos x,\ f''(x)=-\sin x$
$f''(x)=0$에서 $\sin x=0$
$0<x<2\pi$이므로 $x=\pi$
$x=\pi$의 좌우에서 $f''(x)$의 부호가 바뀌고 $f(\pi)=0$이므로 변곡점의 좌표는
$$(\pi,\ 0)$$
또, $f'(\pi)=\cos\pi=-1$이므로 점 $(\pi,\ 0)$에서의 접선의 방정식은
$$y-0=-1\times(x-\pi)$$
$$\therefore\ y=-x+\pi$$

(2) $f'(x)=\sec^2 x,$
$f''(x)=2\sec^2 x\tan x$
$f''(x)=0$에서 $\tan x=0$
$\therefore\ x=n\pi$ (n은 정수)
$x=n\pi$의 좌우에서 $f''(x)$의 부호가 바뀌고 $f(n\pi)=0$이므로 변곡점의 좌표는 $(n\pi,\ 0)$ (n은 정수)
또, $f'(n\pi)=\sec^2 n\pi=1$이므로 점 $(n\pi,\ 0)$에서의 접선의 방정식은
$$y-0=1\times(x-n\pi)$$

$\therefore\ y=x-n\pi$ (n은 정수)

(3) $f'(x)=e^x+xe^x=(1+x)e^x,$
$f''(x)=e^x+(1+x)e^x=(2+x)e^x$
$f''(x)=0$에서 $2+x=0$
$\therefore\ x=-2$
$x=-2$의 좌우에서 $f''(x)$의 부호가 바뀌고 $f(-2)=-2e^{-2}$이므로 변곡점의 좌표는 $(-2,\ -2e^{-2})$
또, $f'(-2)=-1\times e^{-2}=-e^{-2}$이므로 점 $(-2,\ -2e^{-2})$에서의 접선의 방정식은
$$y+2e^{-2}=-e^{-2}(x+2)$$
$$\therefore\ y=-e^{-2}x-4e^{-2}$$

9-14. $f'(x)=2a\cos 2x-b\sin x,$
$f''(x)=-4a\sin 2x-b\cos x$
문제의 조건에서
$$f\left(\frac{7}{6}\pi\right)=\frac{\sqrt{3}}{2}a-\frac{\sqrt{3}}{2}b$$
$$=\frac{3\sqrt{3}}{2} \qquad\cdots\cdots①$$
$$f'\left(\frac{7}{6}\pi\right)=a+\frac{b}{2}=0 \qquad\cdots\cdots②$$
$$f''\left(\frac{7}{6}\pi\right)=-2\sqrt{3}\,a+\frac{\sqrt{3}}{2}b<0 \qquad\cdots\cdots③$$
①, ②를 연립하여 풀면 $a=1$, $b=-2$이고, 이때 ③이 성립한다.
$$\therefore\ a=1,\ b=-2$$

9-15. $f(x)=e^x\sin x$로 놓으면
$f'(x)=e^x(\sin x+\cos x),$
$f''(x)=e^x(\sin x+\cos x)$
$\qquad\qquad+e^x(\cos x-\sin x)$
$\qquad=2e^x\cos x$
$f'(x)=0$에서 $\sin x+\cos x=0$
$$\therefore\ \sqrt{2}\sin\left(x+\frac{\pi}{4}\right)=0$$
$x\ge 0$이므로 $x+\frac{\pi}{4}=n\pi$
곧, $x=n\pi-\frac{\pi}{4}$ (n은 자연수)

그런데

$$x=(2m-1)\pi-\frac{\pi}{4}\ (m\text{은 자연수})$$

일 때 $f''(x)<0$이고,

$$x=2m\pi-\frac{\pi}{4}\ (m\text{은 자연수})$$

일 때 $f''(x)>0$이므로 극댓값은

$$f\left((2m-1)\pi-\frac{\pi}{4}\right)=e^{(2m-1)\pi-\frac{\pi}{4}}\times\frac{\sqrt{2}}{2}$$

$$\therefore\ y_m=e^{(2m-1)\pi-\frac{\pi}{4}}\times\frac{\sqrt{2}}{2}$$

$$\therefore\ y_{100}=e^{199\pi-\frac{\pi}{4}}\times\frac{\sqrt{2}}{2},$$

$$y_{99}=e^{197\pi-\frac{\pi}{4}}\times\frac{\sqrt{2}}{2}$$

$$\therefore\ \ln y_{100}-\ln y_{99}=\ln\frac{y_{100}}{y_{99}}=\ln e^{2\pi}$$

$$=\boldsymbol{2\pi}$$

9-16. (1) $y'=4x^2(x-3)$, $y''=12x(x-2)$

$y'=0$에서 $x=0,\ 3$

$y''=0$에서 $x=0,\ 2$

증감을 조사하면

극소점 $(3,\ -24)$,

변곡점 $(0,\ 3),\ (2,\ -13)$

이고, 곡선의 개형은 아래와 같다.

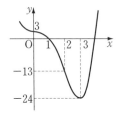

(2) $y'=\dfrac{-4x}{(x^2+1)^2}$, $y''=\dfrac{12x^2-4}{(x^2+1)^3}$

$y'=0$에서 $x=0$

$y''=0$에서 $x=\pm\dfrac{1}{\sqrt{3}}$

증감을 조사하면

극대점 $(0,\ 2)$,

변곡점 $\left(-\dfrac{1}{\sqrt{3}},\ \dfrac{3}{2}\right),\ \left(\dfrac{1}{\sqrt{3}},\ \dfrac{3}{2}\right)$

또, $\lim\limits_{x\to\infty}y=0$, $\lim\limits_{x\to-\infty}y=0$이므로 곡선의 개형은 아래와 같다.

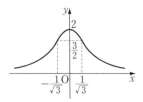

9-17. (1) $y'=-2xe^{-x^2}$,

$$y''=2e^{-x^2}(2x^2-1)$$

$y'=0$에서 $x=0$

$y''=0$에서 $x=\pm\dfrac{1}{\sqrt{2}}$

증감을 조사하면

극대점 $(0,\ 1)$,

변곡점 $\left(-\dfrac{1}{\sqrt{2}},\ \dfrac{1}{\sqrt{e}}\right)$,

$$\left(\dfrac{1}{\sqrt{2}},\ \dfrac{1}{\sqrt{e}}\right)$$

또,

$$\lim_{x\to\infty}y=\lim_{x\to\infty}e^{-x^2}=\lim_{x\to\infty}\frac{1}{e^{x^2}}=0,$$

$$\lim_{x\to-\infty}y=\lim_{x\to-\infty}e^{-x^2}=\lim_{x\to-\infty}\frac{1}{e^{x^2}}=0$$

이므로 그래프의 개형은 아래와 같다.

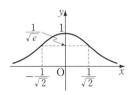

(2) $y'=\dfrac{e^x(x-2)}{(x-1)^2}$,

$$y''=\dfrac{e^x(x^2-4x+5)}{(x-1)^3}$$

$y'=0$에서 $x=2$

증감을 조사하면 극소점은 점 $(2,\ e^2)$이고 변곡점은 없다. 또,

$$\lim_{x\to1+}y=\lim_{x\to1+}\frac{e^x}{x-1}=\infty,$$

$$\lim_{x\to 1-}y=\lim_{x\to 1-}\frac{e^x}{x-1}=-\infty,$$

$$\lim_{x\to\infty}y=\lim_{x\to\infty}\frac{e^x}{x-1}=\infty,$$

$$\lim_{x\to-\infty}y=\lim_{x\to-\infty}\frac{e^x}{x-1}=0$$

이므로 그래프의 개형은 아래와 같다.

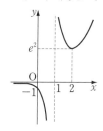

(3) $y'=\dfrac{2x}{x^2+1},\ y''=\dfrac{-2(x^2-1)}{(x^2+1)^2}$

$y'=0$에서 $x=0$

$y''=0$에서 $x=\pm 1$

증감을 조사하면

극소점 $(0,\ 0)$,

변곡점 $(-1,\ \ln 2),\ (1,\ \ln 2)$

또,

$$\lim_{x\to\infty}y=\lim_{x\to\infty}\ln(x^2+1)=\infty,$$

$$\lim_{x\to-\infty}y=\lim_{x\to-\infty}\ln(x^2+1)=\infty$$

이므로 그래프의 개형은 아래와 같다.

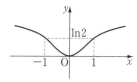

9-18. $x=\ln t$에서 $\dfrac{dx}{dt}=\dfrac{1}{t}$

$y=\dfrac{1}{2}\Big(t+\dfrac{1}{t}\Big)$에서

$$\frac{dy}{dt}=\frac{1}{2}\Big(1-\frac{1}{t^2}\Big)=\frac{t^2-1}{2t^2}$$

$$\therefore\ \frac{dy}{dx}=\frac{dy}{dt}\Big/\frac{dx}{dt}=\frac{t^2-1}{2t}$$

$$\therefore\ \frac{d^2y}{dx^2}=\frac{d}{dt}\Big(\frac{dy}{dx}\Big)\frac{dt}{dx}$$

$$=\frac{d}{dt}\Big(\frac{t^2-1}{2t}\Big)\frac{dt}{dx}$$

$\dfrac{dt}{dx}=\dfrac{1}{\dfrac{dx}{dt}}=t$이므로

$$\frac{d^2y}{dx^2}=\frac{2t\times 2t-(t^2-1)\times 2}{(2t)^2}\times t=\frac{t^2+1}{2t}$$

진수 조건에서 $t>0$이므로

$$\frac{d^2y}{dx^2}>0$$

따라서 곡선은 아래로 볼록하다.

또, $\dfrac{dy}{dx}=\dfrac{t^2-1}{2t}=0$에서 $t=1$이므로

$t=1(x=0)$에서 극소이고, 극솟값은

$$y=\frac{1}{2}\times 2=1$$

따라서 곡선의 개형은 아래와 같다.

*__Note__ $x=\ln t$에서 $t=e^x$이므로

$$y=\frac{1}{2}(e^x+e^{-x})$$

여기에서 $\dfrac{dy}{dx},\ \dfrac{d^2y}{dx^2}$를 조사하여 곡선의 개형을 그릴 수도 있다.

10-1. (1) $y'=2x(x^2-4x+1)$

$$+(x^2-3)(2x-4)$$

$$=4(x+1)(x-1)(x-3)$$

$-2\le x\le 4$에서 증감을 조사하면

$x=-2,\ 4$일 때 **최댓값 13**,

$x=-1,\ 3$일 때 **최솟값 -12**

(2) $y=x^3-3x$에서

$$y'=3x^2-3=3(x+1)(x-1)$$

$-2\le x\le 3$에서 증감을 조사하여 그래프를 그리면 다음과 같다.

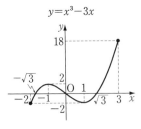

$y=x^3-3x$

$y=|x^3-3x|$

$y=|x^3-3x|-2$

$\therefore$ $x=3$일 때 최댓값 **16**,
$x=\pm\sqrt{3}$, 0일 때 최솟값 **−2**

(3) $\sin x=t$로 놓으면 $-1\leq t\leq 1$이고
$$y=2t^3+3(1-t^2)=2t^3-3t^2+3,$$
$$y'=6t^2-6t=6t(t-1)$$
$-1\leq t\leq 1$에서 증감을 조사하면
$t=0$일 때 최댓값 **3**,
$t=-1$일 때 최솟값 **−2**

(4) $y=2\times(2^x)^3-15\times(2^x)^2+9\times2^2\times2^x+1$
이므로 $2^x=t$로 놓으면 $x\geq0$에서
$t\geq1$이고
$$y=2t^3-15t^2+36t+1,$$
$$y'=6t^2-30t+36=6(t-2)(t-3)$$
$t\geq1$에서 증감을 조사하면
$t=1\,(x=0)$일 때 최솟값 **24**,
최댓값 없다.

10-2. (1) $y'=\dfrac{2x(x-2)-x^2}{(x-2)^2}=\dfrac{x(x-4)}{(x-2)^2}$

$y'=0$에서 $x=4$ ($\because$ $2<x\leq6$)
$2<x\leq6$에서 증감을 조사하면

x	(2)	$\cdots$	4	$\cdots$	6
y'		$-$	0	$+$	
y	(∞)	$\searrow$	8	$\nearrow$	9

$\therefore$ $x=4$일 때 최솟값 **8**, 최댓값 없다.

(2) $y'=\dfrac{2(x^2-2x+2)-2(x-1)(2x-2)}{(x^2-2x+2)^2}$
$$=\dfrac{-2x(x-2)}{(x^2-2x+2)^2}$$

$y'=0$에서 $x=0,\,2$

x	$-\infty$	$\cdots$	0	$\cdots$	2	$\cdots$	∞
y'		$-$	0	$+$	0	$-$	
y	(0)	$\searrow$	-1	$\nearrow$	1	$\searrow$	(0)

$\therefore$ $x=2$일 때 최댓값 **1**,
$x=0$일 때 최솟값 **−1**

10-3. (1) $1-x^2\geq0$에서 $-1\leq x\leq1$
$$y'=2+\dfrac{-2x}{2\sqrt{1-x^2}}=\dfrac{2\sqrt{1-x^2}-x}{\sqrt{1-x^2}}$$

$y'=0$에서 $2\sqrt{1-x^2}=x$ ······①
$\therefore$ $4-4x^2=x^2$ $\therefore$ $x=\pm\dfrac{2}{\sqrt5}$

그런데 $x=-\dfrac{2}{\sqrt5}$는 ①을 만족시
키지 않으므로 $x=\dfrac{2}{\sqrt5}$
$-1\leq x\leq1$에서 증감을 조사하면

x	-1	$\cdots$	$\dfrac{2}{\sqrt5}$	$\cdots$	1
y'		$+$	0	$-$	
y	-2	$\nearrow$	$\sqrt5$	$\searrow$	2

$\therefore$ $x=\dfrac{2}{\sqrt5}$일 때 최댓값 $\sqrt5$,

$x=-1$일 때 최솟값 -2

(2) $4-x^2\geq0$에서 $-2\leq x\leq2$

$$y'=1+\frac{-2x}{2\sqrt{4-x^2}}=\frac{\sqrt{4-x^2}-x}{\sqrt{4-x^2}}$$

$y'=0$에서 $\sqrt{4-x^2}=x$ ……①

$\therefore 4-x^2=x^2 \quad \therefore x=\pm\sqrt{2}$

그런데 $x=-\sqrt{2}$ 는 ①을 만족시키

지 않으므로 $x=\sqrt{2}$

$-2\leq x\leq2$에서 증감을 조사하면

x	-2	$\cdots$	$\sqrt{2}$	$\cdots$	2
y'		$+$	0	$-$	
y	-4	$\nearrow$	$2(\sqrt{2}-1)$	$\searrow$	0

$\therefore x=\sqrt{2}$ 일 때 최댓값 $2(\sqrt{2}-1)$,

　$x=-2$일 때 최솟값 -4

(3) $3-x\geq0,\ 5x-4\geq0$에서

$$\frac{4}{5}\leq x\leq3$$

$$y'=\frac{-1}{2\sqrt{3-x}}+\frac{5}{2\sqrt{5x-4}}$$

$$=\frac{5\sqrt{3-x}-\sqrt{5x-4}}{2\sqrt{(3-x)(5x-4)}}$$

$y'=0$에서 $5\sqrt{3-x}=\sqrt{5x-4}$

$\therefore 25(3-x)=5x-4 \quad \therefore x=\frac{79}{30}$

$\frac{4}{5}\leq x\leq3$에서 증감을 조사하면

x	$\frac{4}{5}$	$\cdots$	$\frac{79}{30}$	$\cdots$	3
y'		$+$	0	$-$	
y	$\frac{\sqrt{55}}{5}$	$\nearrow$	$\frac{\sqrt{330}}{5}$	$\searrow$	$\sqrt{11}$

$\therefore x=\frac{79}{30}$일 때 최댓값 $\frac{\sqrt{330}}{5}$,

　$x=\frac{4}{5}$일 때 최솟값 $\frac{\sqrt{55}}{5}$

(4) $x\neq1$일 때 $y'=\dfrac{2}{3\sqrt[3]{x-1}}$

$x=1$에서 미분가능하지 않지만 연속

이므로 $0\leq x\leq3$에서 증감을 조사하면

x	0	$\cdots$	1	$\cdots$	3
y'		$-$	없다	$+$	
y	0	$\searrow$	-1	$\nearrow$	$\sqrt[3]{4}-1$

$\therefore x=3$일 때 최댓값 $\sqrt[3]{4}-1$,

　$x=1$일 때 최솟값 -1

10-4. (1) $f'(x)=e^x-a$

$f'(x)=0$에서 $x=\ln a$

x	$\cdots$	$\ln a$	$\cdots$
$f'(x)$	$-$	0	$+$
$f(x)$	$\searrow$	$a(1-\ln a)$	$\nearrow$

$\therefore x=\ln a$일 때 최솟값 $a(1-\ln a)$,

　　　　　최댓값 없다.

(2) $f'(x)=e^{-x^2}+xe^{-x^2}(-2x)$

$\qquad =(1-2x^2)e^{-x^2}$

$f'(x)=0$에서 $1-2x^2=0$

$0\leq x\leq1$이므로 $x=\dfrac{1}{\sqrt{2}}$

x	0	$\cdots$	$\frac{1}{\sqrt{2}}$	$\cdots$	1
$f'(x)$		$+$	0	$-$	
$f(x)$	0	$\nearrow$	$\frac{1}{\sqrt{2e}}$	$\searrow$	$\frac{1}{e}$

$\therefore x=\dfrac{1}{\sqrt{2}}$일 때 최댓값 $\dfrac{1}{\sqrt{2e}}$,

　$x=0$일 때 최솟값 0

(3) $2-x^2\geq0$에서 $-\sqrt{2}\leq x\leq\sqrt{2}$

$$f'(x)=\frac{-2x}{2\sqrt{2-x^2}}e^x+\sqrt{2-x^2}\,e^x$$

$$=\frac{-(x+2)(x-1)}{\sqrt{2-x^2}}e^x$$

$f'(x)=0$에서 $x=1$

$\qquad (\because -\sqrt{2}\leq x\leq\sqrt{2})$

x	$-\sqrt{2}$	$\cdots$	1	$\cdots$	$\sqrt{2}$
$f'(x)$		$+$	0	$-$	
$f(x)$	0	$\nearrow$	e	$\searrow$	0

$\therefore$ $x=1$일 때 최댓값 e,

$x=\pm\sqrt{2}$일 때 최솟값 0

(4) 진수 조건에서 $x>0$

$f'(x)=\ln x+1$

$f'(x)=0$에서 $x=\dfrac{1}{e}$

x	(0)	$\cdots$	$\dfrac{1}{e}$	$\cdots$
$f'(x)$		$-$	0	$+$
$f(x)$	(0)	$\searrow$	$-\dfrac{1}{e}$	$\nearrow$

$\therefore$ $x=\dfrac{1}{e}$일 때 최솟값 $-\dfrac{1}{e}$,

최댓값 없다.

***Note** 로피탈의 정리를 이용하면

$$\lim_{x\to 0+} x\ln x = \lim_{x\to 0+} \frac{\ln x}{1/x} = \lim_{x\to 0+} \frac{1/x}{-1/x^2}$$
$$= \lim_{x\to 0+}(-x)=0$$

(5) $f'(x)=\dfrac{1-\ln x}{x^2}$

$f'(x)=0$에서 $x=e$

x	1	$\cdots$	e	$\cdots$	$4e$
$f'(x)$		$+$	0	$-$	
$f(x)$	0	$\nearrow$	$\dfrac{1}{e}$	$\searrow$	$\dfrac{1+\ln 4}{4e}$

$\therefore$ $x=e$일 때 최댓값 $\dfrac{1}{e}$,

$x=1$일 때 최솟값 0

(6) $f'(x)=\dfrac{e^x(\sin x-\cos x)}{\sin^2 x}$

$f'(x)=0$에서 $\sin x=\cos x$

$\therefore$ $\tan x=1$

$0<x<\pi$이므로 $x=\dfrac{\pi}{4}$

x	(0)	$\cdots$	$\dfrac{\pi}{4}$	$\cdots$	(π)
$f'(x)$		$-$	0	$+$	
$f(x)$	(∞)	$\searrow$	$\sqrt{2}\,e^{\frac{\pi}{4}}$	$\nearrow$	(∞)

$\therefore$ $x=\dfrac{\pi}{4}$일 때 최솟값 $\sqrt{2}\,e^{\frac{\pi}{4}}$,

최댓값 없다.

10-5. 원뿔의 높이를 h라 하고, 원기둥의 밑면의 반지름의 길이를 x, 높이를 y, 부피를 V라고 하면

$$V=\pi x^2 y$$

오른쪽 그림에서 닮음비에 의하여

$$\frac{x}{r}=\frac{h-y}{h} \quad \therefore y=\frac{h}{r}(r-x)$$

$$\therefore V=\pi x^2 \times \frac{h}{r}(r-x)$$
$$=\frac{\pi h}{r}(rx^2-x^3) \ (0<x<r)$$

$$\therefore \frac{dV}{dx}=\frac{\pi h}{r}(2rx-3x^2)$$
$$=-\frac{\pi h}{r}x(3x-2r)$$

$\dfrac{dV}{dx}=0$에서 $x=\dfrac{2}{3}r$ $(\because 0<x<r)$

$0<x<r$에서 증감을 조사하면 V는 $x=\dfrac{2}{3}r$일 때 최대이다.

10-6. $y'=\dfrac{1}{x}$이므로 점 $(a,\ \ln a)$에서의 접선의 방정식은

$$y-\ln a=\frac{1}{a}(x-a) \quad \cdots\cdots①$$

$y=0$을 대입하면 $x=-a\ln a+a$

$x=0$을 대입하면 $y=\ln a-1$

①과 x축, y축이 만나는 점을 각각 P, Q라 하고, $\triangle$OQP의 넓이를 S라고 하면

$$S=\frac{1}{2}|-a\ln a+a||\ln a-1|$$
$$=\frac{1}{2}a(\ln a-1)^2 \ (0<a<e)$$

$$\therefore \ \frac{dS}{da}=\frac{1}{2}(\ln a-1)^2$$
$$+\frac{1}{2}a\times2(\ln a-1)\times\frac{1}{a}$$
$$=\frac{1}{2}(\ln a-1)(\ln a+1)$$

$\dfrac{dS}{da}=0$에서 $\ln a=1, \ -1$

$0<a<e$이므로 $a=\dfrac{1}{e}$

$0<a<e$에서 증감을 조사하면 S는 $a=\dfrac{1}{e}$일 때 최대이고, 최댓값은

$$S=\frac{1}{2}\times\frac{1}{e}\left(\ln\frac{1}{e}-1\right)^2=\frac{2}{e}$$

10-7. $y'=\cos x$이므로 $P(\theta, \sin\theta)$로 놓으면 이 점에서의 접선의 방정식은

$$y-\sin\theta=\cos\theta(x-\theta)$$

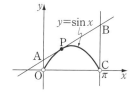

위의 그림에서

$A(0, \sin\theta-\theta\cos\theta)$,

$B(\pi, \pi\cos\theta-\theta\cos\theta+\sin\theta)$

이므로

$$S=\frac{1}{2}\pi(\pi\cos\theta-2\theta\cos\theta+2\sin\theta)$$
$$(0<\theta<\pi)$$

$$\therefore \ \frac{dS}{d\theta}=\frac{1}{2}\pi(-\pi\sin\theta-2\cos\theta$$
$$+2\theta\sin\theta+2\cos\theta)$$

$$=\frac{1}{2}\pi(2\theta-\pi)\sin\theta$$

$\dfrac{dS}{d\theta}=0$에서 $\theta=\dfrac{\pi}{2} \ (\because \ 0<\theta<\pi)$

$0<\theta<\pi$에서 증감을 조사하면 S는 $\theta=\dfrac{\pi}{2}$일 때 최소이고,

최솟값 **π**, $\mathbf{P}\left(\dfrac{\pi}{2}, 1\right)$

10-8. $x^2+y^2-6x+8=0$에서

$$(x-3)^2+y^2=1$$

따라서 원의 중심은 $C(3, 0)$이다.

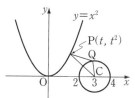

(1) $\overline{PQ}+\overline{QC}\geq\overline{PC}$에서

$$\overline{PQ}\geq\overline{PC}-\overline{QC}=\overline{PC}-1$$

이므로 점 Q가 원과 선분 PC의 교점일 때 $\overline{PQ}$가 최소이다.

따라서 $\overline{PQ}$가 최소일 때 세 점 P, Q, C는 이 순서로 한 직선 위에 있다.

(2) 점 P의 좌표를 $P(t, t^2)$이라 하고, $\overline{PC}^2=f(t)$로 놓으면

$$f(t)=(t-3)^2+(t^2)^2$$
$$=t^4+t^2-6t+9$$
$$\therefore \ f'(t)=4t^3+2t-6$$
$$=2(t-1)(2t^2+2t+3)$$

$f'(t)=0$에서 $t=1$

증감을 조사하면 $f(t)$는 $t=1$일 때 최소이고, 최솟값은 $f(1)=5$이므로 $\overline{PC}$의 최솟값은 $\sqrt{5}$이다. 이때, $\overline{PQ}$는 최소이므로

최솟값 $\overline{PC}-1=\sqrt{5}-1$, $P(1, 1)$

10-9. $\angle$SOP$=x$라고 하면 정사각형 OPQR가 호 AB와 서로 다른 두 점 S,

T에서 만나므로 $0<x<\dfrac{\pi}{4}$

또, $\overline{\text{OP}}=\cos x$, $\overline{\text{PS}}=\sin x$이므로

$\overline{\text{QS}}=\overline{\text{PQ}}-\overline{\text{PS}}=\cos x-\sin x$

$\therefore$ D$=\cos^2 x-\dfrac{\pi}{4}(\cos x-\sin x)^2$

$$\left(0<x<\dfrac{\pi}{4}\right)$$

$\therefore \dfrac{d\text{D}}{dx}=2(\cos x)(-\sin x)$

$\qquad -\dfrac{\pi}{2}(\cos x-\sin x)(-\sin x-\cos x)$

$\qquad =-\sin 2x+\dfrac{\pi}{2}\cos 2x$

$0<x<\dfrac{\pi}{4}$에서 $\dfrac{d\text{D}}{dx}=0$의 해를 $x=\alpha$

라고 하면 $\tan 2\alpha=\dfrac{\pi}{2}$

$0<x<\dfrac{\pi}{4}$에서 증감을 조사하면 D는

$x=\alpha$일 때 최대이다.

이때, $\theta=\dfrac{\pi}{2}-2\alpha$이므로

$\tan\theta=\tan\left(\dfrac{\pi}{2}-2\alpha\right)=\cot 2\alpha=\dfrac{2}{\pi}$

11-1. $f(x)=2x^3-3(\sin\theta)x^2+\cos^3\theta$

로 놓으면

$f'(x)=6x^2-6(\sin\theta)x$

$\qquad =6x(x-\sin\theta)$

$0<\theta<\pi$에서 $\sin\theta>0$이므로 증감을

조사하면

극댓값 $f(0)=\cos^3\theta$,

극솟값 $f(\sin\theta)=-\sin^3\theta+\cos^3\theta$

극댓값이 양수, 극솟값이 음수이어야

하므로

$\cos^3\theta>0$, $-\sin^3\theta+\cos^3\theta<0$

$\therefore \cos\theta>0$, $\cos\theta<\sin\theta$

$\therefore 0<\cos\theta<\sin\theta$

$0<\theta<\pi$이므로 $\dfrac{\pi}{4}<\theta<\dfrac{\pi}{2}$

11-2. $x^3-3x^2-a=0$ $\qquad$……①

에서 $x^3-3x^2=a$

$y=x^3-3x^2$ …② $\qquad y=a$ …③

으로 놓을 때, ①의 실근의 개수는 ②,

③의 그래프의 교점의 개수와 같다.

②에서

$y'=3x^2-6x=3x(x-2)$

증감을 조사하면

$x=0$일 때 극댓값 0,

$x=2$일 때 극솟값 -4

이므로 ②의 그래프는 아래와 같다.

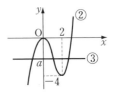

위의 그림에서 교점의 개수를 조사하

면 ①의 실근의 개수는 다음과 같다.

$\boldsymbol{a<-4}$, $\boldsymbol{a>0}$일 때 1,

$\boldsymbol{a=-4}$, 0일 때 2,

$\boldsymbol{-4<a<0}$일 때 3

11-3. (1) $f(x)=\tan x-x$로 놓으면

$\pi<x<\dfrac{3}{2}\pi$에서

$f'(x)=\sec^2 x-1=\tan^2 x>0$

이므로 $f(x)$는 증가한다. $\qquad$……①

한편 $f(x)$는 $\pi<x<\dfrac{3}{2}\pi$에서 연속

함수이고

$f(\pi)=-\pi<0$, $\displaystyle\lim_{x\to\frac{3}{2}\pi-}f(x)=\infty$

이므로 $f(a)>0$인 $a\left(\pi<a<\dfrac{3}{2}\pi\right)$가

존재한다.

따라서 사잇값의 정리에 의하여 방

정식 $f(x)=0$은 구간 $(\pi,\ a)$에서 적어

도 하나의 실근을 가진다. $\qquad$……②

①, ②에서 $f(x)=0$, 곧 $\tan x=x$는

구간 $\left(\pi,\ \dfrac{3}{2}\pi\right)$에서 오직 하나의 실근

을 가진다.

(2) $f(x)=x-e+x\ln x$로 놓으면

$f'(x)=1+\ln x+1=2+\ln x$

$f'(x)=0$에서　$x=e^{-2}$

　한편 $0<x<e^{-2}$일 때 $f'(x)<0$이므로 $f(x)$는 이 구간에서 감소하고, $x>e^{-2}$일 때 $f'(x)>0$이므로 $f(x)$는 이 구간에서 증가한다.

　이때, $f(e^{-2})=-(e^{-2}+e)<0$이고

$$\lim_{x\to0+}f(x)=-e<0,\ \lim_{x\to\infty}f(x)=\infty$$

이므로 $f(x)=0$, 곧 $x-e+x\ln x=0$은 오직 하나의 실근을 가진다.

11-4. $f(x)=\ln x-x+20-n$

으로 놓으면

$$f'(x)=\frac{1}{x}-1=\frac{1-x}{x}$$

$f'(x)=0$에서　$x=1$

　증감을 조사하면 $x=1$에서 극대이고

$$\lim_{x\to0+}f(x)=-\infty,\ \lim_{x\to\infty}f(x)=-\infty$$

이므로 방정식 $f(x)=0$이 서로 다른 두 실근을 가질 조건은

$$f(1)=19-n>0\quad\therefore\ n<19$$

　따라서 자연수 n의 개수는 **18**

***Note**　로피탈의 정리를 이용하면

$$\lim_{x\to\infty}(\ln x-x)=\lim_{x\to\infty}(\ln x-\ln e^x)$$
$$=\lim_{x\to\infty}\ln\frac{x}{e^x}$$
$$=\lim_{x\to\infty}\ln\frac{1}{e^x}=-\infty$$

11-5. (1) 준 방정식의 실근의 개수는

$$y=x-\sqrt{x+1},\quad y=k$$

의 그래프의 교점의 개수와 같다.

$y=x-\sqrt{x+1}$에서

$$y'=1-\frac{1}{2\sqrt{x+1}}$$

$y'=0$에서 $x=-\dfrac{3}{4}$이고 이때

$y=-\dfrac{5}{4}$이므로 $y=x-\sqrt{x+1}$의 그래프는 다음과 같다.

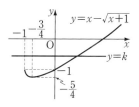

　위의 그림에서 교점의 개수를 조사하면 방정식 $x-\sqrt{x+1}=k$의 실근의 개수는 다음과 같다.

$$k<-\frac{5}{4}\text{일 때 }0,$$
$$k>-1,\ k=-\frac{5}{4}\text{일 때 }1,$$
$$-\frac{5}{4}<k\leq-1\text{일 때 }2$$

(2) 준 방정식의 실근의 개수는

$$y=\ln x,\quad y=x+k$$

의 그래프의 교점의 개수와 같다.

$y=\ln x$에서　$y'=\dfrac{1}{x}$

$y'=1$에서　$x=1$

　따라서 기울기가 1인 접선의 접점의 좌표는 $(1,\ 0)$이므로 접선의 방정식은 $y=x-1$이다.

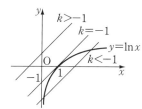

　위의 그림에서 교점의 개수를 조사하면 방정식 $\ln x=x+k$의 실근의 개수는 다음과 같다.

$$k>-1\text{일 때 }0,$$
$$k=-1\text{일 때 }1,$$
$$k<-1\text{일 때 }2$$

***Note**　$\ln x-x=k$이므로 $y=\ln x-x$의 그래프를 그려서 풀 수도 있다.

(3) 준 방정식의 실근의 개수는

$y=e^x, \quad y=kx$

의 그래프의 교점의 개수와 같다.

$y=e^x$에서 $y'=e^x$이므로 곡선 $y=e^x$ 위의 점 (t, e^t)에서의 접선의 방정식은

$$y-e^t=e^t(x-t)$$

이 직선이 점 $(0, 0)$을 지나면

$$-e^t=-te^t \quad \therefore \quad t=1$$

따라서 원점을 지나는 접선의 방정식은 $y=ex$이다.

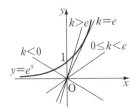

위의 그림에서 교점의 개수를 조사하면 방정식 $e^x=kx$의 실근의 개수는 다음과 같다.

$0 \leq k < e$일 때 **0**,

$k < 0, \ k=e$일 때 **1**,

$k > e$일 때 **2**

11-6. (1) $f(x)=e^x-(x+1)$로 놓으면

$$f'(x)=e^x-1$$

$f'(x)=0$에서 $x=0$

증감을 조사하면 $f(x)$는 $x=0$일 때 최소이고, 최솟값은 $f(0)=0$

따라서 $f(x) \geq 0$ 곧, $e^x \geq x+1$

(2) $f(x)=\ln(1+x)-\left(x-\dfrac{1}{2}x^2\right) (x>0)$ 으로 놓으면

$$f'(x)=\frac{1}{1+x}-(1-x)=\frac{x^2}{1+x}$$

$x>0$일 때 $f'(x)>0$이므로 $f(x)$는 증가한다. 또, $f(0)=0$이므로 $x>0$에서

$$f(x)>0 \quad \text{곧,} \quad x-\frac{1}{2}x^2<\ln(1+x)$$

(3) $f(x)=\sqrt{x+1}-\ln(x+1) (x>-1)$ 로 놓으면

$$f'(x)=\frac{1}{2\sqrt{x+1}}-\frac{1}{x+1}$$
$$=\frac{\sqrt{x+1}-2}{2(x+1)}$$

$f'(x)=0$에서 $\sqrt{x+1}=2 \quad \therefore \quad x=3$

$x>-1$에서 증감을 조사하면 $f(x)$는 $x=3$일 때 최소이고, 최솟값은

$$f(3)=2-\ln 4=2(1-\ln 2)>0$$

따라서 $f(x)>0$

곧, $\ln(x+1)<\sqrt{x+1}$

(4) $f(x)=\sin x-\dfrac{2}{\pi}x \left(0 \leq x \leq \dfrac{\pi}{2}\right)$ 로 놓으면

$$f'(x)=\cos x-\frac{2}{\pi}$$

$0<x<\dfrac{\pi}{2}$에서 $f'(x)=0$의 해를 a라고 하면 $x=a$에서 극대이므로 $x=0$ 또는 $x=\dfrac{\pi}{2}$일 때 최소이다.

그런데 최솟값은 $f(0)=f\left(\dfrac{\pi}{2}\right)=0$이므로

$$f(x) \geq 0 \quad \text{곧,} \quad \sin x \geq \frac{2}{\pi}x$$

11-7. $x>0$이므로 진수 조건 $ax>0$에서 $a>0$이다.

$f(x)=x-\ln ax$로 놓으면

$$f'(x)=1-\frac{1}{x}=\frac{x-1}{x}$$

$f'(x)=0$에서 $x=1$

$x>0$에서 증감을 조사하면 $x=1$일 때 최소이고, $f(1)=1-\ln a$이므로

$$1-\ln a \geq 0 \quad \therefore \quad a \leq e$$

그런데 $a>0$이므로 $\mathbf{0<a \leq e}$

11-8. (1) $f(x)=\sin x-\left(x-\dfrac{1}{6}x^3\right)$으로 놓으면

$$f'(x)=\cos x-1+\frac{1}{2}x^2,$$
$$f''(x)=-\sin x+x$$

$x>0$일 때 $f''(x)>0$이므로 $f'(x)$는 증가한다. 또, $f'(0)=0$이므로 $f'(x)>0$이다.

따라서 $f(x)$도 $x>0$에서 증가하고 $f(0)=0$이므로 $f(x)>0$이다.

$$\therefore\ x-\frac{1}{6}x^3<\sin x$$

Note $f'''(x)=-\cos x+1\geqq0$이므로 $f''(x)$는 증가하고 $f''(0)=0$이므로 $x>0$일 때 $f''(x)>0$이다.

(2) $x>0$일 때 $e^x-1>0$이므로 준 부등식의 양변에 $2(e^x-1)$을 곱하고 정리하면

$$(x+2)e^x-3x-2>0\ \cdots\cdots①$$

따라서 $x>0$일 때 ①이 성립함을 증명해도 된다.

$f(x)=(x+2)e^x-3x-2$로 놓으면

$$f'(x)=(x+3)e^x-3,$$
$$f''(x)=(x+4)e^x$$

$x>0$일 때 $f''(x)>0$이므로 $f'(x)$는 증가한다. 또, $f'(0)=0$이므로 $f'(x)>0$이다.

따라서 $f(x)$도 $x>0$에서 증가하고 $f(0)=0$이므로 $f(x)>0$이다.

곧, ①이 성립하므로

$$\frac{x}{e^x-1}<1+\frac{1}{2}x$$

11-9. (1) (i) $f(x)=e^x-(1+x)$로 놓으면

$$f'(x)=e^x-1$$

$0<x<1$일 때 $f'(x)>0$이므로 $f(x)$는 증가한다. 또, $f(0)=0$이므로 $f(x)>0$이다.

$$\therefore\ 1+x<e^x$$

(ii) $0<x<1$일 때 $1-x>0$이므로 $e^x<\dfrac{1}{1-x}$의 양변에 $(1-x)$를 곱하면

$$(1-x)e^x<1\ \cdots\cdots①$$

따라서 $0<x<1$일 때 ①이 성립

함을 증명해도 된다.

$g(x)=1-(1-x)e^x$으로 놓으면

$$g'(x)=xe^x$$

$0<x<1$일 때 $g'(x)>0$이므로 $g(x)$는 증가한다. 또, $g(0)=0$이므로 $g(x)>0$이다.

$$\therefore\ (1-x)e^x<1\quad\therefore\ e^x<\frac{1}{1-x}$$

(i), (ii)에서

$$1+x<e^x<\frac{1}{1-x}\quad\cdots\cdots②$$

(2) ②에서 $x=\dfrac{1}{n}$로 놓으면

$$1+\frac{1}{n}<e^{\frac{1}{n}}<\frac{n}{n-1}$$
$$\therefore\ \frac{1}{n}<e^{\frac{1}{n}}-1<\frac{1}{n-1}$$
$$\therefore\ 1<n\!\left(e^{\frac{1}{n}}-1\right)<\frac{n}{n-1}$$

$\lim\limits_{n\to\infty}\dfrac{n}{n-1}=1$이므로

$$\lim_{n\to\infty}n\!\left(e^{\frac{1}{n}}-1\right)=1$$

11-10. (i) $m=1$일 때　(좌변)=(우변)

(ii) $m\geqq2$일 때

$$f(x)=\frac{x^m+b^m}{2}-\left(\frac{x+b}{2}\right)^m\ (x>0)$$

으로 놓으면

$$f'(x)=\frac{m}{2}x^{m-1}-\frac{m}{2}\left(\frac{x+b}{2}\right)^{m-1}$$
$$=\frac{m}{2}\left\{x^{m-1}-\left(\frac{x+b}{2}\right)^{m-1}\right\}$$

$f'(x)=0$에서　$x=b$

$0<x<b$일 때 $x<\dfrac{x+b}{2}$이고 $m-1\geqq1$이므로

$$x^{m-1}<\left(\frac{x+b}{2}\right)^{m-1}\quad\therefore\ f'(x)<0$$

$x=b$일 때　$f'(x)=0$

$x>b$일 때 $x>\dfrac{x+b}{2}$이고 $m-1\geqq1$이므로

$$x^{m-1}>\left(\frac{x+b}{2}\right)^{m-1}\quad\therefore\ f'(x)>0$$

따라서 증감을 조사하면 $x>0$에서 $f(x)$의 최솟값은 $f(b)=0$이다.

$\therefore f(x)\geq 0$ (등호는 $x=b$일 때 성립)

$$\therefore \frac{x^m+b^m}{2}\geq\left(\frac{x+b}{2}\right)^m$$

$x>0$인 모든 x에 대하여 성립하므로 $x=a$를 대입하면

$$\frac{a^m+b^m}{2}\geq\left(\frac{a+b}{2}\right)^m$$

(등호는 $a=b$일 때 성립)

(ⅰ), (ⅱ)에서 $\dfrac{a^m+b^m}{2}\geq\left(\dfrac{a+b}{2}\right)^m$

(등호는 $a=b$ 또는 $m=1$일 때 성립)

12-1. $x=f(t)$로 놓자.

(1) $f'(t)=-5\pi\sin\left(\pi t-\dfrac{\pi}{6}\right)$,

$f''(t)=-5\pi^2\cos\left(\pi t-\dfrac{\pi}{6}\right)$

$\therefore f'(4)=\dfrac{5}{2}\pi,\ f''(4)=-\dfrac{5\sqrt{3}}{2}\pi^2$

$\therefore$ 속도 $\dfrac{5}{2}\boldsymbol{\pi}$, 가속도 $-\dfrac{5\sqrt{3}}{2}\boldsymbol{\pi}^2$

(2) $f'(t)=2\pi\cos\dfrac{\pi}{2}t-\dfrac{3}{2}\pi\sin\dfrac{\pi}{2}t$,

$f''(t)=-\pi^2\sin\dfrac{\pi}{2}t-\dfrac{3}{4}\pi^2\cos\dfrac{\pi}{2}t$

$\therefore f'(5)=-\dfrac{3}{2}\pi,\ f''(5)=-\pi^2$

$\therefore$ 속도 $-\dfrac{3}{2}\boldsymbol{\pi}$, 가속도 $-\boldsymbol{\pi}^2$

12-2. $x=f(t)$로 놓으면

$$f'(t)=-(t^2-6t+9)e^t,$$
$$f''(t)=-(t^2-4t+3)e^t$$
$$=-(t-1)(t-3)e^t$$

$f''(t)=0$에서 $t=1,\ 3$

$0\leq t\leq 3$에서 $f'(t)$의 증감을 조사하면

t	0	$\cdots$	1	$\cdots$	3
$f''(t)$		$-$	0	$+$	0
$f'(t)$	-9	$\searrow$	$-4e$	$\nearrow$	0

따라서 $|f'(t)|$의 최댓값은

$$|f'(1)|=|-4e|=\boldsymbol{4e}$$

12-3.

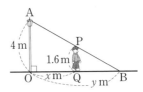

(1) 위의 그림과 같이 가로등의 위 끝을 A, 아래 끝을 O라 하고, t분 후에 점 O로부터 x m 떨어진 지점 Q에 도달했을 때 머리 끝 P의 그림자 B와 O 사이의 거리를 y m라고 하면

$$\frac{\overline{OB}}{\overline{OA}}=\frac{\overline{QB}}{\overline{QP}}$$

$$\therefore \frac{y}{4}=\frac{y-x}{1.6} \quad \therefore y=\frac{5}{3}x$$

양변을 t에 관하여 미분하면

$$\frac{dy}{dt}=\frac{5}{3}\times\frac{dx}{dt}$$

이때, $\dfrac{dx}{dt}=84\,(\text{m/min})$이므로

$$\frac{dy}{dt}=\frac{5}{3}\times 84=\boldsymbol{140}\,(\text{m/min})$$

(2) t분 후 그림자의 길이를 $l\,(\text{m})$이라고 하면

$$l=y-x=\frac{5}{3}x-x=\frac{2}{3}x$$

$$\therefore \frac{dl}{dt}=\frac{2}{3}\times\frac{dx}{dt}=\frac{2}{3}\times 84$$

$$=\boldsymbol{56}\,(\text{m/min})$$

12-4.

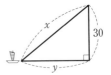

t초 후 배에서 암벽 위까지의 거리를 $x\,(\text{m})$, 배에서 암벽 밑까지의 거리를 $y\,(\text{m})$라고 하면

$$x^2=y^2+30^2 \qquad \cdots\cdots\text{①}$$

양변을 t에 관하여 미분하면

$$2x\frac{dx}{dt}=2y\frac{dy}{dt} \qquad \cdots\cdots②$$

문제의 조건에서 $\frac{dx}{dt}=-4$이고, 2초 후 $x=58-4\times2=50$일 때 ①에서 $y=40$ 이므로 ②에 대입하면

$$2\times50\times(-4)=2\times40\times\frac{dy}{dt}$$

$$\therefore \frac{dy}{dt}=-5\,(\text{m/s})$$

따라서 구하는 속력은 **5 m/s**

12-5. t초일 때 수면의 반지름의 길이를 r (cm), 넓이를 S (cm²)라고 하면

$$\text{S}=\pi r^2$$

양변을 t에 관하여 미분하면

$$\frac{d\text{S}}{dt}=2\pi r\frac{dr}{dt}$$

필수 예제 **12**-3의 (2)에서 수면의 높이 가 5 cm일 때 $r=3$, $\frac{dr}{dt}=\frac{4}{3\pi}$이므로

$$\frac{d\text{S}}{dt}=2\pi\times3\times\frac{4}{3\pi}=8\,(\textbf{cm}^2/\textbf{s})$$

12-6. t초일 때 고무풍선의 반지름의 길이를 r (cm), 겉넓이를 S (cm²), 부피를 V (cm³)라고 하면

$$\text{S}=4\pi r^2, \qquad \text{V}=\frac{4}{3}\pi r^3$$

이때, r, S, V는 모두 t의 함수이다. 양변을 각각 t에 관하여 미분하면

$$\frac{d\text{S}}{dt}=8\pi r\frac{dr}{dt} \qquad \cdots\cdots①$$

$$\frac{d\text{V}}{dt}=4\pi r^2\frac{dr}{dt} \qquad \cdots\cdots②$$

①에서 $\frac{d\text{S}}{dt}=4\pi$, $r=10$일 때

$\frac{dr}{dt}=\frac{1}{20}$이므로 ②에 대입하면

$$\frac{d\text{V}}{dt}=4\pi\times10^2\times\frac{1}{20}=\textbf{20}\boldsymbol{\pi}\,(\textbf{cm}^3/\textbf{s})$$

Note ②÷①하면 $\frac{d\text{V}}{dt}=\frac{r}{2}\times\frac{d\text{S}}{dt}$

이므로 여기에 $r=10$, $\frac{d\text{S}}{dt}=4\pi$를 대입해도 된다.

12-7.

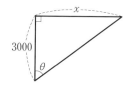

t초 후 비행기의 이동 거리를 x (m)라고 하면 위의 그림에서

$$\tan\theta=\frac{x}{3000}$$

양변을 t에 관하여 미분하면

$$\sec^2\theta\frac{d\theta}{dt}=\frac{1}{3000}\times\frac{dx}{dt} \qquad \cdots\cdots①$$

한편 $x=600t$에서 $t=2$일 때 $x=1200$ 이므로 $\tan\theta=\frac{2}{5}$

$$\therefore \sec^2\theta=\tan^2\theta+1=\frac{29}{25}$$

또, $\frac{dx}{dt}=600$이므로 ①에서

$$\frac{29}{25}\times\frac{d\theta}{dt}=\frac{1}{3000}\times600$$

$$\therefore \frac{d\theta}{dt}=\frac{5}{29}\,(\textbf{rad/s})$$

12-8. (1) $\frac{dx}{dt}=1-\cos t$, $\frac{dy}{dt}=-\sin t$

이므로 $t=\frac{\pi}{2}$일 때의 속도는

$$(\textbf{1},\ -\textbf{1})$$

또, $\frac{d^2x}{dt^2}=\sin t$, $\frac{d^2y}{dt^2}=-\cos t$

이므로 $t=\frac{\pi}{2}$일 때의 가속도는

$$(\textbf{1},\ \textbf{0})$$

(2) 점 P의 속력은

$$\sqrt{\left(\frac{dx}{dt}\right)^2+\left(\frac{dy}{dt}\right)^2}$$

$$=\sqrt{(1-\cos t)^2+(-\sin t)^2}$$

$$=\sqrt{2(1-\cos t)}$$

그런데 $-1 \leq \cos t \leq 1$이므로
$\cos t = -1$일 때 속력은 최대이고, 최
댓값은 **2**

12-9. $\dfrac{dx}{dt} = 4 - 2\cos t,\quad \dfrac{dy}{dt} = 2\sin t$

이므로 $t = \dfrac{\pi}{3}$일 때의 속도는

$$(3,\ \sqrt{3}\,)$$

따라서 속력은

$$\sqrt{3^2 + (\sqrt{3}\,)^2} = 2\sqrt{3}$$

또,

$$\dfrac{d^2x}{dt^2} = 2\sin t,\quad \dfrac{d^2y}{dt^2} = 2\cos t$$

이므로 $t = \dfrac{\pi}{3}$일 때의 가속도는

$$(\sqrt{3}\,,\ 1)$$

따라서 가속도의 크기는

$$\sqrt{(\sqrt{3}\,)^2 + 1^2} = 2$$

13-1. (1) (준 식) $= \displaystyle\int (x^3 + 3x^2 + 2x)\,dx$

$$= \dfrac{1}{4}\boldsymbol{x}^4 + \boldsymbol{x}^3 + \boldsymbol{x}^2 + \mathbf{C}$$

(2) (준 식) $= \displaystyle\int \dfrac{(x+2)(x^2-2x+4)}{x+2}\,dx$

$$= \displaystyle\int (x^2 - 2x + 4)\,dx$$

$$= \dfrac{1}{3}\boldsymbol{x}^3 - \boldsymbol{x}^2 + 4\boldsymbol{x} + \mathbf{C}$$

(3) (준 식) $= \displaystyle\int \dfrac{1 - \sin^2 y}{\cos^2 y}\,dy = \int 1\,dy$

$$= \boldsymbol{y} + \mathbf{C}$$

(4) (준 식) $= \displaystyle\int \{(x+1)^3 - (x-1)^3\}\,dx$

$$= \displaystyle\int (6x^2 + 2)\,dx$$

$$= 2\boldsymbol{x}^3 + 2\boldsymbol{x} + \mathbf{C}$$

(5) (준 식) $= \displaystyle\int \dfrac{x^3 - 1}{x - 1}\,dx$

$$= \displaystyle\int \dfrac{(x-1)(x^2+x+1)}{x-1}\,dx$$

$$= \displaystyle\int (x^2 + x + 1)\,dx$$

$$= \dfrac{1}{3}\boldsymbol{x}^3 + \dfrac{1}{2}\boldsymbol{x}^2 + \boldsymbol{x} + \mathbf{C}$$

(6) $\sqrt{2x^2 + 1 \pm 2x\sqrt{x^2+1}} = \sqrt{x^2+1} \pm x$
(복부호동순)이므로

$$(준\ 식) = \displaystyle\int \left(\sqrt{x^2+1} + x \right)dx$$

$$\qquad - \displaystyle\int \left(\sqrt{x^2+1} - x \right)dx$$

$$= \displaystyle\int \Big\{ \left(\sqrt{x^2+1} + x \right)$$

$$\qquad - \left(\sqrt{x^2+1} - x \right) \Big\}\,dx$$

$$= \displaystyle\int 2x\,dx = \boldsymbol{x}^2 + \mathbf{C}$$

13-2. (1) (준 식) $= \displaystyle\int \left(\sqrt{x} - \dfrac{1}{\sqrt{x}} \right)dx$

$$= \displaystyle\int \left(x^{\frac{1}{2}} - x^{-\frac{1}{2}} \right)dx$$

$$= \dfrac{2}{3} x^{\frac{3}{2}} - 2x^{\frac{1}{2}} + \mathbf{C}$$

$$= \dfrac{2}{3} \boldsymbol{x}\sqrt{\boldsymbol{x}} - 2\sqrt{\boldsymbol{x}} + \mathbf{C}$$

(2) (준 식) $= \displaystyle\int \left(x^2 + 2 + \dfrac{1}{x^2} \right)dx$

$$= \displaystyle\int (x^2 + 2 + x^{-2})\,dx$$

$$= \dfrac{1}{3} x^3 + 2x - x^{-1} + \mathbf{C}$$

$$= \dfrac{1}{3}\boldsymbol{x}^3 + 2\boldsymbol{x} - \dfrac{1}{\boldsymbol{x}} + \mathbf{C}$$

(3) (준 식) $= \displaystyle\int \left(x^3 - 3x + \dfrac{3}{x} - \dfrac{1}{x^3} \right)dx$

$$= \displaystyle\int \left(x^3 - 3x + \dfrac{3}{x} - x^{-3} \right)dx$$

$$= \dfrac{1}{4}\boldsymbol{x}^4 - \dfrac{3}{2}\boldsymbol{x}^2 + 3\ln|\,\boldsymbol{x}\,|$$

$$\qquad + \dfrac{1}{2\boldsymbol{x}^2} + \mathbf{C}$$

(4) (준 식) $= \displaystyle\int \dfrac{(\sqrt{x}+1)(\sqrt{x}-1)}{\sqrt{x}+1}\,dx$

$$= \displaystyle\int (\sqrt{x} - 1)\,dx$$

$$= \displaystyle\int (x^{\frac{1}{2}} - 1)\,dx = \dfrac{2}{3} x^{\frac{3}{2}} - x + \mathbf{C}$$

$$= \dfrac{2}{3}\boldsymbol{x}\sqrt{\boldsymbol{x}} - \boldsymbol{x} + \mathbf{C}$$

13-3. $\{f(x)g(x)\}'=3x^2-4x-3$

$\therefore f(x)g(x)=x^3-2x^2-3x+\mathrm{C}$

$x=0$을 대입하면 $f(0)g(0)=\mathrm{C}$

$f(0)=-3,\ g(0)=-2$이므로

$\qquad \mathrm{C}=(-3)\times(-2)=6$

$\therefore f(x)g(x)=x^3-2x^2-3x+6$

$\qquad\qquad\quad =(x-2)(x^2-3)$

이때, $f(x),\ g(x)$는 계수가 정수인 다항함수이고 $f(0)=-3,\ g(0)=-2$이므로

$\boldsymbol{f(x)=x^2-3,\ g(x)=x-2}$

13-4. (1) (준 식)$=\displaystyle\int \frac{1}{2}(1+\cos x)dx$

$\qquad\qquad =\dfrac{1}{2}x+\dfrac{1}{2}\sin x+\mathrm{C}$

(2) $\left(\sin\dfrac{x}{2}-\cos\dfrac{x}{2}\right)^2$

$\qquad =\sin^2\dfrac{x}{2}-2\sin\dfrac{x}{2}\cos\dfrac{x}{2}+\cos^2\dfrac{x}{2}$

$\qquad =1-\sin x$

$\therefore$ (준 식)$=\displaystyle\int(1-\sin x)dx$

$\qquad\qquad =\boldsymbol{x+\cos x+\mathrm{C}}$

(3) (준 식)$=\displaystyle\int(4e^x-3\sec^2x)dx$

$\qquad\qquad =\boldsymbol{4e^x-3\tan x+\mathrm{C}}$

(4) (준 식)$=\displaystyle\int(27^x+3^x)dx$

$\qquad\qquad =\dfrac{27^x}{\ln 27}+\dfrac{3^x}{\ln 3}+\mathrm{C}$

$\qquad\qquad =\dfrac{\boldsymbol{3^{3x-1}}}{\boldsymbol{\ln 3}}+\dfrac{\boldsymbol{3^x}}{\boldsymbol{\ln 3}}+\mathrm{C}$

(5) $\dfrac{e^{2x}-4^x}{e^x+2^x}=\dfrac{(e^x+2^x)(e^x-2^x)}{e^x+2^x}$

$\qquad\qquad\quad =e^x-2^x$

$\therefore$ (준 식)$=\displaystyle\int(e^x-2^x)dx$

$\qquad\qquad =\boldsymbol{e^x-\dfrac{2^x}{\ln 2}+\mathrm{C}}$

(6) $\dfrac{8^x+1}{2^x+1}=\dfrac{2^{3x}+1}{2^x+1}$

$\qquad\quad =\dfrac{(2^x+1)(2^{2x}-2^x+1)}{2^x+1}$

$\qquad\quad =4^x-2^x+1$

$\therefore$ (준 식)$=\displaystyle\int(4^x-2^x+1)dx$

$\qquad\qquad =\dfrac{4^x}{\ln 4}-\dfrac{2^x}{\ln 2}+x+\mathrm{C}$

$\qquad\qquad =\dfrac{\boldsymbol{2^{2x-1}}}{\boldsymbol{\ln 2}}-\dfrac{\boldsymbol{2^x}}{\boldsymbol{\ln 2}}+\boldsymbol{x}+\mathrm{C}$

13-5. $f(x)=\displaystyle\int f'(x)dx$

$\qquad\quad =\displaystyle\int(\cos x+2x)dx$

$\qquad\quad =\sin x+x^2+\mathrm{C}$

$f(0)=2$이므로 $\quad \mathrm{C}=2$

$\therefore \boldsymbol{f(x)=\sin x+x^2+2}$

13-6. $f'(x)=e^x+\dfrac{1}{x}$이므로

$\quad f(x)=\displaystyle\int f'(x)dx=\int\left(e^x+\dfrac{1}{x}\right)dx$

$\qquad\quad =e^x+\ln x+\mathrm{C}$

곡선 $y=f(x)$가 점 $(1,\ 2)$를 지나므로

$f(1)=e+\mathrm{C}=2 \quad \therefore \mathrm{C}=2-e$

$\therefore \boldsymbol{f(x)=e^x+\ln x+2-e}$

14-1. (1) (준 식)$=\displaystyle\int(2x+1)^{\frac{1}{3}}dx$

$\qquad\qquad =\dfrac{1}{2}\times\dfrac{3}{4}(2x+1)^{\frac{4}{3}}+\mathrm{C}$

$\qquad\qquad =\dfrac{\boldsymbol{3}}{\boldsymbol{8}}\boldsymbol{(2x+1)\sqrt[3]{2x+1}+\mathrm{C}}$

(2) (준 식)$=\displaystyle\int(3x+1)^{-4}dx$

$\qquad\qquad =\dfrac{1}{3}\times\left(-\dfrac{1}{3}\right)(3x+1)^{-3}+\mathrm{C}$

$\qquad\qquad =\boldsymbol{-\dfrac{1}{9(3x+1)^3}+\mathrm{C}}$

(3) (준 식)$=\displaystyle\int\sin\dfrac{\pi}{180}x\,dx$

$\qquad\qquad =-\dfrac{180}{\pi}\cos\dfrac{\pi}{180}x+\mathrm{C}$

$\qquad\qquad =\boldsymbol{-\dfrac{180}{\pi}\cos x°+\mathrm{C}}$

(4) (준 식)$=\displaystyle\int\dfrac{1+\cos 2x}{2}dx$

$$=\frac{1}{2}x+\frac{1}{4}\sin 2x+C$$

(5) (준 식)$=\int\{\sec^2(2x+1)-1\}\,dx$

$$=\frac{1}{2}\tan(2x+1)-x+C$$

14-2. (1) (준 식)$=\int\left(2x-2+\frac{2}{x+1}\right)dx$

$$=x^2-2x+2\ln|x+1|+C$$

(2) (준 식)$=\frac{1}{5}\int\left(\frac{-1}{2x+1}+\frac{3}{x-2}\right)dx$

$$=-\frac{1}{10}\ln|2x+1|$$
$$+\frac{3}{5}\ln|x-2|+C$$

(3) (준 식)$=\frac{1}{2}\int\left\{\frac{1}{2x-1}+\frac{3}{(2x-1)^2}\right\}dx$

$$=\frac{1}{4}\ln|2x-1|$$
$$-\frac{3}{4(2x-1)}+C$$

(4) (준 식)$=\frac{1}{2}\int\left(\frac{1}{x}+\frac{1}{x+2}-\frac{2}{x+1}\right)dx$

$$=\frac{1}{2}\left(\ln|x|+\ln|x+2|\right.$$
$$\left.-2\ln|x+1|\right)+C$$
$$=\frac{1}{2}\ln\frac{|x(x+2)|}{(x+1)^2}+C$$

14-3. (1) (준 식)$=\int\frac{(x+3)-2}{\sqrt{x+3}}dx$

$$=\int\left(\sqrt{x+3}-\frac{2}{\sqrt{x+3}}\right)dx$$
$$=\int\{(x+3)^{\frac{1}{2}}-2(x+3)^{-\frac{1}{2}}\}\,dx$$
$$=\frac{2}{3}(x+3)^{\frac{3}{2}}-2\times 2(x+3)^{\frac{1}{2}}+C$$
$$=\frac{2}{3}(x+3)\sqrt{x+3}-4\sqrt{x+3}+C$$
$$=\frac{2}{3}(x-3)\sqrt{x+3}+C$$

(2) $\dfrac{x}{\sqrt{x+1}+1}=\dfrac{x(\sqrt{x+1}-1)}{(x+1)-1}$

$$=\sqrt{x+1}-1$$

이므로

(준 식)$=\int(\sqrt{x+1}-1)\,dx$

$$=\int\{(x+1)^{\frac{1}{2}}-1\}\,dx$$
$$=\frac{2}{3}(x+1)^{\frac{3}{2}}-x+C$$
$$=\frac{2}{3}(x+1)\sqrt{x+1}-x+C$$

(3) $\dfrac{2x}{\sqrt{2x+1}-1}=\dfrac{2x(\sqrt{2x+1}+1)}{(2x+1)-1}$

$$=\sqrt{2x+1}+1$$

이므로

(준 식)$=\int(\sqrt{2x+1}+1)\,dx$

$$=\int\{(2x+1)^{\frac{1}{2}}+1\}\,dx$$
$$=\frac{1}{2}\times\frac{2}{3}(2x+1)^{\frac{3}{2}}+x+C$$
$$=\frac{1}{3}(2x+1)\sqrt{2x+1}+x+C$$

(4) $\dfrac{1}{\sqrt{2x+1}+\sqrt{2x-1}}$

$$=\frac{\sqrt{2x+1}-\sqrt{2x-1}}{(2x+1)-(2x-1)}$$
$$=\frac{1}{2}\left(\sqrt{2x+1}-\sqrt{2x-1}\right)$$

이므로

(준 식)$=\int\frac{1}{2}\left(\sqrt{2x+1}-\sqrt{2x-1}\right)dx$

$$=\frac{1}{2}\int\{(2x+1)^{\frac{1}{2}}-(2x-1)^{\frac{1}{2}}\}\,dx$$
$$=\frac{1}{2}\left\{\frac{1}{2}\times\frac{2}{3}(2x+1)^{\frac{3}{2}}\right.$$
$$\left.-\frac{1}{2}\times\frac{2}{3}(2x-1)^{\frac{3}{2}}\right\}+C$$
$$=\frac{1}{6}\left\{(2x+1)\sqrt{2x+1}\right.$$
$$\left.-(2x-1)\sqrt{2x-1}\right\}+C$$

14-4. (1) $x^2+x+1=t$ 라고 하면

$$(2x+1)\frac{dx}{dt}=1 \quad\therefore\ (2x+1)dx=dt$$
$$\therefore\ (준 식)=\int t^3 dt=\frac{1}{4}t^4+C$$

$$=\frac{1}{4}(x^2+x+1)^4+C$$

(2) $3x^2+2=t$ 라고 하면

$$6x\frac{dx}{dt}=1 \quad \therefore\ x\,dx=\frac{1}{6}dt$$

$$\therefore\ (준\ 식)=\int\sqrt{t}\times\frac{1}{6}dt=\frac{1}{9}t^{\frac{3}{2}}+C$$

$$=\frac{1}{9}\sqrt{(3x^2+2)^3}+C$$

(3) $e^x+2=t$ 라고 하면 $e^x dx=dt$

$$\therefore\ (준\ 식)=\int\sqrt{t}\,dt=\frac{2}{3}t^{\frac{3}{2}}+C$$

$$=\frac{2}{3}\sqrt{(e^x+2)^3}+C$$

(4) $1+\cos x=t$ 라고 하면

$$-\sin x\,dx=dt \quad \therefore\ \sin x\,dx=-dt$$

$$\therefore\ (준\ 식)=\int t^3(-dt)=-\frac{1}{4}t^4+C$$

$$=-\frac{1}{4}(1+\cos x)^4+C$$

(5) $x^2+2=t$ 라고 하면

$$2x\,dx=dt \quad \therefore\ x\,dx=\frac{1}{2}dt$$

$$\therefore\ (준\ 식)=\int\cos t\times\frac{1}{2}dt$$

$$=\frac{1}{2}\sin t+C$$

$$=\frac{1}{2}\sin(x^2+2)+C$$

(6) $-x^2=t$ 라고 하면

$$-2x\,dx=dt \quad \therefore\ x\,dx=-\frac{1}{2}dt$$

$$\therefore\ (준\ 식)=\int e^t\left(-\frac{1}{2}dt\right)$$

$$=-\frac{1}{2}e^t+C$$

$$=-\frac{1}{2}e^{-x^2}+C$$

14-5. (1) $x^2+1=t$ 라고 하면 $t>1$이고

$$2x\,dx=dt \quad \therefore\ x\,dx=\frac{1}{2}dt$$

$$\therefore\ (준\ 식)=\int\frac{x}{x^2(x^2+1)}dx$$

$$=\int\frac{1}{(t-1)t}\times\frac{1}{2}dt$$

$$=\frac{1}{2}\int\left(\frac{1}{t-1}-\frac{1}{t}\right)dt$$

$$=\frac{1}{2}\left(\ln|t-1|-\ln|t|\right)+C$$

$$=\ln\sqrt{\frac{t-1}{t}}+C$$

$$=\ln\sqrt{\frac{x^2}{x^2+1}}+C$$

(2) $\cot x=\dfrac{\cos x}{\sin x}$에서 $\sin x=t$라 하면

$$\cos x\,dx=dt$$

$$\therefore\ (준\ 식)=\int\frac{1}{t}dt=\ln|t|+C$$

$$=\ln|\sin x|+C$$

(3) $3-2\sin x=t$ 라고 하면

$$-2\cos x\,dx=dt$$

$$\therefore\ \cos x\,dx=-\frac{1}{2}dt$$

$$\therefore\ (준\ 식)=\int\frac{1}{t}\left(-\frac{1}{2}dt\right)$$

$$=-\frac{1}{2}\ln|t|+C$$

$$=-\frac{1}{2}\ln(3-2\sin x)+C$$

(4) $1+\tan x=t$ 라고 하면

$$\sec^2 x\,dx=dt$$

$$\therefore\ (준\ 식)=\int\frac{\sec^2 x}{1+\tan x}dx=\int\frac{1}{t}dt$$

$$=\ln|t|+C$$

$$=\ln|1+\tan x|+C$$

(5) $3^x+1=t$ 라고 하면 $3^x\ln3\,dx=dt$

$$\therefore\ (준\ 식)=\int\frac{1}{t}dt=\ln|t|+C$$

$$=\ln(3^x+1)+C$$

(6) $\ln x=t$ 라고 하면 $\dfrac{1}{x}dx=dt$

$$\therefore\ (준\ 식)=\int\cos t\,dt=\sin t+C$$

$$=\sin(\ln x)+C$$

14-6. (1) $\sqrt{1-x}=t$ 라고 하면 $1-x=t^2$ 이므로

$$x=1-t^2,\ dx=-2t\,dt$$

$\therefore$ (준 식)$=\int(1-t^2)t(-2t\,dt)$

$=\int(-2t^2+2t^4)dt$

$=-\dfrac{2}{3}t^3+\dfrac{2}{5}t^5+C$

$=\dfrac{2}{15}t^3(3t^2-5)+C$

$=-\dfrac{2}{15}(1-x)(3x+2)\sqrt{1-x}+C$

(2) $\sqrt{x+1}=t$ 라고 하면 $x+1=t^2$이므로

$\quad x=t^2-1,\ dx=2t\,dt$

$\therefore$ (준 식)$=\int\dfrac{3(t^2-1)-1}{t}\times 2t\,dt$

$=\int(6t^2-8)dt$

$=2t^3-8t+C$

$=2(x-3)\sqrt{x+1}+C$

(3) $\sqrt{x^2+1}=t$ 라 하면 $x^2+1=t^2$이므로

$\quad x^2=t^2-1,\ x\,dx=t\,dt$

$\therefore$ (준 식)$=\int\dfrac{x}{x^2\sqrt{x^2+1}}dx$

$=\int\dfrac{t}{(t^2-1)t}dt$

$=\dfrac{1}{2}\int\Big(\dfrac{1}{t-1}-\dfrac{1}{t+1}\Big)dt$

$=\dfrac{1}{2}\big(\ln|t-1|-\ln|t+1|\big)+C$

$=\dfrac{1}{2}\ln\Big|\dfrac{t-1}{t+1}\Big|+C$

$=\dfrac{1}{2}\ln\dfrac{\sqrt{x^2+1}-1}{\sqrt{x^2+1}+1}+C$

$=\ln\dfrac{\sqrt{x^2+1}-1}{|x|}+C$

14-7. $x=\sin\theta$에서

$\quad\sqrt{1-x^2}=\cos\theta,\ dx=\cos\theta\,d\theta$

$\therefore$ (준 식)$=\int\cos\theta\cos\theta\,d\theta$

$=\int\cos^2\theta\,d\theta$

$=\int\dfrac{1+\cos 2\theta}{2}d\theta$

$=\dfrac{1}{2}\theta+\dfrac{1}{4}\sin 2\theta+C$

14-8. $x=\tan\theta$에서 $dx=\sec^2\theta\,d\theta$

$\therefore$ (준 식)$=\int\dfrac{\sec^2\theta}{1+\tan^2\theta}d\theta=\int 1\,d\theta$

$=\theta+C$

14-9. (1) $u'=e^{3x},\ v=x$라고 하면

$\quad u=\dfrac{1}{3}e^{3x},\ v'=1$이므로

(준 식)$=\dfrac{1}{3}xe^{3x}-\int\dfrac{1}{3}e^{3x}dx$

$=\dfrac{1}{3}xe^{3x}-\dfrac{1}{9}e^{3x}+C$

(2) $u'=\cos 2x,\ v=x$라고 하면

$\quad u=\dfrac{1}{2}\sin 2x,\ v'=1$이므로

(준 식)$=\dfrac{1}{2}x\sin 2x-\int\dfrac{1}{2}\sin 2x\,dx$

$=\dfrac{1}{2}x\sin 2x+\dfrac{1}{4}\cos 2x+C$

$=\dfrac{1}{4}(2x\sin 2x+\cos 2x)+C$

(3) (준 식)$=\dfrac{1}{2}\int x(1-\cos 2x)dx$

$\quad u'=1-\cos 2x,\ v=x$라고 하면

$\quad u=x-\dfrac{1}{2}\sin 2x,\ v'=1$이므로

(준 식)$=\dfrac{1}{2}\Big\{\Big(x-\dfrac{1}{2}\sin 2x\Big)x$

$\qquad\qquad -\int\Big(x-\dfrac{1}{2}\sin 2x\Big)dx\Big\}$

$=\dfrac{1}{2}\Big(x^2-\dfrac{1}{2}x\sin 2x$

$\qquad\qquad -\dfrac{1}{2}x^2-\dfrac{1}{4}\cos 2x\Big)+C$

$=\dfrac{1}{8}(2x^2-2x\sin 2x-\cos 2x)+C$

(4) $u'=1,\ v=\ln(x+1)$이라고 하면

$\quad u=x+1,\ v'=\dfrac{1}{x+1}$이므로

(준 식)$=(x+1)\ln(x+1)$

$\qquad\qquad -\int(x+1)\times\dfrac{1}{x+1}dx$

$$=(x+1)\ln(x+1)-\int 1\,dx$$

$$=(x+1)\ln(x+1)-x+C$$

Note $u'=1,\ u=x$ 로 놓고 풀어도 된다.

(5) $u'=x,\ v=\ln x$ 라고 하면

$u=\dfrac{1}{2}x^2,\ v'=\dfrac{1}{x}$ 이므로

$$(준\ 식)=\dfrac{1}{2}x^2\ln x-\int\dfrac{1}{2}x^2\times\dfrac{1}{x}dx$$

$$=\dfrac{1}{2}x^2\ln x-\dfrac{1}{2}\int x\,dx$$

$$=\dfrac{1}{2}x^2\ln x-\dfrac{1}{4}x^2+C$$

(6) $u'=x^2,\ v=\ln x$ 라고 하면

$u=\dfrac{1}{3}x^3,\ v'=\dfrac{1}{x}$ 이므로

$$(준\ 식)=\dfrac{1}{3}x^3\ln x-\int\dfrac{1}{3}x^3\times\dfrac{1}{x}dx$$

$$=\dfrac{1}{3}x^3\ln x-\dfrac{1}{9}x^3+C$$

14-10. (1) $u'=e^{-x},\ v=x^2$ 이라고 하면

$u=-e^{-x},\ v'=2x$ 이므로

$$(준\ 식)=-x^2e^{-x}-\int(-e^{-x})\times 2x\,dx$$

$$=-x^2e^{-x}+2\int xe^{-x}dx$$

$\int xe^{-x}dx$ 에서 $u'=e^{-x},\ v=x$ 라고 하면 $u=-e^{-x},\ v'=1$ 이므로

$$\int xe^{-x}dx=-xe^{-x}-\int(-e^{-x})dx$$

$$=-xe^{-x}-e^{-x}+C_1$$

$$\therefore\ (준\ 식)=-x^2e^{-x}$$
$$+2(-xe^{-x}-e^{-x}+C_1)$$
$$=-(x^2+2x+2)e^{-x}+C$$

(2) $u'=\cos x,\ v=x^2$ 이라고 하면

$u=\sin x,\ v'=2x$ 이므로

$$(준\ 식)=x^2\sin x-2\int x\sin x\,dx$$

$\int x\sin x\,dx$ 에서 $u'=\sin x,\ v=x$ 라고 하면 $u=-\cos x,\ v'=1$ 이므로

$$\int x\sin x\,dx=-x\cos x$$
$$-\int(-\cos x)dx$$
$$=-x\cos x+\sin x+C_1$$

$$\therefore\ (준\ 식)=x^2\sin x$$
$$-2(-x\cos x+\sin x+C_1)$$
$$=(x^2-2)\sin x+2x\cos x+C$$

(3) $u'=x,\ v=(\ln x)^2$ 이라고 하면

$u=\dfrac{1}{2}x^2,\ v'=2\ln x\times\dfrac{1}{x}$

$$\therefore\ (준\ 식)=\dfrac{1}{2}x^2(\ln x)^2-\int x\ln x\,dx$$

$\int x\ln x\,dx$ 에서 $u'=x,\ v=\ln x$ 라고 하면 $u=\dfrac{1}{2}x^2,\ v'=\dfrac{1}{x}$ 이므로

$$\int x\ln x\,dx=\dfrac{1}{2}x^2\ln x-\int\dfrac{1}{2}x^2\times\dfrac{1}{x}dx$$

$$=\dfrac{1}{2}x^2\ln x-\dfrac{1}{4}x^2+C_1$$

$$\therefore\ (준\ 식)=\dfrac{1}{2}x^2(\ln x)^2$$
$$-\left(\dfrac{1}{2}x^2\ln x-\dfrac{1}{4}x^2+C_1\right)$$
$$=\dfrac{1}{4}x^2\left\{2(\ln x)^2-2\ln x+1\right\}+C$$

14-11. (i) $u'=e^x,\ v=\sin x$ 라고 하면

$u=e^x,\ v'=\cos x$ 이므로

$$I_1=\int e^x\sin x\,dx$$

$$=e^x\sin x-\int e^x\cos x\,dx$$

$$\therefore\ I_1=e^x\sin x-I_2\quad\cdots\cdots①$$

(ii) $u'=e^x,\ v=\cos x$ 라고 하면

$u=e^x,\ v'=-\sin x$ 이므로

$$I_2=\int e^x\cos x\,dx$$

$$=e^x\cos x+\int e^x\sin x\,dx$$

$$\therefore\ I_2=e^x\cos x+I_1\quad\cdots\cdots②$$

②를 ①에 대입하면

$$I_1=e^x\sin x-e^x\cos x-I_1$$

$$\therefore\ 2I_1=e^x\sin x-e^x\cos x$$

$\therefore \ I_1 = \dfrac{1}{2}e^x(\sin x - \cos x) + C$

①을 ②에 대입하면

$I_2 = e^x \cos x + e^x \sin x - I_2$

$\therefore \ 2I_2 = e^x \cos x + e^x \sin x$

$\therefore \ I_2 = \dfrac{1}{2}e^x(\sin x + \cos x) + C$

14-12. $u' = e^x, \ v = \cos^2 x$ 라고 하면

$u = e^x, \ v' = -2\cos x \sin x$ 이므로

(준 식) $= e^x \cos^2 x$

$\qquad - \displaystyle\int e^x(-2\cos x \sin x)dx$

$= e^x \cos^2 x + \displaystyle\int e^x \sin 2x \, dx \ \cdots ①$

한편 $I = \displaystyle\int e^x \sin 2x \, dx$ 라 하고, 부분적

분법을 거듭 적용하면

$I = e^x \sin 2x - 2\displaystyle\int e^x \cos 2x \, dx$

$= e^x \sin 2x$

$\qquad -2\left(e^x \cos 2x + 2\displaystyle\int e^x \sin 2x \, dx\right)$

$= e^x \sin 2x - 2(e^x \cos 2x + 2I)$

곧, $I = e^x \sin 2x - 2e^x \cos 2x - 4I$

에서 $I = \dfrac{1}{5}e^x(\sin 2x - 2\cos 2x)$

이것을 ①에 대입하면

(준 식) $= e^x \cos^2 x$

$\qquad + \dfrac{1}{5}e^x(\sin 2x - 2\cos 2x) + C$

14-13. (1) $u' = e^x, \ v = x^n$ 이라고 하면

$u = e^x, \ v' = nx^{n-1}$ 이므로

$I_n = \displaystyle\int x^n e^x dx$

$= x^n e^x - \displaystyle\int e^x \times nx^{n-1}dx$

$= x^n e^x - n\displaystyle\int x^{n-1}e^x dx$

$\therefore \ I_n = x^n e^x - nI_{n-1}$

(2) $I_1 = \displaystyle\int xe^x dx = xe^x - \displaystyle\int e^x dx$

$= xe^x - e^x + C = (x-1)e^x + C$

$I_2 = x^2 e^x - 2I_1$

$= x^2 e^x - 2(x-1)e^x + C$

$= (x^2 - 2x + 2)e^x + C$

$I_3 = x^3 e^x - 3I_2$

$= x^3 e^x - 3(x^2 - 2x + 2)e^x + C$

$= (x^3 - 3x^2 + 6x - 6)e^x + C$

15-1. (1) (준 식) $= \displaystyle\int_1^3 \dfrac{x^4 - 2x^2 + 1}{x^4}dx$

$= \displaystyle\int_1^3 \left(1 - \dfrac{2}{x^2} + \dfrac{1}{x^4}\right)dx$

$= \left[x + \dfrac{2}{x} - \dfrac{1}{3x^3}\right]_1^3$

$= \dfrac{80}{81}$

(2) (준 식) $= \left[-\dfrac{2}{3}(2-x)\sqrt{2-x}\right]_0^2$

$= \dfrac{4\sqrt{2}}{3}$

(3) (준 식) $= \displaystyle\int_1^2 \left(\dfrac{1}{x} - \dfrac{1}{x+1}\right)dx$

$= \left[\ln|x| - \ln|x+1|\right]_1^2$

$= \ln\dfrac{4}{3}$

(4) (준 식) $= \displaystyle\int_0^{\frac{\pi}{3}}(\sec^2 x - 1)dx$

$= \left[\tan x - x\right]_0^{\frac{\pi}{3}} = \sqrt{3} - \dfrac{\pi}{3}$

(5) (준 식) $= \displaystyle\int_0^{\pi} \dfrac{1 + \cos 2x}{2}dx$

$= \left[\dfrac{1}{2}x + \dfrac{1}{4}\sin 2x\right]_0^{\pi} = \dfrac{\pi}{2}$

(6) (준 식) $= \left[e^x + \cos x\right]_0^{\pi} = e^{\pi} - 3$

15-2. (1) (준 식) $= \displaystyle\int_1^2 \Big\{(\sqrt{x}+1)^3$

$\qquad\qquad - (\sqrt{x}-1)^3\Big\}dx$

$= \displaystyle\int_1^2 (6x + 2)dx$

$= \left[3x^2 + 2x\right]_1^2 = 11$

(2) (준 식) $= \displaystyle\int_0^1 \Big\{(e^{2x} - \sin x)$

$\qquad\qquad + (e^{2x} + \sin x)\Big\}dx$

$$=\int_0^1 2e^{2x}dx=\left[e^{2x}\right]_0^1=e^2-1$$

(3) (준 식)$=\int_0^\pi (\sin x+\cos x)^2 dx$

$$+\int_0^\pi (\sin x-\cos x)^2 dx$$

$$=\int_0^\pi \{(\sin x+\cos x)^2$$

$$+(\sin x-\cos x)^2\}dx$$

$$=\int_0^\pi 2\,dx=\left[2x\right]_0^\pi=2\pi$$

15-3. (1) (준 식)$=\int_{-1}^0 (1-e^x)dx$

$$+\int_0^1 (e^x-1)dx$$

$$=\left[x-e^x\right]_{-1}^0+\left[e^x-x\right]_0^1$$

$$=e^{-1}+e-2$$

(2) (준 식)$=\int_0^{\frac{\pi}{2}}\cos x\,dx+\int_{\frac{\pi}{2}}^\pi (-\cos x)dx$

$$=\left[\sin x\right]_0^{\frac{\pi}{2}}+\left[-\sin x\right]_{\frac{\pi}{2}}^\pi$$

$$=2$$

(3) (준 식)$=\int_0^\pi \left|\frac{1}{2}\sin 2x\right|dx$

$$=\int_0^{\frac{\pi}{2}}\frac{1}{2}\sin 2x\,dx$$

$$+\int_{\frac{\pi}{2}}^\pi \left(-\frac{1}{2}\sin 2x\right)dx$$

$$=\left[-\frac{1}{4}\cos 2x\right]_0^{\frac{\pi}{2}}$$

$$+\left[\frac{1}{4}\cos 2x\right]_{\frac{\pi}{2}}^\pi$$

$$=1$$

(4) $\cos 2x=2\cos^2 x-1=1-2\sin^2 x$

이므로

(준 식)$=\int_0^\pi \left|\sqrt{2\cos^2 x}-\sqrt{2\sin^2 x}\right|dx$

$$=\int_0^\pi \sqrt{2}\,\big||\cos x|-|\sin x|\big|dx$$

$$=\sqrt{2}\left\{\int_0^{\frac{\pi}{4}}(\cos x-\sin x)dx\right.$$

$$+\int_{\frac{\pi}{4}}^{\frac{\pi}{2}}(-\cos x+\sin x)dx$$

$$+\int_{\frac{\pi}{2}}^{\frac{3}{4}\pi}(\cos x+\sin x)dx$$

$$+\int_{\frac{3}{4}\pi}^\pi (-\cos x-\sin x)dx\Big\}$$

$$=\sqrt{2}\times 4(\sqrt{2}-1)$$

$$=4(2-\sqrt{2})$$

15-4. (1) $f(x)=\int_0^x (x-t)e^t dt$

$$+\int_x^1 (t-x)e^t dt$$

$$=x\int_0^x e^t dt-\int_0^x te^t dt$$

$$+\int_x^1 te^t dt-x\int_x^1 e^t dt$$

그런데

$$\int te^t dt=te^t-\int e^t dt$$

$$=te^t-e^t+C$$

이므로

$$f(x)=x\left[e^t\right]_0^x-\left[te^t-e^t\right]_0^x$$

$$+\left[te^t-e^t\right]_x^1-x\left[e^t\right]_x^1$$

$$=x(e^x-1)-(xe^x-e^x+1)$$

$$+(-xe^x+e^x)-x(e-e^x)$$

$$=2e^x-(e+1)x-1$$

(2) $f'(x)=2e^x-(e+1)$이므로

$f'(x)=0$에서　$x=\ln\dfrac{e+1}{2}$

$0\le x\le 1$에서 증감을 조사하면 $f(x)$

는 $x=\ln\dfrac{e+1}{2}$일 때 최소이다.

15-5. (1) $x^2+1=t$라고 하면

$2x\,dx=dt$, 곧 $x\,dx=\dfrac{1}{2}dt$이고

$x=0$일 때 $t=1$, $x=\sqrt{3}$일 때 $t=4$

$\therefore$ (준 식)$=\int_1^4 \sqrt{t}\times\dfrac{1}{2}dt$

$$=\left[\frac{1}{3}t\sqrt{t}\right]_1^4=\frac{7}{3}$$

(2) $\sin x=t$라고 하면 $\cos x\,dx=dt$이고

$x=0$일 때 $t=0$, $x=\dfrac{\pi}{2}$일 때 $t=1$

$\therefore$ (준 식)$=\int_0^1 (t^3+1)dt$

$\qquad =\left[\dfrac{1}{4}t^4+t\right]_0^1=\dfrac{5}{4}$

(3) (준 식)$=\int_0^{\frac{\pi}{2}}(2\cos^2 x-1)\sin x\,dx$

$\cos x=t$라고 하면

$-\sin x\,dx=dt$, 곧 $\sin x\,dx=-dt$

이고

$x=0$일 때 $t=1$, $x=\dfrac{\pi}{2}$일 때 $t=0$

$\therefore$ (준 식)$=\int_1^0 (2t^2-1)(-dt)$

$\qquad =\int_0^1 (2t^2-1)dt$

$\qquad =\left[\dfrac{2}{3}t^3-t\right]_0^1=-\dfrac{1}{3}$

(4) $\cos x=t$라고 하면

$-\sin x\,dx=dt$, 곧 $\sin x\,dx=-dt$

이고

$x=0$일 때 $t=1$, $x=\dfrac{\pi}{2}$일 때 $t=0$

$\therefore$ (준 식)$=\int_0^{\frac{\pi}{2}}\dfrac{\sin^2 x\sin x}{1+\cos x}dx$

$\qquad =\int_1^0 \dfrac{1-t^2}{1+t}(-dt)$

$\qquad =\int_0^1 \dfrac{1-t^2}{1+t}dt=\int_0^1 (1-t)dt$

$\qquad =\left[t-\dfrac{1}{2}t^2\right]_0^1=\dfrac{1}{2}$

(5) $1+\sin x=t$라고 하면 $\cos x\,dx=dt$

이고

$x=0$일 때 $t=1$, $x=\dfrac{\pi}{2}$일 때 $t=2$

$\therefore$ (준 식)$=\int_1^2 \dfrac{1}{\sqrt{t}}dt=\left[2\sqrt{t}\right]_1^2$

$\qquad =2(\sqrt{2}-1)$

(6) $e^x=t$라고 하면 $e^x dx=dt$이고

$x=\ln 2$일 때 $t=2$, $x=1$일 때 $t=e$

$\therefore$ (준 식)$=\int_{\ln 2}^1 \dfrac{e^x}{e^{2x}-1}dx$

$\qquad =\int_2^e \dfrac{1}{t^2-1}dt$

$\qquad =\dfrac{1}{2}\int_2^e \left(\dfrac{1}{t-1}-\dfrac{1}{t+1}\right)dt$

$\qquad =\dfrac{1}{2}\Big[\ln|t-1|-\ln|t+1|\Big]_2^e$

$\qquad =\dfrac{1}{2}\ln\dfrac{3(e-1)}{e+1}$

15-6. (1) $x=\sin\theta\left(-\dfrac{\pi}{2}\le\theta\le\dfrac{\pi}{2}\right)$라고

하면

$\qquad dx=\cos\theta\,d\theta$,

$\qquad \sqrt{1-x^2}=\sqrt{1-\sin^2\theta}=\cos\theta$

이고

$x=0$일 때 $\theta=0$, $x=\dfrac{1}{2}$일 때 $\theta=\dfrac{\pi}{6}$

$\therefore$ (준 식)$=\int_0^{\frac{\pi}{6}}\cos\theta\cos\theta\,d\theta$

$\qquad =\int_0^{\frac{\pi}{6}}\dfrac{1+\cos 2\theta}{2}d\theta$

$\qquad =\left[\dfrac{1}{2}\theta+\dfrac{1}{4}\sin 2\theta\right]_0^{\frac{\pi}{6}}$

$\qquad =\dfrac{\pi}{12}+\dfrac{\sqrt{3}}{8}$

(2) $x=\tan\theta\left(-\dfrac{\pi}{2}<\theta<\dfrac{\pi}{2}\right)$라고 하면

$\qquad dx=\sec^2\theta\,d\theta$,

$\qquad \sqrt{1+x^2}=\sqrt{1+\tan^2\theta}=\sec\theta$

이고

$x=0$일 때 $\theta=0$, $x=1$일 때 $\theta=\dfrac{\pi}{4}$

$\therefore$ (준 식)$=\int_0^{\frac{\pi}{4}}\dfrac{1}{\sec\theta}\times\sec^2\theta\,d\theta$

$\qquad =\int_0^{\frac{\pi}{4}}\dfrac{\cos\theta}{\cos^2\theta}d\theta=\int_0^{\frac{\pi}{4}}\dfrac{\cos\theta}{1-\sin^2\theta}d\theta$

$\qquad =\dfrac{1}{2}\int_0^{\frac{\pi}{4}}\left(\dfrac{1}{1-\sin\theta}+\dfrac{1}{1+\sin\theta}\right)\cos\theta\,d\theta$

$\qquad =\dfrac{1}{2}\Big[-\ln|1-\sin\theta|+\ln|1+\sin\theta|\Big]_0^{\frac{\pi}{4}}$

$\qquad =\ln(\sqrt{2}+1)$

(3) $x=2\sin\theta\left(-\dfrac{\pi}{2}\le\theta\le\dfrac{\pi}{2}\right)$라고 하면

$\qquad dx=2\cos\theta\,d\theta$,

$\qquad \sqrt{4-x^2}=\sqrt{4(1-\sin^2\theta)}=2\cos\theta$

이고

$x=0$일 때 $\theta=0$, $x=1$일 때 $\theta=\dfrac{\pi}{6}$

$\therefore$ (준 식)$=\displaystyle\int_0^{\frac{\pi}{6}}\dfrac{1}{2\cos\theta}\times 2\cos\theta\,d\theta$

$=\displaystyle\int_0^{\frac{\pi}{6}}1\,d\theta=\Big[\theta\Big]_0^{\frac{\pi}{6}}=\dfrac{\pi}{6}$

(4) $\cos x=t$ 라고 하면

$-\sin x\,dx=dt$, 곧 $\sin x\,dx=-dt$

이고

$x=0$일 때 $t=1$, $x=\dfrac{\pi}{2}$일 때 $t=0$

$\therefore$ (준 식)$=\displaystyle\int_1^0\dfrac{1}{1+t^2}(-dt)$

$=\displaystyle\int_0^1\dfrac{1}{1+t^2}dt$

여기에서 $t=\tan\theta\left(-\dfrac{\pi}{2}<\theta<\dfrac{\pi}{2}\right)$

라고 하면

$dt=\sec^2\theta\,d\theta$,

$1+t^2=1+\tan^2\theta=\sec^2\theta$

이고

$t=0$일 때 $\theta=0$, $t=1$일 때 $\theta=\dfrac{\pi}{4}$

$\therefore$ (준 식)$=\displaystyle\int_0^{\frac{\pi}{4}}\dfrac{1}{\sec^2\theta}\times\sec^2\theta\,d\theta$

$=\displaystyle\int_0^{\frac{\pi}{4}}1\,d\theta=\Big[\theta\Big]_0^{\frac{\pi}{4}}=\dfrac{\pi}{4}$

15-7. (1) (준 식)$=\displaystyle\int_{-2}^2(x^5+5x)dx$

$+\displaystyle\int_{-2}^2(-3x^2+2)dx$

$=0+2\displaystyle\int_0^2(-3x^2+2)dx$

$=2\Big[-x^3+2x\Big]_0^2=-8$

(2) (준 식)$=\displaystyle\int_{-1}^0(x^5+x^3)dx$

$+\displaystyle\int_0^1(x^5+x^3)dx$

$=\displaystyle\int_{-1}^1(x^5+x^3)dx=\mathbf{0}$

(3) (준 식)$=\displaystyle\int_{-\pi}^\pi\sin x\,dx+\int_{-\pi}^\pi\cos x\,dx$

$=0+2\displaystyle\int_0^\pi\cos x\,dx=2\Big[\sin x\Big]_0^\pi$

$=\mathbf{0}$

15-8. (1) $u'=\sin x+\cos x$, $v=x$라 하면

$u=-\cos x+\sin x$, $v'=1$

$\therefore$ (준 식)$=\Big[x(-\cos x+\sin x)\Big]_0^\pi$

$-\displaystyle\int_0^\pi(-\cos x+\sin x)dx$

$=\pi-\Big[-\sin x-\cos x\Big]_0^\pi$

$=\boldsymbol{\pi-2}$

(2) (준 식)$=3\displaystyle\int_1^2\ln x\,dx$

$=3\Big(\Big[x\ln x\Big]_1^2-\displaystyle\int_1^2 x\times\dfrac{1}{x}dx\Big)$

$=6\ln 2-3\Big[x\Big]_1^2=\mathbf{6\ln 2-3}$

(3) (준 식)$=\Big[\dfrac{1}{2}x^2\ln(2x+1)\Big]_0^1$

$-\displaystyle\int_0^1\dfrac{x^2}{2x+1}dx$

$=\dfrac{1}{2}\ln 3$

$-\displaystyle\int_0^1\Big\{\dfrac{1}{2}x-\dfrac{1}{4}+\dfrac{1}{4(2x+1)}\Big\}dx$

$=\dfrac{1}{2}\ln 3$

$-\Big[\dfrac{1}{4}x^2-\dfrac{1}{4}x+\dfrac{1}{8}\ln(2x+1)\Big]_0^1$

$=\dfrac{\mathbf{3}}{\mathbf{8}}\mathbf{\ln 3}$

(4) (준 식)$=\Big[x(\ln x)^2\Big]_e^{e^2}$

$-\displaystyle\int_e^{e^2}x\times 2\ln x\times\dfrac{1}{x}dx$

$=4e^2-e$

$-2\Big(\Big[x\ln x\Big]_e^{e^2}-\displaystyle\int_e^{e^2}x\times\dfrac{1}{x}dx\Big)$

$=4e^2-e-2\Big\{(2e^2-e)-\Big[x\Big]_e^{e^2}\Big\}$

$=\mathbf{2e^2-e}$

(5) (준 식)$=\displaystyle\int_e^{e^2}\dfrac{1}{x^2}\times\ln x\,dx$

$$=\left[-\frac{1}{x}\ln x\right]_e^{e^2}-\int_e^{e^2}\left(-\frac{1}{x}\right)\times\frac{1}{x}\,dx$$

$$=\left(-\frac{2}{e^2}+\frac{1}{e}\right)+\left[-\frac{1}{x}\right]_e^{e^2}$$

$$=\frac{2}{e}-\frac{3}{e^2}$$

(6) (준 식)$=\left[-x^2\cos x\right]_0^\pi$

$$\qquad\qquad-\int_0^\pi(-2x\cos x)dx$$

$$=\pi^2+2\left(\left[x\sin x\right]_0^\pi-\int_0^\pi\sin x\,dx\right)$$

$$=\pi^2+2\left[\cos x\right]_0^\pi=\boldsymbol{\pi^2-4}$$

15-9. (1) $\displaystyle\int_0^{\frac{\pi}{2}}f(t)\cos t\,dt=a$ ······①

이라고 하면 $f(x)=\sin x+3a$

따라서 ①에 대입하면

$$\int_0^{\frac{\pi}{2}}(\sin t+3a)\cos t\,dt=a$$

곧,

$$a=\int_0^{\frac{\pi}{2}}(\sin t\cos t+3a\cos t)dt$$

$$=\int_0^{\frac{\pi}{2}}\left(\frac{1}{2}\sin 2t+3a\cos t\right)dt$$

$$=\left[-\frac{1}{4}\cos 2t+3a\sin t\right]_0^{\frac{\pi}{2}}$$

$$=\frac{1}{2}+3a\quad\therefore\ a=-\frac{1}{4}$$

$$\therefore\ \boldsymbol{f(x)=\sin x-\frac{3}{4}}$$

(2) $\displaystyle\int_1^2 tf(t)dt=a$ ······②

라고 하면 $f(x)=\ln x+a$

따라서 ②에 대입하면

$$\int_1^2 t(\ln t+a)dt=a$$

곧,

$$a=\int_1^2(t\ln t+at)dt$$

$$=\left[\frac{1}{2}t^2\ln t-\frac{1}{4}t^2+\frac{1}{2}at^2\right]_1^2$$

$$=2\ln 2-\frac{3}{4}+\frac{3}{2}a$$

$$\therefore\ a=\frac{3}{2}-4\ln 2$$

$$\therefore\ \boldsymbol{f(x)=\ln x+\frac{3}{2}-4\ln 2}$$

15-10. (1) $\displaystyle\int_0^\pi g'(t)dt=a$ ······①

이라고 하면 $f(x)=\sin x+a$

이때,

$$\int_0^x f(t)dt=\int_0^x(\sin t+a)dt$$

$$=\left[-\cos t+at\right]_0^x$$

$$=-\cos x+ax+1$$

$$\therefore\ g(x)=\sin x-\cos x+ax+1$$

따라서 ①의 좌변은

$$\int_0^\pi g'(t)dt=\left[g(t)\right]_0^\pi$$

$$=\left[\sin t-\cos t+at+1\right]_0^\pi$$

$$=2+a\pi$$

$$\therefore\ 2+a\pi=a\quad\therefore\ a=\frac{2}{1-\pi}$$

$$\therefore\ \boldsymbol{f(x)=\sin x+\frac{2}{1-\pi}},$$

$$\boldsymbol{g(x)=\sin x-\cos x+\frac{2}{1-\pi}x+1}$$

(2) $\displaystyle\int_0^{\frac{\pi}{2}}f(t)dt=a$ ······②

라고 하면 $g(x)=x+a$

이때,

$$f(x)=\int_0^{\frac{\pi}{2}}(t+a)\sin(x-t)dt$$

$$=\left[(t+a)\cos(x-t)\right]_0^{\frac{\pi}{2}}$$

$$\qquad-\int_0^{\frac{\pi}{2}}\cos(x-t)dt$$

$$=\left(\frac{\pi}{2}+a\right)\cos\left(x-\frac{\pi}{2}\right)-a\cos x$$

$$\qquad-\left[-\sin(x-t)\right]_0^{\frac{\pi}{2}}$$

$$=\left(\frac{\pi}{2}+a\right)\sin x-a\cos x$$

$+\sin\left(x-\dfrac{\pi}{2}\right)-\sin x$

$=\left(\dfrac{\pi}{2}+a-1\right)\sin x-(a+1)\cos x$

따라서 ②의 좌변은

$\displaystyle\int_0^{\frac{\pi}{2}}\left\{\left(\dfrac{\pi}{2}+a-1\right)\sin t-(a+1)\cos t\right\}dt$

$=\left[-\left(\dfrac{\pi}{2}+a-1\right)\cos t-(a+1)\sin t\right]_0^{\frac{\pi}{2}}$

$=\left(\dfrac{\pi}{2}+a-1\right)-(a+1)=\dfrac{\pi}{2}-2$

$\therefore\ a=\dfrac{\pi}{2}-2$

$\therefore\ \boldsymbol{f(x)=(\pi-3)\sin x-\left(\dfrac{\pi}{2}-1\right)\cos x,}$

$\quad \boldsymbol{g(x)=x+\dfrac{\pi}{2}-2}$

15-11. (1) $\mathrm{I}=\displaystyle\int e^{-3x}\sin x\,dx$ 라고 하면

$\mathrm{I}=-\dfrac{1}{3}e^{-3x}\sin x+\dfrac{1}{3}\displaystyle\int e^{-3x}\cos x\,dx$

$=-\dfrac{1}{3}e^{-3x}\sin x-\dfrac{1}{9}e^{-3x}\cos x-\dfrac{1}{9}\mathrm{I}$

$\therefore\ \mathrm{I}=-\dfrac{1}{10}e^{-3x}(3\sin x+\cos x)+\mathrm{C}$

$\therefore\ (준\ 식)=-\dfrac{1}{10}\left[e^{-3x}(3\sin x+\cos x)\right]_0^{\frac{\pi}{2}}$

$\quad=\dfrac{1}{10}\left(1-3e^{-\frac{3}{2}\pi}\right)$

(2) $\sin x\cos x=\dfrac{1}{2}\sin 2x$ 이므로

$\displaystyle\int e^{-x}\sin x\cos x\,dx=\dfrac{1}{2}\int e^{-x}\sin 2x\,dx$

$\mathrm{I}=\displaystyle\int e^{-x}\sin 2x\,dx$ 라고 하면

$\mathrm{I}=-e^{-x}\sin 2x+2\displaystyle\int e^{-x}\cos 2x\,dx$

$=-e^{-x}\sin 2x-2e^{-x}\cos 2x-4\mathrm{I}$

$\therefore\ \mathrm{I}=-\dfrac{1}{5}e^{-x}(\sin 2x+2\cos 2x)+\mathrm{C}$

$\therefore\ (준\ 식)=\dfrac{1}{2}\displaystyle\int_0^{\pi}e^{-x}\sin 2x\,dx$

$\quad=\dfrac{1}{2}\left[-\dfrac{1}{5}e^{-x}(\sin 2x+2\cos 2x)\right]_0^{\pi}$

$\quad=\dfrac{1}{5}\left(1-e^{-\pi}\right)$

15-12. $\mathrm{I}_n=\displaystyle\int_0^{\frac{\pi}{2}}\cos^{n-1}x\cos x\,dx$

$=\left[\sin x\cos^{n-1}x\right]_0^{\frac{\pi}{2}}$

$\quad+\displaystyle\int_0^{\frac{\pi}{2}}(n-1)\cos^{n-2}x\sin^2 x\,dx$

$=(n-1)\displaystyle\int_0^{\frac{\pi}{2}}\cos^{n-2}x(1-\cos^2 x)dx$

$=(n-1)\displaystyle\int_0^{\frac{\pi}{2}}\cos^{n-2}x\,dx$

$\quad-(n-1)\displaystyle\int_0^{\frac{\pi}{2}}\cos^n x\,dx$

$\therefore\ \mathrm{I}_n=(n-1)\mathrm{I}_{n-2}-(n-1)\mathrm{I}_n$

$\therefore\ \mathrm{I}_n=\dfrac{n-1}{n}\mathrm{I}_{n-2}\ (n\geq 2)$

15-13. (1) $\mathrm{I}_{n+2}=\displaystyle\int_0^{\frac{\pi}{4}}\tan^{n+2}x\,dx$

$=\displaystyle\int_0^{\frac{\pi}{4}}\tan^n x(\sec^2 x-1)dx$

$=\displaystyle\int_0^{\frac{\pi}{4}}\tan^n x\sec^2 x\,dx-\int_0^{\frac{\pi}{4}}\tan^n x\,dx$

$=\left[\dfrac{1}{n+1}\tan^{n+1}x\right]_0^{\frac{\pi}{4}}-\mathrm{I}_n$

$=\dfrac{1}{n+1}-\mathrm{I}_n$

$\therefore\ \mathrm{I}_{n+2}+\mathrm{I}_n=\dfrac{1}{n+1}$

Note $\mathrm{I}_{n+2}+\mathrm{I}_n$

$=\displaystyle\int_0^{\frac{\pi}{4}}(\tan^{n+2}x+\tan^n x)dx$

$=\displaystyle\int_0^{\frac{\pi}{4}}\tan^n x\sec^2 x\,dx$

$=\left[\dfrac{1}{n+1}\tan^{n+1}x\right]_0^{\frac{\pi}{4}}=\dfrac{1}{n+1}$

(2) $\mathrm{I}_1=\displaystyle\int_0^{\frac{\pi}{4}}\tan x\,dx=\int_0^{\frac{\pi}{4}}\dfrac{\sin x}{\cos x}dx$

$=-\displaystyle\int_0^{\frac{\pi}{4}}\dfrac{-\sin x}{\cos x}dx$

$=-\left[\ln|\cos x|\right]_0^{\frac{\pi}{4}}=-\ln\dfrac{1}{\sqrt{2}}$

$=\dfrac{1}{2}\boldsymbol{\ln 2}$

$\mathrm{I}_2=\displaystyle\int_0^{\frac{\pi}{4}}\tan^2 x\,dx=\int_0^{\frac{\pi}{4}}(\sec^2 x-1)dx$

$$=\Big[\tan x-x\Big]_0^{\frac{\pi}{4}}=1-\frac{\pi}{4}$$

$$I_3=\frac{1}{2}-I_1=\frac{1}{2}-\frac{1}{2}\ln 2$$

15-14.
$$I_n=\int_1^e(\ln x)^n dx$$
$$=\Big[x(\ln x)^n\Big]_1^e-\int_1^e n(\ln x)^{n-1}dx$$
$$=e-n\int_1^e(\ln x)^{n-1}dx$$
$$\therefore \ I_n=e-nI_{n-1} \ (n\geq 1)$$

16-1.

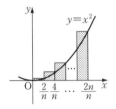

구간 $[0,\ 2]$를 n등분하여 위의 그림과 같이 직사각형을 만들고, 이들의 넓이의 합을 S_n이라고 하면

$$S_n=\Big(\frac{2}{n}\Big)^2\frac{2}{n}+\Big(\frac{4}{n}\Big)^2\frac{2}{n}+\cdots+\Big(\frac{2n}{n}\Big)^2\frac{2}{n}$$
$$=\frac{2}{n^3}\{2^2+4^2+\cdots+(2n)^2\}$$
$$=\frac{2}{n^3}\times 4(1^2+2^2+\cdots+n^2)$$
$$=\frac{2}{n^3}\times 4\times\frac{n(n+1)(2n+1)}{6}$$
$$=\frac{4}{3}\Big(1+\frac{1}{n}\Big)\Big(2+\frac{1}{n}\Big)$$

따라서 구하는 넓이는
$$\lim_{n\to\infty}S_n=\lim_{n\to\infty}\frac{4}{3}\Big(1+\frac{1}{n}\Big)\Big(2+\frac{1}{n}\Big)=\frac{8}{3}$$

16-2.

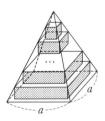

정사각뿔을 밑면에 평행한 같은 간격의 평면으로 n개의 부분으로 나누어 위의 그림과 같이 $(n-1)$개의 사각기둥을 만들고, 이들의 부피의 합을 V_n이라고 하면

$$V_n=\Big(\frac{a}{n}\Big)^2\frac{h}{n}+\Big(\frac{2a}{n}\Big)^2\frac{h}{n}$$
$$+\cdots+\Big\{\frac{(n-1)a}{n}\Big\}^2\frac{h}{n}$$
$$=\frac{a^2h}{n^3}\{1^2+2^2+\cdots+(n-1)^2\}$$
$$=\frac{a^2h}{n^3}\times\frac{(n-1)n(2n-1)}{6}$$
$$=\frac{1}{6}a^2h\Big(1-\frac{1}{n}\Big)\Big(2-\frac{1}{n}\Big)$$

따라서 구하는 부피는
$$\lim_{n\to\infty}V_n=\lim_{n\to\infty}\frac{1}{6}a^2h\Big(1-\frac{1}{n}\Big)\Big(2-\frac{1}{n}\Big)$$
$$=\frac{1}{3}a^2h$$

16-3.

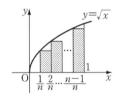

구간 $[0,\ 1]$을 n등분하여 위의 그림과 같이 직사각형을 만들고, 이것을 x축 둘레로 회전시켜 만든 원기둥의 부피의 합을 V_n이라고 하면

$$V_n=\pi\Big(\sqrt{\frac{1}{n}}\Big)^2\frac{1}{n}+\pi\Big(\sqrt{\frac{2}{n}}\Big)^2\frac{1}{n}$$
$$+\cdots+\pi\Big(\sqrt{\frac{n-1}{n}}\Big)^2\frac{1}{n}$$
$$=\frac{\pi}{n^2}\{1+2+\cdots+(n-1)\}$$
$$=\frac{\pi}{n^2}\times\frac{n(n-1)}{2}=\frac{\pi}{2}\Big(1-\frac{1}{n}\Big)$$

따라서 구하는 부피는
$$\lim_{n\to\infty}V_n=\lim_{n\to\infty}\frac{\pi}{2}\Big(1-\frac{1}{n}\Big)=\frac{\pi}{2}$$

16-4. (1) (준 식)$=\lim\limits_{n\to\infty}\sum\limits_{k=1}^{n}\dfrac{(n+2k)^4}{n^5}$

$=\lim\limits_{n\to\infty}\sum\limits_{k=1}^{n}\Big(1+2\times\dfrac{k}{n}\Big)^4\dfrac{1}{n}$

$=\displaystyle\int_0^1(1+2x)^4dx$

$=\Big[\dfrac{1}{2}\times\dfrac{1}{5}(1+2x)^5\Big]_0^1=\dfrac{\mathbf{121}}{\mathbf{5}}$

(2) (준 식)$=\lim\limits_{n\to\infty}\dfrac{\sum\limits_{k=1}^{n}k\ \sum\limits_{k=1}^{n}k^5}{\Big(\sum\limits_{k=1}^{n}k^3\Big)^2}$

$=\lim\limits_{n\to\infty}\dfrac{\Big\{\sum\limits_{k=1}^{n}\Big(\dfrac{k}{n}\times\dfrac{1}{n}\Big)\Big\}\Big\{\sum\limits_{k=1}^{n}\Big(\dfrac{k}{n}\Big)^5\dfrac{1}{n}\Big\}}{\Big\{\sum\limits_{k=1}^{n}\Big(\dfrac{k}{n}\Big)^3\dfrac{1}{n}\Big\}^2}$

$=\dfrac{\Big(\displaystyle\int_0^1 x\,dx\Big)\Big(\displaystyle\int_0^1 x^5\,dx\Big)}{\Big(\displaystyle\int_0^1 x^3\,dx\Big)^2}=\dfrac{\dfrac{1}{2}\times\dfrac{1}{6}}{\Big(\dfrac{1}{4}\Big)^2}=\dfrac{\mathbf{4}}{\mathbf{3}}$

(3) (준 식)$=\lim\limits_{n\to\infty}\sum\limits_{k=1}^{n}\dfrac{1}{n}\sqrt[n]{e^{2k}}$

$=\lim\limits_{n\to\infty}\sum\limits_{k=1}^{n}\Big(e^{\frac{2k}{n}}\times\dfrac{1}{n}\Big)$

$=\displaystyle\int_0^1 e^{2x}dx=\Big[\dfrac{1}{2}e^{2x}\Big]_0^1$

$=\dfrac{\mathbf{1}}{\mathbf{2}}e^2-\dfrac{\mathbf{1}}{\mathbf{2}}$

(4) $\Big(\sin\dfrac{\pi k}{2n}+\cos\dfrac{\pi k}{2n}\Big)^2$

$=1+2\sin\dfrac{\pi k}{2n}\cos\dfrac{\pi k}{2n}$

$=1+\sin\dfrac{\pi k}{n}$

이므로

(준 식)$=\lim\limits_{n\to\infty}\dfrac{1}{n}\sum\limits_{k=1}^{n}\Big(1+\sin\dfrac{\pi k}{n}\Big)$

$=\displaystyle\int_0^1(1+\sin\pi x)dx$

$=\Big[x-\dfrac{1}{\pi}\cos\pi x\Big]_0^1=1+\dfrac{\mathbf{2}}{\boldsymbol{\pi}}$

16-5. (1) (준 식)

$=\pi^2\lim\limits_{n\to\infty}\sum\limits_{k=1}^{n}\Big(\dfrac{k}{n}\sin\dfrac{\pi k}{n}\times\dfrac{1}{n}\Big)$

$=\pi^2\displaystyle\int_0^1 x\sin\pi x\,dx$

$=\pi^2\Big(\Big[-\dfrac{x}{\pi}\cos\pi x\Big]_0^1$

$\qquad+\displaystyle\int_0^1\dfrac{1}{\pi}\cos\pi x\,dx\Big)$

$=\pi^2\Big(\dfrac{1}{\pi}+\dfrac{1}{\pi^2}\Big[\sin\pi x\Big]_0^1\Big)=\boldsymbol{\pi}$

(2) (준 식)$=\displaystyle\int_0^1\ln(x+2)dx$

$=\Big[(x+2)\ln(x+2)-(x+2)\Big]_0^1$

$=\ln\dfrac{\mathbf{27}}{\mathbf{4e}}$

__Note__ 다음과 같이 구할 수도 있다.

(1) (준 식)$=\displaystyle\int_0^\pi x\sin x\,dx$

$=\Big[-x\cos x\Big]_0^\pi+\displaystyle\int_0^\pi\cos x\,dx$

$=\pi+\Big[\sin x\Big]_0^\pi=\boldsymbol{\pi}$

(2) (준 식)$=\displaystyle\int_2^3\ln x\,dx$

$=\Big[x\ln x-x\Big]_2^3=\ln\dfrac{\mathbf{27}}{\mathbf{4e}}$

16-6. (준 식)$=\lim\limits_{n\to\infty}\dfrac{\pi}{n}\sum\limits_{k=1}^{n}f\Big(\dfrac{\pi k}{n}\Big)$

$=\displaystyle\int_0^\pi f(x)dx$

$=\displaystyle\int_0^\pi x(\sin x+\cos x)dx$

$=\Big[x(-\cos x+\sin x)\Big]_0^\pi$

$\qquad-\displaystyle\int_0^\pi(-\cos x+\sin x)dx$

$=\pi-\Big[-\sin x-\cos x\Big]_0^\pi$

$=\boldsymbol{\pi-2}$

__Note__ (준 식)$=\displaystyle\int_0^1\pi f(\pi x)dx$로 변형할 수도 있지만, 위의 풀이와 같이 변형하는 것이 더 간단하다.

16-7. (1) (준 식)$=\lim\limits_{n\to\infty}\sum\limits_{k=1}^{n}\Big(\sqrt{2+\dfrac{k}{n}}\times\dfrac{1}{n}\Big)$

$$=\int_0^1 \sqrt{2+x}\,dx$$

$$=\left[\frac{2}{3}(2+x)\sqrt{2+x}\right]_0^1$$

$$=\frac{2}{3}(3\sqrt{3}-2\sqrt{2})$$

(2) (준 식)$=\lim_{n\to\infty}\sum_{k=1}^{n}\left(\cfrac{1}{1+\cfrac{k}{n}}\right)^2\frac{1}{n}$

$$=\int_0^1\left(\frac{1}{1+x}\right)^2 dx$$

$$=\left[-\frac{1}{1+x}\right]_0^1=\frac{1}{2}$$

(3) (준 식)$=\lim_{n\to\infty}\sum_{k=1}^{n}\left\{\cfrac{\cfrac{k}{n}}{1+\left(\cfrac{k}{n}\right)^2}\times\frac{1}{n}\right\}$

$$=\int_0^1\frac{x}{1+x^2}dx$$

$1+x^2=t$ 라고 하면

$2x\,dx=dt$, 곧 $x\,dx=\dfrac{1}{2}dt$ 이고

$x=0$일 때 $t=1$, $x=1$일 때 $t=2$이
므로

(준 식)$=\int_1^2\frac{1}{t}\times\frac{1}{2}dt=\left[\frac{1}{2}\ln|t|\right]_1^2$

$$=\frac{1}{2}\ln 2$$

(4) (준 식)$=\lim_{n\to\infty}\sum_{k=0}^{n-1}\left\{\cfrac{1}{1+\left(\cfrac{k}{n}\right)^2}\times\frac{1}{n}\right\}$

$$=\int_0^1\frac{1}{1+x^2}dx$$

$x=\tan\theta\left(-\dfrac{\pi}{2}<\theta<\dfrac{\pi}{2}\right)$ 라고 하면

$dx=\sec^2\theta\,d\theta$ 이고 $x=0$일 때 $\theta=0$,

$x=1$일 때 $\theta=\dfrac{\pi}{4}$ 이므로

(준 식)$=\int_0^{\frac{\pi}{4}}\frac{\sec^2\theta}{1+\tan^2\theta}d\theta=\int_0^{\frac{\pi}{4}}1\,d\theta$

$$=\left[\theta\right]_0^{\frac{\pi}{4}}=\frac{\pi}{4}$$

(5) (준 식)$=\lim_{n\to\infty}\frac{1}{n^2}\sum_{k=1}^{n-1}\sqrt{n^2-k^2}$

$$=\lim_{n\to\infty}\sum_{k=1}^{n-1}\left\{\sqrt{1-\left(\frac{k}{n}\right)^2}\times\frac{1}{n}\right\}$$

$$=\lim_{n\to\infty}\sum_{k=1}^{n}\left\{\sqrt{1-\left(\frac{k}{n}\right)^2}\times\frac{1}{n}\right\}$$

$$=\int_0^1\sqrt{1-x^2}\,dx$$

$x=\sin\theta\left(-\dfrac{\pi}{2}\le\theta\le\dfrac{\pi}{2}\right)$ 라고 하면

$dx=\cos\theta\,d\theta$ 이고 $x=0$일 때 $\theta=0$,

$x=1$일 때 $\theta=\dfrac{\pi}{2}$ 이므로

(준 식)$=\int_0^{\frac{\pi}{2}}\sqrt{1-\sin^2\theta}\times\cos\theta\,d\theta$

$$=\int_0^{\frac{\pi}{2}}\cos^2\theta\,d\theta$$

$$=\int_0^{\frac{\pi}{2}}\frac{1+\cos 2\theta}{2}d\theta$$

$$=\frac{1}{2}\left[\theta+\frac{1}{2}\sin 2\theta\right]_0^{\frac{\pi}{2}}=\frac{\pi}{4}$$

16-8. (1) $S=1^5+2^5+3^5+\cdots+n^5$ 이라고
하자.

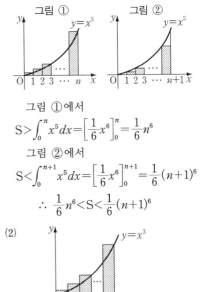

그림 ①에서

$$S>\int_0^n x^5 dx=\left[\frac{1}{6}x^6\right]_0^n=\frac{1}{6}n^6$$

그림 ②에서

$$S<\int_0^{n+1}x^5 dx=\left[\frac{1}{6}x^6\right]_0^{n+1}=\frac{1}{6}(n+1)^6$$

$$\therefore\ \frac{1}{6}n^6<S<\frac{1}{6}(n+1)^6$$

(2)

위의 그림에서 점 찍은 부분의 넓이는 곡선 $y=x^3$과 직선 $y=0$, $x=n$으로 둘러싸인 도형의 넓이보다 크므로

$$1^3+2^3+\cdots+n^3>\int_0^n x^3\,dx$$

$$\therefore\ 1^3+2^3+\cdots+n^3>\frac{1}{4}n^4$$

양변을 n^4으로 나누면

$$\frac{1}{n}\left\{\left(\frac{1}{n}\right)^3+\left(\frac{2}{n}\right)^3+\cdots+\left(\frac{n}{n}\right)^3\right\}>\frac{1}{4}$$

(3)

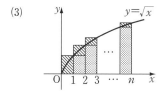

위의 그림에서 점 찍은 부분의 넓이를 S_1이라 하고, S_1과 빗금 친 부분의 넓이의 합을 S_2라고 하면

$$S_1<\int_0^n\sqrt{x}\,dx<S_2$$

이때,

$S_1=\sqrt{1}+\sqrt{2}+\cdots+\sqrt{n-1}$,

$S_2=\sqrt{1}+\sqrt{2}+\cdots+\sqrt{n-1}+\sqrt{n}$,

$$\int_0^n\sqrt{x}\,dx=\left[\frac{2}{3}x\sqrt{x}\right]_0^n=\frac{2}{3}n\sqrt{n}$$

따라서 $S_1<\int_0^n\sqrt{x}\,dx$에서

$$\sqrt{1}+\sqrt{2}+\cdots+\sqrt{n-1}<\frac{2}{3}n\sqrt{n}$$

$$\therefore\ \sqrt{1}+\sqrt{2}+\cdots+\sqrt{n-1}+\sqrt{n}$$
$$<\frac{2}{3}n\sqrt{n}+\sqrt{n}\quad\cdots\cdots①$$

또, $\int_0^n\sqrt{x}\,dx<S_2$에서

$$\frac{2}{3}n\sqrt{n}<\sqrt{1}+\sqrt{2}+\cdots$$
$$+\sqrt{n-1}+\sqrt{n}\quad\cdots\cdots②$$

①, ②에서

$$\frac{2}{3}n\sqrt{n}<\sqrt{1}+\sqrt{2}+\cdots+\sqrt{n}$$
$$<\frac{2}{3}n\sqrt{n}+\sqrt{n}$$

16-9. (1) $\int|t-a|\,dt=F(t)+C$라고 하면

$$F'(t)=|t-a|$$

$$\therefore\ (준\ 식)=\lim_{x\to0}\frac{F(x)-F(0)}{x-0}$$

$$=F'(0)=|\boldsymbol{a}|$$

(2) $\displaystyle\int\frac{2\cos t}{1+\sin t}\,dt=F(t)+C$라고 하면

$$F'(t)=\frac{2\cos t}{1+\sin t}$$

$$\therefore\ (준\ 식)=\lim_{x\to\pi}\frac{F(x)-F(\pi)}{x-\pi}$$

$$=F'(\pi)=-\boldsymbol{2}$$

(3) $\displaystyle\int\frac{\sin\pi t}{\sin\pi t+\cos\pi t}\,dt=F(t)+C$

라고 하면

$$F'(t)=\frac{\sin\pi t}{\sin\pi t+\cos\pi t}$$

$$\therefore\ (준\ 식)=\lim_{x\to1}\frac{F(x^2)-F(1)}{x-1}$$

$$=\lim_{x\to1}\left\{\frac{F(x^2)-F(1)}{x^2-1}\times\frac{x^2-1}{x-1}\right\}$$

$$=\lim_{x\to1}\left\{\frac{F(x^2)-F(1)}{x^2-1}\times(x+1)\right\}$$

$$=2F'(1)=2\times0=\boldsymbol{0}$$

(4) $\int te^t\sin t\,dt=F(t)+C$라고 하면

$$F'(t)=te^t\sin t$$

$$\therefore\ (준\ 식)=\lim_{x\to a}\left\{2\times\frac{F(\sqrt{x})-F(\sqrt{a})}{x-a}\right\}$$

$$=\lim_{x\to a}\left\{2\times\frac{F(\sqrt{x})-F(\sqrt{a})}{\sqrt{x}-\sqrt{a}}\right.$$
$$\left.\times\frac{\sqrt{x}-\sqrt{a}}{x-a}\right\}$$

$$=\lim_{x\to a}\left\{2\times\frac{F(\sqrt{x})-F(\sqrt{a})}{\sqrt{x}-\sqrt{a}}\right.$$
$$\left.\times\frac{1}{\sqrt{x}+\sqrt{a}}\right\}$$

$$=\frac{1}{\sqrt{a}}F'(\sqrt{a})$$

$$=\frac{1}{\sqrt{a}}\times\sqrt{a}\,e^{\sqrt{a}}\sin\sqrt{a}$$

$$=e^{\sqrt{a}}\sin\sqrt{a}$$

16-10. (1) $\int x^2 e^x dx = F(x)+C$ 라고 하면

$$F'(x)=x^2 e^x$$

$\therefore$ (준 식)$=\displaystyle\lim_{h\to 0}\frac{F(1+2h)-F(1)}{h}$

$$=\lim_{h\to 0}\left\{\frac{F(1+2h)-F(1)}{2h}\times 2\right\}$$

$$=2F'(1)=2\times e=2e$$

(2) $\int x\sin x\,dx = F(x)+C$ 라고 하면

$$F'(x)=x\sin x$$

$\therefore$ (준 식)$=\displaystyle\lim_{h\to 0}\frac{F\left(\dfrac{\pi}{2}+h\right)-F\left(\dfrac{\pi}{2}-h\right)}{h}$

$$=\lim_{h\to 0}\left\{\frac{F\left(\dfrac{\pi}{2}+h\right)-F\left(\dfrac{\pi}{2}\right)}{h}\right.$$

$$\left.+\frac{F\left(\dfrac{\pi}{2}-h\right)-F\left(\dfrac{\pi}{2}\right)}{-h}\right\}$$

$$=2F'\left(\frac{\pi}{2}\right)=2\times\frac{\pi}{2}=\pi$$

(3) $\int(x\ln x+2x)dx=F(x)+C$ 라고 하면 $F'(x)=x\ln x+2x$

또, $\dfrac{1}{t}=h$ 로 치환하면 $t\longrightarrow\infty$ 일 때 $h\longrightarrow 0+$ 이므로

(준 식)$=\displaystyle\lim_{h\to 0+}\frac{1}{h}\int_{1}^{1-3h}(x\ln x+2x)dx$

$$=\lim_{h\to 0+}\frac{F(1-3h)-F(1)}{h}$$

$$=\lim_{h\to 0+}\left\{\frac{F(1-3h)-F(1)}{-3h}\times(-3)\right\}$$

$$=-3F'(1)=-3\times 2=-6$$

16-11. $\int e^{t^2}dt=g(t)+C$ 라고 하면

$$g'(t)=e^{t^2}$$

$\therefore\displaystyle\lim_{h\to 0}\frac{f(0)}{h}=\lim_{h\to 0}\frac{g(0+2h)-g(0)}{h}$

$$=\lim_{h\to 0}\left\{\frac{g(2h)-g(0)}{2h}\times 2\right\}$$

$$=2g'(0)=2e^0=2$$

16-12. (1) 준 식에 $x=1$ 을 대입하면

$$0=1+1-2a\quad\therefore\ a=1$$

$$\therefore\int_{1}^{x}f(t)dt=x^4+x^3-2x$$

양변을 x 에 관하여 미분하면

$$f(x)=4x^3+3x^2-2$$

(2) 준 식에 $x=a$ 를 대입하면

$$0=-2a^2+3a-1\quad\therefore\ a=\frac{1}{2},\,1$$

또, 준 식의 양변을 x 에 관하여 미분하면 $-f(x)=-4x+3$

$$\therefore\ f(x)=4x-3$$

(3) 준 식에 $x=\dfrac{a+1}{2}$ 을 대입하면

$$0=\left(\frac{a+1}{2}\right)^2-2\times\frac{a+1}{2}$$

$\therefore (a+1)(a-3)=0\quad\therefore\ a=-1,\,3$

또, 준 식의 양변을 x 에 관하여 미분하면

$$f(2x-1)\times(2x-1)'=2x-2$$

$$\therefore\ f(2x-1)=x-1$$

$2x-1=t$ 라고 하면 $x=\dfrac{t+1}{2}$

$$\therefore\ f(t)=\frac{t+1}{2}-1=\frac{1}{2}t-\frac{1}{2}$$

$$\therefore\ f(x)=\frac{1}{2}x-\frac{1}{2}$$

*$Note$ $2x-1=u$ 라고 하면

$x=\dfrac{u+1}{2}$ 이므로 준 식은

$$\int_{a}^{u}f(t)dt=\frac{1}{4}(u^2-2u-3)\cdots\text{①}$$

$u=a$ 를 대입하면

$$0=\frac{1}{4}(a^2-2a-3)\quad\therefore\ a=-1,\,3$$

또, ①의 양변을 u 에 관하여 미분하면

$$f(u)=\frac{1}{2}u-\frac{1}{2}$$

$$\therefore\ f(x)=\frac{1}{2}x-\frac{1}{2}$$

(4) 준 식에 $x=0$ 을 대입하면

$0=a-1$　∴ $\boldsymbol{a=1}$

∴ $\displaystyle\int_1^{e^x} f(t)dt=\cos x-1$

양변을 x에 관하여 미분하면

$f(e^x)\times(e^x)'=-\sin x$

∴ $f(e^x)\times e^x=-\sin x$

$e^x=t$라고 하면 $x=\ln t$이므로

$f(t)\times t=-\sin(\ln t)$

∴ $\boldsymbol{f(x)=-\dfrac{\sin(\ln x)}{x}}$

16-13. (1) 준 식의 양변을 x에 관하여 미분하면

$f'(x)=e^x+1-f'(x)e^x$

∴ $(e^x+1)f'(x)=e^x+1$

∴ $f'(x)=1$　∴ $f(x)=x+C$

또, 준 식에 $x=0$을 대입하면

$f(0)=e^0=1$　∴ $C=1$

∴ $\boldsymbol{f(x)=x+1}$

(2) 준 식의 양변을 x에 관하여 미분하면

$f(x)+xf'(x)=2xe^x+x^2e^x+f(x)$

∴ $f'(x)=2e^x+xe^x$

∴ $f(x)=\displaystyle\int f'(x)dx$

$\quad=\displaystyle\int(2e^x+xe^x)dx$

$\quad=2e^x+xe^x-\displaystyle\int e^x dx$

$\quad=(x+1)e^x+C$

그런데 $f(0)=1$이므로

$1+C=1$　∴ $C=0$

∴ $\boldsymbol{f(x)=(x+1)e^x}$

(3) 준 식의 양변을 x에 관하여 미분하면

$2xf(x)+x^2f'(x)=12x^5-12x^3+2xf(x)$

∴ $f'(x)=12x^3-12x$

∴ $f(x)=\displaystyle\int f'(x)dx$

$\quad=\displaystyle\int(12x^3-12x)dx$

$\quad=3x^4-6x^2+C$

또, 준 식에 $x=1$을 대입하면

$f(1)=2-3=-1$

∴ $f(1)=3-6+C=-1$　∴ $C=2$

∴ $\boldsymbol{f(x)=3x^4-6x^2+2}$

(4) 준 식의 양변을 x에 관하여 미분하면

$2f(x)f'(x)=\left(4x-\dfrac{4}{3}\right)f(x)$

$f(0)>0$이므로　$f(x)\neq 0$

∴ $f'(x)=2x-\dfrac{2}{3}$

∴ $f(x)=\displaystyle\int f'(x)dx=\int\left(2x-\dfrac{2}{3}\right)dx$

$\quad=x^2-\dfrac{2}{3}x+C$　……①

또, 준 식에 $x=0$을 대입하면

$\{f(0)\}^2=\displaystyle\int_0^1 f(t)dt$　……②

한편 ①에서 $f(0)=C$이고

$\displaystyle\int_0^1 f(t)dt=\int_0^1\left(t^2-\dfrac{2}{3}t+C\right)dt$

$\quad=\left[\dfrac{1}{3}t^3-\dfrac{1}{3}t^2+Ct\right]_0^1=C$

이 값을 ②에 대입하면　$C^2=C$

$f(0)=C$이고 $f(0)>0$이므로　$C=1$

∴ $\boldsymbol{f(x)=x^2-\dfrac{2}{3}x+1}$

16-14.(1) $f(x)=x\displaystyle\int_0^x\cos^2 t dt-\int_0^x t\cos^2 t dt$

양변을 x에 관하여 미분하면

$f'(x)=\displaystyle\int_0^x\cos^2 t\,dt+x\cos^2 x-x\cos^2 x$

$\quad=\displaystyle\int_0^x\dfrac{1+\cos 2t}{2}dt$

$\quad=\left[\dfrac{1}{2}t+\dfrac{1}{4}\sin 2t\right]_0^x$

$\quad=\boldsymbol{\dfrac{1}{2}x+\dfrac{1}{4}\sin 2x}$

(2) $f(x)=x+2x\displaystyle\int_1^x t\ln t\,dt-3\int_1^x t^2\ln t\,dt$

양변을 x에 관하여 미분하면

$f'(x)=1+2\displaystyle\int_1^x t\ln t\,dt$

$\qquad\qquad+2x\times x\ln x-3x^2\ln x$

$\quad=1-x^2\ln x$

$\qquad+2\left(\left[\dfrac{1}{2}t^2\ln t\right]_1^x-\int_1^x\dfrac{1}{2}t\,dt\right)$

$$=1-\left[\frac{1}{2}t^2\right]_1^x=\frac{1}{2}(3-x^2)$$

16-15. 준 식에서

$$x\int_0^x f(t)dt-\int_0^x tf(t)dt=e^x-ax-b$$
$$\cdots\cdots\textcircled{1}$$

양변을 x에 관하여 미분하면

$$\int_0^x f(t)dt+xf(x)-xf(x)=e^x-a$$
$$\therefore \int_0^x f(t)dt=e^x-a \quad \cdots\cdots\textcircled{2}$$

다시 양변을 x에 관하여 미분하면

$$f(x)=e^x$$

②에 $x=0$을 대입하면

$$0=e^0-a \quad \therefore a=1$$

①에 $x=0$을 대입하면

$$0=e^0-b \quad \therefore b=1$$

16-16. (1) $f'(x)=3(x+1)(x-1)$

$f'(x)=0$에서 $x=-1,\ 1$

증감을 조사하면 $f(x)$는 $x=-1$에서 극대이고, $x=1$에서 극소이다.

한편

$$f(x)=\int_1^x 3(t^2-1)dt=\left[t^3-3t\right]_1^x$$
$$=x^3-3x+2$$

이므로

극댓값 $f(-1)=4$,

극솟값 $f(1)=0$

(2) $f'(x)=\cos 2x+\cos x$
$$=2\cos^2 x+\cos x-1$$

$f'(x)=0$에서 $\cos x=-1,\ \dfrac{1}{2}$

$0\le x\le 2\pi$이므로 $x=\dfrac{\pi}{3},\ \pi,\ \dfrac{5}{3}\pi$

증감을 조사하면 $f(x)$는 $x=\dfrac{\pi}{3}$에서 극대이고, $x=\dfrac{5}{3}\pi$에서 극소이다.

한편

$$f(x)=\int_0^x (\cos 2t+\cos t)dt$$
$$=\left[\frac{1}{2}\sin 2t+\sin t\right]_0^x$$

$$=\frac{1}{2}\sin 2x+\sin x$$

이므로

극댓값 $f\left(\dfrac{\pi}{3}\right)=\dfrac{3\sqrt{3}}{4}$,

극솟값 $f\left(\dfrac{5}{3}\pi\right)=-\dfrac{3\sqrt{3}}{4}$

16-17. (1) $f'(x)=x^2-4=(x+2)(x-2)$

$f'(x)=0$에서 $x=-2,\ 2$

$x<0$에서 증감을 조사하면 $f(x)$는 $x=-2$에서 극대이고 최대이다.

따라서 최댓값은

$$f(-2)=\int_1^{-2}(t^2-4)dt$$
$$=\left[\frac{1}{3}t^3-4t\right]_1^{-2}=9$$

(2) $f'(x)=1-\ln x$

$f'(x)=0$에서 $x=e$

증감을 조사하면 $f(x)$는 $x=e$에서 극대이고 최대이다.

따라서 최댓값은

$$f(e)=\int_1^e (1-\ln t)dt$$
$$=\left[t\right]_1^e-\left[t\ln t\right]_1^e+\int_1^e 1\,dt$$
$$=(e-1)-e+(e-1)=e-2$$

(3) $f'(x)=(1-x)e^x$

$f'(x)=0$에서 $x=1$

증감을 조사하면 $f(x)$는 $x=1$에서 극대이고 최대이다.

따라서 최댓값은

$$f(1)=\int_0^1 (1-t)e^t dt$$
$$=\left[e^t\right]_0^1-\left[te^t\right]_0^1+\int_0^1 e^t dt$$
$$=(e-1)-e+(e-1)=e-2$$

16-18. (1) $n\le x\le n+1$일 때

$$\frac{1}{n+1}\le\frac{1}{x}\le\frac{1}{n}$$

이므로

$$\int_n^{n+1}\frac{1}{n+1}dx<\int_n^{n+1}\frac{1}{x}dx<\int_n^{n+1}\frac{1}{n}dx$$

$$\therefore \left[\frac{x}{n+1}\right]_n^{n+1}<\int_n^{n+1}\frac{1}{x}dx<\left[\frac{x}{n}\right]_n^{n+1}$$

$$\therefore \frac{1}{n+1}<\int_n^{n+1}\frac{1}{x}dx<\frac{1}{n}$$

(2) $0\leq x\leq\pi$ 일 때 $0<n\pi+x\leq n\pi+\pi$
이고 $\sin x\geq0$ 이므로

$$\frac{\sin x}{n\pi+x}\geq\frac{\sin x}{n\pi+\pi}$$

$$\therefore \int_0^\pi\frac{\sin x}{n\pi+x}dx>\int_0^\pi\frac{\sin x}{(n+1)\pi}dx$$

$$\therefore \int_0^\pi\frac{\sin x}{n\pi+x}dx>\left[\frac{-\cos x}{(n+1)\pi}\right]_0^\pi$$

$$\therefore \int_0^\pi\frac{\sin x}{n\pi+x}dx>\frac{2}{(n+1)\pi}$$

16-19. (1) $f(x)=\dfrac{\sin x}{x}$ 는 $0<x\leq\dfrac{\pi}{2}$ 에서

감소하고 $\lim\limits_{x\to0}\dfrac{\sin x}{x}=1$ 이므로

$$1>f(x)\geq f\left(\frac{\pi}{2}\right)$$

$$\therefore \frac{2}{\pi}\leq\frac{\sin x}{x}<1 \qquad\cdots\cdots①$$

$$\therefore \int_0^{\frac{\pi}{2}}\frac{2}{\pi}dx<\int_0^{\frac{\pi}{2}}\frac{\sin x}{x}dx<\int_0^{\frac{\pi}{2}}1\,dx$$

$$\therefore \left[\frac{2}{\pi}x\right]_0^{\frac{\pi}{2}}<\int_0^{\frac{\pi}{2}}\frac{\sin x}{x}dx<\left[x\right]_0^{\frac{\pi}{2}}$$

$$\therefore 1<\int_0^{\frac{\pi}{2}}\frac{\sin x}{x}dx<\frac{\pi}{2}$$

(2) ①에서 $\dfrac{2}{\pi}x\leq\sin x<x$ 이므로

$$e^{\frac{2}{\pi}x}\leq e^{\sin x}<e^x$$

$$\therefore \int_0^{\frac{\pi}{2}}e^{\frac{2}{\pi}x}dx<\int_0^{\frac{\pi}{2}}e^{\sin x}dx<\int_0^{\frac{\pi}{2}}e^x dx$$

$$\therefore \left[\frac{\pi}{2}e^{\frac{2}{\pi}x}\right]_0^{\frac{\pi}{2}}<\int_0^{\frac{\pi}{2}}e^{\sin x}dx<\left[e^x\right]_0^{\frac{\pi}{2}}$$

$$\therefore \frac{\pi}{2}(e-1)<\int_0^{\frac{\pi}{2}}e^{\sin x}dx<e^{\frac{\pi}{2}}-1$$

16-20. $\dfrac{1}{\pi-0}\displaystyle\int_0^\pi(\sin x+\cos x)dx$

$$=\frac{1}{\pi}\left[-\cos x+\sin x\right]_0^\pi=\frac{2}{\pi}$$

17-1. 구하는 넓이를 S라고 하자.

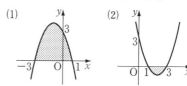

(1) $S=\displaystyle\int_{-3}^1(-x^2-2x+3)dx=\dfrac{32}{3}$

(2) $S=-\displaystyle\int_1^3(x^2-4x+3)dx=\dfrac{4}{3}$

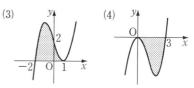

(3) $S=\displaystyle\int_{-2}^1(x-1)^2(x+2)dx$

$$=\int_{-2}^1(x^3-3x+2)dx=\frac{27}{4}$$

(4) $S=-\displaystyle\int_0^3 x^2(x-3)dx$

$$=-\int_0^3(x^3-3x^2)dx=\frac{27}{4}$$

__Note__ (1), (2)에서는 다음 공식을 이용
할 수도 있다.

$$\int_\alpha^\beta\boldsymbol{a}(x-\alpha)(x-\beta)dx=-\frac{\boldsymbol{a}}{6}(\beta-\alpha)^3$$

17-2.

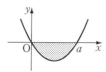

곡선 $y=x(x-a)$ 와 x 축으로 둘러싸
인 도형의 넓이는

$$-\int_0^a x(x-a)dx=\frac{1}{6}a^3$$

$$\therefore \frac{1}{6}a^3=\frac{2}{3} \quad\therefore a^3=4$$

a는 실수이므로 $a=\sqrt[3]{4}$

17-3.

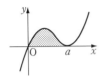

곡선 $y=x(x-a)^2$과 x축으로 둘러싸인 도형의 넓이는

$$\int_0^a x(x-a)^2\,dx=\int_0^a (x^3-2ax^2+a^2x)\,dx$$
$$=\frac{1}{12}a^4$$

$$\therefore \frac{1}{12}a^4=12 \quad \therefore a^4=12^2$$

$a>0$이므로 $a=2\sqrt{3}$

17-4. 구하는 넓이를 S라고 하자.

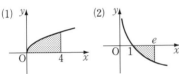

(1) $\text{S}=\int_0^4 y\,dx=\int_0^4 \sqrt{x}\,dx$
$$=\left[\frac{2}{3}x\sqrt{x}\right]_0^4=\frac{16}{3}$$

(2) $\text{S}=-\int_1^e y\,dx=-\int_1^e (-\ln x)\,dx$
$$=\left[x\ln x-x\right]_1^e=1$$

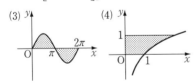

(3) $\text{S}=\int_0^\pi y\,dx-\int_\pi^{2\pi} y\,dx$
$$=\int_0^\pi \sin x\,dx-\int_\pi^{2\pi}\sin x\,dx$$
$$=\left[-\cos x\right]_0^\pi-\left[-\cos x\right]_\pi^{2\pi}=4$$

(4) $y=\ln x$에서 $x=e^y$이므로

$$\text{S}=\int_0^1 x\,dy=\int_0^1 e^y\,dy=\left[e^y\right]_0^1$$
$$=e-1$$

(5) $\text{S}=\int_0^\pi x\,dy-\int_\pi^{2\pi} x\,dy$
$$=\int_0^\pi \sin y\,dy-\int_\pi^{2\pi}\sin y\,dy$$
$$=\left[-\cos y\right]_0^\pi-\left[-\cos y\right]_\pi^{2\pi}=4$$

(6) $(x+1)(y+1)^2=4$에서
$$x=\frac{4}{(y+1)^2}-1$$
$$\therefore \text{S}=\int_0^1 x\,dy=\int_0^1 \left\{\frac{4}{(y+1)^2}-1\right\}dy$$
$$=\left[-\frac{4}{y+1}-y\right]_0^1=1$$

17-5. $f'(x)=3x^2+1>0$이므로 $y=f(x)$의 그래프는 점 $(0,\,2)$를 지나고 증가하는 곡선이다.

또, $y=g(x)$의 그래프는 $y=f(x)$의 그래프와 직선 $y=x$에 대하여 대칭이므로 $y=f(x)$, $y=g(x)$의 그래프는 아래와 같다.

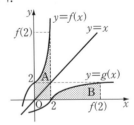

따라서 정적분

$$\int_0^2 f(x)\,dx,\quad \int_2^{f(2)} g(x)\,dx \quad \Leftarrow f(2)=12$$

의 값은 각각 위의 그림에서 점 찍은 부분

A, B의 넓이와 같으므로 두 부분의 넓이의 합은 네 점 $(0, 0)$, $(2, 0)$, $(2, 12)$, $(0, 12)$를 꼭짓점으로 하는 직사각형의 넓이와 같다.

$$\therefore \ (\text{준 식}) = \int_0^2 f(x)\,dx + \int_2^{f(2)} g(x)\,dx$$
$$= 2 \times 12 = \mathbf{24}$$

17-6. 구하는 넓이를 S라고 하자.

(1) 두 곡선의 교점의 x좌표는
$e^x = xe^x$에서　$x=1$

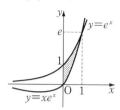

$$\therefore \ S = \int_0^1 (e^x - xe^x)\,dx$$
$$= \Big[e^x \Big]_0^1 - \Big[xe^x \Big]_0^1 + \int_0^1 e^x\,dx$$
$$= e - 1 - e + \Big[e^x \Big]_0^1 = \mathbf{e-2}$$

(2) 두 곡선의 교점의 x좌표는
$x^2 e^{-x} = e^{-x}$에서　$x = -1, \ 1$

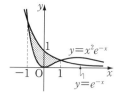

$$\therefore \ S = \int_{-1}^1 (e^{-x} - x^2 e^{-x})\,dx$$
$$= \Big[-e^{-x} + x^2 e^{-x} + 2xe^{-x} + 2e^{-x} \Big]_{-1}^1$$
$$= \frac{4}{e}$$

(3) 두 곡선의 교점의 x좌표는
$\sin x = \sin 2x$에서
$$(\sin x)(1 - 2\cos x) = 0$$

$$\therefore \ \sin x = 0, \ \cos x = \frac{1}{2}$$
$$\therefore \ x = 0, \ \frac{\pi}{3}, \ \pi, \ \frac{5}{3}\pi, \ 2\pi$$

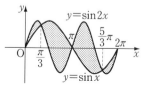

$$\therefore \ S = 2\int_0^{\frac{\pi}{3}} (\sin 2x - \sin x)\,dx$$
$$+ 2\int_{\frac{\pi}{3}}^{\pi} (\sin x - \sin 2x)\,dx$$
$$= 2\Big[-\frac{1}{2}\cos 2x + \cos x \Big]_0^{\frac{\pi}{3}}$$
$$+ 2\Big[-\cos x + \frac{1}{2}\cos 2x \Big]_{\frac{\pi}{3}}^{\pi}$$
$$= \mathbf{5}$$

(4) 두 곡선의 교점의 x좌표는
$(1 + \cos x)\sin x = \sin x$에서
$$\cos x \sin x = 0$$
$$\therefore \ \cos x = 0, \ \sin x = 0$$
$$\therefore \ x = 0, \ \frac{\pi}{2}, \ \pi$$

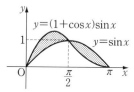

$$\therefore \ S = \int_0^{\frac{\pi}{2}} \{(1+\cos x)\sin x - \sin x\}\,dx$$
$$+ \int_{\frac{\pi}{2}}^{\pi} \{\sin x - (1+\cos x)\sin x\}\,dx$$
$$= \int_0^{\frac{\pi}{2}} \cos x \sin x\,dx$$
$$- \int_{\frac{\pi}{2}}^{\pi} \cos x \sin x\,dx$$
$$= \Big[\frac{1}{2}\sin^2 x \Big]_0^{\frac{\pi}{2}} - \Big[\frac{1}{2}\sin^2 x \Big]_{\frac{\pi}{2}}^{\pi} = \mathbf{1}$$

(5) 두 곡선의 교점의 x좌표는

$2\sin^2 x = \cos 2x$ 에서

$\qquad 2\sin^2 x = 1 - 2\sin^2 x$

$\therefore \ \sin x = \pm \dfrac{1}{2} \qquad \therefore \ x = \dfrac{\pi}{6}, \ \dfrac{5}{6}\pi$

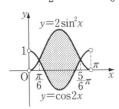

$\therefore \ S = \displaystyle\int_{\frac{\pi}{6}}^{\frac{5}{6}\pi}(2\sin^2 x - \cos 2x)\,dx$

$\qquad = \displaystyle\int_{\frac{\pi}{6}}^{\frac{5}{6}\pi}(1 - 2\cos 2x)\,dx$

$\qquad = \Big[x - \sin 2x\Big]_{\frac{\pi}{6}}^{\frac{5}{6}\pi} = \dfrac{2}{3}\pi + \sqrt{3}$

17-7. 구하는 넓이를 S라고 하자.

(1) 포물선과 직선의 교점의 y좌표는

$\quad y^2 = y + 2$ 에서 $\quad y = -1, \ 2$

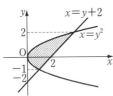

$\therefore \ S = \displaystyle\int_{-1}^{2}\big\{(y+2) - y^2\big\}\,dy = \dfrac{9}{2}$

(2) $y = \sqrt{x} + 2$ 에서 $\quad x = (y-2)^2 \ (y \geq 2)$

$\quad y = 2\sqrt{x}$ 에서 $\quad x = \dfrac{1}{4}y^2 \ (y \geq 0)$

$\quad$ 두 곡선의 교점의 y좌표는

$\quad (y-2)^2 = \dfrac{1}{4}y^2$ 에서 $\quad y = 4 \ (\because \ y \geq 2)$

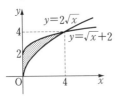

$\therefore \ S = \displaystyle\int_{0}^{4}\dfrac{1}{4}y^2\,dy - \int_{2}^{4}(y-2)^2\,dy = \dfrac{8}{3}$

Note $\quad S = \displaystyle\int_{0}^{4}\big\{(\sqrt{x} + 2) - 2\sqrt{x}\big\}\,dx$

$\qquad = \displaystyle\int_{0}^{4}(2 - \sqrt{x}\,)\,dx$

$\qquad = \Big[2x - \dfrac{2}{3}x\sqrt{x}\Big]_{0}^{4} = \dfrac{8}{3}$

(3) $y = \sqrt{x}$ 에서 $\quad x = y^2 \ (y \geq 0)$

$\quad$ 곡선과 직선의 교점의 y좌표는

$\quad y^2 = y + 2$ 에서 $\quad y = 2 \ (\because \ y \geq 0)$

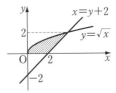

$\therefore \ S = \displaystyle\int_{0}^{2}\big\{(y+2) - y^2\big\}\,dy = \dfrac{10}{3}$

(4) 포물선과 반원의 교점의 x좌표는

$\quad x^2 = \sqrt{1-(x-1)^2}$ 에서

$\quad (x-1)^2 + (x^2)^2 = 1 \quad \therefore \ x = 0, \ 1$

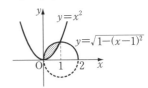

$\therefore \ S = \dfrac{\pi}{4} - \displaystyle\int_{0}^{1}x^2\,dx = \dfrac{\pi}{4} - \dfrac{1}{3}$

17-8. $y' = \dfrac{1}{2\sqrt{x}}$ 이므로 곡선 위의 점

$(1, 1)$에서의 접선의 방정식은

$\quad y - 1 = \dfrac{1}{2}(x-1) \quad \therefore \ y = \dfrac{1}{2}x + \dfrac{1}{2}$

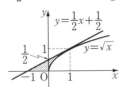

구하는 넓이를 S라고 하면

$$S=\frac{1}{2}\times 2\times 1-\int_0^1 \sqrt{x}\,dx$$

$$=1-\left[\frac{2}{3}x\sqrt{x}\right]_0^1=\frac{1}{3}$$

17-9. $y^2=4x$ 에서　$y=\pm 2\sqrt{x}$

점 P(4, 4)는 곡선 $y=2\sqrt{x}$ 위의 점이

고, $y'=\dfrac{1}{\sqrt{x}}$ 이므로 점 P에서의 접선의

방정식은

$$y-4=\frac{1}{\sqrt{4}}(x-4)$$

$$\therefore\ x=2y-4\qquad \cdots\cdots ①$$

점 Q(1, -2)는 곡선 $y=-2\sqrt{x}$ 위의

점이고, $y'=-\dfrac{1}{\sqrt{x}}$ 이므로 점 Q에서의

접선의 방정식은

$$y+2=-\frac{1}{\sqrt{1}}(x-1)$$

$$\therefore\ x=-y-1\qquad \cdots\cdots ②$$

①, ②를 연립하여 풀면

$$x=-2,\ \ y=1$$

따라서 교점의 좌표는 $(-2,\ 1)$

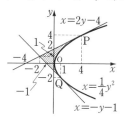

구하는 넓이를 S라고 하면

$$S=\int_{-2}^1\left\{\frac{1}{4}y^2-(-y-1)\right\}dy$$

$$+\int_1^4\left\{\frac{1}{4}y^2-(2y-4)\right\}dy$$

$$=\frac{9}{2}$$

17-10. $y'=e^x$ 이므로 곡선 위의 점

$(t,\ e^t)$ 에서의 접선의 방정식은

$$y-e^t=e^t(x-t)$$

이 직선이 원점 (0, 0)을 지나므로

$$-e^t=-te^t\quad \therefore\ t=1$$

따라서 접선의 방정식은 $y=ex$ 이고,

접점의 좌표는 $(1,\ e)$ 이다.

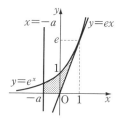

$$\therefore\ S(a)=\int_{-a}^1 e^x dx-\frac{1}{2}\times 1\times e$$

$$=\left[e^x\right]_{-a}^1-\frac{1}{2}e$$

$$=\frac{1}{2}e-\frac{1}{e^a}$$

$$\therefore\ \lim_{a\to\infty}S(a)=\lim_{a\to\infty}\left(\frac{1}{2}e-\frac{1}{e^a}\right)=\frac{1}{2}e$$

17-11. 두 곡선 $y=\sin x$ 와 $y=k\cos x$ 의

교점의 x 좌표를 $\alpha\left(0<\alpha<\dfrac{\pi}{2}\right)$ 라고 하면

$$\sin\alpha=k\cos\alpha\quad \therefore\ \tan\alpha=k$$

$$\therefore\ \sin\alpha=\frac{k}{\sqrt{1+k^2}},\ \cos\alpha=\frac{1}{\sqrt{1+k^2}}$$

$$\cdots\cdots ①$$

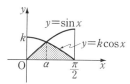

한편 문제의 조건에서

$$\int_0^\alpha \sin x\,dx+\int_\alpha^{\frac{\pi}{2}}k\cos x\,dx$$

$$=\frac{1}{2}\int_0^{\frac{\pi}{2}}\sin x\,dx$$

$$\therefore\ \left[-\cos x\right]_0^\alpha+\left[k\sin x\right]_\alpha^{\frac{\pi}{2}}$$

$$=\frac{1}{2}\left[-\cos x\right]_0^{\frac{\pi}{2}}$$

$\therefore\ 1-\cos\alpha+k-k\sin\alpha=\dfrac{1}{2}$ ···②

①을 ②에 대입하여 정리하면

$1-\dfrac{1}{\sqrt{1+k^2}}+k-\dfrac{k^2}{\sqrt{1+k^2}}=\dfrac{1}{2}$

$\therefore\ k+\dfrac{1}{2}=\dfrac{1+k^2}{\sqrt{1+k^2}}$

$\therefore\ \Big(k+\dfrac{1}{2}\Big)^2=1+k^2$　$\therefore\ \boldsymbol{k=\dfrac{3}{4}}$

17-12. $y=(1-x)\sqrt{x}$ ······①

　　　　$y=k\sqrt{x}$ ······②

두 곡선 ①, ②의 교점의 x좌표는

$(1-x)\sqrt{x}=k\sqrt{x}$ 에서

$\sqrt{x}\,(x-1+k)=0$　$\therefore\ x=0,\ 1-k$

$0<x<1$에서 해를 가져야 하므로

$0<1-k<1$　$\therefore\ 0<k<1$

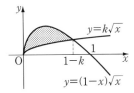

한편 문제의 조건에서

$\displaystyle\int_0^{1-k}\!\big\{(1-x)\sqrt{x}-k\sqrt{x}\big\}dx$

$\displaystyle\qquad=\dfrac{1}{2}\int_0^1(1-x)\sqrt{x}\,dx$

$\therefore\ \Big[\dfrac{2}{3}x\sqrt{x}-\dfrac{2}{5}x^2\sqrt{x}-\dfrac{2}{3}kx\sqrt{x}\Big]_0^{1-k}$

$\qquad=\dfrac{1}{2}\Big[\dfrac{2}{3}x\sqrt{x}-\dfrac{2}{5}x^2\sqrt{x}\Big]_0^1$

$\therefore\ \dfrac{4}{15}(1-k)^2\sqrt{1-k}=\dfrac{2}{15}$

$\therefore\ \big(\sqrt{1-k}\big)^5=\dfrac{1}{2}$　$\therefore\ \sqrt{1-k}=\dfrac{1}{\sqrt[5]{2}}$

$\therefore\ \boldsymbol{k=1-\dfrac{1}{\sqrt[5]{4}}}$

17-13. $y^2-2xy+2x^2-a^2=0$에서

　　$y=x\pm\sqrt{a^2-x^2}\ \ (-a\le x\le a)$

이때, 곡선을 직선 $y=x$를 경계로 하

여 두 부분으로 나누면

　위쪽은 $\ y_1=x+\sqrt{a^2-x^2}$,

　아래쪽은 $\ y_2=x-\sqrt{a^2-x^2}$

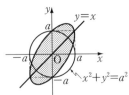

구하는 넓이를 S라고 하면

$S=\displaystyle\int_{-a}^a(y_1-y_2)dx$

$=\displaystyle\int_{-a}^a\big\{\big(x+\sqrt{a^2-x^2}\big)$

$\qquad\qquad -\big(x-\sqrt{a^2-x^2}\big)\big\}dx$

$=2\displaystyle\int_{-a}^a\sqrt{a^2-x^2}\,dx$

$=4\displaystyle\int_0^a\sqrt{a^2-x^2}\,dx$　⇐ 원의 넓이

$=\boldsymbol{\pi a^2}$

17-14. $y=0$에서 $t=-2,\ 1$이고

$t=-2$일 때 $x=-1,\ t=1$일 때 $x=2$

또, $-1\le x\le2$는 $-2\le t\le1$에 대응하

고 $-2\le t\le1$에서 $y\le0$이므로 구하는 넓

이를 S라고 하면

$S=-\displaystyle\int_{-1}^2 y\,dx$　⇐ $dx=dt$

$=-\displaystyle\int_{-2}^1(t^2+t-2)dt=\dfrac{9}{2}$

17-15. 구하는 원의 넓이를 S라고 하면

$S=4\displaystyle\int_0^r y\,dx$

$x=r\cos\theta\Big(0\le\theta\le\dfrac{\pi}{2}\Big)$에서

$dx=-r\sin\theta\,d\theta$이고

$x=0$일 때 $\theta=\dfrac{\pi}{2}$, $x=r$일 때 $\theta=0$

$\therefore\ S=4\displaystyle\int_{\frac{\pi}{2}}^0(r\sin\theta)(-r\sin\theta\,d\theta)$

$=4\displaystyle\int_0^{\frac{\pi}{2}}r^2\sin^2\theta\,d\theta$

$$=2r^2\int_0^{\frac{\pi}{2}}(1-\cos 2\theta)d\theta$$

$$=2r^2\Big[\theta-\frac{1}{2}\sin 2\theta\Big]_0^{\frac{\pi}{2}}=\boldsymbol{\pi r^2}$$

***Note**　다음과 같이 매개변수 θ를 소거
하여 구해도 된다.

$$x^2+y^2=r^2(\cos^2\theta+\sin^2\theta)=r^2$$

$$\therefore\ S=\boldsymbol{\pi r^2}$$

17-16. 주어진 곡선의 개형은 아래와 같
다.　　　　　　⇦ p. 150 참조

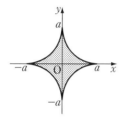

주어진 곡선으로 둘러싸인 도형에서 제
1사분면의 부분의 넓이를 S라고 하면

$$S=\int_0^a y\,dx$$

$x=a\cos^3t\left(0\le t\le\dfrac{\pi}{2}\right)$에서

$dx=-3a\cos^2t\sin t\,dt$이고

$x=0$일 때 $t=\dfrac{\pi}{2}$, $x=a$일 때 $t=0$

$$\therefore\ S=\int_{\frac{\pi}{2}}^{0}(a\sin^3t)(-3a\cos^2t\sin t\,dt)$$

$$=3a^2\int_0^{\frac{\pi}{2}}\sin^4t\cos^2t\,dt$$

여기에서

$$\sin^4t\cos^2t=\left(\frac{1}{2}\sin 2t\right)^2\sin^2t$$

$$=\frac{1}{4}\sin^2 2t\sin^2t$$

$$=\frac{1}{4}\times\frac{1-\cos 4t}{2}\times\frac{1-\cos 2t}{2}$$

$$=\frac{1}{16}(1-\cos 2t-\cos 4t$$
$$+\cos 4t\cos 2t)$$

그런데

$$\int\cos 4t\cos 2t\,dt$$

$$=\int(1-2\sin^2 2t)\cos 2t\,dt$$

$$\qquad\qquad ⇦ \sin 2t=p로\ 치환$$

$$=\frac{1}{2}\sin 2t-\frac{1}{3}\sin^3 2t+C$$

이므로

$$\int_0^{\frac{\pi}{2}}(1-\cos 2t-\cos 4t+\cos 4t\cos 2t)dt$$

$$=\Big[t-\frac{1}{2}\sin 2t-\frac{1}{4}\sin 4t$$

$$\qquad+\frac{1}{2}\sin 2t-\frac{1}{3}\sin^3 2t\Big]_0^{\frac{\pi}{2}}$$

$$=\frac{\pi}{2}$$

따라서 구하는 넓이는

$$4S=4\times 3a^2\times\frac{1}{16}\times\frac{\pi}{2}=\frac{3}{8}\boldsymbol{\pi a^2}$$

18-1. 수면의 높이가 t일 때 수면의 넓이
를 S(t)라고 하면, 높이가 x일 때 물의
부피는 $\displaystyle\int_0^x$S$(t)dt$이므로

$$\int_0^x\text{S}(t)dt=2x^3+4x$$

양변을 x에 관하여 미분하면

$$\text{S}(x)=6x^2+4$$

$$\therefore\ \text{S}(3)=6\times 3^2+4=\boldsymbol{58}\,\textbf{(cm}^2\textbf{)}$$

18-2. 수면의 높이가 t일 때 수면의 넓이
를 S(t)라고 하면, 높이가 x일 때 물의
부피는 $\displaystyle\int_0^x$S$(t)dt$이므로

$$\int_0^x\text{S}(t)dt=x^3-4x^2+5x$$

양변을 x에 관하여 미분하면

$$\text{S}(x)=3x^2-8x+5$$

$$\text{S}(x)=\text{S}\left(\frac{1}{2}x\right)이므로$$

$$3x^2-8x+5=3\left(\frac{1}{2}x\right)^2-8\left(\frac{1}{2}x\right)+5$$

$$\therefore\ 9x^2-16x=0$$

$x>0$이므로　$\boldsymbol{x=\dfrac{16}{9}}$

18-3.

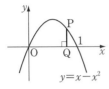

$P(x,\ y)$라고 하면 $\overline{PQ}=y=x-x^2$

선분 PQ를 대각선으로 하는 정사각형의 넓이를 $S(x)$라고 하면

$$S(x)=\left(\frac{1}{\sqrt{2}}\overline{PQ}\right)^2=\frac{1}{2}(x-x^2)^2$$

따라서 구하는 부피를 V라고 하면

$$V=\int_0^1 S(x)dx=\int_0^1 \frac{1}{2}(x-x^2)^2 dx$$
$$=\frac{1}{2}\int_0^1 (x^4-2x^3+x^2)dx=\frac{1}{60}$$

18-4.

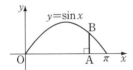

$\overline{AB}=\sin x$이고, 선분 AB를 한 변으로 하는 정삼각형의 넓이를 $S(x)$라고 하면

$$S(x)=\frac{\sqrt{3}}{4}\overline{AB}^2=\frac{\sqrt{3}}{4}\sin^2 x$$

따라서 구하는 부피를 V라고 하면

$$V=\int_0^\pi S(x)dx=\int_0^\pi \frac{\sqrt{3}}{4}\sin^2 x\,dx$$
$$=\frac{\sqrt{3}}{4}\int_0^\pi \frac{1-\cos 2x}{2}dx$$
$$=\frac{\sqrt{3}}{8}\left[x-\frac{1}{2}\sin 2x\right]_0^\pi=\frac{\sqrt{3}}{8}\pi$$

18-5.

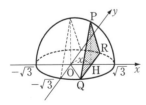

위의 그림에서
$$\overline{QH}^2=\overline{OQ}^2-\overline{OH}^2=3-x^2$$

$\therefore\ \overline{QH}=\sqrt{3-x^2}$ $\therefore\ \overline{QR}=2\sqrt{3-x^2}$

자른 단면의 넓이를 $S(x)$라고 하면

$$S(x)=\triangle PQR=\frac{\sqrt{3}}{4}\left(2\sqrt{3-x^2}\right)^2$$
$$=\sqrt{3}(3-x^2)$$

따라서 구하는 부피를 V라고 하면

$$V=\int_{-\sqrt{3}}^{\sqrt{3}}S(x)dx=2\int_0^{\sqrt{3}}S(x)dx$$
$$=2\int_0^{\sqrt{3}}\sqrt{3}(3-x^2)dx=\mathbf{12}$$

18-6. 구하는 부피를 V라고 하면

$$V=\pi\int_{-r}^{r}y^2 dx=\pi\int_{-r}^{r}(r^2-x^2)dx$$
$$=2\pi\int_0^{r}(r^2-x^2)dx=\frac{4}{3}\pi r^3$$

18-7. 구하는 부피를 V라고 하자.

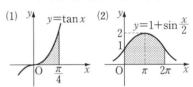

(1) $V=\pi\int_0^{\frac{\pi}{4}}\tan^2 x\,dx=\pi\int_0^{\frac{\pi}{4}}(\sec^2 x-1)dx$
$$=\pi\left[\tan x-x\right]_0^{\frac{\pi}{4}}=\pi\left(1-\frac{\pi}{4}\right)$$

(2) $V=\pi\int_0^{2\pi}\left(1+\sin\frac{x}{2}\right)^2 dx$
$$=\pi\int_0^{2\pi}\left(1+2\sin\frac{x}{2}+\sin^2\frac{x}{2}\right)dx$$
$$=\pi\int_0^{2\pi}\left(\frac{3}{2}+2\sin\frac{x}{2}-\frac{1}{2}\cos x\right)dx$$
$$=\pi\left[\frac{3}{2}x-4\cos\frac{x}{2}-\frac{1}{2}\sin x\right]_0^{2\pi}$$
$$=\pi(3\pi+8)$$

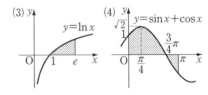

(3) $V = \pi \int_1^e (\ln x)^2 dx$

$= \pi \left\{ \left[x(\ln x)^2 \right]_1^e \right.$

$\left. - \int_1^e x \times 2 \ln x \times \frac{1}{x} dx \right\}$

$= \pi \left(e - 2 \int_1^e \ln x\, dx \right)$

$= \pi \left(e - 2 \left[x \ln x - x \right]_1^e \right)$

$= \boldsymbol{\pi(e-2)}$

(4) $V = \pi \int_0^\pi (\sin x + \cos x)^2 dx$

$= \pi \int_0^\pi (1 + \sin 2x) dx$

$= \pi \left[x - \frac{1}{2} \cos 2x \right]_0^\pi = \boldsymbol{\pi^2}$

18-8. 구하는 부피를 V라고 하자.

(1)
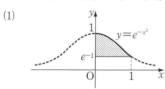

$y = e^{-x^2}$에서　$-x^2 = \ln y$

$\therefore x^2 = -\ln y$

$\therefore V = \pi \int_{e^{-1}}^1 x^2 dy = \pi \int_{e^{-1}}^1 (-\ln y) dy$

$= -\pi \left[y \ln y - y \right]_{e^{-1}}^1$

$= \boldsymbol{\pi \left(1 - \dfrac{2}{e} \right)}$

(2)
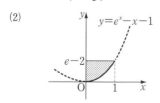

$y = e^x - x - 1$에서　$dy = (e^x - 1) dx$
이므로

$V = \pi \int_0^{e-2} x^2 dy = \pi \int_0^1 x^2 (e^x - 1) dx$

$= \pi \int_0^1 (x^2 e^x - x^2) dx$

$= \pi \left(\left[x^2 e^x \right]_0^1 - \int_0^1 2x e^x dx - \left[\frac{1}{3} x^3 \right]_0^1 \right)$

$= \pi \left(e - \frac{1}{3} \right) - 2\pi \left(\left[x e^x \right]_0^1 - \int_0^1 e^x dx \right)$

$= \pi \left(e - \frac{1}{3} \right) - 2\pi \left\{ e - (e-1) \right\}$

$= \boldsymbol{\pi \left(e - \dfrac{7}{3} \right)}$

18-9. 구하는 부피를 V라고 하자.

(1)　(2)
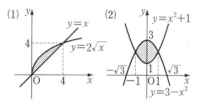

(1) 곡선과 직선의 교점의 x좌표는

$2\sqrt{x} = x$에서　$4x = x^2$　$\therefore x = 0, 4$

$\therefore V = \pi \int_0^4 \left(2\sqrt{x} \right)^2 dx - \pi \int_0^4 x^2 dx$

$= \boldsymbol{\dfrac{32}{3} \pi}$

(2) 두 곡선의 교점의 x좌표는

$x^2 + 1 = 3 - x^2$에서　$x = \pm 1$

$\therefore V = 2\pi \int_0^1 (3 - x^2)^2 dx$

$\qquad - 2\pi \int_0^1 (x^2 + 1)^2 dx$

$= 2\pi \int_0^1 (8 - 8x^2) dx = \boldsymbol{\dfrac{32}{3} \pi}$

(3) 곡선과 직선의 교점의 x좌표는

$x \geq 1$일 때 $x(x-1) = x$에서　$x = 2$

$x < 1$일 때 $x(1-x) = x$에서　$x = 0$

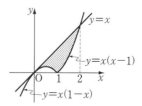

$$\therefore \; V = \pi \int_0^2 x^2 dx - \pi \int_0^1 \{x(1-x)\}^2 dx$$
$$- \pi \int_1^2 \{x(x-1)\}^2 dx$$
$$= \pi \int_0^2 x^2 dx - \pi \int_0^2 (x^4 - 2x^3 + x^2)dx$$
$$= -\pi \int_0^2 (x^4 - 2x^3)dx = \frac{8}{5}\pi$$

18-10. 두 곡선의 교점의 y좌표는

$y = (y^2)^2$에서 $y(y^3-1)=0$　$\therefore \; y=0,\, 1$

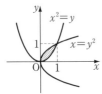

구하는 부피를 V라고 하면
$$V = \pi \int_0^1 y\, dy - \pi \int_0^1 (y^2)^2 dy = \frac{3}{10}\pi$$

18-11. 곡선과 직선의 교점의 x좌표는

$\sqrt{x} = mx$에서　$x = m^2 x^2$
$$\therefore \; x=0,\, \frac{1}{m^2}$$
따라서 교점의 좌표는
$$(0,\,0),\; \left(\frac{1}{m^2},\, \frac{1}{m}\right)$$

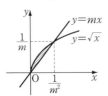

따라서
$$V_x = \pi \int_0^{\frac{1}{m^2}} \left(\sqrt{x}\,\right)^2 dx - \pi \int_0^{\frac{1}{m^2}} (mx)^2 dx$$
$$= \frac{\pi}{6m^4},$$
$$V_y = \pi \int_0^{\frac{1}{m}} \left(\frac{y}{m}\right)^2 dy - \pi \int_0^{\frac{1}{m}} (y^2)^2 dy$$
$$= \frac{2\pi}{15m^5}$$

조건에서 $V_x = V_y$이므로
$$\frac{\pi}{6m^4} = \frac{2\pi}{15m^5} \quad \therefore \; m = \frac{4}{5}$$

18-12. 곡선과 직선의 교점의 x좌표는

$x^4 = m^3 x$에서　$x(x^3 - m^3)=0$
$$\therefore \; x=0,\, m$$

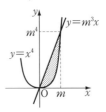

위의 그림에서 점 찍은 부분을 x축 둘레로 회전시킨 입체의 부피를 V라고 하면
$$V = \pi \int_0^m (m^3 x)^2 dx - \pi \int_0^m (x^4)^2 dx$$
$$= \frac{2}{9}\pi m^9$$

조건에서 $V = 6\pi$이므로
$$\frac{2}{9}\pi m^9 = 6\pi \quad \therefore \; m = \sqrt[3]{3}$$

18-13. (1)

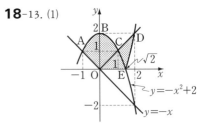

위의 그림에서 곡선 ABC, 선분 CD, 선분 AO, 곡선 ED의 회전에 따른 입체의 부피를 각각 V_1, V_2, V_3, V_4라고 하면
$$V_1 = \pi \int_{-1}^1 (-x^2+2)^2 dx = \frac{86}{15}\pi,$$
$$V_2 = \pi \int_1^2 x^2 dx = \frac{7}{3}\pi,$$
$$V_3 = \pi \int_{-1}^0 (-x)^2 dx = \frac{\pi}{3},$$

$$V_4 = \pi \int_{\sqrt{2}}^{2} (x^2-2)^2 dx = \frac{56-32\sqrt{2}}{15}\pi$$

따라서 구하는 부피를 V라고 하면

$$V = V_1 + V_2 - V_3 - V_4$$

$$= \frac{60+32\sqrt{2}}{15}\pi$$

(2) $\sqrt{2}\sin x = \sin 2x\left(0 \le x \le \dfrac{\pi}{2}\right)$에서

$$x = 0, \ \frac{\pi}{4}$$

$\sqrt{2}\sin x = -\sin 2x\left(\dfrac{\pi}{2} \le x \le \pi\right)$에서

$$x = \frac{3}{4}\pi, \ \pi$$

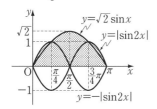

구하는 부피를 V라고 하면

$$V = 2\pi\left(\int_0^{\frac{\pi}{4}} \sin^2 2x\, dx + \int_{\frac{\pi}{4}}^{\frac{\pi}{2}} 2\sin^2 x\, dx\right)$$

$$= 2\pi\left\{\int_0^{\frac{\pi}{4}} \frac{1-\cos 4x}{2} dx\right.$$

$$\left. + \int_{\frac{\pi}{4}}^{\frac{\pi}{2}} (1-\cos 2x)dx\right\}$$

$$= 2\pi\left(\left[\frac{x}{2} - \frac{\sin 4x}{8}\right]_0^{\frac{\pi}{4}}\right.$$

$$\left. + \left[x - \frac{\sin 2x}{2}\right]_{\frac{\pi}{4}}^{\frac{\pi}{2}}\right)$$

$$= \frac{3}{4}\pi^2 + \pi$$

18-14. $y' = \dfrac{1}{2}x$ 이므로 곡선 위의 점

$\left(a, \dfrac{1}{4}a^2\right)$ 에서의 접선의 방정식은

$$y - \frac{1}{4}a^2 = \frac{1}{2}a(x-a) \quad \cdots\cdots ①$$

이 직선이 점 $(1, 0)$을 지나므로

$$-\frac{1}{4}a^2 = \frac{1}{2}a(1-a) \quad \therefore \ a=0, \ 2$$

①에 대입하면 $y=0, \ y=x-1$

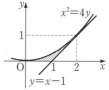

따라서

$$V_x = \pi\int_0^2\left(\frac{1}{4}x^2\right)^2 dx - \pi\int_1^2 (x-1)^2 dx$$

$$= \frac{\pi}{15},$$

$$V_y = \pi\int_0^1 (y+1)^2 dy - \pi\int_0^1 4y\, dy = \frac{\pi}{3}$$

18-15. $y' = e^x$ 이므로 곡선 위의 점

(a, e^a) 에서의 접선의 방정식은

$$y - e^a = e^a(x-a)$$

이 직선이 원점 $(0, 0)$을 지나므로

$$-e^a = -ae^a \quad \therefore \ a=1$$

$$\therefore \ y = ex$$

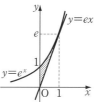

(i) $V_x = \pi\int_0^1 (e^x)^2 dx - \pi\int_0^1 (ex)^2 dx$

$$= \pi\left[\frac{1}{2}e^{2x}\right]_0^1 - \pi\left[\frac{1}{3}e^2 x^3\right]_0^1$$

$$= \frac{\pi}{6}(e^2-3)$$

(ii) $y = e^x$ 에서 $x = \ln y$,

$\quad y = ex$ 에서 $x = \dfrac{1}{e}y$ 이므로

$$V_y = \pi\int_0^e\left(\frac{1}{e}y\right)^2 dy - \pi\int_1^e (\ln y)^2 dy$$

$$= \pi\left[\frac{1}{e^2}\times\frac{1}{3}y^3\right]_0^e - \pi\left\{\left[y(\ln y)^2\right]_1^e\right.$$

$$\left. - \int_1^e y\times 2\ln y\times\frac{1}{y}dy\right\}$$

$$=\frac{1}{3}\pi e-\pi\Big(e-2\Big[y\ln y-y\Big]_1^e\Big)$$
$$=\frac{2}{3}\boldsymbol{\pi}(3-\boldsymbol{e})$$

18-16. $y'=1+e^{x-2}$이므로 곡선 위의 점 (2, 3)에서의 접선의 방정식은
$$y-3=(1+e^0)(x-2)$$
$$\therefore\ y=2x-1$$

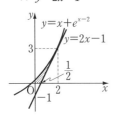

구하는 부피를 V라고 하면
$$V=\pi\int_0^2(x+e^{x-2})^2dx-\frac{1}{3}\pi\times3^2\times\frac{3}{2}$$
$$=\pi\int_0^2(x^2+2xe^{x-2}+e^{2x-4})dx-\frac{9}{2}\pi$$
$$=\pi\Big[\frac{1}{3}x^3+2xe^{x-2}-2e^{x-2}$$
$$+\frac{1}{2}e^{2x-4}\Big]_0^2-\frac{9}{2}\pi$$
$$=\Big(\frac{2}{3}+\frac{4e^2-1}{2e^4}\Big)\boldsymbol{\pi}$$

18-17.

$$(x-4)^2+(y-2)^2=1\text{에서}$$
$$x=4\pm\sqrt{1-(y-2)^2}$$
이때, 직선 $x=4$의 왼쪽 반원은
$$x=4-\sqrt{1-(y-2)^2}$$
또, 직선 $x=4$의 오른쪽 반원은
$$x=4+\sqrt{1-(y-2)^2}$$
따라서 구하는 부피를 V라고 하면

$$V=\pi\int_1^3\{4+\sqrt{1-(y-2)^2}\}^2dy$$
$$-\pi\int_1^3\{4-\sqrt{1-(y-2)^2}\}^2dy$$
$$=16\pi\int_1^3\sqrt{1-(y-2)^2}\,dy$$
$y-2=t$라고 하면 $dy=dt$이므로
$$\int_1^3\sqrt{1-(y-2)^2}\,dy=\int_{-1}^1\sqrt{1-t^2}\,dt$$
$$=2\int_0^1\sqrt{1-t^2}\,dt$$
$$=2\times\frac{\pi}{4}=\frac{\pi}{2}$$
$$\therefore\ V=16\pi\times\frac{\pi}{2}=8\boldsymbol{\pi}^2$$

19-1. $v(t)=\sin\pi t+\cos\pi t$
$$=\sqrt{2}\sin\Big(\pi t+\frac{\pi}{4}\Big)$$
(1) 점 P의 위치의 변화량을 x라고 하면
$$x=\int_0^1 v(t)dt=\int_0^1\sqrt{2}\sin\Big(\pi t+\frac{\pi}{4}\Big)dt$$
$$=\Big[-\frac{\sqrt{2}}{\pi}\cos\Big(\pi t+\frac{\pi}{4}\Big)\Big]_0^1=\frac{2}{\boldsymbol{\pi}}$$
(2) 점 P가 움직인 거리를 l이라고 하면
$$l=\int_0^1\big|v(t)\big|dt$$
$$=\int_0^{\frac{3}{4}}v(t)dt-\int_{\frac{3}{4}}^1 v(t)dt$$
$$=\int_0^{\frac{3}{4}}\sqrt{2}\sin\Big(\pi t+\frac{\pi}{4}\Big)dt$$
$$-\int_{\frac{3}{4}}^1\sqrt{2}\sin\Big(\pi t+\frac{\pi}{4}\Big)dt$$
$$=\Big[-\frac{\sqrt{2}}{\pi}\cos\Big(\pi t+\frac{\pi}{4}\Big)\Big]_0^{\frac{3}{4}}$$
$$-\Big[-\frac{\sqrt{2}}{\pi}\cos\Big(\pi t+\frac{\pi}{4}\Big)\Big]_{\frac{3}{4}}^1$$
$$=\frac{2\sqrt{2}}{\boldsymbol{\pi}}$$

19-2. (1) 시각 t에서의 점 P_1, P_2, Q의 위치를 각각 x_1, x_2, x라고 하면
$$x=\frac{1}{2}(x_1+x_2)\text{이므로}$$
$$\frac{dx}{dt}=\frac{1}{2}\Big(\frac{dx_1}{dt}+\frac{dx_2}{dt}\Big)=\frac{1}{2}(v_1+v_2)$$

$$=\frac{1}{2}(-3t^2+18t+48)$$

$$=-\frac{3}{2}(t+2)(t-8)$$

$t \geq 0$에서 증감을 조사하면 x는

$t=8$일 때 최대이다.

(2) 시각 t에서의 점 Q의 속도를 $v(t)$라고 하면

$$v(t)=\frac{dx}{dt}=\frac{1}{2}(-3t^2+18t+48)$$

따라서 점 Q가 움직인 거리를 l이라고 하면

$$l=\int_0^{10}|v(t)|\,dt$$

$$=\int_0^8 v(t)dt-\int_8^{10} v(t)dt$$

$$=\int_0^8 \frac{1}{2}(-3t^2+18t+48)dt$$

$$\qquad -\int_8^{10}\frac{1}{2}(-3t^2+18t+48)dt$$

$$=258$$

19-3. 시각 t에서의 점 P, Q의 위치를 각각 x_P, x_Q라고 하면

$$x_\text{P}=\int_0^t \sin^2 t\,dt=\int_0^t \frac{1-\cos 2t}{2}\,dt$$

$$=\frac{1}{2}\left[t-\frac{1}{2}\sin 2t\right]_0^t$$

$$=\frac{1}{2}\left(t-\frac{1}{2}\sin 2t\right),$$

$$x_\text{Q}=\int_0^t \frac{1}{2}\sin t\,dt=\frac{1}{2}\left[-\cos t\right]_0^t$$

$$=\frac{1}{2}(-\cos t+1)$$

여기에서 $x_\text{P}-x_\text{Q}=f(t)$라고 하면

$$f(t)=\frac{1}{2}\left(t-\frac{1}{2}\sin 2t+\cos t-1\right)$$

$$\therefore\ f'(t)=\frac{1}{2}(1-\cos 2t-\sin t)$$

$$=\frac{1}{2}\{1-(1-2\sin^2 t)-\sin t\}$$

$$=\frac{1}{2}\sin t(2\sin t-1)$$

$f'(t)=0$에서　$t=0,\ \dfrac{\pi}{6},\ \dfrac{5}{6}\pi,\ \pi$

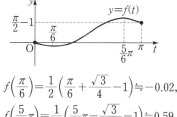

$$f\left(\frac{\pi}{6}\right)=\frac{1}{2}\left(\frac{\pi}{6}+\frac{\sqrt{3}}{4}-1\right)\fallingdotseq -0.02,$$

$$f\left(\frac{5}{6}\pi\right)=\frac{1}{2}\left(\frac{5}{6}\pi-\frac{\sqrt{3}}{4}-1\right)\fallingdotseq 0.59$$

따라서 $|f(t)|$가 최대일 때

$$t=\frac{5}{6}\pi$$

19-4. 곡선의 길이를 l이라고 하자.

(1) $\dfrac{dy}{dx}=\dfrac{1}{2}\left(e^{\frac{x}{a}}-e^{-\frac{x}{a}}\right)$이므로

$$l=\int_0^a \sqrt{1+\left\{\frac{1}{2}\left(e^{\frac{x}{a}}-e^{-\frac{x}{a}}\right)\right\}^2}\,dx$$

$$=\int_0^a \frac{1}{2}\left(e^{\frac{x}{a}}+e^{-\frac{x}{a}}\right)dx$$

$$=\frac{a}{2}\left[e^{\frac{x}{a}}-e^{-\frac{x}{a}}\right]_0^a=\frac{a}{2}\left(e-\frac{1}{e}\right)$$

(2) $\dfrac{dy}{dx}=\dfrac{-2x}{1-x^2}$이므로

$$l=\int_0^{\frac{1}{2}}\sqrt{1+\left(\frac{-2x}{1-x^2}\right)^2}\,dx$$

$$=\int_0^{\frac{1}{2}}\frac{1+x^2}{1-x^2}\,dx$$

$$=\int_0^{\frac{1}{2}}\left(-1+\frac{2}{1-x^2}\right)dx$$

$$=\int_0^{\frac{1}{2}}\left(-1+\frac{1}{1-x}+\frac{1}{1+x}\right)dx$$

$$=\left[-x-\ln|1-x|+\ln|1+x|\right]_0^{\frac{1}{2}}$$

$$=\ln 3-\frac{1}{2}$$

19-5. 곡선의 길이를 l이라고 하자.

(1) $\left(\dfrac{dx}{dt}\right)^2+\left(\dfrac{dy}{dt}\right)^2$

$$=(-r\sin t)^2+(r\cos t)^2=r^2$$

$$\therefore\ l=\int_0^{2\pi} r\,dt=2\pi r$$

(2) $\left(\dfrac{dx}{dt}\right)^2+\left(\dfrac{dy}{dt}\right)^2=(-6\cos^2 t\sin t)^2$
$$+(6\sin^2 t\cos t)^2$$
$$=(6\sin t\cos t)^2$$

$$\therefore\ l=\int_0^{2\pi}|6\sin t\cos t|\,dt$$
$$=\int_0^{2\pi}|3\sin 2t|\,dt$$
$$=4\int_0^{\frac{\pi}{2}}3\sin 2t\,dt=\left[-6\cos 2t\right]_0^{\frac{\pi}{2}}$$
$$=12$$

(3) $\left(\dfrac{dx}{dt}\right)^2+\left(\dfrac{dy}{dt}\right)^2$
$$=(-3\sin t-3\sin 3t)^2$$
$$+(3\cos t-3\cos 3t)^2$$
$$=18\{1-(\cos t\cos 3t-\sin t\sin 3t)\}$$
$$=18(1-\cos 4t)$$

$$\therefore\ l=\int_0^{\frac{\pi}{2}}\sqrt{18(1-\cos 4t)}\,dt$$
$$=\int_0^{\frac{\pi}{2}}\sqrt{18\times 2\sin^2 2t}\,dt$$
$$=\int_0^{\frac{\pi}{2}}6\sin 2t\,dt=\left[-3\cos 2t\right]_0^{\frac{\pi}{2}}$$
$$=6$$

(4) $\left(\dfrac{dx}{dt}\right)^2+\left(\dfrac{dy}{dt}\right)^2$
$$=\left(3t^2\cos\dfrac{3}{t}+3t\sin\dfrac{3}{t}\right)^2$$
$$+\left(3t^2\sin\dfrac{3}{t}-3t\cos\dfrac{3}{t}\right)^2$$
$$=9t^4+9t^2$$
$$\therefore\ l=\int_2^3\sqrt{9t^4+9t^2}\,dt$$
$$=\int_2^3 3t\sqrt{t^2+1}\,dt$$
$$=\int_2^3\dfrac{3}{2}\sqrt{t^2+1}\times 2t\,dt$$
$$=\left[(t^2+1)\sqrt{t^2+1}\,\right]_2^3$$
$$=10\sqrt{10}-5\sqrt{5}$$

(5) $\left(\dfrac{dx}{dt}\right)^2+\left(\dfrac{dy}{dt}\right)^2=\left(\dfrac{1}{t}\right)^2+\dfrac{1}{4}\left(1-\dfrac{1}{t^2}\right)^2$

$$=\dfrac{1}{4}\left(1+\dfrac{1}{t^2}\right)^2$$
$$\therefore\ l=\int_{\frac{1}{e}}^{e}\dfrac{1}{2}\left(1+\dfrac{1}{t^2}\right)dt$$
$$=\dfrac{1}{2}\left[t-\dfrac{1}{t}\right]_{\frac{1}{e}}^{e}=e-\dfrac{1}{e}$$

19-6. 점 P가 움직인 거리를 l이라고 하자.

(1) $\left(\dfrac{dx}{dt}\right)^2+\left(\dfrac{dy}{dt}\right)^2=(4t)^2+(3t^2)^2$
$$=t^2(16+9t^2)$$
$$\therefore\ l=\int_0^1 t\sqrt{16+9t^2}\,dt$$
$$=\int_0^1\dfrac{1}{18}\sqrt{16+9t^2}\times 18t\,dt$$
$$=\dfrac{1}{18}\left[\dfrac{2}{3}(16+9t^2)\sqrt{16+9t^2}\,\right]_0^1$$
$$=\dfrac{61}{27}$$

(2) $\left(\dfrac{dx}{dt}\right)^2+\left(\dfrac{dy}{dt}\right)^2=(-1)^2+(\sqrt{t}\,)^2$
$$=1+t$$
$$\therefore\ l=\int_3^8\sqrt{1+t}\,dt$$
$$=\left[\dfrac{2}{3}(1+t)\sqrt{1+t}\,\right]_3^8=\dfrac{38}{3}$$

(3) $\left(\dfrac{dx}{dt}\right)^2+\left(\dfrac{dy}{dt}\right)^2=\{e^t(\cos t-\sin t)\}^2$
$$+\{e^t(\sin t+\cos t)\}^2$$
$$=2e^{2t}$$
$$\therefore\ l=\int_0^{2\pi}\sqrt{2}\,e^t dt=\sqrt{2}\left[e^t\right]_0^{2\pi}$$
$$=\sqrt{2}\,(e^{2\pi}-1)$$

(4) $\left(\dfrac{dx}{dt}\right)^2+\left(\dfrac{dy}{dt}\right)^2=\{e^{-t}(-2\sin t)\}^2$
$$+\{e^{-t}(2\cos t)\}^2$$
$$=4e^{-2t}$$
$$\therefore\ l=\int_0^1 2e^{-t}dt=2\left[-e^{-t}\right]_0^1$$
$$=2\left(1-\dfrac{1}{e}\right)$$

찾 아 보 기

실력 수학의 정석

미적분

1966년 초판 발행
총개정 제12판 발행

지은이 홍 성 대 (洪 性 大)

도운이 남 진 영
　　　　박 재 희

발행인 홍 상 욱

발행소 **성지출판(주)**

06743 서울특별시 서초구 강남대로 202
등록 1997.6.2. 제22-1152호
전화 02-574-6700(영업부), 6400(편집부)
Fax 02-574-1400, 1358

인쇄 : 동화인쇄공사 · 제본 : 광성문화사

ISBN 979-11-5620-036-9 53410

수학의 정석 시리즈

홍성대 지음

개정 교육과정에 따른
수학의 정석 시리즈 안내

기본 수학의 정석 수학(상)
기본 수학의 정석 수학(하)
기본 수학의 정석 수학 I
기본 수학의 정석 수학 II
기본 수학의 정석 미적분
기본 수학의 정석 확률과 통계
기본 수학의 정석 기하

실력 수학의 정석 수학(상)
실력 수학의 정석 수학(하)
실력 수학의 정석 수학 I
실력 수학의 정석 수학 II
실력 수학의 정석 미적분
실력 수학의 정석 확률과 통계
실력 수학의 정석 기하